建筑材料标准汇编

建筑装饰装修材料

杨　斌　主编

中国标准出版社

图书在版编目(CIP)数据

建筑材料标准汇编:建筑装饰装修材料/杨斌主编.
-北京:中国标准出版社,1999.6
ISBN 7-5066-1860-5

Ⅰ.建… Ⅱ.杨… Ⅲ.①建筑材料-标准-汇编-中国②建筑材料:装饰材料-标准-汇编-中国 Ⅳ.TU504

中国版本图书馆 CIP 数据核字(1999)第 11608 号

中国标准出版社出版
北京复兴门外三里河北街 16 号
邮政编码:100045
电　话:68522112
中国标准出版社秦皇岛印刷厂印刷
新华书店北京发行所发行　各地新华书店经售

*
开本 880×1230 1/16 印张 54 字数 1 728 千字
1999 年 9 月第一版 1999 年 9 月第一次印刷
*
印数 1—5 000 定价 135.00 元
*
标目 372—19

前　　言

改革开放20年以来，我国国民经济保持了较高的增长速度，城乡建筑犹似雨后春笋遍及祖国大地，人民生活水平有了相当的改善，建筑装饰装修业得到蓬勃发展。“旧时王谢堂前燕，飞入寻常百姓家。”过去装饰装修主要是宾馆、饭店、剧场、影院等公共娱乐场所，现在已进入城市的千家万户和山乡的农村小院。据有关部门统计：我国室内装饰装修工程量1990年仅为50亿元，1992年为80亿元，1994年为500亿元，1997年上升到800亿元，预计2000年可能达到2000亿元。“九五”以及今后很长一段时期，住宅建筑与建筑业将是我国国民经济的支柱产业和投资热点，建筑装饰装修业存在着一个巨大的潜在的市场。

近10年来，建筑装饰装修业迅猛发展，产品品种增加，产量大幅度提高，更新换代速度加快，质量稳步提高，为美化人民生活，改善人们的居住条件与工作环境作出了贡献。但也应清醒地看到当前建筑装饰装修业发展中存在的问题，装饰装修质量良莠不齐，引起了消费者的严重不满。这其中有设计、施工等方面的问题，也有装饰装修材料本身的质量问题。产品标准是衡量产品质量的技术依据，一些生产企业无章可循或有章不循，没有标准或不按标准组织生产和检验产品出厂；销售部门进货也不按标准检查、验收；致使假冒伪劣产品流入市场，坑害消费者，严重影响建筑装饰装修的质量与建筑物的使用寿命。

“没有规矩，不成方圆”，为了加强建筑装饰装修材料的质量管理，打击假冒伪劣产品，净化与规范市场，保证建筑装饰装修工程质量，方便建设部门、设计与施工单位选用，我们编辑出版了这本《建筑材料标准汇编　建筑装饰装修材料》。本汇编收入现行标准124个。其中国家标准54个，行业标准70个。按产品功能分为：屋面材料、防水材料、饰面材料（水泥平板、建筑瓷砖、饰面石材、装饰与吸声板材）、采光材料、卫生设备、胶凝材料、密封膏与胶粘剂、建筑涂料、地面材料等9个大类。

在编辑过程中，由于时间仓促，水平有限，可能还存在一些差错，请读者不吝指正。

本书由杨斌（国家建筑材料工业局标准化研究所教授级高工、中国标准化协会理事、普及与教育工作委员会主任）主编。

本书出版过程中，得到了北京—奥克兰建筑防水材料有限公司、沈阳蓝光新型防水材料有限公司、盘锦禹王防水建材集团、保定市北方防水工程公司、上海北蔡防水材料有限公司、浙江温州市金庄工贸有限公司、河北吴桥天马纤维水泥制品有限公司、江苏爱富希新型建材有限公司、上海大中玛哈攀建材有限公司、浙江萧山市锦红制瓦设备有限公司、湖南南县洞庭防水材料公司、浙江竞远机械设备有限公司（原金华试验机总厂）等企业的大力协助，在此一并表示感谢。

本书读者对象为建设与建材主管部门、设计、生产、施工、质检、材料采购、销售与市场管理等单位的领导与技术人员。

注：本汇编收集的国家标准的属性已在本目录上标明(GB或GB/T)，年号用四位数字表示。鉴于部分国家标准是在国家标准清理整顿前出版的，现尚未修订，故正文部分仍保留原样；读者在使用这些国家标准时，其属性以本目录上标明的为准(标准正文"引用标准"中标准的属性请读者注意查对)。上述规定同样适用于行业标准。

目　　录

一、屋面材料

二、防水材料

三、饰面材料

(一) 水泥平板

(二) 建筑瓷砖

(三) 饰面石材

(四) 装饰与吸声板材

四、采光材料

五、卫生设备

六、胶凝材料

七、密封膏与胶粘剂

八、建筑涂料

九、地面材料

一、屋面材料

前　　言

本标准非等效采用 ISO 393-1:1983《石棉水泥制品——第一部分:屋面及墙面用波瓦与配件》中的有关条款。

本标准是在 GB 9772—88 基础上修订的,主要技术内容未作重大修订。大波瓦修改了波高与边距,并对中波瓦和小波瓦横抗折力和纵抗折力指标进行了调整,合格品外观质量指标中取消了方正度,抽样方法采用了 ISO 390—1993《纤维增强水泥制品——抽样和检验》。

本标准从生效之日起,同时代替 GB 9772—88。

本标准的附录 A 是标准的附录。

本标准由国家建筑材料工业局提出。

本标准由全国水泥制品标准化技术委员会归口与解释。

本标准由国家建筑材料工业局苏州混凝土水泥制品研究院、沈阳市新型建筑材料总厂、江苏爱富希新型建筑材料厂、昆明轻型建筑材料厂、吉林省双阳建筑材料股份公司和嘉兴石棉水泥制品厂等负责起草。

本标准主要起草人:叶启汉、张明勇、张敬云、冯立平、王兴国、薄贵、陈桂琴。

本标准首次发布时间 1988 年,第一次修订时间 1995 年。

中华人民共和国国家标准

GB/T 9772—1996

石棉水泥波瓦及其脊瓦

代替 GB 9772—88

Asbestos-cement corrugated sheet and ridge tile

1 范围

本标准规定了石棉水泥波瓦及其脊瓦的分级与规格、技术要求、试验方法、检验规则和包装、标志、贮存等一般要求。

本标准适用于覆盖屋面和装敷墙壁用的石棉水泥大、中、小波瓦及覆盖屋脊的“人”字形脊瓦。

石棉水泥波瓦及其脊瓦是用温石棉和水泥为基本原材料制成的屋面和墙面材料。

2 引用标准

下列标准所包含的条文，通过在本标准中引用而构成为本标准的条文。在标准出版时，所示版本均为有效。所有标准都会被修订，使用本标准的各方应探讨、使用下列标准最新版本的可能性。

GB 175 硅酸盐水泥、普通硅酸盐水泥

GB 7019 石棉水泥制品吸水率、容重及孔隙率测定方法

GB 8040 石棉水泥波瓦、平板抗折试验方法

GB 8041 石棉水泥波瓦、平板不透水性试验方法

GB 8042 石棉水泥波瓦、平板抗冻性试验方法

GB 8071 温石棉

GB 9773 石棉水泥波瓦、平板抗冲击性试验方法

JG J63 混凝土拌合用水标准

3 分类、分级与规格

3.1 分类

石棉水泥瓦按波高分为大波瓦(D)、中波瓦(M)和小波瓦(S)。

3.2 分级

石棉水泥大、中、小波瓦根据其抗折力、吸水率与外观质量分为 3 个等级：优等品(A)、一等品(B)和合格品(C)。

3.3 规格

3.3.1 石棉水泥大、中、小波瓦的横断面形状分别见图 1、图 2、图 3，规格尺寸及允许偏差应符合表 1 规定。

国家技术监督局1996-09-26批准　　　　1997-04-01实施

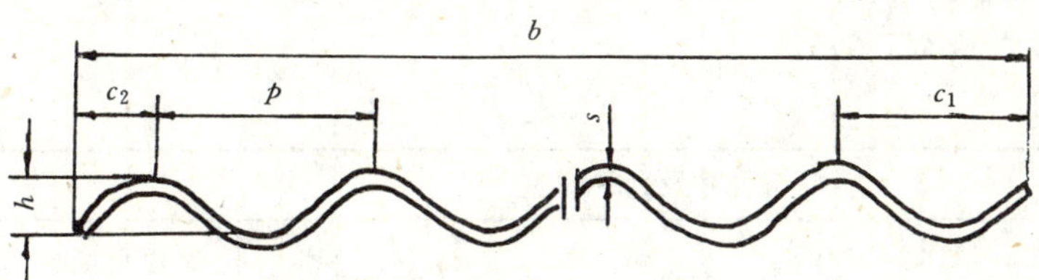

图 1　石棉水泥大波瓦

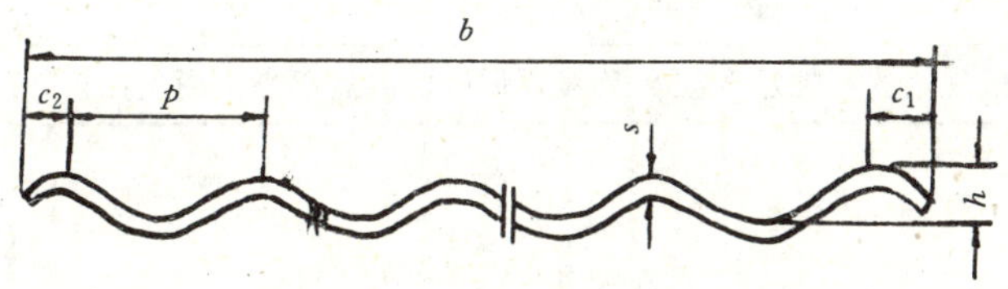

图 2　石棉水泥中波瓦

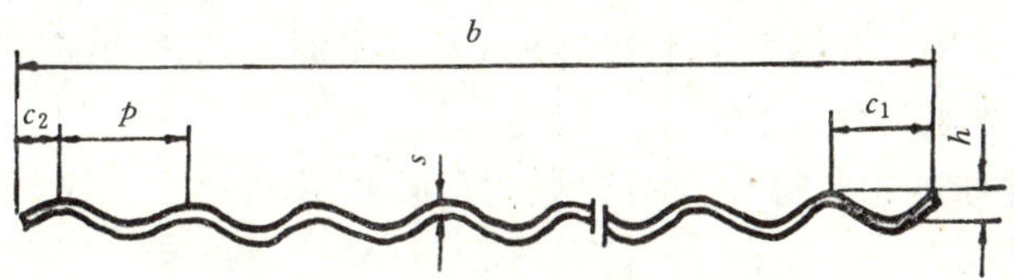

图 3　石棉水泥小波瓦

表 1

mm

品种	规格尺寸及允许偏差								
	长 l	宽 b	厚 s	波距 p	波高 h	波数 n（个）	边距		参考重量 m kg
							c_1	c_2	
大波瓦	2 800±10	994±10	7.5±0.5	167±3	≥48	6	95±5	64±5	45
中波瓦	2 400±10 1 800±10	745±10	$6.5^{+0.5}_{-0.3}$ $6.0^{+0.5}_{-0.3}$	131±3	≥31	5.7	45±5	45±5	22 15
小波瓦	1 800±10	720±5	$6.0^{+0.5}_{-0.3}$ $5.0^{+0.5}_{-0.2}$	63.5±2	≥16	11.5	58±3	27±3	15 13

3.3.2　石棉水泥脊瓦的形状见图 4，规格尺寸及允许偏差应符合表 2 规定。

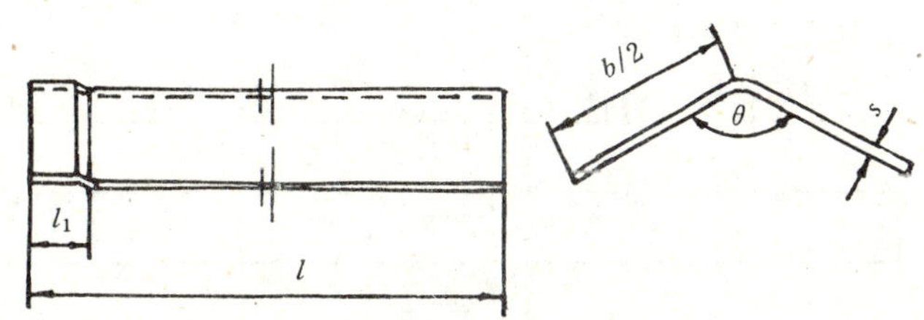

图 4　“人”字形石棉水泥脊瓦

3.4　标记

3.4.1　标记方法：标记顺序为产品名称类别、长度、宽度、厚度、等级和标准号。

3.4.2 标记示例：石棉水泥小波瓦，优等品，长度 1 800 mm，宽度 720 mm，厚度 6 mm：

S 1 800×720×6 A GB/T 9772

表 2

mm

规格尺寸及允许偏差					参考重量 m kg
长度		宽度 b	厚度 s	角度 θ (°)	
搭接长 l_1	总长 l				
70±10	850±10	(230×2)±10 (180×2)±10	$6.0^{+0.5}_{-0.3}$	125±5	4 3
注：表 1、表 2 以外的其他规格的石棉水泥波瓦及其脊瓦可由供需双方协商生产。					

4 技术要求

4.1 原材料

4.1.1 石棉纤维：应采用符合 GB 8071 规定的五级和五级以上的温石棉纤维。亦可掺加适量耐久性好、对制品性能不起有害作用的其他纤维，但含量不得超过纤维总用量的 30%。

4.1.2 水泥：应采用符合 GB 175 标准中不低于 425 号的水泥。不应使用掺有煤、炭粉作助磨剂及页岩、煤矸石、窑灰作混合材的普通硅酸盐水泥。

4.1.3 水：应采用循环系统的水或符合 JG J63 规定的拌合用水。

4.2 外观质量

4.2.1 优等品

石棉水泥波瓦及其脊瓦应边缘整齐、厚度均匀、四边方正、表面平整，不得有起层、断裂与夹杂物等缺陷。

4.2.2 一等品的外观质量应符合表 3 规定。合格品的外观质量应符合表 4 规定。

表 3

mm

外观质量项目	允许范围			
	大波瓦	中波瓦	小波瓦	脊瓦
掉角	沿瓦边长不得超过 100，宽度方向不得超过 50	沿瓦边长不得超过 50，宽度方向不得超过 35	沿瓦边长不得超过 50，宽度方向不得超过 20	沿瓦边长和宽度方向均不得超过 20
	一张瓦的掉角不得多于 1 个			
掉边	宽不得超过 15	宽不得超过 10	宽不得超过 10	不允许
裂纹	因成型造成的下列之一裂纹： 正表面：a. 宽度不得超过 1.2； b. 长度不得超过 75； 背　面：a. 宽度不得超过 1.5； b. 长度不得超过 150			
方正度	≤6			—
端部厚度	不得超过实测瓦厚的 25%			—

表 4

mm

<table>
<tr><td rowspan="2">外观质量项目</td><td colspan="4">允 许 范 围</td></tr>
<tr><td>大波瓦</td><td>中波瓦</td><td>小波瓦</td><td>脊瓦</td></tr>
<tr><td rowspan="2">掉角</td><td>沿瓦边长不得超过 150，宽度方向不得超过 70</td><td>沿瓦边长不得超过 100，宽度方向不得超过 45</td><td>沿瓦边长不得超过 100，宽度方向不得超过 30</td><td>沿瓦边长和宽度方向均不得超过 20</td></tr>
<tr><td colspan="4">一张瓦的掉角不得多于 2 个</td></tr>
<tr><td>掉边</td><td>宽不得超过 20</td><td>宽不得超过 15</td><td>宽不得超过 15</td><td>不允许</td></tr>
<tr><td>裂纹</td><td colspan="4">因成型造成的下列之一裂纹：
正表面：a. 宽度不得超过 1.5；
b. 长度不得超过 100；
背 面：a. 宽度不得超过 2；
b. 长度不得超过 300</td></tr>
</table>

4.3 物理力学性能

4.3.1 石棉水泥波瓦物理力学性能应符合表 5 的规定。

表 5

<table>
<tr><td colspan="3" rowspan="2">检验项目</td><td colspan="3">大波瓦</td><td colspan="3">中波瓦</td><td colspan="3">小波瓦</td></tr>
<tr><td>优等品</td><td>一等品</td><td>合格品</td><td>优等品</td><td>一等品</td><td>合格品</td><td>优等品</td><td>一等品</td><td>合格品</td></tr>
<tr><td rowspan="2">抗折力</td><td>横向</td><td>N/m</td><td>3 800</td><td>3 300</td><td>2 900</td><td>3 800</td><td>3 400</td><td>3 000</td><td>3 000</td><td>2 700</td><td>2 400</td></tr>
<tr><td>纵向</td><td>N</td><td>470</td><td>450</td><td>430</td><td>320</td><td>310</td><td>300</td><td>390</td><td>340</td><td>290</td></tr>
<tr><td colspan="3">吸水率，% ≤</td><td>26</td><td>28</td><td>28</td><td>26</td><td>28</td><td>28</td><td>25</td><td>26</td><td>26</td></tr>
<tr><td colspan="3">抗冻性</td><td colspan="9">25 次冻融循环后不得有起层等破坏现象</td></tr>
<tr><td colspan="3">不透水性</td><td colspan="9">浸水后瓦体背面允许出现洇斑，但不允许出现水滴</td></tr>
<tr><td colspan="3">抗冲击性</td><td colspan="9">在相距 60 cm 处进行观察，冲击一次后的被击处背面不得出现龟裂、剥落、贯通孔及裂纹</td></tr>
<tr><td colspan="12">注：大波瓦横向抗折力支距 1 300 mm，中、小波瓦横向抗折力支距 800 mm。</td></tr>
</table>

4.3.2 石棉水泥大、中、小脊瓦的破坏荷载不得低于 590 N，抗冻性经 25 次冻融循环后不得有起层等破坏现象。

5 试验方法

5.1 外观质量与规格尺寸

按照本标准附录 A 规定进行。

5.2 物理力学性能

5.2.1 抗折力试验，按照 GB 8040 规定进行。

5.2.2 吸水率测定，按照 GB 7019 规定进行。

5.2.3 抗冻性试验，按照 GB 8042 规定进行。

5.2.4 不透水性试验，按照 GB 8041 规定进行。

5.2.5 抗冲击性试验，按照 GB 9773 规定进行。

6 检验规则

6.1 检验项目

6.1.1 出厂检验：波瓦的外观质量、规格尺寸、抗折力、吸水率和抗冻性，脊瓦的外观质量、规格尺寸和破坏荷载。

6.1.2 型式检验：包括出厂检验的全部检验项目和波瓦的不透水性、抗冲击性，脊瓦的抗冻性。

6.2 抽样与判定

6.2.1 出厂检验

6.2.1.1 每批石棉水泥波瓦或脊瓦应为同一品种、同一等级、同一规格的产品，每批量最多和最少的数量按表 6 的规定。验收地点应在生产厂内进行。

表 6 张

品种	批量数量范围
波瓦	501～3 200
脊瓦	151～500

6.2.1.2 用户可从每一受检批次中抽取样品，样品数量列于表 7 第 2 栏和第 7 栏。

表 7

批量数量 N	品质检验——二次抽样					变量检验——单一抽样		
	样品数量[1) n	第一次样品		第一次+第二次样品		样品数量 n	可接收系数 K	备注
		合格判定数 A_{c1}	不合格判定数 R_{e1}	合格判定数 A_{c2}	不合格判定数 R_{e2}			
1	2	3	4	5	6	7	8	9
≤150	3	0	1	不适用	不适用	3	0.502	$AL=L+K\cdot R$ 式中： AL——可验收极限； L——标准低限； K——可接收系数； R——样品中最大值与最小值之差
151～280	8	0	2	1	2	3	0.502	
281～500	8	0	2	1	2	4	0.450	
501～1 200	8	0	2	1	2	5	0.431	
1 201～3 200	8	0	2	1	2	7	0.405	

注：1) 第二次样品数量与第一次样品数量相同。

6.2.1.3 外观质量与规格尺寸检验按本标准附录 A 进行，验收规则按品质检验程序进行（表 7 第 2～6 栏），即不合格品数未超过表 7 第 3、5 栏时，则该受检批量应予验收；若不合格品数等于或大于表 7 第 4、6 栏时，则该批量可予拒收；若第一次样品中的不合格品数超过 A_{c1} 但小于 R_{e1}，则应抽取并检验与第一次样品相同数量的第二次样品。批量拒收后可进行逐张检查处理。

6.2.1.4 按变量检验程序（表 7 第 7～9 栏）对抗折力试验进行验收。若样品的平均值（$\overline{X}$）大于或等于可验收极限，即 $\overline{X} \geqslant AL$，则该批量可以验收；若 $X < AL$，则该批量拒收。

6.2.1.5 瓦的吸水率、抗冻性、不透水性和抗冲击性试验，脊瓦的抗冻性试验，应在同一批量中任意抽取 2 张试样（也可从同样的抽样单位中切取），试验结果如有不合格品时，取加倍数量进行复检，复检后仍有一张不合格，则该批产品不得验收。

6.2.2 型式检验

6.2.2.1 当产品有下列情况时应进行型式检验：

a. 新产品或老产品转厂生产的试制定型鉴定；

b. 正式生产后如产品结构、材料、工艺有较大改变时；

c. 产品停产后恢复生产时或交货检验结果与上次型式检验有较大差异时；

d. 正常生产达半年时；

e. 国家质量监督机构提出进行型式检验时。

6.2.2.2 型式检验项目、抽样与验收按6.2.1.1～6.2.1.5规定进行。

7 标志与出厂证明书

7.1 标志

在每张瓦的正面第2个或第3个波上（脊瓦在外表面上）须用不掉色的颜色标明生产厂名称、生产日期、班别、等级等。

7.2 出厂检验单

发货时，必须将出厂检验单随同发货单寄给用户。其中应标明：

a. 证明书编号；

b. 生产厂名称、商标及厂址；

c. 产品标记、数量与生产日期等；

d. 产品性能检验结果；

e. 生产厂检验部门及检验人员签名盖章。

8 包装、运输和贮存

8.1 包装

产品根据需要可散装或包装。包装时可采用集装箱、夹具或捆扎包装，并方便搬运，散装时要保证瓦底部平坦稳固。

8.2 运输

用各种运输工具运石棉水泥波瓦及其脊瓦时，底部保持平坦，必须设法使产品固定好。在运输过程中，减少震动，防止碰撞，装卸、搬运时严禁抛掷。

8.3 贮存

存放场地必须坚实平坦，不同品种、不同等级、不同规格的石棉水泥波瓦，应两张花弧或“井”字分别堆垛存放，垛高不应超过1.8 m。脊瓦可侧立或平垛堆放。

附　录　A
（标准的附录）
石棉水泥波瓦及其脊瓦规格尺寸与外观质量检验方法

本附录规定了石棉水泥波瓦及其脊瓦的规格尺寸与外观质量检验方法：包括长度、宽度、厚度、波高、波距、边距、角度、掉角、掉边、方正度和表面平整度。

A1　规格尺寸的检验

A1.1　测量工具

a.　游标卡尺：量程 125 mm，分度值 0.02 mm。

b.　深度游标卡尺：量程 200 mm，分度值 0.02 mm。

c.　钢直尺：量程 1 000 mm 与 150 mm 各 1 把，分度值 1 mm。

d.　钢卷尺：量程 2 000 mm 或 3 000 mm，分度值 1 mm。

e.　金属弧谷定位轴（滚筒）：数量每种规格 2 个，如图 A1 所示。

f.　万用角度规：量程 320°，分度值 2″。

g.　壁厚千分尺：量程 25 mm，分度值 0.01 mm。

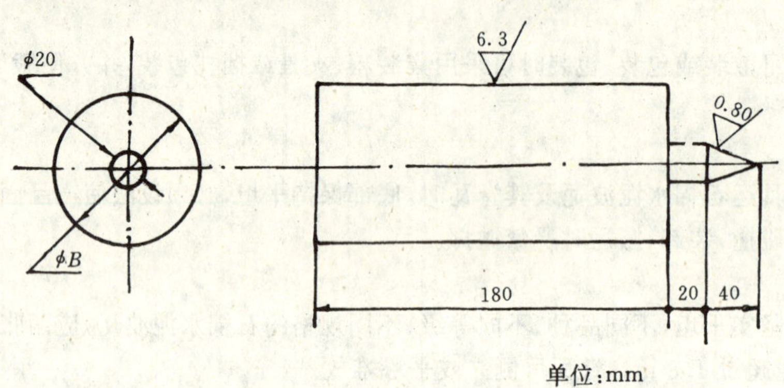

图 A1　金属弧谷定位轴

注：ϕB 分别为 ϕ37 mm 和 ϕ65 mm；锥项必须在轴线上。

A1.2　测量方法

A1.2.1　长度

在大、中波瓦的 2 和 5 波顶，小波瓦的 3 和 9 波顶处测量，取 2 次测量结果的算术平均值。

A1.2.2　宽度

波瓦在离端部 150 mm～300 mm 之间测量，脊瓦在中部测量，取 2 次测量结果的算术平均值。

A1.2.3　厚度

用壁厚千分尺在大、中波瓦 2 和 5 波顶，小波瓦 3 和 9 波顶或脊瓦每边中部离端部至少 10 mm 处测量，取 2 次测量结果的算术平均值。在相同部位用游标卡尺测量波瓦端部厚度，取 2 次测量结果的算术平均值。

A1.2.4　波高

大、中波瓦的波高在波瓦离端部 150 mm～300 mm 的 2 和 3 波间及 4 和 5 波间测量，小波瓦的波高在波瓦后端离端部 150 mm～300 mm 的 3 和 4 波间及 8 和 9 波间测量，取其 2 次测量的算术平均值，如图 A2 所示。

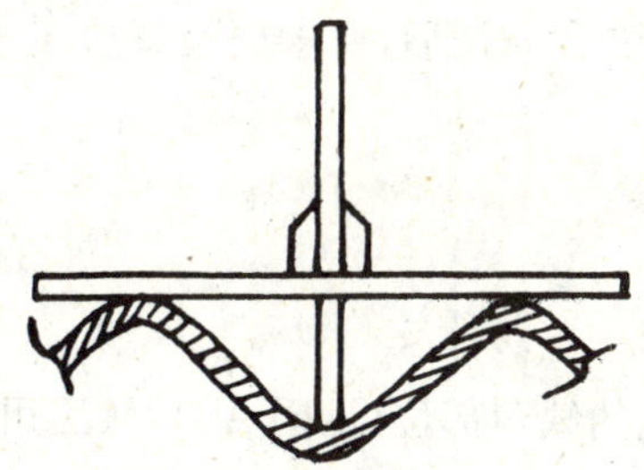

图 A2 波高的测量方法

A1.2.5 波距

在波瓦相邻波谷(与测量波高的波谷相同)中放置滚筒,让滚筒锥形端伸出瓦端,用钢直尺测量相邻两锥顶的距离,取 2 个测量值的算术平均值,如图 A3 所示。

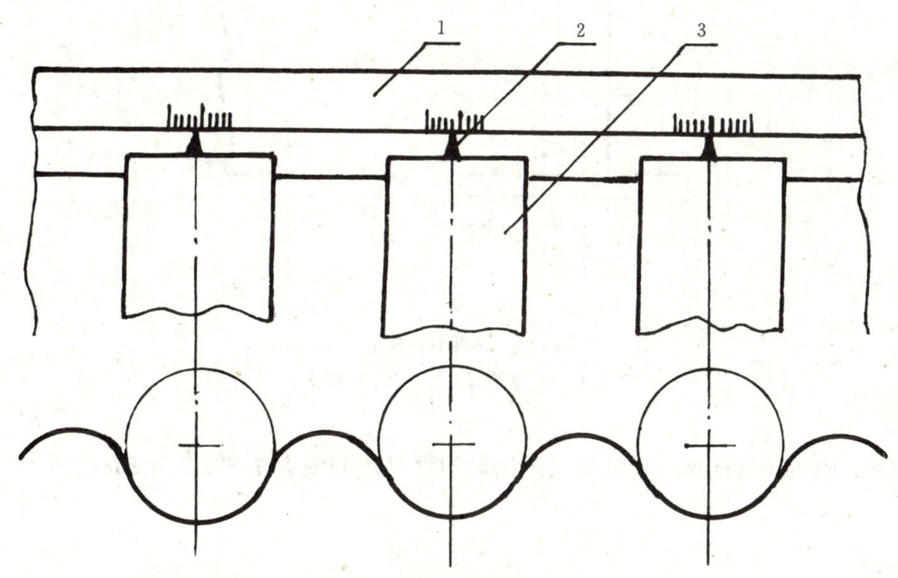

图 A3 波距的测量方法

1—金属刻度尺;2—锥顶点;3—滚筒

A1.2.6 边距

将钢滚筒放置在波瓦反面边波波谷内,用钢板尺测出滚筒顶端至边线的距离,取 2 个测量值的算术平均值。

A1.2.7 角度

把角度规一边紧靠脊瓦外边一面,调整角度规使之与脊瓦另一面紧密接触,读取角度规读数。

A1.3 测量误差

厚度测量,读数至小数点后两位,修约至 0.1 mm;其他规格尺寸测量结果修约至 1 mm,角度修约至 1°,读数至小数点后一位。

A2 外观质量的检验

A2.1 测量工具

a. 宽度直角尺:量程 160 mm,精度一级。

b. 钢直尺:量程 1 000 mm 与 150 mm 各 1 把,分度值 1 mm。

c. 钢卷尺:量程 2 000 mm,分度值 1 mm。

d. 矩形框架:两端带有与瓦形吻合的弧形,要求框架每边与直尺的偏差每米不超过 0.2 mm,两边间的直角精度为 0.001 弧度。

e. 塞尺:最小分度值 0.05 mm。

A2.2 测量方法

A2.2.1 掉角

将角尺贴至石棉水泥波瓦或脊瓦的缺角部位(见图 A4),然后用钢直尺测量两个方向的缺角长度。

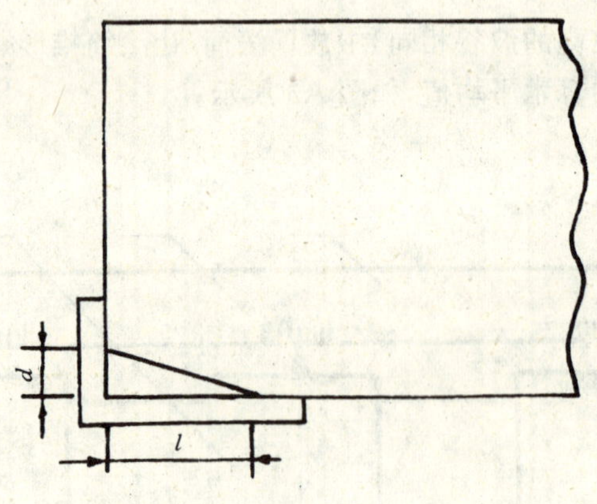

图 A4 掉角的测量方法

l—沿瓦长方向最大值;*d* ——沿瓦宽方向最大值

A2.2.2 掉边

将钢直尺一边紧靠在缺边处,用钢直尺测出缺边至尺边的最大距离,如图 A5 所示。

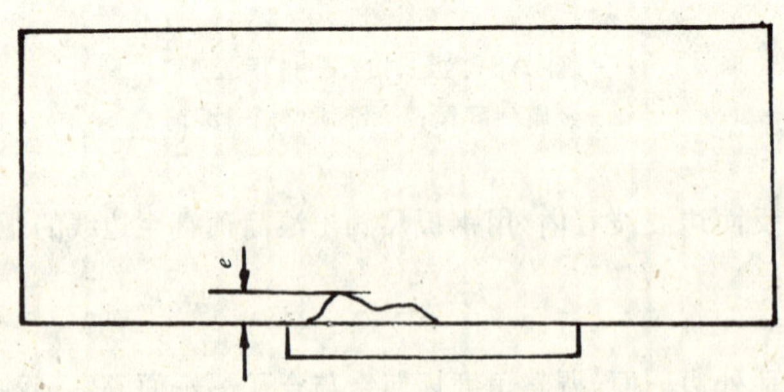

图 A5 掉边的测量方法

e—掉边的最大宽度

A2.2.3 裂纹:用塞尺测量宽度,用钢直尺测量长度。

A2.2.4 方正度

将框架的一边与石棉水泥波瓦的一边对齐(见图 A6),用钢直尺测出框架一端与石棉水泥波瓦一端波顶的最大间隙(δ)。

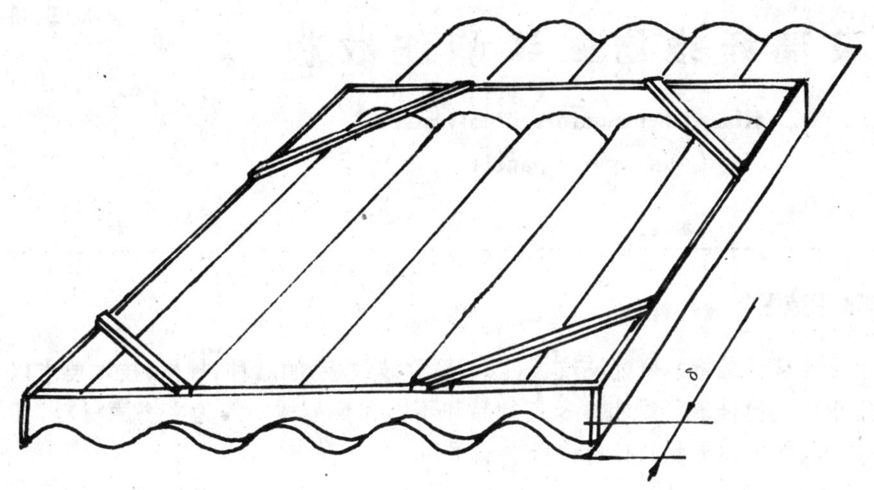

图 A6 波瓦边缘方正度的测量

A2.2.5 表面平整

目测瓦表面是否有凹凸不平、面层剥落及其他夹杂物，分类登记。

A2.3 测量精度

裂纹宽度修约至 0.1 mm，其他测量结果修约至 1 mm。

中华人民共和国国家标准

玻璃纤维增强聚酯波纹板

GB/T 14206—93

Glass fiber reinforced polyester corrugated panels

1 主题内容与适用范围

本标准规定了玻璃纤维增强聚酯波纹板(以下简称波纹板)的品种、规格、技术要求以及检验方法。

本标准适用于以无捻玻璃纤维粗纱及其制品和不饱和聚酯树脂等为主要原材料,具有近似正弦波形截面的波纹板。其他截面形状的板材也可参照采用。

2 引用标准

GB 2576 纤维增强塑料树脂不可溶分含量试验方法

GB 2577 玻璃纤维增强塑料树脂含量试验方法

GB 8237 玻璃纤维增强塑料(玻璃钢)用液体不饱和聚酯树脂

GB 8924 玻璃纤维增强塑料燃烧性能试验方法 氧指数法

GB 13264 不合格品率的计数抽样检查程序及抽样表

ZBQ 23001 玻璃纤维增强塑料透光率试验方法

3 产品分类

3.1 产品类型

按成型方法可分为手糊型和机制型;按性能可分为普通型、透光型和阻燃型,透光型按透光性能分为 3 级,阴燃型按阻燃性能分为 2 级;按波形尺寸可分为 63 型和 75 型。波纹板截面形状如图 1。

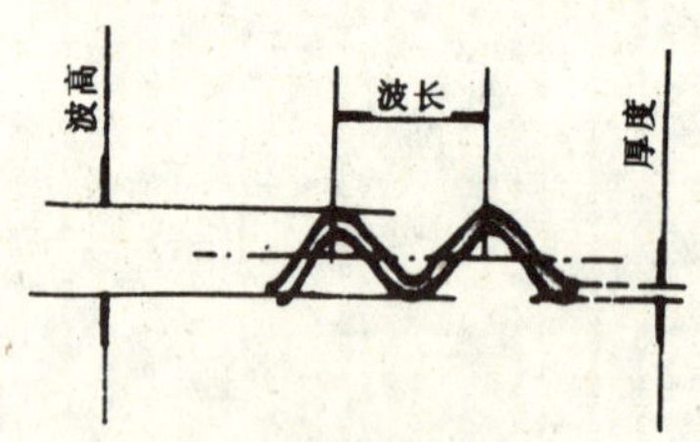

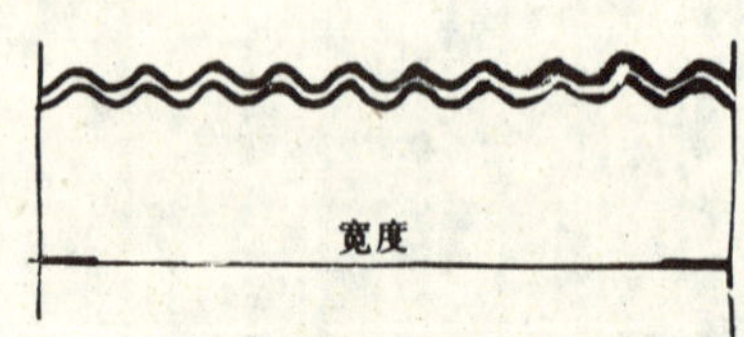

图 1 波纹板截面形状

3.2 产品标记

3.2.1 产品代号见表 1。

国家技术监督局1993-02-17批准 1993-10-01实施

表 1 产品代号

类型	成型方法		性能			波型尺寸	
	机制	手糊	普通型	透光型	阻燃性	波长 63 mm	波长 75 mm
代号	J	S	P	T_1 T_2 T_3	Z_1 Z_2	63	75

3.2.2 标记示例

机制2级透光型、波长 75 mm、厚 1.0 mm 波纹板标记如下：

波纹板 JT_275-1.0 GB/T 14206

4 技术要求

4.1 原材料

4.1.1 增强材料采用无捻玻璃纤维粗纱及其短切毡和布。玻璃纤维原丝不得采用石蜡型浸润剂。

4.1.2 基体树脂采用不饱和聚酯树脂，其技术要求应符合 GB 8237 相应的规定。

4.2 尺寸及极限偏差

4.2.1 波纹板尺寸及极限偏差见表 2。

表 2 波纹板尺寸极限偏差

mm

类 型	长度	宽度	厚度	波高	波长
63	1 800 3 600	740 800 1 000 1 200 1 400	0.8 1.0 1.2 1.6 2.0	16	63
75	1 800 3 600	740 800 1 000 1 200 1 400	0.8 1.0 1.2 1.6 2.0	20	75
极限偏差	+20 −5	+25 −5	+0.2 −0.1	±2	±2

注：波纹板宽度方向的一边切割位置处于正弦波零点。

4.2.2 如所需尺寸不在表 2 范围内，由供需双方协商确定。

4.3 外观

波形圆滑，无明显皱纹。色泽基本均匀。板边齐、直。不得有直径大于 4 mm 的气泡、穿透性针孔、露丝、断裂、分层等缺陷。

4.4 **树脂含量**

波纹板的树脂含量应不低于表 3 的规定。

表 3 波纹板的树脂含量 %

类　型	树脂含量
J	60
S	48

4.5 **固化度**

波纹板的固化度应不低于 82%。

4.6 **弯曲挠度**

波纹板的挠度值应不大于表 4 的规定。

表 4 波纹板允许挠度 mm

公称厚度	允许挠度	
	J	S
0.8	36	24
1.0	30	20
1.2	24	16
1.6	18	12
2.0	15	10

4.7 **冲击强度**

波纹板经冲击强度试验后，不应有断裂或贯穿的孔穴。

4.8 **透光率**

透光型波纹板可见光透光率应不低于表 5 的规定。

表 5 波纹板各等级透光率 %

等　级	透　光　率
T_1	85
T_2	80
T_3	75

4.9 **阻燃性**

阻燃型波纹板氧指数应不低于表6的规定。

表6 波纹板各等级氧指数 %

等级	氧指数
Z_1	30
Z_2	26

5 试验方法

5.1 外观

按4.3条的要求以肉眼观察及用精度为0.5 mm的尺检验。

5.2 形状、尺寸

5.2.1 长度测量

用精度为1 mm的尺，在波纹板第二、五、八波波峰处测量长度，取算术平均值。

5.2.2 宽度测量

用精度为1 mm的尺，在距离波纹板两端大于100 mm任意三处测量宽度，取算术平均值。

5.2.3 厚度测量

用精度不低于0.05 mm的游标卡尺在离波纹板两端10 mm处的第二、五、八波波峰处测量厚度，取算术平均值。

5.2.4 波长测量

用精度为1 mm的尺，分别测量波纹板两端的第一个波峰到最后一个波峰的距离，取算术平均值，再除以此距离间的波数。

5.2.5 波高测量

用精度不低于0.05 mm的三用游标卡尺在波纹板两端的第二、五、八波波峰处测量波高，取算术平均值。

5.3 树脂含量

波纹板的树脂含量按GB 2577测定。

5.4 固化度

波纹板的固化度按GB 2576测定。

5.5 弯曲挠度

5.5.1 试样

以原张波纹板作为试样，长度超过4 000 mm可由供需双方协商确定。

5.5.2 试验环境条件

一般在室温条件下进行。仲裁试验时，试验室温度为23±2℃，相对湿度为45%～55%。

5.5.3 试验程序

5.5.3.1 波纹板宽度为740 mm时，按表7规定的跨距和载荷，采用三点加载方法测量其挠度、载荷分三级均匀施加(在初始载荷不大于最大载荷的5%时调整百分表的零点)，测其最大挠度。加载装置见图2。

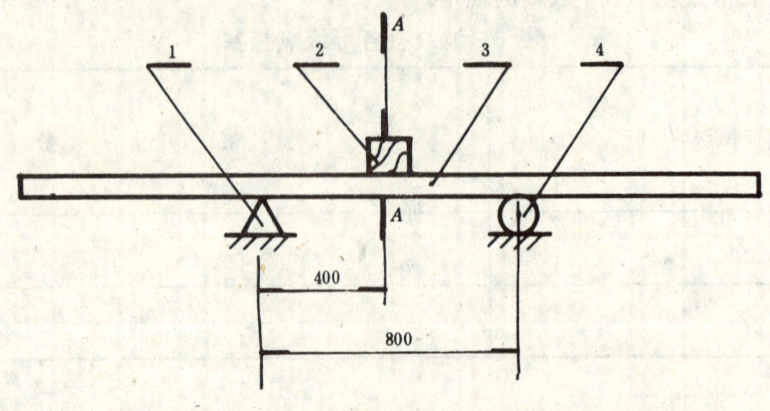

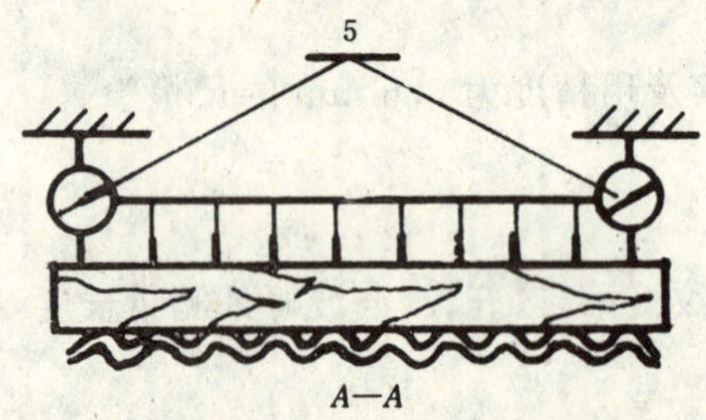

图 2 波纹板弯曲试验装置示意图

1,4—支座;2—加载木块(75 mm×75 mm×(6+10)mm);
3—试样;5—百分表

表 7 试验条件

跨 距 mm	载 荷,N	
	J	S
800	392	588

5.5.3.2 波纹板宽度在 740 mm 以上时,按 5.5.3.1 测定,试验载荷按式(1)计算:

$$P = W \cdot b/740 \qquad \cdots\cdots(1)$$

式中:P——试验载荷,N;

W——表 7 中规定的载荷,N;

b——波纹板宽度,mm。

5.6 冲击强度

5.6.1 试样及试验环境条件

试样长度为 1 000 mm,宽度为 740 mm。试验环境条件按 5.5.2。

5.6.2 试验程序

按弯曲试验的支承法,在试样的中上方用质量为 1 kg 的钢球,距波峰顶点 1 500 mm 的高度自由落下。

5.7 透光率

按 ZBQ 23001 测定。

5.8 阻燃性

按 GB 8924 测定。

6 检验规则

6.1 出厂检验

6.1.1 检验项目

每批产品必须进行外观、形状尺寸和弯曲挠度的检验，对透光型和阻燃型波纹板还需分别进行透光率和阻燃性的检验。

6.1.2 抽样、组批及判定规则

6.1.2.1 批量

同一类型波纹板以 200 张为一批。在此批产品中进行随机抽样不足 200 张时，可根据 GB 13264 由供需双方协商确定。

6.1.2.2 外观、形状尺寸

a. 抽样方案，采用一次抽样法，样本数为 6；

b. 判定规则，所抽样本全部合格或仅有一张不符合要求时则判该批为合格。否则该批产品应逐张检验。

6.1.2.3 弯曲挠度

a. 抽样方案，采用二次抽样法，样本数各为 6；

b. 判定规则，在第一次所抽样本中全部符合要求则判定该批为合格。如有 2 张或 2 张以上不符合要求则判该批为不合格。如有 1 张不符合要求时则进行第二次抽样，如两次抽样不符合要求的波纹板总数为 1 时则判该批合格。否则判为不合格。

6.1.2.4 透光率和阻燃性

a. 抽样方案，采用一次抽样法，样本数为 3；

b. 判定规则，所抽样本全部符合要求时则判该批合格，否则判为不合格。

6.2 型式检验

6.2.1 条件

有下列情况之一时应进行型式检验：

a. 正式投产前的试制定型检验；

b. 正式生产后，如材料、工艺有较大改变；

c. 正常生产时，J 型波纹板每生产 4 000 m^2，S 型波纹板每生产 400 张；

d. 连续半年以上停产后恢复生产；

e. 出厂检验结果与上次型式检验有较大差异；

f. 国家质量监督机构提出进行型式检验要求。

6.2.2 检验项目

除 6.1.1 所规定项目外，还需进行冲击强度、固化度和树脂含量的检验。

6.2.3 抽样、组批及判定规则

6.2.3.1 在邻近周期检查时的一批产品中进行随机抽样。

6.2.3.2 外观、形状尺寸抽样检验方案按 6.1.2.1 和 6.1.2.2。

6.2.3.3 弯曲挠度、冲击强度抽样检验方案按 6.1.2.1 和 6.1.2.3。

6.2.3.4 透光率、阻燃性、树脂含量、固化度抽样检验方案按 6.1.2.1 和 6.1.2.4。

6.3 检验后的处置

6.3.1 对已判为合格的批，使用方应整批接收，对于检验时抽取波纹板中的不合格品应予以剔除和替换。对已判为不合格的批，未经使用方同意，生产方不应在未作任何处理的情况下，整批或部分的、或与其他新的批混合后再次重新提交检验。

6.3.2 按照产品的订货合同等文件的具体规定，可以将不合格批进行筛选、修复后协商处理。

6.3.3 在已判断合格的批中，如再发现不合格品，不影响已作出的判断。这些不合格品的处理应由生产方与使用方协商解决。

6.3.4 型式检验不合格时，应认真调查原因，及时排除造成不合格的因素后，方可恢复生产。

7 标志和合格证

7.1 标志

波纹板应在适当位置标明商标、制造厂家及产品标记等。

7.2 合格证

出厂产品每批须附有合格证。合格证内容应有：

a. 合格证编号、生产日期及产品批号；

b. 产品的规格、数量；

c. 产品的检验结果；

d. 制造厂的名称、地址及检验人员签章。

8 运输、贮存及安装

8.1 运输及贮存

8.1.1 汽车运输时，低层和最高层必须用草垫等软物垫衬，并用绳子拴紧扎牢，不可随其在车内颠簸。其他运输方式应按运输部门要求办理。

8.1.2 波纹板应贮存在干燥、通风、地面平整的室内。贮存时，应竖放；需平放时，不准在上面堆压重物。

8.2 安装

8.2.1 对具有保护层的波纹板在安装时，必须使保护层处在接受阳光的一面。

8.2.2 在波纹板的长度方向应根据要求加设檩条。

8.2.3 施工时可用螺钉或螺栓固定，同时应使用橡胶垫片和金属弧形垫片、垫衬。二张波纹板在宽度方向搭接至少应有一个波。

8.2.4 安装时不能接触明火，并防止重物或工具将波纹板砸伤。

附加说明：

本标准由国家建筑材料工业局提出，由全国纤维增强塑料标准化技术委员会归口。

本标准由国家建筑材料工业局玻璃钢研究设计院、秦皇岛耀华玻璃钢厂、南京复合材料总厂共同起草。

本标准主要起草人汪振华、孙钤、张德柏、汤永华。

自本标准实施之日起，原建筑材料工业部部标准 JC 316—82《普通玻璃钢波形瓦》作废。

中华人民共和国国家标准

GB 16308—1996

钢　丝　网　水　泥　板

Ferrocement ribbed slab

1　主题内容与适用范围

本标准规定了钢丝网水泥板的产品分类、技术要求、试验方法、检验规则、标志及堆放与运输。

本标准适用于工业和民用房屋建筑用钢丝网水泥屋面板、楼板。钢丝网水泥墙板亦可参照使用。

2　引用标准

GB 175　硅酸盐水泥、普通硅酸盐水泥

GB 1344　高渣矿渣硅酸盐水泥、火山灰质硅酸盐水泥及粉煤灰硅酸盐水泥

GB 1499　钢筋混凝土用热轧带肋钢筋

GB 7695　钢丝网水泥农船

GB 7897.3　钢丝网水泥用砂浆力学性能试验方法　抗压强度试验

GB 8076　混凝土外加剂

GB 13013　钢筋混凝土用热轧光圆钢筋

GB/T 14684　建筑用砂

GBJ 9　《建筑结构荷载规范》

GBJ 107　混凝土强度检验评定标准

GBJ 321　预制混凝土构件质量检验评定标准

JGJ 19　冷拔低碳钢丝预应力混凝土中小构件设计与施工规程

3　产品分类

3.1　分类

钢丝网水泥板按用途分为钢丝网水泥屋面板和钢丝网水泥楼板两类。

3.2　级别

3.2.1　钢丝网水泥屋面板按活载和恒载分为六个级别，见表1。

表 1　　N/m²

级别	Ⅰ	Ⅱ	Ⅲ	Ⅳ	Ⅴ	Ⅵ
活载	500	750	500	750	500	750
恒载	1 000	1 000	1 550	1 550	2 050	2 050

3.2.2　钢丝网水泥楼板按活载分为五个级别。见表2。

国家技术监督局1996-05-15批准　　1996-12-01实施

表 2 N/m²

级别	Ⅰ	Ⅱ	Ⅲ	Ⅳ	Ⅴ
活载	1 500	2 000	2 500	3 000	3 500

3.3 等级

钢丝网水泥板按外观质量分为一等品(B)与合格品(C)。

3.4 规格

3.4.1 钢丝网水泥板外形见图 1。

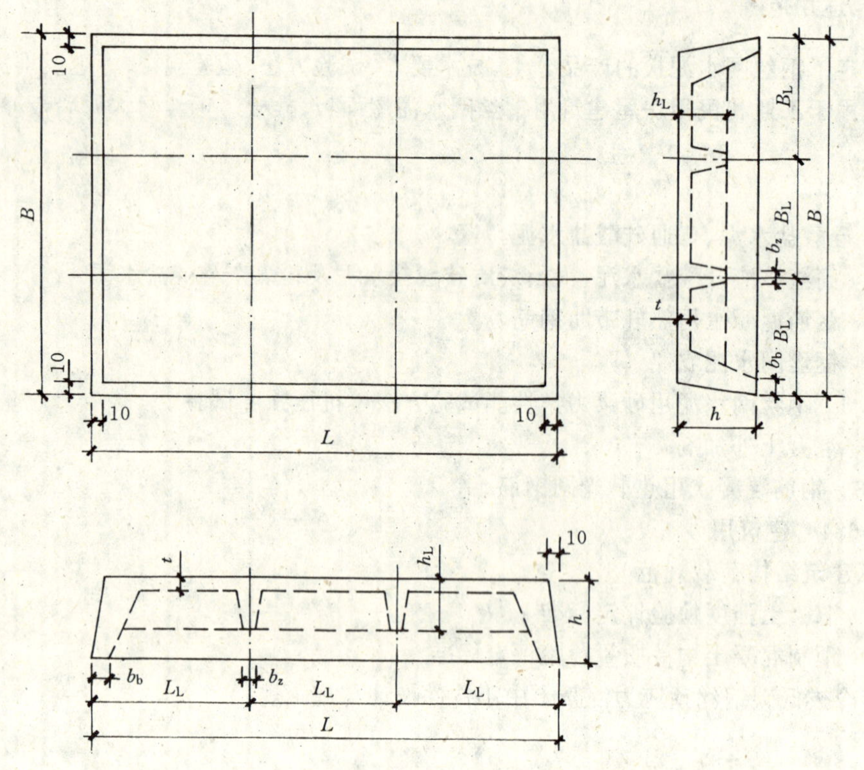

图 1

3.4.2 结构尺寸

3.4.2.1 钢丝网水泥屋面板结构尺寸见表 3。

表 3 mm

公称尺寸	长×宽 ($L\times B$)	高 (h)	中肋高 (h_L)	肋宽(b)		板厚 (t)
				边肋宽(b_b)	中肋宽(b_z)	
2 000×2 000	1 980×1 980	160、180	120、140	32～35	35～40	16、18
2 121×2 121	2 101×2 101	180、200	140、160	32～35	35～40	18、20
2 500×2 500	2 480×2 480	180、200	140、160	32～35	35～40	18、20
2 828×2 828	2 808×2 808	180、200	140、160	32～35	35～40	18、20
3 000×3 000	2 980×2 980	180、200	140、160	32～35	35～40	18、20
3 500×3 500	3 480×3 480	200、220	160、180	32～35	35～40	18、20
3 536×3 536	3 516×3 516	200、220	160、180	32～35	35～40	18、20
4 000×4 000	3 980×3 980	220、240	180、200	32～35	35～40	18、20

3.4.2.2 钢丝网水泥楼板尺寸见表 4。

表 4

mm

公称尺寸	长×宽 ($L\times B$)	高 (h)	中肋高 (h_L)	肋宽(b)		板厚 (t)
				边肋宽(b_b)	中肋宽(b_z)	
3 300×5 000	3 270×4 970	250、300	160、200	32～35	35～40	18、20、22
3 300×4 800	3 270×4 770	250、300	160、200	32～35	35～40	18、20、22
3 300×1 240	3 270×1 210	200、250	140、180	32～35	35～40	18、20、22
3 850×4 450	3 820×4 420	250、300	160、200	32～35	35～40	18、20、22

3.5 代号

3.5.1 钢丝网水泥屋面板代号示例如下：

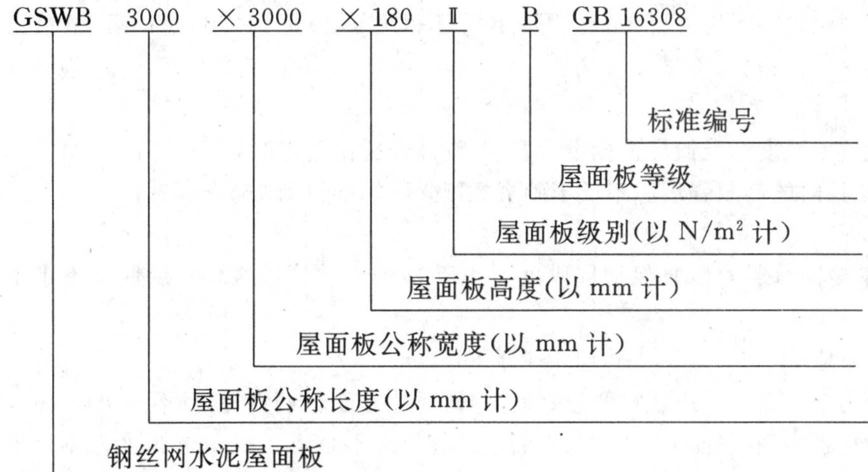

3.5.2 钢丝网水泥楼板代号示例如下。

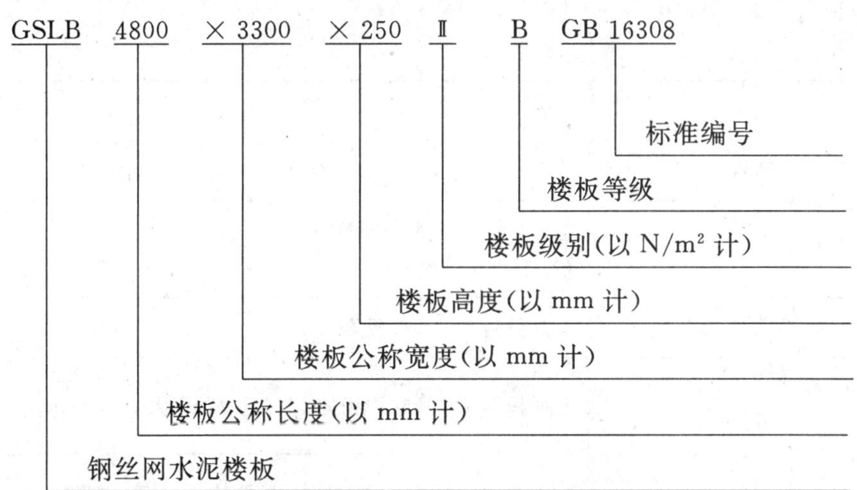

4 技术要求

4.1 原材料

4.1.1 水泥

应采用符合 GB 175 和 GB 1344 的不低于 425 号的普通硅酸盐水泥和矿渣硅酸盐水泥。

4.1.2 砂子

宜采用细度模数为2.0～3.5的天然砂，最大粒径应不超过4 mm。

砂子含泥量应不大于2%，云母含量应不大于0.5%，其他质量要求应符合GB/T 14684中有关规定。

4.1.3 拌和水

水泥砂浆拌和用水应采用可饮淡水。严禁使用脏河水、海水、生活或工业废水。

4.1.4 外加剂

宜采用低引气型高效减水剂，也可采用其他外加剂。外加剂技术条件应符合GB 8076中的有关规定，不得掺用氯盐作早强和防冻剂。

4.1.5 钢筋、钢丝、钢丝网

肋部钢筋宜采用符合GB 1499的Ⅱ级钢筋和构造筋应采用GB 13013的Ⅰ级钢筋。

冷拔低碳钢丝的技术条件应符合JGJ 19中的有关规定。

钢丝网一般宜采用直径为0.9～1.0 mm，网格尺寸为10 mm×10 mm的冷拔低碳钢丝编织网，也可采用其他规格的钢丝网，但网丝直径不得大于2 mm，网格尺寸不得大于50 mm×50 mm，钢丝的抗拉强度不得低于450 MPa。

4.2 砂浆强度

4.2.1 钢丝网水泥板用砂浆抗压强度标准值应符合设计要求，设计未提出要求时，应不低于40 MPa。

4.2.2 钢丝网水泥板起吊、出厂时的砂浆强度应不低于砂浆抗压强度标准值的75%。

4.3 构造要求

4.3.1 钢丝网水泥屋面板和楼板面层的砂浆保护层厚度不小于3 mm，肋部砂浆保护层厚度不小于5 mm。

4.3.2 钢丝网搭接长度光边不应少于50 mm，毛边应不少于80 mm。

4.3.3 钢丝网水泥板肋部受力钢筋布置不应超过两排钢筋。净距不应小于钢筋直径，且不小于10 mm。

4.3.4 钢丝网水泥屋面板和楼板的面板配筋直径和肋部的箍筋直径应不小于2.6 mm。间距应不大于200 mm。

4.4 外观质量

钢丝网水泥板的外观质量应符合表5规定。

表5

项次	项目	质量要求	
		一等品	合格品
1	露筋露网	任何部位不应有	(1) 主筋、板底部位不应有 (2) 其他部位整修后不应有
2	孔洞	不应有	有少量洞时必须修复好
3	蜂窝	不应有	总面积不超过所在面积的1%，且每处不大于100 cm^2
4	裂缝	任何部位均不应有宽度大于0.05 mm的裂缝	(1) 板底、四角和肋部主筋部位不应有宽度大于0.05 mm的裂缝； (2) 板面和肋部非主筋部位，不应有宽度大于0.1 mm的裂缝

续表 5

项　次	项　　目	质　量　要　求	
		一等品	合格品
5	连接部位缺陷	不应有	(1) 肋端疏松不应有； (2) 其他缺陷经整修不应有
6	外形缺陷	不应有	整修后无缺棱掉角
7	外表缺陷	不应有	麻面总面积不超过所在面积的 5%，且每处不大于 300 cm^2
8	外表沾污	不应有	经处理后，表面无油污和杂物

4.5 尺寸偏差

钢丝网水泥板的尺寸允许偏差应符合表 6 规定。

表 6　　mm

项次	项　　目		尺寸允许偏差
1	长		+10 −5
2	宽		+10 −5
3	高		+5 −3
4	肋高、肋宽		+5 −3
5	面板厚度		+3 −2
6	侧向弯曲		$L/750$
7	板面平整		5
8	主筋保护层厚度		+4 −2
9	对角线差		10
10	翘曲		$L/750$
11	预埋件	中心位置偏差	5
		与砂浆面平整	5

4.6 力学性能

4.6.1 钢丝网水泥板承载力应符合公式(1)要求。

$$\gamma_u^0 \geqslant \gamma_0[\gamma_u] \qquad \cdots\cdots(1)$$

式中：γ_u^0——钢丝网水泥板承载力检验系数实测值。即试件的承载力检验荷载实测值与承载力检验荷载设计值(均包括自重)的比值；

γ_0——结构重要性系数。设计未提出要求时取 $\gamma_0=1$；

$[\gamma_u]$——钢丝网水泥板检验系数允许值按表 7 取用。

4.6.2 钢丝网水泥板挠度应符合公式(2)要求。

$$a_s^0 \leqslant [a_s] \qquad \cdots\cdots(2)$$

式中：a_s^0——在正常使用短期荷载检验值下，钢丝网水泥板跨中短期挠度实测值。mm；

$[a_s]$——短期挠度允许值。由设计的挠度允许值折算而得。设计未提出要求时，取 $[a_s]=L/300$，L

为钢丝网水泥板的跨度。

4.6.3 钢丝网水泥板裂缝应符合公式(3)要求

$$W^0_{smax} \leqslant [W_{max}] \qquad \cdots\cdots(3)$$

式中：W^0_{smax}——在正常使用短期荷载检验值下，最大裂缝宽度实测值，mm；

$[W_{max}]$——钢丝网水泥板检验的最大裂缝宽度允许值。设计未提出要求时，取$[W_{max}]=0.05$ mm。

表 7

钢丝网水泥板达到承载力极限的检验标志	$[\gamma_u]$
受拉主筋处的最大裂缝宽度达到 1.5 mm，或挠度达到跨度的 1/50	1.20
受压区砂浆破坏，此时受拉主筋处的最大裂缝宽度小于 1.5 mm 且挠度小于跨度的 1/50	1.25
受拉主筋拉断	1.50
腹部斜裂缝达到 1.5 mm，或斜裂缝末端受压砂浆剪压破坏	1.35
沿斜截面砂浆斜压破坏，受拉主筋在端部滑脱，或其他锚固破坏	1.50

5 试验方法

5.1 砂浆强度

砂浆强度试验按 GB 7897.3 规定进行。

5.2 外观质量

5.2.1 露筋、露网、孔洞和外形缺陷，采用肉眼观察、用量具测量。

5.2.2 蜂窝、外表缺陷、外表沾污，采用肉眼观察，用量具和百格网测量。

5.2.3 裂缝采用肉眼观察和用 20 倍读数显微镜测量。

5.3 尺寸偏差

按 GBJ 321 有关规定进行。

5.4 力学性能

按 GBJ 321 有关规定进行。

6 检验规则

6.1 检验分类

钢丝网水泥板的检验分为出厂检验和型式检验。

6.1.1 出厂检验包括砂浆强度、外观质量、尺寸偏差和力学性能检验，各项目按规定值检验。

6.1.2 型式检验包括砂浆强度、外观质量、尺寸偏差和力学性能检验。各项目按规定值检验外，当设计要求按钢丝网水泥板实际配筋确定的力学性能计算值检验时，力学性能尚须按计算值检验。

6.1.3 有下列情况之一者。需进行型式检验：

a. 新产品投产时；

b. 正式生产后。如结构、材料、工艺有较大改变，可能影响产品性能时；

c. 正常生产时，一年需进行一次周期性型式检验；

d. 产品长期停产后，恢复生产时；

e. 出厂检验结果与上次型式检验有较大差异时；

f. 国家质量监督机构提出进行型式检验要求时。

6.2 抽样与组批规则

6.2.1 批量

同一工艺、同一规格的产品 1 000 件作为一个批量，不足 1 000 件时，亦可作为一个批量。

6.2.2 抽样

从一个批量中随机抽取5%(不应少于10件),试件进行外观质量和尺寸偏差检验。从上述检验合格的试件中抽取一件进行力学性能试验,每一批量至少成型3组砂浆试件,一组用于检验砂浆的设计强度;另两组用于检验脱模强度和出厂强度。

6.3 判定规则

6.3.1 砂浆强度

砂浆强度评定符合GBJ 107的规定。

6.3.2 外观质量和尺寸偏差

6.3.2.1 钢丝网水泥板外观质量和尺寸偏差分别按表5与表6判定。

6.3.2.2 外观质量和尺寸偏差合格点率分别按GBJ 321第6.07条和第6.08条规定进行。合格点率大于或等于70%时,判定该批产品外观质量和尺寸偏差为合格。

6.3.3 力学性能

钢丝网水泥板力学性能试验结果均符合4.6条要求时,该批产品力学性能判定为合格。

6.3.4 总判定

当钢丝网水泥板外观质量和几何尺寸、力学性能均为合格时,判定该批产品为"合格品";在合格的基础上,产品的外观质量符合表5一等品质量要求时,达到该要求的产品为"一等品"。

7 标志、堆放、运输

7.1 标志

钢丝网水泥板必须标志厂名(厂标)、产品代号、生产日期(年、月、日),生产班组和检验章。

7.2 产品合格证

凡经检验合格准许出厂的产品,应填写产品合格证。其内容包括:

a. 批量编号;

b. 厂名(厂标)及生产日期(年、月、日);

c. 产品代号;

d. 产品数量;

e. 外观质量和尺寸偏差检验结果;

f. 砂浆强度;

g. 力学性能检验结果;

h. 质检部门签章。

7.3 堆放

7.3.1 钢丝网水泥板应按分类、规格、等级、生产日期分别垛放。

7.3.2 堆放场地应坚实、平整、堆垛高度应按钢丝网水泥板自重和强度、地面承载力、垫木强度及堆垛的稳定性确定。堆放的层数一般不宜超过六层。

7.3.3 码垛时,每块板之间必须用支垫物将四角平稳搁置,严禁扭曲,各层间每角的支垫物应在一条垂直线上。

7.4 运输

7.4.1 运输时钢丝网水泥板的支承位置和方法不应引起砂浆的超应力和板的损伤。

7.4.2 起吊、运输中应轻起、轻放、严禁碰撞。

附加说明：

本标准由国家建筑材料工业局提出。

本标准由全国水泥制品标准化技术委员会归口。

本标准由国家建筑材料工业局苏州混凝土水泥制品研究院负责起草。

本标准主要起草人王希哲、钱明。

本标准委托国家建筑材料工业局苏州混凝土水泥制品研究院负责解释。

中华人民共和国建材行业标准

JC 447—91

钢丝网石棉水泥中波瓦

1 主题内容与适用范围

本标准规定了钢丝网石棉水泥中波瓦的等级、规格、技术要求、试验方法、检验规则、标志、贮存及运输等。

本标准适用于以温石棉和水泥为基本原料，经制坯、夹一层钢丝网、加压等工艺制成的钢丝网石棉水泥中波瓦。

钢丝网石棉水泥中波瓦主要用于房屋建筑的屋盖，内、外墙及轻型复合屋盖的承重板。

2 引用标准

GB 175 硅酸盐水泥、普通硅酸盐水泥

GB 343 一般用途低碳钢丝

GB 1344 矿渣硅酸盐水泥、火山灰质硅酸盐水泥及粉煤灰硅酸盐水泥

GB 7019 石棉水泥制品吸水率、容重与孔隙率测定方法

GB 8040 石棉水泥波瓦、平板抗折试验方法

GB 8041 石棉水泥波瓦、平板不透水性试验方法

GB 8042 石棉水泥波瓦、平板抗冻性试验方法

GB 8071 温石棉

GB 9772 石棉水泥波瓦及其脊瓦

3 等级与规格

3.1 等级

产品按其抗折力、吸水率分成二级：A 级与 B 级。

每一级按其外观质量分为三等：优等品、一等品与合格品。

3.2 规格

产品的横断面形状如图 1 所示。其规格尺寸及允许公差应符合表 1 的规定。

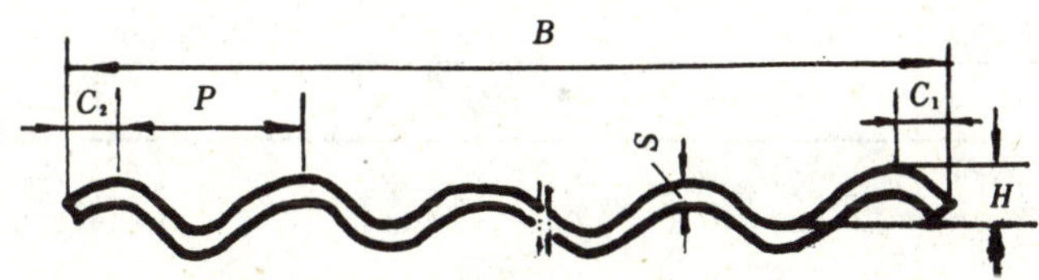

图 1 钢丝网石棉水泥中波瓦

国家建筑材料工业局 1991-11-11 批准 1992-08-01 实施

表 1

mm

规格尺寸及允许公差							参考重量 W kg
长 L	宽 B	厚 S	波距 P	波高 H	波数 n 个	边距 $\frac{C_1}{C_2}$	
1800±10	745±10	8.5±0.5	131±3	≥31	5.7	45±5	24
		7.5±0.5					22

注：经供需双方协议，可生产其他规格的产品。

4 技术要求

4.1 原材料

4.1.1 石棉纤维：应采用符合 GB 8071 规定的五级与五级以上温石棉纤维。石棉含量不得低于原材料总量的 12%，亦可掺入少量耐久性好、对制品无害的其他纤维。

4.1.2 水泥：应采用符合 GB 175 规定的不低于 425 号的硅酸盐水泥与普通硅酸盐水泥。也可采用符合 GB 1344 规定的不低于 425 号的矿渣硅酸盐水泥。

水泥中不得使用掺有炭粉作助磨剂及页岩、煤矸石作混合材的普通硅酸盐水泥及矿渣硅酸盐水泥。

4.1.3 钢丝网：应采用不涂防锈油的冷拔低碳钢丝编织的梯形网，也可采用方格网。冷拔低碳钢丝的质量应符合 GB 343 的规定。钢丝网必须平整，能满足成型要求。

4.1.4 水：应采用淡水或循环水。水中不应有影响制品性能的有害物质。

4.2 外观质量

4.2.1 产品应表面平整、边缘整齐，不得有断裂、表面露网、伸出边缘的钢丝、分层与夹杂物等疵病。

4.2.2 优等品应无掉角、掉边、裂纹，四边方正。

4.2.3 一等品、合格品的外观质量应符合表 2 的规定。

表 2

mm

检验项目	一等品	合格品
掉角	沿瓦长度方向不得超过 50 沿瓦宽度方向不得超过 35	沿瓦长度方向不得超过 100 沿瓦宽度方向不得超过 45
	一张瓦不得多于 1 个	
掉边	宽度不得超过 10	宽度不得超过 15
裂纹	因成型而造成的表面裂纹不得超过下列之一	
	正表面：度宽 1.0 长度 75 背面：宽度 1.5 长度 150	正表面：宽度 1.5 长度 100 背面：宽度 2.0 长度 300
方正度	≤6	≤7

4.3 物理力学性能

各级产品的物理力学性能应符合表 3 的规定。

表 3

检验项目		A 级	B 级
抗折力	横向,N/m ≥	2 700	2 000
	纵向,N ≥	450	370
吸水率,% ≤		25	26
抗冻性		经 25 次冻融循环后,试样不得有起层等破坏现象	
不透水性		试验后,试样背面允许有湿斑,但不得出现水滴	

注:表 3 中 1 500 mm 中心距的横向抗折力相当于中心距 850 mm 的抗折力:B 级为 3 700 N/m。

5 试验方法

5.1 规格尺寸与外观质量检验

5.1.1 长度、宽度、厚度、波高、波距与掉角、掉边、方正度等检验,按 GB 9772 中附录 A 进行。

断裂、表面露网、伸出边缘的钢丝、分层与夹杂物的检验用肉眼观察。

5.1.2 边距

瓦反面朝上,平放在平台上,将符合 GB 9772 附录 A 规定的金属弧谷定位轴放置离瓦纵向端部 150～300 mm 的边波波谷处,宽座直角尺紧靠瓦边,如图 2 所示。采用分度值为 0.5 mm 的钢直尺测量锥顶至直角尺测量面的垂直距离,每边测量二次,取其平均值为该边边距。读数精确至 0.5 mm。

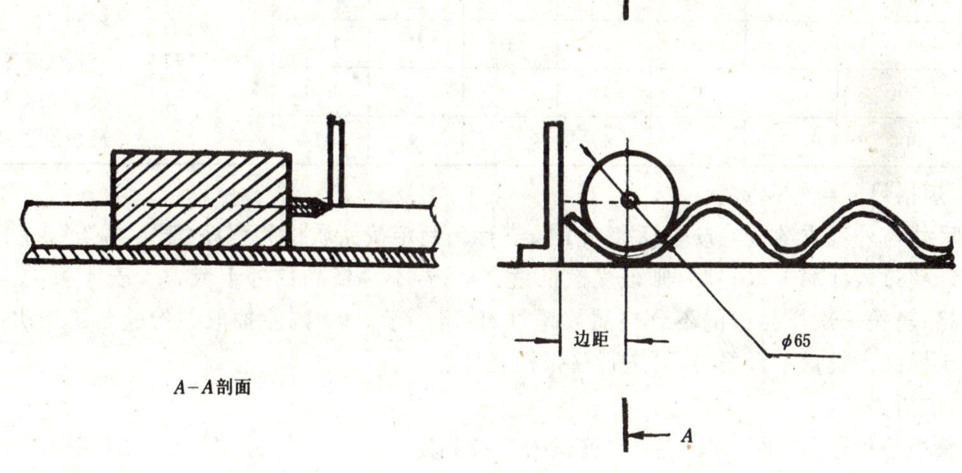

图 2 边距测量示意图

5.1.3 裂纹

成型表面裂纹的宽度用二级精度的塞尺进行测量。

5.2 物理力学性能

5.2.1 抗折力试验,按 GB 8040 进行。其中横向抗折试验中心距为 1 500 mm。

5.2.2 吸水率测定,按 GB 7019 进行。

5.2.3 抗冻性试验,按 GB 8042 进行。

5.2.4 不透水试验,按 GB 8041 进行,其试验室环境温度 23±5℃,相对湿度 60±10%。

6 检验规则

6.1 检验项目

6.1.1 出厂检验

产品的外观质量、规格尺寸、横向抗折力、吸水率和抗冻性。

6.1.2 型式检验

包括交收检验的全部检验项目与纵向抗折力、不透水性。必要时由双方协议还可增加检验项目。

6.2 检验分类

6.2.1 出厂检验

6.2.1.1 批量

每批由同一等级、同一规格的产品组成。每批量最多 3 000 张,最少 200 张。验收应在生产厂内进行。

6.2.1.2 抽样与样品数量

从每一受检批次中随机抽取(每垛瓦最上面 5 张与底面 5 张除外)样品进行检验。样品数量见表 4。

表 4

1	2	3	4	5	6	7	8
每受检批次的数量 张	抽样数量 张	第一次样品		第一次+第二次样品		用变量法检查	备 注
		合格判定数 A_{c_1}	不合格判定数 R_{e_1}	合格判定数 A_{c_2}	不合格判定数 R_{e_2}	可接收系数 K	
<200	3	0	2	1	2	0.29	$AL = L + KR$
200～400	4	0	2	1	2	0.34	式中:AL——可验收极限(N,N/m);
401～800	5	0	2	1	2	0.37	L——标准低限(N,N/m);
801～1 500	7	0	2	1	2	0.40	K——可接收系数;
1 501～3 000	10	0	2	2	3	0.50	R——极差,样品中最大值与最小值之差(N,N/m)

6.2.1.3 规格尺寸与外观质量

规格尺寸与外观质量检验按本标准 5.1 条进行。判定按品质检验程序(表 4 第 3～6 栏)进行,即不合格品数未超过表 4 第 3、5 栏时,则该受检批量合格;若不合格品数等于或大于表 4 第 4、6 栏时,则该批量不合格;若第一次样品中的不合格品数超过 A_{c_1} 但小于 R_{e1},则应抽取并检验与第一次样品相同数量的第二次样品。批量不合格时,可进行逐张检查处理。

6.2.1.4 抗折力

按变量检验程序(表 4 第 7、8 栏)对抗折力进行判定。若样品的平均值($\overline{X}$)大于或等于可验收极限,即 $\overline{X} \geqslant AL$,则该批量合格;若 $\overline{X} < AL$,则该批量不合格。

6.2.1.5 吸水率、抗冻性、不透水性

吸水率、抗冻性及不透水性应在同一批量中各抽取 2 张样品(也可从同样的抽样单位中取样)。检验结果若有一张不合格时,允许抽取加倍数量样品再次检验。检验后若仍有一张不合格,则该批产品为不合格。

本条款检验项目中,仅有一项性能检验不合格时,允许再次检验。当有一项以上性能不合格时,不予再次检验。

6.2.1.6 判定

若规格尺寸、外观质量、物理力学性能检验结果符合本标准相应等级要求时,则判为该等级;若有一项性能不符合合格品要求时,则判为不合格品。

注:在生产稳定,用户同意时,正常生产检验结果可代替出厂检验结果。

6.2.2 型式检验

6.2.2.1 当产品有下列情况之一时，应进行型式检验：

a. 新产品或老产品转厂生产的试制定型鉴定；

b. 原材料和生产工艺有重大改变时；

c. 出厂检验结果与上次型式检验结果有较大差别时；

d. 正常生产时，每半年进行一次；

e. 国家质量监督机构提出要求时。

6.2.2.2 型式检验项目，抽样、检验与判定按 6.2.1.2～6.2.1.6 规定进行。

6.3 复验

用户对检验结果发生怀疑时，可以提出复验。抽样、检验与判定按 6.2.1.2～6.2.1.6 进行。复验不符合出厂等级，费用由厂方支付；符合出厂等级，费用由用户负担。

7 标志与出厂质量证明书

7.1 标志

在每张瓦的正面第二个或第三个波上须用不掉色的颜色标明生产厂名称(或商标)、生产日期、班别等。

7.2 出厂质量证明书

发货时，必须将出厂质量证明书连同发货单寄给用户，出厂质量证明书内容包括：

a. 批量编号；

b. 生产厂名称及厂址；

c. 产品名称、商标、等级、规格、数量与生产日期；

d. 标准编号；

e. 产品性能检验结果；

f 生产厂检验部门及检验人员签名盖章。

8 贮存、包装、运输

8.1 贮存

存放场地必须坚实平坦，不同等级、不同规格的产品，应两张花弧或“#”字分别堆垛存放，垛高不应超过 1.8 m。

8.2 包装

产品可根据需要采用包装和散装。包装时可采用集装箱或捆扎，并应方便搬运；散装时要保证瓦垛底部平坦稳固。

8.3 运输

用各种运输工具运输时，底部应保持平坦，必须设法使产品固定好。在运输过程中，减少震动，防止碰撞，装卸、搬运时严禁抛掷。

附加说明：

本标准由国家建筑材料工业局苏州混凝土水泥制品研究院提出并归口。

本标准由国家建筑材料工业局苏州混凝土水泥制品研究院等负责起草。

本标准主要起草人冯文娴、冯立平。

本标准委托国家建筑材料工业局苏州混凝土水泥制品研究院负责解释。

中华人民共和国建材行业标准

JC 503—92

油　　毡　　瓦

1　主题内容与适用范围

本标准规定了油毡瓦的定义、产品分类、技术要求、试验方法、检验规则、包装、标志、贮存与运输等。

本标准适用于油毡瓦。

2　引用标准

GB 328.5　沥青防水卷材试验方法　耐热度

GB 328.6　沥青防水卷材试验方法　拉力

GB 328.7　沥青防水卷材试验方法　柔度

JC 504　铝箔面油毡

3　定义

油毡瓦是以玻璃纤维毡为胎基，经浸涂石油沥青后，一面覆盖彩色矿物粒料，另一面撒以隔离材料所制成的瓦状屋面防水片材。

4　产品分类

4.1　等级

油毡瓦按规格尺寸允许偏差和物理性能分为优等品(A)、合格品(C)。

4.2　规格

油毡瓦的规格为长×宽 1 000 mm×333 mm，厚度不小于 2.8 mm(见图 1)。

4.3　用途

油毡瓦适用于坡屋面的多层防水层和单层防水层的面层。

4.4　产品标记

产品按下列顺序标记：产品名称、质量等级、本标准号。

如优等品油毡瓦标记为：

油毡瓦　A　JC 503

国家建筑材料工业局1992-11-11批准　　1993-08-01实施

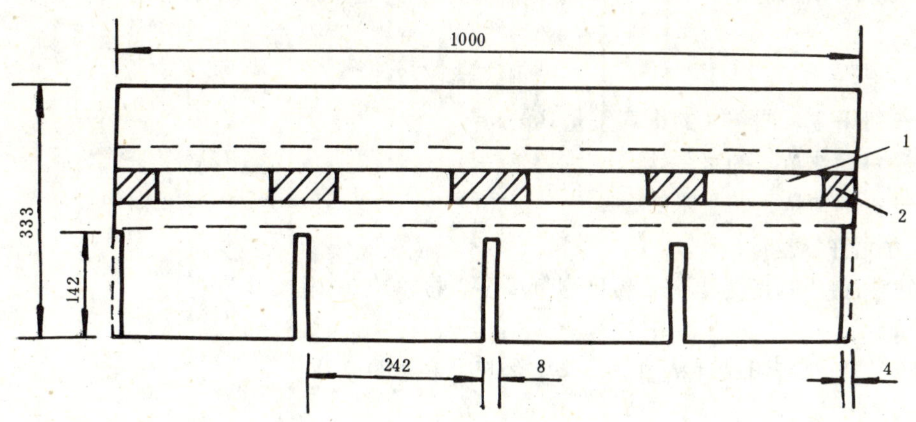

图 1 油毡瓦产品示意图

1—防粘纸;2—自粘结点

5 技术要求

5.1 外观

5.1.1 油毡瓦包装后,在环境温度 10～45℃时,应易于打开,不得产生脆裂和有破坏油毡瓦面的粘连。

5.1.2 玻璃纤维毡必须完全用沥青浸透和涂盖,不能有未经覆盖的纤维。

5.1.3 油毡瓦不应有孔洞、边缘切割不齐、裂纹、断缝等缺陷。

5.1.4 矿物粒料的颜色和粒度必须均匀紧密地覆盖在油毡瓦的表面。

5.1.5 自粘接点距末端切槽的一端不大于 190 mm,并与油毡瓦的防粘纸对齐。

5.2 重量

每平方米油毡瓦的平均重量不小于 2.5 kg。

5.3 规格尺寸允许偏差

优等品±3 mm;合格品±5 mm。

5.4 物理性能

各等级油毡瓦物理性能应符合表 1 的规定。

表 1

项目 \ 等级		优等品	合格品
可溶物含量,g/m²		1 900	1 450
拉力(25±2℃纵向),N	不小于	340	300
耐热度,℃		85±2	
		受热 2 h 涂盖层应无滑动和集中性气泡	
柔度,℃	不大于	10	
		绕半径 35 mm 圆棒或弯板无裂纹	

6 试验方法

6.1 外观

在 10～45℃环境温度条件下,将包装打开,观察油毡瓦的外观情况是否符合 5.1 条的外观要求。

6.2 重量

用精度等级为 0.1 kg 的台秤分别称量 3 捆油毡瓦的重量，并按下式计算：

$$W_1 = W/7$$

式中：W_1——每平方米油毡瓦的平均重量，kg/m²；

W——每捆油毡瓦的重量，kg；

7——每捆油毡瓦的平米数。

6.3 **规格尺寸允许偏差**

长度、宽度用最小刻度为 1 mm 卷尺测量厚度。按 JC 504 附录 B 进行。

6.4 **物理性能**

6.4.1 物理性能检验所需试件按图 2 及表 2 的尺寸和数量切取。

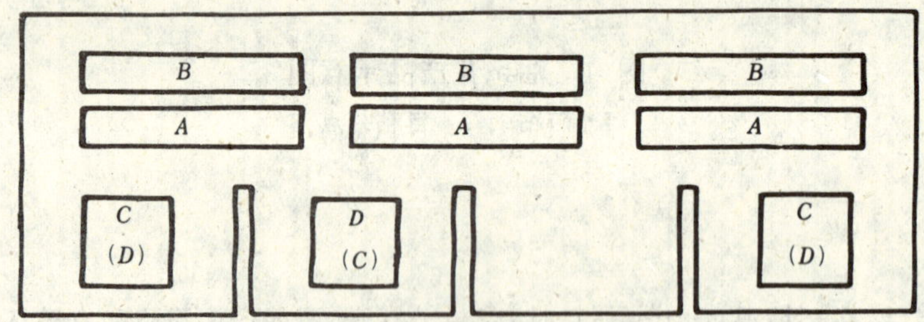

图 2 试件切取部位示意图

注：物理性能检验取样的另一片油毡瓦 C 与 D 按图中括号所示。

表 2 试件尺寸和数量

试验项目	试件部位	试件尺寸，mm	数 量
可溶物含量	C	100×100	3
耐热度	D	100×100	3
拉力	B	250×50	6
柔度	A	250×50	6

6.4.2 可溶物含量按 JC 504 附录 A 进行。

6.4.3 柔度按 GB 328.7 进行。

6.4.4 耐热度按 GB 328.5 进行，但试件悬挂方向与铺设方向相同。

6.4.5 拉力按 GB 328.6 进行。

7 检验规则

7.1 **出厂检验**

油毡瓦的外观、重量、规格尺寸允许偏差和物理性能。

7.2 **组批规则**

以同一等级的产品 500 捆为一批，不足 500 捆者也按一批验收。

7.3 **抽样与判定规则**

7.3.1 外观、尺寸允许偏差

在每批产品中任取 5 捆开包，每捆中任取 2 片进行外观、规格尺寸允许偏差检查，全部指标达到要求时即为合格。若其中有一项达不到要求，应在受检产品中再取 5 捆复查，每捆任取 2 片，全部达到指标要求亦为合格，若仍未达到要求，判该批产品外观、规格尺寸允许偏差不合格。

7.3.2 重量

将外观检查合格的 3 捆油毡瓦称重，每平方米油毡瓦平均重量均达到规定指标时即为重量合格；若发现有低于规定指标时，应在该批产品中再抽 3 捆复查，达到指标时亦为重量合格，若仍不合格，判该批产品重量不合格。

7.3.3 物理性能

7.3.3.1 抽样：从外观、重量和规格尺寸允许偏差合格的油毡瓦中任取 2 片试件进行物理性能试验。

7.3.3.2 可溶物含量、拉力各个试件测定结果的算术平均值达到规定指标；耐热度：3 个试件全部达到规定指标；柔度：6 个试件至少有 5 个试件达到规定指标，则判该项合格。

7.3.3.3 判定：各项检验结果符合物理性能指标时，则判该批产品物理性能合格，若有任一项不符合指标要求，应在该批产品中任取 4 片油毡瓦进行单项复验，均达到指标要求时，则判该批产品为物理性能合格。若仍不合格，则判该批产品物理性能不合格。

7.3.4 总判定

外观、重量、规格尺寸允许偏差、物理性能全部达到相应规定等级指标时，判该批产品为相应等级产品。

7.4 仲裁

如供需双方验收发生争议时，由双方共同委托有关质量检验与监督部门进行仲裁。

7.5 出厂要求

产品出厂时，生产厂需将该批产品出厂检验结果与合格证提供用户。

8 包装、标志、贮存与运输

8.1 包装

油毡瓦以 21 片为一捆进行包装，并注明产品等级，内放标志说明。

8.2 标志

a. 生产厂名；

b. 商标；

c. 产品标记、生产日期和班次；

d. 贮存与运输注意事项。

8.3 贮存与运输

8.3.1 不同颜色、不同等级的产品必须分别存放。

8.3.2 油毡瓦应平放，高度不得超过 15 捆。应避免雨淋、日晒、受潮，并要注意通风。

8.3.3 由于运输与贮存不当，或自生产之日起产品存放超过一年发生质量问题时，生产单位不予处理。

8.3.4 运输时，油毡瓦必须平放，必要时加盖苫布。

附加说明：

本标准由中国建筑防水材料公司苏州研究设计所技术归口。

本标准由天津油毡厂负责起草。

本标准主要起草人王德才。

中华人民共和国建材行业标准

JC/T 562—94

红泥耐候塑料波形板

1 主题内容与适用范围

本标准规定了红泥耐候塑料波形板的分类、等级、技术要求、试验方法、检验规则、标志、包装、运输和贮存。

本标准适用于以聚氯乙烯、红泥为主要原料，辅以助剂，经热塑成形的波形板（以下简称波形板），主要用作建筑屋面材料及装饰材料。

注：红泥又称赤泥，为铝氧厂锻烧铝矾土制取氧化铝过程中排放的工业废渣。

2 引用标准

GB 1033 塑料密度和相对密度试验方法

GB 1040 塑料拉伸试验方法

GB 2406 塑料燃烧性能试验方法 氧指数法

GB 6566 建筑材料放射卫生防护标准

GB 9344 塑料氙灯光源曝露试验方法

3 分类、等级与规格

3.1 分类

波形板按其形状分为小波板和大波板。

3.2 等级

波形板按其外观质量分为一等品、合格品两个等级。

3.3 规格

波形板的横断面形状见图1，其规格尺寸及允许偏差应符合表1规定。其他规格尺寸由供需双方商定。

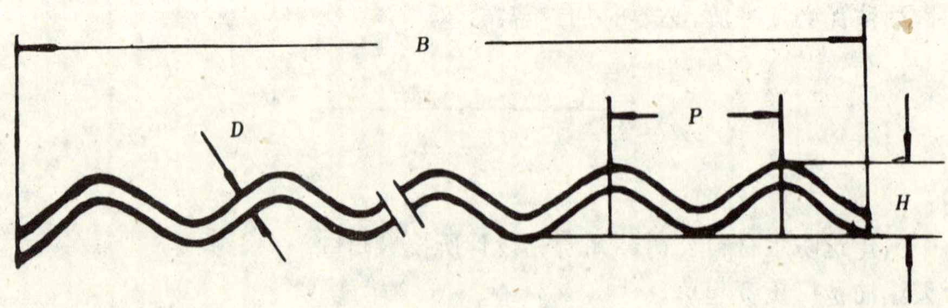

图1 波形板横断面图

国家建筑材料工业局1994-09-14批准　　　　1995-05-01实施

表 1 mm

类别	长度 L	宽度 B	厚度 D	波高 H	波距 P	波数 个
小波板	1820^{+10}_{-0}	760^{+5}_{-0}	0.8±0.10 1.1±0.15 1.4±0.18	8±1	32	24
大波板	1820^{+10}_{-0}	760^{+5}_{-0}	1.0±0.10 1.3±0.15 1.5±0.18	15±1	63	12

4 技术要求

4.1 外观

波形板的外观质量应符合表 2 规定。

表 2

等级	外观质量指标
一等品	表面光滑平整,厚度均匀,色泽一致。无裂纹、裂口、破孔、烧焦、气泡、明显麻点、异色点
合格品	表面基本光滑平整,允许有轻微的麻点、气泡和条纹。端面裂口不大于 5mm,每张板不超过 2 处。穿孔修补不超过 3 处/张,每处修补面积不大于 $4cm^2$。

4.2 密度

1.45～1.65g/cm^3。

4.3 弯曲性能

波形板的弯曲性能应符合表 3 规定。

表 3

类别	厚度 mm	支承跨度 mm	荷载 kg	允许挠度,不大于 mm
小波板	0.8 1.1 1.4	500	30	60 50 40
大波板	1.0 1.3 1.5	800	40	70 60 50

4.4 冲击性能

波形板经冲击试验后不得产生贯穿的孔穴或裂纹。

4.5 耐燃性

波形板的耐燃性指标氧指数应不小于 40。

4.6 耐候性

4.6.1 耐候性的外观性能评价:波形板经人工加速老化试验后,不得出现龟裂、斑点和粉化现象。

4.6.2　耐候性的物理性能评价:波形板经人工加速老化试验后,其拉伸强度保留率(K_1)不得低于80%,断裂伸长率,保留率(K_2)不得低于60%。

4.7　建筑材料放射卫生防护性能

波形板的天然放射性核素的比活度应符合式(1)和式(2)的规定:

$$\frac{A_{Ra}}{200} \leqslant 1.0 \qquad (1)$$

式中:A_{Ra}——镭-226的比活度,Bq/kg。

$$\frac{A_{Ra}}{350}+\frac{A_{Th}}{260}+\frac{A_{K}}{4000} \leqslant 1.0 \qquad (2)$$

式中:A_{Th}——钍-232的比活度,Bq/kg;

A_{K}——钾-40的比活度,Bq/kg。

5　试验方法

5.1　规格尺寸的测量

5.1.1　波形板的长度与宽度,用刻度为1mm的钢板尺或钢卷尺在每张板的两侧和中央三处分别测量,读数精确至1mm,取其算术平均值为测定结果。

5.1.2　波形板的厚度,用精度为0.1mm的游标卡尺在每张板端面的两端和中央三处分别测出波峰、波谷、波间三点的厚度,读数精确至0.10mm,取三点的平均值为该处板的厚度。取其三处厚度的算术平均值为该板的厚度。

5.1.3　波形板的波距,用游标卡尺在每张板端面的两端和中央三处分别测量任意两波峰的间距,读数精确至1mm,取其三处波峰的平均值为该板的波距。

5.1.4　波形板的波高,用游标卡尺测量。将波形板置于平整的平面上,用深度游标卡尺测量平面至波峰的距离即为波高,读数精确至1mm,取每张板端面的两端和中央三处测得的平均值为该板的波高。

5.2　外观检查

在自然光照下,距波形板600mm处目测,并用刻度为1mm的钢板尺或钢卷尺测量。

5.3　密度试验

按照GB 1033的规定进行。

5.4　弯曲试验

5.4.1　试件:应符合表1、表2的规定。

5.4.2　试验条件:试验温度23±2℃。

5.4.3　试验装置:如图2,支承棒与加载棒为长度大于700mm的圆钢或钢管。

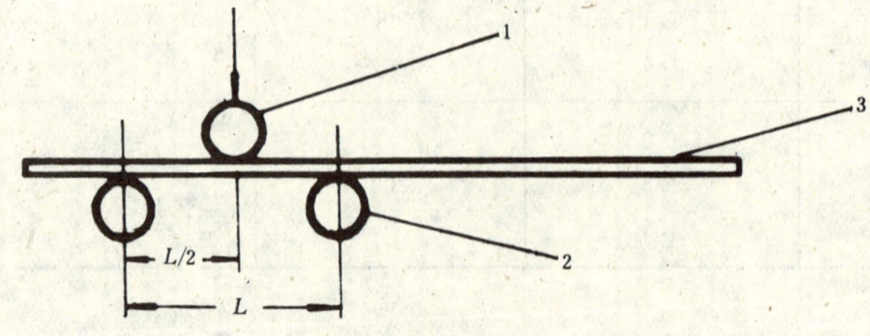

图2　弯曲试验示意图

1—加载棒;2—支承棒;3—试件

5.4.4　试验步骤:将支承棒按表3规定的支承跨度横向置于波形板下,加载棒置于波形板的支承跨度中央,一次加至表3规定的荷载(包括加载棒自重),立即用钢板尺测量其支承跨度中央的挠度。加载过程中需保持支承棒、加载棒与试件横断面上的波峰全部相接触。

5.4.5 结果计算

所测平均挠度在试件宽度等于 760mm 时，即为产品挠度；

当试件宽度不等于 760mm 时，产品挠度按式(3)计算。

$$\delta=\delta_T \frac{B}{760} \quad \cdots\cdots (3)$$

式中：δ——挠度，mm；

δ_T——试件试验的挠度，mm；

B——试件宽度，mm。

5.5 冲击试验

5.5.1 试件：应符合表 1 规定。

5.5.2 试验条件：试验温度 23±2℃。

5.5.3 试验装置：按表 3 要求将试件置于规定跨度的支承棒上。

5.5.4 试验步骤：将 1kg 重钢球在距波形板 1.5m 的高度自由下落冲击试件。冲击点需在支承跨度中心线的波峰处。冲击次数为一次。经冲击后试件不破裂为合格。

5.6 耐燃性试验

试件厚度按实际产品厚度，试验方法按照 GB 2406 的规定进行。

5.7 耐候性试验

5.7.1 试件：波形板经热压为平板后，按 GB 1040 的规定制备。

5.7.2 试验方法：按 GB 9344 的规定进行。

5.7.3 试验时间：1000h。

5.7.4 结果计算

拉伸强度保留率和断裂伸长率保留率分别按式(4)和式(5)计算。

$$K_1=\frac{S_1}{S_0} \quad \cdots\cdots (4)$$

式中：K_1——拉伸强度保留率，%；

S_1——人工加速老化试验后试件的平均拉伸强度，MPa；

S_0——试件原样的平均拉伸强度，MPa。

$$K_2=\frac{\varepsilon_1}{\varepsilon_0} \quad \cdots\cdots (5)$$

式中：K_2——断裂伸长率保留率，%；

ε_1——人工加速老化试验后试件的平均断裂伸长率，%；

ε_0——试件原样的平均断裂伸长率，%。

5.8 建筑材料放射卫生防护性能

按 GB 6566 的规定进行。

6 检验规则

6.1 检验分类

产品检验分为出厂检验和型式检验。

6.2 检验项目

6.2.1 出厂检验项目：外观、规格尺寸及允许偏差、弯曲试验、冲击强度。

6.2.2 型式检验项目：包括规格尺寸与技术要求的全部项目。

6.3 出厂检验

6.3.1 批量：在相同配方、相同工艺条件下，同一规格的波形板为一批量，批量数量的范围为

200～3000张。

6.3.2 抽样:按表4的规定进行。

表4

1	2	3	4	5	6
批量数量	抽样数量	第一次样品		第一次样品＋第二次样品	
		合格判定数 A_{c1}	不合格判定数 R_{e1}	合格判定数 A_{c2}	不合格判定数 R_{e2}
＜200	3	0	2	1	2
201～400	4	0	2	1	2
401～800	5	0	2	1	2
801～1500	7	0	2	1	2
1501～3000	10	0	2	2	3

6.3.3 判定:按品质检验程序进行(表4第3～6栏)。即不合格品数未超过表4第3栏时,则判定该批产品符合该等级。若不合格品数等于或大于表4第4栏时,则判定该批量产品不符合该等级。若第一次样品中的不合格品数超过 A_{c1} 但小于 R_{e1} 则应抽取并检验与第一次样品相同数量的第二次样品。若两次不合格品数未超过表4第5栏,则判定该批产品符合该等级。若两次不合格品数大于或等于表4第6栏时,则判定该批产品不符合该等级。

6.4 型式检验

6.4.1 有下列情况之一时,应进行型式检验。

a. 新建厂的产品试制、鉴定或正式投产;

b. 原材料和生产工艺重大改变;

c. 正常生产时,每年进行一次;

d. 长期停产后恢复生产;

e. 国家质量监督机构提出进行型式检验。

6.4.2 抽样:

6.4.2.1 抽样按表4规定。

6.4.2.2 判定:按6.3.3的规定进行。

7 标志、包装、运输、贮存

7.1 标志

应在产品表面标注生产厂名称、产品名称、商标、产品规格和批量编号。每批产品出厂应具备符合本标准规定的出厂质量合格证和使用要求及注意事项等技术文件。

7.2 包装

波形板一般每10张为一件,用塑料编织带沿纵横方向各扎1～2条。

7.3 运输

运输时,产品不得在车内碰撞,产品与车箱接触面需用软物垫衬,隔离震动。装卸中不得抛掷。

7.4 贮存

产品应贮存在室内,堆放地面应平整,并按等级、规格分别堆放。平面堆垛量不超过100件/每垛,"井"字堆垛量不超过200件/每垛。

附 录 A
红泥质量要求
（参考件）

A1 物理化学性能

A1.1 红泥密度和化学组成应符合表 A1 要求。

表 A1

技术要求	密度 g/cm³	化学成分,%						
		CaO	SiO_2	Fe_2O_3	Al_2O_3	TiO_2	Na_2O	烧失量
指标	2.6～2.9	30～48	13～22	3～10	6～18	4～9	2～5	7～10

A1.2 细度:325 目筛余量不大于 2%。

A1.3 改性处理:生产需要对某些指标如活性、化学交联或物理吸附加以改善时,可作化学或机械化学处理。

A1.4 建筑材料放射卫生防护性能应满足 GB 6566 的规定。

A2 使用要求

A2.1 红泥应作防潮包装,置于干燥处存放。

A2.2 使用前应作干燥处理。

附 录 B
波形板使用要求及注意事项
（参考件）

B1 使用要求

B1.1 波形板使用的屋面支承材料如檩条、固定勾或压条可与石棉水泥瓦、混凝土平瓦、玻璃纤维增强塑料波形瓦等所用材料相同。

B1.2 波形板的铺设方法、搭接长度、固定方式与相同规格尺寸的石棉水泥瓦、玻璃纤维增强塑料波形瓦的形式相同。

B2 维修及注意事项

B2.1 施工中,对多余的钉孔或轻微破口、破孔等,可用粘接剂补贴,其使用效果不受影响。

B2.2 波形板可作脊瓦直接弯曲使用。其长度与宽度可根据建筑需要,切割成任意长度或宽度。

B2.3 波形板的屋面施工或维修时,必须架设临时走道板,不允许直接在其支承中央部分承重。

附加说明：

本标准由国家建筑材料工业局提出。

本标准由国家建筑材料工业局合肥水泥研究设计院负责起草，芜湖市化工厂、瑞昌红泥塑料厂、郑州红泥塑胶工业有限公司参加起草。

本标准主要起草人王炤、王友宏、罗帆、韩太勤、马菊生、徐昌维、陈珠峰。

中华人民共和国建材行业标准

JC/T 567—94

玻璃纤维增强水泥波瓦及其脊瓦

1 主题内容与适用范围

本标准规定了玻璃纤维增强水泥波瓦及其脊瓦的品种、规格、等级、技术要求、试验方法、检验规则、标志、贮存及运输等。

本标准适用于以耐碱玻璃纤维和低碱度水泥为基本原料制成的玻璃纤维增强水泥中波瓦、半波瓦及覆盖屋脊用"人"字形脊瓦。

玻璃纤维增强水泥中波瓦和半波瓦主要用于房屋建筑的屋面、内外墙及轻型复合屋顶的承重板。

2 引用标准

GB 7019 石棉水泥制品吸水率、容重及孔隙率测定方法

GB 8040 石棉水泥波瓦、平板抗折性试验方法

GB 8041 石棉水泥波瓦、平板不透水性试验方法

GB 8042 石棉水泥波瓦、平板抗冻性试验方法

GB 9772 石棉水泥波瓦及其脊瓦

GB 9773 石棉水泥波瓦、平板抗冲击性试验方法

ZB Q11 003 I 型低碱度硫铝酸盐水泥

ZB Q11 005 快硬硫铝酸盐水泥

3 分类

3.1 等级

玻璃纤维增强水泥波瓦按其抗折力、吸水率与外观质量分为优等品、一等品和合格品。

3.2 规格

3.2.1 玻璃纤维增强水泥中波瓦、半波瓦的横断面形状分别见图 1、图 2、规格尺寸及允许偏差应符合表 1 的规定。

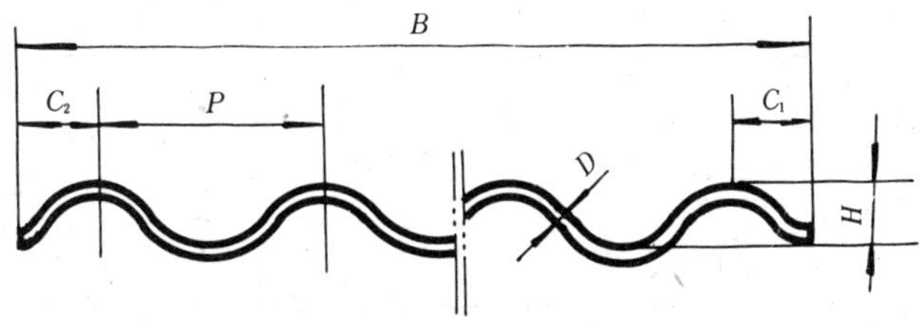

图 1 玻璃纤维增强水泥中波瓦

国家建筑材料工业局 1994-09-14 批准　　　　1995-05-01 实施

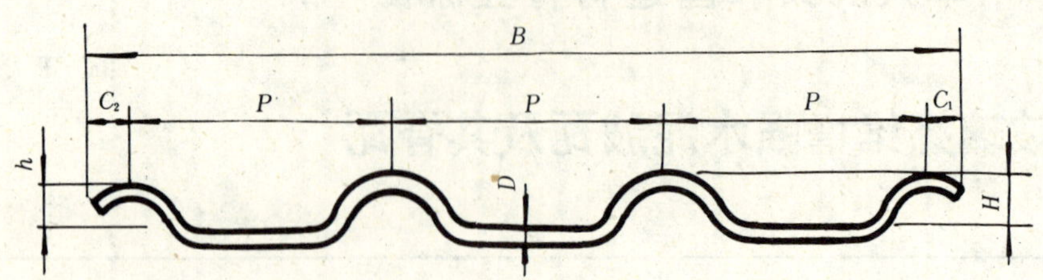

图 2 玻璃纤维增强水泥半波瓦

表 1

mm

品种		规格尺寸及允许偏差						边距		参考质量 kg
		长 L	宽 B	厚 D	波距 P	波高 H	弧高 h	C_1	C_2	
中波瓦		2 400±10 1 800±10	745±10	$7^{+1.5}_{-1.0}$	131±3	33^{+1}_{-2}	—	45±5	45±5	28 21
半波瓦	A 型	2 800±10	965±10	$7^{+1.5}_{-1.0}$	300±3	40±2	30±2	35±5	30±5	43
	B 型	>2 800±10	1 000±10	$7^{+1.5}_{-1.0}$	310±3	50±2	38.5±2	40±5	30±5	—

注：A 型半波瓦可以采用石棉水泥半波瓦的瓦模，B 型半波瓦的长度(L)由生产厂与用户商定。

3.2.2 玻璃纤维增强水泥脊瓦的形状见图 3，规格尺寸及允许偏差应符合表 2 的规定。

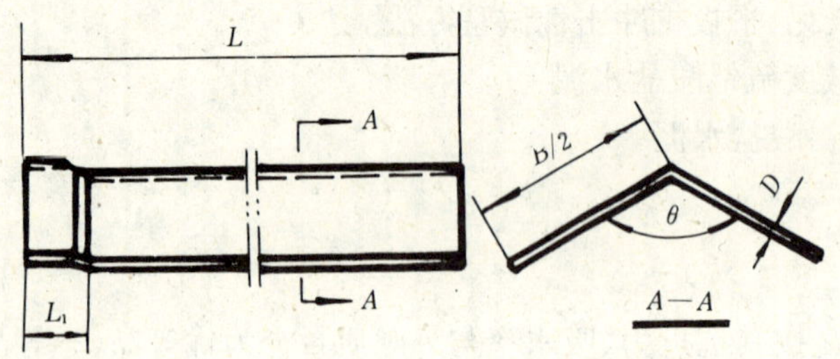

图 3 "人"字形玻璃纤维增强水泥脊瓦

表 2

名称	规格	长度，mm		宽度 mm	厚度 mm	角度 °	参考质量 kg
		搭接长	总长				
脊瓦	符 号	L_1	L	B	D	θ	W
	尺 寸	70	850	230×2	7	125	5.6
	允许偏差	±10	±10	±10	+1.5 −1.0	±5	—

注：其他规格的玻璃纤维增强水泥脊瓦，可由供需双方协议生产。

4 技术要求

4.1 原材料

4.1.1 玻璃纤维：应采用符合 ZBQ

规定的耐碱玻璃纤维无捻粗纱，也可采用耐碱玻璃纤维网眼织物，其规格与性能可参照表 3 的规定。

表 3

规格与性能 品名	幅宽 mm	网眼规格 mm	织物密度 根/cm		抗拉强度 N/cm		每平方米质量 g/m²
			经向	纬向	经向	纬向	
耐碱玻璃纤维网眼织物	850	5×5	4	2	300	150	130

4.1.2 水泥：应采用符合 ZB Q11 003 规定的比面积为 520±30 m²/kg 的 I 型低碱度硫铝酸盐水泥或符合 ZB Q11 005 规定的快硬硫铝酸盐水泥。

4.1.3 砂：应采用粒径不大于 2 mm 的建筑用砂，其中粘土、淤泥和细屑的总含量必须小于 3%。

4.1.4 水：应采用淡水。水中不应含有影响制品性能的有害物质。

4.2 外观质量

4.2.1 产品应表面平整，边缘整齐，不得有断裂、起层、贯穿厚度的孔洞与夹杂物等疵病。

4.2.2 优等品应四边方正，无掉角、掉边、表面裂纹及玻璃纤维裸露表面。

4.2.3 一等品、合格品的外观质量应符合表 4 的规定。

表 4　　mm

外观缺陷	允许范围		
	中波瓦	半波瓦	脊瓦
掉角	沿瓦长度方向不得超过 100，宽度方向不得超过 45	沿瓦长度方向不得超过 150，宽度方向不得超过 25	沿瓦长度方向不得超过 20，宽度方向不得超过 20
	一张瓦的掉角不得多于 1 个		
掉边	宽度不得超过 15	宽度不得超过 15	不允许
裂纹	不得有因成型造成的下列之一的裂纹和贯通厚度的裂纹： 正表面：a 宽度超过 1.2 的； b 长度超过 75 的； 背　面：c 宽度超过 1.5 的； d 长度超过 150 的		
方正度	≤7		—

4.3 物理力学性能

4.3.1 各等级玻璃纤维增强水泥波瓦的物理力学性能应符合表 5 的规定。

表 5

物理力学性能项目 \ 指标 \ 产品类别与级别			中波瓦			半波瓦					
			优等品	一等品	合格品	优等品		一等品		合格品	
抗折力	横向	N/m	≥4 400	≥3 800	≥3 250	正面 ≥3 800	反面 ≥2 400	正面 ≥3 300	反面 ≥2 000	正面 ≥2 900	反面 ≥1 700
	纵向	N	≥420	≥400	≥380	≥790		≥760		≥730	

续表 5

物理力学性能项目 \ 指标 \ 产品类别与级别	中波瓦			半波瓦		
	优等品	一等品	合格品	优等品	一等品	合格品
吸水率,%	≤10	≤11	≤12	≤10	≤11	≤12
抗冻性	25 次循环冻融后,试样不得有起层等破坏现象					
不透水性	连续试验 24 h 后,瓦体背面允许出现洇斑,但不允许出现水滴					
抗冲击性	在相距 60 cm 处进行观察时,被击处不得出现龟裂、剥落、贯通孔及裂纹					

4.3.2 玻璃纤维增强水泥脊瓦,其破坏荷重应不低于 590 N,经过 25 次循环冻融试验后不得有起层等破坏形象。

5 试验方法

5.1 规格尺寸与外观质量检验

5.1.1 长度、宽度、厚度、波高、波距、边距、掉角、掉边、方正度和表面平整度的检验,按照 GB 9772 附录 A(补充件)的规定进行。

5.1.2 表面裂纹的宽度,用二级精度的塞尺进行测量。

5.1.3 用肉眼观察玻璃纤维是否裸露制品表面。

5.2 物理力学性能试验方法

5.2.1 玻璃纤维增强水泥中波瓦的抗折力、半波瓦的横向抗折力和脊瓦的破坏荷重,分别按照 GB 8040 中石棉水泥中波瓦、半波板和脊瓦的抗折试验方法进行试验。玻璃纤维增强水泥半波瓦纵向抗折试验的试样在作完横向抗折试验的试样上离断口 50 mm 处割取,长度为全瓦宽,宽度为 700 mm,加荷方式与支距见图 4。

5.2.2 玻璃纤维增强水泥波瓦吸水率测定,按照 GB 7019 进行,但试件应在 70~75℃恒定温度下干燥至恒量。

5.2.3 玻璃纤维增强水泥波瓦及其脊瓦抗冻性试验,按照 GB 8042 进行。

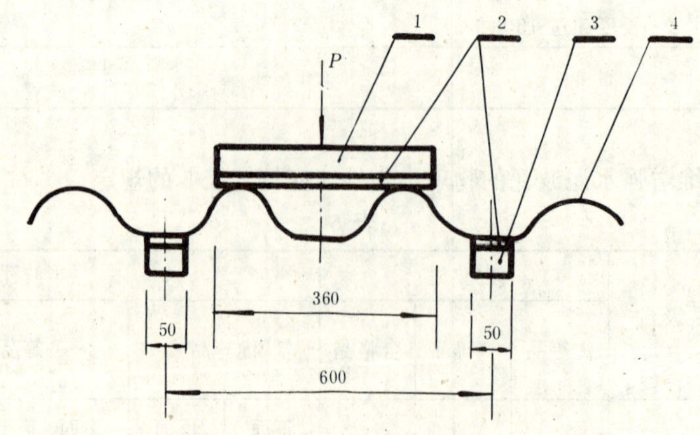

图 4 半波瓦纵向抗折加荷方式与支距

1—刚性平板;2—毛布(厚 10);3—支座;4—半波瓦试样

5.2.4 玻璃纤维增强水泥波瓦不透水性试验,按照 GB 8041 进行。

5.2.5 玻璃纤维增强水泥波瓦抗冲击性试验，按照GB 9773进行。

6 检验规则

6.1 检验项目

6.1.1 出厂检验

波瓦包括外观质量、规格尺寸、抗折力、吸水率和抗冻性，脊瓦包括外观质量、规格尺寸与破坏荷重。

6.1.2 型式检验

包括出厂检验的全部检验项目和波瓦的不透水性、抗冲击性、脊瓦的抗冻性，必要时由双方协议还可增加试验项目。

6.2 批量、抽样与判定

6.2.1 出厂检验

6.2.1.1 每批玻璃纤维增强水泥波瓦或脊瓦应为同一品种、同一等级、同一规格的产品。每批量最多和最少的数量按表6的规定。验收地点应在生产厂内。

表 6

品种	批量数量范围，张
波瓦	3 000～200
脊瓦	400～100

6.2.1.2 用户可从每一受检批次中随机抽取样品（每垛瓦最上5张与底部5张除外），样品数量列于表7。

6.2.1.3 规格尺寸与外观质量验收规则按品质检验程序进行（表7第3～6栏），即不合格品数未超过表7第3、5栏时。则该受检批量应予验收，若不合格品数等于或大于表7第4、6栏时，则该批量可予拒收，若第一次样品中的不合格品数超过A_{c1}但小于R_{e1}。则应抽取并检验与第一次样品相同数量的第二次样品。批量不合格时可进行逐张检查处理。

表 7

1	2	3	4	5	6	7	8
生产期间已试验产品每受检批次的数量	抽样数量	第一次样品		第一次+第二次样品		用变量法检查可接收系数 K	备　注
		合格判定数 A_{c1}	不合格判定数 R_{e1}	合格判定数 A_{c2}	不合格判定数 R_{e2}		
<200	3	0	2	1	2	0.29	$AL=L+KR$ 式中：AL——可验收极限，N； L——标准低限，N； K——可接收系数； R——样品中最大值与最小值之差，N
200～400	4	0	2	1	2	0.34	
401～800	5	0	2	1	2	0.37	
801～1 500	7	0	2	1	2	0.40	
1 501～3 000	10	0	2	2	3	0.50	

6.2.1.4 按变量检验程序（表7第7、8栏）对抗折力进行判定。若样品的平均值（$\overline{X}$）大于或等于可验收极限，即$\overline{X}\geqslant AL$，则该批量合格。若$\overline{X}<AL$，则该批量不合格。

6.2.1.5 瓦的吸水率、抗冻性、不透水性和抗冲击性试验，脊瓦的抗冻性试验，应在同一批量中抽取2

张试件(也可从同样的抽样单位中取样)。试验结果仅有一项性能不合格时,允许抽取加倍数量样品再次检验,检验后仍有一张不合格,则该批产品为不合格。

6.2.1.6　若规格尺寸、外观质量、物理力学性能检验结果全部符合本标准某一等级要求时,则判为该等级。如有一项指标不符合合格品要求时,则为不合格品。

6.2.2　型式检验

6.2.2.1　当产品有下列情况之一时,应进行型式检验。

a.　新产品或老产品转厂生产的试制定型鉴定;

b.　原材料和生产工艺有重大改变时;

c.　产品长期停产后恢复生产或出厂检验结果与上次型式检验有较大差异时;

d.　正常生产时,每六个月进行一次;

e.　国家质量监督机构提出要求时。

6.2.2.2　型式检验项目,抽样与判定按 6.2.2.2～6.2.2.6 条规定进行。

6.3　复验

用户对检验结果发生怀疑时,可以提出复验,复验抽样与判定按 6.2.1.2～6.2.1.6 条进行。

7　标志与产品合格证

7.1　标志

在每张瓦的正面第 2 个或第 3 个波上(脊瓦在外表面上)须用不掉色的颜料标明生产厂名称(或商标)、生产日期、班别等级等。

7.2　产品合格证

发货时,必须将产品合格证随同发货单寄给用户,其内容包括:

a.　批量编号;

b.　生产厂名称及厂址;

c.　产品名称、商标、等级、规格与生产日期;

d.　产品性能检验结果;

e.　本标准编号;

f.　生产厂检验部门及检验人员签名盖章。

8　贮存、包装、运输

8.1　贮存

存放场地必须坚实平坦,不同品种、不同等级、不同规格的产品应两张花弧或“井”字分别堆垛存放,垛高不应超过 1.8 m。脊瓦可侧立或平垛堆放。

8.2　包装

产品根据需要可散装或包装、包装时可采用集装箱或捆扎包装,并应方便搬运;散装时要保证瓦垛底平坦稳固。

8.3　运输

用各种运输工具运输玻璃纤维增强水泥波瓦及脊瓦时,垛底应保持平坦,必须设法使产品固定好。在运输过程中,要减少震动,防止碰撞,装卸、搬运时严禁抛掷。

附加说明：

本标准由国家建筑材料工业局苏州混凝土水泥制品研究院归口。

本标准由中国建筑材料科学研究院房建材料与混凝土研究所负责起草。

本标准主要起草人阎忠灿。

本标准委托中国建筑材料科学研究院房建材料与混凝土研究所负责解释。

中华人民共和国建材行业标准

JC/T 629—1996

农房用预应力混凝土矩形檩条

1 范围

本标准规定了预应力混凝土矩形檩条的分类、技术要求、试验方法及检验规则等。

本标准主要适用于农村和乡镇房屋建筑用的预应力混凝土矩形檩条(以下简称檩条)。

2 引用标准

GB 175 硅酸盐水泥、普通硅酸盐水泥

GB 1344 矿渣硅酸盐水泥、火山灰质硅酸盐水泥及粉煤灰硅酸盐水泥

GB 5223 预应力混凝土用钢丝

GB 8076 混凝土外加剂

GB 12958 复合硅酸盐水泥

GB 13788 冷轧带肋钢筋

GB/T 14684 建筑用砂

GB/T 14685 建筑用卵石、碎石

GB 50204 混凝土结构工程施工及验收规范

GBJ 10 混凝土结构设计规范

GBJ 107 混凝土强度检验评定标准

JC/T 624 农房混凝土构件质量检测方法

JGJ 19 冷拔钢丝预应力混凝土构件设计及施工规程

JGJ 63 混凝土拌合用水质量标准

3 分类

3.1 级别

檩条按常用屋面习惯做法分为三个荷载级别见表1。

表1 不同屋面做法的荷载级别 N/m²

荷载级别	Ⅰ	Ⅱ	Ⅲ
相应的最大永久荷载	700～1 000	1 100～1 500	1 600～1 900

注:① 相应的最大永久荷载不包括檩条自重。

② 所谓常用屋面三种习惯做法:指冷摊机平瓦或机平瓦卧草泥(Ⅰ级),小青瓦卧草泥或其中再加望砖(Ⅱ级)以及其他组合做法(Ⅲ级)。

3.2 规格

3.2.1 外形

檩条外形见图1。

国家建筑材料工业局1996-03-21批准 1996-08-01实施

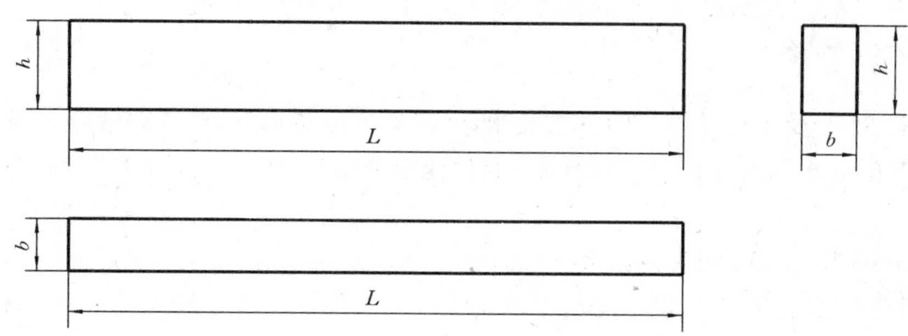

图1　檩条外形

3.2.2　截面尺寸、公称长度

檩条截面尺寸及其相应的公称长度 L(檩条的实际长度 L 加上20mm)应符合表2规定。

表2　檩条截面尺寸、公称长度　　mm

截　面 $b\times h$	级　别	公　称　长　度 L
60×120	Ⅰ	3000,3300,3400
60×140	Ⅰ	3000,3300,3400,3600,3800
	Ⅱ	3000,3300
60×160	Ⅰ	3000,3300,3400,3600,3800,4000,4200,4500
	Ⅱ	3000,3300,3400,3600,3800,4000,4200
70×180	Ⅰ,Ⅱ	3000,3300,3400,3600,3800,4000,4200,4500,4700,4800,5000
	Ⅲ	3000,3300,3400,3600,3800
80×200	Ⅰ,Ⅱ	3400,3600,3800,4000,4200,4500,4700,4800,5000,6000
	Ⅲ	3400,3600,3800,4000,4200,4500
80×250	Ⅰ,Ⅱ,Ⅲ	3600,3800,4000,4200,4500,4700,4800,5000,6000
100×300	Ⅰ,Ⅱ,Ⅲ	4200,4500,4700,4800,5000,6000

3.3　等级

檩条按混凝土强度、尺寸偏差、外观质量和力学性能分为一等品(B)和合格品(C)。

3.4　标记

檩条标记如下：

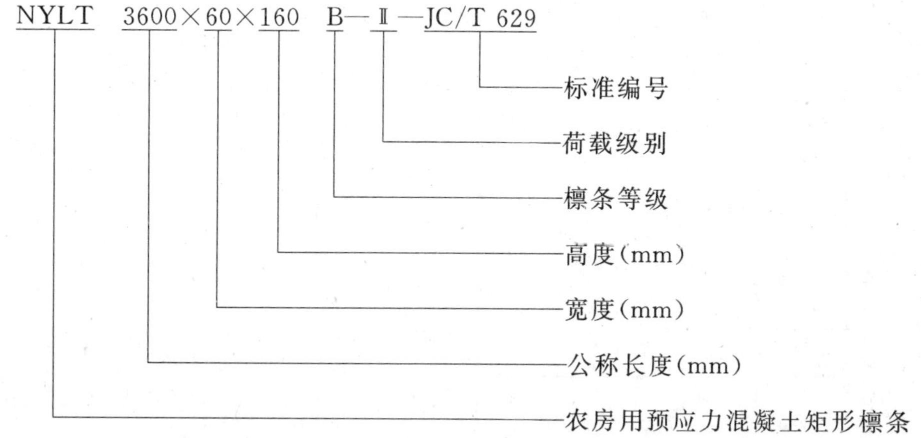

4 原材料要求

4.1 水泥宜采用425号及该标号以上的硅酸盐水泥、普通硅酸盐水泥、矿渣硅酸盐水泥、火山灰质硅酸盐水泥及粉煤灰硅酸盐水泥或复合硅酸盐水泥。其性能应分别符合GB 175、GB 1344或GB 12958的规定。

4.2 砂子应符合GB/T 14684的规定。

4.3 粗骨料采用碎石或卵石，其性能应符合GB/T 14685的规定。石子最大颗粒粒径不应超过钢筋最小净距离的3/4。

4.4 拌制和养护混凝土用水应符合JGJ 63规定的要求。

4.5 掺用的外加剂应符合GB 8076的规定。不得掺用加气剂和引气型外加剂。

4.6 檩条中的预应力筋应采用甲级冷拔低碳钢丝或冷拔低合金钢丝以及冷轧带肋钢筋，也可用碳素钢丝和刻痕钢丝；非预应力筋宜采用乙级冷拔低碳钢丝。其性能应分别符合JGJ 19或GB 13788以及GB 5223中相应的规定。

5 技术要求

5.1 混凝土强度

5.1.1 混凝土设计强度等级不得低于C30。

5.1.2 标准养护条件下28d混凝土抗压强度应满足GBJ 107的要求。

5.1.3 预应力筋放张时与构件同条件养护的混凝土抗压强度不得低于混凝土设计强度等级的75%。

5.1.4 檩条出厂时，与构件同条件养护的混凝土抗压强度不得低于混凝土设计强度等级。

5.2 外观质量和尺寸允许偏差

檩条的外观质量和尺寸允许偏差应符合表3规定。

表3 外观质量和尺寸允许偏差

mm

类别	项次	项目		尺寸允许偏差	
				一等品 B	合格品 C
外观质量	1	露筋		不允许	不允许
	2	裂缝		不允许	不允许
	3	孔洞		不允许	不允许
	4	缺角掉边	数量	每件不超过1处	每件不超过1处
			长度	不允许	≤40
			宽度	不允许	≤20
	5	蜂窝麻面		不大于同一面面积的1%	不大于同一面面积的2%
尺寸	6	长度		+8 −4	+10 −5
	7	宽度		±4	±5
	8	高度		±4	±5
	9	主筋保护层厚度		±5	+10 −5

表 3(完)

类别	项次	项目	尺寸允许偏差	
			一等品 B	合格品 C
尺寸	10	侧向弯曲	≤L/1000	≤L/750
	11	表面平整度	2m 长度内不大于 5	2m 长度内不大于 7
	12	预应力筋中心位移	±2	±3
	13	预留孔中心位移	≤5	≤7
	14	端部垂直倾斜值	±5	±8

5.3 力学性能

檩条的力学性能应包括承载力、挠度和抗裂检验。

5.3.1 承载力

要求按混凝土结构设计规范规定进行检验时，应符合式(1)要求：

$$\gamma_u^o \geqslant \gamma_o[\gamma_u] \quad \cdots\cdots (1)$$

式中：γ_u^o——承载力检验系数实测值，即试验达到表 4 所列检验标志之一时的荷载实测值与承载力检验荷载设计值(均包括自重)的比值；承载力检验荷载设计值按 JC/T 624 规定计算；

$[\gamma_u]$——承载力检验系数允许值，按表 4 取用；

γ_o——结构构件的重要性系数，一般情况下取 $\gamma_o=1$。

要求按实配钢筋的承载力进行检验时，应符合式(2)要求：

$$\gamma_u^o \geqslant \gamma_o \cdot \eta[\gamma_u] \quad \cdots\cdots (2)$$

式中：η——承载力检验修正系数，即按檩条实配钢筋面积 A 确定的承载力计算值与内力组合设计值的比值(由设计部门给定)。

表 4 承载力检验系数允许值$[\gamma_u]$

受力情况	达到承载力极限值的检验标志	$[\gamma_u]$
受弯	受拉主筋处的最大裂缝宽度达到 1.5mm 或挠度达到跨度的 1/50	1.45
	受压区混凝土破坏，此时受拉主筋处的最大裂缝宽度小于 1.5mm 且挠度小于跨度的 1/50	1.40
	受拉主筋拉断	1.50
受弯构件的受剪	腹部斜裂缝达到 1.5mm，或斜裂缝末端受压混凝土剪压破坏	1.35
	沿斜截面混凝土斜压，受拉主筋在端部滑脱或其他锚固破坏	1.50

5.3.2 挠度

要求按混凝土结构设计规范规定挠度允许值检验时，应符合式(3)、式(4)要求：

$$a_s^o \leqslant [a_s] \quad \cdots\cdots (3)$$

$$[a_s]=\frac{M_s}{M_L(\theta-1)+M_s}\times[a_f] \quad \cdots\cdots (4)$$

式中：a_s^o——在正常使用的短期检验荷载作用下，檩条的短期挠度实测值，mm，按 JC/T 624 规定计算；

$[a_s]$——短期挠度允许值，mm；

M_s——按荷载的短期效应组合计算所得的弯距值，kN·m；

M_L——按荷载的长期效应组合计算所得的弯距值，kN·m；

θ——考虑荷载的长期效应组合对挠度增大的影响系数，对于檩条一般取 $\theta=2$；

$[a_f]$——挠度允许值，对于檩条取$[a_f]$，为其计算跨度的 1/200。

要求按实配钢筋确定的挠度计算值进行检验时，应符合式(5)要求：

$$a_s^o \leqslant 1.2a_s^c \quad \cdots\cdots (5)$$

同时还符合式(3)的要求。

式中：a_s^c——在正常使用短期荷载检验值下，按实配钢筋确定的短期挠度计算值，mm。

5.3.3 抗裂

檩条的抗裂检验应符合式(6)、式(7)要求：

$$\gamma_{cr}^o \geqslant [\gamma_{cr}] \quad \cdots\cdots (6)$$

$$[\gamma_{cr}]=0.95\times\frac{\sigma_{pc}+\gamma\cdot f_{tk}}{\sigma_{sc}} \quad \cdots\cdots (7)$$

当檩条采用冷拔钢丝或冷轧带肋钢筋配筋时，其抗裂检验系数允许值$[\gamma_{cr}]$按下列两种情况考虑：

a) 当按 JGJ 19 规定 $a_{ct,s}$值进行检验时，$[\gamma_{cr}]$按式(8)计算：

$$[\gamma_{cr}]=\frac{\sigma_{pc}+\gamma\cdot f_{tk}}{\sigma_{pc}+a_{ct,s}\cdot\gamma\cdot f_{tk}} \quad \cdots\cdots (8)$$

b) 当设计要求按檩条实际的抗裂计算值进行检验时，则按式(7)计算。但当式(7)的计算结果小于式(8)的计算结果时，则应取式(8)的计算值。

式中：γ_{cr}^o——抗裂检验系数实测值，即试验时檩条第一次出现裂缝时的荷载实测值与正常使用的短期荷载检验值(包括自重)的比值；

$[\gamma_{cr}]$——抗裂检验系数允许值；

σ_{sc}——荷载的短期效应组合下的抗裂验算边缘的混凝土法向应力，N/mm^2；

γ——受拉区混凝土塑性影响系数，对于檩条一般取 $\gamma=1.75$；

σ_{pc}——检验时在抗裂验算边缘的混凝土预压应力计算值，N/mm^2；

f_{tk}——检验时的混凝土抗压强度标准值，N/mm^2；

$a_{ct,s}$——荷载短期效应组合下，混凝土拉应力限制系数，一般取 0.6。

5.4 生产工艺中的技术要求

生产工艺中的技术要求应符合附录 A(标准的附录)的规定。

6 检验方法

6.1 混凝土抗压强度、外观质量和尺寸

按 JC/T 624 规定进行。

6.2 力学性能

按 JC/T 624 中梁类构件进行，也可采用分配板对并列的两根檩条，按 JC/T 624 中板类构件进行均布加荷试验。

7 检验规则

7.1 检验项目

7.1.1 出厂检验：包括混凝土强度、檩条的外观质量、尺寸和力学性能(各检验项目按规定值检验)。

7.1.2 型式检验：包括混凝土强度、檩条外观质量、尺寸和力学性能(承载力、挠度和抗裂同时按规定值和计算值检验)。

7.2 出厂检验

7.2.1 批量

按同一类型的檩条 500 件为一个批量，不足 500 件的也作为一个检验批量。

注："同一类型"是指生产檩条的钢丝组别、级别、混凝土设计强度等级和生产工艺相同。

7.2.2 抽样

7.2.2.1 检验混凝土抗压强度的试件数量应符合下列规定：

a）检验混凝土设计强度等级用的试块数量，应在同一原材料，配合比以及相同工艺条件下，每周至少成型二组，但每批量不得少于10组。

b）检验预应力放张和出厂强度用的试块数量，每生产班至少成型二组。

7.2.2.2 外观质量检测应从同一批量中随机抽取25件，不足500件的按5%抽样，但不得少于三件。

7.2.2.3 尺寸检验应从同一批量中随机抽取25件，不足500件的按5%抽样，但不得少于三件。

7.2.2.4 力学性能检测从同一批量中随机抽取一件进行检验。

7.3 型式检验

7.3.1 有下列情况之一时，需进行型式检验：

a）新产品投产时；

b）正常生产时每年进行一次型式检验；

c）生产中，如结构、材料、工艺有较大改变可能影响构件性能时；

d）长期停产重新恢复生产时；

e）质量监督机构提出要求进行型式检验时。

7.3.2 型式检验时的混凝土强度、外观质量和尺寸的批量及抽样方法按6.2规定进行。

7.3.3 力学性能检测从同一批量中随机抽取一件进行检验。

7.4 判定规则

7.4.1 混凝土抗压强度

在标准养护条件下28d，抗压强度应符合GBJ 107的要求。

7.4.2 外观质量

每件檩条的外观质量中露筋、裂缝、孔洞符合表3中相应等级的规定，而其他项目中仅有一项不符合表3中相应等级的规定，则该件判为相应等级。

7.4.3 尺寸

每件檩条的高度、侧向弯曲、主筋保护层厚度的尺寸偏差应符合表3中相应等级的规定，而其他项目仅有1项不符合表3中相应等级的规定，则该件判为相应等级。

7.4.4 力学性能

檩条的力学性能应满足4.6规定的要求，但当该试件的承载力及抗裂检验系数仅达到规定允许值的0.95；挠度达到规定允许值1.10倍时，可再抽取两个试件检验。当第一个试件能满足4.6规定要求，或二个试件都能达到承载力和抗裂检验系数规定允许值的0.95倍，挠度达到规定允许值的1.10倍时，均可评为合格。

7.4.5 综合判定

一个检验批檩条的所有项目检验结果符合某等级要求时判为相应等级，若不符合，则判该批产品降等或判为不合格品。

8 产品合格证

檩条的产品合格证包括下列内容：

a）批量编号；

b）本标准编号；

c）生产厂名称或商标、生产年、月；

d）标记、数量；

e）混凝土强度检验结果；

f）外观质量和尺寸检验结果；

g）力学性能检验结果；

h）质量检验部门签章。

9 标志、堆放与运输

9.1 标志

出厂的檩条表面应设有标志，其内容包括生产厂名、商标、标记、生产日期和检验章。

9.2 堆放

9.2.1 生产的檩条应按品种、规格、标记、生产日期分别码垛堆放。

9.2.2 堆放场地应坚实、平整；码垛件数：当檩条截面高度大于 200mm 时，每垛不超过六件；当截面高度小于 200mm 时，每垛不得超过八件。

9.2.3 檩条码垛应将其正向放在支垫物上，各层间用两个平整支垫物隔开，各层支垫物应在同一垂直线上，支垫距檩条端部距离为 0.1L（L 为檩条长度）。

9.3 运输

9.3.1 檩条在运输过程中的支垫要求符合 9.2.3 规定。

9.3.2 檩条在起吊、运输中应轻起、轻放、严禁碰撞。

附 录 A
（标准的附录）
生产工艺技术要求

A1 构造要求

A1.1 檩条中受力钢丝的混凝土保护层厚度不应小于 20mm。

A1.2 主筋间净距离不宜小于 15mm，当采用冷拔钢丝排列有困难时可以减少到 10mm，其配筋数量较多时，也可采用两根并列。

A1.3 截面大于 60mm×160mm 的檩条，应在其长度方向的两端各设置 2～3 个封闭式箍筋。

A2 施加预应力要求

A2.1 预应力钢丝需要接长时，宜采用钢丝绑扎器并用 20～22 号铁丝密排绑扎。当采用冷拔低碳钢丝时，其绑扎长度不应小于 40d(d 为钢丝直径)；当采用冷轧带肋钢筋时，其绑扎长度不应小于 40～45d；当采用冷拔低合金钢丝时，其绑扎长度不应小于 50d。钢丝(筋)搭接长度应比钢丝绑扎长度大 10d。严禁手工打结接头。

A2.2 施加预应力时的张拉控制应力、张拉程序及预应力钢丝检验规定值应符合 GBJ 10 及 GB 50204 的有关规定。

A2.3 钢丝实际建立的预应力总值与检验规定值偏差百分率不应超过±5%。

附加说明：

本标准由全国水泥制品标准化技术委员会归口。

本标准由国家建筑材料工业局苏州混凝土水泥制品研究院、河南温县建筑工程质量监督站、泰兴市水泥制品厂、张家港市塘桥水泥制品厂、如皋市东方水泥制管厂、安徽宿州市水泥构件厂、泰兴市水泥构件厂等单位负责起草。

本标准委托国家建筑材料工业局苏州混凝土水泥制品研究院负责解释。

本标准主要起草人：庄启才、陆乃鼎、马虎臣、田爱丽、丁玉春、张立新、韩照根、汪 剑、傅永平、王作儒、田福寿。

本标准自实施之日起，原国家标准 GB 7696—87《农房用预应力混凝土矩形檩条》作废。

前　言

本标准是在 JC 709—89(96)《粘土瓦》、JC/T 765—88(96)《建筑琉璃制品》等标准的基础上，参照并吸收了日本 JIS A5208—92《粘土瓦》等国外相关产品标准，结合目前我国烧结瓦类产品技术发展的趋势进行总结、归纳制定的。从而为多品种类别的烧结瓦类产品的生产控制、质量验收提供了统一的技术依据，以适应国际贸易、技术及经济交流的需要。

本标准按照 GB/T 12707—91《工业产品质量分等导则》中产品质量等级的划分原则，规定了优等品、一等品和合格品的指标要求，符合我国生产实际需要，也有利于提高产品的质量，满足用户的不同需要。

本标准自实施之日起，JC 709—89(96)《粘土瓦》和 JC/T 765—88(96)《建筑琉璃制品》中瓦类部分同时作废。

本标准由国家建筑材料工业局西安墙体材料研究设计院归口。

本标准由国家建筑材料工业局咸阳陶瓷研究设计院、国家建筑材料工业局西安墙体材料研究设计院负责起草。

本标准参加起草单位：广东省佛山市石湾美术陶瓷厂、浙江省建筑材料科学研究所、浙江省武义陶器厂。

本标准主要起草人：沈朝洪、路晓斌、潘致恩、周　炫、蔡小兵、颜联青。

中华人民共和国建材行业标准

JC 709—1998

烧 结 瓦

代替 JC 709—89(96)
JC/T 765—88(96)

Fired roofing tiles

1 范围

本标准主要规定了烧结瓦的分类、技术要求、试验方法、检验规则、标志、包装、运输、贮存和使用。

本标准适用于建筑物屋面覆盖及装饰用的烧结瓦类产品(以下简称瓦)。

2 引用标准

下列标准所包含的条文,通过在本标准中引用而构成为本标准的条文。本标准出版时,所示版本均为有效。所有标准都会被修订,使用本标准的各方应探讨使用下列标准最新版本的可能性。

GB/T 3810—1996 陶瓷砖抽样方案及抽样方法

GB 9195—88 建筑卫生陶瓷产品名词术语

3 定义

本标准采用 GB 9195 的定义及下述定义。

起包——出现在产品表面的鼓包和/或喷口。

麻面——产品表面有凹陷的小坑。

分层——坯体里有夹层或有上下分离的现象。

图案缺陷——图案装饰方面明显的缺点。

光泽差——单件产品或同批产品之间表面光泽不一致。

石灰爆裂——原料中夹杂着石灰质,焙烧时被烧成生石灰,吸水后体积膨胀而发生的爆裂现象。

欠火——因未达到烧结温度或保持温度时间不够而造成的缺陷。

青瓦——在还原气氛中烧成的青灰色的粘土质瓦。

4 分类

4.1 品种

根据形状分为平瓦、脊瓦、三曲瓦、双筒瓦、鱼鳞瓦、牛舌瓦、板瓦、筒瓦、滴水瓦、沟头瓦、J 形瓦、S 形瓦和其他异形瓦及其配件。

根据表面状态可分为有釉和无釉两类。

4.2 规格

4.2.1 产品规格及结构尺寸由供需双方协定,规格以长和宽的外形尺寸表示。

通常瓦形见图 1～图 12 所示。

国家建筑材料工业局 1998-04-13 批准　　1998-10-01 实施

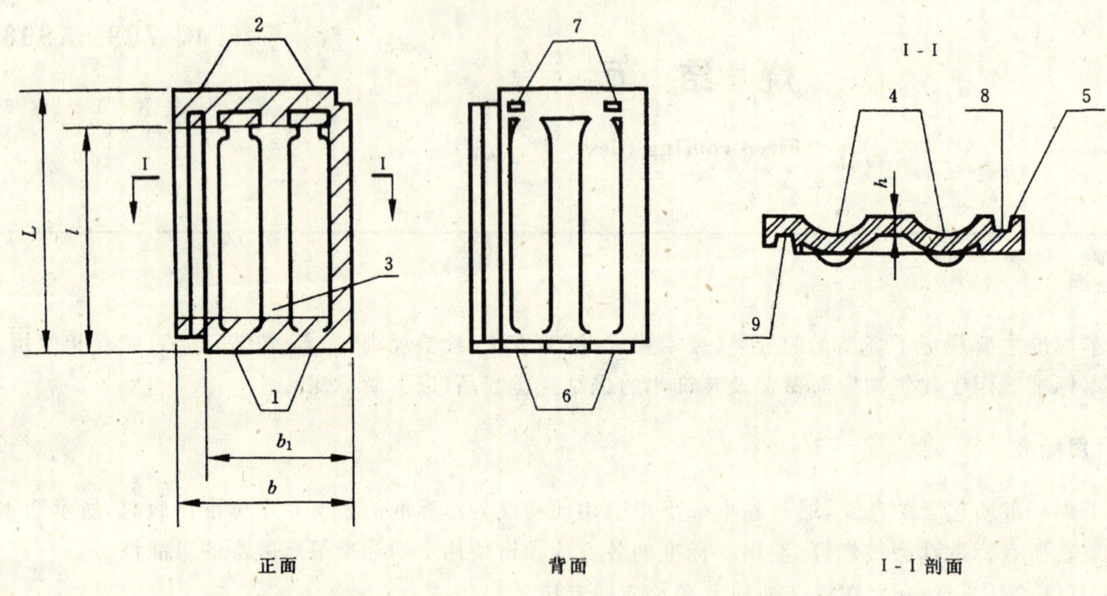

e 压制平瓦

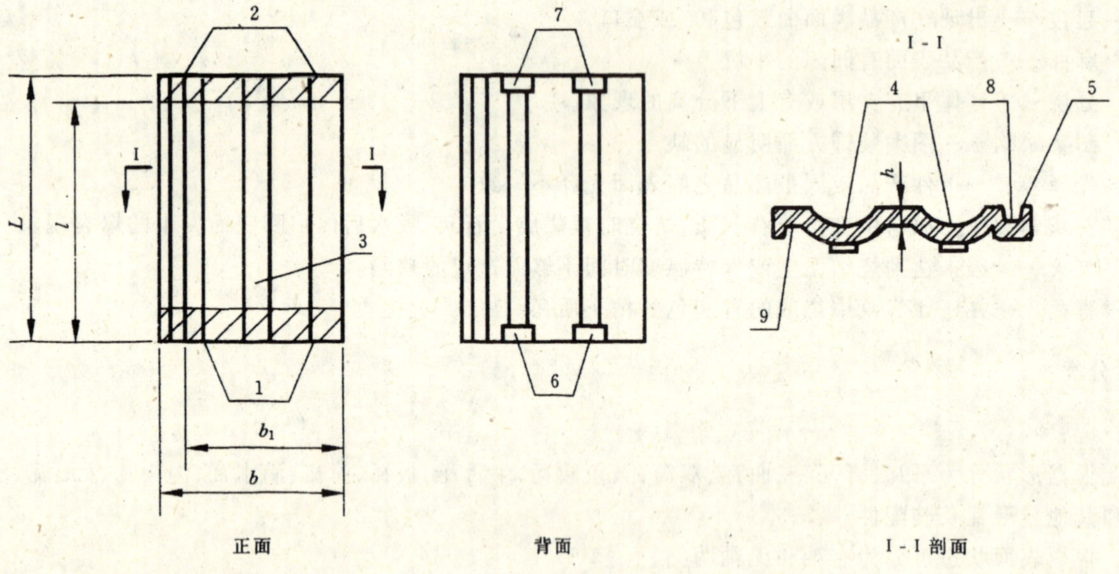

f 挤出平瓦

图 1　平瓦类

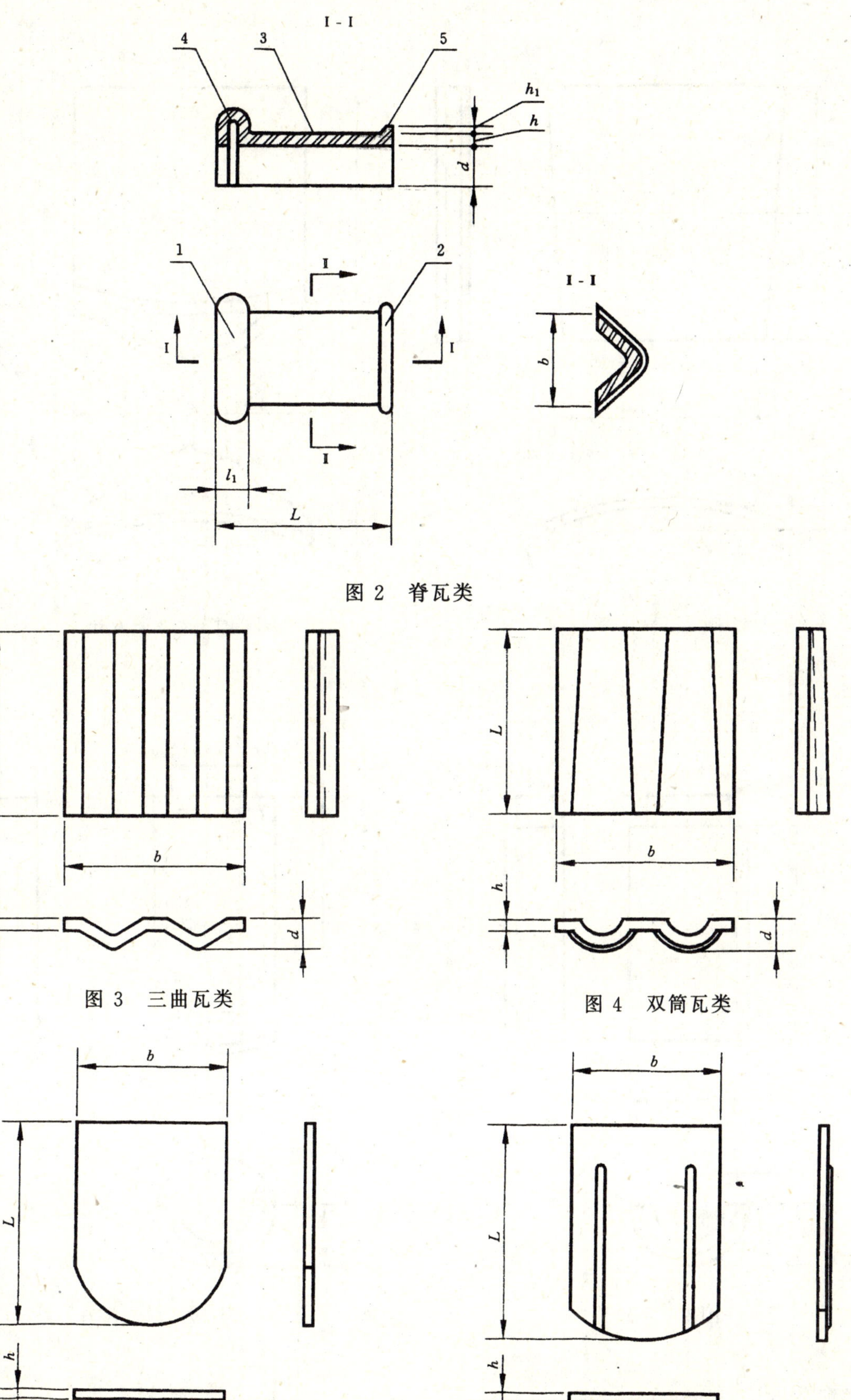

图 2　脊瓦类

图 3　三曲瓦类

图 4　双筒瓦类

图 5　鱼鳞瓦类

图 6　牛舌瓦类

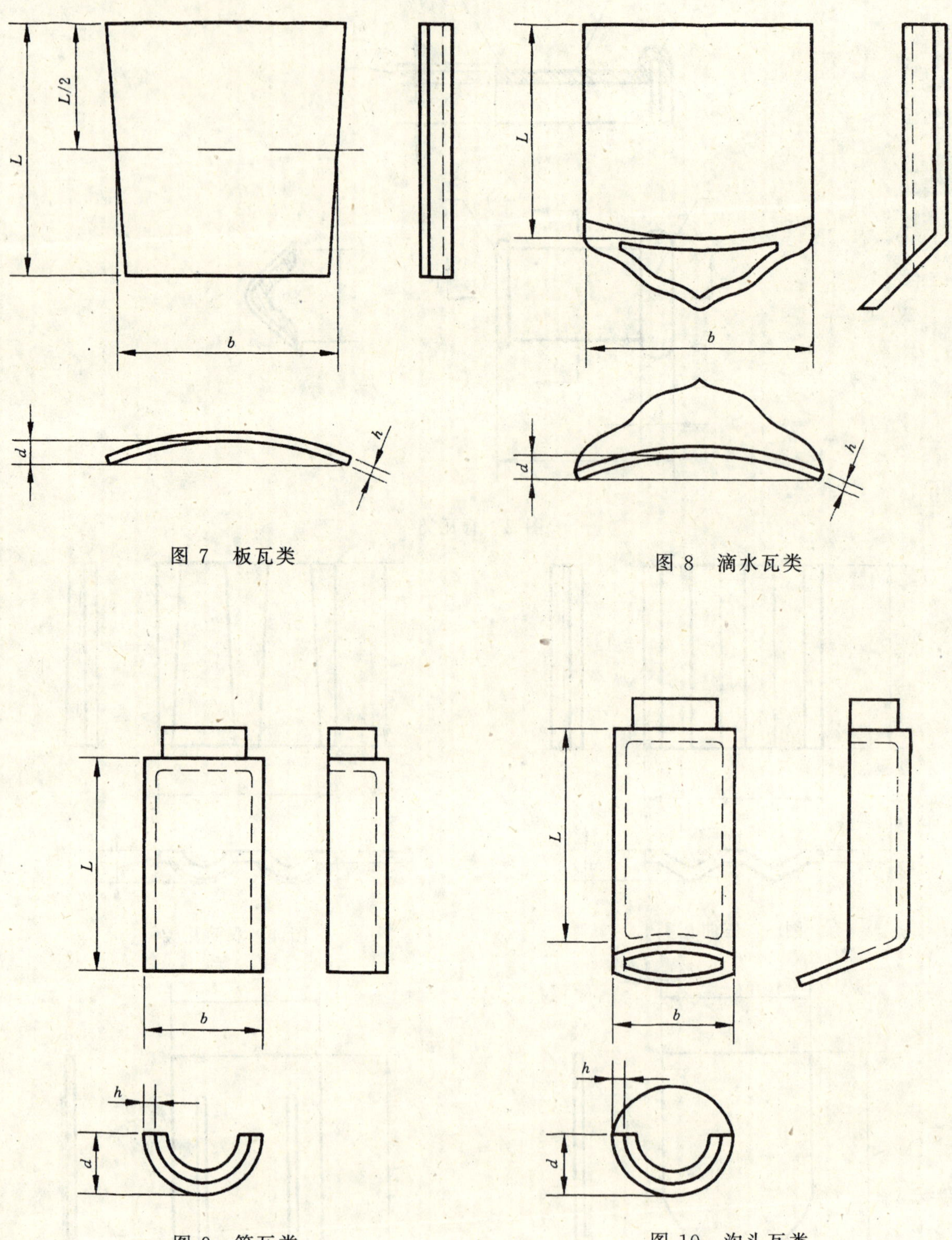

图 7　板瓦类

图 8　滴水瓦类

图 9　筒瓦类

图 10　沟头瓦类

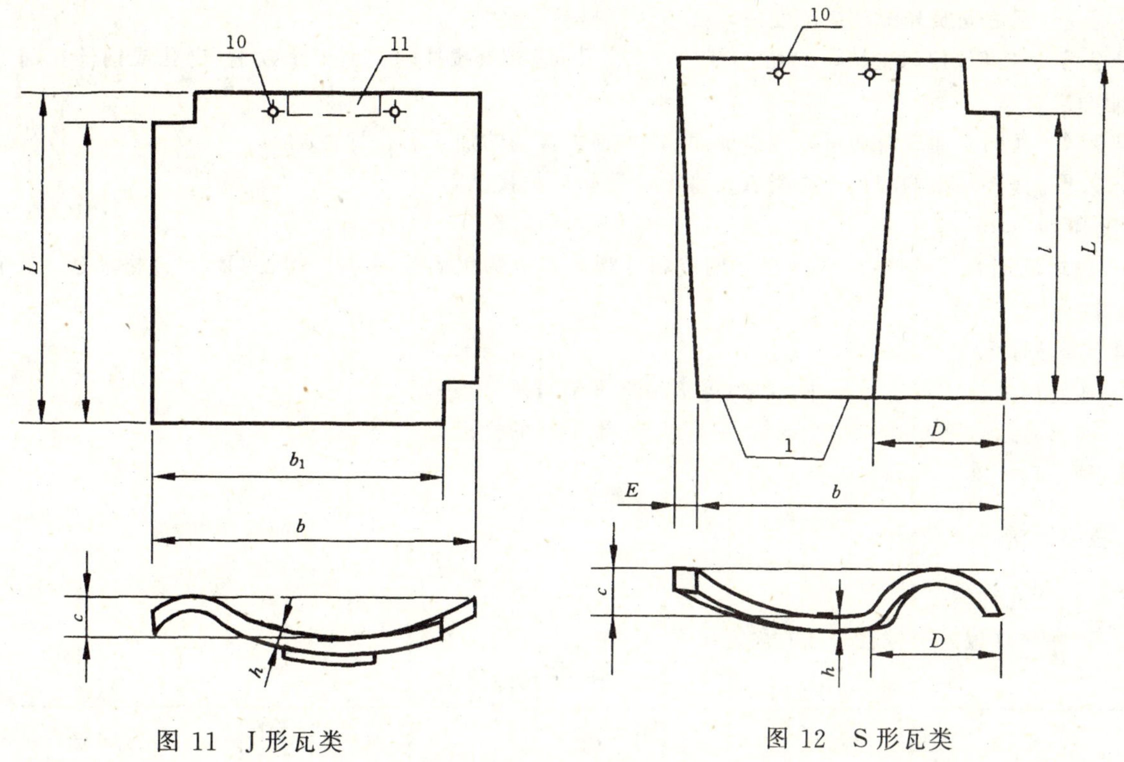

图 11　J形瓦类　　　　图 12　S形瓦类

图 1～图 12 中：1—瓦头；2—瓦尾；3—瓦脊；4—瓦槽；5—边筋；6—前爪；7—后爪；8—外槽；9—内槽；10—钉孔或钢丝孔；11—挂钩；$L(l)$—(有效)长度；$b(b_1)$—(有效)宽度；h—厚度；d—曲度或弧度；c—谷深；D—峰宽；E—开度；l_1—内外槽搭接部分长度；h_1—边筋高度；平瓦正面图中的阴影部分为搭接部分。

4.2.2　通常规格及结构尺寸

4.2.2.1　通常规格及主要结构尺寸见表 1。

表 1　通常规格及主要结构尺寸　　mm

产品类别	规　格	基　本　尺　寸							
		厚　度	瓦槽深度	边筋高度	搭接部分长度		瓦　爪		
					头　尾	内外槽	压制瓦	挤出瓦	后爪有效高度
平　瓦	400×240 ～ 360×220	10～20	≥10	≥3	50～70	25～40	具有四个瓦爪	保证两个后爪	≥5
脊　瓦	$L\geqslant300$ $b\geqslant180$	h	l_1				d		h_1
		10～20	25～35				>b/4		≥5
三曲瓦、双筒瓦、鱼鳞瓦、牛舌瓦	300×200 ～ 150×150	8～12	同一品种、规格瓦的曲度或弧度应保持基本一致						
板　瓦、筒　瓦、滴水瓦、沟头瓦	430×350 ～ 110×50	8～16							
J形瓦、S形瓦	320×320 ～ 250×250	12～20	谷深 $c\geqslant35$，头尾搭接部分长度 50～70，左右搭接部分长度 30～50						

4.2.2.2 瓦之间及和配件搭配使用时必须保证搭接合适。

4.2.2.3 对以拉挂为主铺设的瓦，应有1～2个孔，能有效拉挂的孔为1个以上，钉孔或钢丝孔铺设后不能漏水。

4.2.2.4 瓦的正面或背面可以有以加固、挡水等为目的的加强筋、凹凸纹等。

4.2.2.5 需要粘接的部位不得附着大量釉以致妨碍粘接。

4.3 等级

物理性能合格的产品，根据尺寸偏差和外观质量分为优等品(A)、一等品(B)和合格品(C)三个等级。

4.4 产品标记

瓦的产品标记按产品品种、规格、等级和标准编号顺序编写。

例：外形尺寸305mm×205mm、一等品、有釉平瓦的标记为：

釉平瓦 305×205 B JC 709

5 技术要求

5.1 尺寸允许偏差

尺寸允许偏差应符合表2的规定。

表2 尺寸允许偏差 mm

外形尺寸范围	优等品	一等品	合格品
$L(b)\geqslant 350$	±5	±6	±8
$250\leqslant L(b)<350$	±4	±5	±7
$200\leqslant L(b)<250$	±3	±4	±5
$L(b)<200$	±2	±3	±4

5.2 外观质量

5.2.1 表面质量

表面质量应符合表3的规定。

表3 表面质量

缺陷项目		优等品	一等品	合格品
有釉类瓦	无釉类瓦			
缺釉、斑点、落脏、棕眼、熔洞、图案缺陷、烟熏、釉缕、釉泡、釉裂	斑点、起包、熔洞、麻面、图案缺陷、烟熏	距1m处目测不明显	距2m处目测不明显	距3m处目测不明显
色差、光泽差	色差	距3m处目测不明显		

5.2.2 变形

最大允许变形应符合表4的规定。

表 4 最大允许变形

mm

产品类别			优等品	一等品	合格品
平瓦 ≤			3	4	5
三曲瓦、双筒瓦、鱼鳞瓦、牛舌瓦 ≤			2	3	4
脊瓦、板瓦、筒瓦、滴水瓦、沟头瓦、J形瓦、S形瓦 ≤	最大外形尺寸	$L(b) \geqslant 350$	6	8	10
		$250 < L(b) < 350$	5	7	9
		$L(b) \leqslant 250$	4	6	8

5.2.3 裂纹

裂纹长度允许范围应符合表 5 的规定。

表 5 裂缝长度允许范围

mm

产品类别	裂纹分类	优等品	一等品	合格品
平瓦	未搭接部分的贯穿裂纹	不允许		
	边筋断裂	不允许		
	搭接部分的贯穿裂纹	不允许		不得延伸至搭接部分的 1/2 处
	非贯穿裂纹	不允许	≤30	≤50
脊瓦	未搭接部分的贯穿裂纹	不允许		
	搭接部分的贯穿裂纹	不允许		不得延伸至搭接部分的 1/2 处
	非贯穿裂纹	不允许	≤30	≤50
三曲瓦、双筒瓦、鱼鳞瓦、牛舌瓦	贯穿裂纹	不允许		≤5
	非贯穿裂纹	不允许		不得超过对应边长的 6%
板瓦、筒瓦、滴水瓦、沟头瓦、J形瓦、S形瓦	未搭接部分的贯穿裂纹	不允许		
	搭接部分的贯穿裂纹	不允许		≤15
	非贯穿裂纹	不允许	≤30	≤50

5.2.4 磕碰、釉粘

磕碰、釉粘的允许范围应符合表 6 的规定。

表 6 磕碰、釉粘的允许范围

mm

产品类别	破坏部位	优等品	一等品	合格品
平瓦、脊瓦、板瓦、筒瓦、滴水瓦、沟头瓦、J形瓦、S形瓦	可见面	不允许	破坏尺寸不得同时大于 10×10	破坏尺寸不得同时大于 15×15
	隐蔽面	破坏尺寸不得同时大于 12×12	破坏尺寸不得同时大于 18×18	破坏尺寸不得同时大于 24×24
三曲瓦、双筒瓦、鱼鳞瓦、牛舌瓦	正面	不允许		
	背面	破坏尺寸不得同时大于 5×5	破坏尺寸不得同时大于 10×10	破坏尺寸不得同时大于 15×15
平瓦	边筋	不允许		残留高度不小于 2
	后爪	不允许		残留高度不小于 3

5.2.5 石灰爆裂

石灰爆裂允许范围应符合表7的规定。

表7 石灰爆裂允许范围 mm

缺陷项目	优等品	一等品	合格品
石灰爆裂	不允许	破坏尺寸不大于5	破坏尺寸不大于8

5.2.6 欠火、分层

各等级的瓦均不允许有欠火、分层缺陷存在。

5.3 物理性能

5.3.1 抗弯曲性能

平瓦、脊瓦类的弯曲破坏荷重不小于1 020N;板瓦、筒瓦、滴水瓦、沟头瓦类的弯曲破坏荷重不小于1 170N,其中青瓦类的弯曲破坏荷重不小于850N;J形瓦、S形瓦类的弯曲破坏荷重不小于1 600N;三曲瓦、双筒瓦、鱼鳞瓦、牛舌瓦类的弯曲强度不小于8.0MPa。

5.3.2 抗冻性能

经15次冻融循环不出现剥落、掉角、掉棱及裂纹增加现象。

5.3.3 耐急冷急热性

经3次急冷急热循环不出现炸裂、剥落及裂纹延长现象。

此项要求只适用于有釉类瓦。

5.3.4 吸水率

有釉类瓦的吸水率不大于12.0%,无釉类瓦的吸水率不大于21.0%。

5.3.5 抗渗性能

经3h瓦背面无水滴产生。

此项要求只适用于无釉类瓦。若其吸水率符合5.3.4中有釉类瓦的吸水率规定时,取消抗渗性能要求,否则必须进行抗渗试验并符合本条规定。

5.4 其他异形瓦类和配件的技术要求参照本标准执行。

6 试验方法

6.1 尺寸偏差和外观质量检验

6.1.1 量具:钢直尺,精度为1mm。

6.1.2 测量方法及结果评定

6.1.2.1 尺寸偏差

6.1.2.1.1 在瓦正面的中间处分别测量长度(L)和宽度(b),其中S形瓦在瓦头处测量宽度(b)。当被测处有磕碰、釉粘或凸出时,可在其旁边测量。

6.1.2.1.2 测量结果以每件试样测量的长度、宽度与其规格长度、宽度的偏差值表示。

6.1.2.2 表面质量

6.1.2.2.1 将试样按长度方向五件、宽度方向四件整齐排列在平坦的地面上,在自然光照下目测检测。检查距离从检验者脚尖至瓦底边计算,检验者身体不应倾斜。检查需两人进行,铺放试样者不参与检验。

6.1.2.2.2 试验结果以每件试样在不同检查距离下表面质量缺陷的明显程度表示。

6.1.2.3 变形

6.1.2.3.1 将瓦的基准平面放置在平板上,用直尺测量瓦边、角翘离平板的最大距离。

6.1.2.3.2 平瓦、三曲瓦、双筒瓦、鱼鳞瓦、牛舌瓦类还要检查瓦侧宽度方向的弯曲。测量时,将直尺的边与瓦侧长度方向的两端点平齐,用另一直尺测量瓦侧与直尺边之间的最大弯曲距离。

6.1.2.3.3 测量结果以每件试样的变形最大值表示。

6.1.2.4 裂纹

6.1.2.4.1 测量裂纹两端点之间最大直线距离。贯穿裂纹长度测量时,应包括连续的非贯穿部分裂纹长度。

6.1.2.4.2 测量结果以每件试样的最大裂纹长度表示。

6.1.2.5 磕碰、釉粘

6.1.2.5.1 测量磕碰、釉粘处对瓦相应棱边的长、宽投影尺寸。如果破坏处从一个面延伸至其他面上时,则累计其延伸的投影尺寸。边缘部分的破坏处分别测量其在可见面和隐蔽面或正面和背面上的投影尺寸。平瓦边筋和后爪的破坏处,其残留高度分别从瓦槽和瓦背面的基准平面底部量起。

6.1.2.5.2 测量结果以每件试样最大破坏处的尺寸表示。

6.1.2.6 石灰爆裂

6.1.2.6.1 测量石灰爆裂处的最大直径尺寸。

6.1.2.6.2 测量结果以每件试样最大破坏处的尺寸表示。

6.1.2.7 欠火、分层

6.1.2.7.1 人工敲击试样,依声音差异来辨别,或观察试样侧面进行检验。

6.1.2.7.2 试验结果以每件试样欠火、分层缺陷的明显程度表示。

6.1.3 测量精度

测量尺寸精确至 1mm,不足 1mm 者按 1mm 计。

6.2 物理性能试验

6.2.1 抗弯曲性能

6.2.1.1 仪器设备

a) 弯曲强度试验机:试验机的相对误差不大于±1%,能够均匀加荷。支座由放置后互相平行、直径为 25mm 的金属棒及下面的支承架构成。其中一根可以绕中心轻微上下摆动,另一根可以绕它的轴心稍作旋转,支承架高度约 50mm,并能使上面的金属棒间距可调。压头是一直径为 25mm 的金属棒,也可以绕中心上下轻微摆动。支座金属棒和压头与试样接触部分均包上厚度为 5mm、硬度为邵尔 A45～60 度的普通橡胶板;

b) 钢直尺,精度为 1mm;

c) 秒表,精度为 0.1s。

6.2.1.2 试样准备

以自然干燥状态下的整件瓦作为试样,试样数量为五件。

6.2.1.3 试验步骤

6.2.1.3.1 将试样放在支座上,调整支座金属棒间距,并使压头位于支座金属棒的正中,如图 13～图 18所示。对于按图示跨距要求搭接不足的瓦,调整间距使支座金属棒中心以外瓦的长度为 15mm ±2mm。

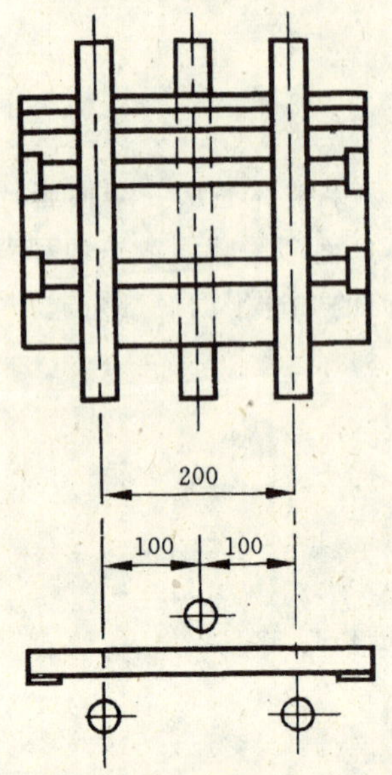

图 13　平瓦类弯曲试验装置

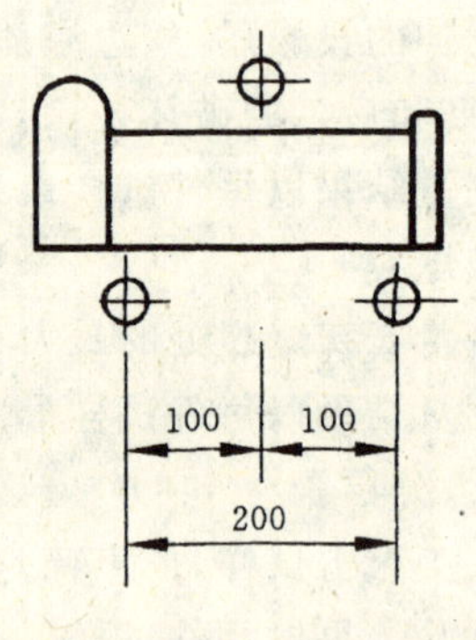

图 14　脊瓦、筒瓦、沟头瓦类弯曲试验装置

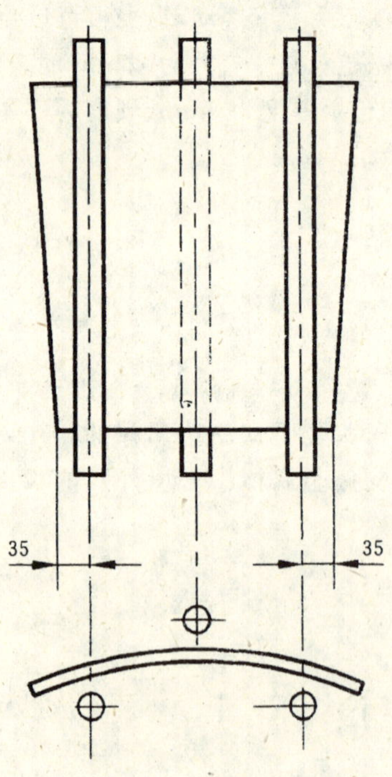

图 15　板瓦、滴水瓦类弯曲试验装置

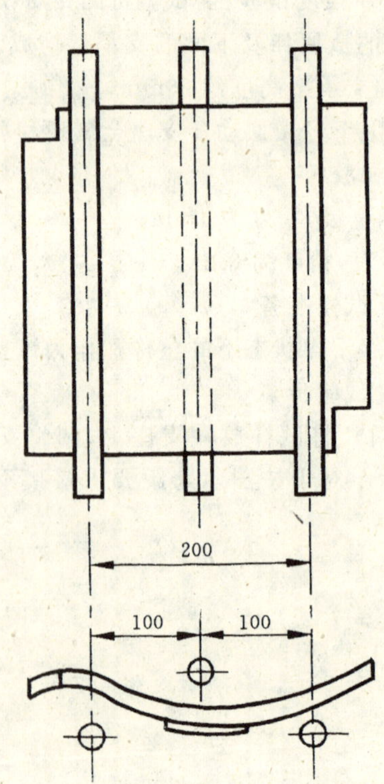

图 16　J 形瓦、S 形瓦类弯曲试验装置

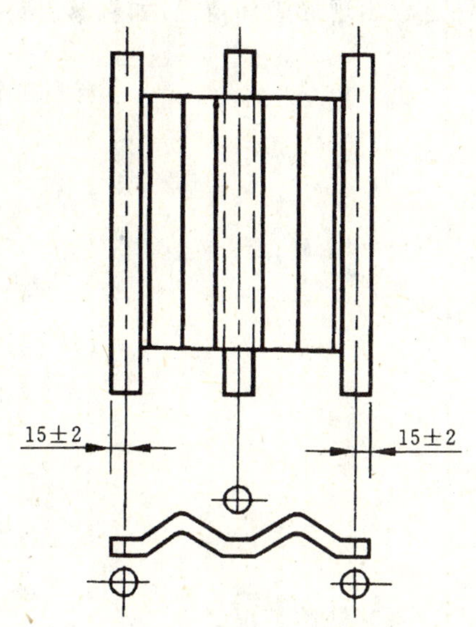

图 17　三曲瓦、双筒瓦类弯曲试验装置

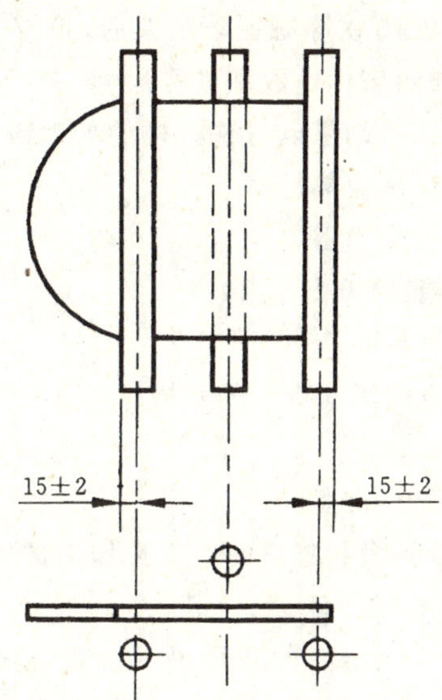

图 18　鱼鳞瓦、牛舌瓦类弯曲试验装置

6.2.1.3.2　试验前先校正试验机零点，启动试验机，压头接触试样时不得冲击，以 50～100N/s 的速度均匀加荷，直至断裂，记录断裂时的最大载荷 P。

6.2.1.4　结果计算与评定

6.2.1.4.1　平瓦、板瓦、脊瓦、筒瓦、滴水瓦、沟头瓦、S 形瓦、J 形瓦的试验结果以每件试样断裂时的最大载荷表示，精确至 10N。

6.2.1.4.2　三曲瓦、双筒瓦、鱼鳞瓦、牛舌瓦的弯曲强度按式(1)计算：

$$R=\frac{3PL}{2bh^2} \quad \cdots\cdots (1)$$

式中：R——试样的弯曲强度，MPa；

P——试样断裂时的最大载荷，N；

L——跨距，mm；

b——试样的宽度，mm；

h——试样断裂面上的最小厚度，mm。

6.2.1.4.3　三曲瓦、双筒瓦、鱼鳞瓦、牛舌瓦的试验结果以每件试样的弯曲强度表示，精确至 0.1MPa。

6.2.2　抗冻性能

6.2.2.1　仪器设备

a）低温箱或冷冻室：放入试样后箱(室)内温度可调至－20℃或－20℃以下；

b）水槽；

c）试样架。

6.2.2.2　试样准备

以自然干燥状态下的整件瓦作为试样，试样数量为五件。

6.2.2.3　试验步骤

6.2.2.3.1　检查外观，将磕碰、釉粘、缺釉和裂纹处作标记，并记录其情况。

6.2.2.3.2　将试样浸入 15～25℃的水中，24h 后取出，放入预先降温至－20℃±3℃的冷冻箱中的试样架上。试样之间、试样与箱壁之间应有不小于 20mm 的间距。关上冷冻箱门。

6.2.2.3.3　当箱内温度再次降至－20℃±3℃时，开始计时，在此温度下保持 3h。打开冷冻箱门，取出试样放入 15～25℃的水中融化 3h。如此为一次冻融循环。

6.2.2.3.4 15次冻融循环结束后，检查并记录每件试样冻融过程出现的破坏情况，如剥落、掉角、掉棱及裂纹增加的破坏处数和破坏尺寸。

6.2.2.4 试验结果以每件试样的外观破坏程度表示。

6.2.3 耐急冷急热性

6.2.3.1 仪器设备

a) 烘箱：能升温至200℃；

b) 试样架；

c) 能通过流动冷水的水槽；

d) 温度计。

6.2.3.2 试样准备

以自然干燥状态下的整件瓦作为试样，试样数量为五件。

6.2.3.3 试验步骤

6.2.3.3.1 测量冷水温度，保持15℃±5℃为宜。

6.2.3.3.2 检查外观，将裂纹、磕碰、釉粘和缺釉处作标记，并记录其缺陷情况。

6.2.3.3.3 将试样放入预先加热到温度比冷水高130℃±2℃的烘箱中的试样架上。试样之间、试样与箱壁之间应有不小于20mm的间距。关上烘箱门。

6.2.3.3.4 在5min内使烘箱重新达到预先加热的温度，开始计时。在此温度下保持45min。打开烘箱门，取出试样立即浸没于装有流动冷水的水槽中，急冷5min。如此为一次急冷急热循环。

6.2.3.3.5 3次急冷急热循环结束后，检查并记录每件试样急冷急热循环过程出现的破坏情况，如炸裂、剥落及裂纹延长的破坏处数和破坏尺寸。

6.2.3.4 试验结果以每件试样的外观程度表示。

6.2.4 吸水率

6.2.4.1 仪器设备

a) 鼓风干燥箱；

b) 台称，精度为5g；

c) 水槽。

6.2.4.2 试样准备

以自然干燥状态下的整件瓦或抗弯曲性能试验后的每件样品的一半作为试样，试样数量为五件(块)。

6.2.4.3 试验步骤

6.2.4.3.1 将试样擦拭干净后放入烘箱，使温度保持在110℃，24h后关闭温控装置，打开烘箱门，冷却至略高于室温时取出，称量其质量作为干燥时质量m_0。

6.2.4.3.2 将试样置于温度为15～25℃的清水中，浸泡24h，试验过程中应保持水面高出试样50mm。

6.2.4.3.3 取出试样，用湿毛巾拭去表面水分，立即称量，所得质量作为吸水后质量m_1。

6.2.4.4 结果计算与评定

6.2.4.4.1 吸水率按式(2)计算：

$$w=\frac{m_1-m_0}{m_0}\times 100 \qquad (2)$$

式中：w——吸水率，%；

m_0——干燥时质量，g；

m_1——吸水后质量，g。

6.2.4.4.2 试验结果以每件(块)试样的吸水率表示，精确至0.1%。

6.2.5 抗渗性能

6.2.5.1 设备和材料

a）试样架；

b）水泥砂浆或沥青与砂子的混合剂；

c）70%石蜡与30%松香的熔化剂；

d）油灰刀。

6.2.5.2 试样准备

以自然干燥状态下的整体瓦作为试样，试样数量为三件。

6.2.5.3 试验步骤

6.2.5.3.1 将试样擦拭干净，用水泥砂浆或沥青与砂子的混合料在瓦的正面四周筑起一圈高度为25mm的密封挡，作为围水框；或在瓦头、瓦尾处筑密封挡，与两瓦边形成围水槽。再用70%石蜡和30%松香的熔化剂密封接缝处，须保证密封挡不漏水。形成的围水面积，应接近于瓦的实用面积。

6.2.5.3.2 将制作好的试样放置在便于观察的试样架上，并使其保持水平。待平稳后，缓慢地向围水框注入清洁的水，水位高度距瓦面最浅处不小于15mm。

保持此状态3h。观察并记录瓦背面有无水滴产生。

6.2.5.4 试验结果以每件试样的渗水程度表示。

7 检验规则

7.1 检验分类

产品检验分出厂检验和型式检验。

7.1.1 出厂检验

产品出厂必须进行出厂检验。出厂检验项目包括尺寸偏差、外观质量、抗弯曲性能、吸水率。产品经出厂检验合格后方可出厂。

7.1.2 型式检验

型式检验项目包括本标准技术要求的全部项目。有下列情况之一者，也应进行型式检验：

a）新老产品转厂生产的试制定型鉴定；

b）正式生产后，如材料、设备、工艺等有较大改变，可能影响产品性能时；

c）正常生产时，每半年进行一次；

d）产品长期停产，恢复生产时；

e）出厂检验结果与上次型式检验结果有较大差异时；

f）国家质量监督机构提出型式检验要求时。

7.2 批量

同类别、同规格、同色号、同等级的瓦，每10 000～35 000件为一检验批。不足该数量时，也按一批计。

7.3 抽样

抽样方法按GB/T 3810—1996中6.1的规定进行，也可采用其他随机抽样方法。

单项检验的样品按表8中规定的样本大小直接在检验批中抽取。出厂检验和型式检验的物理性能试验的样品，从尺寸偏差和外观质量检查后的样品中抽取。非破坏性试验项目的试样，可用于其他项目检验。

7.4 判定规则

7.4.1 单件试样质量等级的判定

以该件试样测量或试验结果和相应检测项目的技术要求来判定。

7.4.2 单项检验质量等级的判定

按表8判定。

表8 抽样与判定

单位：件

检验项目	样本大小 n		第一次抽样		第一次抽样与第二次抽样和	
	第一次 n_1	第二次 n_2	合格判定数 Ac_1	不合格判定数 Re_1	合格判定数 Ac_2	不合格判定数 Re_2
尺寸偏差	20	20	2	4	4	5
外观质量	20	20	2	4	4	5
抗弯曲性能	5	5	0	2	1	2
抗冻性能	5	—	0	1	—	—
耐急冷急热性	5	5	0	2	1	2
吸水率(块)	5	5	0	2	1	2
抗渗性能	3	—	0	1	—	—

7.4.3 型式检验质量等级的判定

抗弯曲性能、抗冻性能、耐急冷急热性能、吸水率、抗渗性能合格，按尺寸偏差、外观质量检验的最低质量等级判定等级。其中有一项不合格则判为不合格。

7.4.4 出厂检验质量等级的判定

按出厂检验项目和在时效范围内最近一次型式检验中其他检验项目的检验结果进行综合判定。

8 标志、包装、运输及贮存

8.1 标志

8.1.1 产品上应有商标，图案应清晰、牢固。

8.1.2 包装箱上应有生产厂名、产品标记、商标、色号、数量、易碎等标志。

8.1.3 产品出厂时，必须提供产品质量合格证。产品质量合格证主要内容包括生产厂名、产品标记、商标、批量编号、证书编号等，并由检验员或承检单位签章。

8.2 包装

8.2.1 产品按品种、规格尺寸、质量等级、色号分别包装。

8.2.2 包装应牢固、捆紧，保证运输时不会摇晃碰坏。特殊产品可按照用户需求包装。

8.3 运输

产品装卸时要轻拿轻放，严禁摔扔。运输时应避免碰撞。

8.4 贮存

产品应按品种、规格、质量等级、色号分别整齐堆放。

9 使用

为方便使用，供方应提供所生产瓦的使用说明书，说明其铺设方式、粘结材料及标准屋面的坡度、坡长、参考使用数量等。

前　　言

近十年来，我国混凝土瓦的生产有了很大发展，引进了多个国家的生产线，其中，多数引自欧洲共同体国家。如今我国混凝土瓦的生产水平、质量水平及其使用寿命都得到了大幅度提高。本标准是在总结我国混凝土瓦发展的实践经验和科学研究成果的基础上，根据我国现行的技术经济政策，主要内容等效采用欧洲标准(德文版)DIN EN490:1994《混凝土屋面瓦和配件瓦产品要求》和 DIN EN491:1994《混凝土屋面瓦和配件瓦产品试验方法》，同时参考其他国外先进标准，对 JC/T 746—1987(96)(GB/T 8001—1987)进行了全面修订。

本标准的附录 A、附录 B、附录 C、附录 D、附录 E 是标准的附录。

本标准于 1999 年 8 月 1 日实施。本标准自实施之日起，JC 1746—1987(96)(GB/T 8001—1987)废止。

本标准由全国水泥制品标准化技术委员会归口。

本标准负责起草单位：辽宁省建筑材料科学研究所。

本标准参加起草单位：绍兴英红建材有限公司、荆州市建筑材料总厂、镇江京威彩瓦有限公司、大连建材厂、上海美迪彩瓦有限公司、上海大中玛哈攀建材有限公司、北京市西六建材工贸公司、南宁正大建材有限公司、华美制瓦集团常州华美建筑材料有限公司、英标建材(台州)有限公司、泉州群峰机械制造有限公司、泉州市南方建材设备公司。

本标准主要起草人：罗兴国、刘孟兴、刘新明、蔡智祥、杨　明、张成明、杨维新、邵　今、李　坚、陶国军、林雪征。

本标准 1987 年首次发布，1998 年第一次修订。

本标准委托辽宁省建筑材料科学研究所负责解释。

中华人民共和国建材行业标准

JC 746—1999

代替 JC/T 746—1987(96)

混　凝　土　瓦

Concrete tiles

1　范围

本标准主要规定了混凝土瓦的分类、技术要求、试验方法、检验规则、标志、包装、贮存和使用。

本标准适用于由水泥、集料和水等为主要原材料经拌和、挤压成型或其他成型方法制成的用于坡屋面的屋面瓦及与其配合使用的配件瓦。混凝土瓦可以是本色的、着色的或表面经过处理的。

2　引用标准

下列标准所包含的条文,通过在本标准中引用而构成为本标准的条文。本标准出版时,所示版本均为有效。所有标准都会被修订,使用本标准的各方应探讨使用下列标准最新版本的可能性。

GB/T 175—1992　硅酸盐水泥、普通硅酸盐水泥

GB/T 1344—1992　矿渣硅酸盐水泥、粉煤灰硅酸盐水泥、火山灰质硅酸盐水泥

GB/T 1596—1991　用于水泥和混凝土中的粉煤灰

GB/T 2015—1991　白色硅酸盐水泥

GB 8076—1997　混凝土外加剂

GB 12958—1991　复合硅酸盐水泥

GB/T 14684—1993　建筑用砂

JC/T 539—1994　混凝土和砂浆用颜料及其试验方法

JGJ 63—1989　混凝土拌和用水标准

3　定义、符号和缩略语

3.1　定义

本标准采用下列定义:

混凝土瓦——由混凝土制成的屋面瓦和配件瓦的统称。

混凝土屋面瓦——由混凝土制成的,铺设于屋顶坡面完成瓦屋面功能的建筑构件。

有筋槽屋面瓦——瓦的正面和背面搭接的侧边带有嵌合边筋和凹槽;可以有,也可以没有顶部的嵌合搭接。

无筋槽屋面瓦——一般是平的,横向或纵向成拱型的屋面瓦,带有规则或不规则的前沿。

混凝土配件瓦——由混凝土制成的,铺设于屋顶特定部位,满足屋顶瓦特殊功能的,配合屋面瓦完成瓦屋面功能的建筑构件。包括脊瓦、封头瓦、排水沟瓦、檐口瓦和弯角瓦、三向脊顶瓦、四向脊顶瓦等。

3.2　混凝土瓦各部位名称

3.2.1　混凝土屋面瓦各部位名称(见图 1)。

国家建筑材料工业局1999-04-09批准　　　　1999-08-01实施

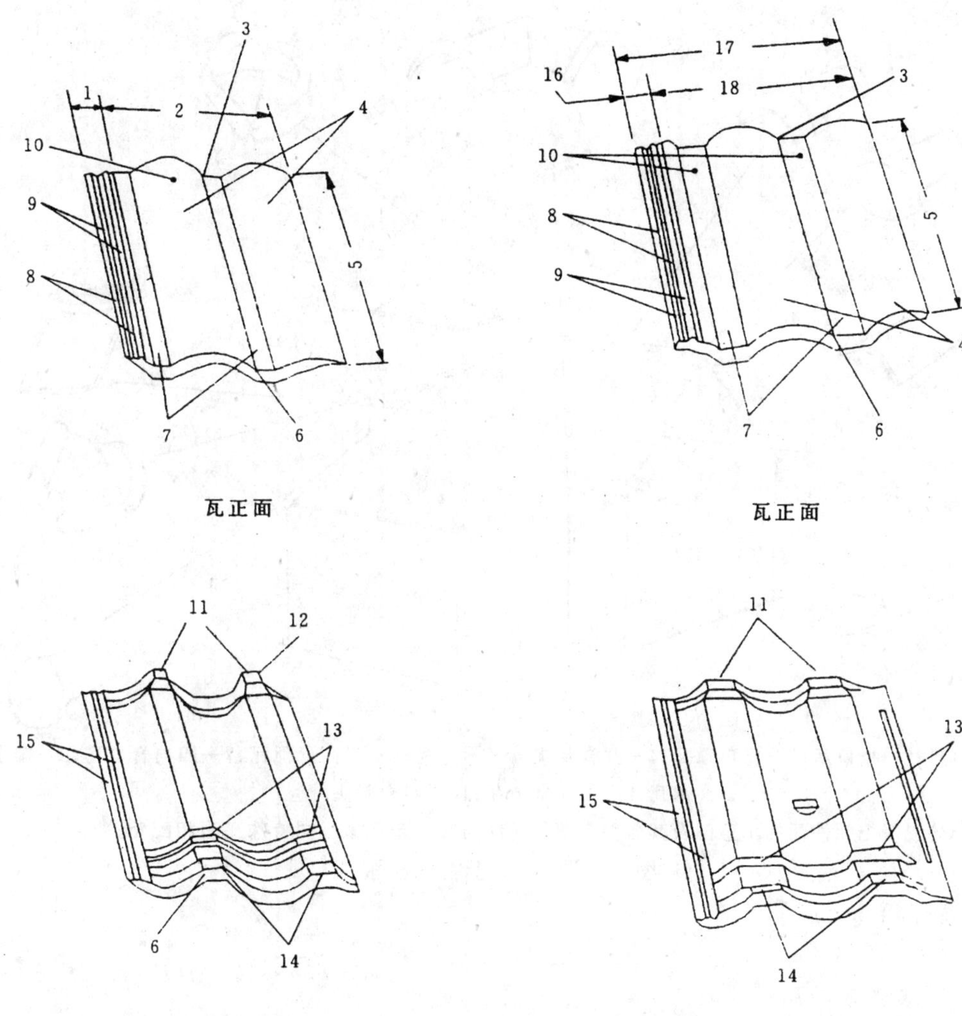

1—侧面搭接部分；2—遮盖部分；3—后端；4—瓦脊；5—总长度 l；6—前端(沿)；7—瓦槽；8—边筋；9—外槽；10—固定孔；11—吊挂瓦爪(后爪)；12—后端；13—防风檐；14—支撑瓦爪(前爪)；15—内槽；16—搭接宽度 b_2；17—总宽度 b；18—遮盖宽度 b_1

图 1　混凝土屋面瓦各部位名称

3.2.2　混凝土配件瓦名称(见图 2)。

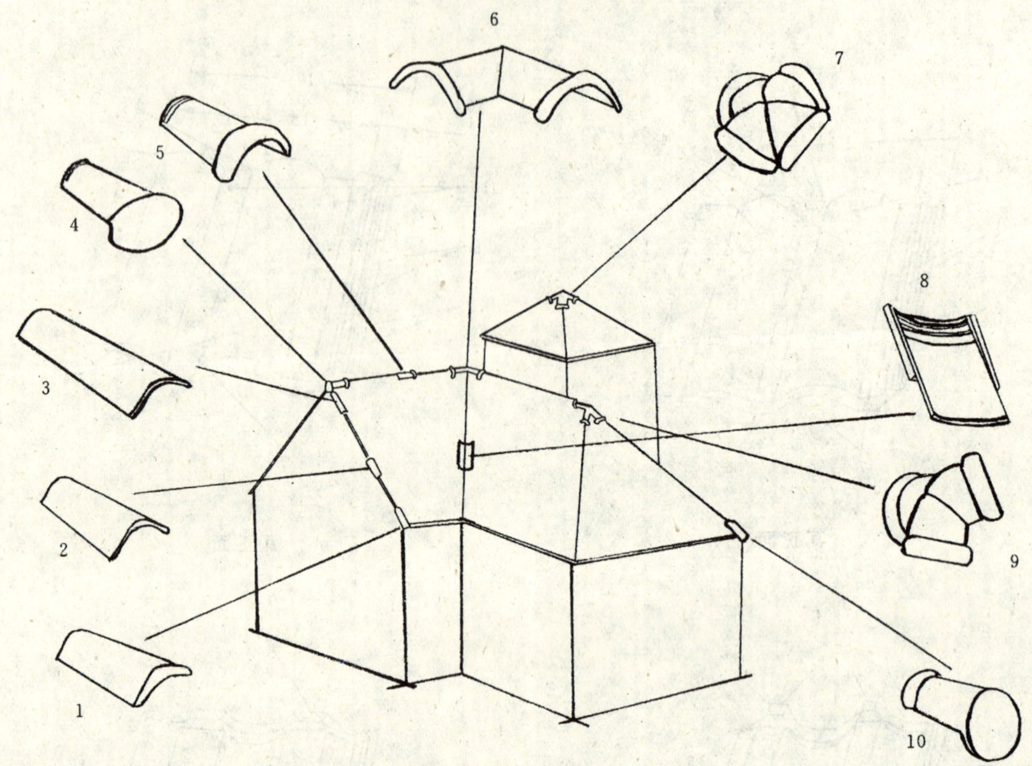

1—檐口封；2—檐口瓦；3—檐口顶瓦；4—圆脊封头；5—圆脊瓦；6—双向脊顶瓦；7—四向脊顶瓦；8—排水沟瓦；9—三向脊顶瓦；10—斜脊封头

注：此为部分混凝土配件瓦的示意图及其名称。配件瓦应与各生产厂家不同特殊瓦型相配套。

图 2　混凝土配件瓦名称

3.3　符号和缩略语

CT——混凝土瓦

CRT——混凝土屋面瓦

CFT——混凝土配件瓦

l——瓦的总长度

l_1——屋面瓦的吊挂长度，$l_1=\frac{l_2+l_3}{2}$

l_2、l_3——屋面瓦的侧边吊挂长度

b——瓦的总宽度 $b=b_1+b_2$

b_1——屋面瓦的遮盖宽度

b_2——屋面瓦的搭接宽度

b_{1c}——紧缩状态下 10 块瓦的遮盖宽度

b_{1d}——展开状态下 10 块瓦的遮盖宽度

d——屋面瓦的瓦脊高度

F_{ok}——承载力可验收值

F_c——承载力标准值

$\overline{F}$——承载力实测平均值

F_i——第 i 块屋面瓦的承载力实测值

σ——承载力标准差

4 分类

4.1 类别

混凝土瓦按铺设部位可分为混凝土屋面瓦和混凝土配件瓦。

4.2 规格

产品规格以长和宽的外形尺寸(mm)表示。

4.3 等级

尺寸偏差和外观质量合格的产品,按物理力学性能分为优等品(A)、一等品(B)、合格品(C)三个等级。

4.4 标记

混凝土瓦的产品标记按分类、规格、等级、标准编号编写。

例:混凝土屋面瓦、外形尺寸 420mm×330mm、一等品的标记为:

CRT 420×330 B JC 746

5 主要原材料

5.1 水泥

应符合 GB/T 175、GB/T 1344、GB/T 2015、GB 12958 要求,水泥标号应不低于 425。

5.2 集料

应符合 GB/T 14684 的要求。集料粒径应在 5mm 以下,并具有适当的颗粒级配。

5.3 水

应符合 JGJ 63 的要求。

5.4 颜料

应符合 JC/T 539 的要求。

5.5 掺合料

制品掺加的如粉煤灰等细粉状物质,不应对产品产生有害影响,也不应使产品所接触的金属生锈。其使用量和使用方法须经试验确定。粉煤灰应符合 GB/T 1596 的要求。

5.6 外加剂

应符合 GB 8076 的要求。

5.7 表面材料

用于混凝土瓦表面的材料,在使用中不应使从屋面流下的雨水产生任何对人体及环境有危害的物质。如使用白水泥应符合 GB/T 2015 的要求,标号不低于 425。

6 技术要求

6.1 尺寸偏差

6.1.1 长度

屋面瓦和脊瓦的长度允许偏差±4mm。

6.1.2 宽度

屋面瓦的宽度允许偏差±3mm。

6.1.3 遮盖宽度

6.1.3.1 一般要求

一块屋面瓦的遮盖宽度 b_1 以及遮盖宽度的正、负允许偏差值,应在生产厂家的技术资料中给予说明。

注:当屋面瓦有意设计成不同的遮盖宽度时,无此项要求。

6.1.3.2 有筋槽屋面瓦

当生产厂家给出瓦片遮盖宽度的允许偏差值时，其遮盖宽度要满足下列要求：

$b_{1d}/10 \leqslant b_1$＋所给的遮盖宽度允许偏差值

$b_{1c}/10 \geqslant b_1$－所给的遮盖宽度允许偏差值

当生产厂家没有给出遮盖宽度的允许偏差值，平均遮盖宽度应与生产厂家所给定的遮盖宽度值偏差不超过±5mm。

6.1.3.3 无筋槽屋面瓦

屋面瓦的平均遮盖宽度应与厂家所给定的遮盖宽度值偏差不超过±3mm。

注：其他配件瓦的尺寸偏差由供需双方协定。

6.1.4 屋面瓦吊挂瓦爪(后爪)的有效高度应不小于 10mm。

6.1.5 对于有筋槽的瓦，其边筋高度应不低于 3mm。

6.1.6 若瓦有固定孔，其布置要确保屋面瓦或配件瓦与挂瓦条的连接安全可靠。固定孔的布置和结构应保证不影响混凝土瓦其他正常的使用功能和不造成缺陷。

6.2 外观质量

6.2.1 一般要求

屋面瓦和配件瓦应瓦型清楚，瓦面平整，边角整齐。屋面瓦应瓦爪齐全。彩色混凝土瓦应无明显的色泽差别。

注：彩色混凝土瓦的色泽要求由供需双方协商。

6.2.2 方正度

按 A2.2.1 要求检验时，l_2 与 l_3 之间的差值应小于 4mm。

注：当瓦片设计成不规则前沿时，无此项要求。

6.2.3 平面性

屋面瓦任何预定的接触点与平参考面的间隙不应大于 3mm 或 $b_1/100$(精确至 mm，取其大者为准)。

注：对于一些瓦型，无此项要求。例如：

a) 当瓦片与平参考面的设定接触点少于 4 个；

b) 当瓦片的形状设计成不规则时。

6.2.4 外观缺陷

混凝土瓦不允许有裂缝、裂纹(包括龟裂)、孔洞、表面夹杂物；瓦的正表面不允许有高于 5mm 的突出料渣；瓦的外观缺陷不得超过表 1 的规定。

表 1 混凝土瓦外形缺陷允许范围

项　　目	指　　标
(a) 掉角在瓦面上造成的破坏尺寸不得同时大于	10mm
(b) 瓦爪残缺	允许一爪有缺，但不大于爪高的 1/3
(c) 边筋残缺：边筋坍塌或外槽外缘边筋断裂	不允许
(d) 擦边长度不得超过(在瓦面上造成的破坏宽度小于 5mm 者不计)	30mm

6.3 物理力学性能

6.3.1 质量偏差

6.3.1.1 质量不超过 2kg 的瓦，质量偏差应在生产厂家给定值的±0.2kg 以内。

6.3.1.2 质量超过 2kg 的瓦，一等品和合格品的质量偏差应在生产厂家给定值的±10%以内；优等品应在生产厂家给定值的±5%以内。

6.3.2 承载力

6.3.2.1 屋面瓦的承载力实测平均值不得小于承载力可验收值(F_{ok})。承载力可验收值按下式计算：

$$F_{ok} \geqslant F_c + 1.64\sigma$$

6.3.2.2 屋面瓦的承载力标准值 F_c 应符合表 2 的规定。

表 2 混凝土屋面瓦的承载力标准值

<table>
<tr><td colspan="2" rowspan="2">项目</td><td colspan="6">有筋槽屋面瓦</td><td rowspan="2">无筋槽屋面瓦</td></tr>
<tr><td colspan="4">波型屋面瓦</td><td colspan="2">平屋面瓦</td></tr>
<tr><td colspan="2">瓦脊高度 d,mm</td><td colspan="2">d>20</td><td colspan="2">20≥d≥5</td><td colspan="2">d<5</td><td>—</td></tr>
<tr><td colspan="2">遮盖宽度 b1,mm</td><td>≥300</td><td>≤200</td><td>≥300</td><td>≤200</td><td>≥300</td><td>≤200</td><td>—</td></tr>
<tr><td rowspan="3">承载力标准值 Fc,N</td><td>优等品</td><td>2 000</td><td>1 400</td><td>1 400</td><td>1 000</td><td rowspan="3">1 200</td><td rowspan="3">800</td><td rowspan="3">550</td></tr>
<tr><td>一等品</td><td>1 800</td><td>1 200</td><td>1 200</td><td>900</td></tr>
<tr><td>合格品</td><td>1 500</td><td>1 000</td><td>1 000</td><td>800</td></tr>
<tr><td colspan="9">注：对遮盖宽度在 200～300mm 之间的有筋槽屋面瓦，其承载力标准值应按表中所列的值用线性内插法确定。</td></tr>
</table>

6.3.3 吸水率

单块混凝土瓦的吸水率应符合表 3 规定。

表 3 混凝土瓦的吸水率

	优等品	一等品	合格品
吸水率,%	≤10		≤12

6.3.4 抗渗性能

屋面瓦、脊瓦、排水沟瓦经抗渗性能检验，每块瓦的背面不得出现水滴现象。

6.3.5 抗冻性

屋面瓦经抗冻性检验后，应满足承载力(见 6.3.2)和抗渗性能(见 6.3.4)的要求。同时，外观质量应符合本标准要求，且表面涂层不得出现剥落现象。

7 试验方法

7.1 尺寸偏差和外观质量

见附录 A。

7.2 物理力学性能试验方法

7.2.1 质量

7.2.1.1 量具：最大称量 10kg 的电子台秤或天平，灵敏度 5g。

7.2.1.2 步骤：将屋面瓦置于温度为 15～30℃，空气相对湿度不低于 40%，通风良好的条件下，存放至少 24h。然后，每隔 24h 称量一次每块屋面瓦的质量，精确至 5g，至前后两次每块称量误差小于 25g。求出被测屋面瓦质量，并计算算术平均值，修约至 10g。

7.2.2 承载力

见附录 B。

7.2.3 吸水率

见附录 C。

7.2.4 抗渗性能

见附录 D。

7.2.5 抗冻性

见附录E。

8 检验规则

8.1 检验分类

产品检验分出厂检验和型式检验。

8.2 出厂检验

8.2.1 每批出厂产品都应进行出厂检验。

8.2.2 出厂检验项目包括尺寸偏差、外观质量、承载力、吸水率和抗渗性能。

8.3 型式检验

8.3.1 有下列情况之一者,应进行型式检验:

a) 新产品生产的试制鉴定;

b) 正式生产后,原材料、工艺等发生较大的改变,可能影响产品性能时;

c) 正常生产时,每年进行一次;

d) 产品停产半年以上,又恢复生产时;

e) 出厂检验结果与上次型式检验有较大差异时;

f) 国家质量监督机构提出进行型式检验的要求时;

g) 用户有特殊要求时。

8.3.2 型式检验项目包括本标准技术要求的全部项目。

8.4 抽样

8.4.1 试样应随机抽取。尺寸偏差和外观质量检验的试样在产品成品堆场抽取。承载力检验与抗冻性检验的试样龄期应不少于28d。

8.4.2 试样数量符合表4规定。非破坏性试验项目的试样,可用于其他项目的检验。

表4 试样抽取数量表

检验项目	型式检验	出厂检验批量,块			
		2 000至50 000	50 001至100 000	100 001至150 000	>150 000
	试样数量				
长度	3	3	5	8	10
密度	3	3	5	8	10
遮盖宽度	11	11	11	11	11
方正度	3	3	5	8	10
平面性	3	3	5	8	10
外观缺陷	10	10	20	25	30
质量偏差	3	—	—	—	—
承载力	7	7	7	7	10
吸水率	3	3	5	8	10
抗渗性能	3	3	5	8	10
抗冻性	3	—	—	—	—

注:划"—"者为不需要检验。

8.5 判定规则

当所抽取的样品都满足本标准相应的等级要求时，判定其为相应的等级。

8.6 复验

在所抽取的试样中，尺寸偏差和外观质量检验不合格试件的总数不超过3块，或物理力学性能检验不合格试件的总数不超过1块时，允许进行复验。复验只针对不合格项目进行。复验只允许一次。

注：承载力或抗冻性不合格时，不进行复验。

复验时从同一批次中抽取与前次该项目检验相同数量的样品进行第二次检验。若复验后检验结果达到要求，则判该批次产品为相应等级；若仍有不合格试样，则判该批次产品为不合格。

9 标志、包装、运输和贮存

9.1 标志

9.1.1 产品应在其背面永久性标注商标或生产厂家名称(或简称)，图案应清晰、牢固。

9.1.2 产品出厂时，应提供产品质量合格证。产品质量合格证主要包括生产厂名、产品标记、商标、批量编号、证书编号、生产日期等，并由检验员或承检单位签章。

9.2 包装

9.2.1 产品根据需要可散装或包装。产品宜按品种、规格尺寸、质量等级、色别分别包装。

9.2.2 产品可使用捆扎、木托架或其他材料包装。包装应捆紧牢固，并方便搬运。

9.2.3 特殊产品可按用户要求包装。

9.3 运输

产品运输过程中，应采取措施减轻震荡，防止碰撞，保护产品安全。人工装卸时，要轻拿轻放，严禁抛掷。

9.4 贮存

产品应按品种、规格、等级、色别分别整齐、紧密地堆放在平整、坚实的地基上。

10 使用

为方便正确使用，供方应提供其产品的使用安装说明书。

附 录 A

（标准的附录）

尺寸偏差与外观质量的试验方法

A1 量具

钢直尺，最小分度值为 1mm。

A2 测量方法及结果判定

A2.1 尺寸偏差

A2.1.1 在瓦的两侧边测量瓦的长度，取二者的算术平均值；在瓦的两端测量瓦的宽度，取二者的算术平均值。

A2.1.2 测量结果以每件试样测量的长度的算术平均值、宽度的算术平均值与其规格长度、宽度的偏差表示。

A2.1.3 遮盖宽度

A2.1.3.1 有筋槽屋面瓦

将预先确定遮盖宽度相同的 11 块屋面瓦，按生产厂家规定的方式使屋面瓦相互之间搭接嵌合挂好或铺好。

展开状态下这些屋面瓦要尽可能展开，边筋内外槽相互之间的嵌合要可靠，展开状态的遮盖宽度 b_{1d} 要测量 10 块屋面瓦（见图 A1a），取整至 mm。紧缩状态下这些屋面瓦要尽可能挤紧靠牢，边筋内外槽相互之间的嵌合要可靠，紧缩状态下的遮盖宽度 b_{1c} 要测量 10 块屋面瓦（见图 A1b），取整至 mm。计算：

a）展开状态下的算术平均值（$b_{1d}/10$）和紧缩状态下的算术平均值（$b_{1c}/10$），或

b）平均遮盖宽度（$b_{1d}+b_{1c}$）/20。

计算结果修约至 1mm。

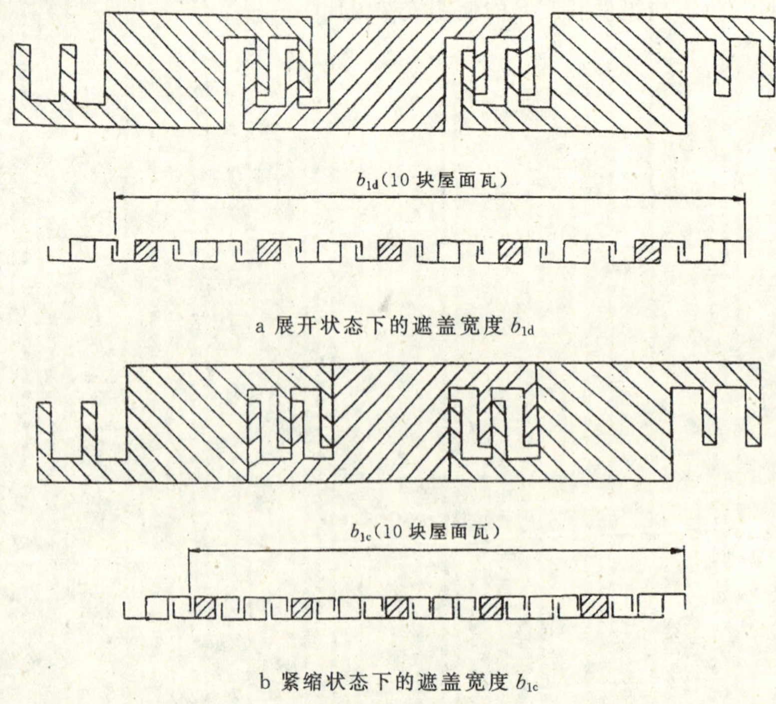

a 展开状态下的遮盖宽度 b_{1d}

b 紧缩状态下的遮盖宽度 b_{1c}

图 A1 遮盖宽度测量

A2.1.3.2 无筋槽屋面瓦

将预先确定遮盖宽度相同的10块屋面瓦，按厂家所给的方式挂在一根挂瓦条上。将屋面瓦挤紧靠牢，测出10块屋面瓦的宽度，并计算其算术平均值。修约至1mm。

A2.2 外观质量

外观缺陷用肉眼直观检察，外形缺陷用钢直尺测量。

A2.2.1 方正度与吊挂长度

将屋面瓦以20°～70°之间的角度挂在挂瓦条上(见图A2a)。接着测量屋面瓦两侧边挂瓦条上棱和屋面瓦前沿之间的长度l_2、l_3(见图A2b)，以二者的差作为检验结果，修约至1mm。同时求出屋面瓦的吊挂长度l_1，以l_2、l_3的算术平均值表示，修约至1mm。

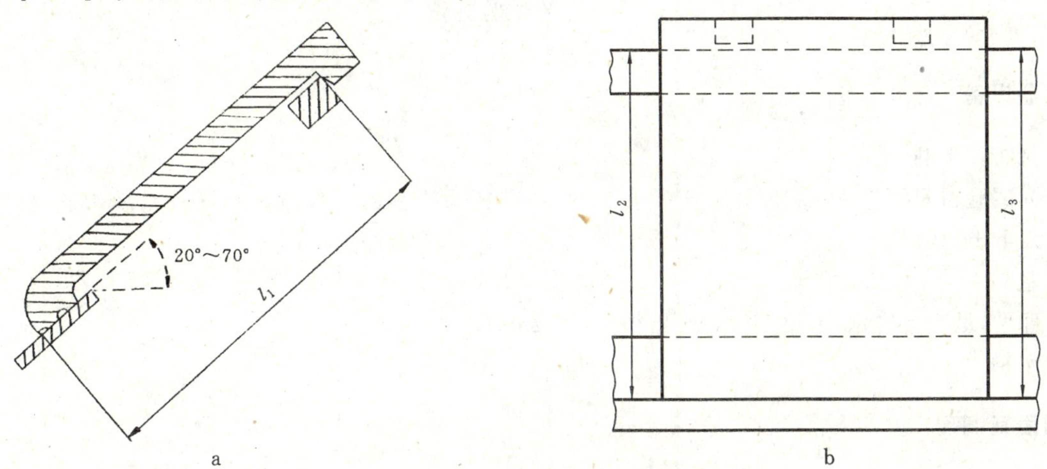

图 A2 吊挂长度的测量

A2.2.2 平面性

将屋面瓦正面朝上放在一个平参考面上，使其处于稳定状态，用一根直径为3mm或$b_1/100$(取整至mm)的金属棒——以较大者为准，测量屋面瓦的某个设定接触点与平参考面之间是否存在比允许值大的间隙，应给出所有检验结果。(见图A3)

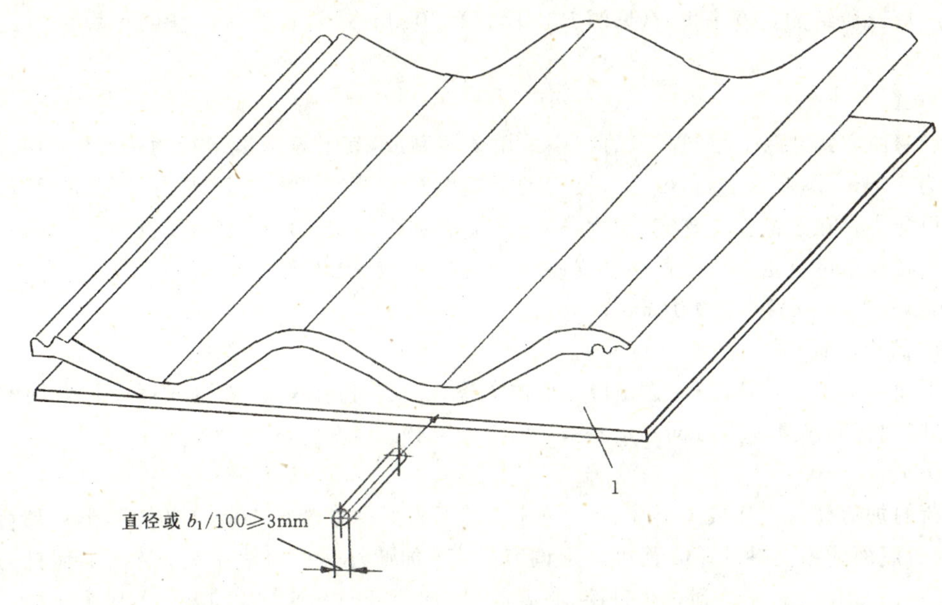

1—平的参考面

图 A3 平面性的测量

A2.2.3 色差

在光线充足条件下，正常视力，距试样 3m，目测面积约 $1m^2$ 的试样。

A2.2.4 外观缺陷

A2.2.4.1 贯穿裂纹是指从瓦正面裂透至背面的裂纹。惊纹(震纹)按贯穿裂纹论处。

A2.2.4.2 掉角测量其在瓦正面上造成破坏面的长度方向和宽度方向的二个投影尺寸。擦边测量在瓦面上造成的破坏宽度及其破坏的边长。

附 录 B
(标准的附录)
承载力的试验方法

B1 仪器设备

B1.1 抗折试验机

抗折试验机量程 0～10kN，最小分度值 20N，加荷压头行程大于 500mm，可以无级调速，测量示值误差不大于±1%。

B1.2 量具

钢直尺，最小分度值 1mm；游标卡尺，精度 0.02mm。

B1.3 水槽

B2 屋面瓦调湿

将屋面瓦浸没在温度为 10～25℃的清水中不小于 24h，水面应高出试样 20mm，于试验前拭干表面水分备用。

B3 试验步骤

B3.1 瓦脊高度的测量

如果生产厂家所给的瓦脊高度 d(见图 B2)不小于 20mm，就要测量试样量的每块屋面瓦的瓦脊高度。

B3.2 支承方式

采用三点弯曲方式。两个相同高度的支座采用金属制成，其上表面呈半径为 10mm 的圆弧形，其上可垫一宽度为 20mm，厚度为 20～30mm，长度大于屋面瓦的总宽度的硬质木条，木条的下表面应与支座的上表面相配合。在屋面瓦与支座(或木条)之间应有弹性垫层。两支座应相互平行且相对屋面瓦纵向轴的垂直面必须是可自由调节平衡的。支座中心距为 $2/3l_1$ 取整数(mm)。

注：l_1 以屋面瓦实测值的算术平均值(mm)计。

B3.3 试验时试样放置

屋面瓦正面朝上置于支座上(见图 B1)。此时如屋面瓦还不平衡，例如这时屋面瓦背面的拱肋在支座上，则要将屋面瓦向吊挂瓦爪方向移动一些，以确保其平稳。调整试件至水平。

B3.4 加荷方式

用于加荷的加荷杆与支座要求材质、尺寸相同，其下表面是呈半径 10mm 的圆弧形。加荷杆应平行于支座，且相对屋面瓦纵向轴的垂直面可自由调节平衡。加荷杆位于跨距中央。弯曲加荷杆与支座之间的角度不允许大于 10°。为了达到这个目的，必要时，在加荷杆与瓦面之间，填垫一块平衡物(见图 B3)，平衡物不要宽于加荷杆圆弧的直径。

如果是平的屋面瓦要在加荷杆和屋顶瓦之间放一弹性垫层(见图 B1)。

如果是波型的屋面瓦，要在加荷杆和屋面瓦之间放置与瓦上表形状相吻合的平衡物(见图 B3)。平衡物由木块、金属或石膏或快硬水泥砂浆制成，宽度约为20mm。平衡物由硬木或金属制成时，要在平衡物与屋面瓦之间垫以弹性垫层。

注：也可以将加荷杆加工成与平衡物相同形状的加荷杆，其与瓦表面的接触面应是圆弧形的。

弹性垫层长度至少要与屋面瓦的遮盖宽度一样，其宽度不小于20mm，厚度10mm±5mm，硬度要为肖氏硬度(50±10)。

屋面瓦放置时，搭接部分的边筋外槽部位(如果有的话)应不受荷载，荷载应只作用于遮盖宽度的中央(见图B3)。

B3.5 加荷

通过弯曲加荷杆加荷，其作用力应垂直于屋面瓦平面，最高加荷速度为6500N/min，直至试件断裂破坏。

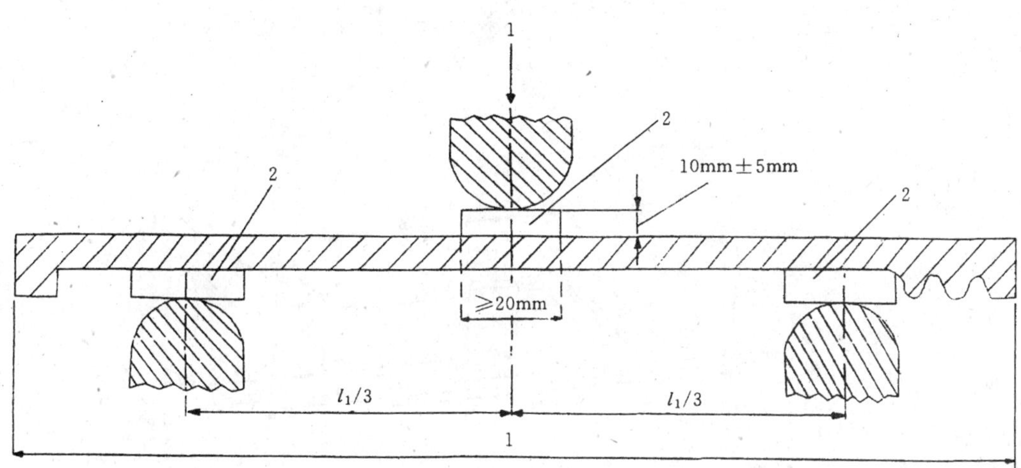

1—荷载；2—弹性垫层

图B1 加荷支承方式

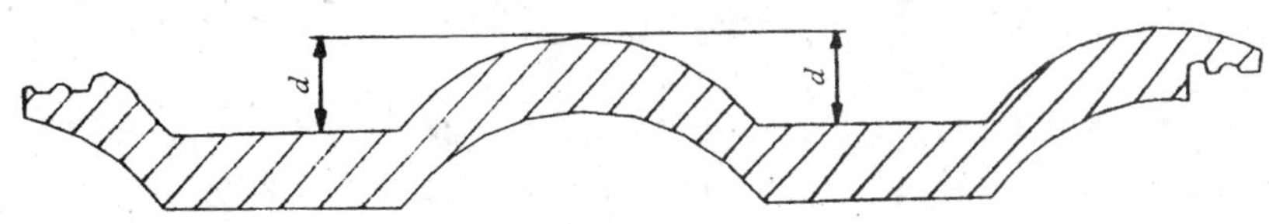

图B2 瓦脊高度的测量

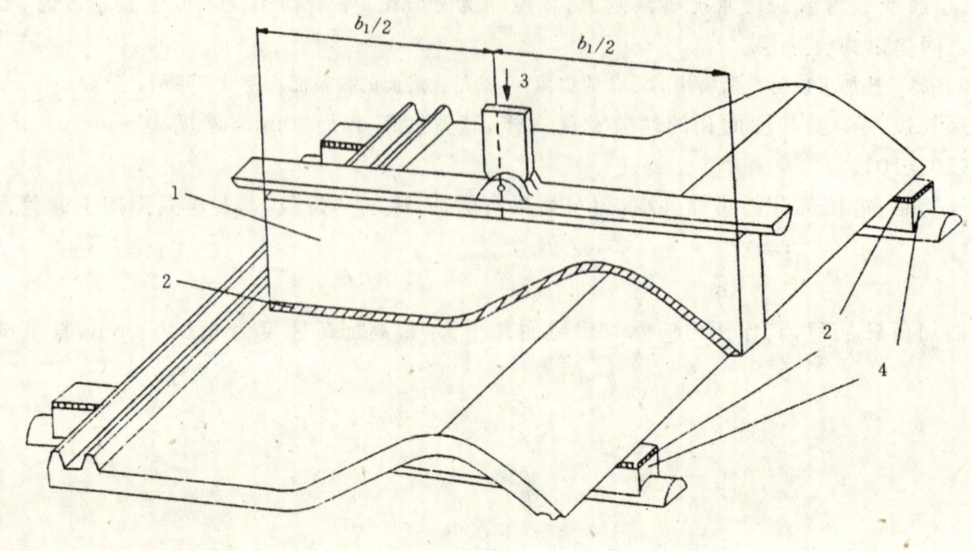

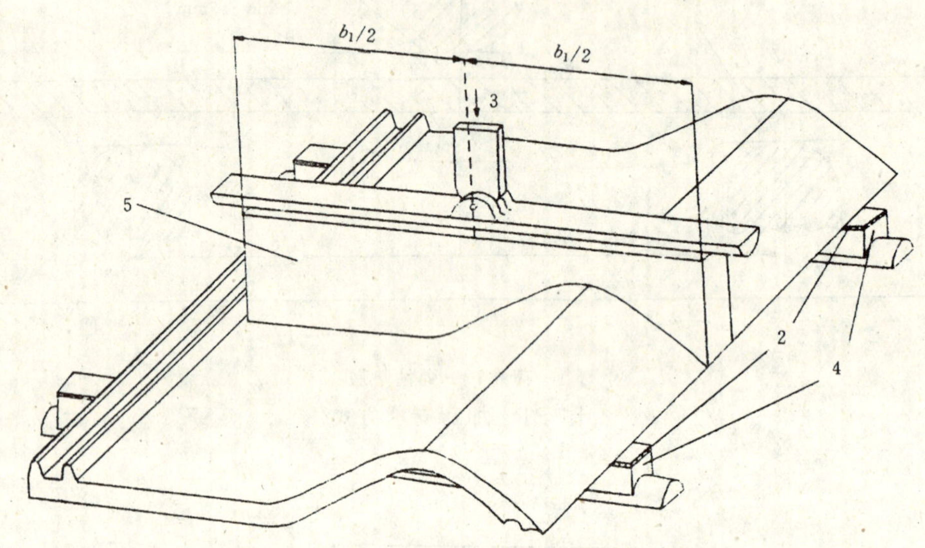

1—硬木或制接触面与瓦上表面形状相吻合的平衡物；2—弹性垫层；3—荷载；

4—宽度约为 20mm，厚度为 20～30mm，长度大于屋面瓦总宽度的硬质木条；

5—石膏或快硬水泥砂浆制接触面与瓦上表面形状相吻合的平衡物

图 B3　加荷装置示意

B4　试验结果的记录

屋面瓦承载力的试验结果精确至 10N。如果屋面瓦上面用于平衡的物质的力大于 5N 的话，在计算总承载力时应将其包括进去。

B5　试验结果的计算与评定

B5.1　承载力实测平均值按下式计算，单位：N，修约至 10N。

$$\overline{F}=\frac{F_1+F_2+F_3\cdots F_n}{n}$$

式中：n——试样数量。

B5.2 承载力标准差按下式计算：

$$\sigma=\sqrt{\frac{\Sigma(F_i-\overline{F})^2}{n-1}}$$

B5.3 试验结果以承载力实测平均值表示。

附 录 C
（标准的附录）
吸水率的试验方法

C1 仪器设备

C1.1 干燥箱。
C1.2 天平，灵敏度 5g。
C1.3 水槽。

C2 试验步骤

C2.1 将试样擦拭干净后放入干燥箱，箱内温度保持 105℃±5℃，干燥 24h。取出冷却至室温后，称量其干燥质量 m_0，精确至 10g。
C2.2 将试样浸没于 10～25℃的清水中 24h，试验过程中应保持水面高出试样 20～30mm。
C2.3 取出试样，用拧干的湿毛巾拭去表面附着水，立即称量试样的饱水质量 m_1，精确至 10g。

C3 试验结果计算

C3.1 吸水率按下列公式计算：

$$W=\frac{m_1-m_0}{m_0}\times100$$

式中：W——吸水率，%；
m_0——干燥质量，g；
m_1——饱水质量，g。

C3.2 试验结果以三块试样中最大的吸水率表示，修约至 0.1%。

附 录 D
（标准的附录）
抗渗性能的试验方法

D1 仪器设备

与被检验样品规格相适应的不透水的围框。

D2 样品的调湿

将试样在温度为 15～30℃，空气相对湿度不小于 40%，通风良好的条件下，存放不少于 24h。

D3 试验步骤

将试样正面向上放置于合适的围框内。使用不透水的密封材料将试样密封好（见图 D1）。密封时注意，边筋外槽搭接部分等于或大于 30mm 的屋面瓦，封闭盖住的部分不允许大于搭接宽度的一半；功能孔（例如固定用孔）在试验之前应用不渗水的材料封闭。

试样平面与水平面的偏差角应不大于 10°。将水注入以试样为底并用围框密封的试验容器中，水面要高出瓦脊 10～15mm，或者从瓦槽的上表面量起 50mm，这两种方法以深度大者为准。并保持这一高度。

将此被检验的试样在 15～30℃，空气相对湿度不小于 40%的条件下，存放 24h±5min。

D4 试验结果与评定

观察每个被检样品的背面无水滴形成现象，即认为抗渗性能合格。

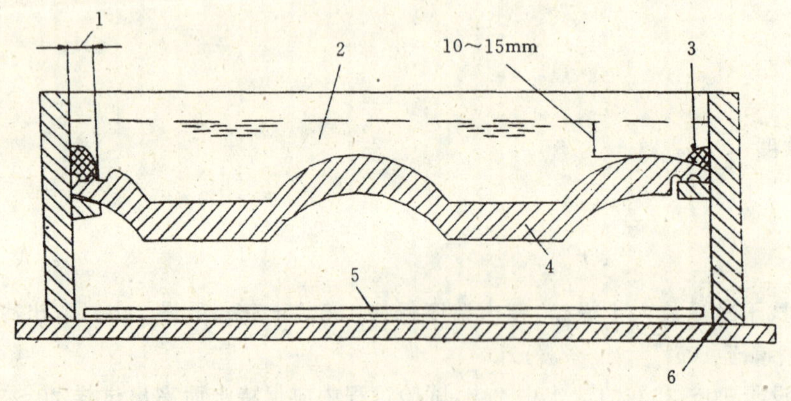

1—密封材料；2—水；3—密封；4—瓦；5—反光镜；6—不透水的框

图 D1 抗渗试验装置示意

附 录 E

（标准的附录）

抗冻性的试验方法

E1 仪器设备

E1.1 低温箱或冷冻室

低温箱或冷冻室放入试样后箱（室）内的温度可降至并保持在－15～－25℃。箱（室）内的空气温度宜在 2h±30min 内降至－20℃±5℃。

E1.2 水槽。

E1.3 试样架

试样架应使试样之间的间隔不小于 20mm。试样与低温箱或冷冻室内壁之间的距离不小于 40mm。

E1.4 抗折试验机。

E1.5 用于抗渗性能检验的围水框。

E2 试样

将屋面瓦在温度为 20℃±5℃的清水中浸泡 48h，试验前取出并自然滴落屋面瓦表面上附着水。

E3 试验步骤

将经过浸水饱和的屋面瓦摆放在试样架上，随即放入预先降温至－20℃±5℃的低温箱或冷冻室内。

待箱(室)内温度再次降至－20℃±5℃时,开始计时。在此温度下保持3h。然后,取出试件立即放入15～25℃的水中融化1h。如此为一个冻融循环。

冻融循环的间断只能在融化阶段,直到试验继续时瓦要浸泡在水中,中断时间不要大于96h,中断24h以上的要给予说明。

如此进行25次冻融循环后,要将试样在空气温度15～30℃,空气相对湿度不小于40%的条件下放置7d。接着按附录D进行抗渗性能检验。

在抗渗性能检验后,接着将屋面瓦按附录C进行承载力检验。

E4 结果评定

以冻融后试件的抗渗性能和承载力检验的结果是否同时达到6.3.4和6.3.2相应的要求表示。并同时检查外观质量是否达到本标准要求。

中华人民共和国专业标准

玻璃纤维氯氧镁水泥波瓦及其脊瓦

ZB Q 14001—88

Glass fibre reinforced magnesium oxychloride cement corrugated sheet and ridge tile

1 主题内容与适用范围

本标准规定了玻璃纤维氯氧镁水泥波瓦及其脊瓦的分类、技术要求、检验方法、检验规则、标志、保管、包装和运输等。

本标准适用于由菱苦土和氯化镁溶液制成氯氧镁水泥，加入玻璃纤维增强制成的玻璃纤维氯氧镁水泥中、小波瓦及其脊瓦。

本标准规定的玻璃纤维氯氧镁水泥波瓦及其脊瓦可作为一般厂房、仓库、礼堂和工棚等建筑设施的覆盖材料，不宜用于高温、长期有水汽与腐蚀性气体的场所。

2 引用标准

GB 1346 水泥标准稠度用水量、凝结时间、安定性检验方法
GB 7019 石棉水泥制品 吸水率、容重及孔隙率测定方法
GB 8040 石棉水泥波瓦、平板抗折性试验方法
GB 8041 石棉水泥波瓦、平板不透水性试验方法
GB 8042 石棉水泥波瓦、平板抗冻性试验方法
GB 9772 石棉水泥波瓦及其脊瓦
GBJ 207 屋面工程施工及验收规范

3 分类

玻璃纤维氯氧镁水泥瓦根据其外形尺寸分为中波瓦、小波瓦及脊瓦三种。

玻璃纤维氯氧镁水泥中、小波瓦及脊瓦的外形分别见图1、图2和图3，规格公差尺寸分别见表1和表2。

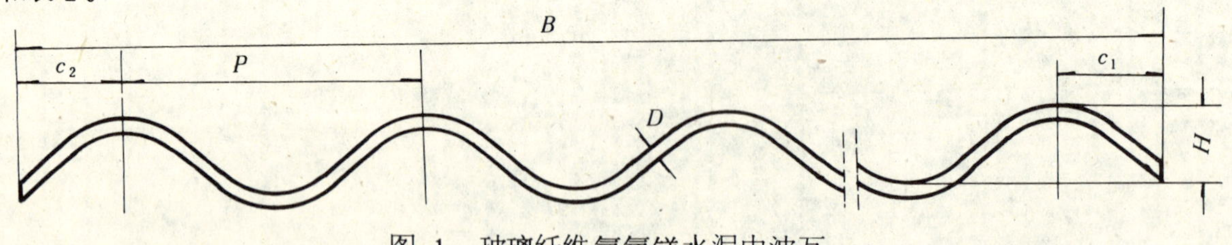

图 1 玻璃纤维氯氧镁水泥中波瓦

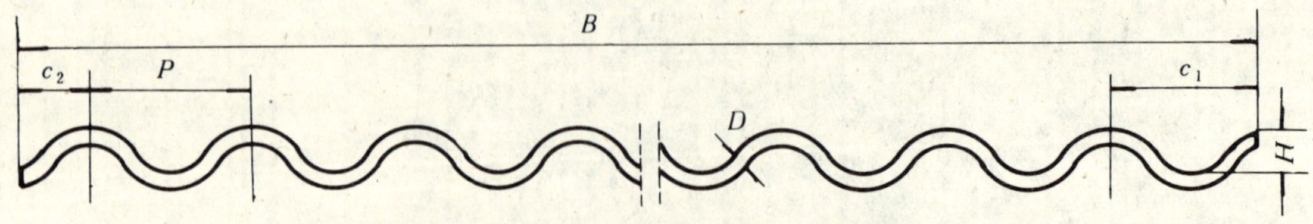

图 2 玻璃纤维氯氧镁水泥小波瓦

国家建筑材料工业局1988-12-05批准 1989-05-01实施

表 1　　mm

名称	规格尺寸及允许公差								参考重量 kg
	长 L	宽 B	厚 D	波距 P	波高 H	波数 n 个	边距 c_1	边距 c_2	
中波瓦	1 800±10	745±10	$6.0^{+1.0}_{-0.5}$	131±3	≥33	5.7	45±5	45±5	16.5
小波瓦	1 800±10	720±10	$5.5^{+1.0}_{-0.5}$	63.5±3	≥16	11.5	58±3	27±3	14.5

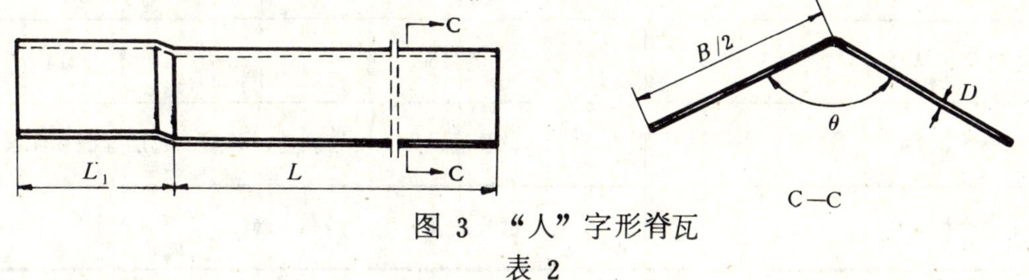

图 3　“人”字形脊瓦

表 2　　mm

名称	规格尺寸及允许公差					参考重量 W kg
	长度		宽度 B	厚度 D	角度 θ 度	
	搭接长 L_1	瓦体长 L				
中波脊瓦	70±10	780±10	230×2±10	$5.0^{+1.0}_{-0.5}$	125±5	4.0
小波脊瓦	70±10	780±10	180×2±10	$5.0^{+1.0}_{-0.5}$	125±5	3.0

4 技术要求

4.1 外观质量

玻璃纤维氯氧镁水泥瓦的外观应板面平整，四边方正，瓦波圆滑，边缘整齐，厚薄均匀，无裂缝、无返卤、无凹坑、无贯穿性针状孔和肉眼可见裂纹等。其外观缺陷允许范围见表 3 。

表 3　　mm

外观缺陷	允许范围		
	中波瓦	小波瓦	脊瓦
掉角	沿瓦边长不得超过100，厚度方向不得超过45	沿瓦边长不得超过100，宽度方向不得超过30	沿边长不得超过20，宽度方向不得超过20
	一张瓦的掉角不得多于1个		
掉边	宽不得超过15	宽不得超过15	不允许

4.2 物理力学性能

4.2.1 中、小波瓦物理力学性能指标见表4。

表 4

物理力学性能 \ 名称	中波瓦	小波瓦
横向抗折不小于，N	3 100	2 400
纵向抗折不小于，N	320	300
吸水率不大于，%	15	14
抗冻性，25次	试验后试体不得有剥落、开裂、起层等破坏现象	
不透水性	试验后瓦背面不得有水滴	

4.2.2 脊瓦的物理力学性能

破坏荷重≥600 N；抗冻试验后不得有开裂、剥落起层等破坏现象。

5 检验方法

5.1 瓦的规格及公差尺寸

5.1.1 中、小波瓦的长、宽用精度为1 mm的尺测量，中波瓦测第2,5波顶，小波瓦测第3,9波顶，两次测量长度的平均值为长度；在瓦的两端100 mm内测量的宽度平均值为宽度。

5.1.2 中、小波瓦的厚度用精度为0.1 mm的卡尺测量，测点在距瓦端部至少10 mm处。中波测第2,5波顶，小波测第3,9波顶，两次测得厚度的平均值为厚度。

5.1.3 脊瓦的长、宽用精度为1 mm的尺测量。长度为脊瓦正面测量的瓦体长与搭接长之和；在脊瓦正面两端30 mm内两次测量的宽度平均值为宽度。

5.1.4 脊瓦的厚度用精度为0.1mm的卡尺测量。在距端部至少10mm处测量，取两次测量结果平均值为厚度。

5.1.5 脊瓦的角度用量角器测量。

5.1.6 中、小波瓦及脊瓦的重量用精度为0.2kg的磅秤称量，称量值为瓦重。

5.1.7 瓦的波高、波距、边距、掉角、掉边均按照GB 9772附录A所规定的方法进行。

5.1.8 瓦的外观质量，用肉眼观察瓦的表面情况并记录。

5.2 瓦的物理力学性能

5.2.1 玻璃纤维氯氧镁水泥波瓦及脊瓦抗折力试验，按照GB 8040的规定进行。

5.2.2 玻璃纤维氯氧镁水泥波瓦吸水率测定，按照GB 7019的规定进行。

5.2.3 玻璃纤维氯氧镁水泥波瓦及脊瓦抗冻性试验，按照GB 8042的规定进行。

5.2.4 玻璃纤维氯氧镁水泥波瓦不透水性试验，按照GB 8041的规定进行。

6 检验规则

6.1 检验项目

6.1.1 交收检验

a. 正常生产检验：波瓦的外观质量、规格尺寸、抗折力、吸水率；脊瓦的外观质量、破坏荷重。

b. 出厂检验：波瓦的外观质量、规格尺寸、抗折力、吸水率；脊瓦的外观质量、规格尺寸及破坏荷重。

6.1.2 型式检验：包括出厂检验全部项目和波瓦的不透水性，抗冻性。

6.2 检验分类

6.2.1 正常生产检验：每班生产为一批量。逐张进行外观质量检查。经养护28d以上的瓦在外观质量检查合格后，抽1张作抗折力、吸水率；脊瓦做破坏荷重。若有1项性能不符合技术要求，允许再取双倍数量作不合格项目的试验。若仍有1张不合格时，则该批产品为不合格品。

6.2.2 出厂检验

6.2.2.1 出厂检验每批瓦必须同一品种同一规格，其批量按表5规定，若不足一批而超过1/3时，按一批考核。

表 5

名称	中波瓦	小波瓦	脊瓦
批量（张）	1 000	1 000	300

6.2.2.2 每批出厂产品中抽1％进行外观质量与规格尺寸检验，若有1/5不符合技术要求时，再取双倍数量复验，若仍有1/5不合格，则该批产品不予验收，生产厂需进行逐张检验合格后才能再次发货。

6.2.2.3 在6.2.2.2检查合格，龄期不低于28d的瓦中抽1张作抗折力、吸水率、抗冻性试验；脊瓦作破坏荷重试验，若有一项不符合技术要求时，需再取2张补充作不合格项目的试验，若仍有1张不符合技术要求时，该批产品为不合格品。

6.2.2.4 中、小波瓦的不透水性和脊瓦的抗冻性，根据气候条件、工程性质、需方的要求进行商定。

6.2.2.5 若用户不要求出厂检验时，生产厂可将该批产品正常生产的检验结果，随同发货单一起寄给用户。

6.2.2.6 复验费用。用户可提出复验，合格则复验费用由用户支付，不合格则复验费用由厂方支付。

6.3 型式检验

6.3.1 当有下列情况之一时，应进行型式检验：

a. 原材料和生产工艺重大改变；

b. 试制出新型玻璃纤维氯氧镁水泥波瓦；

c. 产品长期停产后，恢复生产；

d. 出厂检验结果与上次型式检验有较大差异；

e. 成批常年生产情况下，每半年进行一次；

f. 国家质量监督机构提出进行型式检验。

6.3.2 瓦的外观质量、规格尺寸，按6.2.2.1和6.2.2.2的方法在现场检验。

6.3.3 在外观质量检验合格，龄期不低于28d的瓦中，随机抽取1组5张（3张作抗折力、抗冻性、吸水率，1张作抗渗性，1张备用）进行检验，抗折力、抗冻性、吸水率、抗渗性均符合标准要求后，即判该批产品合格；若有一项指标不合格，则重新取样检验，若仍有指标不合格，则判该批产品不合格。

7 标志

7.1 在每张瓦反面第3个波上，须用不退色的标志，标明生产厂名称、产品名称、规格、生产日期、班别等。

7.2 出厂合格证主要包括：

a. 合格证编号；

b. 生产厂厂名、厂址；

c. 产品名称、规格、数量与生产日期；

d. 产品性能检验结果，产品检测标准编号；

e. 生产厂检验部门及检验人员签名。

8 保管、包装和运输

8.1 保管。存放场地必须坚实平坦、干燥不潮湿，不同品种，应花弧或“井”字分堆垛存放，垛高不应超过1.8m，脊瓦可侧立，平垛堆放。

8.2 包装。产品根据需要可散装或包装。包装可采用捆扎包装，注意防止损坏；散装时要保证瓦垛底部平坦稳固。

8.3 运输。运输中底部应保持平坦，减少震动，避免碰撞和冲击。装卸时不得抛掷，不得用钢丝绳直接吊装。

8.4 产品出厂须有保管、使用简易说明书。

附 录 A
原材料质量要求
（补充件）

A 1 菱苦土要求

A 1.1 菱苦土化学成分和细度应符合表A 1的规定。

表 A 1

测定项目	化学成分，%			细度，%
	氧化镁	氯化钙	烧失量	125μm（120目）筛余量
指标	≥75	<3	<10	<10

A 1.2 按生产条件配制料浆，用水泥安定性试验方法GB 1346第18条方法成型和空气养护，脱模后23±2℃养护3 d，要求体积安定性合格。

A 1.3 按生产条件配制料浆。用水泥凝结时间测定方法GB 1346测定，要求在23±2℃时测定，初凝大于1 h，终凝小于7 h。

A 1.4 菱苦土应采用防潮密封包装，置于干燥处存放。

A 2 水氯镁石技术要求

水氯镁石技术要求应符合表A 2的规定。

表 A 2

项目	六水氯化镁	氧化钙	氯化钠+氯化钾
指标，%	≥94	<1	<2

A 3 增强材料

应使用保存好、无磨损的集束中碱玻璃纤维，每张瓦纤维用量应不低于氯氧镁水泥总量的6%。

附 录 B
施工要求及注意事项
（参考件）

B 1 施工要求

玻璃纤维氯氧镁水泥波瓦屋面基层应平整，檩条可选用符合要求的木檩条、钢檩条。使用各种檩条都应保持平整，钢筋混凝土檩条表面应找平。基层必须牢固，不得松动。

玻璃纤维氯氧镁水泥波瓦的铺设方法、搭接长度、固定方法等应符合GBJ 207第7章波形石棉水泥瓦屋面的要求。

B 2 维修及施工注意事项

B 2.1 玻璃纤维氯氧镁水泥波瓦屋面应定时检修，使用中发现断裂、起层等现象，轻者修补，严重要拆换。

B 2.2 玻璃纤维氯氧镁水泥波瓦屋面施工或维修时，都必须架设临时走道板，不许直接在瓦面上行走，在作短距离跨越时，脚应踏在檩条上，以防发生意外，下雨或降雪后瓦面潮湿时，不得上房维修。

B 2.3 除以上各条外，施工及维修均应参照石棉水泥瓦施工要求的具体规定。

附加说明：

本标准由国家建筑材料工业局合肥水泥研究设计院负责起草。

本标准委托国家建筑材料工业局合肥水泥研究设计院负责解释。

本标准主要起草人张颖、孙毅等。

二、防 水 材 料

中华人民共和国国家标准

石油沥青纸胎油毡、油纸

GB 326—89

Paper base petroleum asphalt felt asphalt paper

代替 GB 326—73

1 主题内容与适用范围

本标准规定了石油沥青纸胎油毡、油纸的产品分类、技术要求、检验方法、检验规则、包装、标志、保管和运输等。

本标准适用于石油沥青纸胎油毡、油纸。

2 引用标准

GB 328.1～328.7 沥青防水卷材试验方法

3 定义

3.1 石油沥青纸胎油毡（以下简称油毡）系采用低软化点石油沥青浸渍原纸，然后用高软化点石油沥青涂盖油纸两面，再涂或撒隔离材料所制成的一种纸胎防水卷材。

3.2 石油沥青油纸（简称油纸）系采用低软化点石油沥青浸渍原纸所制成的一种无涂盖层的纸胎防水卷材。

4 产品分类

4.1 等级

油毡按浸涂材料总量和物理性能分为合格品、一等品、优等品。

4.2 规格

油毡、油纸幅宽分为915mm和1 000mm两种规格。

4.3 品种

油毡按所用隔离材料分为粉状面油毡和片状面油毡两个品种。

4.4 标号

4.4.1 石油沥青油毡分为200号、350号和500号三种标号。

4.4.2 石油沥青油纸分为200号、350号两种标号。

4.5 用途

4.5.1 200号油毡适用于简易防水、临时性建筑防水、建筑防潮及包装等。

4.5.2 350号和500号粉面油毡适用于屋面、地下、水利等工程的多层防水；片状面油毡用于单层防水。

4.5.3 油纸适用于建筑防潮和包装，也可用于多层防水层的下层。

5 技术要求

5.1 油毡

5.1.1 卷重

每卷油毡的重量应符合表 1 的规定。

国家建筑材料工业局1989-03-31批准 1989-12-01实施

表 1　　kg

标　　号	200号		350号		500号	
品种	粉毡	片毡	粉毡	片毡	粉毡	片毡
重量　不小于	17.5	20.5	28.5	31.5	39.5	42.5

5.1.2 外观

5.1.2.1 成卷油毡宜卷紧、卷齐，卷筒两端厚度差不得超过 5 mm，端面里进外出不得超过10mm。

5.1.2.2 成卷油毡在环境温度10～45 ℃时，应易于展开，不应有破坏毡面长度为10mm以上的粘结和距卷芯1 000mm以外长度在10mm以上的裂纹。

5.1.2.3 纸胎必须浸透,不应有未被浸透的浅色斑点;涂盖材料宜均匀密致地涂盖油纸两面,不应有油纸外露和涂油不均。

5.1.2.4 毡面不应有孔洞、硌(楞)伤,长度20mm以上的疙瘩、浆糊状粉浆或水渍，距卷芯1 000mm以外长度100mm以上的折纹、折皱；20mm以内的边缘裂口或长50mm、深20mm以内的缺边不应超过 4 处。

5.1.2.5 每卷油毡中允许有一处接头，其中较短的一段长度不应少于2 500mm，接头处应剪切整齐，并加长150mm备作搭接。优等品中有接头的油毡卷数不得超过批量的 3 %。

5.1.3 面积

每卷油毡总面积为20 ± 0.3m²。

5.1.4 物理性能

各种标号等级的油毡物理性能应符合表 2 规定。

表 2

<table>
<tr><td colspan="2" rowspan="2">标号 / 等级 / 指标名称</td><td colspan="3">200号</td><td colspan="3">350号</td><td colspan="3">500号</td></tr>
<tr><td>合格</td><td>一等</td><td>优等</td><td>合格</td><td>一等</td><td>优等</td><td>合格</td><td>一等</td><td>优等</td></tr>
<tr><td colspan="2">单位面积浸涂材料总量 g/m² 不小于</td><td>600</td><td>700</td><td>800</td><td>1 000</td><td>1 050</td><td>1 110</td><td>1 400</td><td>1 450</td><td>1 500</td></tr>
<tr><td rowspan="2">不透水性</td><td>压力　不小于 mPa</td><td colspan="3">0.05</td><td colspan="3">0.10</td><td colspan="3">0.15</td></tr>
<tr><td>保持时间　不小于 min</td><td>15</td><td>20</td><td>30</td><td colspan="2">30</td><td>45</td><td colspan="3">30</td></tr>
<tr><td rowspan="2">吸水率（真空法） 不大于 %</td><td>粉毡</td><td colspan="3">1.0</td><td colspan="3">1.0</td><td colspan="3">1.5</td></tr>
<tr><td>片毡</td><td colspan="3">3.0</td><td colspan="3">3.0</td><td colspan="3">3.0</td></tr>
</table>

续表 2

指标名称 \ 等级 \ 标号	200号			350号			500号		
	合格	一等	优等	合格	一等	优等	合格	一等	优等
耐热度 ℃	85±2		90±2	85±2		90±2	85±2		90±2
	受热2h涂盖层应无滑动和集中性气泡								
拉力25±2℃时纵向不小于 N	240	270		340	370		440	470	
柔度	18±2℃			18±2℃	16±2℃	14±2℃	18±2℃		14±2℃
	绕ϕ20mm圆棒或弯板无裂纹						绕ϕ25mm圆棒或弯板无裂纹		

5.2 油纸

5.2.1 卷重

每卷油纸重量应符合表3规定。

表 3　kg

标号	200号	350号
重量　不小于	7.5	13.0

5.2.2 外观

5.2.2.1 成卷油纸宜卷紧、卷齐，两端里进外出不得超过10mm。

5.2.2.2 纸胎必须浸透，不应有未被浸渍的浅色斑点。表面应无成片未压干的浸油，但允许有个别不致引起互相粘结的油斑。

5.2.2.3 油纸不应有孔洞、硌（楞）伤、折纹、折皱，20 mm以上的疙瘩；20 mm以内的边缘裂口或长50mm、深20mm以内的缺边不应超过4处。

5.2.2.4 每卷油纸的接头不应超过一处，其中较短的一段不应小于2 500mm，接头处应剪切整齐，并加长150mm备作搭接。

5.2.3 面积

每卷油纸的总面积为20±0.3m^2。

5.2.4 物理性能

各种油纸的物理性能应符合表4规定。

表 4

指标名称 \ 标号	200号	350号
浸渍材料占干原纸重量 不小于 %	100	
吸水率（真空法） 不大于 %	25	
拉力25±2℃时纵向 不小于 N	110	240
柔度在18±2℃时	围绕ϕ10mm圆棒或弯板无裂纹	

6 检验方法

6.1 检查方法

按本标准附录A进行。

6.2 检验方法

油毡、油纸的物理力学性能按GB 328.1～328.7进行试验。

7 检验规则

7.1 检验分类

7.1.1 出厂检验：包装、标志、重量、面积、毡（纸）面外观和物理性能。

7.1.2 型式检验：包括出厂检验的全部检验项目。

7.2 产品检验批

以同一品种、标号、等级的产品每1 500卷为一批，不足1 500卷者也按一批验收。

7.3 抽样与判定规则

7.3.1 卷重

在每批产品中抽取10卷进行检验，全部达到规定时即为卷重合格。若发现有低于规定指标者，应在该批产品中再抽10卷复查，全部达到指标时亦为卷重合格。若仍有不合格时，生产单位可以进行整理，剔出不合格品后再取10卷称重，全部达到指标时判该批产品重量合格，若卷重仍有低于规定时，判该批产品重量不合格。

7.3.2 面积和外观

在重量检验合格后的产品中，抽取3卷进行检验，全部指标达到要求时即为面积、外观合格。若其中有一项达不到要求，应在受检验产品中再抽3卷复查，全部达到要求时亦为面积、外观合格。若仍有未达到要求时，应由原生产单位进行开卷整理，剔除不合格品后，判该批产品面积、外观合格。

7.3.3 物理性能

7.3.3.1 抽样：在重量检查合格的10卷中取重量最轻的，外观、面积合格的无接头的一卷作为物理性能试样，若最轻的一卷不符合抽样条件时，可取次轻的一卷，但要详细记录。

7.3.3.2 浸涂总量、吸水率、拉力：各项三个试件测定结果的算术平均值达到规定指标时，即判该项合格。

7.3.3.3 耐热度、不透水性：各项三个试件分别达到规定指标时判为该项合格。

7.3.3.4 柔度：六个试件至少有五个试件达规定指标即判该项合格。

7.3.3.5 判定：检验结果符合各项物理性能指标时，产品为物理性能合格。若有一项不符合指标要求，应在该批产品中再抽取10卷称重，取重量合格的最轻的两卷，进行单项复验，达到指标要求时，该批产品亦为物理性能合格。若复验仍有一个试样不合格，则该产品物理性能不合格。

7.3.4 总判定

重量、外观、面积合格，物理性能达到相应等级指标规定时，判该批产品为相应等级产品。

7.4 仲裁

如供需双方验收发生争议时，由双方共同委托有关质量检验与监督部门进行仲裁检验。吸水性仲裁试验采用真空吸水法。

7.5 试验费用

用户要求复验时，复验结果不符合标准指标，费用由厂方支付，并负产品质量责任；复验符合标准指标，费用由用户支付。

8 产品合格证

产品出厂时，生产厂需将该批产品出厂检验结果与合格证提供用户。

9 包装与标志

9.1 卷材应以全柱包装为宜，柱面两端未包装长度总共不应超过100mm，油纸允许双卷包装。包装上应标明：

a. 生产厂名；

b. 商标；

c. 产品名称、标号品种、制造日期和班次；

d. 标准编号；

e. 质量等级标志；

f. 保管与运输注意事项。

9.2 质量等级标志：在包装纸上方明显标出。

合格品：一条横线上有合格品字样　　合格品　　合格品

一等品：二条横线中有一等品字样　　一等品　　一等品

优等品：上下二条横线中有优等品字样　　优等品　　优等品

10 保管与运输

10.1 不同品种、标号、规格、等级的产品不应混杂。

10.2 卷材应在规定的温度下（粉状面油毡不高于45℃，片状面油毡不高于50℃）立放保管，其高度不超过两层，应避免雨淋日晒、受潮，并要注意通风。

10.3 由于运输与保管不当，或自生产之日起产品存放超过一年发生质量问题时，生产单位不予处理。

10.4 当用轮船或铁路运输时，卷材必须立放，其高度不超过两层，允许在两层上平放一层。短途运输平放不宜高于四层，并均不得倾斜或横压，必要时应加盖苫布。

附 录 A
石油沥青纸胎油毡、油纸检查方法
（补充件）

A1 适用范围

本方法适用于石油沥青纸胎油毡、油纸防水卷材（以下简称卷材）和允许采用本方法的其他防水卷材的检查。

A2 检查方法

A2.1 包装

包装标志按本标准中包装与标志要求的项目进行检查。

A2.2 重量

用精度为0.1kg的台秤称量每卷油毡（纸）的重量。

A2.3 厚度差及里进外出

将受检卷材立放平面上，捏紧其顶端的卷材层，用最小刻度1mm钢卷尺量其厚度之后，将卷材倒立用同样方法在对称部位量其另一端，两端厚度相减的数值即为卷筒两端厚度差。然后用一把钢板尺平放在卷材的端面上，用另一把最小刻度为1mm的钢板尺垂直伸入卷材端面最凹处，所测得的数值，即为卷材端面里进外出的尺寸。

A2.4 开卷检查

在10～45℃环境温度条件下，将成卷油毡（纸）展开。用最小刻度不大于1mm的钢板尺测量毡面粘结、裂纹、折纹、折皱、边缘裂口、缺边；观察孔洞、硌伤、水渍或浆糊状粉浆等是否符合毡（纸）面质量要求。

A2.5 面积

用最小刻度为1mm卷尺量其宽度，用最小刻度不大于5mm的卷尺量其长度，以长乘宽得每卷卷材的面积，并检查其接头情况，如遇接头，量出两段长度之和减去150mm计算。

A2.6 浸涂情况

在受检防水卷材的任一端沿横向全幅裁取50mm宽的一条，沿其边缘撕开，纸胎内不应有未被浸透的浅色斑点。并检查整卷毡面涂层有无涂油不均，若露油纸，可用不透水性试验判定。

附加说明：

本标准由中国建筑防水材料公司苏州研究设计所归口。

本标准由中国建筑防水材料公司负责起草。

本标准由中国建筑防水材料公司苏州研究设计所负责解释。

本标准主要起草人张树培、薛勤华。

中华人民共和国国家标准

沥青防水卷材试验方法 总则

GB 328.1—89

代替 GB 328—73

Test methods for asphalt waterproof roll roofing The general rules

1 主题内容与适用范围

本标准规定了沥青防水卷材试验的试验条件、试样和试验结果评定与处理。

本标准适用于石油沥青纸胎油毡、油纸防水卷材（以下简称卷材）和允许采用本标准的其他防水卷材的验收和仲裁试验。

2 试验条件

2.1 送至试验室的试样在试验前，应原封放于干燥处并保持在15～30℃范围内一定时间，试验室温度应每日记录。

2.2 物理性能试验所用的水应为蒸馏水或洁净的淡水（饮用水）。所用溶剂应为化学纯或分析纯，但生产厂一般日常检验可采用工业溶剂。

3 试样

3.1 将取样的一卷卷材切除距外层卷头2 500mm后，顺纵向截取长度为500mm的全幅卷材两块，一块作物理性能试验试件用，另一块备用。

3.2 按下图所示的部位及表 1 规定尺寸和数量切取试件。

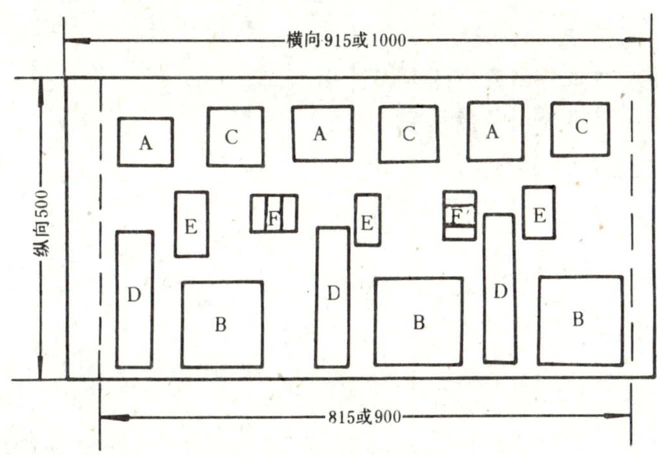

试样切取部位示意图

国家建筑材料工业局1989-03-31批准　　　　1989-12-01实施

表 1 试件尺寸和数量表

试件项目		试件部位	试件尺寸 mm	数量
浸料材料含量		A	100×100	3
不透水性		B	150×150	3
吸水性		C	100×100	3
拉力		D	250×50	3
耐热度		E	100×50	3
柔度	纵向	F	60×30	3
	横向	F′	60×30	3

4 试验结果评定与处理

4.1 各项技术指标试验值除另有注明者外，均以平均值作为试验结果。

4.2 物理性能试验时如由于特殊原因造成试验失败，不能得出结果，应取备用样重作，但须注明原因。

附加说明：

本标准由中国建筑防水材料公司苏州研究设计所归口。

本标准由中国建筑防水材料公司负责起草。

本标准主要起草人 陆玉林 。

中华人民共和国国家标准

沥青防水卷材试验方法 浸涂材料含量

GB 328.2—89

Test methods for asphalt waterproof roll roofing Saturated and coated bitumen amount of asphalt

1 主题内容与适用范围

本标准规定了沥青防水卷材浸涂材料含量测定的仪器、溶剂及材料、试件、试验步骤和结果计算与评定。

本标准适用于石油沥青纸胎油毡、油纸防水卷材（以下简称卷材）和允许采用本标准的其他防水卷材的验收和仲裁试验。

2 引用标准

GB 328.1 沥青防水卷材试验方法 总则

3 仪器、溶剂及材料

分析天平：感量0.001g或0.000 1g。

萃取器：250～500mL索氏萃取器。

加热器：电炉或水浴（具有电热或蒸气加热装置）。

干燥箱：具有恒温控制装置。

标准筛：140目圆形网筛，具筛盖和筛底。

毛刷：细软毛刷或笔。

称量瓶或表面皿。

镀镍钳或镊子。

干燥器：ϕ250～300mm。

金属支架及夹子。

软质胶管。

溶剂：四氯化碳或苯。

滤纸：直径不小于150mm。

裁纸刀及棉线。

4 试件

试件尺寸、形状、数量及制备按GB 328.1规定。

5 试验步骤

5.1 试件处理

根据不同的试验要求，试件作如下处理：

a. 测定单位面积浸涂材料总量的试件，将其表面隔离材料刷除，再进行称量（W）。

国家建筑材料工业局1989-03-31批准 1989-12-01实施

b. 测定浸渍材料占干原纸重量百分比的油纸试件，试件不须预处理即可称量（W_1）。

c. 测定浸渍材料占干原纸重量百分比和单位面积涂盖材料重量的油毡试件，将其表面隔离材料刷除、进行称量（W）。然后在电炉上缓慢加热试件，使其发软，用刀轻轻剖为三层，用手撕开，分成带涂盖材料的两层和不带涂盖材料的一层（中间一层）。注意不使试件碎屑散失，将不带涂盖材料的一层进行称量（G）。

d. 称量后的试件用滤纸包好，并用棉线捆扎。油毡试样撕分出带涂盖材料层者，也用滤纸包好并用线捆扎。

5.2 萃取

将滤纸包置入萃取器中，用四氯化碳或苯为溶剂（煤沥青卷材用苯为溶剂），溶剂用量为烧瓶容量的$\frac{1}{2}\sim\frac{2}{3}$，然后加热萃取，直到回流的溶剂无色为止（煤沥青卷材至淡黄色为止），取出滤纸包，使吸附的溶剂先行蒸发，放入预热至105～110℃的干燥箱中干燥1 h，再放入干燥器内冷却至室温。

5.3 称量

冷却至室温的干燥试件，按以下要求进行处理和称量：

a. 测定单位面积浸涂材料总量的油毡萃取后的试件或油毡的带涂盖材料层经萃取后的试件，放在圆形筛网中，迅速仔细地刷净试件表面的矿质材料，然后把试件移入称量瓶或表面皿内进行称量（P_1和P）。

将留在网筛中的矿质材料进行筛分，并分别进行称量。筛余物为隔离材料（S），筛下物为填充料（F）。

b. 萃取后的油纸试件和油毡不带涂盖材料层的试件，将试件迅速移入称量瓶或表面皿内进行称量（G_1）。

6 试验结果计算与评定

6.1 单位面积浸涂材料总量A（g/m²）按式（1）计算：

$$A=(W-P_1-S)\times100 \quad\cdots\cdots(1)$$

式中：W——100mm×100mm试件萃取前的重量，g；

P_1——被测的干原纸重量，g；

S——被测面积的隔离材料重量，g。

6.2 浸渍材料占干原纸重量百分比D（%）按式（2）、（3）、（4）计算：

$$\text{石油沥青油毡}D_1=\frac{G-G_1}{G_1}\times100 \quad\cdots\cdots(2)$$

$$\text{石油沥青油纸}D_2=\frac{W_1-G_1}{G_1}\times100 \quad\cdots\cdots(3)$$

$$\text{煤沥青油毡}D_3=\frac{(G-G_1)K}{K_1G_1}\times100 \quad\cdots\cdots(4)$$

式中：G——油毡的不带涂盖材料层试件在萃取前的重量，g；

G_1——油纸试件或油毡的不带涂盖材料层试件经萃取后干原纸的重量，g；

W_1——油纸试件的重量，g；

K——不溶于苯的沥青数量的修正系数(如煤沥青在苯中的溶解度为80％时，则K为1.20)；

K_1——不溶物留在原纸毛细孔中数量的修正系数（如煤沥青在苯中的溶解度为80％时，则K_1

为0.80)。

6.3 单位面积涂盖材料重量C（g/m²）按式（5）、（6）计算：

$$石油沥青油毡C_1 = (W - G - P - P \cdot D_1 - S) \times 100 \quad \cdots\cdots (5)$$

$$煤沥青油毡C_2 = (W - G - K_1 \cdot P - P \cdot D_3 \cdot K_1 - S) \times 100 \quad \cdots\cdots (6)$$

式中：P—— 油毡的带涂盖层试件经萃取后的重量，g。

6.4 填充料占涂盖材料重量百分比M（%）按式（7）计算：

$$M = \frac{100F}{C} \times 100 \quad \cdots\cdots (7)$$

式中：F—— 填充料重量，g。

6.5 结果评定与处理按GB 328.1第4章规定进行。

附加说明：

本标准由中国建筑防水公司苏州研究设计所归口。

本标准由中国建筑防水材料公司负责起草。

本标准主要起草人 陆玉林 。

中华人民共和国国家标准

沥青防水卷材试验方法 不透水性

GB 328.3—89

Test methods for asphalt waterproof roll roofing Water impermeability of asphalt

1 主题内容与适用范围

本标准规定了沥青防水卷材不透水性试验的仪器与材料、试件、试验步骤和结果。

本标准适用于石油沥青纸胎油毡、油纸防水卷材（以下简称卷材）和允许采用本标准的其他防水卷材的验收和仲裁试验。

2 引用标准

GB 328.1 沥青防水卷材试验方法 总则

3 仪器与材料

不透水仪：具有三个透水盘的不透水仪，它主要由液压系统、测试管路系统、夹紧装置和透水盘等部分组成，透水盘底座内径为92mm，透水盘金属压盖上有7个均匀分布的直径25mm透水孔。压力表测量范围为0～0.6MPa，精度2.5级。其测试原理见下图。

定时钟（或带定时器的油毡不透水测试仪）。

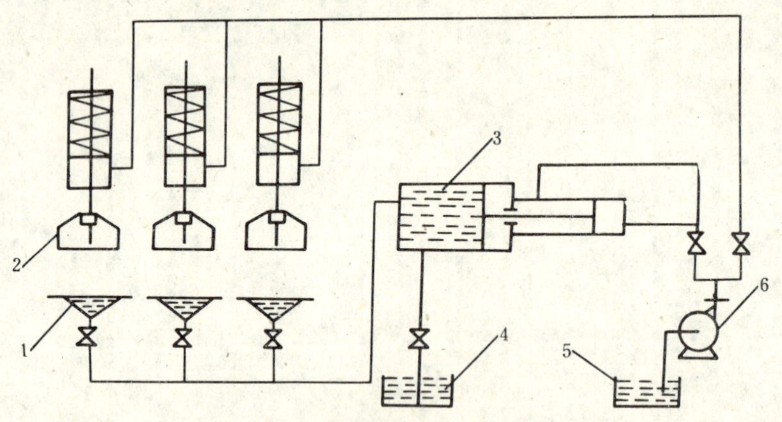

不透水仪测试原理图

1—试座；2—夹脚；3—水缸；4—水箱；5—油箱；6—油泵

4 试件

试件尺寸、形状、数量及制备按GB 328.1规定。

5 试验条件

水温为20±5℃，且应符合GB 328.1第2章规定。

国家建筑材料工业局1989-03-31批准　　　　1989-12-01实施

6 试验步骤

6.1 试验准备

6.1.1 水箱充水

将洁净水注满水箱。

6.1.2 放松夹脚

启动油泵，在油压的作用下，夹脚活塞带动夹脚上升。

6.1.3 水缸充水

先将水缸内的空气排净，然后水缸活塞将水从水箱吸入水缸，完成水缸充水过程。

6.1.4 试座充水

当水缸储满水后，由水缸同时向三个试座充水，三个试座充满水并已接近溢出状态时，关闭试座进水阀门。

6.1.5 水缸二次充水

由于水缸容积有限，当完成向试座充水后，水缸内储存水已近断绝，需通过水箱向水缸再次充水，其操作方法与一次充水相同。

6.2 测试

6.2.1 安装试件

将三块试件分别置于三个透水盘试座上，涂盖材料薄弱的一面接触水面，并注意“O”型密封圈应固定在试座槽内，试件上盖上金属压盖（或油毡透水测试仪的探头），然后通过夹脚将试件压紧在试座上。如产生压力影响结果，可向水箱泄水，达到减压目的。

6.2.2 压力保持

打开试座进水阀，通过水缸向装好试件的透水盘底座继续充水，当压力表达到指定压力时，停止加压，关闭进水阀和油泵，同时开动定时钟或油毡透水测试仪定时器，随时观察试件有否渗水现象，并记录开始渗水时间。在规定测试时间出现其中一块或二块试件有渗漏时，必须立即关闭控制相应试座的进水阀，以保证其余试件能继续测试。

6.2.3 卸压

当测试达到规定时间即可卸压取样，起动油泵，夹脚上升后即可取出试件，关闭油泵。

7 试验结果

检查试件有无渗漏现象。

附加说明：

本标准由中国建筑防水材料公司苏州研究设计所归口。

本标准由中国建筑防水材料公司负责起草。

本标准主要起草人 陆玉林 。

中华人民共和国国家标准

沥青防水卷材试验方法 吸水性

GB 328.4—89

Test methods for asphalt waterproof roll roofing Water absorption of asphalt

1 主题内容与适用范围

本标准规定了沥青防水卷材吸水性试验用真空吸水法和常压吸水法两种方法。

本标准适用于石油沥青纸胎油毡、油纸防水卷材（以下简称卷材）和允许采用本标准的其他防水卷材验收和仲裁试验。

2 引用标准

GB 328.1 沥青防水卷材试验方法 总则

3 试件

试件尺寸、形状、数量及制备按GB 328.1规定。

4 真空吸水法

4.1 试验仪器与材料

分析天平：感量0.001g。

温度计：0～50℃，最小刻度0.5℃，长300～500mm。

真空泵：30L。

真空表：0～0.1MPa（760mm汞柱），精度0.4级。

真空干燥器：ϕ180～220mm。

抽气阀：玻璃真空三通阀门。

注水阀：玻璃活塞三通。

调压阀：玻璃真空二通阀门。

三角过滤瓶：2 000mL，具下口。

贮水瓶：5 000～10 000mL细口瓶，具下口。

真空耐压胶管。

玻璃三通。

试件架（用以隔开和固定试件）：可用包塑料铝质电线或其他不锈金属线自制。

定时钟。

秒表。

10%聚乙烯醇水溶液。

真空脂。

变色硅胶。

毛刷。

国家建筑材料工业局1989-03-31批准 1989-12-01实施

毛巾。

滤纸。

4.2 试验装置

由真空泵、真空干燥器、真空表、抽气阀、注水阀、调压阀、三角过滤瓶及贮水瓶等主要部件组成（见下图）。

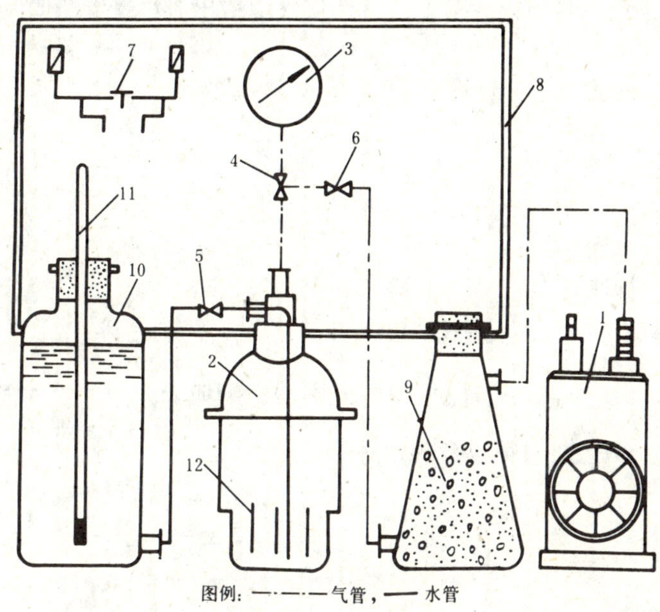

真空吸水试验装置

1—真空泵；2—真空干燥器；3—真空表；4—抽气阀；5—注水阀；
6—调压阀；7—真空泵电气开关；8—操作面架；9—三角过滤瓶；
10—贮水瓶；11—温度计；12—试件架

4.2.1 各部件之间，按抽气和注水系统分别用耐压橡皮管连接，接头处用10%聚乙烯醇水溶液涂封。抽气阀的三通阀门、调压阀的二通阀门、注水阀的活塞三通和真空干燥的接口处，用真空脂涂上，以免漏气漏水。

4.2.2 真空表、抽气阀、调压阀、注水阀、真空泵电器开关分别镶在操作面架上，真空泵、三角过滤瓶、贮水瓶可装在操作面架后部，前部仅放置真空干燥器。

4.2.3 试件置于试件架内并立放在真空干燥器中，试件之间的距离应不小于2 mm。干燥器盖子上端具有抽气口和注水口，注水口应用胶皮管引垂至干燥器底部，以便从底部开始注水逐渐上升浸泡试件。

4.2.4 真空干燥器内的空气是由抽气口利用真空泵通过抽气阀和盛有硅胶的三角过滤瓶等连成系统进行抽气而真空的。系统内连接有真空表和调压阀。

4.2.5 试件的吸水是由注水口将贮水瓶内规定温度的清水，通过注水阀抽吸注入干燥器中。贮水瓶附有温度计，以便随时调节水温。

4.3 试验准备

试验前，须预先开启抽气阀并开动真空泵，使真空干燥器内的真空度达到规定的数值。此时开启注水阀，贮水瓶内调节好温度的水抽吸到真空干燥器中，以检查抽气系统是否畅通和漏气，并将注水管路中的空气排净而充满水，然后将干燥器内的水倒出，内壁用干毛巾擦干净。

4.4 试件处理

试件不封边，将其表面浮动隔离材料刷除，并准确称量（W_1）。

4.5 试验步骤

将试件放于试件架上置入真空干燥器中，接着打开抽气阀，启动真空泵。当真空度达80 000±1 300Pa

时，一面开始计算时间，一面用调压阀调节真空压力表，使其真空度稳定在规定数值范围内。10min后，打开注水阀，使贮水瓶中的水注入干燥器中，保持干燥器内水温为35±2℃。当水面没过试件上端20mm以上时，关闭注水阀，注水时间控制在1～1.5min，并将注水阀的活塞三通旋回接通大气(使胶管中残余水吸入干燥器中)。关闭真空泵并按动秒表计算时间。5 min后取出试件，迅速用干毛巾或滤纸按贴试件两面，以吸取表面水分至无水渍为度。立即称量（W_2）。

为了尽可能避免浸水后试件中水分蒸发，试件从水中取出到称量完毕时间不超过3 min。

4.6 结果计算与评定

4.6.1 吸水率$H_{真}$（%）按式（1）计算：

$$H_{真}=\frac{W_2-W_1}{W_1}\times 100 \quad\cdots\cdots(1)$$

式中：W_1——浸水前试件重量，g；

W_2——浸水后试件重量，g。

4.6.2 单位面积吸水量$A_{真}$（g/m²）按式（2）计算：

$$A_{真}=(W_2-W_1)\times 100 \quad\cdots\cdots(2)$$

4.7 结果评定与处理按GB 328.1第4章规定进行。

5 常压吸水法

5.1 试验仪器与材料

分析天平：感量0.001g。

容纳试件的广口保温瓶。

毛刷。

搅拌棒。

毛巾。

滤纸。

温度计：0～50℃，精确度为0.5℃。

软化点90℃以上的建筑石油沥青或软化点70℃以上的煤沥青。

5.2 试验步骤

5.2.1 取三块试件，将其表面的隔离材料尽量清刷干净进行称量（W_1），然后将其四边分别均匀地插入热熔沥青中约2 mm深，使之涂封（石油沥青卷材用石油沥青涂封，煤沥青卷材用煤沥青涂封），以防由试件横断面处吸入水分。待其冷却，并注意避免涂封沥青产生小针眼，脱落或与试件表面粘结。

5.2.2 将涂封沥青的试件称量（W_2）然后立放在18±2℃的水中浸泡，每块试件相隔距离不小于2mm（用细玻璃棒置于试件之间），水面应高出试样上端20mm以上。在此条件下，油毡试件浸泡24h，油纸试件浸泡6 h，取出迅速用毛巾或滤纸按贴试件两面及封边处吸取表面水分，至无水渍为度，立即称量（W_3）。

为尽可能避免浸水后试件中水分蒸发，试件从水中取出至称量完毕的时间，不应超过3 min。

5.3 试验结果计算与评定

5.3.1 吸水率$H_{常}$（%）按式（3）计算：

$$H_{常}=\frac{W_3-W_2}{W_1}\times 100 \quad\cdots\cdots(3)$$

式中：W_1——浸水前未封边试件重量，g；

W_2——浸水前已封边试件重量，g；

W_3——浸水后已封边试件重量，g。

5.3.2 单位面积吸水量$A_{常}$（g/m²）按式（4）计算：

$$A_{常}=(W_3-W_2)\times 100 \quad \cdots\cdots(4)$$

5.3.3 结果评定与处理按GB 328.1第4章规定进行。

附加说明：

本标准由中国建筑防水材料苏州研究设计所归口。

本标准由中国建筑防水材料公司负责起草。

本标准主要起草人陆玉林。

中华人民共和国国家标准

沥青防水卷材试验方法 耐热度

GB 328.5—89

Test methods for asphalt waterproof roll roofing Heat resistance of asphalt

1 主题内容与适用范围

本标准规定了沥青防水卷材耐热度试验的仪器与材料、试件、试验步骤和结果计算与评定。

本标准适用于石油沥青纸胎油毡、油纸防水卷材（以下简称卷材）和允许采用本标准的其他防水卷材的验收和仲裁试验。

2 引用标准

GB 328.1 沥青防水卷材试验方法 总则

3 仪器与材料

电热恒温箱：带有热风循环装置。

温度计：0～150℃，最小刻度0.5℃。

干燥器：ϕ250～300mm。

表面皿：ϕ60～80mm。

天平：感量0.001g。

试件挂钩：洁净无锈的细铁丝或回形针。

4 试件

试件尺寸、形状、数量与制备按GB 328.1规定。

5 试验步骤

5.1 在每块试件距短边一端1cm处的中心打一小孔。

5.2 将试件用细铁丝或回形针穿挂好试件小孔，放入已定温至标准规定温度的电热恒温箱内。试件的位置与箱壁距离不应小于50mm，试件间应留一定距离，不致粘结在一起，试件的中心与温度计的水银球应在同一水平位置上，距每块试件下端10mm处，各放一表面皿用以接受淌下的沥青物质。

5.3 需作加热损耗的试件，将表面隔离材料尽量刷净，进行称量（G_1），存放一段时期的油毡其试件应在干燥器中干燥24h后称量。试件打孔带钩后，再将带钩试件进行称量（G_2）。加热后带钩试件放入干燥器内，冷却0.5～1h后进行称量（G_3）。

6 结果及计算

6.1 结果：在规定温度下加热2h后，取出试件及时观察并记录试件表面有无涂盖层滑动和集中性气泡。

集中性气泡系指破坏油毡涂盖层原形的密集气泡。

国家建筑材料工业局1989-03-31批准　　1989-12-01实施

6.2 需作加热损耗时，以加热损耗百分比的平均值表示。

加热损耗百分比L（%）按下式计算：

$$L=\frac{G_2-G_3}{G_1}\times 100$$

式中：G_1——试件原重量，g；

G_2——加热前带钩试件重量，g；

G_3——加热后带钩试件重量，g。

附加说明：

本标准由中国建筑防水材料公司苏州研究设计所归口。

本标准由中国建筑防水材料公司负责起草。

本标准主要起草人 陆玉林 。

中华人民共和国国家标准

沥青防水卷材试验方法 拉力

GB 328.6—89

Test methods for asphalt waterproof roll roofing Tensile strength of asphalt

1 主题内容与适用范围

本标准规定了沥青防水卷材拉力试验的仪器与材料、试件、试件条件、试验步骤和结果评定。

本标准适用于石油沥青纸胎油毡、油纸防水卷材（以下简称卷材）和允许采用本标准的其他防水卷材的验收和仲裁试验。

2 引用标准

GB 328.1 沥青防水卷材试验方法 总则

3 仪器与材料

拉力机：测量范围0～1 000N（或0～2 000N），最小读数为5 N，夹具夹持宽度不小于5cm。

量尺：精确度0.1cm。

4 试件

试件尺寸、形状、数量及制备按GB 328.1规定。

5 试验条件

试验温度：25±2 ℃。

拉力机在无负荷情况下，空夹具自动下降速度为40～50mm/min。

6 试验步骤

6.1 将试件置于拉力试验相同温度的干燥处不少于1 h。

6.2 调整好拉力机后，将定温处理的试件夹持在夹具中心，并不得歪扭，上下夹具之间的距离为180mm，开动拉力机使受拉试件被拉断为止。

读出拉断时指针所指数值即为试件的拉力。如试件断裂处距夹具小于20mm时，该试件试验结果无效；应在同一样品上另行切取试件，重作试验。

7 试验结果评定

按GB 328.1第4.1条规定。

国家建筑材料工业局1989-03-31批准　　1989-12-01实施

附加说明：

本标准由中国建筑防水材料公司苏州研究设计所归口。

本标准由中国建筑防水材料公司负责起草。

本标准主要起草人 陆玉林 。

中华人民共和国国家标准

沥青防水卷材试验方法
柔　　度

GB 328.7—89

Test methods for asphalt waterproof roll roofing
Flexibility of asphalt

1　主题内容与适用范围

本标准规定了沥青防水卷材柔度试验的仪器与材料、试件、试验步骤和试验结果。

本标准适用于石油沥青纸胎油毡、油纸防水卷材（以下简称卷材）和允许采用本标准的其他防水卷材的验收试验和仲裁试验。

2　引用标准

GB 328.1　沥青防水卷材试验方法　总则

3　仪器与材料

柔度弯曲器：ϕ25mm、ϕ20mm、ϕ10mm金属圆棒或R为12.5mm、10mm、5 mm的金属柔度弯板（见下图）。

恒温水槽或保温瓶。

温度计：0～50℃，精确度0.5℃。

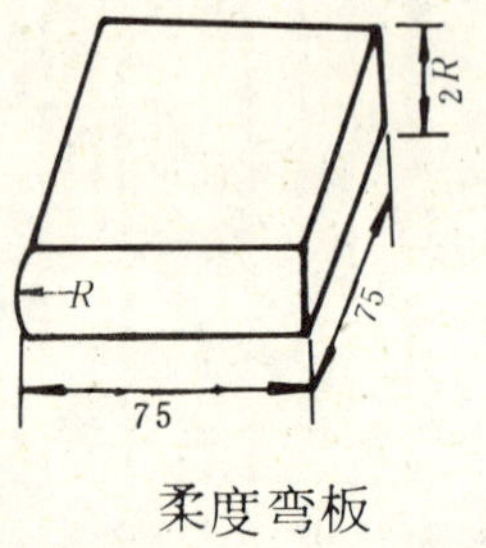

柔度弯板

4　试件

试件尺寸、形状、数量及制备按GB 328规定。

5　试验步骤

5.1　将呈平板状无卷曲试件和圆棒（或弯板）同时浸泡入已定温的水中，若试件有弯曲则可微微加热，使其平整。

5.2　试件经30min浸泡后，自水中取出，立即沿圆棒（或弯板）用手在约2 s时间内按均衡速度弯曲成180°。

国家建筑材料工业局1989-03-31批准　　　　1989-12-01实施

6 试验结果

用肉眼观察试件表面有无裂纹。

附加说明：

本标准由中国建筑防水材料公司苏州研究设计所技术归口。

本标准由中国建筑防水材料公司负责起草。

本标准主要起草人 陆玉林 。

中华人民共和国国家标准

聚氯乙烯防水卷材

GB 12952—91

Polyvinyl chloride plastic sheets for waterproofing

1 主题内容与适用范围

本标准规定了建筑防水工程用聚氯乙烯(以下简称PVC)防水卷材的技术要求、试验方法和检验规则。

本标准适用于建筑防水工程用的以聚氯乙烯树脂为主要原料,并加以适量的添加物制造的匀质防水卷材。

2 引用标准

GB 328 沥青纸胎防水卷材检验方法

3 产品分类

3.1 类型

PVC防水卷材根据其基料的组成及其特性分为下列类型:

S型:以煤焦油与聚氯乙烯树脂混溶料为基料的柔性卷材;

P型:以增塑聚氯乙烯为基料的塑性卷材。

3.2 规格

S型PVC防水卷材厚度规格为:1.80,2.00,2.50 mm;

P型PVC防水卷材厚度规格为:1.20,1.50,2.00 mm;

卷材的宽度规格为:1 000,1 200,1 500 mm;

卷材的面积规格为:10,15,20 m^2。

其他规格由供需双方商定。

3.3 产品标记

3.3.1 标记方法

产品按下列顺序标记:

产品名称、类型、等级、厚度、本标准号。

3.3.2 标记示例

1.2 mm厚的增塑聚氯乙烯防水卷材标记为:

PVC防水卷材 P-1.2 GB 12952

4 技术要求

4.1 外观质量:卷材表面应无气泡、疤痕、裂纹、粘结和孔洞。

4.2 卷材的面积允许偏差为±0.3%。

4.3 卷材中允许有一处接头,其中较短的一段长度不少于2.5 m,接头处应剪切整齐,并加长150 mm备作搭接。优等品批中有接头的卷材卷数不得超过批量的3%。

国家技术监督局1991-06-04批准 1992-03-01实施

4.4 卷材的平直度应不大于 50 mm。

4.5 卷材的平整度应不大于 10 mm。

4.6 卷材的厚度允许偏差和最小单个值应符合表 1 的规定。

4.7 卷材的物理力学性能应符合表 2 的规定。

表 1

mm

类　型	厚　度	允许偏差	允许最小单个值
S 型	1.80	+0.20 −0.10	1.60
	2.00		1.80
	2.50	+0.30 −0.20	2.20
P 型	1.20	+0.20 −0.10	1.00
	1.50		1.30
	2.00		1.70

表 2

序号	项　　目		P 型			S 型	
			优等品	一等品	合格品	一等品	合格品
1	拉伸强度，MPa　不小于		15.0	10.0	7.0	5.0	2.0
2	断裂伸长率，%　不小于		250	200	150	200	120
3	热处理尺寸变化率，%　不大于		2.0	2.0	3.0	5.0	7.0
4	低温弯折性		−20℃，无裂纹				
5	抗渗透性		不透水				
6	抗穿孔性		不渗水				
7	剪切状态下的粘合性		σ_{sa}≥2.0 N/mm 或在接缝外断裂				
试验室处理后卷材相对于未处理时的允许变化							
8	热老化处理	外观质量	无气泡、不粘结、无孔洞				
		拉伸强度相对变化率，%	±20		±25		+50 −30
		断裂伸长率相对变化率，%					
		低温弯折性	−20℃无裂纹		−15℃无裂纹	−20℃无裂纹	−10℃无裂纹
9	人工候化处理	拉伸强度相对变化率，%	±20		±25		+50 −30
		断裂伸长率相对变化率，%					
		低温弯折性	−20℃无裂纹		−15℃无裂纹	−20℃无裂纹	−10℃无裂纹
10	水溶液处理	拉伸强度相对变化率，%	±20		±25	±20	±25
		断裂伸长率相对变化率，%					
		低温弯折性	−20℃无裂纹		−15℃无裂纹	−20℃无裂纹	−10℃无裂纹

5 试验方法

5.1 状态调节和标准环境

温度：23±2℃

相对湿度:45%～55%

试验前卷材应进行状态调节,调节时间不少于 16 h,仲裁时不少于 96 h。

5.2 试样的裁取及数量

将被检测卷材的样品(长度约 3 m)置于 5.1 条规定的条件下进行状态调节,然后按图 1 裁取 4.7 条性能检测所需试样,试样的尺寸及数量见表 3。

5.3 外观质量的检查

在常温(10～35℃)下,用目测的方法检查记录每卷卷材表面存在的气泡、疤痕、裂纹、粘结和孔洞。

5.4 面积和宽度的测量

用卷尺(分度值为 10 mm)分别测量卷材长度、宽度,计算每卷的面积及偏差,记录最小值。

5.5 平直度和平整度的测量

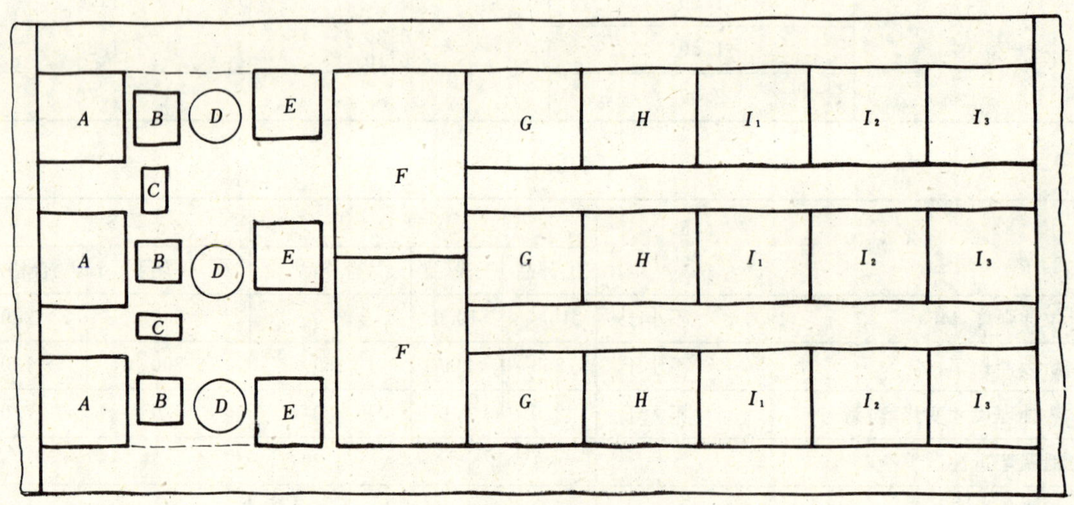

图 1 试样的裁取布置

表 3

试验项目	符号	尺寸(纵向×横向)mm	数量
拉伸强度	*A*	200×200	3
热处理尺寸变化率	*B*	100×100	
低温弯折性	*C*	50×100/100×50	1/1
抗渗透性	*D*	ϕ100	3
抗穿孔性	*E*	150×150	
剪切状态下的粘合性	*F*	300×400	2
热老化处理	*G*	300×200	3
人工候化处理	*H*		
水溶液处理	*I*		9

在平整的基面上将卷材不受张力地展开 10 m,用直尺(分度值为 1 mm)测量卷材边缘与线段 *AB* 之间的最大距离 *g* 作为平直度,见图 2;测量卷材边缘突起的波浪高度,即离开平整表面的最大距离作为平整度,卷材边缘的均匀隆起不视作边缘波浪。记录它们的最大值,精确到 1 mm。

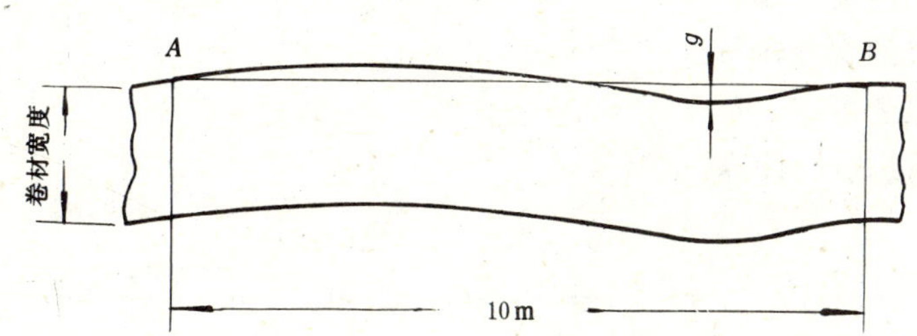

图 2 卷材平直度的测量

5.6 **厚度的测量**

用压力为(2±0.2)×10^{-2}MPa、压头直径为 10 mm 的测厚仪(分度值为 0.01 mm)在经过状态调节的试样上测量其厚度,测点(至少 10 点)均布在卷材的横向上。计算其算术平均值及其与标称厚度的偏差,同时记录最小单个值。

5.7 **拉伸性能试验**

5.7.1 试验设备

5.7.1.1 裁片机:由加载装置、裁刀及其装卸装置组成。裁刀形状与图 3 相同。

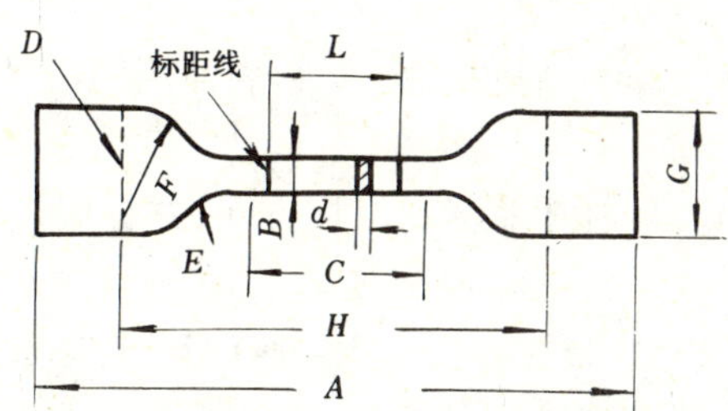

图 3 拉伸性能试验的试样

A—总长,最小值 115 mm;B—标距段的宽度,$6.0^{+0.4}_{0}$ mm;C—标距段的长度,33±2 mm;D—夹持线;E—小半径,14±1 mm;F—大半径,25±2 mm;G—端部宽度,25±1 mm;H—夹具间的初始距离,80±5 mm;L—标距线间的距离,25±1 mm;d—标距段的厚度

5.7.1.2 拉力试验机:测量范围为 0~1 000 N,分度值为 2 N,示值精度为±1%;试验机上夹具的移动速度为 80~500 mm/min。

5.7.2 试验程序

拉伸性能试验在标准环境下进行。在按 5.2 条裁取的三块 A 样片上,用裁片机对每块样片沿卷材纵向和横向分别裁取图 3 所示形状的试样各两块。并按图 3 所示标注标距线和夹持线。在标距区内,用5.6 条规定的测厚仪测量标距中间和两端三点的厚度。取其算术平均值作为试样厚度 d,精确到 0.1 mm。测量两标距线间初始长度 L。

将试验机的拉伸速度调到 250±50 mm/min,再将试样置于夹持器的中心,对准夹持线夹紧。开动机器拉伸试样。读取试样断裂时的荷载 P,同时量取试样断裂瞬间的标距线间的长度 L_1。若试样断裂在标距外,则该试样作废,另取试样补做。

5.7.3 结果计算

试样的拉伸强度按式(1)计算,精确到 0.1 MPa:

$$\sigma_t = \frac{P}{B \cdot d} \qquad \cdots\cdots(1)$$

式中：σ_t——试样的拉伸强度，MPa；

P——试样断裂时的荷载，N；

B——试样标距段的宽度，mm；

d——试样标距段的厚度，mm。

试样的断裂伸长率按式(2)计算：

$$\varepsilon_t = \frac{L_1 - L}{L} \times 100 \qquad \cdots\cdots(2)$$

式中：ε_t——试样的断裂伸长率，%；

L——试样标距线间初始有效长度，mm；

L_1——试样断裂瞬间标距线间的长度，mm。

分别计算并报告五块试样纵向和横向的算术平均值，精确到1%。

5.8 热处理尺寸变化率试验

5.8.1 试验器具

5.8.1.1 鼓风恒温箱：自动控温范围为50～240℃，误差为±2℃。

5.8.1.2 直尺：量程为150 mm，分度值为0.5 mm。

5.8.1.3 模板：100 mm×100 mm×0.4 mm的正方形金属板，边长误差不大于±0.5 mm，直角误差不大于±1°。

5.8.1.4 垫板：300 mm×300 mm×2 mm的硬纸板三块，表面应光滑平整。

5.8.2 试验程序

按5.2条用模板裁取三块B试样，标明卷材的纵横方向，并标明每边的中点，作为试样处理前后测量时的参考点。

在标准环境下，用直尺测量试样纵向或横向上两参考点间的初始长度S_0。将试样平放在撒有少量滑石粉的垫板上，再将垫板水平地置于鼓风恒温箱中，三块垫板不得叠放。在80±2℃的温度下恒温6 h。取出垫板置于标准环境中调节24 h，再测量纵向或横向上两参考点间的长度S_1。

5.8.3 结果计算

纵向和横向的尺寸变化率按式(3)分别计算：

$$L_h = \frac{|S_1 - S_0|}{S_0} \times 100 \qquad \cdots\cdots(3)$$

式中：L_h——试样的热处理尺寸变化率，%；

S_0——试样同方向上两参考点间的初始长度，mm；

S_1——试样处理后同方向上两参考点间的长度，mm。

分别计算三块试样纵向和横向的尺寸变化率的平均值，试验结果以其中较大的数值表示，精确到0.1%。

5.9 低温弯折性试验

5.9.1 试验器具

5.9.1.1 低温箱：可在0～-40℃之间自动控温，误差为±2℃。

5.9.1.2 弯折仪：主要由金属材料制成的上下平板、转轴和调距螺丝组成，平板间距可任意调节，其形状与尺寸如图4所示。

5.9.1.3 放大镜：放大倍数为6倍。

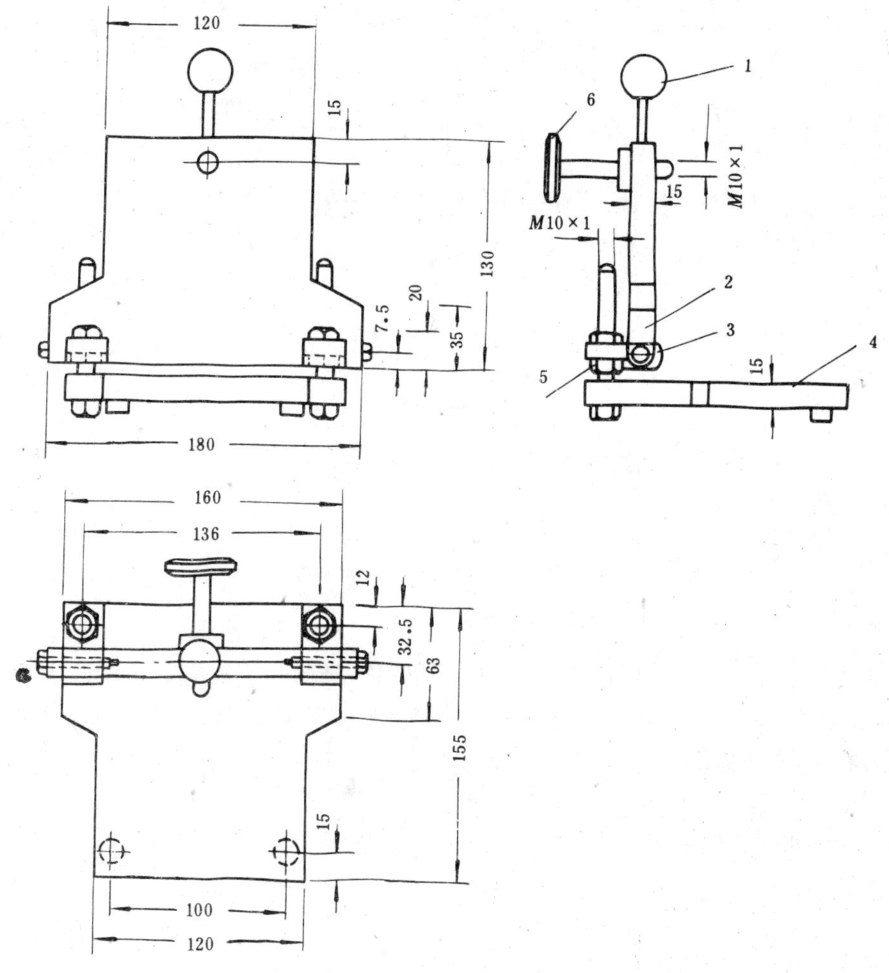

图 4 弯折仪

1—手柄；2—上平板；3—转轴；4—下平板；5、6—调距螺丝

5.9.2 试验程序

在标准环境下，用 5.6 条的测厚仪测量 5.2 条的 *C* 试样的厚度。试样的耐候面应无明显缺陷。然后将试样的耐候面朝外，弯曲 180°，使 50 mm 宽的边缘重合、齐平，并确保不发生错位(可用定位夹或 10 mm宽的胶布将边缘固定)，将弯折仪的上下平板间距调到卷材厚度的三倍。试验两块试样。

将弯折仪上平板翻开，将两块试样平放在弯折仪下平板上，重合的一边朝向转轴，且距离转轴 20 mm，将弯折仪连同试样放入低温箱内，在规定温度下保持 1 h。然后，在 1 s 之内将弯折仪的上平板压下，达到所调间距位置，保持 1 s 后将试样取出。待回复到室温后观察试样弯折处是否断裂，或用放大镜观察试样弯折处受拉面是否有裂纹。

5.9.3 结果评定

两块试样均不断裂或无裂纹时评定为无裂纹。

5.10 抗渗透性试验

5.10.1 试验仪器

采用 GB 328 规定的不透水仪，但透水盘的压盖采用图 5 所示的金属槽盘。

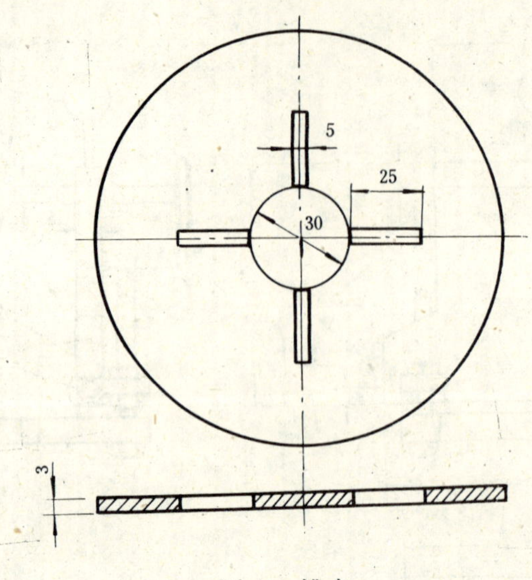

图5 槽盘

5.10.2 试验程序

试验在标准环境下进行。先按GB 328的规定作好准备，将按5.2条裁取的三块D试样分别置于三个透水盘中，盖紧槽盘，然后按GB 328的规定操作不透水仪，以每小时提高1/6规定压力2×10^5 Pa的速度升压，达到规定压力后保压24 h，观察试样表面是否有渗水现象。

5.10.3 结果评定

三块试样均无渗水现象时评定为不透水。

5.11 **抗穿孔性试验**

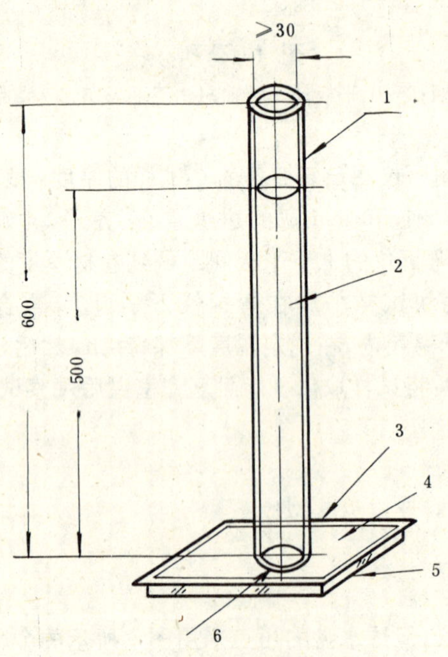

图6 水密性试验装置

1—玻璃管；2—染色水；3—滤纸；4—试样；
5—玻璃板；6—密封膏

5.11.1 试验器具

5.11.1.1 穿孔仪：由一个带刻度的金属导管、可在其中自由运动的活动重锤、锁紧螺栓和半球形钢珠冲头组成，其中导管刻度长为 0～500 mm，分度值 10 mm；重锤重量 500 g，钢珠直径 12.7 mm。

5.11.1.2 铝板：厚度不小于 4 mm。

5.11.1.3 玻璃管：内径 $\phi \geqslant 30$ mm，长 600 mm。

5.11.2 试验程序

将按 5.2 条裁取的 *E* 试样自由地铺在铝板上，并一起放在密度 25 kg/m³、厚度 50 mm 的泡沫聚苯乙烯垫块上。穿孔仪置于试样表面，将冲头下端的钢珠置于试样中心部位，把重锤调节到规定的落差高度 300 mm 并定位。使重锤自由下落，撞击位于试样表面的冲头，然后将试样取出，检查试样是否穿孔。试验三块试样。

无明显穿孔时，采用图 6 所示装置对试样进行水密性试验。将圆形玻璃管垂直放在试样穿孔试验点的中心，用密封膏密封玻璃管与试样间的缝隙。将试样置于滤纸(150 mm×150 mm)上。滤纸由玻璃板支承。把染色水溶液加入玻璃管中，静置 16 h 后检查滤纸，如有渗透现象则表明试样已穿孔。

5.11.3 结果评定

三块试样均无穿孔时评定为不渗水。

5.12 剪切状态下的粘合性试验

5.12.1 试验程序

将两块按 5.2 条裁取的 *F* 试样平放于 60℃的 5.8.1.1 规定的恒温箱中 15 min。在样片中间部位按胶粘剂的使用说明用橡皮刮刀涂抹宽度 100 mm、厚度适当的胶粘剂，然后将该样片上部未涂抹胶粘剂的部分(Ⅰ)以及另一块试样下部未涂抹胶粘剂的部分(Ⅱ)裁去，在长度方向剪成宽度 *b* 为 50 mm 的样条，得到 50 mm×100 mm 的胶粘表面(图 7a)。每次将两片涂抹胶粘剂的样条相互搭接粘合成试样，两样条长边的边缘必须重合齐平(见图 7b)。取五块试样在标准环境下放置 24 h，再按 5.7.2 进行拉伸剪切试验。

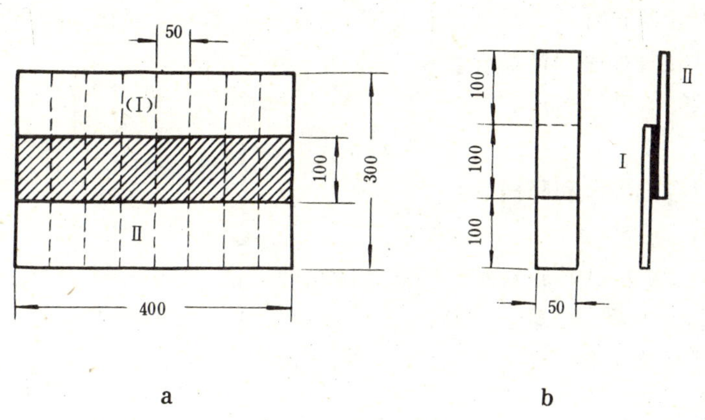

图 7 粘合性试件的制作

5.12.2 结果计算

如果拉伸剪切时，试样在粘结面滑脱，则剪切状态下的粘合性以拉伸剪切强度 σ_{sa} 表示，按式(4)进行计算：

$$\sigma_{sa} = \frac{P_s}{b} \quad \cdots\cdots(4)$$

式中：σ_{sa}——拉伸剪切强度，N/mm；

P_s——最大拉伸剪切荷载，N；

b——试样粘合面宽度，mm。

结果以五块试样的算术平均值表示，精确到 0.1 N/mm。

如果在拉伸剪切时，试样在接缝外断裂，则评定为接缝外断裂。

5.13 热老化处理试验

5.13.1 试验仪器

热老化试验箱：自动控温范围为 50～240℃，误差为±2℃。

5.13.2 试验程序

将按 5.2 条裁取的三块 *G* 试样放置在撒有滑石粉的 5.8.1.4 要求的垫板上，然后一起放入热老化试验箱中。在 80±2℃的温度下保持 7 d。处理后的样片在标准环境下调节 24 h，分别按 5.3、5.7 和5.9 条的方法进行检查和试验。

5.13.3 结果计算

5.13.3.1 三块 *G* 样片外观质量与低温弯折性的结果评定分别与 5.3 条和 5.9.3 相同。

5.13.3.2 处理后试样拉伸强度相对变化率按式(5)计算，精确到 1%：

$$R_{\sigma} = \left(\frac{\sigma_t'}{\sigma_t} - 1\right) \times 100 \qquad \cdots\cdots(5)$$

式中：R_{σ}——试样处理后拉伸强度相对变化率，%；

σ_t——未经处理时三块试样的平均拉伸强度，MPa，其数值与 5.7.3 的结果相同；

σ_t'——处理后三块试样的平均拉伸强度，MPa。

5.13.3.3 处理后试样断裂伸长率相对变化率按式(6)计算，精确到 1%；

$$R_{\varepsilon} = \left(\frac{\varepsilon_t'}{\varepsilon_t} - 1\right) \times 100 \qquad \cdots\cdots(6)$$

式中：R_{ε}——试样处理后断裂伸长率相对变化率，%；

ε_t——未经处理时三块试样的平均断裂伸长率，其数值与 5.7.3 的结果相同，%；

ε_t'——处理后三块试样的平均断裂伸长率，%。

5.14 人工候化处理试验

5.14.1 试验仪器

氙灯气候试验箱：可自动控温和降雨。

5.14.2 试验程序

将按 5.2 条裁取的三块 *H* 试样放入氙灯气候试验箱的工作室内，室内条件为：温度 45±2℃，相对湿度 70%～80%，降雨持续时间与干燥持续时间之比为 1/4～1/7。其处理时间按总射线量 4 500 MJ/m² (非屋面用卷材的总射线量为 1 100 MJ/m²)确定。然后，取出样片放在标准环境下调节 24 h，再分别按 5.7 和 5.9 条试验。

5.14.3 结果计算

结果计算与 5.13.3 相同。

5.15 水溶液处理试验

5.15.1 试验容器

容器要求能耐酸、碱、盐的腐蚀，可以密闭，其容积大小视样片数量而定。

5.15.2 试验程序

先按表 4 的规定，用蒸馏水和化学试剂(分析纯)配制均匀溶液，并分别装入各自贴有标签的容器中，温度为 23±2℃。

在每种溶液中浸入三块按 5.2 条裁取的 *I* 试样，密闭容器，保存 28 d 后取出样片用自来水洗净、擦干。在标准环境下调节 24 h，分别按 5.7 和 5.9 条试验。

5.15.3 结果计算

结果计算与 5.13.3 相同。

表 4

试剂名称	水溶液浓度
NaCl	(10±2)%
$Ca(OH)_2$	饱和溶液
H_2SO_4	(5±1)%

6 检验规则

6.1 检验分类

卷材产品的检验分为出厂检验与型式检验。

6.1.1 出厂检验

出厂检验项目为 4.1～4.6 条和表 2 的第 1～5 项。如经供需双方协商同意可增加表 2 的第 6～7 项。

6.1.2 型式检验

有下列情况之一时须按第 4 章的要求逐项进行检验：

a. 新产品或老产品转厂生产的试制定型鉴定；

b. 正式生产后，产品的配方、原料或工艺有较大改变，可能影响产品质量时；

c. 正常生产时，表 2 中第 1～8 项应每年进行一次周期性型式检验。第 9～10 项应每 2 年进行一次；

d. 产品长期停产(超过 6 个月)后恢复生产时；

e. 国家质量监督机构提出进行型式检验的要求时；

f. 出厂检验结果与上次型式检验有较大差异时。

6.2 抽样

以 5 000 m^2 同类型、同规格的卷材为一批，不满此数亦按一批计。在批中随机抽取一组 3 卷用于 4.1～4.5 条所列项目的检验，检验合格后任取 1 卷，在距端部 300 mm 处裁取约 3 m，用于 4.6 条所列项目的检验和裁取 4.7 条物理力学性能试验所需的样片。

6.3 判定规则

6.3.1 对于 4.1～4.6 条规定的 6 项要求，其中有 2 项不合格即为不合格卷。不合格卷不多于 1 卷，且 4.7 条规定的各项物理力学性能均符合表 2 要求时，判为批合格。如不合格卷为两卷或有 1 项物理力学性能不符合要求，则判为批不合格。如不合格卷为 1 卷，但有两卷出现 4.1～4.6 条中的同 1 项不合格，则仍判批不合格。

6.3.2 对于 6.3.1 判为不合格的批，允许在批中按 6.2 条的规定重新加倍抽样，对不合格项目进行重检。如果仍有一组试样不合格，则判为批不合格。

7 标志、包装、运输、贮存

7.1 标志

在卷材的外包装上应标明：制造厂名、产品名称、标记、长度、宽度、面积、重量及批号。在每个包装内应附有检验合格证或在外包装上打上合格字样。

7.2 包装

卷材用辊式包装，用纸芯或塑料管卷取，用包装纸或塑料薄膜包裹。

7.3 贮存、运输

贮存期间或运输途中，卷材应立放或平放。贮存时立放不超过两层；平放堆积高度不得超过 1 m。卷材产品不得与有损卷材质量或影响卷材使用性能的物质接触，并远离热源。

附加说明：

本标准由国家建筑材料工业局提出。

本标准由中国建筑防水材料公司苏州研究设计所归口。

本标准由湖南大学负责起草。

本标准主要起草人张传镁、邓德华、刘焕春、田凤兰、范逢吉。

中华人民共和国国家标准

氯化聚乙烯防水卷材

GB 12953—91

Chlorinated polyethylene plastic sheets for waterproofing

1 主题内容与适用范围

本标准规定了建筑防水工程用氯化聚乙烯防水卷材的技术要求、试验方法和检验规则。

本标准适用于建筑防水工程用的以氯化聚乙烯树脂为主要原料并加入适量的添加物制成的非硫化型防水卷材(以下简称卷材)。

2 引用标准

GB 12952 聚氯乙烯防水卷材

3 产品分类

3.1 类型

Ⅰ型——非增强氯化聚乙烯防水卷材

Ⅱ型——增强氯化聚乙烯防水卷材

3.2 规格

卷材的厚度规格为:1.00,1.20,1.50,2.00 mm。

卷材的宽度规格为:900,1 000,1 200,1 500 mm。

卷材的面积规格为:10,15,20 m^2。

其他规格由供需双方商定。

3.3 产品标记

3.3.1 标记方法

产品按下列顺序标记:名称、类型、厚度、本标准号。

3.3.2 标记示例

非增强厚度为 1.20 mm 的氯化聚乙烯防水卷材标记为:

氯化聚乙烯防水卷材 Ⅰ 1.20 GB 12953

4 技术要求

4.1 外观质量:卷材表面应无气泡、疤痕、裂纹、粘结和孔洞。

4.2 卷材的面积和宽度允许偏差为±0.3%。

4.3 卷材中允许有一处接头,其中较短的一段长度不少于 2.5 m,接头处应剪切整齐,并加长 150 mm 备作搭接。优等品批中有接头的卷材卷数不得超过批量的 3%。

4.4 卷材的平直度应不大于 50 mm。

4.5 卷材的平整度应不大于 10 mm。

国家技术监督局1991-06-04批准 **1992-03-01实施**

4.6 卷材的厚度允许偏差和最小单个值应符合表1的规定。

表1

mm

厚 度	允许偏差	允许最小单个值
1.00	+0.15 −0.05	0.90
1.20	+0.15 −0.10	1.00
1.50	+0.20 −0.15	1.30
2.00	+0.20 −0.20	1.70

4.7 卷材的物理力学性能应符合表2的规定。

表2

序号	项 目		Ⅰ型			Ⅱ型		
			优等品	一等品	合格品	优等品	一等品	合格品
1	拉伸强度,MPa	不小于	12.0	8.0	5.0	12.0	8.0	5.0
2	断裂伸长率,%	不小于	300	200	100	10[1)]		
3	热处理尺寸变化率,%	不大于	纵向2.5, 横向1.5	3.0		1.0		
4	低温弯折性		−20℃,无裂纹					
5	抗渗透性		不透水					
6	抗穿孔性		不渗水					
7	剪切状态下的粘合性,N/mm	不小于	2.0					
试验室处理后卷材相对于未处理时的允许变化								
8	热老化处理	外观质量	无气泡、疤痕、裂纹、粘结和孔洞					
		拉伸强度相对变化率,%	±20	+50 −20		±20	+50 −20	
		断裂伸长率相对变化率,%		+50 −30			+50 −30	
		低温弯折性	−20℃,无裂纹		−15℃,无裂纹	−20℃,无裂纹		−15℃,无裂纹
9	人工候化处理	拉伸强度相对变化率,%	±20	+50 −20		±20	+50 −20	
		断裂伸长率相对变化率,%		+50 −30			+50 −30	
		低温弯折性	−20℃,无裂纹		−15℃,无裂纹	−20℃,无裂纹		−15℃,无裂纹
10	水溶液处理	拉伸强度相对变化率,%	±20		±30	±20		±30
		断裂伸长率相对变化率,%						
		低温弯折性	−20℃,无裂纹		−15℃,无裂纹	−20℃,无裂纹		−15℃,无裂纹

注：1）Ⅱ型卷材的断裂伸长率是指最大拉力时的延伸率。

5 试验方法

卷材的试验按 GB 12952 第 5 章规定的方法进行。

Ⅱ型卷材的人工加速老化处理和水溶液处理，在试验前应将试样四周断面用石蜡等密封材料密封，使液体不能与增强材料的断面直接接触。

6 检验规则

6.1 检验分类

卷材产品的检验分为出厂检验与型式检验。

6.1.1 出厂检验

出厂检验项目 4.1～4.6 条和表 2 的第 1～5 项。如经供需双方协商同意可增加表 2 的第 6～7 项。

6.1.2 型式检验

制造厂应对本标准规定的全部技术要求每年进行 1 次型式检验，但表 2 第 9～10 项为每 2 年进行 1 次型式检验。

6.2 抽样

以 5 000 m^2 同类型、同规格的卷材为一批，不足此数亦按一批计。在批中随机抽取一组 3 卷用于 4.1～4.5条所列项目的检验。检验合格后任取 1 卷，在距端部 300 mm 处裁取约 3 m，用于厚度试验和物理力学性能试验所需的试样。

6.3 判定规则

6.3.1 对于 4.1～4.6 条规定的 6 项要求，其中有两项不合格即为不合格卷。不合格卷不多于 1 卷，且 4.7 条规定的各项物理力学性能均符合表 2 要求时，判为批合格。如不合格卷为 1 卷，但有 2 卷出现 4.1～4.6条中的同一项不合格，则仍判批不合格。

6.3.2 对于不符合 6.3.1 要求的批，允许在批中按 6.2 条的规定重新加倍抽样，对不合格项目进行重检，如果仍有一组试样不合格，则判批不合格。

7 标志、包装、运输和贮存

7.1 标志

卷材的外包装上应标明制造厂名、产品名称、标记、长度、宽度、面积、重量及批号。

7.2 包装

卷材用辊式包装，用纸芯或塑料管卷取，用包装纸或塑料薄膜包裹。

7.3 运输和贮存

运输途中或贮存期间，卷材应平放，贮存高度以平放 5 个卷材高度为限。卷材产品不得与有损卷材质量或影响卷材使用性能的物质接触，并远离热源。

附加说明：

本标准由国家建筑材料工业局提出。

本标准由中国建筑防水材料公司苏州研究设计所归口。

本标准由上海市建筑科学研究所负责起草。

本标准主要起草人许戌令、李晓平。

中华人民共和国国家标准

GB/T 14686—93

石油沥青玻璃纤维胎油毡

Fibreglass reinforced petroleum bitumen membrane

1 主题内容与适用范围

本标准规定了石油沥青玻璃纤维胎油毡(以下简称玻纤胎油毡)的定义、产品分类、技术要求、试验方法、检验规则、包装与标志、保管与运输。

本标准适用于玻纤胎油毡。

2 引用标准

GB 326 石油沥青纸胎油毡、油纸

GB 328.3 沥青防水卷材试验方法 不透水性

GB 328.5 沥青防水卷材试验方法 耐热度

GB 328.6 沥青防水卷材试验方法 拉力

JC 504 铝箔面油毡

3 定义

玻纤胎油毡系采用玻璃纤维薄毡为胎基,浸涂石油沥青,在其表面涂撒以矿物材料或覆盖聚乙烯膜等隔离材料所制成的一种防水卷材。

4 产品分类

4.1 等级

玻纤胎油毡按物理性能分为优等品(A)、一等品(B)和合格品(C)。

4.2 规格

玻纤胎油毡幅宽为1000mm一种规格。

4.3 品种

玻纤胎油毡按上表面材料分为膜面、粉面和砂面三个品种。

4.4 标号

玻纤胎油毡按每10m² 标称重量分为15号、25号、35号三个标号。

4.5 用途

4.5.1 15号玻纤胎油毡适用于一般工业与民用建筑的多层防水,并用于包扎管道(热管道除外),作防腐保护层。

4.5.2 25号、35号玻纤胎油毡适用于屋面、地下、水利等工程的多层防水,其中35号玻纤胎油毡可采用热熔法施工的多层(或单层)防水。

4.5.3 彩砂面玻纤胎油毡适用于防水层面层和不再作表面处理的斜屋面。

4.6 标记

国家技术监督局1993-10-27批准 1994-07-01实施

4.6.1 标记方法

根据涂盖沥青、胎基、上表面材料的代号加上产品标号，按下列顺序排列。

涂盖沥青—胎基—上表面材料—标号等级—本标准号

涂盖沥青、胎基、上表面材料的代号为：

石油沥青　A

玻纤毡　G

河砂（普通矿物粒、片料）　S

彩砂（彩色矿物粒、片料）　CS

粉状材料　T

聚乙烯膜　PE

4.6.2 标记示例

a. 15 号合格品砂面玻纤胎石油沥青油毡标记为：

油毡 A-G-S-15 (C) GB/T 14686

b. 25 号一等品粉面玻纤胎石油沥青油毡标记为：

油毡 A-G-T-25 (B) GB/T 14686

c. 35 号优等品聚乙烯薄膜面玻纤胎石油沥青油毡标记为：

油毡 A-G-PE-35 (A) GB/T 14686

5 技术要求

5.1 重量

每卷油毡重量应符合表 1 的规定。

表 1　kg

标　　号	15 号			25 号			35 号		
上表面材料	PE 膜	粉	砂	PE 膜	粉	砂	PE 膜	粉	砂
标称卷重	30			25			35		
卷重不小于	25.0	26.0	28.0	21.0	22.0	24.0	31.0	32.0	34.0

5.2 面积

每卷油毡面积：15 号为 20±0.2m²

25 号、35 号为 10±0.1m²

5.3 外观

5.3.1 成卷油毡应卷紧卷齐，卷筒两端厚度差不得超过 5mm，端面里进外出不得超过 10mm。

5.3.2 成卷油毡在环境温度 5～45℃时应易于展开，不得有破坏毡面长度 10mm 以上的粘结和距卷芯 1 000mm 以外长度 10mm 以上的裂纹。

5.3.3 胎基必须均匀浸透，并与涂盖材料紧密粘结。

5.3.4 油毡表面必须平整，不允许有孔洞，硌（楞）伤，以及长度 20mm 以上的疙瘩和距卷芯 1 000mm 以外长度 100mm 以上的折纹、折皱。20mm 以内的边缘裂口或长 50mm，深 20mm 以内的缺边不应超过 4 处。

5.3.5 撒布材料的颜色和粒度应均匀一致，并紧密地粘附于油毡表面。

5.3.6 每卷油毡接头不应超过一处，其中较短的一段不得少于 2500mm，接头处应剪切整齐，并加长 150mm。

5.4 物理性能

各标号等级的玻纤胎油毡物理性能应符合表2的规定。

表 2

序号	标号 / 指标名称	等级	15号 优等品	15号 一等品	15号 合格品	25号 优等品	25号 一等品	25号 合格品	35号 优等品	35号 一等品	35号 合格品
1	可溶物含量,g/m² 不小于		800		700	1 300		1 200	2 100		2 000
2	不透水性	压力,MPa 不小于	0.1			0.15			0.2		
		保持时间,min 不小于	30								
3	耐热度,℃		85±2 受热 2h 涂盖层应无滑动								
4	拉力,N 不小于	纵向	300	250	200	400	300	250	400	320	270
		横向	200	150	130	300	200	180	300	240	200
5	柔度	温度,℃ 不高于	0	5	10	0	5	10	0	5	10
		弯曲半径	绕 r=15mm 弯板无裂纹						绕 r=25mm 弯板无裂纹		
6	耐霉菌 (8周)	外观	2级			2级			1级		
		重量损失率,% 不大于	3.0			3.0			3.0		
		拉力损失率,% 不大于	40			30			20		
7	人工加速气候老化 (27周期)	外观	无裂纹,无气泡等现象								
		失重率,% 不大于	8.00			5.50			4.00		
		拉力变化率,%	+25～−20			+25～−15			+25～−10		

6 试验方法

6.1 重量、面积、外观质量检查按 GB 326 附录 A 进行。

6.2 试件的切取和可溶物含量、柔度按 JC 504 附录 A 进行。

6.3 不透水性、耐热度、拉力按 GB 328.3、GB 328.5 和 GB 328.6 进行。

6.4 耐霉菌试验和人工气候老化试验按本标准附录 A、B 进行。

7 检验规则

7.1 检验分类

7.1.1 出厂检验

出厂检验项目为 5.1～5.3 条和表 2 中第 1～5 项。

7.1.2 型式检验

有下列情况之一时,须按第 5 章的要求逐项进行检验。

a. 产品转厂生产的试制定型鉴定;

b. 正式生产后,如产品的配方、原料或工艺有较大改变,可能影响产品质量时;

c. 正式生产时,每 2 年进行一次周期性型式检验;

d. 产品长期停产(超过 6 个月)后恢复生产时;

e. 国家质量监督机构提出进行型式检验的要求时;

f. 出厂检验结果与上次型式检验有较大差异时。

7.2 检验批量

以同一品种、同一标号、同一等级的产品每1 500卷为一批,不足1 500卷按一批验收。

7.3 抽样

在每批产品中,根据产品数量提取如下量样品、进行重量、面积、外观质量检查:

250卷以内	2卷
251至500卷	3卷
501至1 000卷	4卷
1 000卷以上	5卷

7.4 判定规则

7.4.1 卷重

每批产品中抽取7.3条规定的卷数(以下简称"规定卷数")进行检查,全部达到规定重量时即为卷重合格,若发现有低于规定指标时,再抽查规定的卷数,全部达到指标时判该批产品重量合格,若仍有低于规定指标时,判该批产品重量不合格。

7.4.2 面积和外观

重量检查合格后的全部样品进行开卷检查,全部达到要求时即为面积、外观合格;若其中有一项达不到要求,应在该批产品中再抽取同样卷数复查,全部达到要求,亦为面积、外观合格;若仍有未达到要求时,判该批产品面积或外观不合格。

7.4.3 物理性能

7.4.3.1 取样:在重量检查合格的样品中取重量最轻的、外观、面积合格的、无接头的一卷作为物理性能试验样品,若最轻的一卷不符合抽样条件时,可取次轻的一卷,但要详细记录。

7.4.3.2 可溶物含量、拉力:各项三个试件测定结果的算术平均值分别达到规定指标时,即判该项合格。

7.4.3.3 耐热度、不透水性:各项三个试件分别达到规定指标时即判该项合格。

7.4.3.4 柔度:六个试件至少有五个试件达到规定指标即判该项合格。

7.4.3.5 耐霉菌试验:同一组试件外观检查结果相差不超过一个等级;同时重量损失率、拉力损失率各项三个试件测试结果的算术平均值分别达到规定指标时,即判该项合格。

7.4.3.6 人工气候老化试验:同一组试件外观全部无裂纹、无气泡、同时失重率、拉力变化率各项三个试件测试结果的算术平均值达到规定指标时,即判该项合格。

7.4.3.7 判定:检验结果符合各项物理性能指标时,该批产品为物理性能合格;若有一项不符合指标要求,允许在该批产品中按7.3条规定抽样称重,取重量合格的最轻两卷作为试样,进行单项复验,达到指标要求时,该批产品亦为物理性能合格,若复验仍有一个试样不合格,该批产品物理性能不合格。

7.4.4 总判定

重量、外观、面积合格,物理性能达到相应等级指标时,判该批产品为相应等级产品。

7.4.5 仲裁

如供需双方发生争议时,由双方共同委托有关检测中心进行仲裁检验。

7.5 产品合格证

产品出厂时,生产厂需将该批产品出厂检验结果与合格证提供给用户。

8 包装与标志

8.1 按GB 326第9章执行。

8.2 包装上应标明产品标记。

9 保管与运输

按GB 326第10章执行。

附 录 A
油毡耐霉菌试验方法
（补充件）

A1 主题内容与适用范围

本标准规定了玻纤胎油毡耐霉菌试验方法。

本标准适用于玻纤毡制成的油毡。

A2 方法提要

在经过无菌处理的培养基上放置试件，把霉菌混合菌液喷至培养基上，在28±2℃和95%～99%的相对湿度下使霉菌腐蚀试件一定时间，以试验前后试件的外观变化情况、重量、拉力变化百分率来表示玻纤胎油毡的耐霉菌腐蚀性能。

A3 仪器设备

A3.1 霉菌试验箱，温度调节范围20～35℃，相对湿度范围90%～100%。

A3.2 拉力机：符合GB 328规定的拉力机。

A3.3 分析天平：感量0.000 1g。

A3.4 恒温箱：具有鼓风装置。

A3.5 真空干燥器。

A3.6 消毒器：医用蒸煮或高压消毒器（压力大于0.1MPa）。

A3.7 取菌环：由镍铬合金电炉丝制成，一端焊接在一玻璃管上，另一端弯成ϕ8mm的圆环，2个。

A3.8 喷雾器：医用喉头喷雾器或喷嘴直径不大于1mm的其他喷雾器。

A3.9 培养皿：ϕ200mm，4个。

A3.10 三角烧瓶：50mL10个；100mL1个；200mL1个。

A4 杀菌

A4.1 将烧瓶及培养皿用蒸馏水洗净，干燥后用棉花塞住瓶口，每个培养皿都用硫酸纸包好，然后一起放入烘箱内，于160～170℃下保持2h，以棉花或纸发黄作为终止加热的标志，杀菌结束后，将这些器皿置于干燥器中备用。

A4.2 加热琼脂培养基呈液态，并灌注到每个培养皿中，使深度为5mm，然后盖上硫酸纸入消毒器内于0.1MPa压力下灭菌30min，让其自行冷却凝固备用。

A5 试剂和材料

A5.1 试验菌种

表 A1

序　　号	名　　称	菌　　号
1	黑曲霉	1.25
2	桔青霉	2.9
3	拟青霉	3.1
4	球毛壳霉	AS3.1054
5	根菌	AS3.866

A5.1.1　菌种应由正式的菌学研究机构供应。

A5.1.2　菌种应分别放在培养基的试管内，并保存在5～10℃的冰箱内。

A5.2　培养基

培养基的组成为：

土豆　　200g

琼脂　　25g

葡萄糖　　20g

水　　1 000mL

A5.3　培养基的制备

将大块无伤疤的土豆洗净去皮，挖去牙眼及周围部分约10mm，切成约10mm大小的方块，取切好的土豆200g，在3%的乙酸水溶液中浸30min，然后用水冲洗，放入搪瓷锅中，加入1 000mL蒸馏水，用明火直接煮沸1h，趁热用纱布过滤至200mL烧瓶中，加蒸馏水补至1 000mL，然后加入20g葡萄糖和25g琼脂，制得培养液，在沸腾水浴中加热使其充分溶解完毕后，盖上硫酸纸放入消毒器内于0.1MPa压力下灭菌30min，在杀菌后的培养皿中注入15～20mL经杀菌处理后的培养液，凝固后于30℃下放置2d，即得培养基。

A6　试样

A6.1　取样

将取样的一卷油毡切除距外层卷头2 500mm后，顺纵向裁取长度为100mm的全幅油毡两块，一块(*A*)作霉菌试验用，另一块(*B*)留作备用，如图A1。

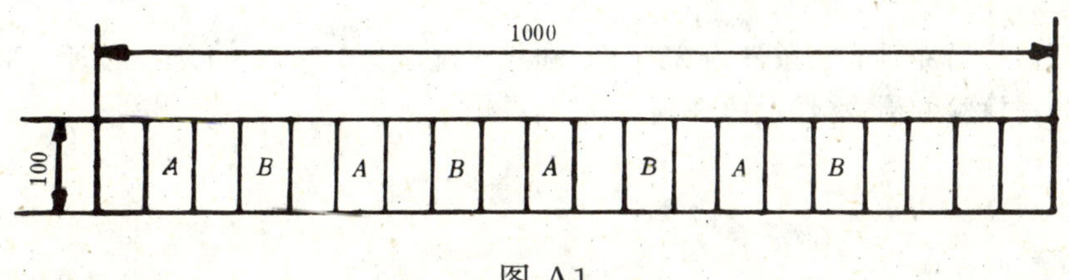

图 A1

A6.2　试件尺寸和数量

试件的尺寸和数量如表A2所示(其中3块用于霉菌试验，另一块用作空白试验)，每组试样分别编号。

表 A2

项　　目	数 量 块	尺　　寸,mm
重量损失率	4	100×50
拉力损失率	4	100×50

A6.3　试件处理和称量

用毛刷刷去试件表面浮动撒布料,将测定重量变化的试件在 0.08MPa 真空度的真空干燥器中干燥 1h,取出称重,精确至 0.000 1g,记录每一试件的重量,然后将其其中三块试件均用软化点 90℃以上的建筑石油沥青或软化点 70℃以上的煤沥青封边,分别称量封边试件重量。

用于测拉力变化的试件不需要进行处理。

A7　试验程序

A7.1　试验条件

温度为 28±2℃,相对湿度为 95%~99%。

A7.2　菌种存活性的检验

向培养基表面喷射混合菌液,按 A7.1 条的条件培养 3~4d,若菌种没有大量繁殖,则认为这种混合菌液不能用于试验,须重新获取。

A7.3　菌液制备

A7.3.1　单一菌种悬浮液的制备

在 50mL 三角烧瓶中加入 0.005%气溶胶 OT10mL,然后加入 30mL 无菌水,将取菌环进行消毒杀菌,用取菌环取五环某一菌种加入水中猛烈摇晃,使其充分分散,用消毒纱布过滤,滤液作为此单一菌种悬浮液置于另外一个 50mL 三角烧瓶中,加蒸馏水补至 40mL,盖上盖子备用,此悬浮液超过 24h 即不能使用,五种菌种均制成单一菌种悬浮液备用。

A7.3.2　混合菌液的制备

将五种单一菌种悬浮液各取 10mL 加入 100mL 的烧瓶中摇匀即成试验用混合菌液塞上瓶塞,配制后 24h 即不能使用。

A7.4　试件的准备和接种

将试件放入杀菌后的培养皿中,试件间或试件与器壁间不能接触。

用喷雾器向每一培养皿内的试件表面均匀喷混合菌液,使其覆盖住整个试件表面,必须防止小水珠滴在试件表面。

A7.5　培养

盖上培养皿盖,将培养皿放在条件为 28±2℃和相对湿度为 95%~99%的霉菌试验箱内进行培养。

培养时间:外观检验 6 周;物性检验 8 周。

A8　试件的检验

A8.1　试件表面霉变情况

检查试件上霉菌的生长情况作为表面霉变程度的评定,用肉眼和 5 倍放大镜检查试件表面霉变情况。

A8.2　试件的重量变化的测定

试验结束后,用毛刷刷去试件表面的菌毛然后在真空干燥器中于 0.08MPa 下干燥 1h,称量试件,精确至 0.000 1g,计算每一试件的试验前后的重量差。

A8.3 试件拉力变化的测定

按 GB 328.6 测出拉力变化。

A9 结果的表示和计算

A9.1

记录每个试件外观检验的结果，其长霉的程度分级如下：

0 级——在放大镜下也看不到长霉；

1 级——用肉眼几乎看不到长霉，但在放大镜下观察较为明显；

2 级——用肉眼能清楚的看到试件表面长霉，但覆盖面不超过 50%；

3 级——用肉眼能清楚的看到试件表面长霉，其覆盖面大于 50%。

A9.2 重量变化

试件因霉菌腐蚀作用而发生的重量变化百分率 A 按式(A1)计算：

$$A=\frac{W_2-W_3}{W_1}\times 100 \quad \cdots\cdots (A1)$$

式中：A——腐蚀后重量变化百分率，%；

W_1——腐蚀前未封边试件重量，g；

W_2——腐蚀前封边试件重量，g；

W_3——腐蚀后封边试件重量，g。

取三组试样的算术平均值，精确到小数点后第一位。

A9.3 拉力变化

试件因霉菌腐蚀作用而发生拉力变化百分率，按式(A2)计算：

$$P=\frac{P_1-P_2}{P_1}\times 100 \quad \cdots\cdots (A2)$$

式中：P——腐蚀后试件拉力变化的百分率，%；

P_1——腐蚀前试件拉力，N；

P_2——腐蚀后试件拉力，N。

取三组试样的算术平均值，精确到小数点后第一位。

附 录 B
油毡人工加速气候老化试验方法
（补充件）

B1 主题内容与适用范围

本标准规定了玻纤胎油毡人工加速气候老化的试验方法。

本标准适用于玻纤胎油毡。

B2 方法提要

把玻纤胎油毡裁成规定尺寸的试样悬挂在人工加速气候老化箱中，控制一定的温度、湿度、降雨量和光照时间，使试样曝露至规定周期后进行有关性能的测试，并评价结果。

B3 仪器设备及材料

B3.1 人工加速气候老化试验箱（简称试验箱）：光源为4.5～6.5kW管状氙弧灯，样板与光源中心距离为250～400mm。

B3.2 黑板温度计：20～100℃，最小刻度1℃。

注：黑板温度计是一块规格为150mm×70mm，厚0.9±0.1mm上面涂一层黑色耐光釉的钢板，并装有与钢板紧密接触的双金属片或热电偶，加上温度显示盘便构成黑板温度计。用以测量转架上试样受光面的表面温度。

B3.3 冰箱：控温精度±2℃。

B3.4 恒温玻璃水槽：规格440mm×350mm×300mm。

B3.5 铝板：长宽与试样相适应，厚0.8mm。

B3.6 铁夹、牛皮纸。

B3.7 拉力机：分度值符合GB 328.6中规定的拉力机。

B3.8 分析天平：感量0.000 1g。

B3.9 真空泵：30L。

B3.10 真空表：0～0.1MPa，精度0.4级。

B3.11 电热真空干燥器：ϕ350～400mm，真空度0.099 7MPa。

B3.12 抽气阀：玻璃真空三通阀门两只。

B3.13 调压阀：玻璃真空二通阀门一只。

B3.14 真空耐压胶管。

B3.15 真空脂。

B3.16 试样架：可用铜丝和胶木板制作，其尺寸与试样的尺寸、试样的数量相适应。

B3.17 钢直尺：150mm。

B3.18 毛刷。

B3.19 试验用水：试验箱内人工降雨用去离子水，内壁冷却用自来水。

B4 试样

B4.1 取样

将抽取的一卷油毡切除距外层卷头2 500mm后，沿纵向截取长度为500mm的全幅卷材两块，一块作老化试验，一块备用。

B4.2 试样和试件的制备

B4.2.1 按图B1所示部位和表B1要求的尺寸和数量在样品上切取试样。

B4.2.2 按图B2所示部位和表B2所要求的尺寸和数量分别在老化前后的试样上切取试件。

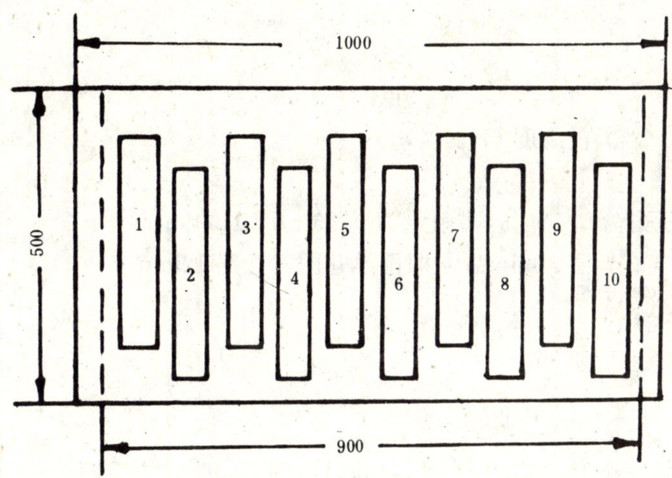

图 B1 试样切取部位示意图

表 B1

项　　目	规　　格	数　　量
老化试样	300mm×70mm	2
对比试样	300mm×70mm	2
留存试样	300mm×70mm	2

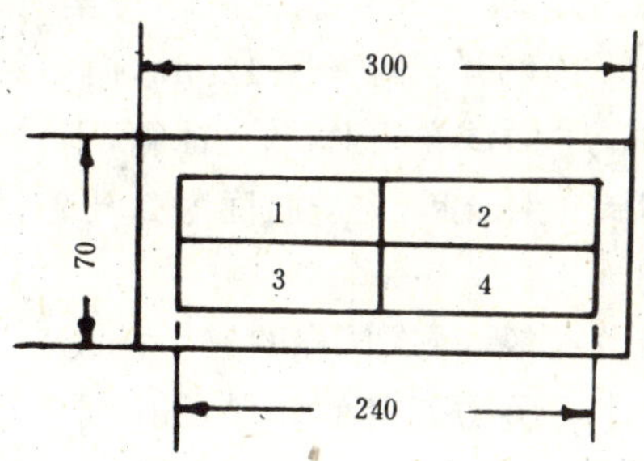

图 B2 试件切取部位示意图

表 B2

项　　目	规　　格	数　　量	备　　注
失重率	120mm×25mm	8	4 块为空白试样 4 块作老化试验
拉力变化率	120mm×25mm	8	用测失重率后的试件

B5 试验条件

B5.1 试验箱

温度：空气温度 45±2℃，黑板温度 60±5℃；

相对湿度：65%±5%；

降雨量：喷水的喷射压力为 0.1MPa，降雨量为 0.16±0.01L/min；

光照和降雨周期：试样先光照 48min 后立即雨淋并同时光照 12min。

B5.2 冰冻温度：－20±2℃。

B5.3 浸水温度：20±2℃。

B6 试验步骤

表 B3 规定了老化试验一个循环周期所需的时间，总试验时间为 27 周期。

表 B3

试　验　条　件	试　验　时　间，h
光照和雨淋	18
冷冻（－20±2℃）	2
浸水（20±2℃）	2
总　计	22

B6.1 试验时将试样受光面的矿物隔离材料刷除干净，然后在试样的两端衬上牛皮纸将其贴在铝板上，用铁夹夹紧，将夹好的试样和黑板温度计分别挂在试样转架上，温度计正面朝光源，喷水压力为 0.1MPa，光照雨淋周期为光照 48min，雨淋并同时光照 12min，循环试验 18h 后停机。

B6.2 从试验箱中取出试样插于 B3.16 的试样架上，放进冰箱，于－20±2℃下冷却 2h 取出。

B6.3 将从冰箱中取出的试样连同试样架一起，放进温度为 20±2℃的恒温水槽内，水面应高出试样上端 20mm，2h 后取出，此时为一周期。

B6.4 重复 B6.1～B6.3 条操作 27 个周期，每次试样的取出和放入，相隔时间不得多于 10min，试验进行时，应详细记录试验的温度、湿度，同时观察试样的外观变化，每隔 3 个周期对气候、灯罩、灯管进行清洁保养一次，试验结束后一块试样进行物性测试，一块备用，测试必须在 8h 内进行完毕。

B7 结果及计算

B7.1 外观

观察并记录老化后试样表面有无泛白、裂纹、起泡等现象。

B7.2 物理性能

B7.2.1 失重率

取空白试样和老化后试样，按 B4.2.2 切取试件，分别测量其长宽精确至 1mm，将试件放入电热真空干燥器，在 0.08MPa 真空度条件下干燥 1h 后称重，由此计算出试件的单位面积重量 G_0、G_1，失重率 G 按式(B1)计算：

$$G=\frac{G_0-G_1}{G_0}\times 100 \qquad \text{(B1)}$$

式中：G——失重率，%；

G_0——空白试件单位面积重量，g/m；

G_1——老化后试件的单位面积重量，g/m²。

计算时取数值最接近的三个试件的平均值作为试验结果，精确至小数点后二位。

B7.2.2　拉力变化率

取测完失重率后的试件，按 GB 328.6 方法测试老化前和老化后的拉力。

拉力变化率 P 按式(B2)计算：

$$P=\frac{P_0-P_1}{P_0}\times 100 \qquad (B2)$$

式中：P——拉力变化率，%；

P_0——老化前试件的拉力值，N；

P_1——老化后试件的拉力值，N。

计算时取数值最接近的三个试件的算术平均值作为试验结果，精确到小数点后一位。

B8　试验报告

报告应包括下述内容：

a.　光源的类型和瓦数；

b.　样板位置与光源(中心)位置；

c.　运转时的黑板温度；

d.　运转时箱内温度和相对湿度；

e.　雨量，L/min；

f.　试样的外观变化、失重率和拉力变化率。

附加说明：

本标准由国家建筑材料工业局提出。

本标准由中国建筑防水材料公司苏州研究设计所归口。

本标准由武汉油毡厂、天津油毡厂、中国建筑防水材料公司苏州研究设计所负责起草。

本标准主要起草人李严明、黄文杰、张有华、陈传松、王丽华、姚桂芳。

中华人民共和国建材行业标准

JC 504—92

铝 箔 面 油 毡

1 主题内容与适用范围

本标准规定了铝箔面油毡的定义、产品分类、技术要求、试验方法、检验规则、包装与标志、贮存与运输。

本标准适用于铝箔面油毡。

2 引用标准

GB 326 石油沥青纸胎油毡、油纸

GB 328.1 沥青防水卷材试验方法 总则

GB 328.5 沥青防水卷材试验方法 耐热度

3 定义

铝箔面油毡系采用玻纤毡为胎基，浸涂氧化沥青，在其上表面用压纹铝箔贴面，底面撒以细颗粒矿物材料或覆盖聚乙烯(PE)膜所制成的一种具有热反射和装饰功能的防水卷材。

4 产品分类

4.1 等级

产品按物理性能分为优等品(A)、一等品(B)、合格品(C)。

4.2 标号

铝箔面油毡按标称卷重分为30、40号两种标号。

4.3 规格

4.3.1 幅宽

油毡幅宽为1 000 mm。

4.3.2 厚度

30号铝箔面油毡的厚度不小于2.4 mm；40号铝箔面油毡的厚度不小于3.2 mm。

4.4 标记

4.4.1 标记方法

产品按下列顺序标记：产品名称、标号、质量等级、本标准号。

4.4.2 标记示例

优等品30号铝箔面油毡标记为：

铝箔面油毡 30A JC 504

4.5 用途

30号铝箔面油毡适用于多层防水工程的面层；40号铝箔面油毡适用于单层或多层防水工程的面层。

国家建筑材料工业局1992-11-11批准 1993-08-01实施

5 技术要求

5.1 卷重

油毡卷重应符合表1的规定。

表1 kg

标号	30号	40号
标称重量	30	40
最低重量	28.5	38.0

5.2 面积

油毡每卷面积10±0.1 m^2。

5.3 外观

5.3.1 成卷油毡应卷紧、卷齐。卷筒两端厚度差不得超过5 mm，端面里进外出不得超过10 mm。

5.3.2 成卷油毡在环境温度为10～45℃时应易于展开，不得有距卷芯1 000 mm外、长度在10 mm以上的裂纹。

5.3.3 铝箔与涂盖材料应粘结牢固，不允许有分层、气泡现象。

5.3.4 铝箔表面应洁净、花纹整齐，不得有污迹、折皱、裂纹等缺陷。

5.3.5 在油毡贴铝箔的一面上沿纵向留一条宽50～100 mm无铝箔的搭接边，在搭接边上撒以细颗粒隔离材料或用0.005 mm厚聚乙烯薄膜覆面，聚乙烯膜应粘结紧密，不得有错位或脱落现象。

5.3.6 每卷油毡接头不应超过一处，其中较短的一段不应少于2 500 mm，接头处应裁接整齐，并加150 mm备作搭接。

5.4 物理性能

物理性能应符合表2的要求。

表2

项目 \ 标号 / 等级		30号			40号		
		优等品	一等品	合格品	优等品	一等品	合格品
可溶物含量，g/m^2	不小于	1 600	1 550	1 500	2 100	2 050	2 000
拉力，N	纵横均不小于	500	450	400	550	500	450
断裂延伸率，%	纵横均不小于	2					
柔度，℃	不高于	0	5	10	0	5	10
		绕半径35 mm圆弧，无裂纹			绕半径35 mm圆弧，无裂纹		
耐热度，℃		80±2，受热2 h涂盖层应无滑动					
分层		50±2℃，7 d无分层现象					

6 试验方法

6.1 卷重、面积、外观质量检查按 GB 326 附录 A 进行。

6.2 厚度按本标准附录 B 进行。

6.3 物理性能按本标准附录 A 进行。

7 检验规则

7.1 检验项目

7.1.1 出厂检验：卷重、面积、厚度、外观、拉力、断裂延伸率、耐热度、柔度。若要求增加其他检验项目，由供需双方商定。

7.1.2 型式检验：出厂检验的全部检验项目。正常生产时，分层试验每三月或 50 万平方米进行一次；可溶物含量每月或 20 万平方米检验一次。

7.2 产品组批

以同一品种、同一标号、同一等级的产品每 1 000 卷为一批；不足 1 000 卷者也按一批验收。

7.3 判定规则

7.3.1 抽样

在每批产品中，根据产品数量提取如下数量样品，进行重量、面积、厚度和外观质量检查：

250 卷以内	2 卷
251～500 卷	3 卷
501～1 000 卷	4 卷

7.3.2 卷重

在每批产品中抽取 7.3.1 规定的卷数进行检查，全部达到规定重量时，即卷重合格。若发现有低于规定指标时，应在该批产品中再抽同样数量产品复查，全部达到指标时亦为卷重合格。若仍有不合格时，判该批产品重量不合格。

7.3.3 面积、厚度和外观

重量检查合格后，进行开卷检查。全部指标达到要求时，即为面积、厚度、外观合格。若其中有一项达不到要求，应在受检产品中再抽取同样数量产品复查，全部达到要求时即为面积、厚度、外观合格。若仍未达到要求时，判该批产品面积、厚度、外观不合格。

7.3.4 物理性能

7.3.4.1 抽样：在重量检查合格的样品中，取重量最接近标称重量的外观、面积合格的无接头的一卷作物理性能试样。若此卷不符合抽样条件时，可取次接近标称重量的一卷，但要作详细记录。

7.3.4.2 可溶物含量、拉力、断裂延伸率：三个试件各项测定结果的算术平均值达到规定指标时即判该项合格。

7.3.4.3 耐热度：三个试件分别达到规定指标，即判该项合格。

7.3.4.4 柔度：六个试件至少有五个试件达到规定指标，方可判该项合格。

7.3.4.5 分层：二个试件均无分层现象，即判该项合格。

7.3.4.6 判定：检验结果符合各项物理性能指标时，该批产品为物理性能合格。若有一项不符指标要求，应在该批产品中任取二卷重量合格的进行单项复验。达到指标时，该产品亦为物理性能合格。若复验仍有一个试样不合格，则该批产品物理性能不合格。

7.3.5 总判定

卷重、面积、厚度、外观合格和出厂检验的物理性能各项全部达到相应等级指标规定时，判该产品为相应等级产品。

7.3.6 仲裁

如供需双方验收产品发生争议时，由双方共同委托有关检测中心进行仲裁试验。

7.4 出厂要求

产品出厂时，生产厂需将该批产品出厂检验结果或合格证提供用户。

8 包装与标志

8.1 按 GB 326 执行。

8.2 包装上应标明产品标记。

9 贮存与运输

按 GB 326 执行。

附 录 A
铝箔面油毡物理性能试验方法
（补充件）

A1 总则

A1.1 试验条件

按 GB 328.1 执行。

A1.2 试样

A1.2.1 将取样的一卷卷材切除距外层卷头 2 500 mm 后，顺纵向切取长度为 500 mm 的全幅卷材试样二块。一块作物理性能检验试件用；另一块备用。

A1.2.2 按图 A1 所示的部位及表 A1 规定的尺寸和数量切取试件。

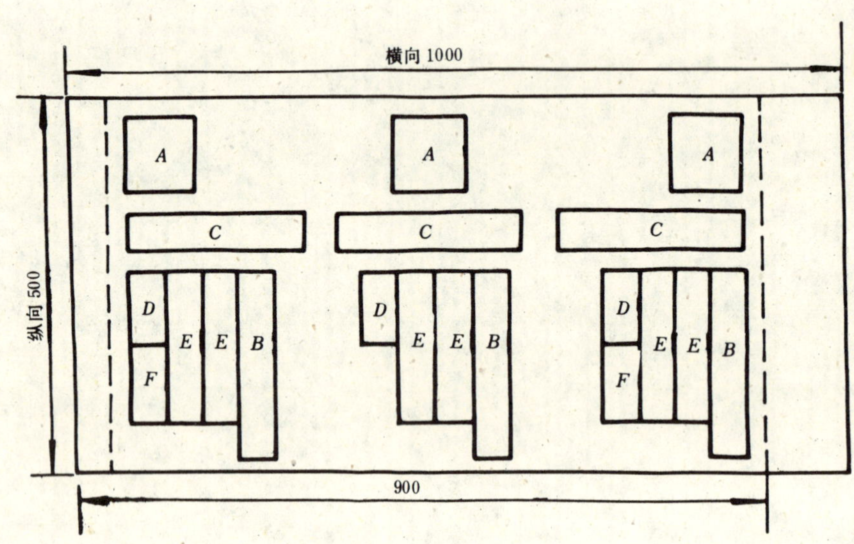

图 A1 试件切取部位示意图

表 A1 试件尺寸和数量表

试件项目		试件部位	试件尺寸，mm	数 量
可溶物含量		*A*	100×100	3
拉力及延伸率	纵	*B*	250×50	3
	横	*C*	250×50	3
耐热度		*D*	100×50	3
柔度		*E*	200×50	6
分层		*F*	100×50	2

A1.3 结果评定与处理

按 GB 328.1 执行。

A2 可溶物含量

A2.1 溶剂

四氯化碳、三氯甲烷或三氯乙烯:工业纯或化学纯。

A2.2 仪器

a. 分析天平:感量 0.001 g 或 0.000 1 g;

b. 萃取器:500 mL 索氏萃取器;

c. 加热器:电炉或水浴(具有电热或蒸汽加热装置);

d. 干燥箱:具有恒温控制装置;

e. 毛刷:细软毛刷或笔;

f. 称量瓶或表面皿;

g. 镀镍钳或镊子;

h. 干燥器:ϕ250~300 mm;

i. 金属支架或夹子;

j. 软质胶管;

k. 滤纸:直径不小于 150 mm;

l. 裁纸刀及棉线。

A2.3 试件准备

按 A1.2.2 切取的三块试件(A)轻轻刷净,以除掉松散的隔离材料,分别称量,得出卷材单位面积重量。

A2.4 测定步骤

A2.4.1 称量后的三块试件分别用滤纸包好并用棉线捆扎,三块试件连滤纸一起进行称量(G)。

A2.4.2 将滤纸包置于萃取器中,用规定的溶剂(溶剂量为烧瓶容量的 1/2~2/3)进行加热萃取。直到回流的溶剂无色为止,取出滤纸包,使吸附的溶剂先行蒸发。放入预热至 105~110℃的干燥箱中干燥 1 h,再放入干燥器内冷却至室温。

A2.4.3 将冷却至室温的滤纸包放在已称量的称量盒或表面皿中一起称量,减去称量盒重量,即为试件萃取后的滤纸包重(P)。

A2.4.4 可溶物含量按式(A1)计算:

$$A = (G - P) \times 100/3 \quad \cdots\cdots\cdots\cdots (A1)$$

式中:A——可溶物含量,g/m^2;

G——萃取前滤纸包重,g;

P——萃取后滤纸包重,g。

A3 拉力及断裂延伸率

A3.1 仪器及材料

拉伸试验机:所用的拉伸试验机必须能同时测定拉力与延伸率。测力范围不小于 2 000 N,最小读数为 5 N,伸长范围应能保证试验的正常进行,其夹具夹持宽度应不小于 50 mm。

A3.2 试验条件

试验温度:25±2℃。

A3.3 试件准备

将按 A1.2.2 切取的三块试件(B 和 C)置于试验温度下干燥不少于 1 h。

A3.4 试验步骤

A3.4.1 校准拉伸试验机。

A3.4.2 根据不同的标号选择好合适的量程和记录仪坐标纸牵引速度。

A3.4.3 将处理后的试件夹持在夹具中心，不得歪扭，上下夹具之间的距离为 180 mm，拉伸速度为 50 mm/min。

A3.4.4 先启动记录仪，随后启动拉伸试验机，至受拉试件被拉断为止。

A3.5 结果及处理

A3.5.1 拉力值为数字显示仪的最大值或记录曲线的应力坐标的最高值，取三块试件的平均值为结果。

A3.5.2 断裂时的延伸值可根据记录曲线、应变坐标的长度、坐标纸牵引速度及拉伸试验机的拉伸速度求得。

A3.5.3 断裂延伸率按式(A2)计算：

$$\varepsilon_R = \frac{\Delta L}{180} \times 100 \quad \text{(A2)}$$

式中：ε_R——断裂延伸率，%；

ΔL——断裂时的延伸值，mm；

180——上下夹具间距离，mm。

A3.5.4 当试件断裂处与夹具之间的距离小于 20 mm 时，该试件试验结果无效。应在备用试样上另行切取试件，重新试验，以三块试件的平均值为结果。

A4 柔度

A4.1 仪器与材料

a. 恒温水槽或保温瓶；

b. 温度计：0～50℃，精确度 0.5℃；

c. 柔度弯曲器：r=35 mm 的金属或硬木质弯板（见图 A2）。

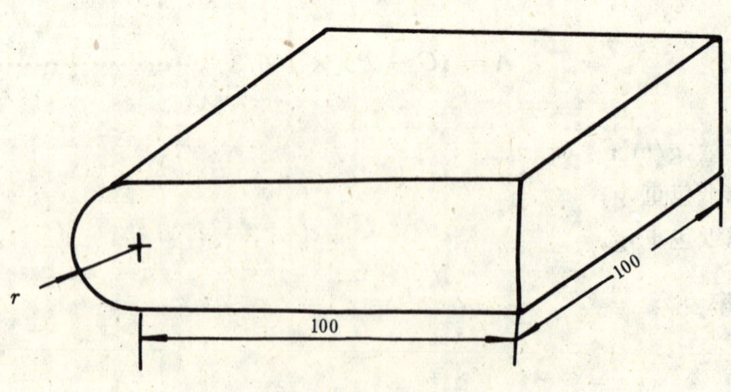

图 A2 柔度弯曲器

A4.2 试件准备

按 A1.2.2 切取的六块试件(E)和弯板同时放在柔度指标规定温度的液体中。

A4.3 试验步骤

A4.3.1 试件和弯板经 30 min 浸泡后，自液体中取出，立即沿弯板用手在约 3 s 的时间内按均衡速度弯曲成 180°。

A4.3.2 六块试件中，三块试件的下表面及另外三块试件的上表面与弯板面接触。

A4.4 试验结果

用肉眼观察试件表面有无裂纹。

A5 耐热度

按A1.2.2切取的三块试件(*D*)，再按GB 328.5方法进行试验。

A6 分层

A6.1 仪器及工具

a. 超级恒温器或电热恒温烘箱；

b. 水槽：直径不小于250 mm，深度不小于80 mm；

c. 试件架。

A6.2 试验步骤

A6.2.1 将水槽中的水用超级恒温器或电热恒温烘箱保温稳定在50±2℃，放好试件架。

A6.2.2 按A1.2.2切取的二块试件(*F*)置于试件架上，保证试件全部浸入水中，水面应高于试件上端10 mm以上，浸泡7 d。

A6.3 试验结果

用肉眼观察试件切面是否出现分层。

附 录 B
油毡厚度的检测方法
（补充件）

B1 主题内容与适用范围

本标准规定了油毡厚度的检测方法。

本标准适用于铝箔面油毡和允许采用本方法的其他防水材料的检测。

B2 检测仪器

厚度计：分度值为0.01 mm，测点接触面积为2±0.005 cm^2，单位面积(cm^2)压力为0.1 MPa。

B3 检测方法

沿油毡切割边由距自然边100 mm处起，每隔200 mm测一点，共测五点，五次算术平均值作该卷油毡的厚度。

B4 结果评定

以抽样卷数的油毡厚度平均结果作为油毡厚度值。

附加说明：

本标准由中国建筑防水材料公司苏州研究设计所归口。

本标准由武汉市油毡厂负责起草。

本标准起草人张有华、李严明、陈传松、朱本玮。

中华人民共和国建材行业标准

JC/T 559—94

塑性体沥青防水卷材

1 主题内容与适用范围

本标准规定了塑性体沥青防水卷材的定义、产品分类、技术要求、试验方法、检验规则、包装与标志、贮存与运输。

本标准适用于塑性体沥青防水卷材。

2 引用标准

GB 326 石油沥青纸胎油毡、油纸

GB 328 沥青防水卷材试验方法

JC 504 铝箔面油毡

3 定义

塑性体沥青防水卷材是用沥青或热塑性塑料(如无规聚丙烯 APP)改性沥青(以下简称"塑性体沥青")浸渍胎基(单位面积质量小于或等于 100 g/m² 的玻纤毡不须浸渍),两面涂以塑性体沥青涂盖层,上表面撒以细砂、矿物粒(片)料或覆盖聚乙烯膜,下表面撒以细砂或覆盖聚乙烯膜所制成的一类防水卷材。

4 产品分类

4.1 等级

产品按物理性能分为优等品(A)、一等品(B)和合格品(C)。

4.2 规格

卷材幅宽为 1 000 mm 一种规格。

4.3 代号

塑性体沥青	B
玻纤毡	G
聚酯毡	PY
细砂	S
矿物粒(片)料	M
聚乙烯膜	PE

4.4 品种

卷材使用玻纤毡或聚酯毡两种胎基;使用细砂、矿物粒(片)料以及聚乙烯膜三种上表面材料,共形成 6 个品种(见表 1)。

国家建筑材料工业局 1994-05-21 批准　　　　1994-12-01 实施

表 1

上表面材料 \ 胎基	玻纤毡	聚酯毡
矿物粒(片)料	G-M	PY-M
细砂	G-S	PY-S
聚乙烯膜	G-PE	PY-PE

4.5 标号

以 10 m^2 卷材的标称重量作为卷材的标号。玻纤毡为胎基的品种分为 25 号、35 号和 45 号三种标号;聚酯毡为胎基的品种分为 35 号、45 号和 55 号三种标号。

4.6 标记

4.6.1 标记方法

卷材按下列顺序标记:

涂盖材料、胎基、上表面材料、标号、质量等级、本标准号

4.6.2 标记示例

a. 优等品 25 号细砂面玻纤胎塑性体沥青防水卷材标记为:

防水卷材 B-G-S-25 (A) JC/T 559

b. 合格品 45 号 PE 膜面聚酯胎塑性体沥青防水卷材标记为:

防水卷材 B-PY-PE-45 (C) JC/T 559

4.7 用途

4.7.1 该系列防水卷材适用于工业与民用建筑的屋面、地下室、卫生间等的防水防潮,以及桥梁、停车场、游泳池、隧道、蓄水池等建筑物的防水。尤其适用于高温或有强烈太阳辐照地区的建筑物防水。

4.7.2 35 号及其以下品种用作多层防水;35 号以上的品种可用作单层防水,或多层防水层的面层,并可采用热熔法施工。

5 技术要求

5.1 卷重、面积及厚度

5.1.1 以玻纤毡为胎基的卷材应符合表 2 的规定。

表 2

标号		25 号			35 号			45 号		
上表面材料		PE 膜	细砂	矿物粒(片)料	PE 膜	细砂	矿物粒(片)料	PE 膜	细砂	矿物粒(片)料
标称重量,kg/10 m^2		25			35			45		
面积,m^2/卷		10±0.1			10±0.1			7.5±0.1		
最低卷重,kg		20.0	22.0	28.0	30.0	32.0	38.0	30.0	31.5	36.0
厚度 mm	平均值	≥2.0	—	—	≥3.0	—	—	≥4.0	—	—
	最小单值	1.7	—	—	2.7	—	—	3.7	—	—

5.1.2 以聚酯毡为胎基的卷材应符合表 3 的规定。

表 3

标号		35 号			45 号			55 号		
上表面材料		PE 膜	细砂	矿物粒(片)料	PE 膜	细砂	矿物粒(片)料	PE 膜	细砂	矿物粒(片)料
标称重量,kg/10 m²		35			45			55		
面积,m²/卷		10±0.1			7.5±0.1			5±0.1		
最低卷重,kg		30.0	32.0	38.0	30.0	31.5	36.0	25.0	26.0	29.0
厚度 mm	平均值	≥3.0	—	—	≥4.0	—	—	≥5.0	—	—
	最小单值	2.7	—	—	3.7	—	—	4.7	—	—

5.2 外观

5.2.1 成卷卷材应卷紧卷齐,端面里进外出不得超过 10 mm。

5.2.2 成卷卷材在环境温度为柔度规定的温度以上时应易于展开,不应有距卷芯 1 000 mm 外长度在 10 mm 以上的裂纹和破坏表面 10 mm 以上的粘结。

5.2.3 胎基必须浸透,不应有未被浸渍的浅色斑点。

5.2.4 卷材表面必须平整,不允许有孔洞、缺边和裂口。撒布材料的颜色和粒度应均匀一致,并紧密地粘附于卷材表面。

5.2.5 每卷卷材的接头处不应超过一个,较短的一段不应少于 2 500 mm,接头处应剪切整齐,并加长 150 mm。

5.3 物理性能

5.3.1 以玻纤毡作胎基的各标号、等级的卷材,物理性能应符合表 4 的规定。

表 4

序号	标　号			25 号			35 号			45 号		
	等　级 / 指标名称			优等品	一等品	合格品	优等品	一等品	合格品	优等品	一等品	合格品
1	可溶物含量,g/m²		不小于	1 300			2 100			2 900		
2	不透水性	压力,MPa	不小于	0.15			0.20			0.20		
		保持时间,min	不小于	30								
3	耐热度,℃			130	120	110	130	120	110	130	120	110
				受热 2 h,涂盖层应无滑动								
4	拉力,N	不小于	纵向	400	350	300	400	350	300	400	350	300
			横向	300	250	200	300	250	200	300	250	200
5	柔度,℃			−15	−10	−5	−15	−10	−5	−15	−10	−5
				r=15 mm,3 s,弯 180°无裂纹						r=25 mm,3s,弯 180°无裂纹		

5.3.2 以聚酯毡作胎基的各标号、等级的卷材,物理性能应符合表 5 的规定。

表 5

<table>
<tr><td rowspan="2">序号</td><td colspan="2">标　　号</td><td colspan="3">35 号</td><td colspan="3">45 号</td><td colspan="3">55 号</td></tr>
<tr><td colspan="2">等　　级
指标名称</td><td>优等品</td><td>一等品</td><td>合格品</td><td>优等品</td><td>一等品</td><td>合格品</td><td>优等品</td><td>一等品</td><td>合格品</td></tr>
<tr><td>1</td><td colspan="2">可溶物含量,g/m² 不小于</td><td colspan="3">2 100</td><td colspan="3">2 900</td><td colspan="3">3 700</td></tr>
<tr><td rowspan="2">2</td><td rowspan="2">不透水性</td><td>压力,MPa 不小于</td><td colspan="9">0.3</td></tr>
<tr><td>保持时间,min 不小于</td><td colspan="9">30</td></tr>
<tr><td rowspan="2">3</td><td colspan="2" rowspan="2">耐热度,℃</td><td>130</td><td>120</td><td>110</td><td>130</td><td>120</td><td>110</td><td>130</td><td>120</td><td>110</td></tr>
<tr><td colspan="9">受热 2 h,涂盖层应无滑动</td></tr>
<tr><td>4</td><td colspan="2">拉力,N 纵横向均不小于</td><td>800</td><td>600</td><td>400</td><td>800</td><td>600</td><td>400</td><td>800</td><td>600</td><td>400</td></tr>
<tr><td>5</td><td colspan="2">断裂延伸率,% 纵横向均不小于</td><td>40</td><td>30</td><td>20</td><td>40</td><td>30</td><td>20</td><td>40</td><td>30</td><td>20</td></tr>
<tr><td rowspan="2">6</td><td colspan="2" rowspan="2">柔度,℃</td><td>−15</td><td>−10</td><td>−5</td><td>−15</td><td>−10</td><td>−5</td><td>−15</td><td>−10</td><td>−5</td></tr>
<tr><td colspan="3">r=15mm,3s,弯 180°无裂纹</td><td colspan="6">r=25 mm,3s,弯 180°无裂纹</td></tr>
</table>

6 试验方法

6.1 卷重、面积、外观质量检查按 GB 326 附录 A 进行。

6.2 厚度:使用一个 10 mm 直径接触面,精确到 0.01 mm 的千分尺或达到同等要求的测厚仪测量,保持时间约为 5 s,接触力约为 0.02 MPa。在跨卷材宽度的整个表面上(离开边缘 20 mm)间距相等的 10 处地方进行测量;对于带嵌入保护料的卷材,测量在卷材留边上进行。平均厚度为 10 次测量的平均值。

6.3 物理性能试验

6.3.1 试件的切取和可溶物含量、拉力及断裂延伸率、柔度按 JC 504 附录 A 进行。

6.3.2 不透水性、耐热度按 GB 328 进行。矿物粒(片)料卷材在做不透水性试验时,粗颗粒面朝上放置。

7 检验规则

7.1 检验分类

7.1.1 出厂检验:卷重、面积、厚度、外观、拉力、断裂延伸率、耐热度、柔度和不透水性。若要求增加其他检验项目,由供需双方商定。

7.1.2 型式检验:技术要求的全部检验项目。正常生产时可溶物含量试验每月一次或 2 万卷进行一次。有下列情况之一时,须按第 5 章的要求逐项进行检验。

a. 产品转厂生产的试制定型鉴定;

b. 正式生产后,如产品的配方、原料或工艺有较大改变时;

c. 产品长期停产(超过 6 个月)后恢复生产时;

d. 国家质量监督机构提出进行型式检验的要求时;

e. 出厂检验结果与上次型式检验有较大差异时。

7.2 组批

以同一品种、同一标号、同一等级的产品每 1 000 卷为一批,不足 1 000 卷亦按一批验收。

7.3 抽样

在每批产品中,根据产品数量抽取如下数量样品,进行卷重、面积、外观质量检查:

250卷以内　　　　　　　　　　　2卷

251卷至500卷　　　　　　　　　3卷

501卷至1 000卷　　　　　　　　4卷

7.4 判定规则

7.4.1 卷重

每批产品中抽取7.3条规定的卷数(以下简称"规定卷数")进行检查,全部达到规定重量时即为卷重合格。若发现有低于规定指标时,再抽查规定的卷数,全部达到指标时判该批产品卷重合格,若仍有低于规定指标时,判该批产品卷重不合格。

7.4.2 面积和外观

卷重检查合格后的全部样品进行开卷检查,全部达到要求时即为面积、外观合格;若其中有一项达不到要求,应在该批产品中再抽取同样卷数复查,全部达到要求,即为面积、外观合格;

若仍有未达到要求时,判该批产品面积或外观不合格。

7.4.3 物理性能

7.4.3.1 取样:在卷重检查合格的样品中取重量最轻的,外观、面积、厚度合格的,无接头的一卷作为物理性能试验样品,若最轻的一卷不符合抽样条件时,可取次轻的一卷,但要详细记录。

7.4.3.2 可溶物含量、拉力、断裂延伸率:各项三个试件测定结果的平均值达到规定指标时,即判该项合格。

7.4.3.3 耐热度、不透水性:各项三个试件分别达到规定指标时即判该项合格。

7.4.3.4 柔度:六个试件至少有五个试件达到规定指标即判该项合格。

7.4.3.5 判定:检验结果符合各项物理性能指标时,该批产品为物理性能合格;若有一项不符合指标要求,允许在该批产品中按7.3条规定抽样,取卷重合格的最轻两卷作为试样,进行单项复验,达到指标要求时,该批产品亦为物理性能合格,若复验仍有一个试件不合格,该批产品物理性能不合格。

7.4.4 总判定

卷重、外观、面积、厚度合格,物理性能达到相应等级指标时,判该批产品为相应等级产品。

7.4.5 仲裁

如供需双方发生争议时,由双方共同委托有关检测中心进行仲裁检验。

7.5 产品合格证

产品出厂时,生产厂需将该批产品出厂检验结果与合格证提供用户。

8 包装与标志

8.1 卷材用纸包装时,应以全柱面包装,柱面两端未包长度总共不应超过100 mm。

包装上应标明:

a. 生产厂名;

b. 商标;

c. 产品标记、制造班次和日期;

d. 生产许可证号;

e. 贮存与运输注意事项。

8.2 下表面材料为PE膜时,允许用三条粘胶带缠绕包装,上下两道粘胶带应与边缘等距,上下粘胶带应印有商标、生产厂名,并贴有产品标记、制造班次和日期、生产许可证号标签。

8.3 在包装上明显标出:

合格品:一条横线上有合格品字样;

一等品:二条横线中有一等品字样;

优等品:上下二条横线中有优等品字样。

9 贮存与运输

9.1 不同品种、标号、规格、等级的产品不应混杂。

9.2 卷材应在干燥、通风和不高于50℃温度的环境下立放贮存，其高度不超过两层。

9.3 由于运输与贮存不当，或自生产之日起产品存放超过一年发生质量问题时，生产单位不予处理。

9.4 当用轮船或铁路运输时，卷材必须立放，其高度不超过两层。不得倾斜或横压，必要时应加盖苫布。

附加说明：

本标准由中国建筑防水材料公司苏州研究设计所归口。

本标准由武汉市油毡厂、北京市建筑工程研究所、沈阳兰光新型防水材料公司负责起草。

本标准主要起草人李严明、史允安、、张有华、陈传松、易汉军。

中华人民共和国建材行业标准

JC/T 560—94

弹性体沥青防水卷材

1 主题内容与适用范围

本标准规定了弹性体沥青防水卷材的定义、产品分类、技术要求、试验方法、检验规则、包装与标志、贮存与运输。

本标准适用于弹性体沥青防水卷材。

2 引用标准

GB 326 石油沥青纸胎油毡、油纸

GB 328 沥青防水卷材试验方法

JC 504 铝箔面油毡

3 定义

弹性体沥青防水卷材是用沥青或热塑性弹性体(如苯乙烯-丁二烯嵌段共聚物 SBS)改性沥青(以下简称"弹性体沥青")浸渍胎基(单位面积质量小于或等于 $100g/m^2$ 的玻纤毡不须浸渍),两面涂以弹性体沥青涂盖层,上表面撒以细砂、矿物粒(片)料或覆盖聚乙烯膜,下表面撒以细砂或覆盖聚乙烯膜所制成的一类防水卷材。

4 产品分类

4.1 等级

产品按物理性能分为优等品(A)、一等品(B)和合格品(C)。

4.2 规格

卷材幅宽为 1 000 mm 一种规格。

4.3 代号

弹性体沥青	C
玻纤毡	G
聚酯毡	PY
细砂	S
矿物粒(片)料	M
聚乙烯膜	PE

4.4 品种

卷材使用玻纤毡或聚酯毡两种胎基;使用细砂、矿物粒(片)料以及聚乙烯膜三种上表面材料,共形成 6 个品种(见表 1)。

国家建筑材料工业局1994-05-21批准 1994-12-01实施

表 1

上表面材料 \ 胎基	玻纤毡	聚酯毡
矿物粒(片)料	G-M	PY-M
细砂	G-S	PY-S
聚乙烯膜	G-PE	PY-PE

4.5 标号

以 10 m^2 卷材的标称重量作为卷材的标号。玻纤毡为胎基的品种分为 25 号、35 号和 45 号三种标号;聚酯毡为胎基的品种分为 25 号、35 号、45 号和 55 号四种标号。

4.6 标记

4.6.1 标记方法

卷材按下列顺序标记:

涂盖材料、胎基、上表面材料、标号、质量等级本标准号

4.6.2 标记示例

a. 优等品 25 号 PE 膜面玻纤胎弹性体沥青防水卷材标记为:

防水卷材 C-G-PE-25 (A) JC/T 560

b. 合格品 45 号细砂面聚酯胎弹性体沥青防水卷材标记为:

防水卷材 C-PY-S-45 (C) JC/T 560

4.7 用途

4.7.1 该系列防水卷材适用于工业与民用建筑的屋面、地下室、卫生间等的防水防潮,以及桥梁、停车场、游泳池、隧道、蓄水池等建筑物的防水。尤其适用于寒冷地区和结构变形频繁的建筑物防水。

4.7.2 35 号及其以下品种用作多层防水;35 号以上的品种可用作单层防水,或多层防水层的面层,并可采用热熔法施工。

5 技术要求

5.1 卷重、面积及厚度

5.1.1 以玻纤毡为胎基的卷材应符合表 2 的规定。

表 2

标号		25 号			35 号			45 号		
上表面材料		PE 膜	细砂	矿物粒(片)料	PE 膜	细砂	矿物粒(片)料	PE 膜	细砂	矿物粒(片)料
标称重量,kg/10 m^2		25			35			45		
面积,m^2/卷		10±0.1			10±0.1			7.5±0.1		
最低卷重,kg		20.0	22.0	28.0	30.0	32.0	38.0	30.0	31.5	36.0
厚度 mm	平均值	≥2.0	—	—	≥3.0	—	—	≥4.0	—	—
	最小单值	1.7	—	—	2.7	—	—	3.7	—	—

5.1.2 以聚酯毡为胎基的卷材应符合表 3 的规定。

表 3

标号		25 号			35 号			45 号			55 号		
上表面材料		PE 膜	细砂	矿物粒(片)料	PE 膜	细砂	矿物粒(片)料	PE 膜	细砂	矿物粒(片)料	PE 膜	细砂	矿物粒(片)料
标称重量,kg/10 m²		25			35			45			55		
面积,m²/卷		10±0.1			10±0.1			7.5±0.1			5±0.1		
最低卷重,kg		20.0	22.0	28.0	30.0	32.0	38.0	30.0	31.5	36.0	25.0	26.0	29.0
厚度 mm	平均值	≥2.0	—	—	≥3.0	—	—	≥4.0	—	—	≥5.0	—	—
	最小单值	1.7	—	—	2.7	—	—	3.7	—	—	4.7	—	—

5.2 外观

5.2.1 成卷卷材应卷紧卷齐,端面里进外出不得超过 10 mm。

5.2.2 成卷卷材在环境温度为柔度规定的温度以上时应易于展开,不应有距卷芯 1 000 mm 外长度在 10 mm 以上的裂纹和破坏表面 10 mm 以上的粘结。

5.2.3 胎基必须浸透,不应有未被浸渍的浅色斑点。

5.2.4 卷材表面必须平整,不允许有孔洞、缺边和裂口。撒布材料的颜色和粒度应均匀一致,并紧密地粘附于卷材表面。

5.2.5 每卷卷材的接头处不应超过一个,较短的一段不应少于 2 500 mm,接头处应剪切整齐,并加长 150 mm。

5.3 物理性能

5.3.1 以玻纤毡作胎基的各标号、等级的卷材,物理性能应符合表 4 的规定。

表 4

序号	标号 / 等级 / 指标名称				25 号			35 号			45 号		
					优等品	一等品	合格品	优等品	一等品	合格品	优等品	一等品	合格品
1	可溶物含量,g/m²			不小于	1 300			2 100			2 900		
2	不透水性	压力,MPa		不小于	0.15			0.20			0.20		
		保持时间,min		不小于	30								
3	耐热度,℃				100	90		100	90		100	90	
					受热 2 h,涂盖层应无滑动								
4	拉力,N	不小于		纵向	400	350	300	400	350	300	400	350	300
				横向	300	250	200	300	250	200	300	250	200
5	柔度,℃				−25	−20	−15	−25	−20	−15	−25	−20	−15
					r=15 mm,3 s,弯 180°无裂纹						r=25 mm,3s,弯 180°无裂纹		

5.3.2 以聚酯毡作胎基的各标号、等级的卷材,物理性能应符合表 5 的规定。

5.3.3 卷材表面覆盖聚乙烯膜的产品,不透水性指标和试验方法,可由供需双方商定。

表 5

序号	标号 等级 指标名称		25号			35号			45号			55号		
			优等品	一等品	合格品	优等品	一等品	合格品	优等品	一等品	合格品	优等品	一等品	合格品
1	可溶物含量,g/m² 不小于		1 300			2 100			2 900			3 700		
2	不透水性	压力,MPa 不小于	0.3											
		保持时间,min 不小于	30											
3	耐热度,℃		100	90		100	90		100	90		100	90	
			受热 2 h,涂盖层应无滑动											
4	拉力,N 纵横向均不小于		800	600	400	800	600	400	800	600	400	800	600	400
5	断裂延伸率,% 纵横向均不小于		40	30	20	40	30	20	40	30	20	40	30	20
6	柔度,℃		−25	−20	−15	−25	−20	−15	−25	−20	−15	−25	−20	−15
			r=15 mm,3 s,弯 180°无裂纹						r=25 mm,3s,弯 180°无裂纹					

6 试验方法

6.1 卷重、面积、外观质量检查按 GB 326 附录 A 进行。

6.2 厚度:使用一个 10 mm 直径接触面,精确到 0.01 mm 的千分尺或达到同等要求的测厚仪测量,保持时间约为 5 s,接触力约为 0.02 MPa。在跨卷材宽度的整个表面上(离开边缘 20 mm)间距相等的 10 处地方进行测量;对于带嵌入保护料的卷材,测量在卷材留边上进行。平均厚度为 10 次测量的平均值。

6.3 物理性能试验

6.3.1 试件的切取和可溶物含量、拉力及断裂延伸率、柔度按 JC 504 附录 A 进行。

6.3.2 不透水性、耐热度按 GB 328 进行。矿物粒(片)料卷材在做不透水性试验时,粗颗粒面朝上放置。双面矿物粒料覆面的卷材不透水性试验可按附录 A 进行。

7 检验规则

7.1 检验分类

7.1.1 出厂检验:卷重、面积、厚度、外观、拉力、断裂延伸率、耐热度、柔度和不透水性。若要求增加其他检验项目,由供需双方商定。

7.1.2 型式检验:技术要求的全部检验项目。正常生产时可溶物含量试验每月一次或 2 万卷进行一次。

有下列情况之一时,须按第 5 章的要求逐项进行检验。

a. 产品转厂生产的试制定型鉴定;

b. 正式生产后,如产品的配方、原料或工艺有较大改变时;

c. 产品长期停产(超过 6 个月)后恢复生产时;

d. 国家质量监督机构提出进行型式检验的要求时;

e. 出厂检验结果与上次型式检验有较大差异时。

7.2 组批

以同一品种、同一标号、同一等级的产品每 1 000 卷为一批,不足 1 000 卷亦按一批验收。

7.3 抽样

在每批产品中,根据产品数量抽取如下数量样品,进行卷重、面积、外观质量检查。

250 卷以内　　2 卷

251 卷至 500 卷　　　　　　　　3 卷

501 卷至 1 000 卷　　　　　　　4 卷

7.4 判定规则

7.4.1 卷重

每批产品中抽取 7.3 条规定的卷数(以下简称"规定卷数")进行检查,全部达到规定重量时即为卷重合格。若发现有低于规定指标时,再抽查规定的卷数,全部达到指标时判该批产品卷重合格,若仍有低于规定指标时,判该批产品卷重不合格。

7.4.2 面积和外观

卷重检查合格后的全部样品进行开卷检查,全部达到要求时即为面积、外观合格;若其中有一项达不到要求,应在该批产品中再抽取同样卷数复查,全部达到要求,亦为面积、外观合格;

若仍有未达到要求时,判该批产品面积或外观不合格。

7.4.3 物理性能

7.4.3.1 取样:在卷重检查合格的样品中取重量最轻的,外观、面积、厚度合格的,无接头的一卷作为物理性能试验样品,若最轻的一卷不符合抽样条件时,可取次轻的一卷,但要详细记录。

7.4.3.2 可溶物含量、拉力、断裂延伸率:各项三个试件测定结果的平均值达到规定指标时,即判该项合格。

7.4.3.3 耐热度、不透水性:各项三个试件分别达到规定指标时即判该项合格。

7.4.3.4 柔度:六个试件至少有五个试件达到规定指标即判该项合格。

7.4.3.5 判定:检验结果符合各项物理性能指标时,该批产品为物理性能合格;若有一项不符合指标要求,允许在该批产品中按 7.3 条规定抽样,取卷重合格的最轻两卷作为试样,进行单项复验,达到指标要求时,该批产品亦为物理性能合格,若复验仍有一个试件不合格,该批产品物理性能不合格。

7.4.4 总判定

卷重、外观、面积、厚度合格,物理性能达到相应等级指标时,判该批产品为相应等级产品。

7.4.5 仲裁

如供需双方发生争议时,由双方共同委托有关检测中心进行仲裁检验。

7.5 产品合格证

产品出厂时,生产厂需将该批产品出厂检验结果与合格证提供用户。

8 包装与标志

8.1 卷材用纸包装时,应以全柱面包装,柱面两端未包长度总共不应超过 100 mm。

包装上应标明:

a. 生产厂名;

b. 商标;

c. 产品标记、制造班次和日期;

d. 生产许可证号;

e. 贮存与运输注意事项。

8.2 下表面材料为 PE 膜时,允许用三条粘胶带缠绕包装,上下两道粘胶带应与边缘等距,上下粘胶带应印有商标、生产厂名,并贴有产品标记、制造班次和日期、生产许可证号标签。

8.3 在包装上明显标出:

合格品:一条横线上有合格品字样;

一等品:二条横线中有一等品字样;

优等品:上下二条横线中有优等品字样。

9 贮存与运输

9.1 不同品种、标号、规格、等级的产品不应混杂。

9.2 卷材应在干燥、通风和不高于50℃温度的环境下立放贮存，其高度不超过两层。

9.3 由于运输与贮存不当，或自生产之日起产品存放超过一年发生质量问题时，生产单位不予处理。

9.4 当用轮船或铁路运输时，卷材必须立放，其高度不超过两层。不得倾斜或横压，必要时应加盖苫布。

附 录 A
弹性体沥青防水卷材不透水性试验方法
（补充件）

A1 适用范围

本标准适用于双面矿物粒料覆面的弹性体沥青防水卷材(以下简称卷材)。

A2 试验仪器

采用 GB 328 规定的不透水仪,但透水盘的压盖采用图 A1 所示的金属开缝板。

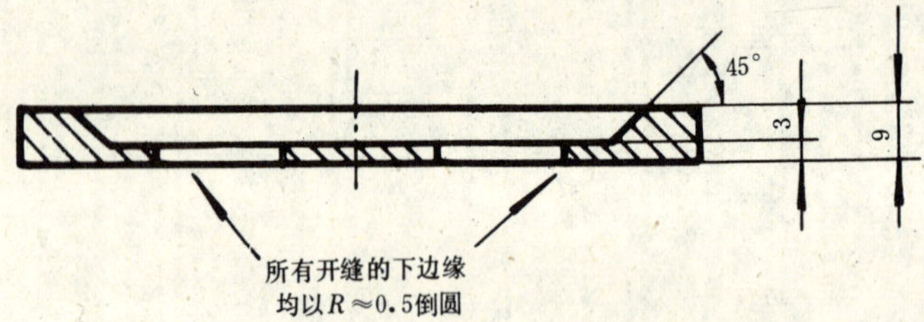

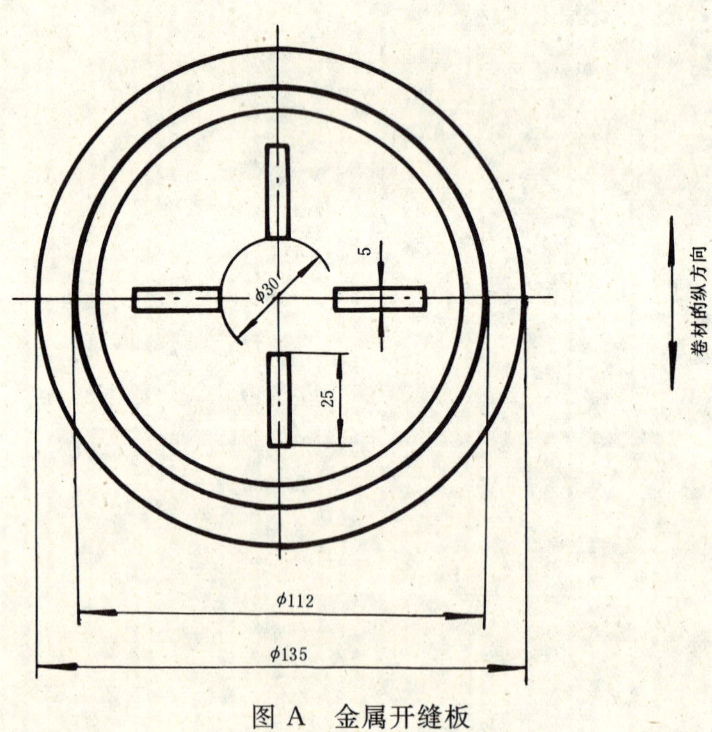

图 A 金属开缝板

A3 试件

按 GB 328 所要求的部位和数量切取试件,试件尺寸为 ϕ135 mm。

A4 试验条件

试样在试验前,应放于干燥处保持在15～25℃范围内不少于2 h,试验室温应每日记录;试验水温20±5℃。

A5 试验步骤

A5.1 试验准备

A5.1.1 将洁净水注满水箱。

A5.1.2 启动油泵,在油压的作用下,夹脚活塞带动夹脚上升。

A5.1.3 先将水缸内的空气排净,然后水缸活塞将水从水箱吸入水缸,完成水缸充水过程。

A5.1.4 当水缸储满水后,由水缸同时向三个试座充水,三个试座充满水并已接近溢出状态时;关闭试座进水阀门。

A5.1.5 在试件上标出卷材的纵方向,试件的纵方向与开缝孔的长方向必须一致。

A5.2 测试

A5.2.1 安装试件

将三块试件分别置于三个透水盘试座上,“O”型密封圈应固定在试座槽内,试件上面盖上金属开缝板,然后通过夹脚将试件压紧在试座上。

A5.2.2 压力保持

打开试座进水阀,通过水缸向装好试件的适水盘底座继续充水,当压力表达到指定压力时,停止加压,关闭进水阀和油泵,保压24 h。

A5.2.3 卸压

当测试达到规定时间即可卸压取样,起动油泵,夹脚上升后即可取出试件,关闭油泵。

A6 试验结果

检查并记录试件在规定压力、时间内有无渗水现象。

附加说明:

本标准由中国建筑防水材料公司苏州研究设计所归口。

本标准由武汉市油毡厂、北京市建筑工程研究所负责起草。

本标准主要起草人黄文杰、李静国、王向波、李严明、张有华。

前　言

本标准是根据西班牙标准UNE 104—238—89《沥青和改性沥青防水材料　氧化沥青卷材》、UNE104—239—89《沥青和改性沥青防水材料　改性氧化沥青卷材》、UNE 104—242—89(90)第1部分:《沥青和改性沥青防水材料　弹性改性沥青卷材》、UNE 104—242—89(90)第2部分:《沥青和改性沥青防水材料　热塑性改性沥青卷材》等标准制定的。根据我国生产的产品品种,在技术内容上等效采用了上述标准中的有关部分,在编写上采用了GB/T 1.1—1993《标准化工作导则　第1单元:标准的起草与表述规则　第1部分:标准编写的基本规定》的表达形式。

本标准的产品分类、规格尺寸、技术要求、试验方法等尽可能与西班牙标准一致,以适应国内建筑防水工程与国际贸易的需要。为使与我国现行标准统一,方便使用,经验证,部分试验方法采用了GB 328—89《沥青防水卷材试验方法》。

本标准技术要求中,卷重、尺寸允许偏差、物理力学性能等各项指标基本上采用了西班牙标准。优等品、一等品技术指标高于或相当于西班牙标准的水平,外观质量指标也采纳了西班牙标准相关的条款,结合国情还增加了部分内容,技术要求中根据我国防水卷材标准,增加了不透水性及相应的试验方法。对卷材耐久性的评估,西班牙标准1990年8月增列入UNE 104—242—89(90),考虑目前的试验条件,在制定本标准时,暂不列入。

本标准起草单位:辽宁省盘锦市新型防水材料厂、国家建筑材料工业局标准化研究所。

本标准主要起草人:王贺华、杨斌、詹福民、徐邦全、李讴颖。

本标准首次发布。

中华人民共和国建材行业标准

JC/T 633—1996

改性沥青聚乙烯胎防水卷材

1 范围

本标准规定了改性沥青聚乙烯胎防水卷材(以下简称改性沥青卷材)的分类、技术要求、试验方法、检验规则、标志、包装、贮存和运输。

本标准适用于以改性沥青为基料,以高密度聚乙烯膜为胎体和覆面材料,经滚压、水冷、成型制成的防水卷材。

2 引用标准

GB 326 石油沥青纸胎油毡、油纸

GB 328 沥青防水卷材试验方法

3 分类

3.1 品种

按基料将产品分为氧化改性沥青防水卷材、丁苯橡胶改性氧化沥青防水卷材和高聚物改性沥青防水卷材3类。

3.1.1 氧化改性沥青防水卷材

用增塑油和催化剂将沥青氧化改性后,制成的防水卷材。

3.1.2 丁苯橡胶改性氧化沥青防水卷材

用丁苯橡胶和塑料树脂将氧化沥青改性后,制成的防水卷材。

3.1.3 高聚物改性沥青防水卷材

用几种高聚物将沥青改性后,制成的防水卷材。

3.2 规格尺寸

长:10m;

宽:1 100mm;

厚:3mm、4mm。

注:生产其他规格的卷材,可由供需双方协商确定。

3.3 等级

按物理力学性能将产品分为优等品(A)、一等品(B)和合格品(C)3个等级。

3.4 标记

3.4.1 代号

氧化改性沥青	O(第一位表示)
丁苯橡胶改性氧化沥青	M(第一位表示)
高聚物改性沥青	P(第一位表示)
高密度聚乙烯胎体	E(第二位表示)
高密度聚乙烯覆面膜	E(第三位表示)

国家建筑材料工业局1996-03-11批准　　1996-07-01实施

3.4.2 标记

卷材按产品名称、厚度、等级和标准编号顺序进行标记。

示例:3mm 厚的一等品高聚物改性沥青聚乙烯膜胎防水卷材,其标记如下:

改性沥青卷材 PEE 3B JC/T 633

4 技术要求

4.1 卷重、尺寸及其允许偏差

应符合表 1 要求。

表 1

项目 \ 类别		OEE	MEE	PEE
单位面积标称重量,kg/m^2	3mm	3.3		
	4mm	4.5		
标称卷重,$kg/11m^2$	3mm	36.3		
	4mm	49.5		
最低卷重,$kg/11m^2$	3mm	33		
	4mm	45		
长,m		10.0±0.1		
宽,mm		1 100±16		
厚,mm	3mm	3±0.3		3±0.2
	4mm	4±0.4		4±0.2

4.2 外观

4.2.1 成卷卷材应卷紧、卷齐,端面里进外出差不得超过 30mm。胎体与沥青基料和覆面材料相互紧密粘结。

4.2.2 卷材表面应平整,不允许有可见的缺陷,如孔洞、裂纹、疙瘩等。

4.2.3 卷材在 35℃下开卷不应发生粘结现象,在环境温度为柔度试验温度以上时,易于展开。

4.2.4 成卷卷材接头不应超过一处,其中较短的一段不得少于 2 500mm。接头处应剪切整齐,并加长 150mm,备作搭接。优等品有接头的卷材数不得超过批量数的 3%。

4.3 物理力学性能

各品种卷材的物理力学性能应符合表 2 规定。

表 2

项目 \ 类别		OEE			MEE			PEE		
		优等品	一等品	合格品	优等品	一等品	合格品	优等品	一等品	合格品
柔度,℃		0		5	−10	−5		−15		−10
		3mm 厚,$r=15$mm;4mm 厚,$r=25$mm;3s 弯 180°,无裂纹								
耐热度,℃		85			90	85		95	90	
		加热 2h,无流淌,无起泡								
尺寸稳定性	℃	85			90	85		95	90	
	%	加热恒温 2h,尺寸变化率不大于 2.5								

表 2(完)

项目 \ 类别		OEE 优等品	OEE 一等品	OEE 合格品	MEE 优等品	MEE 一等品	MEE 合格品	PEE 优等品	PEE 一等品	PEE 合格品
拉力,N/50mm ≥	纵向	140		100	140		100	140		100
	横向	120		100	120		100	120		100
断裂延伸率,% ≥	纵向	250		200	250		200	250		200
	横向									
不透水性		压力 0.3MPa,保持时间 30min,不透水								

5 试验方法

5.1 外观、卷重、尺寸

按 GB 326 附录 A 进行检查。尺寸偏差根据标称的规格与实测结果计算得到。

厚度的检查从卷材横向离开边缘 200mm 处开始,至另一端 200mm 处为止,用分度值为 0.1mm 的测厚仪或游标卡尺等距检测 10 个点,求出实测厚度平均值。

5.2 物理力学性能试验用的试样

5.2.1 试样的制备

5.2.1.1 被检测的卷材试样在试验前,应在 15～30℃室温下至少放置 4h。

5.2.1.2 将被检测的一卷卷材,在距端部 2 000mm 处顺纵向截取长度为 1 000mm 的全幅两块。一块作试验用;另一块备用。

5.2.2 试样的切取

按图 1 所示部位和表 3 规定的尺寸和数量切取试样。

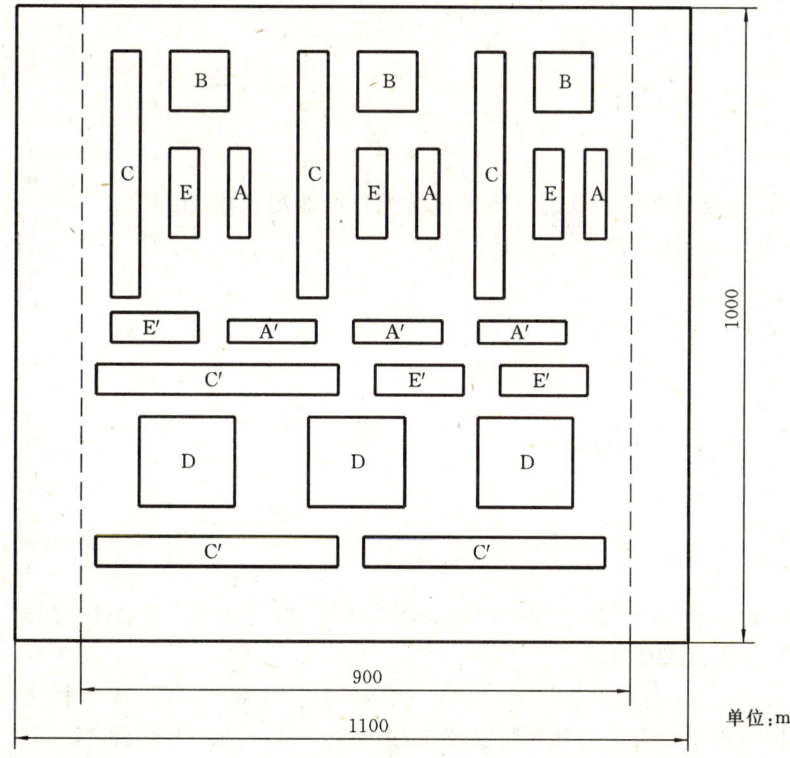

图 1 试样部位

表 3 试样尺寸和数量

试 验 项 目		试样部位	试样尺寸,mm	数 量
柔 度	纵 向	A	150×25	3
	横 向	A′	150×25	3
耐热度		B	100×100	3
加热尺寸稳定性	纵 向	C	400×50	3
	横 向	C′	400×50	3
不透水性		D	150×150	3
拉 力	纵 向	E	150×50	3
	横 向	E′	150×50	3

5.3 柔度

5.3.1 试验仪器

5.3.1.1 低温制冷仪,温度范围－20～15℃,精确度 0.5℃。

5.3.1.2 柔度弯板,如图 2 所示。

尺寸:75mm×75mm;

半径(r):15 mm,25mm。

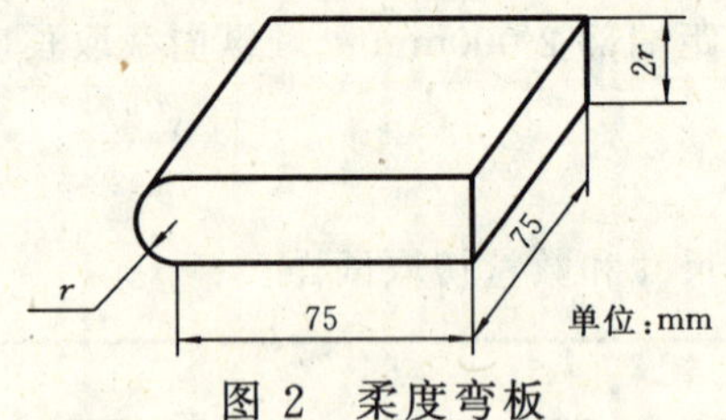

图 2 柔度弯板

5.3.2 试样

按 5.2.2 取样(A,A′)。

5.3.3 试验步骤

5.3.3.1 将试样和弯板放置在已达到表 2 规定试验温度的制冷仪中 2h。

5.3.3.2 根据试样厚度,将试样在 r＝15mm(或 25mm)的柔度弯板上弯曲 180°,时间 3s。

5.3.4 试验结果

用肉眼观察试样表面有无裂纹。

5.4 耐热度

5.4.1 试验仪器

带有热风循环的电烘箱:能调温至 200℃±1℃。

5.4.2 试样

按 5.2.2 取样(B)。

5.4.3 试验步骤

5.4.3.1 在试样边缘 10～15mm 处,穿两个洞,如图 3 所示,用回形针(曲别针)穿挂好试样小孔,垂直放入已恒温至表 2 规定温度的烘箱中。

5.4.3.2 试样的表面与箱壁距离不应小于 50mm,试样间留一定距离,不致发生粘结。试样的中心与温度计的水银球应在同一水平位置上。在每块试样下端,各放一承受皿,用以承接淌下的沥青。

5.4.3.3 按规定温度,将试样在烘箱中恒温 2h。

5.4.4 试验结果

观察试样表面有无流淌,有无起泡产生。

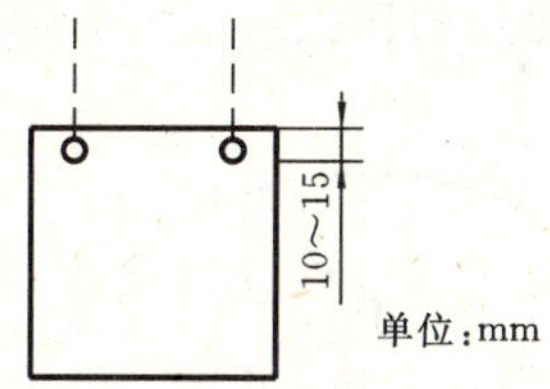

图 3 耐热度试验用试样

5.5 尺寸稳定性

5.5.1 试验仪器

5.5.1.1 带有热风循环的烘箱:能调温至 200℃±1℃。

5.5.1.2 游标卡尺:0~125mm,精度 0.02mm。

5.5.2 试样

按 5.2.2 取样(C,C′),去掉覆面膜。

5.5.3 试验步骤

5.5.3.1 将试样按图 4 做标记 a,a′。

5.5.3.2 试样摆放在铝板上,将铝板倾斜 30°,达到表 2 规定的温度后放入烘箱恒温 2h。

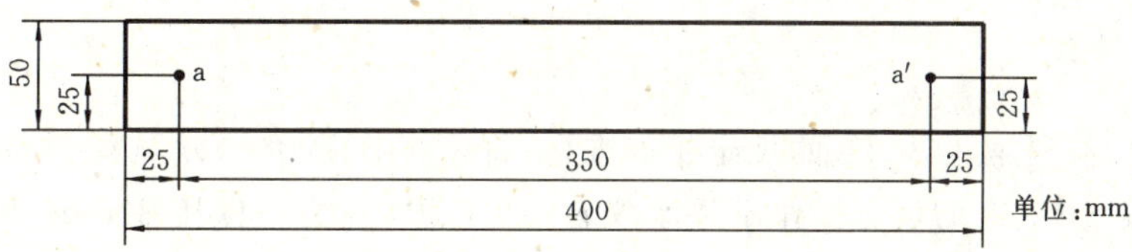

图 4 尺寸稳定性试验用试样

5.5.3.3 从烘箱中取出试样,在环境温度下放置 2h 后,在 aa′直线上重新标记 aa″,使 aa″距离保持 350mm,如图 5。

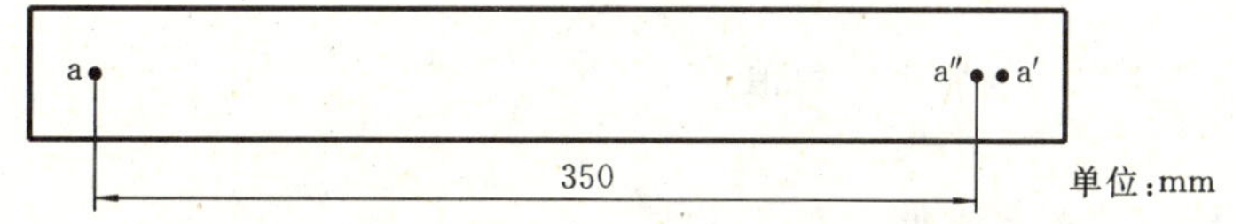

图 5 恒温后尺寸稳定性试验用试样

5.5.3.4 用游标卡尺测出 a′a″距离,共测 6 块。分别计算出 C,C′试样 a′a″的算术平均值。

5.5.4 结果计算

$$L=\frac{A_1}{350}\times 100 \quad \cdots\cdots (1)$$

$$T=\frac{A_2}{350}\times 100 \quad \cdots\cdots (2)$$

式中:L——纵向变化率,%;

T——横向变化率,%;

A_1——纵向的 3 个(C)试样 a′a″距离的算术平均值,mm;

A_2——横向的 3 个(C′)试样 a′a″距离的算术平均值,mm。

计算结果精确至 0.1%。

5.6 不透水性

5.6.1 试验仪器

采用GB 328规定的不透水仪,但透水盘的压盖采用图6所示的金属槽盘。

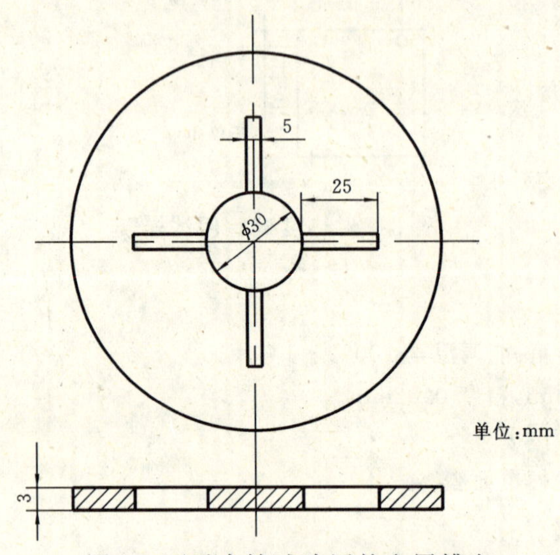

图6 不透水性试验用的金属槽盘

5.6.2 试样

按5.2.2取样(D)。

5.6.3 试验步骤

试验在室温下进行。先按GB 328的规定做好准备,将表3中(D)的3块试样,分别置于3个透水盘中,盖紧槽盘,然后按GB 328的规定操作不透水仪,在0.3MPa压力下保压30min,观察并记录试样表面是否有渗水现象。

5.6.4 试验结果

检查试样有无渗水现象。

5.7 拉力和断裂延伸率

5.7.1 试验仪器

拉力机:测量范围0～1 000N,最小读数值为0.5N。

5.7.2 试样

按5.2.2取样(E,E′),去掉覆面膜。

5.7.3 试验步骤

5.7.3.1 在23℃±2℃下将试样保持2h。

5.7.3.2 两个夹子各夹在试样一端,试样保持垂直。

5.7.3.3 试样有效长度70mm。

5.7.3.4 延伸时以100mm/min的速度拉伸试样,直到断裂为止,记录此时试样的断裂荷载与断裂时的长度。

5.7.4 结果计算与评定

5.7.4.1 拉力

拉力以纵横向各3块的算术平均值(取整数)作为测定结果。

5.7.4.2 断裂延伸率

断裂延伸率按式(3)计算:

$$e=\frac{e_1-e_0}{e_0}\times 100 \qquad (3)$$

式中:e——断裂延伸率,%;

e_0——试样未加荷载前的有效长度,mm;

e_1——试样断裂时的长度,mm。

断裂延伸率以纵横向各3块的算术平均值(取整数)作为测定结果。

6 检验规则

6.1 检验分类

6.1.1 按检验类型分为出厂检验与型式检验。

出厂检验项目包括:卷重、外观、尺寸偏差、物理力学性能(柔度、耐热度、不透水性、拉力、断裂延伸率)。

型式检验项目包括:技术要求中所有项目。

6.1.2 在下列情况下进行型式检验:

a) 新产品投产或老产品转厂生产时的定型鉴定;

b) 正常生产时,每半年进行一次;

c) 原材料配比、工艺等发生较大变化,可能影响产品质量时;

d) 出厂检验结果与上次型式检验结果有很大差异时;

e) 产品停产6个月后恢复生产时;

f) 国家质量监督检验机构提出型式检验要求时。

6.2 批量

以同一品种,同一规格,同一等级的1000卷为一批量。不足1000卷的亦按一批。

6.3 抽样

从每批中抽取3卷进行检验。

6.4 检验与判定

6.4.1 卷重

对抽取的3卷进行称量,全部达到规定时为卷重合格。若发现有低于规定指标时,应在该批产品中再抽3卷复验,全部达到规定为卷重合格。若卷重仍低于规定时,判该批产品重量不合格。

6.4.2 外观、尺寸偏差

卷重合格后,开卷检查外观和尺寸偏差,若3卷均符合4.1、4.2的规定要求,判定该批量合格;若其中有一项不符合标准要求,则从该批中再取同样数量的卷材进行复验,若均符合标准要求,判定该批合格;若仍有不符合标准要求的,则判定该批外观与尺寸偏差不合格。

6.4.3 物理力学性能

从卷重、外观与尺寸偏差均合格的产品中任取一卷,作物理力学性能试验。

6.4.3.1 柔度:6个试样至少5个试样表面未发现裂纹判为合格。

6.4.3.2 耐热度:3个试样表面均未发现有流淌、起泡现象判为合格。

6.4.3.3 尺寸稳定性、拉力、断裂延伸率:3个试样的算术平均值达到标准规定的要求判为合格。

6.4.3.4 不透水性:3块试样均未发现渗水判为合格。

6.4.4 总判定

卷材卷重、外观、尺寸偏差与物理力学性能均符合第4章中相应等级技术要求时,则判定该批产品为该等级。

7 标志、包装、贮存及运输

7.1 标志

卷材外包装上应注明生产厂名、商标、产品标记、生产日期、班次及产品合格证等。

7.2 包装

卷材应以塑料膜包装，柱面两端热塑封好，外用胶带2圈3处捆扎。

7.3 贮存

7.3.1 卷材应平放保管，其高度不超过5层，同时避免雨淋、日晒、受潮，并要通风。

7.3.2 在正常条件下贮存期为一年，超过一年的产品在检验合格后仍可使用。

7.4 运输

运输时，不得倾斜或横压，必要时要加盖苫布。

前　　言

本标准是在总结我国研制开发、生产使用三元丁橡胶防水卷材实践经验，经过试验验证的基础上制定的。无同类产品的国外先进标准可等同、等效采用。在标准编写上采用GB/T 1.1—1993《标准化工作导则　第一单元：标准的起草与表述规则　第1部分：标准编写的基本规定》的表达形式。

本标准产品的规格尺寸、技术要求、试验方法等参考了JIS A 6008—1992《合成高分子屋面防水片材》等国外标准，尽可能与国内现行的防水卷材标准相一致，并规定了抗老化性能指标，以满足国内防水工程的要求与适应国内外贸易发展的需要。

本标准作为推荐性标准实施。

本标准负责起草单位：辽宁省丹东市双鸭三元丁防水公司、国家建筑材料工业局标准化研究所。

本标准参加起草单位：湖南省南县新型防水材料公司、山东莱芜钢城三元丁防水卷材厂、吉林省辽源市新型建筑材料厂、辽宁省盘锦大正防水材料厂、内蒙古赤峰市三星防水材料公司、辽宁省彰武县建筑防水材料厂。

本标准主要起草人：唐国梁、杨斌、于路、孙碧宜、白玉风、秦玉修、唐晨凤。

本标准首次发布。

中华人民共和国建材行业标准

JC/T 645—1996

三元丁橡胶防水卷材

1 范围

本标准规定了三元丁橡胶防水卷材的定义、产品分类、技术要求、试验方法、检验规则、包装、标志、贮存与运输等。

本标准适用于三元丁橡胶防水卷材。

2 引用标准

下列标准所包含的条文,通过在本标准中引用而构成为本标准的条文。本标准出版时,所示版本均为有效。所有标准都会被修订,使用本标准的各方面应探讨使用下列标准最新版本的可能性。

GB 326—89 石油沥青油毡、油纸

GB 328—89 沥青防水卷材试验方法

GB 528—92 硫化橡胶和热塑性橡胶拉伸性能的测定

GB 12952—91 聚氯乙烯防水卷材

GB/T 14686—93 石油沥青玻璃纤维胎油毡

HG 2402—92 屋顶橡胶防水材料 三元乙丙片材

3 定义

三元丁橡胶防水卷材是以废旧丁基橡胶为主,加入丁酯作改性剂。丁醇作促进剂加工制成的无胎卷材(简称“三元丁卷材”)。

4 产品分类

4.1 规格

产品规格见表1。

表1 规格尺寸

厚度,mm	宽度,mm	长度,m
1.2 1.5	1000	20 10
2.0	1000	10
注:其他规格尺寸由供需双方协商确定。		

4.2 等级

产品按物理力学性能分为一等品(B)和合格品(C)。

4.3 标记

产品按产品名称、厚度、等级、标准编号顺序标记。

示例:厚度为1.2mm、一等品的三元丁橡胶防水卷材标记为:

国家建筑材料工业局1996-12-29批准 1997-03-01实施

三元丁卷材　1.2　B　JC/T 645

4.4　用途

三元丁橡胶防水卷材适用于工业与民用建筑及构筑物的防水，尤其适用于寒冷及温差变化较大地区的防水工程。

5　技术要求

5.1　产品尺寸允许偏差

产品尺寸允许偏差应符合表2规定。

表2　尺寸允许偏差

项　　　目	允　许　偏　差
厚度，mm	±0.1
长度，m	不允许出现负值
宽度，mm	不允许出现负值
注：1.2mm厚规格不允许出现负偏差。	

5.2　外观质量

5.2.1　成卷卷材应卷紧卷齐，端面里进外出不得超过10mm。

5.2.2　成卷卷材在环境温度为低温弯折性规定的温度以上时应易于展开。

5.2.3　卷材表面应平整，不允许有孔洞、缺边、裂口和夹杂物。

5.2.4　每卷卷材的接头不应超过一个。较短的一段不应少于2500mm，接头处应剪整齐，并加长150mm。一等品中，有接头的卷材不得超过批量的3%。

5.3　物理力学性能

物理力学性能应符合表3的规定。

表3　物理力学性能

产　品　等　级			一等品	合格品
不透水性	压力，MPa	不小于	0.3	
	保持时间，min	不小于	90，不透水	
纵向拉伸强度，MPa		不小于	2.2	2.0
纵向断裂伸长率，%		不小于	200	150
低温弯折性（－30℃）			无裂纹	
耐碱性	纵向拉伸强度的保持率，%	不小于	80	
	纵向断裂伸长的保持率，%	不小于	80	
热老化处理	纵向拉伸强度保持率（80℃±2℃，168h），%	不小于	80	
	纵向断裂伸长保持率（80℃±2℃，168h），%	不小于	70	
热处理尺寸变化率（80℃±2℃，168h），%		不大于	－4，＋2	
人工加速气候老化27周期	外观		无裂纹，无气泡，不粘结	
	纵向拉伸强度的保持率，%	不小于	80	
	纵向断裂伸长的保持率，%	不小于	70	
	低温弯折性		－20℃，无裂缝	

6 试验方法

6.1 规格尺寸和外观检查

按 GB 326 附录 A 进行。厚度测定按图 1 所示，从距离卷首 3m 处切断，从长度方向内侧 20mm，宽度方向内侧 100mm 确定 a、b 两点，然后四等分 ab 线段，得 c、e、d 三点，用 0.01mm 的千分尺或测厚计测量 5 点的厚度，计算其算术平均值即为厚度测定值，取值至小数点后两位。

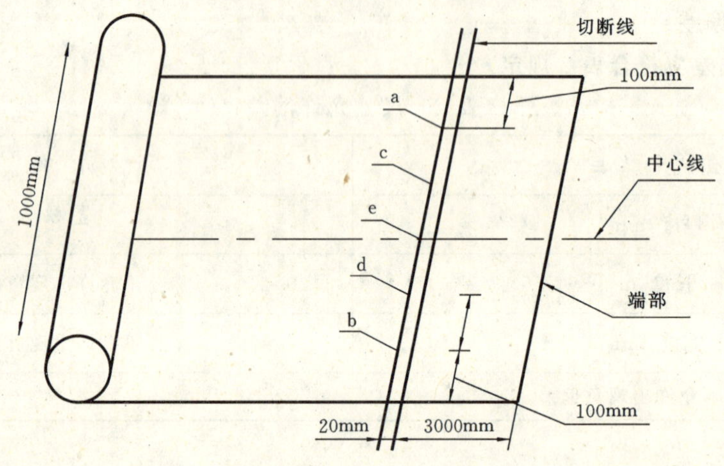

图 1 厚度的测定

6.2 物理力学性能

6.2.1 状态调节和标准环境

温度：23℃±2℃。

相对湿度：45%～55%。

试验前卷材应进行状态调节，调节时间不少于 16h，仲裁检验时不少于 96h。

6.2.2 取样

从被检测厚度的卷材上切取 0.5m 的样品置于 6.2.1 规定的条件下进行状态调节，然后按图 2 与表 4 切取所需要的试样。耐碱性与热处理尺寸变化率的试样按 HG 2402 切取；热老化处理的试样按 GB 12952切取；人工加速气候老化的试样按 GB/T 14686 附录 B 切取。

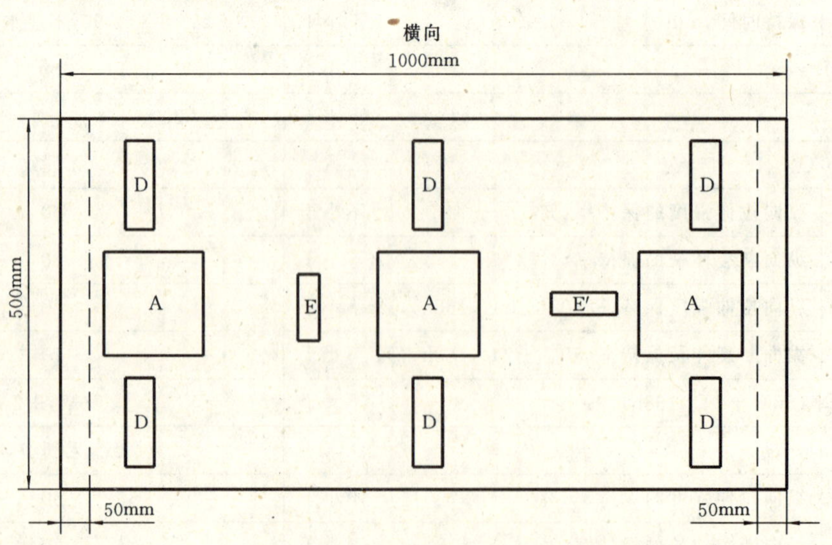

图 2 试样切取部位示意图

6.2.3 不透水性

按 GB 12952 进行。但升压、压力保持、卸压按 GB 328.3 进行。

6.2.4 纵向拉伸强度和纵向断裂延伸率

按 GB 528 进行，各取六个试样试验结果的算术平均值作为测定结果。

表 4 试件尺寸和数量表

试验项目	试件部位	试件尺寸 mm	数量
不透水性	A	150×150	3
纵向拉伸强度、伸长率	D	按 GB 528 1 型裁刀	6
低温弯折性　纵向	E	50×100	1
横向	E′		1
耐碱性		按 HG 2402	6
热老化处理		300×200	3
热处理尺寸变化率		100×100	3
人工加速气候老化		300×70	6

6.2.5 低温弯折性和热老化处理

按 GB 12952 进行。热老化处理试样共六个。每三个试样为一组。一组进行热老化处理；一组在标准环境下进行试验；测其试验结果，取 3 个试验结果的算术平均值为测定结果，计算其纵向拉伸强度与断裂延伸率的保持率。

6.2.6 耐碱性和热处理尺寸变化率

按 HG 2402 进行。耐碱性采用饱和的 $Ca(OH)_2$ 溶液。

7 检验规则

7.1 检验分类

7.1.1 出厂检验项目包括规格尺寸、外观、不透水性、纵向拉伸强度、纵向断裂伸长率、低温弯折性。

7.1.2 型式检验项目包括技术要求中的全部项目。

有下列情况之一时，应进行型式检验：

a) 产品试制定型鉴定与批量生产时；

b) 正常生产时，如产品用的原材料、配方或工艺等发生较大改变，可能影响产品质量时；

c) 产品停产超过 6 个月后恢复生产时；

d) 正常生产，每年进行一次型式检验，其中人工加速气候老化两年进行一次；

e) 出厂检验结果与上次型式检验结果发生较大差异时；

f) 国家质量监督机构提出进行型式检验要求时。

7.2 组批与抽样

以同规格、同等级的卷材 300 卷为一批，不足 300 卷时亦可作为一批计，从每批产品中任取三卷进行检验。

7.3 判定规则

7.3.1 规格尺寸和外观质量

检查三卷的规格尺寸、外观全部符合 5.1，5.2 要求时则判为合格；若有 1 项指标未达到要求时，则应从同批产品中再任取六卷进行检查，全部符合标准要求时，则判为合格；若仍有 1 项指标未达到要求时，则判该批产品不合格。

7.3.2 物理力学性能

从规格尺寸、外观检查合格的卷材中任取一卷作物理力学性能检验。检验结果符合表3相应等级指标时，则判为该等级。若有1项指标不符合标准要求时，则在另一卷上重新取样对该项指标进行复验，达到要求时，则判为该等级；若仍未达到要求，则判该批产品降等或不合格。

8 包装和标志

8.1 产品应在硬质卷芯上卷紧包装，每卷卷材应沿包装纸面的整个宽度包装，两端未包装长度不得超过5mm。

8.2 每卷产品包装上应清楚标明下列内容：

a）生产厂名；

b）商标；

c）产品标记；

d）生产日期与批号；

e）贮存与运输注意事项。

9 贮存和运输

9.1 不同规格、等级的产品不应混放。

9.2 卷材应在室内干燥、通风的环境下平放贮存，垛高不得超过1m。

9.3 运输时产品必须平放成垛，垛高不应超过1m，不得倾斜，必要时加盖苫布。

9.4 在正常运输与贮存条件下，产品自生产之日起计算，贮存期为一年。

前　言

氯化聚乙烯-橡胶共混防水卷材自1985年研制成功并推广应用以来，在全国已形成规模生产，积累了生产与工程实践经验。

该卷材性能特点不同于已有标准中的其他合成高分子防水卷材，为保证产品质量满足工程需要，特制定本标准。

本标准自1998年4月1日起实施。

本标准由北京市建筑工程研究院提出。

本标准由全国轻质与装饰装修建筑材料标准化委员会归口。

本标准起草单位：北京市建筑工程研究院、北京橡胶十厂。

本标准主要起草人：曹乃明、陈国珍、甄玉成、肖永贵、方文琴、肖丰。

本标准为首次发布。

中华人民共和国建材行业标准

氯化聚乙烯-橡胶共混防水卷材

JC/T 684—1997

Waterproof sheet of chlorinated polyethylene blended with rubber

1 范围

本标准规定了氯化聚乙烯-橡胶共混防水卷材的技术要求，试验方法，检验规则及标志、包装、运输和贮存要求。

本标准适用于氯化聚乙烯-橡胶共混、无织物增强的硫化型防水卷材。

2 引用标准

下列标准所包含的条文，通过在本标准中引用而构成为本标准的条文。本标准出版时，所示版本均为有效。所有标准都会被修订，使用本标准的各方应探讨使用下列标准最新版本的可能性。

GB 326—89 石油沥青纸胎油毡、油纸

GB/T 328—89 沥青防水卷材试验方法

GB/T 528—92 硫化橡胶和热塑性橡胶拉伸性能的测定

GB/T 529—91 硫化橡胶撕裂强度的测定(裤形、直角形和新月形试样)

GB/T 532—89 硫化橡胶与织物粘合强度的测定

GB/T 1682—82 硫化橡胶脆性温度试验方法

GB/T 3512—89 橡胶热空气老化试验方法

GB/T 7762—87 硫化橡胶耐臭氧老化试验 静态拉伸试验法

GB 12952—91 聚氯乙烯防水卷材

3 产品分类

3.1 类型

按物理力学性能分为S型、N型两种类型。

3.2 规格

规格尺寸见表1。

表1 规格尺寸

厚度，mm	宽度，mm	长度，m
1.0，1.2，1.5，2.0	1000，1100，1200	20

3.3 标记

3.3.1 标记方法

产品按下列顺序标记：产品名称、类型、厚度、标准号。

3.3.2 标记示例

厚度1.5mm S型氯化聚乙烯-橡胶共混防水卷材标记为：

国家建筑材料工业局1997-10-14批准　　　　1998-04-01实施

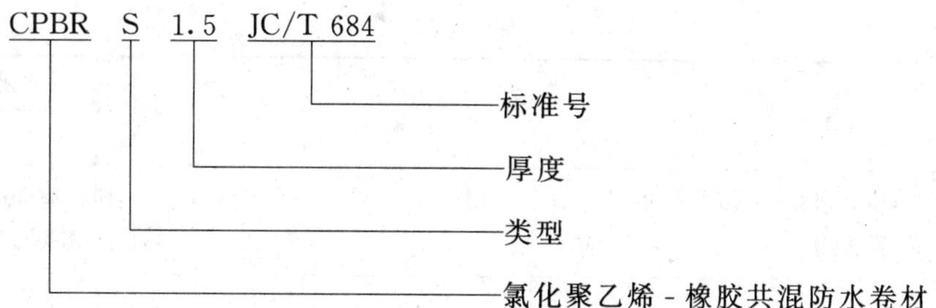

4 技术要求

4.1 外观质量

4.1.1 表面平整,边缘整齐。

4.1.2 表面缺陷应不影响防水卷材使用,并符合表2规定。

表2 外观质量

项目	外观质量要求
折痕	每卷不超过2处,总长不大于20mm
杂质	不允许有大于0.5mm颗粒
胶块	每卷不超过6处,每处面积不大于4mm²
缺胶	每卷不超过6处,每处不大于7mm²,深度不超过卷材厚度的30%
接头	每卷不超过1处,短段不得少于3000mm,并应加长150mm备作搭接

4.2 尺寸偏差

应符合表3的规定

表3 尺寸偏差

厚度允许偏差,%	宽度与长度允许偏差
+15 −10	不允许出现负值

4.3 物理力学性能

应符合表4的规定

表4 物理力学性能

序号	项目			指标	
				S型	N型
1	拉伸强度,MPa		≥	7.0	5.0
2	断裂伸长率,%		≥	400	250
3	直角形撕裂强度,kN/m		≥	24.5	20.0
4	不透水性,30min			0.3MPa 不透水	0.2MPa 不透水
5	热老化保持率(80℃±2℃,168h)	拉伸强度,%	≥	80	
		断裂伸长率,%	≥	70	
6	脆性温度		≤	−40℃	−20℃

表 4(完)

序号	项目			指标	
				S型	N型
7	臭氧老化 500pphm,168h×40℃,静态			伸长率 40% 无裂纹	伸长率 20% 无裂纹
8	粘结剥离强度 (卷材与卷材)	kN/m	≥	2.0	
		浸水 168h,保持率,%	≥	70	
9	热处理尺寸变化率,%		≤	+1	+2
				−2	−4

5 试验方法

5.1 外观检查

用目测及精度为 1mm 的量具检查。

5.2 尺寸偏差

5.2.1 厚度

厚度测量的选取应符合图 1 的规定,取试样一卷,从端部裁去 300mm,从试样纵向两端各 20mm 内,横向两端各 200mm 内取四个点(a,b,c,d),再取 ab 和 cd 分别 4 等分处的点(e,f,g,j,i,h),共 10 个厚度测量点,采用精度为 0.01mm 的量具测量厚度,测量结果用 10 点平均值表示,平均值取小数点后两位。

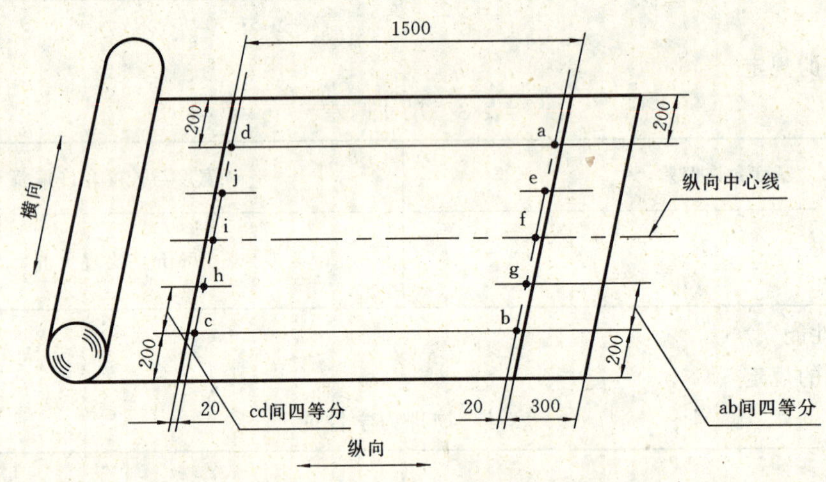

图 1 厚度的测定

5.2.2 长度及宽度

按 GB 326 附录测定,测量精确至 1mm。

5.3 物理性能的测定

5.3.1 实验室条件

温度:23℃±2℃;

相对湿度:45%~55%;

试样存放:16h;

仲裁时存放:96h。

5.3.2 试样制备

5.3.2.1 裁取试样:按图 2 裁取试样。

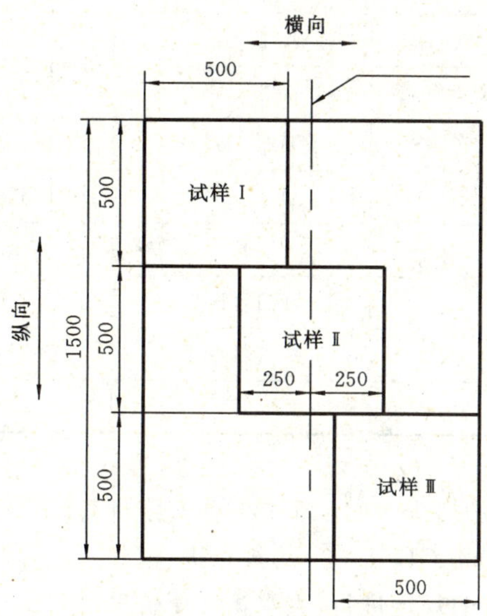

图 2 试样裁取部位

5.3.2.2 切取试件:将测完厚度的试样按图 3 和表 5 切取试样。

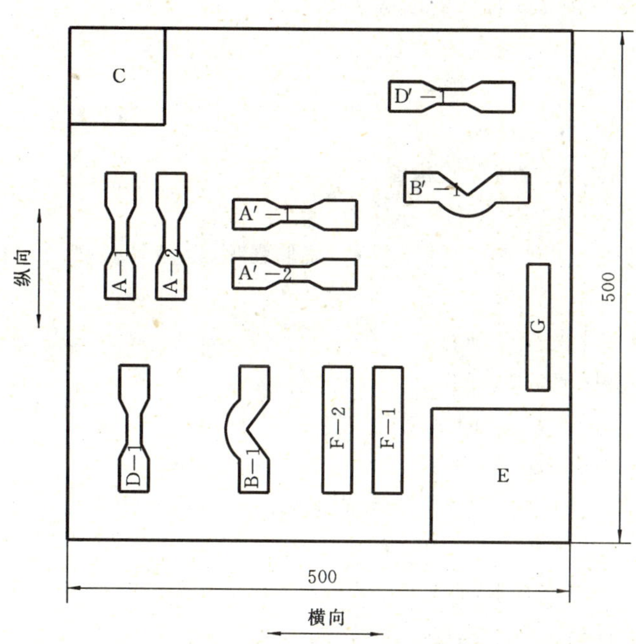

图 3 试件裁取部位示意图

表 5　试件尺寸和数量

试验项目		试件代号	试件尺寸,mm	试件数量
拉伸强度与断裂伸长率	23℃±2℃	A-1　A′-1	GB/T 528 中 1 型裁刀	6
	热老化保持率	A-2　A′-2		
直角撕裂强度	23℃±2℃	B-1　B′-1	GB/T 529 中规定	3
臭氧老化		D-1　D′-1	GB/T 528 中 1 型裁刀	6
不透水性		E	150×150	3
粘结剥离强度		F-1　F-2	150×25	6
脆性温度		G	GB/T 1682 规定	3
热处理尺寸变化率		C	100×100	3

5.3.3　测定

5.3.3.1　拉伸强度、断裂伸长率的测定按 GB/T 528 的规定进行。

5.3.3.2　撕裂强度(直角形试样)按 GB/T 529 的规定进行。

5.3.3.3　不透水性按 GB/T 328 的规定进行,透水盘的压盖采用 GB 12952 规定的金属槽盘。

5.3.3.4　热空气老化按 GB/T 3512 的规定进行。

5.3.3.5　脆性温度按 GB/T 1682 的规定进行。

5.3.3.6　臭氧老化按 GB/T 7762 的规定进行。

5.3.3.7　剥离强度按 GB/T 532 规定进行。

5.3.3.8　热处理尺寸变化率按 GB 12952 的规定进行。

6　检验规则

6.1　检验分类

卷材产品的检验分为出厂检验与型式检验。

6.1.1　出厂检验

出厂检验项目包括规格与尺寸偏差、外观质量、拉伸强度、断裂伸长率,直角形撕裂强度,不透水性。

6.1.2　型式检验

型式检验包括技术要求中的全部项目。

有下列情况之一时,应进行型式检验:

a) 新产品试制或老产品转厂生产的试制定型鉴定;

b) 正常生产时,每年进行 1 次型式检验;

c) 产品的原料、配方、工艺有较大改变,有可能影响产品质量时;

d) 产品停产 1 年以上,恢复生产时;

e) 出厂检验结果与上次型式检验有较大差异时;

f) 国家质量监督机构提出进行型式检验要求时。

6.2　组批与抽样

以同规格同类型的卷材 250 卷为一批,不足 250 卷时亦可作为一批,从每批产品中任取三卷进行检验。

6.3　判定规则

6.3.1　尺寸偏差与外观质量

检查三卷的规格尺寸、外观质量全部符合 4.1、4.2 的要求时则判为合格;若有 1 项指标未达到要求时,则应从同批产品中再任取三卷进行检查,全部符合标准要求时,则判为合格;若仍有 1 项指标未达到要求,则判该批产品不合格。

6.3.2　物理力学性能

在规格尺寸、外观检查合格的卷材中任取一卷作物理力学性能检验。检验结果符合表4相应类型指标时,则判为该类型;若有1项指标不符合标准要求时,则在另一卷上重新取样对该项指标进行复验,达到要求时则判为该类型;若仍未达到要求,则判该批产品不合格。

7　包装、标志、运输及贮存

7.1　防水卷材在纸芯或其它芯形上用包装纸成卷包装,每卷卷材应沿包装面的整个宽度上包装。

7.2　每卷产品包装上应清楚标明下列内容:

a) 生产厂名;

b) 商标;

c) 产品标记;

d) 生产日期;

e) 检查合格的印章。

7.3　不同规格、类型的产品不应混放。卷材应在干燥、通风的环境下平放贮存,垛高不得超过1m。

7.4　运输时产品必须平放成垛,垛高不得超过1m,不得倾斜。

7.5　在正常运输与贮存的条件下,产品自生产之日起计算贮存期为1年。

前　言

本标准是在总结我国多年来生产、使用沥青复合胎柔性防水卷材实践经验的基础上，参考法国、西班牙等国相关标准，经调查研究、试验验证制定的。

采用复合胎体，有利于改善产品性能，提高产品质量，是防水卷材品种发展的一种趋势。列入本标准的有聚酯毡和玻纤网格布、玻纤毡和玻纤网格布、涤棉无纺布和玻纤网格布、玻纤毡和聚乙烯膜四种沥青复合胎柔性卷材。本标准中一等品相当于国外先进国家水平，合格品在满足防水工程质量的前提下，根据国内生产水平，规定了技术指标。试验方法采用了JC/T 633—1996《改性沥青聚乙烯胎防水卷材》、JC/T 560—94《弹性体沥青防水卷材》中规定的方法，人工候化处理采用了GB 12952—91《聚氯乙烯防水卷材》。

本标准由全国轻质与装饰装修材料标准化技术委员会归口。

本标准负责起草单位：辽宁省盘锦市新型防水材料厂、国家建筑材料工业局标准化研究所。

本标准参加起草单位：温州市长城防水材料厂、温州市金庄工贸有限公司。

本标准主要起草人：王贺华、杨　斌、詹福民、徐邦全、李讴颖、金利平、金仑华。

本标准由国家建筑材料工业局标准化研究所负责解释。

本标准为首次发布。

中华人民共和国建材行业标准

沥青复合胎柔性防水卷材

JC/T 690—1998

Bitumen flexible waterproofing membrane with double reinforcement

1 范围

本标准规定了沥青复合胎柔性防水卷材(以下简称复合胎卷材)的分类、技术要求、试验方法、检验规则、标志、包装、贮存和运输。

本标准适用于以沥青为基料,以两种材料复合为胎体,细砂、矿物粒(片)料、聚酯膜、聚乙烯膜等为覆面材料,以浸涂、滚压工艺而制成的防水卷材。

本标准中的沥青指用橡胶、树脂等高聚物对石油沥青进行改性的沥青。

2 引用标准

下列标准所包含的条文,通过在本标准中引用而构成为本标准的条文。本标准出版时,所示版本均为有效。所有标准都会被修订,使用本标准的各方应探讨使用下列标准最新版本的可能性。

GB 12952—91 聚氯乙烯防水卷材

JC/T 560—94 弹性体沥青防水卷材

JC/T 633—1996 改性沥青聚乙烯胎防水卷材

3 分类

3.1 分类

按胎体将产品分为:沥青聚酯毡和玻纤网格布(以下简称网格布)复合胎柔性防水卷材;沥青玻纤毡和网格布复合胎柔性防水卷材;沥青涤棉无纺布(以下简称无纺布)和网格布复合胎柔性防水卷材;沥青玻纤毡和聚乙烯膜复合胎柔性防水卷材。

3.2 规格尺寸

长:10m、7.5m;

宽:1000mm、1100mm;

厚:3mm、4mm。

注:生产其他规格尺寸的防水卷材,可由供需双方协商确定。

3.3 等级

按物理力学性能将产品分为一等品(B)和合格品(C)。

3.4 标记

3.4.1 代号

3.4.1.1 复合胎体材料

聚酯毡、网格布	PYK
玻纤毡、网格布	GK
无纺布、网格布	NK

国家建筑材料工业局1998-06-10批准 1998-11-01实施

玻纤毡、聚乙烯膜　　　GPE

3.4.1.2　覆面材料

细砂　　　　　　　　S

矿物粒(片)料　　　　M

聚酯膜　　　　　　　PET

聚乙烯膜　　　　　　PE

3.4.2　品种

卷材按复合胎体及上表面材料的不同可分为16个品种,其代号如表1。

表1　品种代号

胎基 上表面材料	聚酯毡、网格布	玻纤毡、网格布	无纺布、网格布	玻纤毡、聚乙烯膜
细　　砂	PYK-S	GK-S	NK-S	GPE-S
矿物粒(片)料	PYK-M	GK-M	NK-M	GPE-M
聚　酯　膜	PYK-PET	GK-PET	NK-PET	GPE-PET
聚　乙　烯　膜	PYK-PE	GK-PE	NK-PE	GPE-PE

3.4.3　标记

卷材按产品名称、品种代号、厚度、等级和标准编号顺序标记。

示例:4mm厚的合格品聚乙烯膜覆面沥青玻纤毡和网格布复合胎柔性防水卷材,标记为:

GK-PE　4C　JC/T 690

4　技术要求

4.1　卷重与尺寸允许偏差

应符合表2规定。

表2　卷重与尺寸允许偏差

项　　目	厚　度	上表面材料		
		细砂	矿物粒(片)料	聚酯膜、聚乙烯膜
单位面积标称重量,kg/m²	3mm	3.5	4.1	3.3
	4mm	4.7	5.3	4.5
标称卷重,kg/10m²	3mm	35	41	33
	4mm	47	53	45
最低卷重,kg/10m²	3mm	32	38	30
	4mm	42	48	40
长,m	±0.1			
宽,mm	±15			
厚,mm	3mm	平均值≥3.0,最小单值2.7		
	4mm	平均值≥4.0,最小单值3.7		

4.2　外观

4.2.1　成卷卷材应卷紧、卷齐、端面里进外出差不得超过10mm,玻纤毡和聚乙烯膜复合胎卷材不超过

30mm。胎体、沥青、复面材料之间应紧密粘结，不应有分层现象。

4.2.2 卷材表面应平整，不允许有可见的缺陷，如孔洞、麻面、裂缝、褶皱、露胎等，卷材边缘应整齐、无缺口。不允许有距卷芯 1 000mm 外，长度 10mm 以上的裂纹。

4.2.3 卷材在 35℃下开卷不应发生粘结现象。在环境温度为柔度试验温度以上时，易于展开。

4.2.4 成卷卷材接头不超过一处，其中较短一段不得少于 2 500mm。接头处应剪整齐，并加长 150mm，备作搭接。一等品有接头的卷材数不得超过批量的 3%。

4.3 物理力学性能

应符合表 3 规定。

表 3 物理力学性能

<table>
<tr><td colspan="3" rowspan="2">项 目</td><td colspan="2">聚酯毡、网格布</td><td colspan="2">玻纤毡、网格布</td><td colspan="2">无纺布、网格布</td><td colspan="2">玻纤毡、聚乙烯膜</td></tr>
<tr><td>一等品</td><td>合格品</td><td>一等品</td><td>合格品</td><td>一等品</td><td>合格品</td><td>一等品</td><td>合格品</td></tr>
<tr><td colspan="3" rowspan="2">柔度,℃</td><td>−10</td><td>−5</td><td>−10</td><td>−5</td><td>−10</td><td>−5</td><td>−10</td><td>−5</td></tr>
<tr><td colspan="8">3mm 厚，r=15mm；4mm 厚，r=25mm；3s，180°，无裂纹</td></tr>
<tr><td colspan="3" rowspan="2">耐热度,℃</td><td>90</td><td>85</td><td>90</td><td>85</td><td>90</td><td>85</td><td>90</td><td>85</td></tr>
<tr><td colspan="8">加热 2h，无气泡，无滑动</td></tr>
<tr><td colspan="2" rowspan="2">拉力,N/50mm ≥</td><td>纵向</td><td>600</td><td>500</td><td>650</td><td>400</td><td>800</td><td>550</td><td>400</td><td>300</td></tr>
<tr><td>横向</td><td>500</td><td>400</td><td>600</td><td>300</td><td>700</td><td>450</td><td>300</td><td>200</td></tr>
<tr><td colspan="2" rowspan="2">断裂延伸率,% ≥</td><td>纵向</td><td rowspan="2">30</td><td rowspan="2">20</td><td colspan="2" rowspan="2">2</td><td colspan="2" rowspan="2">2</td><td rowspan="2">10</td><td rowspan="2">4</td></tr>
<tr><td>横向</td></tr>
<tr><td colspan="3" rowspan="2">不 透 水</td><td colspan="2">0.3MPa</td><td colspan="4">0.2MPa</td><td colspan="2">0.3MPa</td></tr>
<tr><td colspan="8">保持时间 30min，不透水</td></tr>
<tr><td rowspan="6">人工
候化
处理
(30d)</td><td colspan="2">外 观</td><td colspan="8">无裂纹，不起泡，不粘结</td></tr>
<tr><td rowspan="2">拉力保持率,% ≥</td><td>纵向</td><td colspan="8">80</td></tr>
<tr><td>横向</td><td colspan="8">70</td></tr>
<tr><td colspan="2" rowspan="2">柔 度℃</td><td>−5</td><td>0</td><td>−5</td><td>0</td><td>−5</td><td>0</td><td>−5</td><td>0</td></tr>
<tr><td colspan="8">无裂纹</td></tr>
<tr><td colspan="11">注：沥青玻纤毡和聚乙烯膜复合胎防水卷材为最大拉力时的延伸率。</td></tr>
</table>

5 试验方法

5.1 卷重、尺寸偏差、物理力学性能均按 JC/T 560 规定进行，其中玻纤毡和聚乙烯膜复合胎卷材物理力学性能按 JC/T 633 规定进行。

5.2 人工候化处理试验按 GB 12952 进行，试验温度 45℃±2℃、相对湿度 70%～80%、降雨与干燥时间比 1/5，处理时间 30d。根据处理后与未处理时拉力比值，计算其保持率。

6 检验规则

6.1 检验分类

6.1.1 按检验类型分为出厂检验与型式检验。

出厂检验项目包括：卷重、尺寸偏差、外观、物理力学性能(柔度、耐热度、拉力、断裂延伸率、不透水性)。

型式检验包括技术要求中所有项目。

6.1.2 在下列情况下进行型式检验：

a）新产品投产或老产品转厂生产的定型鉴定；

b）正常生产时，人工候化处理每两年进行一次；

c）原材料配比、工艺等发生较大变化，可能影响产品质量时；

d）出厂检验结果与上次型式检验结果有很大差异时；

e）产品停产6个月后恢复生产时；

f）国家质量监督检验机构提出型式检验要求时。

6.2 批量

以同一品种、同一规格、同一等级1 000卷为一批量。不足1 000卷的亦可按一批计。

6.3 抽样

从每批中抽取三卷进行检验。

6.4 判定

6.4.1 卷重

对抽取的三卷进行称量，全部达到规定时为卷重合格。若发现有低于规定指标时，应在该批产品中再抽三卷复验，全部达到规定为卷重合格；若仍有卷重低于规定的卷材，则判该批产品卷重不合格。

6.4.2 外观、尺寸偏差

卷重合格后，开卷检查外观和尺寸偏差。若三卷均符合4.1、4.2的规定要求，判定该批量合格；若其中有一项不符合标准要求，则从该批中再取三卷进行复验，若均符合标准要求，则判定该批合格；若仍有不符合标准要求的，则判该批产品外观与尺寸偏差不合格。

6.4.3 物理力学性能

从卷重、外观与尺寸偏差均合格的产品中任取一卷，作物理力学性能试验。

6.4.3.1 柔度：六个试件至少五个试件表面未发现裂纹判为合格。

6.4.3.2 耐热度：三个试样表面均未发现滑动或起泡现象判为合格。

6.4.3.3 拉力、断裂延伸率：三个试样的算术平均值达到标准规定的要求判为合格。

6.4.3.4 不透水性：三块试样均未发现渗水判为合格。

6.4.3.5 人工候化处理按表3判定，人工候化处理试验后，试样表面无裂纹、不起泡、不粘结为外观合格；拉力以三个试样算术平均值作为测定结果，并与未进行候化处理试验试样的测定结果相比计算其保持率，如保持率不小于标准要求，则判为合格。柔度的判定同6.4.3.1。

6.4.3.6 复验：物理性能若有一项不符合指标要求，按6.3规定取样，进行单项复验，达到指标要求时该批产品物理性能合格，复验后仍不合格，该批产品物理性能不合格。

6.4.4 总判定

卷材卷重、尺寸偏差、外观、物理力学性能均符合第4章相应等级技术要求时，则判该批产品为该等级。

7 标志、包装、贮存与运输

7.1 标志

卷材外包装上应注明生产厂名、商标、产品标记、生产日期、批量编号、生产许可证号等。

7.2 包装

卷材应以粘胶带或纸包装。若下表面材料为PE膜时，允许用三条粘胶带缠绕包装，上下两道粘胶带与边缘等距；若用纸则全柱包装，柱面两端未包装长度总共不超过100mm。

7.3 贮存

卷材应在干燥、通风的环境下贮存，禁止日晒、雨淋。不同品种、规格与等级的卷材应分别摆放。并按包装上注明的标志立放;玻纤毡和聚乙烯膜复合胎卷材允许平放,应有卷芯。立放不得超过两层,平放不得超过五层。

在正常条件下贮存期自生产之日起为一年。

7.4 运输

运输时不得倾斜交叉堆放,必要时要加盖苫布。

前　　言

本标准是在总结我国生产与使用自粘橡胶沥青防水卷材经验、参照国外技术资料，经调查研究与试验验证基础上制定的。本标准无国外同类产品标准可等效采用。

自粘橡胶沥青防水卷材是一种有广泛发展前景的新型建筑防水材料，具有不透水性、低温柔性、延伸性能、自愈性、粘结性能好等特点，易于施工，施工速度快，能保证建筑防水工程质量，适用于屋面、地下与室内防水工程。

为了保证产品与防水工程质量，本标准技术要求中除规定了卷材常规的物理力学性能外，还增列了剪切性能、剥离性能、抗穿孔性与人工候化试验。

本标准由全国轻质与装饰建筑材料标准化技术委员会归口。

本标准负责起草单位：国家建筑材料工业局标准化研究所、上海市北蔡防水材料厂、中国化学建材公司苏州防水材料研究设计所。

本标准参加起草单位：保定石油化工厂防水材料分厂、盘锦禹王防水建材集团、北京市建筑工程研究院、上海市建筑材料及构件质量监督检验站。

本标准主要起草人：杨　斌、李鑫全、朱志远、袁卫东、詹福民、甄玉成、韩震雄。

中华人民共和国建材行业标准

自粘橡胶沥青防水卷材

JC 840—1999

Self adhesive rubber-asphalted membranes for waterproofing

1 范围

本标准规定了自粘橡胶沥青防水卷材的分类、技术要求、试验方法、检验规则、标志、贮存和运输等。

本标准适用于以SBS等弹性体、沥青为基料，以聚乙烯膜、铝箔为表面材料或无膜（双面自粘）、采用防粘隔离层的自粘防水卷材（以下简称“自粘卷材”）。

2 引用标准

下列标准所包含的条文，通过在本标准中引用而构成为本标准的条文。本标准出版时，所示版本均为有效。所有标准都会被修订，使用本标准的各方应探讨使用下列标准最新版本的可能性。

GB 326—1989 石油沥青纸胎油毡、油纸

GB/T 328—1989 沥青防水卷材试验方法

GB/T 528—1992 硫化橡胶和热塑性橡胶拉伸性能的测定

GB 12952—1991 聚氯乙烯防水卷材

JC/T 560—1994 弹性体沥青防水卷材

JC/T 633—1996 改性沥青聚乙烯胎防水卷材

3 分类

3.1 分类

按表面材料分为聚乙烯膜（PE）、铝箔（AL）与无膜（N）三种自粘卷材；按使用功能分为外露防水工程（O）与非外露防水工程（I）两种使用状况。

3.2 规格

面积：$20m^2$、$10m^2$、$5m^2$；

宽：920mm、1000mm；

厚：1.2mm、1.5mm、2.0mm。

注：生产其他规格尺寸的防水卷材，可由供需双方协商确定。

3.3 标记

按产品名称、使用功能、表面材料、卷材厚度和标准编号顺序标记。

标记示例：2mm厚，表面材料为非外露使用的聚乙烯膜的自粘橡胶沥青防水卷材。

自粘卷材 IPE2 JC 840

3.4 用途

聚乙烯膜为表面材料的自粘卷材适用于非外露的防水工程；铝箔为表面材料的自粘卷材适用于外露的防水工程；无膜双面自粘卷材适用于辅助防水工程。

国家建筑材料工业局1999-04-09批准

1999-08-01实施

4 技术要求

4.1 卷重与尺寸允许偏差

4.1.1 卷重应符合表1规定。

表1 卷重

项目		表面材料		
		PE	AL	N
标称卷重,kg/10m²	1.2m	13	14	13
	1.5m	16	17	16
	2.0m	23	24	23
最低卷重,kg/10m²	1.2m	12	13	12
	1.5m	15	16	15
	2.0m	22	23	22

4.1.2 尺寸允许偏差应符合表2规定。

表2 尺寸允许偏差

面积,m²/卷			5±0.1	10±0.1	20±0.2
厚度,mm	平均值	≥	1.2	1.5	2.0
	最小值		1.0	1.3	1.7

4.2 外观

4.2.1 成卷卷材应卷紧、卷齐,端面里进外出差不得超过20mm。

4.2.2 卷材表面应平整,不允许有可见的缺陷,如孔洞、结块、裂纹、气泡、缺边与裂口等。

4.2.3 成卷卷材在环境温度为柔度规定的温度以上时应易于展开。

4.2.4 每卷卷材的接头不应超过一个。接头处应剪切整齐,并加长150mm。一批产品中有接头卷材不应超过3%。

4.3 物理力学性能

物理力学性能应符合表3规定。

表3 物理力学性能

项目			表面材料		
			PE	AL	N
不透水性	压力,MPa		0.2	0.2	0.1
	保持时间,min		120,不透水		30,不透水
耐热度			—	80℃,加热2h,无气泡,无滑动	—
拉力,N/5cm		≥	130	100	—
断裂延伸率,%		≥	450	200	450
柔度,℃			−20℃,ϕ20mm,3s,180°无裂纹		
剪切性能 N/mm	卷材与卷材	≥	2.0或粘合面外断裂		粘合面外断裂
	卷材与铝板	≥			
剥离性能 N/mm		≥	1.5或粘合面外断裂		粘合面外断裂

表 3(完)

项目		表面材料		
		PE	AL	N
抗穿孔性		不渗水		
人工候化处理	外观	—	无裂纹,无气泡	—
	拉力保持率,% ≥		80	
	柔度		−10℃ ϕ20mm,3s,180°无裂纹	

5 试验方法

5.1 卷重、尺寸允许偏差与外观按 GB 326—1989 附录进行。厚度按 JC/T 560 进行。

卷重不包括卷芯与隔离纸。随机抽取 10m² 隔离纸与 10 根卷芯,称取其重量,计算出隔离纸单位面积的重量(kg/m²)与每根卷芯的平均重量,计算卷重时扣除。

5.2 物理力学性能

5.2.1 试样

5.2.1.1 被检测的卷材试样在试验前,应在 23℃±2℃标准试验条件下至少放置 4h。

5.2.1.2 将被检测的卷材,在距端部 500mm 处沿纵向截取长度为 1500mm 的全幅卷材进行物理力学性能试验。

5.2.1.3 试样按图 1 截取,尺寸数量按表 4。

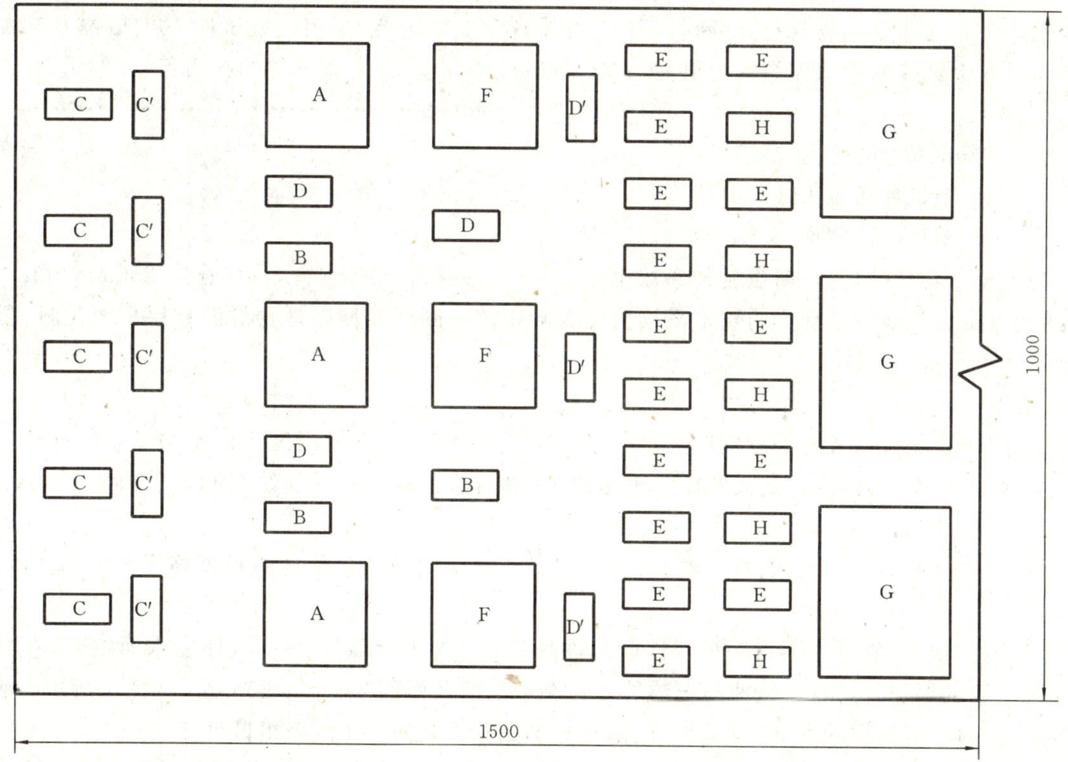

图 1 试件的截取位置

表 4 试件尺寸与数量

项　　目	符　　号	试件尺寸(长×宽),mm	数　　量
不透水性	A	150×150	3
耐热度	B	100×50	3
拉伸性能	C C′	GB/T 528 Ⅰ型或 50×150	5×2
柔度	D D′	100×50	3×2
剪切性能	E	100×25	15
剥离性能	H	120×25	5
抗穿孔性	F	150×150	3
人工候化处理	G	250×200	3

5.2.2 不透水性

不透水性按 GB 12952 进行。撕去试件表面的隔离纸,将与透水盘密封圈尺寸一样的滤纸制成的纸环置于试件自粘面上,自粘面迎水进行试验。双面自粘卷材背水面的隔离纸同时撕去,放置一张同样尺寸的滤纸,再在试件上加上一块相同尺寸、孔径为 2mm 的金属网。一次升到规定压力,保持 120min 与 30min。

5.2.3 耐热度

耐热度按 GB/T 328 规定进行。试件粘贴在光洁的铝板上,铝板尺寸为 110mm×50mm,上部有孔可以悬挂。在标准规定的温度下加热 2h,观察其表面变化。

5.2.4 拉伸性能

聚乙烯膜与无膜自粘卷材拉力、断裂延伸率按 GB/T 528 进行,采用Ⅰ型试件。纵、横拉力与断裂延伸率分别以 5 个试件的中值作为测定值,按式(1)将拉力换算为 5cm 宽试件的拉力值:

$$P=(F/b)\times 50 \quad\cdots\cdots\cdots\cdots(1)$$

式中:P——5cm 宽时的拉力,N/5cm;

F——Ⅰ型试件的拉力,N;

b——Ⅰ型试件的宽度,mm。

铝箔面自粘卷材的拉力、断裂延伸率按 JC/T 633—1996 中 5.7 进行,拉伸速度 250mm/min。以 5 块试件纵、横拉力与断裂延伸率的算术平均值作为测定值。断裂延伸率是卷材沥青层出现孔洞、裂口时的结果。

5.2.5 柔度

将试件与 ϕ20mm 弯板或圆棒同时放入－20℃的低温冰箱中,在此温度下保持 2h。然后迅速取出试件(自粘面朝外),在 3s 内绕弯板或圆棒匀速弯曲 180°,观察其表面有无裂纹与断裂现象。

5.2.6 剪切性能

5.2.6.1 剪切性能试验分为:卷材与卷材;卷材与铝板之间两类。卷材与铝板规格尺寸均为 100mm×25mm。

5.2.6.2 试件制备:卷材与卷材间剪切性能试件是将一试件自粘面与另一试件迎水面粘合,卷材与铝板间剪切性能试件是将卷材自粘面与光洁的铝板粘合。粘合面积 25mm×25mm。如图 2 所示。粘合后用质量 500g 的滚子来回滚压 5 次压实。试件在标准条件下放置 24h。每组试件 5 个。

5.2.6.3 试验步骤与结果计算:按 GB 12952—1991 中 5.12 进行。5 个试件中若只要一个试件粘合面脱开,则计算 5 个试件的剪切强度平均值作为试验结果;若所有试件粘合面未脱开而断裂,则判为“粘合面外断裂”。

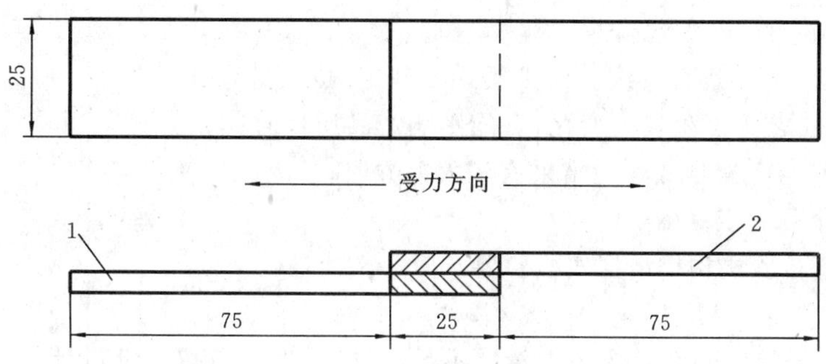

1—卷材;2—卷材或铝板

图 2 剪切性试件制作

5.2.7 剥离性能

5.2.7.1 试件制备:按 5.2.6.2,铝板尺寸为 100mm×25mm×2mm,见图 3。将卷材试件与铝板粘合,粘合面积为 50mm×25mm。粘合后用质量 500g 的滚子来回滚压 5 次压实。试件在标准条件下放置 24h。每组试件 5 个。

5.2.7.2 试验步骤与结果计算:按 5.2.6.3 进行,取最大拉力。

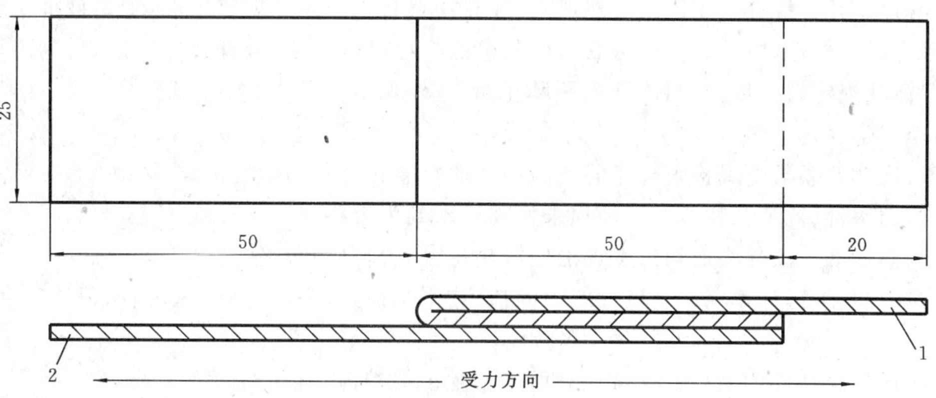

1—卷材;2—铝板

图 3 剥离性试件制作

5.2.8 抗穿孔性

抗穿孔性按 GB 12952—1991 中 5.11 进行。在穿孔仪中,卷材迎水面朝上。水密性试验,将卷材自粘面朝上,并可用底涂料封闭玻璃管外圈。

5.2.9 人工候化处理

按 GB 12952—1991 中 5.14 进行。光源为氙灯,功率 4.5～6.5kW,样板与光源中心距离为 250～400mm,试件连续光照 720h 后,在标准条件下放置 24h。然后检查外观、测定拉力与柔度,计算拉力保持率,根据表 3 规定判定其人工候化性能。

6 检验规则

6.1 检验分类

6.1.1 按检验类型分为出厂检验与型式检验。

出厂检验项目包括:卷重、尺寸偏差、外观、不透水性、耐热度、拉力、断裂延伸率、柔度、剪切性能。

型式检验项目包括技术要求中的所有规定。

6.1.2 在下列情况下进行型式检验:

a）新产品投产或产品定型鉴定时；

b）正常生产时，每半年进行一次。人工候化处理每两年进行一次；

c）原材料配比、工艺等发生较大变化，可能影响产品质量时；

d）出厂检验结果与上次型式检验结果有较大差异时；

e）产品停产6个月后恢复生产时；

f）国家质量监督检验机构提出型式检验要求时。

6.2 批量

以同一类别、同一规格5000m^2为一批量。不足5000m^2时亦可按一批量计。

6.3 抽样

从每批中抽取3卷进行检验。

6.4 判定规则

6.4.1 卷重

对抽取的3卷进行称量，全部达到规定时为卷重合格。若发现有低于规定指标的卷材时，应在该批产品中再抽3卷复验，全部达到规定为卷重合格。若仍有卷材卷重低于规定时，则判该批产品卷重不合格。

6.4.2 尺寸偏差、外观

卷重合格后，开卷检查尺寸偏差与外观，若3卷均符合4.1、4.2规定要求，判定该批量合格；若其中有一项不符合标准规定，则从该批中再取同样数量的卷材进行复验。若符合标准规定，判定该批合格；若仍有不符合标准规定的项目，则判该批产品尺寸偏差、外观不合格。

6.4.3 物理力学性能

从卷重、尺寸偏差与外观检查合格的产品中任取一卷作物理力学性能试验。

6.4.3.1 不透水性、抗穿孔性3个试件均未发现渗水判为合格。

6.4.3.2 耐热度3个试件表面均未发现滑动或集中性气泡判为合格。

6.4.3.3 拉力、断裂延伸率以5个试件的中间值（或平均值）作为测定值，纵、横向值均符合标准判为合格。

6.4.3.4 柔度6个试件中至少5个试件表面未发生裂纹判为合格。

6.4.3.5 剪切、剥离性能根据5.2.6.3与5.2.7.2测定的结果，符合标准判为合格。

6.4.3.6 人工候化处理符合表3规定判为合格。

6.4.3.7 判定：若检验的各项物理力学性能均符合标准要求时，则判该批产品物理力学性能合格。若有一项性能不合格，允许在该批产品中重新抽样，对该项进行复验。若检验结果符合标准，则判该批产品合格；若仍达不到标准规定，则判该批产品物理力学性能不合格。

6.4.4 总判定

卷材卷重、尺寸偏差、外观、物理力学性能均符合标准时，则判该批量产品合格。

7 标志、包装、贮存与运输

7.1 标志

卷材外包装上应注明生产厂名、商标、产品标记、生产日期、批量编号、生产许可证号、储运图示标志等。

7.2 包装

卷材应有卷芯并以粘胶带或纸包装、盒包装。

7.3 贮存

卷材应在干燥、通风的环境下贮存，防止日晒雨淋。不同类别、规格的卷材应分别堆放。卷材应平放，堆放高度不宜超过5层。

在正常条件下，贮存期自生产之日起为一年。

7.4 运输

卷材运输时应平放，不得倾斜或交叉横压，防止日晒雨淋。

中华人民共和国化工行业标准

HG 2402—92

屋顶橡胶防水材料 三元乙丙片材

1 主题内容与适用范围

本标准规定了屋顶三元乙丙(并用)橡胶防水片材(简称防水片材)的技术要求、试验方法、检验规则及标志、包装、运输和贮存要求。

本标准适用于以三元乙丙橡胶为主,无织物增强硫化橡胶的防水片材。用于耐日光、耐腐蚀的屋面或地下工程的防水材料。

2 引用标准

GB 328 沥青纸胎防水卷材检验方法

GB 528 硫化橡胶拉伸性能的测定

GB/T 529 硫化橡胶撕裂强度的测定(裤形、直角形和新月形试样)

GB 1682 硫化橡胶脆性温度试验方法

GB 1690 硫化橡胶耐液体试验方法

GB/T 2941 橡胶试样环境调节和试验的标准温度、湿度及时间

GB 3512 橡胶热空气老化试验方法

GB 7762 硫化橡胶耐臭氧老化试验 静态拉伸试验法

HG/T 2198 硫化橡胶物理试验方法一般要求

3 技术要求

3.1 防水片材规格尺寸及公差

3.1.1 防水片材规格尺寸应符合表1的规定。

表 1

厚度,mm	宽度,m	长度,m
1.0、1.2、1.5、2.0	1.0、1.2	20

3.1.2 防水片材尺寸公差应符合表2的规定。

表 2

厚度允许偏差,%	宽度与长度允许偏差
+15 −10	不允许出现负值

3.2 防水片材的物理性能应符合表3的规定。

中华人民共和国化学工业部1992-10-22批准 1993-07-01实施

表 3

序号	项目		指标	
			一等品	合格品
1	拉伸强度，常温，MPa ≥		8	7
2	扯断伸长率，% ≥		450	
3	直角形撕裂强度，常温，N/cm ≥		280	245
4	不透水性	0.3MPa×30min	合格	—
		0.1MPa×30min	—	合格
5	加热伸缩量 mm	延伸 <	2	
		收缩 <	4	
6	粘合性能（胶与胶）	无处理	合格	
		热空气老化（80℃×168h）	合格	
		耐碱性（10%$Ca(OH)_2$，168h）	合格	
7	热空气老化 80℃×168h	拉伸强度变化率，%	−20～40	−20～50
		扯断伸长率变化率，减少值不超过，%	30	
		撕裂强度变化率，%	−40～40	−50～50
8	耐碱性〔10%$Ca(OH)_2$，168h×室温〕	拉伸强度变化率，%	−20～20	
		扯断伸长率变化率，减少值不超过，%	20	
9	脆性温度，℃ ≤		−45	−40
10	热老化（80℃×168h），伸长率 100%		无裂纹	
11	臭氧老化	500pphm[1)]；168h×40℃；伸长率 40%，静态	无裂纹	—
		100pphm[1)]；168h×40℃；伸长率 40%，静态	—	无裂纹
12	拉伸强度，MPa	−20℃ ≤	15	
		60℃ ≥	2.5	
13	扯断伸长率（−20℃），% ≥		200	
14	直角形撕裂强度，N/cm	−20℃ ≤	490	
		60℃ ≥	74	

注：1）1pphm 臭氧浓度相当于 1.01mPa 臭氧分压。

3.3 防水片材外观质量要求

3.3.1 防水片材应表面平整、边缘整齐。

3.3.2 在不影响防水片材使用的条件下，表面缺陷应符合表 4 的规定。

表 4

缺陷名称	一等品	合格品
凹痕	深度不得超过片材厚 10%	深度不得超过片材厚 20%
杂质	不允许有	每平方米不得超过 $9mm^2$
气泡		深度不得超过片材厚 10%，每平方米不得超过 $3mm^2$
机械损伤	不允许有	
海绵裂口		

4 试验方法

4.1 外观质量

用目测方法和量具检查。

4.2 规格、尺寸

防水片材的长度、宽度测量精确到 1mm。

4.3 厚度及物理性能的测定

4.3.1 试样制备

按 5.5 条取合格卷,从每批中抽取 1 卷、裁取 1.8m 试验样品并注明该样品卷的端部位置。然后从端部裁去 300mm,得到测定厚度和物理性能的样品。

4.3.2 试样的试验条件

按 GB/T 2941 的规定进行。

4.3.3 厚度的测定

厚度测量的选取应符合图 1 的规定,从试样纵向两端各 20mm 内,横向两端各 200mm 内取 4 个点(a、b、c、d),再取 ab 和 cd 分别 4 等分处的点(e、f、g、j、i、h),共 10 个厚度测量点。测量结果用 10 点平均值表示。

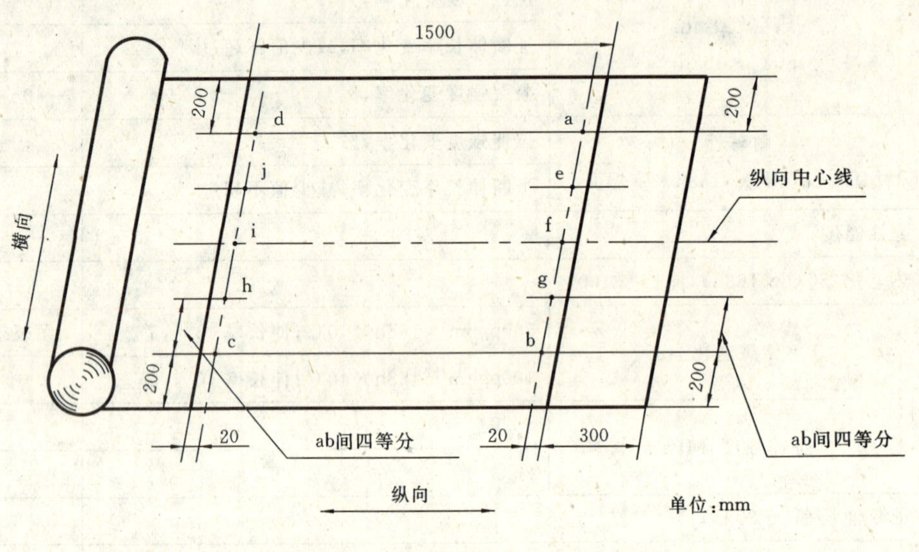

图 1

4.3.4 物理性能的测定

4.3.4.1 用 4.3.1 的样品,测完厚度后按图 2 所示位置裁出 Ⅰ、Ⅱ、Ⅲ 3 个试样,每个试样上还要标出"上"字,以表征方向。

4.3.4.2 将图 2 及 4.3.4.1 的每个试样(即试样 Ⅰ,试样 Ⅱ,试样 Ⅲ)按图 3 的方向及配置裁取表 5 中各试验项目的试样。

横向
500
纵向中心线
上
试样 Ⅰ
500
500
500
1500
纵向
上
试样 Ⅱ
250
250
上
试样 Ⅲ
500
单位:mm

图 2

C′
C
A—1
A—2
A—3
A—4
A—5
D—1
G
B′—1
B′—2
B′—3
B′—4
F—6
F—5
A′—1
A′—2
A′—3
A′—4
A′—5
D′—1
D′—2
E—1
E—2
F—1
F—2
F—3
F—4
B—3
B—4
D—2
E
纵向
500
500
横向
单位:mm

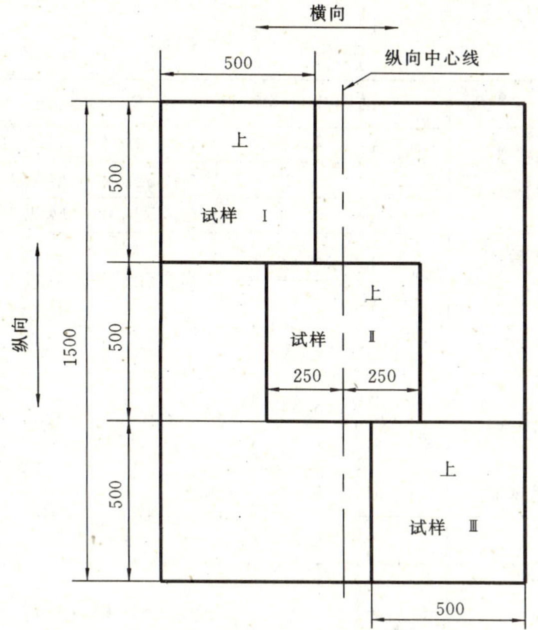

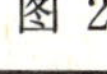

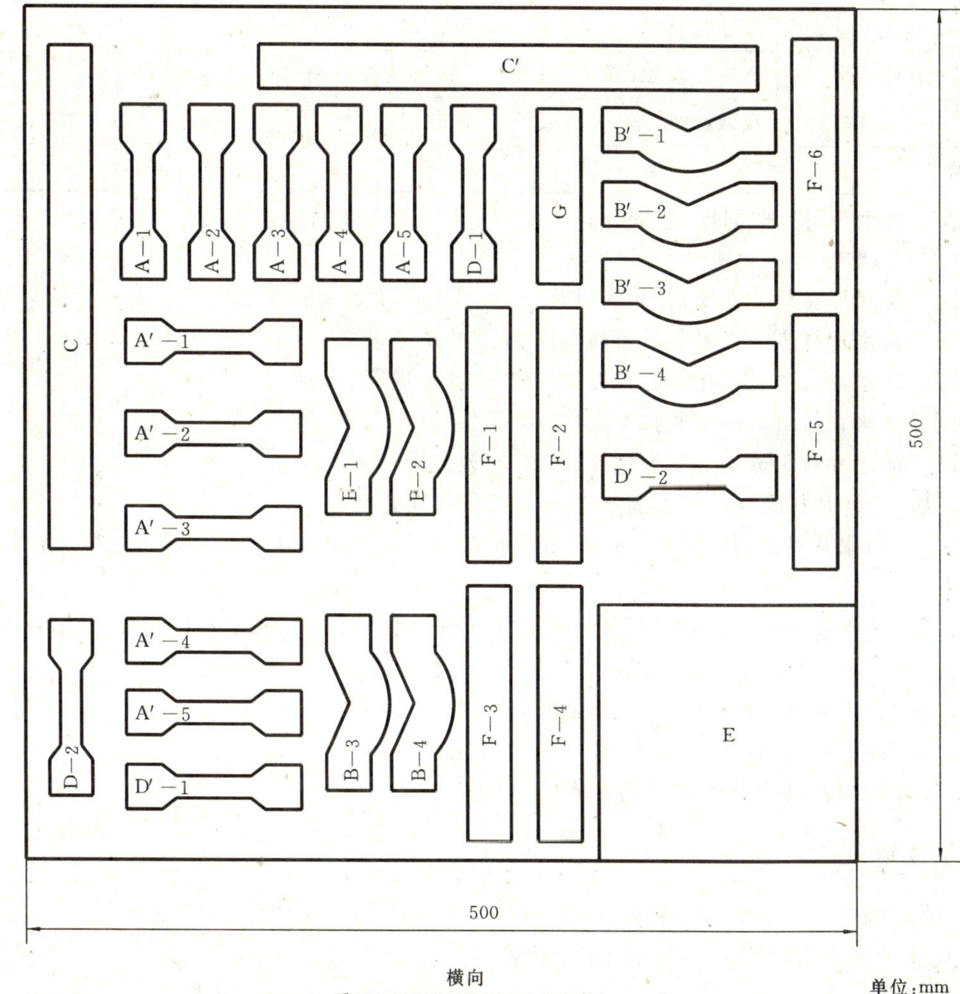

图 3

4.3.4.3　按表5试验项目进行试验

表5

试　验　项　目		试样代号	试样尺寸，mm	试样数量
拉伸性能试验	−20℃	A-1　A′-1	GB 528中2型裁刀	6
	23±2℃	A-2　A′-2	GB 528中1型裁刀	
	60℃	A-3　A′-3	GB 528中2型裁刀	
	热空气老化试验	A-4　A′-4	GB 528中1型裁刀	
	浸碱试验	A-5　A′-5		
撕裂强度试验	−20℃	B-1　B′-1	GB/T 529规定	6
	23±2℃	B-2　B′-2		
	60℃	B-3　B′-3		
	热空气老化试验	B-4　B′-4		
加热伸缩试验		C　C′	300×30	
拉伸老化试验	加热老化	D-1　D′-1	GB 528中1型裁刀	
	臭氧老化	D-2　D′-2		
不透水试验		E	150×150	3
粘接性能试验	23±2℃	F-1　F-2	150×25	6
	热空气老化试验	F-3　F-4		
	浸碱性能试验	F-5　F-6		
脆性温度		G	GB 1682规定	3

4.3.4.4　防水片材拉伸强度、扯断伸长率的测定按GB 528的规定进行。

注：试样厚度为4.3.3的所测厚度

4.3.4.5　防水片材撕裂强度(直角形试样)试验按GB/T 529的规定进行。

4.3.4.6　防水片材热空气老化试验按GB 3512的规定进行。

4.3.4.7　防水片材臭氧老化试验按GB 7762的规定进行。

4.3.4.8　防水片材耐碱性试验按GB 1690的规定进行。

4.3.4.9　防水片材不透水性试验按GB 328的规定进行。

4.3.4.10　防水片材脆性温度试验按GB 1682的规定进行。

4.3.4.11　防水片材高、低温拉伸强度、低温扯断伸长率试验按GB 528规定进行。试样预冷或预热时间为1h。

4.3.4.12　防水片材高、低温撕裂强度(直角形试样)试验按GB/T 529规定进行。试样预冷或预热时间为1h。

4.3.4.13　防水片材加热伸缩量试验见附录A(补充件)。

4.3.4.14　防水片材粘合性能试验见附录B(补充件)。

4.3.4.15　防水片材热老化试验见附录C(补充件)。

5　检验规则

5.1　防水片材以3 000m为一批。

5.2　防水片材应逐批按3.1、3.3的规定检验。

5.3　防水片材出厂检验，在每批产品中任选一种规格进行物理性能试验。

a.　每批按表3中1～3项的规定进行。

b. 每半年对表3中的4～9项进行一次测定。

5.4 防水片材型式检验按3.1、3.2和3.3(全面检验)的规定进行。

5.5 抽样

在一批中随机抽取3卷,先按3.1、3.3检验,然后任取合格卷按4.3.4取样方法,按3.2所列项目进行试验。

5.6 判定规则

5.6.1 对于3.1、3.3规定项目,3卷都同时达到相应要求,该批方能判为一等品;对合格品,每卷中有两项不合格即为不合格卷。不合格卷有2卷或2卷以上则判此批为不合格。如合格卷在2卷或2卷以上,且3.2条性能达到要求,则此批判为合格。

5.6.2 对于5.3、5.4中的物理性能,一等品应全部同时达到相应要求,并不允许复验;对合格品,如有一项不合格时,应另取双倍试样进行不合格项目复试,复试结果如仍不合格,则此批产品为不合格。

6 标志、包装、运输、贮存

6.1 防水片材用纸芯或其他芯型成卷包装外,用防潮纸卷牢。

6.2 每一包装应有下列标志:

a) 制造厂名称;

b) 产品名称及商标;

c) 批号和生产日期;

d) 产品规格;

e) 标准号;

f) 检查合格的印章。

6.3 防水片材应贮存在-15℃～35℃的库房中。

6.4 防水片材贮存和运输中,应注意勿使包装破损、放置通风、干燥处应避免阳光直射、禁止与酸、碱、油类及有机溶剂等接触。堆放时,应衬垫平坦的木板,离地面20cm。

6.5 在上述条件下,防水片材自制造日期起不超过1年的贮存期内产品性能应符合本标准规定。

附 录 A
防水片材加热伸缩量试验
（补充件）

A1 试验仪器

A1.1 测伸缩量的标尺精度不低于 0.5mm 量具。

A1.2 老化试验箱。

A2 试验条件

试样的停放时间和试验温度应按下列要求：

A2.1 从试样制备到试验，时间为 24h。

A2.2 试验室温度控制在 23℃±2℃范围内。

A3 试验程序

试样按图 A1 规格尺寸，放入 80℃±2℃的老化箱；时间为 168h。取出试样停放 1h，用量具测量试样的长度，根据初始长度计算伸缩量。根据纵、横两个方向，分别用 3 个试样的平均值表示其伸缩量。

注：如试片弯曲、需施以适当的重物将其压平测量。

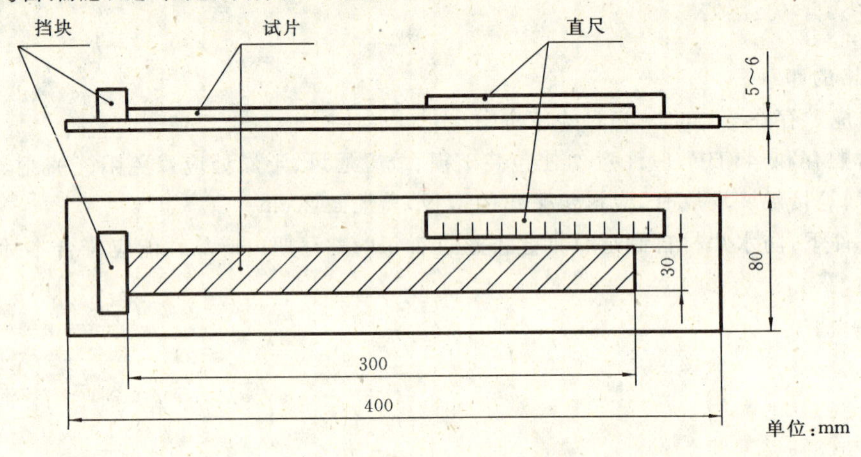

图 A1

附 录 B
防水片材粘合性能试验
（补充件）

B1 试验仪器

B1.1 量具的精度不低于 0.5mm。

B1.2 试样的夹持器应能使试样标线间距拉到 140mm。

B2 试验条件

试验室温度控制在 23℃±2℃范围内。

B3 制备

胶粘剂及粘接方法按制造厂要求。将2个试片沿压延方向重叠100mm粘接，停放时间为168h。图B1所示为标有基准线、标线的试样。

B4 试样的处理

B4.1 加热处理

将B3条制备的试样放入温度为80℃±2℃的老化箱中，放置168h。取出试样，停放4h。

B4.2 浸碱处理

将B3条制备的试样放入10%的氢氧化钙溶液中，浸泡时间为168h。浸泡后停放时间为4h。

B5 试验程序

用夹钳将重合长度为100mm的试样沿标线夹紧，把重合部分由100mm拉伸到140mm，停放时间为24h。然后取下试样，停放时间为1h，然后测定试样重合部分端部偏移基准线及脱开长度。

B6 判定

试样中偏移基准线和脱开长度小于5mm为合格。

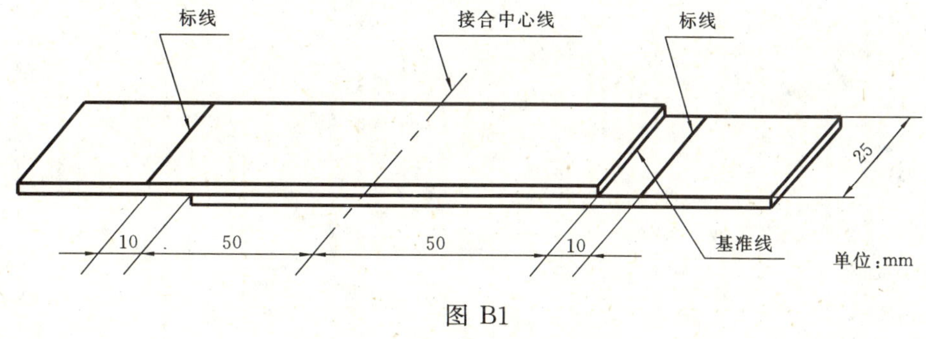

图B1

附 录 C
防水片材热老化试验
（补充件）

C1 试验仪器

C1.1 老化试验箱。

C1.2 试样夹持器应能使试样标线间拉伸到100%伸长率。

C2 试验条件

试验室温度控制在23℃±2℃范围内。

C3 试验程序

用试样夹具将试样夹紧并拉伸到伸长率为100%固定。停放时间为24h。再将试样连同夹具放入温度为80℃±2℃老化箱，时间为168h。将试样连同夹具一齐取出。停放时间为4h。观察试样有无龟裂。

C4 判定

用 4～7 倍放大镜观测试样表面，以全部试样均无龟裂为合格。

附加说明：

本标准由中华人民共和国化学工业部科技司提出。

本标准由北京市橡胶制品设计研究院归口。

本标准由北京市橡胶制品设计研究院、保定橡胶一厂负责起草。

本标准主要起草人王树珍、娄焕大。

本标准参照采用日本工业标准 JIS A 6008—86《合成高分子屋顶防水片材》。

三、饰面材料

中华人民共和国行业标准

JC 411—91

水泥木屑板

本标准参照采用国际标准 ISO 8335—1987《水泥木屑板》。

1 主题内容与适用范围

本标准规定了水泥木屑板的产品分类、技术要求、试验方法、检验规则、标志、包装、运输、贮存等。

本标准适用于以普通硅酸盐水泥和矿渣硅酸盐水泥为胶凝材料，木屑为主要填料，木丝或木刨花为加筋材料，加入水和外加剂，平压成型、保压养护、调湿处理等，制成的建筑板材。水泥木屑板主要用作天棚板，非承重内、外墙板和地面板等。经着色、磨光、粘贴或喷涂等其他饰面加工处理的水泥木屑板亦可参照使用。

用于暴露在大气或潮湿环境的水泥木屑板，其有关性能应符合我国相应标准的规定。

本标准不适用于全部和部分使用镁质胶凝材料胶结的制品。

2 引用标准

GB 100 沉头木螺钉

GB 8625 建筑材料难燃性试验方法

GB 8626 建筑材料可燃性试验方法

GB 8627 建筑材料燃烧或分解的烟密度试验方法

3 术语

3.1 平直度：在切割过程中，切割的边缘偏离切割线的程度。

3.2 不平整度：在成型或调湿过程中，板材厚度不均匀或水分散失不均匀而造成的板面不平整的程度（不平整度包括厚度差和翘曲度）。

3.3 翘曲度：板面翘曲变形的程度。

3.4 方正度：矩形板的角偏离直角的程度。

4 产品规格与等级

4.1 规格

水泥木屑板通常为矩形。

4.1.1 长度

水泥木屑板的长度(l)为：1 800～3 600 mm。

4.1.2 宽度

水泥木屑板的宽度(b)为：600～1 200 mm。

4.1.3 厚度

水泥木屑板的厚度(e)为：4，6，8，10，12，16，20，24，28，32，36 和 40 mm。

注：允许供需双方协商，生产所需规格的产品。

4.2 等级

国家建筑材料工业局 1991-03-22 批准　　1991-12-01 实施

水泥木屑板按外观质量、尺寸偏差和物理力学性能分为优等品(A),一等品(B)和合格品(C)。

4.3 产品标记

4.3.1 标记方法

标记顺序:产品名称(CEB)、几何尺寸、等级和标准号。

4.3.2 标记示例

长度(l)×宽度(b)×厚度(e):3 000 mm×900 mm×12 mm 的水泥木屑板,一等品:

CEB 3 000×900×12 B JC 411。

5 技术要求

5.1 外观质量

5.1.1 外观缺陷

水泥木屑板外观缺陷应符合表 1 的规定。

表 1 mm

<table>
<tr><th>项 目</th><th>优等品</th><th>一等品</th><th>合格品</th></tr>
<tr><td>掉角</td><td rowspan="6">不允许</td><td rowspan="2">不允许</td><td>影响板面的破坏尺寸,不得同时超过 10</td></tr>
<tr><td>非贯穿裂纹</td><td>长度不得超过 30</td></tr>
<tr><td rowspan="2">坑包、麻面</td><td colspan="2">两个方向不得同时超过</td></tr>
<tr><td>10</td><td>20</td></tr>
<tr><td rowspan="2">污染面积</td><td colspan="2">两个方向不得同时超过</td></tr>
<tr><td>50</td><td>100</td></tr>
</table>

5.1.2 平直度

长度和宽度的平直度不得超过±1 mm/m。

5.1.3 方正度

方正度不得超过±2 mm/m。

5.1.4 不平整度

不平整度不得超过表 2 的规定。

表 2 mm/m

<table>
<tr><th>等 级</th><th>优等品</th><th>一等品</th><th>合格品</th></tr>
<tr><td>不平整度</td><td>±4</td><td colspan="2">±6</td></tr>
</table>

5.2 尺寸允许偏差

5.2.1 长度(l)和宽度(b)的允许偏差为±5 mm。

5.2.2 厚度(e)的允许偏差应符合表 3 的规定。

表 3 mm

<table>
<tr><th colspan="2">公称厚度</th><th>4~8</th><th>10~20</th><th>24~40</th></tr>
<tr><td rowspan="3">厚度允许偏差</td><td>优等品</td><td>±0.5</td><td>±0.7</td><td>±1.2</td></tr>
<tr><td>一等品</td><td rowspan="2">±0.7</td><td rowspan="2">±1.0</td><td rowspan="2">±1.5</td></tr>
<tr><td>合格品</td></tr>
</table>

5.3 物理力学性能

水泥木屑板的物理力学性能应符合表 4 的规定。

表 4

项　　目		优等品	一等品	合格品
密度,kg/m³	不大于	1 250		1 300
含水率,%	不大于	12		
浸水 24 h 厚度膨胀,%	不大于	1.5		2.0
抗冻性		冻后强度损失不大于 20%		
自然含湿状态下抗折强度,MPa	不小于	11.0	9.0	8.0
浸水 24 h 抗折强度,MPa	不小于	6.5	5.5	5.0
垂直平面抗拉强度,MPa	不小于	0.5	0.4	0.3
抗折弹性模量,MPa	不小于	3 000		

5.4　抗冲击性能与握螺钉力

其需要与否和指标根据工程性质与用户需要确定。

5.5　防火性能

防火性能应符合国家规定的防火难燃烧建筑材料的要求。

6　试验方法

6.1　试样

6.1.1　所有试样(除测定含水率试样外)在试验前,应在温度为 23±5 ℃,空气相对湿度为(60±10)%的条件下调湿至恒重。每隔 24 h 称量一次,相邻两次重量相差不大于 0.5%时,可认为是恒重。

6.1.2　试样应在距板材边缘 100 mm 以内裁取。

6.1.3　表 5 所列项目的试样尺寸按规定裁取,试样数量均为 5 块。

表 5　　mm

项　　目		试 件 尺 寸
密度、含水率、浸水 24 h 厚度膨胀		100×100×e
自然含湿状态	抗折强度	(16 e+50)×100×e 各取横向与纵向
浸水 24 h		
抗冻性、抗折弹性模量		(16 e+50)×100×e 按横向裁取
垂直平面抗拉强度		50×50×(10～15)

注:抗折强度试样长度不得小于 250 mm。

6.2　外观质量与几何尺寸

6.2.1　外观缺陷

在光照明亮的条件下或在 40 W 日光灯下,视力 0.7 以上的检测人员,在距被检试样 0.5 m 处,进行外观检查。

6.2.2　几何尺寸

6.2.2.1　长度和宽度

在被检测试样的表面上,用精度为 1 mm 的钢卷尺,在长度和宽度的两边缘上测量,各取其平均值作为测量结果,精确至 1 mm。

6.2.2.2　厚度

在被检测试样的表面上,用精度为 0 级的千分尺,在板的宽度方向上取三点进行测量,如图 1 所示,取其平均值,作为测定结果,精确至 0.05 mm。

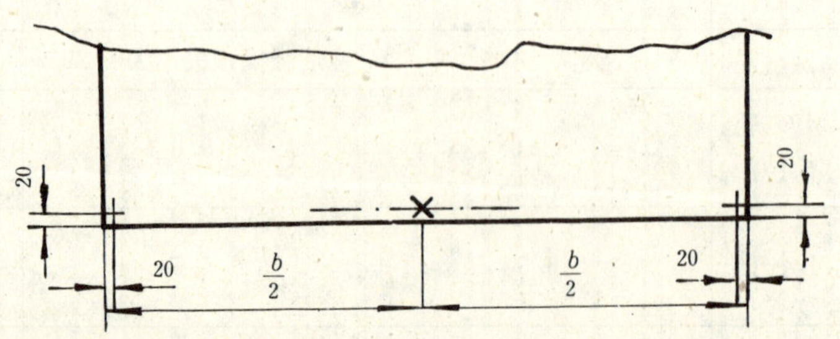

图 1　厚度的测量位置

6.2.3　平直度

用 1 m 长的不锈钢直尺紧靠被测试样的被测边,如图 2 所示,用精度为 0.02 mm 的卡尺测量板边与尺边的最大偏差值,精确至 0.05 mm。

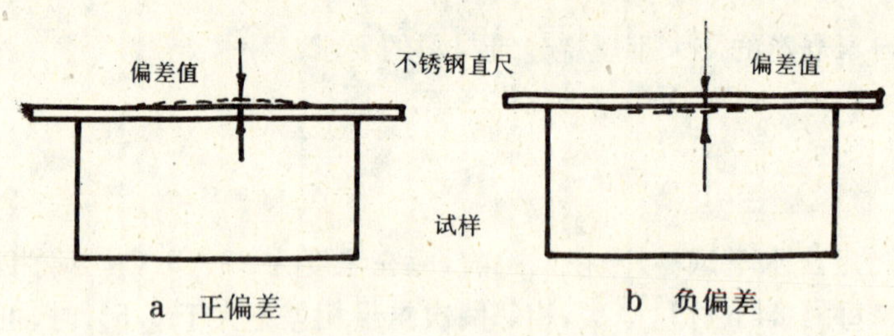

图 2　平直度测量示意图

6.2.4　方正度

用精度为 1 mm 的钢卷尺测量试样的两条对角线,其差值除以对角线长度即为测定结果,精确至 1 mm/m。

6.2.5　不平整度

用 1 m 长的不锈钢直尺横立在被测试样的正表面,如图 3 所示,用精度为 0.01 mm 的塞尺填塞直尺与被测试样最大间距处,作为不平整度的测定结果,精确至 0.05 mm。

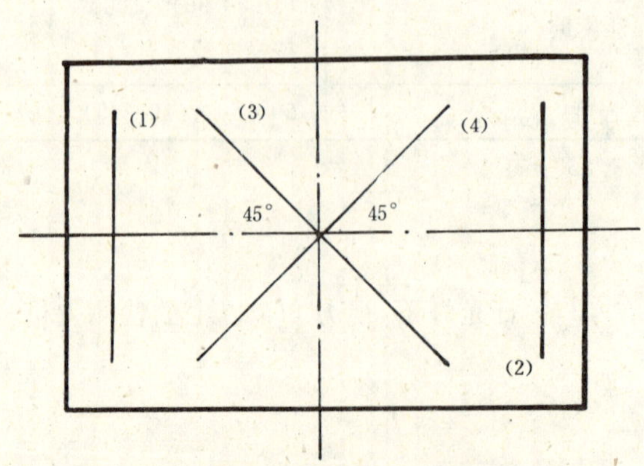

图 3　板面不平整度的测量位置

6.3 **物理力学性能**

6.3.1 密度

6.3.1.1 试验仪器及设备

a. 天平：最大称量 1 000 g；精度 6～9 级；

b. 电热干燥箱：控温器灵敏度±1 ℃；

c. 干燥器。

6.3.1.2 试样

试样按表 5 的规定裁取。

6.3.1.3 试验步骤

将试样放在 105±2 ℃的干燥箱中干燥至恒重。每隔 6 h 取出，放入干燥器中冷却后称重，若相邻两次称重差不大于 0.1%时，可认为试件达恒重。称重，精确至 0.1 g。

用游标卡尺在试样的边部测量试样的边长，取其平均值作为试样的边长，精确至 0.1 mm。按图 4 所示位置，用千分尺测量厚度，取其平均值作为试样的厚度，精确至 0.1 mm。然后计算试样的体积精确至 0.1 mm^3。

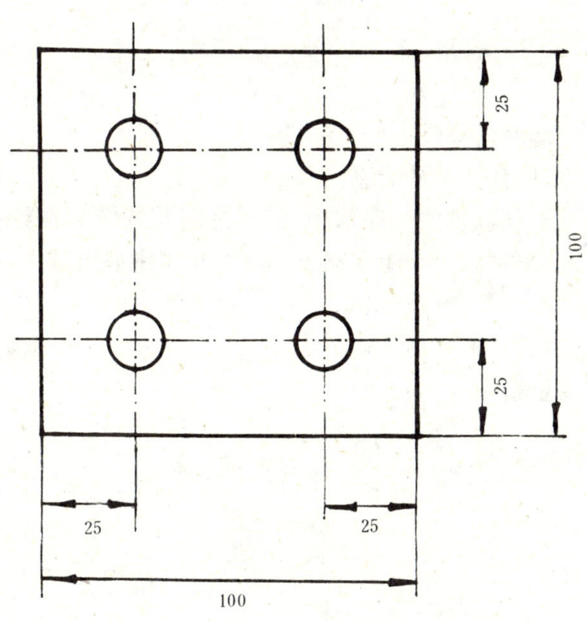

图 4 密度测定时的厚度测量

6.3.1.4 结果计算

密度 r(kg/m^3)按式(1)计算：

$$r = \frac{m}{V} \times 10^6 \quad \cdots\cdots(1)$$

式中：m——试样量，g；

V——试样体积，mm^3。

试验结果取 5 块试样算术平均值，精确至 10 kg/m^3。

6.3.2 含水率

6.3.2.1 试验仪器及设备

试验仪器及设备见 6.3.1.1。

6.3.2.2 试样

试样按表 5 的规定裁取。

6.3.2.3 试验步骤

将试样称重后，放在 105±2 ℃的干燥箱中干燥至恒重。每隔 6 h 将试样取出，放入干燥器中冷却，若相邻两次称重差不大于 0.1%时，可认为试样达恒重。称重，精确至 0.1 g。

6.3.2.4 结果计算

试样含水率 W(%)按式(2)计算，精确至 0.1%：

$$W = \frac{m_0 - m_1}{m_1} \times 100 \quad \cdots\cdots (2)$$

式中：m_0——试样取样时质量，g；

m_1——试样干燥至恒重时质量，g。

试验结果取 5 块试样的算术平均值。

6.3.3 浸水 24 h 厚度膨胀的测定

6.3.3.1 试样

试样按表 5 的规定裁取。

6.3.3.2 试验步骤

a. 将试样按 6.1.1 的规定调湿至恒重；

b. 按图 4 测定试样的厚度，取其算术平均值；

c. 将试样垂直放入与环境相同温度的干净水中，试样之间及试样与容器的底和壁之间至少相距 10 mm，向容器内加水，水面高出试样约 20 mm。经 24±1 h 后，从水中取出试样，用拧干的湿毛巾擦掉试样表面附着水；

d. 按图 4 再测试样厚度，取其算术平均值；

e. 试样浸水前后的厚度测量精确至 0.01 mm。

6.3.3.3 结果计算

试样浸水 24 h 厚度膨胀率 S(%)按式(3)计算，精确至 0.1%：

$$S = \frac{e_1 - e_0}{e_0} \times 100 \quad \cdots\cdots (3)$$

式中：e_0——试样浸水前平均厚度，mm；

e_1——试样浸水 24 h 平均厚度，mm。

试验结果取 5 块试样的算术平均值。

6.3.4 抗折强度

6.3.4.1 试验仪器及设备

万能试验机：极限负荷 10 kN，精度 1%。

6.3.4.2 试样

试样按表 5 的规定裁取，裁取方式如图 5 所示。

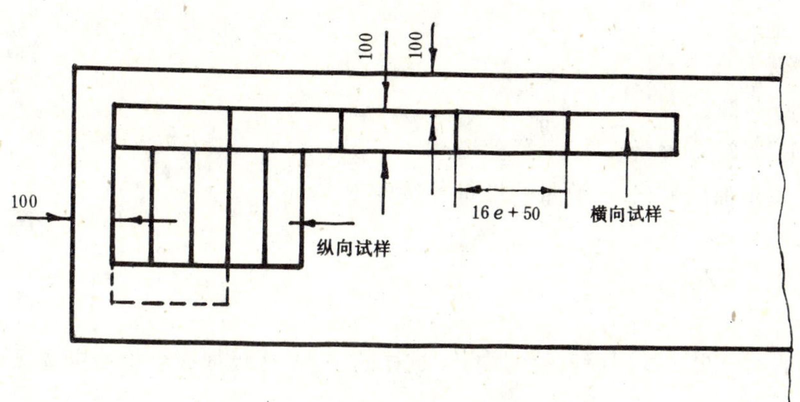

图 5　抗折强度试样的裁取方式

注：如横向取样数量不够，可按虚线部位取。

6.3.4.3　试验步骤

a.　试样按 6.1.1 调湿至恒重；

b.　将试样简支在两个半径为 10～20 mm 的平行金属圆棒上。两圆棒的中心距为 16 e，但不小于 215 mm，测量精度为 1 mm，荷载通过半径为 10～20 mm 的金属圆棒垂直施于试样的中心线，加荷金属棒要超过试样的宽度，如图 6 所示；

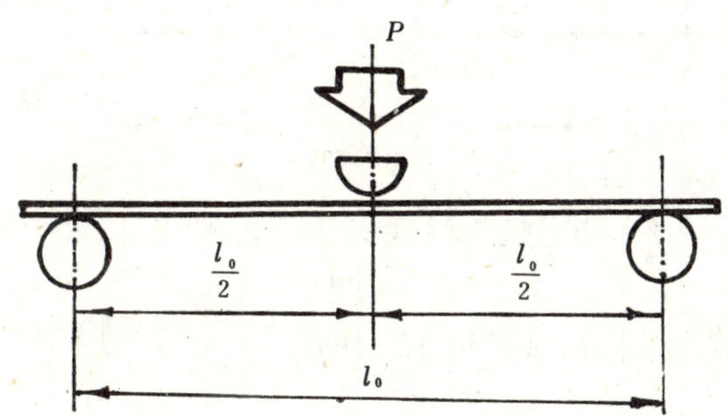

图 6　测定抗折强度和抗折弹性模量测定装置

c.　匀速加荷，从加荷到试样破坏时间为 30～60 s；

d.　测量断裂线附近两点的厚度取其算术平均值，作为试样的厚度。

6.3.4.4　结果计算

抗折强度 R(MPa)按式(4)计算，精确至 0.1 MPa：

$$R = \frac{3Pl_0}{2be^2} \quad \cdots\cdots(4)$$

式中：P——试样断裂荷载，N；

l_0——两支座中心距离，mm；

b——试样宽度，mm；

e——试样厚度，mm。

试验结果取 10 块试样的算术平均值,若有与平均值相差 20%以上的数据应剔除,再取其算术平均值。

6.3.5 抗折弹性模量

6.3.5.1 试验仪器及设备

a. 试验设备见 6.3.4.1;

b. 试验装置见 6.3.4.3;

c. 测量荷载-变形曲线的仪表,测量变形量的精度为 1 μm。

6.3.5.2 试样

试样按表 5 的规定裁取。

6.3.5.3 试验步骤

在不大于试样的三分之一断裂荷载范围内,在试样的中点,逐级加荷至少测定 8 级荷载及其对应的变形值,得到荷载-变形曲线,如图 7 所示。

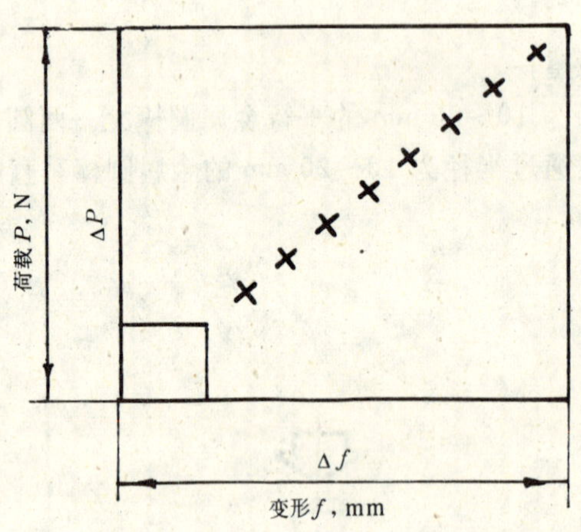

图 7 测定抗折弹性模量荷载-变形曲线

6.3.5.4 结果计算

抗折弹性模量 E(MPa)按式(5)计算,精确至 10 MPa:

$$E = \frac{\Delta P l_0^3}{4be^3\Delta f} \qquad \cdots\cdots (5)$$

式中:ΔP——荷载增量,荷载-变形曲线中的直线部分,N;

l_0——两支座的中心距离,mm;

b——试样的宽度,mm;

e——试样断裂线附近两点厚度平均值,mm;

Δf——与ΔP 对应的变形增量,mm。

试验结果取 5 块试样的算术平均值。

6.3.6 垂直平面抗拉强度

6.3.6.1 试验仪器及设备

a. 万能试验机:极限负荷 5 kN,精度 1%;

b. 模具与夹具:如图 8 所示。

6.3.6.2 试样

试样按表 5 的规定裁取。

6.3.6.3　试验步骤

用卡尺测量试样的边长，精确至 0.1 mm。然后用适量的聚乙酸乙烯加水泥调成粘结剂，将试样粘在模具上，如图 8 所示。待粘结剂固化后，将模具插入夹具中进行试验。

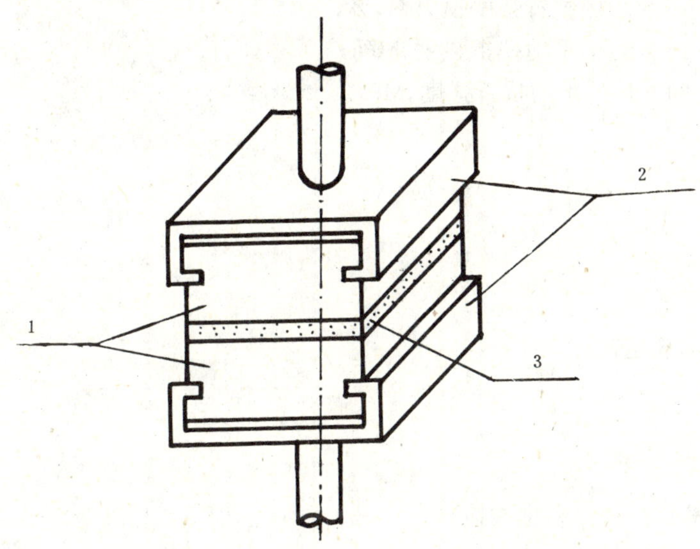

图 8　测定垂直平面抗拉强度的装置

1—模具；2—夹具；3—试样

加荷至试样破坏时间为 30～60 s，若粘结面被拉坏，数据无效，应重做试验。

6.3.6.4　结果计算

垂直平面抗拉强度 R_L(MPa)按式(6)计算，精确至 0.01 MPa：

$$R_L = \frac{P_L}{A} \quad \cdots\cdots (6)$$

式中：P_L——试样受拉破坏荷载，N；

A——试样面积，mm²。

试验结果取 5 块试样的算术平均值。

6.3.7　抗冻性

6.3.7.1　试验设备及仪器

a.　冷冻箱：温度可降至－30 ℃；

b.　万能试验机：见 6.3.4。

6.3.7.2　试样

试样按表 5 的规定裁取。

6.3.7.3　试验步骤

将试样放入与环境同温度的水中浸泡 48 h，取出后用拧干的湿毛巾擦去表面附着水，将试样横立放入预先降温至－15～－20 ℃的冷冻箱内。试样之间，试样与冷冻箱壁之间的距离不应少于 20 mm。待冷冻箱温度重新降到－15 ℃时，记录时间，经 2 h 取出试样，再放入室温水中，融 2 h，如此为一个循环。共冻融 15 次循环。

15 次循环后，取出试样擦去表面水，然后，按 6.3.4 测定其冻融后抗折强度。

6.3.7.4　结果计算

抗冻性按式(7)计算，计算结果精确至 1%：

$$M_{15} = \frac{R_0 - R_{15}}{R_0} \times 100 \quad \cdots\cdots (7)$$

式中：M_{15}——试样冻融 15 次后的抗折强度损失率，%；

R_{15}——试样冻融 15 次后的平均抗折强度，MPa；

R_0——试样浸水 24 h 后的平均抗折强度，MPa。

6.3.8 抗冲击性能

见附录 A(补充件)。

6.3.9 握螺钉力

见附录 B(补充件)。

6.3.10 防火性能

按 GB 8625～8627 的规定进行。

7 检验规则

7.1 检验分类

水泥木屑板的检验分出厂检验和型式检验。

7.1.1 出厂检验

产品出厂必须进行出厂检验，其检验项目包括：

a. 外观缺陷；

b. 平直度；

c. 方正度；

d. 不平整度；

e. 尺寸偏差；

f. 密度；

g. 含水率；

h. 浸水 24 h 厚度膨胀；

i. 自然含湿状态抗折强度。

7.1.2 型式检验

7.1.2.1 型式检验的项目除出厂检验所包括的项目外，还包括：

a. 垂直平面抗拉强度；

b. 抗冻性；

c. 浸水 24 h 抗折强度；

d. 抗折弹性模量；

e. 防火性能；

f. 抗冲击性能；

g. 握螺钉力。

7.1.2.2 有下列情况之一时，应进行型式检验：

a. 新产品投产或生产工艺、原材料有较大改变时；

b. 设备大修或长期停产后，恢复生产时；

c. 出厂检验结果与上次型式检验有较大差异时；

d. 在正常生产情况下，每年进行一次；

e. 国家质量监督机构提出进行型式检验的要求时。

注：抗冻性和防火性能根据工程性质与用户需要进行。

7.2 **抽样方案**

7.2.1 所有尺寸的产品，其最大批量为1 000块。不足1 000块时，仍按一批对待。每批各项检验按表6规定的样品量抽取。

表6 块

检验项目	外观质量	物理力学性能
试样抽取量	32	按6.1.3规定

7.2.2 出厂检验和型式检验所需样品在每批产品中随机抽取。物理力学性能检验试样从尺寸偏差和外观质量检验合格的试样中抽取。力学性能检验以28天龄期为准。

7.3 **判定规则**

7.3.1 外观质量的判定

在32块试样中，根据第一次检验不合格数 K_1 和加严一次检验的不合格试样数 K_2 进行判定。

第一次检验时若 $K_1<5$，可接收；若 $K_1=6$，允许加严一次检验；若 $K_1>6$，拒绝接收。

加严一次检验时，重新从整批样品中随机抽取32块进行检验，若 $K_2\leqslant3$，可接收；若 $K_2\geqslant4$，拒绝接收。

7.3.2 物理力学性能的判定

任一项检验中，有1块试样的试验结果不合格时，都允许加严一次检验。试样从外观检验合格的样品中抽取。若加严一次检验的试样仍有1块不合格，则该项性能不合格，该批水泥木屑板判为拒收。

7.3.3 总判定

所有检验项目的检验结果符合该等级规定时，判相应等级：有一项不符合合格品规定时，判为不合格品。

7.3.4 复验

若买方对产品质量提出异议时，可会同生产厂（卖方）委托质量监督部门进行复验。其抽样方案按7.2条规定。尺寸偏差和外观质量的复验在生产厂内进行。复验结果作为最后判定产品质量的依据。复验结果为合格时，费用由买方负担；不合格时，由生产厂（卖方）负担。

8 标志、包装、运输、贮存

8.1 **标志**

每批产品应有厂名（厂标或注册商标）、产品标记、批号、等级、检验员代号等标志。

8.2 **包装**

8.2.1 根据具体情况，产品可包装或散装。

8.2.2 产品包装要牢固，可靠并方便搬运；散装产品要保证底部平坦、稳固。

8.3 **运输**

使用的各种运输工具应保持底部平整，必须设法使产品固定好。在装、卸及运输过程中应防止碰撞、雨淋。人工搬运、装、卸单张板时，必须侧立搬运，严禁抛掷。

8.4 **贮存**

8.4.1 水泥木屑板应放在干燥、通风良好的环境中。贮存场地必须坚实、平坦。露天贮存时应有防雨遮盖，堆垛下部应有防潮措施。

8.4.2 不同规格、等级的产品应分别存放。

8.4.3 堆垛高度不宜超过1.8 m。

附 录 A
抗冲击性能试验
（补充件）

A1 仪器及设备

A1.1 抗冲击架：如图 A1 所示。

A1.2 冲击锤：如图 A2 所示。重量为 1 000±10 g。

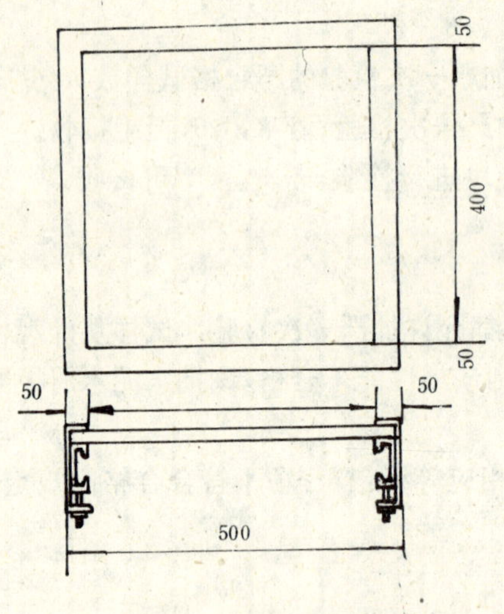

图 A1 抗冲击试验装置

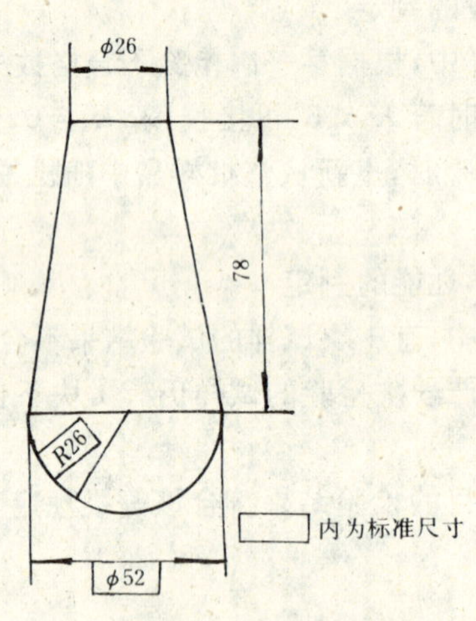

图 A2 冲击锤尺寸

A2 试样

A2.1 试样尺寸为 500 mm×400 mm×$e$mm。

A2.2 试样数量为 5 块。

A3 试验步骤

A3.1 将试样固定在冲击架上。

A3.2 冲击锤从某一高度自由下落。

A3.3 观察试样受冲击部位及背面是否有贯穿裂纹（允许冲击部位有锤击凹印），试样未出现贯穿裂纹时的极限高度即为抗冲击值(mm)。

A4 结果处理

测定结果应包括：试样厚度、抗冲击高度及受冲击表面凹坑的直径。

附 录 B
握螺钉力的测定
(补充件)

B1 仪器及设备

B1.1 万能试验机:极限负荷 5 kN,精度 1%。

B1.2 试验钉:符合开槽沉头木螺钉 3.3×25GB 100 的规定。

B1.3 夹具如图 B1 所示。

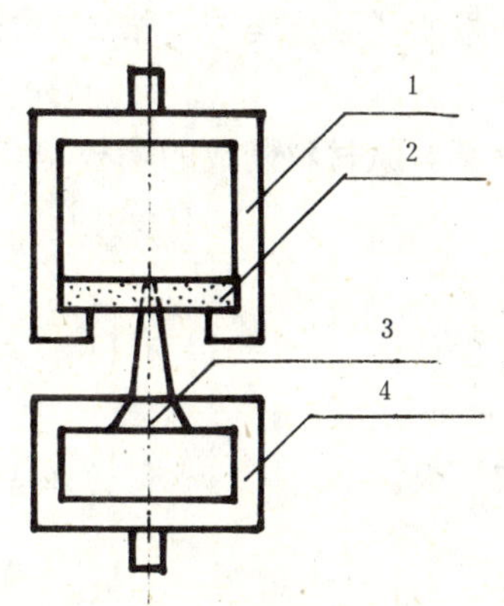

图 B1 测定握螺钉力装置

1、4—夹具;2—试样;3—木螺钉

B2 试样

B2.1 试样尺寸为 50 mm×50 mm×*e*mm。

B2.2 试样数量为 5 块。

B3 试验步骤

B3.1 在试样对角线交点预先钻直径约为木螺钉直径 0.8 倍的孔,孔深为试件厚度的 0.8～0.9 倍;木螺钉应垂直拧入,深度为 10±1 mm,不得用锤钉。

B3.2 以 50 N/s 匀速荷载,拔出木螺钉,记录极限荷载值。即为握螺钉力。

B4 结果评定

试验结果评定,取 5 块试样的结果算术平均值作为握螺钉力,精确至 10 N。测定结果应注明:

a. 预先钻孔的直径,深度(mm);

b. 木螺钉的拧入深度(mm)。

附加说明:

本标准由国家建筑材料工业局苏州混凝土水泥制品研究院提出并归口。

本标准由辽宁省建筑材料科学研究所负责起草。

本标准主要起草人由世宽、刘孟兴。

本标准委托辽宁省建筑材料科学研究所负责解释。

中华人民共和国行业标准

JC 412—91

建筑用石棉水泥平板

本标准参照采用国际标准 ISO 396/1—80《纤维增强水泥制品——第 1 部分：石棉水泥平板》中的有关条款。

1 主题内容与适用范围

本标准规定了建筑用石棉水泥平板的产品分类与规格、技术要求、检验方法、检验规则、标志、保管、包装与运输等。

本标准适用于以温石棉和水泥为基本原材料制成的墙板、建筑装修材料及建筑构、配件等用的加压与非加压的石棉水泥平板。

本标准不适用于下列产品：

a. 玻璃纤维增强低碱度水泥平板；

b. 石棉砂质水泥平板；

c. 纤维素石棉水泥平板与硅酸钙板。

2 引用标准

GB 175 硅酸盐水泥、普通硅酸盐水泥

GB 7019 石棉水泥制品吸水率、容重与孔隙率测定方法

GB 8040 石棉水泥波瓦、平板抗折试验方法

GB 8041 石棉水泥波瓦、平板不透水性试验方法

GB 8042 石棉水泥波瓦、平板抗冻性试验方法

GB 8071 温石棉

GB 9773 石棉水泥波瓦、平板抗冲击性试验方法

3 产品分类、等级与规格

3.1 分类、等级

建筑用石棉水泥平板按物理力学性能分为一类板、二类板和三类板。按尺寸偏差分为优等品、一等品和合格品。

3.2 规格

规格尺寸及其允许偏差应符合表 1 规定。

表 1

规格	公称尺寸	允许偏差		
		优等品	一等品	合格品
长度，mm	1 000　1 200　1 800 2 400　2 800　3 000	±2	±5	±8

国家建筑材料工业局 1991-03-22 批准　　　　1991-12-01 实施

续表 1

规格	公称尺寸	允许偏差		
		优等品	一等品	合格品
宽度,mm	800　900　1 000　1 200	±2	±5	±8
厚度,mm	4,5,6	±0.2	±0.5	±0.6
	8,10,12,15,20,25	±0.5	±0.1 *e*	±0.1 *e*
厚度不均匀度,%	对上面所有厚度	<8	<10	<12

注：① 经供需双方协议可生产其他规格尺寸的平板,未经加工的板材。长宽尺寸可适当放大。

② 厚度不均匀度是指同块板厚度最大值与最小值之差除以公称厚度。

③ 表 1 中 *e* 表示平板公称厚度。

4 技术要求

4.1 原材料

4.1.1 石棉纤维:应符合 GB 8071 规定的五级和五级以上的温石棉纤维。亦可掺加适量耐久性好、对制品性能不起有害作用的其他纤维。但代用纤维含量不得超过纤维总用量的 30%。

4.1.2 水泥:采用 GB 175 中不低于 425 号的水泥。

注:不得使用掺有煤、炭粉作助磨剂及页岩、煤矸石作混合材的普通硅酸盐水泥。

4.1.3 水:应采用淡水或循环系统的水。淡水中不应含有油、盐、酸类或有机物。

4.2 外观质量

4.2.1 板的正面应平整光滑、边缘整齐、不得有裂纹、分层、缺角等缺陷。

4.2.2 经加工的板的边缘平直度、长或宽的偏差不应大于 2 mm/m。

4.2.3 经加工的板的边缘垂直度的偏差不应大于 3 mm/m。

4.2.4 厚度≤20 mm 板的平整度不应超过 4 mm;厚度在 20 mm 以上到 25 mm 的板不应超过 3 mm。

4.3 物理力学性能

各类板的物理力学性能指标应符合表 2 的规定。

表 2

项目 \ 指标 \ 类别			1 类板（加压板）	2 类板（加压板）	3 类板（非加压板）
抗折强度,MPa	横向	≥	28	22	16
	纵向	≥	20	17	13
抗冲击强度,kJ/m²		≥	2.5	2.0	2.0
密度,g/cm³		≥	1.7	1.6	1.5
吸水率,%		≤	20	24	28
不透水性			经 24 h 底面无水滴出现		
抗冻性			经 25 次循环冻融不得有分层等破坏现象		

注:密度作为参考指标,若产品密度需低于表 2 中的规定值时,由供需双方商定。

5 检验方法

5.1 规格尺寸及尺寸偏差

5.1.1 检验工具

5.1.1.1 检查平台，台面应光滑平整，足以支承板材。

5.1.1.2 长度、宽度用精度为1 mm的钢卷尺测量。

5.1.1.3 厚度用精度为0.02 mm的游标卡尺测量。

5.1.1.4 钢直尺，长1 000 mm，精度为1.0 mm。

5.1.1.5 宽座直角尺，长臂不小于1 000 mm、短臂不小于700 mm，直角度至少精确到0.1%(每米长度的法向偏差小于1 mm)或0.001弧度。

5.1.2 测量

5.1.2.1 长度、宽度的测量：每种尺寸在离板边100 mm的两处各测量一次，取其平均值，精确至1 mm。

5.1.2.2 厚度的测量：用卡尺在有标志的板宽度的一端测量三点，测点如图1所示，取其平均值，精确至0.1 mm。

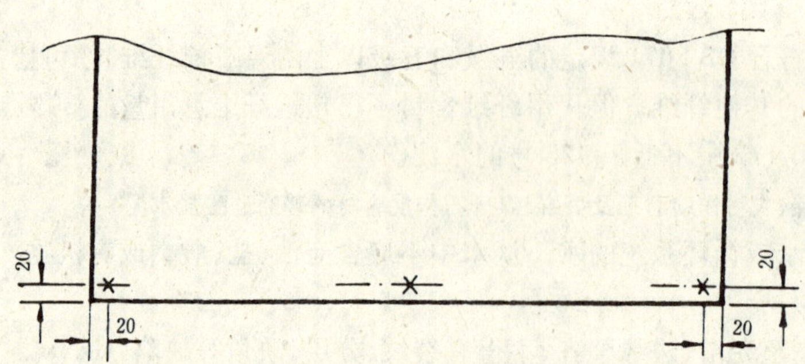

图1 板厚度测量位置

5.1.2.3 边缘平直度的测量：将钢直尺的侧面贴在平板的边上，然后测量直尺侧面与平板边缘之间的最大间隙，精确到0.5 mm。平直度 d/L 以mm/m计，如图2所示。

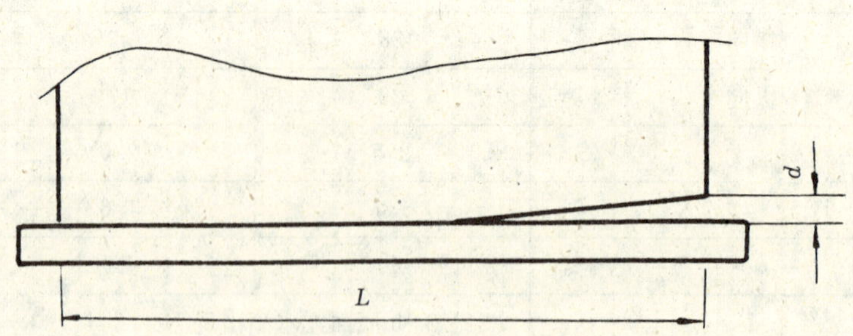

图2 边缘平直度的测量

5.1.2.4 边缘垂直度的测量：依次将宽座直角尺贴至平板的4个角上，角尺的长臂紧贴平板的边缘、测量平板角的顶点离直角尺短臂的间距或直角尺短臂端部离板边的间距 d，精确至0.5 mm。垂直度 d/L 以mm/m计，如图3所示。

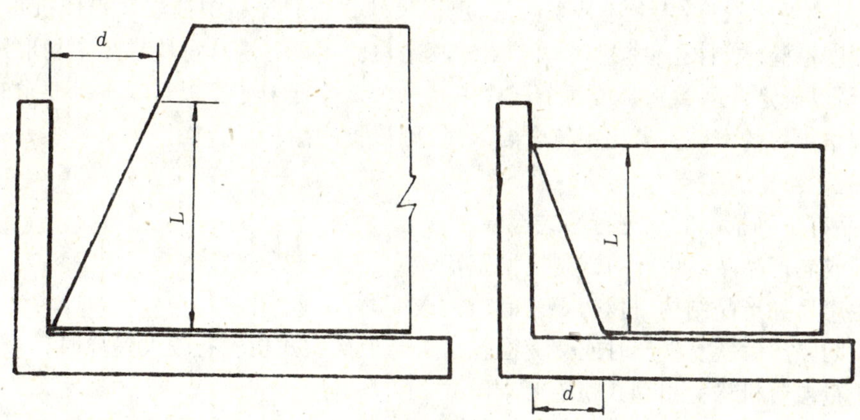

图 3 边缘垂直度的测量

5.1.2.5 平整度的测量:平板置于平整的水平平台上,将钢直尺侧面贴在平板表面上。然后用塞尺测量直尺侧面与平板正面之间的最大间隙。

5.1.2.6 其余外观质量用目测检验。

5.2 物理力学性能试验

5.2.1 抗折强度试验:试件厚度小于等于 15 mm 的平板,选用最大量程 5～6 kN 的试验机;厚度大于 15 mm 的平板,选用最大量程 30 kN 的试验机。然后按照 GB 8040 规定进行试验。

5.2.2 抗冲击性试验:取两个方向抗冲击试件各 5 块。然后按照 GB 9773 规定进行试验。结果以平均值表示。

5.2.3 吸水率、密度试验:按照 GB 7019 规定进行试验。

5.2.4 不透水性试验:按照 GB 8041 规定进行试验。

5.2.5 抗冻性试验:按照 GB 8042 规定进行试验。

6 检验规则

6.1 检验项目

6.1.1 交收检验

a. 正常生产检验:平板的外观质量、规格尺寸、抗折强度、抗冲击强度和吸水率。

b. 出厂检验:平板的外观质量、规格尺寸、抗折强度、抗冲击强度、吸水率和密度。

6.1.2 型式检验:包括出厂检验的全部检验项目和平板的不透水性、抗冻性试验。必要时由供需双方协议还可增加试验项目。

6.2 抽样与判定

6.2.1 正常生产检验

每班产品为一批量,按 4.2.1 的要求逐张检查。其他外观质量项目按 1%数量抽查。从检查合格的产品中抽出 1 张作抗折强度、抗冲击强度和吸水率试验。若有一项性能不符合技术要求时,而该产品由生产日起不超过 45 天,允许再取加倍数量作不合格项目的试验。若仍有 1 张不合格时,则该批产品为不合格品。

6.2.2 出厂检验

6.2.2.1 每批平板应为同一类别、同一等级、同一规格的产品,一般以 1 000 张为一批量(或二个班的产量)。如不足一批,则在 200 张以上仍按一批考核。验收地点应在生产厂内进行。

6.2.2.2 外观质量与规格尺寸检验:从同类产品中每批在不同堆垛里抽取 3 张板进行外观质量和规格尺寸检查,以确定产品等级。若其中 1 张有一项指标不合格,则要对这个指标重新检验。由同一批量再抽取双倍数量进行复验，若该项指标仍不符合要求时，则该产品需调级或逐张检查另行处理。

6.2.2.3 物理力学性能检验：从上述外观质量、规格尺寸合格的样品中抽取2张作抗折强度、吸水率、密度和抗冲击强度检验。抗冲击性按5.2.2进行。其余检验项目分别从每块样品中切取一个试件，共切取2个试件进行，以确定产品类别。若两个试件中有一个试件低于3类板某项技术要求时，再取双倍数量样品进行不合格项目的复验。若仍不符合要求时，则该批产品为不合格。

6.2.3 型式检验

6.2.3.1 当产品有下列情况时应进行型式检验：

a. 新产品或老产品转厂生产的试制定型鉴定；

b. 正式生产后如产品结构、材料、工艺有较大改变时；

c. 产品长期停产后恢复生产时或交货检验结果与上次型式检验有较大差异时；

d. 国家质量监督机构提出型式检验要求时。

6.2.3.2 外观质量与规格尺寸检验：从每一受检批中抽取样品。抽样数量列于表3第2栏。

外观质量与规格尺寸检验按5.1.2进行。验收规则按品质检验程序进行(表3第3～6栏)，即不合格品数未超过表3第3、5栏时，则该受检批量应予验收；若不合格品数等于或大于表3第4、6栏时，则该批量可予拒收；若第一次样品中的不合格品数超过A_{c_1}但小于R_{e_1}，则应抽取并检验与第一次样品相同数量的第二次样品，批量拒收后可进行逐张检查处理。

表3

1	2	3	4	5	6	7	8
生产期间已试验产品每受检批次的数量	抽样数量	第一次样品		第一＋第二次样品		用变量法检查可接收系数 K	备　注
		合　格判定数 A_{c_1}	不合格判定数 R_{e_1}	合　格判定数 A_{c_2}	不合格判定数 R_{e_2}		
＜200	3	0	2	1	2	0.29	$AL=L+KR$ 式中：AL——可验收极限(N)； L——标准低限(N)； K——可接收系数； R——样品中最大值与最小值之差(N)
200～400	4	0	2	1	2	0.34	
401～800	5	0	2	1	2	0.37	
801～1 500	7	0	2	1	2	0.40	
1 501～3 000	10	0	2	2	3	0.50	

6.2.3.3 按变量检验程序(表3第7、8栏)对抗折强度和抗冲击强度试验进行验收。若样品的平均值($\bar{X}$)大于或等于可验收极限。即$\bar{X} \geqslant AL$，则该批量是可以验收的。若$\bar{X} < AL$，则该批量拒收。

6.2.3.4 平板的吸水率、密度、抗冻性和不透水性试验，应在同一批量中任意抽取2张试样(也可从同样的抽样单位中切取)，试验结果如有不合格品时，再取加倍数量进行复试。复试后仍有一张不合格，则该批产品不得验收。

6.3 试验费用

用户要求复验时。复验不合格费用由厂方支付，并负责产品调换；复验合格时费用由用户负担。

7 标志与产品合格证

7.1 标志

在每张平板正表面上应用不掉色的颜色标明生产厂名称、生产日期、班次等。出厂的包装垛上应有该产品的类别、等级的标志。

7.2 **产品合格证**

发货时必须将产品合格证随同发货单寄给用户。其中应载明:

a. 生产厂名称及厂址;

b. 产品名称、类别、规格、编号与生产日期;

c. 产品性能检验结果;

d. 生产厂检验部门及检验人员签名盖章。

8 保管、包装和运输

8.1 保管:堆放板材应按不同规格、类别、等级分别堆放。堆放场地必须平坦、坚实,并采取防止雨淋措施等。堆放高度一垛不得超过 1.5 m。

8.2 包装:产品可采用集装箱或捆扎包装,并方便搬运。

8.3 运输:搬运和装卸板材时,不得互相撞击和抛掷,运输工具底面必须平整并设法使产品固定好。在运输过程中要减少震动、防止碰撞。

附加说明:

本标准由国家建材局苏州混凝土水泥制品研究院归口。

本标准由国家建材局苏州混凝土水泥制品研究院、吴江新型建材厂、上海石棉水泥制品厂、成都青华新型建材厂、沈阳新型建材总厂和加兴石棉水泥制品厂起草。

本标准主要起草人叶启汉、张明勇、陈桂琴、徐祥源。

本标准委托国家建材局苏州混凝土水泥制品研究院负责解释。

中华人民共和国建材行业标准

JC/T 564—94

纤 维 增 强 硅 酸 钙 板

1 主题内容与适用范围

本标准规定了纤维增强硅酸钙板的产品分类、规格、技术要求、试验方法、检验规则、标志、保管、包装与运输。

本标准适用于以钙质材料、硅质材料及纤维等增强材料为主要原料，经成型、蒸压养护而成的纤维增强硅酸钙板(下称硅酸钙板)。主要用作建筑物、船舶的壁板、吊顶板和其他工程的防火隔热材料等。

本标准不适用于下列产品：

a. 石棉砂质水泥平板；

b. 硅酸钙绝热制品；

c. 饰面硅酸钙板。

2 引用标准

GB 4902 刨花板 平面抗拉强度的测定

GB/T 5464 建筑材料不燃烧性试验方法

GB 7019 石棉水泥制品吸水率、容重及孔隙率测定方法

GB 8040 石棉水泥波瓦、平板抗折性试验方法

GB 8624 建筑材料燃烧性能分级方法

GB 10294 绝热材料稳态热阻及有关特性的测定 防护热板法

GB 10699 硅酸钙绝热制品

3 产品分类、等级与规格

3.1 分类、等级

3.1.1 分类

a. 硅酸钙板按其增强材料分为云母型(Y)、石棉型(S)和其他纤维材料型(Q)三类；

b. 按密度分为D0.6、D0.8和D1.0三类。

3.1.2 等级

按抗折强度、外观质量和尺寸允许偏差分为优等品(A)、一等品(B)和合格品(C)三个等级。

3.2 规格

规格的公称尺寸及其尺寸允许偏差应符合表1规定。

国家建筑材料工业局1994-09-14批准　　1995-05-01实施

表 1

mm

项　　目	公称尺寸	尺寸允许偏差		
		优等品	一等品	合格品
长度 l	1 000　1 200　1 800　2 400　2 800　3 000	±2	±3	±5
宽度 b	800　900　1 000　1 200	±2	±3	±4
厚度 e	5　6　8　(9)　10　12	±0.2	±0.3	±0.4
	15　20　(19)　25　30　35	±0.4	±0.6	±0.8

注：① 括号内尺寸为船用板常用规格。

② 经供需双方协商可生产其他规格尺寸的平板。

3.3　产品标记

3.3.1　标记代号

按增强材料分类、密度、产品等级、规格尺寸与标准编号顺序列出。

3.3.2　标记示例

云母型硅酸钙板，D0.6 类板，优等品，长度 2 400 mm，宽度 1 200 mm，厚度 10 mm：

YD 0.6　A　2 400×1 200×10 JC/T 564

4　技术要求

4.1　外观质量

4.1.1　外观：船用板不允许有裂纹、分层、缺角、鼓泡、凹陷等缺陷；建筑用板优等品同船用板，一等品和合格品允许有不影响使用的鼓泡和凹陷。

4.1.2　尺寸允许偏差应符合表 1 的规定。

4.1.3　形状偏差应符合表 2 的规定。

表 2

项　　目		允许范围	
		船上用板	建筑用板
板边平直度，mm/m 不大于		1	2
板边垂直度，mm/m 不大于		3	
板面平面度，mm/m	e≤12 不大于	4	
	e>12 不大于	3	
同一块板厚薄差，mm 不大于		0.4	0.1e(但也不能大于 2)

4.2　物理力学性能

各类板的物理力学性能应符合表 3 的规定。

表 3

项 目	指 标								
	D0.6			D0.8			D1.0		
密度 ρ,g/cm³	$0.5<\rho\leqslant0.75$			$0.75<\rho\leqslant0.9$			$0.9<\rho\leqslant1.2$		
抗折强度,MPa 不小于	优等品	一等品	合格品	优等品	一等品	合格品	优等品	一等品	合格品
$e\leqslant12$	6	5	4	9	8	7	11	10	9
$e>12$	4.9	4.0	3.5	6.0	5.5	5.0	7.0	6.5	6.0
螺钉拔出力,N/mm 不小于	49			60			75		
热导率,W/mK 不小于 (导热系数)	0.20			0.25			0.29		
含水率,% 不大于	7(船用);10(建筑用)								
湿胀率,% 不大于	0.25								
热收缩率,% 不大于 (600℃×3 h)	1								
不燃性	船用符合船检规定; 建筑用符合 GB 8624A 级								
垂直抗拉强度,MPa 不小于	0.5(船用)								
布氏硬度 HB 不小于	1.5(船用)								

5 试验方法

5.1 外观质量

5.1.1 检验工具

5.1.1.1 检验平台应平整、光滑,其尺寸应足以支承板材。

用两把金属尺安放在该平台的边缘并成直角(长臂不短于 1 000 mm,短臂不短于 700 mm),每把金属尺的平直度至少精确至 0.3 mm/m,垂直度至少精确至 0.1%,也可以采用平直度和垂直度要求与上述相同的轻便角尺。

5.1.1.2 钢卷尺:规格 0～3 000 mm,精度 1 mm。

5.1.1.3 游标卡尺:精度 0.05 mm。

5.1.1.4 金属直尺:规格 0～1 000 mm,精度 1 mm。

5.1.1.5 塞尺。

5.1.2 外观缺陷用目测方法检验。

5.1.3 长度和宽度:每个方向测量三次,应避开可见缺陷处,测点如图 1 所示,取其平均值,精确至 1 mm。将平均值减去公称尺寸即为尺寸允许偏差。

5.1.4 厚度:用游标卡尺在板宽的每一边各测量三点共 8 点,测点如图 2 所示,取平均值,精确至 0.1 mm。将平均值减去公称厚度即为尺寸允许偏差。实测尺寸的最大值减去最小值即为该板的厚薄差。

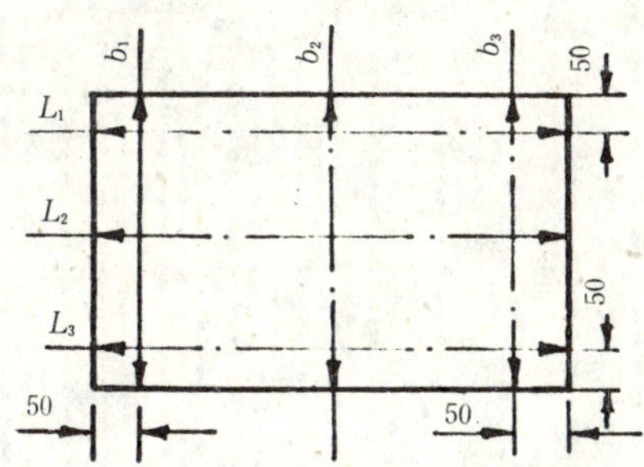

图 1　长度和宽度测量位置

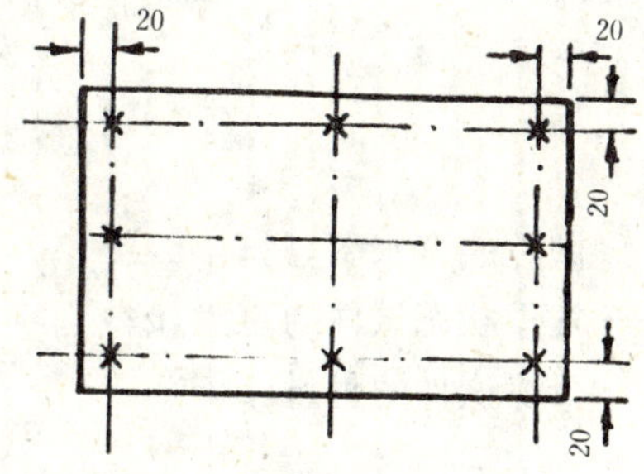

图 2　厚度测量位置

5.1.5　板边平直度：把板的每一边与不短于 1 m 的直尺边紧靠，测量板边与直尺边之间的最大距离，精确到 0.5 mm，平直度 d/L 以 mm/m 计，如图 3 所示。

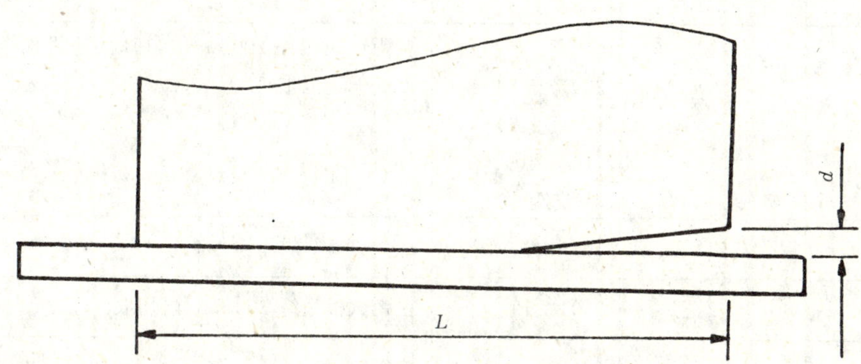

图 3　平直度的测量

5.1.6　板边垂直度：依次把板的四个角放在直角尺的两臂之间，使板的长边与直角尺长臂紧密接触，测量板边到直角尺短臂的最大距离，精确到 0.5 mm，如图 4 中所示的"d"，垂直度 d/L 以 mm/m 计。

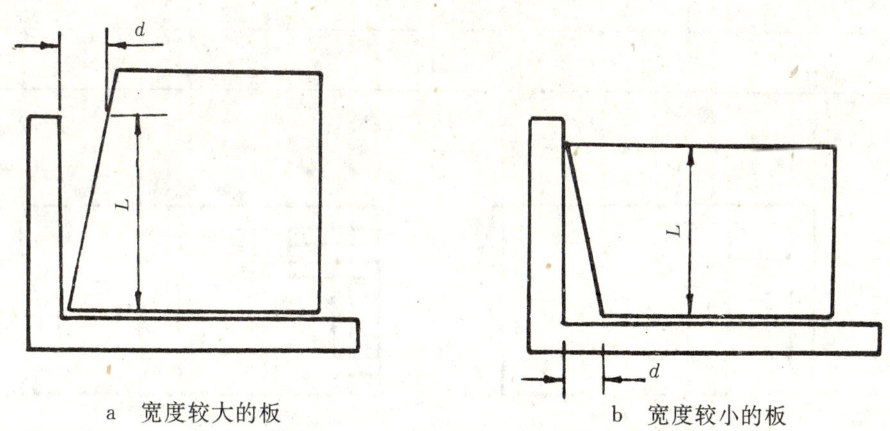

a　宽度较大的板　　　　b　宽度较小的板

图 4　垂直度的测量

5.1.7　板面平面度：把板置于平整的水平台上，将一把 1 000 mm 长的直尺侧面贴在平板表面上，然后用塞尺测量直尺侧面与平板正面之间的最大间隙即为平面度，精确至 1 mm。

5.2　物理力学性能

5.2.1　试件的制备：试件应符合表 4 的规定。

5.2.2　密度的测定：按照 GB 7019 规定进行。

5.2.3　含水率测定：称取试件气干状态下(试件放于通风良好的室内 7 天以上的状态)的重量，然后按 GB 7019 规定的方法测定干燥试件的重量，按式(1)计算试件含水率：

$$A=\frac{W_0-W_1}{W_1}\times 100 \quad \cdots\cdots(1)$$

式中：A——试件的含水率，%；

W_0——气干状态试件的重量，g；

W_1——干燥试件的重量，g。

表 4

测定项目	试件数，块	试件尺寸，mm	制备要求
密　度	3	80×80	按 GB 7019
含水率	3	80×80	按 GB 7019
抗折强度 $e\leqslant12$ $e>12$	 3 6	 250×250 （支距 215） $(10e+40)\times$ $3e$（支距 $10e$）	在距试板边缘 200 mm 内切取（见图 5），在 100～105℃下烘干至恒重
螺钉拔出力	3	100×80	100～105℃烘干至恒重
湿胀率	2	250×250	在距试板边缘 200 mm 内切取
热收缩率	2	80×80	按 GB 10699
热导率（导热系数）	2	ϕ200	按 GB 10294
不燃性			按 GB 5464（船用板按船检有关规定）
垂直抗拉强度	3	50×50	按 GB 4902
布氏硬度	3	80×40	

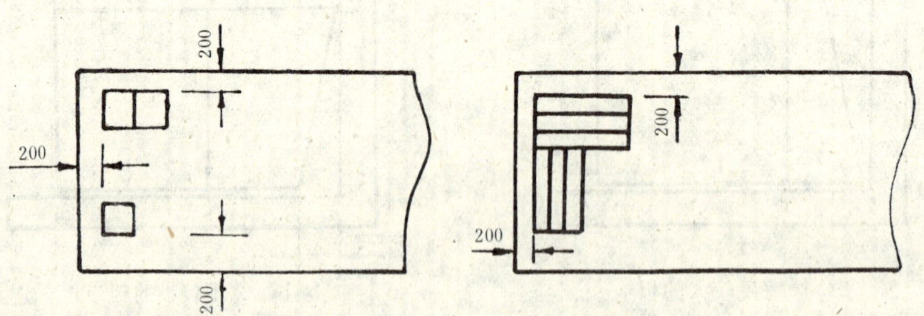

a　正方形试件　　　b　长方形试件

图 5　抗折强度试件的切割

5.2.4　抗折强度试验：按照 GB 8040 规定进行。

5.2.5　螺钉拔出力测定：把试件放于 100～105℃烘箱里烘干至恒重。采用木螺钉旋入略小于螺钉螺纹直径的试件导入孔中，螺钉穿透板的全部厚度并要露出背面 5 mm，然后通过附有适当夹具的万能材料试验机，以约 50 N/s 速率施加拉力，直至螺钉拔出，按式（2）计算螺钉拔出力：

$$R = \frac{P}{h} \qquad \cdots\cdots(2)$$

式中：R——螺钉拔出力，N/mm；

P——荷载，N；

h——螺钉旋入深度，mm。

5.2.6 湿胀率测定：把试件浸入不低于5℃的水中至少24 h，然后用螺旋测微器测量4个边长（精确到0.01 mm），在100～105℃烘箱里烘干至恒重，待试件冷却后再测一次4个边长度，按式（3）求出湿胀率：

$$\varepsilon = \frac{L_2 - L_1}{L_1} \times 100 \qquad \cdots\cdots(3)$$

式中：ε——试件湿胀率，%；

L_2——浸水后试件长度，mm；

L_1——干燥后试件的长度，mm。

取8个数据的平均值为试验结果，其值必须符合4.2条的要求。

5.2.7 热收缩率测定：按GB 10699的规定进行。

5.2.8 导热系数测定：按GB 10294的规定进行。

5.2.9 不燃性试验：船用按船检有关规定，建筑用按GB 5464的规定进行。

5.2.10 垂直抗拉强度试验：按GB 4902的规定进行。

5.2.11 布氏硬度试验：把试件放于100～105℃烘箱里烘干至恒重。将布氏硬度计放上ϕ10 mm的钢球，通过万能试验机分别用10 N和500 N的荷重压入试件并持续10 s，卸去荷重，读出两次钢球凹陷深度t_1和t_2，准确至0.01 mm，按式（4）计算布氏硬度：

$$\mathrm{HB} = \frac{P}{9.8\,\pi D T} \qquad \cdots\cdots(4)$$

$$T = t_2 - t_1 \qquad \cdots\cdots(5)$$

式中：P——荷重，490 N；

π——3.14；

D——钢球直径，10 mm；

T——钢球压痕深度之差，mm。

6 检验规则

6.1 检验项目

6.1.1 出厂检验项目

6.1.1.1 建筑用硅酸钙板检验项目：板的外观质量、含水率、密度、抗折强度和螺钉拔出力。

6.1.1.2 船用硅酸钙板检验项目：板的外观质量、含水率、密度、抗折强度、螺钉拔出力、垂直抗拉强度和布氏硬度。

6.1.2 型式检验项目：包括本标准规定的所有检验项目。

6.2 抽样与判定

6.2.1 出厂检验

6.2.1.1 每批板应为同一类别、同一等级、同一规格的产品。一般以1 000张为一批量，如不足1 000张，则在200张以上仍按一批考核，验收地点应在生产厂内进行。

6.2.1.2 外观质量检验：从一批产品中不同堆垛里抽取3张板进行外观缺陷、尺寸允许偏差和形状偏差检查，以确定产品等级是否合格。若其中1张有一项指标不合格，则要对这个指标重新检验。由同一批量再抽取双倍数量进行复验。若该项指标仍不符合要求时，则该产品应降等或判为不合格品。

6.2.1.3 物理力学性能检验：从上述外观质量合格的样品中抽取2张作密度、含水率、抗折强度和螺钉拔出力（船用板另加垂直抗拉强度和布氏硬度）检验。按5.2.1条规定切取试件试验，以确定产品类别。若其中有1张样品的性能不符合该类产品指标，再取双倍数量样品进行不合格项目的复验，若仍有1张不符合要求，则该批产品为不合格。

6.2.2 型式检验

6.2.2.1 当产品有下列情况之一时应进行型式检验：

a. 新产品或老产品转厂生产的试制定型鉴定；

b. 正式生产后，如结构、材料、工艺有较大改变，可能影响产品性能时；

c. 正常生产时，应1年进行一次检验；

d. 产品停产半年后恢复生产时；

e. 出厂检验结果与上次型式检验有较大差异时；

f. 国家质量监督机构提出进行型式检验的要求时。

6.2.2.2 外观质量检验，从每一受检批中抽取样品，样品数量列于表5第2栏。

表5

1	2	3	4	5	6	7	8
生产期间已试验产品每受检批次的数量	抽样数量	第1次样品		第1次+第2次样品		用变量法检查可接收系数 K	备注
		合格判定数 A_{c1}	不合格判定数 R_{e1}	合格判定数 A_{c2}	不合格判定数 R_{e2}		
≤200	3	0	2	1	2	0.29	$AL=L+KR$
201～400	4	0	2	1	2	0.34	式中：AL—可验收极限(N)；
401～800	5	0	2	1	2	0.37	L—标准低限(N)；
801～1 500	7	0	2	1	2	0.40	K—可接收系数；
1 501～3 000	10	0	2	2	3	0.50	R—极差 N
3 001～8 000	15	0	3	3	4	0.51	

外观质量按本标准5.1条进行检验。验收规则按品质检验程序进行（表5第3～6栏）。即第一次样品中的不合格品数未超过表5中A_{c1}时，该受检批量应予验收；若不合格品数等于或大于表5中R_{e1}时，受检批量应予拒收；若第一次样品中的不合格品数介于A_{c1}和R_{e1}之间时。则应抽取并检验与第一次样品相同数量的第二次样品。两次样品中的不合格品总数等于或小于表5中A_{c2}，则该检验批量验收；若不合格品总数等于或大于表5中R_{e2}，则该检验批量拒收。批量拒收后可进行逐张检查处理。

6.2.2.3 物理力学性能检验：按变量检验程序（表5第7、8栏）对抗折强度、螺钉拔出力、垂直抗拉强度和布氏硬度试验进行验收。若样品的平均值$\overline{X}$大于或等于可验收极限。即$\overline{X}\geqslant AL$，则该批量可以验收；若$\overline{X}<AL$，则该批量拒收。

板的密度、含水率、湿胀率和热收缩率试验，应在该受检批中任意抽取2张板按5.2条规定试验。试验结果如有一张不合格时，再取加倍数量进行复试，复试后仍有一张不合格，则该批产品不得验收。

热导率（导热系数）和不燃性试验按GB 10294、GB 5464检验。

7 标志、包装、运输与贮存

7.1 标志与产品合格证

7.1.1 标志：在每张板的表面上应用不掉色的颜色标明生产厂名称、生产日期、班次等，出厂的包装垛上应有该产品的类别、等级的标志。

7.1.2 产品合格证：发货时必须将该产品合格证随同发货单寄给用户，其中应载明：

a. 产品名称、产品标记、编号与生产日期；

b. 生产厂名称、商标及厂址；

c. 产品性能检验结果；

d. 生产厂检验部门及检验人员签名盖章。

7.2 包装

产品可采用硬质包装箱。若采用其他包装方式应保证硅酸钙板不致弯曲，板边不致碰撞损坏。包装高度不应超过1.2 m。

7.3 运输

搬运和装卸板材时，不得互相撞击和自任何高度进行抛掷，运输工具底面必须平整并设法使产品固定好，在运输过程中要减少震动，防止碰撞和雨淋。

7.4 贮存：堆放板材应按不同规格、类别、等级分别堆放，堆放场地必须平坦、坚实，不得露天堆放。如用方木支垫应保证产品不致变形，堆放高度不应超过1.5 m。

附加说明：

本标准由国家建筑材料工业局苏州混凝土水泥制品研究院归口。

本标准由国家建筑材料工业局苏州混凝土水泥制品研究院、吴县硅酸钙板厂、三明新型建材总厂、上海申华轻板厂和中国建筑材料科学研究院房建所等负责起草。

本标准主要起草人张明勇、叶启汉、陈桂琴。

本标准委托国家建筑材料工业局苏州混凝土水泥制品研究院负责解释。

中华人民共和国建材行业标准

JC/T 626—1996

纤维增强低碱度水泥建筑平板

本标准技术要求等效采用ISO 8336:1993《纤维水泥平板》、检验规则等同采用ISO 390:1993《纤维增强水泥制品—抽样和检验》中的相关内容。

1 范围

本标准规定了纤维增强低碱度水泥建筑平板的分类、技术要求、试验方法、检验规则、包装、运输与贮存等。

本标准适用于以温石棉、短切中碱玻璃纤维或以抗碱玻璃纤维等为增强材料、以Ⅰ字型低碱度硫铝酸盐水泥为胶结材料制成的建筑平板。

纤维增强低碱度水泥建筑平板(以下简称"平板")主要用于室内的非承重内隔墙和吊顶平板等。

2 引用标准

GB 7019 石棉水泥制品吸水率、容重及孔隙率测定方法

GB 8084 石棉水泥波瓦、平板抗折试验方法

GB 8071 温石棉

GB 9773 石棉水泥波瓦、平板抗冲击性试验方法

JC 412 建筑用石棉水泥平板

JGJ 63 混凝土拌合用水标准

3 分类、等级、规格与标记

3.1 分类

按石棉掺入量分为:掺石棉与无石棉纤维增强低碱度水泥建筑平板。

3.2 等级

按尺寸偏差和物理力学性能分为:优等品(A)、一等品(B)、合格品(C)。

3.3 规格

平板的规格尺寸见表1。

表1 mm

规格	公称尺寸
长度	1 200, 1 800, 2 400, 2 800
宽度	800, 900, 1 200
厚度	4, 5, 6
注:如需其他规格或边缘未经切割的板材,可由供需双方协商确定。	

3.4 标记

3.4.1 代号

国家建筑材料工业局1996-03-21发布　　1996-08-01实施

掺石棉纤维增强低碱度水泥建筑平板代号为TK；

无石棉纤维增强低碱度水泥建筑平板代号为NTK。

3.4.2 标记

标记由分类、规格、等级和标准编号组成。如规格为1 800mm×900mm×6mm掺石棉纤维增强低碱度水泥建筑平板，优等品的标记示例如下：

TK 1 800×900×6A JC/T 626

4 原材料要求

4.1 石棉：应符合GB 8071规定的五级和五级以上的温石棉。

4.2 水泥：应采用符合标准要求，标号不低于425号的I型低碱度硫铝酸盐水泥。

4.3 玻璃纤维：宜选用直径为15μm左右、长度为15～25mm的短切中碱玻璃纤维或抗碱玻璃纤维。NTK板必须采用抗碱玻璃纤维。

4.4 水：应采用淡水或循环系统的水。淡水应符合JGJ 63的技术要求。

5 技术要求

5.1 外观质量与尺寸允许偏差

5.1.1 外观质量

a) 板的正面应平整、光滑、边缘整齐、不应有裂缝、孔洞；

b) 板的缺角(长×宽)不能大于30mm×20mm，且一张板缺角不能多于一个；

c) 经加工的板的边缘平直度、长或宽的偏差不应大于2mm/m；

d) 经加工的板的边缘垂直度的偏差不应大于3mm/m；

e) 板的平整度不应超过5mm。

5.1.2 尺寸允许偏差

平板的尺寸允许偏差应符合表2规定。

表2

规格		尺寸允许偏差		
		优等品	一等品	合格品
长度，mm 宽度，mm		±2	±5	±8
厚度，mm		±0.2	±0.5	±0.6
厚度不均匀度，%	≤	8	10	12
注：厚度不均匀度系指同块板厚度的极差除以公称厚度。				

5.2 物理力学性能

平板的物理力学性能应符合表3规定。

表3

项目 \ 指标 \ 类别		TK板			NTK板	
		优等品	一等品	合格品	一等品	合格品
抗折强度，MPa	≥	18	13	7	13.5	7.0
抗冲击强度，kJ/m^2	≥	2.8	2.4	1.9	1.9	1.5
吸水率，%	≤	25	28	32	30	32
密度，g/cm^3	<	1.8	1.8	1.6	1.8	1.6

6 试验方法

6.1 规格尺寸与外观质量

按 JC 412 规定进行。

6.2 物理力学性能试验

6.2.1 抗折强度试验按 GB 8040 规定进行。

6.2.2 抗冲击强度试验按 GB 9773 规定进行，结果以平均值表示。

6.2.3 吸水率、密度试验按 GB 7019 规定进行。

7 检验规则

7.1 检验项目

7.1.1 出厂检验：包括规格尺寸、外观质量（5.1.1 中 a、b 项）、抗折强度、吸水率。

7.1.2 型式检验：包括出厂检验的全部项目、密度、外观质量（5.1.1 中 c～e 项）和抗冲击强度。

7.2 抽样与判定

7.2.1 出厂检验

7.2.1.1 批量：每批平板应以同一等级、同一规格的产品，以 1 000 张为一个批量，不足此数而在 200 张以上时，亦可作为一个批量考核。验收地点应在生产厂内进行。

7.2.1.2 外观质量与规格尺寸检验：每批量应在不同堆垛里共抽取三张板进行外观质量和规格尺寸检验，若其中一张有 1 项指标不符合标准要求时，则应由同一批量中抽取双倍数量进行复验，若该项指标仍不符合要求时，则该批产品判为不符合相应等级。

7.2.1.3 物理力学性能检验：从上述外观质量、尺寸偏差合格的样品中抽取一张作抗折强度、吸水率检验，若有 1 项指标不符合标准要求时，则应取双倍数量样品进行不合格项目的复验。若仍不符合要求时，则该批产品判为不符合相应等级。

7.2.2 型式检验

7.2.2.1 有下列情况之一时，应进行型式检验：

a）新产品试制定型鉴定时；

b）原材料、生产工艺有较大改变时；

c）连续生产半年以上时；

d）产品长期停产后恢复生产或交收检验与上次型式检验有较大差别时；

e）国家质量监督机构提出型式检验要求时。

7.2.2.2 外观质量与规格尺寸检验：从每一受检批中抽取样品，抽样数量列于表 3 第 2 栏。

外观质量与规格尺寸检验按 6.1 进行。判定规则按表 4 第 3～6 栏程序进行，即不合格品数未超过表 4 第 3、5 栏时，则该受检批量应予验收；若不合格品数等于表 4 第 4、6 栏时，则该批量可予拒收；若第一次样品中的不合格品数超过 Ac_1，但小于 Re_1，则应抽取并检验与第一次样品相同数量的第二次样品，当等于 Ac_2 予以验收，当大于或等于 Re_2 时判为拒收。

表 4

批量数	外观质量及规格尺寸检验					物理力学性能检验	
	抽样数量 张	第一次样品		第一次与第二次样品之和		抽样数量 张	可接收系数 K
		合格判定数 Ac_1	不合格判定数 Re_1	合格判定数 Ac_2	不合格判定数 Re_2		
1	2	3	4	5	6	7	8
151～280	8	0	2	1	2	3	0.502

表 4(完)

批量数	外观质量及规格尺寸检验					物理力学性能检验	
	抽样数量 张	第一次样品		第一次与第二次样品之和		抽样 数量 张	可接收 系数 K
		合格判定数 Ac_1	不合格判定数 Re_1	合格判定数 Ac_2	不合格判定数 Re_2		
281～500	8	0	2	1	2	4	0.450
501～1 200	8	0	2	1	2	5	0.431

7.2.2.3 抗折强度和抗冲击强度的验收应符合表 4 第 7、8 栏的规定。若样品的平均值 $\overline{X}$ 大于或等于可验收极限。即 $\overline{X} \geqslant AL$。则该批量可以验收；若 $\overline{X} \leqslant AL$，则该批量拒收。

注：$AL=L+KR$

式中：AL——可验收极限；

L——标准低限；

K——可接收系数；

R——样品中试验结果最大值与最小值的极差。

7.2.2.4 平板的吸水率、密度验收：应在同一批量中任意抽取二张试样(也可从抗折强度试样中切取)，试验结果如有不合格品时，再取双倍数量进行复验。试验后仍有一张不合格，则判该批产品为不合格品。

8 贮存、包装、运输与产品合格证

8.1 贮存：板材应按不同等级、规格分别堆放，堆放场地必须平坦、坚实，并防止雨淋。堆放高度一般不得超过 1.5m。

8.2 包装：每张产品的正面应用不褪色的颜料标明生产厂名称、生产日期与产品规格。产品可用集装箱或捆扎包装，包装应保证产品安全，方便搬运。包装上应注上标记和批号。

8.3 运输：运输与装卸产品时，产品应固定，不得抛掷与互相碰撞，运输工具底面应平整，并有防雨措施。

8.4 产品合格证：发货时，生产厂应出具产品合格证，随货提供给用户，其中应注明：

a) 生产厂名称、地址、商标；

b) 产品批号与产品标记；

c) 产品检验结果；

d) 检验部门与检验人员签章。

附加说明：

本标准由国家建筑材料工业局标准化研究所、上海市新型建筑材料工业总公司等单位负责起草。

本标准主要起草人：杨　斌、陈海伦、钱雪娟。

中华人民共和国建材行业标准

JC/T 627—1996

非对称截面石棉水泥半波板

1 范围

本标准规定了非对称截面石棉水泥半波板的等级、规格、技术要求、试验方法、检验规则、标志、包装、贮存和运输等。

本标准适用于温石棉和水泥为基本原材料制成的主要用作装敷外墙和覆盖屋面的非对称截面石棉水泥半波板(以下简称“半波板”)。

2 引用标准

GB 175 硅酸盐水泥、普通硅酸盐水泥

GB 7019 石棉水泥制品吸水率、容重与孔隙率测定方法

GB 8041 石棉水泥波瓦、平板不透水性试验方法

GB 8042 石棉水泥波瓦、平板抗冻性试验方法

GB 8071 温石棉

GB 9772 石棉水泥波瓦及其脊瓦

GB 9773 石棉水泥波瓦、平板抗冲击性试验方法

3 产品分类、等级与规格

3.1 分类

按波高 h 分为 3 类,见表 1。

表 1　　mm

类　　别	波　　高 h
小半波板(S)	≤25
中半波板(M)	26～45
大半波板(D)	46～60

3.2 等级

产品按其外观质量、规格尺寸偏差分为优等品(A)、一等品(B)和合格品(C)。

3.3 规格

半波板至少带 3 个波距,如图 1 所示。规格尺寸应符合表 2 的规定。

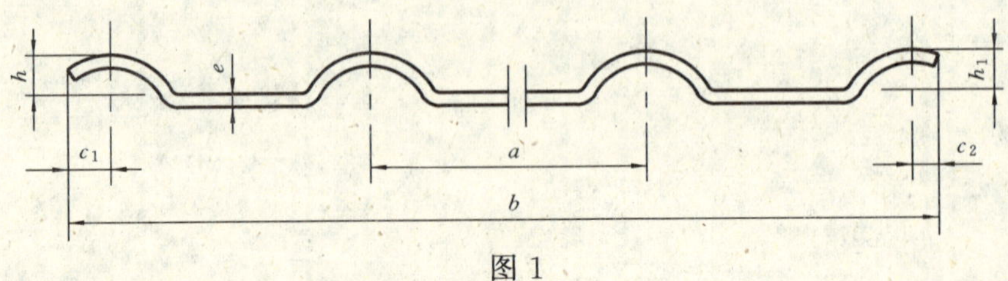

图 1

国家建筑材料工业局 1996-03-21 批准　　　　1996-08-01 实施

表 2

mm

长度 L	宽度 b	厚度 e	波距 a	波高 h	边距(参考尺寸)	
					c_1	c_2
1 800,2 000,2 100, 2 400,2 800,3 000	965,1 200,1 260	5,6,6.5	199,266,300	25,37,40, 45,50,60	35 60	30 60

注：① h_1 的尺寸小于 h，其尺寸由企业确定。

② 经供需双方协商可生产其他规格尺寸的半波板。

3.4 产品标记

3.4.1 产品代号

半波板的代号为 HCS。

3.4.2 标记方法

标记顺序为产品代号、分类代号、等级、长度、宽度、厚度及标准号。

3.4.3 标记示例

大半波板、一等品、长度 2 800mm、宽度 1 200mm、厚度 6mm 可标记为：

HCSD B 2 800×1 200×6 JC/T 627

4 技术要求

4.1 原材料

4.1.1 石棉纤维：应采用符合 GB 8071 规定的五级与五级以上温石棉纤维。亦可掺加适量耐久性好、对制品性能不起有害作用的其他纤维。

4.1.2 水泥：应采用符合 GB 175 规定的不低于 425 号的硅酸盐水泥或普通硅酸盐水泥。水泥中不得使用掺有炭粉作助磨剂及页岩、煤矸石作混合材的普通硅酸盐水泥。

4.1.3 水：不应含有影响制品性能的有害物质。

4.2 规格尺寸的允许偏差

应符合表 3 的规定。

表 3 尺寸允许偏差

mm

项　　目		优等品(A)	一等品(B)	合格品(C)
长度 L		±5	±5	±10
宽度 b		±5	±5	+10 −5
厚度 e		+0.5 −0.3	+0.5 −0.3	±0.1e
波距 a	S	±1.5	±1.5	±2.0
	M	±2.0	±2.0	±2.5
	D	±2.0	±2.0	±2.5
波高 h	S	±2.0	±2.0	±2.5
	M	±2.0	±2.0	±2.5
	D	±3.0	±3.0	±3.5

4.3 外观质量

4.3.1 优等品

产品正面应平整光滑、边缘整齐、四边方正、不应有裂纹、分层、掉角(用户要求带斜接角者除外)等缺陷。

4.3.2 一等品和合格品

产品外观质量应符合表4的规定。

表4 mm

项目	允许范围	
	一等品(B)	合格品(C)
掉角	长度方向≤50 宽度方向≤35	长度方向≤100 宽度方向≤45
	一张板掉角不得多于1个	一张板掉角不得多于2个
掉边	≤10	≤15
裂纹	正表面:宽度≤1.2 长度≤75 背面:宽度≤1.5 长度≤150	正表面:宽度≤1.5 长度≤100 背面:宽度≤2.0 长度≤300
方正度	≤6	≤8

4.4 半波板的物理力学性能

应符合表5的规定。

表5

项目		大半波板			中半波板			小半波板		
		优等品	一等品	合格品	优等品	一等品	合格品	优等品	一等品	合格品
吸水率,%	≤	26	28		26	28		26	28	
横向抗折力,N/m	≥	3 000			2 500			1 250		
抗冲击性		在相距60cm处观察,冲击一次后被击处不得出现龟裂、剥落、贯通孔及裂纹								
抗冻性		25次冻融循环后不得有起层等破坏现象								
不透水性		浸水后半波板背后允许出现洇斑,但不允许出现水滴								

5 试验方法

5.1 量器具

5.1.1 检查平台,台面应光滑平整,足以支承板材。

5.1.2 钢卷尺,量程3 000mm,分度值1mm。

5.1.3 钢直尺,量程1 000mm和300mm各一把,分度值1mm。

5.1.4 游标卡尺,量程125mm,分度值0.02mm。

5.1.5 深度游标卡尺,量程125mm,分度值0.02mm。

5.1.6 矩形框架,应符合GB 9772附录A2.1.4要求。

5.1.7 钢滚筒,直径为肋半径的2倍,其余应符合GB 9772附录A要求。

5.1.8 塞尺,型号75B14。

5.2 尺寸与外观质量

5.2.1 波距、波高、掉角、掉边、方正度和外观质量的检验:按GB 9772中附录A进行。

5.2.2 裂纹:用塞尺测量。

5.2.3 长度和宽度:在半波板中间及距板边(端)50mm处测量长度与宽度各3次,取3次测量的算术平均值。

5.2.4 厚度:在半波板的一端取6点(见图2)测量,取6次测量结果的算术平均值。

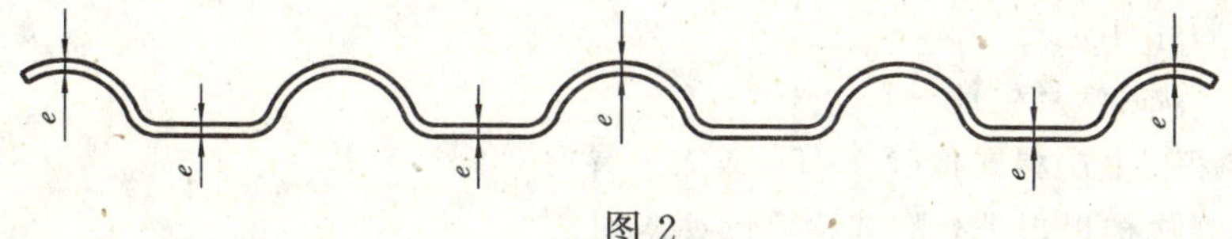

图2

5.2.5 边距:把半波板的波顶靠检查平台放置,将钢滚筒放置在边波波谷内,用钢板尺测出滚筒顶端至边线的距离,每边取2个测量值的算术平均值作为试样的边距。

5.2.6 测量误差:厚度、裂纹、波高和波距的测量误差不得超过0.1mm,读数至小数点后2位;其余项目的测量误差不得超过1mm。

5.3 吸水率

按GB 7019进行。

5.4 抗冻性

试件长度300mm,宽度200mm,其余按GB 8042进行。

5.5 不透水性

按GB 8041中大波瓦的规定进行。

5.6 横向抗折力

试件长度不小于1.2m,宽度不小于0.8m。试验前试件应在环境温度不低于5℃的条件下浸水24h。试验前用湿毛巾揩干后应立即进行试验。把试件波顶朝上放在两平行支座上,支座宽50mm,净支距为1 100mm。通过一根宽230mm的压杆,以约100N/s的速度将荷载加到试件中部,直至断裂。读取破坏时荷载,精确至10N,然后折算为每米板宽的荷载值即为该试件的横向抗折力。

5.7 抗冲击性

按GB 9773的规定进行,但茄形锤落下的高度为1 000mm。

6 检验规则

6.1 检验项目

6.1.1 出厂检验

产品出厂检验项目包括规格尺寸、外观质量、抗折力、吸水率和抗冻性。

6.1.2 型式检验

包括4.2～4.4全部检验项目。

6.2 抽检与判定

6.2.1 出厂检验

6.2.1.1 批量:每批半波板应为同一类别、同一等级、同一规格的产品,800张为一批量。如不足一批,则在200张以上仍按一批考核,验收地点应在生产厂内进行。

6.2.1.2 外观质量和规格尺寸检验:从每批不同堆垛中抽取三张板进行外观质量和规格尺寸检验,若其中一张1项指标不合格,也要对这项指标重新检验。由同一批量再抽取双倍数量试样进行复验,若该项指标仍不符合要求时,则该批产品需逐张检查验收。

6.2.1.3 物理力学性能检验:从上述外观质量、规格尺寸合格的样品中抽取二张作横向抗折力、吸水率和抗冻性检验,每个检验项目分别从每张样品中切取一个试件,共切取二个试件进行检验。全部项目均合格时,则可认为该产品合格,若其中有一张1项不符合要求时,再取双倍数量样品进行不合格项目的复验,若仍不符合要求时,则该批产品为不合格品。

6.2.2 型式检验

6.2.2.1 当产品有下列情况之一时应进行型式检验:

a）新产品或老产品转厂生产的试制定型鉴定；

b）产品结构、材料和生产工艺有较大改变，可能影响产品性能时；

c）正常生产时每半年进行一次；

d）产品长期停产后，恢复生产时；

e）出厂检验结果与上次型式检验结果有较大差异时；

f）国家质量监督机构提出进行型式检验的要求时。

6.2.2.2 规格尺寸与外观质量检验：从每一受检批次中随机抽取样品（每垛板最上面五张与底面五张除外）进行检验。样品数量见表6。

表6

1	2	3	4	5	6	7	8
每受检批次的数量 张	抽样数量 张	第一次样品		第一次与第二次样品之和		用变量法检查可接收系数 K	备注
		合格判定数 Ac_1	不合格判定数 Re_1	合格判定数 Ac_2	不合格判定数 Re_2		
<200	3	0	2	1	2	0.29	$AL=L+KR$ 式中：AL——可验收极限，N/m； L——标准低限，N/m； K——可接收系数； R——极差，样品中最大值与最小值之差，N/m
200～400	4	0	2	1	2	0.34	
401～800	5	0	2	1	2	0.37	
801～1 500	7	0	2	1	2	0.40	
1 501～3 000	10	0	2	2	3	0.50	

检验按5.2进行。判定按品质检验程序（表6第3～6栏）进行，即不合格品数未超过表6第3、5栏时，则该受检批量合格；若不合格品数等于或大于第4、6栏时，则该批量不合格；若第一次样品中不合格数超过Ac_1但小于Re_1，则应抽取并检验与第一次样品相同数量的第二次样品。批量不合格时，可进行逐张检查处理。

6.2.2.3 横向抗折力检验：按变量检验程序（表6第7、8栏）对横向抗折力检验结果进行判定。若样品的平均值大于或等于可验收极限，即$\overline{X}\geqslant AL$，则该批量合格；若$\overline{X}<AL$，则该批量不合格。

6.2.2.4 吸水率、抗冲击性、抗冻性和不透水性检验：应在同一批量中任意抽取二张试样（也可以在同样的抽样单位中切取），试验结果如有不合格品时，再取加倍数量样品进行复验，复验后仍有一张不合格时，则该批产品判为不合格。

7 标志、包装、运输与贮存

7.1 标志

在每张半波板正表面上应用不褪色的颜色标明生产厂名称、生产日期、班别、产品标记等。

7.2 产品合格证

发货时必须将产品合格证随同发货单寄给用户，其中应注明：

a）产品名称、类别、级别和数量；

b）生产厂名称、商标、厂址；

c）批量编号、生产日期；

d）产品检验结果；

e）标准编号；

f）生产厂检验部门及检验人员签名盖章。

7.3 包装

产品可采用包装箱或捆扎包装，并方便搬运。

7.4 运输

搬运和装卸半波板，不得互相撞击、不允许抛掷。运输工具底面必须平整并设法固定好，在运输过程中要减少震动、防止碰撞。

7.5 贮存

半波板应按不同规格、类别、等级堆放，堆放场地必须平坦、坚实，堆放高度一般不超过1.5m。

附加说明：

本标准由全国水泥制品标准化技术委员会归口。

本标准由国家建筑材料工业局苏州混凝土水泥制品研究院、南京纤维水泥制品厂、成都青华新型建筑材料厂和沈阳新型建筑材料总厂负责起草。

本标准委托国家建筑材料工业局苏州混凝土水泥制品研究院负责解释。

本标准主要起草人：张明勇、罗明、曾子如、徐祥源。

前　言

本标准非等效采用ISO 8336:1993《纤维水泥平板》中的有关条款。

本标准是在总结生产、使用维纶纤维增强水泥平板实践经验与企业标准的基础上，参照ISO 8336:1993《纤维水泥平板》制定的。

本标准自1997年11月1日实施。

本标准由全国水泥制品标准化技术委员会归口。

本标准委托中国建筑材料科学研究院房建材料与混凝土研究所负责解释。

本标准由中国建筑材料科学研究院房建材料与混凝土研究所、江苏爱富希新型建筑材料厂等负责起草。

本标准主要起草人:崔琪、崔玉忠、沈荣熹、盛祖念、史志强、陈立。

本标准为首次发布。

中华人民共和国建材行业标准

维纶纤维增强水泥平板

JC/T 671—1997

Vinylon fiber reinforced cement flat sheet

1 范围

本标准规定了维纶纤维增强水泥平板的分类，技术要求，试验方法，检验规则及产品标志、包装、运输和贮存等。

本标准适用于以改性维纶纤维和（或）高弹模维纶纤维为主要增强材料，以水泥或水泥和轻骨料为基材并允许掺入少量辅助材料制成的不含石棉的纤维水泥平板。

2 引用标准

下列标准所包含的条文，通过在本标准中引用而构成为本标准的条文。本标准出版时，所示版本均为有效。所有标准都会被修订，使用本标准的各方应探讨使用下列标准最新版本的可能性。

GB 175—92 硅酸盐水泥、普通硅酸盐水泥

GB 5464—85 建筑材料不燃性试验方法

GB/T 7019—1997 纤维水泥制品试验方法

JC 412—91(1996) 建筑用石棉水泥平板

JGJ 63—89 混凝土拌和用水质量标准

3 分类、规格与标记

3.1 分类

按密度分为：维纶纤维增强水泥板（A型板）与维纶纤维增强水泥轻板（B型板）。A型板主要用于非承重墙体、吊顶、通风道等，B型板主要用于非承重内隔墙、吊顶等。

3.2 规格

平板的规格尺寸与尺寸允许偏差应符合表1的规定。

表1 规格尺寸与尺寸允许偏差

项目	公称尺寸	尺寸允许偏差
长度，mm	1800，2400，3000	±5
宽度，mm	900，1200	±5
厚度，mm	4，5，6	±0.5
	8，10，12，15，20，25	±0.1e
厚度不均匀度，%		<10

注

1 厚度不均匀度系指同块板厚度的极差除以公称厚度；

2 e 表示平板公称厚度；

3 经供需双方协商可生产其他规格尺寸平板。

国家建筑材料工业局1997-05-08批准　　1997-11-01实施

3.3 标记

产品标记由代号、规格和标准号组成。其中代号以“维纶”拼音第1个大写字母(W)和产品类别(A、B)组成。

示例:规格为2400mm×1200mm×5mm的A型板的标记为:

WA 2400×1200×5 JC/T 671

4 技术要求

4.1 原材料

4.1.1 水泥:应采用GB 175规定中不低于425号水泥,不得使用掺有煤、炭粉作助磨剂及页岩、煤矸石作混合材的普通硅酸盐水泥。

4.1.2 维纶纤维:改性维纶纤维的抗拉强度不小于800MPa,弹性模量不小于12GPa。高弹模维纶纤维的抗拉强度不小于1100MPa,弹性模量不小于250Pa。

4.1.3 辅助材料:掺入适量非石棉且具有一定吸附水泥粒子能力的纤维质材料。

4.1.4 轻骨料:在生产B型板时,掺入适量轻质骨料,如小颗粒的珍珠岩等。

4.1.5 水:用水应符合JGJ 63规定。

4.2 外观质量

4.2.1 板的正表面应平整,边缘整齐,不得有裂纹、缺角等缺陷。

4.2.2 经加工的板的边缘平直度,长或宽的偏差不应大于2mm/m。

4.2.3 经加工的板的边缘垂直度的偏差不应大于3mm/m。

4.2.4 厚度不大于20mm的表面平整度不应超过4mm,厚度在20mm以上到25mm的板不应超过3mm。

4.3 板的尺寸偏差应符合表1的规定。

4.4 物理力学性能

板的物理力学性能指标应符合表2的规定。

表2 物理力学性能

项目 \ 类别		A型板	B型板
密度,g/cm^3		1.6~1.9	0.9~1.2
抗折强度,MPa	≥	13.0	8.0
抗冲击强度,kJ/m^2	≥	2.5	2.7
吸水率,%	≥	20.0	—
出厂含水率,%	≤	—	12
不透水性		经24h底面无水滴出现	—
抗冻性		经25次循环冻融不得有分层等破坏现象	—
干缩率,%	≤	—	0.25
不燃性		不燃	不燃
注 1 试验龄期不小于7d; 2 测定B型板的抗折强度、抗冲击强度时采用气干的试件。			

5 试验方法

5.1 规格尺寸及外观质量检测按 JC 412 规定进行。

5.2 物理力学性能检验：

5.2.1 抗折强度试验按 GB/T 7019 规定进行，强度取值为纵、横向抗折强度的平均值。

5.2.2 抗冲击试验按 GB/T 7019 规定进行，强度取值为纵、横向抗冲击强度的平均值。

5.2.3 密度、吸水率试验按 GB/T 7019 规定进行。

5.2.4 含水率试验：称取试件气干状态下（试件放于通风良好的室内 7d 以上的状态）的质量，然后按 GB/T 7019 规定的方法测定干燥试件的质量，按式(1)计算试件含水率：

$$A=\frac{m_0-m_1}{m_1}\times 100 \quad \cdots\cdots (1)$$

式中：A——试件含水率，%；

m_0——气干状态试件的质量，g；

m_1——干燥试件的质量，g。

5.2.5 抗冻性试验按 GB/T 7019 规定进行。

5.2.6 不透水性试验按 GB/T 7019 规定进行。

5.2.7 不燃性试验按 GB 5464 规定进行。

5.2.8 干缩率试验：在距离板边缘 200mm 以内的中间部位，切取两块 260mm×260mm 的试样，在室内自然通风条件下，放置 7d 以上，用 250～275mm 的外径千分卡测量 4 个边长（精确至 0.01mm），在烘箱里保持 60℃±5℃烘干 24h 时后，在干燥器中冷却至室温，再测量一次 4 个边长，按式(2)求出干缩率，以百分比表示。

$$\varepsilon=\frac{l_1-l_2}{l_1}\times 100 \quad \cdots\cdots (2)$$

式中：ε——干缩率，%；

l_1——自然条件下试样长度，mm；

l_2——烘干条件下试样长度，mm；

干缩率为二块试样数据的平均值。

6 检验规则

6.1 检验项目

6.1.1 出厂检验：规格尺寸、外观质量、抗折强度、抗冲击强度、吸水率、出厂含水率、密度。

6.1.2 型式检验：技术要求 4.2～4.4 中的全部项目。

6.2 抽样与判定

6.2.1 出厂检验

6.2.1.1 批量：从同一类型同一规格产品中，以 1000 张为一批，如不足一批时，则在 200 张以上亦按一批计算。

6.2.1.2 判定规则

外观质量与尺寸偏差：在受检批中随机抽取十张检验，如不符合技术要求张数不大于一张，则判该批产品外观质量与尺寸偏差合格；若有二张不符合技术要求，则取加倍数量复验，当不合格数不大于一张时，则判该批产品合格。若仍有二张不符合技术要求时，则判该批产品不合格。

物理力学性能：从上述外观质量、尺寸偏差合格的产品中抽取一张做物理力学性能项目试验，若其中 1 项指标不符合技术要求，则取双倍数量试样进行不合格项目的复验，若仍不符合要求，则判该批产品为不合格。

若检验的外观质量、尺寸偏差与物理力学性能均符合标准规定，则判该批出厂产品合格。

6.2.2 型式检验

6.2.2.1 当产品有下列情况之一时，应进行型式检验：

a) 产品结构、原材料、生产工艺有较大改变时；

b) 产品停产后恢复生产时或出厂检验结果与上次型式检验有较大差异时；

c) 正常生产时，每 2 年进行 1 次型式检验；

d) 国家质量监督机构提出型式检验要求时。

6.2.2.2 批量与抽样

外观质量与规格尺寸：从经出厂检验合格的批产品中抽取样品，抽样数量列于表 3 第 2 栏中。

6.2.2.3 判定规则

外观质量与规格尺寸检验按 5.1 进行。判定按表 3 第 3～6 栏程序进行，即不合格品数未超过表 3 第 3、5 栏时，则该受检批量应判合格；若不合格数等于或大于表 3 第 4、6 栏时，则该批量应判为不合格；若第一次样品中的不合格数超过 Ac_1，但小于 Re_1，则应抽取并检验与第一次样品相同数量的第二次样品，当等于 Ac_2 时予以验收，当大于或等于 Re_2 时判为拒收。

抗折强度与抗冲击强度按变量检验程序（表 3 第 7、8 栏）进行判定。若样品的平均值(X)大于或等于可验收极限，即 $X \geqslant AL$，则该批量应判合格；若 $X < AL$，则判该批量不合格。

表 3 型式检验抽样与判定

批量数量 N	品质检验—二次抽样					变量检验—单一抽样		
	样品数量 n	第一次样品		第一次＋第二次样品		样品数量 n	可接收系数 K	备注
		合格判定数 Ac_1	不合格判定数 Re_1	合格判定数 Ac_2	不合格判定数 Re_2			
1	2	3	4	5	6	7	8	9
≤150	3	0	1	不适用	不适用	3	0.502	$AL=L+K\cdot R$ 式中： AL——可接收极限； L——标准低限； K——可接收系数； R——样品中最大值与最小值之差
151～280	8	0	2	1	2	3	0.502	
281～500	8	0	2	1	2	4	0.450	
501～1 200	8	0	2	1	2	5	0.431	
1 201～3 200	8	0	2	1	2	7	0.405	

平板的密度、吸水率、抗冻性、不透水性、干缩率、不燃性应在同一批量中任意抽取二张试样，试验结果如有不合格时，再取加倍数量进行试验，复验后仍有一张不合格，则判该批产品不合格。

若检验的外观质量、尺寸偏差与物理力学性能全部符合标准要求时，则判型式检验合格。

7 标志、包装、运输与贮存

7.1 标志与产品合格证

7.1.1 标志：在每张板的正表面角上用不褪色的颜料标明生产厂名称，生产日期与产品标记。

7.1.2 产品合格证：随货发寄给用户，并载明：

a) 生产厂名称、地址、商标；

b) 生产批号与产品标记；

c) 产品检验结果；

d）检验部门与检验人员签名、盖章。

7.2 包装：产品可采用木架或木箱包装，应采取防潮措施。

7.3 运输：人力搬运板材时应两人将板侧立搬运，整垛板应用叉车搬运。长途运输时，运输工具底面必须平整，应尽量堆放同样高度并使之固定好。在运输过程中要减少震动，防止撞击和雨淋。吊装时应用专用吊具，避免损坏。

7.4 贮存：板材应按不同板型规格分别堆放，堆放场地必须平坦，坚实并防止雨淋。A 型板的堆放高度一般不得超过 1.5m，B 型板的堆放高度一般不得超过 1.0m。

前　　言

本标准是总结我国多年来生产与使用玻镁平板的实践经验,并在调查研究、科学试验及验证的基础上制订的。

制订《玻镁平板》行业标准,防火性能依据 GB 160—1997《不燃无机复合板应用技术条件》并参照采用了 ISO 1182:1990《建筑材料不燃性试验》;产品物理性能,参照采用了 DIN 272—1986《索瑞尔水泥地板》、JIS A 6905—1993《索瑞尔水泥》和 ISO 36:1990《纤维增强水泥制品》等标准。

本标准附录 A 是标准的附录。

本标准自 1998 年 11 月 1 日起实施。

本标准由全国水泥制品标准化技术委员会提出并归口。

本标准负责起草单位:国家建筑材料工业局合肥水泥研究设计院、安徽省消防科学研究所。

本标准参加起草单位:广东番禺市兆辉建材有限公司、淮南发电总厂防火板材厂、福建龙泰新型建材有限公司、国家建筑材料工业局合肥水泥研究设计院中亚防火板件厂。

本标准主要起草人:余学飞、屈　励、包建国、林辉勇、魏江平、倪望堂、黄汉波。

本标准委托国家建筑材料工业局合肥水泥研究设计院负责解释。

本标准为首次发布。

中华人民共和国建材行业标准

玻 镁 平 板

JC 688—1998

Glass fibre & magnesium cement board

1 范围

本标准规定了玻镁平板的分类、原材料要求、技术要求、试验方法、检验规则、包装、运输、标志和贮存。

本标准适用于以氧化镁(MgO)、氯化镁($MgCl_2$)和水(H_2O)三元体系,经配制和改性剂改性而制成的、性能稳定的镁质胶凝材料,以中碱或无碱玻纤网布为增强材料,以轻质材料为填料复合而制成的玻镁平板。

玻镁平板主要用于室内非承重内隔墙和吊顶板,以及用于各类装饰板的基板。

2 引用标准

下列标准所包含的条文,通过在本标准中引用而构成为本标准的条文,本标准出版时,所示版本均为有效。所有标准都会被修订,使用本标准的各方应探讨使用下列标准最新版本的可能性。

GB/T 7019—1997 纤维水泥制品试验方法

JC/T 449—91 建筑材料用菱苦土

JC 561—94 玻璃纤维网布

JC/T 626—1996 纤维增强低碱度水泥建筑平板

GA 160—1997 不燃无机复合板通用技术条件

3 分类

3.1 分类

产品按加工程度分为基板和深加工板。

3.2 分级

按尺寸偏差和物理力学性能分为:一等品(B)和合格品(C)。

3.3 规格

玻镁平板的产品规格见表1,其他异型规格由供需双方商定。

表1 规格

mm

项 目	长	宽	厚
基本尺寸	~2 500	~1 250	2~10

3.4 标记

3.4.1 代号

基板的代号为FM,深加工板代号为RFM。

3.4.2 标记示例

国家建筑材料工业局1998-05-14批准 1998-11-01实施

标记由分类、规格、等级和标准编号组成。例如:规格为2 440mm×1 220mm×3mm、一等品基板的标记示例如下:

FM 2 440×1 220×3 B JC 688

4 原材料要求

4.1 氧化镁应为JC/T 449规定的一等品以上的要求。

4.2 氯化镁应符合JC/T 449附录A的规定。

4.3 玻璃纤维布应符合JC 561规定,不得使用高碱或粘土坩埚拉丝生产的玻纤布。

4.4 填料应符合国家有关环境保护要求。

5 技术要求

5.1 外观质量与尺寸偏差

5.1.1 外观质量

a) 玻镁平板外观应表面平整、厚薄均匀、边角整齐、色泽一致,不应有裂纹、分层、孔洞、鼓泡、毛边等缺陷;

b) 深加工的装饰板材其表面质量由供需双方商定。

5.1.2 尺寸允许偏差

玻镁平板的尺寸允许偏差应符合表2规定。

表2 尺寸允许偏差

项目 \ 等级		尺寸允许偏差	
		一等品	合格品
长度,mm		±4	±6
宽度,mm			
厚度,%		±6	±10
厚度不均匀度,%	≤	8	10
直角偏离度,%	≤	0.2	0.4

注

1 厚度不均匀度系指同块板厚度的极差除以公称厚度;

2 直角偏离度系指同块两对角线值差的绝对值除以其平均值。

5.2 物理力学性能

玻镁平板物理力学性能应符合表3规定。

表3 物理力学性能

项目		一等品	合格品
抗折强度,MPa	≥	20	14
抗拉强度,MPa	≥	7	5
吸水率,%	≤	25	28
表观密度,t/m^3	≤	1.2	1.5
抗返卤性		无水珠、无返潮	无水珠、无返潮
抗冲击强度,kJ/m^2		2.4	1.9

5.3 防火性能

玻镁平板的防火性能应满足 GA 160—1997 中 4.4、4.5 的规定要求。

6 试验方法

6.1 量具、仪器和仪表：

a) 钢卷尺：量程 5 000 mm，分度值 1 mm；

b) 钢直尺：量程 1 000 mm，分度值 1 mm；

c) 工业天平：称量 1 kg，感量 0.2 g；

d) 游标卡尺：量程 150 mm，精度 0.1 mm；

e) 万能试验机：量程 50 000 N，最小刻度值 20 N；

f) 薄板抗折机：量程 6 000 N，最小刻度值 5 N；

g) 恒温恒湿箱：可调范围：温度 15～40 ℃；湿度 50%～95%。

6.2 试样

6.2.1 试样养护龄期应不少于 20 d。

6.2.2 试样以三块为一组，用于检测外观质量，规格尺寸，然后在每块上取样测定物理力学性能。

6.2.3 试样应置于室温 25 ℃±3 ℃，相对湿度小于或等于 90%的环境下 2 d 以上，但无须泡水。

6.3 试验步骤

6.3.1 规格尺寸与外观质量按 JC/T 626 规定进行。

6.3.2 直角偏离度：用外观及规格尺寸检测后的玻镁平板三块，用钢卷尺测量每块板的两条对角线值，精确至 1 mm，取二个对角线值之差的绝对值作为该板的直角偏离度值。三块中直角偏离度值最大的一块作为该组的直角偏离度值，而直角偏离度值除以该板的对角线公称尺寸则为该板的直角偏离度，以百分数表示。

6.3.3 抗折强度、吸水率、表观密度及抗冲击强度试验按 GB/T 7019 规定进行。

6.3.4 抗拉强度参照附录 A 进行。

6.3.5 抗返卤性：在一组试样的三块板上各任意切下 150 mm×150 mm 板，放入相对湿度大于等于 90%，温度 30～40 ℃的恒温恒湿箱中，12 h 后取出观察，有无水珠或变潮。

6.3.6 防火性能试验按 GA 160 规定进行。

7 检验规则

7.1 检验项目

7.1.1 出厂检验：包括规格尺寸、外观质量、抗折强度和抗返卤性。

7.1.2 型式检验：技术要求中的全部项目。

7.2 抽样与判定

7.2.1 出厂检验

7.2.1.1 批量

每批玻镁平板应以同一等级，同一规格的产品 2 000 张为一张量，不足此数而在 500 张以上时，亦可作为一个批量考核。验收地点应在生产厂内进行。

7.2.1.2 抽样与判定

a) 外观质量与规格尺寸检验：每批应在不同堆垛里抽取三张板进行外观质量和规格尺寸检验。若其中一张有一项不符合标准要求时，则应由同一批量中抽取双倍数量进行复验，若该项指标仍不符合要求时，该批产品判为不符合相应的等级；

b) 物理力学性能检验：用上述外观、尺寸偏差合格的三张试样，做抗折强度、抗拉强度、抗返卤性，若有一项指标不符合本标准要求时，则应取双倍数量的样品进行复验，若复验该项指标仍不符合要求时，则该批量产品判为不符合相应的等级；

c）判定：出厂检验的各项指标均符合本标准中相应等级时，判定该批产品符合该等级。

7.2.2 型式检验

7.2.2.1 有下列情况之一时，应进行型式检验：

a）新产品试制定型鉴定时；

b）正常生产时，每半年进行一次，其中防火性能试验，每两年进行一次；

c）原材料和生产工艺有较大改变时；

d）产品生产停产半年以上恢复生产时；

e）出厂检验结果与上次型式检验有较大差异时；

f）质量监督机构提出进行型式检验要求时。

7.2.2.2 抽样与判定

a）外观质量与规格尺寸检验：从每一抽检批量中抽取样品，抽样数量列于表4第2栏。外观质量与规格尺寸检验按6.1和6.2进行。判定规则按表4第3～6栏程序进行。即不合格数未超过表4第3和5栏时，则该受检批量应予验收，若不合格品数等于表4第4和6栏时，则该批量拒收。

表4

批量数 N	外观质量及规格尺寸检验					物理力学性能检验	
	抽样数量 张	第一次样品		第一次与第二次样品之和		抽样数量 张	可接收系数 K
		合格判定数 Ac_1	不合格判定 Re_1	合格判定数 Ac_2	不合格判定数 Re_2		
1	2	3	4	5	6	7	8
101～280	8	0	2	1	2	3	0.502
281～500	8	0	2	1	2	4	0.450
≥501	8	0	2	1	2	5	0.431

若第一次样品中的不合格品数超过 Ac_1，但小于 Re_1，则应抽取并检验与第一次样品相同数量的第二次样品，当等于 Ac_2 时予以验收，当大于或等于 Re_2 时判为拒收。

b）抗折强度和抗拉强度的验收应符合表4中7和8栏的规定。若样品的平均值 X 大于或等于可验收极限，即 $X \geqslant AL$，则该批量可以验收，若 $X \leqslant AL$，则该批量拒收。

$$AL = L + KR$$

式中：AL——可验收极限；

L——标准低限；

K——可接收系数；

R——样品中试验结果最大值与最小值的极差。

c）玻镁平板的吸水率、表观密度、抗返卤性、防火性能的验收，应在同一批量中任意切取三块试样，试验结果如有一块不符合要求时，再取双倍数量进行复验。复验后仍有一块不符合要求时，则判定该批产品为不合格产品。

d）判定：型式检验的各项指标均符合标准中相应等级时，判定该批产品为该等级。

8 标志、包装、运输和贮存

8.1 标志

发货时，生产厂应出具产品合格证，随货供给用户，其中应注明：

a）生产厂名称、地址、商标；

b）生产批量编号与产品标记；

c）产品检验结果；

d）检验部门与检验人员签章。

8.2 包装

每张玻镁平板的正面应用不褪色的颜料标明生产厂名称、生产日期与产品规格。产品可用集装箱或捆扎包装，包装应保证产品安全，方便搬运。包装上应注标记和批号。

8.3 运输

运输与装卸产品时，产品应固定，不得抛掷与互相碰撞，运输工具底面应平整，并有防雨措施。

8.4 贮存

玻镁平板应按不同等级、规格堆放。堆放场地必须平坦、坚实、防雨。堆放高度一般不宜超过1.5 m。

附 录 A

（标准的附录）

玻镁平板抗拉强度试验方法

本附录规定了玻镁平板抗拉强度的试验方法。

A1 仪器设备

A1.1 仪器

a）金属刻度尺：量程 300 mm，分度值 1 mm；

b）游标卡尺：量程 125 mm，精度 0.1 mm。

A1.2 设备

万能试验机：量程 50 000 N，最小刻度值 20 N。

A2 试件

试件的尺寸和数量：在外观检验合格的试样上，每块切取一块 50 mm×250 mm 试样共三块。

A3 试验步骤

A3.1 夹持方法见图 A1（两端必须加木质垫片）。

A3.2 测量每块试样距两端 50 mm 处宽度 B_1、B_2 值的平均值为该试样宽度 B，见图 A2。

$$B=\frac{B_1+B_2}{2};\quad C=\frac{C_1+C_2}{2}$$

A3.3 在测宽度处中心，测试样厚度 C_1 和 C_2，取平均值为试样的厚度 C，见图 A2。

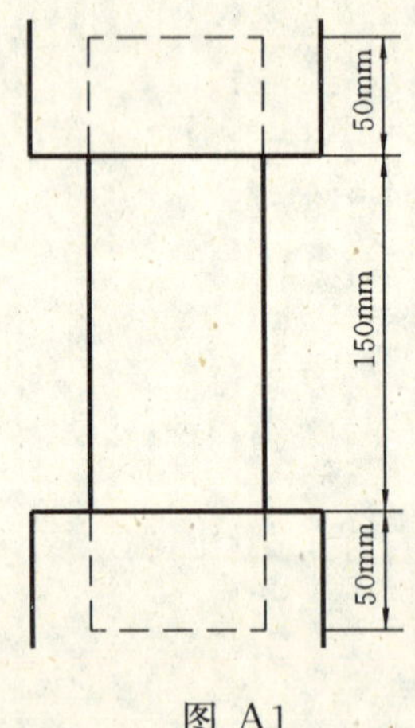

图 A1

图 A2

A3.4 用万能试验机按图 A1 夹住试样，加荷时，试件在 15 s 至 30 s 内断裂，读取破坏时的荷载 P，精确至最小分度值。

A4 结果计算

A4.1 抗拉强度按式（A1）计算：

$$R_{拉}=\frac{P}{BC} \qquad \text{(A1)}$$

式中：$R_{拉}$——抗拉强度，MPa；

P——破坏荷载,N;

B——试样宽度,mm;

C——试样厚度,mm。

A4.2 试验以三块试样的抗拉强度的平均值表示,精确至 0.1 MPa。

中华人民共和国国家标准

GB/T 4100—92

釉面内墙砖

代替GB 4100—83

Glazed interior tiles

---

1 主题内容与适用范围

本标准规定了釉面内墙砖（简称釉面砖）的规格尺寸、主要技术要求、试验方法、判定规则、标志、包装、运输与贮存。

本标准适用于建筑物内部墙面的保护及装饰用的有釉精陶质釉面砖。

2 引用标准

GB 2579 建筑卫生陶瓷吸水率试验方法
GB 2581 建筑卫生陶瓷耐急冷急热性能试验方法
GB 3810 釉面砖抽样方案及抽样方法
GB 5950 建筑材料与非金属矿产品白度试验方法通则
GB 8917 陶瓷砖弯曲强度试验方法
GB 9195 建筑卫生陶瓷产品名词术语
GB 11942 彩色建筑材料色度测量方法
GB 11948 陶瓷砖平整度、边直度和直角度的测定方法
GB 11949 陶瓷砖釉面抗龟裂试验方法
GB/T 13478 陶瓷砖釉面抗化学腐蚀试验方法

3 品种、形状、规格尺寸

3.1 品种

按釉面颜色分为单色（含白色）、花色和图案砖。

3.2 形状

3.2.1 按正面形状分为正方形、长方形和异形配件砖。

异形配件砖的形状见图1。

国家技术监督局 1992-01-15 批准　　1992-10-01 实施

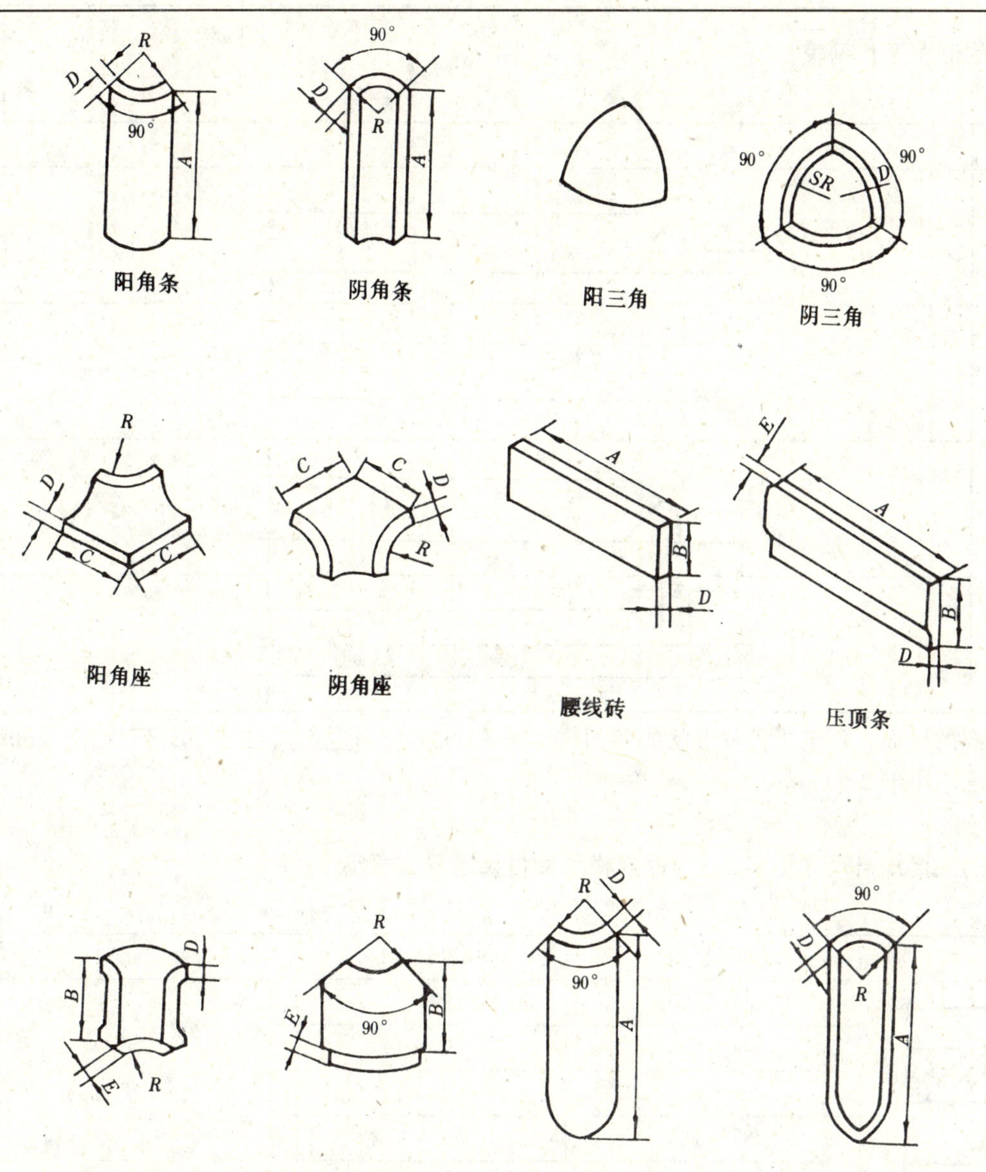

mm

B	C	E	R，SR
$\frac{1}{4}$A	$\frac{1}{3}$A	3	22

图1　异形配件砖

3.2.2 釉面砖的侧面形状见表1。

表 1

mm

名称	图 例
小圆边	
平 边	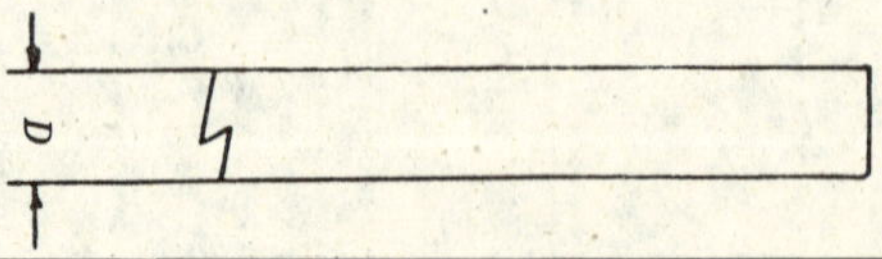
大圆边	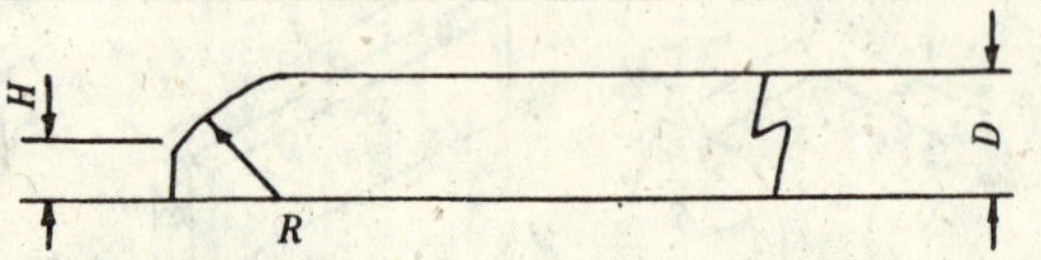
带凸缘边	

3.2.3 选择不同的侧面，可组成各种形状的釉面砖，其 R、rH 值由生产厂自定，E 不大于 0. 5mm。

3.2.4 背纹深度不小于 0. 2mm。

3.3 规格尺寸

3.3.1 釉面砖的主要规格尺寸见表 2，其他规格尺寸由供需双方商定。

表 2

mm

图 例		装配尺寸 C	产品尺寸 $A\times B$	厚度 D
模数化	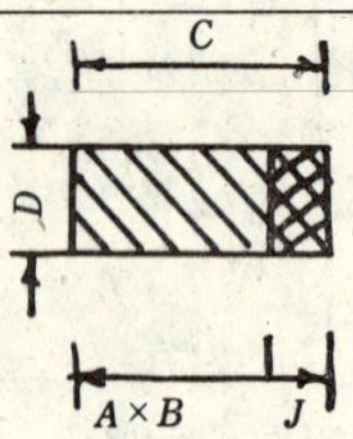 $C=A$ 或 $B+J$，J 为接缝尺寸	300×250	297×247	生产厂自定
		300×200	297×197	
		200×200	197×197	
		200×150	197×148	
		150×150	148×148	5
		150×75	148×73	5
		100×100	98×98	5
非模数化	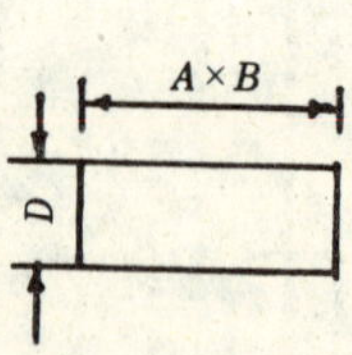	产品尺寸 $A\times B$		厚度 D
		300×200		生产厂自定
		200×200		
		200×150		
		152×152		5
		152×75		5
		108×108		5

3.3.2 异形配件砖的规格尺寸见图 1，其他规格尺寸由供需双方商定。

4 技术要求

4.1 尺寸允许偏差

4.1.1 釉面砖的尺寸允许偏差应符合表 3 的规定。

表 3

mm

	尺 寸	允 许 偏 差
长度或宽度	≤152	±0.5
	>152 ≤250	±0.8
	>250	±1.0
厚度	≤5	+0.4 −0.3
	>5	厚度的±8%

4.1.2 异形配件砖的尺寸允许偏差，在保证匹配的前提下由生产厂自定。

4.2 外观质量

4.2.1 根据外观质量分为优等品、一级品、合格品三个等级。

4.2.2 表面缺陷允许范围应符合表 4 规定。

表 4

缺陷名称	优等品	一级品	合格品
开裂、夹层、釉裂	不允许		
背面磕碰	深度为砖厚的$\frac{1}{2}$	不影响使用	
剥边、落脏、釉泡、斑点、坯粉釉缕、桔釉、波纹、缺釉、棕眼裂纹、图案缺陷、正面磕碰	距离砖面 1m 处目测无可见缺陷	距离砖面 2m 处目测缺陷不明显	距离砖面 3m 处目测缺陷不明显

4.2.3 色差

4.2.3.1 允许色差应符合表 5 的规定。

表 5

	优等品	一级品	合格品
色 差	基本一致	不明显	不严重

4.2.3.2 供需双方可以商定色差允许范围。

4.2.4 平整度

4.2.4.1 尺寸不大于 152mm 的釉面砖，平整度应符合表 6 的规定。

表 6

mm

平整度	优等品	一级品	合格品
中心弯曲度	+1.4 −0.5	+1.8 −0.8	+2.0 −1.2
翘 曲 度	0.8	1.3	1.5

4.2.4.2 尺寸大于 152mm 的釉面砖，平整度应符合表 7 的规定。表 7 中数值以对角线长度的百分数表示。

表 7 %

平整度	优等品	一级品	合格品
中心弯曲度	+0.5	+0.7	+1.0
翘曲度	−0.4	−0.6	−0.8

4.2.5 边直度和直角度

尺寸大于152mm的，其边直度和直角度应符合表8的规定。

表 8

	优等品	一级品	合格品
边直度，mm	+0.8 −0.3	+1.0 −0.5	+1.2 −0.7
直角度，%	±0.5	±0.7	±0.9

4.2.6 白度

各等级白色釉面砖的白度不小于73度，白度指标也可以由供需双方商定。

4.3 物理性能

4.3.1 吸水率

吸水率不大于21%。

4.3.2 耐急冷急热性

经耐急冷急热性试验，釉面无裂纹。

4.3.3 弯曲强度

弯曲强度平均值不小于16MPa；当厚度大于或等于7.5mm时，弯曲强度平均值不小于13MPa。

4.3.4 抗龟裂性

经抗龟裂性试验，釉面无裂纹。

4.4 釉面抗化学腐蚀性

釉面抗化学腐蚀性，需要时由供需双方商定级别。

5 试验方法

5.1 尺寸偏差

5.1.1 用读数值为0.05mm的游标卡尺测量。

5.1.2 长、宽度测量砖的四边，厚度测量任意一边的中间部位，厚度的测量包括凸背纹。

5.2 表面缺陷

釉裂、开裂、背面磕碰，在光线充足的条件下，距试样0.5m逐块目测检验。

敲击试样，依声音差异辨别夹层缺陷。

表4所列检验其他表面缺陷时，将试样在检查板上铺成方形平面。检查板与水平成70°±10°角放置。试样铺放后，要使砖面的最高边与检验者的视线相平；砖面上各部分的照度约为300lx。若需灯光照明，光源应置于检验者身后略高的位置。观察距离指试样铺贴面底边至检验者脚尖的距离。目测检验时，检验者的身体不应倾斜。抽取和铺放试样者不参与检验。

按表4的规定进行目测检验。

5.3 平整度、边直角和直角度

按GB11948的规定检验。

5.4 色差

5.4.1 在接近日光并光线充足的条件下，观察距离为0.5m。

随机抽取10块样品为对照组，在对照组内选取一块样品为对照板，对照板的颜色，应在对照组内与尽可能多的样品一致。用对照板为基准，与被检样品逐块目测对比，按表5的规定检验。

5.4.2 如果供需双方事先商定颜色和色差允许范围，则按 GB11942 的规定检验。

5.5 吸水率

吸水率按 GB2579 的规定检验。

5.6 耐急冷急热性

耐急冷急热性按 GB2581 的规定检验。

5.7 弯曲强度

弯曲强度按 GB8917 的规定检验。

5.8 白度

白度按 GB5950 的规定检验。

5.9 釉面抗化学腐蚀性

釉面抗化学腐蚀性能按 GB/T 13478 的规定检验。

5.10 抗龟裂性

抗龟裂性按 GB11949 的规定检验。

6 检验规则

6.1 检验分类

6.1.1 出厂检验

出厂检验包括尺寸偏差、表面缺陷、色差、平整度、边直度、直角度、吸水率、弯曲强度、耐急冷急热性能。

6.1.2 型式检验

型式检验包括本标准技术要求所规定的全部项目（白色釉面砖之外的其他品种不检验白度）。正常情况下，型式检验每半年进行一次。

6.2 组批与抽样规则

6.2.1 组批

以同品种、同规格、同色号、同等级的 1000～2000m^2 为一批，供需双方也可商定批的大小。

6.2.2 抽样

按 GB3810 的规定，随机抽取满足表 9 要求数量的样本。非破坏性试验项目的试样，可用于其他项目检验。

6.3 判定规则

6.3.1 样本大小及合格判定数列于表 9。

6.3.2 对尺寸允许偏差一项判定时，如果砖有一个尺寸不合格，则判定该釉面砖不合格。

对外观质量判定时，如果某块釉面砖不符合表 4 对该等级的要求，则判定该釉面砖不合格。

表 9 块

项目		试样数量		一次抽样		一次加二次抽样	
		一次 (n_1)	二次 (n_2)	接收数 Ac_1	拒收数 Re_1	接收数 Ac_2	拒收数 Re_2
吸水率		5	5	0	2	1	2
白度		5	5	0	2	1	2
釉面抗化学腐蚀	酸	5	5	0	2	1	2
	碱	5	5	0	2	1	2
耐急冷急热性		10	10	0	2	1	2
平整度		10	10	0	2	1	2
边直度		10	10	0	2	1	2
直角度		10	10	0	2	1	2
抗龟裂性		5	5	0	2	1	2
尺寸偏差		50 (30)	50 (30)	4 (3)	7 (5)	8 (6)	9 (7)
表面缺陷		50 (30)	50 (30)	4 (3)	7 (5)	8 (6)	9 (7)
色差		50 (30)	50 (30)	4 (3)	7 (5)	8 (6)	9 (7)
弯曲强度		10	$\overline{X} \geqslant L$ 时接收；$\overline{X} < L$ 时拒收				

注：①括号内为尺寸大于 152mm×152mm 时的规定。

②$\overline{X}$ 为平均值；L 为 4.3.3 规定的指标。

6.3.2 当所检验的全部项目合格时，该批产品合格；若该批产品所检验的项目有一项或一项以上不合格时该批产品不合格。

6.3.3 判定规则也可以由供需双方商定。

7 标志、包装、运输和贮存

7.1 标志

7.1.1 每块釉面砖的背面应有清晰的商标。

7.1.2 包装箱上应有制造厂名、产品名称、商标、规格尺寸、级别、色号、数量、易碎等标志。

7.2 包装

按品种、规格尺寸、级别、色号分别包装。包装用纸箱，也可以用木箱，包装应牢固，箱子应捆紧。

7.3 运输和贮存

7.3.1 搬运时应轻拿轻放，严禁摔扔。

7.3.2 运输和贮存时，应有防雨、防水、防潮、防冲击措施。

附加说明：

本标准由国家建筑材料工业局提出。

本标准由国家建筑材料工业局咸阳陶瓷研究设计院负责起草。

本标准主要起草人徐道弘。

中华人民共和国国家标准

GB/T 7697—1996

玻 璃 马 赛 克

代替 GB 7697—87

Glass mosaic

1 主题内容与适用范围

本标准规定了玻璃马赛克的分类、尺寸、技术要求、检验规则、标志及包装、贮存和运输。

本标准适用于熔融法和烧结法生产的用于建筑物内外墙装饰的玻璃马赛克。

2 产品分类

玻璃马赛克分为熔融玻璃马赛克、烧结玻璃马赛克和金星玻璃马赛克。

3 规格尺寸

玻璃马赛克一般为正方形如 20 mm×20 mm，25 mm×25 mm，30 mm×30 mm，其他规格尺寸由供需双方协商。

4 技术要求

4.1 单块玻璃马赛克边长、厚度的尺寸偏差应符合表 1 的规定。

表 1

mm

边长	允许偏差	厚度	允许偏差
20	±0.5	4.0	±0.4
25	±0.5	4.2	±0.4
30	±0.6	4.3	±0.5

4.2 玻璃马赛克联长、线路和周边距的尺寸偏差应符合表 2 规定。

表 2

mm

项目	尺寸	允许偏差
联长	327 或其他尺寸的联长	±2
线路	2.0，3.0 或其他尺寸	±0.6
周边距		1～8

4.3 玻璃马赛克的外观质量应符合表 3 规定。

国家技术监督局1996-03-26批准

1996-10-01实施

表 3 mm

缺陷名称		表示方法	缺陷允许范围	备注
变形	凹陷	深度	≤0.3	
	弯曲	弯曲度	≤0.5	
缺边		长度	≤4.0	允许一处
		宽度	≤2.0	
缺角		损伤长度	≤4.0	
裂纹			不允许	
疵点			不明显	
皱纹			不密集	
开口气泡			长度≤2.0 宽度≤0.1	

4.4 色泽:目测同一批产品应基本一致。

4.5 理化性能

玻璃马赛克的理化性能应符合表 4 规定。

表 4

试验项目		条件	指标
玻璃马赛克与铺贴纸粘合牢固度			均无脱落
脱纸时间		5 min 时	无脱落
		40 min 时	≥70%
热稳定性		90℃⟶18~25℃ 30 min 10 min 循环 3 次	全部试样均无裂纹和破损
化学稳定性	盐酸溶液	1 mol/L,100℃,4 h	K≥99.90
	硫酸溶液	1 mol/L,100℃,4 h	K≥99.93
	氢氧化钠溶液	1 mol/L,100℃,1 h	K≥99.88
	蒸馏水	100℃,4 h	K≥99.96

注:K 为重量变化率。

4.6 金星玻璃马赛克的金星分布闪烁面积应占总面积 20%以上,且显星部分分布均匀。

4.7 其他

4.7.1 单块玻璃马赛克的背面应有锯齿状或阶梯状的沟纹。

4.7.2 所用粘接剂除保证粘接强度外,还应易从玻璃马赛克上擦洗去。所用粘接剂不能损坏纸或使玻璃马赛克变色。

4.7.3 所用铺贴纸应在合理搬运和正常施工过程中不发生撕裂。

5 试验方法

5.1 单块边长采用精度为 0.05 mm 的游标卡尺平行测量两边之间的距离。

5.2 单块厚度采用精度为 0.05 mm 的游标卡尺，在垂直于沟纹方向上，刀口钳住中心线并穿过中心线测量。

5.3 联长采用精度为 0.5 mm 的钢直尺测量两中心线距离，如果超差再量相邻上下二处尺寸，两处均应符合要求。

5.4 周边距先目测应无包边现象，再用精度为 0.5 mm 的钢直尺测其四周最大周边距和最小周边距。

5.5 线路检验时将样品平放在平台上，距样品约 0.5 m 处目测是否整直，并用塞尺测量玻璃马赛克两相邻行(列)间最大距离和最小距离。

5.6 外观质量

5.6.1 变形

凹陷：用带固定架的百分表检测单块玻璃马赛克正面局部陷落的深度。

弯曲度：将单块玻璃马赛克放在平台上，正面向上，在任一对角线的两端点和中点处用带固定架的百分表分别测量其高度，按下列式计算其弯曲度。

$$H = h_1 - \frac{h_2 + h_3}{2} \qquad \cdots\cdots(1)$$

式中：H——弯曲度，mm；

h_1——中点处高度，mm；

h_2、h_3——两端点处高度，mm。

5.6.2 其他外观缺陷

在自然光线下，距试样 0.5 m 目测裂纹、疵点、皱纹；缺边、缺角用精度为 0.05 mm 的游标卡尺测量；开口气泡用放大镜检测。

5.7 色泽

随机抽取九联玻璃马赛克组成正方形，平放在光线充足的地方，距离受检物体 1.5 m 处目测。

5.8 玻璃马赛克与铺贴纸粘合牢固度

将一联玻璃马赛克贴纸面向内卷曲至筒状，然后摊平，反复三次。

5.9 脱纸时间

将联平放于 18～25℃水中，铺贴纸向上，使水刚浸没试样。5 min 时，捏住联的一边的两端，将联轻提出水面，检查有无单块玻璃马赛克脱落；40 min 时，捏住铺贴纸的一角折 180°沿对角线方向揭纸，检查单块玻璃马赛克脱落和纸张完整情况。

5.10 热稳定性

取 50 块无裂痕、边角整齐的玻璃马赛克逐块平铺于金属筐中，将筐放入恒温在 90±2℃的水槽中，使水浸没试样。保持 30 min 后提出，立即放入 18～25℃水中，保持 10 min 后提出，逐块目测有无裂纹或破损。

按上述操作进行三次。

5.11 化学稳定性

取 12 块玻璃马赛克，用蒸馏水洗净，于 100～110℃烘至恒重，所用天平应精确至 0.1 mg。各取 3 块分别放入盛有下列溶液的锥形瓶中并置于 100±1℃水中恒温。

a. 1 mol/L 盐酸溶液，150 mL，恒温 4 h；

b. 1 mol/L 硫酸溶液，150 mL，恒温 4 h；

c. 1 mol/L 氢氧化钠溶液，150 mL，恒温 1 h；

d. 蒸馏水，250 mL，恒温 4 h。

恒温后取出试样，用蒸馏水洗净后与参比样对照，目测变色和腐蚀情况。于 100～110℃烘至恒重，分别计算重量变化率 K，取四位有效数字。

$$K = \frac{G_1}{G_0} \times 100 \qquad \cdots\cdots(2)$$

式中：K——重量变化率，%；

G_0——试样原重，g；

G_1——试样腐蚀后的重量，g。

注：同项试验中如发现可疑值，它的取舍采用先除去可疑数据，将其余数据相加，求出算术平均值 $\overline{K}$ 及平均偏差 $\overline{d}$；如果可疑数据与平均值之差的绝对值大于 $4\overline{d}$ 即 $\left|\frac{可疑值-\overline{K}}{\overline{d}}\right| \geqslant 4$ 时则弃去此可疑数据，否则予以保留。

5.12 金星分布

随机抽取 4 联金星玻璃马赛克平放在光线充足的地方，距离试样 0.5 m 处目测金星分布情况。

6 检验规则

6.1 检验分类

出厂检验的试验项目为单块边长、单块厚度、单块外观、联长、线路、周边距、色泽、金星效果，玻璃马赛克与铺贴纸粘合牢固度。

型式检验包括上述检验项目和脱纸时间、热稳定性、化学稳定性。

6.2 批量和抽样规则

以同品种、同色号的产品 50～300 箱为一批，小于 50 箱由供需双方商定。

从每批中随机抽取 4 箱，然后再从 4 箱中随机抽取 20 联。

6.3 检验顺序

随机抽取的 20 联先进行联长、周边距、线路的检验。

从上述检验合格的联中随机抽取九联进行色泽检验。

从色泽合格的联中各抽取 2 联分别进行牢固度和脱纸时间的检验。

从脱纸后的玻璃马赛克中随机取 100 块进行单块尺寸和其他缺陷的检验。再从脱纸后的玻璃马赛克中选取色泽一致、无裂痕、边角整齐的玻璃马赛克 100 块，其中 50 块用作热稳定性检验；12 块用作化学稳定性检验；剩余试样用作参比样。

6.4 判定规则

6.4.1 联长：若次品数小于或等于 3 联，则判定该批产品的这一指标合格。否则该指标不合格。

6.4.2 周边距：若次品数小于或等于 3 联，则判定该批产品的这一指标合格。否则该指标不合格。

6.4.3 线路：若次品数小于或等于 3 联，则判定该批产品的这一指标合格。否则该指标不合格。

6.4.4 色泽：若检验结果符合 4.4 条规定，则判定该批产品的色泽合格。否则该指标不合格。

6.4.5 单块玻璃马赛克边长：若次品数小于或等于 5 块时，则判定该批产品的这一指标合格。否则该指标不合格。

6.4.6 单块玻璃马赛克厚度：若次品数小于或等于 5 块时，则判定该批产品的这一指标合格。否则该指标不合格。

6.4.7 单块玻璃马赛克外观质量：若次品数小于或等于 5 块时，则判定该批产品的这一指标合格。否则该指标不合格。

6.4.8 理化性能

若所取试样经检验，符合表4规定，则判定该批产品的理化性能合格。否则理化性能不合格。

6.4.9 金星分布：若检验结果符合4.6条规定，则判定该批产品的这一指标合格。否则该指标不合格。

若以上各项指标全部检验合格，则该批产品合格。反之，若有一项不合格，则该批产品不合格。

7 标志、包装、贮存、运输

7.1 标志

7.1.1 每联玻璃马赛克应印有商标及制造厂名。

7.1.2 包装箱表面应印有产品名称、厂名、注册商标、生产日期、色号、规格、数量和重量（毛重、净重），并应印上防潮、易碎、堆放方向等标志。

7.2 包装

7.2.1 玻璃马赛克用纸箱包装，箱内衬有防潮纸；产品放置应紧密有序。

7.2.2 每箱产品内，必须附有检验合格证。

7.3 贮存、运输

产品在贮存、运输时，严防受潮，轻拿轻放。

附 录 A
术 语
（参考件）

A1 熔融玻璃马赛克：以硅酸盐等为主要原料，在高温下熔化成型并呈乳浊或半乳浊状，内含少量气泡和未熔颗粒的玻璃马赛克。

A2 烧结玻璃马赛克：以玻璃粉为主要原料，加入适量粘结剂等压制成一定规格尺寸的生坯；在一定温度下烧结而成的玻璃马赛克。

A3 金星玻璃马赛克：内含少量气泡和一定量的金属结晶颗粒，具有明显遇光闪烁的玻璃马赛克。

A4 正面：玻璃马赛克贴纸的隐见面即装饰面。

A5 背面：玻璃马赛克不贴纸的可见面即施工粘接面。

A6 变形：玻璃马赛克正面呈凹凸状。

A7 疵点：玻璃马赛克表面的杂质或有色脏点。

A8 联：由一定数量的单块玻璃马赛克铺贴于纸面而成的实用单位。

A9 线路：玻璃马赛克联上相邻两行（列）间的距离。

A10 周边距：贴纸后，玻璃马赛克正面露出部分的周边与纸周边的距离。

A11 单块：是指形成玻璃马赛克的最小实用单位。

附 录 B
玻璃马赛克样本颜色代号
（参考件）

B1 正方玻璃马赛克表示方法

代号由×× × ××表示。前两个××表示规格，常规 20×20 产品可省略。中间×表示产品颜色，后两个××表示颜色深浅。金星玻璃马赛克在颜色代号前加 S 表示。

B2 长方形玻璃马赛克表示方法

用长宽尺寸数字表示规格。颜色系列代号同正方玻璃马赛克。

B3 异形玻璃马赛克表示方法

用其形状符号表示规格。颜色系列代号同正方玻璃马赛克。

B4 颜色系列代号

颜色共分为白、蓝、绿、灰、茶、紫、黑、肉色、黄、红十大系列，依次分别为 A、B、C、D、E、F、G、H、J、K 表示。

B5 在同一颜色系列中用阿拉伯数字从小到大表示颜色深浅，数字小表示颜色浅，数字大表示颜色深。

附加说明：

本标准由国家建筑材料工业局提出。

本标准由国家建筑材料工业局秦皇岛玻璃研究院、广东中山市玻璃工业集团公司、国家建筑材料工业局建筑材料科学研究院玻璃研究所负责起草。

本标准主要起草人姜英顺、管世锋、郑英焕、金梦庚、胡浩安、蔡镒锋、陆万顺。

中华人民共和国国家标准

彩色釉面陶瓷墙地砖

GB 11947—89

Color-glazed ceramic tiles for wall and floor

1 主题内容与适用范围

本标准规定了彩色釉面陶瓷墙地砖的规格尺寸，等级划分，技术要求，试验方法，检验规则和标志，包装等要求。

本标准适用于建筑物墙面、地面装饰用的彩色釉面陶瓷墙地砖（以下简称彩釉砖）。无釉陶瓷墙地砖可参照执行。

2 引用标准

GB 2579 建筑卫生陶瓷吸水率试验方法
GB 2581 建筑卫生陶瓷耐急冷急热性能试验方法
GB 3810 釉面砖抽样方案及抽样方法
GB 6955 陶瓷墙地砖抗冻性能试验方法
GB 8917 陶瓷砖弯曲强度试验方法
GB 9195 建筑卫生陶瓷产品名词术语
GB 11948 陶瓷砖平整度、边直度和直角度的测定方法
GB 11950 陶瓷砖釉面耐磨性试验方法

3 产品等级、规格尺寸

3.1 产品按表面质量和变形允许偏差分为优等品、一级品、合格品三级。

3.2 主要产品规格尺寸列于表1。

表1 彩釉砖的主要规格尺寸 mm²

100×100	300×300	200×150	115×60
150×150	400×400	250×150	240×60
200×200	150×75	300×150	130×65
250×250	200×100	300×200	260×65

其他规格和异形产品，可由供需双方商定。

4 技术要求

4.1 尺寸允许偏差

尺寸允许偏差必须符合表2的规定。

国家技术监督局1989-12-23批准 1990-07-01实施

表2　尺寸允许偏差　　mm

基本尺寸		允许偏差
边长	<150	±1.5
	150～250	±2.0
	>250	±2.5
厚度	<12	±1.0

4.2　**表面与结构质量要求**

4.2.1　表面质量

表面质量应符合表3的规定。

表3　表面质量要求

缺陷名称	优等品	一级品	合格品
缺釉、斑点、裂纹、落脏、棕眼、熔洞、釉缕、釉泡、烟熏、开裂、磕碰、波纹、剥边、坯粉	距离砖面1m处目测，有可见缺陷的砖数不超过百分之五	距离砖面2m处目测，有可见缺陷的砖数不超过百分之五	距离砖面3m处目测，缺陷不明显
色　差	距离砖面3m目测不明显		

在产品的侧面和背面，不准许有妨碍粘结的明显附着釉及其他影响使用的缺陷。

釉面上人为装饰效果不算缺陷。

4.2.2　变形

彩釉砖的最大允许变形应符合表4的规定。

表4　最大允许变形　　%

变形种类	优等品	一级品	合格品
中心弯曲度	±0.50	±0.60	+0.80 −0.60
翘曲度	±0.50	±0.60	±0.70
边直度	±0.50	±0.60	±0.70
直角度	±0.60	±0.70	±0.80

4.2.3　分层

各级彩釉砖均不得有结构分层缺陷存在。

注：坯体里有夹层或有上下分离现象称为分层。

4.2.4　背纹

凸背纹的高度和凹背纹的深度均不小于0.5 mm。

4.3　**理化性能**

4.3.1　吸水率

吸水率不大于10%。

注：吸水率越小，抗冻性越好，寒冷地区应选用吸水率较低的产品。

4.3.2　耐急冷急热性

经三次急冷急热循环不出现炸裂或裂纹。

4.3.3　抗冻性能

经20次冻融循环不出现破裂、剥落或裂纹。

4.3.4　弯曲强度

弯曲强度平均值不低于 24.5 MPa(250kgf/cm²)。

4.3.5 耐磨性

只对铺地的彩釉砖进行耐磨试验。依据釉面出现磨损痕迹时的研磨转数将砖分为四类。

4.3.6 耐化学腐蚀性能

耐酸、耐碱性能各分为 AA、A、B、C、D 五个等级。

5 检验方法

5.1 尺寸偏差和变形

尺寸偏差用最小读数为 0.5 mm 的钢板尺检验。变形按 GB 11948 方法检验。

5.2 表面质量和分层

5.2.1 表面质量

将试样在检查板上摆成 1 m² 的平面;单块面积大于 400 cm² 的砖至少 25 块。

供铺放砖的检查板一块,检查板与水平面成 70°±10°角放置。试样铺放后,要使砖面的最高边与检查者的视线相平;砖面上各部分的照度均为 300 lx。若使用灯光照明,则光源应置于检查者的身后,并略高于检查者。然后用肉眼观察(如通常戴眼镜的可戴上眼镜)。检查者距离砖面尺度要从铺贴面底边量起,检查者的身体不应该倾斜。

检查需两人进行,抽取和铺放试样者不参与检验。

5.2.2 分层

敲击试样,依声音差异来辨别,或通过观察试样侧面进行检验。

5.3 物化性能

5.3.1 吸水率按 GB 2579 方法检验。

5.3.2 耐急冷急热性按 GB 2581 方法检验。

5.3.3 抗冻性能按 GB 6955 方法检验。

5.3.4 弯曲强度按 GB 8917 规定检验。

5.3.5 耐磨性能按 GB 11950 规定检验。

5.3.6 耐化学腐蚀性的检验方法按附录 A(补充件)。

6 检验规则

6.1 检验分类

6.1.1 型式检验

型式检验项目包括本标准技术要求的全部项目。

6.1.2 出厂检验

出厂检验包括尺寸偏差、表面质量和变形,吸水率、耐急冷急热性、弯曲强度。

6.2 组批与抽样规则

6.2.1 组批

每 50～500 m² 为一个检验批,不足 50 m² 时,按一个检验批算。

6.2.2 抽样

按 GB 3810 规定随机抽样,一次抽取满足表 5 规定的规格尺寸和表面质量检验所需要的试样。

表 5　样本大小及合格判定数　　块

项　目	样本大小(n)	合格判定数(A_c)
规格尺寸	60	6
表面质量	1m² 或 25	按表 3 要求
分　层	50	0
变　形	10	2
吸水率	5	0
耐急冷急热性	10	0
抗冻性	5	0
弯曲强度	10	—
耐磨性	8	—
耐酸性	5	—
耐碱性	5	—

注：检验规格尺寸抽样时，供需双方也可另行商定 P_0、P_1 值。按 GB 3810 确定样本大小(n)及合格判定数(A_c)。

6.2.3　变形、吸水率、耐急冷急热性、抗冻性、耐磨性、耐酸性、耐碱性所需样本，可从尺寸偏差、表面质量检验合格的试样中抽取。非破坏性试验项目的试样可用于其他项目检验。

6.3　判定规则

6.3.1　各级产品尺寸偏差合格判定数均为 6。超过 6 则判这批产品不符合该级要求，不合格于被检验级别，可作降级检验。

6.3.2　各级产品经抽样作表面质量检验，其缺陷砖数的百分比超过表 3 的规定，则判这批产品不符合该级要求，可作降级检验。

6.3.3　变形级别的判定，单块产品变形级别依其中最大一项变形尺寸确定；一批产品则依其中最大变形的两块砖确定；超过者则判这批产品不符合该级要求，可作降级检验。

6.3.4　一批产品级别的判定，依尺寸偏差、表面质量、变形尺寸检验后其中最低一级作为该批产品的级别。

6.3.5　吸水率、耐急冷急热性、抗冻性经试验后，不合格砖数超过表 5 规定的合格判定数、弯曲强度试验值低于 24.5 MPa(250 kgf/cm²)，即判该批产品不合格。

6.3.6　按 5.2.2 方法检验样本，出现有分层的砖，该批产品为不合格。分层不合格的砖，经生产厂逐块检选后，可重新提交检验。

6.3.7　产品耐磨性、耐化学腐蚀性可按供需双方商定的类别、级别验收。

耐化学腐蚀性的级别由 5 块试样中最低的一级确定。

7　标志、包装、运输、贮存

7.1　标志

7.1.1　产品背面应有清晰商标。

7.1.2　包装箱上应印有生产厂名，产品名称、商标、规格、级别、色号、数量、重量、体积及易碎、防潮、放置方向的标志。

7.2　包装

7.2.1　产品应按其规格、级别、色号和尺寸正负偏差分别包装。

7.2.2　包装箱应牢固，并符合有关包装标准。

7.2.3　包装箱内应放有产品合格证。

7.3 运输

搬运时应轻拿轻放，严禁摔扔。

7.4 贮存

彩釉砖应在室内贮存，按品种、规格、级别、色号、尺寸正负偏差分开堆放。在室外堆放时应有防雨设施。

附 录 A
耐化学腐蚀性的检验方法
（补充件）

A1 原理

有釉陶瓷砖的釉面在酸碱溶液作用下将受到腐蚀，用铅笔试验和光反射试验方法来鉴定釉面被腐蚀的程度，并依此来确定耐腐蚀的等级。

A2 器具、材料

a. 水平试验台一个；
b. 直径为 60～80 mm、高 50 mm 玻璃管 5 只；
c. 90mm×90 mm 的玻璃盖片 5 块；
d. 造型蜡剂或白凡士林、液体石蜡油；
e. 不掉绒毛、易吸湿的棉纱布；
f. 硬度为 HB 的铅笔；
g. 45 W 乳白灯泡一只；
h. 甲醇或乙醇；
i. 盐酸（密度 1.19）和氢氧化钾；
j. 烘箱一台。

A3 试验准备

A3.1 配制酸溶液（盐酸 30 mL、蒸馏水 1 000 mL）和碱溶液（氢氧化钾 30 g、蒸馏水 1 000 mL）。
A3.2 试样
试样可为整块砖，或从整块砖中切取，最小尺寸为 100 mm×100 mm。

A4 试验步骤

A4.1 使试验台保持水平。
A4.2 将砖的釉面用甲醇或乙醇擦净、晾干，平放在试验台上。
A4.3 将玻璃管的一端均匀地涂上密封蜡剂，然后粘接在砖的釉面中心部位，使接触密封良好。
A4.4 将酸溶液或碱溶液徐徐倒入玻璃管内，使液面高度为 20±1 mm。
A4.5 如图 A1 用玻璃片将玻璃管盖严。
A4.6 试验保持在 20±2℃条件下进行，4 天后更换新溶液，再静置 3 天。
A4.7 试样浸蚀 7 天（168 h）后倾出溶液，取下砖经水冲洗后用甲醇或乙醇擦净釉面。
A4.8 将试样放入约 100℃的烘箱内烘干，取出后冷至室温。

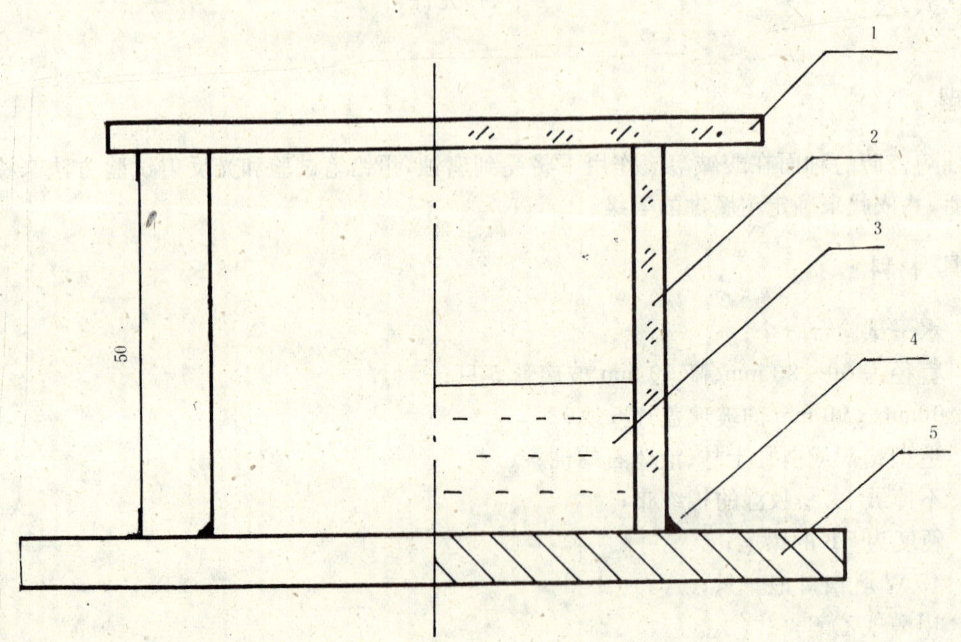

图A1　耐酸耐碱试验装置

1—盖片；2—玻璃管；3—溶液；4—密封蜡；5—试样

A5　结果评价

A5.1　目视检验。将釉面有明显侵蚀效应和无明显侵蚀效应的试样区分开来。目检时，眼睛距离釉面约30 cm，在自然光下或在人工照明下均可。

A5.2　经目检无明显侵蚀效应的试样用HB铅笔在釉面上画多条贯通浸蚀区和未浸蚀区的线条，然后用干布擦拭。能擦掉铅痕的试样为AA级。经干擦而未擦掉铅笔线条的试样，再用蘸过蒸馏水或去离子水的棉布拧干后湿擦，能把铅笔线条擦掉的为A级；擦不掉的为B级。

A5.3　经目检有明显侵蚀效应的试样作反射光检验[1)]。用电灯照明，电灯距离试样55±10 cm。光线入射角为45°。反复观察由处理面和未处理面反射来的电灯图象的清晰度（不是亮度）。图象完全模糊者为D级；图象不完全模糊者为C级。

图象清晰者，再依A5.2作铅笔线条湿擦检验。定出A级或B级。

注：1）反射光检验只适用于单色有光釉面，对多色釉面、无光釉、半无光釉产品不适用。

A5.4　结果评价流程：

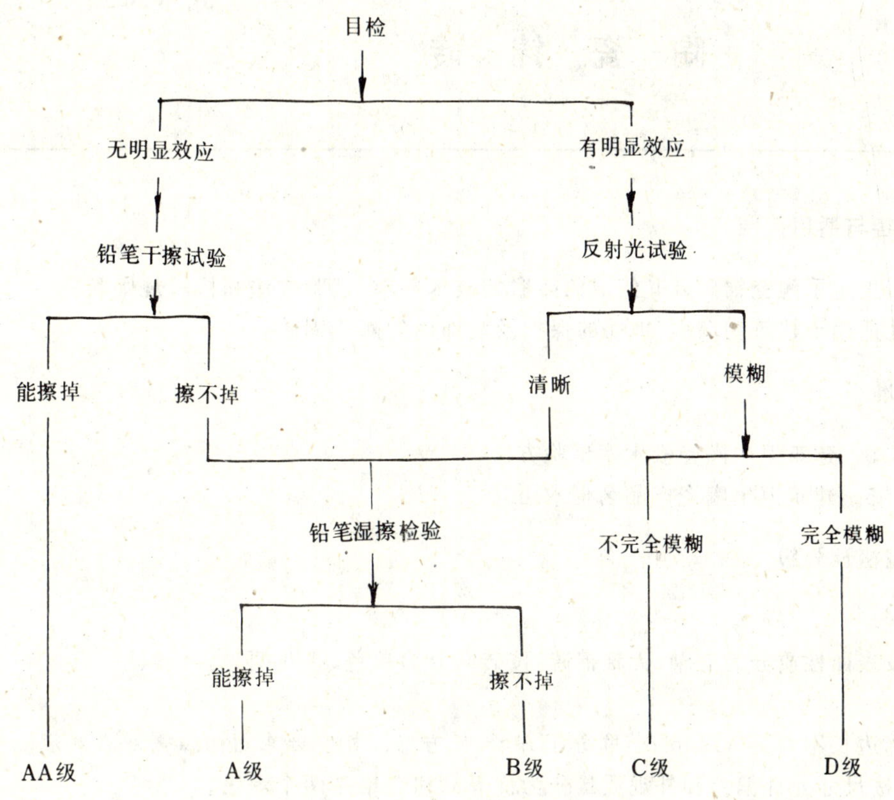

A6　试验报告

试验报告应包括下列内容：

a.　试样名称、送样单位；

b.　试样尺寸、数量、编号；

c.　每块试样检验等级；

d.　按相应产品标准作试验结果评价；

e.　试验单位、人员、日期。

附加说明：

本标准由国家建筑材料工业局提出。

本标准由咸阳陶瓷研究院负责起草。

本标准主要起草人马兴龙、冯润乐、冯芳、邓春涛、李易进。

本标准由咸阳陶瓷研究院技术归口并负责解释。

中华人民共和国建材行业标准

JC/T 456—1992(1996)

陶 瓷 锦 砖

1 主题内容与适用范围

本标准规定了陶瓷锦砖及其组成的砖联的技术要求、试验方法和检验规则等。

本标准适用于建筑物墙面、地面的保护及装饰用的陶瓷锦砖。

2 引用标准

GB 2579 建筑卫生陶瓷吸水率试验方法

GB 9195 建筑卫生陶瓷产品名词术语

3 品种、规格及分级

3.1 品种

锦砖按表面性质分为有釉、无釉锦砖;按砖联分为单色、拼花两种。

3.2 规格

单块砖边长不大于 50 mm;砖联分正方形、长方形。特殊要求可由供需双方商定。

3.3 锦砖按尺寸允许偏差和外观质量分为优等品和合格品两个等级。

4 技术要求

4.1 尺寸允许偏差

4.1.1 单块锦砖尺寸允许偏差应符合表 1 的规定。

表 1 mm

项目	尺寸	允许偏差	
		优等品	合格品
长度	≤25.0	±0.5	±1.0
	>25.0		
厚度	4.0	±0.2	±0.4
	4.5		
	>4.5		

4.1.2 每联锦砖的线路、联长的尺寸允许偏差应符合表 2 的规定。

国家建筑材料工业局1992-02-28批准 1992-10-01实施

表 2

mm

项目	尺寸	允许偏差	
		优等品	合格品
线路	2.0～5.0	±0.6	±1.0
联长	284.0 295.0 305.0 325.0	+2.5 −0.5	+3.5 −1.0

注：特殊要求的尺寸偏差可由供需双方协商。

4.2 外观质量

4.2.1 最大边长不大于 25 mm 的锦砖外观缺陷的允许范围应符合表 3 的规定。

表 3

缺陷名称	表示方法	缺陷允许范围				备注
		优等品		合格品		
		正面	背面	正面	背面	
夹层、釉裂、开裂		不允许				
斑点、粘疤、起泡 坯粉、麻面、波纹 缺釉、桔釉、棕眼 落脏、熔洞		不明显		不严重		
缺角,mm	斜边长	1.5 ～2.3	3.5 ～4.3	2.3 ～3.5	4.3 ～5.6	斜边长小于 1.5 mm 的缺角允许存在。 正背面缺角不允许在同一角部。 正面只允许缺角 1 处
	深度	不大于厚砖的 2/3				
缺边,mm	长度	2.0 ～3.0	5.0 ～6.0	3.0 ～5.0	6.0 ～8.0	正背面缺边不允许出现在同一侧面。 同一侧面边不允许有 2 处缺边;正面只允许 2 处缺边
	宽度	1.5	2.5	2.0	3.0	
	深度	1.5	2.5	2.0	3.0	
变形,mm	翘曲	不明显				
	大小头	0.2		0.4		

4.2.2 最大边长大于 25 mm 的锦砖,外观缺陷的允许范围应符合表 4 的规定。

表 4

<table>
<tr><th rowspan="3">缺陷名称</th><th rowspan="3">表示方法</th><th colspan="4">缺陷允许范围</th><th rowspan="3">备　注</th></tr>
<tr><th colspan="2">优等品</th><th colspan="2">合格品</th></tr>
<tr><th>正面</th><th>背面</th><th>正面</th><th>背面</th></tr>
<tr><td>夹层、釉裂、开裂</td><td></td><td colspan="4">不允许</td><td></td></tr>
<tr><td>斑点、粘疤、起泡
坯粉、麻面、波纹
缺釉、桔釉、棕眼
落脏、熔洞</td><td></td><td colspan="2">不明显</td><td colspan="2">不严重</td><td></td></tr>
<tr><td rowspan="2">缺　角,mm</td><td>斜边长</td><td>1.5
～2.8</td><td>3.5
～4.9</td><td>2.8
～4.3</td><td>4.9
～6.4</td><td rowspan="2">斜边长小于 1.5 mm 的缺角允许存在。
正背面缺角不允许在同一角部。
正面只允许缺角 1 处</td></tr>
<tr><td>深　度</td><td colspan="4">不大于厚砖的 2/3</td></tr>
<tr><td rowspan="3">缺　边,mm</td><td>长　度</td><td>3.0
～5.0</td><td>6.0
～9.0</td><td>5.0
～8.0</td><td>9.0
～13.0</td><td rowspan="3">正背面缺边不允许出现在同一侧面。
同一侧面边不允许有 2 处缺边;正面只允许 2 处缺边</td></tr>
<tr><td>宽　度</td><td>1.5</td><td>3.0</td><td>2.0</td><td>3.5</td></tr>
<tr><td>深　度</td><td>1.5</td><td>2.5</td><td>2.0</td><td>3.5</td></tr>
<tr><td rowspan="2">变　形,mm</td><td>翘　曲</td><td colspan="2">0.3</td><td colspan="2">0.5</td><td rowspan="2"></td></tr>
<tr><td>大小头</td><td colspan="2">0.6</td><td colspan="2">1.0</td></tr>
</table>

4.3　吸水率

无釉锦砖吸水率不大于 0.2%;有釉锦砖吸水率不大于 1.0%。

4.4　耐急冷急热性

在温差 140 ℃±2 ℃下热交换一次不裂。对无釉锦砖不作要求。

4.5　成联质量要求

4.5.1　锦砖与铺贴衬材的粘结,按 5.4 试验后,不允许有锦砖脱落。

4.5.2　正面贴纸锦砖的脱纸时间不大于 40 min。

4.5.3　色差:联内及联间锦砖色差,优等品目测基本一致;合格品目测稍有色差。

4.5.4　锦砖铺贴成联后,不允许铺贴纸露出。

5　试验方法

5.1　尺寸偏差

5.1.1　检查单块锦砖尺寸用最小读数为 0.05 mm 的游标卡尺进行测量,通常以中心线为准。

5.1.2　检查每联产品的联长用最小读数为 0.5 mm 的钢板尺进行测量,通常以其中心线为准。如果超差,再量相邻上下二处尺寸。

5.1.3　检查每联产品的线路时,将产品放在平台上,距砖约 0.5 m 目测。难以判断的线路用塞尺测量。

5.2　外观质量

5.2.1 将成联锦砖平放在光线充足的地方，距砖约 0.5 m，目测检查夹层、釉裂、开裂及铺贴纸露出；距砖约 1 m，目测检查斑点、粘疤、起泡、坯粉、麻面、波纹、缺釉、棕眼、落脏、熔洞等缺陷。对于正面粘贴衬材的砖联，应脱纸后检查。

5.2.2 缺角、缺边用最小读数为 0.05 mm 的游标卡尺进行测量。

5.2.3 检查锦砖翘曲，用钢板尺立放在锦砖表面上，沿对角线方向滑动，用塞尺测量其最大间隙。

5.2.4 检查锦砖大小头，用最小读数为 0.05 mm 的游标卡尺进行测量，以距砖角约 5 mm 处的尺寸为准。

5.3 色差

将 9 联砖排成方形，平放在光线较充足的地方，距砖约 1.5 m 目测检查。

5.4 成联质量要求

5.4.1 锦砖与铺贴衬材结合牢固程度

正面粘贴砖联，正面朝上，用两手捏住联一边的两角垂直提起，然后放平。反复 3 次，检查有否砖脱落。

背面粘贴的丝网衬砖联，将成联砖垂直吊放在室温清水中约 90 min，然后轻轻提起，检查有否砖脱落。

5.4.2 脱纸试验

将正面粘贴的砖联平放在平底容器内，铺贴纸向上，用水浸透，在 40 min 之内捏住铺贴纸的一角折 180°，沿对角线方向揭纸，所有锦砖均应脱落。

5.5 吸水率

吸水率的测定按 GB 2579 进行。

5.6 耐急冷急热性

将烘箱升温至比室内冷水温度高 140 ℃±2 ℃，把试样迅速放入烘箱内，在此温度条件下保持 30 min，取出试样，立即放入冷水中，5 min 后从水中取出试样，擦干试样表面。用涂墨水法检查有无裂纹。

6 检验规则

6.1 检验分类

6.1.1 出厂检验

出厂检验项目包括：联长、线路、色差和外观质量。

6.1.2 型式检验

型式检验项目包括本标准技术要求规定的全部项目。正常生产每季度检验 1 次，工艺变化时随时检验。

6.2 组批与抽样

6.2.1 组批

以同品种、同色号的产品 25～300 箱为一批，小于 25 箱时，由供需双方商定。

6.2.2 抽样

从每批中随机抽取三箱；然后再从三箱中随机抽取满足表 5 各项规定的样本量。

表 5

检验项目	单位	样本大小		第一次抽样		第一次与第二次样本和
		第一次	第二次	合格判定数	不合格判定数	合格判定数
吸水率[1]	块	5	5	0	2	1
耐急冷急热性[1]	块	5	5	0	2	1
尺寸偏差	块	20	20	1	3	3
外观	联	3	—	≤5%[2]	>5%	—
联长	联	15	—	1	2	—
线路	联	15	—	1	2	—
铺贴纸露出	联	15	—	1	2	—
牢固度	联	3	—	0	1	—
脱纸时间	联	3	—	0	1	—

注:① 对拼花产品应按比例抽取不同规格、颜色的单块砖。总砖数为样本大小。

② 指3联试样中不合格砖数占砖总数的百分数。

6.3 判定规则

6.3.1 对吸水率、耐急冷急热性、尺寸偏差等项目进行二次抽样检验;对色差、外观、联长、线路、铺贴纸露出、牢固度和脱纸时间等项目进行一次抽样检验。

6.3.2 若1联样本中线路不合格数超过该联被检线路数的5%时,测判该联线路不合格。

联长按5.1.2进行检查,3处尺寸中有2处不合格,则判该联联长项目不合格。

6.3.3 从脱纸的3联样本中进行外观检查,在缺陷允许范围内,优等品正、背面各限2种缺陷;合格品正、背面各限4种缺陷;按表5规定进行验收。

6.3.4 若吸水率、耐急冷急热性、规格尺寸、联长、线路和色差6项中,有1项不合格,则判定该批不合格。若外观质量、牢固度、脱纸时间、铺贴纸露出4项中,超过一项不合格,则判该批不合格。

7 标志、包装、运输和贮存

7.1 标志

每联产品要印有生产厂名、商标。

7.2 包装

7.2.1 产品用纸箱包装,在箱内衬有防潮纸。如空隙过大,必须用软物充填四周。

7.2.2 每箱内必须有盖有检验标志的产品合格证和产品使用说明。

7.2.3 包装箱表面应注明:

a) 生产厂名、商标、出厂批号;

b) 产品名称、规格、数量、重量;

c) 产品等级、色号;

d) 防潮和易碎品标志;

7.3 贮存

产品贮存时要按等级、品种、色号分别堆放,并严禁受潮。

7.4 运输

产品运输时要轻拿轻放,严禁受潮。

附加说明:

本标准由国家建筑材料工业局提出。

本标准由国家建筑材料工业局咸阳陶瓷研究设计院负责起草。

本标准主要起草人:黄惠英、陈润锡、杨万科、张毅芬、叶瑞林、霍显祥。

中华人民共和国建材行业标准

JC/T 457—1992(1996)

陶 瓷 劈 离 砖

1 主题内容与适用范围

本标准规定了陶瓷劈离砖的分类,技术要求,检验规则及标志、包装、贮存和运输。

本标准适用于挤出成型的陶瓷劈离砖。

2 引用标准

GB 2579 建筑卫生陶瓷吸水率试验方法

GB 2581 建筑卫生陶瓷耐急冷急热性试验方法

GB 3810 釉面砖抽样方案及抽样方法

GB 6955 陶瓷墙地砖抗冻性试验方法

GB 8917 陶瓷砖弯曲强度试验方法

GB 11948 陶瓷砖平整度、边直度和直角度的测定方法

GB 11950 陶瓷砖釉面耐磨性试验方法

GB/T 13478 陶瓷砖釉面耐化学腐蚀性试验方法

GB/T 13479 无釉砖耐磨性试验方法

3 产品分类及规格

3.1 产品按表面性质分为有釉砖和无釉砖;产品按形状分为矩形砖(见图1)和异形砖。

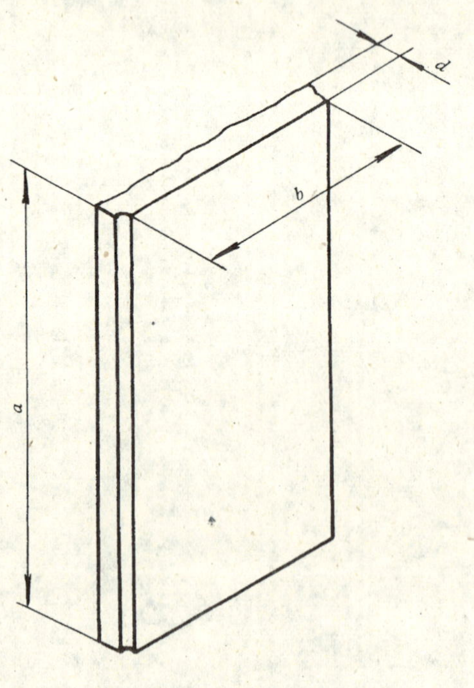

图1 矩形陶瓷劈离砖

国家建筑材料工业局1992-02-28批准

1992-10-01实施

3.2 产品规格

3.2.1 矩形劈离砖主要规格尺寸见表1。

表1

mm

a	240	100	200	150	200	250	300
b	55	100	100	150	200	250	300
d	8～12		10～14		12～16		

3.2.2 特殊规格和形状的产品尺寸由供需双方商定。

4 技术要求

产品按技术要求不同分为优等品、一级品和合格品3个等级。

4.1 尺寸允许偏差

尺寸允许偏差应符合表2的规定。

表2

mm

基本尺寸		允许偏差
边长L	$L<100$	±1.2
	$100\leqslant L<150$	±1.5
	$150\leqslant L<200$	±2.0
	$L\geqslant 200$	±2.5
厚度d	$d\leqslant 12$	±1.2
	$d>12$	±1.5

4.2 表面质量

产品表面质量应符合表3的规定。

表3

缺陷名称	优等品	一级品	合格品
缺釉、斑点、裂纹、落脏、棕眼、熔洞、釉缕、釉泡、磕碰、波纹、坯粉	距离砖面1m处目测，有可见缺陷的砖数不超过5%	距离砖面2m处目测，有可见缺陷的砖数不超过5%	距离砖面3m处目测，有可见缺陷的砖数不超过5%
色差	距离砖面3m处目测不明显	距离砖面4m处目测不明显	距离砖面5m处目测不明显
开裂	不允许		

表面起装饰作用的麻面、凸起等不算作缺陷；产品背面不允许有影响使用效果的缺陷，如劈离不齐、肋条残留等。

4.3 变形

陶瓷劈离砖的最大允许变形应符合表4的规定。

表 4 %

变形种类 \ 等级	优等品	一级品	合格品
中心弯曲度①	±0.50	±0.80	±1.00
翘曲度②	±0.80	±1.00	±1.20
边直度②	±0.50	±0.80	±1.00
直角度	±1.50	±1.50	±1.50

注：① 此项规定值为最大测量值占对角线长的百分比。

② 此项规定值为最大测量值占相应工作边长的百分比。

4.4 理化性能

4.4.1 吸水率

吸水率不大于 6.0%。

4.4.2 耐急冷急热性

经耐急冷急热试验不出现炸裂或裂纹。

4.4.3 抗冻性能

经 20 次冻融循环不出现裂纹或釉面剥落等破坏现象。

4.4.4 弯曲强度

弯曲强度平均值不小于 20MPa，单值不小于 18MPa。

4.4.5 耐磨性

无釉砖体积磨耗不超过 $400mm^3$；有釉砖的耐磨等级由供需双方商定。

4.4.6 耐化学腐蚀性

4.4.6.1 耐酸性

无釉产品受酸侵蚀后，其重量损失不得超过 4%。

有釉产品的釉面耐酸等级不得低于 B 级。

4.4.6.2 耐碱性

无釉产品受碱侵蚀后，其重量损失不得超过 10%。

有釉产品的釉面耐酸等级不得低于 B 级。

5 检验方法

5.1 尺寸偏差

用最小读数为 0.1mm 的钢直尺紧贴各工作边直接测量。

5.2 表面质量

将 $1m^2$ 的试样（单块面积大于 $400cm^2$ 的砖至少 25 块）在平整的检查板上摆成平面，使检查板与水平成 70°±10°角放置。试样铺放后，使砖面的最高边与检查者的视线平行；保持砖面上各部分的照度均为 300lx，若使用灯光照明，则光源应置于检查者的身后并略高于检查者，肉眼观察。检查者距离砖面距离应从铺贴底边量起，检查者身体不能倾斜。检查需两人进行，抽取和铺放试样者不能作为目测检查者。

5.3 变形

按 GB 11948 方法检查。

5.4 理化性能

5.4.1 吸水率

按 GB 2579 规定检验。

5.4.2 耐急冷急热性

按 GB 2581 规定检验。

5.4.3 抗冻性

按 GB 6955 规定检验。

5.4.4 弯曲强度

按 GB 8917 规定检验。

5.4.5 耐磨性

无釉砖耐磨性按 GB/T 13479 规定检验。

有釉砖耐磨性按 GB 11950 规定检验。

5.4.6 耐化学腐蚀性

有釉砖釉面耐化学腐蚀性按 GB/T 13478 规定检验。

无釉砖耐化学腐蚀性按本标准附录 A 检验。

6 检验规则

6.1 检验分类

检验分出厂检验和型式检验。

6.1.1 出厂检验

出厂检验项目包括尺寸偏差、表面质量和变形、吸水率、耐急冷急热性。

6.1.2 型式检验

型式检验项目包括本标准要求的全部项目,正常生产每季度检验 1 次。

有下列情况之一时,也应进行型式检验:

a) 新产品或老产品转厂生产的试制定型鉴定;

b) 生产工艺有较大改变,可能影响产品性能时;

c) 产品长期停产后恢复生产时;

d) 出厂检验结果与上次型式检验有较大差异时;

e) 国家质量监督检验机构提出进行型式检验的要求时。

6.2 组批与抽样规则

6.2.1 组批

以同品种、同规格、同等级的产品 50～500m^2 为一个检验批,不足 50m^2 时按一个检验批计算。

6.2.2 抽样

按 GB 3810 的规定随机抽样,一次抽取满足表 5 规定的抽样数。

尺寸偏差、表面质量、变形、吸水率、耐急冷急热性的检验,采用二次抽样方案。

6.3 判定规则

6.3.1 在产品变形级别的判定中,单块产品变形级别以最大一项变形确定;一批产品变形级别则以样本中最低级别的样品数结合表 5 进行判定。

6.3.2 一批产品的判定,以表面质量、产品变形级别判定结果中最低一级确定。

表 5 块

抽样情况 / 检验项目	抽样数量		一次抽样		一次加二次抽样	
	一次抽样数	二次抽样数	接收数 Ac_1	拒收数 Re_1	接收数 Ac_2	拒收数 Re_2
尺寸偏差	60	60	6	8	13	14
表面质量①	25 或 1m^2	25 或 1m^2	1 5%	3 7%	3 5%	4 >5%

表5(完) 块

检验项目＼抽样情况	抽样数量		一次抽样		一次加二次抽样	
	一次抽样数	二次抽样数	接收数 Ac_1	拒收数 Re_1	接收数 Ac_2	拒收数 Re_2
变 形	10	10	2	4	5	6
吸水率	5	5	0	2	1	2
耐急冷急热性	10	10	0	2	1	2
釉面耐磨性	5	—	耐磨等级应等于或优于供需双方商定的等级			
釉面耐酸性	5	—	0	1	—	—
釉面耐碱性	5	—	0	1	—	—
抗冻性	5	—	0	1	—	—
无釉砖耐磨性	5	—	0	1	—	—
无釉砖耐酸性	5	—	—	—	—	—
无釉砖耐碱性	5	—	—	—	—	—
弯曲强度	10	—	—	—	—	—

注：① 对于单块面积大于 $400cm^2$ 的砖检验样本数为25块。

6.3.3 弯曲强度如不符合4.4.4规定，则判定被检验批不合格。

6.3.4 无釉产品耐化学腐蚀性只作一次抽样检验，如检验结果不符合4.4.6规定，则判定被检验批不合格。

6.3.5 其他项目检验结果的判定依照表5进行。

7 标志、包装、贮存和运输

7.1 标志

包装箱上或包装件内应有生产厂名、产品名称、商标、规格、级别、色号、数量、体积及小心轻放、怕湿、向上标志和本标准代号。

7.2 包装

包装应符合有关包装标准的规定。

7.3 贮存

产品应按其规格、级别、色号不同分开堆放贮存。

7.4 运输

搬运时应轻拿轻放，防止其他硬物打击。用敞蓬车运输时应有防雨设施。

附　录　A

（标准的附录）

无釉陶瓷砖耐化学腐蚀性试验

A1　试验用设备和试剂

a）瓷研钵；

b）16 号和 20 号标准筛；

c）分析天平(精确度 0.001g)；

d）回流冷凝器装置；

e）300mL 锥形瓶；

f）漏斗；

g）电炉；

h）烘箱；

i）20%(L/L)盐酸水溶液；

j）20%(g/mL)氢氧化钾水溶液。

A2　试样制备

取五块砖，从每块砖上取约 40g 试样，将所取试样混合打碎并在瓷研钵中磨细，使之全部通过 16 号筛，再用 20 号筛筛分，留下筛上部分(其粒径介于 0.85～1.18mm 之间)，然后用蒸馏水洗掉粘粉，在 110℃烘箱中干燥。

A3　试验步骤

A3.1　从已制备好的干燥试样中分别称取 4 个约 10g 的试样，分别置于预先洗净和烘干的锥形瓶内，然后给其中两瓶注入 20%的盐酸溶液 100mL，给另外两瓶注入 20%氢氧化钾溶液 100mL。

A3.2　连接回流冷凝器与装有试样的锥形瓶，在瓶底加热，煮沸 1h，取下冷凝器，静置 10～15min。倾出锥形瓶中上层清液，再用倾析法反复洗瓶中试样至中性，然后将锥形瓶中溶液及试样用无灰滤纸过滤。

A3.3　将带有试样的滤纸放在恒重过的坩埚中灰化并在 700℃烧至恒重。

A4　酸碱腐蚀失重计算公式

$$R_{酸}=\frac{m_0-m_1}{m_0}\times 100 \qquad \text{(A1)}$$

$$R_{碱}\doteq\frac{m'_0-m'_1}{m'_0}\times 100 \qquad \text{(A2)}$$

式中：$R_{酸}$——试样受酸腐蚀损失率，%；

$R_{碱}$——试样受碱腐蚀损失率，%；

m_0——酸腐蚀前试样质量，g；

m'_0——碱腐蚀前试样质量，g；

m_1——酸腐蚀后试样质量，g；

m'_1——碱腐蚀后试样质量，g。

A5　耐化学腐蚀性试验结果

分别将耐酸(碱)性试验的两个平行试验结果相加，求得其算术平均值，这个平均值就是该产品的耐酸(碱)性试验结果。

附加说明：

本标准由国家建筑材料工业局提出。

本标准由国家建筑材料工业局咸阳陶瓷研究设计院负责起草。

本标准主要起草人：马宝虎、蒋树堂、潘致恩、陆达初、张东海、刘素文。

中华人民共和国建材行业标准

JC 501—93

无釉陶瓷地砖

1 主题内容与适用范围

本标准规定了吸水率为3%～6%，半干压成型的无釉陶瓷地砖的规格尺寸、等级、技术要求、试验方法、检验规则和标志、包装、运输、贮存等。

本标准适用于建筑物地面、道路和庭院等装饰用的无釉陶瓷地砖(简称无釉砖)。

2 引用标准

GB 2579 建筑卫生陶瓷吸水率试验方法

GB 2581 陶瓷砖耐急冷急热性试验方法

GB 3810 釉面砖抽样方案及抽样方法

GB 6955 陶瓷墙地砖抗冻性试验方法

GB 8917 陶瓷砖弯曲强度试验方法

GB 9195 建筑卫生陶瓷产品名词术语

GB 11948 陶瓷砖平整度、边直度和直角度的测定方法

GB/T 13479 无釉砖耐磨性试验方法

3 术语

本标准除下列术语外，其他术语按GB 9195解释。

起泡：产品表面突起的开口泡和闭口泡。

夹层：产品内部的分层。

麻面：表面有凹陷小坑。

疵火：产品局部被火焰直接熏染而粘有脏物。

4 产品等级、规格尺寸

4.1 产品按表面质量和变形偏差分为优等品、一级品和合格品。

4.2 产品主要规格尺寸见表1。

表1

mm

50×50	150×150	200×50
100×50	150×75	200×200
100×100	152×152	300×200
108×108	200×100	300×300

其他规格和异形产品，可由供需双方商定。

国家建筑材料工业局1993-08-03批准　　1994-02-01实施

5 技术要求

5.1 尺寸偏差

尺寸允许偏差应符合表 2 的规定。

表 2

mm

	基本尺寸	允许偏差
边长 L	$L<100$	±1.5
	$100\leqslant L\leqslant 200$	±2.0
	$200<L\leqslant 300$	±2.5
	$L>300$	±3.0
厚度 H	$H\leqslant 10$	±1.0
	$H>10$	±1.5

5.2 表面质量及变形

5.2.1 表面质量应符合表 3 的规定。

表 3

缺陷名称	优等品	一级品	合格品
斑点、起泡、熔洞磕碰、坯粉、麻面疵火、图案模糊	距离砖面 1 m 处目测，缺陷不明显	距离砖面 2 m 处目测，缺陷不明显	距离砖面 3 m 处目测，缺陷不明显
裂纹	不允许		总长不超过对应边长的 6%
开裂			正面，不大于 5 mm
色差	距砖面 1.5 m 处目测不明显		距砖面 1.5 m 处目测不严重

在产品背面和侧面不允许有影响使用的缺陷。

5.2.2 变形

无釉砖允许最大变形应符合表 4 的规定。

表 4

%

变形种类	优等品	一级品	合格品
平整度	±0.5	±0.6	±0.8
边直度	±0.5	±0.6	
直角度	±0.6	±0.7	

5.2.3 背纹

凸背纹的高度和凹背纹的深度均不得小于 0.5 mm。

5.3 夹层

任一级别的无釉砖均不允许有夹层。

5.4 物理性能

5.4.1 吸水率

吸水率为 3%～6%。

5.4.2 耐急冷急热性

经 3 次急冷急热循环，不出现炸裂或裂纹。

5.4.3 抗冻性能

经 20 次冻融循环，不出现破裂或裂纹。

5.4.4 弯曲强度

弯曲强度平均值不小于 25 MPa。

5.4.5 耐磨性

磨损量平均值不大于 345 mm^3。

6 试验方法

6.1 尺寸偏差

用最小读数值为 0.05 mm 的游标卡尺，测量砖的四边。对正方形砖，取四边中最大偏差；对长方形砖，取两对边中最大偏差。测任意一边的中间部位的厚度，厚度包括背纹高度。

6.2 表面质量及色差

6.2.1 表面质量

将试样 1 m^2(大于 200 mm×200 mm 的砖至少 25 块)平摆在地面，检查距离从检验者脚尖至砖底边计算，铺放试样者不参与检验。

裂纹、开裂的检验，取 1 m^2(大于 200 mm×200 mm 的砖至少 25 块)试样逐块目测检验，并用精度为 0.5 mm 的钢直尺进行测量。

6.2.2 色差

将试样平摆成 1 m^2 在自然光下目测。

6.3 夹层

敲击试样，依声音差异来判断。

6.4 变形

按 GB 11948 方法检验，以最大变形确定。

6.5 物理性能

6.5.1 吸水率按 GB 2579 方法检验。

6.5.2 耐急冷急热性按 GB 2581 方法检验。

6.5.3 抗冻性能按 GB 6955 方法检验。

6.5.4 弯曲强度按 GB 8917 方法检验。

6.5.5 耐磨性能按 GB/T 13479 检验。

7 检验规则

7.1 检验分类

7.1.1 型式检验项目，包括本标准技术要求的全部项目。正常情况下，每半年进行一次。

7.1.2 出厂检验项目包括尺寸偏差、表面质量和变形、吸水率、夹层、耐急冷急热性和弯曲强度。

7.2 抽样与组批

7.2.1 以同品种、同规格、同色号、同等级的产品每 50～500 m^2 为一批，不足 50 m^2 按一批计。

7.2.2 按 GB 3810 规定随机抽样，一次抽取满足表 5 规定的试样数。

表 5 样本大小及合格判定数 块

项 目	样本大小(n)	合格判定数(c)
尺寸偏差	60	5
表面质量	1 m^2(至少 25 块)	5%
变形	10	1
夹层	60	1
耐急冷急热性	5	0
抗冻性	5	0
吸水率	5	—
弯曲强度	10	—
耐磨性	5	—

7.3 判定规则

7.3.1 产品尺寸偏差不合格品数不得超过表 5 规定。

7.3.2 产品经抽样作表面质量检验,样本中有明显缺陷的砖数不大于 5%,则该批砖合格。当有明显缺陷的砖数大于 5%而小于 8%时,可重新抽样复检一次。二次抽样样本中不合格砖数大于 5%,则该批砖不符合被检级别。

7.3.3 样本中变形超过表 5 规定的合格判定数,则该批砖不符合被检级别。

7.3.4 样本中有夹层的砖数超过表 5 规定的合格判定数,则该批无釉砖不合格。

7.3.5 经耐急冷急热性、抗冻性试验后,超过表 5 规定的合格判定数,则该批砖不合格。

7.3.6 吸水率、弯曲强度、耐磨性试验后,凡其中任何一项不符合技术要求的规定,则该批砖不合格。

8 标志、包装、运输、贮存

8.1 标志

8.1.1 产品背面应有清晰的商标。

8.1.2 包装箱上应印有生产厂名、商标、产品名称、色号、规格、级别、数量、重量、体积、易碎及放置方向的标记。

8.2 包装

8.2.1 产品应按其规格、级别、尺寸正负偏差和色号分别包装。

8.2.2 包装应符合有关包装标准的规定。

8.2.3 包装箱内应有产品合格证。

8.3 运输

搬运时要轻拿轻放,严禁摔扔。

8.4 贮存

贮存应按产品规格、级别、尺寸正负偏差和色号分开堆放。室外堆放时应有防雨设施。

附加说明：

本标准由国家建筑材料工业局咸阳陶瓷研究设计院提出并归口。

本标准由国家建筑材料工业局咸阳陶瓷研究设计院负责起草。

本标准主要起草人刘秀珍、苏成生、王嘉泉、梁玉珍、芦建平。

前　言

本标准是依据 EN 176—1984《陶瓷地面砖和墙面砖　吸水率(E)≤3%的粉末压制陶瓷砖　BI 组》进行制定的，在技术内容上与该标准等效。

在制定本标准时，根据我国国情和试验验证的结果，对一些技术要求如吸水率、弯曲强度等在依据标准的基础上进行了提高；同时还增加了对抛光瓷质砖表面光泽度的要求。

本标准的附录 A、附录 B 为标准的附录。

本标准由中国建筑材料科学研究院高技术陶瓷研究所、国家建筑材料工业局标准化研究所共同提出。

本标准由国家建筑材料工业局咸阳陶瓷研究设计院归口。

本标准起草单位：中国建筑材料科学研究院高技术陶瓷研究所、国家建筑材料工业局标准化研究所、佛山陶瓷工贸(集团)公司、佛山市产品质量监督检验所、江阴市墙地砖厂。

本标准主要起草人：胡志新、章伟、廖惠仪、朱志华、卢建萍、梁以流、华国金。

中华人民共和国建材行业标准

JC/T 665—1997

瓷 质 砖

1 范围

本标准规定了瓷质砖的定义，技术要求，试验方法，验收规则及标志、包装、运输和贮存等。

本标准适用于建筑物墙面、地面装饰用的吸水率不大于0.5%的无釉瓷质砖(包括抛光砖)和用于建筑物墙面装饰用的吸水率不大于1%的有釉瓷质砖。

2 引用标准

下列标准所包含的条文，通过在本标准中引用而构成为本标准的条文。本标准出版时，所示版本均为有效。所有标准都会被修订，使用本标准的各方应探讨使用下列标准的最新版本的可能性。

GB 2579—89 建筑卫生陶瓷吸水率试验方法

GB/T 2581—93 陶瓷砖耐急冷急热性试验方法

GB/T 3810—1996 陶瓷砖抽样方案和抽样方法

GB 8917—88 陶瓷砖弯曲强度试验方法

GB 9195—88 建筑卫生陶瓷产品名词术语

GB 11947—89 彩色釉面陶瓷墙地砖

GB 11948—89 陶瓷砖平整度、边直度和直角度的测定方法

GB 11905—89 陶瓷砖釉面耐磨性试验方法

GB/T 13479—92 无釉砖耐磨性试验方法

GB/T 13891—92 建筑饰面材料镜面光泽度测定方法

3 定义

本标准采用下列定义。

3.1 瓷质砖

用于建筑物墙面、地面起装饰和保护作用的吸水率不大于0.5%的无釉砖(包括抛光砖)或用于建筑物墙面装饰用的吸水率不大于1%的有釉砖。

3.2 分层

坯体里有夹层或有上下分离现象。

3.3 起泡

砖表面呈现凸泡和/或破口泡。

3.4 麻面

砖表面呈现麻点状凹凸不平。

其他术语的定义按GB 9195解释。

4 产品分类和分级

4.1 产品分类

国家建筑材料工业局1997-08-18批准　　1997-10-01实施

瓷质砖分无釉和有釉两类，其中无釉瓷质砖中包括抛光砖。

4.2 产品分级

瓷质砖按表面质量和变形程度分为优等品、一等品和合格品。

5 规格

瓷质砖模数化主要规格列于表1中，常见非模数化规格列于表2中。特殊规格尺寸的平面瓷质砖及弧形瓷质砖由合同双方商定。

表1 瓷质砖常见模数化规格 mm

装配尺寸[1]	工作尺寸[2]		厚度
	长度	宽度	
100×100 150×150 200×100 200×150 200×200 300×300	工作尺寸由生产方确定，确定时应使公称接缝宽度在2～5mm之间		由生产方确定
1) 装配尺寸＝工作尺寸＋接缝宽度(见图1、图2)； 2)工作尺寸＝为制造而规定的砖的尺寸。			

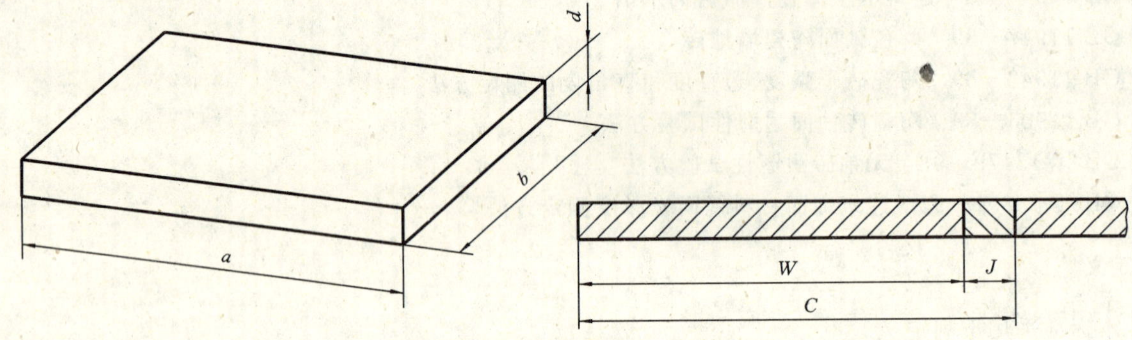

装配尺寸 C＝工作尺寸 W＋接缝宽 J

工作尺寸 W＝可见面 a 和 b 的尺寸

图1 瓷质砖装配尺寸与工作尺寸图

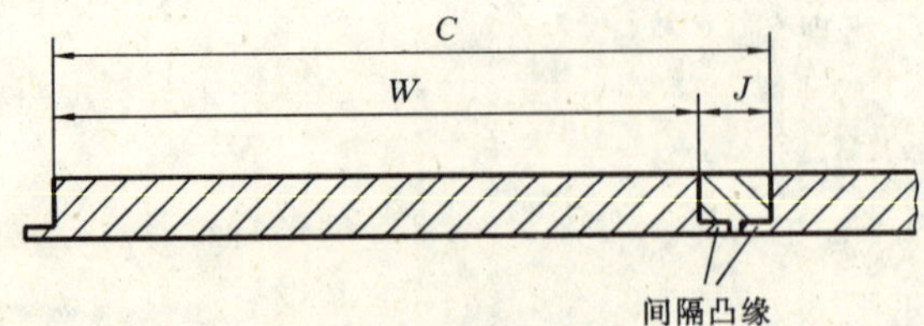

装配尺寸 C＝工作尺寸 W＋接缝宽 J

工作尺寸 W＝可见面 a 和 b 的尺寸

图2 带间隔凸缘的砖

—

表 2 瓷质砖常见非模数化规格

mm

公称尺寸	工作尺寸		厚度	公称尺寸	工作尺寸		厚度
	长度	宽度			长度	宽度	
45×195(有釉) 45×225(有釉) 100×100 150×150 152×64 152×76 200×75 200×100 200×200 250×200	工作尺寸由生产方确定，使工作尺寸与公称尺寸之差不大于 3mm		厚度由生产方确定	300×200 300×300 400×400 500×500 600×600 650×650 600×900 800×800 800×1200 1000×1000	工作尺寸由生产方确定，使工作尺寸与公称尺寸之差不大于 3mm		厚度由生产方确定

6 要求

6.1 尺寸偏差

最大尺寸允许偏差应符合表 3 的规定。

表 3 尺寸允许偏差

产品表面面积 S,cm² / 尺寸允许偏差,%			产品表面面积 S,cm²			
			$S\leqslant 90$	$90<S\leqslant 190$	$190<S\leqslant 410$	$S>410$
长、宽度	(1)	每块砖(2 或 4 条棱)的平均尺寸相对于工作尺寸的允许偏差	±1.2	±1.0	±0.75	±0.6
	(2)	每块砖(2 或 4 条棱)的平均尺寸相对 10 块样品砖(20 或 40 条棱)平均尺寸的允许偏差	±0.75	±0.5	±0.5	±0.5
厚度	每块砖厚度的平均值相对于工作厚度的最大的允许偏差		±10	±10	±5	±5
	凸背纹的高度和凹背纹的深度		不小于 0.5mm			

6.2 表面质量

无釉和有釉瓷质砖的表面质量应符合表 4 和表 5 的规定。

表 4 无釉瓷质砖表面质量要求

缺陷名称		优等品	一等品	合格品
分层、开裂		不允许		
裂纹		不允许		不超过对应边长的 6%
斑点、起泡、熔洞、落脏、磕碰、坯粉、麻面、疵火		距离砖面 1m 处目测，缺陷不明显	距离砖面 2m 处目测，缺陷不明显	距离砖面 3m 处目测，缺陷不明显
色差[1)]		距离砖面 3m 处目测不明显		
抛光砖	漏磨	不允许	不允许	不明显
	漏抛	不允许	不允许	边面漏抛允许长度≯1/3 边长宽限 3mm
	磨痕	不可见	不明显	稍有
	磨划	不可见	不明显	稍有
1）当色差作为装饰目的时，不算作缺陷。				

瓷质砖的背面和侧面不允许有影响使用的附着物或缺陷。

表5　有釉瓷质砖表面质量要求

缺陷名称	优等品	一等品	合格品
分层、开裂	不允许		
色差[1]	距离砖面3m处目测,不明显		
缺釉、斑点、落脏、棕眼、熔洞、釉缕、烟熏、釉裂、釉泡、磕碰、波纹、剥边坯粉、装饰缺陷	距离砖面1m处目测,不明显	距离砖面2m处目测,不明显	距离砖面3m处目测,不明显
裂纹	不允许		裂纹长度不超过5mm
1）当色差为人为装饰目的时,不算作缺陷。			

瓷质砖背面和侧面不允许有影响使用的附着物或缺陷。

6.3　变形

瓷质砖的允许变形应符合表6的规定。

表6　允许变形

变形种类	优等品	一等品	合格品
边直度相对于工作尺寸的允许偏差	±0.5	±0.6	±0.7
直角度相对于工作尺寸的允许偏差	±0.6	±0.7	±0.8
表面平整度相对于工作尺寸的允许偏差			
a. 相对于由工作尺寸算得的对角线的中心弯曲度	±0.5	±0.6	±0.7
b. 相对于由工作尺寸算得的对角线的翘曲度	±0.5	±0.6	±0.7

6.4　理化性能

6.4.1　吸水率

无釉瓷质砖吸水率平均值不大于0.5%,单个值不大于0.6%。

有釉瓷质砖吸水率平均值不大于1%,单个值不大于1.2%。

6.4.2　弯曲强度

瓷质砖弯曲强度平均值不小于30MPa,单个值不小于28MPa。

6.4.3　表面莫氏硬度

无釉瓷质砖表面莫氏硬度不小于6。

有釉瓷质砖表面莫氏硬度不小于5。

莫氏硬度也可由合同双方商定。

6.4.4　耐磨性

无釉瓷质砖耐深度磨损体积不大于205mm^3。

有釉瓷质砖的耐磨性不作要求。

6.4.5　耐急冷急热性

经10次急冷急热循环不出现炸裂或裂纹。

6.4.6　耐化学腐蚀性能

耐化学腐蚀性能由合同双方协商选定级别。

6.4.7　光泽度

抛光砖光泽度不小于55。

7 试验方法

7.1 尺寸偏差

尺寸偏差用最小读数为 0.02mm 的游标卡尺检验。

7.2 表面质量

表面质量按 GB 11947 检验。

7.3 分层

分层按 GB 11947 检验。

7.4 变形

瓷质砖的变形按 GB 11948 检验。

7.5 理化性能

7.5.1 吸水率按 GB 2579 检验。

7.5.2 弯曲强度按 GB 8917 检验。

7.5.3 表面莫氏硬度按本标准附录 A(标准的附录)检验。

7.5.4 无釉瓷质砖耐磨性按 GB/T 13479 检验。

7.5.5 耐急冷急热性按 GB/T 2581 检验。

7.5.6 耐化学腐蚀性按本标准附录 B(标准的附录)检验。

7.5.7 抛光瓷质砖的光泽度按 GB/T 13891 检验。

8 验收规则

8.1 检验分类

8.1.1 型式检验

型式检验项目包括本标准中的全部技术要求项目。正常生产条件下,每半年进行 1 次。

8.1.2 出厂检验

出厂检验包括尺寸偏差、表面质量、变形。

对于交货批量大于 5000m^2 的检验项目可以由合同双方商定。

8.2 组批、抽样与检查

8.2.1 组批

以同品种、同规格、同等级的 800～5000m^2 产品为一检验批,不足 800m^2 的由合同双方商定批的大小。

为检查所抽检查批的大小,取决于有关方面达成的协议。

8.2.2 抽样

8.2.2.1 抽样地点由合同双方协商确定。

8.2.2.2 抽样时,有关方面的 1～2 名代表可在现场。

8.2.2.3 按 GB/T 3810 规定,在检查批中随机抽取两个样本,但并不一定对第二样本检查。每一样本应分开包装,并按有关方面协议进行封样和标识。

8.2.2.4 对于每一特性,所检查的砖的数量即为表 7 中所列的数量。

表 7　抽样方案

项　目	样本大小		计数检查				计量检查			
			第一样本		第一样本+第二样本		第一样本		第一样本+第二样本	
	第一样本	第二样本	Ac_1	Re_1	Ac_2	Re_2	接收	二次抽样	接收	拒收
尺寸偏差	10	10	0	2	1	2	—	—	—	—
表面质量	30	30	1	3	3	4	—	—	—	—
	40	40	1	4	4	5	—	—	—	—
	50	50	2	5	5	6	—	—	—	—
	60	60	2	5	5	7	—	—	—	—
	70	70	2	6	7	8	—	—	—	—
	80	80	3	7	8	9	—	—	—	—
	90	90	4	8	9	10	—	—	—	—
	100	100	4	9	10	11	—	—	—	—
	$1m^2$	$1m^2$	4%	9%	5%	5%	—	—	—	—
变形	10	10	0	2	1	2	—	—	—	—
吸水率	5	5	0	2	1	2	$\overline{X}_1<U$[1]	$\overline{X}_1>U$	$\overline{X}_2<U$	$\overline{X}_2>U$
弯曲强度	10	10	0	2	1	2	$\overline{X}_1>L$[2]	$\overline{X}_1<L$	$\overline{X}_2>L$	$\overline{X}_2<L$
莫氏硬度	3	3	0	2	1	2	—	—	—	—
无釉砖耐磨性	5	5	0	2	1	2	—	—	—	—
耐急冷急热性	5	5	0	2	1	2	—	—	—	—
耐酸性	5	5	0	2	1	2	—	—	—	—
耐碱性	5	5	0	2	1	2	—	—	—	—
光泽度	5	5	0	2	1	2	—	—	—	—

1) U——高要求限；

2) L——低要求限。

8.2.3　检查

8.2.3.1　按第 7 章所述方法，对样本砖进行检查。

8.2.3.2　按 8.3 对检查结果进行判定。

8.3　检查批的接收判定

8.3.1　计量检查

8.3.1.1　如果第一样本检查结果的平均值($\overline{X}_1$)符号要求，则判定检查批可接收。

8.3.1.2　如果平均值 $\overline{X}_1$ 不符合要求，则要抽取与第一样本大小相同的第二样本。

8.3.1.3　如果第一样本和第二样本试验结果之和的平均值($\overline{X}_2$)符合要求，则判定检验批可接收。

8.3.1.4　如果平均值 $\overline{X}_2$ 不符合要求，则判定检查批拒收，或做降级处理。

8.3.2　计数检查

8.3.2.1　如果样本中不合格数小于或等于接收判定数 Ac_1，可判定抽样的检查批是可接收的。

8.3.2.2　如果样本中不合格数等于或大于拒收判定数 Re_1，则拒收检查批，或做降级处理。

8.3.2.3　如果样本中不合格数介于接收判定数和拒收判定数之间，应抽取相同大小的第二样本进行检查。

8.3.2.4　第一样本和第二样本中的不合格数应加和。

8.3.2.5　如果不合格总数小于或等于表 7 中所列的接收数 Ac_2，则判定检查批是可以接收的。

8.3.2.6　如果不合格总数等于或大于表 7 中所列拒收数 Re_2，则判定检查批拒收，或做降级处理。

9 标志、包装、运输和贮存

9.1 标志

9.1.1 产品背面应有清晰的商标或标记。

9.1.2 包装箱上应标有生产厂名、厂址、产品名称、商标、品种、吸水率、适用范围(指地面、内墙或外墙)、规格、等级、色号、数量、体积、重量、易碎、防潮、放置方向、出厂批号等说明和采用本标准的代号。

9.2 包装

9.2.1 包装箱应牢固,并符合有关包装标准的要求。特殊要求可由合同双方协商。

9.2.2 包装箱内应有合格证和使用说明。

9.3 运输

搬运时应轻拿轻放,严禁摔扔。

9.4 贮存

产品应按品种、规格、等级、色号、尺寸偏差分开堆放,室外堆放时应有防潮、防雨措施。

附 录 A

(标准的附录)

陶瓷砖表面莫氏硬度测定方法

A1 范围

本附录规定了测定陶瓷砖表面划痕硬度的方法。

A2 原理

莫氏划痕度的测定,是用手在陶瓷砖表面以规定硬度的某些矿物刻划。

A3 试验用矿物

	莫氏硬度
滑 石	1
石 膏	2
方解石	3
萤 石	4
磷灰石	5
长 石	6
石 英	7
黄 玉	8
刚 玉	9
金刚石	10

A4 试样

至少试验三块陶瓷砖。

A5 步骤

将试验砖正面朝上放在坚实的支承物上。

用手均匀用力,以参比矿物新破裂的尖利边缘划试样的表面,刻划后矿物边缘或砖表面均不损伤。

用新破裂的参比矿物尖利边缘重复以上步骤。

每一块试样用可得出结果的每种矿物重复以上步骤。

用肉眼鉴定陶瓷砖上的划痕,平时戴眼镜的可以戴眼镜观察。

对每一块试验陶瓷砖,要记录产生的划痕不多于1条的莫氏硬度最高的矿物。如果陶瓷砖具有不同的划痕硬度,记录最低的莫氏硬度。

A6 试验报告

本试验规定报告如下:

a)陶瓷砖的说明;

b)每块试样的莫氏硬度。

附　录　B
（标准的附录）
陶瓷砖——耐化学腐蚀性的测定

B1　目的与适用范围

本标准规定了在室温条件下测定陶瓷砖耐化学腐蚀性的试验方法。

本试验方法适用于各种类型的陶瓷砖。

B2　引用标准

下列标准包含的条文，通过在本标准中引用而构成本标准的条文。因所有标准都将修订，故鼓励使用本标准的各方，尽可能采用下列标准的最新版本。IEC 和 ISO 成员均持有现行有效的国际标准。

ISO 3585：1991；硅硼玻璃 3.3—特性。

B3　原理

将试样直接受试验溶液的作用，经一定时间后观察并确定其受化学腐蚀的程度。

B4　水溶性试验溶液

B4.1　家庭用化学药品

氯化铵溶液，100g/L。

B4.2　游泳池盐类

亚氯酸钠溶液，20mg/L（约由含 13％活性氯的亚氯酸钠制配）。

B4.3　酸和碱

B4.3.1　低浓度（L）

a）3％（V/V）的盐酸溶液，由浓盐酸（$\rho=1.19$g/mL）制得；

b）柠檬酸溶液，100g/L；

c）氢氧化钾溶液，30g/L。

B4.3.2　高浓度（H）

a）18％（V/V）的盐酸溶液，由浓盐酸（$\rho=1.19$g/mL）制得；

b）5％（V/V）的乳酸溶液；

c）氢氧化钾溶液，100g/L。

B5　设备

B5.1　硅硼玻璃杯 3.3（ISO 3585）或其他适宜材料的带盖容器。

B5.2　硅硼玻璃 3.3（ISO 3585）或其他适宜材料的圆筒，带有盖子或留有装物用的开口。

B5.3　可在（110±5）℃状态下运行的烘箱。红外线、微波的或其他能在短时间内烘干的烘箱均可，只要保证达到相同的结果即可。

B5.4　麂皮

B5.5　由棉纤维或亚麻纤维纺织的白布。

B5.6　密封材料（如橡皮泥）。

B5.7　精度为 0.05g 的天平。

B5.8　硬度为 HB（或同等硬度）的铅笔。

B5.9 40W 灯泡,内面为白色(如硅化的)。

B6 试样

B6.1 试样数量

每种试验溶液使用五块试样。试样必须具有代表性,试样正面局部可具有不同色彩及装饰效果,试验时必须注意所包含的每一个不同部位。

B6.2 试样尺寸

B6.2.1 无釉砖:试样尺寸 50mm×50mm,由砖切割而成,至少保持一个边为非切割边。

B6.2.2 有釉砖:必须使用无损伤的试样,试样可以是整砖或砖的一部分。

B6.3 试样的准备

用适当的溶液(如甲醇),彻底清洗砖的正面。有表面缺陷的试样不能用于试验。

B7 步骤:无釉砖

B7.1 试验溶液的应用

将试样在(110±5)℃的温度下烘干,直至恒重,即连续两次称重后的差值小于 0.1g。然后将试样冷却至室温。

采用 B4.1,B4.2,B4.3,B4.3.1 及 B4.3.2 所列溶液。

将试样垂直浸入 5.1 所述的有试验溶液的容器中,试样浸深 25mm。试样的非切割边必须完全浸入溶液中。盖上盖子,在(20±2)℃的温度下保持 12 天。

12 天后,将试样用流水冲洗 5 天,再完全泡在水中煮 30min,然后从水中取出试样,用拧干但还带湿的麂皮轻轻擦拭,随即在(110±5)℃的烘箱中烘干。

B7.2 检测分级

在日光或人工光源的光照条件下(但应避免直接照射),距试样 25～30cm 处用肉眼(平时戴眼镜的可戴上眼镜)观测试样表面非切割边及切割边浸没部分的变化。

砖可划分为下列各级:

B7.2.1 对于 B4.1 及 B4.2 所列各种试验溶液:

UA 级:无可见变化[1]。

UB 级:在切割边上有可见变化。

UC 级:在切割边上、非切割边上和表面上均有可见变化。

B7.2.2 对于 B4.3.1 所列各种试验溶液:

ULA 级:无可见变化[1]。

ULB 级:在切割边上有可见变化。

ULC 级:在切割边上、非切割边上和表面上均有可见变化。

B7.2.3 对于 B4.3.2 所列各种试验溶液:

UHA 级:无可见变化[1]。

UHB 级:在切割边上有可见变化。

UHC 级:在切割边上、非切割边上和表面上均有可见变化。

B8 步骤:有釉砖

B8.1 试验溶液的应用

---

1) 如果色彩有轻微变化,则不认为是化学药品的侵蚀。

将 B5.2 所述的圆筒倒置在有釉表面的干净部分，并使其周边密封，即在圆筒周边抹 3mm 厚的一层均匀密封材料。

从开口处注入试验溶液，液面高为(20±1)mm，试验溶液必须是 B4.1、B4.2 及 B4.3.1 所列的那些溶液的任一种，如果必要，还可采用 B4.3.2 所列的各种溶液。试验装置在(20±2)℃下工作。

试验耐家用化学药品、游泳池用盐类及柠檬酸的腐蚀性时，使试验溶液与试样接触 24h，移开圆筒并用溶剂彻底清洗釉面上的密封材料。

试验耐盐酸和氢氧化钾腐蚀性时，使试验溶液与试样接触 4 天，每天轻轻摇动装置一次，并保证试验溶液水平面保持不变。2 天后更换溶液，再过 2 天后，移开圆筒并用溶剂彻底清洗釉上的密封材料。

B8.2 试验后的分级

B8.2.1 概述。经过试验的表面在进行判定之前必须完全干燥。为确定铅笔试验是否适用，在釉面的未处理部分用 HB 铅笔划几条线并用湿布擦拭线痕。如果铅笔线痕擦不掉，这些砖将记录为“不适合正常分级”。只能用目测法评价，而表 B1 所示分级表不适用。

B8.2.2 一般分级

对于通过铅笔试验的砖，则用 B8.2.2.1、B8.2.2.2 和 B8.2.2.3 项所列标准继续试验，并用表 B1 所列系统进行分级。

B8.2.2.1 目测初评。用肉眼(平时戴眼镜的可戴上眼镜)以标准距离为 25cm 的视距从各个角度观测被测表面与未处理表面有何表观差异，如反射率或光泽度的变化。

光源可以是日光或人工光源(约为 300Lx)，但应避免阳光直接照射。

检查后如未发现可见变化，进行铅笔试验(B8.2.2.2)。如有可见变化，进行反射试验(B8.2.2.3)。

B8.2.2.2 铅笔试验。在处理表面及非处理表面上用 HB 铅笔划几条线。

用软质湿布擦拭铅笔线痕。如果可以擦掉，则为 A 级。如果擦不掉，则为 B 级。

B8.2.2.3 反射试验。将砖摆放在这样的位置，使灯泡的图像反射在非处理表面上。灯光在砖表面上的入射角约为 45°，砖和光源间距为(350±100)mm。

评价的参数为反射清晰度而不是砖表面的亮度，调整砖的位置，使灯光同时落在处理面和非处理面上，检查处理面上的图像是否较模糊。

此试验对某些釉面是不适合的，特别是对无光釉面。如果反射清晰，则定为 B 级；如果反射模糊，则定为 C 级。

B8.2.3 适用于目测分级的砖类

对于不能用铅笔试验的砖类称之为“不适合正常分级”，采用下列方法分级：

B8.2.3.1 对于 B4.1 和 B4.2 所列试验溶液：

GA(V)级：无可见变化[1]。

GB(V)级：表观有轻微变化。

GC(V)级：表面部分或全部有变化。

B8.2.3.2 对于 B4.3.1 所列各种试验溶液：

GLA(V)级：无可见变化[1]。

GLB(V)级：表观有轻微变化。

GLC(V)级：表面部分或全部有变化。

B8.2.3.3 如采用 B4.3.2 规定的试验溶液，砖可按下列分级：

GHA(V)级：无可见变化[1]。

GHB(V)级：表观有轻微变化。

GHC(V)级：表面部分或全部有变化。

---

1) 如果色彩有轻微变化，则不认为是化学药品的侵蚀。(V)“目测，分级”的记号。

B9 试验报告

a）按本标准规定报告；

b）对砖的描述；

c）试验溶液和材料；

d）按 B8.2.1 项进行试验时所得的试验结果；

e）依据 B7.2 项或 B8.2 对每种试验溶液和试样分级。

表 B1 有釉砖耐化学腐蚀级别划分表

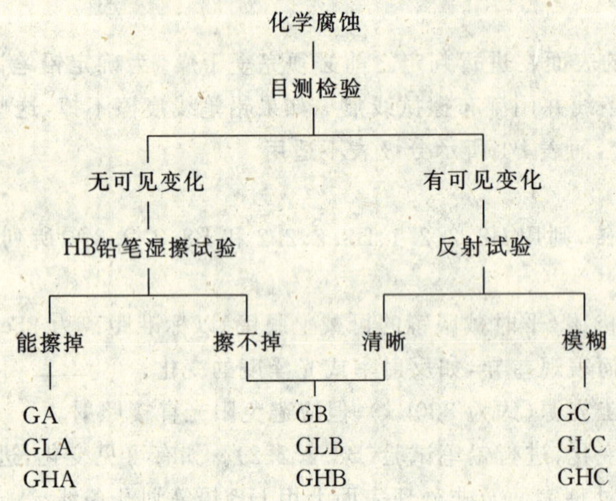

中华人民共和国国家标准

UDC 666.714.1

GB 9197—88

建 筑 琉 璃 制 品

Building terra-cotta

1 主题内容与适用范围

本标准主要规定了建筑琉璃制品的品种分类、技术要求、试验方法和检验规则。

本标准适用于屋面用建筑琉璃制品，其他琉璃制品也可参照执行。

2 品种分类及规格

2.1 品种

品种分三类。瓦类（板瓦、滴水瓦、筒瓦、沟头）；脊类；饰件类（吻、博古、兽）。

2.2 规格

产品规格由供需双方协定。

3 技术要求

3.1 尺寸允许偏差必须符合表1的规定。

表1 尺寸允许偏差　　mm

外形尺寸范围	类别	产品名称	允许偏差			
			长 a	宽 b	厚（高） c	弧度 d
$a \geqslant 350$	瓦类	板瓦 筒瓦 滴水瓦 沟头	±10	±7 ±5 ±7 ±5	+2 -1	±3
$350 > a > 250$		板瓦 筒瓦 滴水瓦 沟头	±8	±6 ±4 ±6 ±4		
$a \leqslant 250$		板瓦 筒瓦 滴水瓦 沟头	±6	±5 ±3 ±5 ±3		
单块最大尺寸>400	脊、吻、博古		±15	±8	±12	
单块最大尺寸⩽400			±11	±6	±8	

国家建筑材料工业局1988-05-17批准　　1989-01-01实施

其中c分别代表瓦类的厚度和脊、吻、博古的高度。瓦类尺寸位置如图 1 ~ 4 所示。

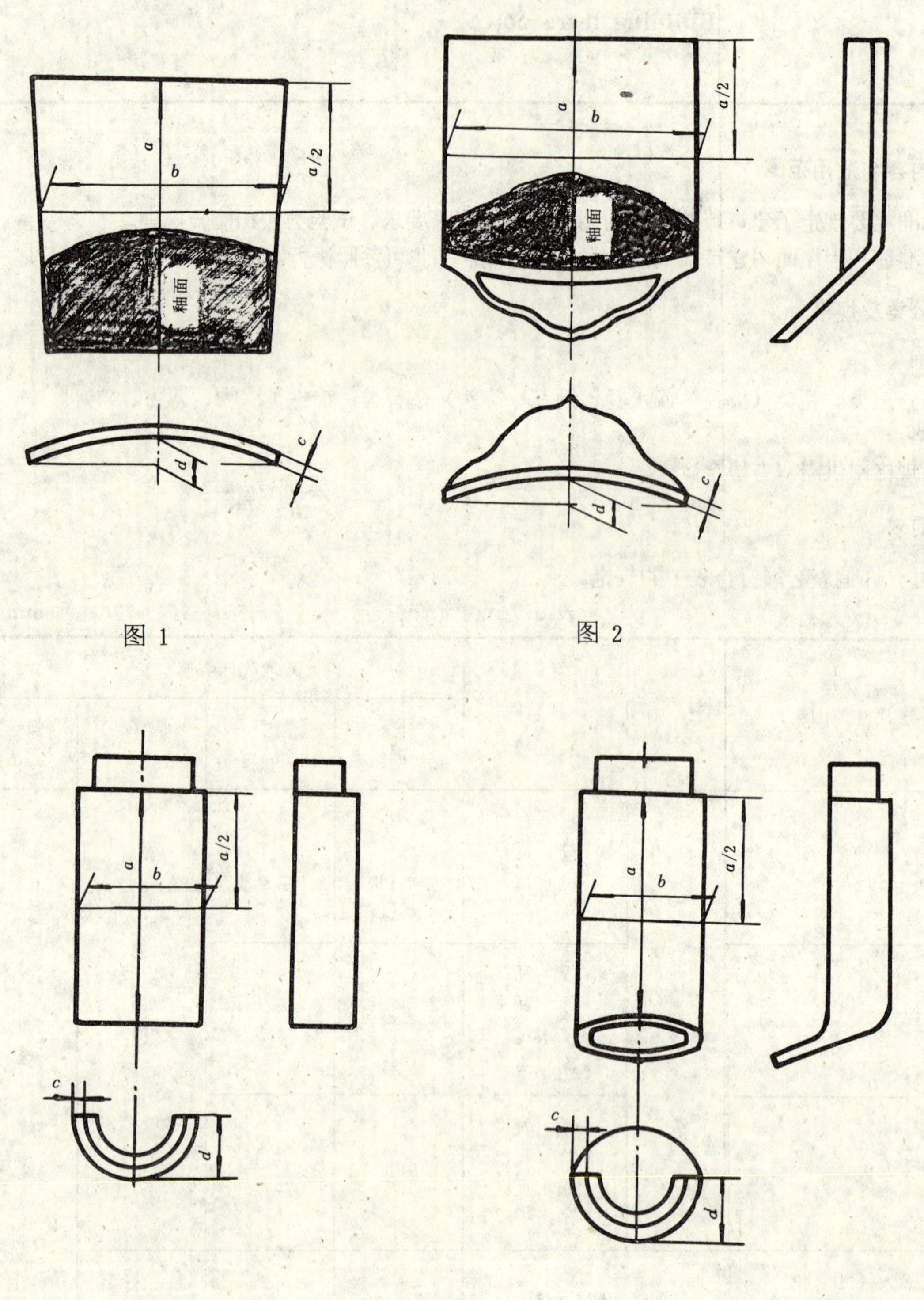

图 1　　图 2

图 3　　图 4

3.2 外观质量：

3.2.1 按外观质量分为优等品、一级品、合格品。

3.2.2 外观质量必须符合表 2 ~ 4 的规定。

表 2 瓦类

<table>
<tr><td>缺陷</td><td>计量</td><td colspan="2">优 等 品</td><td colspan="2">一 级 品</td><td colspan="2">合 格 品</td></tr>
<tr><td>项目</td><td>单位</td><td>显见面</td><td>非显见面</td><td>显见面</td><td>非显见面</td><td>显见面</td><td>非显见面</td></tr>
<tr><td>磕碰</td><td rowspan="3">mm²</td><td rowspan="3">总面积100
最大60</td><td>最大200
2处</td><td rowspan="3">总面积200
最大80
1处</td><td>最大300
2处</td><td rowspan="3">总面积225
最大120</td><td>最大450
2处</td></tr>
<tr><td>粘疤</td><td rowspan="2">不计</td><td rowspan="2">不计</td><td rowspan="2">不计</td></tr>
<tr><td>缺釉</td></tr>
<tr><td>裂纹</td><td rowspan="5">mm</td><td>总长度15，深度不大于三分之一厚度</td><td>总长度40，深度不允许贯穿开裂</td><td>总长度20，深度不大于三分之一厚度</td><td>总长度50，深度不允许贯穿开裂</td><td>总长度30，深度不大于三分之一厚度</td><td>总长度75，深度不允许贯穿开裂</td></tr>
<tr><td>釉泡</td><td rowspan="3">2＜φ≤3
2处</td><td rowspan="3">不计</td><td rowspan="3">2＜φ≤4
3处</td><td rowspan="3">不计</td><td rowspan="3">2＜φ≤5
3处</td><td rowspan="3">不计</td></tr>
<tr><td>落脏</td></tr>
<tr><td>杂质</td></tr>
<tr><td>变形</td><td colspan="2">a≥350，6
350＞a＞250，5
a≤250，4</td><td colspan="2">a≥350，8
350＞a＞250，7
a≤250，6</td><td colspan="2">a≥350，10
350＞a＞250，9
a≤250，8</td></tr>
<tr><td>色差</td><td>无单位</td><td colspan="4">不明显</td><td colspan="2">稍有色差</td></tr>
</table>

注：表中"不计"指缺陷对使用效果无影响。

表 3 脊类和饰件（吻、博古）类

<table>
<tr><td>缺陷</td><td>计量</td><td colspan="2">优 等 品</td><td colspan="2">一 级 品</td><td colspan="2">合 格 品</td></tr>
<tr><td>项目</td><td>单位</td><td>显见面</td><td>非显见面</td><td>显见面</td><td>非显见面</td><td>显见面</td><td>非显见面</td></tr>
<tr><td>磕碰</td><td rowspan="3">mm²</td><td rowspan="3">总面积
150
最大80</td><td rowspan="7">不计</td><td rowspan="3">总面积
300
最大120</td><td rowspan="7">不计</td><td rowspan="3">总面积
400
最大150</td><td rowspan="7">不计</td></tr>
<tr><td>粘疤</td></tr>
<tr><td>缺釉</td></tr>
<tr><td>裂纹</td><td rowspan="5">mm</td><td>最大长度20，深度不大于三分之一厚度，总长度＜60</td><td>最大长度35，深度不大于三分之一厚度，总长度＜80</td><td>最大长度50，深度不大于三分之一厚度，总长度＜120</td></tr>
<tr><td>釉泡</td><td rowspan="3">2＜φ≤3
4处</td><td rowspan="3">2＜φ≤5
5处</td><td rowspan="3">3＜φ≤8
5处</td></tr>
<tr><td>落脏</td></tr>
<tr><td>杂质</td></tr>
<tr><td>变形</td><td colspan="2">单块最大外形
≥400，10；
单块最大外形
＜400，8</td><td colspan="2">单块最大外形
≥400，12；
单块最大外形
＜400，10</td><td colspan="2">单块最大外形
≥400，18；
单块最大外形
＜400，15</td></tr>
<tr><td>色差</td><td>无单位</td><td colspan="4">不明显</td><td colspan="2">稍有色差</td></tr>
</table>

注：表中"不计"指缺陷对使用效果无影响。

表 4　饰件（兽）类

缺陷项目	计量单位	优等品		一级品		合格品	
		显见面		显见面		显见面	
		$c \leqslant 300$	$c > 300$	$c \leqslant 300$	$c > 300$	$c \leqslant 300$	$c > 300$
磕碰 粘疤 缺釉	mm^2	总面积30，最大15，1处	总面积50，最大25，1处	总面积50，最大20，1处	总面积75，最大30，1处	总面积75，最大30，1处	总面积85，最大45，1处
裂纹	mm	总长度15，深度不大于三分之一厚度	总长度25，深度不大于三分之一厚度	总长度20，深度不大于三分之一厚度	总长度30，深度不大于三分之一厚度	总长度30，深度不大于三分之一厚度	总长度45，深度不大于三分之一厚度
釉泡 落脏 杂质	mm	$2 < \phi \leqslant 3$ 1处	$2 < \phi \leqslant 4$ 1处	$2 < \phi \leqslant 4$ 2处	$2 < \phi \leqslant 6$ 2处	$2 < \phi \leqslant 6$ 2处	$2 < \phi \leqslant 7$ 2处
变形	mm	6	10	8	12	10	14

注：表中“c”指饰件（兽）类的外形高度。

3.2.3 同一件产品的允许外观缺陷项目，优等品不得超过三项，一级品不得超过五项。

3.3 物理性能

优等品、一级品、合格品的物理性能见表5。

表 5

级别 指标 项目	优等品	一级品	合格品
吸水率，%	≤12		
抗冻性能	冻融循环15次		冻融循环10次
	无开裂、剥落、掉角、掉棱、起鼓现象。因特殊要求，冷冻最低温度、循环次数可由供需双方商定		
弯曲破坏荷重，N	≥1177		
耐急冷急热性能	3次循环。无开裂、剥落、掉角、掉棱、起鼓现象		
光泽度，度	平均值≥50 根据需要，光泽度可由供需双方商定		

4 试验方法

4.1 规格尺寸

用精度为1 mm的金属刻度尺测量，瓦类的测量位置按图1～4标出部位测量（对板瓦、滴水瓦的弧高，测不施釉端）。脊、吻、博古的长（a）、宽（b），测其底部矩形两边尺寸，高（c）测其宽度的中心垂直线的高度。

4.2 外观质量

4.2.1 色差

将20块同一色调的产品，按4×5（即长度方向4块，宽度方向5块）整齐排列在平坦的地面上，在不低于300 l x的光照条件下距离试样2 m目测检查。

4.2.2 变形

用精度为1 mm的金属直尺测量。

测量时，将瓦扣在平板上，用直尺测量瓦边角翘离玻璃板的最大距离。脊和饰件类是测量其底部（底面）离开平板的最大距离。

4.2.3 其他外观缺陷

用精度为1 mm的金属直尺测量。

4.3 光泽度

仪器：用精度为±4%的光泽度仪测量。

样品：抽取外观质量检验合格的板瓦5块，在整块瓦上按图5所示各点测量。

测量：测量时，改变光源角度取每点的最大值，以三点的平均值为每块瓦的光泽度，再算出5块瓦的平均值，即为该批产品的光泽度。

若该批产品无板瓦时，测量样品由供需双方商定。

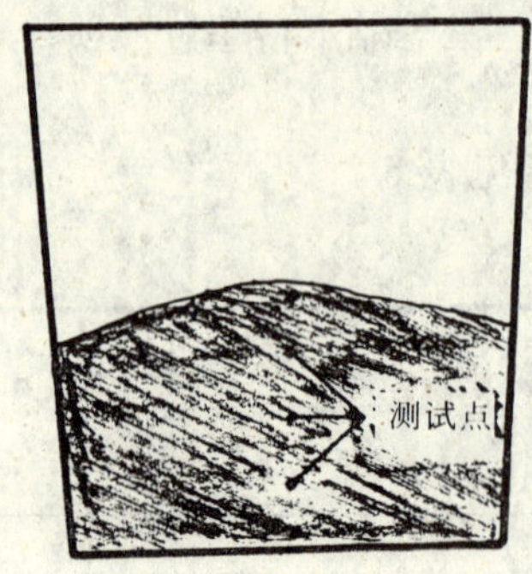

图 5

4.4 耐急冷急热性能

按GB 2581《建筑卫生陶瓷耐急冷急热性能试验方法》中的（二）进行。原标准中保温15 min改为45 min。

4.5 抗冻性能

抽取外观质量合格的样品10块，浸没于室温的清水中，24 h后取出，用拧干的湿毛巾轻轻擦去表面水，放入预先已降至－20±3 ℃的冷冻箱内冷冻3 h取出，立即放入15～20℃的水中融化3h。这一过程为一次冻融循环，如此反复进行。重复试验时，无需在清水中浸泡。

每冻融循环一次，逐块检查样品有无开裂、剥落、掉角、掉棱、起鼓现象。

4.6 弯曲破坏荷重

按GB 2582《釉面砖弯曲强度试验方法》进行。 其中试验机的两支承圆棒和加荷圆棒加橡胶垫后的直径约30 mm。板瓦边缘超出支承圆棒中心距离各为35 mm。试验位置如图 6 所示。

试验样品数量不得少于 5 块，以板瓦强度值为该批产品的弯曲破坏荷重值，以N/块表示。

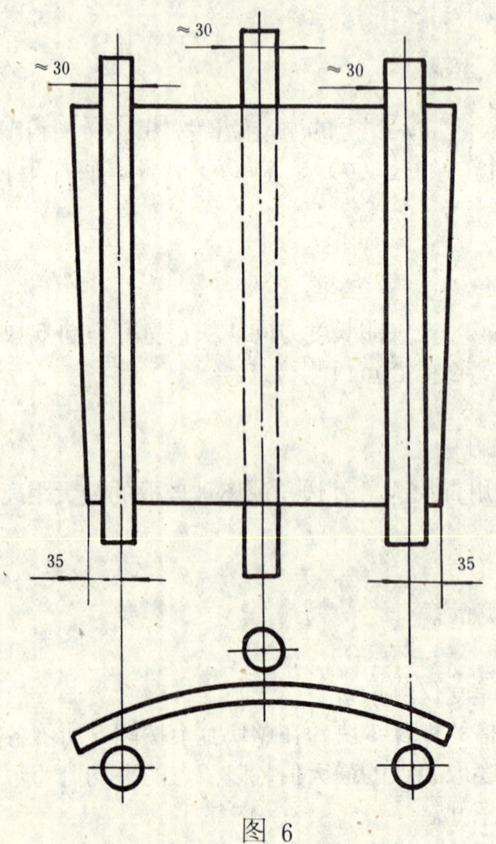

图 6

4.7 吸水率

从外观质量检验合格的5块样品上，敲取约30 mm × 50 mm的一面带釉的试片各1块，试片表面擦拭干净后，在105～110℃的电热箱内烘至恒重，并在干燥器中冷至室温，然后在感量为0.2g的天平上称重，称重后的试片在清水中浸泡24 h，再放入盛有清水的容器中（试片应不与容器底部接触）煮沸3 h，取出，放入清水中冷至室温，然后用拧干的湿毛巾轻轻擦去表面吸附水，在上述精度的天平上称重。吸水率以百分数表示，按下式计算：

$$W = \frac{m_1 - m}{m} \times 100$$

式中：W——吸水率，%；

m——烘至恒重时质量，g；

m_1——煮沸后的质量，g。

5 检验规则

5.1 检验分类

5.1.1 出厂检验：检验项目为外观质量、尺寸偏差、光泽度、耐急冷急热性能和吸水率。

5.1.2 型式检验：检验项目包括出厂检验和弯曲破坏荷重、抗冻性能。

5.2 分批和抽样

5.2.1 分批：在规格、色号、级别相同的产品中，以1000～5000件为一批。不足该数量时，其检验规则由供需双方商定。

5.2.2 抽样：所需检验的样品采用随机抽样的方法进行抽样。

5.3 判定规则

各项试验抽取的样品数和允许不合格数应符合表6的规定。

表 6 样品及允许不合格数

检 验 项 目	样品数（件）	允许不合格数（件）
外观质量	20	2
规格尺寸	20	2
光泽度	5	—
耐急冷急热性能	10	1
吸水率	5	0
弯曲破坏荷重	5	0
抗冻性能	10	0

若上述项目有任意一项不合格时，则应在该批产品中再抽取2倍该项目所需数量的样品重新检查此时，允许不合格数相应增加一倍。若合格即为该批产品合格。若仍不合格，则该批产品为不合格。

6 标志、包装、运输、贮存

6.1 标志

产品包装应附出厂标签，标签上应注明生产厂家、地址、产品名称、级别等，并应有“小心轻放”字样的标签。木箱包装的产品可在箱面写上以上内容。

6.2 包装

6.2.1 产品应按品种、规格、级别分别包装。

6.2.2 产品可使用草绳、竹筐、纸箱、木箱或其他材料包装。包装应牢固、捆紧、保证运输时不会摇晃碰坏。木箱包装的箱内空隙应填填充减振材料。

6.2.3 特殊产品可按用户需求包装。

6.3 运输

6.3.1 搬运时应轻拿轻放，以防破损。

6.3.2 在运输时应有防雨设施。

6.4 贮存

包装后的产品应按品种、规格、级别分别整齐堆放，堆放在室外时应有防雨设施。

附加说明：

本标准由国家建筑材料工业局咸阳陶瓷研究设计院归口。

本标准由国家建筑材料工业局咸阳陶瓷研究设计院负责起草。

本标准主要起草人马小鹏、潘致恩、黄显讯、陆达初。

本标准由国家建筑材料工业局咸阳陶瓷研究设计院负责解释。

中华人民共和国国家标准

天然饰面石材试验方法
干燥、水饱和、冻融循环后压缩强度
试验方法

UDC 691.21
:620.1

GB 9966.1—88

Test methods for natural facing stones
Dry, wet and after freezing test
methods for compressive strength

1 主题内容与适用范围

本标准规定了天然饰面石材和荒料压缩强度的试验设备、量具、试样、试验程序、计算及试验结果。

本标准适用于天然饰面石材和荒料的干燥、水饱和及冻融循环后的压缩强度试验。

2 设备及量具

2.1 材料试验机:具有球形支座并应保证一定的加荷速率,示值相对误差不超过±1%,试样破坏的最大负荷在量程的20%~90%范围内。

2.2 游标卡尺:刻度为0.02 mm。

3 试样

3.1 试样尺寸为50 mm 的立方体,误差±0.5 mm。垂直和平行层理的试样各两组,没有层理的试样两组,每组5块。

3.2 试样应标出岩石层理方向。

3.3 试样两个受力面用500号细砂纸抛光。平行度在0.08 mm 以内。相邻边垂直度误差不大于±0.5°。

3.4 试样不允许掉棱、掉角和有可见的裂纹。

4 试验步骤

4.1 干燥状态压缩强度

4.1.1 试样处理:将试样在105±2℃的烘箱内干燥24 h。再放入干燥器中冷却到室温。

4.1.2 测量试样受力面的边长计算面积。

4.1.3 将试样放置在材料试验机下压板的中心部位,以每秒钟1 000±50 N 的速率施加负荷,直至试样破坏,读出试样破坏时的最大负荷值。

4.2 水饱和状态压缩强度

4.2.1 试样处理:将试样放在20±5℃的水中,浸泡48 h,从水中取出,用拧干后的湿毛巾将试样表面水分擦去。

4.2.2 计算面积同4.1.2。

4.2.3 试验按4.1.3进行。

4.3 冻融循环后压缩强度

国家建筑材料工业局1988-09-15批准　　　　1989-07-01实施

4.3.1 试样处理:试样用清水洗干净,然后在水中浸泡24 h。将试样置入调节到−20±2℃的冷冻箱中,在冷冻箱内冻4 h,取出放在流动的水中,放置4 h,从水中取出,再将试样放入冷冻箱内,反复冻融25次。再放到流动的水中4 h,将试样取出,用拧干后的湿毛巾将试样表面水分擦去。

4.3.2 计算面积同4.1.2。

4.3.3 试验按4.1.3进行。

5 结果计算

压缩强度按下式计算:

$$R_c = \frac{P}{S}$$

式中:R_c—— 压缩强度,MPa(kgf/cm²);

P—— 破坏荷载,N(kgf);

S—— 试样受力面面积,cm²。

6 试验结果

计算试样不同层理的算术平均值及最大值和最小值。

附加说明:

本标准由国家建筑材料工业局人工晶体研究所负责起草。

本标准主要起草人杨美菊、孟秉芬。

中华人民共和国国家标准

UDC 691.21
:620.1

GB 9966.2—88

天然饰面石材试验方法
弯曲强度试验方法

Test methods for natural facing stones

Test method for flexural strength

1 主题内容与适用范围

本标准规定了天然饰面石材和荒料弯曲强度的试验设备、试样、试验程序、计算及试验结果。

本标准适用于天然饰面石材和荒料的弯曲强度试验。

2 设备及量具

2.1 材料试验机：示值相对误差不超过±1%。试样破坏的最大负荷在材料试验机刻度的20%～90%范围内。

2.2 游标卡尺：刻度为0.02 mm。

3 试样

3.1 试样尺寸长160 mm、宽40±0.5 mm，高20±0.5 mm，受力面的平行度在0.08 mm以内，垂直和平行层理的试样各两组。没有层理的试样两组，每组5块。

3.2 试样应标出岩石层理方向。

3.3 试样两受力面用500号细砂纸抛光。不允许掉棱、掉角和有可见的裂纹。

3.4 标出两点与受力点的标记(尺寸见下图)，测量试样两个支点和负荷点处的宽与高的尺寸，并取算术平均值。

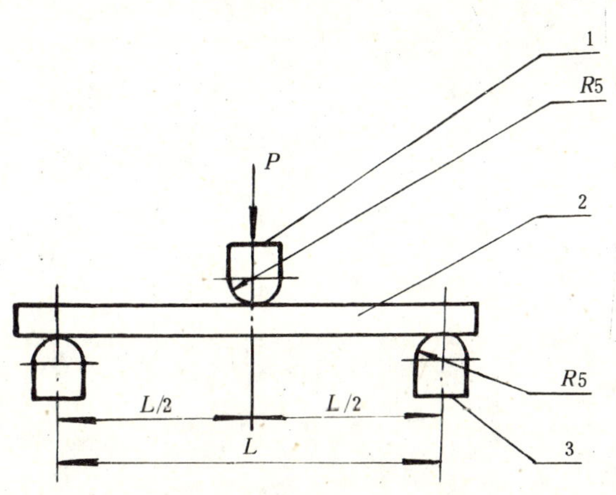

弯曲强度试验

1—可动压头；2—试样；3—支架

国家建筑材料工业局1988-09-15批准　　　　1989-07-01实施

4 试验步骤

4.1 将试样放在105±2℃的烘箱内干燥24 h，再放入干燥器内冷却至室温。

4.2 调节支座之间的距离为140±0.5 mm，把试样放在支架上，施加负荷以每分钟两毫米的速率直至试样断裂，读出断裂时的负荷值。

5 结果计算

弯曲强度按下式计算：

$$R_f = \frac{3P \cdot L}{2b \cdot h^2}$$

式中：R_f——试样的弯曲强度，MPa（kgf/cm^2）；

P——试样断裂荷载，N(kgf)；

L——支点间距离，cm；

b——试样宽度，cm；

h——试样高度，cm。

6 试验结果

计算试样不同层理的算术平均值及最大值和最小值。

附加说明：

本标准由国家建筑材料工业局人工晶体研究所负责起草。

本标准主要起草人杨美菊、孟秉芬。

中华人民共和国国家标准

天然饰面石材试验方法
体积密度、真密度、真气孔率、吸水率试验方法

Test methods for natural facing stones

Test methods for bulk density, true density, true porosity and water absorption

UDC 691.21
:620.1

GB 9966.3—88

1 主题内容与适用范围

本标准规定了天然饰面石材体积密度、真密度、真气孔率、吸水率试验的设备,试样,试验程序,计算及试验结果。

本标准适用于天然饰面石材的体积密度、真密度、真气孔率、吸水率试验。

2 引用标准

GB 2413 压电陶瓷材料体积密度测量方法

GB 2997 致密定形耐火制品显气孔率、吸水率、体积密度和真气孔率试验方法

3 方法原理及定义

方法原理及定义同 GB 2413,GB 2997。

4 试验设备

4.1 电热干燥箱:由室温到200℃。

4.2 天平:

a. 最大称量1 000 g,感量10 mg。

b. 最大称量100 g,感量1 mg。

4.3 游标卡尺:刻度为0.02 mm。

4.4 比重瓶:容积25～30 mL。

4.5 标准筛:240目标准筛。

5 试样及其制备

5.1 体积密度试样

试样尺寸为50 mm 立方体5块。

5.2 真密度试样

选择1 000 g 左右试样,将表面清扫干净,并破碎到颗粒小于5 mm,以四分法缩分到150 g,再用瓷研钵研磨成粉末并通过240目标准筛,将粉样装入称量瓶中,放入105±2℃烘箱内,干燥4 h 以上,取出,稍冷,放入干燥器内冷却到室温。

国家建筑材料工业局1988-09-15批准　　　　1989-07-01实施

6 试验步骤

6.1 体积密度

将试样用刷子清扫干净放入105±2℃的烘箱中干燥24 h，取出，冷却到室温，称其质量 (m_0)，精确到0.02 g。再将试样放入室温的蒸馏水中，浸泡48 h，取出，用拧干的湿毛巾擦去表面水分，并立即称量质量(m_1)，精确到0.02 g。接着把试样挂在网篮中，将网篮与试样浸入室温的蒸馏水中，称量其在水中的质量(m_2)，精确到0.02 g。称量装置见下图。

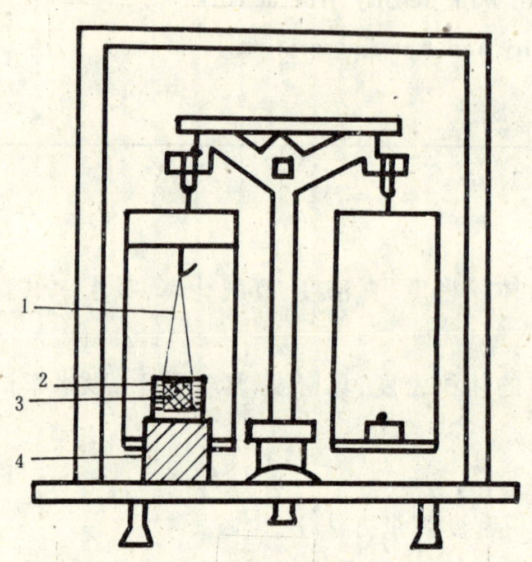

称量 m_2的示意图

1—稀疏的网篮；2—半截烧杯；3—试样；4—支架

6.2 真密度

称取试样三份，每份10 g(m_0')，每份试样分别装入洁净的比重瓶内，并倒入蒸馏水，其量不超过比重瓶体积的一半，将比重瓶放入蒸馏水中煮沸10～15 min，使试样中气泡排除，或将比重瓶放在真空干燥器内排除气泡，气泡排除后，擦干比重瓶，冷却到室温，用蒸馏水装满至标记处，称量质量(m_2')。再将比重瓶冲洗干净，用蒸馏水装满至标记处，并称质量 (m_1')，m_0'、m_1'、m_2'精确到0.002 g。

7 结果计算

7.1 体积密度 ρ_b(g/cm³)

根据6.1条中的试验结果，体积密度按式(1)计算：

$$\rho_b = \frac{m_0}{m_1 - m_2} \times \rho_w \quad \cdots\cdots(1)$$

式中：m_0—— 干燥试样在空气中的质量，g；

m_1—— 水饱和试样在空气中的质量，g；

m_2—— 水饱和试样在水中的质量，g；

ρ_w—— 试验时室温水的密度，g/cm³。

7.2 真密度 ρ_t(g/cm³)

根据6.2条中的试验结果，真密度按式(2)计算：

$$\rho_t = \frac{m_0'}{m_0' + m_1' - m_2'} \times \rho_w \quad \cdots\cdots(2)$$

式中：m'_0—— 干粉试样在空气中的质量，g；

m_1'——只装蒸馏水的比重瓶加水质量,g;

m_2'——装粉样加水的比重瓶质量,g;

ρ_w——同式(1)中 ρ_w。

7.3 真气孔率 ρ_a(%)

根据式(1)、(2)体积密度和真密度,真气孔率按式(3)计算:

$$\rho_a = \left(1 - \frac{\rho_b}{\rho_t}\right) \times 100 \quad \cdots\cdots(3)$$

式中:ρ_b——试样的体积密度,g/cm³;

ρ_t——试样的真密度,g/cm³。

7.4 吸水率 W_a(%)

根据6.1条中试验数据,吸水率按式(4)计算:

$$W_a = \frac{m_1 - m_0}{m_0} \times 100 \quad \cdots\cdots(4)$$

式中:m_0——干试样在空气中的质量,g;

m_1——水饱和试样在空气中的质量,g。

8 试验结果

计算体积密度、真密度、吸水率、真气孔率的平均值和最大值与最小值。

体积密度、真密度计算到三位有效数,真气孔率、吸水率计算到两位有效数。

附加说明:

本标准由国家建筑材料工业局人工晶体研究所负责起草。

本标准主要起草人杨美菊、孟秉芬。

中华人民共和国国家标准

UDC 691.21
:620.1

GB 9966.4—88

天然饰面石材试验方法 耐磨性试验方法

Test methods for natural facing stones
Test method for abrasion resistance

1 主题内容与范围

本标准规定了天然饰面石材耐磨性试验的设备、试样、试验程序、计算及试验结果。

本标准适用于各种天然石材的耐磨性试验。

2 方法原理

试样在耐磨试验机上，经过规定研磨时间、转数和对试样施加一定的压力，称其磨前磨后质量，计算单位面积磨耗量。

3 设备和材料

3.1 试验机：道瑞式耐磨试验机。

3.2 标准砂：符合 GB 178《水泥强度试验用标准砂》的标准砂。

3.3 天平：最大称量100 g，感量0.01 g。

4 试样及制备

试样尺寸直径为25±0.5 mm，长60 mm 的圆柱体。有层理的试样，垂直与平行层理各取4个，没有层理试样取4个。

5 试验步骤

5.1 将试样放入105±2℃烘箱中干燥24 h，取出，冷却至室温立即进行称量(m_0)，精确到0.01 g。

5.2 将称量过的试样装入耐磨机上，每个卡具重量为1 250 g，圆盘转1 000转完成一次试验，其余按仪器操作说明进行试验，试验完将试样取下，用刷子刷去粉末，称量磨后质量精确到0.01 g。

5.3 用游标卡尺测量试样受磨端的直径 ϕ_1，再测垂直方向直径 ϕ_2，求平均值，用平均值求受磨面积，A。

6 结果计算

耐磨率按下式计算：

$$M = \frac{m_0 - m_1}{A}$$

式中：M——耐磨率，g/cm^2；

m_0——磨前质量，g；

国家建筑材料工业局1988-09-15批准　　　　1989-07-01实施

m_1—— 磨后质量，g；

A—— 试样被磨端的面积，cm^2。

7 试验结果

计算试样不同层理耐磨率算术平均值，取两位有效数。

附加说明：

本标准由国家建筑材料工业局人工晶体研究所负责起草。

本标准主要起草人孟秉芬、杨美菊。

中华人民共和国国家标准

UDC 691.21
:620.1

天然饰面石材试验方法
镜面光泽度试验方法

GB 9966.5—88

Test methods for natural facing stones

Test method for specular gloss

1 主题内容与适用范围

本标准规定了天然饰面石材(花岗石、大理石)抛光的板材镜面光泽度测试的仪器、试样、试验程序、计算及试验结果。

本标准适用于天然饰面石材的光泽度试验。

2 方法原理

镜面光泽度——在规定的几何条件下,试样镜面光泽是其镜面反射光通量与相同条件下标准黑玻璃镜面反射光通量之比乘以100。

3 试验仪器

3.1 光电光泽计

3.1.1 光学系统应满足C光源及视觉函数$V(\lambda)$的要求。

3.1.2 光泽计光束孔径为$\phi30$,在60度几何条件下,光学条件见下表。

孔径	测量平面内(度)	垂直于测量平面(度)
光源	0.75±0.25	3.00
接收器	4.40±0.10	11.70±0.20

3.2 光泽度标准板

3.2.1 高光泽标准板:表面应平整经抛光的其折射率为1.567黑玻璃,规定60度几何条件镜面光泽度为100,经授权的计量单位定标。

3.2.2 低光泽工作标准板:陶瓷板,光泽值经授权的计量单位定标。

4 试样

试样尺寸为300 mm×300 mm 表面抛光的板材5块。

5 试验步骤

5.1 仪器校正:先打开光源预热,将仪器开口置于高光泽标准板中央,并将仪器的读数调整到标准黑玻璃的定标值。再测定低光泽工作标准板,如读数与定标值相差一个单位之内,则仪器已准备好。

5.2 用镜头纸或无毛的布擦干净试样表面,按光泽计操作说明测每块板材的光泽度,测试位置与点数见下图。

国家建筑材料工业局1988-09-15批准　　1989-07-01实施

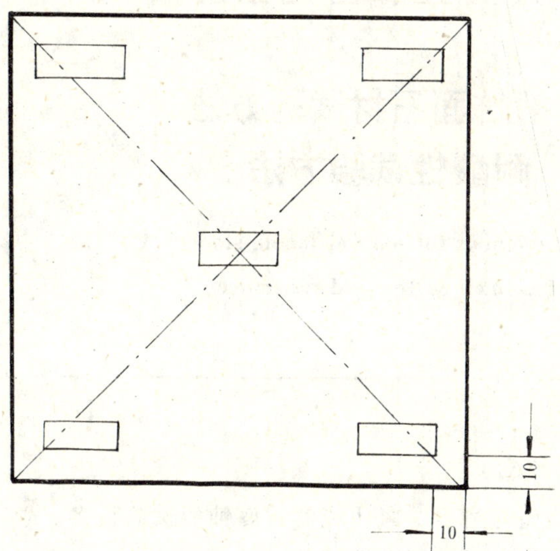

6 试验结果

计算每块板材光泽度的算术平均值。

附加说明：

本标准由国家建筑材料工业局人工晶体研究所负责起草。

本标准主要起草人孟秉芬、杨美菊。

中华人民共和国国家标准

UDC 691.21
:620.1

GB 9966.6—88

天然饰面石材试验方法
耐酸性试验方法

Test methods for natural facing stones

Test method for acid resistance

1 主题内容与适用范围

本标准规定了天然饰面石材耐二氧化硫气体腐蚀的试验设备、试样、试验程序、计算和试验结果。

本标准适用于天然饰面石材的耐酸性试验。

2 方法原理

试样在二氧化硫气氛中经一定时间观察表面光泽度及其他特性的变化。

3 试剂

3.1 硫酸:化学纯。

3.2 无水亚硫酸钠:化学纯。

4 试验设备

4.1 天平:最大称量200 g,感量10 mg。

4.2 烘箱:由室温到200℃。

4.3 反应容器:一个深240 mm以上的玻璃方缸,距上口和底20～30 mm处各有一入、出气口,内装试样架,上有磨口盖。

5 试样

试样尺寸为80 mm×60 mm×10 mm两面或一面抛光。有层理的试样,平行和垂直层理的试样各取4块,没有层理的取4块,其中3块作耐酸试验用,1块留作对比用,测量并记录各块试样的光泽度。

6 试验程序

6.1 将试样置于105±2℃烘箱内,干燥24 h,取出,放入干燥器内冷却至室温,称量质量(m_0)。

6.2 根据以下反应产生二氧化硫,将二氧化硫通入蒸馏水中制成二氧化硫溶液。

$$Na_2SO_3+H_2SO_4 \rightarrow Na_2SO_4+H_2O+SO_2\uparrow$$

$$SO_2+H_2O \rightleftharpoons H_2SO_3$$

6.3 反应容器中注入1 900 mL蒸馏水,放入试样架,试样以相隔10 mm的距离依次放在架上,盖上容器盖,由下口通入二氧化硫气于水中,通入约100 g的二氧化硫气,关闭下口,在室温下放置14 d,取出,并观察表面变化,烘干,冷却至室温,称量(m_1),按以上步骤更换新的二氧化硫溶液,再放置14 d,取出,观察表面变化,烘干,冷却至室温,称量(m_2)。

国家建筑材料工业局1988-09-15批准　　　　1989-07-01实施

7 计算

14 d 后相对质量变化〔m_{14}(%)〕及28 d 后相对质量变化〔m_{28}(%)〕按下式计算：

$$m_{14}=\frac{m_1-m_0}{m_0}\times 100 \quad \cdots\cdots(1)$$

$$m_{28}=\frac{m_2-m_0}{m_0}\times 100 \quad \cdots\cdots(2)$$

式中：m_0——未经酸腐蚀的试样质量，g；

m_1——经酸腐蚀14 d 后的质量，g；

m_2——经28 d 腐蚀后的质量，g。

8 试验结果

报告出 m_{14}、m_{28}的平均值。

报告出光泽度及其他特性的变化。

附加说明：

本标准由国家建筑材料工业局人工晶体研究所负责起草。

本标准主要起草人孟秉芬、杨美菊。

中华人民共和国国家标准

GB/T 13890—92

天然饰面石材术语

Terms for natural facing stone

1 主题内容与适用范围

本标准规定了天然饰面石材开采、加工、产品等方面常用术语的定义和涵义。

2 一般术语

2.1 建筑石材 building stone

具有一定的物理、化学性能可用作建筑材料的岩石。

2.2 装饰石材 decorative stone

具有装饰性能的建筑石材，加工后可供建筑装饰用。

2.3 品种 variety

按颜色、花纹等特征及产地对饰面石材所做的分类。

2.4 饰面石材 facing stone

用来加工饰面板材的石材。

2.5 饰面板材 facing slab

用饰面石材加工成的板材，用作建筑物的内外墙面、地面、柱面、台面等。

2.6 大理石 marble

商业上指以大理岩为代表的一类装饰石材，包括碳酸盐岩和与其有关的变质岩，主要成分为碳酸盐矿物，一般质地较软。

2.7 花岗石 granite

商业上指以花岗岩为代表的一类装饰石材，包括各类岩浆岩和花岗质的变质岩，一般质地较硬。

3 地质术语

3.1 石英 quartz

二氧化硅晶体。

3.2 长石 feldspar

钾、钠、钙的架状结构铝硅酸盐矿物。

3.3 碱性长石 alkali-feldspar

富含碱金属钾、钠的长石的总称。

3.4 斜长石 plagioclase

富含钠、钙的长石的总称。

3.5 云母 mica

铁、镁、钾等的层状结构铝硅酸盐水合物，具有极完全的片状解理，可沿解理剥成具有弹性的薄片。

3.6 白云母 muscovite

国家技术监督局1992-12-10批准　　　　1993-10-01实施

含钾的云母。

3.7 黑云母 biotite

含铁、镁的云母。

3.8 角闪石 amphibole

含氢氧根(OH^{-1})的铁、镁、钙、钠、铝的链状结构硅酸盐矿物。

3.9 辉石 pyroxene

铁、镁、钙、钠、铝的链状结构硅酸盐矿物。

3.10 方解石 calcite

碳酸钙矿物。

3.11 白云石 dolomite

碳酸钙镁矿物。

3.12 橄榄石 olivine

镁和铁的硅酸盐矿物。

3.13 蛇纹石 serpentine

硅酸镁的水合物。

3.14 黄铁矿 pyrite

二硫化铁矿物。

3.15 褐铁矿 limonite

以氧化铁的水合物为主要成分的混合物。

3.16 磁铁矿 magnetite

四氧化三铁矿物,具磁性。

3.17 全晶质结构 holocrystalline texture

组分完全结晶而不含有玻璃质的结构。

3.18 隐晶质结构 cryptocrystalline texture

组分结晶很细仅能在显微镜下分辨的结构。

3.19 玻璃质结构 glassy texture

组分没有结晶,为纯碎玻璃质的结构。

3.20 等粒结构 eguigranular texture

岩石中主要矿物颗粒大小基本一致的结构。

3.21 斑状结构 porphyritic texture

岩石中有大小截然不同的结晶颗粒,大颗粒称为斑晶,小颗粒称为基质。

3.22 鲕状结构 oolitic texture

由球形或椭球形颗粒组成,其颗粒外形、大小象鱼卵。

3.23 碎屑结构 clastic texture

岩石中碎屑含量大于50%的结构。

3.24 生物结构 biogenetic texture

岩石中生物骨骼的含量大于30%的结构。

3.25 块状构造 massive structure

岩石中矿物排列无次序、分布均匀的构造。

3.26 条带状构造 banded structure

岩石中不同结构,不同矿物颗粒组成的不同颜色的条带相间排列的构造。

3.27 片麻状构造 gneissic structure

岩石中矿物呈定向排列的构造。

3.28 岩浆岩 magmatic rock

由岩浆冷凝而形成的岩石。

3.29 沉积岩 sedimentary rock

由沉积物固结而形成的岩石。

3.30 变质岩 metamorphic rock

原有的岩石经变质作用后形成的岩石。

3.31 橄榄岩 dunite

主要由橄榄石和辉石组成的深成超基性岩浆岩。

3.32 辉长岩 gabbro

主要由基性斜长石和单斜辉石组成的深成基性岩浆岩。

3.33 辉绿岩 diabase

主要由辉石和基性斜长石组成的浅成基性岩浆岩。

3.34 玄武岩 basalt

成分与辉长岩相当的喷出的基性岩浆岩。

3.35 闪长岩 diorite

主要由中性斜长石和角闪石组成的深成中性岩浆岩。

3.36 花岗岩 granite

主要由石英、长石、云母和少量其他深色矿物组成的深成酸性岩浆岩。

3.37 白云岩 dolomite

主要由白云石组成的沉积岩石。

3.38 石灰岩 limestone

主要由方解石组成的沉积岩。

3.39 鲕状灰岩 oolitic limestone

具鲕状结构的石灰岩。

3.40 生物碎屑灰岩 bioclastic

由破碎的生物贝壳被碳酸钙胶结而成的石灰岩。

3.41 竹叶状灰岩 wormkalk

由圆形、椭圆形扁平砾石平行排列组成的石灰岩，在垂直切面上砾石的形状象竹叶。

3.42 叠层灰岩 stromatolithic limestone

具平行细纹层的灰岩。

3.43 大理岩 marble

碳酸盐矿物(方解石、白云石为主)大于50%的变质岩。

3.44 蛇纹石化大理石 serpentinized marble

含有大量蛇纹石的大理岩。

3.45 片麻岩 gneiss

具片麻状构造的，主要成分为长石、石英、云母的变质岩。

4 产品术语

4.1 毛料 untrimmed quarry stone

由矿山直接分离下来，形状不规则的石料。

4.2 荒料 quarry stone

由毛料经加工而成的，具有一定规格，用以加工饰面板材的石料。

4.3 料石 squared stone

用毛料加工成的具有一定规格,用来砌筑建筑物用的石料。

4.4 规格料 dimension stone

符合标准规格的荒料。

4.5 协议料 agreed-dimension stone

由供需双方议定规格的荒料。

4.6 毛板 flag slab

由荒料锯解成的板材。

4.7 粗面装饰板材(粗面板) roughing slab

表面平整粗糙具有较规则加工条纹的板材。

4.8 剁斧板材 axed slab

指用斧头加工成的粗面饰面板。

4.9 锤击板材 hammer dressed slab

指用花锤加工成的粗面饰面板。

4.10 烧毛板 flamed slab

指用火焰法加工成的粗面饰面板。

4.11 机刨板材 planed slab

指机刨法加工成的粗面饰面板。

4.12 细面板材(磨光板) rubbed slab

表面平整光滑的板材。

4.13 镜面板材(抛光板) polished slab

表面平整,具有镜面光泽的板材。

4.14 薄板 thin slab

厚度小于等于 15 mm 的板材。

4.15 厚板 thick slab

厚度大于 15 mm 的板材。

4.16 普型板 normal slab

正方形或长方形的板材。

4.17 异型板 irregular slab

非正方形或长方形的板材。

4.18 协议板 agreed-dimension slab

由供需双方议定的板材。

5 性能及缺陷术语

5.1 装饰性 dicoration

装饰石材的颜色、花纹,及光泽等的总和反映出的外观效果。

5.2 花纹 figure

由装饰石材的组分、结构、构造而呈现的图象。

5.3 光泽度 glossiness

饰面板材表面对可见光的反射光的程度。

5.4 平度 flatness

饰面板材磨光面的平整程度。

5.5 角度 angle

饰面板材的磨光面上两个相邻棱线的夹角。

5.6 密度 density

岩石单位体积的质量。

5.7 硬度 hardness

表面抵抗其他物质刻划、磨蚀、切削或压入表面的能力。

5.8 吸水率 water absorption

用所吸水的岩石质量与干燥岩石质量之比来表示。

5.9 耐磨性 abrasion resistance

饰面石材的耐磨性能，以规定条件下干燥岩石单位面积的磨耗量表示。

5.10 耐酸性 acid-resistance

饰面石材抵抗酸腐蚀的性能。

5.11 耐碱性 alkali-resistant

饰面石材抵抗碱腐蚀的性能。

5.12 压缩强度 compressive strength

试件承受单向压缩力而破坏的应力值。

5.13 弯曲强度 flexuril

试件弯曲至破坏时所能承受的应力值。

5.14 抗冻性 frost resistance

岩石抵抗冻融破坏的性能。

5.15 裂纹 crack

岩石中存在的细小裂隙。

5.16 缝合线 stylolite

岩石中呈锯齿状一般不造成破坏性的曲线。

5.17 色斑色线 colour stripe

与饰面石材基本颜色、花纹不谐调的条纹状条带状或斑状物质。

5.18 两核 concretion

碳酸盐岩中的团块状包裹体，如燧石等。

5.19 砂眼 sand hole

天然形成的具有一定深度的凹坑，直径在 2 mm 以下。

5.20 孔洞 hole

天然形成的具有一定深度的凹坑，直径在 2 mm 以上。

5.21 凹陷 recess

加工过程中表面有明显的碟状缺陷。

5.22 翘曲 warpage

装饰板材的弯曲

5.23 棱角缺陷 edges imperfection

饰面板材的棱和角受到的损伤。

5.24 污点 stain

由原生原次生形成的，污染板材的异物。

5.25 坑窝 hollow

在加工过程中形成深度较深的凹陷。

6 开采及加工术语

6.1 采场 quarry

回采矿石的场地。

6.2 回采 quarrying

由矿体分离矿石的过程

6.3 剥离 overburden stripping

回采前将矿体周围的非矿体物质清除掉的过程。

6.4 锯解 saw cutting

将荒料加工成毛板的过程。

6.5 切割 cutting

将板材加工成一定尺寸的过程

6.6 磨光 rubbing

将毛板表面加工成具有平整光滑的过程。

6.7 抛光 polishing

将细面板表面加工成具有镜向光泽的过程。

附 录 A
中 文 索 引
（参考件）

附 录 B
英 文 索 引
（参考件）

A

B

C

D

N

O

P

Q

R

S

附加说明：

本标准由国家建筑材料工业局提出。

本标准由国家建筑材料工业局人工晶体研究所负责起草。

本标准主要起草人杨美菊、刘琪。

本标准委托国家建筑材料工业局人工晶体研究所负责解释。

中华人民共和国国家标准

建筑饰面材料镜向光泽度测定方法

GB/T 13891—92

Test methods of specular gloss for decorative building materials

1 主题内容与适用范围

本标准规定了建筑饰面材料镜向光泽度测定方法所用的仪器、试样和试验步骤、结果计算、试验报告等。

本标准适用于测定大理石、花岗石、水磨石等建筑饰面板材与墙地砖、塑料地板、玻璃纤维增强塑料板材的镜向光泽度。其他人造石材（如人造大理石等）的镜向光泽度亦可参照本标准进行测定。

2 术语

2.1 镜向光泽度：试样在镜面方向的相对反射率乘以100。

2.2 相对反射率：在相同的几何条件下，从一试样反射的光通量与一参照标准板表面反射的光通量的比值。

2.3 参照标准板：以抛光完善的黑玻璃作为参照标准板，其钠D射线的折射率为1.567，对于每一个几何条件的镜向光泽度定标为$G_s(\theta)=100$光泽单位。

3 仪器与量具

3.1 光泽度计：由白炽光源和一组透镜产生一定要求入射光束的发射器与接收从试样表面反射回来锥体光束的接收器所组成。接收器是一个对于接近可见光谱的中间部分具有最大的灵敏度的光敏元件。

用于测定大理石、花岗石、水磨石等建筑饰面板材，采用60°，20°入射角时，入射光束孔径为30mm；采用85°入射角时，入射光束孔径为18mm。用于测定墙地砖、塑料地板、玻璃纤维增强塑料板材等，采用20°，60°，85°入射角时，入射光束孔径均为18mm。发射器与接收器的张角必须符合表1。

表 1　发射器与接收器的几何条件　(°)

入射角	光阑	测量平面内	垂直测量平面内
20 ± 0.5	光源角	0.75 ± 0.25	≤3.0
	接收场角	1.80 ± 0.05	3.6 ± 0.10
60 ± 0.2	光源角	0.75 ± 0.25	≤3.0
	接收场角	4.4 ± 0.10	11.7 ± 2.0
85 ± 0.1	光源角	0.75 ± 0.25	≤3.0
	接收场角	4.0 ± 0.30	6.0 ± 0.30

国家技术监督局1992-12-10批准　　1993-10-01实施

3.2 工作标准板：仪器至少备有经法定机构标定的高光泽工作标准板和中（或低）光泽工作标准板各1块。工作标准板每年标定一次。

3.3 钢板尺最小刻度为1.0mm的钢板尺。

4 试验步骤

4.1 试样

4.1.1 试样规格及数量见表2。

表2 试样规格及数量

试样	规格（$a\times b$）mm	数量（块）
大理石板材 花岗石板材 水磨石板材	300×300	5
墙地砖	150×150 150×75	5
塑料地板	300×300	3
玻璃纤维增强塑料板材	150×150	3

注：墙地砖试样规格可按实际生产产品的规格确定。

4.1.2 试样要求：表面应平整、光滑，无翘曲、波纹、突起、弯曲、砂眼等外观缺陷。

4.1.3 测点布置：

a. 大理石、花岗石、水磨石等建筑饰面板材，确定5个测定，即板材中心与四角定4个测点，见下图a。

b. 墙地砖中心测1个测点，见下图b。

c. 塑料地板、玻璃纤维增强塑料板材，共确定10个测点。即板材中心与四角定4个测点，然后将发射器旋转90°，再测定5个测点，见下图a、c。

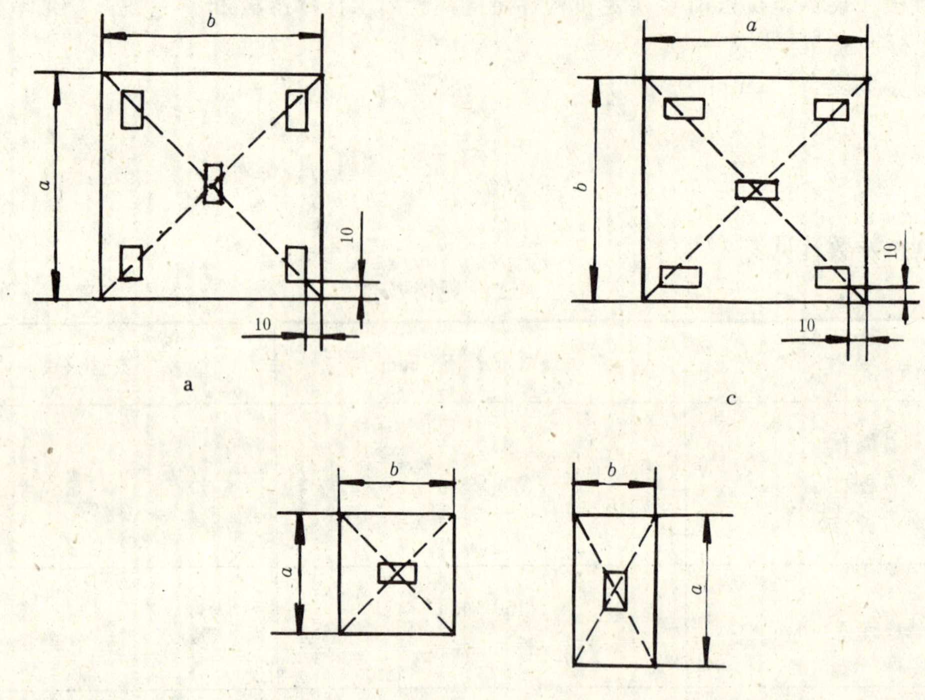

测点布置图

4.2 仪器校正

采用的光泽度计必须经有关部门检定、认可，按生产厂的使用说明书操作。仪器预热达到稳定后，用高光泽工作标准板进行校正，然后用中光泽或低光泽工作标准板进行核定。如仪器示值与原标定值之差在 1 光泽单位内，则仪器可以进行测试。

4.3 试验

各种建筑饰面材料测定镜向光泽的发射器入射角均采用60°。

当材料测定的镜向光泽度大于70光泽单位时，为提高其分辨程度，入射角可采用20°。

当材料测定的镜向光泽度小于30光泽单位时，为提高其分辨程度，入射角可采用85°。

5 结果计算

测定大理石、花岗石、水磨石等建筑饰面板材取5点的算术平均值；测定塑料地板与玻璃纤维增强塑料板材光泽度时，取其10点的算术平均值作为该试样的光泽度值，计算精确至0.1光泽单位。如最高值与最低值超过平均值10％的数值应在其后的括弧内注明。

测定墙地砖，其中心的光泽度测定值即为该试样的光泽度值。

以 3 块或 5 块试样测定值的平均值作为被测建筑饰面材料镜向光泽度值。小数点后余数采用数值修约规则修约，结果取整数。

6 精度

在同一试样表面重复测定所测得的平均值相差在实验室内应不超过 1 光泽单位；在生产现场应不超过 2 光泽单位。

7 试验报告

试验报告应包括下述内容：

a. 材料名称、品种与编号；

b. 光泽度计的型号、几何条件与生产厂名；
c. 光泽度工作标准板；
d. 试验条件；
e. 试验结果；
f. 测试人员；
g. 测试单位。

附加说明：

本标准由国家建筑材料工业局提出。

本标准由国家建筑材料工业局标准化研究所、上海市测试技术研究所、同济大学材料科学与工程系、国家建筑材料工业局玻璃钢研究设计院等负责起草。

本标准主要起草人杨斌、戴鸣鎏、邵向阳、曲光宇、石勇、李立光等。

中华人民共和国建材行业标准

JC 79—92

天然大理石建筑板材

代替 JC 79—84

1 主题内容与适用范围

本标准规定了天然大理石建筑板材(以下简称板材)的产品分类、技术要求、试验方法、检验规则、标志、包装、运输、贮存等。

本标准适用于建筑装饰用的天然大理石板材。其他用途的天然大理石板材也可以参照采用。

2 引用标准

GB 191 包装储运图示标志

GB 3286.1 石灰石、白云石化学分析方法 EGTA-C_yDTA 容量法测定氧化钙和氧化镁

GB 3286.3 石灰石、白云石化学分析方法 高氯酸脱水重量法测定二氧化硅

GB 3286.4 石灰石、白云石化学分析方法 钼蓝光度法测定二氧化硅

GB 3286.10 石灰石、白云石化学分析方法 灼烧减量的测定

GB 9966.1 天然饰面石材试验方法 干燥、水饱和、冻融循环后压缩强度试验方法

GB 9966.2 天然饰面石材试验方法 弯曲强度试验方法

GB 9966.3 天然饰面石材试验方法 体积密度、真密度、真气孔率、吸水率试验方法

GB 9966.5 天然饰面石材试验方法 镜面光泽度试验方法

3 产品分类

3.1 分类

a. 普型板材(N):正方形或长方型的板材;

b. 异型板材(S):其他形状的板材。

3.2 等级

按板材的规格尺寸允许偏差、平面度允许极限公差,角度允许极限公差、外观质量、镜面光泽度分为优等品(A)、一等品(B)、合格品(C)三个等级。

3.3 命名与标记

3.3.1 板材命名顺序:荒料产地地名、花纹色调特征名称,大理石(M)。

3.3.2 板材标记顺序:命名、分类、规格尺寸、等级、标准号。

3.3.3 标记示例:

用北京房山白色大理石荒料生产的普型规格尺寸为 600 mm×400 mm×20 mm 的一等品板材示例如下:

命名:房山汉白玉大理石

标记:房山汉白玉(M) N 600×400×20 B JC 79

4 技术要求

4.1 规格尺寸允许偏差

国家建筑材料工业局 1992-12-21 批准　　　　1993-10-01 实施

4.1.1 普型板材规格尺寸允许偏差应符合表 1 的规定。

表 1

mm

部位		优等品	一等品	合格品
长、宽度		0 −1.0	0 −1.0	0 −1.5
厚度	≤15	±0.5	±0.8	±1.0
	>15	+0.5 −1.5	+1.0 −2.0	±2.0

4.1.2 异形板材规格尺寸允许偏差由供需双方商定。

4.1.3 板材厚度小于或等于 15 mm 时，同一块板材上的厚度允许极差为 1.0 mm；板材厚度大于 15 mm时，同一块板材上的厚度允许极差为 2.0 mm。

4.2 平面度允许极限公差

平面度允许极限公差应符合表 2 的规定。

表 2

mm

板材长度范围	允许极限公差值		
	优等品	一等品	合格品
≤400	0.20	0.30	0.50
>400～<800	0.50	0.60	0.80
≥800<1 000	0.70	0.80	1.00
≥1 000	0.80	1.00	1.20

4.3 角度允许极限公差

4.3.1 角度允许极限公差应符合表 3 的规定。

表 3

mm

板材长度范围	允许极限公差值		
	优等品	一等品	合格品
≤400	0.30	0.40	0.60
>400	0.50	0.60	0.80

4.3.2 拼缝板材，正面与侧面的夹角不得大于 90°。

4.3.3 异型板材角度允许极限公差由供需双方商定。

4.4 外观质量

4.4.1 同一批板材的花纹色调基本调和。

4.4.2 板材正面的外观缺陷应符合表 4 规定。

表 4　　mm

缺陷名称	优等品	一等品	合格品
翘曲	不允许	不明显	有,但不影响使用
裂纹			
砂眼			
凹陷			
色斑			
污点			
正面棱缺陷长≤8,宽≤3			1处
正面角缺陷长≤3,宽≤3			1处

4.4.3　板材允许粘接和修补。粘接或修补后不影响板材的装饰质量和物理性能。

4.5　物理性能

4.5.1　镜面光泽度

4.5.1.1　板材的抛光面应具有镜面光泽,能清晰地反映出景物。

4.5.1.2　生产厂按板材化学主成分控制板材镜面光泽度,其数值不低于表5规定。

表 5

化学主成分含量,%				镜面光泽度,光泽单位		
氧化钙	氧化镁	二氧化硅	灼烧减量	优等品	一等品	合格品
40～56	0～5	0～15	30～45	90	80	70
25～35	15～25	0～15	35～45			
25～35	15～25	10～25	25～35	80	70	60
34～37	15～18	0～1	42～45			
1～5	44～50	32～38	10～20	60	50	40

注:表中未包括的板材,其镜面光泽度由供需双方商定。

4.5.2　体积密度不小于2.60 g/cm^3。

4.5.3　吸水率不大于0.75%。

4.5.4　干燥压缩强度不小于20.0 MPa。

4.5.5　弯曲强度不小于7.0 MPa。

5　试验方法

5.1　规格尺寸

用刻度值为1.0 mm的钢直尺测量板材的长度和宽度;用读数值为0.1 mm的游标卡尺测量板材的厚度。

长度、宽度分别测量3条直线,见图1。厚度测量4条边的4个中点,见图2。分别用偏差的最大值和最小值来表示长度、宽度、厚度的尺寸偏差。用同块板材上厚度偏差的最大值和最小值之间的差值表示同块板材上的厚度极差。读数准确至0.2 mm。

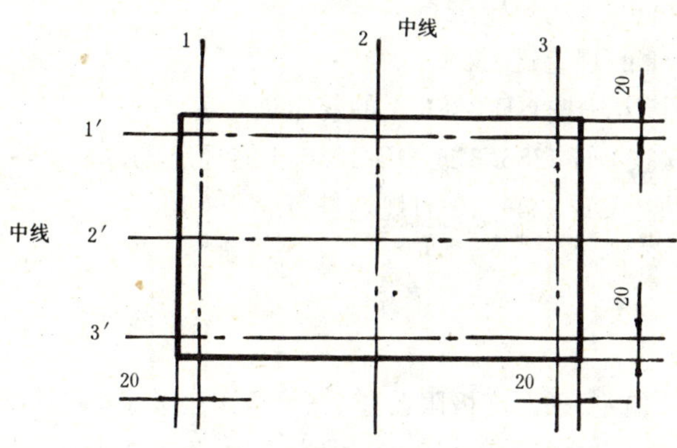

图 1

1、2、3—宽度测量线；1′、2′、3′—长度测量线

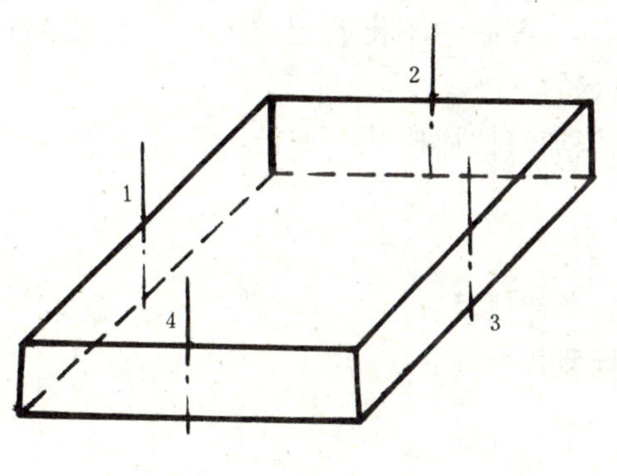

图 2

1、2、3、4—厚度测定点

5.2　平面度

将直线度公差为 0.1 mm 的钢平尺贴放在被检平面的两条对角线上，用塞尺测量尺面与板面间的间隙。被检面对角线长度大于 1 000 mm 时，用长度为 1 000 mm 的钢平尺沿对角线分段检测。

以最大间隙的塞尺片读数表示板材的平面度极限公差。读数准确至 0.05 mm。

5.3　角度

用内角边长为 450 mm×400 mm 的、内角垂直度公差为 0.13 mm 的 90°钢角尺。将角尺长边紧贴板材的长边，短边紧靠板材短边，用塞尺测量板材与角尺短边之间的间隙。当被检角大于 90°时，测量点在角尺根部；当被检角小于 90°时，测量点在距根部 400 mm 处。当角尺长边大于板材长边时，用上述方法测量板材的两对角；当角尺的长边小于板材长边时，用上述方法测量板材的四个角。

以最大间隙的塞尺片读数表示板材的角度极限公差，读数准确至 0.05 mm。

5.4　外观质量

5.4.1　缺陷

将板材平放在地面上，距板材 1.5 m 处明显可见的缺陷视为有缺陷；距板材 1.5 m 处不明显但在 1 m处可见的缺陷视为无明显缺陷；距板材 1 m 处看不见的缺陷视为无缺陷。

缺棱掉角用刻度值为 0.5 mm 的钢直尺测量其长度和宽度。

5.4.2　花纹色调

将选定的协议板与被检板材同时平放在地上，距 1.5 m 处目测。

5.5　镜面光泽度按 GB 9966.5 的规定在板材产品上进行。

5.6　体积密度、吸水率按 GB 9966.3 的规定进行。

5.7 干燥压缩强度按 GB 9966.1 的规定进行。

5.8 弯曲强度按 GB 9966.2 的规定进行。

5.9 氧化钙和氧化镁的分析方法按 GB 3286.1 的规定进行。

5.10 二氧化硅的分析方法按 GB 3286.3 或 GB 3286.4 的规定进行。

5.11 灼烧减量的分析方法按 GB 3286.10 的规定进行。

6 检验规则

6.1 出厂检验

6.1.1 检验项目：规格尺寸偏差、平面度极限公差、角度极限公差、外观质量、镜面光泽度。

6.1.2 组批：同一品种、等级、规格的板材以 100 m^2 为一批；不足 100 m^2 的按单一工程部位为一批。

6.1.3 抽样：规格尺寸、平面度、角度、外观质量的检验从同一批板材中随机抽取 5%，数量不足 10 块的，抽 10 块。镜面光泽度的检验从以上抽取的板材中取 5 块进行。

6.1.4 判定：单块板材的所有检验结果均符合技术要求中相应等级时，判为该等级。同一批板材中：优等品中不得有超过 5%的一等品；一等品中不得有超过 10%的合格品；合格品中不得有超过 10%的不合格品；光泽度不得低于表 5 规定的 95%。

检验结果不符合要求时，应该加倍抽样检验。如仍不符合要求，则判定该批板材的质量不符合该等级。

6.2 型式检验

6.2.1 检验项目：技术要求中的全部项目。

6.2.2 有下列情况之一时，进行型式检验：

a. 新建厂投产时；

b. 荒料或生产工艺有较大改变时；

c. 正常生产时每年进行一次；

d. 国家质量监督机构提出进行型式检验要求时。

6.2.3 组批：同出厂检验。

6.2.4 抽样：规格尺寸、平面度、角度、外观质量、镜面光泽度的抽样同出厂检验；体积密度、吸水率、干燥压缩强度、弯曲强度的检验从生产同批板材的荒料中的不同块体上按 GB 9966.1～9966.3 的规定抽样。

6.2.5 判定：体积密度、吸水率、干燥压缩强度、弯曲强度的试验结果中，有一项不符合 4.5.2～4.5.5 规定时，则判定该批板材为不合格品。其他项目检验结果的判定同出厂检验。

7 标志、包装、运输与贮存

7.1 标志

7.1.1 出厂板材应注明：生产厂名、商标、标记。配套工程用料应在每块板材侧面标明图纸编号。

7.1.2 包装箱上必须有“向上”、“怕湿”和“小心轻放”的指示标志，应符合 GB 191 中的规定。

7.2 包装

7.2.1 包装时光面应相对并按板材品种、规格、等级等分别包装，并附产品合格证、说明书及配套工程用料的图纸。

7.2.2 包装质量应符合产品在正常条件下安全装卸、运输的要求。

7.3 运输

板材在运输中应防湿，严禁滚摔、碰撞。

7.4 贮存

7.4.1 板材应在室内贮存。室外贮存时应加遮盖。

7.4.2 板材应按品种、规格，等级或工程料部位分别码放。板材直立码放时，应光面相对，倾斜度不大于15°，层间加垫，垛高不得超过 1.5 m；板材平放时，应光面相对，地面必须平整垛高不得超过 1.2 m。

7.4.3 包装箱码放高度不得超过 2 m。

附加说明：

本标准由国家建筑材料工业局人工晶体研究所负责起草。

本标准主要起草人杨正棠、何晓虹。

本标准由国家建筑材料工业局人工晶体研究所负责解释。

中华人民共和国建材行业标准

JC 205—92

天然花岗石建筑板材

代替 JC 205—85

1 主题内容与适用范围

本标准规定了天然花岗石建筑板材(以下简称板材)的产品分类、技术要求、试验方法、检验规则、标志、包装、运输、贮存等。

本标准适用于建筑装饰用的天然花岗石板材。其他用途的天然花岗石板材也可以参照采用。

2 引用标准

GB 191 包装储运图示标志

GB 9966.1 天然饰面石材试验方法 干燥、水饱和、冻融循环后压缩强度试验方法

GB 9966.2 天然饰面石材试验方法 弯曲强度试验方法

GB 9966.3 天然饰面石材试验方法 体积密度、真密度、真气孔率、吸水率试验方法

GB 9966.5 天然饰面石材试验方法 镜面光泽度试验方法

3 产品分类

3.1 分类

3.1.1 按形状分

a. 普型板材(N):正方形或长方形的板材;

b. 异型板材(S):其他形状的板材。

3.1.2 按表面加工程度分

a. 细面板材(RB):表面平整、光滑的板材;

b. 镜面板材(PL):表面平整、具有镜面光泽的板材;

c. 粗面板材(RU):表面平整、粗糙,具有较规则加工条纹的机刨板、剁斧板、锤击板、烧毛板等。

3.2 等级

按板材规格尺寸允许偏差,平面度允许极限公差,角度允许极限公差,外观质量分为优等品(A)、一等品(B)、合格品(C)三个等级。

3.3 命名与标记

3.3.1 板材命名顺序:荒料产地地名、花纹色调特征名称、花岗石(G)。

3.3.2 板材标记顺序:命名、分类、规格尺寸、等级、标准号。

3.3.3 标记示例

用山东济南黑色花岗石荒料生产的 400 mm×400 mm×20 mm、普型、镜面、优等品板材示例如下:

命名:济南青花岗石

标记:济南青(G) N PL 400×400×20 A JC 205

4 技术要求

4.1 规格尺寸允许偏差

国家建筑材料工业局1992-12-21批准 1993-10-01实施

4.1.1 普型板材规格尺寸允许偏差应符合表 1 规定。

表 1

mm

分类		细面和镜面板材			粗面板材		
等级		优等品	一等品	合格品	优等品	一等品	合格品
长、宽度		0 −1.0	0 −1.5		0 −1.0	0 −2.0	0 −3.0
厚度	≤15	±0.5	±1.0	+1.0 −2.0	—		
	>15	±1.0	±2.0	+2.0 −3.0	+1.0 −2.0	+2.0 −3.0	+2.0 −4.0

4.1.2 异型板材规格尺寸允许偏差由供、需双方商定。

4.1.3 板材厚度小于或等于 15 mm，同一块板材上的厚度允许极差为 1.5 mm；板材厚度大于 15 mm，同一块板材上的厚度允许极差为 3.0 mm。

4.2 平面度允许极限公差

平面度允许极限公差应符合表 2 规定。

表 2

mm

板材长度范围	细面和镜面板材			粗面板材		
	优等品	一等品	合格品	优等品	一等品	合格品
≤400	0.20	0.40	0.60	0.80	1.00	1.20
>400~<1 000	0.50	0.70	0.90	1.50	2.00	2.20
≥1 000	0.80	1.00	1.20	2.00	2.50	2.80

4.3 角度允许极限公差

4.3.1 普型板材的角度允许极限公差应符合表 3 规定。

表 3

mm

板材宽度范围	细面和镜面板材			粗面板材		
	优等品	一等品	合格品	优等品	一等品	合格品
≤400	0.40	0.60	0.80	0.60	0.80	1.00
>400			1.00		1.00	1.20

4.3.2 拼缝板材正面与侧面的夹角不得大于 90°。

4.3.3 异形板材角度允许极限公差由供、需双方商定。

4.4 外观质量

4.4.1 同一批板材的色调花纹应基本调和。

4.4.2 板材正面的外观缺陷应符合表 4 规定。

表 4

<table>
<tr><th>名　称</th><th>规定内容</th><th>优等品</th><th>一等品</th><th>合格品</th></tr>
<tr><td>缺棱</td><td>长度不超过 10 mm(长度小于 5 mm 不计),周边每米长(个)</td><td rowspan="6">不允许</td><td rowspan="4">1</td><td rowspan="4">2</td></tr>
<tr><td>缺角</td><td>面积不超过 5 mm×2 mm(面积小于2 mm ×2 mm 不计),每块板(个)</td></tr>
<tr><td>裂纹</td><td>长度不超过两端顺延至板边总长度的 1/10(长度小于 20 mm 的不计),每块板(条)</td></tr>
<tr><td>色斑</td><td>面积不超过 20 mm×30 mm(面积小于 15 mm×15 mm 不计),每块板(个)</td></tr>
<tr><td>色线</td><td>长度不超过两端顺延至板边总长度的 1/10(长度小于 40 mm 的不计),每块板(条)</td><td>2</td><td>3</td></tr>
<tr><td>坑窝</td><td>粗面板材的正面出现坑窝</td><td>不明显</td><td>出现,但不影响使用</td></tr>
</table>

4.5 物理性能

4.5.1 镜面光泽度

4.5.1.1 镜面板材的正面应具有镜面光泽,能清晰地反映出景物。

4.5.1.2 镜面板材的镜面光泽度值应不低于 75 光泽单位。或按供需双方协议样板执行。

4.5.2 体积密度不小于 2.50 g/cm^3。

4.5.3 吸水率不大于 1.0%。

4.5.4 干燥压缩强度不小于 60.0 MPa。

4.5.5 弯曲强度不小于 8.0 MPa。

5 试验方法

5.1 规格尺寸

用刻度值为 1 mm 的钢直尺测量板材的长度和宽度;用读数值为 0.1 mm 的游标卡尺测量板材的厚度。

长度、宽度分别测量 3 条直线,见图 1。厚度测量 4 条边的中点,见图 2。分别用偏差的最大值和最小值表示长度、宽度、厚度的尺寸偏差。用同块板材上厚度偏差的最大值和最小值之间的差值表示同块板材上的厚度极差。读数准确至 0.2 mm。

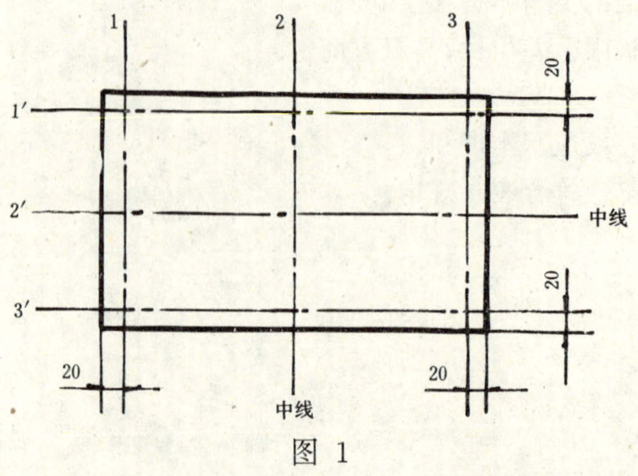

图 1

1、2、3—宽度测量线;1′、2′、3′—长度测量线

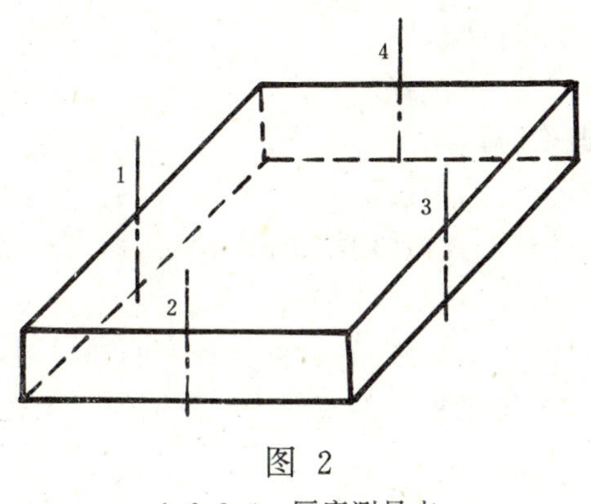

图 2

1、2、3、4—厚度测量点

5.2 平面度

将直线度公差为 0.1 mm 的钢平尺贴放在被检平面的两条对角线上，用塞尺测量尺面与板面间的间隙。被检面对角线长度大于 1 000 mm 时，用长度为 1 000 mm 的钢平尺沿对角线分段检测。

以最大间隙的塞尺片读数表示板材的平面度极限公差。读数准确至 0.05 mm。

5.3 角度

用内角垂直度公差为 0.13 mm，内角边长为 450 mm×400 mm 的 90°钢角尺。将角尺长边紧贴板材的长边，短边紧靠板材的短边，用塞尺测量板材与角尺短边之间的间隙。当被检角大于 90°时，测量点在角尺根部；当被检角小于 90°时，测量点在距根部 400 mm 处。当角尺的长边大于板材长边时，用上述方法测量板材的两对角；当角尺的长边小于板材的长边时，用上述方法测量板材的四个角。

以最大间隙的塞尺片读数表示板材的角度极限公差。读数准确至 0.05 mm。

5.4 外观质量

5.4.1 花纹色调：将选定的协议板与被检板材同时平放在地上，距 1.5 m 处目测。

5.4.2 缺陷：将平尺紧靠有缺陷的部位，用刻度值为 1 mm 的钢直尺测量缺陷的长度、宽度，坑窝在距离 1.5 m 处目测。

5.5 镜面光泽度按 GB 9966.5 的规定在板材产品上进行。

5.6 体积密度、吸水率按 GB 9966.3 的规定进行。

5.7 干燥压缩强度按 GB 9966.1 的规定进行。

5.8 弯曲强度按 GB 9966.2 的规定进行。

6 检验规则

6.1 出厂检验

6.1.1 检验项目：规格尺寸偏差、平面度极限公差、角度极限公差、外观质量、镜面光泽度。

6.1.2 组批：同一品种、等级、规格的板材以 200 m² 为一批；不足 200 m² 的单一工程部位的板材按一批计。

6.1.3 抽样：规格尺寸、平面度、角度、外观质量的检验从同一批板材中抽取 2%，数量不足 10 块的抽 10 块。镜面光泽度的检验从以上抽取的板材中取 5 块进行。

6.1.4 判定：单块板材的所有检验结果均符合技术要求中相应等级时，判为该等级。同一批板材中：优等品中不得有超过 5%的一等品；一等品中不得有超过 10%的合格品；合格品中不得有超过 10%的不合格品。

检验结果不符合上述要求时，应加倍抽样检查。如仍不符合要求，则判定该批板材质量不符合该等级。

6.2 型式检验

6.2.1 检验项目：技术要求中的全部项目。

6.2.2 有下列情况之一时，进行型式检验：

a. 新建厂投产时；

b. 荒料、生产工艺有较大改变时；

c. 正常生产时每年进行一次；

d. 国家质量监督机构提出进行型式检验要求时。

6.2.3 组批：同出厂检验。

6.2.4 抽样：规格尺寸、平面度、角度、外观质量、镜面光泽度的抽样同出厂检验；体积密度、吸水率、干燥压缩强度、弯曲强度的检验从生产同批板材的荒料中的不同块体上按 GB 9966.1～9966.3 的规定抽样。

6.2.5 判定：体积密度、吸水率、干燥压缩强度、弯曲强度的试验结果中，有一项不符合 4.5.2～4.5.5 的要求时，则判定该批板材为不合格品。其他项目检验结果的判定同出厂检验。

7 标志、包装、运输与贮存

7.1 标志

7.1.1 出厂板材应注明：生产厂名、商标、标记。配套工程用料应在每块板材侧面标明图纸编号。

7.1.2 包装箱上必须有“向上”、“怕湿”和“小心轻放”的指示标志，应符合 GB 191 中的规定。

7.2 包装

7.2.1 包装时光面应相对并按板材品种、规格、等级等分别包装，并附产品合格证、说明书及配套工程用料图纸。

7.2.2 包装质量应符合产品在正常条件下安全装卸、运输的要求。

7.3 运输

板材运输过程中应防湿，严禁滚摔、碰撞。

7.4 贮存

7.4.1 板材应在室内贮存，室外贮存应加遮盖。

7.4.2 板材应按品种、规格、等级或工程料部位分别码放。板材直立码放时，应光面相对，倾斜度不大于 15°，层间加垫，垛高不超过 1.5 m；板材平放时，应光面相对，地面必须平整，垛高不超过 1.2 m。

7.4.3 包装箱码放高度不超过 2 m。

附加说明：

本标准由国家建筑材料工业局人工晶体研究所负责起草。

本标准主要起草人孟秉芬、蒲瑞满。

本标准由国家建筑材料工业局人工晶体研究所负责解释。

中华人民共和国建材行业标准

JC 507—93

建筑水磨石制品

代替 ZBQ 2100—85

1 主题内容与适用范围

本标准规定了建筑水磨石制品(以下简称水磨石)的产品分类、技术要求、试验方法、检验规则、标志、包装、运输和贮存等。

本标准适用于以水泥、石碴和砂为主要原材料,经搅拌、振动或压制成型、养护、研磨等工序制作而成的建筑水磨石板材。

2 引用标准

GB 175 硅酸盐水泥、普通硅酸盐水泥

GB 343 一般用途低碳钢丝

GB 701 普通低碳钢热轧圆盘条

GB 1344 矿渣硅酸盐水泥、火山灰质硅酸盐水泥及粉煤灰硅酸盐水泥

GB 2015 白色硅酸盐水泥

GB/T 13891 建筑饰面材料镜向光泽度测定方法

JG J63 混凝土拌合用水

3 术语

本标准使用的术语见附录 A(补充件)。

4 产品分类

4.1 类别

4.1.1 按制品在建筑物中的使用部位分为:

a. 墙面和柱面用水磨石(Q);

b. 地面和楼面用水磨石(D);

c. 踢脚板、立板和三角板类水磨石(T);

d. 隔断板、窗台板和台面板类水磨石(G)。

4.1.2 按制品表面加工程度分为:

a. 磨面水磨石(M);

b. 抛光水磨石(P)。

4.2 规格尺寸

水磨石的常用规格尺寸为 300 mm×300 mm、305 mm×305 mm、400 mm×400 mm、500 mm×500 mm。其他规格尺寸由设计、使用部门与生产厂共同议定。

4.3 等级

水磨石按其外观质量、尺寸偏差和物理力学性能分为优等品(A)、一等品(B)和合格品(C)。

4.4 标记

国家建筑材料工业局1993-02-19批准　　1993-10-01实施

产品标记由牌号(商标)、类别、等级、规格和标准号组成。

规格为 400 mm×400 mm×25 mm 钻石牌一等品地面用抛光水磨石，标记示例如下：

钻石牌水磨石 DPB　400×400×25　JC 507

5　技术要求

5.1　原材料的技术要求见附录 B(参考件)。

5.2　外观质量：

5.2.1　水磨石面层的外观缺陷规定见表 1。

表 1　　mm

<table>
<tr><th>缺陷名称</th><th>优等品</th><th>一等品</th><th>合　格　品</th></tr>
<tr><td>返浆、杂质</td><td colspan="2">不允许</td><td>长×宽≤10×10 不超过 2 处</td></tr>
<tr><td>色差、划痕、杂石、漏砂、气孔</td><td>不允许</td><td colspan="2">不明显</td></tr>
<tr><td>缺口</td><td colspan="2">不允许</td><td>长×宽＞5×3 的缺口不应有
长×宽≤5×3 的缺口周边上不超过 4 处，但同一条棱上不得超过 2 处</td></tr>
</table>

注：一个缺角应计为相邻两棱边各有缺口 1 处。

5.2.2　水磨石磨光面有图案时，其越线和图案偏差应符合表 2 规定。

表 2　　mm

缺陷名称	优等品	一等品	合格品
图案偏差	≤2	≤3	≤4
越线	不允许	越线距离≤2 长度≤10 允许 2 处	越线距离≤3 长度≤20 允许 2 处

5.2.3　同批水磨石磨光面上的石碴级配和颜色应基本一致。

5.3　尺寸偏差：

5.3.1　水磨石的规格尺寸允许偏差、平面度、角度允许极限公差应符合表 3 的规定。

表 3　　mm

类别	项目 等级	长度、宽度	厚　度	平面度	角　度
Q	优等品	$^{0}_{-1}$	±1	0.6	0.6
	一等品	$^{0}_{-1}$	$^{+1}_{-2}$	0.8	0.8
	合格品	$^{0}_{-2}$	$^{+1}_{-3}$	1.0	1.0

续表 3　mm

类别	项目 / 等级	长度、宽度	厚　度	平面度	角　度
D	优等品	0 −1	+1 −2	0.6	0.6
	一等品	0 −1	±2	0.8	0.8
	合格品	0 −2	±3	1.0	1.0
T	优等品	±1	+1 −2	1.0	0.8
	一等品	±2	±2	1.5	1.0
	合格品	±3	±3	2.0	1.5
G	优等品	±2	+1 −2	1.5	1.0
	一等品	±3	±2	2.0	1.5
	合格品	±4	±3	3.0	2.0

5.3.2　厚度小于或等于 15 mm 的单面磨光水磨石，同块水磨石的厚度极差不得大于 1 mm；厚度大于 15 mm 的单面磨光水磨石，同块水磨石上的厚度极差不得大于 2 mm。

5.3.3　侧面不磨光的拼缝水磨石，正面与侧面的夹角不得大于 90°。

5.4　出石率：

磨光面的石碴分布应均匀。石碴粒径大于或等于 3 mm 的水磨石，出石率应不小于 55%。

5.5　物理力学性能：

5.5.1　抛光水磨石的光泽度，优等品不得低于 45.0 光泽单位；一等品不得低于 35.0 光泽单位；合格品不得低于 25.0 光泽单位。

5.5.2　水磨石的吸水率不得大于 8.0%。

5.5.3　水磨石的抗折强度平均值不得低于 5.0 MPa，且单块最小值不得低于 4.0 MPa。

6　试验方法

6.1　量具和仪器

a. 钢直尺：刻度值为 0.5 mm。
b. 游标卡尺：读数值为 0.1 mm。
c. 钢平尺：直线度偏差为 0.1 mm。
d. 90°钢制角尺：内角边长为 450 mm×400 mm，内角垂直度公差为 0.13 mm。
e. 塞尺：精度为 2 级。
f. 托盘天平：称量范围 0～2 kg，分度值 1 g。
g. 电热恒温鼓风干燥箱：调温范围 50～300℃。
h. 万能试验机、压力机或其他抗折试验机：示值精度 2%，度盘最小分度值不得大于 50 N。
i. 光泽计：入射角为 60°，光束孔径 ϕ30 mm，分度值为 0.1 光泽单位。

6.2　外观质量

6.2.1 将水磨石平放在地面上,在自然光下目测水磨石面层的外观缺陷:人距水磨石 1.5 m 处明显可见的缺陷视为有缺陷;人距水磨石 1.5 m 处不明显,但在 1.0 m 处可见的缺陷视为不明显;人距水磨石 1.0 m 看不见的缺陷视为无缺陷。

6.2.2 用钢直尺测量水磨石缺口的长度和宽度,测量方法如图 1 所示。读数准确到 0.2 mm。

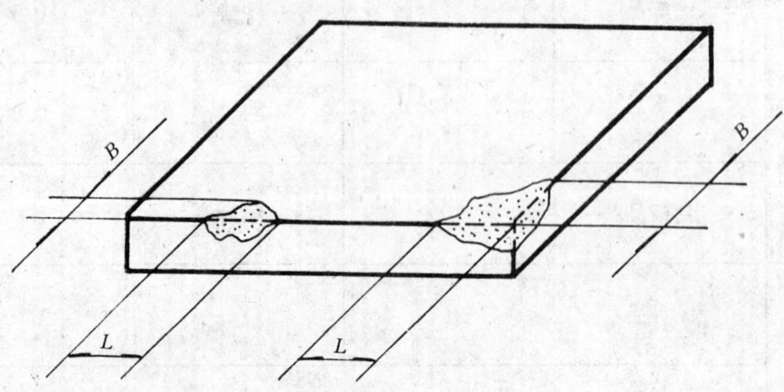

图 1 缺口测量方法示意图

L—缺口长度;B—缺口宽度

6.2.3 用钢直尺测量图案偏差值和越线距离与长度,读数准确到 0.2 mm。

6.2.4 在自然光下,人距水磨石 1.5 m 处目视检验批量水磨石磨光面上的石碴级配和颜色。

6.3 尺寸偏差

6.3.1 外形尺寸

用钢直尺测量水磨石的长度和宽度,各测三条直线,测量部位如图 2 所示。用游标卡尺测量水磨石各边中点的厚度。分别用偏差的最大值和最小值表示长度、宽度、厚度的尺寸偏差。用同块水磨石上厚度偏差的最大值和最小值之间的差值表示同块水磨石上的厚度极差。读数准确至 0.2 mm。

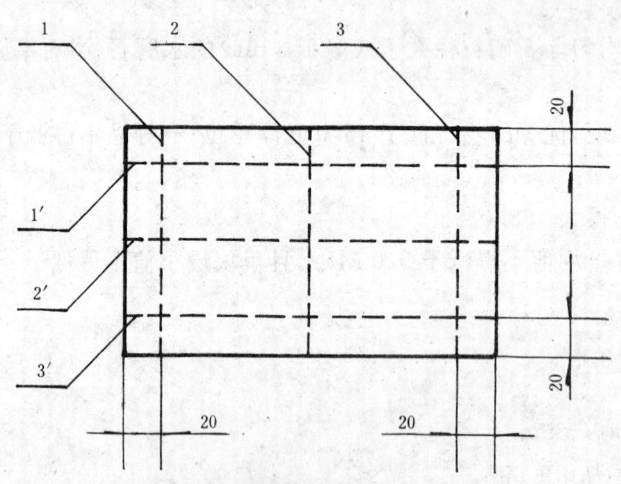

图 2 长度和宽度测量示意图

1、2、3—宽度测量线;1′、2′、3′—长度测量线

6.3.2 平面度

将钢平尺贴放在被检平面的两条对角线上,用塞尺测量尺面与水磨石被检平面之间的空隙。当被检面对角线长度大于 1 000 mm 时,用长度为 1 000 mm 的钢平尺沿对角线分段检验,如图 3 所示。以最大空隙的塞尺片读数表示水磨石的平面度极限公差,读数准确到 0.1 mm。

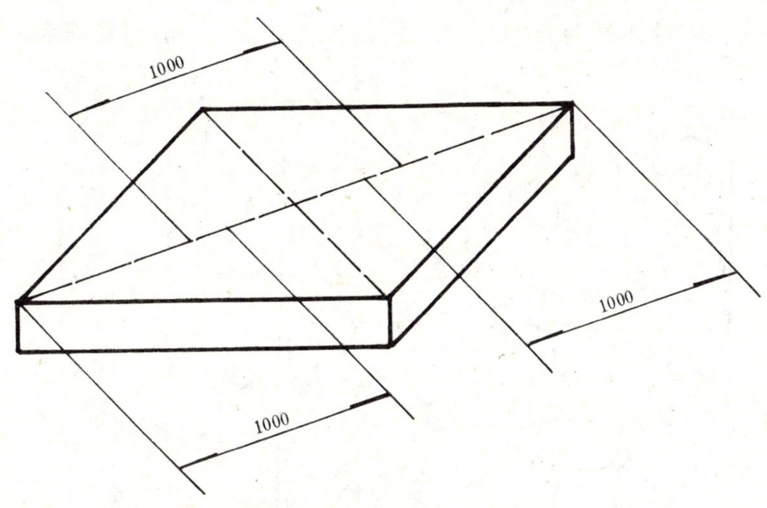

图 3 平面度测量方法示意图

6.3.3 角度

将 90°钢制角尺长边紧贴板材的长边，短边紧靠板材短边，用塞尺测量板材与角尺短边之间的间隙。当被检角大于 90°时，测量点在角尺根部；当被检角小于 90°时测量点在距根部 400 mm 处。

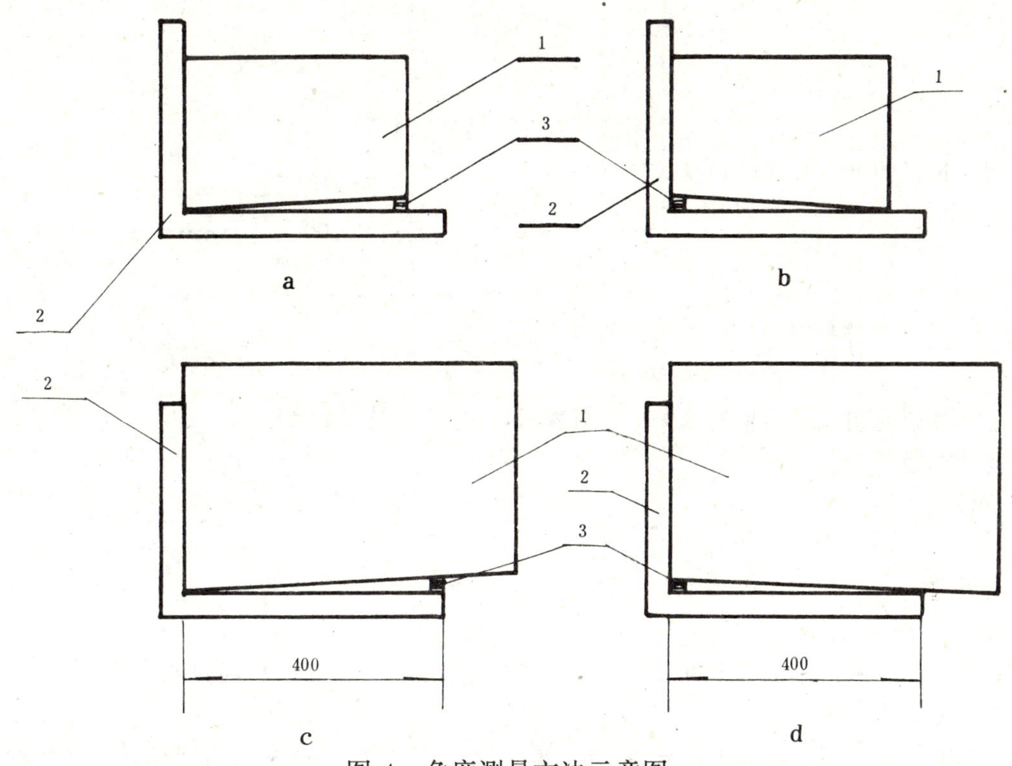

图 4 角度测量方法示意图

1—水磨石；2—角尺；3—塞尺

当角尺的长边大于板面的长边时，用图 4 中 a、b 方法测量板面的两对角；当角尺的长边小于板面的长边时，用图 4 中 c、d 方法测量板面的四个角，以最大间隙的塞尺片读数表示水磨石的角度极限公差，读数准确到 0.05 mm。

6.4 出石率试验

6.4.1 进行出石率检验的试样规格与受检产品规格相同。每组 5 块。

6.4.2 磨光面的石碴最大粒径大于或等于 3 mm 时，在试样磨光面的两条对角线上各画一条 400 mm 的测量线，如图 5 示。测量通过两条测量线上粒径大于 0.5 mm 的每粒石碴的长度，读数准确到 0.5 mm。

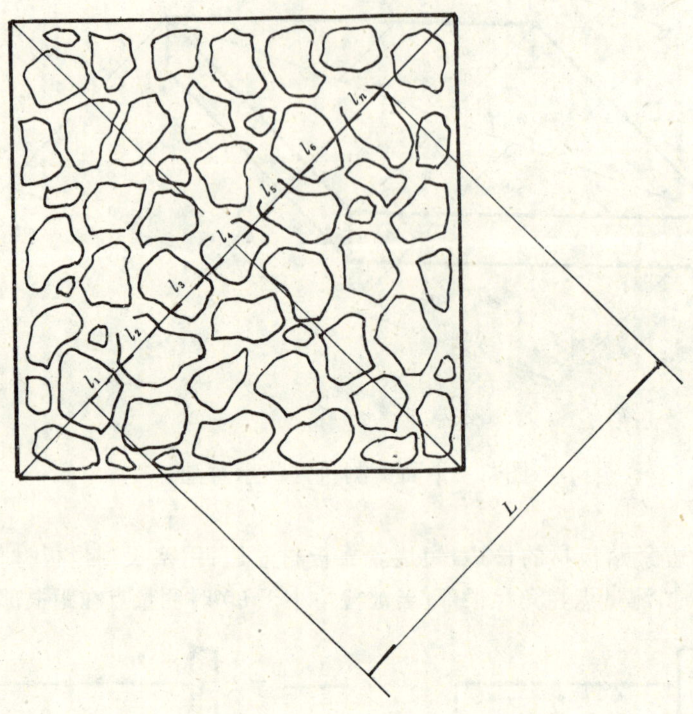

图 5 出石率测量示意图

6.4.3 每块试样的出石率 X(%)按式(1)计算：

$$X=\frac{l_1+l_2+l_3+\cdots\cdots l_n}{2L}\times 100 \qquad \cdots\cdots(1)$$

式中： X——出石率，%；

l_1、l_2、l_3……l_n——在测量线上每粒石碴的长度，mm；

L——测量线长度，L=400 mm。

6.4.4 出石率以每组试验结果的算术平均值表示，计算结果精确到 1%。

6.5 物理力学性能试验

6.5.1 光泽度

光泽度测定按 GB/T 13891 的规定进行。

6.5.2 吸水率

6.5.2.1 试件制备

用切割成 150 mm×100 mm 的试件进行试验，每组试件 5 块，每块样品只能取一个试件。

6.5.2.2 试验步骤

将试件放进电热恒温鼓风干燥箱内，在 105±5℃下恒温 24±0.5 h，然后在室内空气中冷却 2～4 h，使水磨石试件的温度降到室温，称其干重 G_0 精确至 0.5 g。

将称干重后的试件平放在水箱中，水箱与试件间用玻璃棒隔开，保持水面高于试件上表面 50±10 mm，浸水 24 h 后立即从水中取出，用湿布抹去试件表面的水迹，称其湿重 G_s，读数准确到 0.5 g。

6.5.2.3 结果计算

吸水率 W(%)按式(2)计算：

$$W=\frac{G_s-G_0}{G_0}\times 100 \qquad \cdots\cdots(2)$$

式中：W——吸水率，%；

G_0——试件的干重，g；

G_s——试件的湿重，g。

吸水率用该组试验结果单块最大值表示，计算结果精确到 0.1%。

6.5.3 抗折强度

6.5.3.1 试件制备

用切割成 150 mm×100 mm 的试件进行试验，试件受力方向不得含有钢筋，试件长度允许偏差±5 mm，宽度允许偏差±1 mm，每块样品只能取一个试件，每组五个。

6.5.3.2 试验步骤

将试件按 6.5.2.2 中浸水方式浸泡 24 h 后，用游标卡尺测量试件中部的厚度和宽度，读数准确到 0.1 mm。

调整试验机的量程，使试件的预期破坏荷载不小于全量程的 20%，也不大于全量程的 80%，抗折试验架的支承圆柱中心距 L 为 100 mm，支承圆柱和荷载压头的圆弧半径为 10 mm 或 15 mm。

将试件磨光面向上简支于试验架的两个支承圆柱上，开动试验机，使试件缓慢受力，以 30～50 N/s 的速度均匀而连续地加荷，直至试件折断，记录其破坏荷载，加压方式如图 6 所示。

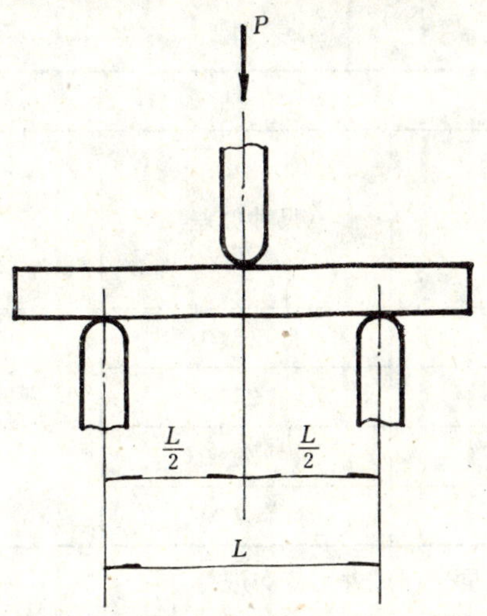

图 6 抗折试验加荷方式示意图

6.5.3.3 结果计算

抗折强度 R_f(MPa)按式(3)计算：

$$R_f = \frac{3PL}{2bh^2} \qquad (3)$$

式中：R_f——水磨石的抗折强度，MPa；

P——折断时的破坏荷载，N；

L——支承圆柱的中心距，L=100 mm；

b——试件宽度，mm；

h——试件厚度，mm。

抗折强度用该组试件算术平均值和单块最小值表示，计算结果精确到 0.1 MPa。

7 检验规则

7.1 检验分类

产品检验分出厂检验(或交收检验)和型式检验(或例行检验)。

7.1.1 出厂检验项目：外观质量、尺寸偏差、光泽度。

7.1.2　型式检验项目：外观质量、尺寸偏差、出石率、物理力学性能。

有下列情况之一时，应进行型式检验：

a.　新产品试制定型鉴定时；

b.　正式生产后，如材料、设备、工艺有较大改变，可能影响产品的性能时；

c.　正常生产时，每个月进行一次；

d.　产品长期停产后，重新恢复生产时；

e.　出厂检验结果与上次型式检验结果有较大差异时；

f.　国家质量监督检验机构提出进行型式检验要求时。

7.2　批的组成

7.2.1　出厂检验的批由一次订货的同一品种、规格和相同质量等级的水磨石构成，一个验收批最多不超过一万块。

7.2.2　型式检验的批由同一类别、规格和相同质量等级的水磨石构成，一个检验批为500～3 000块。

7.3　抽样方案

7.3.1　出厂检验和型式检验所需样品应在成品库随机抽取。抽取的样品数量见表4。对特殊要求的水磨石产品出厂检验时可逐块检验。

表4　　　　块

批量范围	抽样数量			
	外观质量	尺寸偏差	光泽度 出石率 吸水率	抗折强度
20～500	20	13	5	5
501～1 200	32	20		
1 201～3 200	50	32		
3 201～10 000	80	32		

注：光泽度、出石率、吸水率的检验在同一组试件上依次进行。

7.3.2　检验外观质量的样品从整个批量中抽取，检验尺寸偏差的样品从检验外观质量合格的样品中抽取，检验光泽度、出石率、吸水率和抗折强度的样品从检验尺寸偏差合格的样品中抽取。

7.4　判定规则

7.4.1　出厂检验

7.4.1.1　外观质量和尺寸偏差按表5判定。

表5　　　　块

栏　号	1	2	3	4
检验项目	试件数量	H_e	B_u	H'_e
外观质量	20 32 50 80	3 5 7 10	4 6 8 11	2 3 5 8
尺寸偏差	13 20 32	1 2 3	2 3 4	1 1 2

当达不到指定质量等级的试件数小于或等于 H_e 时，判定该批产品符合指定等级；大于 B_u 时，判定该批产品不符合指定等级；等于 B_u 时，允许重新抽样。

重新抽样后，当达不到指定质量等级的样品数小于或等于 H'_e 时，判定该批产品符合指定等级；大于 H'_e 时，判定该批产品不符合指定等级。

7.4.1.2 光泽度的判定：光泽度的试验结果达到 5.5.1 中规定质量等级的光泽度值时，判定该批产品符合该质量等级。

7.4.1.3 总判定：外观质量、尺寸偏差、物理力学性能符合技术要求中相应等级时，判为该等级。

7.4.2 型式检验

7.4.2.1 外观质量和尺寸偏差按表 5 中第 2 栏进行判定。

当达不到指定质量等级的样品数小于或等于 H_e 时，判定该批产品符合指定质量等级；大于 H'_e 时，则判定该批产品不符合指定质量等级。

7.4.2.2 光泽度的判定同出厂检验；出石率、吸水率和抗折强度的判定按 5.4、5.5.2 与 5.5.3 条进行。

8 标志、包装、贮存和运输

8.1 标志

8.1.1 水磨石边长超过 500 mm 时，背面应有生产厂名称或商标，边长等于或小于 500 mm 时，包装后应有产品标记。

8.1.2 出厂的水磨石应有产品质量合格证，其内容如下：

- a. 合格证编号；
- b. 产品标记；
- c. 生产厂的厂名或商标；
- d. 出厂日期或批号；
- e. 生产厂质量检验部门签章。

8.2 包装

根据运距和道路情况水磨石包装时应光面相对，其包装方法分为绳包装、箱包装和托盘包装。

8.2.1 绳包装

- a. 包装绳应具有足够强度，包装时必须扎紧并保护好棱角。
- b. 产品除大型产品允许单块捆扎外，其他产品均采取双数包装。
- c. 简易包装不少于 3 个捆扎点，每个捆扎点的绳应不少于五道，密封包装时，产品不得外露。

8.2.2 箱包装

- a. 包装箱可用木材或性能相近的代用板材制作，包装箱的规格由双方商定。
- b. 产品装入箱内时，其周围空隙必须用柔软填料挤实。

8.2.3 托盘包装

- a. 托盘规格应符合运输工具许可的尺寸，并与产品模数相适应。
- b. 托盘与产品相互捆扎牢固，在运输过程中不应松散。

8.3 运输

8.3.1 不论用何种运输工具水磨石制品均应直立放置，每行倾斜不大于 15°。水磨石包装件与运输工具接触部分必须支垫使之受力均匀。

8.3.2 运输时要平稳、严禁冲击。远途运输时必须采取防雨措施，搬运过程中应轻拿轻放、严禁抛掷。

8.4 贮存

8.4.1 产品在搬运时必须轻拿轻放。

8.4.2 产品宜在室内贮存，室外贮存时应予遮盖。

8.4.3 贮存期间，产品码放应采用直立与平放两种方法。

a. 直立码垛时应光面相对，倾斜角不大于 15°，垛高不超过 1.6 m，最底层必须用木条支垫，层间用木条相隔，各层支承点必须平衡。

b. 平放码垛时应光面相对，地面要求平整，垛高不超过 1.4 m。

附 录 A
水磨石术语
（补充件）

A1 磨面水磨石

经研磨加工使表面平整光滑的水磨石制品。

A2 抛光水磨石

指对研磨加工后的面进行抛光具有镜向光泽的水磨石制品。

A3 返浆

在水磨石磨光面上出现底层砂浆的现象。

A4 杂质

面层中混有木屑、铁屑等类物质。

A5 色差

主要指同一块水磨石的磨光面上不同部位及同一批水磨石磨光面上同种颜色的浓淡差别。

A6 杂石

与水磨石磨光面基本色调不协调，花色显著不同影响面层装饰效果的石碴。

A7 漏砂

表面灰浆中掉进了底层灰砂。

A8 气孔

水磨石磨光面上存在的直径小于 2 mm、具有一定深度的孔洞。

A9 缺口

在水磨石磨光面的棱和角上存在的局部破损，其沿棱边的长度小于 4 mm，在磨光面上的宽度小于 2 mm。

A10 石碴级配

主要指水磨石磨光面上不同颜色和不同粒径石碴的比例。

A11 越线

在两种或两种以上颜色的交界处，一种颜色超出图案规定的线条侵入相邻颜色区的现象。

A12 图案偏差

指两块或两块以上的水磨石组成图案时，每块水磨石之间线条不相吻合，即线条彼此偏离的程度。

附 录 B
原材料的技术要求
（参考件）

B1 水泥应符合 GB 2015、GB 175 和 GB 1344 的规定，但不得使用火山灰质硅酸盐水泥。

B2 装饰石碴应由未风化的天然岩石破碎加工而成。

B3 着色颜料不得损害水磨石的物理力学性能，而且不溶于水，分散性好，具有优良的耐碱性和耐光性，技术性能应符合有关标准的规定。

B4 砂子应符合建筑用砂的规定。

B5 搅拌用水应符合 JGJ 63 的规定。

B6 钢筋应符合 GB 343 或 GB 701 的规定。

附加说明：

本标准由国家建筑材料工业局苏州混凝土水泥制品研究院、国家建筑材料工业局标准化研究所、国家建筑材料工业局人工晶体研究所、北京市建材水磨石厂起草。

本标准主要起草人赵玉屏、曹正庚、何晓蚯，曲光宇、薛万银。

本标准委托国家建筑材料工业局苏州混凝土水泥制品研究院负责解释。

中华人民共和国建材行业标准

JC 518—93

天然石材产品放射防护分类控制标准

1 主题内容与适用范围

本标准规定了天然石材产品中放射性镭-226、钍-232、钾-40 比活度的分类控制值和产品检测要求。

本标准适用于天然石材产品的分类,也适用于对石材矿床勘查中放射性水平的预评价。

2 术语、符号

2.1 天然石材产品

由采掘地表(下)的大理岩、花岗岩、石灰岩和板岩等岩石经锯切、磨光等物理方法加工而成的石质建筑材料,包括块料、板料和磨光的饰面板材;不包括用于骨料或人造石料的碎石或石粉。

2.2 岩石 γ 编录

是用 γ 辐射仪在岩石露头上或在山地掘露工程中详细测量 γ 射线强度的一种探矿方法。

2.3 C_{Ra}、C_{Th}、C_K 分别为天然石材产品中镭-226、钍-232、钾-40 的放射性比活度,单位为 $Bq\cdot kg^{-1}$。

2.4 C_{Ra}^e 为镭当量浓度。天然石材产品的放射性比活度主要来自镭-226、钍-232 及钾-40,可按其放射性核素含量与室内 γ 照射量率的表达式归一化,用镭当量浓度表示之,单位为 $Bq\cdot kg^{-1}$。本标准定义镭当量浓度 $C_{Ra}^e = C_{Ra} + 1.35\ C_{Th} + 0.088\ C_K$。

3 分类

天然石材产品根据放射性水平划分为以下三类。

3.1 A 类产品

石质建筑材料中放射性比活度同时满足式(1)和式(2)的为 A 类产品,其使用范围不受限制。

$$C_{Ra}^e \leqslant 350\ Bq\cdot kg^{-1} \quad \cdots\cdots(1)$$

$$C_{Ra} \leqslant 200\ Bq\cdot kg^{-1} \quad \cdots\cdots(2)$$

3.2 B 类产品

不符合 A 类的石质建筑材料而其放射性比活度同时满足式(3)和式(4)的为 B 类产品,不可用于居室内饰面,可用于其他一切建筑物的内、外饰面。

$$C_{Ra}^e \leqslant 700\ Bq\cdot kg^{-1} \quad \cdots\cdots(3)$$

$$C_{Ra} \leqslant 250\ Bq\cdot kg^{-1} \quad \cdots\cdots(4)$$

3.3 C 类产品

不符合 A、B 类的石质建筑材料而其放射性比活度满足式(5)的为 C 类产品,可用于一切建筑物的外饰面。

$$C_{Ra}^e \leqslant 1\,000\ Bq\cdot kg^{-1} \quad \cdots\cdots(5)$$

3.4 放射性比活度大于 C 类控制值的天然石材,可用于海堤,桥墩及碑石等其他用途。

3.5 不高于当地天然放射性水平的石质建筑材料,可在当地使用,不受本标准限制。

国家建筑材料工业局 1993-09-13 批准　　　　1994-02-01 实施

4 石材矿床勘查中放射性水平的预评价

在地质勘查中，必须用本标准的分类控制值对石材矿床进行放射性水平的预评价。评价准则见附录A(补充件)。

5 产品检测

5.1 天然石材块料的γ照射量率低于或等于 5.2×10^{-3} μC/kg·h(20 μR/h)时，不必作天然放射性核素比活度检测。

5.2 天然石材块料的γ照射量率高于 5.2×10^{-3} μC/kg·h(20 μR/h)时，必须取样进行镭-226、钍-232、钾-40放射性比活度的分析测定。

5.3 γ照射量率的检测方法

5.3.1 被测天然石材产品的堆场应平整，面积大于4 m×4 m，厚度大于0.5 m，探测器放在堆场中心点，距表面0.5 m。

5.3.2 γ照射量率测量仪的探测下限应低于 2.6×10^{-4} μC/kg·h，对于能量在100～2 000 keV范围内的γ射线，能量响应的变化不大于±20%。

5.4 镭-226、钍-232、钾-40放射性比活度的检测方法

可用γ能谱法或放射化学的方法测定镭-226、钍-232、钾-40的放射性比活度。

a. γ能谱法：铀、镭、钍的放射性比活度大于37 Bq/kg或钾的放射性比活度大于300 Bq/kg时，分析误差应小于±20%。

b. 放射化学方法：铀、镭、钍的放射性比活度大于37 Bq/kg或钾的放射性比活度大于300 Bq/kg时，分析误差应小于±30%。

附　录　A
石材矿床勘查中放射性水平预评价准则
（补充件）

A1　评价方法

石材矿床放射性水平预评价方法主要选用岩石γ编录、地面γ能谱测量、γ能谱测井，矿石样品采集与放射性核素分析。

A2　评价工作程度

石材矿床放射性水平预评价的工作程度根据地质勘查工作的不同阶段和岩石γ照射量率的强弱不同而异。

A2.1　矿产普查阶段：用岩石γ编录方法在天然露头上测定并导出岩石γ照射量率，对矿床的放射性水平作出初步评价。

A2.2　矿产详查——勘探阶段：在普查的基础上，如岩石γ照射量率接近或超过 5.2×10^{-3} μC/kg·h 时，应做地面γ能谱测量（在矿石出露地段）和γ能谱测井，以测定矿区内各种岩（矿）石的放射性比活度，否则必须分花色品种采集有代表性的矿石样品，测定它们的放射性核素的比活度，计算出镭当量浓度，按本标准对整个矿床的放射性水平作出评价。

A3　技术要求

A3.1　岩石γ编录、地面γ能谱测量、γ能谱测井的技术规则和技术要求均应遵循国家有关规定。

A3.2　样品采集与分析

a.　样品采集：当岩石γ照射量率低于 5.2×10^{-3} μC/kg·h 时，不必采样做天然放射性核素分析。高于该值时，应按有关地质勘查技术规范的要求进行采样。

b.　样品分析：可用γ能谱法或放射化学的方法测定镭-226、钍-232、钾-40 的放射性比活度。

A4　评价报告

A4.1　岩石γ照射量率低于 5.2×10^{-3} μC/kg·h 的矿区，可在地质勘查报告中说明各种矿石的放射性水平及所测数据的精度，同时在矿区地形地质图上标明岩石γ编录点位置及数据。

A4.2　岩石γ照射量率高于 5.2×10^{-3} μC/kg·h 的矿区，则要单独提交矿区放射性评价报告，作为地质勘查报告的附件。评价报告包括以下内容：各种评价方法的测量结果及精度，区内各种岩石的放射性水平，编绘岩石γ照射量等值图及有关资料，计算区内各种矿石的镭当量浓度，并将其分级归类。对超过C类控制值的矿石，应确定其分布范围及位置，便于储量计算时剔除。

附加说明：

本标准由卫生部工业卫生实验所和中国建筑材料工业地质勘查中心负责起草。

本标准起草人张明、王南萍、王玉和。

本标准产品分级部分由卫生部工业卫生实验所负责解释。矿产勘查评价部分由中国建筑材料工业地质勘查中心负责解释。

前　言

本标准等效采用国际标准ISO 6308:1980《石膏灰泥板—规范》,对国家标准GB/T 9775—1988《普通纸面石膏板》进行了修订,并把JC/T 801—1989(1996)《耐水纸面石膏板》(原标准号GB 11978—1989)和JC/T 802—1989(1996)《耐火纸面石膏板》(原标准号GB 11979—1989)的内容合纳入本标准。

本标准与ISO 6308的差别为:本标准增加了耐水纸面石膏板和耐火纸面石膏板品种及相应的技术指标和试验方法;增加了对角线长度差、护面纸与石膏芯的粘结和单位面积质量指标;板材厚度由12.5 mm调整为12.0 mm;增加了检验规则、标志、包装、运输、贮存等内容。

本标准对前版标准重要技术内容变更为:板材厚度作了调整,由9.0 mm调整为9.5 mm;取消分等分级;取消了含水率指标;增加了对角线长度差、耐水纸面石膏板的吸水率、耐火纸面石膏板的遇火稳定性指标;部分指标作了调整。

1993年国家对标准进行了清理整顿,将GB 9775—1988调整为GB/T 9775—1988、GB 11978—1989调整为JC/T 801—1989(1996)、GB 11979—1989调整为JC/T 802—1989(1996)。调整以后的标准没有重新出版,内容同原标准。

本标准从实施之日起,代替GB/T 9775—1988、JC/T 801—1989(1996)和JC/T 802—1989(1996)。

本标准由国家建筑材料工业局提出。

本标准由全国轻质与装饰装修建筑材料标准化技术委员会归口。

本标准由中国新型建筑材料工业杭州设计研究院负责起草,北新建材(集团)有限公司、北京市轻型建筑材料公司、哈尔滨新型建筑材料总厂、山东泰和泰山纸面石膏板总厂(集团)和山东临沂纸面石膏板厂参加起草。

本标准主要起草人:徐柱琦。

本标准于1988年8月5日首次发布。

本标准委托中国新型建筑材料工业杭州设计研究院负责解释。

ISO 前言

ISO(国际标准化组织)是由许多国家的标准协会(ISO 会员)组成的国际性联合会。制定国际标准的工作由 ISO 的各个技术委员会承担。对某一技术委员会从事的项目感兴趣的每一成员都有权参加该委员会。与 ISO 有联系的一些官方和非官方国际性组织也参加了这项工作。

技术委员会通过的国际标准草案,在被 ISO 理事会接受为国际标准之前,先在各委员之间传阅,获得认可。

国际标准 ISO 6308 由石膏、石膏灰泥和石膏制品技术委员会(ISO/TC 152)起草,于 1979 年 7 月交会员国传阅。

以下会员国表示赞同:

澳大利亚　意大利　泰国

保加利亚　波　兰　英国

西　　德　罗马尼亚　苏联

印　　度　南非

以色列　瑞典

以下会员国由于技术原因表示不赞同:

法国

中华人民共和国国家标准

GB/T 9775—1999
eqv ISO 6308:1980
代替 GB/T 9775—1988

纸面石膏板

Gypsum plasterboard

1 范围

本标准规定了纸面石膏板的技术要求、试验方法、检验规则、标志和包装、运输、贮存。

本标准适用于建筑物中用作非承重内墙体和吊顶的纸面石膏板。不适用于经二次加工后的纸面石膏板。

2 定义

本标准采用下列定义。

2.1 棱边 edges

有纸覆盖的纵向边。

2.2 端头 ends

垂直棱边的切割边。

2.3 正面 face

护面纸边部无搭接的板面。

2.4 背面 back

护面纸边部有搭接的板面。

2.5 长度 length

平行于棱边的板的尺寸。

2.6 宽度 width

垂直于棱边的板的尺寸。

2.7 厚度 thickness

板材正面与背面间的垂直距离。

3 产品分类

3.1 分类

3.1.1 纸面石膏板按其用途分为:普通纸面石膏板、耐水纸面石膏板和耐火纸面石膏板三种。

3.1.1.1 普通纸面石膏板(代号P)

以建筑石膏为主要原料,掺入适量轻集料、纤维增强材料和外加剂构成芯材,并与护面纸牢固地粘结在一起的建筑板材。

3.1.1.2 耐水纸面石膏板(代号S)

以建筑石膏为主要原料,掺入适量纤维增强材料和耐水外加剂等构成耐水芯材,并与耐水护面纸牢固地粘结在一起的吸水率较低的建筑板材。

3.1.1.3 耐火纸面石膏板(代号H)

以建筑石膏为主要原料,掺入适量轻集料、无机耐火纤维增强材料和外加剂构成耐火芯材,并与护

国家质量技术监督局1999-02-08批准　　1999-08-01实施

面纸牢固地粘结在一起的改善高温下芯材结合力的建筑板材。

3.1.2 纸面石膏板的边部形状分为矩形、倒角形、楔形和圆形四种(见图1～4),也可根据用户要求生产其他边部形状的板。

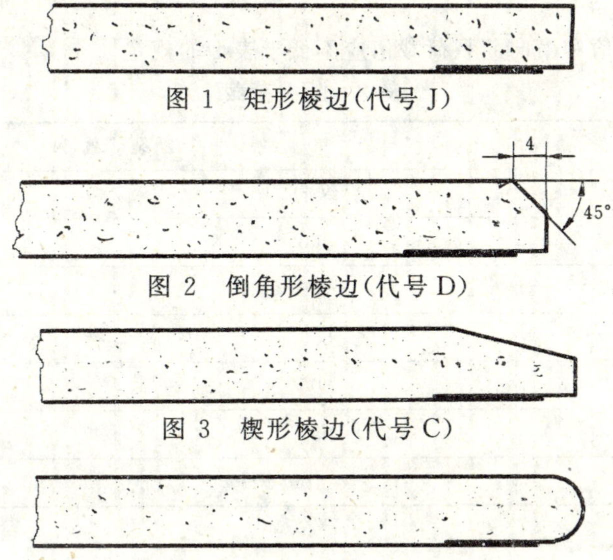

图1 矩形棱边(代号J)

图2 倒角形棱边(代号D)

图3 楔形棱边(代号C)

图4 圆形棱边(代号Y)

3.2 规格尺寸

3.2.1 纸面石膏板的长度为1 800 mm、2 100 mm、2 400 mm、2 700 mm、3 000 mm、3 300 mm和3 600 mm。

3.2.2 纸面石膏板的宽度为900 mm和1 200 mm。

3.2.3 纸面石膏板的厚度为9.5 mm、12.0 mm、15.0 mm、18.0 mm、21.0 mm和25.0 mm。

注:可根据用户要求,生产其他规格尺寸的板材。

3.3 产品标记

3.3.1 标记方法

标记的顺序为:产品名称、代号、长度、宽度、厚度及标准号。

3.3.2 标记示例

长度3 000 mm、宽度1 200 mm、厚度12.0 mm带楔形棱边的普通纸面石膏板,标记为:

纸面石膏板 PC 3 000×1 200×12.0 GB/T 9775—1998。

4 技术要求

4.1 外观质量

纸面石膏板表面应平整,不得有影响使用的破损、波纹、沟槽、污痕、过烧、亏料、边部漏料和纸面脱开等缺陷。

4.2 尺寸偏差

纸面石膏板的尺寸偏差应不大于表1的规定。

表1 尺寸偏差

mm

项目	长度	宽度	厚度	
			9.5	≥12.0
尺寸偏差	0 −6	0 −5	±0.5	±0.6

4.3 对角线长度差

板材应切成矩形，两对角线长度差应不大于 5 mm。

4.4 楔形棱边断面尺寸

楔形棱边宽度为 30 mm～80 mm，楔形棱边深度为 0.6 mm～1.9 mm。

4.5 断裂荷载

板材的纵向断裂荷载值和横向断裂荷载值应不低于表 2 的规定。

表 2 断裂荷载

板 材 厚 度 mm	断裂荷载，N	
	纵向	横向
9.5	360	140
12.0	500	180
15.0	650	220
18.0	800	270
21.0	950	320
25.0	1 100	370

4.6 单位面积质量

板材的单位面积质量应不大于表 3 规定。

表 3 单位面积质量

板材厚度 mm	单位面积质量 kg/m²
9.5	9.5
12.0	12.0
15.0	15.0
18.0	18.0
21.0	21.0
25.0	25.0

4.7 护面纸与石膏芯的粘结

护面纸与石膏芯应粘结良好，按规定方法测定时，石膏芯应不裸露。

4.8 吸水率(仅适用于耐水纸面石膏板)

板材的吸水率应不大于 10.0%。

4.9 表面吸水量(仅适用于耐水纸面石膏板)

板材的表面吸水量应不大于 160 g/m²。

4.10 遇火稳定性(仅适用于耐火纸面石膏板)

板材遇火稳定时间应不小于 20 min。

5 试验方法

5.1 试验设备及仪器

5.1.1 钢卷尺：最大量程 5 000 mm，分度值 1 mm。

5.1.2 钢直尺：最大量程 1 000 mm，分度值 1 mm。

5.1.3 板厚测定仪：最大量程 30 mm，分度值 0.01 mm。

5.1.4 楔形棱边深度测定仪：分度值 0.01 mm。

5.1.5 秤:最大称量 5 kg,感量 1 g。

5.1.6 电热鼓风干燥箱:最高温度 300℃,控温器灵敏度±1℃。

5.1.7 板材抗折机:最大量程 2 000 N,示值误差±1%。

5.1.8 护面纸与石膏芯粘结试验仪。

5.1.9 遇火稳定性测试仪:最高温度 1 000℃,精度 0.5 级。

5.2 试样与试件

对所取试样依次观测其外观质量、尺寸偏差、对角线长度差、楔形棱边断面尺寸后,距板四周大于 100 mm 处按表 4 规定的方向、尺寸和数量切取试件,进行编号,供其余各项试验用。

表 4 试件规格

<table>
<tr><th rowspan="2">试件用途</th><th rowspan="2">试件代号</th><th colspan="2">纵向,mm</th><th colspan="2">横向,mm</th><th rowspan="2">每张板切取试件数</th></tr>
<tr><th>基本尺寸</th><th>允许偏差</th><th>基本尺寸</th><th>允许偏差</th></tr>
<tr><td>纵向断裂荷载单位面积质量</td><td>Z</td><td>400</td><td rowspan="4">±1.5</td><td>300</td><td rowspan="3">±1.5</td><td>1</td></tr>
<tr><td>横向断裂荷载单位面积质量</td><td>H</td><td>300</td><td>400</td><td>1</td></tr>
<tr><td>吸水率</td><td>S</td><td>300</td><td>300</td><td>1</td></tr>
<tr><td>遇火稳定性</td><td>Y</td><td>300</td><td>50</td><td rowspan="4">±1.0</td><td>1</td></tr>
<tr><td>面纸与石膏芯粘结</td><td>M</td><td rowspan="2">120</td><td rowspan="3">±1.0</td><td rowspan="2">50</td><td>1</td></tr>
<tr><td>背纸与石膏芯粘结</td><td>D</td><td>1</td></tr>
<tr><td>表面吸水量</td><td>B</td><td>125</td><td>125</td><td>1</td></tr>
</table>

5.3 试验步骤

5.3.1 外观质量检查

在 0.5 m 远处光照明亮的条件下,对试样逐张进行检查,记录每张板影响使用的破损、波纹、沟槽、污痕、过烧、亏料、边部漏料和纸面脱开等缺陷情况。

5.3.2 长度的测定

测量时,钢卷尺与石膏板的棱边平行,每张板测定三个长度值,测点分布于距棱边 50 mm 处和对称轴上(见图 5)。

记录每张板上三个长度值,并以最大偏差值作为该试样的长度偏差,精确至 1 mm。

图 5 长度的测定

5.3.3 宽度的测定

测量时,盒尺应与石膏板的棱边垂直。如果板材具有倒角,应测定板材背面的宽度。每张试样测定三个宽度值,测点分布于距端头 30 mm 处和对称轴上(见图 6)。

记录每张板上三个宽度值,并以最大偏差值作为该试样的宽度偏差,精确至 1 mm。

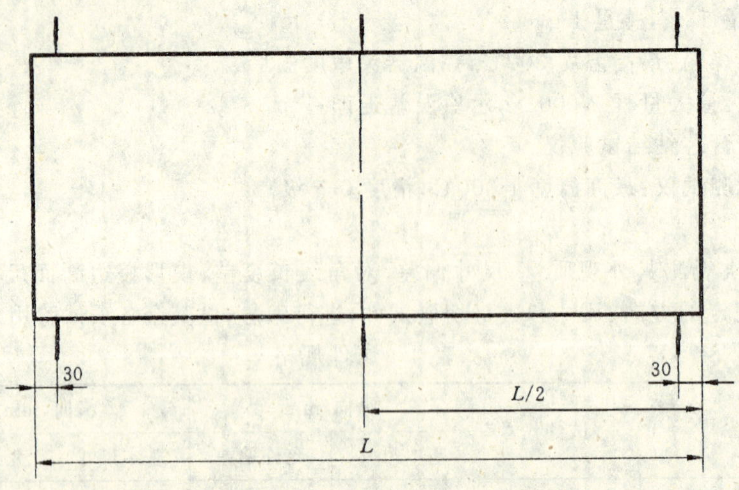

图 6　宽度的测定

5.3.4　厚度的测定

在每张板任一端头的宽度上，等距离布置六个测点，用板厚测定仪测量。测点距板的端头不小于 25 mm，距板棱边不小于 80 mm（见图 7）。

记录每张板上六个厚度测量值，并以最大偏差值，作为该试样的厚度偏差，精确至 0.1 mm。

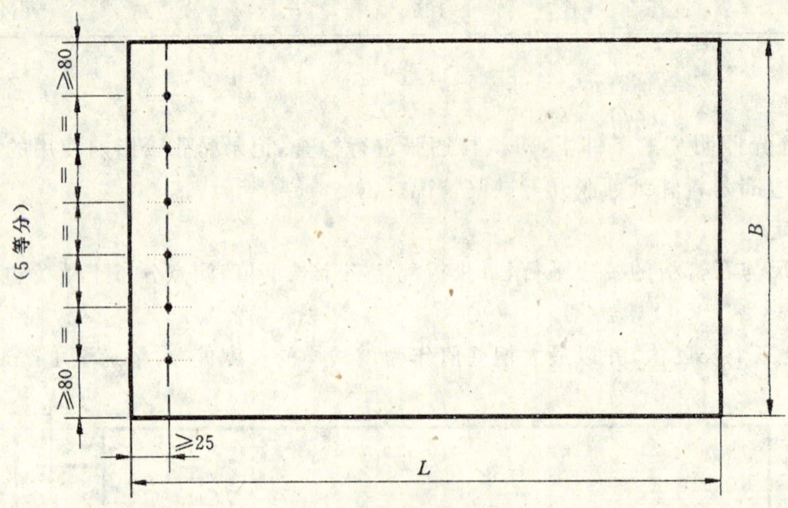

图 7　厚度的测定

5.3.5　楔形棱边宽度的测定

在距板材端头 300 mm 处的棱边上测量四个值。

用钢直尺立放在板材正面，并使其平行于板的端头，钢直尺的端头与板材的棱边边缘对齐，测量板材棱边边缘与钢直尺和板材正面接触点间的距离，即为楔形棱边宽度（见图 8）。

记录每张板上四个测量值，取其平均值作为该试样的楔形棱边宽度，精确至 1 mm。

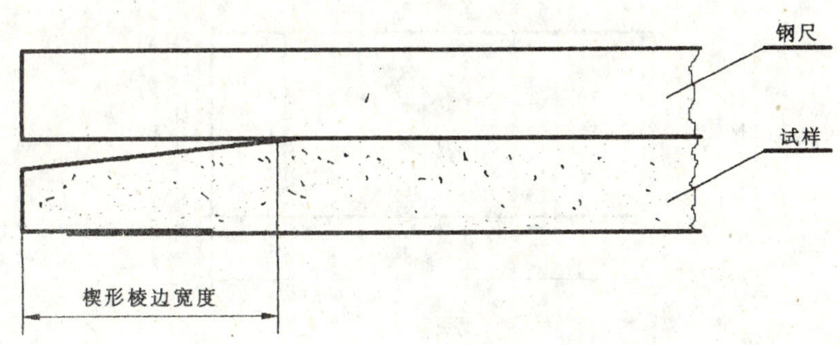

图 8　楔形棱边宽度的测定

5.3.6　楔形棱边深度的测定

在距板材端头 300 mm 棱边上用楔形棱边深度测定仪测量四个楔形棱边深度值。测量时将仪器放在板材正面，并使百分表距棱边 150 mm，同时将表值校正到零。将仪器向棱边方向移动，以离开棱边边缘 10 mm 处的读数作为该测点的楔形棱边深度值(见图 9)。记录每张板上四个测量值，取其平均值作为该试样的楔形棱边深度值，精确至 0.1 mm。

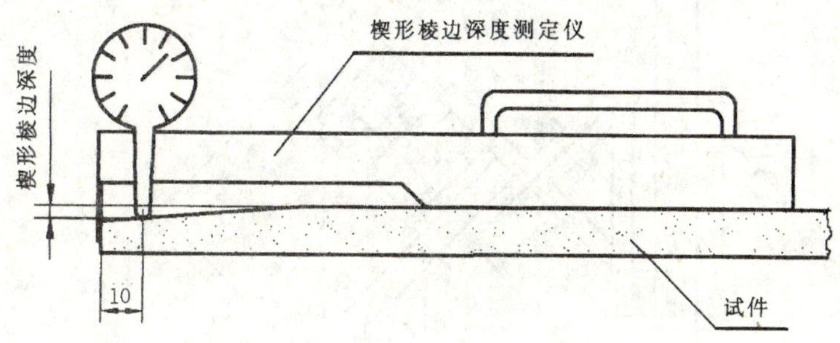

图 9　楔形棱边深度的测定

5.3.7　对角线长度差的测定

用钢卷尺测量试样的两对角线长度，计算该试样两对角线长度的差值，精确至 1 mm。

5.3.8　单位面积质量的测定

用 10 个用于断裂荷载测定的试件进行单位面积质量的测定。在 40℃±2℃的条件下干燥至恒重(试件在 24 h 内的质量变化小于 5 g 时即为恒重)。根据其面积计算每张板上两个试件单位面积质量的平均值，精确至 0.1 kg/m²。

5.3.9　断裂荷载的测定

利用按 5.3.8 测定后的 10 个试件，分别进行断裂荷载的测定。

测定时，将试件置于板材抗折机的支座上。沿板材纵向切取的试件(代号 Z)正面向下放置；沿板材横向切取的试件(代号 H)背面向下放置。支座中心距为 350 mm。在跨距中央，通过加荷辊沿平行于端支座的方向施加荷载，加荷速度为(250±50) N/min，直至试件断裂。记录断裂时的荷载，精确至 1 N。

5.3.10　护面纸与石膏芯粘结的测定

试件在 40℃±2℃的条件下干燥至恒重后，在试件长边距端头 20 mm 处锯一条缝，把石膏折断，但不得破坏另一面的护面纸(见图 10)。测定背纸与石膏芯粘结的试件(代号 D)，锯缝在试件的正面；测定面纸与石膏芯粘结的试件(代号 M)，锯缝在试件的背面。

将试件固定在护面纸与石膏芯粘结试验仪上(见图 11)，在试件沿锯缝弯折的部分挂上 20 N 荷重(包括夹具质量)，慢慢松开手使护面纸剥离。观察每张板上两个试件护面纸剥离后的状况。

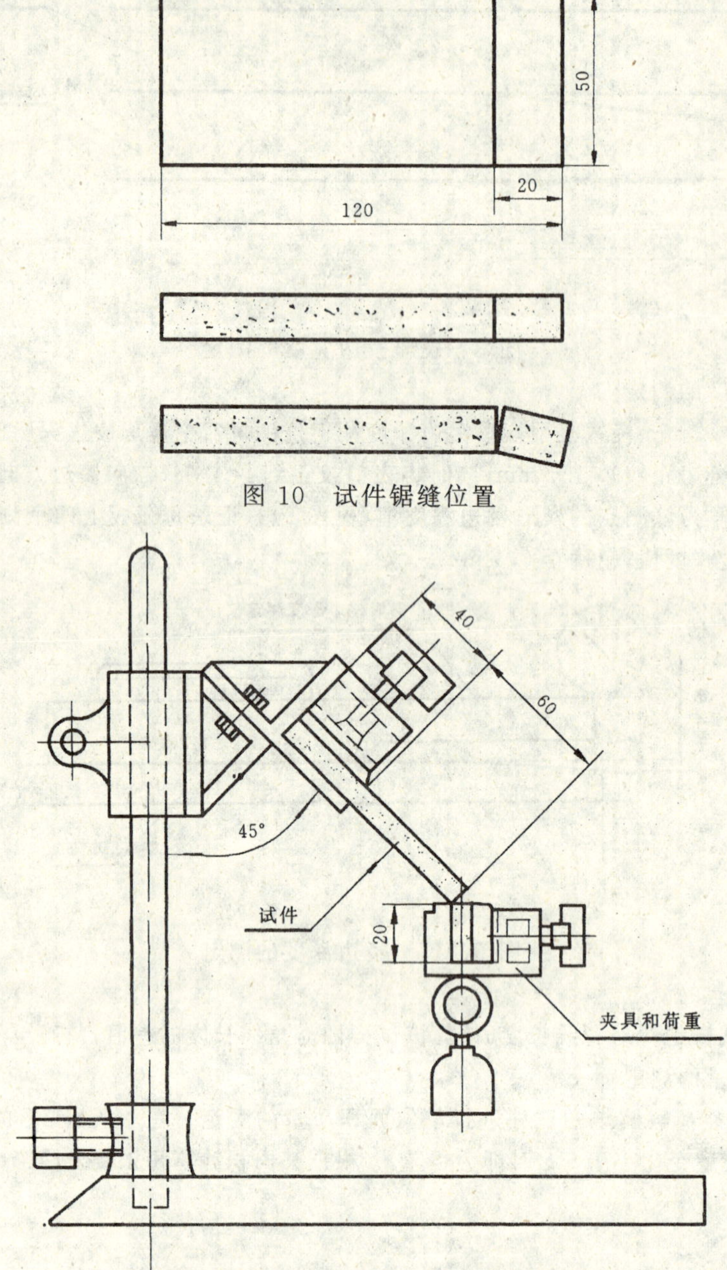

图 10 试件锯缝位置

图 11 护面纸与石膏芯粘结试验

5.3.11 吸水率的测定

将经恒重的试件称量 (G_1),然后浸入温度为 20℃±3℃的水中,试件上表面低于水面 30 mm。试件互相不紧贴,也不与水槽底部紧贴。浸水 2 h 后取出试件,用湿毛巾吸去试件表面的水,称量(G_2)。试件的吸水率按式(1)计算,精确到 1%。

$$W_1 = \frac{G_2 - G_1}{G_1} \times 100 \qquad \cdots\cdots(1)$$

式中:W_1——试件吸水率,%;

G_1——试件浸水前的质量,g;

G_2——试件浸水后的质量,g。

5.3.12 遇火稳定性的测定

试件按图12所示钻孔，在40℃±2℃条件下干燥至恒重，在不吸湿的条件下冷却至室温。用支杆将试件垂直悬挂于两个喷火口中间，喷火口与试件的表面垂直。用石油液化气作为热源向遇火稳定性测试仪的两只燃烧器供气，两喷火口的间距为70 mm。按表5的规定在试件下端悬挂荷载(见图13)，点燃燃烧器。用两组镍铬-镍硅热电偶在距板面5 mm处测量温度。试验初期应在不使试件晃动的情况下，除去掉落在热电偶上的已炭化的护面纸。通过调节，在3 min内把温度控制在800℃±30℃，试验过程中一直保持此温度。从试件遇火开始计时，直到试件断裂破坏。记录每个试件被烧断的时间，以min表示，精确至1 min。

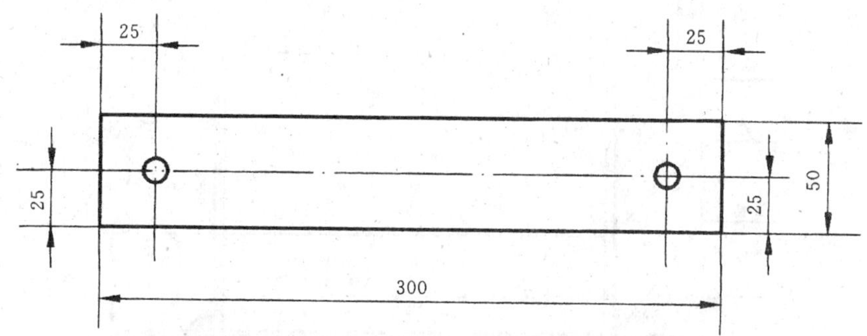

图12　试件钻孔位置图

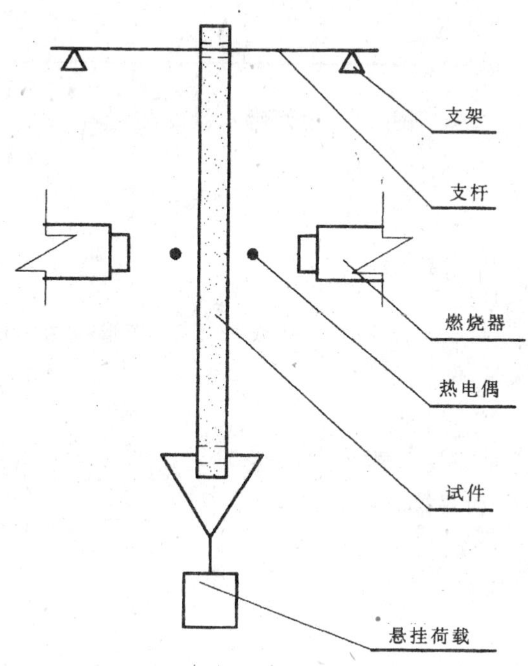

图13　遇火稳定性的测定

表5　悬挂荷载

板材厚度,mm	悬挂荷载,N	板材厚度,mm	悬挂荷载,N
9.5	7	18.0	15
12.0	10	21.0	17
15.0	12	25.0	20

5.3.13　表面吸水量的测定

试件于40℃±2℃的条件下干燥至恒重，在干燥器中冷却至室温。按图14所示，将试件水平放在支架上，面纸向上，在试件上放置一个内径为113 mm圆筒，试件与圆筒接触处用油腻子密封，称量G_3，往圆筒内注入20℃±3℃的水，其高度为25 mm，静置2 h，倒去水并用吸水纸吸去试件表面和圆筒内壁的附着水，称量G_4，称量精确至0.1 g，按式(2)计算每个试件的表面吸水量：

$$W_2 = \frac{G_4 - G_3}{F} \quad \cdots\cdots(2)$$

式中：W_2——表面吸水量，g/m^2；

G_4——吸水后的试件、圆筒和油腻子总质量，g；

G_3——吸水前的试件、圆筒和油腻子总质量，g；

F——吸水面积，m^2。

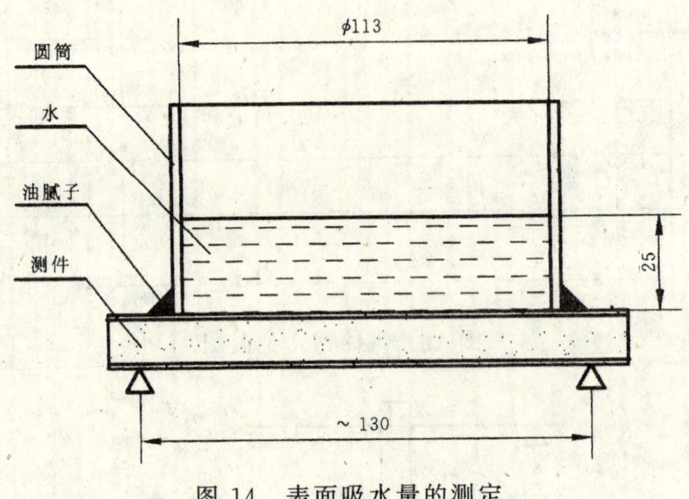

图14 表面吸水量的测定

6 检验规则

6.1 出厂检验

产品出厂必须进行出厂检验。

出厂检验的项目为：外观质量、尺寸偏差、对角线长度差、楔形棱边断面尺寸、断裂荷载、护面纸与石膏芯的粘结、吸水率、表面吸水量。

6.2 型式检验

型式检验的项目为标准的全部技术要求。

有下列情况之一时，应进行型式检验：

(1) 原料、配方和工艺有较大改变时；

(2) 产品停产满半年以上恢复生产时；

(3) 正常生产满半年时；

(4) 国家产品质量监督抽查时。

6.3 抽样

以每2 500张同型号、同规格的产品为一批，不足2 500张时也按一批计。

从每批产品中随机抽取五张板材为一组试样。

6.4 判定规则

6.4.1 对于板材的外观质量、尺寸偏差、对角线长度差、楔形棱边断面尺寸、护面纸与石膏芯粘结性能等质量指标，其中有一项不合格，即为不合格板。五张板中不合格板多于一张时，则该产品判为批不合格。

6.4.2 对于板材的断裂荷载、吸水率、表面吸水量、单位面积质量、遇火稳定性等质量指标，五张板材需全部合格，否则该批产品判为批不合格。

6.4.3 对于按6.4.1和6.4.2判为不合格的批，允许重新再抽取二组试样，对不合格的项目进行重检，重检结果的判定规则同 6.4.1 和 6.4.2。

若该二组试样均合格，则判为批合格，如仍有一组试样不合格，则判为批不合格。

7 标志

产品应标明如下内容：

a）产品名称、产品标准代号、商标；

b）生产企业名称、企业详细地址；

c）产品的种类代号、规格、数量；

d）产品包装材料外表应标明收发货标志、包装储运图文标志、防潮标志等。

8 包装、运输、贮存

8.1 包装

产品包装出厂时应有防潮措施，每件包装应随带产品合格证、装箱单。

8.2 运输

产品在运输过程中应轻放，防止板材损坏和受潮。

8.3 贮存

板材按不同规格在室内分类、水平堆放。堆放场地应坚实、平整、干燥。堆放时要用垫条使板材和地面隔开，并不使板材在堆放时变形。

中华人民共和国国家标准

UDC 666.914

GB 9776—88

建筑石膏

Gypsum plaster for building purposes

本标准参照采用国际标准ISO 3048—1974《石膏灰泥的一般试验条件》、ISO 3049—1974《石膏灰泥粉料物理性能的测定》和ISO 3051—1974《石膏灰泥力学性能的测定》。

1 主题内容与适用范围

本标准规定了建筑石膏的技术要求和试验方法。

本标准适用于天然石膏石制得的建筑石膏。它是以β半水石膏（$\beta\ CaSO_4 \cdot 1/2\ H_2O$）为主要成分，不预加任何外加剂的粉状胶结料，主要用于制作石膏建筑制品。

2 引用标准

GB 177 水泥胶砂强度检验方法

GB 1346 水泥标准稠度用水量、凝结时间、安定性检验方法

GB 3350.3 水泥物理检验仪器 电动抗折试验机

JC 16 石膏

3 产品标记

3.1 标记方法

标记的顺序为：产品名称，抗折强度及标准号。

3.2 标记示例

抗折强度为2.5 MPa的建筑石膏：

建筑石膏 2.5 GB 9776

4 原料

生产建筑石膏用的石膏石，应符合JC 16中A型三级及三级以上石膏的要求。

5 技术要求

建筑石膏按技术要求分为优等品、一等品和合格品三个等级。

5.1 强度

建筑石膏的强度均不得小于表1规定的数值。

表 1

MPa（kgf/cm^2）

等级	优等品	一等品	合格品
抗折强度	2.5（25.0）	2.1（21.0）	1.8（18.0）
抗压强度	4.9（50.0）	3.9（40.0）	2.9（30.0）

国家建筑材料工业局1988-07-07批准　　1989-05-01实施

5.2 细度

建筑石膏的细度以0.2mm方孔筛筛余百分数计，不大于表2规定的数值。

表 2 %

等 级	优 等 品	一 等 品	合 格 品
0.2mm方孔筛筛余	5.0	10.0	15.0

5.3 凝结时间

建筑石膏的初凝时间应不小于6 min；终凝时间应不大于30min。

6 试验方法

6.1 试验仪器与设备

6.1.1 标准筛

筛孔边长为0.2mm的方孔筛，筛底有接收盘，顶部有筛盖盖严。

6.1.2 松散容重测定仪

仪器是一个支在三条支架上的铜质锥形漏斗，漏斗中部设有边长为2 mm的方孔筛。仪器还附有一个容重桶，其容量为1 L，并配有一个套筒。

6.1.3 稠度仪

仪器由内径ϕ50±0.1mm，高100±0.1mm的铜质筒体，240mm×240mm的玻璃板，以及筒体提升机构组成。筒体上升速度为15cm/s，并能下降复位。

6.1.4 搅拌器具

a. 搅拌碗：用不锈钢制成，碗口内径ϕ16cm，碗深6 cm。

b. 搅拌锅：采用GB 177中的搅拌锅，在锅外壁上装有把手，便于手持。

c. 拌和棒：由三个不锈钢丝弯成的椭圆形套环所组成，钢丝直径ϕ1～2 mm，环长约100mm，宽约45mm，具有一定弹性。

6.1.5 凝结时间测定仪

采用GB 1346中的水泥凝结时间测定仪。

6.1.6 试模

采用GB 177中的水泥胶砂强度试模。

6.1.7 电热鼓风干燥箱

控温器灵敏度±1 ℃。

6.1.8 抗折试验机

采用GB 3350.3中的电动抗折试验机。

6.1.9 抗压试验机

采用最大出力为50 k N的抗压试验机。示值误差不大于±1.0%。

6.1.10 抗压夹具

采用GB 177中的抗压夹具。

6.1.11 刮平刀

采用GB 177中的刮平刀。

6.2 试样

6.2.1 从每批需要试验的建筑石膏中抽取至少15kg试样。试样从10袋中等量地抽取。

6.2.2 将试样充分拌匀，分为三等份，保存在密封容器中。其中一份做试验，其余二份在室温下保存三个月，必要时用它作仲裁试验。

6.3 试验条件

试验室温度为20±5℃，空气相对湿度为65%±10%。建筑石膏试样、拌和水及试模等仪器的温度应与室温相同。

6.4 试验步骤

6.4.1 细度的测定

从密封容器内取出500g试样，在40±2℃下烘至恒重（烘干时间相隔1h的重量差不超过0.5g即为恒重），并在干燥器中冷却至室温。

将试样按下述步骤连续测定两次。

称取50±0.1g试样，倒入安上筛底的0.2mm的方孔筛中，盖上筛盖。一只手拿住筛子略微倾斜地摆动，使其撞击另一只手。撞击的速度为每分钟125次。摆动幅度为20cm，每摆动25次后筛子旋转90°，继续摆动。试验中发现筛孔被试样堵塞，可用毛刷轻刷筛网底面，使网孔疏通，继续进行筛分。筛分至4min时，去掉筛底，在纸上按上述规定筛分1min。称重筛在纸上的试样，当其小于0.1g时，认为筛分完成，称取筛余量，精确至0.1g。

细度以筛余量的百分数表示，计算至0.1%。如两次测定结果的差值小于1%，则以平均值作为试样细度，否则应再次测定，至两次测定值之差小于1%，再取二者的平均值。

6.4.2 松散容重的测定

从密封容器内取出2 000g试样，充分拌匀，在松散容重测定仪上，按下述步骤连续测定两次。

称量不带套筒的容重桶，精确至5g。在容重桶上装上套筒，并将其放在锥形漏斗下。试样以100g为一份倒入漏斗，用毛刷搅动试样，使其通过漏斗中部的筛网落入容重桶中。当装有套筒的容重桶填满时，在避免振动的情况下移去套筒，用直尺刮平表面，使桶中的试样表面与容重桶上缘齐平，称量容重桶和试样的重量，精确至5g。松散容重按式（1）计算：

$$\gamma=\frac{G_1-G_0}{V} \qquad (1)$$

式中：γ——松散容重，g/L；

G_0——容重桶重量，g；

G_1——容重桶和试样的重量，g；

V——容重桶容积，L。

如果两次测定结果之差小于小值的5%，则以平均值作为试样的松散容重。否则应再次测定，至两次测定值之差小于5%，再取二者的平均值。

6.4.3 标准稠度用水量的测定

试验前，将稠度仪的筒体内部及玻璃板擦净，并保持湿润。将筒体垂直地放在玻璃板上，筒体中心与玻璃板下一组同心圆的中心重合。

将估计为标准稠度用水量的水，倒入搅拌碗中。试样300±1g在5s内倒入水中，用拌和棒搅拌30s，得到均匀的石膏浆，边搅边迅速注入稠度仪筒体，用刮刀刮去溢浆，使其与筒体上端面齐平。从试样与水接触开始，至总时间为50s时，开动仪器提升机构。待筒体提去后，测定料浆扩展成的试饼两垂直方向上的直径，计算其平均值。

记录连续两次料浆扩展直径等于180±5mm时的加水量，该水量与试样的重量比(以百分数表示，精确至1%)，即为标准稠度用水量。

注：如果试验中，在水量递增或递减的情况下，所测试饼直径呈反复无规律变化，则应将试样在试验室条件下铺成厚1cm以下的薄层，放置3d以上再测定。

6.4.4 凝结时间的测定

从密封容器内取出500g试样，充分拌匀，然后在凝结时间测定仪上，按下述步骤连续测定两次。

开始试验前，检查仪器的活动杆能否自由落下，并检查仪器指针的位置。当钢针碰到仪器底座上的玻璃板时，指针应与刻度板的下标线相重。同时将环模涂以矿物油放在玻璃底板上。

称取试样200±1g，按标准稠度用水量量水，倒入搅拌碗中。在5s内将试样倒入水中，搅拌30s，得到均匀的料浆，倒入环模中。为了排除料浆中的空气，将玻璃底板抬高约10mm，上下震动5次。用刮刀刮去溢浆，使其与环模上端面齐平。将装满料浆的环模连同玻璃底板放在仪器的钢针下，使针尖与料浆的表面相接触，并离开环模边大于10mm。迅速放松杆上的固定螺丝，针即自由插入料浆中。针的插入和升起每隔30s重复一次，每次都应改变插点，并将针擦净、校直。

记录从试样与水接触开始，到钢针第一次碰不到玻璃底板所经历的时间，此即试样的初凝时间。记录从试样与水接触开始，到钢针插入料浆的深度不大于1mm所经历的时间，此即试样的终凝时间。凝结时间以min计，带有零数30s时进作1min。

取两次测定结果的平均值，作为试件的初凝和终凝时间。

6.4.5 抗折强度的测定

从密封容器内取出1 100g试样，充分拌匀。称取试样1 000±1g，并按标准稠度用水量量水，倒入搅拌锅中。在30s内将试样均匀地撒入水中，静置1min，用拌和棒在30s内搅拌30次，得到均匀的料浆。接着用料勺以3r/min的速度搅拌，使料浆保持悬浮状态，直至开始稠化。当料浆从料勺上慢慢滴落在料浆表面能形成一个小圆锥时，用料勺将料浆灌入预先涂有一薄层矿物油的试模内。试模充满后，将模子的一端用手抬起约10mm，突然使其落下，如此振动5次，以排除料浆中的气泡。当从溢出的料浆中看出已经初凝时，用刮平刀刮去溢浆，但不必抹光表面。待水与试样接触开始至1.5h时，在试件表面编号并拆模、脱模后的试件存放在试验室条件下，至试样与水接触开始达2h时，进行抗折强度的测定。

测定抗折强度时，将试件放在抗折试验机的二个支承辊上，试件的成型面（即用刮平刀刮平的表面）应侧立，试件各棱边与各辊垂直，并使加荷辊与二个支承辊保持等距。开动抗折试验机，使试件折断。记录3个试件的抗折强度R_f（MPa），并计算其平均值，精确至0.1MPa。如果测得的三个值与它们平均值的差不大于10%，则用该平均值作为抗折强度；如果有一个值与平均值的差大于10%，应将此值舍去，以其余二值计算平均值；如果有一个以上的值与平均值之差大于10%，应重做试验。

6.4.6 抗压强度的测定

用做完抗折试验后得到的6个半块试件进行抗压强度的测定。

试验时将试件放在抗压夹具内，试件的成型面应与受压面垂直，受压面积为40.0mm×62.5mm。将抗压夹具连同试件置于抗压试验机上、下台板之间，下台板球轴应通过试件受压面中心。开动机器，使试件在加荷开始后20～40s内破坏。记录每个试件的破坏荷载P，抗压强度R_c按式（2）计算：

$$R_c=\frac{P}{2\ 500} \qquad (2)$$

式中：R_c——抗压强度，MPa；

P——破坏荷载，N。

计算6个试件抗压强度平均值。如果测得的六个值与它们平均值的差不大于10%，则用该平均值作为抗压强度；如果有某个值与平均值之差大于10%，应将此值舍去，以其余的值计算平均值；如果有二个以上的值与平均值之差大于10%，应重做试验。

7 检验规则

7.1 产品出厂前必须进行出厂检验。出厂检验项目包括细度、标准稠度用水量、抗折强度及凝结时间四项。

7.2 对产品质量进行全面考核的型式检验，在正常生产情况下，每六个月检验一次。项目包括细度、松散容重、标准稠度用水量、抗折强度、抗压强度和凝结时间共六项。

7.3 对于年产量小于15×10^4t的生产厂，以不超过65t同等级的建筑石膏为一批；对于年产量等于或大于15×10^4t的生产厂，以不超过200t同等级的建筑石膏为一批。每批建筑石膏应根据第5章的要求，按第6章试验方法取样和试验。

7.4 生产厂应对每一批建筑石膏提供试验报告，作为供货时的产品质量依据。

7.5 用户有权按本标准对产品质量进行复验。复验应在买主收到货后十天内进行。检验时按6.2.1取样，将试样充分拌匀，分为三等份，保存在密封容器中。以其中一份试样按6.4条进行试验。检验结果，试样有一个以上指标不合格，即判为批不合格，如果只有一个指标不合格，则可用其他二份试样对不合格项目进行重检。重检结果，如二个试样均合格，则该批产品判为批合格；如仍有一个试样不合格，则该批产品判为批不合格。

7.6 对于复验判为批不合格的产品，可由仲裁单位利用6.2.2所留的二份仲裁试验试样，对所有不合格指标进行仲裁试验，按7.5条最终判定该批产品为批合格或批不合格。

8 包装、标志、运输、贮存

8.1 建筑石膏一般采用袋装，可用具有防潮的及不易破损的纸袋或其他复合袋包装。

8.2 包装袋上应清楚标明产品标记、制造厂名、生产批号和出厂日期、质量等级、商标和防潮标志。

8.3 建筑石膏在运输与贮存时不得受潮和混入杂物。不同等级的建筑石膏应分别贮运，不得混杂。

8.4 建筑石膏自生产之日算起，贮存期为三个月。三个月后应重新进行质量检验，以确定其等级。

附加说明：

本标准由河南建筑材料研究设计院负责起草。

本标准主要起草人汪卓敏。

中华人民共和国国家标准

建筑用轻钢龙骨

GB 11981—89

Steel furrings for bulidings

1 主题内容与适用范围

本标准规定了建筑用轻钢龙骨的技术要求、试验方法和检验规则。

本标准适用于以纸面石膏板等轻质板材作饰面的墙体和吊顶的建筑用轻钢龙骨。

2 引用标准

GB 1839 镀锌钢板（带）锌层重量测定方法

3 术语、代号

3.1 术语

3.1.1 建筑用轻钢龙骨：建筑用轻钢龙骨（简称龙骨）是以冷轧钢板（带）、镀锌钢板（带）或彩色喷塑钢板（带）作原料，采用冷弯工艺生产的薄壁型钢。用作墙体或吊顶的龙骨，其钢板（带）厚度为0.5～1.5 mm。

3.1.2 墙体龙骨：用于墙体的轻钢龙骨（见图1）。

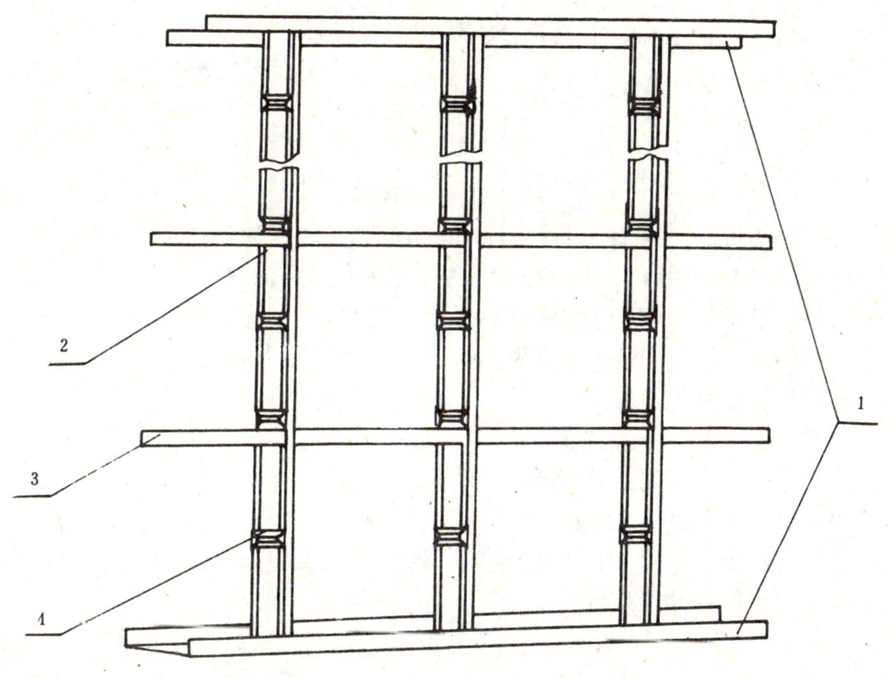

图1 墙体龙骨示意图

1—横龙骨；2—竖龙骨；3—通贯龙骨；4—支撑卡

国家技术监督局1989-12-25批准　　1990-08-01实施

3.1.2.1 横龙骨：墙体和建筑结构的联接构件。

3.1.2.2 竖龙骨：墙体的主要受力构件。

3.1.2.3 通贯龙骨：竖龙骨的中间联接构件。

3.1.2.4 支撑卡：覆面板材与龙骨固定时起辅助支撑作用的配件。

3.1.3 吊顶龙骨：用于吊顶的轻钢龙骨（见图2）。

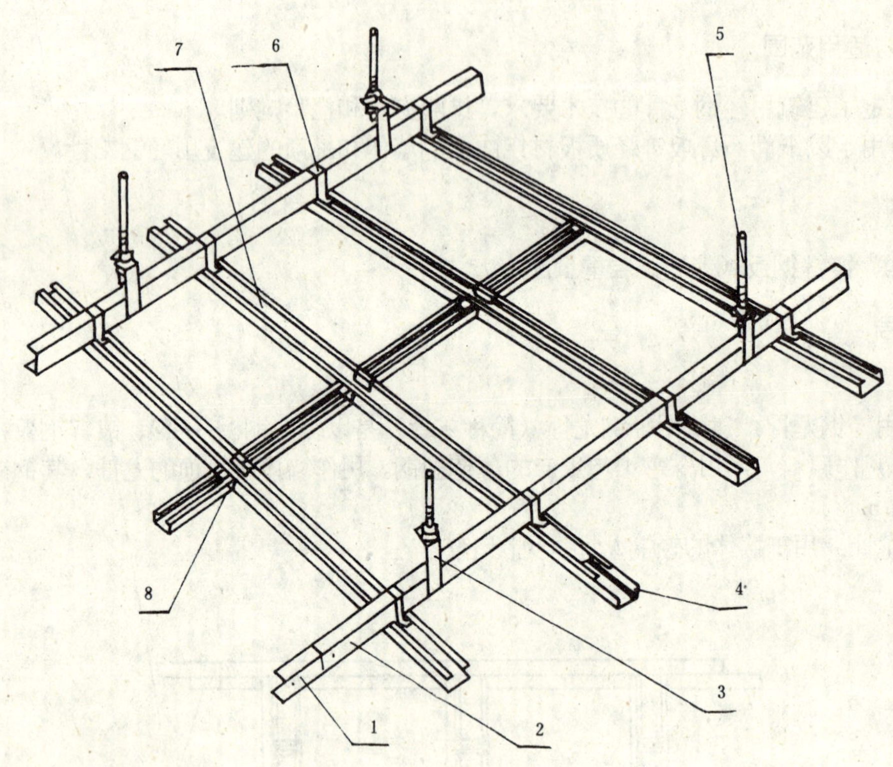

图2 吊顶龙骨示意图

1—承载龙骨连接件；2—承载龙骨；3—吊件；4—覆面龙骨连接件；
5—吊杆；6—挂件；7—覆面龙骨；8—挂插件

3.1.3.1 承载龙骨：吊顶龙骨的主要受力构件。

3.1.3.2 覆面龙骨：吊顶龙骨中固定饰面层的构件。

3.1.3.3 吊件：承载龙骨和吊杆的连接件。

3.1.3.4 挂件：覆面龙骨和承载龙骨的连接件。

3.1.3.5 挂插件：覆面龙骨垂直相接的连接件。

3.1.3.6 承载龙骨连接件：承载龙骨加长的连接件。

3.1.3.7 覆面龙骨连接件：覆面龙骨加长的连接件。

3.1.3.8 吊杆：吊件和建筑结构的连接件。

3.2 代号

3.2.1 Q表示墙体龙骨。

3.2.2 D表示吊顶龙骨。

3.2.3 U表示龙骨断面形状为⊔型。

3.2.4 C表示龙骨断面形状为[型。

3.2.5 L表示龙骨断面形状为L型。

4 产品分类

4.1 产品规格

4.1.1 墙体龙骨主要规格分为Q50、Q75和Q100。

4.1.2 吊顶龙骨按承载龙骨的规格分为D38、D45、D50和D60。

4.2 产品标记

4.2.1 标记方法

标记顺序为：产品名称、代号、断面形状的宽度、高度、钢板厚度和本标准号。

4.2.2 标记示例

断面形状为C型，宽度为50mm，高度为15mm，钢板厚度为1.5mm的吊顶承载龙骨标记为：

建筑用轻钢龙骨　DC50×15×1.5　GB 11981

5 技术要求

5.1 外观质量

龙骨外形要平整、棱角清晰，切口不允许有影响使用的毛刺和变形。镀锌层不许有起皮、起瘤、脱落等缺陷。对于腐蚀、损伤、黑斑、麻点等缺陷，按规定方法检测时，应符合表1的要求。

表 1　外观质量

缺陷种类	优等品	一等品	合格品
腐蚀、损伤、黑斑、麻点	不允许	无较严重的腐蚀、损伤、麻点。面积不大于1 cm^2的黑斑每米长度内不多于5处	

5.2 表面防锈

5.2.1 龙骨表面应镀锌防锈，其双面镀锌量应不小于表2的规定。

表 2　双面镀锌量　　g/m^2

项目	优等品	一等品	合格品
双面镀锌量	120	100	80

5.2.2 龙骨及其配件表面允许用喷漆、喷塑等其他防锈方法，其性能应与本标准的规定等同。

5.3 形状和尺寸要求

5.3.1 龙骨的断面形状见图3，其尺寸偏差应符合表3的规定。尺寸C应不小于5.0mm，尺寸D应不小于3.0mm。

5.3.2 底面和侧面的平直度应不大于表4的规定。

5.3.3 弯曲内角半径R应不大于表5的规定。

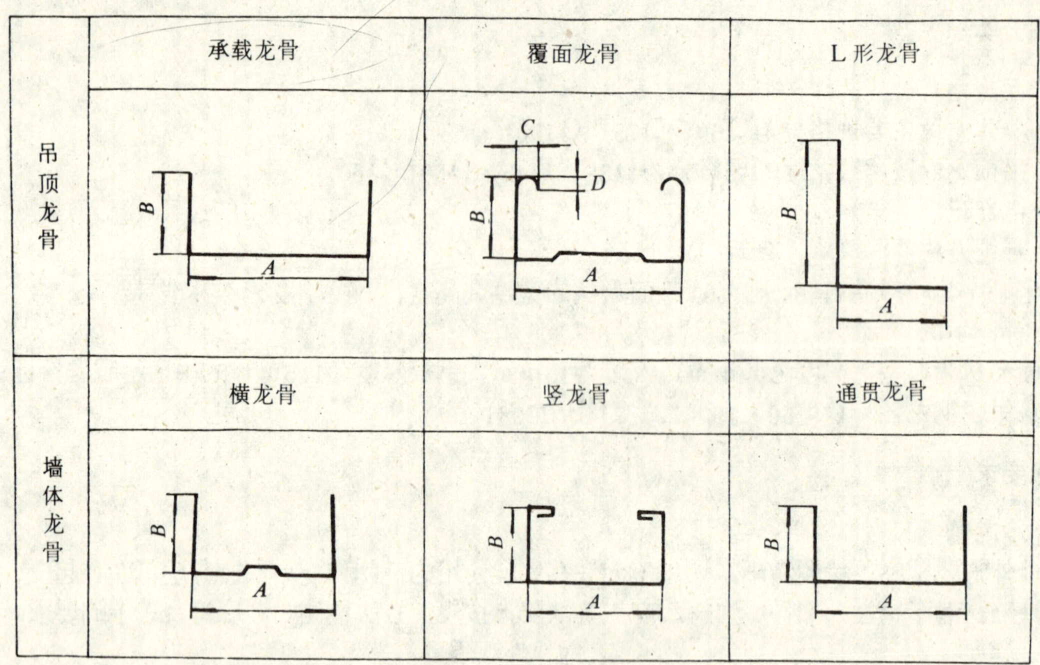

图 3 龙骨的断面形状

表 3 尺寸允许偏差

mm

项目			优等品	一等品	合格品
长度 L				+30 -10	
覆面龙骨断面尺寸	尺寸 A	$A \leqslant 30$		±1.0	
		$A > 30$		±1.5	
	尺寸 B		±0.3	±0.4	±0.5
其他龙骨断面尺寸	尺寸 A		±0.3	±0.4	±0.5
	尺寸 B	$B \leqslant 30$		±1.0	
		$B > 30$		±1.5	

表 4　侧面和底面的平直度　　mm/1000mm

<table>
<tr><th>类　　别</th><th>品 种</th><th>检测部位</th><th>优等品</th><th>一等品</th><th>合格品</th></tr>
<tr><td rowspan="3">墙体</td><td rowspan="2">横龙骨和竖龙骨</td><td>侧面</td><td>0.5</td><td>0.7</td><td>1.0</td></tr>
<tr><td>底面</td><td rowspan="3">1.0</td><td rowspan="3">1.5</td><td rowspan="3">2.0</td></tr>
<tr><td>通贯龙骨</td><td>侧面和底面</td></tr>
<tr><td>吊顶</td><td>承载龙骨
和覆面龙骨</td><td>侧面和底面</td></tr>
</table>

表 5　弯曲内角半径 R　　mm

钢板厚度 δ，不大于	0.75	0.80	1.00	1.20	1.50
弯曲内角半径 R	1.25	1.50	1.75	2.00	2.25

5.3.4　角度偏差应符合表 6 的规定。

表 6　角度允许偏差

成形角的最短边尺寸，mm	优等品	一等品	合格品
10～18	±1°15′	±1°30′	±2°00′
>18	±1°00′	±1°15′	±1°30′

5.4　力学性能

墙体及吊顶龙骨组件的力学性能应符合表 7 的规定。

表 7　龙骨组件的力学性能

<table>
<tr><th>类别</th><th colspan="2">项　　目</th><th>要　　求</th></tr>
<tr><td rowspan="2">墙体</td><td colspan="2">抗冲击性试验</td><td>最大残余变形量不大于10.0mm，龙骨不得有明显的变形</td></tr>
<tr><td colspan="2">静载试验</td><td>最大残余变形量不大于2.0mm</td></tr>
<tr><td rowspan="2">吊顶</td><td rowspan="2">静载试验</td><td>覆面龙骨</td><td>最大挠度不大于10.0mm
残余变形量不大于2.0mm</td></tr>
<tr><td>承载龙骨</td><td>最大挠度不大于5.0mm
残余变形量不大于2.0mm</td></tr>
</table>

6 试验方法

6.1 试验设备及仪器

6.1.1 1 000×2 000 mm检测平板或长度为1 000mm的平尺：精度Ⅱ级。

6.1.2 百分表：量程 0 ～30mm，分度值0.01mm。

6.1.3 游标卡尺：量程 0 ～125mm，分度值0.02mm。

6.1.4 钢卷尺：量程5 000mm，分度值 1 mm。

6.1.5 塞尺：分度值0.01mm。

6.1.6 半径样板：测量范围 1 ～6.5mm，精度Ⅰ级。

6.1.7 表式万能角度尺：测量范围 0 ～360°，分度值5′。

6.2 试样

6.2.1 用于检查和测定外观质量、形状和尺寸要求、表面防锈，以 3 根试件为一组试样。

6.2.2 吊顶龙骨力学性能试验，按表 8 规定抽取试样。

6.2.3 墙体龙骨力学性能试验，按表 9 规定抽取试样。

6.2.4 在经外观尺寸检查后的 3 根试件上，切取约900 mm ^{2}的样品用于镀锌量测定。

表 8 吊顶龙骨力学试验用试件数量和尺寸

品　　种	数量，根	长度，mm
承载龙骨	2	1 200
覆面龙骨	4	1 200
吊　　件	4	—
挂　　件	8	—

表 9 墙体龙骨力学试验用试件数量和尺寸

规 格	横龙骨		竖龙骨		通贯龙骨		支撑卡
	数量 根	长度 mm	数量 根	长度 mm	数量 根	长度 mm	数量 件
Q100	2	1 200	3	5 000	4	1 200	24
Q75	2	1 200	3	4 000	3	1 200	18
Q50	2	1 200	3	2 700	2	1 200	12

注：如墙体在设计中不采用通贯龙骨和支撑卡，取样时可以取消该两种试件。

6.3 试验步骤

6.3.1 外观质量的检查

在距试件500mm 处光照明亮的条件下，按5.1条的内容对试件进行目测检查，记录缺陷情况。

6.3.2 尺寸的测定

6.3.2.1 长度尺寸

测量时，钢卷尺应与龙骨纵向侧边平行，每根龙骨在底面和两个侧面测定三个长度值，并以三个长度值中的最大偏差作为该试件的实际偏差，精确至1mm。

6.3.2.2 断面尺寸

在距龙骨两端200mm及龙骨长度中间共三处，用游标卡尺测量龙骨的断面尺寸A、B、C、D值，分别以A、B偏差绝对值的平均值作为试件的偏差，C、D取测定值的平均值，精确至0.1mm。

6.3.3 平直度的测定

6.3.3.1 侧面平直度

将龙骨平放在平板或平尺上，用塞尺测量侧面变形的最大值作为试件的侧面平直度，精确至0.1mm。

6.3.3.2 底面平直度

将龙骨平放在平板或平尺上，用塞尺测量底面变形的最大值作为试件的底面平直度，精确至0.1mm。

6.3.4 弯曲内角半径R值的测定

在距龙骨两端200mm及龙骨长度中间共三处，用半径样板测定两侧内角半径R，分别计算每侧内角半径的平均值，取其中最大值作为试件的R值。

6.3.5 角度偏差的测定

在距龙骨两端200mm及龙骨长度的中间共三处，用表式万能角度尺测定龙骨两侧面的角度偏差，分别计算每侧角度偏差的平均值，取其中最大值作为试件的角度偏差，精确至5′。

6.3.6 镀锌量测定

按GB 1839测定镀锌量。记录各值，计算3个试件的平均值作为试样的测定值，精确至1g/m²。

6.3.7 墙体试验

6.3.7.1 静载试验

按图4用钢质材料组成坚固的测试台架。将横龙骨固定在测试台架相对的两个边上，将竖龙骨按规定间距450mm装入横龙骨中，并按规定从A端起每隔1 200mm加入一个通贯龙骨，另外在竖龙骨上每隔600mm安装一个支撑卡。然后在两面各装一层厚12mm的纸面石膏板，要求上下两层纸面石膏板互相错缝，试样组装后，不得有松动和偏斜。

加载点在石膏板中线距A端1 500mm处。在加载点上放置350mm×350mm×15mm的垫板，将160N的荷重放在垫板上，持续5min，卸载3min后测定石膏板面的最大残余变形量，精确至0.1mm。

6.3.7.2 抗冲击性试验

按6.3.7.1装置，将重量为300N的砂袋，从300mm高处自由落到垫板上持续5s，将砂袋取下3min后测定石膏板面的最大残余变形量，精确至0.1mm。拆除石膏板，观察龙骨是否有明显的变形。

6.3.8 吊顶试验

6.3.8.1 覆面龙骨静载试验

按图5所示组装吊顶龙骨，试样组装后，不得有松动和偏斜。在中间两根覆面龙骨上，放置450mm×450mm×15mm的垫板，在上面加载300N，3min后分别测定两根龙骨的最大挠度值。卸载3min后，分别测定两根龙骨的残余变形量。取其平均值为测定值，精确至0.1mm。

6.3.8.2 承载龙骨静载试验

按图6所示，在两根承载龙骨上放置1 200mm×400mm×24mm的垫板，上人龙骨加载800N、不上人龙骨加载500N，5min后分别测定两根承载龙骨的最大挠度值，卸载3min后，分别测定两根承载龙骨的残余变形量。取其平均值为测定值，精确至0.1mm。

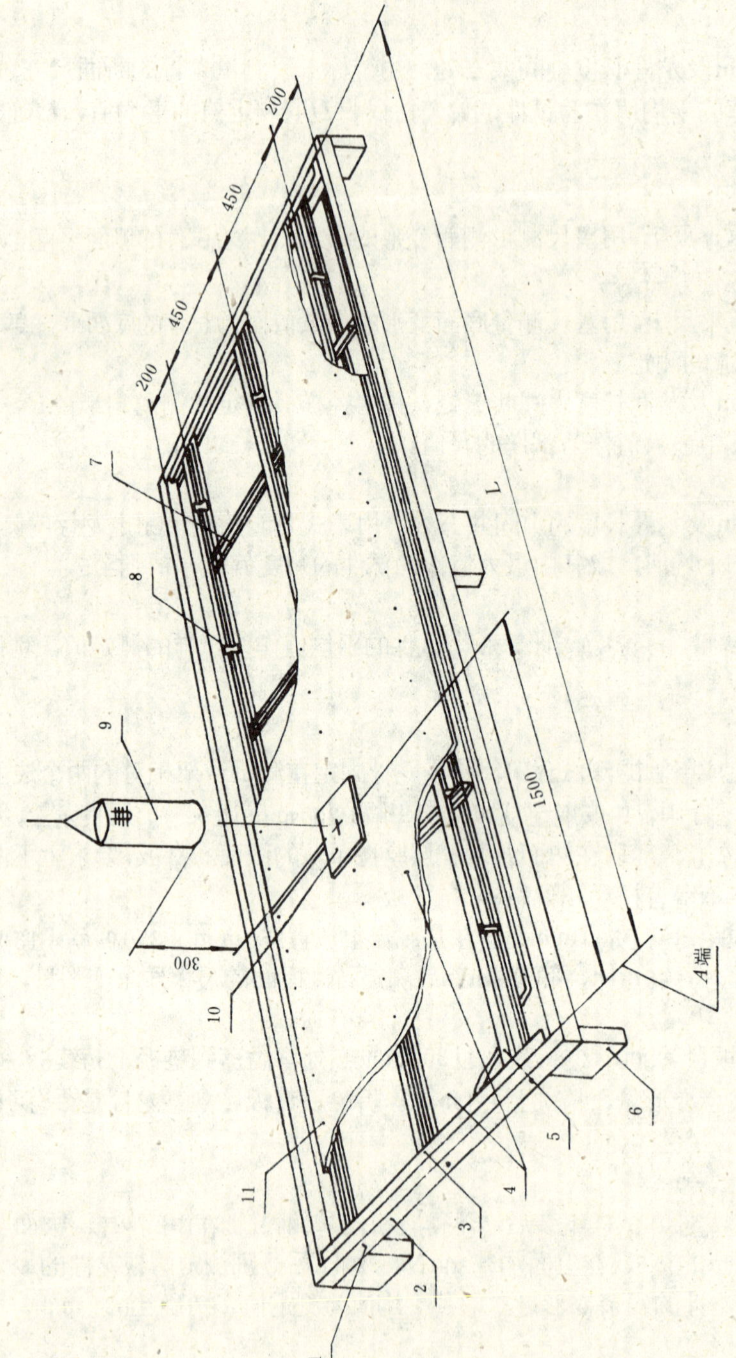

图4 墙体龙骨的测试装配

1—横龙骨固定螺钉$M6$；2—测试台架；3—横龙骨；4—纸面石膏板；5—竖龙骨；6—支座；7—通贯龙骨；8—支撑卡；9—砂袋；10—垫板；11—自攻螺丝$M4\times25$ mm，间距200mm；L值—Q50型为2700mm；Q75型为4000mm；Q100型为5000mm

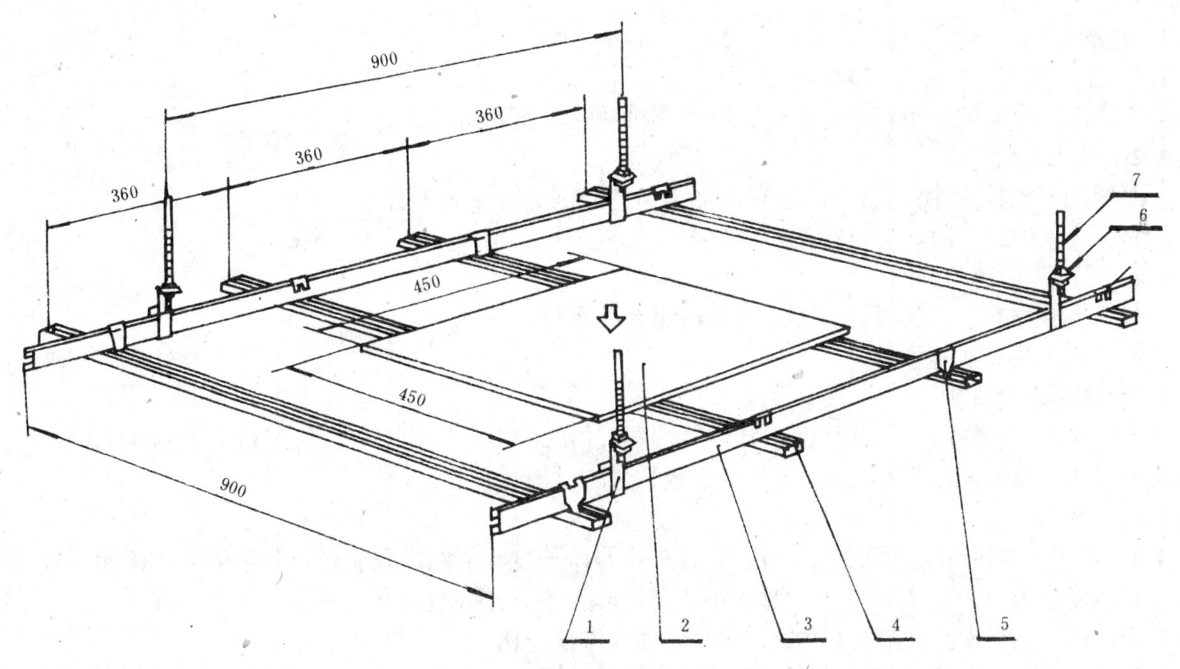

图 5 覆面龙骨的测试装配

1—承载龙骨吊件；2—垫板；3—承载龙骨；4—覆面龙骨；

5—龙骨挂件；6—螺母；7—吊杆

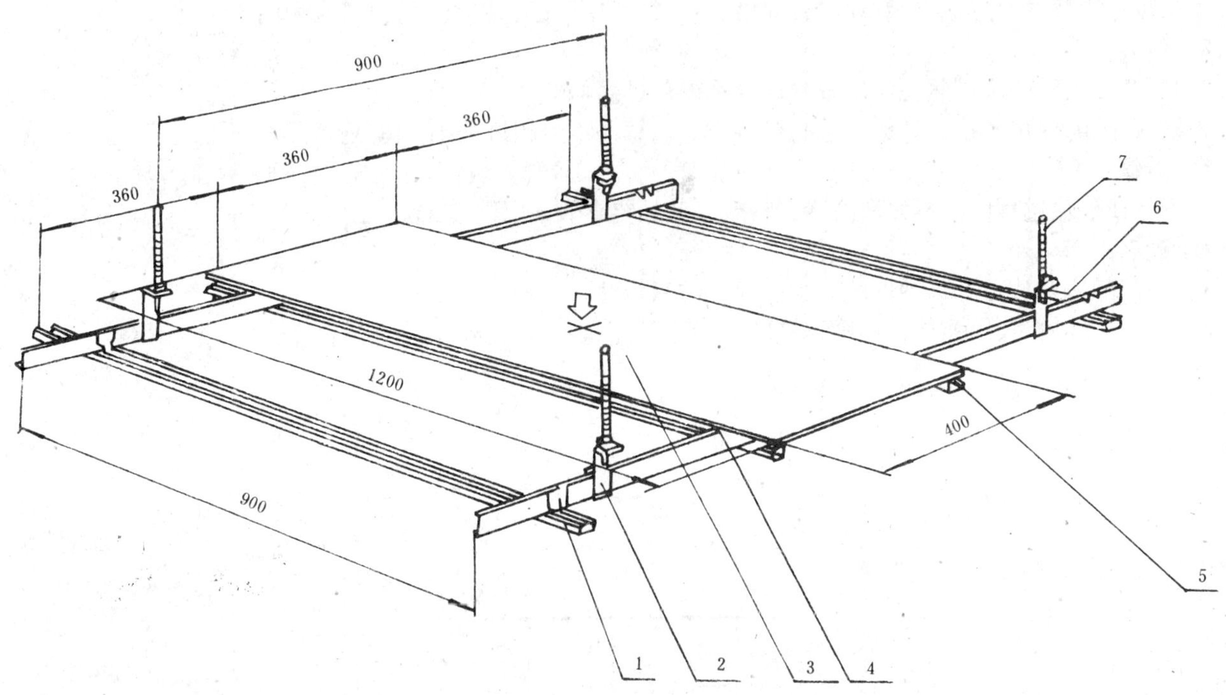

图 6 承载龙骨的测试装配

1—挂件；2—吊件；3—垫板；4—承载龙骨；

5—覆面龙骨；6—螺母；7—吊杆

7 检验规则

7.1 检验分类

7.1.1 出厂检验

产品出厂检验的项目有外观质量、形状和尺寸要求及表面防锈。

7.1.2 型式检验

龙骨的型式检验除7.1.1外，还应增加力学性能试验。

有下列情况之一时，应进行型式检验：

a. 正常生产满三年；

b. 当原材料、产品设计、工艺工装有重大改变时；

c. 新产品试制定型鉴定。

7.2 抽样与组批规则

班产量大于2 000 m者，以2 000 m同型号、同规格的轻钢龙骨为一批，班产量小于2 000 m者，以实际班产量为一批。从批中随机抽取6.2条规定数量的试样。

7.3 判定规则

7.3.1 对于龙骨的外观，断面尺寸A、B、C、D，长度，弯曲内角半径，角度偏差，侧面平直度和底面平直度质量指标，其中有两项指标不合格，即为不合格试件，不合格试件不多于1根，且龙骨的抗冲击性试验，静载试验和表面防锈均合格，则判为批合格。

7.3.2 不符合7.3.1要求的批，允许重新抽取两组试样，对不合格的项目进行重检。若仍有一组试样不合格，则判为批不合格。

8 标志、包装、运输、贮存

8.1 标志

在每一包装件上应标明制造厂名、产品名称、产品标记、数量、质量等级和制造日期或批号。

8.2 包装

8.2.1 产品出厂前应打捆包装，每捆重量不得超过50 kg。

8.2.2 产品配件用木箱或其他合适的材料包装，每件不得超过50 kg，并附产品合格证。

8.3 运输

产品在运输过程中，不允许扔摔、碰撞。产品要平放，以防变形。

8.4 贮存

8.4.1 产品应存放在无腐蚀性危害的室内，注意防潮。

8.4.2 产品堆放时，底部需垫适当数量的垫条，防止变形。堆放高度不得超过1.8 m。

附加说明：

本标准由国家建筑材料工业局提出。

本标准由中国新型建筑材料工业杭州设计研究院归口。

本标准由中国新型建筑材料工业杭州设计研究院和北京新型材料建筑设计研究院负责起草。

本标准主要起草人 陆德勤、耿直。

中华人民共和国建材行业标准

JC 430—91

膨胀珍珠岩装饰吸声板

1 主题内容与适用范围

本标准规定了膨胀珍珠岩装饰吸声板的术语、产品分类、技术要求、试验方法和检验规则。

本标准适用于以膨胀珍珠岩(体积密度≤80 kg/m³)为骨料,加入无机胶凝材料及外加剂而制成的板,主要用于室内的装饰、消声、降噪。

2 引用标准

GB 5464 建筑材料不燃性试验方法

GB 10294 绝热材料稳态热阻及有关特性的测定 防护热板法

GB 11942 彩色建筑材料色度测量方法

GB J47 混响室法吸声系数测量规范

3 术语

正面:具有装饰功能的面。

4 产品分类

4.1 产品分类

4.1.1 普通膨胀珍珠岩装饰吸声板(以下简称普通板):用于一般环境的吸声板,代号为PB。

4.1.2 防潮珍珠岩装饰吸声板(以下简称防潮板):经特殊防水材料处理,可用于高湿度环境的吸声板,代号为FB。

4.2 产品规格

4.2.1 边长公称尺寸为:400 mm×400 mm,500 mm×500 mm,600 mm×600 mm。

4.2.2 产品公称厚度为:15,17,20 mm。

4.2.3 其他规格可由供需双方商定。

4.3 产品标记

4.3.1 标记方法

标记顺序为:产品名称、代号、边长、厚度及本标准号。

4.3.2 标记示例

边长为500 mm×500 mm厚度为17 mm普通膨胀珍珠岩装饰吸声板:

普通膨胀珍珠岩装饰吸声板 PB 500-17 JC 430

5 技术要求

5.1 外观

板的外观质量应符合表1的规定。

5.2 尺寸允许偏差

国家建筑材料工业局1991-05-10批准　　1991-12-01实施

板的尺寸允许偏差应符合表2的规定。

表1

项目	要求	
	优等品、一等品	合格品
缺棱、掉角、裂缝、脱落、剥离等现象	不允许	不影响使用
正面的图案破损、夹杂物	图案清晰、色差 $\Delta E \leqslant 3$ 无夹杂物混入	
色差 ΔE	$\leqslant 3$	

表2

mm

项目		优等品	一等品	合格品
边长		$\begin{matrix}0\\-0.3\end{matrix}$	$\begin{matrix}0\\-1.0\end{matrix}$	
厚度		±0.5	±1.0	
直角偏离度	不大于	0.10	0.40	0.60
不平度	不大于	0.8	1.0	2.5

5.3 物理力学性能

板的物理力学性能应符合表3和表4的规定。

表3

板材类别	体积密度 kg/m³ 不大于	吸湿率,% 不大于			表面吸水量 g	断裂荷载,N 不大于			吸声系数 $\bar{\alpha}_s$	不燃性
		优等品	一等品	合格品		优等品	一等品	合格品	混响室法	
PB	500	5	6.5	8	—	245	196	157	0.40～0.60	不燃
FB		3.5	4	5	0.6～2.5	294	245	176	0.35～0.45	

注：表3所示的断裂荷载为均布加荷抗弯断裂荷载。

表4

热阻值 公称厚度，mm	$m^2 \cdot K/W$
15	0.14～0.19
17	0.16～0.22
20	0.19～0.26

6 试验方法

6.1 设备及仪器

6.1.1 电热鼓风干燥箱:温度范围1～300℃,控温器灵敏度±1℃。

6.1.2 稳态平板导热系数测定仪。

6.1.3 台称:最大称量10 kg,感量5 g。

6.1.4 天平：最大称量1 000 g，感量2 g。

6.1.5 钢直尺：量程1 000 mm，分度值1 mm。

6.1.6 游标卡尺：量程200 mm，精度0.02 mm。

6.1.7 塞尺：量程300 mm，精度0.01 mm。

6.1.8 直角标尺：量程630 mm，1级精度。

6.1.9 整板断裂荷载加荷装置(木质或铝合金，自制)。

6.2 外观与尺寸允许偏差的检测

6.2.1 外观质量的检查

在明亮处将四块板的正面排放在一起，间距2 mm，距离1 m目测。色差按GB 11942测量。

6.2.2 边长的测定

取整板测量，在距边缘10 mm处及每边中点，纵横均布三条测量线测量，每个方向取三个数值的算术平均值，记录较小值，并计算和报告其尺寸的偏差。

6.2.3 厚度偏差的测量

用游标卡尺按图1进行测量，在整板对角线离边缘10 mm处取四个测点的厚度偏差，取最大值。

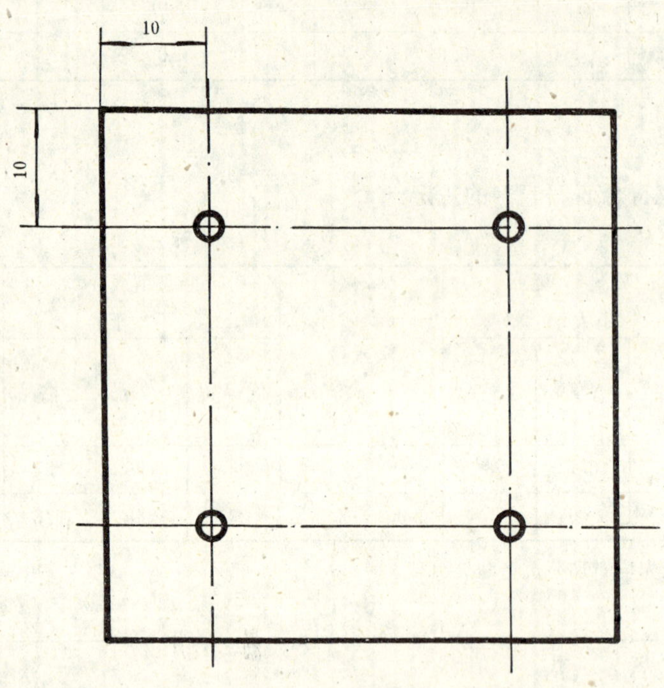

图1

6.2.4 直角偏离度的测定

用直角标尺和塞尺按图2进行测量，将整板的背面平放在平整玻璃上，板的一边紧靠标尺的一边，用塞尺测量板的另一边与标尺之间最大间距δ，用同样方法测其他三边，记录其最大值。

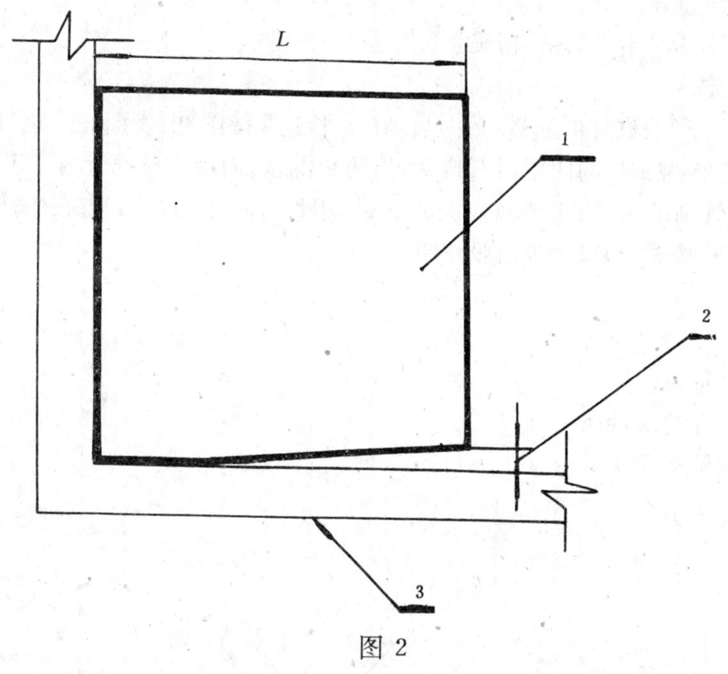

图 2

1—试件；2—最大间距 δ；3—直角标尺

6.2.5 不平度的测定

将钢直尺立放在整板背面两对角线上，用塞尺量出钢直尺与板面之间的最大间隙，作为试件的不平度，精确至0.1 mm。

6.3 产品正面色度的测定

色差（ΔE）的测定按 GB 11942。

每批产品须取一块有代表性试件作为标准与每一分割件进行对比测量，测量出该批产品的色差 ΔE。对于不同批产品的色差测量同每批产品的测量方法。

6.4 体积密度的测定

从整板中切取3块尺寸为200 mm×200 mm 的试件，按6.2.2和6.2.3规定的方法测量其边长和厚度，并求出每个试件的体积，然后置于电热鼓风干燥箱内，温度为105±5℃，烘干至恒量称其质量，按式(1)求出产品的体积密度：

$$\gamma = \frac{m}{V} \qquad \cdots\cdots (1)$$

式中：γ —— 产品的体积密度，kg/m³；

m —— 干燥试件的质量，kg；

V —— 试件的体积，m³。

取3块试件的算术平均值，取整数。

6.5 吸湿率的测定

取经体积密度测定时已干燥恒量的3块试件，放入相对湿度(90±2)%，室温为20±2℃的试验室中24 h，称其质量，按式(2)求出吸湿率：

$$\eta = \frac{m_1 - m}{m} \times 100 \qquad \cdots\cdots (2)$$

式中：η ——吸湿率，%；

m_1 ——吸湿后试件质量，g；

m ——干燥试件质量，g。

计算3个试件吸湿率的算术平均值，精确至0.1%。

6.6 表面吸水量的测定

测定空气干燥状态下3块试件的质量（m_2）后，在水平上保持图3的表面，在试件的上面放置内径60±0.5 mm的玻璃管，把接触试件的四周用石蜡密封，防止漏水。而后在玻璃管内注入高度约50 mm深的水，静置3 h，倒掉玻璃管内的水，除去玻璃管上的石蜡，用拧得很干的湿布轻轻地擦去附在试件表面上的水珠，称其质量（m_3），按式(3)求出表面吸水量。

$$K = m_3 - m_2 \quad \cdots\cdots(3)$$

式中：K ——表面吸水量，g；

m_2 ——干燥后试件的质量，g；

m_3 ——吸水后试件的质量，g。

测得质量精确至0.1 g。

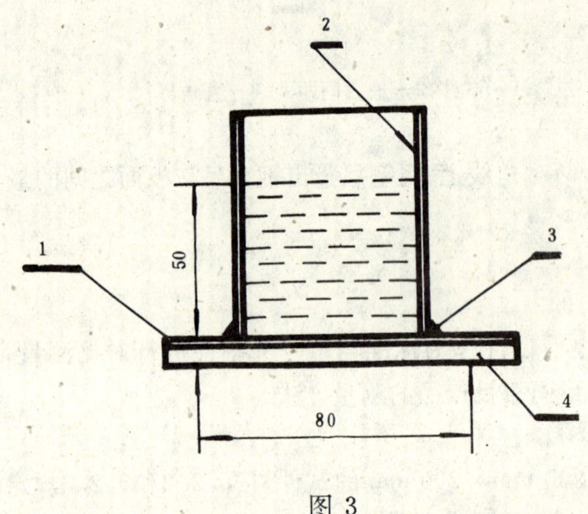

图3

1—试件表面； 2—玻璃管（内径60±0.5）； 3—石蜡； 4—试件

6.7 断裂荷载的测定

抽取整板3块，用图4的加荷装置测其断裂荷载，荷重采用标准砂，将砂子匀布加荷框中，先从两个支座处加起，加荷高度120 mm，加荷速度为5 kg/min，直至板材断裂为止，停止加荷，称量并记录断裂时的最大荷重作为断裂荷载，精确至1 N。

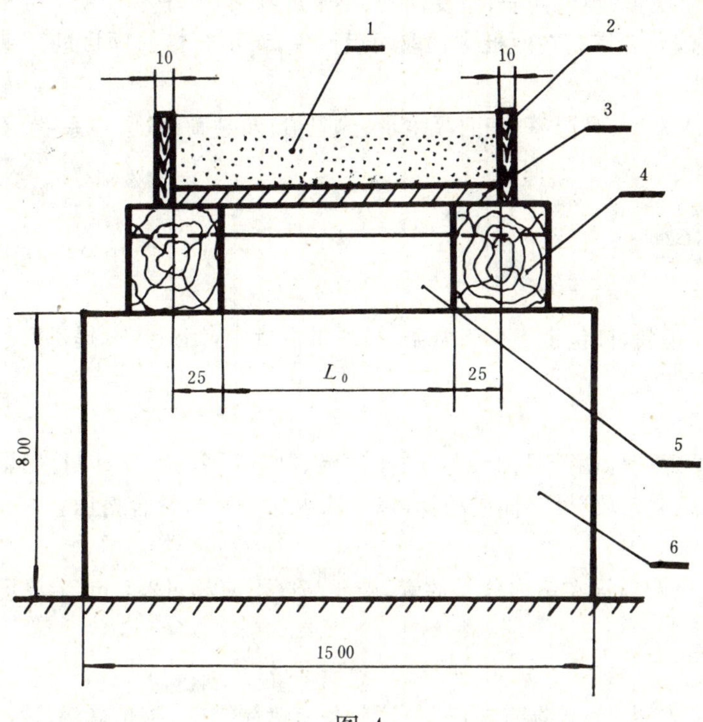

图 4

1—标准砂；2—加荷边框(边长×边长×120)；3—整体(试件)；4—支座(边长+20)×50×150；
5—端板(边长+50)×100×10；6—试验平台(800×1 500)

6.8 热阻值的测定

从平板中切取尺寸为200 mm×200 mm 的试件3块，按 GB 10294的规定，用稳态法平板导热仪测定。并按式(4)求出板材的热阻值：

$$R = \frac{d}{\lambda} \qquad (4)$$

式中：d ——板材的厚度，m；

λ ——板材的导热系数，W/m·K；

R ——热阻值，m^2·K/W。

6.9 吸声系数的测定

随机抽取产品10～12m^2，按 GBJ 47中规定的方法进行测试，精确至0.05。

6.10 不燃性的测定

按照 GB 5464的规定进行测试。

7 检验规则

7.1 检验分类

产品交货时应进行出厂检验，出厂检验项目包括：外观质量、尺寸允许偏差、体积密度、断裂荷载。

型式检验项目包括本标准5.1～5.3条规定的全部技术要求。

7.2 抽样与组批

以500块同品种、同规格的板为一批，如不足500块时，以班产量为一批，从批产品中随机抽取3块板为一组试件，用于检测外观质量，尺寸允许偏差、吸湿率、表面吸水量、热阻值、断裂荷载。

测定吸声系数时，从产品中随机抽取10～12 m^2板材为一组试件。

7.3 判定规则

7.3.1 对于板材的外观质量、边长偏差、厚度偏差、不平度项目，其中有一项不合格，即为不合格。3块板中，不合格板多于1块时，允许重新在原批中抽取两组试件，对不合格的项目进行重检，若仍有一组试件不合格，则判为批不合格。

7.3.2 对于板材的体积密度、吸湿率、表面吸水量、热阻值、断裂荷载、吸声系数、不燃性，全部技术要求均合格，则判为批合格。

8 包装、标志、贮存与运输

8.1 包装

产品以木箱或纸箱包装，打包带不少于两条。在每批供货中，制造厂应提供产品说明书(包括吸声频谱曲线、产品性能、安装方法)。

8.2 标志

在包装箱的显著位置应标明产品的编号、质量等级、制造厂名、生产日期、产品名称、规格尺寸和数量。并标注“严禁潮湿、轻拿轻放”等字样或图标，包装箱内应附有质量合格证。

8.3 贮存

板材应按品种、规格及等级在室内分类放置。堆放高度不应超过2.5 m，堆放场地应坚实、平整和干燥。

8.4 运输

产品在运输中应竖放、贴紧、严防撞击破损，还应备有遮篷措施，防止受潮。装卸时应轻拿轻放，严禁抛掷。

附录 A
施工方法
（参考件）

A1 全明龙骨施工法

采用T型轻钢龙骨或铝合金龙骨。龙骨与龙骨、中线到中线之间的安装间距要符合板材的规格要求，安装时可把板材直接放在龙骨上。

A2 全暗龙骨施工法

A2.1 木龙骨施工法

采用横截面尺寸为50 mm×30 mm木制中龙骨，大龙骨截面尺寸为60 mm×30 mm。龙骨的安装间距要符合板材的规格，把板材用螺结法固定在龙骨的下面。

A2.2 钢龙骨施工法

采用U型轻钢中龙骨或铝合金龙骨的间距与板材的固定方法同A2.1。

附加说明：

本标准由中国建筑材料科学研究院负责起草。

本标准主要起草人张德。

中华人民共和国建材行业标准

JC/T 489—92

美铝曲面装饰板

1 主题内容与适用范围

本标准规定了美铝曲面装饰板的产品分类、技术要求、试验方法和检验规则。

本标准适用于以特种牛皮纸为底面纸，纤维板或蔗板为中间基材，着色铝合金箔为装饰面层，经粘结、刻沟等工艺生产的用作内装饰和家具装璜的美铝曲面装饰板。

2 引用标准

GB 250 评定变色用灰色样卡

GB 2828 逐批检查计数抽样程序及抽样表(适用于连续批的检查)

3 产品分类

3.1 分类

产品按沟距的宽度分为：

窄沟距美铝曲面板代号为ZQ；

中沟距美铝曲面板代号为ZhQ；

宽沟距美铝曲面板代号为KQ。

3.2 等级

产品等级分为优等品(A)、一等品(B)和合格品(C)。

3.3 标记

3.3.1 标记方法

美铝曲面板标记的顺序为：产品名称、代号、规格尺寸、等级和本标准号。

3.3.2 标记示例

窄沟距，板长2 440 mm，板宽1 220 mm，板厚3.5 mm的优等品美铝曲面板表示为：

美铝曲面板ZQ 2 440×1 220×3.5 A JC/T 489。

4 技术要求

4.1 规格尺寸

4.1.1 幅面尺寸、有效尺寸、厚度及允许偏差应符合表1规定。不裁边板符合幅面尺寸规定，裁边板应符合有效尺寸规定。

国家建筑材料工业局1992-08-11批准 1993-07-01实施

表 1

mm

<table>
<tr><td rowspan="2">沟距</td><td rowspan="2">幅面尺寸</td><td rowspan="2">有效尺寸</td><td rowspan="2">厚度</td><td colspan="3">尺寸允许偏差</td></tr>
<tr><td>长度</td><td>宽度</td><td>厚度</td></tr>
<tr><td>窄沟</td><td>2 440×1 220</td><td>2 440×1 209</td><td rowspan="3">3.50</td><td rowspan="3">±5</td><td rowspan="3">±5</td><td rowspan="3">±0.30</td></tr>
<tr><td>中沟</td><td>2 440×1 220</td><td>2 440×1 197</td></tr>
<tr><td>宽沟</td><td>2 440×1 220</td><td>2 440×1 188</td></tr>
</table>

4.1.2 沟间距尺寸及允许偏差应符合表 2 规定。

表 2

mm

<table>
<tr><td rowspan="2">沟距</td><td rowspan="2">基本尺寸</td><td colspan="3">允许偏差</td></tr>
<tr><td>优等品</td><td>一等品</td><td>合格品</td></tr>
<tr><td>窄沟</td><td>13(12.7)</td><td rowspan="3">±0.10</td><td rowspan="3">±0.20</td><td rowspan="3">±0.40</td></tr>
<tr><td>中沟</td><td>21(19)</td></tr>
<tr><td>宽沟</td><td>33(31)</td></tr>
</table>

注：其他规格可按供需双方协议供货。

4.2 外观质量

外观质量应符合表 3 规定。

表 3

<table>
<tr><td>等级
名称</td><td>优等品</td><td>一等品</td><td>合格品</td></tr>
<tr><td>色差</td><td rowspan="4">不允许</td><td rowspan="2">不允许</td><td>不允许</td></tr>
<tr><td>污迹</td><td rowspan="2">不明显</td></tr>
<tr><td>划痕</td><td>轻 微</td></tr>
<tr><td>色斑</td><td>不允许</td><td>轻 微</td></tr>
<tr><td>开胶</td><td rowspan="3">极轻微</td><td rowspan="4">轻 微</td><td rowspan="4">不明显</td></tr>
<tr><td>凹痕</td></tr>
<tr><td>凸点</td></tr>
<tr><td>波纹</td><td rowspan="6">不允许</td></tr>
<tr><td>沟面裂纹</td><td rowspan="5">不允许</td><td>不允许</td></tr>
<tr><td>沟边铝箔损伤</td><td rowspan="2">极轻微</td></tr>
<tr><td>沟距不均</td></tr>
<tr><td>底面纸刻透、皱、断</td><td rowspan="2">不允许</td></tr>
<tr><td>整板翘曲</td></tr>
</table>

4.3 物理性能

物理性能应符合表 4 规定。

表 4

项目 \ 等级	优等品	一等品	合格品
湿粘结	不得剥离		
热翘曲量,mm ≤	1.50	1.80	2.50
剥离力,N/cm ≥	20.0	16.0	12.0
褪色性,级	>4	4	3

5 试验方法

5.1 规格尺寸测定

5.1.1 长度和宽度的测定

5.1.1.1 量具

3 m 钢卷尺,最小分度值 1 mm。

5.1.1.2 测定方法

用钢卷尺在与美铝曲板宽度和长度的中间部位测量,所得数值为板的宽度和长度尺寸,精确至 1 mm。

5.1.2 厚度尺寸测定

5.1.2.1 量具

游标卡尺,最小分度值为 0.02 mm。

5.1.2.2 测定方法

用游标卡尺在板四边中心线上,距板边 20 mm 左右,板条的中部位置测量,取四个数据的平均值,精确至 0.02 mm。

5.2 沟间距尺寸检验

5.2.1 量具

游标卡尺,最小分度值 0.02 mm。

5.2.2 测定方法

从板长方向,距板边 20 mm 处,在板宽范围任取 4 处,用游标卡尺测定相邻两条板相彼两侧边间的距离,取四个数据的平均值,精确至 0.02 mm。

5.3 外观检查

在自然光或日光灯下,光照度为 100±20 lx,距离试样 300 mm,斜向目测检查外观,并对照附录 A(补充件)进行。

5.4 物理性能试验

5.4.1 试验环境

温度 23±2℃,相对湿度 50%±5%。

5.4.2 试样制取

从美铝曲面板一端截取长 500 mm,宽为板幅面宽的一块样板,并按表 5 的规定,参照下图布置截取试样。截取时需在距两板边各 100 mm 内取样,试样间距大于或等于 100 mm。

表 5

试验项目	试样代号	试样尺寸,mm		试样数量
		纵向	横向	
湿粘结	E	3 沟距	100	2
热翘曲	F	1 沟距	100	6
剥离力	G	1 沟距	200	6
褪色性	H	3 沟距	100	2

注：褪色性试验，中沟距产品取 2 沟距。

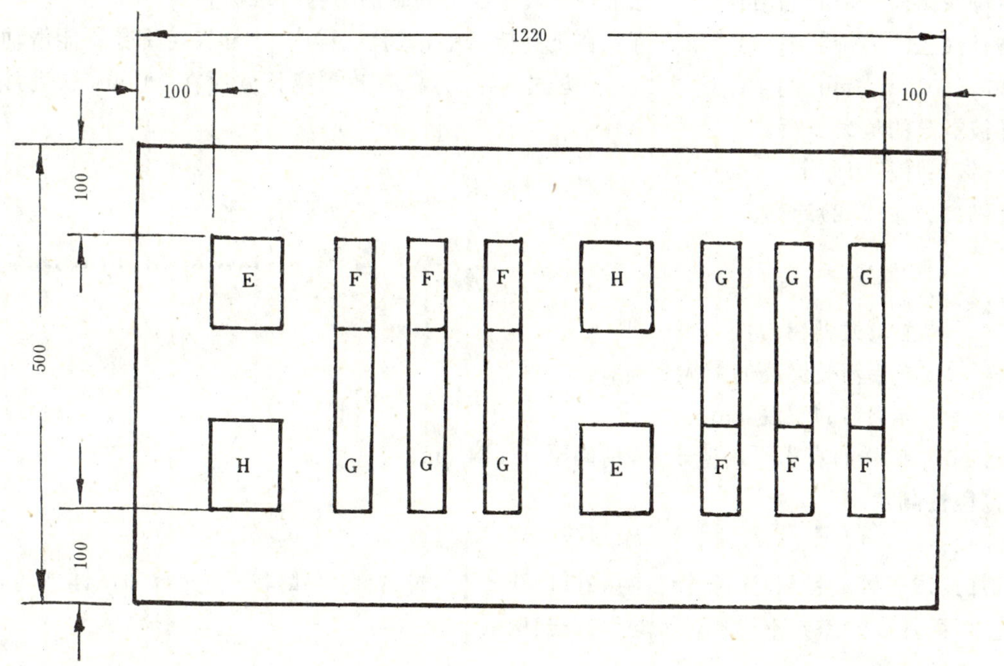

5.4.3 **湿粘结性能测定**

5.4.3.1 仪器

恒温水浴锅

5.4.3.2 测定方法

在恒温水浴锅中装 3/4 容积的水，水温调至 23±2℃。将试样浸入水中，用重物压住，以防露出水面。浸水 24 h 后取出试样，用干毛巾吸去表面附着水，从边角处在纤维板与底面纸之间界面处用手或刀片揭开，轻轻向上拉底面纸，观察纤维板和底面纸间的粘结情况是否剥离。

5.4.4 **热翘曲量测定**

5.4.4.1 仪器

a. 恒温鼓风烘箱：灵敏度±2℃；

b. 百分表测厚仪：平测头直径 6 mm，无压强，最小分度值 0.01 mm。

5.4.4.2 测定方法

用尺子测量，并在试样中间部位作记号，然后在测厚仪上测量作记号部位的高度，并记录。将试样铝箔面向上平放在玻璃板上，然后放入烘箱内。将烘箱升温，控制在 80±2℃，保持 6 h 后取出试样，立即测量作记号部位的高度，并记录。

5.4.4.3　结果计算与评定

热翘曲量按式(1)计算：

$$\Delta H = H_2 - H_1 \quad \cdots\cdots(1)$$

式中：ΔH ——热翘曲量，mm；

H_2 ——加热后试样的高度，mm；

H_1 ——加热前试样的高度，mm。

结果以6个试样的算术平均值表示，精确至0.01 mm。

5.4.5　剥离力的测定

5.4.5.1　仪器

300 N的拉力试验机、示值相对误差小于±1.0%，示值应在表盘满刻度的10～90%之间。

5.4.5.2　测定方法

测定每条试样中部的铝箔宽度，并记录。将试样自由端的铝箔与纤维板界面剥开20 mm，然后将纤维板条垂直夹在上夹持器中，铝箔条垂直夹在下夹持器中，试验过程中，试样夹持部分不能滑动。开动试验机以200±10 mm/min的加载速度以180°方式进行剥离，有效剥离长度应在70 mm以上，记录此情况下试样被剥离的最大负荷。

5.4.5.3　结果计算与评定

最大剥离力按式(2)计算：

$$F = \frac{P}{b} \quad \cdots\cdots(2)$$

式中：F ——铝箔最大剥离力，N/cm；

P ——试样铝箔被剥离的最大负荷，N；

b ——试样铝箔的宽度，cm。

结果以6个试样的算术平均值表示，精确至0.1 N/cm。

5.4.6　褪色性测定

5.4.6.1　仪器

人工加速耐气候试验箱，光源为色温区在5 500～6 000 K的氙弧灯。在光源和试样之间装有滤光片，试样上照射强度的差异不得超过平均值的±10%。

5.4.6.2　测定方法

将一块试样装入样板夹，插到试验箱转鼓上，另一块留作比较样。按试验箱的操作规程开动机器，机内黑板温度为45±5℃，相对湿度60%～70%，试样接受20 h照射后，按GB 250的规定评定试样铝箔着色层和沟的颜色褪色性。

6　检验规则

6.1　检验分类

6.1.1　出厂检验

出厂检验的项目包括规格尺寸和外观质量。

6.1.2　型式检验

6.1.2.1　型式检验的项目包括本标准第4章规定的全部项目。

6.1.2.2　有下列情况之一时，一般应进行型式检验：

a.　新产品或老产品转厂生产的试制定型鉴定；

b.　正式生产后，如结构、材料、工艺有较大改变，可能影响产品性能时；

c.　正常生产时，每半年进行一次检验；

d.　产品长期停产后，恢复生产时；

e. 出厂检验结果与上次型式检验有较大差异时；

f. 国家质量监督机构提出进行型式检验要求时。

6.2 组批规则

美铝曲面板，同卷铝箔生产的产品600张为一批，不足规定数量时仍按一批计。

6.3 抽样及判定规则

6.3.1 出厂检验交收量不大于5批，随机抽取一批，按GB 2828正常检查二次抽样方案抽样和检验。样本大小、检查水平IL、合格质量水平见表6，不合格分类见表7，按表6及本标准4.1.4.2规定判定合格或不合格。

表6

抽样方案 / 批量范围（张）	正常检查二次抽样方案IL=Ⅱ						
	样本	样本大小	累计样本大小	B类不合格品 AQL=6.5		C类不合格品 AQL=10	
				A_c	R_e	A_c	R_e
1～50	第一	5	5	0	2	0	3
	第二	5	10	1	2	3	4
51～90	第一	8	8	0	3	1	3
	第二	8	16	3	4	4	5
91～150	第一	13	13	1	3	2	5
	第二	13	26	4	5	6	7
151～280	第一	20	20	2	5	3	6
	第二	20	40	6	7	9	10
281～500	第一	32	32	3	6	5	9
	第二	32	64	9	10	12	13
501～1 200	第一	50	50	5	9	7	11
	第二	50	100	12	13	18	19

注：A_c——合格判定数；R_e——不合格判定数。

表7

不合格分类	B类不合格	C类不合格
检验项目	外观质量	幅面尺寸或有效尺寸、厚度、沟间距

6.3.2 型式检验中外观质量和规格尺寸检验按本标准6.3.1规定进行。物理性能检验采用二次抽样，样本大小5张，在完成上述检验的样本中随机抽取，按本标准5.4.2规定制取试样。合格质量水平及不合格分类见表8，按表8和本标准4.3条规定判定合格或不合格。

表8

样本	样本大小	累计样本大小	B类不合格品 AQL=6.5		不合格分类
			A_c	R_e	B类不合格
第一	5	5	0	2	湿粘结、热翘曲量、剥离力、褪色性
第二	5	10	1	2	

7 标志、包装、运输与贮存

7.1 标志

7.1.1 产品标志

在每张板的背面都应有包括生产厂名或商标、产品标记、批次或生产日期的标志。

7.1.2 包装标志

包装材料外表应有收发货标志及不准倒置的字样或图示标志。

7.2 包装

7.2.1 产品应按不同颜色、不同规格、等级分类包装。

7.2.2 包装时产品正面朝上，板与板间用纸隔开，防止板材滑动及板面摩擦损伤，防止受压、颠簸、变形、受潮。

7.2.3 外包装用纤维板、聚丙烯打包带包扎或用箱包装，也可根据双方协议进行。

7.2.4 每件包装中应有装箱单，注明颜色、数量和产品标志。

7.3 运输

7.3.1 产品在搬运时应轻拿轻放，由上而下顺序提取，防止板面受损。

7.3.2 产品在运输过程中防止错动、弯曲、重压、机械碰撞，并应有防雨、防晒措施。

7.4 贮存

7.4.1 仓库要干燥通风，防潮防水，严禁烟火，板材应放在离地 100 mm 的架子上。

7.4.2 产品应按不同规格、颜色、等级、批号存放。

附 录 A
术 语
（补充件）

A1 颜色差异

指同批美铝曲面装饰板中有颜色深浅的不同。

A2 污迹

指涂沟不当留下的涂料痕迹。

污迹不明显：指板面有长×宽不超过 30 mm×0.5 mm 的涂料细痕不超过 10 处。

A3 划痕

在生产过程中板面因摩擦等原因而造成的伤痕。

A3.1 划痕轻微：指长×宽不超过 150 mm×0.3 mm，深度不刻透铝合金箔表面着色层的划痕每平方米不超过 1 条，每张板不超过 3 条。

A3.2 划痕不明显：指长×宽不超过 150 mm×0.3 mm 稍有刻透铝合金箔表面着色层，每平方米不超过 1 条，每张板不超过 3 条。

A4 沟面裂纹

沟横斜面上各基材之间因粘结质量差，而产生的开胶、分层。

A5 开胶

由于粘结质量差，使铝合金箔与纤维板之间未粘结好，在板端、板中、板四周产生的铝合金箔翘曲现象。

A5.1 开胶极轻微：指板端面铝合金箔未粘结长度不超过 5 mm 的不多于 5 处，其他部分无开胶。

A5.2 开胶轻微：指板端面铝合金箔未粘结长度不超过 8 mm 的不多于 8 处，其他部分无开胶。

A5.3 开胶不明显：指板端面铝合金箔未粘结长度不超过 10 mm 的不多于 10 处，其他部分无开胶。

A6 色斑

着色层上形成的斑点、细纹或漆膜脱落现象。

色斑轻微：正常视力，视距 30 cm 自然光或日光灯下能看清细纹，但无斑点和漆膜脱落现象。

A7 凹痕

由于纤维板质量差或板遇碰撞或在压力作用下产生的凹印。

A7.1 凹痕极轻微：面积小于 $1\times1\ mm^2$，深度不超过 0.15 mm 的凹印每平方米不超过 1 个，每张板不超过 3 个。

A7.2 凹痕轻微：面积小于 $2\times2\ mm^2$，深度不超过 0.15 mm 的凹印每平方米不超过 2 个，每张板不超过 5 个。

A7.3 凹痕不明显：面积小于 $3\times3\ mm^2$，深度不超过 0.2 mm 的凹印，每平方米不超过 3 个，每张板不超过 8 个。

A8 波纹

由于纤维板表面均匀性不好,铝合金箔太薄及涂胶质量等问题,使板面产生鱼鳞状纹理。

A8.1 波纹轻微:正常视力 30 cm 视距内自然光或日光灯下,鱼鳞状纹理模糊可见。

A8.2 波纹不明显:正常视力 30 cm 视距内自然光或日光灯下,鱼鳞状纹理清晰可见。

A9 凸点

由于纤维板面及胶粘剂的质量或灰尘而造成板面的凸痕小点。

A9.1 凸点极轻微:直径 1 mm,高度 0.1 mm 的凸点每平方米不超过 1 个,每张板不超过 3 个。

A9.2 凸点轻微:直径 1 mm,高度 0.2 mm 的凸点每平方米不超过 2 个,每张板不超过 5 个。

A9.3 凸点不明显:直径 1 mm,高度 0.3 mm 的凸点每平方米不超过 3 个,每张板不超过 8 个。

A10 湿粘结不得剥离

指用人工进行湿粘结剥离时,无空粘现象;胶仍有粘结力,即剥开时底面纸与纤维板之间互粘有对方的纤维毛。

附加说明:

本标准由中国新型建筑材料工业杭州设计研究院归口。

本标准由中国新型建筑材料工业杭州设计研究院、北京京达轻型建材有限公司负责起草。

本标准起草人王静华、崔玉茹、秦世鹏、张进。

本标准委托中国新型建筑材料工业杭州设计研究院负责解释。

中华人民共和国建材行业标准

JC/T 517—93

粉刷石膏

1 主题内容与适用范围

本标准规定了粉刷石膏的分类、技术要求、试验方法、检验规则以及包装、运输和贮存的要求。

本标准适用于在建筑物室内墙面和顶棚上进行底层、面层及保温层抹灰的粉刷石膏。

2 引用标准

GB 177 水泥胶砂强度检验方法

GB 2419 水泥胶砂流动度测定方法

GB 9776 建筑石膏

3 术语

粉刷石膏:二水硫酸钙或无水硫酸钙经煅烧,其生成物($\beta CaSO_4 \cdot \frac{1}{2}H_2O$ 和 Ⅱ 型 $CaSO_4$)单独或两者混合后掺入外加剂,也可加入集料制成的胶结料。

4 分类、等级与标记

4.1 分类

粉刷石膏按其用途分类,见表 1。

表 1

分　类	面层粉刷石膏	底层粉刷石膏	保温层粉刷石膏
代　号	M	D	W

4.2 等级

粉刷石膏按强度分为优等品(A)、一等品(B)与合格品(C)。

4.3 标记

4.3.1 标记方法

标记的顺序为:产品名称,代号,等级及标准号。

4.3.2 标记示例

优等品面层粉刷石膏标记如下:

粉刷石膏 MA　JC/T 517

5 技术要求

5.1 细度

粉刷石膏的细度以 2.5 mm 和 0.2 mm 筛的筛余百分数计,其值应不大于表 2 规定的数值。

国家建筑材料工业局 1993-08-21 批准　　1994-04-01 实施

表 2 %

产品类别	面层粉刷石膏	底层和保温层粉刷石膏
2.5 mm 方孔筛筛余	0	—
0.2 mm 方孔筛筛余	40	

5.2 **凝结时间**

粉刷石膏的初凝时间应不小于 1 h，终凝时间应不大于 8 h。

5.3 **强度**

粉刷石膏的强度不得小于表 3 规定的数值。

表 3 MPa

产品类别	面层粉刷石膏			底层粉刷石膏			保温层粉刷石膏	
等级	优等品	一等品	合格品	优等品	一等品	合格品	优等品	一等品、合格品
抗折强度	3.0	2.0	1.0	2.5	1.5	0.8	1.5	0.6
抗压强度	5.0	3.5	2.5	4.0	3.0	2.0	2.5	1.0

5.4 **体积密度**

保温层粉刷石膏的体积密度应不大于 600 kg/m^3。

6 试验方法

6.1 试验仪器与设备

6.1.1 标准筛

筛孔边长为 2.5 mm 和 0.2 mm 的方孔筛。应有筛底和筛盖。

6.1.2 跳桌及附件

采用 GB 2419 中测定水泥胶砂流动度的跳桌及附件。

6.1.3 搅拌机

采用 GB 177 中的胶砂搅拌机，但搅拌叶改为可装卸式的。

6.1.4 采用 GB 9776 中的搅拌锅、凝结时间测定仪、试模、电热鼓风干燥箱、抗折试验机、抗压试验机、抗压夹具和刮平刀等设备与器具。

6.2 试样

试样分为三等份，保存在密封容器中。其中一份做试验，其余两份在室温下保存三个月，必要时用作重检或复验。

6.3 试验条件

试验室温度为 20±5℃，空气相对湿度为 65%±10%。粉刷石膏试样、拌和水及试模等仪器的温度应与室温相同。

6.4 试验步骤

6.4.1 细度的测定

从密封容器中取出 1 000 g 试样，在 40±2℃下烘干至恒量(烘干时间相隔 1 h 的质量差不超过 1 g 即为恒量)，并在干燥器中冷却至室温。

将试样按下述步骤连续测定两次。

称取100±0.2 g试样，倒入安上筛底的2.5 mm方孔筛中，盖上筛盖，进行手筛。直到不再有物料从筛网通过为止。

再称取未经过筛的试样50±0.1 g，倒入安上筛底的0.2 mm的方孔筛中，盖上筛盖，进行试验，其试验方法按GB 9776进行。

6.4.2 凝结时间的测定

测定凝结时间应采用符合扩散度用水量要求的石膏浆。

6.4.2.1 测定扩散度用水量的方法

试验前用湿布抹擦跳桌台面、捣棒、截锥圆模和模套内壁，并将截锥圆模和模套置于玻璃台面中心，盖上湿布。

称取约1.5 L试样，充分拌匀后称量，精确到5 g。在搅拌锅中加入估计为扩散度用水量的水。将试样在30 s内均匀地撒入水中静置1 min，湿润后用料勺搅拌1 min，然后用搅拌机搅拌2 min，得到均匀的石膏浆，迅速分两层装入模内。第一层装至圆锥模高的三分之二，用圆柱捣棒自边缘至中心均匀捣压15次，接着装第二层浆，装至高出圆模约2 cm，同样用圆柱捣棒自边缘至中心均匀捣压10次。其捣压深度为：第一层捣至浆高度的三分之一，第二层捣至不超过已捣实的底层表面。装填和捣实浆时，应用手将截锥圆模扶住，避免移动。

捣压完毕，取下模套，用小刀将高出截锥圆模的浆刮去并抹平，然后垂直向上轻轻提起圆模。从装填浆至提起圆模时间为2 min。立即开动跳桌，以每秒一次的速度连续跳动15次。

跳动完毕，在两个互相垂直的方向上测量试饼的直径，精确到1 mm，计算两个方向直径的平均值，以mm表示，即扩散度，它应等于165±5 mm。若不等，则应改变加水量，重新拌合石膏料浆再行试验，直到达到要求为止。

记录连续两次石膏浆扩散度为165±5 mm时的加水量，该水量与试样的质量比（以百分数表示，精确至1%），即为扩散度用水量。

6.4.2.2 测定凝结时间的方法

利用测定扩散度合格后的剩余石膏浆，倒入环模，进行凝结时间的测定，测定方法按GB 9776进行，但测定时间间隔为15 min。

6.4.3 强度的测定

6.4.3.1 测定抗折强度的方法

从密封容器中，取出约1.5 L试样，充分拌匀后称量，精确至5 g，并按扩散度用水量加水，按6.4.2.1制备石膏浆。用料勺将浆灌入预先涂有一薄层矿物油的试模内，试模振动和脱模程序按GB 9776进行，但试件在终凝后脱模。

膜模后的试件应在试验室条件下静置3 d，然后在40±2℃烘箱中烘干至恒量（24 h质量减少不大于1 g即为恒量）。烘干后的试件在试验室条件下冷却至室温，再进行抗折强度的测定。

抗折强度测定方法按GB 9776进行。

6.4.3.2 测定抗压强度的方法

抗压强度的测定方法按GB 9776进行。

6.4.4 体积密度的测定

利用烘干至恒量的抗折强度试件，进行称量，精确至1 g。计算三个试件的平均质量，按下式计算体积密度：

$$\gamma = \frac{G}{V} \times 1\,000$$

式中：γ——体积密度，kg/m^3；

G——试件平均质量，g；

V——试件体积，4 cm×4 cm×16 cm=256 cm^3。

7 检验规则

7.1 出厂检验

产品出厂必须进行出厂检验。检验项目包括：

面层粉刷石膏：细度、凝结时间、抗折强度；

底层粉刷石膏：凝结时间、抗折强度；

保温层粉刷石膏：体积密度、凝结时间、抗折强度。

7.2 型式检验

产品的型式检验，正常生产条件下，每3个月进行一次。型式检验项目包括出厂检验全部项目与抗压强度。

7.3 批量与抽样

7.3.1 批量：以连续生产的60 t产品为一批，不足60 t产品时也以一批计。

7.3.2 抽样：从一批中随机抽取10袋，每袋抽取约3 L，总共不少于30 L。

7.4 判定

将抽取的试样充分拌匀，分为三等份，保存在密封容器中。以其中一份试样按第6章进行试验，检验结果，若均符合第5章相应等级技术要求时，则判为该等级品。若有一项以上指标不符合该等级，即判该批产品降等或不合格。若只有一项指标不合格，则可用其他两份试样对不合格指标进行重检。重检结果，如两个试样均合格，则判该批产品符合该等级；如仍有一个试样不合格，则判该批产品降等或不合格。

用户对产品质量有异议时，可进行复验。复验应在产品贮存期内进行。

8 包装、标志、运输、贮存

8.1 粉刷石膏一般采用袋装，可用具有防潮的及不易破损的纸袋或其他复合袋包装。

8.2 包装袋上应以蓝、黑、红三种颜色文字（其中蓝代表M类，黑代表D类，红代表W类）清楚标明制造厂名、商标、批量编号、标记、生产日期和防潮标志。

8.3 粉刷石膏在运输与贮存时不得受潮和混入杂物，不同型号和等级的粉刷石膏应分别贮运，不得混杂。

8.4 粉刷石膏自生产之日算起，贮存期为三个月。三个月后应重新进行质量检验，以确定其等级。

附加说明：

本标准由河南建筑材料研究设计院负责起草。

本标准主要起草人汪卓敏、彭荣、郑建国。

中华人民共和国建材行业标准

JC/T 539—94

混凝土和砂浆用颜料及其试验方法

1 主题内容与适用范围

本标准规定了混凝土和砂浆用颜料的分类、等级、技术要求、试验方法、检验规则以及包装、标志、贮存、运输等。

本标准适用于常温养护整体着色和表面着色的混凝土和砂浆用颜料。

本标准不适用于高温或高压养护的混凝土和砂浆用颜料。

2 引用标准

GB 178 水泥强度试验用标准砂
GB 250 评定变色用灰色样卡
GB 251 评定沾色用灰色样卡
GB 730 耐光和耐气候色牢度蓝色羊毛标准
GB 2015 白色硅酸盐水泥
GB 5211.2 颜料水溶物测定 热萃取法
GB 5211.3 颜料在 105℃挥发物的测定
GB 8076 混凝土外加剂
GB 9285 色漆和清漆用原材料 取样
GBJ 81 普通混凝土基本力学性能试验标准方法
GBJ 107 混凝土强度检验评定标准

3 产品分类及等级

3.1 分类

混凝土和砂浆用颜料按状态分为粉末颜料和浆状颜料两类。

3.2 等级

混凝土和砂浆用颜料按技术要求分为一级品和合格品。

4 技术要求

4.1 混凝土和砂浆用颜料应符合表 1 的规定。

国家建筑材料工业局1994-02-17批准　　1994-11-01实施

表 1

<table>
<tr><td colspan="3" rowspan="2">项 目</td><td colspan="2">指 标</td></tr>
<tr><td>一 级 品</td><td>合 格 品</td></tr>
<tr><td rowspan="7">颜料性能</td><td colspan="2">颜色
(与标准样比)</td><td>近似～微</td><td>稍</td></tr>
<tr><td colspan="2">粉末颜料水湿润性</td><td>亲 水</td><td>亲 水</td></tr>
<tr><td>粉末颜料 105℃挥发物,%</td><td>不大于</td><td>1.0</td><td>1.5</td></tr>
<tr><td>水溶物,%</td><td>不大于</td><td>1.5</td><td>2.0</td></tr>
<tr><td colspan="2">耐碱性</td><td>近似～微</td><td>近似～微</td></tr>
<tr><td colspan="2">耐光性</td><td>近似～微</td><td>近似～微</td></tr>
<tr><td>三氧化硫含量,%</td><td>不大于</td><td>2.5</td><td>5.0</td></tr>
<tr><td rowspan="2">混凝土性能</td><td>凝结时间差
min</td><td>初凝
终凝</td><td>−60～+90
−60～+90</td><td>−60～+120
−60～+120</td></tr>
<tr><td>抗压强度比,%</td><td>不小于</td><td>95</td><td>90</td></tr>
</table>

注:① "近似"—用肉眼基本看不出色差;
"微"—用肉眼看似乎有点色差;
"稍"—用肉眼观察可以看得出有色差存在;
"较"—用肉眼看,明显存在色差。
② 凝结时间指标"−"号表示提前,"+"号表示延缓。

4.2 掺入混凝土和砂浆用颜料的化学助剂应对混凝土性能是无害的。

5 试验方法

5.1 颜色比较

5.1.1 材料

a. 标准色样;

b. 符合 GB 2015 的白色硅酸盐水泥,白度为二级。

5.1.2 仪器设备

a. 天平:感量 0.01 g;

b. 广口瓶:容量 125 mL;

c. 玻璃球:直径 3～4 mm;

d. 标准筛:筛孔 1.00 mm;

e. 玻璃板:100 mm×100 mm×5 mm;

f. 钢刮刀;

g. 红外线干燥灯。

5.1.3 试验步骤

5.1.3.1 试样制备

粉末颜料试样制备:在 125 mL 的广口瓶中加入 50 g 玻璃球。加 20 g 白色硅酸盐水泥和表 2 规定量的颜料,盖上瓶盖,摇动 3 min,共计 200 次,然后将混合物倒入标准筛,分离玻璃球和混合物,依次分别做出试样和标准样各一份备用。

浆状颜料试样制备:在干净的玻璃板上倒上 20 g 白色硅酸盐水泥和表 2 规定量换算的浆状颜料(固体含量),用刮刀将水泥和浆状颜料搅拌均匀,依次分别做出试样和标准样各一份备用。

表 2

色　调	红	黄	蓝	绿	棕	紫
颜料用量,%	5.6	3.9	2.8	3.9	3.9	5.6

注:颜料用量是指占白色硅酸盐水泥的重量百分比。

5.1.3.2　颜色比较

将制备好的试样和有关方面提供的标准样(约 1/3)分别倒在玻璃板上,用刮刀将粉末或浆状颜料制备的试样压平,成色饼,厚度为 2 mm 左右,并使其边界相接。浆状颜料饼放在红外线干燥灯下干燥,将试饼移至散射光线下目测对比颜色。

5.1.3.3　结果评定及表示

评定结果以"近似"、"微"、"稍"、"较"四级表示。

5.2　水湿润试验

5.2.1　材料

蒸馏水。

5.2.2　仪器设备

a.　天平:感量 0.1 g;

b.　烧杯:容量 250 mL;

c.　量筒:200 mL;

d.　玻璃搅拌棒。

5.2.3　试验步骤

在烧杯中注入 150 mL 的蒸馏水,将 10 g 颜料粉末倒入水中,用玻璃搅拌棒搅拌 1 min,共计 60 次,使之与水混合。

5.2.4　结果评定及表示

观察颜料粉末与水混合程度,颜料粉末很快与水混合者,以亲水表示;如果颜料粉末不能很快与水混合,而是浮于水面,则以疏水表示。

5.3　105℃挥发物测定

按 GB 5211.3 进行。

5.4　水溶物测定

按 GB 5211.2 进行。

5.5　耐碱性测定

5.5.1　材料

a.　蒸馏水;

b.　1%氢氧化钠溶液:将 1 g 氢氧化钠(A·R)溶解于 99 g 蒸馏水中。

5.5.2　仪器设备

a.　天平:感量 0.1 g;

b.　烧杯:容量 250 mL;

c.　布氏漏斗:直径 10 cm;

d.　定性中速滤纸;

e.　抽滤瓶:容量 500 mL;

f. 陶瓷研钵；

g. 电热鼓风箱：灵敏度±1℃；

h. 玻璃板：100 mm×100 mm×5 mm。

5.5.3 试验步骤

5.5.3.1 试样制备

称取两份颜料样品，每份10 g，若样品为浆状颜料，则按其含固量折算成固体重量为10 g，分别置于两只编号为A、B的烧杯中，在A烧杯中注入150 mL氢氧化钠溶液，在B烧杯中注入150 mL蒸馏水。浆状颜料的水分忽略不计，分别搅拌均匀，两份试样放置1 h，其间每10 min搅拌一次。然后分别倒入铺设滤纸的布氏漏斗中，接上抽滤瓶，真空抽滤。A试样用30 mL蒸馏水冲滤三次，滤毕后的A、B试样置于电热鼓风箱中，在105±3℃温度下，烘4±0.5 h，取出后分别用研钵研成粉末备用。

5.5.3.2 变色评定

将A、B试样粉末分别倒在玻璃板上，用刮刀压平，使试样的边缘相邻，在散射光线下目测评定其色差。

5.5.3.3 结果表示

A、B试样的目测评定色差结果，分别用“近似”、“微”、“稍”、“较”四级表示。

5.5.3.4 平行试验

需做两份平行试验，其结果应相同。

5.6 耐光试验

5.6.1 材料

a. 符合GB 2015的白色硅酸盐水泥，白度为二级；

b. 符合GB 178的水泥强度试验用标准砂。

5.6.2 仪器设备

a. 搅拌锅及搅拌铲；

b. 模型(见下图)：材料采用优质木材，木模应涂以无污染的涂料，使其不致吸水。使用时可用C型夹固定；

c. 振动台；

d. 符合GB 730的耐光和耐气候色牢度蓝色羊毛标准；

e. 符合GB 250的评定变色用灰色样卡；

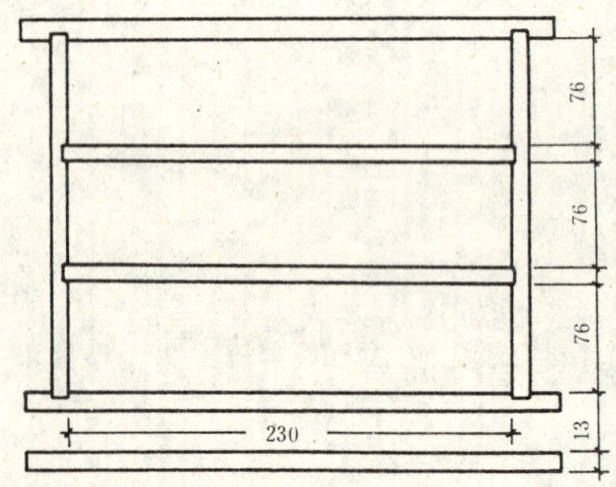

f. 黑色卡纸;

g. 天然日晒玻璃框:以厚约 3 mm 均匀无色的窗玻璃和木框构成,木框四周有小孔,使空气流通,并不受雨水和灰尘的影响,曝晒试样与玻璃间距为 20~50 mm。

5.6.3 试验步骤

5.6.3.1 试样制备

按水泥:砂:水=1:2.5:0.44 的比例分别称取白色硅酸盐水泥、标准砂和水备用。颜料用量根据不同色调按表 2 称取。若为浆状颜料时,则按含固量折算,将水泥和颜料置于搅拌锅内搅拌均匀,再加入标准砂混合搅拌均匀,最后加水拌成砂浆,将三联模型放于振动台面中央,把拌好的砂浆分两次注入模型内,每次振动 60±5 s。振动完毕后,用抹刀将砂浆表面抹平,在试件适当的位置写上编号,试件经室温养护 24±3 h 后脱模,然后继续室温养护 48 h。

5.6.3.2 耐光试验

以三块试件为一组,耐光和耐气候色牢度蓝色羊毛标准样卡为另一组,用黑色卡纸遮住每块试件及样卡的一半。将试件及蓝色羊毛标准样卡放于天然日晒玻璃框中。晒架与水平面呈当地地理纬度角朝南方向,注意框边阴影不落于试件上,并经常擦除玻璃上的灰尘,当晒至蓝色羊毛标准样卡中的 7 级褪色到相当于变色用灰色样卡的 3 级时即为终点。

采用快速曝晒时,可采用 1.5 kW 氙灯照射,其照射终点同上。

5.6.3.3 结果评定及表示

在散射光线下目测观察试件曝晒部分和揭去黑色卡纸遮挡部分的变色程度。结果分别以"近似"、"微"、"稍"、"较"四级表示。

5.7 三氧化硫含量测定

5.7.1 材料

a. 盐酸(1:1)(V/V):密度为 1.84 g/cm^3 的盐酸(A.R.)以同体积蒸馏水稀释;

b. 硝酸(1:1)(V/V):密度为 1.42 g/cm^3 的硝酸(A.R.)以同体积蒸馏水稀释;

c. 5%氯化钡:将 5 g 氯化钡(A.R.)溶解于 95 g 蒸馏水中;

d. 1%硝酸银:将 1 g 硝酸银溶解于约 50 mL 水中,加入 1:1 硝酸 15 滴,再以蒸馏水稀释至 100 mL,贮存于棕色瓶中;

e. 蒸馏水或去离子水。

5.7.2 仪器设备

a. 瓷坩埚:20~25 mL;

b. 烧杯:容量 300 mL;

c. 滤纸:中速定量和定性滤纸;

d. 高温炉;

e. 天平:感量 0.000 1 g;

f. 干燥器;

g. 普通玻璃漏斗:ϕ60 mm;

h. 电炉。

5.7.3 试验步骤

精确称取约 0.200 0~0.500 0 g 样品于烧杯中,再将 20 mL1:1 的盐酸倒入烧杯中,用玻璃棒将样品和盐酸搅拌均匀,煮沸 5 min。再加入约 50 mL 水,煮沸 5 min。用中速定性滤纸,趁热过滤,用热水洗涤。在滤液中加入 150~200 mL 水煮沸,在不断搅拌下,徐徐滴入过量的氯化钡溶液(大约 10~20 mL),煮沸 5~10 min。静止过夜,用中速定量滤纸过滤,并洗涤沉淀至无氯离子。将沉淀及滤纸一并移入已于 800~850℃下恒重的瓷坩埚中灰化后,在 800℃高温炉中灼烧 30~60 min,取出置于干燥器中冷却,称重,反复灼烧,直至恒重。

三氧化硫含量 X(%)按下式计算：

$$X = \frac{(m_2 - m_1) \times 0.343\ 0}{m} \times 100$$

式中：m——试样质量，g；

m_1——坩埚质量，g；

m_2——坩埚与沉淀质量，g；

0.343 0——硫酸钡对三氧化硫的换算系数。

5.8 凝结时间差测定

凝结时间差为掺颜料混凝土与基准混凝土凝结时间之差。试样的颜料掺加量分别取表 2 值，若为浆状颜料，则按固体含量折算，试样取用砂浆试样，其配合比为水泥：砂：水=1：2.5：0.44。测定方法按 GB 8076 有关条款执行。

5.9 混凝土抗压强度比测定

混凝土抗压强度比为掺颜料混凝土与基准混凝土同龄期抗压强度之比，试件取用 7.07 cm×7.07 cm×7.07 cm 试件，颜料掺加量分别取表 2 值，若为浆状颜料，则按固体含量折算，砂浆配合比为水泥：砂：水=1：2.5：0.44。试验方法按 GBJ 81 和 GBJ 107 进行。

6 检验规则

6.1 检验分类

产品检验分出厂检验和型式检验。

6.1.1 出厂检验项目：出厂检验的项目有粉末颜料 105℃挥发物、水溶物、三氧化硫等项检验。

6.1.2 型式检验项目：型式检验要求对本标准规定的所有技术要求全部进行检验。

6.2 出厂检验

6.2.1 批量

生产厂应根据产量和生产设备条件，将产品分批编号，同一编号的产品必须是混合均匀的。规定以 5 000 kg(200 袋)为一批。

6.2.2 取样

按 GB 9285 执行。试样量为 200 g。

6.2.3 试样及留样

将所取之试样分为两等分，装入两个清洁、干燥的棕色磨口广口瓶中，贴上标签，注明生产厂名、产品名称、批号和生产日期。一瓶作检验之用，另一瓶密封保存，备查。

6.2.4 判定规则

出厂检验结果全部符合本标准技术要求中相应等级性能指标时，产品判为该等级。

6.2.5 复验

用户对出厂检验结果有异议时，可以提出复验，复验样品采用合同规定样品或生产厂封存样品。委托供需双方同意的质检机构进行检验。如检验结果合格，则复验费用由用户负责；如复验结果不合格，则复验费用由生产厂负责。

6.3 型式检验

6.3.1 有下列情况之一时，一般应进行型式检验：

a. 新产品或老产品转厂生产的试制、定型、鉴定；

b. 正式生产后，如设备、材料、工艺有较大改变，可能影响产品性能时；

c. 正常生产时，每 6 个月进行一次周期性检验；

d. 产品长期停产恢复生产时；

e. 出厂检验结果与上次型式检验结果有较大差异时；

f. 国家质量监督机构提出进行型式检验要求时。

6.3.2 取样

按 GB 9285 执行，取样量为 3 000 g，所取之试样按 6.2.3 处理。

6.3.3 判定规则

型式检验结果全部符合本标准技术要求中相应等级性能指标时，产品判为该等级。

7 包装、标志、运输及贮存

7.1 包装

粉末状颜料包装材料用塑料编织袋内衬薄膜袋或用合成材料薄膜袋，每袋净重 25 kg，浆状颜料包装材料为聚氯乙烯塑料桶，每桶净重 25 kg。

7.2 标志

包装标志包括生产厂名、产品名称、型号、批号、等级、生产日期、贮存日期、净重、本标准号及“小心轻放”、“注意防潮”等字样。

7.3 贮存

产品应贮存于通风、凉爽、干燥处。严禁与酸碱物品接触。

按上述保管条件，未拆开包装的粉状颜料产品有效贮存期为 3 年，浆状颜料为 1 年。

7.4 运输

有关运输事项，以运输部门的规定为准。

附加说明：

本标准由国家建筑材料工业局苏州混凝土水泥制品研究院负责起草。

本标准主要起草人许如源、韩静云。

中华人民共和国建材行业标准

JC/T 558—94

建筑用轻钢龙骨配件

1 主题内容与适用范围

本标准规定了建筑用轻钢龙骨配件的技术要求、试验方法和检验规则。

本标准适用于GB 11981中的轻钢龙骨在组合轻钢龙骨墙体、吊顶骨架时所用的配件。

2 引用标准

GB 716 碳素结构钢冷轧钢带

GB 2518 连续热镀锌薄钢板和钢带

GB 3525 弹簧钢、工具钢冷轧钢带

GB 11981 建筑用轻钢龙骨

3 术语、代号

3.1 术语

3.1.1 建筑用轻钢龙骨配件：以冷轧薄钢板(带)为原料，经冲压成形后，用于组合轻钢龙骨墙体、吊顶骨架的配件。

3.1.2 墙体龙骨配件：用于组合轻钢龙骨墙体骨架的配件(见图1)。

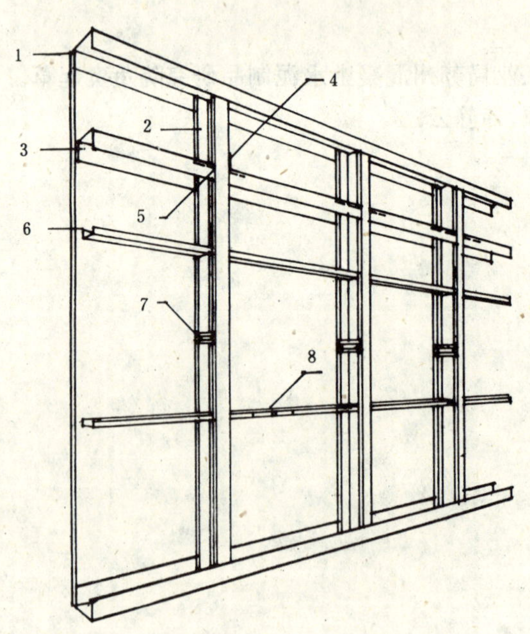

图1 墙体龙骨安装示意图

1—横龙骨；2—竖龙骨；3—通撑龙骨；4—角托；5—卡托；

6—通贯龙骨；7—支撑卡；8—通贯龙骨连接件

国家建筑材料工业局1994-05-27批准 1994-12-01实施

3.1.2.1 支撑卡:覆面板材与龙骨固定时起辅助支承竖龙骨作用的配件。

3.1.2.2 卡托:竖龙骨开口面与横撑龙骨之间的连接配件。

3.1.2.3 角托:竖龙骨背面与横撑龙骨之间的连接配件。

3.1.2.4 通贯龙骨连接件:通贯龙骨接长的连接配件。

3.1.3 吊顶龙骨配件:用于组合轻钢龙骨吊顶骨架的配件(见图2)。

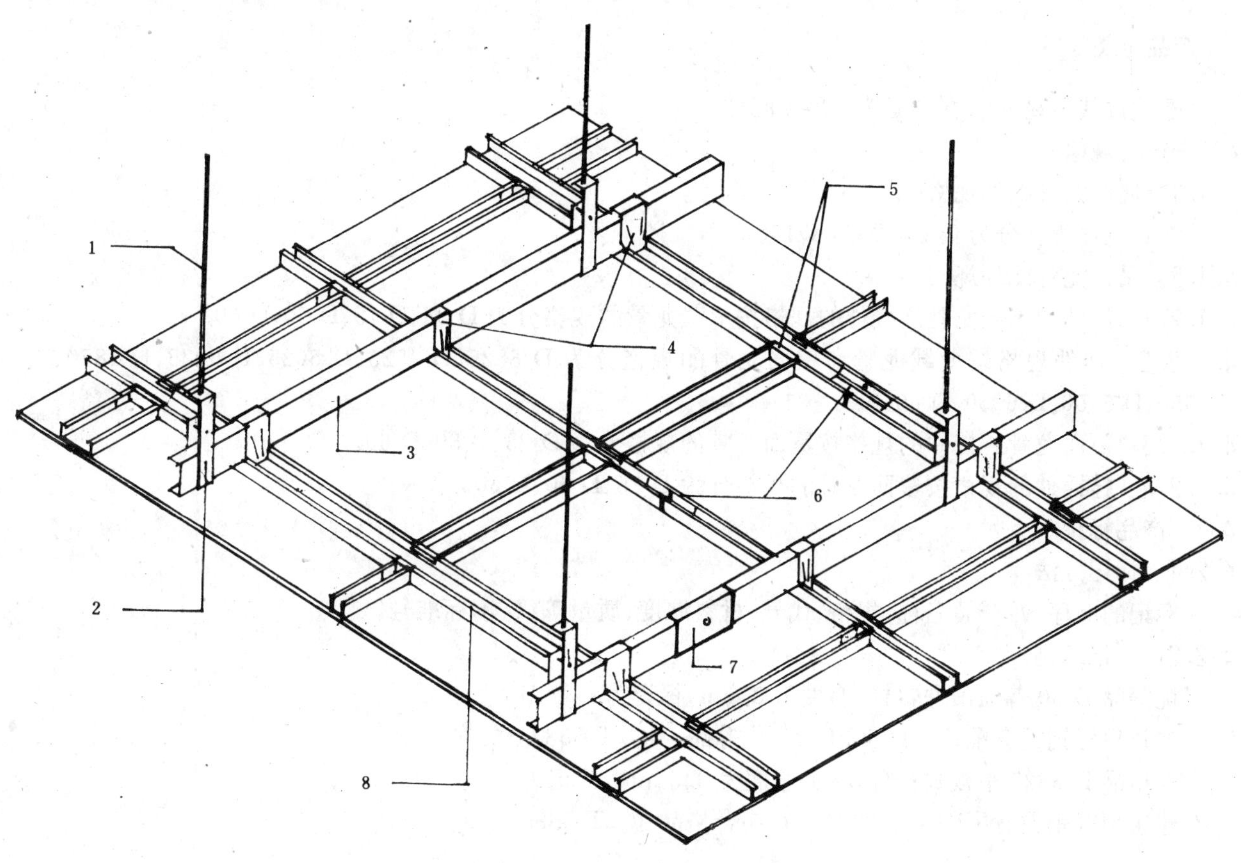

图2 吊顶龙骨安装示意图

1—吊杆;2—吊件;3—承载龙骨;4—挂件;5—挂插件;
6—覆面龙骨连接件;7—承载龙骨连接件;8—覆面龙骨

3.1.3.1 吊件:承载龙骨和吊杆之间的连接配件。

3.1.3.2 挂件:覆面龙骨和承载龙骨之间的连接配件。

3.1.3.3 承载龙骨连接件:用于承载龙骨加长的连接配件。

3.1.3.4 覆面龙骨连接件:用于覆面龙骨加长的连接配件。

3.1.3.5 挂插件:用于覆面龙骨垂直相接的连接配件。

3.2 代号

3.2.1 Q表示墙体龙骨配件。

3.2.1.1 ZC表示支撑卡。

3.2.1.2 KT表示卡托。

3.2.1.3 JT表示角托。

3.2.1.4 TL表示通贯龙骨连接件。

3.2.2 D表示吊顶龙骨配件。

3.2.2.1 PD表示普通吊件。

3.2.2.2 TD表示弹簧卡吊件。

3.2.2.3 YG 表示压筋式挂件。

3.2.2.4 PG 表示平板式挂件。

3.2.2.5 CL 表示承载龙骨连接件。

3.2.2.6 FL 表示覆面龙骨连接件。

3.2.2.7 GC 表示挂插件。

4 产品分类

配件按其用途分为墙体配件和吊顶配件。

4.1 产品规格

4.1.1 墙体龙骨配件规格

按其主件规格分为 Q 50、Q 75、Q100。

4.1.2 吊顶龙骨配件规格

4.1.2.1 吊件和承载龙骨连接件的规格按承载龙骨的规格分为 D 38、D 45、D 50、D 60。

4.1.2.2 挂件规格按承载龙骨和覆面龙骨的规格分为 D 3825、D 4525、D 5025、D 6025、D 3850、D 4550、D 5050、D 6050、D 6060。

4.1.2.3 覆面龙骨连接件的规格按覆面龙骨的规格分为 D 25、D 50、D 60。

4.1.2.4 挂插件的规格按覆面龙骨的规格分为 D 25、D 50、D 60。

4.2 产品标记

4.2.1 标记方法

标记的顺序为:产品名称、规格、代号、材料厚度、质量等级、本标准号。

4.2.2 标记示例

优等品 D 50 普通吊件,材料厚度为 3 mm,标记为:

建筑用轻钢龙骨配件　D 50PD 3　优等品　JC/T 558

合格品 D 3825 平板式挂件,材料厚度为 0.5 mm,标记为:

建筑用轻钢龙骨配件 D 3825 PG 0.5 合格品 JC/T 558

5 技术要求

5.1 材料

配件材料应符合 GB 716 或 GB 2518 标准的有关规定。

弹簧卡吊件材料应符合 GB 3525 标准的有关规定。

5.2 外观质量

配件表面应光洁、平整,折弯处不允许有裂纹,镀锌层不许有起皮、起瘤、脱落等缺陷。对于腐蚀、损伤、黑斑、麻点等缺陷,应符合表 1 的要求。

表 1　外观质量

项目	优等品	一等品	合格品
切口毛刺、变形	不允许	不影响使用	不影响使用
腐蚀、损伤 黑斑、麻点	不允许	不允许	弯角处不允许。其他的部位允许有少量轻微的腐蚀点、损伤和斑点、麻点

5.3 表面防锈

5.3.1 采用表面镀锌防锈的配件其镀锌层厚度应不小于表 2 的规定。

表 2 镀锌层厚度

μm

项目	优等品	一等品	合格品
镀锌层厚度(单面)	8	7	6

5.3.2 配件表面允用喷漆、喷塑等其他防锈方法,其厚度也应符合表 2 要求。

5.4 极限偏差和材料厚度

配件的尺寸极限偏差和材料最小厚度应满足表 3、表 4 的规定。

表 3 墙体龙骨配件

mm

名称	代号	形状	极限偏差		材料厚度
			A	B	
支撑卡	ZC	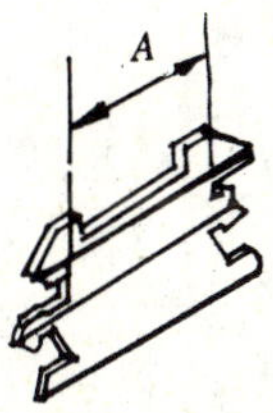 A	0 −0.5		0.7
卡托	KT	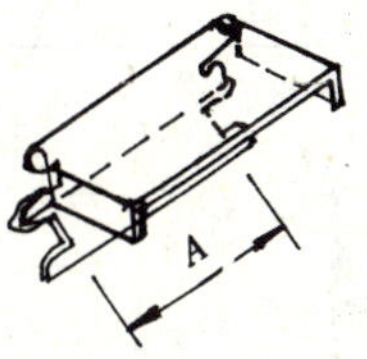 A	0 −0.5		0.7
角托	JT	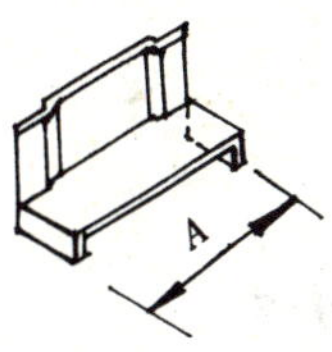 A	0 −0.5		0.8
通贯龙骨连接件	TL	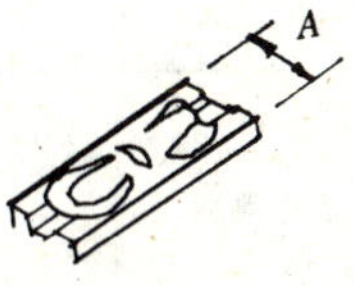 A	0 −0.5		1.0

表 4 吊顶龙骨配件

mm

名称	代号	形状	极限偏差 A	极限偏差 B	材料厚度
普通吊件	PD	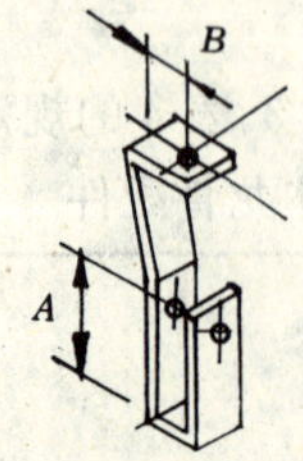 用于不上人承载龙骨	+2 0	+2 0	2
		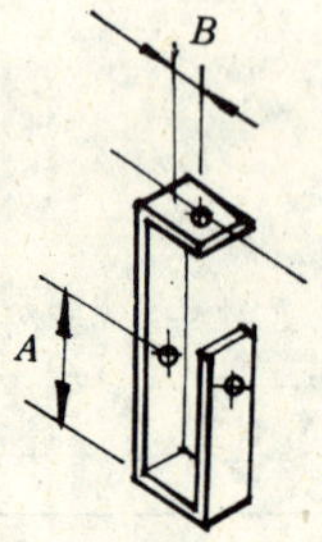 用于上人承载龙骨	+2 0	+2 0	3
弹簧卡吊件	TD	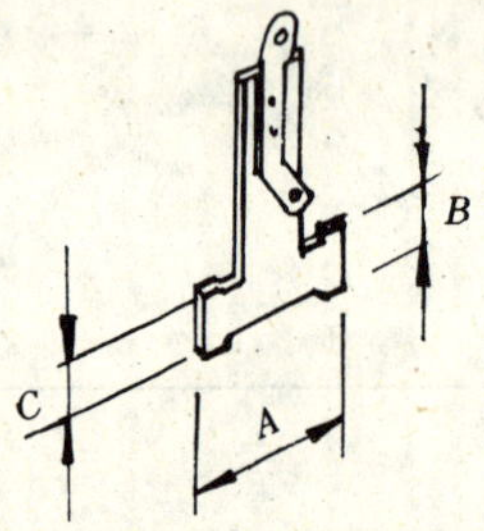 $C\geqslant 8$	0 −0.4	0 −0.3	1.5
压筋式挂件	YG	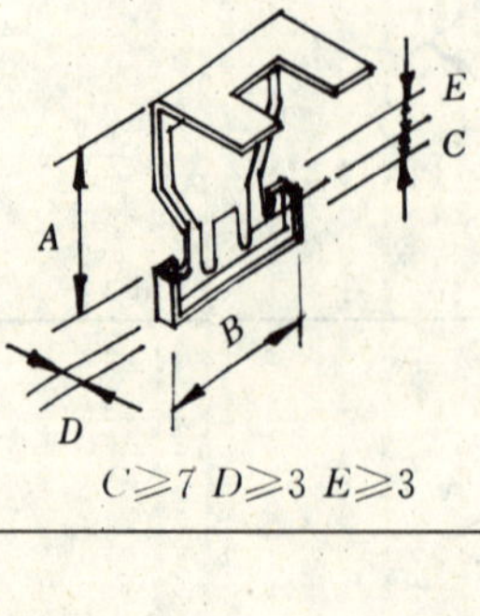 $C\geqslant 7$ $D\geqslant 3$ $E\geqslant 3$	0 −0.5	0 −0.5	0.75

续表 4

mm

平板式挂件	PG	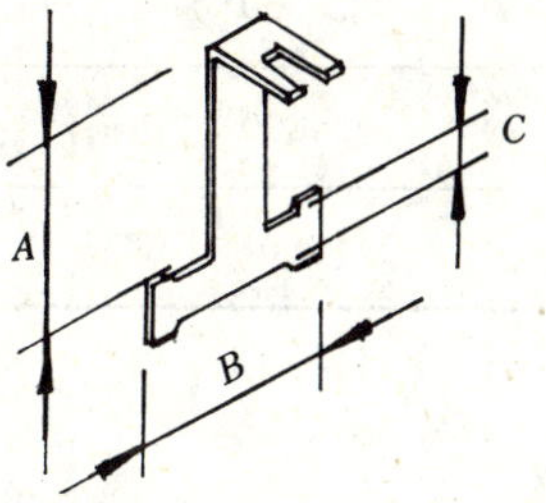 A, B, C C≥10	0 −0.5	0 −0.5	1.0
承载龙骨连接件	CL	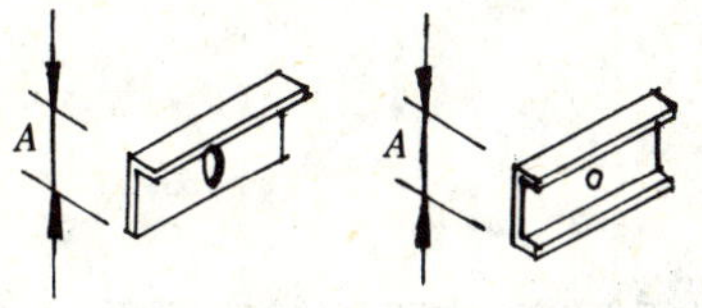 A	0 −0.5	—	1.2
		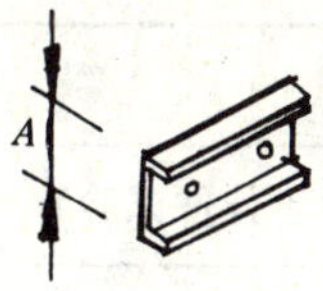 A	0 −0.5	—	1.5
覆面龙骨连接件	FL	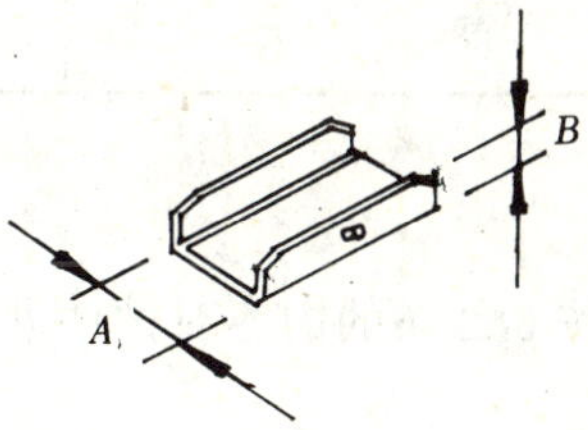 A, B	0 −0.5	0 −0.5	0.5
挂插件	GC	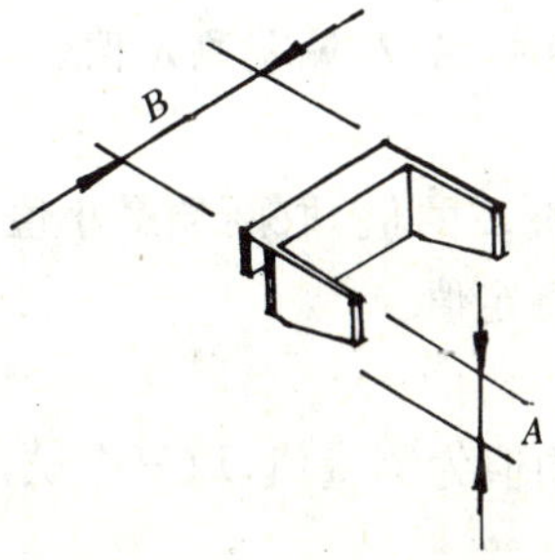 A, B	0 −0.5	0 −0.5	0.5

5.5 力学性能

吊件和挂件的力学性能应符合表 5 的规定。

表 5　吊件及挂件的力学性能

名称	类别	荷载 P,N	要求
吊件	上人承载龙骨	2 000	三个试件残余变形量平均值不大于 2.0 mm,最大值不大于 2.5 mm
	不上人承载龙骨	1 200	
挂件		600	挂件两角部不允许有变形

6　检验方法

6.1　仪器

游标卡尺：量程 0～150 mm,分度值 0.02 mm；

千分尺：量程 0～25 mm,分度值 0.01 mm；

秒表：量程 0～30 min,分度值 0.2 s；

镀锌测厚仪：精度值 1 μm。

6.2　试样

6.2.1　用于检查和测定外观质量、尺寸偏差及厚度、表面防锈等项目时，以三个试件为一组试样。

6.2.2　用于检验吊件和挂件力学性能项目时，每组试样按表 6 规定抽取试样。

表 6　吊件及挂件力学性能试验试件数量及尺寸

品种	数量	长度,mm
吊件	5 个(其中 2 个用于挂件试验)	—
挂件	3 个	—
承载龙骨	1 根	300
覆面龙骨	3 根	300

6.3　试验步骤

6.3.1　外观质量的检查

在距试件 500 mm 外光照明亮的条件下，按 5.2 条的内容对试件进行目测检查，记录缺陷情况。

6.3.2　尺寸的测定

6.3.2.1　尺寸 A、B 的偏差

用游标卡尺测量配件两端 A、B 的值，计算 A、B 的偏差值，取两端偏差绝对值的最大值为该试件的偏差值，取三个试件偏差值的平均值为该种试件的 A、B 偏差测定值。

6.3.2.2　尺寸 C、D、E

用游标卡尺测量配件两端断面尺寸 C、D 和 E 的值，取两端最小值为该试件的测量值，取三个试件测量值的平均值为该种试件尺寸 C、D 和 E 的测定值。

6.3.2.3　厚度

用千分尺测量。每个试件测三点，取其平均值为测量值，取三个试件测量值的平均值为该种试件厚度的测定值。

6.3.3　镀锌层厚度的测定

用镀锌测厚仪测定。每个试件每面至少取一点测其锌层厚度，取两面锌层厚度平均值为该试件锌层厚度值，取三个试件的平均值为该种试件镀锌层厚度的测定值。

6.3.4　力学性能试验

6.3.4.1 吊件

每个吊件先按图 3 所示测量 h_1、h_2，再按图 4 所示，组装试件。然后，对吊件徐徐加载，直到达到表 5 中所要求的荷载值为止。3 min 后，卸载。再隔 3 min 后，拆下吊件，测量 h_3、h_4。每个吊件的残余变形值按下式计算，精确至 0.1 mm：

$$\Delta = (h_2 + h_4)/2 - (h_1 + h_3)/2$$

式中：Δ——吊件的残余变形值，mm；

h_1、h_2——分别为加载前吊件吊杆孔两边测点距吊件底边相应测点的距离，mm；

h_3、h_4——分别为加载后吊件吊杆孔两边测点距吊件底边相应测点的距离，mm。

计算 3 个吊件残余变形量的平均值。

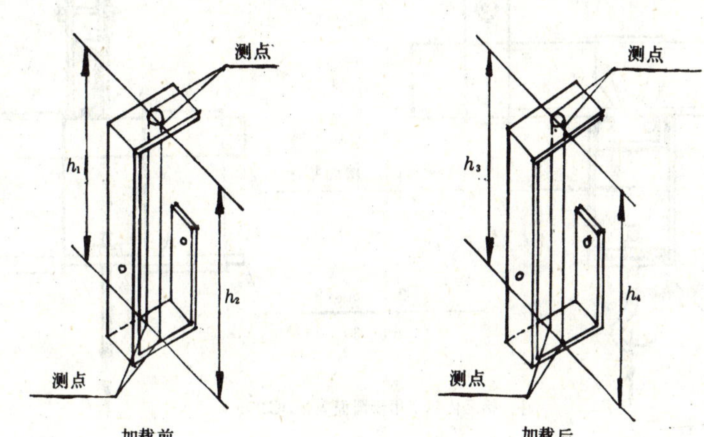

图 3 吊件测点示意图

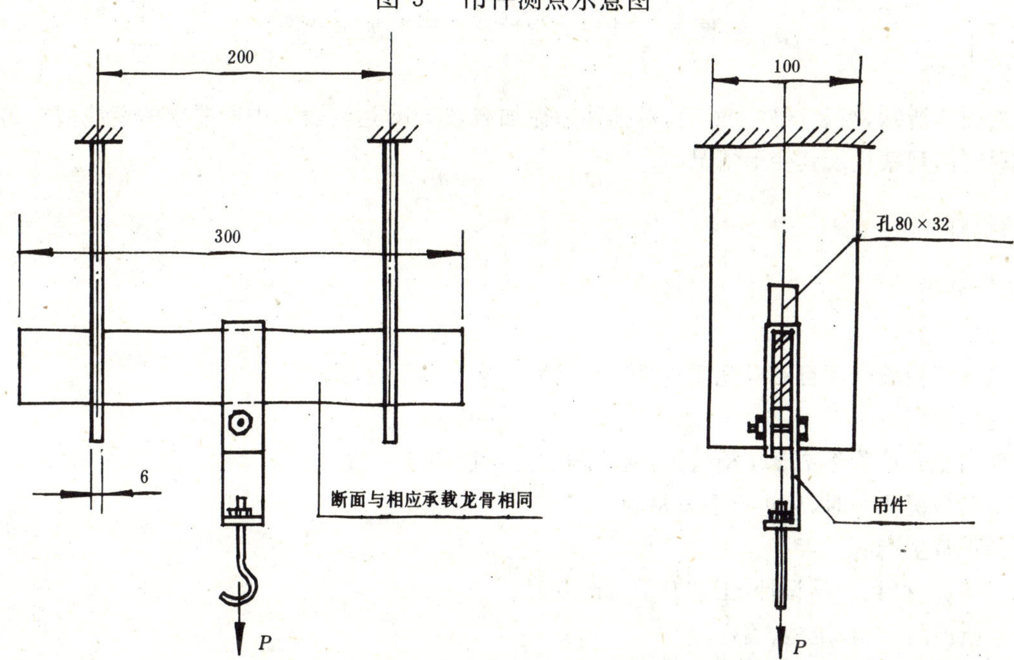

图 4 吊件力学性能试验装配示意图

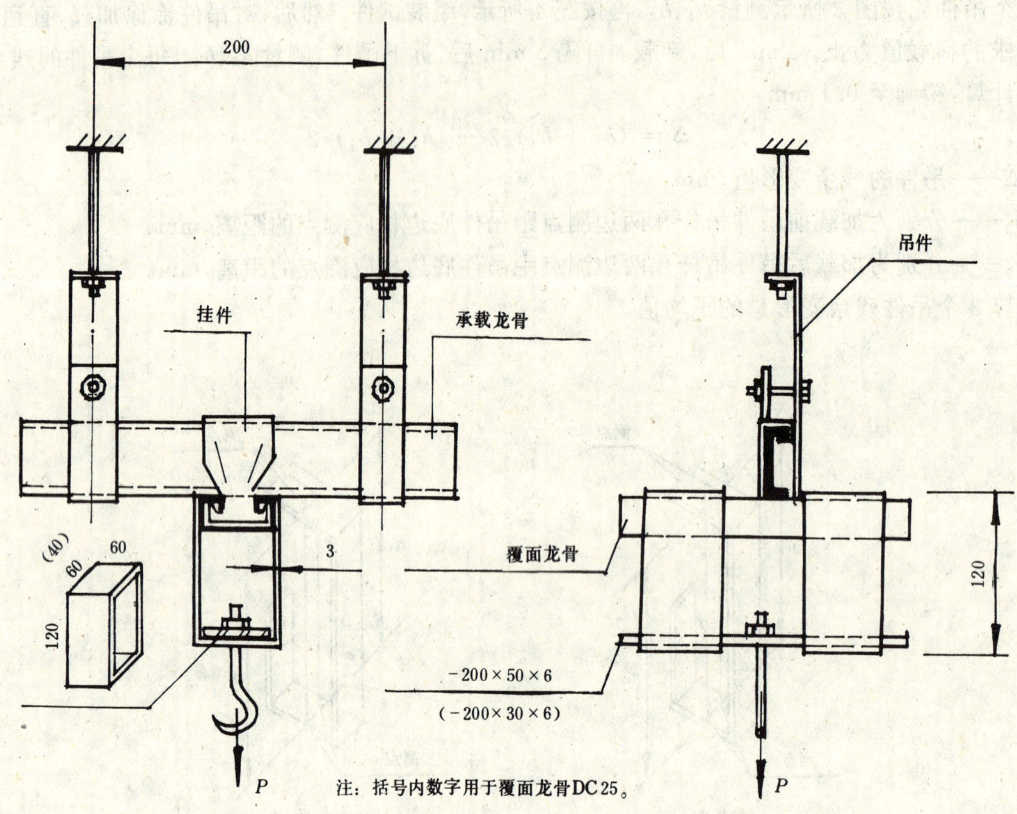

图 5　挂件力学性能试验装配示意图

6.3.4.2　挂件

先按图 5 所示，组装试件。然后，对挂件徐徐加载，3 min 达到表 5 中所要求的荷载值。再隔 3 min 后，拆下挂件，观察记录其变形情况。

7　检验规则

7.1　检验分类

7.1.1　出厂检验

产品出厂检验的项目有外观质量、形状、尺寸要求及表面防锈。

7.1.2　型式检验

配件的型式检验除 7.1.1 检验外，还应增加力学性能试验。

有下列情况之一时，应进行型式检验：

a.　正常生产满一年；

b.　当原材料、产品设计、工艺有重大改变时；

c.　新产品试制、定型、鉴定。

7.2　抽样与组批规定

以 1 000 件同品种、同规格、同等级的配件为一批，不足规定数量时，均按一批计。

从一批产品中随机抽取 6.2 条规定数量的试件作为一组试样。

7.3　判定规则

7.3.1　对挂件的力学性能要求，三个试件均满足，则该项指标判为合格。否则，判为不合格。

7.3.2 对于配件的外观，外形尺寸 C、D、E，尺寸偏差 A、B，厚度及镀锌层厚度和力学性能指标均合格，则判为该种配件批合格。否则，判为不合格。

7.3.3 对批不合格的产品，允许重新抽取两组试样，对不合格的项目进行重检。若仍有一组试样不合格，则仍判为批不合格。

8 标志、包装、运输、贮存

8.1 标志

在每一包装件上应标明制造厂名、产品标记、数量及制造日期或批号。

8.2 包装

配件产品按品种、等级分类，先按小定额数用防潮纸包装、捆扎或用瓦楞纸盒包装，然后再按品种(或配套)用大容器包装，大包装每件不得超过 25 kg。

8.3 运输

在运输过程中，不得扔摔、碰撞。

8.4 存放

产品应存放在干燥无腐蚀性场所。

附加说明：

本标准由北京新型材料建筑设计研究院和中国新型建材工业杭州设计研究院负责起草。

本标准主要起草人耿直、孙天文。

中华人民共和国建材行业标准

JC/T 566—94

吸声用穿孔纤维水泥板

1 主题内容与适用范围

本标准规定了吸声用穿孔纤维水泥板的规格、等级、技术要求、试验方法、检验规则、标志、包装、储存和运输等。

本标准适用于以纤维增强的水泥平板为基板，经切割、穿孔等工艺制成的板，主要用于控制室内混响时间、降低环境噪音的结构材料和装饰材料。

本标准不适用于：

a. 穿孔硅酸钙板；

b. 穿孔纤维增强低碱度水泥板；

c. 穿孔砂质石棉水泥板。

2 引用标准

GB 8040 石棉水泥波瓦、平板抗折性试验方法

GBJ 47 混响室法吸声系数测量规范

JC 412 建筑用石棉水泥平板

3 等级与规格

3.1 等级

产品按其尺寸允许偏差与外观质量分为优等品(A)、一等品(B)和合格品(C)。

3.2 规格及代号

3.2.1 长度、宽度

产品的长度、宽度尺寸见表1。

表1

mm

长×宽	500×500	600×600	985×985	1 000×1 000	1 200×600

3.2.2 厚度

厚度规格为4 mm，5 mm和6 mm。

3.2.3 孔尺寸、孔径、边距与穿孔率

孔(圆孔，长孔)的公称尺寸、孔距、边距与穿孔率见表2。

国家建筑材料工业局1994-09-14批准　　　　1995-05-01实施

表 2

孔尺寸 (d、$l\times b$)mm	孔距 (a)mm	边距 (c_1,c_2)mm	穿孔率,%
5	15	14～30	8.7
	20		4.9
	30		2.2
8	15		22.3
	20		12.6
	30		5.6
10	20		19.6
45×4	a_1 20 a_2 75		12.3

注:① 其他规格的产品可由供需双方商定,但其质量应符合本标准的要求。

② d 孔径、l 孔长、b 孔宽。

③ 穿孔率按正方形排列时孔洞的实际面积与整板的实际面积计算的,仅作为参考指标。

④ 对应边距应相等。

3.2.4 圆孔、长孔的布置与尺寸

圆孔、长孔的布置与尺寸如图 1。

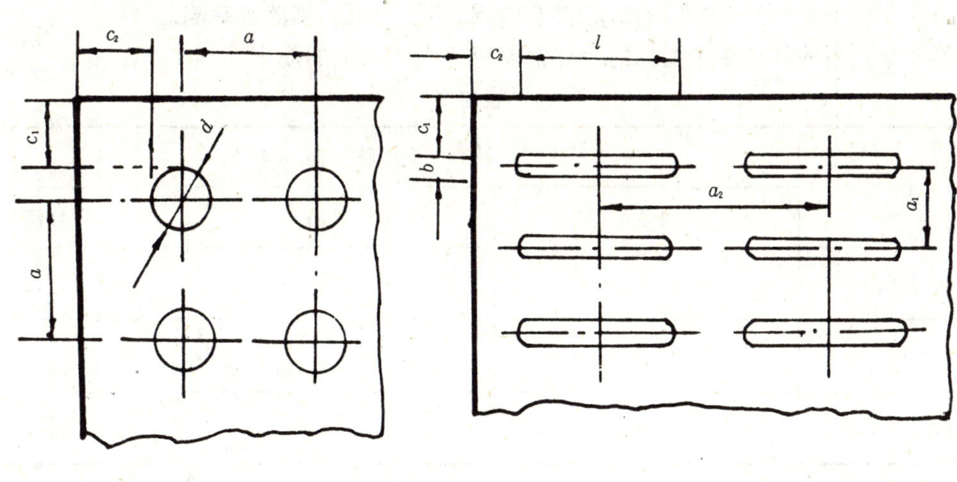

图 1

3.2.5 产品代号、标记

3.2.5.1 代号

吸声用穿孔纤维水泥板的代号为 PFC。

3.2.5.2 标记

a. 标记方法

标记顺序:代号、长度、宽度、厚度、孔尺寸、孔距、等级及标准号。

b. 标记示例

吸声用穿孔纤维水泥板，长度 1 200 mm，宽度 600 mm，厚度 5 mm，孔径 10 mm，孔距 20 mm（或长孔 45 mm×4 mm），一等品可标记为：

PFC 1 200×600×5 10 20（或 45×4）B JC ××××

4 技术要求

4.1 尺寸允许偏差

产品尺寸允许偏差应不大于表 3 规定。

表 3

mm

<table>
<tr><th colspan="2" rowspan="2">项 目</th><th colspan="3">尺寸允许偏差</th></tr>
<tr><th>优等品</th><th>一等品</th><th>合格品</th></tr>
<tr><td colspan="2">长度</td><td rowspan="2">0
−2</td><td rowspan="2">0
−3</td><td rowspan="2">0
−4</td></tr>
<tr><td colspan="2">宽度</td></tr>
<tr><td colspan="2">厚度</td><td>±0.2</td><td>±0.4</td><td>±0.4</td></tr>
<tr><td colspan="2">孔径</td><td rowspan="2">±0.3</td><td rowspan="2">±0.4</td><td rowspan="2">±0.5</td></tr>
<tr><td rowspan="2">长孔</td><td>宽度</td></tr>
<tr><td>长度</td><td rowspan="2">±0.3</td><td rowspan="2">±0.6</td><td rowspan="2">±1.0</td></tr>
<tr><td colspan="2">孔距</td></tr>
</table>

4.2 外观质量

4.2.1 产品正面应平整光滑，边缘整齐，不得有破损、裂纹、分层、剥落等缺陷。

4.2.2 各等级穿孔板的外观质量指标的允许偏差应不大于表 4 的规定。

表 4

<table>
<tr><th rowspan="2">项 目</th><th colspan="3">允 许 偏 差</th></tr>
<tr><th>优等品</th><th>一等品</th><th>合格品</th></tr>
<tr><td>厚度不均匀度，%</td><td>8</td><td>10</td><td>12</td></tr>
<tr><td>边缘平直度，mm/m</td><td>1.0</td><td colspan="2">2.0</td></tr>
<tr><td>边缘垂直度，mm/m</td><td>2.0</td><td colspan="2">3.0</td></tr>
</table>

4.3 含水率

出厂含水率不得大于 13％。

4.4 断裂荷载

断裂荷载不小于表 5 的规定。

表 5

厚度 mm	断裂荷载,N			单位面积质量 kg/m²
	φ5-30, φ5-20, φ8-30	φ5-15, φ8-20 45×4	φ8-15, φ10-20	
4	110	95	80	5.3～6.7
5	160	140	120	6.6～8.3
6	210	180	160	7.9～10.0

注:① 单位面积质量仅为参考指标。

② 表 5 中 φ5 表示孔径,30 为孔距尺寸。45×4 中 45 表示长孔长度,4 为宽度尺寸。

5 检验方法

5.1 量具

5.1.1 钢卷尺:量程 2 000mm,分度值 1 mm。

5.1.2 钢直尺:量程 1 000mm,分度值 1 mm。

5.1.3 游标卡尺:量程 125 mm,分度值 0.02 mm。

5.1.4 宽座角尺:量程长边 1 000 mm,短边 630 mm,1 级精度。

5.1.5 干燥箱:控温器灵敏度±2℃。

5.1.6 天平:称量为 200～1 000 g 的 7～9 级工业天平。

5.2 规格尺寸与外观质量检查

5.2.1 长度、宽度

长度、宽度用钢直尺或钢卷尺测量,读数精确至 1 mm。测点位置见图 2。取两处测量值的平均值为测量结果。计算精确至 1 mm。

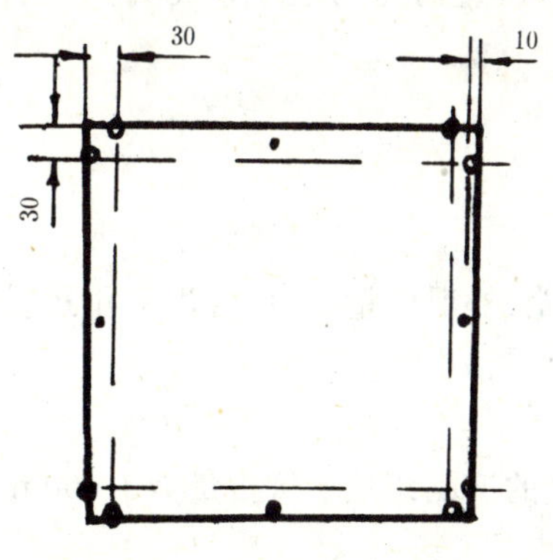

图 2

○—长、宽测量部位;·—厚度测量部位

5.2.2 厚度

厚度用游标卡尺测量。读数精确至 0.02 mm。测点位置见图 2。取 4 处测量结果的平均值为测量结果。计算结果精确至 0.1 mm。

5.2.3 孔径与孔距

用游标卡尺测量板正面的孔径与孔距。在试样上随机选取 10 个孔径、10 个孔距进行测量。读数精确至 0.1 mm。分别取最大与最小值，计算其尺寸允许偏差。

5.2.4 厚度不均匀度的计算，边缘平直度、边缘垂直度的测量按 JC 412 进行。

5.2.5 其余外观质量用目测检验。

5.3 含水率

5.3.1 试样制备

每块板在板边穿孔率最大区域内（周边除外）切割二块 80 mm×80 mm 试样。

5.3.2 试验步骤

按 GB 7019 分别称取每块试样的质量（m_1），然后将试样置于干燥箱内，在 100～105℃下干燥至恒重（间隔不小于 2 h 测定一次，直至前后两次称量差小于 0.1%）或干燥 24 h。取出置于干燥器中冷却至室温，称其质量（m_2），每次称量均精确至 0.1 g。

5.3.3 结果计算

含水率的计算公式如下：

$$W=\frac{m_1-m_2}{m_2}\times 100 \qquad \cdots\cdots(1)$$

式中：W——试样的含水率，%；

m_1——自然状态试样的质量，g；

m_2——干燥试样的质量，g。

每张板的试验结果取两块试样的平均值为试验结果。精确至 0.1%。

5.4 断裂荷载试验

断裂荷载按 GB 8040 中平板抗折试验方法进行试验。但在板穿孔率最大区域内（周边除外）割取试样一块。每张板试验结果取一块试样两个方向断裂荷载的较低值。

5.5 吸声系数的测定

对由穿孔纤维水泥板等材料组合构成的吸声结构按 GBJ 47 中规定的方法进行测试，记录 125，250，500，1 000，2 000，4 000Hz 六个倍频带中心频率的吸声系数值或 100、125、160、200、250、315、400、500、630、800、1 000、1 250、1 600、2 000、2 500、3 150、4 000、5 000Hz 十八个三分之一倍频带中心频率的吸声系数值。

6 检验规则

6.1 出厂检验与型式检验

产品出厂检验项目包括尺寸偏差、外观质量、出厂含水率和断裂荷载。

型式检验项目与出厂检验项目相同。

6.2 批量与组批规则

每批产品由同一规格、同一等级的产品组成。每批量为 1 000 m²。不足 1 000 m² 数量时，亦按一批计。

6.3 抽样规则

从每一受检批中随机抽取 7 张板进行尺寸偏差与外观质量检验。从尺寸偏差、外观质量检验合格的产品中抽取 3 张板进行断裂荷载、出厂含水率检验。

如需进行吸声系数的测定，则从该批产品中随机抽取 10 m² 试样。

6.4 判定规则

6.4.1 尺寸偏差与外观质量判定

尺寸偏差与外观质量进行检验时，若有一张板以上检验不合格，则判为不合格；若有一张板检验不合格，再抽取7张板进行检验，若全部合格，则判为合格；若仍有一张或一张以上板不合格，则判为不合格。该项不合格时，可逐张进行处理。

6.4.2 断裂荷载判定

按变量检验对断裂荷载进行判定，若试样的平均值(X)大于或等于可验收极限，即 $X \geqslant AL$，则判为合格，若 $X < AL$，则判为不合格。AL 计算公式如下：

$$AL = L + KR \qquad \cdots\cdots(2)$$

式中：AL——可验收极限，N；

L——标准低限，N；

K——可接收系数，取0.29；

R——极差，试样中最大值与最小值之差。

6.4.3 含水率判定

出厂含水率检验若每张板均合格，该项判为合格；若有一张板不合格时，允许再抽取3张板进行检验，若每张板合格，则该项判为合格；若仍有一张板不合格，则该项判为不合格。

6.4.4 总判定

若试样所有的检验结果均符合本标准相应等级规定时，则判该批产品为该等级。若有一项性能不符合该等级时，则判该批产品降等或判为不合格品。

7 包装、标志、储存及运输

7.1 包装

产品可采用木箱或木架包装，并有防雨措施，包装上须印有防潮和小心轻放等字样。

7.2 标志

包装箱上应注明产品标记、制造厂和生产日期等。

7.3 产品质量合格证

交货时，应提供产品质量合格证，内容包括：

7.3.1 生产厂名称、商标。

7.3.2 产品名称、规格、生产日期或批号。

7.3.3 产品检验结果和质量等级。

7.3.4 标准编号。

7.3.5 检验部门、人员签名盖章。

7.4 储存

7.4.1 产品应按规格、等级分别堆放，垛高不得超过1.5 m。

7.4.2 堆放场地应平整、坚固，防止雨淋。

7.5 运输

7.5.1 运输工具底面应平整。产品须固定好。

7.5.2 运输过程中应减少震动，防止撞坏。

附 录 A
穿孔纤维水泥板吸声结构的吸声特性
（参考件）

A1 以频率为横坐标，吸声系数为纵坐标，可以用一条曲线来表示材料或结构的吸声频率特性。当入射声波的频率与穿孔板吸声结构的固有频率一致时，将发生共振。在共振频率附近吸声系数最大。

A2 吸声用穿孔纤维水泥吸声板吸声结构的吸声特性与材料的厚度、容重、穿孔的孔径、孔距和孔的排列方式（即穿孔率）、背后空气层的厚度，以及板后设置的吸声材料等多种因素有关。

穿孔率的大小主要与吸声频率特性有关，穿孔率小，吸声曲线上吸收峰较明显，穿孔率大，吸收峰较平坦。

穿孔水泥板的背后应设置空气层，其厚度与产生吸收峰的频率有关，增加空气层厚度，吸收峰向低频方向移动；反之，吸收峰向高峰方向移动，在同一空气层厚度下，增加穿孔率，吸收峰向高频方向移动。

吸声用穿孔纤维水泥板板后，若覆上一层具有透气性好的衬里材料或多孔吸声材料如岩棉、矿棉、玻璃棉等，与没有上述材料的情况相比，其吸声效果改善程度与穿孔率的大小有关。穿孔率小时，可展宽吸声频带；而中、高频吸声系数随穿孔板穿孔率的增大而提高。当穿孔率大于 20%时，一般认为穿孔板不会影响板面的多孔吸声材料的吸声系数。这时穿孔纤维水泥板主要对多孔吸声材料起护面板的作用。

附 录 B
吸声频率特性图表示例
（参考件）

穿孔纤维水泥板，密度 1.6～1.7 g/cm³

厚度：5 mm；穿孔规格：ϕ10-20；穿孔率：19.6%

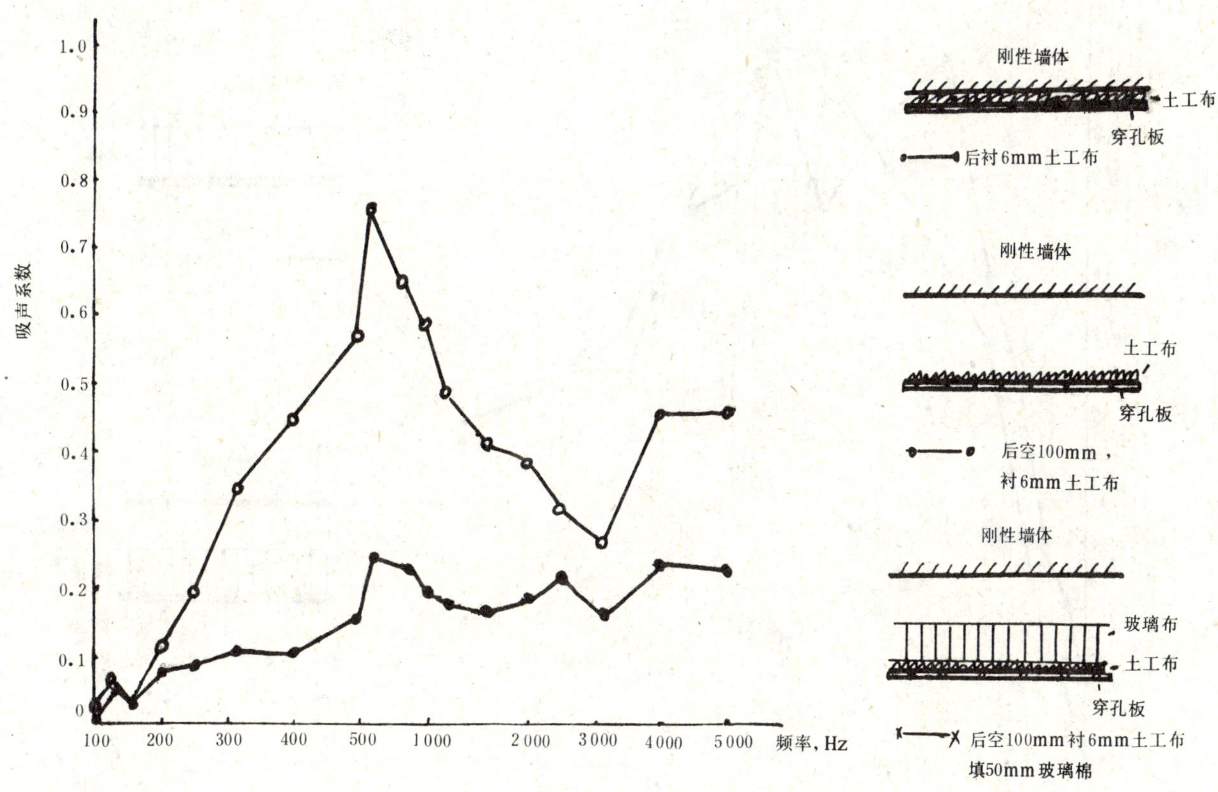

图 B1　吸声频谱

表 B1　吸声系数值

后腔结构 \ 频率，Hz	100	125	160	200	250	315	400	500	630	800	1 000	1 250	1 600	2 000	2 500	3 150	4 000	5 000
后空 100 mm	0.01	0.05	0.03	0.08	0.09	0.11	0.11	0.16	0.25	0.23	0.20	0.18	0.17	0.19	0.22	0.17	0.24	0.23
后空 100 mm＋一层玻璃布	0.03	0.07	0.03	0.12	0.20	0.35	0.45	0.57	0.76	0.65	0.59	0.49	0.42	0.39	0.32	0.27	0.46	0.46

穿孔纤维水泥板,密度 1.6～1.7 g/cm³;岩棉单位面积质量 5.2 kg/m²

板厚度:5 mm;穿孔规格:ϕ10-20;穿孔率:19.6%

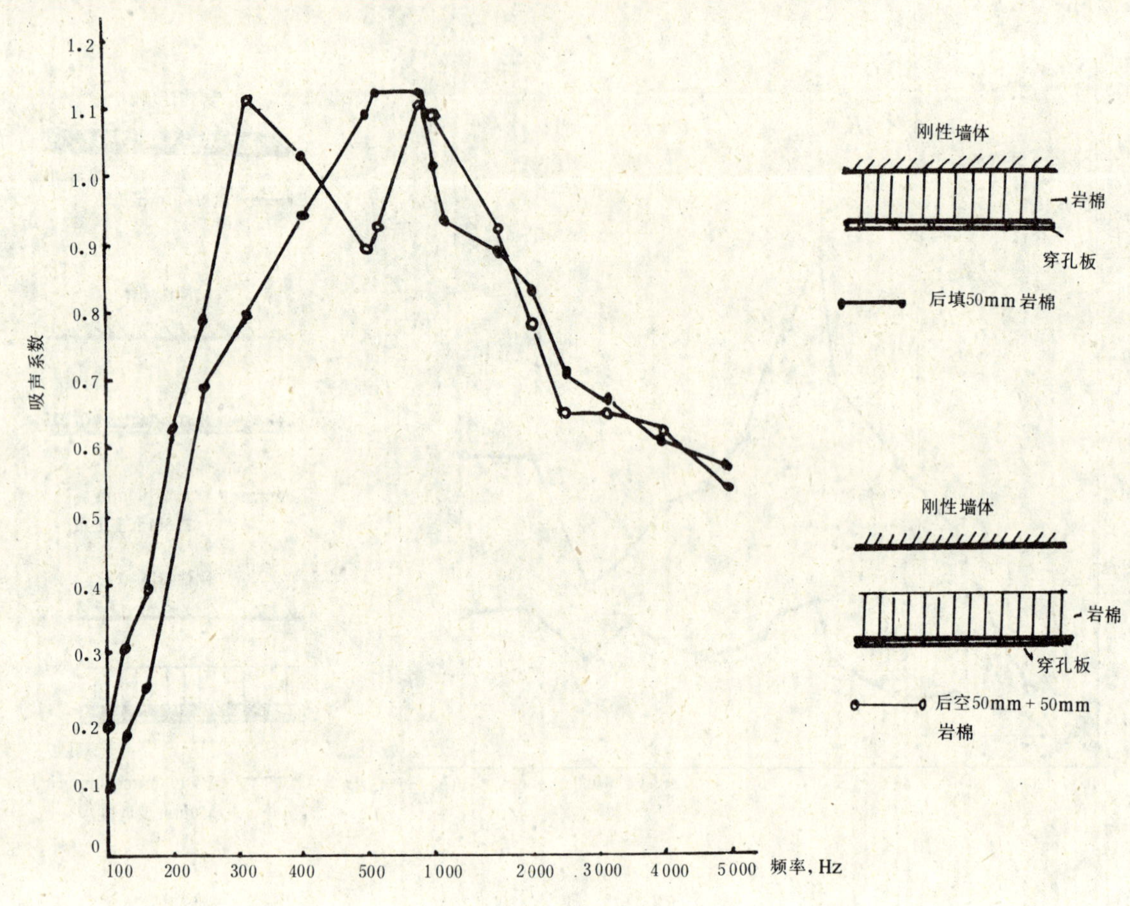

图 B2 吸声频谱

表 B2 吸声系数值

频率, Hz / 后腔结构	100	125	160	200	250	315	400	500	630	800	1 000	1 250	1 600	2 000	2 500	3 150	4 000	5 000
后覆 50 mm 岩棉	0.10	0.18	0.25	0.44	0.69	0.80	0.94	1.09	1.12	1.12	1.01	0.93	0.89	0.83	0.71	0.67	0.61	0.57
后空 500 mm＋50 mm 岩棉	0.19	0.31	0.39	0.63	0.79	1.11	1.03	0.89	0.92	1.10	1.09	0.93	0.92	0.78	0.65	0.65	0.62	0.54

穿孔纤维水泥板,密度 1.6～1.7 g/cm³;玻璃棉单位面积质量 2.45 kg/m²

板厚度:5 mm;穿孔规格:φ10-20;穿孔率:19.6%

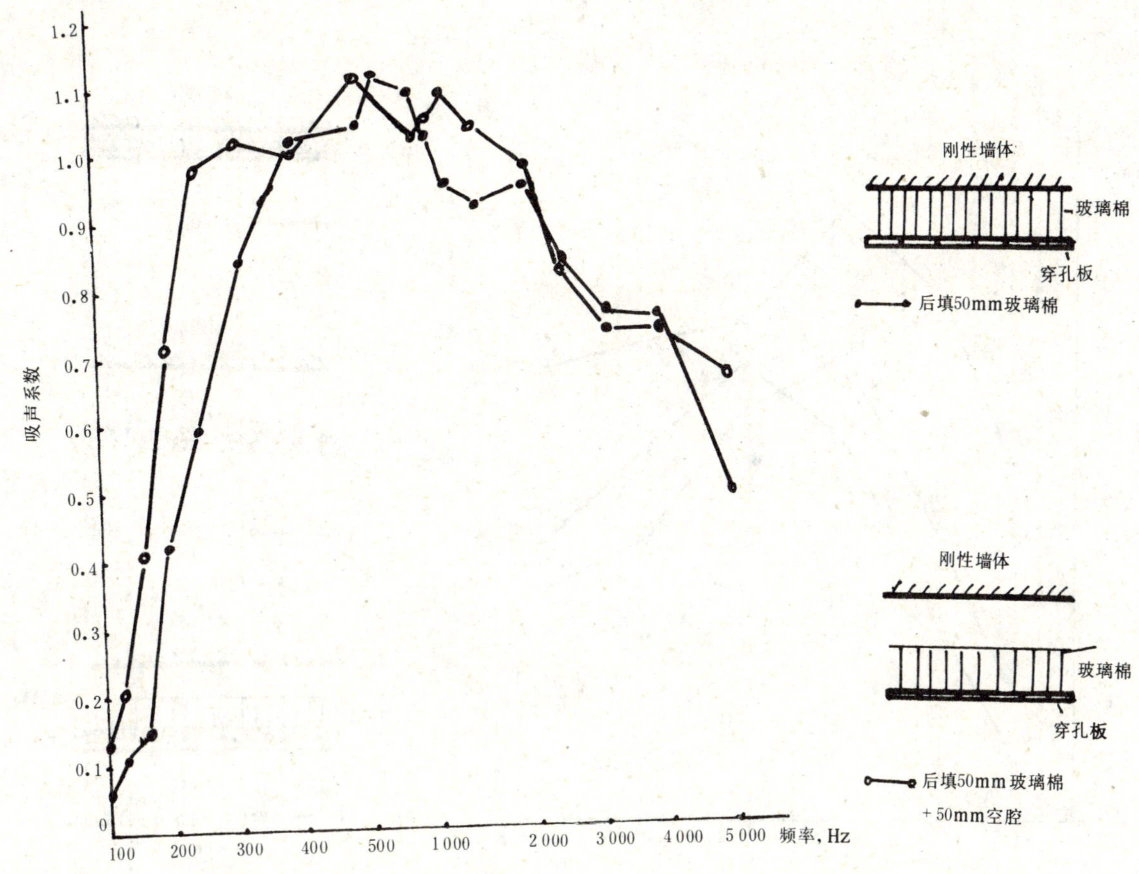

图 B3 吸声频谱

表 B3 吸声系数值

后腔结构 \ 频率, Hz	100	125	160	200	250	315	400	500	630	800	1 000	1 250	1 600	2 000	2 500	3 150	4 000	5 000
后填 50 mm 玻璃棉	0.06	0.11	0.15	0.42	0.59	0.84	1.02	1.04	1.11	1.09	1.02	0.95	0.92	0.95	0.84	0.76	0.75	0.49
后填 50 mm 玻璃棉+50 mm 空腔	0.13	0.21	0.41	0.71	0.98	1.02	1.01	1.01	1.11	1.02	1.05	1.09	1.04	0.98	0.82	0.73	0.73	0.66

穿孔纤维水泥板

板厚度:4 mm;穿孔规格:ϕ5-14;穿孔率:8.7%

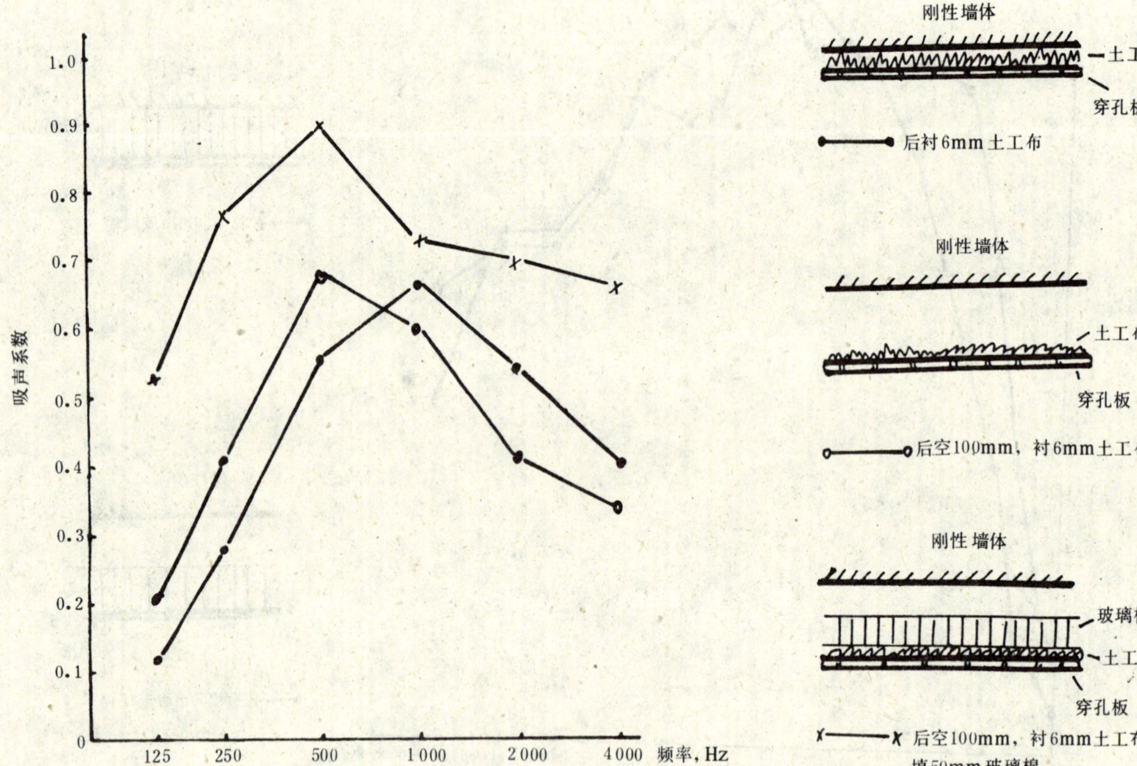

图 B4 吸声频谱

表 B4 吸声系数值

频率,Hz / 后腔结构	125	250	500	1 000	2 000	4 000
板后衬 6 mm 厚针刺土工布	0.12	0.28	0.56	0.67	0.54	0.41
板后衬 6 mm 厚针刺土工布,后空 100 mm	0.21	0.41	0.68	0.60	0.41	0.34
板后衬 6 mm 厚针刺土工布,空腔内填 5 mm 玻璃棉	0.53	0.77	0.90	0.73	0.70	0.66

穿孔纤维水泥板

板厚度：4 mm；穿孔规格：ϕ8-30；穿孔率：4.5%

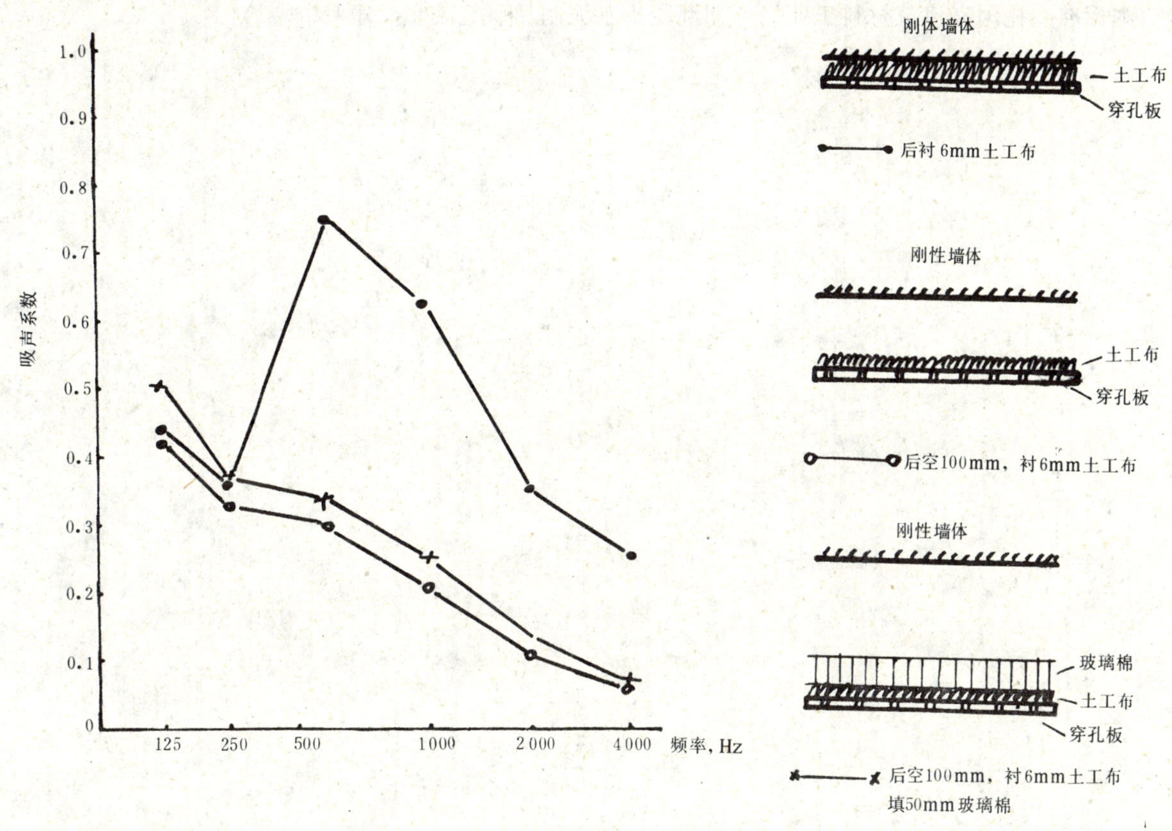

图 B5 吸声频谱

表 B5 吸声系数值

后腔结构 \ 频率，Hz	125	250	500	1 000	2 000	4 000
板后衬 6 mm 厚针刺土工布	0.44	0.36	0.75	0.62	0.35	0.26
板后衬 6 mm 厚针刺土工布，后空 100 mm	0.42	0.33	0.30	0.21	0.11	0.06
板后衬 6 mm 厚针刺土工布，空腔内填 50 mm 玻璃棉	0.50	0.37	0.34	0.25	0.14	0.07

附加说明：

本标准由国家建筑材料工业局苏州混凝土水泥制品研究院归口。

本标准由国家建筑材料工业局苏州混凝土水泥制品研究院负责起草。

本标准主要起草人冯文娴、冯立平。

本标准委托国家建筑材料工业局苏州混凝土水泥制品研究院负责解释。

前　　言

本标准非等效采用日本工业标准 JISA 6301—1994《吸声材料》中有关岩棉装饰吸声板的内容。

本标准的附录均为标准的附录。

本标准由全国绝热材料标准化技术委员会(CSBTS/TC 191)提出。

本标准由全国绝热材料标准化技术委员会(CSBTS/TC 191)归口。

本标准起草单位:南京玻璃纤维研究设计院。

本标准参加单位:阿姆斯壮世界工业(中国)有限公司、北京市建材制品总厂、山东淄博富圆装饰材料有限公司。

本标准主要起草人:曾乃全、陈尚、王玉梅、李懿。

本标准首次发布:1997 年 5 月 8 日。

中华人民共和国建材行业标准

JC 670—1997

矿渣棉装饰吸声板

1 范围

本标准规定了矿渣棉装饰吸声板的要求、试验方法、检验规则等内容。

本标准适用于以湿法生产的矿渣棉装饰吸声板，也适用于湿法生产的岩棉装饰吸声板。

2 引用标准

下列标准所包含的条文，通过在本标准中引用而构成为本标准的条文。本标准出版时，所示版本均为有效。所有标准都会被修订，使用本标准的各方应探讨使用下列标准最新版本的可能性。

GB 191—60 包装储运图示标志

GB 2406—93 塑料燃烧性能试验方法 氧指数法

GB/T 4132—1996 绝热材料及相关术语

GB 5480.1—85 矿物棉及其制品试验方法总则

GB 8625—88 建筑材料难燃性试验方法

GB 11835—89 绝热用岩棉、矿渣棉及其制品

GBJ 47—83 混响室法吸声系数测量规范

GBJ 88—85 驻波管法吸声系数和声阻抗率测量规范

3 定义

本标准采用GB/T 4132和下列定义。

3.1 吸声系数：在给定的频率和条件下，吸收及透射的声能通量与入射声能通量之比。

3.2 降噪系数：在250、500、1000、2000Hz时测得的吸声系数的平均值。计算至小数点后两位，末位取0或5。

3.3 直角偏离度：相邻两边偏离直角的程度。用直角尺与板之间的最大间隙和边长之比表示。

4 分类及命名

4.1 分类

根据表面加工的形式及防潮性能的不同，其分类及代号见表1。

表1

分类	普通板					防潮板				
	滚花	印刷	立体	浮雕	贴面	滚花	印刷	立体	浮雕	贴面
代号	GH	YS	LT	FD	TM	FGH	FYS	FLT	FFD	FTM
注：防潮板指可在相对湿度为90%的环境中使用的矿渣棉装饰吸声板。										

4.2 规格尺寸

常用规格尺寸见表2。

国家建筑材料工业局1997-05-08批准　　1997-08-01实施

表 2

mm

<table>
<tr><th>长度</th><th>宽度</th><th>厚度</th></tr>
<tr><td>500,1000</td><td>500</td><td rowspan="3">9
12
15
18</td></tr>
<tr><td>600,1200</td><td>300,600</td></tr>
<tr><td>1800</td><td>375</td></tr>
</table>

注：其他规格由供需双方商定，但其质量要求应符合本标准。

4.3 产品标记

4.3.1 标记方法

标记顺序为：产品名称、分类代号、规格尺寸、本标准号，企业产品自编号也可列于其后。

4.3.2 标记示例

长度为 500mm，宽度为 500mm，厚度为 15mm 的普通型滚花矿渣棉装饰吸声板：

矿渣棉装饰吸声板 GH500×500×15 JC 670 企业自编号

5 要求

5.1 外观质量

矿渣棉装饰吸声板（以下简称吸声板）的正面不应有影响装饰效果的污痕、色彩不匀、图案不完整等缺陷。产品不得有裂纹、碎片、翘曲、扭曲，不得有妨碍使用及装饰效果的缺角缺棱。

5.2 尺寸允许偏差

吸声板的尺寸允许偏差应符合表 3 规定。

表 3

<table>
<tr><th rowspan="2">项目 \ 加工级别</th><th colspan="3">允许偏差</th></tr>
<tr><th>精密</th><th>一般</th><th>半精密</th></tr>
<tr><td>长度，mm</td><td rowspan="2">±0.5</td><td rowspan="2">±2.0</td><td>±2.0</td></tr>
<tr><td>宽度，mm</td><td>±0.5</td></tr>
<tr><td>厚度，mm</td><td>±0.5</td><td colspan="2">±1.0</td></tr>
<tr><td>直角偏离度</td><td>1/1000</td><td colspan="2">5/1000</td></tr>
</table>

5.3 体积密度

吸声板的体积密度应不大于 500kg/m^3。

5.4 含水率

吸声板的含水率应不大于 3%。

5.5 弯曲破坏载荷

吸声板的弯曲破坏载荷应符合表 4 的规定。

表 4

厚　度,mm	弯曲破坏载荷,N
9	≥40
12	≥60
15	≥90
18	≥130
注：特殊厚度的弯曲破坏载荷,由供需双方商定。	

5.6 燃烧性能

按 GB 8625 测定的产品,燃烧性能应达到 B_1 级,按 GB 2406 测定的产品,氧指数应大于 50。除非另有规定,GB 8625 为仲裁试验方法。要求燃烧性能达 A 级的产品,由供需双方商定。

5.7 降噪系数

降噪系数应符合表 5 的规定。并根据频率分别为 125、250、500、1000、2000、4000Hz 时的吸声系数给出频率特性曲线并注明试验方法。除非另有规定,混响室法为仲裁试验方法。

表 5

类　别	降　噪　系　数	
	混响室法(刚性壁)	驻波管法(后空腔 50mm)
滚　花	≥0.45	≥0.25
其　余	≥0.30	≥0.15

5.8 受潮挠度

防潮板受潮挠度应不大于 3.5mm。

6 试验方法

试验时样品的朝向应按使用条件布置。

6.1 外观、尺寸和体积密度检验按附录 A(标准的附录)进行。

6.2 直角偏离度测定按附录 B(标准的附录)进行。

6.3 含水率测定按附录 C(标准的附录)进行。

6.4 弯曲破坏载荷测定按附录 D(标准的附录)进行。

6.5 燃烧性能试验按 GB 2406 或 GB 8625 进行。

6.6 降噪系数测定按 GBJ 47 或 GBJ 88 进行。

6.7 受潮挠度(防潮板)测定按附录 E(标准的附录)进行。

7 检验规则

7.1 常规检验

常规检验是指产品交货时必须进行的各项试验。检查项目包括:外观、尺寸、体积密度、直角偏离度、含水率、弯曲破坏载荷。其抽样及判定规则按附录 F(标准的附录)的规定进行。

7.2 型式检验

型式检验是指为考核产品质量而对标准中规定的技术特性全部进行检验。

7.2.1 有下列情况之一时,应进行型式检验:

a) 新产品或老产品转厂生产的试制定型鉴定;

b) 正式生产后,结构、材料、工艺有较大改变,可能影响产品性能时;

c）正常生产时，每年至少进行1次；

d）产品停产1个月后，恢复生产时；

e）常规检验结果与上次型式检验有较大差异时；

f）国家质量监督机构提出进行型式检验要求时。

7.2.2 型式检验的检查项目为第5章规定的全项内容，其抽样及判定规则按附录F（标准的附录）的规定。

8 标志、标签、包装

8.1 标志

在包装箱的显著位置应标明：制造厂名、商标、产品标记、生产日期、净重、数量或体积，按GB 191的规定，标注“小心轻放”、“怕湿”的字样或图标。

8.2 标签

标签应标明：制造厂名、商标、产品标记、生产日期、检验员签章。

8.3 包装

应采用防潮材料包装。同一包装内应放入同一类别、同一规格的产品。在贮存和运输过程中，应防止产品受潮和撞击破损。特殊包装由供需双方商定。

包装箱内应附有质量合格证及使用说明，注明施工注意事项及使用的相对湿度要求。

附 录 A
（标准的附录）
外观、尺寸和体积密度试验方法

A1 装置

A1.1 钢制量尺：精度 1mm。

A1.2 量具：精度不低于 0.05mm。

A1.3 台秤：分度值不大于被称质量的 1%。

A2 程序

A2.1 外观质量的检查

在光照明亮的条件下，距试样 1.0m 处对其逐个进行目测检查，记录观察到的缺陷。

A2.2 尺寸的测定

A2.2.1 长度及宽度

测量长度和宽度时，量尺与吸声板的棱边平行。一般在试样的正面测定，长度和宽度各测 3 个值，其中两个值在离边 20mm 处测定，一个值在中心线测定。粗加工的产品，精确到 1mm，精加工的产品，精确到 0.05mm。试样长度及宽度用 3 个测量值的算术平均值表示。

A2.2.2 厚度

用精度不低于 0.05mm 的量具测厚度。测量点应避开有显著凹凸的地方。共测 4 点，位置如图 A1 所示。试样厚度用 4 个测量值的平均值表示。有贴面的制品应包括贴面的厚度。

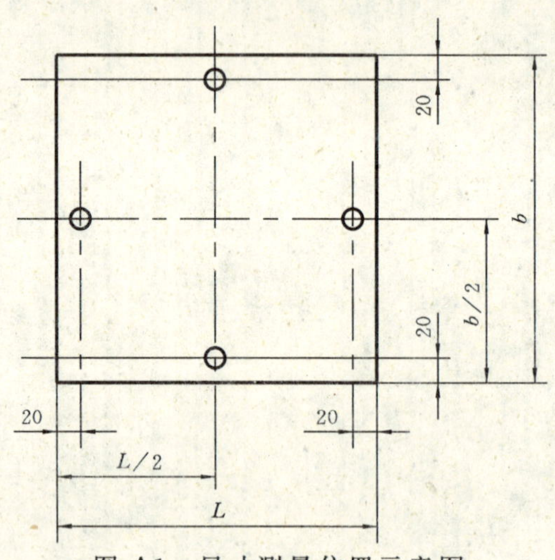

图 A1 尺寸测量位置示意图

A2.3 体积密度的测定

称量吸声板的质量，有贴面的制品，应包括贴面的质量，算出吸声板的体积，体积密度按式 A1 计算：

$$\rho=\frac{M}{V} \qquad (A1)$$

式中：ρ——吸声板的体积密度，kg/m^3；

M——吸声板的质量，kg；

V——吸声板的体积，m^3。

附 录 B
（标准的附录）
直角偏离度试验方法

B1 装置

B1.1 钢制量尺：精度 1mm。

B1.2 直角尺：630mm，1 级精度。

B1.3 塞尺：精度 0.01mm。

B2 程序

用直角尺测量试样四个角的直角偏离度，测量时将试样的一边紧贴角尺的一直角边，用塞尺测量试样邻边端部和角尺之间的间隙，δ，δ 与边长 L 的比值为直角偏离度。（见图 B1，当试样边长大于直角尺臂长时，L 为直角尺的臂长）。

记录 4 个测量值中的最大值，作为试样的直角偏离度。

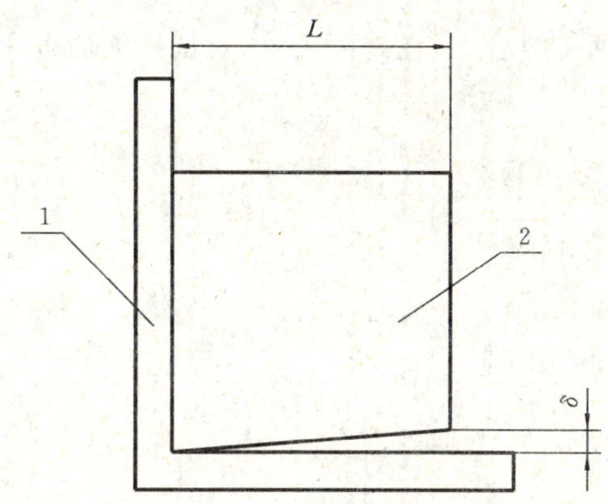

1—直角尺；2—吸声板

图 B1 直角偏离度测定示意图

附 录 C
（标准的附录）
含 水 率 试 验 方 法

C1 原理

含水率系指试样烘干至恒重时减少的质量与干燥质量之比，以百分率表示。

C2 设备

C2.1 天平：分度值不大于 0.1g。

C2.2 电热干燥箱。

C3 试样

试样按 GB 5480.1 的规定裁取，尺寸为 150mm×150mm，厚度为产品厚度。

C4 程序

称量试样的质量，放入 105℃±5℃的电热干燥箱内干燥，2h 后测定质量，用式 C1 求出含水率：

$$W=\frac{M_1-M_2}{M_2}\times 100 \quad \cdots\cdots (C1)$$

式中：W——试样的含水率，%；

M_1——干燥前试样的质量，g；

M_2——干燥后试样的质量，g。

以试样测量值的算术平均值作为试验结果。

附 录 D

（标准的附录）

弯曲破坏载荷试验方法

D1 原理

将规定尺寸的试样平放在两支撑台上，在跨距中点，对试样施加载荷，记录试样所承受的最大载荷和挠度。

D2 仪器

D2.1 强力试验机

强力试验机应包括：

a）弯曲破坏载荷试验装置，见图 D1。

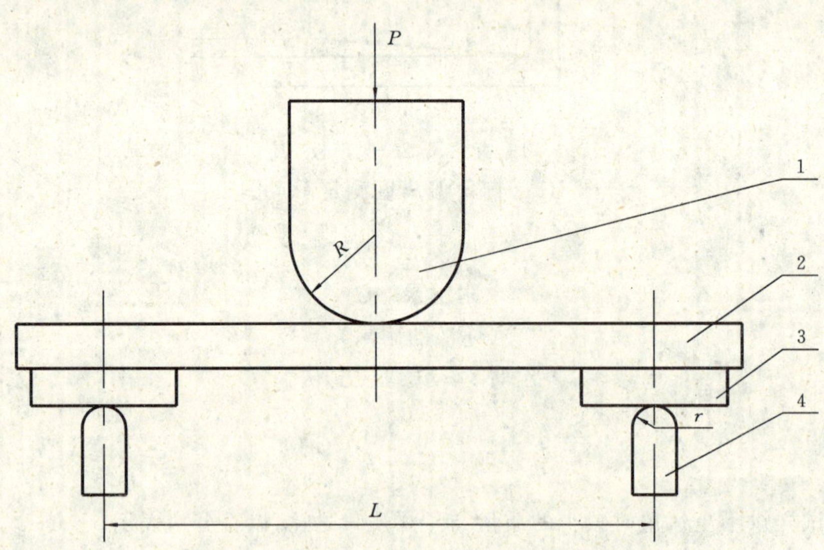

1—加载上压头；2—试样；3—支撑台；4—支座；

P—载荷；R—加载上压头半径；r—支座圆面半径；L—跨距

图 D1 弯曲破坏载荷试验装置

加载上压头半径 R=25mm±0.5mm 的园柱面，两支座为半径 r=5mm±0.1mm 的园柱面，支撑台的尺寸为宽 40mm，厚 10mm，跨距 L=150mm，加载装置应保证试样在整个宽度上受到均匀一致的载荷。

b）对试样施加压力的机构。

c）记录或指示试样载荷值的装置。该装置在规定的试验速度下，应无惯性，载荷值的误差不超过1%。

D2.2 裁取试样的模板

尺寸为150mm×200mm，允许偏差±1mm。

D2.3 合适的切裁工具，如刀、锯等。

D3 试验状态调节

试验状态调节按GB 5480.1的规定。

D4 试样

试样按GB 5480.1的规定裁取，尺寸为150mm×200mm，每个样品至少测定5个试样。

D5 程序

D5.1 裁取规定尺寸的试样，并在规定的温湿度条件下调湿。

D5.2 按附录A的规定，测量试样的厚度。

D5.3 调节跨距及加载上压头的位置，使支座两中点间的距离为150mm±0.5mm，加载上压头位于支座中间，且上压头和两支座相平行。

D5.4 将支撑台放在支座上，试样放于支撑台上（有贴面的试样，贴面朝下），试样的长度方向与支座和加载上压头相垂直。

D5.5 调节加载速度为（50±2）mm/min。

D5.6 对试样施加载荷，直至破坏，记录破坏时的载荷，若挠度等于1.5倍试样厚度时试样仍未破坏，则记录该挠度下的载荷，并将该值作为弯曲破坏载荷。

D6 结果表示

以试样弯曲破坏载荷测试值的算术平均值作为样本的弯曲破坏载荷。

附 录 E
（标准的附录）
受 潮 挠 度 试 验 方 法

E1 装置

E1.1 受潮挠度测定仪：精度不低于0.1mm。

E1.2 调温调湿箱：温度波动±1℃，湿度波动±2%。

E1.3 电热干燥箱。

E2 试样

试样尺寸为500mm×250mm，厚度为产品厚度。

E3 程序

试样在105℃±5℃的条件下干燥至恒重。当试样中含有在此温度下易挥发或易变化的组分时，可在较低的温度下烘干至恒重。试样正面向下，悬放在试验架支座上，支座中心距为480mm。在温度为

40℃±2℃,相对湿度为(90±2)%的试验箱内,放置48h。然后将试样连同试验架从箱中取出,利用专用测量头,测量试样中部的受潮挠度。

以试样测量值的算术平均值作为试验结果。

附 录 F

(标准的附录)

抽样和判定规则

F1 批的组成

检查批是由同一厂家在相同条件下,在规定的时间间隔内生产的质量正常,成分、体积密度以及粘结剂都相同的产品组成。

一个检查批由一个或多个均匀的交付连续批组成。检查批不大于一周的生产量。当检查批小于1500m² 时按一批计。

F2 抽样

F2.1 样本抽取

单位产品应从检查批中随机抽取,样本可以由一个或多个单位产品构成。所有的单位产品被认为是质量相同的,必须的试样可随机地从单位产品上抽取。

F2.2 抽样方案

型式检验和常规检验的批量大小和样本大小的二次抽样方案见表F1。

表 F1

型式检验			常规检验			
批量大小,m²	样本大小		批量大小		样本大小	
	第一次样本	总样本	板,m²	生产期,d	第一次样本	总样本
1500	2	4	3000	1	2	4
2500	3	6	5000	2	3	6
5000	5	10	10000	3	5	10
9000	8	16	18000	7	8	16
15000	13	26				
28000	20	40				
>28000	32	64				
注:批量大小可根据产品的平米数或生产的时间决定,从中选用较大的样本。						

F3 判定规则

所有的性能应看作是独立的,如果任一性能测定结果的修约值没有达到该产品的性能指标,此单位产品为不合格品。

合格品或不合格品的判定,采用合格质量水平(*AQL*)为10。计数检查的判定规则见表F2。

表 F2　计数检查的判定规则

样本大小		第一样本		总样本	
第一样本	总样本	*Ac*	*Re*	*Ac*	*Re*
Ⅰ	Ⅱ	Ⅲ	Ⅳ	Ⅴ	Ⅵ
2	4	0	2	1	2
3	6	0	2	1	2
5	10	0	3	3	4
8	16	1	3	4	5
13	26	2	5	6	7
20	40	3	6	9	10
32	64	5	9	12	13

根据样本试验结果，若在第一样本中不合格品的数量小于或等于表 F2（Ⅲ栏）中给出的第一合格判定数 *Ac*，则判该批是合格批。若在第一样本中不合格品的数量大于或等于第一不合格判定数 *Re*（Ⅳ栏），则判该批是不合格批。

若在第一样本中的不合格品数量大于第Ⅲ栏的 *Ac* 又小于第Ⅳ栏的 *Re*，样本大小应增加为表 F2 中给出的总体样本大小，并以总样本的试验结果去判定。

若在总样本中的不合格品数量小于或等于在表 F2（Ⅴ栏）中给出的总样本合格判定数 *Ac*，则判该批是合格批。若在总样本中的不合格品数量大于或等于总样本不合格品数 *Re*（Ⅵ栏），则判该批是不合格批。

四、采光材料

中华人民共和国国家标准

UDC 661.151
: 389.63

普通平板玻璃尺寸系列

GB 4870—85

Sheet glass dimension series

1 适用范围

本标准规定了普通平板玻璃主要规格，适用于生产厂、建筑门窗设计及各类用户选用。也可作为普通平板玻璃采购、计划分配的指南。

2 尺寸系列

2.1 尺寸采用国际单位制注。

注：有出口产品的企业，仍暂用英制单位见表 2 。

2.2 尺寸范围见表 1 。

表 1

mm

厚 度	长 度		宽 度	
	最 小	最 大	最 小	最 大
2	400	1300	300	900
3	500	1800	300	1200
4	600	2000	400	1200
5	600	2600	400	1800
6	600	2600	400	1800

2.3 长、宽尺寸比不超过2.5。

2.4 长、宽尺寸的进位基数均为50mm 。

3 规格

经常生产的主要规格见表 2 。

表 2

尺 寸， mm	厚 度， mm	备 注（in）
900 × 600	2， 3	36 × 24
1000 × 600	2， 3	40 × 24
1000 × 800	3， 4	40 × 32
1000 × 900	2， 3， 4	40 × 36
1100 × 600	2， 3	44 × 24
1100 × 900	3	44 × 36

国家标准局1985－01－19发布

1985－03－01实施

续表 2

尺寸，mm	厚度，mm	备注（in）
1100×1000	3	44×40
1150×950	3	46×38
1200×500	2，3	48×20
1200×600	2，3，5	48×24
1200×700	2，3	48×28
1200×800	2，3，4	48×32
1200×900	2，3，4，5	48×36
1200×1000	3，4，5，6	48×40
1250×1000	3，4，5	50×40
1300×900	3，4，5	52×36
1300×1000	3，4，5	52×40
1300×1200	4，5	52×48
1350×900	5，6	54×36
1400×1000	3，5	56×40
1500×750	3，4，5	60×30
1500×900	3，4，5，6	60×36
1500×1000	3，4，5，6	60×40
1500×1200	4，5，6	60×48
1800×900	4，5，6	72×36
1800×1000	4，5，6	72×40
1800×1200	4，5，6	72×48
1800×1350	5，6	72×54
2000×1200	5，6	80×48
2000×1300	5，6	80×52
2000×1500	5，6	80×60
2400×1200	5，6	96×48

4 其他

特殊及专用规格，产、需双方协商解决。

附加说明：
本标准由国家建筑材料工业局秦皇岛玻璃研究院起草。
本标准主要起草人马百林。

中华人民共和国国家标准

普通平板玻璃

Sheet glass

GB 4871—1995

代替 GB 4871—85

1 主题内容与适用范围

本标准规定了普通平板玻璃的分类、尺寸、技术要求、检验方法、检验规则、包装及标志、贮存和运输。

本标准适用于拉引法生产的，用于建筑和其他方面的普通平板玻璃。

2 引用标准

GB 1216 外径千分尺
GB 2680 平板玻璃可见光总透过率测定方法
GB/T 6382.1 平板玻璃集装器具 架式集装器及其试验方法
GB/T 6382.2 平板玻璃集装器具 箱式集装器及其试验方法
JC/T 513 平板玻璃木箱包装
JB 2546 钢直尺

3 分类

3.1 按厚度分：2、3、4、5 mm 四类。

3.2 按等级分：优等品、一等品、合格品三类。

4 尺寸

玻璃板应为矩形，尺寸一般不小于 600 mm×400 mm。

5 技术要求

5.1 厚度偏差应符合表 1 规定。

表 1

mm

厚度	允许偏差
2	±0.20
3	±0.20
4	±0.20
5	±0.25

5.2 尺寸偏差，长 1 500 mm 以内（含 1 500 mm）不得超过±3 mm，长超过 1 500 mm 不得超过±4 mm。

国家技术监督局1995-11-30批准

1996-08-01实施

5.3 尺寸偏斜，长 1 000 mm，不得超过±2 mm。

5.4 弯曲度不得超过 0.3%。

5.5 边部凸出或残缺部分不得超过 3 mm，一片玻璃只许有一个缺角，沿原角等分线测量不得超过 5 mm。

5.6 可见光总透过率不得低于表 2 规定。

表 2

厚度，mm	可见光总透过率，%
2	88
3	87
4	86
5	84

玻璃表面不许有擦不掉的白雾状或棕黄色的附着物。

5.7 外观质量应符合表 3 的分等要求。

表 3

缺陷种类	说明	优等品	一等品	合格品
波筋（包括波纹辊子花）	不产生变形的最大入射角	60°	45° 50 mm 边部，30°	30° 100 mm 边部，0°
气泡	长度 1 mm 以下的	集中的不许有	集中的不许有	不限
	长度大于 1 mm 的每平方米允许个数	≤6mm，6	≤8mm，8 >8～10 mm，2	≤10 mm，12 >10～20 mm，2 >20～25 mm，1
划伤	宽≤0.1 mm 每平方米允许条数	长≤50 mm 3	长≤100 mm 5	不限
	宽>0.1 mm，每平方米允许条数	不许有	宽≤0.4 mm 长<100 mm 1	宽≤0.8 mm 长<100 mm 3
砂粒	非破坏性的，直径 0.5～2 mm，每平方米允许个数	不许有	3	8
疙瘩	非破坏性的疙瘩波及范围直径不大于 3 mm，每平方米允许个数	不许有	1	3
线道	正面可以看到的每片玻璃允许条数	不许有	30 mm 边部 宽≤0.5 mm 1	宽≤0.5 mm 2
麻点	表面呈现的集中麻点	不许有	不许有	每平方米不超过 3 处
	稀疏的麻点，每平方米允许个数	10	15	30

注：① 集中气泡，麻点是指 100 mm 直径圆面积内超过 6 个。

② 砂粒的延续部分，入射角 0°能看出的当线道论。

5.8 玻璃 15 mm 边部，一等品、合格品允许有任何非破坏性缺陷。

5.9 玻璃不允许有裂口存在。

5.10 标准无规定的技术要求，由供需双方协商。

6 检验方法

6.1 尺寸用符合 JB 2546 规定的金属尺测量。

6.2 厚度用符合 GB 1216 规定的千分尺在玻璃板四边各取一点测量，厚度差均不得超过表 1 的规定。

6.3 可见光总透过率按 GB 2680 或使用等效的仪器测定。

6.4 波筋的测定

6.4.1 设备

a. 光源：24 V，150～240 W 的卤钨灯。

b. 屏幕：白色、不反光。

c. 支架：能使试样垂直放置，并可平行屏幕移动。

6.4.2 检验步骤

玻璃按拉引方向垂直放置，与光线成 60°角，距光源 6 m。白色屏幕与玻璃平行，相距 0.7 m，观察屏幕呈现的明暗条纹，参照波筋样板确定等级。

6.5 气泡、划伤、砂粒、疙瘩、麻点、线道检验

6.5.1 设备

黑色框架：装有数支 40 W 日光灯管，灯管间距 300 mm。

6.5.2 检验步骤

将玻璃按拉引方向垂直放置，与日光灯管平行并相距 600 mm，观察者距玻璃 600 mm，视线垂直玻璃观察，缺陷尺寸用符合 JB 2546 规定的金属尺或放大 10～20 倍的读数显微镜测定。

6.6 弯曲度的测定

将玻璃垂直放置，不施加外力，沿板边水平放一足够长的直尺。玻璃弓形弯曲时，测量对应弦长的弧高；波形时，测量对应波峰到波峰（或波谷到波谷），距离间的波谷的深度（或波峰高度），按下式计算弯曲度：

$$c = \frac{h}{L} \times 100$$

式中：c——弯曲度，%；

h——弦高或波谷深度（或波峰高度），mm；

L——弦长或波峰到波峰的距离（或波谷到波谷的距离），mm。

6.7 尺寸偏斜及缺角的测定

将直角尺放在玻璃上，使角顶点、一边分别与玻璃顶点、一边对齐，测量直角尺另一边 1 m 处与玻璃板边的距离。缺角深度是沿角平分线从原角顶向内测量。

7 检验规则

7.1 检验分类

出厂检验：检验项目为厚度偏差、尺寸偏差、外观质量。

型式检验：检验项目为本标准规定的该种产品的全部技术要求。

7.2 抽样方法

按表 4 规定进行随机抽样。

表 4

片

批量	抽样数	允许不合格片数
91～150	20	2
151～280	32	3
281～500	50	5
501～1 200	80	7
1 201～3 200	125	10

7.3 判定规则

7.3.1 一片玻璃合格判定：玻璃各项技术要求均达到本标准技术要求时，该片玻璃视为合格。

7.3.2 一批玻璃合格判定：任何一项指标中，不合格片数少于或等于表 4 规定时，该批玻璃视为合格。

8 标志、包装、运输、贮存

8.1 玻璃用木箱或集装箱(架)包装。箱(架)应便于装卸、运输。木箱包装应符合 JC/T 513 要求；集装箱(架)应符合 GB/T 6382.1 和 GB/T 6382.2 要求。

8.2 运输时，箱头朝向车辆运动方向，应防止箱(架)倾倒滑动。运输和装卸时箱盖朝上，不得倒放或斜放并需有防雨措施。

8.3 玻璃应在干燥通风的库房中存放。

附加说明：

本标准由国家建筑材料工业局提出。

本标准由国家建筑材料工业局秦皇岛玻璃研究院负责起草。

本标准主要起草人谭景亚、李绍唐、王玉兰。

中华人民共和国国家标准

汽车用安全玻璃
（可供认证用）

Safety glasses for road vehicles
(applicable for certification)

GB 9656—1996

代替 GB 9656—88

1 主题内容与适用范围

本标准规定了汽车用安全玻璃的厚度及性能指标。

本标准适用于汽车用安全玻璃，也适用于其他道路车辆用安全玻璃。

2 引用标准

GB 1216 外径千分尺

GB 5137.1 汽车安全玻璃力学性能试验方法

GB 5137.2 汽车安全玻璃光学性能试验方法

GB 5137.3 汽车安全玻璃耐辐照、高温、潮湿、燃烧和耐模拟气候试验方法

JC/T 512 汽车安全玻璃包装

JC/T 632 汽车安全玻璃术语

3 名词、术语

a. M_1 类汽车：指定员在 9 人以下的乘用汽车（四轮以上的汽车或汽车总重量超过 1 t 的三轮汽车）。

b. M_1 类以外汽车：指除 M_1 类汽车以外的汽车。

本标准其他名词术语见 JC/T 632。

4 种类与应用

4.1 种类

a. A 类夹层玻璃；

b. B 类夹层玻璃；

c. 区域钢化玻璃；

d. 钢化玻璃。

4.2 应用

4.2.1 前风窗玻璃

a. A 类夹层玻璃；

b. B 类夹层玻璃；

c. 区域钢化玻璃。

4.2.2 前风窗以外玻璃

国家技术监督局1996-03-26批准　　1996-10-01实施

a. A类夹层玻璃；

b. B类夹层玻璃；

c. 钢化玻璃。

5 技术要求

应用于汽车不同部位的不同种类安全玻璃的技术要求应符合表1相应条款的规定。

表1 技术要求及其试验方法条款

试验	前风窗玻璃			前风窗以外玻璃			试验方法
	A类夹层玻璃	B类夹层玻璃	区域钢化玻璃	A类夹层玻璃	B类夹层玻璃	钢化玻璃	
厚度	5.1	5.1	5.1	5.1	5.1	5.1	6.1
透射比	5.2	5.2	5.2	5.2	5.2	5.2	6.2
副像偏离	5.3	5.3	5.3	—	—	—	6.3
光畸变	5.4	5.4	5.4	—	—	—	6.4
颜色识别	5.5	5.5	5.5	—	—	—	6.5
抗磨性	5.6	5.6	—	—	—	—	6.6
耐热性	5.7	5.7	—	5.7	5.7	—	6.7
耐辐照性	5.8	5.8	—	5.8	5.8	—	6.8
耐湿性	5.9	5.9	—	5.9	5.9	—	6.9
人头模型冲击	5.10	—	5.10	5.10	—	—	6.10
抗穿透性	5.11	—	—	—	—	—	6.11
抗冲击性	5.12	5.12	—	5.12	5.12	5.12	6.12
碎片状态	—	—	5.13.1	—	—	5.13.2	6.13

5.1 厚度

制品的厚度及其偏差必须符合表2的规定。

表2 厚度及厚度偏差 mm

种类	公称厚度	厚度及其偏差
A类夹层玻璃 B类夹层玻璃	原片玻璃与中间层的总厚度	公称厚度[1]±0.2 n[2]
区域钢化玻璃	5	5.0±0.2
	6	6.0±0.2
钢化玻璃	3.1	3.1±0.2
	3.5	3.5±0.2
	4	4.0±0.2
	5	5.0±0.2
	6	6.0±0.2

注：1）夹层玻璃的公称厚度由供需双方商定。

2）n 为构成夹层玻璃的原片玻璃层数。

5.2 透射比

5.2.1 前风窗玻璃的透射比

取 3 块试样进行试验，3 块试样必须全部符合表 3 的规定。

表 3　前风窗玻璃的透射比

种类	汽车种类	试验区	透射比
A 类夹层玻璃 B 类夹层玻璃 区域钢化玻璃	M_1	B 或 b[1]	≥70%
	M_1 以外	I 或 a[1]	

注：1）试验区 B、I、a、b 及后面提到的试验区 A 见附录 A。

5.2.2　前风窗以外玻璃的透射比

对于驾驶员视区部位的透射比，取 3 块试样进行试验，3 块试样的透射比必须大于或等于 70%。其余前风窗以外玻璃的透射比可由供需双方商定。

5.3　副像偏离

取 4 块试样进行试验，4 块试样必须全部符合表 4 的规定。

表 4　前风窗玻璃的副像偏离

种类	汽车种类	试验区	主像与副像分离的最大值
A 类夹层玻璃 B 类夹层玻璃 区域钢化玻璃	M_1	A 或 a	15′
		B 或 b	25′
	M_1 以外	I 或 a	15′

注：制品边缘 100 mm 范围内包含的试验区 A 及 I 的部分允许为 25′。

5.4　光畸变

取 4 块试样进行试验，4 块试样必须全部符合表 5 的规定。

表 5　前风窗玻璃的光畸变

种类	汽车种类	试验区	光畸变最大值
A 类夹层玻璃 B 类夹层玻璃 区域钢化玻璃	M_1	A 或 a	2′
		B 或 b	6′
	M_1 以外	I 或 a	2′

注：制品边缘 100 mm 范围内包含的试验区 A 及 I 的部分允许为 6′。

5.5　颜色识别

在试验区内带色的情况下，取 4 块试样进行试验，4 块试样必须全部符合表 6 的规定。

表 6　前风窗玻璃的颜色识别

种类	汽车种类	试验区	颜色识别
A 类夹层玻璃 B 类夹层玻璃 区域钢化玻璃	M_1	B 或 b	能识别白、黄、红、绿、蓝、琥珀色各色
	M_1 以外	I 或 a	

5.6　抗磨性

取 3 块试样进行试验，3 块试样必须全部符合表 7 的规定。

表 7 夹层玻璃的抗磨性

种类	因磨耗而引起的雾度
A 类夹层玻璃 B 类夹层玻璃	≤2%

5.7 耐热性

取 3 块试样进行试验，3 块试样全部符合表 8 的规定为合格，1 块试样符合时为不合格。

当 2 块试样符合时，再追加试验 3 块新试样，如果 3 块全部符合表 8 的规定则为合格。

表 8 夹层玻璃的耐热性

种类	煮沸后的状态
A 类夹层玻璃 B 类夹层玻璃	允许试样有裂口存在，但超出边部 15 mm(新切边部 25 mm)或超出裂口 10 mm 的部分不能产生气泡及其他缺陷

5.8 耐辐照性

取 3 块试样进行试验，3 块试样全部符合表 9 的规定为合格，1 块试样符合时为不合格。

当 2 块试样符合时，再追加试验 3 块新试样，如果 3 块全部符合表 9 的规定则为合格。

表 9 夹层玻璃的耐辐照性

种类	适用部位	汽车种类	试验区	紫外线照射后的状态
A 类夹层玻璃 B 类夹层玻璃	前风窗	M_1	B 或 b	1. $\frac{y}{x}\times100\%\geqslant95\%$； 2. $y\geqslant70\%$ x 为紫外线照射前的透射比；y 为紫外线照射后的透射比； 3. 用白色背景检查时，不可有显著变化(变色、出泡、浑浊等)
		M_1 以外	I 或 a	
	前风窗以外	—		

5.9 耐湿性

取 3 块试样进行试验，3 块试样全部符合表 10 的规定为合格，1 块试样符合时为不合格。

当 2 块试样符合时，再追加试验 3 块新试样，如果 3 块全部符合表 10 的规定则为合格。

表 10 夹层玻璃的耐湿性

种类	耐湿试验后的状态
A 类夹层玻璃 B 类夹层玻璃	超出边部 10 mm(新切边部 15 mm)的部分不可有显著变化(变色、出泡、浑浊等)

5.10 人头模型冲击

前风窗玻璃的人头模型冲击试验，符合 5.10.1 和 5.10.2 任意一条为合格；前风窗以外玻璃的人头模型冲击试验，符合 5.10.2 为合格。

5.10.1 以制品为试样

取 4 块试样进行试验，4 块试样全部符合表 11 的规定为合格，2 块或 2 块以下符合时为不合格。

当 3 块符合时，再追加试验 4 块新试样，如果 4 块全部符合表 11 的规定为合格。

表 11 制品的人头模型冲击

种类	落下高度[1],m	冲击后的状态
A 类夹层玻璃	1.5	1. 以冲击点为中心产生许多环状和放射状裂纹，离冲击点最近的环状裂纹的半径不得大于 80 mm； 2. 玻璃必须粘附在中间层上，在以冲击点为中心的 60 mm 直径圆外，允许宽 4 mm 以下的碎片剥离； 3. 在试样的冲击侧不允许有面积大于 20 cm^2 的中间层裸露； 4. 中间层的裂口长度在 35 mm 以下
区域钢化玻璃	1.5	试样必须破坏

注：1）落下高度是指从试样表面到人头模型下端点的高度。

5.10.2 以试验片为试样

取 6 块试样进行试验，6 块试样全部符合表 12 的规定为合格，4 块及 4 块以下试样符合时为不合格。

当 5 块试样符合时，再追加试验 6 块新试样，如果 6 块全部符合表 12 的规定则为合格。

表 12 试验片的人头模型冲击

种类	适用部位	落下高度,m	冲击后的状态
A 类夹层玻璃	前风窗	4	以冲击点为中心产生许多圆形裂纹，但应符合： 1. 不得穿透； 2. 无大碎片剥离
	前风窗以外	1.5	
区域钢化玻璃	前风窗	1.5	试样必须破坏

5.11 抗穿透性

取 6 块试样进行试验，6 块试样全部符合表 13 的规定为合格，4 块及 4 块以下试样符合时为不合格。

当 5 块试样符合时，再追加试验 6 块新试样，如果 6 块全部符合表 13 的规定则为合格。

表 13 前风窗玻璃的抗穿透性

种类	落下高度,m	冲击后的状态
A 类夹层玻璃	4	冲击后 5 s 内钢球不可穿透试样

5.12 抗冲击性

5.12.1 前风窗玻璃的抗冲击性

a. 分别取 A 类夹层玻璃在 40℃及－20℃下的各 10 块试样进行试验，每组 8 块或 8 块以上试样符合表 14 的规定为合格，7 块以下试样符合时，再追加试验 10 块新试样，如果 10 块全部符合表 14 的规定则为合格。

表 14 前风窗玻璃的抗冲击性

种类	冲击后的状态
A 类夹层玻璃	1. 钢球不可穿透试样； 2. 从冲击面反侧剥落的碎片总质量不可超过表 15 的规定

表 15 抗冲击性的碎片质量

公称厚度,e mm	落球高度,m		碎片质量,g ≤
	−20℃	40℃	
e≤4.5	8.5	9	12
4.5<e≤5.5	9	10	15
5.5<e≤6.5	9.5	11	20
e>6.5	10	12	25

b. 取 6 块 B 类夹层玻璃试样进行试验,5 块或 5 块以上试样符合表 16 的规定为合格,3 块及 3 块以下试样符合时为不合格。

当 4 块试样符合时,再追加试验 6 块新试样,如果 6 块全部符合表 16 的规定则为合格。

表 16 前风窗玻璃的抗冲击性

种类	落球高度,m	冲击后的状态
B 类夹层玻璃	9	1. 钢球不可穿透试样; 2. 从冲击面反侧剥落的碎片总质量不超过 20 g

5.12.2 前风窗以外玻璃的抗冲击性

a. 取 4 块夹层玻璃试样进行试验,4 块试样全部符合表 17 的规定为合格,1 块试样符合时为不合格。

当 2 块或 3 块试样符合时,再追加试验 4 块新试样,如果 4 块全部符合表 17 的规定则为合格。

b. 取 6 块钢化玻璃试样进行试验,5 块或 5 块以上试样符合表 17 的规定为合格,3 块及 3 块以下试样符合时为不合格。

当 4 块试样符合时,再追加试验 6 块新试样,如果 6 块全部符合表 17 的规定则为合格。

表 17 前风窗以外玻璃的抗冲击性

种类	公称厚度(e),mm	落球高度,m	冲击后的状态
A 类夹层玻璃 B 类夹层玻璃	e≤5.5	5	1. 钢球不可穿透试样; 2. 从冲击面反侧剥落的碎片总质量不超过 15 g
	5.5<e≤6.5	6	
	e>6.5	7	
钢化玻璃	e≤3.5	2	试样不可破坏
	e>3.5	2.5	

5.13 碎片状态

5.13.1 区域钢化玻璃的碎片状态

取 6 块区域钢化玻璃试样进行试验,如果 6 块试样全部符合表 18 的规定为合格。

表 18 区域钢化玻璃的碎片状态

分区	碎片状态
周边区	1. 在任一 50 mm×50 mm 的正方形内，碎片数不少于 40 块不多于 350 块。在少于 40 块的情况下，如果含有该部分的 100 mm×100 mm 正方形内的碎片数不少于 160 块也是允许的； 2. 在上述规定中，横跨正方形边界的碎片应计作半块； 3. 制品边缘 20 mm 范围内的碎片不作检查；以冲击点为圆心半径 75 mm 圆内的碎片数也不作检查； 4. 超过 3 cm^2 的碎片不多于 3 块，但在直径 100 mm 的圆内不允许有 2 块以上大于 3 cm^2 的碎片； 5. 允许有长条形碎片，其长度不超过 75 mm，且其端部不是刀刃状，延伸至玻璃边缘的长条形碎片与边缘形成的角度不得大于 45°
主视区	1. 大于 2 cm^2 碎片的累计面积应不小于评价区 500 mm×200 mm 长方形面积的 15%；但如果前风窗玻璃的高度小于 440 mm 或前风窗玻璃的实车安装角不大于 15°，大于 2 cm^2 碎片的累计面积应不小于评价区[1]长方形面积的 10%； 2. 不得有大于 16 cm^2 的碎片； 3. 在以冲击点为圆心半径 10 cm 的圆内允许有 3 个大于 16 cm^2、小于 25 cm^2 的碎片； 4. 碎片形状应基本规则且不带尖角。但在任一 500 mm×200 mm 矩形中允许有不多于 10 块不规则碎片[2]，整个前风窗玻璃不规则碎片数不多于 25 块。但按注 2）定义的尖角长度大于 35 mm的碎片不允许存在； 5. 允许有长条形碎片存在，但其长度不得超过 100 mm
过渡区	碎片状态必须处于两相邻区的碎片允许状态之间

注：1）当试样的高度尺寸小于 440 mm 时，评价区取 500×150 mm 的长方形；当试样高度尺寸为 440 mm 以上时，评价区取 500×200 mm 的长方形。

2）不规则碎片是指不能容纳于直径 40 mm 的圆内的碎片，或至少有一个长度大于 15 mm 的尖角，尖角长度是指尖角顶部到尖角宽度等于玻璃厚度那部分的长度；以及有一个或一个以上顶角小于 40°的尖角的碎片。

当 6 块试样中有 1 块不符合表 18 的规定，但碎片状态没有超过以下范围：

周边区：长度为 75～150 mm 的长条形碎片不多于 5 块。

主视区：以冲击点为圆心半径 100 mm 的圆外，面积在 16～20 cm^2 之间的碎片不多于 3 块。长度为 100～175 mm 的长条形碎片不多于 4 块。

此时，再追加试验 1 块新试样，进行相同冲击点的重复试验，如符合表 18 的规定，或在上述范围内时则为合格。

当 6 块试样中有 2 块不符合表 18 的规定，但其碎片状态没有超过上述规定的范围时，再追加试验 6 块新试样，如果 6 块都符合表 18 的规定，或不多于 2 块在上述范围内时则为合格。

5.13.2 钢化玻璃的碎片状态

a. 对于平型钢化玻璃或单曲面弯型钢化玻璃，取 3 块试样进行试验，如果 3 块试样全部符合表 19 的规定则为合格。

b. 对于复合曲面弯型钢化玻璃，取 4 块试样进行试验，如果 4 块试样全部符合表 19 的规定则为合格。

表 19 钢化玻璃的碎片状态

种类	碎片状态
钢化玻璃	1. 在任一 50 mm×50 mm 的正方形内，碎片数不少于 40 块，但不多于 400 块，若厚度不大于 3.5 mm，则碎片数在 40 块以上，450 块以下； 2. 在上述规定中，横跨正方形边部的碎片应计作半块； 3. 制品边缘 20 mm 范围内的碎片不作检查；以冲击点为圆心 75 mm 半径的圆内也不检查； 4. 除上述第 3 条规定的部位外，不允许有超过 3 cm^2 的碎片； 5. 允许有少量长条形碎片，其长度不超过 75 mm，且其端部不是刀刃状，延伸至玻璃边缘的长条形碎片与边缘形成的角不大于 45°

当一组试样中有一块不符合表 19 的规定，但其碎片状态不超过下述范围：

60～75 mm 长的长条形碎片不多于 5 块。

75～100 mm 长的长条形碎片不多于 4 块。

此时，再追加试验 1 块新试样，进行相同冲击点的重复试验，如符合表 19 的规定，或在上述规定范围内时则为合格。

当一组试样中有 2 块不符合表 19 的规定，但其碎片状态不超过上述规定范围时，对一组新试样重复进行所有冲击点试验，如符合表 19 的规定，或此组新试样不多于 2 块在上述规定范围内时则为合格。

6 试验方法

当用制品作为试样进行试验时，如果检验项目对其性能不产生影响，则该试样可以用来继续进行其他项目的检验。当用试验片进行试验时，试验片必须是与产品同样材料、同等条件下生产出来的。

6.1 厚度的测定

使用符合 GB 1216 规定的千分尺或与此同等精度的器具测量玻璃每边的中点，每边测量结果的算术平均值作为厚度值，测量值应精确到 0.01 mm。

6.2 透射比的测定

按 GB 5137.2 方法进行试验。

6.3 副像偏离

按 GB 5137.2 方法进行试验。

6.4 光畸变

按 GB 5137.2 方法进行试验。

6.5 颜色识别

按 GB 5137.2 方法进行试验。

6.6 抗磨性

按 GB 5137.1 方法进行试验。

6.7 耐热性

按 GB 5137.3 方法进行试验。

6.8 耐辐照性

按 GB 5137.3 方法进行试验。

6.9 耐湿性

按 GB 5137.3 方法进行试验。

6.10 人头模型冲击

按 GB 5137.1 方法进行试验。

6.11 抗穿透性

按 GB 5137.1 进行试验。

6.12 抗冲击性

按 GB 5137.1 方法进行试验。

6.13 碎片状态

按 GB 5137.1 方法进行试验。

6.13.1 区域钢化玻璃的分区

a. 周边区:离玻璃周边至少 70 mm 宽的区域。

b. 主视区:司机前方至少为高 200 mm、长 500 mm 的长方形。

c. 过渡区:主视区与周边区之间的区域,一般宽度不超过 50 mm。

6.13.2 区域钢化玻璃的冲击点位置

冲击点位置如图 1 所示。

点 1:在主视区的中心;

点 2:位于过渡区最接近主视区的横边中心线上;

点 3 及 3′:在试样最短中心线上,距边 30 mm。

点 4:在试样最长中心线上的曲率最大处;

点 5:在试样的角上或周边曲率半径最小处,距边 30 mm。

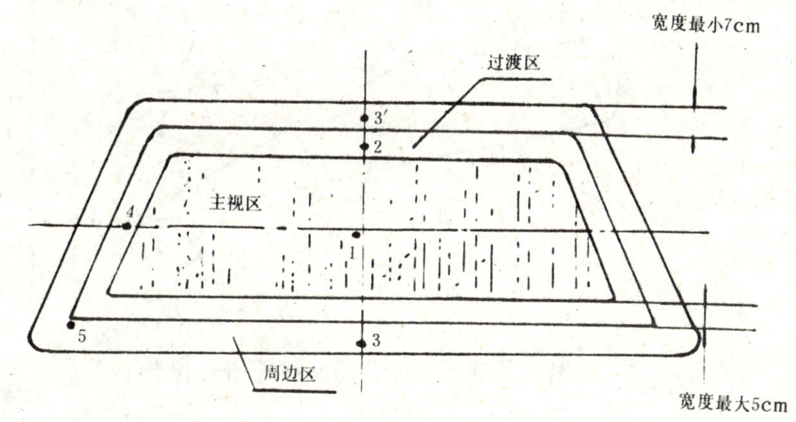

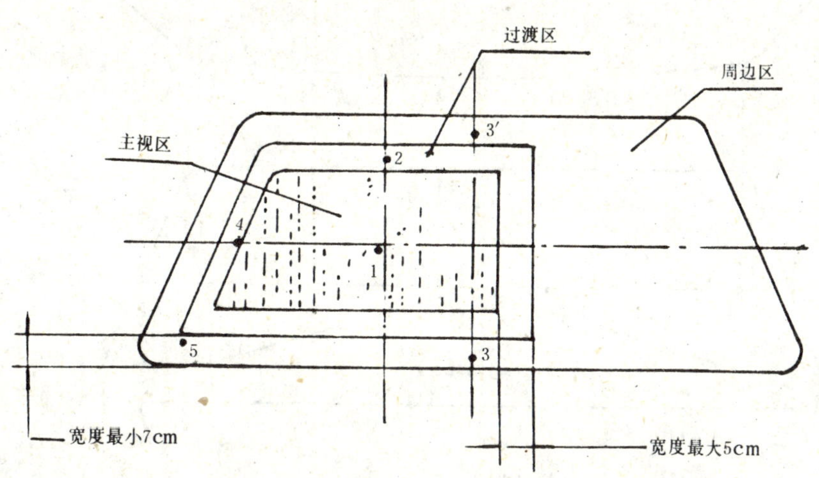

图 1 区域钢化玻璃试样冲击点位置

6.13.3 钢化玻璃的冲击点位置

冲击点的位置如图 2a、2b 及图 3 所示。

点 1:试样角部曲率半径最小处,从角顶沿角平分线向中心 30 mm 的点,左侧右侧皆可;

点 2:在试样最长或最短中心线上距边 30 mm 处;

点 3:试样的中心点;

点 4:位于试样最长中心线上的曲率最大处。

图中某冲击点如有两处以上时,可选择满足上述条件的任一点。

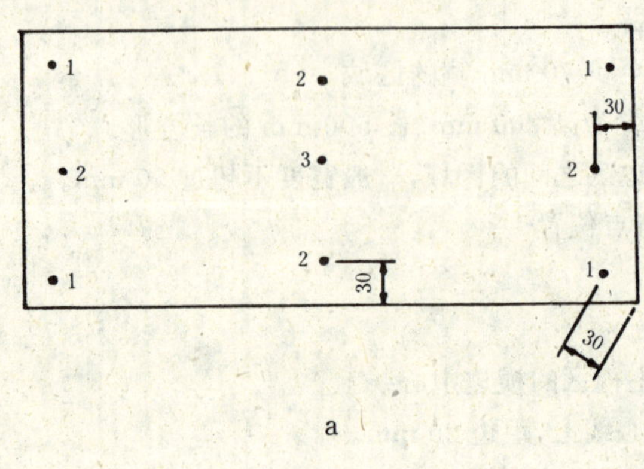

a

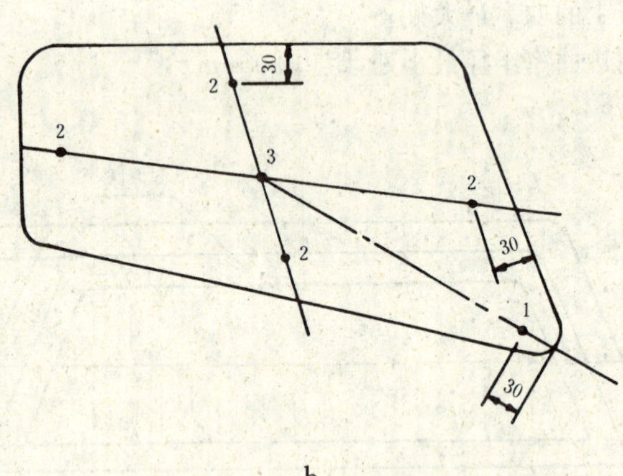

b

图 2　平型或单曲面试样冲击点位置

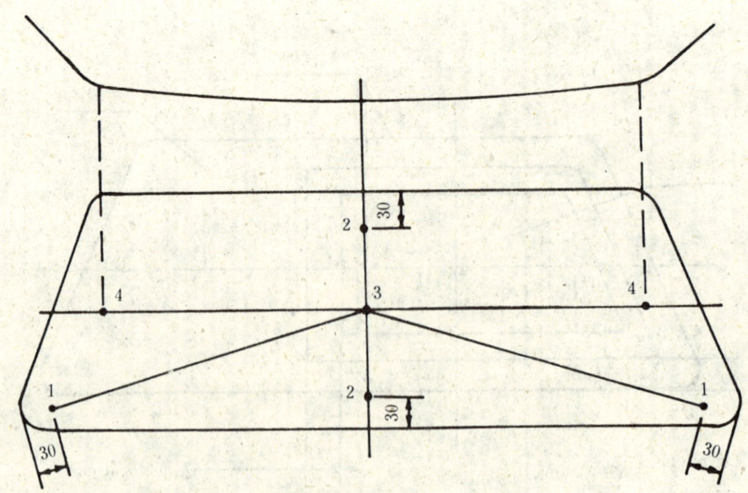

图 3　复合曲面试样冲击点位置

7　检验规则

7.1　检验分类

7.1.1　型式检验:检验项目为本标准规定的该种产品全部技术要求。

注：有下列情况之一时，应进行型式检验。

a. 新产品或老产品转厂生产的试制定型鉴定；

b. 正式生产后，如结构、材料、工艺有较大改变，可能影响产品性能时；

c. 正常生产时，定期或积累一定产量后，应周期性进行一次检验；

d. 产品长期停产后，恢复生产时；

e. 出厂检验结果与上次型式检验有较大差异时；

f. 国家质量监督机构提出型式检验的要求时。

7.1.2 认证检验：检验项目为本标准规定的该种产品全部性能要求(透射比、副像偏离、光畸变、颜色识别、抗磨性、耐热性、耐辐照性、耐湿性、人头模型冲击、抗穿透性、抗冲击性、碎片状态)。

7.2 组批规则

7.2.1 型式检验组批规则

对于产品所要求的技术性能，若用制品检验时，根据检验项目所要求的数量从该批产品中随机抽取；当该批产品批量大于 500 片时，以每 500 片为一批分批抽取。按本标准第 5 章规定的相应条款进行产品单项性能合格判定。如果 5.2～5.13 条各项性能中有一项或一项以上不合格，则该批产品为不合格产品。

7.2.2 认证检验组批规则

7.2.2.1 前风窗玻璃的认证检验组批规则

7.2.2.1.1 前风窗玻璃的形状参数

a. 展开面积；

b. 拱高；

c. 曲率半径。

7.2.2.1.2 同一厚度前风窗玻璃组成一组

7.2.2.1.3 按展开面积的大小分为 A、B 两系列，其编号如下：

A 系列：	B 系列：
1# 为展开面积最大的	1# 为展开面积最小的
2# 为展开面积次于 1# 的	2# 为展开面积大于 1# 的
3# 为展开面积次于 2# 的	3# 为展开面积大于 2# 的
4# 为展开面积次于 3# 的	4# 为展开面积大于 3# 的
5# 为展开面积次于 4# 的	5# 为展开面积大于 4# 的

7.2.2.1.4 在 A 系列及 B 系列中分别按拱高编号如下：

1# 为拱高最大的

2# 为拱高次于 1# 的

3# 为拱高次于 2# 的

等等……

7.2.2.1.5 在 A 系列及 B 系列中分别按曲率半径编号如下：

1# 为曲率半径最大的

2# 为曲率半径大于 1# 的

3# 为曲率半径大于 2# 的

等等……

7.2.2.1.6 将 A 系列及 B 系列中每种前风窗玻璃三个参数的编号分别加在一起。

a. 对 A 系列中编号相加总和最小的前风窗玻璃和 B 系列中编号相加总和最小的前风窗玻璃应进行本标准规定的全部性能试验。

b. A 系列及 B 系列中剩余的前风窗玻璃只进行本标准规定的光学性能试验。

7.2.2.1.7 对于拱高及曲率半径与选出的两个系列的前风窗玻璃有显著差异的前风窗玻璃，根据情况也需进行光学试验。

7.2.2.1.8 根据前风窗玻璃的展开面积确定其分组范围，如果扩大认证的前风窗玻璃的展开面积超出已批准的范围和(或)拱高过大，曲率半径过小，则应重新按7.2.2.1.3～7.2.2.1.5的方法分系列，并按7.2.2.1.6中a及b决定试验项目。

7.2.2.2 前风窗以外玻璃的认证检验组批规则

7.2.2.2.1 试样选取

每种形状及每个厚度试样应按下列准则选取。

a. 平型玻璃，应提供下列两组试样：

第一组：面积最大；

第二组：两相邻边之间的夹角最小；

b. 弯型玻璃提供下列三组试样：

第一组：展开面积最大；

第二组：两相邻边之间的夹角最小；

第三组：拱高最大。

7.2.2.2.2 试样数量

按前风窗以外玻璃的形状分类，每类玻璃的试样数量如表20所示。

表 20

种　　类	试　　样
平型(2组)	2×4
弯型(3组)	3×5

8 包装、标志、运输、贮存

8.1 包装

产品应用集装箱或木箱包装。每片玻璃应用塑料袋或纸包装。玻璃与包装箱之间用不易引起玻璃划伤等外观缺陷的轻软材料填实。具体要求应符合JC/T 512的规定。

8.2 标志

标志应符合JC/T 512的有关规定。每个包装箱外应标明“朝上、小心轻放”等字样和玻璃厚度、等级、厂名或商标。

8.3 运输

产品用各种类型的车辆运输，搬运规则、条件等应符合JC/T 512的有关规定。

运输时，玻璃不得平放或斜放，长度方向应与车辆运动方向相同，应有防雨设施。

8.4 贮存

产品应垂直贮存在干燥的室内。

附 录 A
前风窗安全玻璃试验区的确定
（参考件）

A1 根据 V 点及 O 点决定的试验区 A、B、I

A1.1 适用范围

本附录规定的是与 V 点及 O 点相关的前风窗玻璃试验区的决定方法。以下所规定的试验区的决定方法适用于左驾驶盘的车辆，对右驾驶盘的车辆，调换 *Y* 轴的正负方向即可适用。

A1.2 定义

A1.2.1 H 点：H 点是指乘客舱内坐着的乘客的位置，是根据有关标准规定的人体模型的躯干和大腿之间的理论旋转轴线与纵向垂直平面的交点。

A1.2.2 R 点或座位基准点：R 点是制造厂规定的基准点，该点具有与车辆结构相关的固定的坐标，对应于驾驶员座位在正常的最低及最后位置时的躯干和大腿旋转点（H 点）的理论位置，或各座位在车辆制造厂规定的使用位置时的 H 点理论位置。

A1.3 试验区的决定方法

A1.3.1 由 V 点[1]确定的试验区 A 及 B

注：1）V 点适用于 M_1 类汽车。

A1.3.1.1 V 点的位置

A1.3.1.1.1 以三元直角坐标 *XYZ* 轴表示，以 R 点作为原点的 V 点的位置示于表 A1 及表 A2。

A1.3.1.1.2 表 A1 表示设计靠背角度 25°的基准坐标。图 A3 表示其坐标的正方向。

表 A1

mm

V 点	*X*	*Y*	*Z*
V_1	68	−5	665
V_2	68	−5	589

A1.3.1.1.3 表 A2 表示设计靠背角度不是 25°时，对于各个 V 点 *XZ* 坐标应进行的修正值，其坐标的正方向表示在图 A3 中。

表 A2

靠背角 (°)	横坐标 *X* mm	纵坐标 *Z* mm	靠背角 (°)	横坐标 *X* mm	纵坐标 *Z* mm
5	−186	28	13	−109	22
6	−176	27	14	−99	21
7	−167	27	15	−90	20
8	−157	26	16	−81	18
9	−147	26	17	−71	17
10	−137	25	18	−62	15
11	−128	24	19	−53	13
12	−118	23	20	−44	11

续表 A2

靠背角 (°)	横坐标 X mm	纵坐标 Z mm	靠背角 (°)	横坐标 X mm	纵坐标 Z mm
21	−35	9	31	51	−17
22	−26	7	32	59	−21
23	−17	5	33	67	−24
24	−9	2	34	76	−28
25	0	0	35	84	−31
26	9	−3	36	92	−35
27	17	−5	37	100	−39
28	26	−8	38	107	−43
29	34	−11	39	115	−47
30	43	−14	40	123	−52

A1.3.1.2 试验区

A1.3.1.2.1 试验区 A 是从 V 点向前方扩展的以下四个平面包围的前风窗玻璃外表面的区域(见图 A1)。

a. 通过 V_1、V_2,在 $-Y$ 轴方向,且与车辆的纵向中间面成 13°角的垂直面;

b. 通过 V_1,平行于 Y 轴,在水平面上方,且与水平面成 3°角的平面;

c. 通过 V_2,平行于 Y 轴,在水平面下方,且与水平面成 1°角的平面;

d. 通过 V_1、V_2,在 Y 轴方向,且与车辆的纵向中间面成 20°角的垂直面。

A1.3.1.2.2 试验区 B 是从 V 点向前方扩展的以下四个平面包围的前风窗玻璃的外表面的区域(见图 A2)。

a. 通过 V_1,平行于 Y 轴,在水平面上方,且与水平面成 7°角的平面;

b. 通过 V_2,平行于 Y 轴,在水平面下方,且与水平面成 5°角的平面;

c. 通过 V_1、V_2,在 $-Y$ 轴方向,且与车辆的纵向中间面成 17°角的垂直面;

d. 对于车辆的纵向中间面,与上述第 3 个平面对称的垂直面。

但是,距前风窗玻璃的周边 25 mm 以内及周边部有遮光带时,把距带的内侧线 25 mm 以内除外。

A1.3.2 由 O 点[1]确定的试验区 I

A1.3.2.1 O 点的位置

O 点是通过方向盘的中心,且位于平行于车辆的纵向中间面的垂直平面内,从座位基准点 R 向上,在 Z 方向 625 mm 的点。

A1.3.2.2 试验区

试验区 I 是下述四个平面包围的前风窗玻璃的区域。

P_1 通过 O 点,且与车辆的纵向中间面的左侧成 15°角的垂直面;

P_2 在车辆的纵向中间面的右侧,且与 P_1 对称的垂直面;

P_3 通过直线 OQ[2],且在水平面上方,与水平面成 10°角的面;

P_4 通过直线 OQ,且在水平面下方;与水平面成 8°角的平面。

注:1) O 点适用于 M_2 类汽车。

2) OQ 直线为通过 O 点垂直于车辆纵向中间面的水平直线。

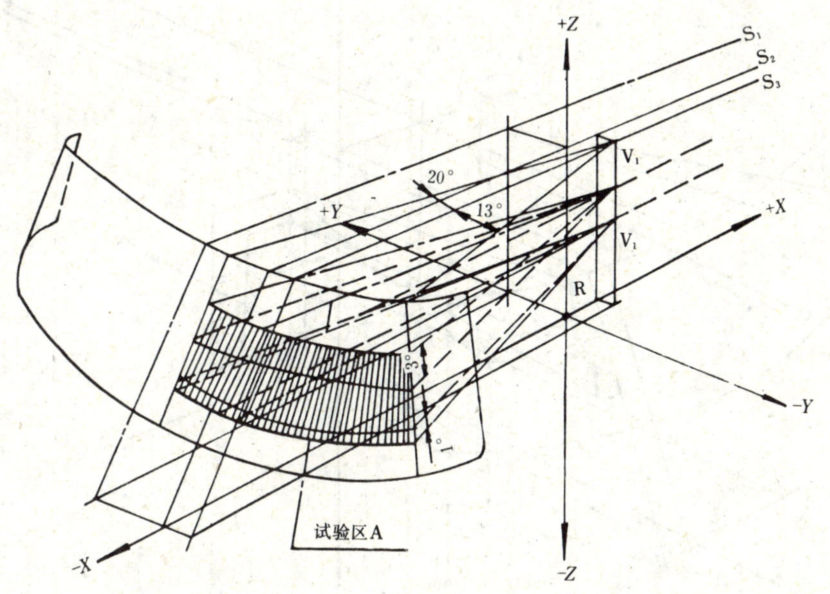

图 A1 试验区 A

S_1—车辆的纵向中间面；S_2—通过 R 点，平行于 S_1 的面；

S_3—通过 V_1、V_2、平行于 S_1 的面

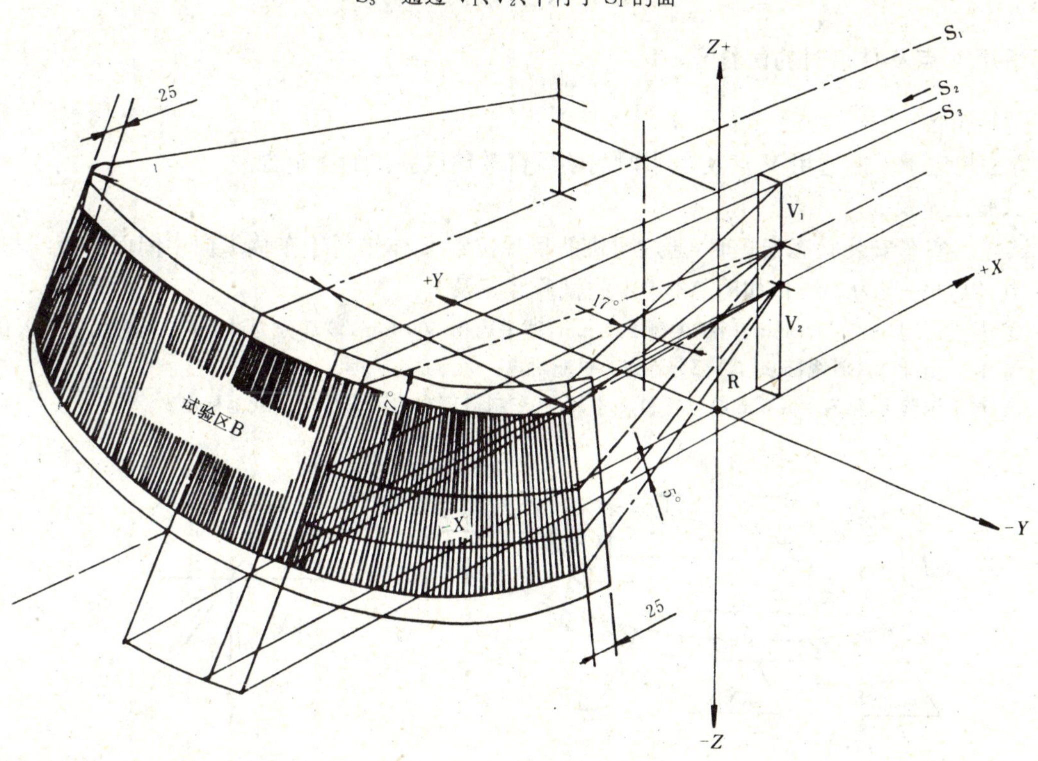

图 A2 试验区 B

S_1—车辆的纵向中间面；S_2—通过 R 点，平行于 S_1 的面；

S_3—通过 V_1、V_2，平行于 S_1 的面

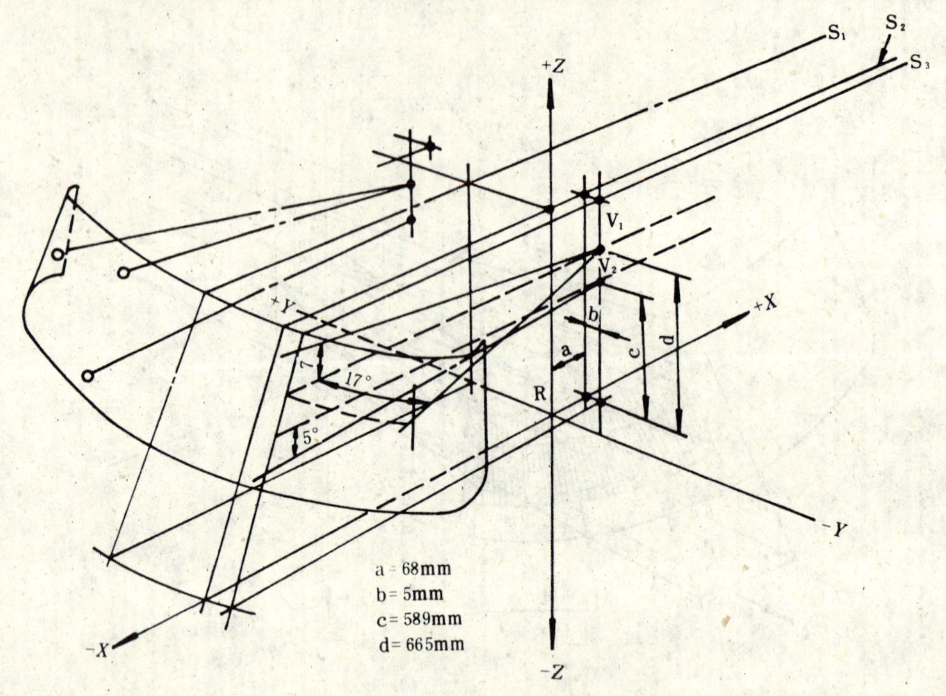

图 A3 靠背角度 25°时的 V 点

S_1—车辆的纵向中间面；S_2—通过 R 点，平行于 S_1 的面；

S_3—通过 V_1、V_2，平行于 S_1 的面

A2 不适用 V 点及 O 点时的试验区 a、b

A2.1 适用范围

本方法规定了不能适用 V 点及 O 点时的前风窗玻璃试验区的决定方法。

A2.2 试验区 a 及 b

将试样以实车安装状态安置时，通过司机的目视位置 E 作平行于车辆纵向中间面的直线与试样相交于 G 点，以这一点为中心作如图 A4 规定的试验区 a 及 b。

注：① 从 G 点上下各 100 mm，司机席侧 250 mm，助手席侧 500 mm，该部分为试验区 a，但是，当进入试样周边 100 mm以内(斜线部)时，该部分不作为试验对象。

② 对于试验区 A、B、I 或 a、b 的位置和尺寸，由汽车制造厂在前风窗玻璃图纸上标出。

单位：mm

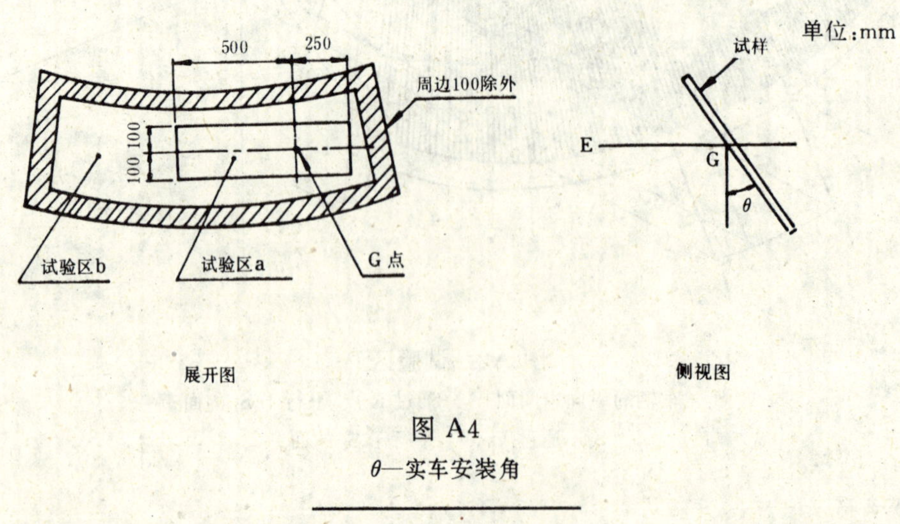

图 A4

θ—实车安装角

附加说明：

本标准由国家建筑材料工业局提出。

本标准由全国汽车标准化技术委员会安全玻璃分技术委员会归口。

本标准由中国建筑材料科学研究院玻璃科学研究所负责起草。

本标准主要起草人戴克攻、莫娇、杨建军、张大顺、王映洲。

本标准等效采用欧洲经济委员会法规 ECE R43—1988《安全玻璃材料的统一规定》。

中华人民共和国国家标准 UDC 666.155

GB 9962—88

夹层玻璃

Laminated safety glass

1 主题内容与适用范围

本标准规定了夹层玻璃的分类、标记、技术要求、尺寸允许偏差、材料、试验方法及检验规则。

本标准适用于建筑、机车车辆及船舶的门、窗等用的夹层玻璃。

2 引用标准

GB 531 橡胶邵尔A型硬度试验方法

GB 1216 外径千分尺

GB 4871 普通平板玻璃

GB 5137.3 汽车安全玻璃耐辐射、高温、潮湿和耐燃烧试验方法

GB 11614 浮法玻璃

JB 2546 钢直尺

3 分类及标记

夹层玻璃按形状、抗冲击性和抗穿透性分类。

3.1 按形状分类

a. 平面夹层玻璃。

b. 曲面夹层玻璃。

3.2 按抗冲击性、抗穿透性分类及标记，见表1。

表 1

分类	标记	特性
Ⅰ	L_{I}	平面夹层玻璃及曲面夹层玻璃必须符合5.6条的规定
Ⅲ	L_{III}	由2块玻璃组成，其总厚度不超过16mm的平面夹层玻璃，应符合5.6条及5.7条的规定

4 尺寸及允许偏差

4.1 平面夹层玻璃及曲面夹层玻璃的长度、宽度及厚度由供需双方商定。

4.2 平面夹层玻璃的长度及宽度允许偏差，见表2。

国家建筑材料工业局1988-08-01批准 1989-07-01实施

表 2 mm

原片玻璃的总厚度δ	长度或宽度 L	
	$L \leqslant 1\,200$	$1\,200 < L \leqslant 2\,400$
$5 \leqslant \delta < 7$	+2 −1	—
$7 \leqslant \delta < 11$	+2 −1	+3 −1
$11 \leqslant \delta < 17$	+3 −2	+4 −2
$17 \leqslant \delta \leqslant 24$	+4 −3	+5 −3

一边长度超过2 400mm的制品、多层制品[1)]，原片玻璃的总厚度超过24mm 的制品，使用钢化玻璃作原片玻璃的制品及其他特殊形状的制品，其尺寸允许偏差由供需双方商定。

注：1）由 3 块以上原片玻璃组成的夹层制品。

4.3 平面夹层玻璃厚度允许偏差是原片玻璃厚度允许的偏差之和。但是对于多层制品，当原片玻璃总厚度超过24mm 及使用钢化玻璃作为原片时，其厚度允许偏差由供需双方商定。

4.4 曲面夹层玻璃的长度、宽度及厚度的允许偏差和弯曲误差由供需双方商定。

5 技术要求

5.1 外观质量

夹层玻璃的外观质量按6.2条进行检验，必须符合表 3 的规定。

表 3

缺陷名称	优等品	合格品
胶合层气泡	不允许存在	直径300mm 圆内允许长度为 1 ~ 2 mm 的胶合层气泡 2 个
胶合层杂质	直径500mm 圆内允许长 2 mm 以下的胶合层杂质 2 个	直径500mm 圆内允许长 3 mm 以下的胶合层杂质 4 个
裂痕	不允许存在	
爆边	每平方米玻璃允许有长度不超过20mm 自玻璃边部向玻璃表面延伸深度不超过 4 mm，自板面向玻璃厚度延伸深度不超过厚度的一半	
	4 个	6 个
叠差	不得影响使用，可由供需双方商定	
磨伤		
脱胶		

5.2 材料

夹层玻璃可使用符合GB 4871一等品的普通平板玻璃、GB 11614一等品的浮法玻璃、磨光玻璃板、夹丝抛光玻璃板、平钢化玻璃板、吸热浮法及磨光玻璃板。但是Ⅲ类夹层玻璃不使用夹丝玻璃板及钢化玻璃板。

中间层材料无特别规定。

5.3 弯曲度

平面夹层玻璃的弯曲度按6.4条进行测定。弯曲度不可超过0.3%。使用夹丝玻璃板或钢化玻璃板制作的夹层玻璃由供需双方商定。曲面夹层玻璃不进行弯曲度测定。

5.4 耐辐照性

取夹层玻璃试样3块按6.5条进行试验。试验后试样不可产生显著变色、气泡及浑浊现象。

同时，夹层玻璃的可见光透过率的相对减少率应不大于10%，见下式：

$$\frac{a-b}{a}\times 100\%\leqslant 10\%$$

式中：a ——为紫外线照射前的可见光透过率；

b ——为紫外线照射后的可见光透过率。

5.5 耐热性

取夹层玻璃试样3块按6.6条进行试验，允许玻璃出现裂缝，但距边部或裂缝超过13mm处不允许有影响使用的气泡或其他缺陷产生。

5.6 抗冲击性

取夹层玻璃试样6块按6.7条进行试验。当5块或5块以上符合下述a、b规定的任一条件时为合格；当3块或3块以下符合规定时为不合格。

当4块符合规定时，则需追加试样6块进行试验，6块均符合规定时为合格。

a. 玻璃不得破坏。

b. 如果玻璃破坏，中间膜不得断裂或不得因玻璃剥落而暴露。

5.7 抗穿透性

夹层玻璃抵抗人体等冲击的能力。试样为4块一组，分别按6.8条进行试验，下落高度为300～2 300mm，构成夹层玻璃的2块玻璃板应全部破坏，但破坏部分不可产生使直径为75mm的球自由通过的开口。另外试验结果不适用于比试样尺寸或面积大得多的制品。

6 试验方法

6.1 一般以制品为试样，但是第6.5、6.6及6.7条采用和制品相同材料及制造工艺近似、厚度相同、尺寸大小分别约76mm×300mm、300mm×300mm、610mm×610mm的平面夹层玻璃试样。

另外，6.8条所用的试样是和制品相同的材料及制作工艺近似、厚度相同的864mm×1 930mm的平面夹层玻璃。在制作的最大尺寸不足864mm×1 930mm时，以尽可能大尺寸的夹层玻璃作为试样。

6.2 外观质量

在良好的自然光及散射光照条件下，在距试样的正面约600mm处进行目视检查。

6.3 尺寸测定

夹层玻璃的长度及宽度使用最小刻度为1mm，符合JB 2546规定的钢直尺或钢卷尺测量。厚度用符合GB 1216规定的外径千分尺或具有同等以上精度的量具，在玻璃板四边中点进行测量。取其平均值，将其数值圆整到小数点以后第一位。

6.4 弯曲度的测定

把试样垂直立放，再把符合JB 2546规定的钢板尺的直线边紧贴试样，用塞尺测定玻璃与钢板尺之间的缝隙。弓形时用弧的高度与弦的长度之比的百分率表示弯曲度。波形时用波谷到波峰的高度与波峰到波峰（或波谷到波谷）的距离之比的百分率表示。

6.5 耐辐照试验

按照GB 5137.3进行试验。

6.6 耐热性试验

按照GB 5137.3进行试验。

6.7 抗冲击性试验

抗冲击性试验按以下程序进行。

6.7.1 试样在试验前应放置在23±5℃的室内保持4h，取出后立即进行试验。

6.7.2 将试样按图1水平放置在钢框上。在对曲面夹层玻璃进行试验时需要采用与曲面形状相吻合的辅助框架支承。曲面夹层玻璃冲击面根据使用情况决定。

6.7.3 采用质量约为1 040g（直径为63.5mm）表面光滑的钢球，放置在距离试样表面1 200mm高度的位置，从静止的状态不加外力自由下落在试样中心点25mm以内，观察其破坏的状态。一块试样只能冲击一次，试验在常温下进行。

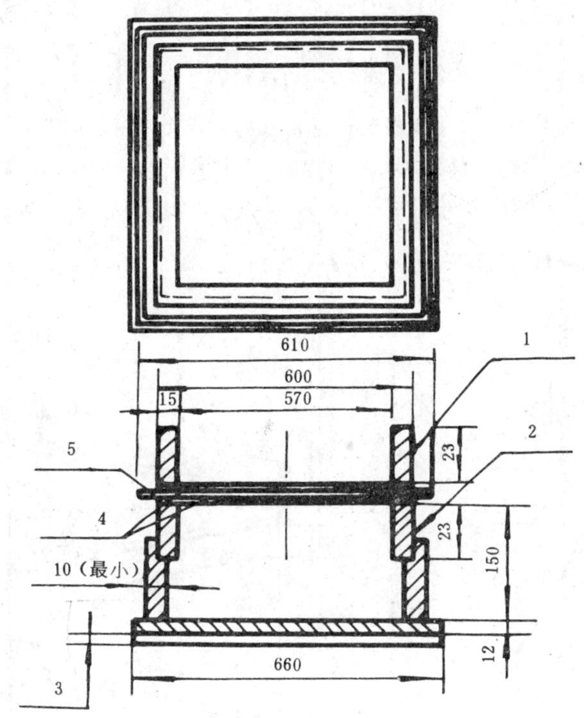

图 1

1—上框；2—下框；3—橡胶（厚3mm）；4—橡胶板，厚3mm，宽15mm，硬度A 50；5—试样

6.8 抗穿透性试验（霰弹袋试验）

6.8.1 试验装置由图2所示的试验框架及图3所示的冲击体构成。

6.8.1.1 试验框架采用如图2所示的结构，主要部分采用高度大于100mm的槽钢，用螺栓固定在床面上，同时为了防止冲击时固定框摆动或倾斜，在背面加支撑杆。

试样安装在如图2及图4所示的木制固定试验框上。

试样的四周和固定框的接触部位使用符合GB 531规定硬度为A 50的橡胶条垫衬。

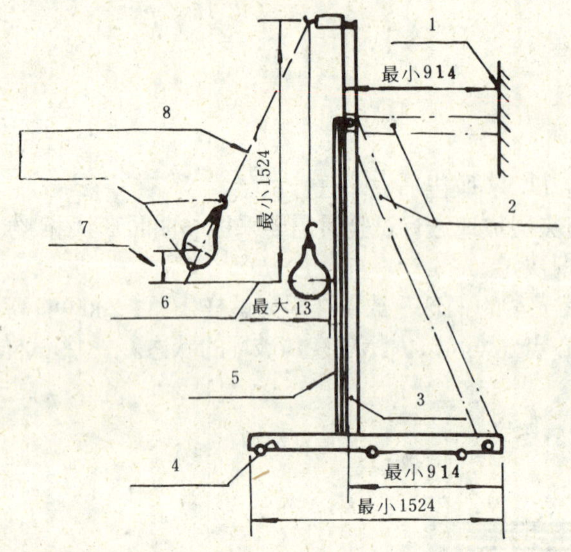

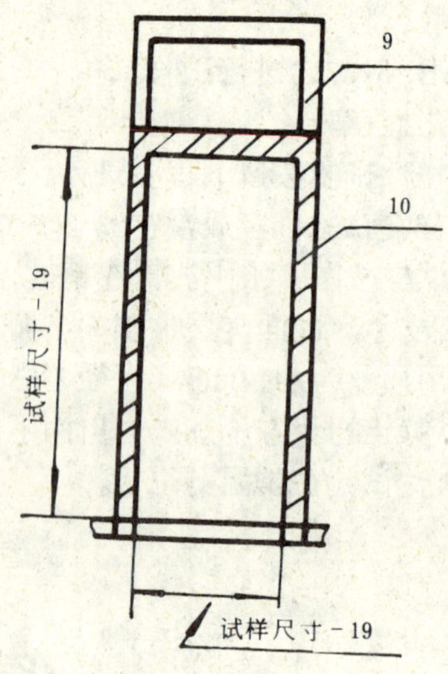

图 2

1—固定壁;2—增强支架,可用任何方式支撑; 3、9—试验框;

4—用螺栓固定的底座;5、10—木制紧固框; 6—试样的中

心线;7—下落高度; 8—直径 3mm 左右的钢丝绳

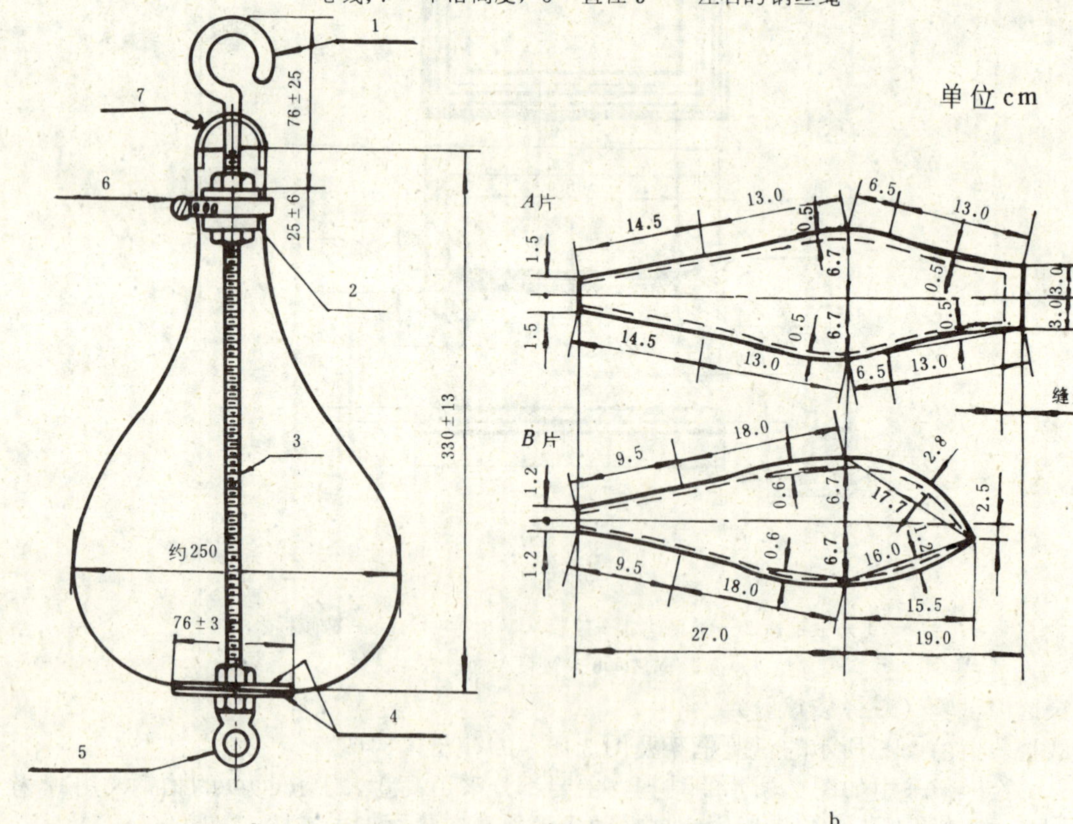

图 3

1—弯杆或附有吊环螺母的杆; 2—套筒螺母,长25mm,直径32mm;

3—螺杆, 直径9.5mm; 4—金属垫圈, 厚4.8±1.6mm; 5—吊

起铁丝用的吊环螺母; 6—蜗杆传动软管夹; 7—吊绳(卸下)

安装试样时，橡胶条的压缩厚度为原厚度的10%～15%。而且木框的内部尺寸比试样尺寸小19 mm左右。

6.8.1.2 冲击体是如图3所示的皮革袋。将皮革袋[1)]中心插入一根长度为330±13mm的螺杆，装填铅霰弹[2)]，然后把袋的上下两端用螺母拧紧，再把皮革袋的表面用宽12mm，厚0.15mm玻璃纤维增强聚酯尼龙带交叉地倾斜卷缠起来，把表面完全覆盖成袋状体。冲击体重量为45±0.1kg。

注：1）用厚度为0.15cm的人造革，把2块A片和4块B片缝合在一起（见图3b）。缝边（虚线部分)为0.5cm左右。

2）用公称尺寸为ϕ2.5mm的铅砂装填。

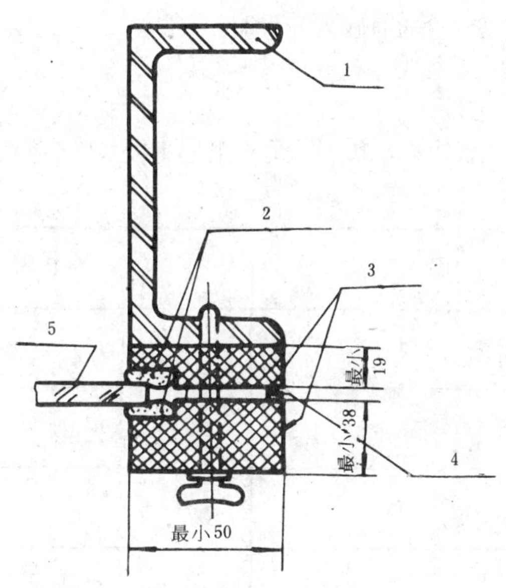

图 4

1—试验框；2—橡胶板；3—木制紧固框；4—限位块；5—试样

6.8.2 试验步骤

6.8.2.1 试样试验前，在23±5℃的环境中至少保持4h，然后装在试验框架上，当夹层玻璃所用原片玻璃厚度不同时，应将薄的一层朝向冲击体。

6.8.2.2 如图2所示，使冲击体横截面最大直径部分的外周距离试样表面小于13mm。同时在距离试样中心50mm以内的位置上，用ϕ3mm左右的钢丝吊起。然后将冲击体最大直径的中心保持在300mm的高度，以摆式自由落下，冲击试样中心附近。如果构成夹层玻璃的两块玻璃都破坏时，按5.7条检查抗穿透性。

6.8.2.3 若试样没有因上述6.8.2.2的冲击而破坏，按表4顺序改变冲击高度，并继续用6.8.2.2的方法进行冲击，当构成夹层玻璃的两块都破坏时，按5.7条进行检查抗穿透性。

6.8.2.4 在上述6.8.2.2和6.8.2.3冲击过程中，当构成夹层玻璃中的一块玻璃破坏时，再用同样的高度冲击一次，若仍未破坏，再按表4的顺序提高高度。用6.8.2.2的方法进行冲击，并按5.7条检查剩下的一块玻璃破坏时的抗穿透性。

表 4

mm

落下高度	300	380	480	610	770	960	1 200	1 510	1 900	2 300

6.8.2.5 记录并报告该产品试样的最大冲击高度和冲击历程。

7 检验规则

7.1 检验分类

出厂检验：检验项目为尺寸偏差、外观质量、弯曲度。

型式检验：检验项目为本标准规定的该种产品全部技术要求。

有下列情况之一时，应进行型式检验。

a. 新产品或老产品转厂生产的试制定型鉴定。

b. 正式生产后，如结构、材料、工艺有较大改变，可能影响产品性能时。

c. 正常生产时，定期或积累一定产量后，应周期性进行一次检验。

d. 产品长期停产后，恢复生产时。

e. 出厂检验结果与上次型式检验有较大差异时。

f. 国家质量监督机构提出进行型式检验的要求时。

7.2 抽样方法

7.2.1 产品的尺寸和偏差、外观质量、弯曲度按表5规定进行随机抽样。

表 5

块

批量范围	抽样数	接收数	拒收数
2～8	2	0	—
9～15	3	0	—
16～25	5	1	2
26～50	8	2	3
51～90	13	3	4
91～150	20	5	6
151～280	32	7	8
281～500	50	10	11

7.2.2 对产品所要求的其他技术性能，若用产品检验时，根据检测项目所要求的数量从该批产品中随机抽取。若用试样进行检验时，应采用同一工艺条件下制备的试样。

7.3 判定规则

若不合格品数等于或大于表5的不合格判定数，则认为该批产品外观质量、尺寸偏差和弯曲度不合格。

其他性能也应符合相应条款规定。否则，认为该项不合格。

若上述各项中，有一项不合格，则认为该批产品不合格。

8 包装、运输、贮存

8.1 包装

产品应用集装箱或木箱包装。每块玻璃应用塑料袋或纸包装，玻璃与包装箱之间用不易引起玻璃划伤等外观缺陷的轻软材料填实，具体要求应符合国家有关标准。

8.2 包装标志

包装标志应符合国家有关标准的规定，每个包装箱应标明“朝上、轻搬正放、小心破碎、玻璃厚度、等级、厂名或商标”等字样。

8.3 运输

产品用各种类型的运输车辆、搬运规则条件等应符合国家有关规定。

运输时，木箱不得平放或斜放，长度方向与输送车辆运动方向相同，应有防雨等设施。

8.4 贮存

产品应垂直贮存在干燥的室内。

附加说明：

本标准由中国建筑材料科学研究院技术归口。

本标准由中国建筑材料科学研究院玻璃研究所负责起草并解释。

本标准主要起草人钱万方、马燕华。

前　　言

本标准是根据日本标准 JIS R3206(1989 版)《钢化玻璃》对 GB 9963—88 进行修订的,在技术内容上与该日本标准等效,但考虑到其适用范围,增加了抗风压性能的要求。

本标准首次发布于 1982 年,原名为 JC 293—82《平型钢化玻璃》,1986 年重新制定该标准,删除其中关于汽车、船舶用钢化玻璃的规定,易名为《钢化玻璃》并于 1988 年发布后实施。本次修改的主要内容是取消了原标准中的Ⅱ类钢化玻璃并重新分类,将霰弹袋的最大冲击高度 2 300 mm 改为 1 200 mm,经过这样的修改,这项试验就不仅仅是观察其碎片状态,而是用于判定玻璃安全性能的试验。另外,鉴于我国钢化水平的提高,将原标准 4 mm 厚玻璃落球冲击破碎后称量最大碎片质量的方法改为用制品作试样,小锤冲击后检验碎片的方法;且去掉原标准中对抗弯强度和热稳定性的规定。

本标准从生效之日起,同时代替 GB 9963—88。

本标准由国家建筑材料工业局提出。

本标准由国家建筑材料科学研究院玻璃科学研究所归口。

本标准起草单位:中国建筑材料科学研究院玻璃科学研究所。

本标准主要起草人:龚蜀一、汪如洋、韩松、王睿。

中华人民共和国国家标准

钢 化 玻 璃

GB/T 9963—1998

Tempered glass

代替 GB 9963—88

1 范围

本标准规定了钢化玻璃的分类、技术要求、检验方法和检验规则。适用于建筑、工业装备等建筑以外用钢化玻璃。

2 引用标准

下列标准所包含的条文，通过在本标准中引用而构成为本标准的条文。本标准出版时，所示版本均为有效。所有标准都会被修订，使用本标准的各方应探讨使用下列标准最新版本的可能性。

GB/T 531—92 硫化橡胶邵尔A型硬度试验方法

GB 1216—85 外径千分尺

GB 4871—1995 普通平板玻璃

GB 5137.2—1996 汽车安全玻璃光学性能试验方法

GB 11614—89 浮法玻璃

JC/T 677—1997 建筑玻璃均布静载模拟风压试验方法

3 分类及应用

3.1 钢化玻璃按形状分类，分为平面钢化玻璃和曲面钢化玻璃。

3.2 钢化玻璃按应用范围分类，分为建筑用钢化玻璃和建筑以外用钢化玻璃。

4 要求

不同种类的钢化玻璃必须符合表1相应条款的规定。

表1 技术要求及试验方法条款

技术要求	建筑用钢化玻璃	建筑以外用钢化玻璃	试验方法
尺寸及偏差	4.1	4.1	5.1,5.2
外观质量	4.2	4.2	5.3
弯曲度	4.3	4.3	5.4
抗冲击性	4.4	4.4	5.5
碎片状态	4.5	4.5	5.6
霰弹袋冲击性能	4.6	—	5.7
透射比	4.7	4.7	5.8
抗风压性能	4.8	—	5.9

国家质量技术监督局1998-05-08批准　　1998-12-01实施

4.1 尺寸及偏差

4.1.1 平面钢化玻璃的长度、宽度由供需双方商定。其边长的允许偏差应符合表2的规定，一边长度大于3 000 mm的玻璃以及异型制品的尺寸偏差由供需双方商定。

表2 尺寸及其允许偏差

mm

<table>
<tr><td>允许偏差 \ 边的长度L
玻璃厚度</td><td>L≤1 000</td><td>1 000＜L≤2 000</td><td>2 000＜L≤3 000</td></tr>
<tr><td>4
5
6</td><td>+1
−2</td><td rowspan="2">±3</td><td rowspan="3">±4</td></tr>
<tr><td>8
10
12</td><td>+2
−3</td></tr>
<tr><td>15</td><td>±4</td><td>±4</td></tr>
<tr><td>19</td><td>±5</td><td>±5</td><td>±6</td></tr>
</table>

4.1.2 曲面钢化玻璃形状和边长的允许偏差，吻合度由供需双方商定。

4.1.3 钢化玻璃的厚度允许偏差应符合表3的规定。

表3 厚度及其允许偏差

mm

<table>
<tr><td>名 称</td><td>厚 度</td><td>厚度允许偏差</td></tr>
<tr><td rowspan="8">钢化玻璃</td><td>4.0</td><td rowspan="3">±0.3</td></tr>
<tr><td>5.0</td></tr>
<tr><td>6.0</td></tr>
<tr><td>8.0</td><td rowspan="2">±0.6</td></tr>
<tr><td>10.0</td></tr>
<tr><td>12.0</td><td rowspan="2">±0.8</td></tr>
<tr><td>15.0</td></tr>
<tr><td>19.0</td><td>±1.2</td></tr>
</table>

4.1.4 边部加工及孔径允许偏差

4.1.4.1 磨边形状及质量由供需双方商定。

4.1.4.2 孔径一般不小于玻璃的厚度，小于4 mm的孔由供需双方商定，孔径的允许偏差应符合表4的规定。

表4 孔径及其允许偏差

mm

公 称 孔 径	允 许 偏 差
4～50	±1.0
51～100	±2.0
＞100	供需双方商定

4.1.4.3 孔的大小及质量由供需双方商定，但不允许有大于1 mm的爆边。

4.2 外观质量

钢化玻璃的外观质量必须符合表5的规定。

表 5 外观质量

缺陷名称	说明	允许缺陷数	
		优等品	合格品
爆边	每片玻璃每米边长上允许有长度不超过10 mm，自玻璃边部向玻璃板表面延伸深度不超过 2 mm，自板面向玻璃厚度延伸深度不超过厚度三分之一的爆边	不允许	1个
划伤	宽度在 0.1 mm 以下的轻微划伤，每平方米面积内允许存在条数	长 ≤50 mm 4	长 ≤100 mm 4
	宽度大于 0.1 mm 的划伤，每平方米面积内允许存在条数	宽 0.1～0.5 mm 长 ≤50 mm 1	宽 0.1～1 mm 长 ≤100 mm 4
夹钳印	夹钳印中心与玻璃边缘的距离	玻璃厚度≤9.5 mm ≤13 mm	
		玻璃厚度>9.5 mm ≤19 mm	
结石、裂纹、缺角	均不允许存在		
波筋(光学变形)、气泡	优等品不得低于 GB 11614 一等品的规定 合格品不得低于 GB 4871 一等品的规定		

4.3 弯曲度

平型钢化玻璃的弯曲度，弓形时应不超过 0.5%，波形时应不超过 0.3%。

4.4 抗冲击性

取 6 块钢化玻璃试样进行试验，试样破坏数不超过 1 块为合格，多于或等于 3 块为不合格。破坏数为 2 块时，再另取 6 块进行试验，6 块必须全部不被破坏为合格。

4.5 碎片状态

取 4 块钢化玻璃试样进行试验，每块试样在 50 mm×50 mm 区域内的碎片数必须超过 40 个。且允许有少量长条形碎片，其长度不超过 75 mm，其端部不是刀刃状，延伸至玻璃边缘的长条形碎片与边缘形成的角不大于 45°。

4.6 霰弹袋冲击性能

取 4 块平型钢化玻璃试样进行试验，必须符合下列(1)或(2)中任意一条的规定。

(1) 玻璃破碎时，每块试样的最大 10 块碎片质量的总和不得超过相当于试样 65 cm^2 面积的质量。

(2) 霰弹袋下落高度为 1 200 mm 时，试样不破坏。

4.7 透射比

钢化玻璃的透射比由供需双方商定。

4.8 抗风压性能

钢化玻璃的抗风压性能由供需双方商定。

5 试验方法

5.1 尺寸检验

尺寸用最小刻度为 1 mm 的钢直尺或钢卷尺测量。

5.2　厚度检验

使用GB 1216所规定的千分尺或与此同等精度的器具测量玻璃每边的中点,测量结果的算术平均值即为厚度值。并以毫米(mm)为单位修约到小数点后二位。

5.3　外观检验

以制品为试样,在较好的自然光或散射光照条件下,距离玻璃表面600 mm,用肉眼进行检查。

5.4　弯曲度测量

以平面钢化玻璃制品为试样。试样垂直立放,水平放置直尺贴紧试样表面进行测量。弓形时以弧的高度与弦的长度之比的百分率表示。波形时,用波谷到波峰的高与波峰到波峰(或波谷到波谷)的距离之比的百分率表示。

5.5　抗冲击性试验

5.5.1　试样为与制品相同厚度的同种类的原板玻璃,且与制品在同一工艺条件下制造的尺寸约为610 mm×610 mm的钢化玻璃。

5.5.2　用图1所示的铁框支撑试样,使冲击面保持水平。试验曲面钢化玻璃时,需要使用相应的辅助框架支承。

5.5.3　用直径为63.5 mm(质量约1 040 g)表面光滑的钢球放在距离试样表面1 000 mm的高度,使其自由落下。冲击点应在距试样中心25 mm的范围内。

对每块试样的冲击仅限一次,以观察其是否破坏。试验在常温下进行。

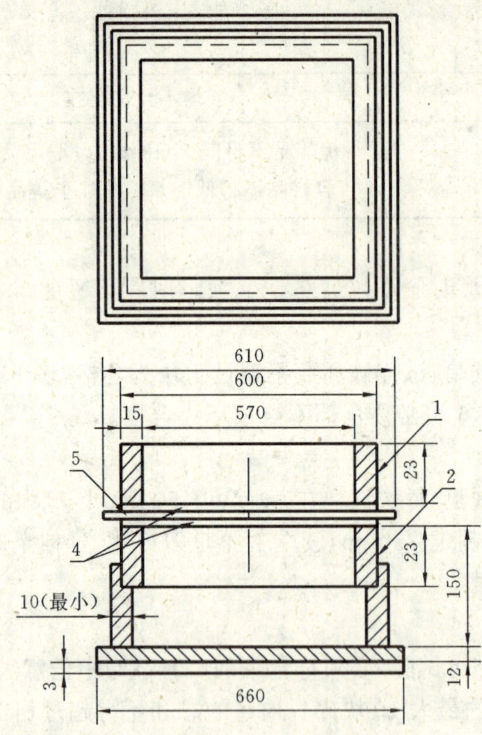

1—上框;2—下框;3—橡胶(厚3 mm);4—橡胶板(厚3 mm,宽15 mm,硬度A50);5—试样

图1　落球试验用试样支撑框

5.6　碎片状态试验

5.6.1　试样从制品中随机抽取。

5.6.2　试验设备为曝光和晒图装置。

5.6.3　试验步骤

5.6.3.1　将钢化玻璃试样放在相同形状和尺寸的另一块试样上,在两块试样之间放上感光纸,并用透明胶带纸沿周边粘牢。

5.6.3.2 在试样的最长边中心线上距离周边 20 mm 左右的位置，用尖端曲率半径为 0.2 mm±0.05 mm的小锤或冲头进行冲击，使试样破碎。

5.6.3.3 感光纸应在冲击后 10 s 内开始曝光并且在冲击后 3 min 内结束。

5.6.3.4 晒图后，除去距离冲击点 80 mm 范围内的部分，从图中选择碎片最大的部分，在这部分中用 50 mm×50 mm 的计数框计算框内的碎片数，横跨计数框边缘的碎片按二分之一个碎片计数。

5.7 霰弹袋冲击性能试验

5.7.1 试样 试样为与制品相同厚度的同种类的原板玻璃，且与制品在同一工艺条件下制造的尺寸为 1 930 mm×864 mm 的矩形平面钢化玻璃。

5.7.2 试验装置 试验装置由图 2 所示的试验框和图 4 所示的冲击体构成。

5.7.2.1 试验框的构造如图 2 所示，主要部分采用高度大于 100 mm 的槽钢，用螺栓固定在地面上，在其背后加支撑杆，以防在撞击时移位或歪斜。

5.7.2.2 试样采用如图 2 及图 3 所示的木制固定框，如图 3 所示，安装在试验框上。试样的四周与固定框的接触部位用符合 GB/T 531 规定的硬度为 A50 的橡胶条垫衬。

试样安装后，橡胶条的压缩厚度为原厚度的 10%～15%，而且，固定框的内部尺寸比试样尺寸约小 19 mm。

5.7.2.3 冲击体如图 4(a)所示，冲击体是带有金属杆的皮革袋[1)]装填霰弹后[2)]把袋的上下端用螺母固定紧，再把皮革袋的表面用宽 12 mm，厚 0.15 mm 左右的玻璃纤维增强聚酯尼龙带交叉地倾斜卷缠起来，直至表面完全覆盖成袋状体，其质量为 45 kg±0.1 kg。

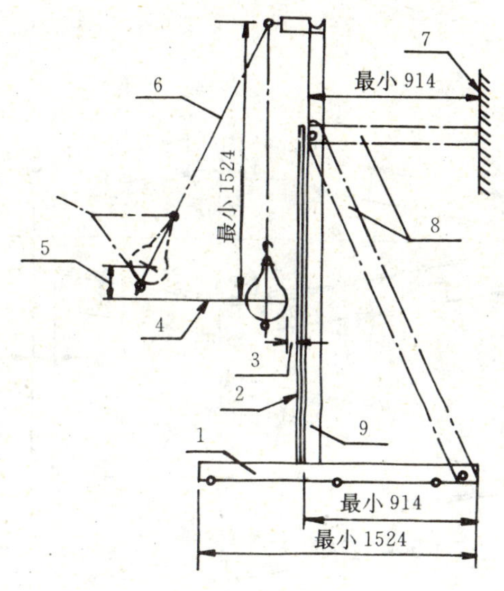

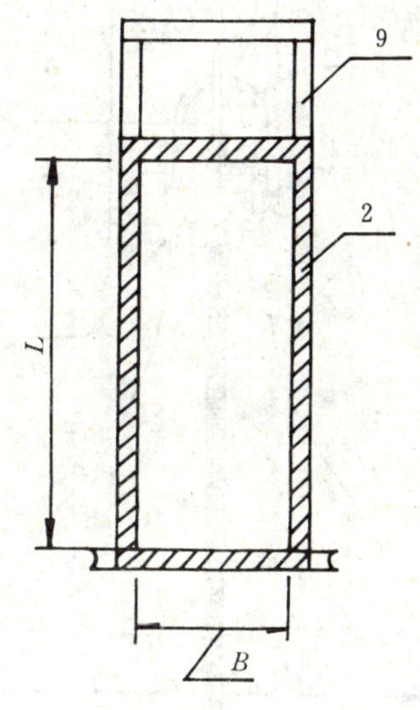

1—用螺栓固定的底座；2—木制紧固框；3—自由悬挂时的最大距离 13；4—试样的中心线；5—下落高度；6—直径 3 mm 左右的钢丝绳；7—固定壁；8—增强支架，可用任何方式支撑；9—试样框；L=试样尺寸－10，B=试样尺寸－19

图 2 霰弹袋试验框

1) 用厚度为 1.5 mm 的人造革，把 2 块 A 片和 4 块 B 片缝合在一起[见图 4(b)]，缝边(虚线部分)5 mm 左右。

2) 用公称尺寸为 $\phi 2.5$ mm 的铅砂装填。

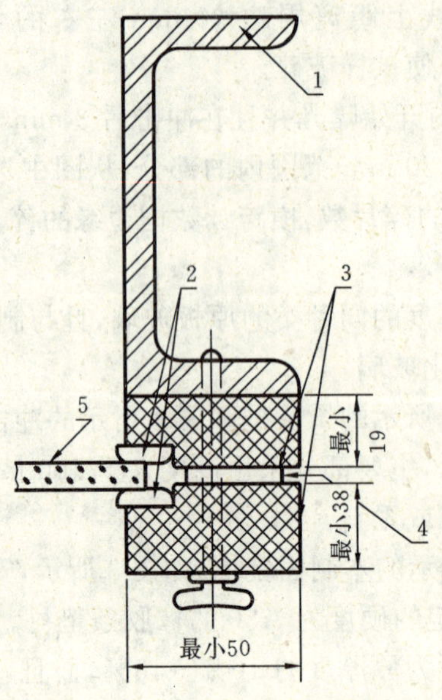

1—试验框；2—橡胶板；3—木制紧固框；4—限位块；5—试样

图 3 木制固定框和试样的安装

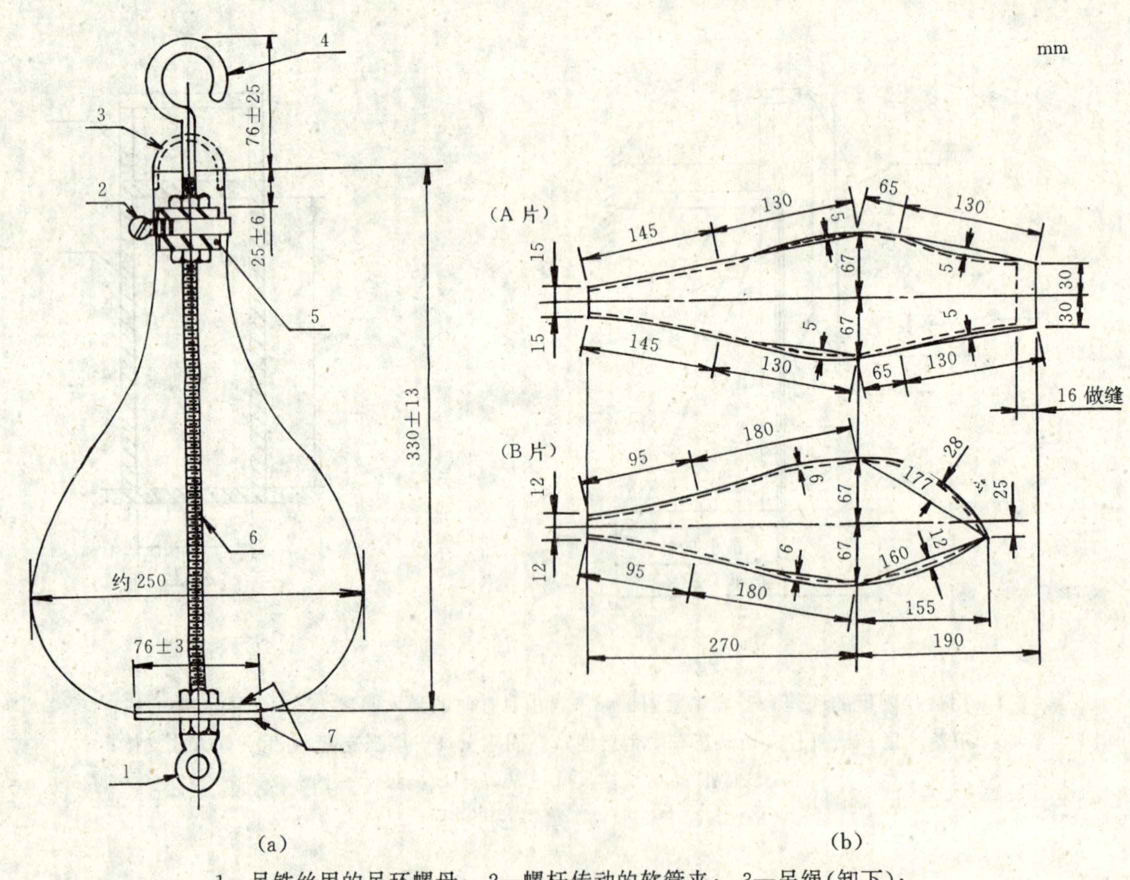

1—吊铁丝用的吊环螺母； 2—螺杆传动的软管夹； 3—吊绳(卸下)；

4—弯杆或附有吊环螺母的杆；5—套筒螺(长度 25 mm，直径 32 mm)；

6—直径 9.5 mm 螺杆；7—金属垫片(厚 4.8 mm±1.6 mm)

图 4 冲击体

5.7.3 试验步骤

5.7.3.1 如图2所示，用直径3 mm的挠性钢丝绳把冲击体吊起，使冲击体横截面最大直径部分的外周距离试样表面小于13 mm，距离试样的中心在50 mm以内。

5.7.3.2 使冲击体最大直径的中心位置保持在300 mm的下落高度，自由摆动落下，冲击试样中心点附近一次。若试样没有破坏，升高至750 mm，在同一试样的中心点附近再冲击一次。

5.7.3.3 试样仍未破坏时，再升高至1 200 mm的高度，在同一块试样中心点附近冲击一次。

5.7.3.4 下落高度为300 mm，750 mm或1 200 mm试样破坏时，在破坏后5 min之内，从玻璃碎片中选出最大的10块，称其质量。

5.8 透射比

按GB/T 5137.2方法进行试验。

5.9 抗风压性能

按JC/T 677方法进行试验。

6 检验规则

6.1 检验项目

6.1.1 型式检验：技术要求中全部检验项目。

6.1.2 出厂检验：外观质量、尺寸偏差、弯曲度。若要求增加其他检验项目由供需双方商定。

6.2 抽样方法

6.2.1 产品的尺寸和偏差、外观质量、弯曲度按表6规定进行随机抽样。

表6

块

批量范围	抽　检　数	合格判定数	不合格判定数
26～50	8	2	3
51～90	13	3	4
91～150	20	5	6
151～280	32	7	8
281～500	50	10	11

6.2.2 对于产品所要求的其他技术性能，若用制品检验时，根据检测项目所要求的数量从该批产品中随机抽取；若用试样进行检验时，应采用同一工艺条件下制备的试样。当该批产品批量大于500块时，以每500块为一批分批抽取试样，当检验项目为非破坏性试验时可用它继续进行其他项目的检测。

6.3 判定规则

若不合格品数等于或大于表6的不合格判定数，则认为该批产品外观质量、尺寸偏差、弯曲度不合格。

其他性能也应符合相应条款的规定，否则，认为该项不合格。

若上述各项中，有一项不合格，则认为该批产品不合格。

7 标志、包装、运输、贮存

7.1 包装

产品应用集装箱或木箱包装。每块玻璃应用塑料或纸包装，玻璃与包装箱之间用不易引起玻璃划伤等外观缺陷的轻软材料填实。具体要求应符合国家有关标准。

7.2 包装标志

包装标志应符合国家有关标准的规定，每个包装箱应标明“朝上、轻搬正放、小心破碎、玻璃厚度、等级、厂名或商标”等字样。

7.3 运输

产品可用各种类型的车辆运输，搬运规则、条件等应符合国家有关规定。

运输时，木箱不得平放或斜放，长度方向应与输送车辆运动方向相同，应有防雨措施。

7.4 贮存

产品应垂直贮存在干燥的室内。

前　　言

本标准是在原国家标准 GB 11614—1989《浮法玻璃》的基础上进行修订的。

GB 11614—1989《浮法玻璃》国家标准分为优等品、一级品、合格品，本标准在修订时按照浮法玻璃的使用用途进行了分类，分为制镜级、汽车级和建筑级，并按不同的用途确定了不同的质量指标，以利于用户进行选择，更好地满足了用户的需要。

在技术要求上，本标准参考了 JIS R3202：1996《浮法和磨光平板玻璃》和 EN 572-2：1994《浮法玻璃》标准，尺寸和厚度允许偏差比原国家标准有所提高，外观质量指标严于日本和欧洲标准的规定。同时，增加了玻璃对角线差的要求，检验方法也做了增加和适当修改。

本标准自实施之日起，代替 GB 11614—1989。

本标准由国家建筑材料工业局提出。

本标准由国家建筑材料工业局秦皇岛玻璃研究设计院归口并负责解释。

本标准起草单位：国家建筑材料工业局标准化研究所、国家建筑材料工业局秦皇岛玻璃研究设计院。

本标准主要起草人：武庆涛、王玉兰、谭景亚、刘志付、田纯祥。

中华人民共和国国家标准

GB 11614—1999

代替 GB 11614—1989

浮法玻璃

Float glass

1 范围

本标准规定了无色透明浮法玻璃的分类、要求、检验方法、检验规则、标志、包装、运输和贮存。

本标准适用于制镜、汽车和建筑等使用的浮法玻璃。

2 引用标准

下列标准所包含的条文,通过在本标准中引用而构成为本标准的条文。本标准出版时,所示版本均为有效。所有标准都会被修订,使用本标准的各方应探讨使用下列标准最新版本的可能性。

GB/T 1216—1985 外径千分尺(neq ISO 3611:1978)

GB/T 2680—1994 建筑玻璃 可见光透射比、太阳光直接透射比、太阳能总透射比、紫外线透射比及有关窗玻璃参数的测定(neq ISO 9050:1990)

GB/T 8170—1987 数值修约规则

JB/T 7979—1995 塞尺

3 分类

3.1 浮法玻璃按用途分为制镜级、汽车级、建筑级。

3.2 浮法玻璃按厚度分为以下种类:

2 mm、3 mm、4 mm、5 mm、6 mm、8 mm、10 mm、12 mm、15 mm、19 mm。

4 要求

4.1 浮法玻璃应为正方形或长方形。其长度和宽度尺寸允许偏差应符合表1规定。

表1 尺寸允许偏差

mm

厚度	尺寸允许偏差	
	尺寸小于 3 000	尺寸 3 000～5 000
2,3,4	±2	—
5,6		±3
8,10	+2,−3	+3,−4
12,15	±3	±4
19	±5	±5

国家质量技术监督局 1999-05-14 批准　　2000-01-01 实施

4.2 浮法玻璃的厚度允许偏差应符合表 2 规定。同一片玻璃厚薄差，厚度 2 mm、3 mm 为 0.2 mm；厚度 4 mm、5 mm、6 mm、8 mm、10 mm 为 0.3 mm。

4.3 建筑级浮法玻璃的外观质量应符合表 3 的规定。

表 2 厚度允许偏差

mm

厚度	允许偏差
2,3,4,5,6	±0.2
8,10	±0.3
12	±0.4
15	±0.6
19	±1.0

表 3 建筑级浮法玻璃外观质量

缺陷种类	质量要求			
气泡	长度及个数允许范围			
	长度，L $0.5\ \text{mm}\leq L\leq 1.5\ \text{mm}$	长度，L $1.5\ \text{mm}<L\leq 3.0\ \text{mm}$	长度，L $3.0\ \text{mm}<L\leq 5.0\ \text{mm}$	长度，L $L>5.0\ \text{mm}$
	$5.5\times S$，个	$1.1\times S$，个	$0.44\times S$，个	0，个
夹杂物	长度及个数允许范围			
	长度，L $0.5\ \text{mm}\leq L\leq 1.0\ \text{mm}$	长度，L $1.0\ \text{mm}<L\leq 2.0\ \text{mm}$	长度，L $2.0\ \text{mm}<L\leq 3.0\ \text{mm}$	长度，L $L>3.0\ \text{mm}$
	$2.2\times S$，个	$0.44\times S$，个	$0.22\times S$，个	0，个
点状缺陷密集度	长度大于 1.5 mm 的气泡和长度大于 1.0 mm 的夹杂物：气泡与气泡、夹杂物与夹杂物或气泡与夹杂物的间距应大于 300 mm			
线道	按 5.3.1 检验肉眼不应看见			
划伤	长度和宽度允许范围及条数			
	宽 0.5 mm，长 60 mm，$3\times S$，条			
光学变形	入射角：2 mm 40°；3 mm 45°；4 mm 以上 50°			
表面裂纹	按 5.3.1 检验肉眼不应看见			
断面缺陷	爆边、凹凸、缺角等不应超过玻璃板的厚度			

注：S 为以平方米为单位的玻璃板面积，保留小数点后两位。气泡、夹杂物的个数及划伤条数允许范围为各系数与 S 相乘所得的数值，应按 GB/T 8170 修约至整数

4.4 汽车级浮法玻璃厚度以 2 mm、3 mm、4 mm、5 mm、6 mm 为主。其外观质量应符合表 4 的规定。

4.5 制镜级浮法玻璃厚度以 2 mm、3 mm、5 mm、6 mm 为主。其外观质量应符合表 5 的规定。

4.6 浮法玻璃对角线差应不大于对角线平均长度的 0.2%。

4.7 浮法玻璃弯曲度不应超过 0.2%。

4.8 浮法玻璃的可见光透射比应不小于表 6 的规定。

4.9 对有特殊要求的浮法玻璃由供需双方商定。

表 4　汽车级浮法玻璃外观质量

缺陷种类	质量要求			
气泡	长度及个数允许范围			
	长度,L 0.3 mm≤L≤0.5 mm	长度,L 0.5 mm<L≤1.0 mm	长度,L 1.0 mm<L≤1.5 mm	长度,L L>1.5 mm
	3×S,个	2×S,个	0.5×S,个	0,个
夹杂物	长度及个数允许范围			
	长度,L 0.3 mm≤L≤0.5 mm	长度,L 0.5 mm<L≤1.0 mm	长度,L L>1.0 mm	
	2×S,个	1×S,个	0,个	
点状缺陷密集度	长度大于 1.0 mm 的气泡和长度大于 0.5 mm 的夹杂物:气泡与气泡、夹杂物与夹杂物或气泡与夹杂物的间距应大于 300 mm			
线道	按 5.3.1 检验肉眼不应看见			
划伤	长度及宽度允许范围及条数			
	宽 0.2 mm,长 40 mm,2×S,条			
光学变形	入射角:2 mm　45°;3 mm　50°;4 mm、5 mm、6 mm　60°			
表面裂纹	按 5.3.1 检验肉眼不应看见			
断面缺陷	爆边、凹凸、缺角等不应超过玻璃板的厚度			
注:S 为以平方米为单位的玻璃板面积,保留小数点后两位。气泡、夹杂物的个数及划伤条数允许范围为各系数与 S 相乘所得的数值,应按 GB/T 8170 修约至整数				

表 5　制镜级浮法玻璃外观质量

缺陷种类	质量要求							
气泡	2 mm 玻璃长度及个数允许范围				3 mm、5 mm、6 mm 玻璃长度及个数允许范围			
	长度,L 0.3 mm≤L ≤0.5 mm	长度,L 0.5 mm<L ≤1.0 mm	长度,L 1.0 mm<L ≤1.5 mm	长度,L L>1.5 mm	长度,L 0.3 mm≤L ≤0.5 mm	长度,L 0.5 mm<L ≤1.0 mm	长度,L 1.0 mm<L ≤1.5 mm	长度,L L>1.5 mm
	2×S,个	1×S,个	0.5×S,个	0,个	3×S,个	2×S,个	0.5×S,个	0,个
夹杂物	2 mm 玻璃长度及个数允许范围			3,5,6 mm 玻璃长度及个数允许范围				
	长度,L 0.3 mm≤L ≤0.5 mm	长度,L 0.5 mm<L ≤1.0 mm	长度,L L>1.0 mm	长度,L 0.3 mm≤L ≤0.5 mm	长度,L 0.5 mm<L ≤1.0 mm	长度,L L>1.0 mm		
	2×S,个	0.5×S,个	0,个	1×S,个	0.5×S,个	0,个		
点状缺陷密集度	长度大于 0.5 mm 的气泡及夹杂物的间距应大于 300 mm							
线道	按 5.3.1 检验肉眼不应看见							
划伤	长度和宽度允许范围及条数							
	宽度 0.1 mm,长 30 mm,2×S,条							
光学变形	入射角:2 mm　45°;3 mm　55°;5 mm、6 mm　60°							
表面裂纹	按 5.3.1 检验肉眼不应看见							
断面缺陷	爆边、凹凸、缺角等不应超过玻璃板的厚度							
注:S 为以平方米为单位的玻璃板面积,保留小数点后两位。气泡、夹杂物的个数及划伤条数允许范围为各系数与 S 相乘所得的数值,应按 GB/T 8170 修约至整数								

表 6 浮法玻璃可见光透射比

厚度,mm	可见光透射比,%
2	89
3	88
4	87
5	86
6	84
8	82
10	81
12	78
15	76
19	72

5 检验方法

5.1 尺寸测定

用最小刻度为 1 mm 的钢卷尺,测量两条平行边的距离。

5.2 厚度测定

用符合 GB/T 1216 规定的精度为 0.01 mm 的外径千分尺或具有相同精度的仪器,在距玻璃板边 15 mm 内的四边中点测量。同一片玻璃厚薄差为四个测量值中最大值与最小值之差。

5.3 外观质量测定

5.3.1 气泡、夹杂物、线道、划伤及表面裂纹测定

在不受外界光线的影响下,如图 1 所示,将试样玻璃垂直放置在距屏幕(安装有数支 40 W、间距为 300 mm 的平行荧光灯,并且是黑色无光泽屏幕)600 mm 的位置,打开荧光灯,距试样玻璃 600 mm 处正面进行观察。

气泡、夹杂物的长度测定用放大 10 倍、精度为 0.1 mm 的读数显微镜测定。

5.3.2 光学变形测定

如图 2 所示,试样按拉引方向垂直放置,视线透过试样观察屏幕条纹,首先让条纹明显变形,然后慢慢转动试样直到变形消失。记录此时的入射角度。

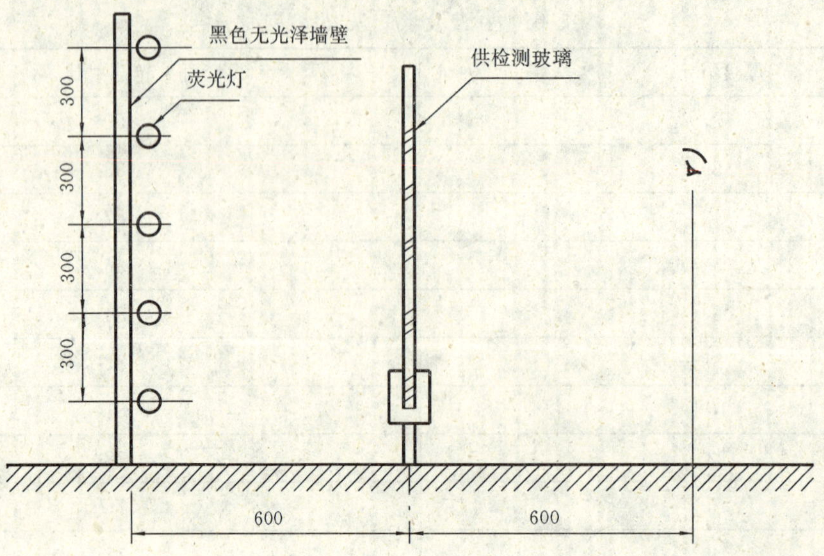

图 1　检查缺陷的布置图

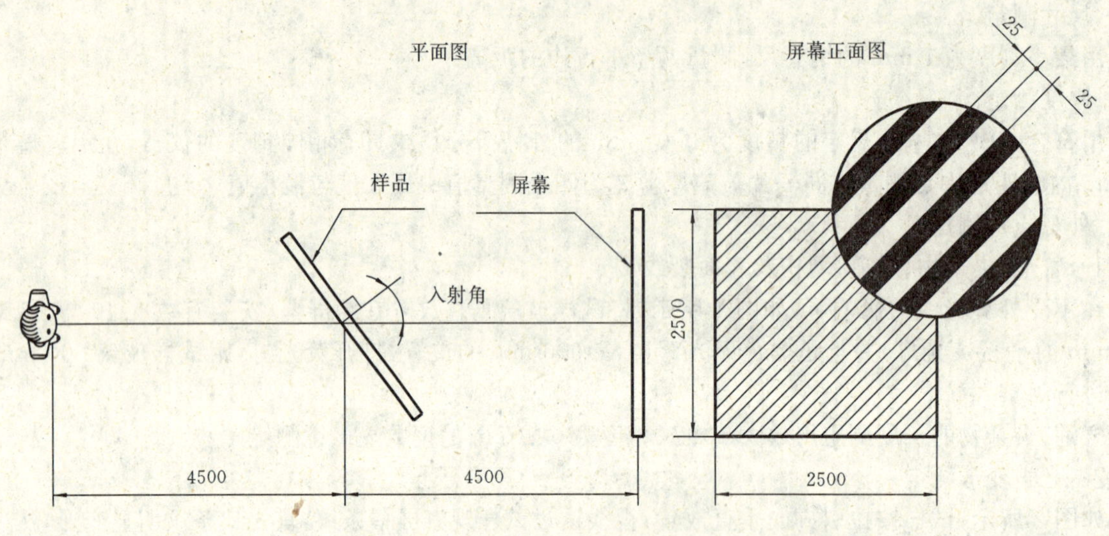

图 2　光学变形的测定

5.3.3　断面缺陷测定

用钢直尺测定爆边、凹凸最大部位与板边之间的距离。缺角沿原角等分线向内测量。如图 3 所示。

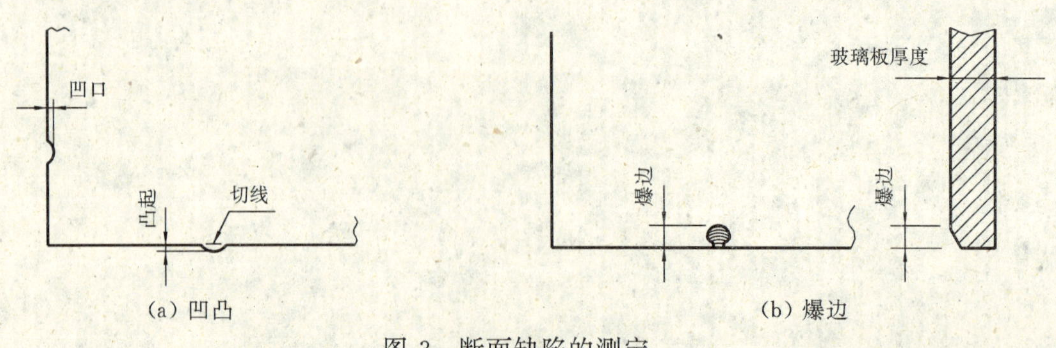

(a) 凹凸　　(b) 爆边

图 3　断面缺陷的测定

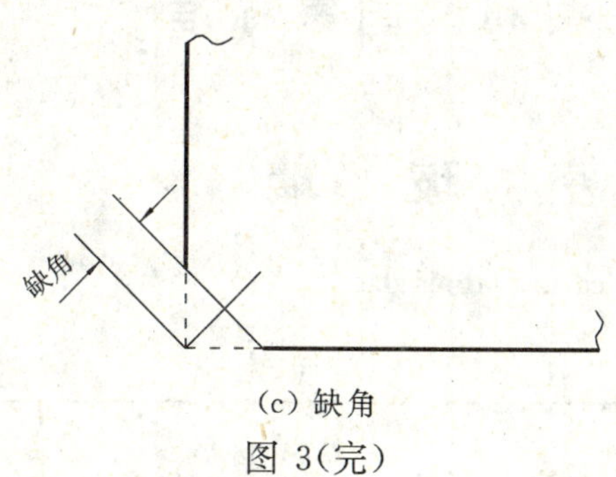

(c) 缺角

图 3(完)

5.4 对角线差测定

用最小刻度为 1 mm 的钢卷尺,测量玻璃板对应角顶点之间的距离。

5.5 可见光透射比测定

浮法玻璃的可见光透射比按 GB/T 2680 进行测定。

5.6 弯曲度测定

将玻璃垂直放置,不施加外力,沿玻璃表面任意放置长 1 000 mm 的钢直尺,用符合 JB/T 7979—1995 塞尺测量直尺边与玻璃板之间的最大间隙。

6 检验规则

6.1 玻璃出厂必须检验第 4 章要求规定的所有项目。

6.2 产品检验按表 7 规定的玻璃批量和抽样数随机取样。

表 7 抽样表

片

批量范围	样本大小	合格判定数	不合格判定数
≤50	8	1	2
51～90	13	2	3
91～150	20	3	4
151～280	32	5	6
281～500	50	7	8
501～1 000	80	10	11

6.3 判定规则

6.3.1 一片玻璃检验结果,各项指标均达到该等级的要求为合格。

6.3.2 一批玻璃检验结果,若不合格片数大于或等于表 7 不合格判定数,则认为该批产品不合格。

7 标志、包装、运输、贮存

7.1 玻璃应用木箱或集装箱(架)包装,箱(架)应便于装卸、运输。每箱(架)的包装数量应与箱(架)的强度相适应。一箱(架)应装同一厚度、尺寸、级别的玻璃,玻璃之间应采取防护措施。

7.2 包装箱(架)应附有合格证,标明生产厂名或商标、玻璃级别、尺寸、厚度、数量、生产日期、本标准号和轻搬正放、易碎、防雨怕湿的标志或字样。

7.3 运输时应防止箱(架)倾倒滑动。在运输和装卸时需有防雨措施。

7.4 玻璃必须贮存在不结露或有防雨设施的地方。

中华人民共和国国家标准

中空玻璃

GB 11944—89

Sealed insulating glass

1　主题内容与适用范围

本标准规定了胶封中空玻璃(以下简称中空玻璃)的规格、技术要求、检验方法、检验规则、标志、包装、运输和贮存。

本标准适用于两片无机玻璃经有机密封胶密封的中空玻璃。

2　引用标准

GB 4871　普通平板玻璃

GB 7020　中空玻璃测试方法

GB 9962　夹层玻璃

GB 9963　钢化玻璃

GB 11614　浮法玻璃

3　定义

3.1　中空玻璃

两片或多片平板玻璃其周边用间隔框分开,并用密封胶密封,使玻璃层间形成有干燥气体空间的产品。

3.2　露点

与露点仪测量端表面接触的玻璃内表面上开始结露时的温度。

4　规格

常用中空玻璃形状和最大尺寸见表1。

表1　　　　mm

<table>
<tr><th>原片玻璃厚度</th><th>空气层厚度</th><th>方形尺寸</th><th>矩形尺寸</th></tr>
<tr><td>3</td><td rowspan="4">6,9,12</td><td>1 200×1 200</td><td>1 200×1 500</td></tr>
<tr><td>4</td><td>1 300×1 300</td><td>1 300×1 500
1 300×1 800
1 300×2 000</td></tr>
<tr><td>5</td><td>1 500×1 500</td><td>1 500×2 400
1 600×2 400
1 800×2 500</td></tr>
<tr><td>6</td><td>1 800×1 800</td><td>1 800×2 400
2 000×2 500
2 200×2 600</td></tr>
</table>

国家技术监督局1989-12-23批准　　　　1990-07-01实施

其他形状和具体尺寸由供需双方协商决定。

5 技术要求

5.1 材料

5.1.1 玻璃

可采用平板玻璃、夹层玻璃、钢化玻璃、吸热玻璃、热反射玻璃、压花玻璃等。浮法玻璃应符合 GB 11614 规定的一级品、优等品或符合 GB 4871 规定的优选品。夹层玻璃应符合 GB 9962 的规定。钢化玻璃应符合 GB 9963 的规定。其他品种的玻璃由供需双方协商决定。

5.1.2 密封胶

密封胶应满足以下要求：

a. 使用双组分密封胶，组分间色差应分明；

b. 有效期在半年以上；

c. 必须满足中空玻璃性能要求。

5.1.3 间隔框

使用铝间隔框时须去污或进行阳极化处理。

5.1.4 干燥剂

干燥剂的质量、规格和性能必须满足中空玻璃制造及性能要求。

5.2 尺寸偏差

5.2.1 中空玻璃的长度及宽度允许偏差见表 2。

表 2　　mm

长　　度	允许偏差
<1 000	±2.0
1 000～2 000	±2.5
>2 000～2 500	±3.0

5.2.2 中空玻璃厚度允许偏差见表 3。

表 3　　mm

玻璃厚度	公称厚度[1]	允许偏差
≤6	<18	±1.0
	18～25	±1.5
>6	>25	±2.0

注：1）中空玻璃的公称厚度为两片玻璃的公称厚度与间隔框厚度之和。

5.2.3 中空玻璃两对角线允许偏差见表 4。

表 4　　mm

对角线长度	偏　　差
<1 000	4
≥1 000～2 500	6

5.2.4 中空玻璃密封胶层宽度：单道密封胶层宽度为 10±2 mm，双道密封外层密封胶层宽度为 5～7 mm，见下图。

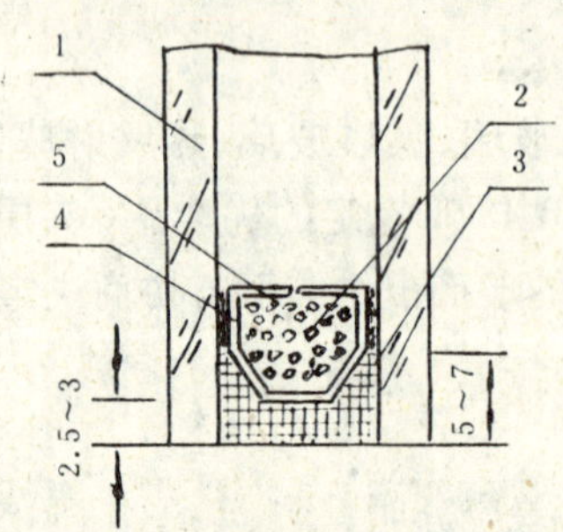

密封胶层宽度图

1—玻璃；2—干燥剂；3—外层密封胶；

4—内层密封胶；5—铝框

5.2.5 其他尺寸偏差由供需双方协商决定。

5.3 外观

中空玻璃的内表面不得有妨碍透视的污迹及粘结剂飞溅现象。

5.4 性能要求

中空玻璃的密封、露点、紫外线照射、气候循环和高温、高湿性能按 GB 7020 进行检验，必须满足表 5 规定的要求。

表 5

试验项目	试验条件	性能要求
密　封	在试验压力低于环境气压 10±0.5 kPa，厚度增长必须≥0.8 mm。在该气压下保持 2.5 h 后，厚度增长偏差<15%为不渗漏	全部试样不允许有渗漏现象
露　点	将露点仪温度降到≤－40℃，使露点仪与试样表面接触 3 min	全部试样内表面无结露或结霜
紫外线照射	紫外线照射 168 h	试样内表面上不得有结雾或污染的痕迹
气候循环及高温、高湿	气候试验经 320 次循环，高温、高湿试验经 224 次循环，试验后进行露点测试	总计 12 块试样，至少 11 块无结露或结霜

6 检验方法

6.1 尺寸偏差

中空玻璃长、宽、对角线和密封胶层宽度尺寸偏差用精度为 1 mm 的金属尺测量。测量长、宽尺寸时，应选择邻边上距测量边等距的两点测量。对角线偏差测量两对角线长度差。

中空玻璃厚度偏差用精度为 0.02 mm 的卡尺在产品四周边各取两点测量，以最大偏差表示。

6.2 外观

在适当的光线下，检验者距中空玻璃正面约 1 m 处用肉眼进行检查。

6.3 性能

按 GB 7020 规定检验。

7 检验规则

7.1 检验分类

7.1.1 型式检验

型式检验项目包括外观、尺寸偏差、密封、露点、紫外线照射、气候循环和高温、高湿试验。

7.1.2 出厂检验

出厂检验项目包括外观、尺寸偏差、露点。

7.2 分批和抽样

7.2.1 产品的外观、尺寸偏差、露点按表 6 从交货批中随机抽样进行检验。

表 6

块

批量	抽样次数	抽样数量	累计抽样数量	合格判定数	不合格判定数
不超过 15	第一次 第二次	2 2	4	0 1	2 2
16～25	第一次 第二次	3 3	6	0 1	2 2
26～50	第一次 第二次	5 5	10	0 3	3 4
51～90	第一次 第二次	8 8	16	1 4	4 5
91～150	第一次 第二次	13 13	26	2 6	5 7
151～280	第一次 第二次	20 20	40	3 8	7 9
281～500	第一次 第二次	32 32	64	5 12	9 13
501～1 200	第一次 第二次	50 50	100	7 18	13 19

7.2.2 密封、露点、紫外线照射、气候循环、高温、高湿试验按 GB 7020 规定，使用与产品相同的原料和工艺制作的试样。

7.3 判定规则

7.3.1 第一次抽样样品中不合格中空玻璃的数量小于或等于合格判定数，则该批中空玻璃外观、尺寸偏差和露点可以验收。如果不合格中空玻璃的数量大于或等于不合格判定数，则该批中空玻璃不合格。不合格中空玻璃数量介于合格判定数与不合格判定数之间，则应进行第二次抽样。二次抽样样品中不合格中空玻璃的总量小于或等于合格判定数，则该批中空玻璃外观、尺寸偏差和露点可以验收。如果在二次抽样样品中不合格中空玻璃的总量等于或大于不合格判定数，则该批中空玻璃不合格。

7.3.2 中空玻璃的性能全部符合表5规定时，则该批产品性能要求合格，如果有一项不符合时，则该批产品性能要求不合格。

7.3.3 当7.3.1和7.3.2要求全部合格时，该批产品可以验收，若有一项不合格时，则该批产品不合格。

8 标志、包装、运输和贮存

8.1 标志

中空玻璃在间隔框或玻璃右下方应标有以下内容：

a. 生产厂的名称或商标；

b. 产品编号及出厂期。

包装箱外边应标有产品规格、数量、生产厂名或商标和防雨、易碎等标志。

8.2 包装

中空玻璃用木箱或集装箱包装，每箱中应装同一规格的产品。玻璃外表面之间应衬纸并用其他材料填充。箱内应附有产品合格证。

8.3 运输

中空玻璃运输时必须垂直放置，长度方向与运动方向一致，并加以固定。运输时需有防雨措施。

8.4 贮存

中空玻璃应放在货架上，其边部必须与支撑平面垂直。货架底部与水平面成6°～10°倾斜角，并须粘有毛毡或橡皮。仓库必须干燥通风。

附加说明：

本标准由国家建筑材料工业局提出。

本标准由国家建筑材料工业局秦皇岛玻璃研究院负责起草。

本标准主要起草人马庆儒。

中华人民共和国国家标准

GB 15763—1995

防　火　玻　璃

Fire-resistant glass

1　主题内容与适用范围

本标准规定了防火玻璃的产品分类、技术要求、检验方法、检验规则及标志、包装、运输、贮存等要求。

本标准适用于建筑、船舶用防火玻璃，其他用途的防火玻璃也可参照使用。

2　引用标准

GB 191　包装储运图示标志

GB 1216　外径千分尺

GB 3385　船用舷窗和矩形窗钢化安全玻璃非破坏性强度试验　冲压法

GB 4871　普通平板玻璃

GB 5137.3　汽车安全玻璃耐辐照、高温、潮湿和耐燃烧试验方法

GB 9963　钢化玻璃

GB 11614　浮法玻璃

GB 11946　船用钢化安全玻璃

GB 12513　镶玻璃构件耐火试验方法

GJB 503　飞机夹层玻璃通用试验方法

3　术语

防火玻璃：在规定的耐火试验中能够保持其完整性和隔热性的特种玻璃。

4　分类

4.1　防火玻璃按用途分类

a.　A 类：建筑用防火玻璃及其他防火玻璃。

b.　B 类：船用防火玻璃，包括舷窗防火玻璃和矩形窗防火玻璃，外表面玻璃板是钢化安全玻璃，内表面玻璃板材料类型可任意选择。

4.2　防火玻璃按耐火性能分等级

4.2.1　A 类防火玻璃按耐火性能分为：甲级、乙级、丙级。

4.2.2　B 类防火玻璃按耐火性能分为：B 0 级、B-15 级。

4.3　标记示例

一块厚度为 15 mm，耐火性能为乙级的 A 类防火玻璃的标记如下：

15A-乙 GB 15763—1995

一块厚度为 19 mm，耐火性能为 B-15 级的 B 类防火玻璃标记如下：

国家技术监督局 1995-11-30 批准　　　　1996-08-01 实施

19 B-15 GB 15763—1995

5 技术要求

5.1 制造防火玻璃可选用普通平板玻璃、浮法玻璃、钢化玻璃作原片，原片玻璃应各自符合 GB 4871、GB 11614、GB 9963 的规定。

5.2 尺寸及允许偏差

5.2.1 A 类防火玻璃的尺寸和厚度允许偏差必须符合表 1 和表 2 的规定。

表 1 A 类防火玻璃的尺寸允许偏差 mm

玻璃的总厚度 δ	长度或宽度 L	
	L≤1 200	1 200<L<2 400
5≤δ<11	±2	±3
11≤δ<17	±3	±4
17≤δ≤24	±4	±5
δ>24	±5	±6

表 2 A 类防火玻璃的厚度允许偏差 mm

玻璃的总厚度 δ	允许偏差
5≤δ<11	±1
11≤δ<17	±1
17≤δ≤24	±1.3
δ>24	±1.5

5.2.2 B 类防火玻璃的尺寸及允许偏差

5.2.2.1 B 类防火玻璃的厚度由供需双方商定，但外表面玻璃板的厚度应不低于 GB 11946 中相对于该类型和公称尺寸的矩形窗或舷窗所给出的厚度的最小值。

5.2.2.2 B 类防火玻璃的尺寸允许偏差应符合 GB 11946 中第 4 章的规定，厚度允许偏差由供需双方商定。

5.3 外观质量

5.3.1 A 类防火玻璃的外观质量必须符合表 3 的规定。周边 15 mm 范围内不做规定。

表 3

种类 / 允许数量 / 缺陷名称	甲级		乙级		丙级	
	优等品	合格品	优等品	合格品	优等品	合格品
气泡	直径 300 mm 圆内允许长 0.5～1 mm 的气泡 3 个	直径 300 mm 圆内允许长 1～2 mm的气泡 6 个	直径 300 mm 圆内允许长 0.5～1 mm 的气泡 2 个	直径 300 mm 圆内允许长 1～2 mm的气泡 4 个	直径 300 mm 圆内允许长 0.5～1 mm 的气泡 1 个	直径 300 mm 圆内允许长 1～2 mm的气泡 3 个
胶合层杂质	直径 500 mm 圆内允许长 2 mm 以下的杂质 4 个	直径 500 mm 圆内允许长 3 mm 以下的杂质 5 个	直径 500 mm 圆内允许长 2 mm 以下的杂质 3 个	直径 500 mm 圆内允许长 3 mm 以下的杂质 4 个	直径 500 mm 圆内允许长 2 mm 以下的杂质 2 个	直径 500 mm 圆内允许长 3 mm 以下的杂质 3 个

续表 3

种类/允许数量/缺陷名称	甲级		乙级		丙级	
	优等品	合格品	优等品	合格品	优等品	合格品
裂痕	不允许存在					
爆边	每平方米允许有长度不超过 20 mm、自玻璃边部向玻璃表面延伸深度不超过厚度一半的爆边					
	4 个	6 个	4 个	6 个	4 个	6 个
叠差	不得影响使用，可由供需双方商定					
磨伤						
脱胶						

5.3.2 B 类防火玻璃的外观质量应符合表 3 乙级优等品的规定，边部状况应符合 GB 11946 中第 5.2 条的规定。

5.4 耐火性能

5.4.1 A 类防火玻璃的耐火性能必须符合表 4 的规定。

表 4

min

耐火等级	耐火性能
甲级≥	72
乙级≥	54
丙级≥	36

5.4.2 B 类防火玻璃的耐火性能必须符合表 5 的规定。

表 5

耐火等级	耐火性能
B-0 级	经过 30 min 试验后，火焰不穿透
B-15 级	经过 30 min 试验后，火焰不穿透。此外，在 15 min 内，背火面玻璃的平均温度升高不超过起始温度 139℃，玻璃外表面的任何地方，温度升高也不得超过起始温度 225℃

5.5 弯曲度

5.5.1 A 类防火玻璃的弯曲度不可超过 0.3%。

5.5.2 B 类防火玻璃的弯曲度不可超过 0.2%。

5.6 光学性能

5.6.1 A 类防火玻璃透光度必须符合表 6 的规定。

表 6

玻璃的总厚度 δ	透光度，%
$5\leqslant\delta<11$	≥75
$11\leqslant\delta<17$	≥70
$17\leqslant\delta\leqslant24$	≥65
$\delta>24$	≥60

5.6.2 B 类防火玻璃的透光度和光学角位移

除用在驾驶室和观察室的防火玻璃的透光度和光学角位移符合 GB 11946 中第 5.6 条和第 5.7 条的规定外，其他部位用防火玻璃的透光度应符合 5.6.1 的规定。

5.7 耐热性能

取 3 块试样进行试验，试验后 3 块试样的外观质量、光学性能均符合 5.3 条和 5.6 条的规定为合格，1 块试样符合时为不合格。

当 2 块试样符合时，再追加试验 3 块新试样，3 块均符合规定时为合格。

5.8 耐寒性能

取 3 块试样进行试验，试验后 3 块试样的外观质量、光学性能均符合 5.3 条和 5.6 条的规定为合格，1 块试样符合时为不合格。

当 2 块试样符合时，再追加试验 3 块新试样，3 块均符合规定时为合格。

5.9 耐辐照性能

取 3 块试样进行试验，试验后 3 块试样均符合下述规定时为合格，1 块符合时为不合格。当 2 块试样符合时，再追加试验 3 块新试样，3 块均符合规定则为合格。

试验后试样均不可产生显著变色、气泡及浑浊现象，同时防火玻璃的透光度的相对减少率应不大于 10%，见下式：

$$\frac{a-b}{a}\times 100\% \leqslant 10\%$$

式中：a ——紫外线照射前的透光度；

b ——紫外线照射后的透光度。

5.10 力学性能

5.10.1 A 类防火玻璃的抗冲击性能

取 6 块试样进行试验，5 块或 5 块以上符合下述 a、b 规定的任一条件时为合格，3 块或 3 块以下符合时为不合格。

当 4 块试样符合时，再追加试验 6 块新试样，6 块均符合时为合格。

a. 玻璃没有破坏。

b. 如果玻璃破坏，钢球不可穿透试样。

5.10.2 B 类防火玻璃的抗冲压性能

此项性能仅对 B 类防火玻璃的外表面钢化玻璃进行检验。

随机抽取在相同工艺条件下生产，相同尺寸和厚度的 4 块玻璃进行试验，每块玻璃试验后不破碎为合格，多于 1 块的玻璃破碎为不合格。

当 1 块玻璃在试验中破坏时，再追加试验 4 块新试样，4 块均不破碎为合格。

6 检验方法

6.1 尺寸及厚度的测量

尺寸用最小刻度为 1 mm 的钢直尺或钢卷尺测量。厚度用符合 GB 1216 规定的千分尺或与此同等精度的器具测量玻璃四边中点，结果以四点平均值表示，数值精确到 0.1 mm。

6.2 外观质量

在良好的自然光及散射光照条件下，在距玻璃的正面 600 mm 处进行目视检查。

6.3 耐火性能

按 GB 12513 镶在构件上进行耐火试验。

6.4 弯曲度

将玻璃垂直立放，把钢板尺的直线边紧贴试样，用塞尺测定玻璃与钢板尺之间的最大缝隙，此值与边长之比的百分率即为该玻璃的弯曲度。

6.5 光学性能

按 GJB 503 的第 10 章进行检验，也可采用等效的设备进行检验。

6.6 耐热性能

6.6.1 采用尺寸为 300 mm×300 mm 的试样。试验前，试样应在常温下放置 6 h 以上，检查外观质量并详细记录缺陷情况。

6.6.2 将试样放入恒温箱，并使箱内温度升至 50℃，保持 6 h 后取出。

6.6.3 将取出的试样，在常温下放置 6 h 以上，检查其外观质量和透光度。

6.7 耐寒性能

6.7.1 采用尺寸为 300 mm×300 mm 的试样。试验前，试样应在常温下放置 6 h 以上，检查外观质量并详细记录缺陷情况。

6.7.2 将试样放入低温箱，并使箱内温度降至－20℃，保持 6 h 后取出。

6.7.3 将取出的试样，在常温下放置 6 h 以上，检查其外观质量和透光度。

6.8 耐辐照性能

按 GB 5137.3 方法进行检验。

6.9 A 类防火玻璃的抗冲击性能

6.9.1 采用 610 mm×610 mm 的试样，试验前在 23±5℃的室内保持 4 h，取出后立即进行试验。

6.9.2 将试样放在图 1 所示的框架上，当防火玻璃所用原片玻璃厚度不同时，应将薄的一面朝向冲击体。

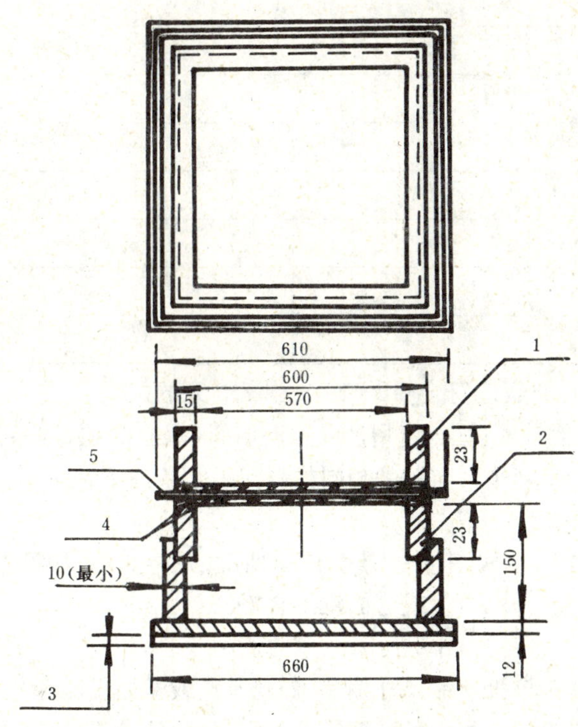

图 1

1—上框；2—下框；3—橡胶(厚 3 mm)；4—橡胶板，厚 3 mm，宽 15 mm，硬度 A50；5—试样

6.9.3 采用质量为 1 040 g±10 g、表面光滑的钢球，放置在距离试样表面 1 000 mm 高度的位置，从静止的状态不加外力自由下落在试样中心点 25 mm 以内，观察其破坏的状态，一块试样只能冲击一次。

6.10 B 类防火玻璃的抗冲压性能

按 GB 3385 进行检验。

7 检验规则

7.1 检验分类

7.1.1 出厂检验

检验项目为尺寸偏差、外观质量和透光度。

7.1.2 型式检验

检验项目为本标准技术要求规定的全部项目，但耐辐照性能可根据产品用途由供需双方商定是否检验，有下列情况之一时，应进行型式检验。

a. 新产品或老产品转厂生产的试制定型鉴定。

b. 正式生产后、如结构、材料、工艺有较大改变，可能影响产品性能时。

c. 正常生产时，定期或积累一定产量后，应周期性进行一次检验。

d. 产品长期停产后，恢复生产时。

e. 出厂检验结果与上次型式检验有较大差异时。

f. 国家质量监督机构提出进行型式检验的要求时。

7.2 抽样方案

7.2.1 A 类防火玻璃的尺寸偏差、外观质量、弯曲度按表 7 规定进行随机抽样。

表 7

块

批量范围	抽样数	合格判定数	不合格判定数
2～8	2	0	1
9～15	3	0	1
16～25	5	1	2
26～50	8	2	3
51～90	13	3	4
91～150	20	5	6
151～280	32	7	8
281～500	50	10	11

7.2.2 B 类防火玻璃的抽样方案应符合 GB 11946 中 7.2 条的规定。

7.2.3 对产品所要求的其他技术性能，若用产品检验时，根据检测项目所要求的数量从该批产品中随机抽取，若用试样进行检验时，应采用与制品相同材料和工艺条件下制备的试样。

7.3 判定规则

若 A 类防火玻璃产品的尺寸偏差、外观质量或弯曲度的不合格品数等于或大于表 7 的不合格判定数，则认为该批产品尺寸偏差、外观质量或弯曲度不合格。

若 B 类防火玻璃产品尺寸偏差、外观质量或弯曲度的不合格品数等于或大于 GB 11946 中 7.2 条表 11 中不合格判定数，则认为该批产品尺寸偏差、外观质量或弯曲度不合格。

防火玻璃的其他性能也应符合相应条款规定。否则，认为该项不合格。

若上述各项中，有一项不合格，则认为该批产品不合格。

8 标志、包装、运输和贮存

8.1 标志

8.1.1 产品标志

每块产品的右下角必须有不易擦掉的标志、生产厂名或商标。

8.1.2 包装标志

每个包装箱上应标明箱内包装产品的名称、规格、耐火等级、数量、收货单位、生产厂名、出厂日期。并贴上(或写上)符合 GB 191 的“小心轻放、防潮、向上”的标志。

8.2 包装

8.2.1 产品应用木箱或其他包装箱包装,玻璃应垂直立放在箱内,每块玻璃应用塑料布或纸包裹,玻璃与包装之间用不易引起玻璃划伤等外观缺陷的轻软材料填实。

8.2.2 包装箱内应放有合格证和装箱单,装箱单上应表明产品种类、规格、数量和装箱日期。

8.3 运输

运输时,木箱不得平放或斜放,长度应与车辆运动方向相同,应有防雨措施。

8.4 贮存

产品应垂直存放在干燥的室内。

附加说明:

本标准由国家建筑材料工业局提出。

本标准由中国建筑材料科学研究院玻璃研究所负责起草。

本标准主要起草人刘志君、龚蜀一、汪如洋、田晟。

中华人民共和国行业标准

JC 433—91

夹　丝　玻　璃

1　主题内容与适用范围

本标准规定了夹丝玻璃的产品分类、技术要求、试验方法、检验规则、包装、运输及贮存要求。

本标准适用于镶嵌在建筑物的门、窗、隔墙以及防火、防震等用途的夹丝玻璃。

2　引用标准

GB 12513　镶玻璃构件耐火试验方法

GB J45　高层民用建筑防火设计规范

3　术语

3.1　夹丝压花玻璃：在压延过程中夹入金属丝或网，一面压有花纹的平板玻璃。

3.2　夹丝磨光玻璃：表面进行磨光的夹丝玻璃。

4　产品分类

4.1　产品分为夹丝压花玻璃和夹丝磨光玻璃两类。

4.2　产品按厚度分为：6，7，10 mm。

4.3　产品按等级分为：优等品、一等品和合格品。

4.4　产品尺寸一般不小于 600 mm×400 mm，不大于 2 000 mm×1 200 mm。

5　技术要求

5.1　丝网要求

夹丝玻璃所用的金属丝网和金属丝线分为普通钢丝和特殊钢丝两种，普通钢丝直径为 0.4 mm 以上，或特殊钢丝直径为 0.3 mm 以上。夹丝网玻璃应采用经过处理的点焊金属丝网。

5.2　尺寸偏差

长度和宽度允许偏差为±4.0 mm。

5.3　厚度偏差

厚度允许偏差应符合表 1 规定。

表 1　　mm

厚度	允许偏差范围	
	优等品	一等品、合格品
6	±0.5	±0.6
7	±0.6	±0.7
10	±0.9	±1.0

国家建筑材料工业局 1991-05-22 批准　　1992-01-01 实施

5.4 弯曲度

5.4.1 夹丝压花玻璃应在1.0%以内。

5.4.2 夹丝磨光玻璃应在0.5%以内。

5.5 玻璃边部凸出、缺口、缺角和偏斜

玻璃边部凸出、缺口的尺寸不得超过6 mm，偏斜的尺寸不得超过4 mm。一片玻璃只允许有一个缺角，缺角的深度不得超过6 mm。

5.6 外观质量

产品外观质量应符合表2规定。

表 2

项目	说明	优等品	一等品	合格品
气泡	直径3～6 mm的圆泡，每平方米面积内允许个数	5	数量不限，但不允许密集	
	长泡，每平方米面积内允许个数	长6～8 mm 2	长6～10 mm 10	长6～10 mm 10 长10～20 mm 4
花纹变形	花纹变形程度	不许有明显的花纹变形		不规定
异物	破坏性的	不允许		
	直径0.5～2 mm非破坏性的，每平方米面积内允许个数	3	5	10
裂纹		目测不能识别		不影响使用
磨伤		轻微	不影响使用	
金属丝	金属丝夹入玻璃内状态	应完全夹入玻璃内，不得露出表面		
	脱焊	不允许	距边部30 mm内不限	距边部100 mm内不限
	断线	不允许		
	接头	不允许	目测看不见	

注：密集气泡是指直径100 mm圆面积内超过6个。

5.7 防火性能

夹丝玻璃用作防火门、窗等镶嵌材料时，其防火性能应达到GB J45规定的耐火极限要求。

5.8 用户对产品尺寸、厚度、外观若有特殊要求时，可与生产厂共同协商后在合同中规定。

6 试验方法

6.1 尺寸偏差测定

用精确到1 mm的钢卷尺测量。

6.2 厚度测定

用精确到0.01 mm的千分尺在玻璃每边中点测量。其中夹丝压花玻璃的厚度是指表面花纹的最高点至背面的距离。

6.3 弯曲度测定

将试样垂直立放，当弯曲成弓形时，用精确到1 mm的金属直尺和精确到0.01 mm的金属塞尺测量弦长和相对应的弓高。呈波形时，测量波峰到波峰（或波谷到波谷）的距离和相对应的峰高（或谷深），按下式计算弯曲度C：

$$C=\frac{H}{L}\times 100$$

式中：C——弯曲度，%；

H——弓高、峰高(或谷深)，mm；

L——弦长、相邻波峰间距(或相邻波谷间距)，mm。

6.4 玻璃边部凸出、缺口、偏斜及缺角的测定

用精确到 1 mm 的钢直尺测量玻璃边部凸出和缺口。

偏斜用边长 1 m 的直角尺放在玻璃上，使角顶点和一边与玻璃边对齐，测量直角尺另一边与玻璃板边的最大距离。缺角深度是沿角平分线从角顶向内测量。

6.5 外观质量的测定

在较好的自然光线或散射光照明条件下，距样品正面 600 mm 处目测检验。

6.6 防火性能测定

按 GB 12513 进行检验。

7 检验规则

7.1 对产品的尺寸偏差，厚度偏差，弯曲度，玻璃边部凸出，缺口、偏斜缺角及外观质量等项目，按表 3 随机抽样检验。

表 3 片

批量	抽样数	允许不合格数
1～20	全部	0
21～100	20	3
101～500	30	5
501～1 500	40	6
1 501～3 000	50	7
3 001～5 000	70	10
多于 5 000	80	11

若产品不合格数量小于或等于表 3 规定的允许不合格数，则该批产品合格。

7.2 产品防火性能项目由供需双方协议，满足 5.7 条时为合格。

8 标志、包装、运输和贮存

8.1 玻璃用木箱或集装箱包装，一箱中应装同一厚度、尺寸、等级的玻璃。

8.2 每箱包装数量应与木箱强度相适应，防止因包装不良产生磨伤、破损。

8.3 包装箱上应有企业名称、产品商标、等级、厚度、尺寸、数量、包装年月和轻搬正放，小心破损和防潮湿的标志。

8.4 玻璃必须在有顶盖的干燥库房内存放，在运输和装卸时，需有防雨设施。

8.5 玻璃在贮存、运输、装卸时，箱盖向上，不得侧放或斜放，防止倾倒、滑动。

附加说明：

本标准由国家建筑材料工业局秦皇岛玻璃研究院归口。

本标准由湖南省建材局、株洲玻璃厂、秦皇岛玻璃研究院负责起草。

本标准主要起草人刘嗣明、张兰芬、林贵彬、杨承平、阎正良。

中华人民共和国建材行业标准

JC/T 510—93

光　栅　玻　璃

1 主题内容与适用范围

本标准规定了光栅玻璃(俗称镭射玻璃)的定义、产品分类、技术要求、试验方法、检验规则以及包装、运输和贮存。

本标准适用于建筑装饰及家具用的光栅玻璃。

2 引用标准

GB 1216 外径千分尺

GB/T 2680 建筑玻璃 可见光透射比、太阳光直接透射比、太阳能总透射比、紫外线透射比及有关窗玻璃参数的测定

GB 4871 普通平板玻璃

GB 8917 陶瓷墙地砖弯曲强度试验方法

GB 9963 钢化玻璃

GB 11614 浮法玻璃

GB 11950 陶瓷砖釉面耐磨性试验方法

JB 2546 钢直尺

3 定义

光栅玻璃:以玻璃为基材,用特种材料采用特殊工艺处理在玻璃表面构成全息光栅或其他几何光栅。在光源的照射下,产生物理衍射的七彩光。

单层非钢化光栅玻璃必须具有普通玻璃同样的加工性能,即可任意切割、钻孔、磨边,其玻璃与光学结构层仍为一体。

4 产品分类

按结构分为普通夹层光栅玻璃、钢化夹层光栅玻璃和单层光栅玻璃。

按品种分为透明光栅玻璃、印刷图案光栅玻璃、半透明半反射光栅玻璃和金属质感光栅玻璃。

按耐化学稳定性分为A类光栅玻璃和B类光栅玻璃。

5 技术要求

5.1 材料的要求

光栅玻璃所用玻璃原片应分别符合GB 4871、GB 9963和GB 11614的规定。

5.2 尺寸及允许偏差

5.2.1 光栅玻璃的形状、长度、宽度和厚度由供需双方商定。

5.2.2 光栅玻璃的长度和宽度偏差应符合表1的规定。

5.2.3 光栅玻璃的厚度偏差应符合表2的规定。

国家建筑材料工业局1993-06-08批准　　1994-01-01实施

表 1 mm

长度或宽度 L	允 许 偏 差
$L\leqslant 500$	$^{+1}_{-2}$
$500<L\leqslant 1\,000$	±2
$L>1\,000$	±3

表 2 mm

厚 度		允 许 偏 差
单层		±0.4
夹层	≤8	$^{+0.8}_{-0.5}$
	>8	$^{+1}_{-0.5}$

5.3 外观质量

光栅玻璃的外观质量必须符合表 3 的规定。

表 3

缺陷种类	说 明	允许数量
光栅层气泡	长 0.5～1 mm，每 0.1 m^2 面积内允许个数	3
	长>1～3 mm	2
	距离边部 10 mm 范围内允许个数	
	其他部位	不允许
划伤	宽度在 0.1 mm 以下的轻划伤	不限
	宽度在 0.1～0.5 mm 之间，每 0.1 m^2 面积内允许条数	4
爆边	每片玻璃每米长度上允许有长度不超过 20 mm，自玻璃边部向玻璃板表面延伸长度不超过 6 mm，自板面向玻璃厚度延伸深度不超过厚度一半，允许个数	6
	小于 1 米的，允许个数	2
缺角	玻璃的角残缺以等分角线计算，长度不超过 5 mm，允许个数	1
图案	图案清晰，色泽均匀，不允许有明显漏缺	
折皱	不允许有明显折皱	
叠差	由供需双方商定	

5.4 弯曲度、吻合度

平面光栅玻璃的弯曲度不得超过 0.3%。曲面光栅玻璃的吻合度由供需双方商定。

5.5 太阳光直接反射比

光栅玻璃的太阳光直接反射比不应小于 4%。

5.6 老化性能

取 3 块 100 mm×100 mm 的试样，其中 1 块不进行试验，用作对比试样。另外 2 块按 6.5 条进行试验。试验 500 h 后取出试样，清洗，进行对比。试样不应产生气泡、开裂、渗水和显著变色，且衍射效果不变。

5.7 耐热性

取3块100 mm×100 mm的试样，其中1块不进行试验，用作对比试样。另外2块按6.6条进行试验，试验后试样不应产生气泡、开裂和明显变色，且衍射效果不变。

5.8 冻融性

取3块100 mm×100 mm的试样，其中1块不进行试验，用作对比试样。另外2块按6.7条试验，试验后试样不应产生气泡、开裂和明显变色，且衍射效果不变。

5.9 耐化学稳定性

取4块100 mm×60 mm的试样，按6.8条试验，试验后不论A类或B类，试样不应产生腐蚀和明显变色，且衍射效果不变。

5.10 弯曲强度

取5块150 mm×150 mm的试样，按6.9条试验，弯曲强度的平均值不应低于25 MPa。

5.11 抗冲击性

只对铺地的钢化夹层光栅玻璃进行冲击试验。取6块610 mm×610 mm的试样，按6.10条试验，试样破坏数不超过1块为合格，多于或等于3块为不合格，破坏数为2块时，再抽取6块进行试验，但6块必须全部不被破坏才为合格。

5.12 耐磨性

只对铺地的钢化夹层光栅玻璃进行耐磨试验。取3块100 mm×100 mm的试样，按6.11条试验方法试验500转后，取出试样，目测观察，试样表面不应出现明显可见磨损。

6 试验方法

6.1 尺寸测量

光栅玻璃的长度和宽度用最小刻度为0.5 mm，符合JB 2546的钢直尺进行测量；厚度用符合GB 1216规定的外径千分尺或具有同等以上精度的量具，在玻璃板四边中点进行测量，取其平均值。测量值精确到0.01 mm。

6.2 外观质量

在较好的自然光或散射光照条件下，距玻璃表面600 mm，用目测观察。缺陷尺寸用精度1 mm的钢直尺或放大10倍、精度0.1 mm的读数显微镜测定。

6.3 弯曲度

将试样垂直立放，再把钢直尺的直线边紧靠玻璃边，用塞尺测量钢直尺的直线边与玻璃边之间的缝隙。弓形时，以弧的高度与弦的长度之比的百分率表示；波形时，以波谷到波峰的高与波峰到波峰(或波谷到波谷)的距离之比的百分率表示。

6.4 太阳光直接反射比

按GB/T 2680规定的方法进行试验。

6.5 老化性能

按附录A规定的方法进行试验。

6.6 耐热性

将试样垂直浸入沸水中保持2 h，然后冷却至室温，取出试样，干燥，记录试样变化情况。

6.7 冻融性

将试样垂直放在试样架上，放入低温箱中。试样之间，试样与箱壁之间应有不小于5 mm的间距，把低温箱温度降至−40±2℃，在此温度下保温2 h，取出试样，记录试样变化情况。

6.8 耐化学稳定性

将同一工艺条件下制备的单层光栅玻璃试样4块，其中2块全部浸入23±2℃的1 mol/L盐酸，另外 2 块全部浸入 1 mol/L 氢氧化钠溶液中，浸渍时间如表 4。

表 4 浸渍时间

分类	浸渍时间，h
A类	耐酸性 48 耐碱性 72
B类	10

浸渍后水洗，干燥试样，记录试样变化情况。

6.9 弯曲强度

按 GB 8917 规定的方法进行试验。

6.10 抗冲击性

按 GB 9963 第 5.5 条规定进行试验。

6.11 耐磨性

按 GB 11950 规定的有关条款进行试验。

7 检验规则

7.1 检验分类

产品检验分出厂检验和型式检验。

出厂检验项目为尺寸偏差、外观质量和弯曲度。

型式检验项目为技术要求规定的全部项目。有下列情况之一时，应进行型式检验：

a. 新产品或老产品转厂生产的试制定型鉴定；

b. 正式生产后，如结构、材料、工艺有较大改变，可能影响产品性能时；

c. 正常生产时，每年检查一次；

d. 产品长期停产后，恢复生产时；

e. 出厂检验与上次型式检验有较大差异时；

f. 国家质量监督机构提出进行型式检验要求时。

7.2 抽样与组批规则

产品的尺寸偏差、外观质量、弯曲度按表 5 规定进行随机抽样。

表 5　　块

批量范围	抽样数	合格判定数	不合格判定数
26～50	8	2	3
51～90	13	3	4
91～150	20	5	6
151～280	32	7	8
281～500	50	10	11

对产品的其他性能的检验，应采用同一工艺条件下制备的试样。当该批产品的批量大于 500 块时，以每 500 块为一批分批按相应技术要求的试验方法制备试样。

7.3 判定规则

若不合格品数等于或大于表 5 的不合格判定数，则认为该批产品外观质量、尺寸偏差、弯曲度不合格。

其他性能也应符合相应条款的规定，否则，认为该项不合格。

若上述各项中，有一项不合格，则认为该批产品不合格。

8 标志、包装、运输、贮存

8.1 包装标志

包装标志应符合国家有关标准的规定，每个包装箱应标明“朝上，轻搬正放、小心破碎、防雨怕湿、玻璃厚度、厂名或商标”等字样。

8.2 包装

产品应用集装箱或木箱包装。每块玻璃应用塑料袋或纸包装。玻璃与包装箱之间用不易引起玻璃划伤等外观缺陷的轻软材料填实。具体要求应符合国家有关标准的规定。

8.3 运输

产品可用各种类型的车辆运输。运输时，木箱不得平放或斜放，长度方向应与输送车辆运动方向相同，应有防雨等措施。

8.4 贮存

产品应垂直贮存在干燥的室内。

附　录　A
光栅玻璃耐老化试验方法
（补充件）

A1　试验目的

本试验的目的是确定光栅玻璃能否成功地经受曝晒于模拟气候条件件。

A2　试验装置

A2.1　试验装置采用长弧氙灯作为辐射光源，并配用适当的修正滤光器，使其光谱特性接近自然光。

A2.2　试验装置必须能测量、控制以下内容：

a.　辐照度；

b.　黑板温度；

c.　喷淋；

d.　操作程序。

A2.3　试验装置应用不会污染试验用水的惰性材料制造。

A2.4　辐照度应在试样表面测量，并按试验条件进行控制。

A3　试验条件

A3.1　整个试样表面的辐照度变化范围不应超过±10%。

A3.2　定期用洗涤剂和水清洗氙灯滤光片，并根据氙灯使用寿命定期更换氙灯。

A3.3　黑板温度指示值为63±5℃，黑板温度计应安装在试样架上，应选择光辐照而产生最热点的温度。

在单纯光照阶段，辐照室内的温度应通过足够量的循环空气来加以控制，以保持一个恒定的黑板温度。

A3.4　单纯光照阶段相对湿度应为50±5%。

A3.5　水的pH值应控制在6.0～8.0之间，电导应小于5 μs。

A3.6　喷淋阶段所用的去离子水，其二氧化硅固体杂质含量应小于百万分之一，并且不能在试样上留下对以后测量有影响的永久残余物或沉淀物。

A3.7　进入试验装置前管道内的水温应为室温。

A3.8　试验装置应能保持连续光照和间断喷啉。

A4　试验步骤

A4.1　安装试样，每块试样相当于实际安装时朝外的那一面对着辐照光源。

A4.2　试样应环绕着辐照光源中心旋转以保证均匀的辐照度。试样架上应摆满试样或代用品，以保证温度的均匀分布。

A4.3　在2 h循环周期内单纯光照102 min和喷淋光照18 min。

A4.4　喷淋用去离子水应以薄雾状均匀地喷淋在试样光照表面，并使其表面立即润湿，但不允许循环使用已喷淋过的水或将试样浸入水中。

A4.5　试验结束后，清洗试样，或按协议除去试样表面的残留物。

A5　结果评价

观察并记录试样外观质量，并与原始试样进行对比，评价试验后试样的以下情况：

a. 气泡；

b. 开裂；

c. 渗水；

d. 颜色；

e. 衍射效果。

A6 试验报告

a. 光源(种类)；

b. 仪器制造厂家或型号；

c. 辐照时间。

附加说明：

本标准由国家建筑材料工业局标准化研究所负责起草并解释。

本标准由珠海光学产业有限公司参加起草。

本标准主要起草人武庆涛、杨德宁、杨小仲、邓全贵、王炬、李跃。

中华人民共和国建材行业标准

JC/T 511—93

压 花 玻 璃

1 主题内容与适用范围

本标准规定了压花玻璃的产品分类、技术要求、检验方法、验收规则、包装、贮存和运输。

本标准适用于连续辊压法生产的压花玻璃。

2 引用标准

GB 4871 普通平板玻璃

JC/T 513 平板玻璃木箱包装

3 产品分类

3.1 按厚度分为 3，4，5 mm。

3.2 按外观质量分为优等品、一等品、合格品。

4 技术要求

4.1 厚度偏差应不超过表 1 规定。

表 1 mm

厚 度	允 许 偏 差
3	±0.30
4	±0.35
5	±0.40

4.2 玻璃应为矩形，其尺寸不得小于 400 mm×300 mm，不得大于 2 000 mm×1 200 mm。

4.3 弯曲度不得大于 0.3%。

4.4 尺寸偏差(包括偏斜)不得大于 3 mm。

4.5 边部凸出或残缺部分不得大于 3 mm。每块玻璃只允许有一个缺角，沿原角等分线方向测量缺角深度不得大于 5 mm。

4.6 外观质量按表 2 规定。

国家建筑材料工业局1993-07-05批准 1994-01-01实施

表 2

缺陷种类	说　　明	优等品	一等品	合格品
线道	因设备造成板面上的横向线道	不允许		
	纵向线道允许条数	50 mm 边部 1	50 mm 边部 2	3
热圈	局部高温造成板面凸起	不允许		
皱纹	板面纵横分布不规则波纹状缺陷，每平方米面积允许条数	长<100 mm 1	长<100 mm 2	—
气泡	长度≥2 mm 的，每平方米面积上允许个数	≤10 mm 5	≤20 mm 10	≤20 mm 10 20～30 mm 5
夹杂物	压辊氧化脱落造成的 0.5～2 mm 黑色点状缺陷，每平方米面积上允许个数	不允许	5	10
	0.5～2 mm 的结石、砂粒，每平方米面积上允许个数	2	5	10
伤痕	压辊受损造成的板面缺陷，直径 5～20 mm，每平方米面积上允许个数	2	4	6
	宽 0.2～1 mm，长 5～100 mm 的划伤，每平方米面积上允许条数	2	4	6
图案缺陷	图案偏斜，每米长度允许最大距离(mm)	8	12	15
	花纹变形度 P	4	6	10
裂纹		不允许		
压口		不允许		

5 检验方法

5.1 玻璃尺寸偏差(包括偏斜)、缺角、弯曲度、边部凸出、残缺的检验方法，按 GB 4871 有关规定进行。

5.2 玻璃厚度用直径 50 mm 板规在四边中点测量。

5.3 玻璃的线道、热圈、皱纹、气泡、夹杂物、伤痕、裂纹、压口检查，将玻璃垂直放置，在自然光线下，观察者距玻璃 600 mm，目光垂直玻璃面进行观察。

5.4 图案偏斜分三种形式(如下图)，用金属直尺测量长度 h。

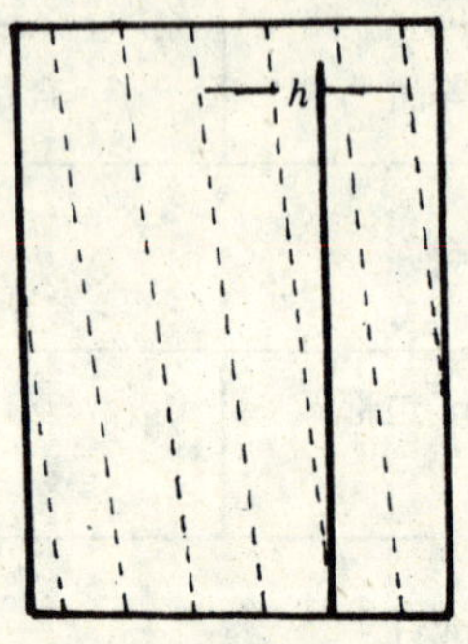

a 倾斜变形

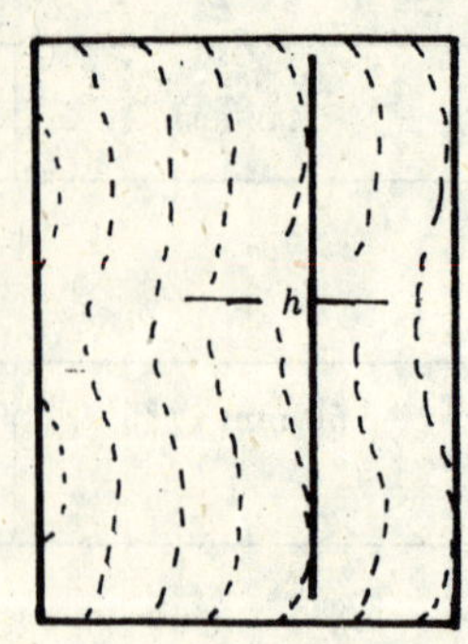

b 波状变形

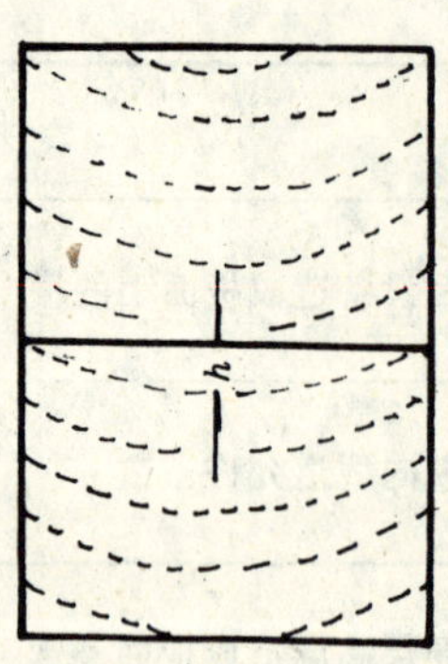

c 弓形变形

图案偏斜图

5.5 花纹变形度，用金属直尺测量后，按下式计算：

$$P=\frac{L-L_0}{L_0}\times 100$$

式中：P——花纹变形度，%；

L——花纹实际尺寸，mm；

L_0——花纹规定尺寸，mm。

6 检验规则

6.1 对产品的全部技术要求，按表 3 进行随机抽样检验。

6.2 一片玻璃，符合第 4 章的技术要求方为合格。

6.3 一批玻璃，若样本中不合格数小于或等于表 3 规定的允许不合格数，则该批玻璃合格。

表 3 片

批量	抽样数	允许不合格数
1～20	全	0
21～100	20	3
101～500	30	5
501～1 500	40	6
1 501～3 000	50	7
3 001～5 000	70	10
多于 5 000	80	11

7 包装、标志、运输和贮存

7.1 压花玻璃应用符合 JC/T 513 的木箱或集装箱包装。

7.2 每一箱应装有同一等级、厚度和规格的玻璃。

7.3 包装箱上应印有企业名称、商标、等级、厚度、尺寸、数量、包装年、月和小心轻放、禁止滚翻和怕湿标志。

7.4 压花玻璃的贮存和运输应符合 GB 4871 的有关规定。

附加说明：

本标准由国家建筑材料工业局秦皇岛玻璃研究院负责起草。

本标准主要起草人谭景亚、李绍唐。

中华人民共和国建材行业标准

JC/T 536—94

吸 热 玻 璃

1 主题内容与适用范围

本标准规定了本体着色的吸热玻璃的分类、技术要求、检验方法、检验规则、标志、包装、运输和储存。

本标准适用于本体着色的吸热玻璃。

2 引用标准

GB/T 2680 建筑玻璃 可见光透射比、太阳光直接透射比、太阳能总透射比、紫外线透射比及有关窗玻璃参数的测定

GB 4871 普通平板玻璃

GB 11614 浮法玻璃

GB 11942 彩色建筑材料色度测量方法

3 分类

3.1 按生产工艺分为吸热普通平板玻璃和吸热浮法玻璃。

3.2 按颜色分为茶色、灰色和蓝色等。

3.3 按厚度分为 2 mm、3 mm、4 mm、5 mm、6 mm、8 mm、10 mm 和 12 mm。

3.4 按外观质量分为优等品、一等品、合格品。

4 技术要求

4.1 厚度偏差、尺寸偏差(包括偏斜)、弯曲度、边角缺陷和外观质量

吸热普通平板玻璃按 GB 4871 有关条款规定;吸热浮法玻璃按 GB 11614 有关条款规定。

4.2 光学性能

吸热玻璃的光学性能,用可见光透射比和太阳光直接透射比来表述,二者的数值换算成为 5 mm 标准厚度的值后,应符合表 1 规定。

表 1 吸热玻璃的光学性能 %

颜色	可见光透射比 不小于	太阳光直接透射比 不大于
茶色	42	60
灰色	30	60
蓝色	45	70

4.3 颜色均匀性

吸热玻璃的颜色均匀性,采用 CIE 1976 年 L*、a*、b* 色度系统的色差来表示。同一批产品色差应在 3 NBS 以下。

国家建筑材料工业局 1994-02-17 批准 1994-11-01 实施

5 检验方法

5.1 厚度偏差、尺寸偏差(包括偏斜)、弯曲度、边角缺陷和外观质量

吸热普通平板玻璃按 GB 4871 有关条款进行检验；

吸热浮法玻璃按 GB 11614 有关条款进行检验。

5.2 光学性能

5.2.1 可见光透射比

按 GB/T 2680 进行测定。并将其值按式(1)换算成为 5 mm 标准厚度的数值，以百分率表示，保留小数点后一位：

$$\tau_v = \left(\frac{\tau_{vd}}{(1-r)^2 \times 100}\right)^{\frac{5}{d}} \times (1-r)^2 \times 100 \qquad \cdots\cdots(1)$$

式中：τ_v——换算成为 5 mm 标准厚度后，吸热玻璃的可见光透射比，%；

τ_{vd}——吸热玻璃试样实测可见光透射比，%；

d——吸热玻璃试样实测厚度，测量值准确到 0.01 mm；

r——玻璃表面的反射系数，一般取值 0.04。

5.2.2 太阳光直接透射比

按 GB/T 2680 进行测定。并将其值按式(2)换算成为 5 mm 标准厚度的数值，以百分率表示，保留小数点后一位。

$$\tau_e = \left(\frac{\tau_{ed}}{(1-r)^2 \times 100}\right)^{\frac{5}{d}} \times (1-r)^2 \times 100 \qquad \cdots\cdots(2)$$

式中：τ_e——换算成为 5 mm 标准厚度后，吸热玻璃的太阳光直接透射比，%；

τ_{ed}——吸热玻璃试样实测的太阳光直接透射比，%；

d、r——同式(1)。

5.3 颜色均匀性

按 GB 11942 规定测定色差。

6 检验规则

6.1 检验分类

出厂检验：检验项目为本标准 4.1 条规定的技术要求。

型式检验：检验项目为本标准 4.1～4.3 条规定的全部技术要求。

有下列情况之一时，应进行型式检验：

a. 新产品或老产品转厂生产的试制定型鉴定；

b. 正式生产后，如成分、工艺条件有较大改变，可能影响产品性能时；

c. 正常生产中，一年进行一次周期性检验；

d. 冷修后，恢复生产时；

e. 出厂检验结果与上次型式检验有较大差异时；

f. 国家质量监督部门提出抽查时。

6.2 抽样方法

6.2.1 对产品厚度偏差、尺寸偏差(包括偏斜)、弯曲度、边角缺陷及外观质量进行检验时，按表 2 规定，进行随机抽样。

表 2 片

批量范围	抽样数	允许不合格数
1～20	全部	0
21～100	20	3
101～500	30	5
501～1 500	40	6
1 501～3 000	50	7
3 001～5 000	70	10
＞5 000	80	11

6.2.2 对产品的光学性能进行检验时，每批随机抽取 3 块试样。

6.2.3 对产品的颜色均匀性进行检验时，每批随机抽取 5 块试样。

6.3 判定规则

6.3.1 对产品厚度偏差、尺寸偏差(包括偏斜)、弯曲度、边角缺陷及外观质量进行检验时：

1 片玻璃的各项技术指标均符合 4.1 条规定时，该片玻璃定为合格，否则定为不合格。

一批玻璃中，若不合格片数不大于表 2 中规定的允许不合格片数时，则定为该批玻璃上述指标合格，否则定为不合格。

6.3.2 对产品光学性能进行检验时：

若 3 块试样都符合表 1 规定，则判定该批产品该项指标检验合格。

若有 2 块试样符合表 1 规定，则重新抽取 3 块新试样进行检验，3 块试样均符合表 1 规定时，方认为该批产品该项检验合格，否则为不合格。

若只有 1 块试样符合表 1 规定或 3 块均不符合表 1 规定，则判定该批产品该项指标不合格。

6.3.3 对颜色均匀性进行检验时，以 5 块试样中 L^*、a^*、b^* 值最大或最小的 1 块作为标准，计算其与另外 4 块试样的色差，4 个色差值均不大于 3 NBS，认为该批产品该项指标检验合格，否则为不合格。

6.3.4 型式检验时，上述 6.3.1，6.3.2 和 6.3.3 检验都合格，则该批产品判定合格，否则判定为不合格。

7 标志及包装

执行 GB 4871 有关规定，且在包装箱表面，增印表示吸热玻璃颜色的字样，例如，茶色玻璃写成“茶”。

8 运输及贮存

按 GB 4871 有关规定执行。

附加说明：

本标准由秦皇岛玻璃研究院负责起草。

本标准主要起草人鲁文萍。

中华人民共和国建材行业标准

JC/T 635—1996

建筑门窗密封毛条技术条件

1 范围

本标准规定了建筑门窗用密封毛条的产品分类、技术要求、试验方法、检验规则、标志、包装、运输及贮存等。

本标准适用于以丙纶长丝制造的密封毛条,代号为"MT"。

2 引用标准

GB 7107 建筑外窗空气渗透性能分级及其检测方法

3 产品分类

3.1 品种代号

3.1.1 品种型式

品种型式见图1和表1。

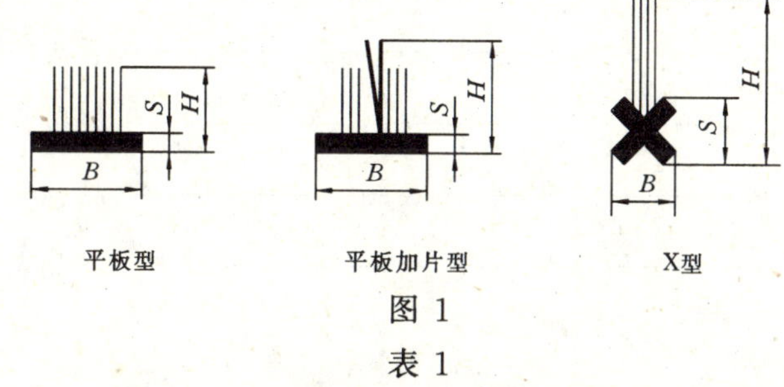

图 1

表 1

品　种	平　板　型	平　板　加　片　型	X　型
代　号	Ⅰ	Ⅱ	Ⅲ

3.1.2 绒毛密度

绒毛密度见表2。

表 2

绒毛密度	普通密度	中　密　度	高　密　度
代　号	S	E	P

3.1.3 颜色

颜色见表3。

表 3

颜　色	黑	灰	白	棕
代　号	BL	GR	WH	BR

国家建筑材料工业局1996-05-09批准　　1996-10-01实施

3.2　毛条基本尺寸系列

毛条基本尺寸系列见表4和表5。

表4

名　　称	底板宽度	毛条总高度	底板厚度
代　　号	B	H	S

表5　　mm

名　　称	B	H	S
Ⅰ、Ⅱ型	4.8,5.8,6.8,9.8,10.8,12.7	3～13每0.5一档	1
Ⅲ型	2.8	9～19每0.5一档	3

注：其他规格尺寸可由使用单位与制造厂协商制定。

3.3　标记示例

3.3.1　标记

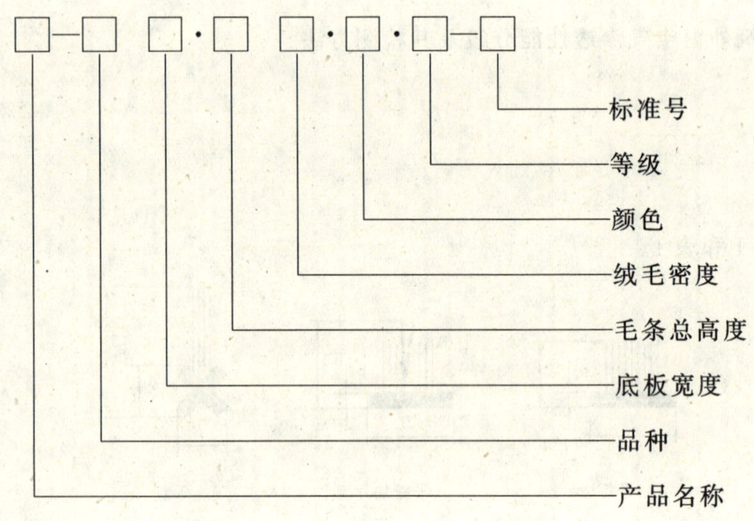

3.3.2　示例

MT—Ⅰ 58·45E·GR·A—JC/T 635

其中：MT——建筑门窗密封毛条；

Ⅰ——平板型；

58——底板宽5.8mm；

45——毛条总高4.5mm；

E——中密度；

GR——灰色；

A——优等品；

JC/T 635——本标准号。

4　技术要求

4.1　材料要求

4.1.1　毛条用绒线须采用丙纶纤维异形长丝。

4.1.2　丙纶纤维必须经过紫外线稳定性处理和硅化处理。

4.2　外观质量

4.2.1 绒毛应均匀致密，毛簇挺直，切割平整，不得有缺毛及凹凸不齐现象。

4.2.2 底板表面光滑平直，不得有裂纹、气泡、粘合不牢固等缺陷。

4.2.3 拼接：最短段不得短于 2m；每 50m 密封毛条允许 4 段拼接。

4.2.4 不允许有油污、脏物。

4.3 空气渗透性能(q)

应符合表 6 规定。

表 6

品　　种	单　　位	优 等 品	一 等 品	合 格 品
Ⅰ型	$m^3/m \cdot h$	$q \leqslant 1.0$	$q \leqslant 1.5$	$q \leqslant 2.0$
Ⅱ型	$m^3/m \cdot h$	$q \leqslant 0.7$	$q \leqslant 1.0$	$q \leqslant 1.5$
Ⅲ型	$m^3/m \cdot h$	$q \leqslant 2.5$	$q \leqslant 3.0$	$q \leqslant 3.0$

注：检测时Ⅰ、Ⅲ型毛条压缩 15%～20%，Ⅱ型毛条压缩 10%。

4.4 机械性能

试验 2 万次后测量其高度应符合表 7 规定。

表 7

方　　式	品　　种	单　　位	优 等 品	一 等 品	合 格 品
正　　压	Ⅰ、Ⅱ型	mm	≤0.5	≤1.0	≤1.5
挤　　压	Ⅰ、Ⅱ型	mm	≤0.5	≤1.0	≤1.5
扫　　刮	Ⅰ、Ⅱ型	mm	≤0.5	≤1.0	≤1.5
摩　　擦	Ⅲ型		不许倒伏	不许倒伏	轻微倒伏

4.5 尺寸允许偏差

应符合表 8 规定。

表 8

项　　目	范　　围	单　　位	优 等 品	一 等 品	合 格 品
底　板宽度差	$B \leqslant 10$	mm	0 −0.2	0 −0.25	0 −0.25
底　板宽度差	$B > 10$	mm	0 −0.3	0 −0.35	0 −0.35
毛　条高度差	$H \leqslant 8$	mm	±0.25	±0.5	±0.5
毛　条高度差	$H > 8$	mm	±0.5	±0.75	±0.75
底　板厚度差	Ⅰ、Ⅱ、Ⅲ型	mm	0 −0.3	0 −0.3	0 −0.3
偏边(绒毛)(底板)	$B \leqslant 10$	mm	±0.25	±0.25	±0.5
偏边(绒毛)(底板)	$B > 10$	mm	±0.5	±0.5	±0.75
长　度	工艺规定	%	±1.0	±2.0	±3.0

5 试验方法

5.1 外观

检验时在正常光照条件下对密封毛条进行目测和手感检验。

5.2 尺寸偏差

密封毛条的主要尺寸，用精度高于0.05mm游标卡尺测定。

5.3 空气渗透性能

测试方法见附录A(标准的附录)。

5.4 机械性能

测试方法见附录B(标准的附录)。

6 检验规则

6.1 出厂检验

检验项目包括外观质量和尺寸偏差。

6.2 型式检验

6.2.1 有下列情况之一时，应进行型式检验：

a) 正式生产后，如组织结构、材料、工艺有较大改变，可能影响产品性能时；

b) 正常生产时，每2年进行一次检验；

c) 出厂检验结果与上次型式检验有较大差异时；

d) 产品停产半年后恢复生产时；

e) 国家质量监督检验机构提出进行型式检验的要求时。

6.2.2 型式检验的项目为本标准技术要求的全部项目。

6.3 组批与抽样

每一品种、规格的产品以日产量为一批，抽取10%进行检验。

6.4 判定规则

按标准要求进行检验，如有某项达不到技术指标时，允许对该项目进行复验，从该批产品中加倍抽验，若该项仍达不到要求时，则判该批产品为不合格品；如复验达到要求，则判该批产品为合格品。

7 标志、包装、运输与贮存

7.1 标志

7.1.1 产品标志

生产单位应向消费者提供产品标签、合格证。基本内容包括：

a) 制造厂名；

b) 产品商标；

c) 产品标记；

d) 生产日期。

7.1.2 外包装标志

基本内容包括：

a) 制造厂名；

b) 产品商标；

c) 产品规格；

d) 产品质量等级；

e) 产品数量；

f）产品重量；

g）生产日期、批号；

h）箱体尺寸：$l \times b \times h$；

i）防潮、防火等标志。

7.2 包装

密封毛条，应具有内、外两层闭式包装，包装应保证产品品质不受损伤，能防腐、防潮，便于贮存和运输。

7.3 运输、贮存

在运输和贮存时不得挤压，避免日晒雨淋，严防受潮。

附 录 A
（标准的附录）
空气渗透性能测试方法

A1 测试装置

测试装置见图 A1。

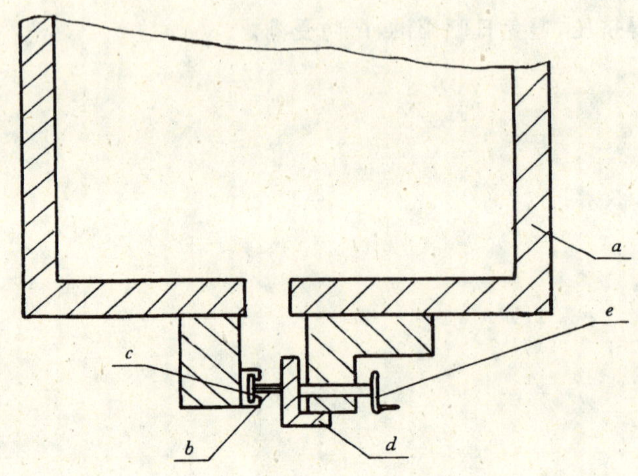

图 A1

a—静压箱；*b*— 毛条；*c*—试样安装架；*d*—缝隙调节装置；*e*—调节手柄

A2 试件安装

A2.1 应选用与试件相配用的试样安装架，试样在安装架内不应活动和位移。

A2.2 调节手柄，使缝隙装置平压至毛条总高度的 15％～20％（加片的毛条压缩 10％）。

A3 测试方法

参照 GB 7107 的规定。

附 录 B

（标准的附录）

密封毛条机械性能综合测试方法

B1 测试装置

B1.1 平板型、平板加片型（Ⅰ、Ⅱ）毛条机械性能综合测试装置，见图B1。

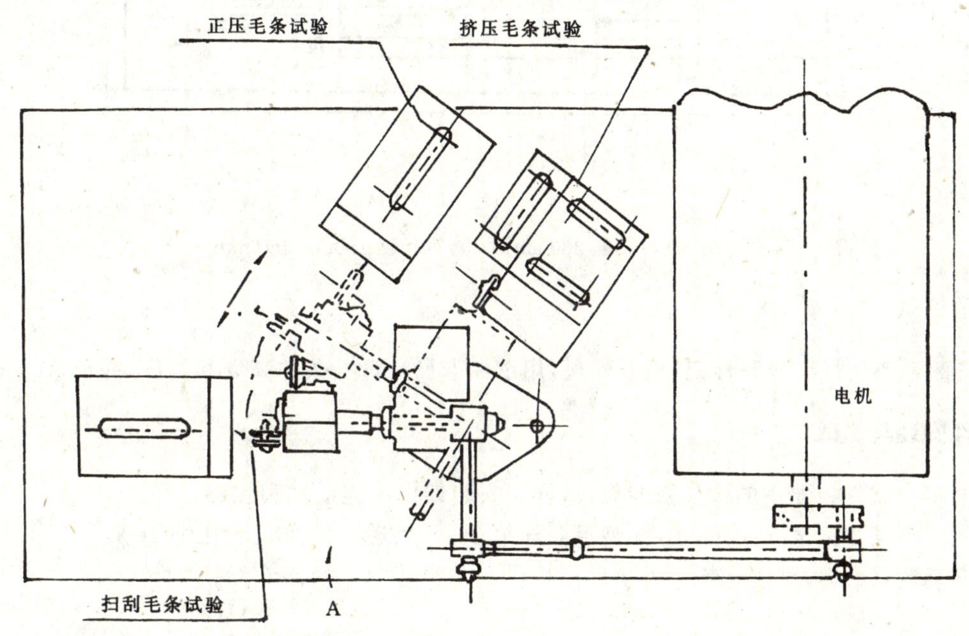

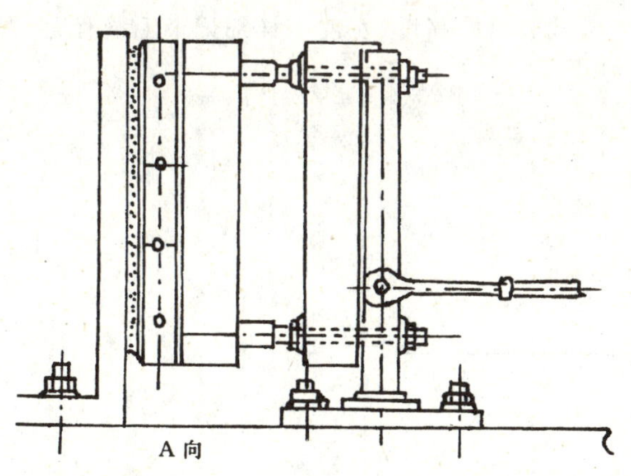

图 B1

B1.2 X型（Ⅲ）毛条机械性能测试装置，见图B2。

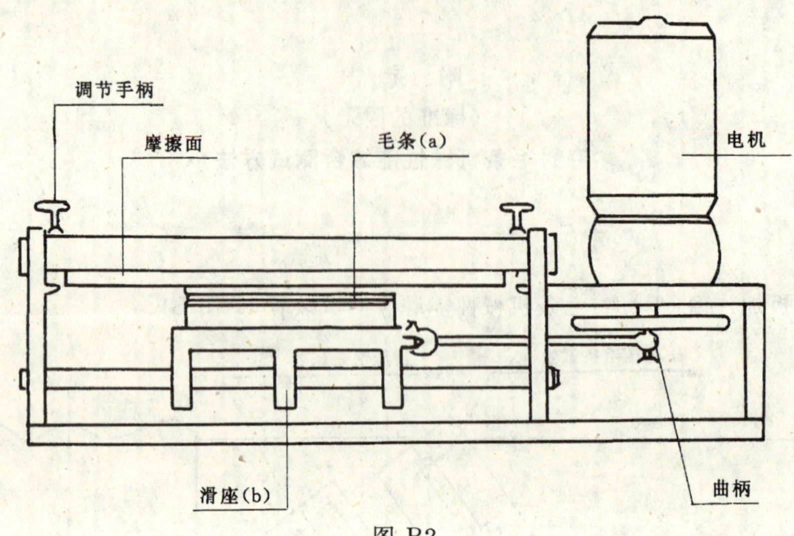

图 B2

a—试件长度 200mm;*b*—行程长度 150mm±10mm

B2　测前记录

将待测毛条做好编号和标记,检查外观,用游标卡尺测量毛条的高度和宽度,并记录。

B3　试件安装与测试

B3.1　选用与试件相配用的试件安装架,试样在安装架内不应活动和位移。

B3.2　调节毛条与测试面间隙,Ⅰ、Ⅱ型毛条压缩 15%～20%,Ⅲ型毛条压缩 10%。

B3.3　开动测试装置,试验运转 2 万次后停机。

B4　测后记录

停机取出试件观察外观;用游标卡尺测量毛条试验后的高度、宽度。详细记录毛条有无开叉、倒伏、掉毛现象,计算毛条测试前后的高度差。

最后将毛条梳整,观察有无恢复现象。

B5　测试结果

同一品种,取三个试件的平均值为最终结果。

附加说明:

本标准由国家建筑材料工业局标准化研究所归口。

本标准由中国建筑金属结构协会,佛山快捷门窗配件有限公司、北京制线厂尼龙搭扣分厂负责起草。

本标准主要起草人:黄圻、刘芳、李满炳。

五、卫生设备

中华人民共和国国家标准

GB/T 12956—91

卫生间配套设备

Fixtures and fittings for toilet

1 主题内容与适用范围

本标准规定了卫生间配套设备的档次、技术要求、试验方法和检验规则等。

本标准适用于住宅、饭店、招待所、宾馆用卫生间的配套设备。

2 引用标准

GB 3768 噪声源声功率的测定——简易法

GB 3809 陶瓷洗面器普通水嘴

GB 5346 高水箱提水虹吸式塑料配件

GB 5347 浴盆明装水嘴

GB 6952 卫生陶瓷

GB 6953 卫生陶瓷规格及连接尺寸

GB 7191 玻璃纤维增强塑料浴缸

GB 7913 卫生洁具铜排水配件通用技术条件

GB 7914 卫生洁具铜排水配件结构型式和连接尺寸

GB 8219 坐便器低水箱配件

GB 8285 坐便器塑料座圈和盖

GB 9195 建筑卫生陶瓷名词术语

GB 11942 彩色建筑材料色度测量方法

ZB Y26 001 搪瓷浴盆

3 分类

3.1 卫生间的配套设备分为普通$_1$、普通$_2$(低档)、中档和高档四个档次。

3.2 不同档次卫生间安装的设备及配件列于表1。

表 1

卫生间档次	必须安装的设备和配件	建议安装的设备和配件	备注
普通$_1$	蹲便器、高水箱及其配件	小浴盆及配件或淋浴装置	
	坐便器、低水箱及配件、便器座圈和盖	洗面器及配件、浴盆及配件或淋浴装置	
普通$_2$(低档)	坐便器、低水箱及配件、便器座圈和盖、洗面器及配件、浴盆(或淋浴装置)及配件、小配件等		

国家技术监督局1991-06-04批准　　　　1992-03-01实施

续表 1

卫生间档次	必须安装的设备和配件	建议安装的设备和配件	备注
中档	坐箱式坐便器、低水箱配件、便器座圈和盖、台式洗面器及配件、带淋浴喷头的防滑浴盆及配件、小配件等		
高档	喷射虹吸式坐便器(或连体坐便器)、低水箱配件,便器座圈和盖、台式洗面器及配件、梳妆台、防滑浴盆及带淋浴喷头的配件、小配件等	净身器及配件、按摩浴盆	根据设计要求选用、调整

注:中、高档卫生间内所用的产品必须选用优等品或一级品。

4 技术要求

4.1 卫生间各主要设备的技术要求

4.1.1 陶瓷坐便器、蹲便器、水箱、洗面器、净身器和陶瓷小配件必须符合 GB 6952、GB 6953 的规定。

4.1.2 玻璃纤维增强塑料浴缸必须符合 GB 7191 的规定。

4.1.3 搪瓷浴盆必须符合 ZB Y26 001 的规定。

4.1.4 坐便器座圈和盖必须符合 GB 8285 的规定。

4.2 卫生间各配件的技术要求

4.2.1 洗面器配件

4.2.1.1 洗面器普通水嘴必须符合 GB 3809 的规定。

4.2.1.2 洗面器混合式水嘴可参照 GB 3809 的技术要求执行。其流量规定为:在 0.015 MPa 水压下,双开时的最大流量不得小于 0.16 L/s。

4.2.1.3 陶瓷磨片密封式洗面器水嘴可参照 GB 3809 的技术要求执行。流量规定为:在 0.020 MPa 水压下,混合水最大流量不小于 0.07 L/s。

4.2.1.4 洗面器铜排水配件必须符合 GB 7913 和 GB 7914 的规定。塑料排水配件可参照 GB 7913、GB 7914的有关技术要求执行。

4.2.2 便器配件

4.2.2.1 高水箱提水虹吸式塑料配件必须符合 GB 5346 的规定。其他型式和其他材料的高水箱配件可参照 GB 5346 有关规定执行。

4.2.2.2 坐便器低水箱配件必须符合 GB 8219 的规定。

4.2.3 浴盆配件

4.2.3.1 浴盆明装水嘴必须符合 GB 5347 的规定。浴盆暗装水嘴可参照 GB 5347 的技术要求执行。

4.2.3.2 陶瓷磨片密封式浴盆水嘴可参照 GB 5347 的技术要求执行。流量规定为:在 0.020 MPa 水压下,混合水最大流量不小于 0.1 L/s。

4.2.3.3 浴盆铜排水配件必须符合 GB 7913、GB 7914 的规定。塑料排水配件可参照 GB 7913、GB 7914 有关技术要求执行。

4.2.4 净身器配件

4.2.4.1 普通净身器水嘴可参照 GB 5347 的有关技术要求执行。流量规定为:在 0.015 MPa 水压下,双开最大流量不小于 0.1 L/s。

4.2.4.2 陶瓷磨片密封式净身器水嘴可参照 GB 5347 的有关要求执行,流量规定为:在 0.020 MPa 水压下,混合水最大流量不小于 0.07 L/s。

4.2.4.3 净身器排水配件可参照 GB 7913、GB 7914 的有关要求执行。

4.2.5 金属小配件

4.2.5.1 金属小配件的外观质量可参照 GB 5347 有关技术要求执行。

4.2.5.2 金属小配件应造型美观、便于安装、具有较高的连接强度和工作强度。活动部位动作灵活、平稳。

4.3 便器冲洗过程噪声普通$_2$(低档)不大于 70 dB。中档不大于 60 dB;高档不大于 50 dB。

4.4 色差

4.4.1 在一个中、高档卫生间配套设备内,目测时相同材质设备之间应色调一致,无明显色差;不同材质之间允许稍有色差。

4.4.2 有仪器测定时,其色差不允许大于表 2 的规定。

表 2

指标 \ 档次 \ 颜色	瓷-瓷			瓷-塑			瓷-搪		
	普通$_2$	中档	高档	普通$_2$	中档	高档	普通$_2$	中档	高档
白色	6	4	3	9	7	6	7	5	4
浅色[1)]	8	6	4	11	9	7	9	7	6
深色[1)]	9	8	7	13	11	9	11	9	8

注:1) 颜色的深浅即为颜色的明暗(或明度的大小),在孟塞尔表色系统中用 V 表示颜色明度大小。将 V 从 0 到 10 分为 10 个等级。V≥5 时,认为是浅色;V<5 时,认为是深色。在色度学中用 Y 表示颜色的亮度,Y 值在 0~100 范围内。Y>20 时,认为是浅色;Y<20 时,认为是深色。V、Y 值所定义的颜色深浅,分别适用于目测和仪器检测场合下。

4.4.3 仲裁检验时,应用仪器测定。

4.5 卫生间内各设备之间的连接部位应无渗漏现象。

4.6 安装好的便器盖开启后应与水平位置成不小于 98°的夹角。

5 试验方法

5.1 冲洗噪声

按 GB 3763 的规定试验。

5.2 卫生间配套设备的色差

5.2.1 目测检验

在不低于 300 Lx 的白炽灯光照条件下,目测试样距离 3±0.1 m 检验主要配套设备之间的色差。

5.2.2 仪器检验

按 GB 11942 检验。

5.3 密封试验

5.3.1 给水密封试验

洗面器、浴盆、淋浴装置、净身器、低水箱应进行给水密封试验。介质为常温清水,试验压力 0.6 MPa。试验时关闭水嘴或低水箱配件给水阀,打开直角阀,持续 60 s 检查各连接处有无渗漏。

5.3.2 排水密封试验

洗面器、浴盆在试验时放水并保持溢流口溢水,持续 60 s 检查密封栓塞和各连接处有无渗漏。

净身器保持冲洗状,持续 60 s 检查密封栓塞和各连接处有无渗漏。

坐便器连续作三次冲洗试验检查各连接处有无渗漏。

6 检验规则

6.1 检验分类

卫生间配套设备的检验分交收检验和型式检验(或例行检验)。

6.1.1 交收检验包括4.4和4.5条规定的项目。

6.1.2 型式检验包括交收检验规定的各项目和4.3,4.6条规定的项目。

6.2 组批与抽样规则

6.2.1 以一次成交额(50套以上)为一个检查批(简称批)。当批量大于300时,可分为两批。

6.2.2 从一批产品中随机抽取3套作为试样。

6.3 判定规则

6.3.1 按5.2条规定的试验方法检验配套产品之间的色差,若有某一套超过标准规定,则判为该批产品不合格。

6.3.2 将3套产品中的坐便器组装后进行冲洗噪声检验,若超过4.3条的规定,则判为该批产品不合格。

6.3.3 将3套产品组装后按4.5条和4.6条的规定检验。

对中、高档卫生间的配套设备,若经检验有一项不合格,则该批产品为不合格。普通卫生间经检验若有一项不合格,则重新抽取3套产品检验,若仍有一项不合格,则该批产品为不合格。

7 标志、包装、运输和贮存

7.1 标志

7.1.1 每套产品包装的外表面应有产品名称等标志。

7.1.2 凡配套出售时,必须附有各设备及配件的安装使用说明书。

7.1.3 每批产品各件需附有产品合格证,内容包括:制造厂名称、各产品名称、商标、等级、出厂日期。

7.1.4 出口产品的标志由供需双方另行商定。

7.2 包装

7.2.1 瓷件应用草绳、木条箱或纸箱包装。

7.2.2 配件和便器盖圈应用纸盒包装,较小的配件应设法固定在盒内。

7.2.3 整套包装时,各件之间应用缓冲垫,并应紧固无松动现象。

7.3 运输和贮存

7.3.1 搬运时应轻拿轻放,严禁摔扔。在运输途中应防止碰撞。

7.3.2 在运输和存放时应有防雨设施。严防受潮。

7.3.3 产品应按品种、规格、级别分别整齐堆放,在室外堆放时应有防雨设施。

附加说明:

本标准由国家建筑材料工业局提出。

本标准由国家建筑材料工业局咸阳陶瓷研究设计院技术归口。

本标准由国家建筑材料工业局咸阳陶瓷研究设计院负责起草,北京水暖器材一厂、唐山陶瓷厂、唐山市建筑陶瓷厂、广东石湾建筑陶瓷厂参加起草。

本标准主要起草人沈朝洪、张连友、刘小玲。

中华人民共和国国家标准

玻璃纤维增强塑料盒子卫生间 制　　品

Heart unit of glass fiber reinforced plastics—Products

GB/T 13095.1—91

1 主题内容与适用范围

本标准规定了建筑用玻璃纤维增强塑料（玻璃钢）盒子卫生间（以下简称卫生间）的技术要求和检验规则。

本标准适用于以玻璃钢为主要原材料的建筑用盒子卫生间。车、船用卫生间也可参照使用。

2 引用标准

GB 3809 陶瓷洗面器普通水嘴
GB 5347 浴盆明装水嘴
GB 6952 卫生陶瓷
GB 6953 卫生陶瓷规格及连接尺寸
GB 7191 玻璃纤维增强塑料浴缸
GB 7913 卫生洁具铜排水配件通用技术条件
GB 7914 卫生洁具铜排水配件　结构型式和连接尺寸
GB 8219 坐便器低水箱配件
GB/T 13095.2 玻璃纤维增强塑料盒子卫生间　类型和尺寸系列
GB/T 13095.3 玻璃纤维增强塑料盒子卫生间　防水盘
GB/T 13095.4 玻璃纤维增强塑料盒子卫生间　试验方法
GBn 263 卫生陶瓷外观质量

3 术语

3.1 盒子卫生间：将各种卫生洁具及配件组合在一个盒子内，构成的多功能卫生间单元。

3.2 防水盘：用做卫生间底面的防水盘形构件。

3.3 构件：指卫生间的顶板、壁板、底板及门等结构件。

3.4 配件：卫生间所需各种零部件，如卫生洁具的五金件等。

3.5 玻璃钢复合板：玻璃钢－石膏板，玻璃钢－纤维板，玻璃钢－石棉水泥板以及玻璃钢与其他材料制成的复合板。

4 类型及尺寸

4.1 类型及尺寸应符合GB/T 13095.2规定。

4.2 类型及尺寸也可根据使用和设计要求并参照GB/T 13095.2选定。

国家技术监督局1991-07-23批准　　　　1992-07-01实施

5 技术要求

5.1 构件

5.1.1 顶板：用玻璃钢或玻璃钢复合板及其他防水板制作，并应符合5.6条规定。

5.1.2 壁板：用玻璃钢板或玻璃钢复合板制作，并应符合5.6条规定。

5.1.3 底板：用玻璃钢防水盘构成，并应符合GB 13095.3规定。

5.1.4 门：用玻璃钢夹层板或其他防水板制作。

5.1.5 其他材料：采用钢板、铝型材等其他材料应符合相应的标准。

5.2 配件

5.2.1 浴缸：玻璃钢浴缸应符合GB 7191的规定，其他浴缸应符合相应的标准。浴缸须配有侧板，并可与卫生间固定。

5.2.2 卫生洁具：包括洗面器、洗涤器、坐便器及低水箱等，陶瓷制品均应符合GB 6952、GB 6953及其他标准的规定。也可采用玻璃钢或人造大理石制品，但应符合相应的标准。

5.2.3 卫生洁具配件：包括洗面器水嘴、浴缸水嘴、低水箱配件及排水配件等。

洗面器水嘴应符合GB 3809的规定；

浴缸水嘴应符合GB 5347的规定；

低水箱配件应符合GB 8219的规定；

排水配件应符合GB 7913、GB 7914的规定。

排水配件也可采用耐腐蚀的塑料制品、铝制品等，但应符合相应的标准。

5.2.4 管道、管件：卫生间内用管道、管件必须不易锈蚀，并应符合相应的标准。

5.2.5 电器：包括壁灯、排风扇、电插座及烘干器等。所用电器应符合相应的标准。

5.2.6 其他配件：包括毛巾架、手纸盒、肥皂盒、镜子及门锁等配件，均应防水或用不易锈蚀的材料，并应符合相应的标准。

5.3 结构

卫生间结构应符合以下规定。

5.3.1 组装卫生间所需的配件按以下两类根据需要选定。

a. 主要配件：浴缸、浴缸水嘴、洗面器、洗面器水嘴、坐便器、低水箱或自闭冲洗阀、照明器具、肥皂盒、手纸盒、毛巾架、排风扇镜子等。

b. 选用配件：妇洗器、浴缸扶手、梳妆架、淋浴拉帘、衣帽架、插座、烘干器、清洁箱、电话、紧急呼唤器等。

5.3.2 卫生间应与建筑结构牢固连接。

5.3.3 易锈金属零配件不应外露在卫生间内。

5.3.4 与水直接接触的木器应做防水处理。

5.3.5 构件、配件及结构原则上应便于保养、检查、维修和更换。

5.3.6 电器及线路不能漏电。

5.3.7 室内照明应达到70 Lx。洗面器上方150 mm处应达到150 Lx。

5.3.8 排风扇的排风量至少应达到每小时换气两次。

5.3.9 地面应安装地漏，并应防滑和便于清洗。

5.3.10 组成卫生间的主要构件、配件除符合有关标准规范的规定外，其质量等级应相一致。如不一致，则按低等级规定卫生间的等级。

5.4 外观

5.4.1 玻璃钢材料表面应光洁平整，无龟裂、无气泡、颜色均匀。

5.4.2 金属配件外观应满足以下几点：

a. 表面加工良好、无裂纹、伤痕、气孔等。

b. 镀层部分无剥落或颜色不均等现象。

c. 易锈部位均做防锈处理。

5.4.3 其他材料无明显缺陷和不良气味。

5.5 使用性能

5.5.1 可洗浴，浴缸可供冷、热水，有淋浴器。

5.5.2 可排便，便后可冲洗。

5.5.3 可洗漱，洗面器可供冷、热水，备有镜子。

5.5.4 卫生间应有脱换衣物必需的空间。

5.5.5 能够换气。

5.5.6 进出口有门，门锁可应急从外面打开。

5.5.7 浴缸、坐便器及洗面器均能排水，并确保排水通畅。通水后不渗漏。

5.5.8 卫生间应便于清洗，并确保排水通畅。

5.6 性能试验要求

卫生间成品性能试验要求应符合表1规定。

表 1

项目			性能要求
通电			工作正常、安全
光照度 Lx	卫生间内		大于70
	洗面器上方150mm处		大于150
耐湿热性			没有裂纹、剥落、气泡等异常现象
电绝缘	绝缘电阻		大于1 MΩ
	耐电压		1 000V连续1 min以上
强度[1)]	耐砂袋冲击	壁板、底板	没有裂纹、剥落、破损等异常现象
	挠度 mm	顶板	小于 10
		壁板	小于 7
		底板	小于 5
连接部位密封性	壁与壁、壁与顶、壁与底面连接处		无漏水和渗漏现象
配管检漏	洗面器、浴缸、低水箱配管、排水管		无渗漏现象

注：1）强度以耐砂袋冲击和挠度来衡量。

6 试验方法

试验方法按GB/T 13095.4进行。

7 检验规则

7.1 检验分类

7.1.1 交收检验

每个产品必须进行交收检验。检验项目为通电、外观和使用性能。

7.1.2 型式检验

在下列情况下进行型式检验：

a. 首制卫生间；

b. 质量监督机构提出质检要求；

c. 供需双方发生质量纠纷；

d. 原材料、工艺或结构明显改变；

e. 每生产一年时。

检验项目为通电、外观、使用性能、光照度、耐湿热、电绝缘、强度、密封性及配管检漏等。

7.2 组批及抽样规则

7.2.1 以生产厂一次提交用户的同类型、同尺寸的产品为一批。

7.2.2 从该批中随机抽取一台卫生间，按7.1.2规定的项目进行型式检验。

7.3 判定规则

7.3.1 按7.1.1进行交收检验。每一台不合格产品允许修补至合格。修补后仍不合格者，判该产品不合格。

7.3.2 按7.1.2进行型式检验，若有不合格项目，应从该批中再随机抽取一台对不合格项目进行复检，若其中任一项仍不合格，则判该批不合格。

7.3.3 生产厂可对复检不合格批重新整理后，再次提交检验。

8 产品标志和说明书

8.1 产品标志

在卫生间明显的位置上牢固地固定标牌，其内容包括产品名称、类型、尺寸、商标、生产厂名及出厂日期等。

8.2 说明书

说明书应以图示和说明表示。

8.2.1 使用说明书：包括使用方法、清扫方法、使用注意事项、检修故障的处理及其他。

8.2.2 安装说明书：包括卫生间的结构、安装、固定方法、组装顺序、组装后检验及有关注意事项，并附安装图。

9 包装、存放、运输与安装

9.1 包装

9.1.1 整体产品壳体不做包装，将门板与门锁用塑料薄膜包好，易损件应装箱。

9.1.2 散件按部件的种类、尺寸分别用木箱或纸箱包装，壁板的板面之间用纸保护，电镀件、玻璃件的包装箱填充纸屑保护。

9.1.3 每个箱体外面应标明外型尺寸、总重及防压防雨标记。箱内应有装箱单、说明书及产品合格证。

9.2 存放

9.2.1 整体或散件均应放在棚内存放，要求防雨防晒。

9.2.2 散件存放时板件应平整重叠堆放，其板面之间须用纸保护，且堆放高度不超过1 m。

9.3 运输

9.3.1 整体运输，产品应固定，防止滑移。

9.3.2 散件运输，应避免碰撞和堆放重物。

9.4 安装

9.4.1 安装应按说明书或在生产厂指导下进行。

9.4.2 整体安装应与建筑主体施工同时进行。散件组装可在建筑主体完工后进行。

附加说明：

本标准由国家建筑材料工业局提出。

本标准由全国纤维增强塑料标准化技术委员会归口。

本标准由国家建材局玻璃钢研究设计院负责起草。

本标准主要起草人薛志俭。

中华人民共和国国家标准

玻璃纤维增强塑料盒子卫生间类型和尺寸系列

GB/T 13095.2—91

Heart unit of glass fiber reinforced plastics—Classification and size series

1 主题内容与适用范围

本标准规定了建筑用玻璃纤维增强塑料（玻璃钢）盒子卫生间（以下简称卫生间）的类型和尺寸系列。

本标准适用于民用建筑、公共建筑及工业建筑的玻璃钢盒子卫生间。

2 术语

外形尺寸：卫生间的顶板、壁板和底板之外包尺寸。

最大外形尺寸：包括安装门把手、底部支撑、风扇、进水管与排水管等外露部分的最大尺寸。

底部支撑尺寸：卫生间底面与楼板面之间的距离。

3 类型

卫生间根据不同功能组合，分为13种单元类型，如表1所示。

表1

型式	卫生间单元类型	代号	功能
单一式	厕所单元，见图1	T	供排便用
	浴室单元，见图2	B	供洗浴用
	盥洗单元，见图3	L	供洗漱用
	洗涤单元，见图4	W	供洗涤用
复合式	厕所、浴室单元，见图5	TB	供排便、洗浴用
	厕所、盥洗单元，见图6	TL	供排便、洗漱用
	厕所、洗涤单元，见图7	TW	供排便、洗涤用
	浴室、盥洗单元，见图8	BL	供洗浴、洗漱用
	盥洗、洗涤单元，见图9	LW	供洗漱、洗涤用
	厕所、浴室、盥洗单元，见图10	TBL	供排便、洗浴、洗漱用
	厕所、盥洗、洗涤单元，见图11	TLW	供排便、洗漱、洗涤用
	厕所、浴室、妇洗/盥洗组合单元，见图12	TB/L	供排便、洗浴、妇洗与洗漱分为两单元组合
	厕所、浴室/盥洗、洗涤组合单元，见图13	TB/LW	供排便、洗浴与洗漱、洗涤分为两单元组合

国家技术监督局1991-07-23批准　　1992-07-01实施

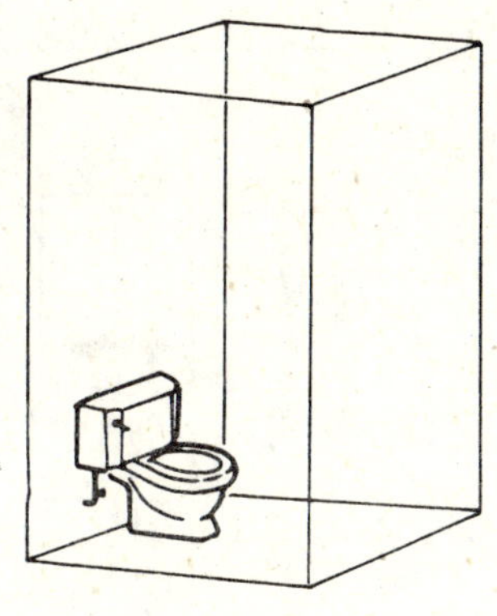

图 1

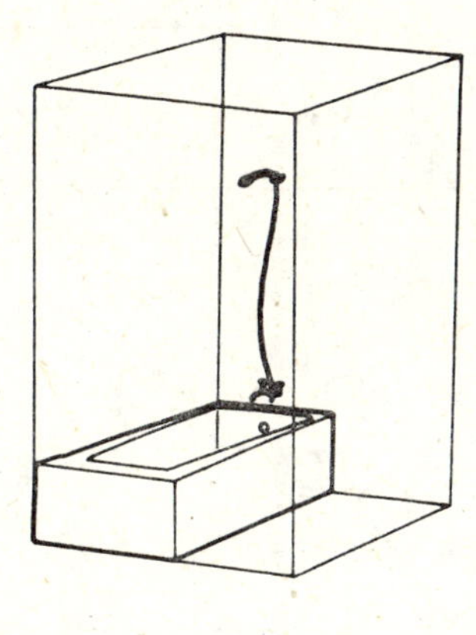

图 2

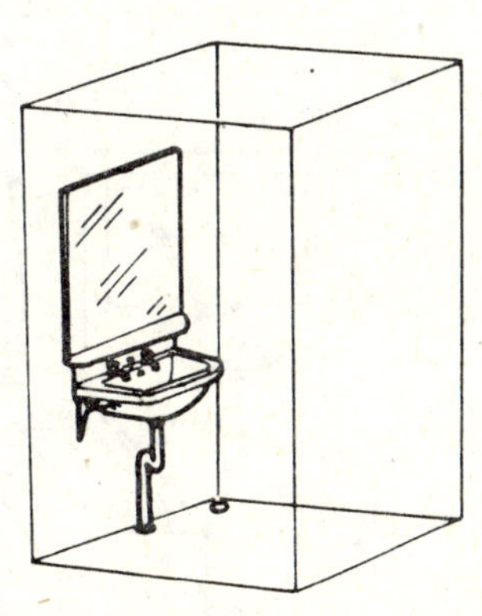

图 3

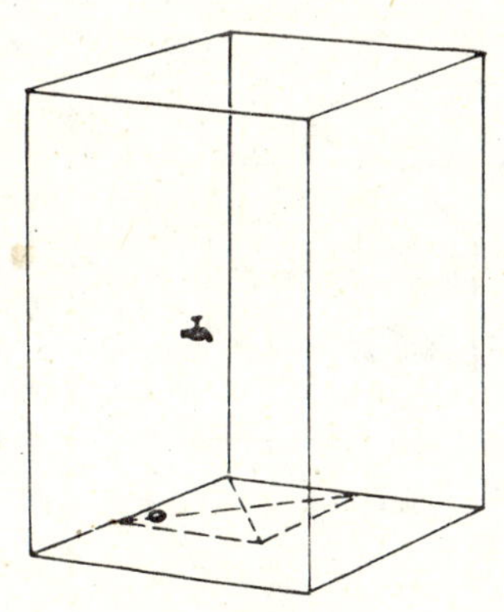

图 4

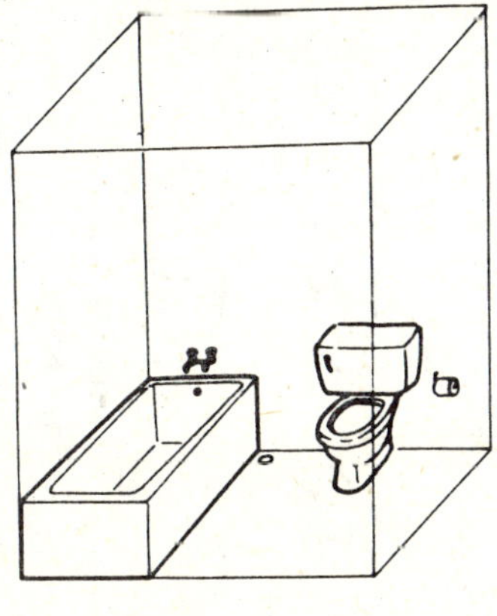

图 5

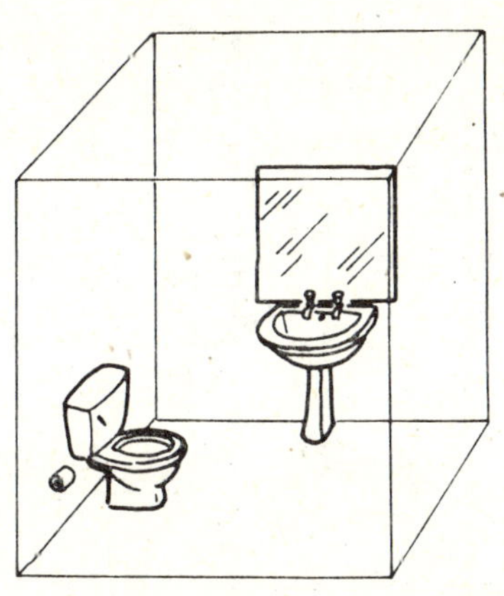

图 6

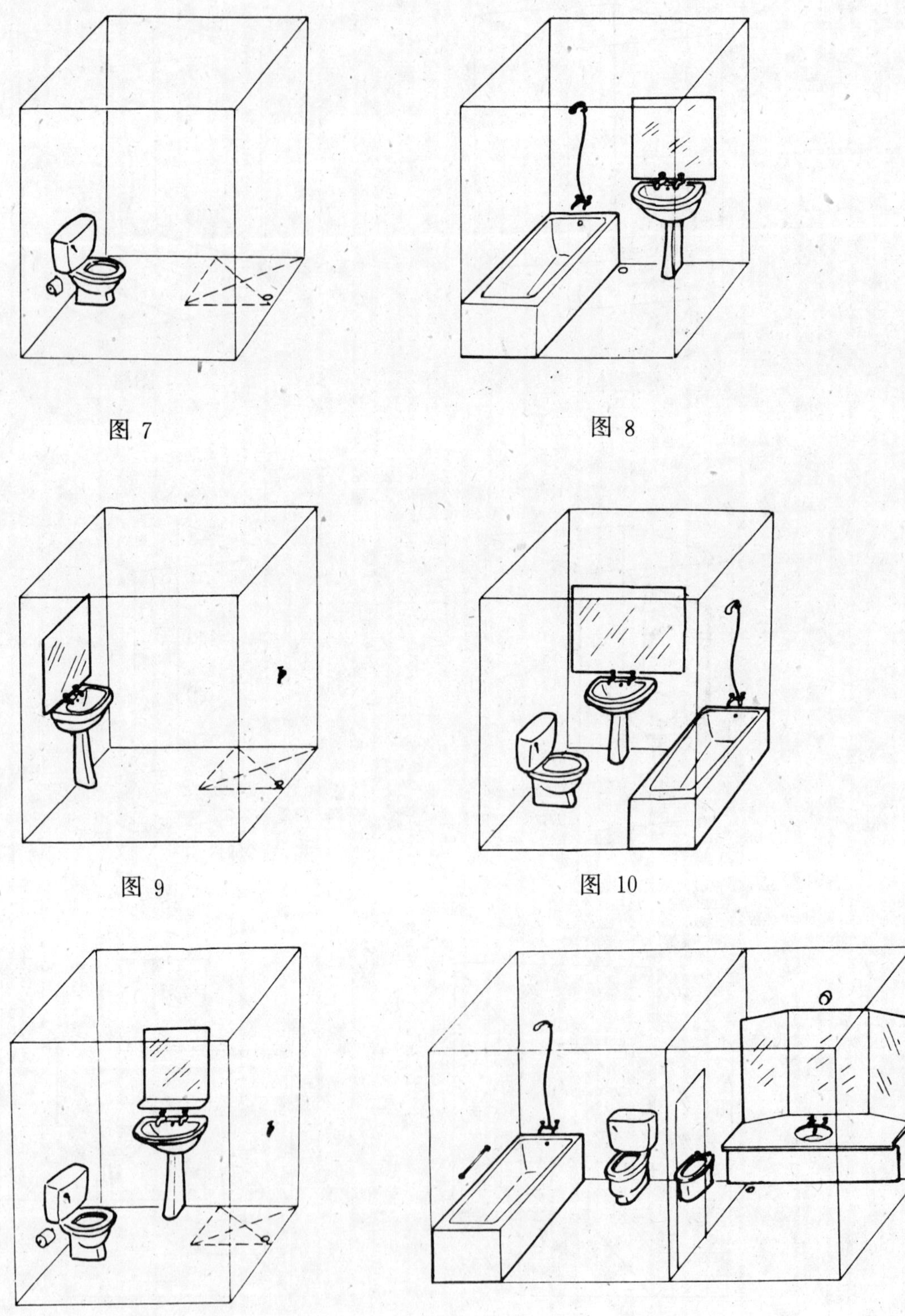

图 7

图 8

图 9

图 10

图 11

图 12

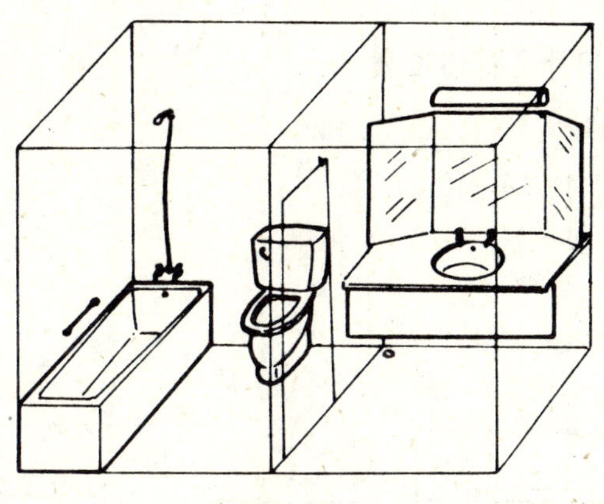

图 13

4 尺寸系列

表 2 、表 3 所列尺寸均为卫生间内净尺寸。

4.1 卫生间的尺寸系列见表 2 。

表 2 mm

方　向		尺寸系列（玻璃钢盒子卫生间单元三度空间）
水平方向	长	1200，1300，1500，1700，1800，2100，2400，2700
	宽	900，1200，1300，1500，1700，1800，2100，2400
垂直方向	高	2100，2200，2300，2400

4.2 卫生间单元平面组合尺寸系列见表 3 。

表 3 mm

进深 开间	1200	1300	1500	1700	1800	2100	2400	2700
900	—	—	—	—	—	—	—	—
1200	—	○	○	○	○	○	—	—
1300	○	○	○	○	○	◎	◎	—
1500	○	○	—	—	○	◎	◎	◎
1700	○	○	—	○	◎	◎	◎	◎
1800	○	○	○	◎	◎	◎	◎	◎
2100	○	◎	◎	◎	◎	○	◎	○
2400	—	◎	◎	◎	◎	◎	◎	—

注：◎表示重点推荐的组合尺寸；

○表示推荐的组合尺寸；

—表示不推荐的组合尺寸。

4.3 除表2、表3规定的组合尺寸系列外，也可根据设计需要进行调整。

4.4 卫生间尺寸偏差为±5 mm。

5 最大外形尺寸、最大安装尺寸及管道位置

5.1 最大外形尺寸

卫生间单元的最大外形尺寸与净尺寸之差：

水平方向100～200mm，见图14；

垂直方向不大于500mm，见图15。

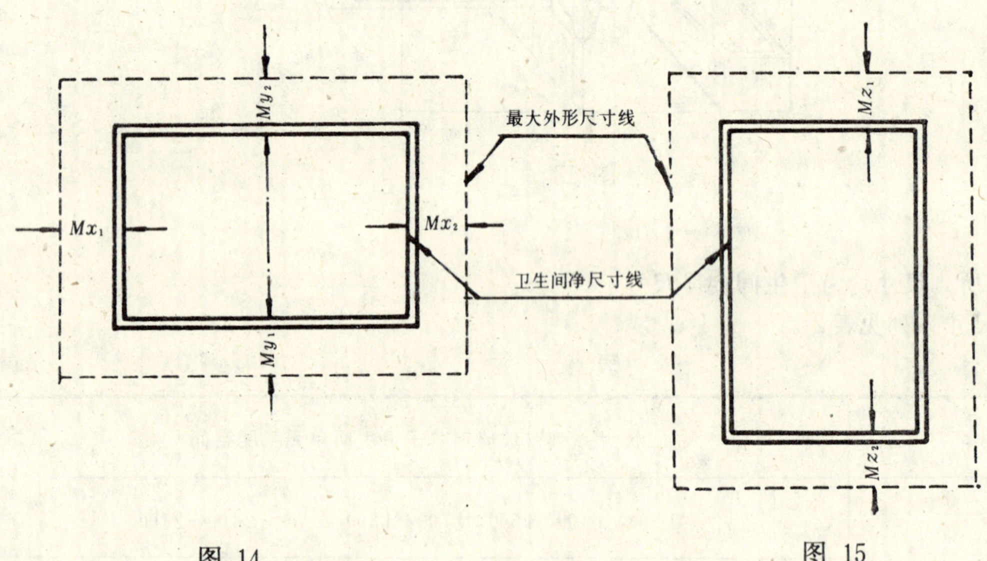

图 14　　　　图 15

水平方向：

$Mx = Mx_1 + Mx_2 = 100 \sim 200\,\mathrm{mm}$

$My = My_1 + My_2 = 100 \sim 200\,\mathrm{mm}$

垂直方向：

$Mz = Mz_1 + Mz_2 \leqslant 500\,\mathrm{mm}$

5.2 最大安装尺寸

5.2.1 底部支撑尺寸h不大于250mm，见图16。

5.2.2 安装管道的侧面与基准面之间距离a不小于300mm，见图17。

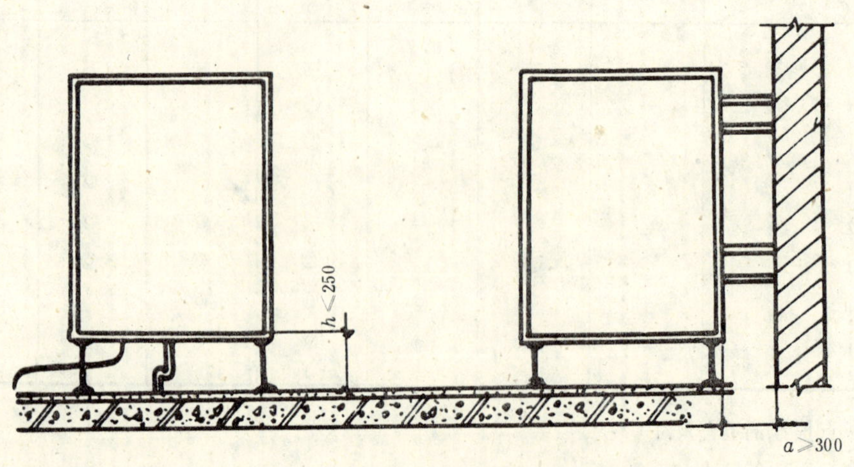

图 16　　　　图 17

5.3 卫生间的管道、管线及风道尺寸参考图18。

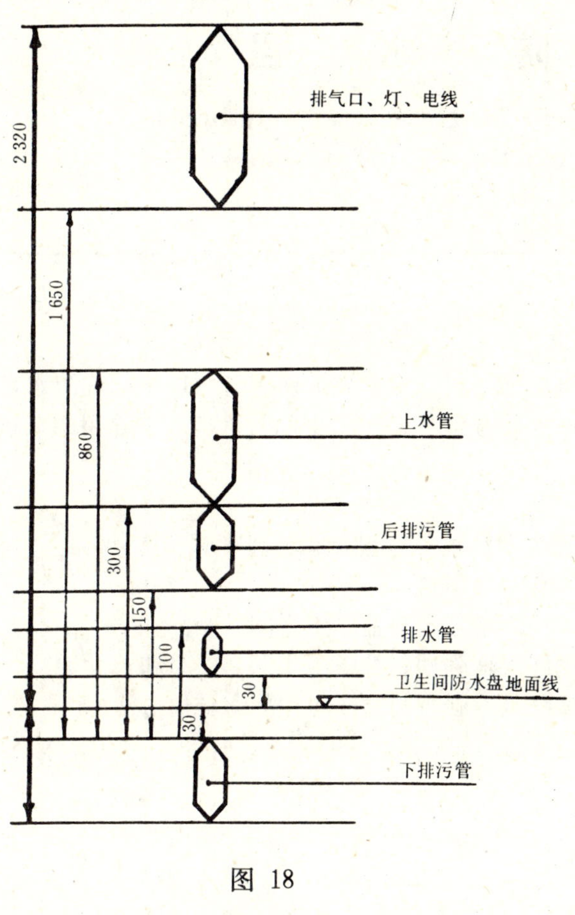

图 18

附加说明:

本标准由国家建筑材料工业局提出。

本标准由全国纤维增强塑料标准化技术委员会归口。

本标准由中国建筑标准设计研究所负责起草。

本标准主要起草人杨维贤、赵迎杰。

中华人民共和国国家标准

玻璃纤维增强塑料盒子卫生间 防水盘

Heart unit of glass fiber reinforced plastics—Proofed plate

GB/T 13095.3—91

1 主题内容与适用范围

本标准规定了玻璃纤维增强塑料（玻璃钢）防水盘（以下简称防水盘）的尺寸和技术要求。

本标准主要用于玻璃纤维增强塑料盒子卫生间防水盘。单独用的玻璃钢防水盘也可参照使用。

2 引用标准

GB 3854 玻璃纤维增强塑料巴氏（巴柯尔）硬度试验方法

GB 7191 玻璃纤维增强塑料浴缸

GB/T 13095.1 玻璃纤维增强塑料盒子卫生间 制品

GB/T 13095.2 玻璃纤维增强塑料盒子卫生间 类型和尺寸系列

GB/T 13095.4 玻璃纤维增强塑料盒子卫生间 试验方法

3 类型和尺寸

3.1 类型

3.1.1 低腰型防水盘如图1所示。

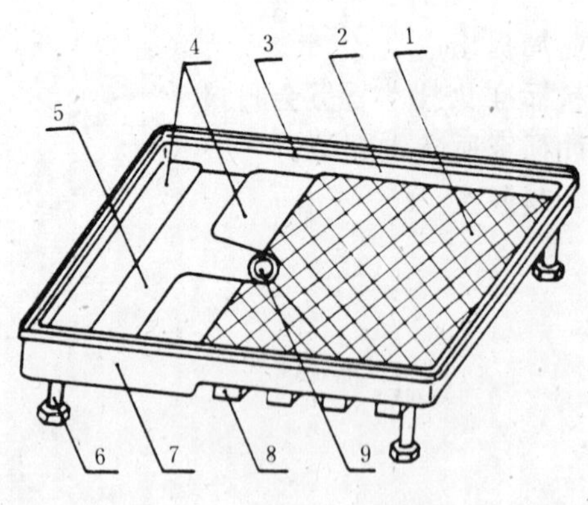

图1

1—洗涤部位；2—内侧面；3—安装面；4—浴缸支持台；5—排水沟；

6—地脚支撑；7—外侧面；8—加强筋；9—排水口

3.1.2 高腰型防水盘如图2所示。

国家技术监督局1991-07-23批准　　　　1992-07-01实施

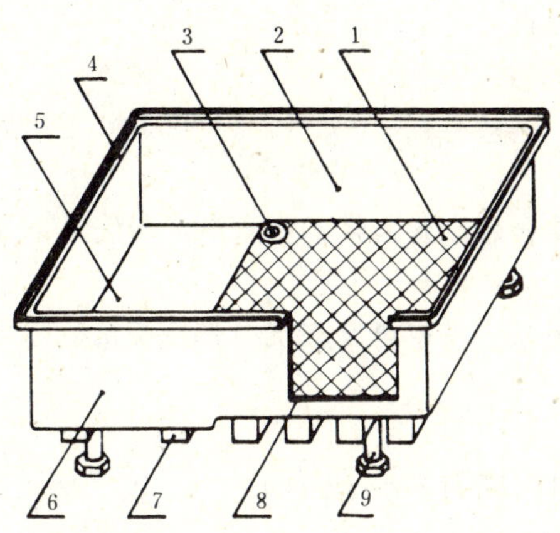

图 2

1—洗涤部位；2—内侧面；3—排水口；4—安装面；5—浴缸放置处；

6—外侧面；7—加强筋；8—开门部位；9—地脚支撑

3.1.3 防水盘各部位的具体位置与功能可根据设计要求确定。

3.2 尺寸

3.2.1 水平方向的尺寸如图3所示，其尺寸系列见GB/T 13095.2第4章规定。

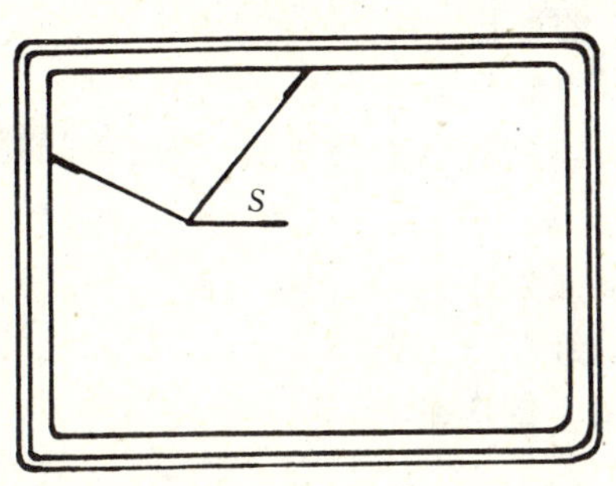

图 3

S—水平方向净尺寸

3.2.2 垂直方向尺寸如图4所示。

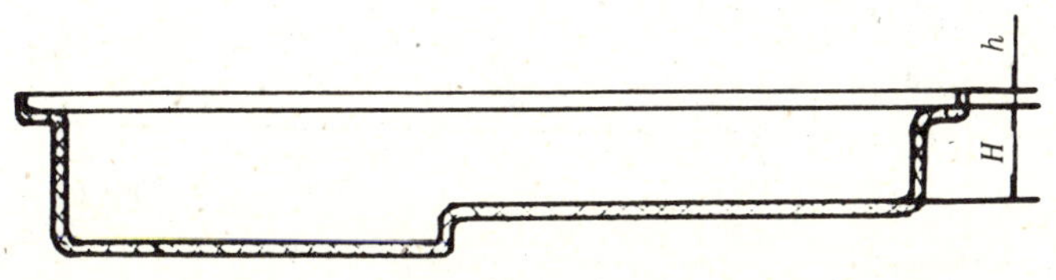

图 4

H—内侧壁高度（低腰型防水盘的内侧壁高H一般小于200mm；

高腰型防水盘的内侧壁高H在200～500mm之间）；

h—翻边高度（翻边高度在10～30mm之间）

3.2.3 防水盘尺寸偏差为$^{+5}_{0}$ mm。

4 技术要求

4.1 各部功能要求

4.1.1 洗涤部位

洗涤部位要有流水坡度，一般为8/1000～10/1000，并要求防滑。

4.1.2 浴缸放置处

浴缸放置处应有浴缸支持台和流水通畅的排水沟，与洗涤部位之间应有一台阶或防水堤。

4.1.3 排水口

一般设在洗涤部位（如图2），也可设在洗涤部位与浴缸放置处之间（如图1）。如设排污口应与排水口分开。

4.1.4 加强筋

加强筋应防锈或防腐，其高度通常小于50mm。

4.1.5 地脚支撑

地脚支撑高度不大于250mm，并可调节。

4.2 满水容量

在浴缸排水流经防水盘的情况下，防水盘的满水容量应是浴缸容量的80％以上。

4.3 外观

4.3.1 有关缺陷的种类如下：

裂纹：指表面出现的裂纹；

气泡：由于空气泡而形成的表面肿胀；

针孔：出现在表面小于1mm的盲孔；

小孔：出现在表面1～4mm的盲孔；

颜色不匀：由于着色材料分散不良或表面层厚度不均引起的颜色不匀；

分层：层间粘接不良；

固化不良：树脂明显地固化不充分；

浸渍不良：树脂没有浸透玻璃纤维；

伤痕：由于加工、擦、刮等留下的伤痕；

缺损：指表面缺损部分；

毛刺：由于制作和加工不良所造成的玻璃针刺；

修补痕迹：由于修补而留下的痕迹；

变形：指侧壁翘曲；

集合缺陷：修补痕迹、颜色不匀、针孔、裂纹等缺陷集中地出现在一个地方。

4.3.2 各部位不允许存在的缺陷如表1所示。

表1

部　　位	不允许存在的缺陷
内表面	小孔、裂纹、气泡、缺损、固化不良
外表面	缺损、毛刺、固化不良、浸渍不良
切割面	分层、毛刺

4.3.3 除表1规定之外，在使用面上其他各种缺陷的允许程度如表2所示，但外侧面不受此限。

表 2

缺 陷 种 类	缺 陷 允 许 程 度
针孔、修补痕迹、颜色不匀、集合缺陷	用肉眼观察，不能明显看出
变形	不大于 5 mm

4.4 性能要求

玻璃钢防水盘的性能必须符合表 3 规定。

表 3

项 目	性 能 要 求
表面硬度	巴氏硬度大于30
挠度	最大挠度应小于 5 mm
耐砂袋冲击	表面无变形、破损及裂纹等缺陷
耐落球冲击	表面无裂纹和玻璃纤维露出等缺陷
耐渗水性	无渗漏现象
耐酸性	表面的巴氏硬度应大于30且无裂纹、分层等缺陷
耐碱性	表面的巴氏硬度应大于30且无裂纹、分层等缺陷
耐污染性	白度恢复率应大于90％

5 试验方法

5.1 试验条件和试样

5.1.1 试验条件：温度为10～35℃；相对湿度为45％～80％。

5.1.2 试样：根据不同的试验项目，分别采用防水盘或从试验板上切取的试样如表 4 所示。

表 4

项 目	试 样	数 量	尺 寸 mm	备 注
外观检验 表面硬度 挠度试验 耐砂袋冲击试验 耐落球冲击试验 耐渗水性试验	防水盘	1		同一防水盘
耐酸试验 耐碱试验 耐污染试验	试件	3	100×100 100×100 65×65	

注：试验板是指与制作防水盘同人、同原料、同方法并且同期制作的板材。

5.2 外观检验

把试样放在照度为60 Lx的场所，在离试样600 mm远的地方用肉眼观察表面。

5.3 表面硬度

按GB 3854进行。

5.4 挠度试验

按GB/T 13095.4中9.2.4进行。

5.5 耐砂袋冲击试验

按GB/T 13095.4中9.1.2进行。

5.6 耐落球冲击试验

在防水盘中央部位的上方，用一个质量为1 kg的钢球，从1 m高处自由落下，然后目测被冲击部位。

5.7 耐渗水性试验

密封排水口，将防水盘注满水，24 h后检查。

5.8 耐酸试验

把1 mL浓度为3%的盐酸滴在试样表面上，1 h后擦去。检查该部位有无裂纹、分层现象，然后按GB 3854测定巴氏硬度。

5.9 耐碱试验

把1 mL浓度为5%的氢氧化钠滴在试样表面，1 h后擦去，检查该部位有无裂纹、分层现象，然后按GB 3854测定巴氏硬度。

5.10 耐污染试验

按GB 7191中3.5条进行。

6 检验规则

6.1 检验分类

6.1.1 出厂检验

每个产品必须进行外观检验。

6.1.2 型式检验

在下列情况下进行型式检验：

a. 首制防水盘；

b. 质量监督机构提出质检要求；

c. 供需双方发生质量纠纷；

d. 原材料、工艺或结构明显改变；

e. 每生产一年时。

检验项目按4.3条和4.4条规定。

6.2 组批及抽样规则

6.2.1 以生产厂一次提交用户的同类型、同尺寸的产品为一批。

6.2.2 从该批中随机抽取一台防水盘按4.3，4.4条规定的项目进行型式检验。

6.3 判定规则

6.3.1 按6.1.1进行出厂检验。每一台不合格产品允许修补至合格。修补后仍不合格者，判该产品不合格。

6.3.2 按6.1.2进行型式检验，若有不合格项目，应从该批中再随机抽取一台对不合格项目进行复检，若其中任一项仍不合格，则判该批不合格。

7 产品标志和说明书

7.1 标志

在防水盘明显的位置上牢固地固定标牌。其内容包括产品名称、型号、尺寸、商标、生产厂名及出厂日期等。

7.2 说明书

说明书中应包括安装固定方法及使用注意事项，并附安装图。

8 包装、存放、运输及安装

8.1 包装

防水盘内表面用纸或塑料薄膜保护，然后装箱或采取对壳形式用草绳包装。

8.2 存放

按GB/T 13095.1中9.2条规定。

8.3 运输

按GB/T 13095.1中9.3.2规定。

8.4 安装

按产品说明书要求进行安装。

附加说明：

本标准由国家建筑材料工业局提出。

本标准由全国纤维增强塑料标准化技术委员会归口。

本标准由国家建材局玻璃钢研究设计院负责起草。

本标准主要起草人李秀芬、王战坚。

中华人民共和国国家标准

玻璃纤维增强塑料盒子卫生间 试验方法

GB/T 13095.4—91

Heart unit of glass fiber reinforced plastics—Test method

1 主题内容与适用范围

本标准规定了建筑用玻璃纤维增强塑料（玻璃钢）盒子卫生间（以下简称卫生间）各项性能的试验方法及主要仪器设备的技术要求。

本标准适用于以玻璃钢为主要原材料的建筑用卫生间各项性能的测试，车、船等用的卫生间也可参照使用。

2 引用标准

GB/T 13095.1 玻璃纤维增强塑料盒子卫生间 制品

3 试样和试验条件

3.1 试样：配件齐全的卫生间成品。

3.2 试验条件：试验环境温度为10～35℃，相对湿度为45%～80%；卫生间应按使用状态平稳地置于混凝土地面上。

4 通电试验

卫生间接通电源，检查各插座是否有电，电器设备工作是否正常、安全。

5 光照度试验

5.1 试验用照度计光谱响应应接近于视见函数，测量误差不大于±5%。

5.2 在卫生间内照明装置正常照明的情况下，用照度计测量距底板1000mm高、四壁300mm的空间内的照度及洗面器上方150mm处的照度。照度计的探头不能正对着光源，如卫生间内照明装置所发出的光带有彩色时，应根据照度计使用说明书中的修正系数加以修正。

6 外观检验

按GB/T 13095.1中5.3.7规定的照度条件，距离卫生间被检处约600mm，用肉眼观察有无明显的裂纹、气泡及颜色不匀等异常现象。

7 耐湿热试验

密闭卫生间，使用图1所示的装置，用流量7L/min、温度70±2℃的热水，经淋浴器喷洒在浴缸里。1h后检查各构件及连接部位有无裂纹、气泡及剥落等异常现象。

国家技术监督局1991-07-23批准 1992-07-01实施

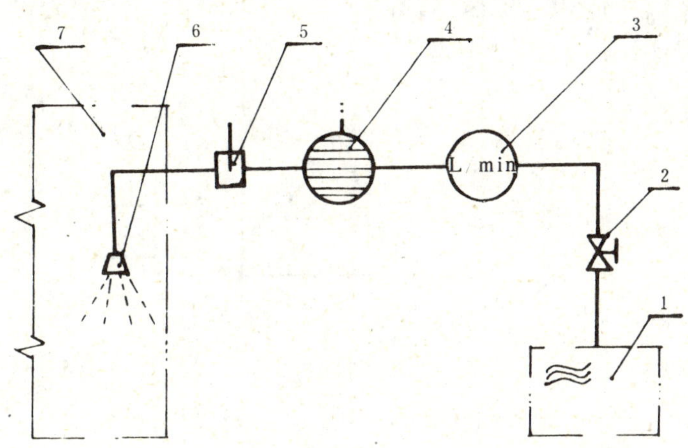

图 1

1—自来水水源；2—流量调节阀；3—流量计；4—电热水器；
5—水银温度计；6—淋浴器；7—卫生间

8 电绝缘试验

8.1 绝缘电阻试验

8.1.1 试验用手摇兆欧表规格为500V、500MΩ，精确度等级为1.0级。

8.1.2 耐湿热试验后，将卫生间内壁表面的水分擦干，用手摇兆欧表测量带电部位（灯口、插座等）与不应带电的金属件（门框、毛巾架、浴缸水嘴等）之间的绝缘电阻。

8.2 耐电压试验

8.2.1 试验用高压试验车输入电压为220V，输出电压应满足0～1500V连续可调。

8.2.2 绝缘电阻试验后，用高压试验车在卫生间内带电部位（灯口、插座等）与不应带电的金属件（门框、毛巾架、浴缸水嘴等）之间，施加1000V的交流电压。1 min后检查有无击穿、烧焦等现象。

9 强度试验

卫生间的强度用耐砂袋冲击和挠度来衡量，强度试验应在耐湿热试验结束后进行。

9.1 耐砂袋冲击试验

9.1.1 壁板冲击：在直径约200mm的布袋中装满质量为15kg的干砂，用绳索吊挂，砂袋重心至吊点距离为1000mm（如图2所示）。把砂袋侧移，使绳索倾斜至30°角后，对壁板内表面进行自由冲击，反复5次。检查壁板及连接部位有无裂纹、剥落等异常现象。

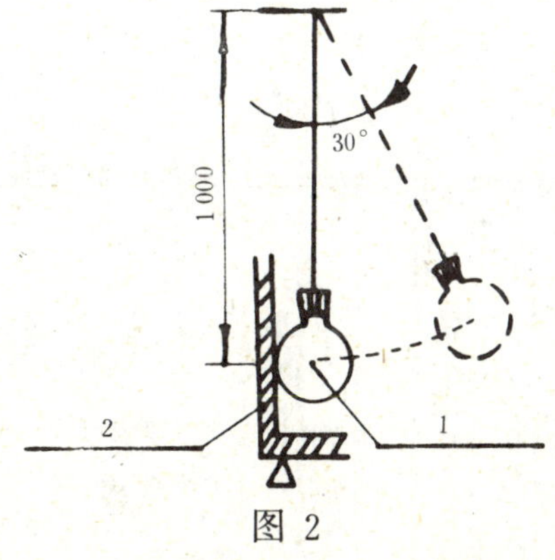

图 2

1—砂袋重心；2—卫生间侧壁

9.1.2 底板冲击：在卫生间底板中央部位的上方，用质量为7 kg的砂袋（由帆布和半个篮球制作，里面装有干砂，上部扎牢，如图3所示）半球部朝下，从1000mm的高度自由落下，反复5次。检查底板及连接部位有无裂纹、剥落等异常现象。

图 3

1—帆布；2—半个篮球；3—搭接线

9.2 挠度试验

9.2.1 试验所用的设备如下：

a. 百分表：量程0～40mm，最小刻度0.01mm；

b. 表支架：可升降，支撑百分表；

c. 橡胶板：直径150mm，厚度5mm；

d. 压力弹簧秤：量程0～300N。

9.2.2 顶板最大挠度：在卫生间内顶板中央部位支放百分表，再在外顶板相应的部位放置橡胶板，在橡胶板上加放质量4 kg砝码，1 h后测量顶板中央的最大挠度。

9.2.3 壁板最大挠度：在卫生间内长壁板中央部位支放百分表，再在外壁相应的部位通过橡胶板用压力弹簧秤施加100N的水平载荷，测量壁板中央的最大挠度。在百分表指示的数值相对稳定时记录数值。

9.2.4 底板中央挠度：在卫生间外底板中央部位支放百分表，再在内底板相应的部位放置橡胶板，在橡胶板上加放质量100kg的砝码，并将卫生间内的浴缸加水至80%，1 h后测量底板中央的挠度。

10 连接部位密封性试验

使用图4所示的喷枪，保持喷嘴水压在0.2MPa，调节喷射角为60°，喷嘴与连接部位相距约300mm的情况下，以70mm/s的速度移动喷枪，沿卫生间内壁与壁、壁与顶面及壁与底面的连接部位喷水。然后检查有无渗漏现象。

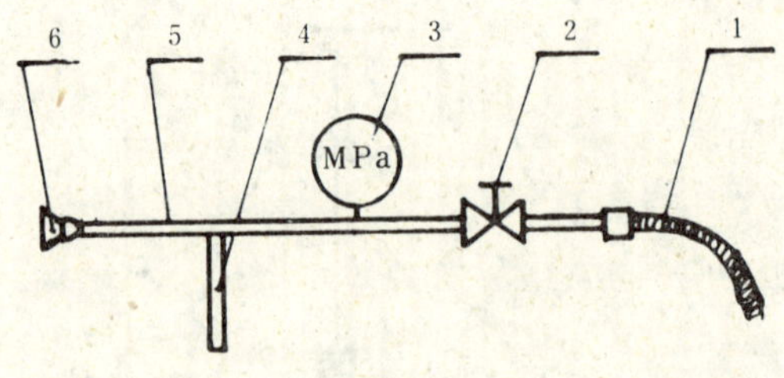

图 4

1—软管；2—调节阀；3—压力表；4—手柄；

5—钢管；6—喷嘴

11 配管检漏试验

11.1 冷热水给水管检漏

11.1.1 试验用试压泵最高压力不低于1MPa，压力表量程0～1MPa，精确度等级为1.0级。

11.1.2 从进水口注入常温清水，排除管内空气，然后关闭卫生间内所有给水管的终端阀门，用试压泵打压至压力为0.6MPa，保持压力2 min以上，检查各密封面及连接处有无渗漏。试验中应用手关闭阀门，不得借助其他辅助工具。

11.2 排水管检漏

11.2.1 封闭卫生间排水管的末端，加水至底面的溢水口，放置30min后，检查连接处有无渗漏现象。

11.2.2 分别打开浴缸、洗面器的排水栓塞，并封闭排水管的末端，加水至溢水口，放置30min后，检查连接处有无渗漏现象。

11.3 污水管检漏

封闭卫生间污水管的末端，加水至坐便器的上缘，放置30min后，检查连接处有无渗漏现象。如设有水箱，还应检查水箱水管有无渗漏。

12 试验报告

试验报告应包括以下内容：

a. 试样名称、型号及来源；

b. 试验条件；

c. 试验项目；

d. 试验设备和仪器仪表的型号、规格；

e. 试验结果和综合评定；

f. 试验人员、日期及其他。

附加说明：

本标准由国家建筑材料工业局提出。

本标准由全国纤维增强塑料标准化技术委员会归口。

本标准由国家建材局玻璃钢研究设计院负责起草。

本标准主要起草人李宣、杨永泰。

前　　言

本标准非等效采用美国国家标准 ANSI Z124.1—1980《塑料浴缸》及国际管道协会 IAPMO PS18—72《人造大理石的材料与标准》。

本标准根据我国国情增加了 ANSI Z124.1—1980 和 IAPMO PS18—72 未作规定的光泽度、不平整度、巴氏硬度、吸水率、胶衣层厚度、耐热水性等指标。

本标准由全国轻质与装饰装修建筑材料标准化技术委员会提出并归口。

本标准负责起草单位:中国新型建筑材料工业杭州设计研究院、常州西梯新玛瑙有限公司。

本标准参加起草单位:烟台合成玛瑙工业有限公司、武进横林搪瓷制品厂、常州兰陵人造玛瑙制品厂。

本标准主要起草人:李月凤、潘明和、李湘林、张玉兰、孙蕊芳。

中华人民共和国建材行业标准

JC/T 644—1996

人造玛瑙及人造大理石卫生洁具

1 范围

本标准规定了人造玛瑙及人造大理石卫生洁具的定义、产品分类、技术要求、试验方法、检验规则、标志、包装、运输与贮存。

本标准适用于人造玛瑙及人造大理石卫生洁具。

2 引用标准

下列标准所包含的条文，通过在本标准中引用而构成为本标准的条文。本标准出版时，所示版本均为有效。所有标准都会被修订，使用本标准的各方应探讨使用下列标准最新版本的可能性。

GB 1462—88 纤维增强塑料吸水性试验方法

GB 2828—87 逐批检查计数抽样程序及抽样表

GB 3854—83 纤维增强塑料巴氏硬度试验方法

GB 6952—86 卫生陶瓷

GB 7191—87 玻璃纤维增强塑料浴缸

GB 9266—88 建筑涂料涂层耐洗刷性的测定

GB/T 13891—92 建筑饰面材料镜向光泽度测定方法

JC 502—93 陶瓷大便器冲洗功能试验方法

3 定义

本标准采用下列定义。

3.1 人造玛瑙卫生洁具

以不饱和聚酯、氢氧化铝等为主要原料加工而成的具有玛瑙质感的制品。

3.2 人造大理石卫生洁具

以不饱和聚酯、碳酸钙等为主要原料加工而成的具有大理石纹理的制品。

3.3 可见面

产品安装后观察者站在一般位置容易见到的面。

3.4 洗净面

产品安装后使用时水能冲洗的可见面。

3.5 气泡

存在于表面层的可见小气泡。

3.5.1 气泡轻微

在 ϕ200mm 范围内，不大于 ϕ2mm 的气泡不超过两个。

3.6 麻点

表面出现的直径在 0.5～1.0mm 左右的凹陷形圆点。

3.6.1 麻点轻微

国家建筑材料工业局1996-09-19批准 1997-01-01实施

在 ϕ200mm 范围内麻点不超过两个。

3.7 划痕

表面因摩擦等原因留下的伤痕。

3.7.1 划痕不明显

在 1m^2 范围内，长×宽不超过 50mm×0.1mm，稍有深度的划痕不超过一条。

3.8 修补痕迹

表面由于修补面留下的痕迹。

3.8.1 修补痕迹不明显

表面修补处与周围基本吻合，色泽无明显差异。

3.9 凹陷

产品表面局部下陷。

3.9.1 凹陷不明显

在 1m^2 范围内不大于 1mm^2 的凹陷不得超过 5 处。

3.10 色差

同一产品或一套产品之间的色度差。

3.11 杂质

原料配方以外的影响外观的物质。

4 产品分类

4.1 品种

按材质分为人造玛瑙卫生洁具及人造大理石卫生洁具。

按用途分为：浴缸、洗脸盆、便器、净身器、淋浴盆等。

4.2 产品代号

产品代号表示方法规定如下

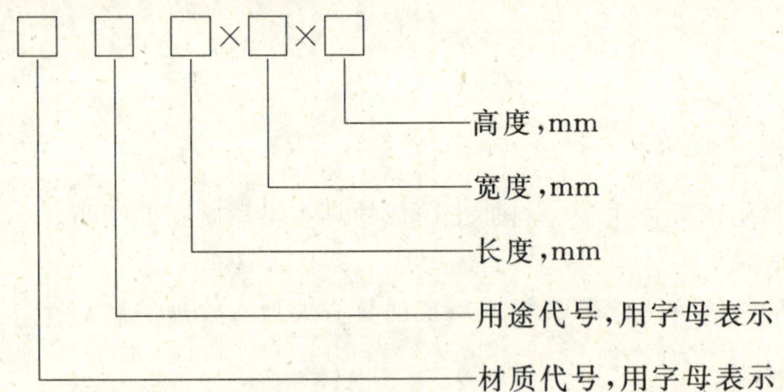

其中对于材质代号，人造玛瑙用 M 表示，人造大理石用 S 表示。对于用途代号，浴缸、洗脸盆、便器、净身器、淋浴盆分别用 Y、P、B、J、L 表示。

4.3 产品标记

4.3.1 标记方法

人造玛瑙及人造大理石卫生洁具标记的顺序为：产品名称、产品代号和本标准号。

4.3.2 标记示例

长 1 700mm，宽 800mm，高 445mm 的人造玛瑙高枕式浴缸，可表示为：

高枕式人造玛瑙浴缸　MY1 700×800×445　JC/T 644

长 1 200mm，宽 560mm，高 185mm 的人造大理石平台式洗脸盆，可表示为：

平台式人造大理石洗脸盆　SP 1200×560×185　JC/T 644

5 技术要求

5.1 尺寸允许偏差

外形尺寸允许偏差见表1,预留孔应与市售通用管件相匹配,孔眼尺寸允许偏差按GB 6952的规定。

表1 外形尺寸允许偏差

外形尺寸,mm	允许偏差,%
≤1 000	±2
>1 000	±1

5.2 外观质量

人造玛瑙及人造大理石卫生洁具的外观质量均应符合表2规定。其中裂纹、缺损二项指标是对整件卫生洁具的要求,其余项目是对其可见面的要求。

表2 外观质量

序号	缺陷名称	要求	序号	缺陷名称	要求
1	裂纹	不允许	7	麻点	轻微
2	皱纹	不明显	8	划痕	不明显
3	缺损	不允许	9	修补痕迹	不明显
4	白斑	不明显	10	凹陷	不明显
5	花斑	轻微	11	色差	同套产品色泽基本一致
6	气泡	轻微	12	杂质	不明显

5.3 物理性能

物理性能应符合表3规定,其中冲洗功能仅针对坐便器,耐荷重性、耐冲击性仅针对浴缸。

表3 物理性能

序号	试验项目	性能要求	序号	试验项目	性能要求
1	光泽度	≥80光泽单位	7	胶衣层厚度	0.35～0.60mm
2	不平整度	≤4‰	8	可清洗性	不多于3个斑点
3	巴氏硬度	≥40	9	耐热水性	无裂纹、不起泡
4	耐荷重性	表面不产生裂纹	10	耐污染性	无明显变色
5	耐冲击性	表面不产生裂纹	11	冲洗功能	6个注水乒乓球排出,洗净面无墨水残留痕迹
6	吸水率	≤0.5%			

6 试验方法

6.1 试样

根据不同试验项目,分别采用浴缸、洗脸盆、坐便器及试件。具体尺寸、数目见表4。试件从制品平坦部位切取。

表 4 试样条件

试验项目	试样形式	尺寸,mm	数 量	试验项目	试样形式	尺寸,mm	数 量
外观检验	单件卫生洁具	—	1	吸水率	试 件	50×50×4	5
光泽度	单件卫生洁具	—	1	胶衣层厚度	试 件	50×50	5
不平整度	单件卫生洁具	—	1	可清洗性	试 件	430×150	2
巴氏硬度	单件卫生洁具	—	1	耐热水性	试 件	150×100	2
耐荷重性	浴 缸	—	1	耐污染性	试 件	200×150	2
耐冲击性	浴 缸	—	1	冲洗功能	坐 便 器	—	1

6.2 尺寸偏差测定

6.2.1 量具

3m 钢卷尺,最小分度值 1mm。

6.2.2 测定方法

用钢卷尺在卫生洁具的长、宽、高的最大尺寸处测量,所得数据为产品的长度、宽度、高度尺寸,精确至 1mm。

6.3 外观检查

用洗洁精洗净制品表面并擦干,在制品表面涂上蓝墨水,再用自来水冲洗并擦干。置于散射日光或日光灯下,光照度 100lx±20lx,距离试样 600mm 斜向目测检查外观,并对照表 2 进行。

6.4 物理性能检验

6.4.1 光泽度测定

按 GB/T 13891 在制品洗净面或可见面的平面部位测定。

6.4.2 不平整度测定

6.4.2.1 量具

长 500mm 或 1 000mm 的钢直尺;精度为 2 级的塞尺。

6.4.2.2 测量方法

将钢直尺垂直放于制品不同方向的平坦表面上,把塞尺塞入钢直尺与制品表面之间的缝隙中,记录塞尺厚度。每件制品测 3 次。

6.4.2.3 结果计算

$$F=\frac{D}{L}\times 100 \quad \cdots\cdots (1)$$

式中:F——不平整度,%;

L——测量长度,mm;

D——塞尺厚度,mm。

取 3 个数据的平均值,并记录其中的最大值,精确至 0.01%。

6.4.3 巴氏硬度测定

按 GB 3854,硬度计型号为 934-1 型,在制品洗净面或可见面的平面部位进行。

6.4.4 耐荷重性试验

按 GB 7191—87 中 3.4 进行。

6.4.5 耐冲击性试验

在浴缸底部平坦位置取 3 个点,各点间隔不小于 150mm,用一直径 30mm 的钢球(重约 110g)从 750mm 高度自由落下,在冲击点处无裂纹为合格。

6.4.6 吸水率测定

按 GB 1462 进行。

6.4.7 胶衣层厚度测定

6.4.7.1 仪器

读数显微镜,最小分度值 0.02mm。

6.4.7.2 测试方法

在每块试样上垂直于胶衣层切取一条约 50mm×4mm 的试条,切面向上置于显微镜试样平台上,读取胶衣层厚度,在每个试条上进行两次测量。胶衣层厚度用五块试样的平均值表示,精确至 0.01mm。

6.4.8 可清洗性测定

按 GB 9266 进行,洗刷次数满 10 000 次后取下试板,检查表面磨损情况。

6.4.9 耐热水性试验

6.4.9.1 仪器

超级恒温槽或恒温水浴锅,精度±2℃。

6.4.9.2 试验方法

将试样放入水温 80℃±2℃恒温槽中,恒温 100h 后取出,检查表面是否产生裂纹或起泡。

6.4.10 耐污染性试验

6.4.10.1 试剂

乙醇	3%双氧水
丙酮	茶
2%红汞溶液	醋
2%碘溶液	黑色液体鞋油
龙胆紫	唇膏

6.4.10.2 试验方法

用脱脂棉花蘸足 6.4.10.1 所列各种物质分别放在试样上,24h 后擦去污染物,用洗洁精洗净擦干,检查试样表面是否明显变色。

6.4.11 冲洗功能试验

按 JC 502 进行。

7 检验规则

7.1 检验分类

7.1.1 出厂检验

出厂检验包括外观质量、尺寸偏差、光泽度、巴氏硬度、不平整度。其中外观质量逐件检验,其余按 7.3.1 抽样检验。

7.1.2 型式检验

型式检验包括本标准第 5 章规定的全部项目。

在正常情况下,每半年进行一次型式检验。当工艺、原料、配方有较大变化时,应进行型式检验。

7.2 组批规则

人造玛瑙及人造大理石卫生洁具产品以同一品种的 100 件产品为一批,不足规定数量时仍按一批计。

7.3 抽样与判定规则

7.3.1 出厂检验项目中光泽度、巴氏硬度、不平整度、尺寸偏差按 GB 2828 正常检查二次抽样方案抽样和检验。样本大小,检查水平 IL、合格质量水平 *AQL*、不合格分类见表 5。按表 5 及本标准 5.1.5.2、5.3 规定判定合格或不合格。

表 5 出厂检验抽检规定

抽样方案 批量范围,件	正常检查二次抽样方案 IL＝Ⅱ					不合格分类	
	样本大小	B类不合格品 $AQL=6.5$		C类不合格品 $AQL=10$		B类不合格	C类不合格
		Ac	*Re*	*Ac*	*Re*		
1～50	5 5(10)	0 1	2 2	0 3	3 4	巴氏硬度、光泽度	尺寸偏差、不平整度
51～90	8 8(16)	0 3	3 4	1 4	3 5		
91～150	13 13(26)	1 4	3 5	2 6	5 7		

7.3.2 型式检验按表 6 抽样并判定。

表 6 型式检验抽检规定

样本大小	B类不合格品 $AQL=6.5$		C类不合格品 $AQL=10$		不 合 格 分 类	
	Ac	*Re*	*Ac*	*Re*	B类不合格	C类不合格
3	0	2	0	2	外观质量、光泽度、不平整度、巴氏硬度、胶衣层厚度、耐冲击性、耐荷重性、耐热水性、冲洗功能	尺寸偏差、吸水率、可清洗性、耐污染性
3(6)	1	2	1	2		

8 标志、包装、运输与贮存

8.1 标志

8.1.1 产品标志

在每件产品醒目处应贴有包括生产厂名、产品标记、生产日期和生产批号的标签。

8.1.2 包装标志

在外包装上应有收发货标志、产品标记、质量等级、厂名、厂址、毛重、净重、小心轻放的字样或图示标志。

8.2 包装

包装应牢固并采用防震衬垫。包装箱内应随带产品合格证及使用说明书。

8.3 运输

8.3.1 产品在搬运时应轻拿轻放。

8.3.2 产品在运输过程中防止重压、机械碰撞及强烈震动。

8.4 贮存

8.4.1 浴缸、坐便器堆高不得超过四只,洗脸盆堆高不得超过六只。

8.4.2 产品应按不同品种、规格、颜色、等级、批号存放。

前　　言

本标准是对原国家标准 GB 5346—85《高水箱提水虹吸式塑料配件》标准的修订，本次修订在编写格式、某些技术指标、检验规则等方面作了重要修改，并将产品划分为优等品、一等品和合格品，以符合我国生产实际和用户的不同需要。

本标准自实施日期起，原国家标准 GB 5346—85《高水箱提水虹吸式塑料配件》同时作废。

本标准由国家建筑材料工业局咸阳陶瓷研究设计院提出并归口。

本标准起草单位：国家建筑材料工业局咸阳陶瓷研究设计院、南京福天洁具公司、广东中山榄源洁具实业有限公司、大连通力企业有限公司。

本标准主要起草人：沈朝洪、赵瑞芳、李源孝、李展开、王心超。

中华人民共和国建材行业标准

JC 706—1997

蹲便器高水箱配件

1 范围

本标准规定了蹲便器高水箱配件的产品分类,要求,试验方法,检验规则和标志、包装、运输、贮存等。

本标准适用于安装在供水管路上、公称压力为0.6MPa与蹲便器配套作冲便用的高水箱配件的生产和检验。

2 引用标准

下列标准所包含的条文,通过在本标准中引用而构成为本标准的条文。本标准出版时,所示版本均为有效。所有标准都会被修订,使用标准的各方应探讨使用下列标准最新版本的可能性。

GB 528—82 硫化橡胶拉伸性能的测定

GB 531—83 橡胶邵尔A型硬度试验方法

GB 1176—87 铸造铜合金技术条件

GB 2828—87 逐批检查计数抽样程序及抽样表(适用于连续批的检查)

GB 2829—87 周期检查计数抽样程序及抽样表(适用于生产过程稳定性的检查)

GB 4892—85 硬质直方体运输包装尺寸系列

GB 6060.2—85 表面粗糙度比较样块 磨、车、镗、铣、插及刨加工表面

GB 6388—86 运输包装收发货标志

GB 9876—88 给、排水管道用橡胶密封圈胶料

GB 12670—90 聚丙烯树脂

GB 12671—90 聚苯乙烯树脂

GB 12672—90 丙烯腈-丁二烯-苯乙烯(ABS)树脂

3 分类

高水箱配件按排水阀和进水阀结构分类,其示意图见图1,规格尺寸见表1。

国家建筑材料工业局1997-04-29批准　　1997-08-01实施

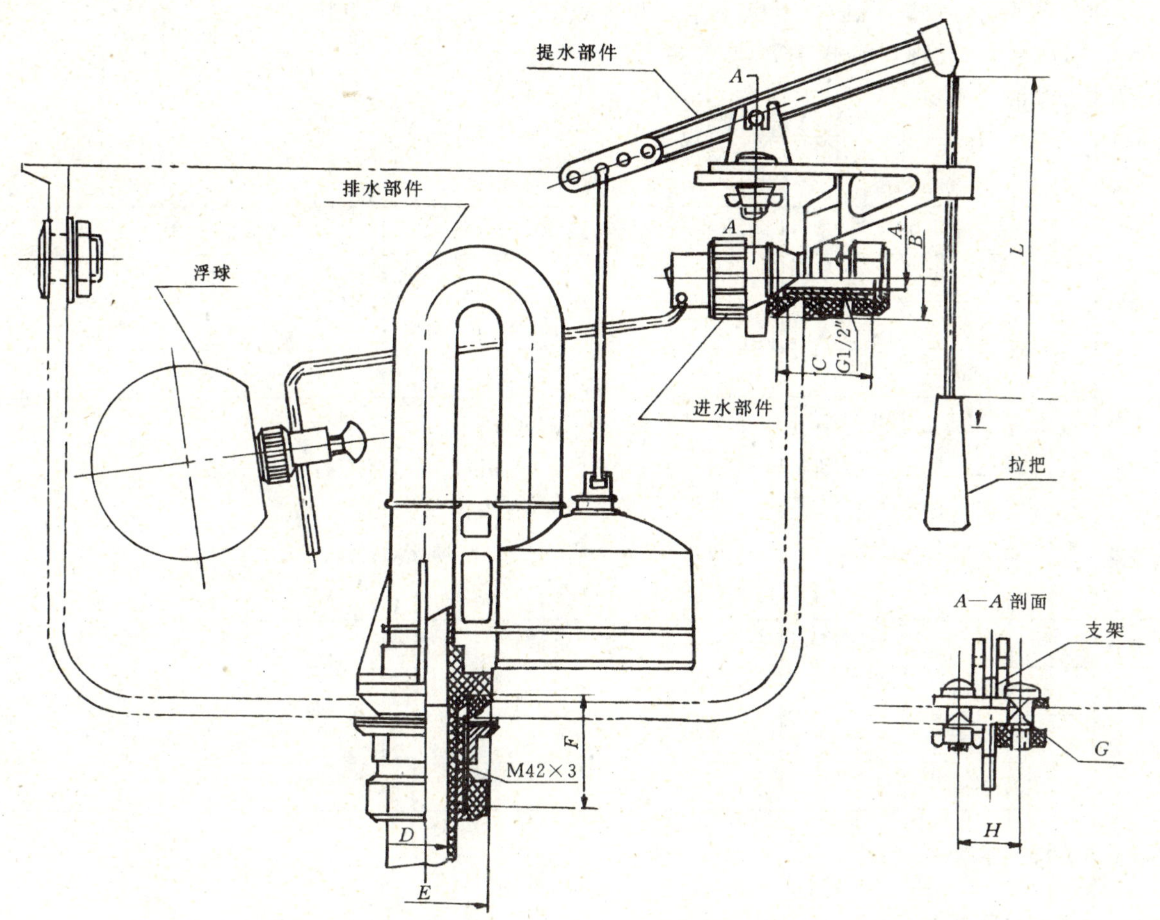

图 1 高水箱配件结构示意图

表 1

mm

代　　号	公称尺寸	代　　号	公称尺寸	代　　号	公称尺寸
A	ϕ14	D	ϕ32.5;ϕ4	C	3.5×3.5
B	≥ϕ35	E	≥ϕ58	H	32
C	≥42	F	≥53	L	≥800
D	≥15				

4 要求

4.1 材料

4.1.1 铜件材质应符合 GB 1176 的规定。

4.1.2 塑料件材质应分别符合 GB 12670、GB 12671 和 GB 12672 的规定。

4.1.3 橡胶件材质应符合 GB 9876 的规定。

4.2 一般要求

4.2.1 应能方便安装和拆卸。各活动部件必须动作灵活，无卡阻现象。

4.2.2 铜铸件外表面不得有缩孔、砂眼、裂纹和气孔等缺陷，内腔不得粘附型砂。

4.2.3 铜材阀体密封面不得有砂眼等缺陷，表面粗糙度 Ra 不大于 3.2μm。

4.2.4 塑料件表面不应有缺肉和明显的溢边、气泡、分层、脱皮、凹陷、波纹、烧焦、杂质、翘曲和熔接痕。也不应有明显的磕伤、划伤、修饰损伤和污垢。

4.3 进水阀的密封胶垫(橡胶模)和排水阀的橡胶阀盖的硬度(邵尔A型)、拉伸强度、扯断伸长率不得低于GB 9876基本物理性能中GPL 50的要求。

4.4 使用性能

4.4.1 进水阀的进水流量应符合表2的规定。

表2

产品等级	压力,MPa	进水流量,L/s
优等品	0.05	≥0.09
一等品	0.05	≥0.08
合格品	0.05	≥0.07

4.4.2 按本标准5.2.2进行强度和渗水试验时,浮体不得有破损和渗漏。

4.4.3 进水阀在本标准5.2.3.2规定的试验条件下进行强度和密封试验,不得有渗漏。

4.4.4 排水阀按本标准5.2.3.3进行密封试验时,不得有渗漏现象。

4.4.5 在有效水量为11 L时,排水阀的排水流量应符合表3的规定。

表3

产品等级	有效水量,L	排水流量,L/s
优等品	11	≥1.4
一等品	11	≥1.3
合格品	11	≥1.2

5 试验方法

5.1 一般性能的检验

5.1.1 尺寸用最小读数值为0.02mm的游标卡尺测量。

5.1.2 产品的外观缺陷在距离500mm,照度不低于300lx,不借助任何放大仪器的条件下目测。

5.1.3 动作灵活性在产品组装后凭手感检查。

5.1.4 铜材阀体密封表面粗糙度按GB 6060.2的规定检查。

5.1.5 进水阀密封胶垫和排水阀橡胶阀盖按GB 531的规定检查其邵尔A型硬度。

5.2 使用性能的检验

5.2.1 进水流量试验

将水压稳定在0.05MPa。在标准水箱中用秒表计时测量,计时持续时间应不小于30s。

5.2.2 浮体的强度和渗水试验

5.2.2.1 强度试验:在常温下将浮体提到其底部距水泥地面2m高度时自由落体1次,检查浮体有无破损。铜质浮体可免试。

5.2.2.2 渗水试验:在常温下将浮体浸没在水中,使其最高点距水面不小于100mm,持续时间应不小于1min,检查有无渗漏。铜质浮体在60~85℃的热水中进行。

5.2.3 进水阀、排水阀的密封和流量检验

5.2.3.1 进水阀的水压性能、进水流量、排水阀密封、排水流量等试验:在标准水箱中进行,水箱内积尺寸为长×宽×高:420mm×240mm×280mm。试验设备为卫生洁具配件性能测试台或能满足性能要求的其他装置。

5.2.3.2 进水阀的水压性能试验:

a) 强度试验:试验时,在0.90MPa的水压下关闭阀门,检查阀门有无渗漏。

b) 密封试验:试验时,在0.60MPa的水压下将浮体浸放在水中,靠其浮力找到平衡点,但浮体在水

中的体积不大于 3/4,保持到规定时间后检查阀体有无渗漏。

5.2.3.3 排水阀密封试验:将排水阀在标准水箱中安装成使用状态。水箱注水后,封闭阀盖,并在水箱中注够 11L 有效水量,用干毛巾擦净阀座底部的余水,检查密封是否有渗漏,如有渗漏,可作适当调整。调整后重复上述试验,保持时间不得少于 3min,检查排水阀的密封性。

5.2.4 排水流量试验

试验时,将排水阀安装成使用状态,将 11L 有效水量注入标准水箱,拉动手把使其排水,用秒表测量从排水管末端出水开始到有效水量排尽为止的时间。

6 检验规则

6.1 检验分类

6.1.1 出厂检验包括 4.2.1、4.2.2、4.4.3、4.4.4 规定的项目。

6.1.2 型式检验包括本标准要求的全部项目,正常情况下,每年至少进行 1 次。

有下列情况之一时,一般应进行型式检验:

a) 新产品或老产品转厂生产的试制定型鉴定;

b) 正式生产后,如结构、材料、工艺有较大改变,可能影响产品性能时;

c) 正常生产时,定期或积累一定产量后,1 年应进行 1 次检验;

d) 产品停产半年以上,恢复生产时;

e) 出厂检验结果与上次型式检验有较大差异时;

f) 国家质量监督检验机构提出进行型式检验的要求时。

6.2 组批与抽样规则

以同品种、同等级的产品每 200～1 000 套为一批,不足 200 套的以一批计。

6.3 出厂检验

按 GB 2828 的规定进行,采用特殊检验水平 S-2,正常检查 1 次抽样方案。

出厂检验的项目、不合格类别、合格质量水平(*AQL*)按表 4 的规定。

表 4

不合格类别	检验项目	章条	*AQL*
A	进水阀强度和密封 排水阀密封	4.4.3 4.4.4	2.5
C	安装灵活性 产品表面缺陷	4.2.1 4.2.2	6.5

6.4 型式检验

按 GB 2829 的规定进行,采用判别水平 Ⅰ,1 次抽样方案。

型式检验的样本在提交经出厂检验的合格批中抽取,其项目、不合格类别、不合格质量水平(*RQL*)按表 5 规定。

表 5

不合格类别	检验项目	章条	*RQL*
B	进水流量 浮球体强度和渗水 排水流量	4.4.1 4.4.2 4.4.5	20
C	材料 一般要求	4.1 4.2	40

7 标志、包装、运输和贮存

7.1 产品上应有明显清晰、不易涂改的注册商标。

7.2 产品包装盒上应标明厂名、品名、生产日期、注册商标和本标准代号。

7.3 每套产品应分别包装，并附有合格证和保证产品之间不发生碰撞。应用全封闭木箱或纸箱作外包装，包装外型尺寸与标志应符合 GB 4892 和 GB 6388 的规定。

7.4 产品在运输中应防止雨淋、受潮和磕碰，搬运时应轻放。

7.5 产品应贮存在通风良好、干燥的室内，不得与酸、碱及有腐蚀性的物品共贮。

前　言

本标准是对原国家标准 GB 8219—87《坐便器低水箱配件》的修订，非等效采用德国标准 DIN 19542—84《便器冲水箱的构造与试验原理》，其要求中的外观、橡胶件材质和浮球体的强度、渗水试验等指标严于 DIN 19542—84。与原 GB 8219—87 比较，本标准将主要试验方法列入了标准的附录 A、附录 B、附录 C，增加了橡胶件的性能指标，对检验规则也作了适当的修订。

本标准的附录 A～附录 C 为标准的附录。

本标准自实施日期起，原国家标准 GB 8219—87《坐便器低水箱配件》同时作废。

本标准由国家建筑材料工业局咸阳陶瓷研究设计院提出并技术归口。

本标准起草单位：国家建筑材料工业局咸阳陶瓷研究设计院、国家建筑材料工业局标准化研究所、福建南安长江机械有限公司、南京福天洁具公司、广东中山榄源洁具实业有限公司、唐山市建筑陶瓷厂、广西平南县水暖器材厂、广东开平市水暖器材厂、广东顺德市腾达洁具实业公司、大连通力企业有限公司。

本标准主要起草人：沈朝洪、赵瑞芳、章　伟、黄建全、李源孝、李展开、郑志民、梁岳阳、许国森、潘炽荣、王心超。

中华人民共和国建材行业标准

JC 707—1997

坐便器低水箱配件

1 范围

本标准规定了坐便器低水箱配件(连体便器除外)的产品分类,等级,要求,试验方法,检验规则和标志、包装、运输、贮存等。

本标准适用于安装在供水管路上、公称压力为0.6MPa与坐便器配套作冲便用的低水箱配件的生产和检验。

2 引用标准

下列标准所包含的条文,通过在本标准中引用而构成为本标准的条文。本标准出版时,所示版本均为有效。所有标准都会被修订,使用本标准的各方应探讨使用下列标准最新版本的可能性。

GB 531—83 橡胶邵尔A型硬度试验方法

GB 1176—87 铸造铜合金技术条件

GB 2828—87 逐批检查计数抽样程序及抽样表(适用于连续批的检查)

GB 2829—87 周期检查计数抽样程序及抽样表(适用于生产过程稳定性的检查)

GB 4892—85 硬质直方体运输包装尺寸系列

GB 6060.2—85 表面粗糙度比较样块 磨、车、镗、铣、插及刨加工表面

GB 6388—86 运输包装收发货标志

GB 9876—88 给、排水管道用橡胶密封圈胶料

GB 12670—90 聚丙烯树脂

GB 12671—90 聚苯乙烯树脂

GB 12672—90 丙烯腈-丁二烯-苯乙烯(ABS)树脂

JB 2115—77 金属覆盖厚度试验方法——计时液流法

JC/T 551—94 坐便器低水箱配件排水阀密封及寿命试验方法

3 分类

3.1 低水箱配件按排水阀和进水阀结构分类

代号采用汉语拼音的第1个字母表示。见图1,规格尺寸见表1。

国家建筑材料工业局1997-04-29批准 1997-08-01实施

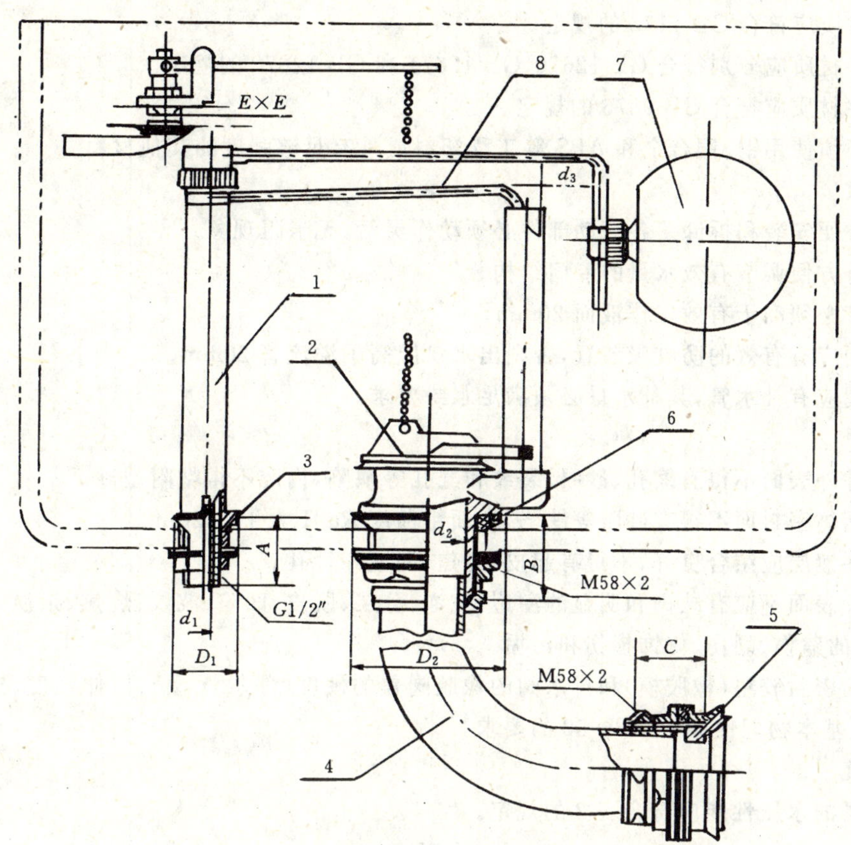

1—进水阀；2—排水阀；3—进水密封胶垫；4—弯管；
5—锁口；6—排水密封胶垫；7—浮球；8—补水管

图 1

表 1

mm

代 号	名 称	公称尺寸	代 号	名 称	公称尺寸
d_1	进水管内径	ϕ13～13.5	A	进水阀连接长度	≥40
d_2	排水阀内径	ϕ≥50	B	排水阀连接长度	≥40
d_3	溢流管内径	ϕ≥16	C	销口连接长度	≥40
D_1	进水密封胶垫外径	ϕ≥35		排水口连接螺纹尺寸	M58×3(2)
D_2	排水密封胶垫外径	ϕ≥75			

3.2 标记示例

例：1991 年研制的塑料产品，排水阀为翻板式，进水阀为浮筒式。

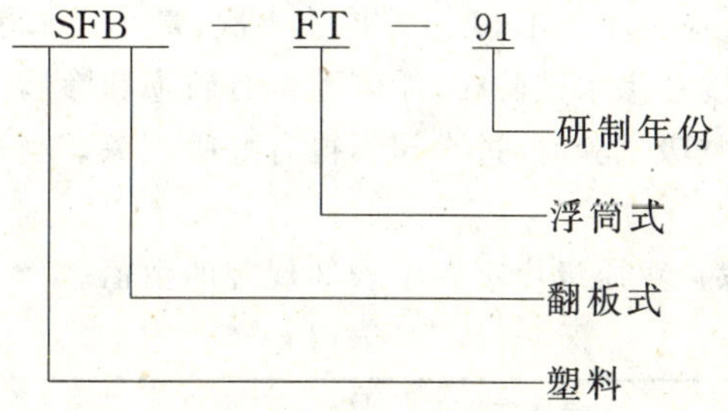

4 要求

4.1 材料

4.1.1 铜件材质应符合 GB 1176 的规定。

4.1.2 塑料件材质应分别符合 GB 12670、GB 12671 和 GB 12672 的规定。

4.1.3 橡胶件材质应符合 GB 9876 的规定。

4.1.4 搬把必须使用铜、铜合金和 ABS 等工程塑料或具有足够强度的其他材料。

4.2 一般要求

4.2.1 应能方便安装和拆卸。各活动部件必须动作灵活，无卡阻现象。

4.2.2 应具有方便调节有效水量的专门结构。

4.2.3 溢流管必须高于有效工作液面 20mm。

4.2.4 进水阀应有有效的防虹吸装置，否则出水口应高于溢流管 20mm。

4.2.5 进水阀应有补水管，其补水量必须满足水封要求。

4.3 外观质量

4.3.1 铜铸件外表面不得有缩孔、砂眼、裂纹和气孔等缺陷，内腔不得粘附型砂。

4.3.2 铜材阀体密封面不得有砂眼等缺陷，表面粗糙度 Ra 不大于 3.2μm。

4.3.3 电镀件镀层应结合良好，不得有起皮、烧焦、漏镀和针孔。

4.3.4 塑料件表面不应有缺肉和明显的溢边、气泡、分层、脱皮、凹陷、波纹、烧焦、杂质、翘曲和熔接痕。也不应有明显的磕伤、划伤、修饰损伤和污垢。

4.4 进水阀的密封胶垫(橡胶模)和排水阀的橡胶阀盖的硬度(邵尔 A 型)、拉伸强度、扯断伸长率不得低于 GB 9876 基本物理性能中 GPL 50 的要求。

4.5 使用性能

4.5.1 进水阀的水压性能应符合表 2 的规定。

表 2　　MPa

项　目	产品等级	压　力	技术要求
强度试验	优等品	1.6	无变形、冒汗、渗漏等。
	一等品	1.4	
	合格品	0.9	
密封性试验	优等品	0.9	无渗漏
	一等品		
	合格品	0.6	

4.5.2 在 0.05MPa 压力下，有效水量为 6L 时的进水时间不大于 120s，有效水量为 9L 时的进水时间不大于 180s，有效水量为 13L 时的进水时间不大于 250s。

4.5.3 按本标准 5.4.5 进行密封试验时，排水阀不得有渗漏现象。

4.5.4 9～13L 有效水量时，排水阀的排水流量优等品、一等品、合格品应分别不小于 2.0、1.8、1.5L/s，6L 有效水量的排水量应不小于 1.5L/s。排放 1 次，最小排水量不得小于 3L。

4.5.5 按本标准 5.5 进行强度和渗水试验时，浮体不得有破损和渗漏。

4.5.6 按本标准 5.6 进行防虹吸试验时，进水阀不得有虹吸现象。当进水阀出水口高于溢流管 20mm 时，可不进行该项试验。

4.5.7 水箱进水时，系统的噪声声压级应不大于表 3 规定的数值。

表 3　　dB(A)

产品等级	优等品	一等品	合格品
指　标	50	55	60

4.5.8 排水阀在 50×10^3 个循环中不得出现故障。

5 试验方法

5.1 一般性能的检验

5.1.1 尺寸用最小读数值为 0.02mm 的游标卡尺测量。

5.1.2 动作灵活性在产品组装后凭手感检查。

5.1.3 铜材阀体密封表面粗糙度按 GB 6060.2 的规定检查。

5.1.4 产品的外观缺陷在距离 500mm，照度不低于 300lx，不借助任何放大仪器的条件下目测。

5.2 镀层质量的检查

5.2.1 外观按本标准 5.1.4 检查。

5.2.2 表面粗糙度参照 GB 6060.2 规定检查。

5.2.3 镀层结合强度按 JB 2115 的规定检查。

5.3 进水阀密封胶垫和排水阀橡胶阀盖的硬度

按 GB 531 的规定检查其邵尔 A 型硬度。

5.4 进水阀、排水阀的密封和流量检验

5.4.1 进水阀密封、进水时间、排水阀密封、排水流量等试验在标准水箱中进行，水箱内积尺寸为长×宽×高：400mm×175mm×300mm。

5.4.2 进水阀强度试验按本标准附录 B(标准的附录)进行。

5.4.3 进水阀密封试验按本标准附录 A(标准的附录)中 A3.1 进行。

5.4.4 进水时间试验按本标准附录 A(标准的附录)中 A3.2 进行。

5.4.5 排水阀密封试验按本标准附录 A(标准的附录)中 A3.3 进行。

5.4.6 排水流量试验按本标准附录 A(标准的附录)中 A3.4 进行。

5.5 浮体的强度和渗水试验

5.5.1 强度试验：将浮体提到其底部距水泥地面 2m 高度时自由落体 1 次，检查浮体有无破损。铜质浮体可免试。

5.5.2 渗水试验：将浮体浸没在室温的水中，使其最高点距水面不小于 100mm，保持时间应不小于 10min，检查浮体有无渗漏。铜质浮体在 60～85℃的热水中进行。

5.6 防虹吸试验

5.6.1 在进水阀密封面上垫一根 ϕ0.4～0.8mm 的金属丝。

5.6.2 向水箱中注入有效水量为 9L 的水，抽真空使供水系统真空度不小于 0.08MPa，并在此条件下持续 3min，检查有无虹吸现象。

5.7 噪声试验

按本标准附录 C(标准的附录)的规定进行。

5.8 寿命试验

必要时，按 JC/T 551 进行排水阀寿命试验。

6 检验规则

6.1 检验分类

6.1.1 出厂检验包括 4.3、4.5.1、4.5.3 规定的项目。

6.1.2 型式检验包括本标准要求的全部项目。正常情况下，每年至少进行 1 次。

有下列情况之一时，一般应进行型式检验：

a) 新产品或老产品转厂生产的试制定型鉴定；

b) 正式生产后，如结构、材料、工艺有较大改变，可能影响产品性能时；

c) 正常生产时，定期或积累一定产量后，一年应进行 1 次检验；

d) 产品停产半年以上,恢复生产时;

e) 出厂检验结果与上次型式检验有较大差异时;

f) 国家质量监督检验机构提出进行型式检验的要求时。

6.2 组批与抽样规则

以同品种、同等级的产品每 200～1 000 套为一批,不足 200 套的以一批计。

6.3 出厂检验

按 GB 2828 的规定进行,采用特殊检验水平 S-2,正常检验一次抽样方案。

出厂检验的项目、不合格类别、合格质量水平(*AQL*)按表 4 的规定。

表 4

不合格类别	检 验 项 目	章 条	*AQL*
A	进水阀密封 排水阀密封	4.5.1 4.5.3	2.5
C	外观质量	4.3	6.5

6.4 型式检验

按 GB 2829 的规定进行,采用判别水平 Ⅰ 的一次抽样方案。

型式检验的样本在提交的合格批中抽取,其项目、不合格类别、不合格质量水平(*RQL*)按表 5 规定。

表 5

不合格类别	检 验 项 目	章 条	*RQL*
B	进水阀密封胶垫和排水阀橡胶阀盖 进水阀强度 进水时间 排水流量 浮体强度和渗水 防虹吸	4.4 4.5.1 4.5.2 4.5.4 4.5.5 4.5.6	20
C	材料 一般要求 噪声	4.1 4.2 4.5.7	40

7 标志、包装、运输和贮存

7.1 产品上应有明显清晰、不易涂改的注册商标。

7.2 产品包装盒上应标明厂名、品名、生产日期、注册商标和本标准代号。

7.3 每套产品应分别包装,并附有合格证和安装使用说明书。保证产品之间不发生碰撞。应用全封闭木箱或纸箱作外包装,包装外型尺寸与标志应符合 GB 4892 和 GB 6388 的规定。

7.4 产品在运输中应防止雨淋、受潮和磕碰,搬运时应轻放。

7.5 产品应贮存在通风良好、干燥的室内,不得与酸、碱及有腐蚀性的物品共贮。

附 录 A
（标准的附录）
坐便器低水箱配件密封性试验和流量的测定

A1 适用范围

本方法适用于检验坐便器低水箱配件进水阀、排水阀的密封性及流量。

A2 设备

卫生洁具配件性能测试台。

A3 试验步骤

A3.1 进水阀密封试验

A3.1.1 将进水阀在标准水箱（内积尺寸长×宽×高为：400mm×175mm×300mm）中安装成使用状态。

A3.1.2 开动空压机，在升压的同时，接通供水系统，将贮水罐中的水加压至 0.6MPa，当水箱中的液面升到一定高度时，靠浮体（筒）的浮力关闭进水，并找到平衡点，但浮体在水中的体积不得大于 3/4，此时液面不再上升。

A3.1.3 记录该液面的准确刻度，并保持 30s，观察液面有无变动。

A3.2 进水时间试验

A3.2.1 将进水阀在标准水箱中安装成使用状态。

A3.2.2 用量筒测量预定水量，并做出该液面高度的明显标记。

A3.2.3 调整供水压力为 0.05MPa，将进水阀完全打开，用秒表计算达到预定水量的时间。在此压力下，重复上述试验 3 次，取算术平均值。

A3.3 排水阀密封试验

A3.3.1 将排水阀在标准水箱中安装调试成使用状态。

A3.3.2 水箱注水后，启闭阀盖，并在水箱中注够 9L 有效水量，用干毛巾擦净阀座底部的余水，检查密封面是否有渗漏，如有渗漏，可作适当调整。调整后重复上述试验，保持时间不得少于 3min。

A3.3.3 按上述步骤，启闭阀盖 3 次检查有无渗漏。

A3.4 排水流量试验

A3.4.1 在标准水箱内的标尺上标定有效水量为 9L、13L（用量筒测量）的刻度线。并向水箱内注水至规定有效水量的刻度线。

A3.4.2 打开排水阀的同时用秒表测定排尽规定水量的时间。记录排水时间并计算排水流量。

A3.4.3 按上述步骤重复试验 3 次，取算术平均值。

附 录 B
（标准的附录）
进水阀强度的测定

B1 适用范围

本方法适用于测定坐便器低水箱配件进水阀的强度。

B2 设备

手动试压泵。

B3 试验步骤

将被测试样安装在试压泵上，关闭阀门，手动加压到规定压力，在此压力下保持 30s，仔细观察阀体各部位是否出现破裂、变形及渗水等异常。

附 录 C
（标准的附录）
进水噪声的测定

C1 适用范围

本方法适用于检验坐便器低水箱配件进水阀在规定压力下进水时的噪声。

C2 仪器

精密脉冲声级计。

C3 环境条件

环境噪声声压级不大于 30dB(A)。

C4 试验步骤

C4.1 将声级计水平放置在使测头距离水箱正前方边缘 1m，高于地面 1m 处。打开开关，调整零点。

C4.2 将试样安装在水箱中，调节进水压力至 0.3MPa，测量并记录进水时的最大噪声值。

C4.3 按上述步骤重复 3 次，取算术平均值。

中华人民共和国国家标准

UDC 621.643.5
:666.6

陶瓷洗面器普通水嘴

GB 3809—83

General faucets of ceramic washbasins

本标准适用于陶瓷洗面器普通水嘴，该水嘴用作水源开关，与卫生陶瓷中安装方孔为28×28 mm的洗面器配套使用。

1 结构型式、尺寸和性能参数

1.1 结构型式不做统一规定。

1.2 尺寸应符合图1和表的规定。

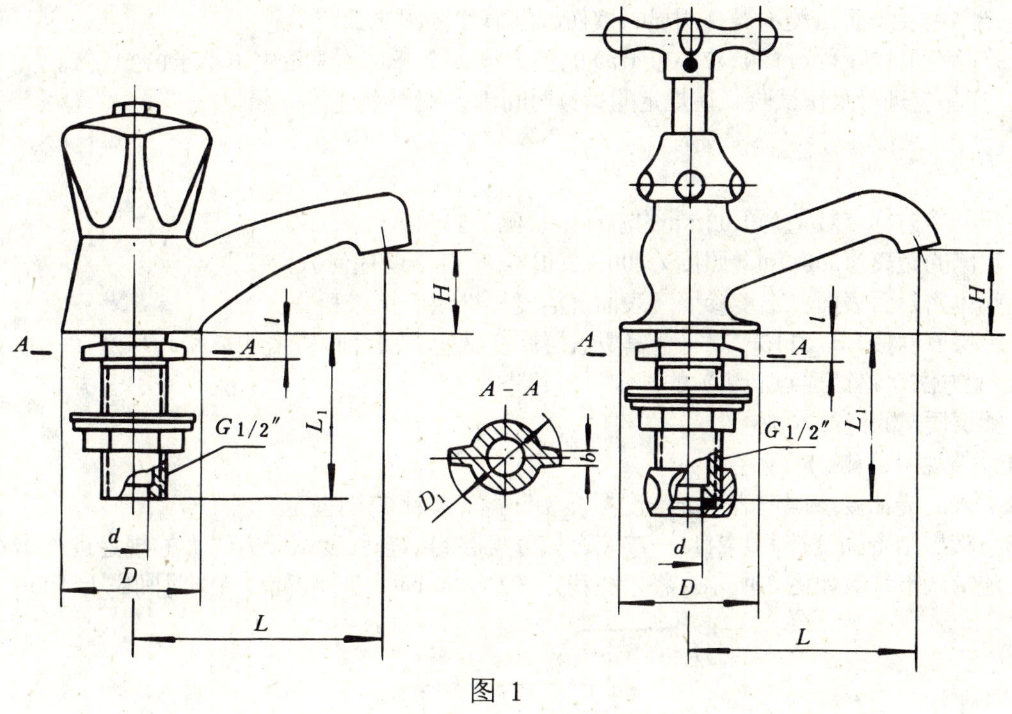

图 1

mm

D	d	D_1	b	L	L_1	H	l
≥40	13.2	31	2～4	≥65	≥50	>25	8

1.3 性能参数：

1.3.1 公称压力：6 kgf/cm^2（0.59MPa）。

1.3.2 适用温度：不大于100℃。

1.4 材料：

1.4.1 产品主要零件的材料应符合 GB 1176—74《铸造铜合金》的规定，允许用保证技术要求的其他铜材制造。

1.4.2 手轮允许用保证技术要求的非金属材料制造。

国家标准局1983-07-27发布　　　　1984-07-01实施

2 技术要求

2.1 铸件目测不得有缩孔、裂纹、气孔等缺陷，内腔所附有的芯砂应清除干净。

2.2 阀体密封面目测不得有砂眼等缺陷，表面光洁度不低于▽6。

2.3 开启和关闭用手感检查，应平稳、轻便、无卡阻现象。

2.4 手轮和阀杆的连接用手感检查，不得松动。

2.5 冷、热水标志目测和用手感检查，应清晰、连接牢固。

采用颜色标志：冷水用蓝色，热水用红色。

采用特征标志：冷水用“C”或“冷”，热水用“H”或“热”。

2.6 产品表面（管螺纹部分除外）要镀镍、铬，镍层厚度不小于5 μm，铬层厚度不小于0.1μm。

2.7 镀层表面应光亮，并呈略显蓝的银白色，色泽应均匀，组织应细致紧密。镀层应结合良好，不得有起皮、烧焦。主要表面不得有未镀覆到的地方（包括露镍层）。表面光洁度不低于▽10。

2.8 产品主要表面目测不得有明显的擦伤、划痕和砂眼等缺陷。

2.9 产品在0.15kgf/cm^2(1.47×10^{4}Pa)的压力下，全开时的流量应不小于0.2 L/s。

2.10 产品应进行水压试验。在规定的持续时间内，不得有任何渗漏。

3 试验方法

3.1 尺寸用游标读数值为0.02mm的游标卡尺测量。

3.2 目测的距离为500mm，照度为100～200lx，不得借助任何放大仪器。

3.3 阀体密封面表面光洁度参照“表面光洁度标准块”比较检查。

3.4 镀层厚度按JB 2115—77《金属覆盖层厚度试验方法计时液流法》和JB 2116—77《金属覆盖层厚度试验方法薄铬镀层点滴法》的规定进行检查。

3.5 镀层质量的检查方法：

3.5.1 外观用目测。

3.5.2 表面光洁度参照“表面光洁度标准块”抛光类比较检查。

3.5.3 镀层结合强度按JB 2111—77《金属覆盖层的结合强度试验方法》的规定进行检查。

3.6 流量试验装置如图2所示。将水柱稳定在1500mm时记时测量，持续时间应大于30s。

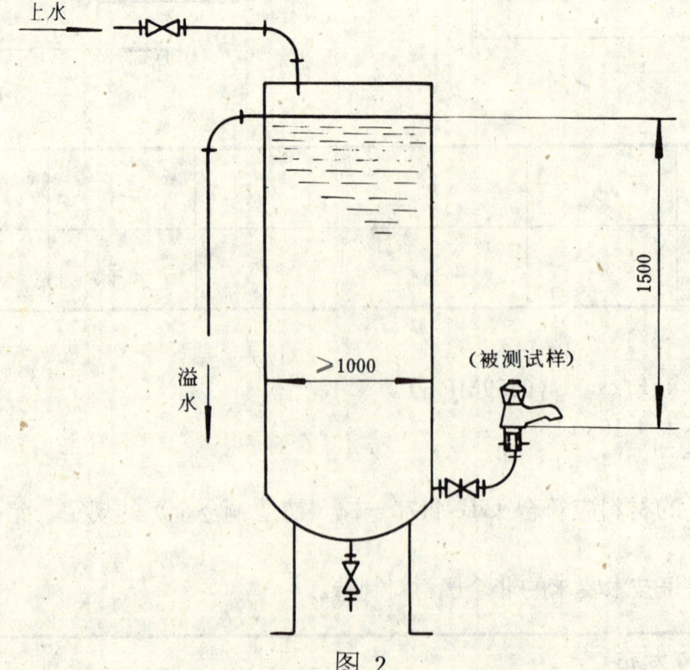

图 2

3.7 水压试验在常温下进行，压力从管螺纹端引入，在稳定的压力下，持续时间应大于30s；

3.7.1 强度试验应用9 kgf/cm^2（0.88MPa）的水压进行。试验时将阀瓣关闭，检查阀体受压部位有无渗漏。允许以单个零件进行。

3.7.2 密封试验应用6 kgf/cm^2（0.59MPa）的水压进行。试验时先将阀瓣关闭，由嘴部检查密封面密封性；然后将阀瓣开启，使嘴部放水，检查阀盖与阀体、阀盖与阀杆等配合处密封性。

4 检验规则

检验规则可由供需双方协商确定。

本标准推荐采用GB 2828—81《逐批检查计数抽样程序及抽样表（适用于连续批的检查）》。见附录A。

4.1 采用一般检查水平Ⅱ，使用二次抽样方案，按技术指标逐条对抽样样品进行检查。按不合格品数计算，检查结果如有一条不合格，则该批即为不合格批。

4.2 逐条检查项目及合格质量水平：

强度试验，密封试验：合格质量水平均为2.5；

2.2、2.3、2.7：合格质量水平均为4；

2.1、2.4、2.5、2.8：合格质量水平均为6.5。

4.3 镀层厚度、镀层结合强度和流量的检查数量及质量水平由供需双方协商确定。

4.4 提交检查批的大小由供需双方协商确定。

4.5 判为不合格批的产品，制造厂未经返修，不得再次提交检查。

5 标志、包装、运输、贮存

5.1 产品应有合格证和安装使用说明。

5.2 产品包装表面应标明厂名、品名、规格、数量、重量、出厂日期。

5.3 产品包装应保证产品在正常运输中不受损伤。

5.4 产品在运输中应防止雨淋、受潮。搬运时应注意轻放。

5.5 产品应贮存在通风良好、干燥的室内，不得与酸、碱及有腐蚀性的物品共贮一室。

6 其他

产品的特殊要求按合同执行。

附 录 A
检验规则用表
（参考件）

为便于应用，根据GB 2828—81《逐批检查计数抽样程序及抽样表（适用于连续批的检查）》的有关内容，摘编了本附录。

A.1 符号及所代表的意义

AQL：合格质量水平；

N：批量；

n：抽样数；

d：不合格数；

A_c：合格判定数；

R_e：不合格判定数；

1、2：抽样次数。

A.2 检查和判定方法

第一次抽样检查，先从批量中随机抽取n_1件样品进行检查，若$d_1 \leqslant A_{c1}$时则该项指标判为合格，继续其他指标的检查：若$d_1 \geqslant R_{e1}$时，则该项指标判为不合格，则该批产品为不合格，不予收货。若$A_{c1} < d_1 < R_{e1}$时，则需进行第二次抽样。

第二次抽样检查：再从批量中随机抽取n_2件样品，对该项指标进行复检，若$d_1 + d_2 \leqslant A_{c2}$时，则该项指标判为合格，继续其他指标的检查，若$d_1 + d_2 \geqslant R_{e2}$时，则该项指标判为不合格，该批产品为不合格，不予收货。依次检查各项指标均合格后，该批产品方为合格批，方可收货。

A.3 转移原则

A.3.1 一般规定

应用本规则从正常检查开始。

A.3.2 从正常检查到加严检查

当进行正常检查时，若在不多于连续五批中有两批经初次检查（不包括再次提交检查批）不合格，则从下一批转到加严检查。

A.3.3 从加严检查到正常检查

当进行加严检查时，若连续五批经初次检查（不包括再次提交检查批）合格，则从下一批检查转到正常检查。

A.3.4 从正常检查到放宽检查

当进行正常检查时，若下列条件均满足，则从下一批转到放宽检查：

a. 连续10批（不包括再次提交检查批）正常检查合格；

b. 在此连续10批或要求多于连续10批所抽取的样品中不合格品总数小于或等于表A5所列的界限数；

c. 生产正常；

d. 质量部门同意转到放宽检查。

A.3.5 从放宽检查到正常检查

在进行放宽检查时，若出现下列任一情况，则从下一批检查转到正常检查：

a. 有一批放宽检查不合格；

b. 生产不正常；

c. 质量部门认为有必要回到正常检查。

A.3.6 从加严检查到暂停检查

加严检查开始后，不合格批数（不包括再次提交检查批）累积到五批（不包括以前转到加严检查出现的不合格批数）时，暂停按本规则检查。

A.4 暂停检查后的处置

在暂停检查后，供货方的确采取了有效改进措施，可从加严检查开始恢复检查。

A.5 放宽检查的特殊规定

放宽检查判为不合格的批，必须使用相应的特殊放宽检查重新判断，有可能按相应的特殊放宽检查继续取样，直到做出判断。

A.6 指标数据

各种检查的具体指标数据见表A 1 ～A 5 。

表 A1 二次正常检查抽样表

检验项目	*AQL*	*N*	n_1/n_2	次数	A_c/R_e
强度试验 密封试验	2.5	≤150	13/13	1	0/2
				2	1/2
		151～280	20/20	1	0/3
				2	3/4
		281～500	32/32	1	1/3
				2	4/5
		501～1200	50/50	1	2/5
				2	6/7
		1201～3200	80/80	1	3/6
				2	9/10
		3201～10000	125/125	1	5/9
				2	12/13
		10001～35000	200/200	1	7/11
				2	18/19
本标准 2.2 2.3 2.7	4	≤90	8/8	1	0/2
				2	1/2
		91～150	13/13	1	0/3
				2	3/4

续表 A1

检验项目	AQL	N	n_1/n_2	次 数	A_c/R_e
本 标 准 2.2 2.3 2.7	4	151/280	20/20	1	1/3
				2	4/5
		281～500	32/32	1	2/5
				2	6/7
		501/1200	50/50	1	3/6
				2	9/10
		1201～3200	80/80	1	5/9
				2	12/13
		3201～10000	125/125	1	7/11
				2	18/19
		10001以上	200/200	1	11/16
				2	26/17
本 标 准 2.1 2.4 2.5 2.8	6.5	≤50	5/5	1	0/2
				2	1/2
		51～90	8/8	1	0/3
				2	3/4
		91～150	13/13	1	1/3
				2	4/5
		151/280	20/20	1	2/5
				2	6/7
		281/500	32/32	1	3/6
				2	9/10
		501～1200	50/50	1	5/9
				2	12/13
		1201～3200	80/80	1	7/11
				2	18/19
		3201以上	125/125	1	11/16
				2	26/27

表 A2 二次加严检查抽样表

检验项目	AQL	N	n_1/n_2	次数	A_c/R_e
强度试验 密封试验	2.5	≤280	20/20	1	0/2
				2	1/2
		281～500	32/32	1	0/3
				2	3/4
		501～1200	50/50	1	1/3
				2	4/5
		1201～3200	80/80	1	2/5
				2	6/7
		3201～10000	125/125	1	4/7
				2	10/11
		10001～35000	200/200	1	6/10
				2	15/16
本标准 2.2 2.3 2.7	4	≤150	13/13	1	0/2
				2	1/2
		151～280	20/20	1	0/3
				2	3/4
		281～500	32/32	1	1/3
				2	4/5
		501～1200	50/50	1	2/5
				2	6/7
		1201～3200	80/80	1	4/7
				2	10/11
		3201～10000	125/125	1	6/10
				2	15/16
		10001以上	200/200	1	9/14
				2	23/24
本标准 2.1 2.4 2.5 2.8	6.5	≤90	8/8	1	0/2
				2	1/2

续表 A2

检验项目	AQL	N	n_1/n_2	次数	A_c/R_e
本标准 2.1 2.4 2.5 2.8	6.5	91～150	13/13	1	0/3
				2	3/4
		151～280	20/20	1	1/3
				2	4/5
		281～500	32/32	1	2/5
				2	6/7
		501～1200	50/50	1	4/7
				2	10/11
		1201～3200	80/80	1	6/10
				2	15/16
		3201以上	125/125	1	9/14
				2	23/24

表 A3　二次放宽检查抽样表

检验项目	AQL	N	n_1/n_2	次数	A_c/R_e
强度试验 密封试验	2.5	≤280	8/8	1	0/1
				2	1/2
		281～500	13/13	1	0/2
				2	1/2
		501～1200	20/20	1	0/3
				2	3/4
		1201～3200	32/32	1	1/3
				2	4/5
		3201～10000	50/50	1	2/5
				2	6/7
		10001/35000	80/80	1	3/6
				2	9/10
本标准 2.2 2.3 2.7	4	≤150	5/5	1	0/2
				2	1/2

续表 A3

检验项目	AQL	N	n_1/n_2	次 数	A_c/R_e
本 标 准 2.2 2.3 2.7	4	151～280	8/8	1	0/2
				2	1/2
		281～500	13/13	1	0/3
				2	3/4
		501～1200	20/20	1	1/3
				2	4/5
		1201～3200	32/32	1	2/5
				2	6/7
		3201～10000	50/50	1	3/6
				2	9/10
		10001以上	80/80	1	5/9
				2	12/13
本 标 准 2.1 2.4 2.5 2.8	6.5	≤90	3/3	1	0/2
				2	1/2
		91～150	5/5	1	0/2
				2	1/2
		151～280	8/8	1	0/3
				2	3/4
		281～500	13/13	1	1/3
				2	4/5
		501～1200	20/20	1	2/5
				2	6/7
		1201～3200	32/32	1	3/6
				2	9/10
		3201以上	50/50	1	5/9
				2	12/13

表 A4 二次特殊放宽检查抽样表

检验项目	AQL	N	n_1/n_2	次 数	A_c/R_e
强度试验 密封试验	2.5	≤280	8/8	1	0/3
				2	3/4
		281～500	13/13	1	1/3
				2	4/5
		501～1200	20/20	1	1/5
				2	5/6
		1201～3200	32/32	1	2/5
				2	6/7
		3201～10000	50/50	1	3/6
				2	9/10
		10001～35000	80/80	1	5/8
				2	11/12
本标准 2.2 2.3 2.7	4	≤150	5/5	1	0/3
				2	3/4
		151～280	8/8	1	1/3
				2	4/5
		281～500	13/13	1	1/5
				2	5/6
		501～1200	20/20	1	2/5
				2	6/7
		1201～3200	32/32	1	3/6
				2	9/10
		3201～10000	50/50	1	5/8
				2	11/12
		10001以上	80/80	1	6/10
				2	15/16

续表 A4

检验项目	AQL	N	n_1/n_2	次 数	A_c/R_e
本 标 准 2.1 2.4 2.5 2.8	6.5	≤90	3/3	1	0/3
				2	3/4
		91～150	5/5	1	1/3
				2	4/5
		151～280	8/8	1	1/5
				2	5/6
		281～500	13/13	1	2/5
				2	6/7
		501～1200	20/20	1	3/6
				2	9/10
		1201～3200	32/32	1	5/8
				2	11/12
		3201以上	50/50	1	6/10
				2	15/16

表 A5 放宽检查界限数

累 计 抽 样 数	AQL		
	2.5	4	6.5
～99	+	+	+
100～124	+	+	0
125～159	+	+	1
160～199	+	0	2
200～249	+	1	4
250～314	0	2	6
315～399	1	4	9
400～499	2	6	12
500～629	4	9	15
630～799	6	12	19
800～999	9	15	25
1000～1249	12	19	31
1250～1599	15	25	39
1600～1999	19	31	50

注：+表示对此合格质量水平，累计连续10个合格批的抽样数转入放宽检查是不够的，必须接着累计连续合格批

的抽样数，直到表中有界限数可比较。如果接着累计时出现一批不合格，则此批以前检查的结果以后不能继续使用。

附加说明：

本标准由国家建筑材料工业局提出，由咸阳陶瓷非金属矿研究所归口。

本标准由北京市水暖器材一厂负责起草。

本标准主要起草人刘铁楼。

GB 3809—83《陶瓷洗面器普通水嘴》第1号修改单

本修改单业经国家标准局于1987年5月15日以国标函字〔1987〕第254号文批准，自1987年9月1日起实行。

（1）适用范围更改为：本标准适用于陶瓷洗面器普通水嘴，该水嘴用作水源开关，与卫生陶瓷中安装孔为ϕ25mm的洗面器配套使用。

（2）1.2条中的图更改为如右新图。

（3）1.2条中的表更改为如下新表。

D	d	L	L	H
≥40	13.2	≥65	≥50	≥25

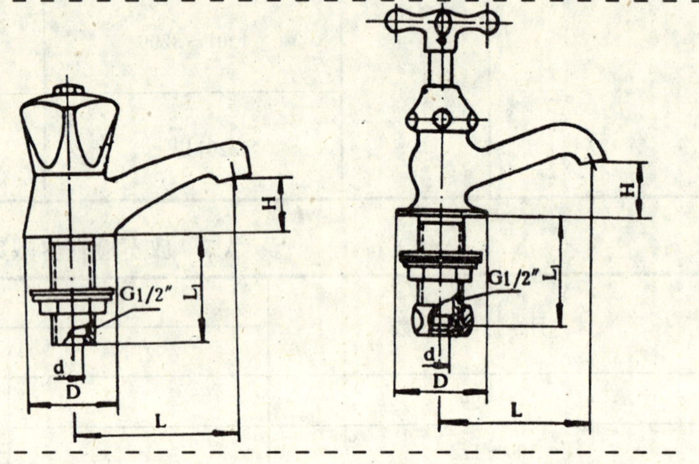

刊载于1987年第7期《中国标准化》

中华人民共和国国家标准

UDC 645.68
:683.565

GB 5347—85

浴盆明装水嘴

External fixed faucets of bathtub

本标准适用于安装在垂直壁板的浴盆明装水嘴。该水嘴用作浴盆的水源开关。

1 结构型式、尺寸和性能参数

1.1 结构型式

结构型式不做统一规定。

1.2 结构尺寸

1.2.1 浴盆普通水嘴的结构尺寸应符合图1和表1的规定。

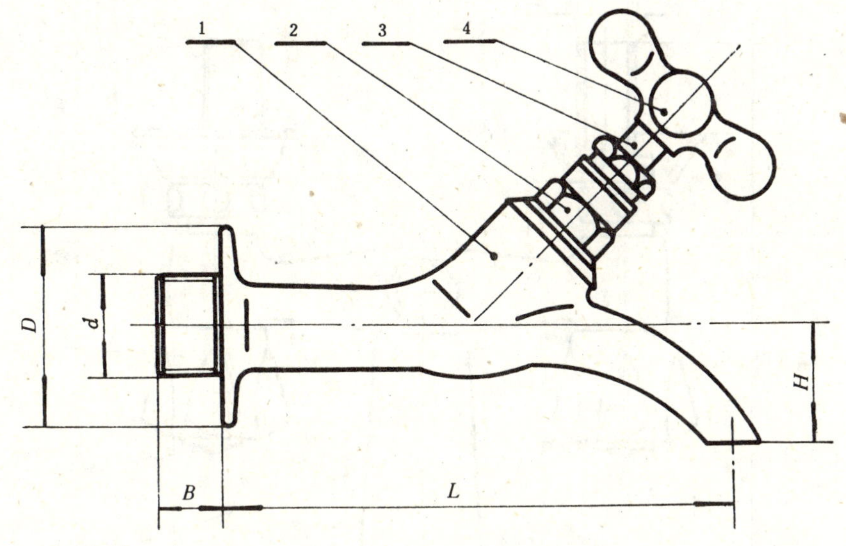

图 1

1—阀体；2—阀盖；3—阀杆；4—手轮

表 1

d	B	D	L	H
	mm			
G3/4″	≥20	≥45	≥120	≤100

国家标准局1985-09-02发布

1986-05-01实施

1.2.2 浴盆混合水嘴的结构尺寸应符合图 2 和表 2 的规定。

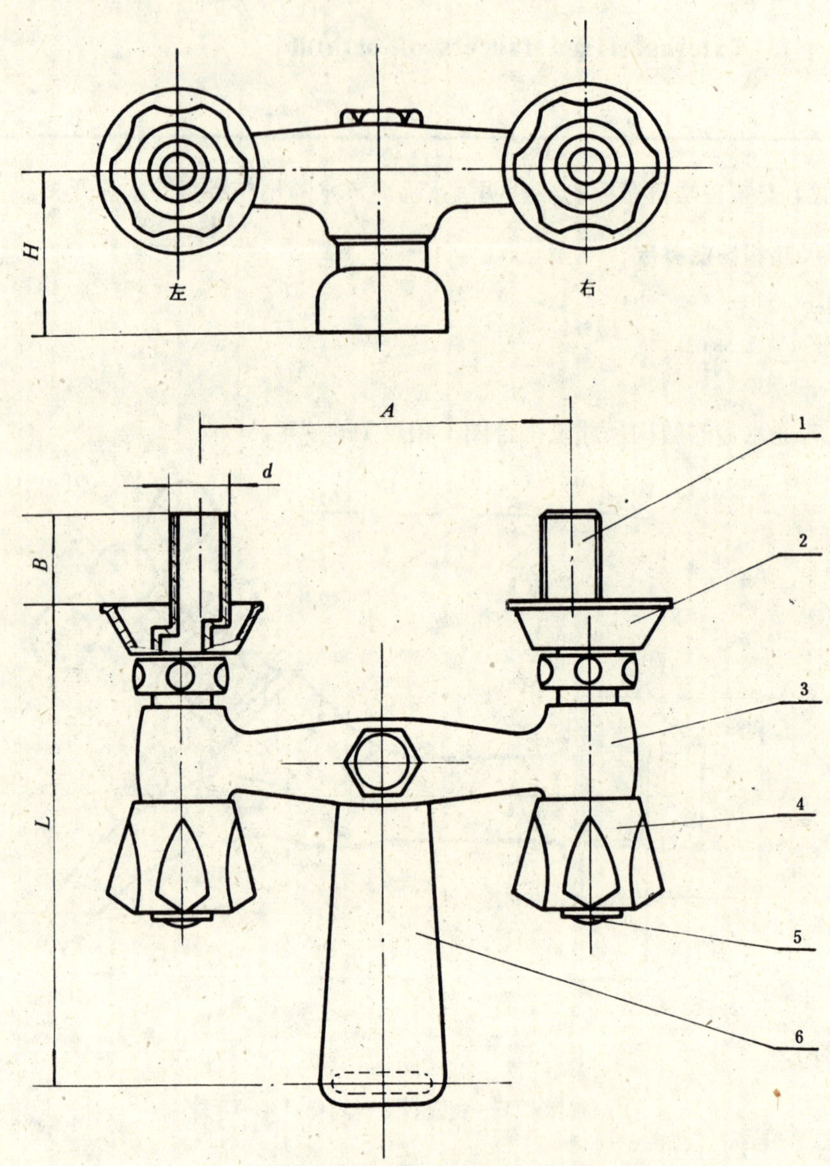

图 2

1—偏心接管；2—护盘；3—阀体；4—手轮；5—标记；6—出水口

表 2

d	B	A	L	H
	mm			
G1/2″	⩾16	120～180	⩾120	⩽100
G3/4″	⩾20			

1.2.3 带有淋浴喷头的浴盆混合水嘴的结构尺寸应符合图3和表3的规定。

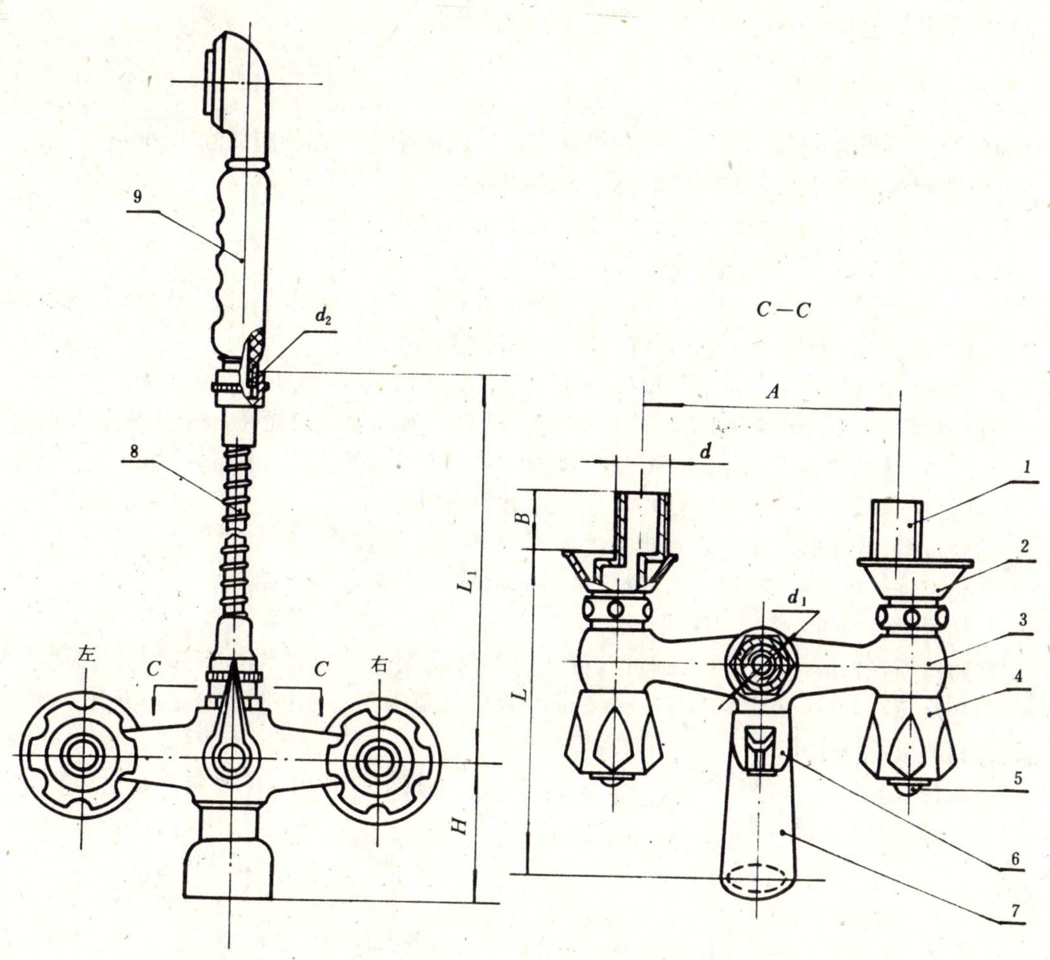

图 3

1—偏心接管；2—护盘；3—阀体；4—手轮；5—标记；
6—分配阀手柄；7—出水口；8—连接软管；9—淋浴喷头

表 3

d	B	A	L	H	L_1	d_1	d_2
	mm						
G1/2″	≥16	120～180	≥120	≤100	≥1500	G1/2″	
G3/4″	≥20						

注：表2、表3中的A为两进水接管中心线间的可调节距离。

1.3 性能参数

1.3.1 公称压力：5.9×10^5 Pa (6kgf/cm^2)。

1.3.2 适用温度：不大于100℃。

1.4 材料

1.4.1 铸铜零件的材料应符合GB 1176—74《铸造铜合金》的规定，也可以用保证技术要求的其它铜材制造。

1.4.2 采用其它金属或非金属材料必须符合相应的标准。

2 技术要求

2.1 铸件目测不得有缩孔、裂纹、气孔等缺陷，内腔所附有的芯砂应清除干净。

2.2 阀座密封面目测不得有砂眼等缺陷，表面粗糙度Ra不大于3.2μm。

2.3 手轮、分配阀手柄动作应平稳、轻便、无卡阻。

2.4 手轮与阀杆的连接应牢固，不得松动。

2.5 冷、热水标记应清晰、连接牢固。采用颜色标记：冷水用蓝色，热水用红色；采用特征标记：冷水用“C”，热水用“H”。产品组装后，热水手轮应在左侧。

2.6 产品可见表面镀镍铬：镀镍层厚度不小于 5 μm，镀铬层厚度不小于0.1μm。

2.7 电镀表面不得有未镀覆到的地方（包括露镍层）。镀层表面应光亮，并呈略显蓝的银白色；色泽应均匀，组织应细致紧密；镀层应结合良好，不得有起皮、烧焦。表面粗糙度Ra不大于0.2μm。

2.8 产品可见表面不得有明显的擦伤、划痕、砂眼等缺陷。

2.9 产品应进行水压强度试验。在规定的时间内不得有变形或渗漏。

2.10 产品应进行密封性能试验。在规定的时间内不得有任何渗漏。

2.11 产品的流量特性应符合以下要求：

浴盆普通水嘴在2.0×10^4 Pa（0.2kgf/cm^2）水压下，最大开启时的流量不小于0.2L/s。

浴盆混合水嘴在1.5×10^4 Pa（0.15kgf/cm^2）水压下单阀最大开启时的流量不小于0.2L/s；双阀最大开启时的流量不小于0.3L/s。

淋浴喷头在2.5×10^4 Pa（0.25kgf/cm^2）水压下，单阀最大开启时的流量不小于0.05 L/s；双阀最大开启时的流量不小于0.06L/s。

3 试验方法

3.1 目测的距离为500mm，照度为100～200lx。不得借助任何放大仪器。

3.2 阀座密封面表面粗糙度参照“表面粗糙度标准块”进行比较检查。

3.3 2.1，2.2，2.5，2.8采用目测检查，2.3，2.4采用手感检查。

3.4 镀层厚度按JB 2115—77《金属覆盖层厚度检验方法计时液流法》和JB 2116—77《金属覆盖层厚度检验方法　薄铬镀层点滴法》进行检查。

3.5 镀层质量的检查方法：

3.5.1 外观用目测。

3.5.2 表面粗糙度参照“表面粗糙度标准块”中抛光类进行比较检查。

3.5.3 镀层结合强度按JB 2111—77《金属覆盖层的结合强度试验方法》进行检查；耐腐蚀性按JB 2109—77《醋酸盐雾试验方法》进行检查。

3.6 水压试验：

介质为常温清水，压力从管螺纹端引入，持续时间不少于60s。在持续时间内，压力保持不变。试验中应用手来关闭阀门，不得借助其它辅助工具。

3.6.1 强度试验应用8.8×10^5 Pa（9 kgf/cm^2）的水压进行。检查受压部位有无变形或渗漏。允许以单个零件进行。

3.6.2 密封性能试验应用5.9×10^5 Pa（6 kgf/cm^2）的水压进行。检查各密封面及各连接面有无渗漏。

3.7 流量特性试验只作为型式试验。试验时间不少于30s。试验设备不作统一规定，但必须保证水嘴前临近点的水压稳定。

3.7.1　浴盆普通水嘴：将手轮开启至最大，测得该时的流量。

3.7.2　浴盆混合水嘴：

3.7.2.1　接通水源，分别测定冷、热水手轮单独开启至最大时的流量。以两次流量中的小值作为该水嘴单开时的流量。

3.7.2.2　接通水源，两手轮均开启至最大，测得双开时的流量。

3.7.3　带有淋浴喷头的浴盆混合水嘴：

3.7.3.1　接通水源，分配阀关闭淋浴喷头，分别测定冷、热水手轮单独开启至最大时的流量。以两次流量中的小值作为该水嘴出水口单开时的流量。

3.7.3.2　接通水源，分配阀关闭淋浴喷头，两手轮均开启至最大，测得该水嘴出水口双开时的流量。

3.7.3.3　接通水源，分配阀关闭出水口，分别测定冷、热水手轮单独开启至最大时的流量。以两次流量中的小值作为该水嘴淋浴喷头单开时的流量。

3.7.3.4　接通水源，分配阀关闭出水口，两手轮均开启至最大，测得该水嘴淋浴喷头双开时的流量。

4　检验规则

规定采用GB 2828—81《逐批检查计数抽样程序及抽样表（适用于连续批的检查)》作检验方案。见附录A。

4.1　采用一般检查水平Ⅱ，使用二次抽样方案，按技术指标逐条对抽样样品进行检查。按不合格品数计算，检查结果如有一条不合格，则该批即为不合格批。

4.2　检查项目及合格质量水平见表4。

表 4

<table>
<tr><td>本标准中条款</td><td>2.9
2.10</td><td>2.2
2.3
2.4</td><td>(2.6)
(2.7)</td><td>2.1
2.5</td><td>2.8
(2.11)</td></tr>
<tr><td>合格质量水平
AQL，　%</td><td>2.5</td><td colspan="2">4</td><td colspan="2">6.5</td></tr>
</table>

注：表中（　）为在必要时可进行此项试验。

4.3　判为不合格批的产品，制造厂未经返修，不得再次提交检验。

5　标志、包装、运输、贮存

5.1　产品应有合格证和安装使用说明书。

5.2　产品包装表面应标明品名、规格、数量、重量、厂名及出厂日期。

5.3　产品包装应保证产品在正常运输中不受损伤。

5.4　产品在运输中应防止雨淋、受潮，搬运时应注意轻放。

5.5　产品应贮存在通风良好、干燥的室内，不得与酸、碱及有腐蚀性的物品共贮。

6　其它

产品的特殊要求按合同执行。

附 录 A
检 验 方 案
（参考件）

根据GB 2828—81《逐批检查计数抽样程序及抽样表(适用于连续批的检查)》的有关内容摘编。

A.1 符号及所代表的意义

AQL：合格质量水平；
N：批量；
n：抽样数；
d：不合格数；
A_c：合格判定数；
R_e：不合格判定数；
1、2：抽样次数。

A.2 检查和判定方法

第一次抽样检查，先从批量中随机抽取n_1件样品进行检查，若$d_1 \leqslant A_{c1}$时则该项指标判为合格，继续其它指标的检查；若$d_1 \geqslant R_{e1}$时，则该项指标判为不合格，该批产品为不合格，不予收货。若$A_{c1} < d_1 < R_{e1}$时，则需进行第二次抽样。

第二次抽样检查：再从批量中随机抽取n_2件样品，对该项指标进行复查，若$d_1 + d_2 \leqslant A_{c2}$时，则该项指标判为合格，继续其它指标的检查，若$d_1 + d_2 \geqslant R_{e2}$时该项指标为不合格，该批产品为不合格，不予收货。依次检查各项指标均合格后，该批产品方为合格批，方可收货。

A.3 转移规则

A.3.1 一般规定

应用本规则从正常检查开始。

A.3.2 从正常检查到加严检查

当进行正常检查时，若在不多于连续五批中有两批经初次检查（不包括再次提交检查批）不合格，则从下一批转到加严检查。

A.3.3 从加严检查到正常检查

当进行加严检查时若连续五批经初次检查（不包括再次提交检查批）合格，则从下一批检查转到正常检查。

A.3.4 从正常检查到放宽检查

当进行正常检查时，若下列条件均满足，则从下一批转到放宽检查。

a. 连续10批（不包括再次提交检查批）正常检查合格；

b. 在此连续10批或要求多于连续10批所抽取的样品中不合格品总数小于或等于表A 5所列的界限数；

c. 生产正常；

d. 质量部门同意转到放宽检查。

A.3.5 从放宽检查到正常检查

当进行放宽检查时，若出现下列任一情况，则从下一批检查转到正常检查：

a. 有一批放宽检查不合格；

b. 生产不正常；

c. 质量部门认为有必要回到正常检查。

A.3.6 从加严检查到暂停检查

加严检查开始后，不合格批数（不包括再次提交检查批）累积到五批（不包括以前转到加严检查出现的不合格批数）时，暂停按本规则检查。

A.4 暂停检查后的处置

在暂停检查后，供货方的确采取了有效改进措施，可从加严检查开始恢复检查。

A.5 放宽检查的特殊规定

放宽检查判为不合格的批，必须使用相应的特殊检查重新判断，有可能按相应的特殊放宽检查继续取样，直到做出判断。

A.6 指标数据

各种检查的具体指标数据见表A1～A5。

表 A1 二次正常检查抽样表

检验项目	AQL	N	n_1/n_2	次 数	A_c/R_e
强度试验 密封试验	2.5	≤150	13/13	1	0/2
				2	1/2
		151～280	20/20	1	0/3
				2	3/4
		281～500	32/32	1	1/3
				2	4/5
		501～1200	50/50	1	2/5
				2	6/7
		1201～3200	80/80	1	3/6
				2	9/10
		3201～10000	125/125	1	5/9
				2	12/13
		10001～35000	200/200	1	7/11

续表A1

检验项目	AQL	N	n_1/n_2	次数	A_c/R_e
强度试验 密封试验	2.5	10001～35000	200/200	2	18/19
本标准 2.2 2.3 2.4 (2.6) (2.7)	4	≤90	8/8	1	0/2
				2	1/2
		91～150	13/13	1	0/3
				2	3/4
		151～280	20/20	1	1/3
				2	4/5
		281～500	32/32	1	2/5
				2	6/7
		501～1200	50/50	1	3/6
				2	9/10
		1201～3200	80/80	1	5/9
				2	12/13
		3201～10000	125/125	1	7/11
				2	18/19
		10001以上	200/200	1	11/16
				2	26/27
本标准 2.1 2.5 2.8 (2.11)	6.5	≤50	5/5	1	0/2
				2	1/2

续 表A1

检验项目	AQL	N	n_1/n_2	次　数	A_c/R_e
本标准 2.1 2.5 2.8 (2.11)	6.5	51～90	8/8	1	0/3
				2	3/4
		91～150	13/13	1	1/3
				2	4/5
		151～280	20/20	1	2/5
				2	6/7
		281～500	32/32	1	3/6
				2	9/10
		501～1200	50/50	1	5/9
				2	12/13
		1201～3200	80/80	1	7/11
				2	18/19
		3201以上	125/125	1	11/16
				2	26/27

表 A2 二次加严检查抽样表

检验项目	AQL	N	n_1/n_2	次数	A_c/R_e
强度试验 密封试验	2.5	≤280	20/20	1	0/2
				2	1/2
		281～500	32/32	1	0/3
				2	3/4
		501～1200	50/50	1	1/3
				2	4/5
		1201～3200	80/80	1	2/5
				2	6/7
		3201～10000	125/125	1	4/7
				2	10/11
		10001～350000	200/200	1	6/10
				2	15/16
本标准 2.2 2.3 2.4 (2.6) (2.7)	4	≤150	13/13	1	0/2
				2	1/2
		151～280	20/20	1	0/3
				2	3/4
		281～500	32/32	1	1/3
				2	4/5
		501～1200	50/50	1	2/5
				2	6/7

续表A2

检验项目	AQL	N	n_1/n_2	次　数	A_c/R_e
本标准 2.2 2.3 2.4 (2.6) (2.7)	4	1201～3200	80/80	1	4/7
				2	10/11
		3201～10000	125/125	1	6/10
				2	15/16
		10001以上	200/200	1	9/14
				2	23/24
本标准 2.1 2.5 2.8 (2.11)	6.5	≤90	8/8	1	0/2
				2	1/2
		91～150	13/13	1	0/3
				2	3/4
		151～280	20/20	1	1/3
				2	4/5
		281～500	32/32	1	2/5
				2	6/7
		501～1200	50/50	1	4/7
				2	10/11
		1201～3200	80/80	1	6/10
				2	15/16
		3201以上	125/125	1	9/14
				2	23/24

表 A3　二次放宽检查抽样表

检验项目	AQL	N	n_1/n_2	次　数	A_c/R_e
强度试验 密封试验	2.5	≤280	8/8	1	0/1
				2	1/2
		281～500	13/13	1	0/2
				2	1/2
		501～1200	20/20	1	0/3
				2	3/4
		1201～3200	32/32	1	1/3
				2	4/5
		3201～10000	50/50	1	2/5
				2	6/7
		10001～35000	80/80	1	3/6
				2	9/10
本标准 2.2 2.3 2.4 (2.6) (2.7)	4	≤150	5/5	1	0/2
				2	1/2
		151～280	8/8	1	0/2
				2	1/2
		281～500	13/13	1	0/3
				2	3/4
		501～1200	20/20	1	1/3
				2	4/5

续表A3

检验项目	AQL	N	n_1/n_2	次数	A_c/R_e
本标准 2.2 2.3 2.4 (2.6) (2.7)	4	1201～3200	32/32	1	2/5
				2	6/7
		3201～10000	50/50	1	3/6
				2	9/10
		10001以上	80/80	1	5/9
				2	12/13
本标准 2.1 2.5 2.8 (2.11)	6.5	≤90	3/3	1	0/2
				2	1/2
		91～150	5/5	1	0/2
				2	1/2
		151～280	8/8	1	0/3
				2	3/4
		281～500	13/13	1	1/3
				2	4/5
		501～1200	20/20	1	2/5
				2	6/7
		1201～3200	32/32	1	3/6
				2	9/10
		3201以上	50/50	1	5/9
				2	12/13

表 A4　二次特殊放宽检查抽样表

检验项目	AQL	N	n_1/n_2	次　数	A_c/R_e
强度试验 密封试验	2.5	≤280	8/8	1	0/3
				2	3/4
		281～500	13/13	1	1/3
				2	4/5
		501～1200	20/20	1	1/5
				2	5/6
		1201～3200	32/32	1	2/5
				2	6/7
		3201～10000	50/50	1	3/6
				2	9/10
		10001～35000	80/80	1	5/8
				2	11/12
本标准 2.2 2.3 2.4 (2.6) (2.7)	4	≤150	5/5	1	0/3
				2	3/4
		151～280	8/8	1	1/3
				2	4/5
		281～500	13/13	1	1/5
				2	5/6
		501～1200	20/20	1	2/5
				2	6/7

续表A4

检验项目	AQL	N	n_1/n_2	次 数	A_c/R_e
本标准 2.2 2.3 2.4 (2.6) (2.7)	4	1201～3200	32/32	1	3/6
				2	9/10
		3201～10000	50/50	1	5/8
				2	11/12
		10001以上	80/80	1	6/10
				2	15/16
本标准 2.1 2.5 2.8 (2.11)	6.5	≤90	3/3	1	0/3
				2	3/4
		91～150	5/5	1	1/3
				2	4/5
		151～280	8/8	1	1/5
				2	5/6
		281～500	13/13	1	2/5
				2	6/7
		501～1200	20/20	1	3/6
				2	9/10
		1201～3200	32/32	1	5/8
				2	11/12
		3201以上	50/50	1	6/10
				2	15/16

表 A5 放宽检查界限数

累计抽样数	AQL		
	2.5	4	6.5
～99	+	+	+
100～124	+	+	0
125～159	+	+	1
160～199	+	0	2
200～249	+	1	4
250～314	0	2	6
315～399	1	4	9
400～499	2	6	12
500～629	4	9	15
630～799	6	12	19
800～999	9	15	25
1000～1249	12	19	31
1250～1599	15	25	39
1600～1999	19	31	50

注：＋表示对此合格质量水平，累计连续10个合格批的抽样数转入放宽检查是不够的，必须接着累计连续合格批的抽样数，直到表中有界限数可比较。如果接着累计时出现一批不合格，则该批以前检查的结果以后不能继续使用。

附加说明：

本标准由国家建筑材料工业局提出，由咸阳陶瓷研究所技术归口。

本标准由北京市水暖器材一厂负责起草。

本标准主要起草人张连友。

中华人民共和国国家标准

UDC 621.643.4

GB 7913—87

卫生洁具铜排水配件通用技术条件

Brass drainage fittings sanitary wares —Universal technical terms

本标准适用于安装在卫生洁具上的铜排水配件。

1 材料

1.1 铸铜零件的材料应符合GB 1176—74《铸造铜合金》的规定，也可以用保证技术要求的其他铜材制造。

1.2 铜管应符合GB 1527—79《拉制铜管》和GB 1529—79《拉制黄铜管》的规定，也可以采用符合相应标准的其他铜或铜合金管材。

1.3 产品辅件采用其他金属或非金属材料应符合相应的材料标准。

2 技术要求

2.1 铸件目测不得有缩孔、裂纹、气孔等缺陷，内腔所附有的芯砂应清除干净。

2.2 产品外表面的尖棱、飞边、毛刺应清除干净。

2.3 产品可见表面镀镍铬：镀镍层厚度不小于5μm，镀铬层厚度不小于0.1μm。

2.4 电镀抛光表面不得有未镀覆到的地方（包括露镍层）。镀层组织应细致紧密，表面光亮，色泽均匀，并呈略显蓝的银白色。表面粗糙度R_a不大于0.2μm。

2.5 镀层应结合良好，不得有起皮、烧焦。

2.6 电镀表面经醋酸盐雾试验后，主要表面不得有浅绿色腐蚀物。

2.7 产品电镀抛光表面不得有明显的擦伤、划痕、砂眼等缺陷。

2.8 产品应进行渗漏试验，在3.6规定的试验条件下，不允许有渗漏。

3 试验方法

3.1 目测的距离为500mm，照度为100～200lx，不得借助任何放大仪器。

3.2 镀层厚度按JB 2115—77《金属覆盖层厚度试验方法 计时液流法》和JB 2116—77《金属覆盖层厚度试验方法 薄铬镀层点滴法》进行检查。

3.3 镀层外观用目测检查。表面粗糙度参照表面粗糙度标准块中抛光类进行检查。

3.4 镀层结合强度按JB 2111—77《金属覆盖层的结合强度试验方法》进行检查。

3.5 耐腐蚀性按JB 2109—77《醋酸盐雾试验方法》进行检查。试验时间不少于16h。

3.6 渗漏试验方法：将组装产品置于正常使用状态，堵住排出口，从进水口处灌满水，持续60s检查外表面及各连接处有无渗漏。

4 检验规则

本标准规定采用GB 2828—81《逐批检查计数抽样程序及抽样表（适用于连续批的检查）》。见附录A。

国家建筑材料工业局1987-03-27批准　　　　1988-01-01实施

4.1 采用一般检查水平Ⅱ，使用一次抽样方案，按技术指标逐条对抽样样品进行检查，检查结果如有一条不合格，则该批为不合格批。

4.2 检查项目及合格质量水平

2.4、2.8：AQL 为4；

2.1、2.2、2.7：AQL 为6.5。

4.3 2.3、2.5、2.6的检验规则由供需双方协商确定。

4.4 判为不合格批的产品，制造厂未经返修，不得再次提交检验。

5 标志、包装、运输、贮存

5.1 产品应有商标、合格证和安装使用说明书。

5.2 内包装表面应标明品名、规格、商标、厂名。

5.3 包装箱表面应标明品名、规格、数量、重量、商标、厂名及出厂日期。

5.4 包装应保证产品在运输中不受损伤。

5.5 运输中应防止雨淋、受潮，搬运时应注意轻放。

5.6 产品应贮存在通风良好、干燥的室内，不得与酸、碱及有腐蚀性的物品共贮。

6 其他

产品的特殊要求按合同执行。

附 录 A
检验规则用表
（补充件）

根据GB 2828—81《逐批检查计数抽样程序及抽样表（适用于连续批的检查）》的有关内容摘编。

A.1 符号及所代表的意义

AQL：合格质量水平；

N：批量；

n：抽样数；

d：不合格数；

A_c：合格判定数；

R_e：不合格判定数。

A.2 检查和判定方法

从批量中随机抽取n件样品进行检查，若$d \leqslant A_c$时该项指标判为合格，继续其他指标的检查；若$d \geqslant R_e$时，则该项指标判为不合格，该批产品为不合格。

A.3 转移规则

A.3.1 一般规定

应用本规则从正常检查开始。

A.3.2 从正常检查到加严检查

当进行正常检查时，若在不多于连续五批中有两批经初次检查（不包括再次提交检查批）不合格，则从下一批转到加严检查。

A.3.3 从加严检查到正常检查

当进行加严检查时，若连续五批经初次检查（不包括再次提交检查批）合格，则从下一批转到正常检查。

A.3.4 从正常检查到放宽检查

当进行正常检查时，若下列条件均满足，则从下一批转到放宽检查。

a. 连续10批（不包括再次提交检查批）正常检查合格；

b. 在此连续10批或要求多于连续10批所抽取的样品中不合格品数小于或等于表A1所列的界线数；

c. 生产正常；

d. 质量部门同意转到放宽检查。

A.3.5 从放宽检查到正常检查

当进行放宽检查时，若出现下列任一情况，则从下一批检查转到正常检查。

a. 有一批放宽检查不合格；

b. 生产不正常；

c. 质量部门认为有必要回到正常检查。

A.3.6 从加严检查到暂停检查

加严检查开始后，不合格批数（不包括再次提交检查批）累计到五批（不包括此前转到加严检查出现的不合格批数）时，暂停按本规则检查。

A.4 暂停检查后的处置

在暂停检查后，供货方的确采取了有效改进措施，可从加严检查开始恢复检查。

A.5 放宽检查的特殊规定

放宽检查判为不合格的批，必须使用相应的特宽检查重新判断。

A.6 指标数据

各种检查的具体指标数据见表A1～A5。

表 A1 放宽检查界线数

累计样本大小	合格质量水平（AQL）		累计样本大小	合格质量水平（AQL）	
	4	6.5		4	6.5
～99	+	+	400～499	6	12
100～124	+	0	500～629	9	15
125～159	+	1	630～799	12	19
160～199	0	2	800～999	15	25
200～249	1	4	1000～1249	19	31
250～314	2	6	1250～1599	25	39
315～399	4	9	1600～1999	31	50

注：+ 表示对此合格质量水平，累计连续10个合格批的抽样数转入放宽检查是不够的。必须接着累计连续合格批的抽样数，直到表中有界线数可比较。如果接着累计时出现一批不合格，则此批以前检查的结果以后不能继续使用。

表 A2 一次正常检查抽样表

本标准中2.4、2.8				本标准中2.1、2.2、2.7			
AQL = 4				AQL = 6.5			
N	n	A_c	R_e	N	n	A_c	R_e
～25	3	0	0	～15	2	0	1
26～90	13	1	2	16～50	3	1	2
91～150	20	2	3	51～90	13	2	3
151～280	32	3	4	91～150	20	3	4
281～500	50	5	6	151～280	32	5	6
501～1200	80	7	8	281～500	50	7	8
1201～3200	125	10	11	501～1200	80	10	11
3201～10000	200	14	15	1201～3200	125	14	15
≥10001	315	21	22	≥3201	200	21	22

表 A3 一次加严检查抽样表

本标准中2.4、2.8				本标准中2.1、2.2、2.7			
AQL = 4				AQL = 6.5			
N	n	A_c	R_e	N	n	A_c	R_e
～25	5	0	1	～15	3	0	1
26～150	20	1	2	16～90	13	1	2
151～280	32	2	3	91～150	20	2	3
281～500	50	3	4	151～280	32	3	4
501～1200	80	5	6	281～500	50	5	6
1201～3200	125	8	9	501～1200	80	8	9
3201～10000	200	12	13	1201～3200	125	12	13
≥10001	315	18	19	≥3201	200	18	19

表 A4 一次放宽检查抽样表

本标准中2.4、2.8				本标准中2.1、2.2、2.7			
AQL = 4				AQL = 6.5			
N	n	A_c	R_e	N	n	A_c	R_e
～25	2	0	1	～15	2	0	1
26～90	5	0	1	16～50	3	0	1
91～150	8	1	2	51～90	5	1	2
151～280	13	1	2	91～150	8	1	2
281～500	20	2	3	151～280	13	2	3
501～1200	32	3	4	281～500	20	3	4
1201～3200	50	5	6	501～1200	32	5	6
3201～10000	80	7	8	1201～3200	50	7	8
≥10001	125	10	11	≥3201	80	10	11

表 A5　一次特宽检查抽样表

本标准中2.4、2.8				本标准中2.1、2.2、2.7			
AQL = 4				AQL = 6.5			
N	n	A_c	R_e	N	n	A_c	R_e
～25	2	0	1	～15	2	0	1
26～90	5	1	2	16～50	3	1	2
91～150	8	2	3	51～90	5	2	3
151～280	13	3	4	91～150	8	3	4
281～500	20	4	5	151～280	13	4	5
501～1200	32	5	6	281～500	20	5	6
1201～3200	50	7	8	501～1200	32	7	8
3201～10000	80	9	10	1201～3200	50	9	10
≥10001	125	12	13	≥3201	80	12	13

附加说明：
本标准由咸阳陶瓷研究设计院归口。
本标准由北京市水暖器材一厂负责起草。
本标准主要起草人张连友。

中华人民共和国国家标准

UDC 621.643.4

GB 7914—87

卫生洁具铜排水配件结构型式和连接尺寸

Brass drainage fittings sanitary wares—Structural type and joint dimensions

本标准适用于与陶瓷洗面器、陶瓷挂式小便器和浴盆配套的铜排水配件。

1 结构型式

结构型式不作统一规定。

2 连接尺寸

2.1 陶瓷洗面器铜排水配件的连接尺寸应符合图1、图2 和表1 的规定。

国家建筑材料工业局1987-03-27批准　　　　1988-01-01实施

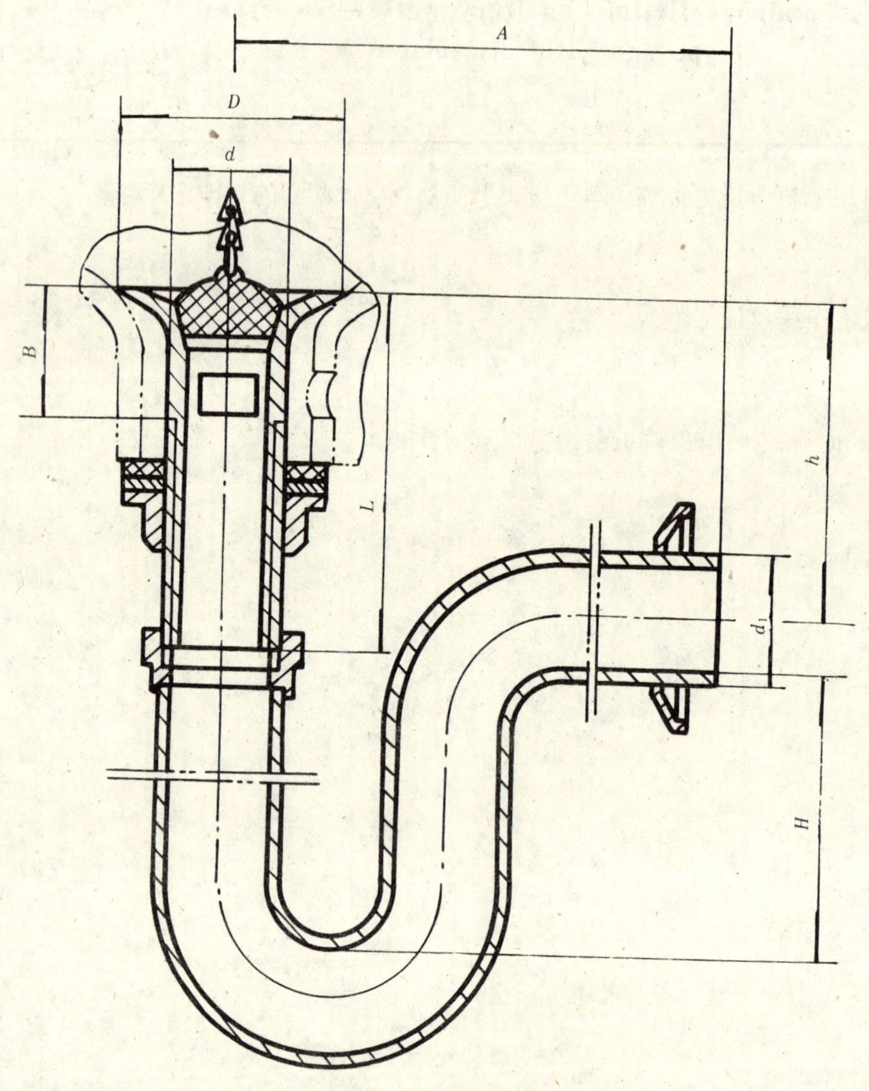

P型

图 1

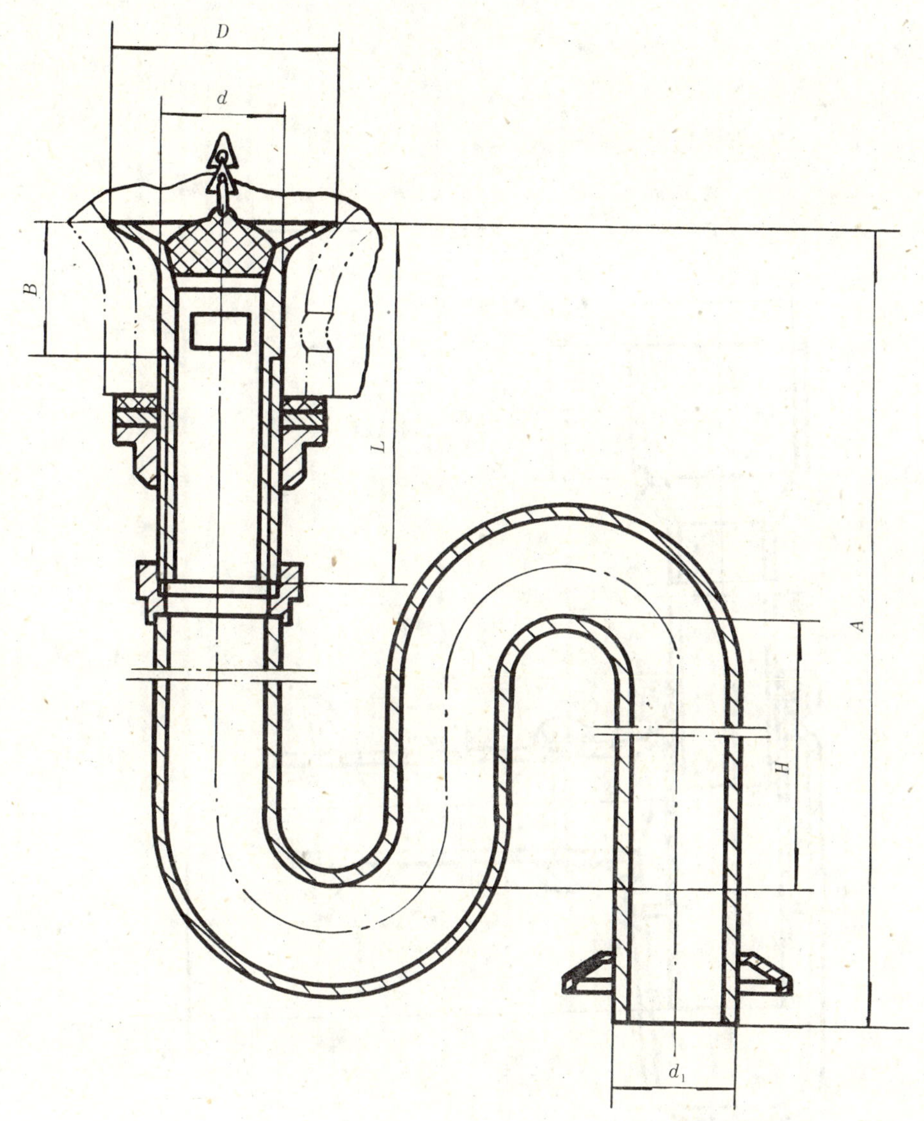

S型

图 2

表 1

mm

	A	B	D	d	L	H	d_1	h
P型	150～250	≤35	φ58～65	φ32～45	≥65	≥50	φ30～33	170～200
S型	≥600							

2.2 陶瓷挂式小便器铜排水配件的连接尺寸应符合图3、图4和表2的规定。

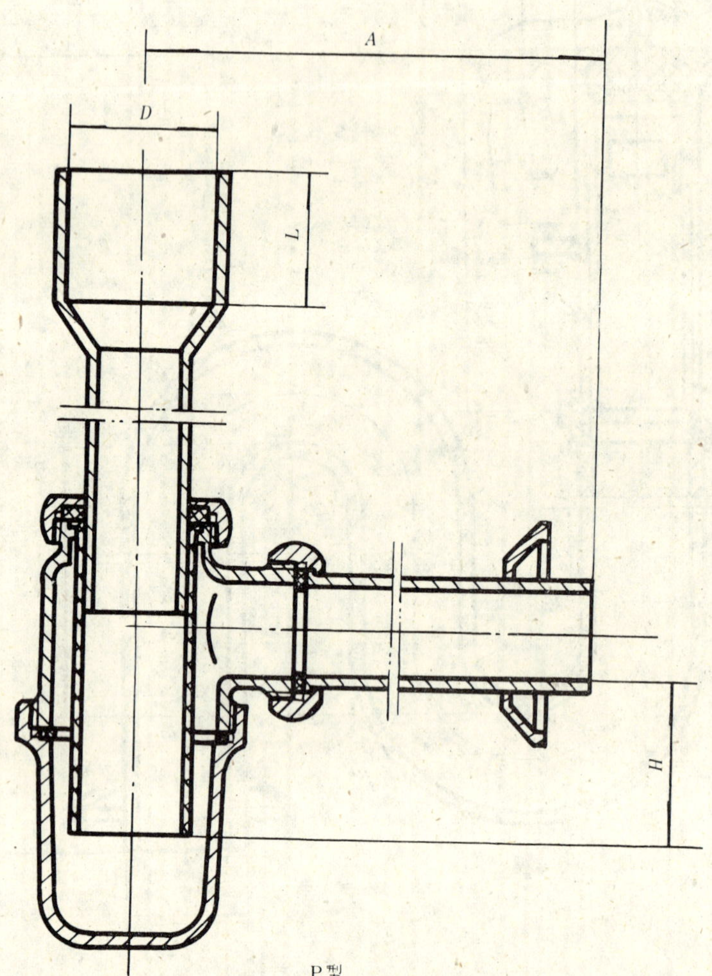

P型

图 3

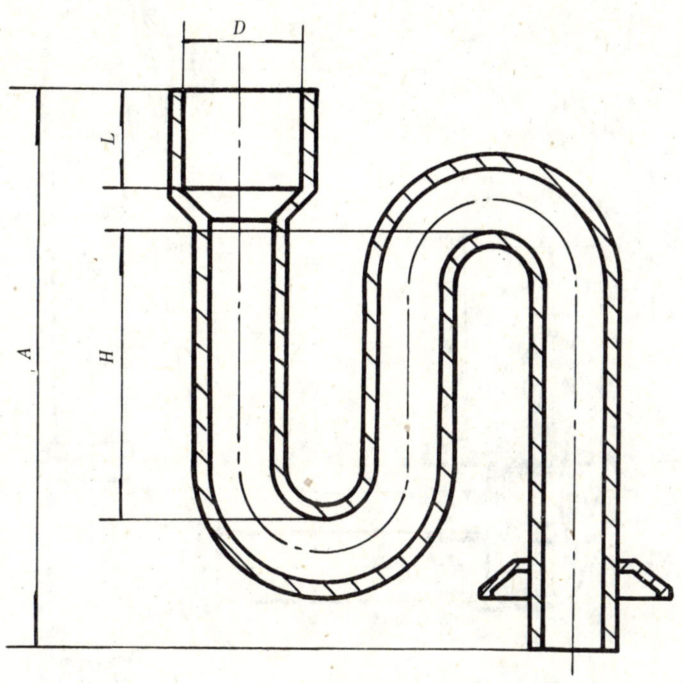

S型

图 4

表 2

mm

	A	D	L	H
P 型	≥120	φ 55	35～45	≥50
S 型	≥500			

2.3 浴盆铜排水配件的连接尺寸应符合图 5 和表 3 的规定。

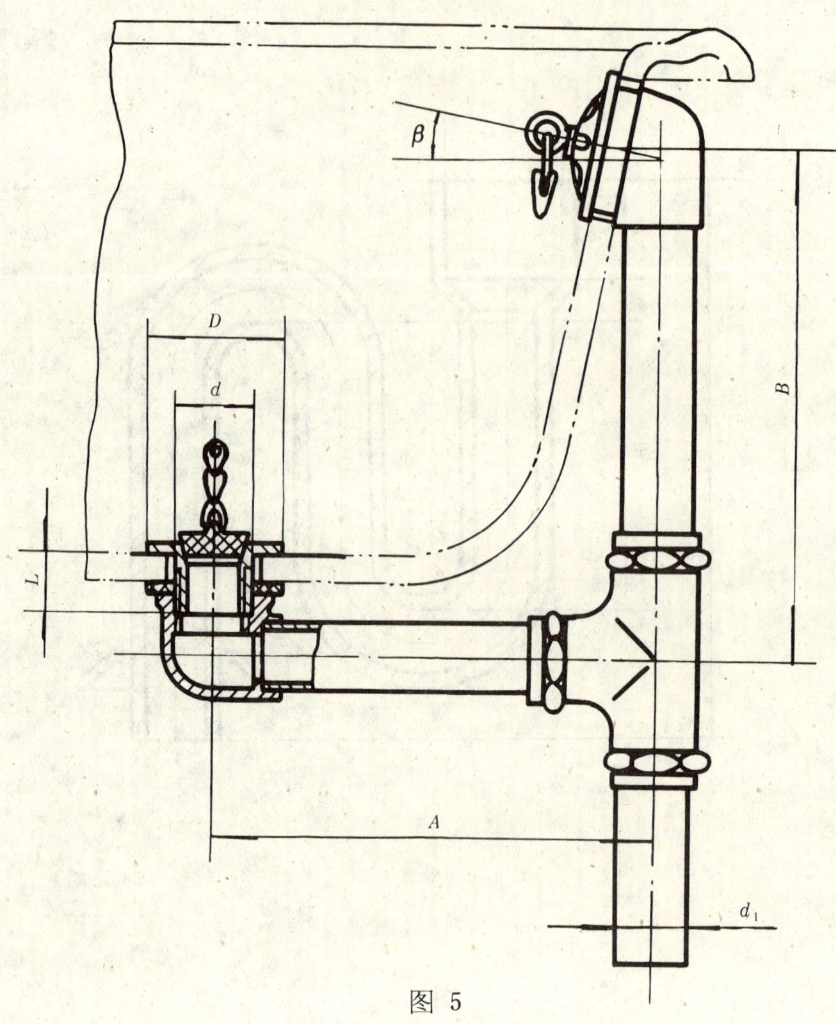

图 5

表 3 mm

β	A	B	D	L	d	d_1
10°	150～350	250～400	φ60～70	≥30	<φ50	φ30～38

3 其他

产品的特殊要求按合同执行。

附加说明：

本标准由咸阳陶瓷研究设计院归口。

本标准由北京市水暖器材一厂负责起草。

本标准主要起草人张连友。

中华人民共和国国家标准

UDC 696.14:621-2

GB 8285—87

坐便器塑料坐圈和盖

Sitting wc pan seats and covers (plastics)

1 主题内容与适用范围

本标准规定了陶瓷坐便器用的塑料坐圈和盖的规格尺寸、材料、技术条件、试验方法、检验规则、标志、包装、运输、贮存。

本标准适用于与陶瓷坐便器配套使用的塑料坐圈和盖（以下简称坐圈和盖）。

2 引用标准

GB 6953 卫生陶瓷规格及连接尺寸。

3 规格尺寸

3.1 按GB 6953 中坐便器的规格尺寸进行配套。

3.2 特殊规格尺寸的与坐便器配套的坐圈和盖，由供需双方商定。

4 材料

4.1 坐圈和盖是由合适的热固性塑料和热塑性塑料加工而成。

4.2 坐圈和盖的缓冲垫应选用邵氏A型硬度为65°± 5°的普通橡胶或相宜的塑料制成，牢固地安装在坐圈或盖的下侧。

4.3 铰链装置是由耐水和清洁剂腐蚀的塑料或金属材料制成。

5 技术条件

5.1 外观质量

外观质量应符合表1的规定。

表 1

项　　目	质　量　要　求	
	优　等　品	合　格　品
非装饰性色差（成套）	不明显	稍有色差
填料斑、污垢	不允许	不明显
擦伤、划伤、损伤	不允许	不明显
其　　他	平滑光亮、无缺损、无气泡、无溢料、无缩痕、无熔接痕和翘曲	

国家建筑材料工业局1987-10-05批准　　　　1988-07-01实施

5.2 物理性能

物理性能应符合表 2 的规定。

表 2

mm

<table>
<tr><td colspan="3" rowspan="3">测试项目</td><td colspan="4">质量要求</td><td rowspan="3">测试方法</td></tr>
<tr><td colspan="2">坐圈</td><td colspan="2">盖</td></tr>
<tr><td>优等品</td><td>合格品</td><td>优等品</td><td>合格品</td></tr>
<tr><td rowspan="3">刚度</td><td rowspan="2">挠度</td><td>热塑性塑料制品</td><td>≤12.5</td><td>≤17.5</td><td>≤25.0</td><td>≤30.0</td><td>附录B</td></tr>
<tr><td>热固性塑料制品</td><td>≤12.5</td><td>≤17.5</td><td>≤25.0</td><td>≤25.0
加力到800N</td><td>附录C</td></tr>
<tr><td colspan="2">裂痕</td><td colspan="4">无</td><td></td></tr>
<tr><td colspan="3">抗冲击性</td><td colspan="4">无可见性损伤</td><td>附录A</td></tr>
<tr><td colspan="3">吸水率，%</td><td colspan="4">≤0.75</td><td>6.3条</td></tr>
<tr><td colspan="3">坐圈和盖的沾污性</td><td colspan="4">无可见颜色的变化</td><td>6.7条</td></tr>
<tr><td colspan="3">坐圈和盖耐侵蚀性</td><td colspan="4">表面特征没有发生颜色或其他不应有变化</td><td>6.8条</td></tr>
</table>

5.3 铰链装置

铰链装置应保证坐圈和盖启闭灵活，并足以经得住规定的冲击和刚度试验所施加的负荷。

6 试验方法

6.1 外型尺寸：用合适的量具测量，读数精确到 1 mm。

6.2 外观质量：在不低于 300 lx的照度和距离试样 500 mm的条件下目测检查。

6.3 坐圈和盖吸水率的试验方法：

6.3.1 称量坐圈（或盖）的重量M_1，精确到0.1g。

6.3.2 把整个坐圈(或盖)在冷水中浸没24h。从水中取出坐圈（或盖），用卫生纸立即擦干表面的水再称试件重量M_2，精确到0.1g。

6.3.3 按下式计算吸水率的百分数，精确到小数点后两位数字：

$$吸水率 = \frac{M_2 - M_1}{M_1} \times 100$$

6.4 坐圈和盖抗冲击试验方法

按附录 A（补充件）坐圈和盖抗冲击试验方法进行。

6.5 坐圈刚度试验方法

按附录 B（补充件）坐圈刚度试验方法进行。

6.6 盖刚度试验方法

按附录C（补充件）盖刚度试验方法进行。

6.7 坐圈和盖沾污性试验方法

分别在坐圈和盖的三个不同部位，用一块潮湿的脱脂白纱布迅速地来回擦5s以上。检查白纱布上是否有任何颜色沾污。

6.8 坐圈及盖耐清洗剂和抛光剂侵蚀性的试验方法：

6.8.1 用生产厂规定的清洗剂涂敷在坐圈或盖上，涂敷面积占坐圈或盖的1/2，放置75min。在同一部位上重复试验五次，每次处理后，比较处理面和未处理面，记录颜色及任何表面特性的变化。

6.8.2 放置24h，使坐圈和盖保持干燥。

6.8.3 用生产厂规定的抛光剂涂敷在被清洁剂处理过的部位上，放置90min。在同一部位上重复试验五次，每次处理后，比较处理面和未处理面，记录颜色及任何表面特性的变化。

7 检验规则

7.1 同一批原料，以相同工艺条件生产的同一规格的坐圈和盖的实际交货量为一批，当批量过大时，也可分成若干小批。

7.2 外观质量，采用随机抽样方法，使用二次抽样方案，AQL＝4。不同批量所需的抽样量，合格批或不合格批的判定，应符合表3的规定。

表 3

批　　量	样　本	样本大小	累计样本大小	合格判定数 A_c	不合格判定数 R_e
200～280	第一 第二	$n_1=20$ $n_2=20$	20 40	$A_{c1}=1$ $A_{c2}=4$	$R_{e1}=3$ $R_{e2}=5$
281～500	第一 第二	$n_1=32$ $n_2=32$	32 64	$A_{c1}=2$ $A_{c2}=6$	$R_{e1}=5$ $R_{e2}=7$
501～1200	第一 第二	$n_1=50$ $n_2=50$	50 100	$A_{c1}=3$ $A_{c2}=9$	$R_{e1}=6$ $R_{e2}=10$
1201～3200	第一 第二	$n_1=80$ $n_2=80$	80 160	$A_{c1}=5$ $A_{c2}=12$	$R_{e1}=9$ $R_{e2}=13$
3201～10000	第一 第二	$n_1=125$ $n_2=125$	125 250	$A_{c1}=7$ $A_{c2}=18$	$R_{e1}=11$ $R_{e2}=19$

从批量产品中第一次随机抽取n_1产品，如不合格品数$d_1 \leqslant A_{c1}$时，则判定该批为合格，若$d_1 \geqslant R_{e1}$则判定该批产品为不合格。若$R_{e1} > d_1 > A_{c1}$时，则再从这批产品中第二次随机抽取n_2检查，依据两次检查的累计结果进行判定，若产品中累计不合格品数$d_1+d_2 \leqslant A_{c2}$则仍判定该批产品合格，若累计$d_1+d_2 \geqslant R_{e2}$时，则判定该批产品为不合格。

7.3 检验物理性能时，从一批产品中随机抽取5套坐圈和盖做刚度、抗冲击性能试验，若一套中有一项不合格，再抽取5套复验，如仍有一项不合格，则判定该批产品为不合格。

7.4 检验吸水率、耐清洗剂和抛光剂侵蚀性时，从一批产品中随机抽取3套坐圈和盖分别做吸水率、耐清洗剂和抛光剂侵蚀性试验，如其中一套有一项性能不合格，再抽取一套复验，若仍不合格，则判定该批产品为不合格。

7.5 判为不合格批的产品，不得再次提交检验。

8 标志、包装、运输、贮存

8.1 标志：

8.1.1 每套产品必须在明显位置印出清晰的商标。

8.1.2 每套产品需附有产品检验合格证和安装使用说明书。

8.2 包装

包装应保证产品在运输中不受损伤，包装箱上应标明商标、产品名称、型号、重量、数量、生产厂名、生产日期、安全标志等。

8.3 装卸和运输中禁止碰撞、摔打，防止雨淋、受潮、受压，防火。

8.4 贮存

产品必须存放在空气流通和干燥的仓库里，不得与酸、碱及有腐蚀性的物品共贮。

8.5 其他

产品的特殊要求按合同执行。

附　录　A
坐便器塑料坐圈和盖抗冲击试验方法
（补充件）

本方法适用于坐便器塑料坐圈和盖抗冲击性能的试验。

A.1　试件

坐便器塑料坐圈（或盖）。

A.2　试验仪器

A.2.1　试件可按规定放置于图A1的试验仪中的坐便器上。

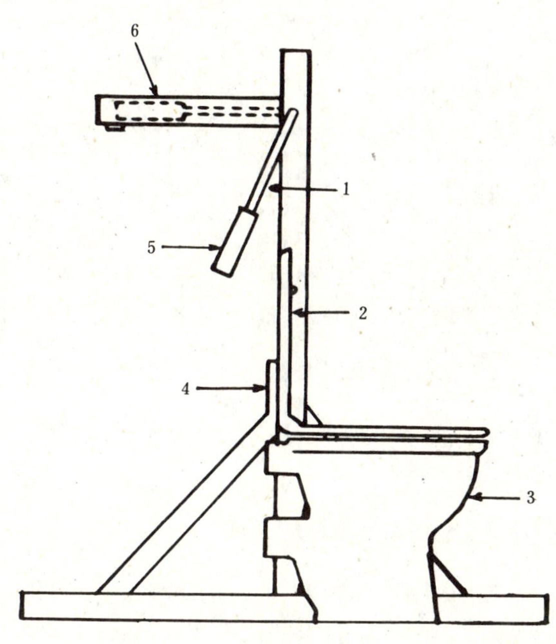

图 A1

1—摆锤；2—盖（或圈）升起的位置（自由落下）；3—坐便器；
4—支座；5—表面带有橡皮的钢圆盘；6—提起位置

A.2.2　摆锤从支轴中心到冲击盘中心长度为380mm，包含一个质量不超过0.23kg的摆杆和直径为150mm的钢圆盘。圆盘表面有一层3mm厚的橡胶板（其硬度为邵氏A型55°±5°）摆锤的总质量为4.1kg。

A.2.3　试验仪应由计量部门定期检定。

A.3　试验条件

试验环境温度为20±5℃，试件须在试验环境中放置12h。

A.4　试验步骤

A.4.1　把坐圈装配到坐便器上（试验盖时，再将盖装配到坐圈上）并组装在支架上（见图A1）。

A.4.2　把坐圈（或盖）竖起到垂直位置，而且要放稳，以便在摆锤冲击后，坐圈（或盖）自由落下。

A.4.3 把摆锤提到水平位置并放开它，以使摆锤向下摆动90度弧。在摆的峰点位置，摆锤的圆盘锤击试件上端的中部。坐圈或盖分别做一次。

A.5 试验报告

A.5.1 检查坐圈（或盖）、缓冲垫和连接件，观察并记录任何存在的裂纹、损伤。

附 录 B
坐便器塑料坐圈刚度的试验方法
(补充件)

本方法适用于坐便器塑料坐圈刚度的试验。

B.1 试件

坐便器塑料坐圈。

B.2 试验仪器

见图B 1。

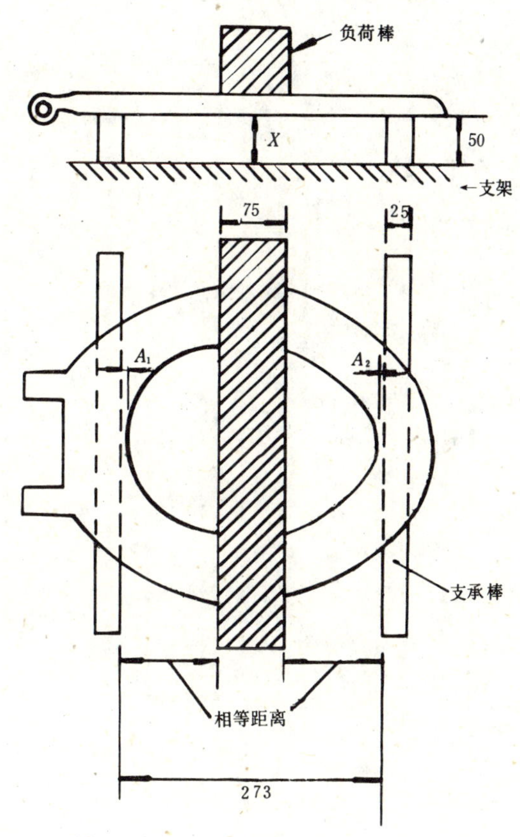

图 B 1

B.2.1 两根金属支承棒，每根为50mm×25mm×500mm。

B.2.2 一根金属负荷棒，宽度为75mm，其长度大于坐圈的宽度，质量为45kg。

B.2.3 A_1与A_2的尺寸相等。

B.2.4 试验仪应由计量部门定期检定。

B.3 试验条件

试验环境温度为20±5℃，试件须在试验环境中放置12h。

B.4 试验步骤

B.4.1 把坐圈按图B1所示放在支承棒上，并测得基台到坐圈背面的距离X_1，精确到0.5mm。

B.4.2 按图B1所示，将负荷棒放在坐圈上。

B.4.3 10min后测量距离X_2，精确到0.5mm。

B.5 试验报告

B.5.1 以一次试验结果计算距离X_1-X_2（mm）。

B.5.2 观察并记录坐圈，看其是否存在任何裂痕。

附 录 C
坐便器塑料盖刚度试验方法
（补充件）

本方法适用于坐便器塑料盖刚度的试验。

C.1 试件

坐便器塑料盖。

C.2 试验仪器

见图C 1。

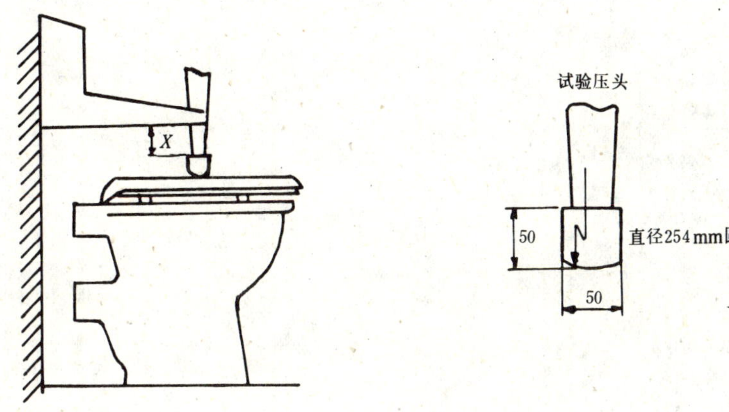

图 C 1

C.2.1 压头的直径和高分别为50mm × 50mm，压头的端面是环球的，直径为254mm。

C.2.2 试验仪器应由计量部门定期检定。

试验条件：试验环境温度为20 ± 5 ℃，试件须在试验环境中放置12h。

C.3 试验步骤

C.3.1 把盖子装配到坐圈上，并把坐圈装配在坐便器上，然后再放到加重试验架下。盖好盖，使压头放置在盖上，其位置相应在坐圈内孔的中心位置。调节压头使之与盖接触，测出X_1，精确到0.5mm。

C.3.2 把1107N的有效载荷施加到压头上。10 min后测出X_2，精确到0.5mm。再重复做一次试验，两点距离在100mm以上。

C.4 试验报告

C.4.1 计算挠度值$X_2 - X_1$（mm）。

C.4.2 记录两次试验中较大变形的挠度值。

C.4.3 检查盖子，观察其边缘的任何部分是否压入坐圈的内孔里，并记录是否有任何裂痕。

附加说明：
本标准由国家建筑材料工业局咸阳陶瓷研究设计院归口。
本标准由南京卫生器具厂负责起草。

六、胶凝材料

中华人民共和国国家标准

GB 175—92

硅酸盐水泥、普通硅酸盐水泥

代替 GB 175—85
GBn 227—84

Portland cement and ordinary portland cement

1 主题内容与适用范围

本标准规定了硅酸盐水泥和普通硅酸盐水泥的定义、材料要求、技术要求、试验方法和检验规则等。

本标准适用于硅酸盐水泥和普通硅酸盐水泥的生产和检验。

2 引用标准

GB 176 水泥化学分析方法
GB 177 水泥胶砂强度检验方法
GB 203 用于水泥中的粒化高炉矿渣
GB/T 750 水泥压蒸安定性试验方法
GB 1345 水泥细度检验方法(80μm 筛筛析法)
GB 1346 水泥标准稠度用水量、凝结时间、安定性检验方法
GB 1596 用于水泥和混凝土中的粉煤灰
GB 2847 用于水泥中的火山灰质混合材料
GB 5483 用于水泥中的石膏和硬石膏
GB 8074 水泥比表面积测定方法(勃氏法)
GB 9774 水泥包装用袋
GB 12573 水泥取样方法
ZB Q12 001 掺入水泥中的回转窑窑灰

3 定义与代号

3.1 硅酸盐水泥

凡由硅酸盐水泥熟料、0～5%石灰石或粒化高炉矿渣、适量石膏磨细制成的水硬性胶凝材料,称为硅酸盐水泥(即国外通称的波特兰水泥)。硅酸盐水泥分两种类型,不掺加混合材料的称Ⅰ型硅酸盐水泥,代号P·Ⅰ。在硅酸盐水泥熟料粉磨时掺加不超过水泥重量5%石灰石或粒化高炉矿渣混合材料的称Ⅱ型硅酸盐水泥,代号P·Ⅱ。

3.2 普通硅酸盐水泥

凡由硅酸盐水泥熟料、6%～15%混合材料、适量石膏磨细制成的水硬性胶凝材料,称为普通硅酸盐水泥(简称普通水泥),代号P·O。

掺活性混合材料时,最大掺量不得超过15%,其中允许用不超过水泥重量5%的窑灰或不超过水泥重量10%的非活性混合材料来代替。

掺非活性混合材料时最大掺量不得超过水泥重量10%。

国家技术监督局1992-09-28批准 1993-06-01实施

4 材料要求

4.1 石膏

天然石膏:应符合 GB 5483 的规定。

工业副产石膏:工业生产中以硫酸钙为主要成分的副产品。采用工业副产石膏时,应经过试验,证明对水泥性能无害。

4.2 活性混合材料

符合 GB 1596 的粉煤灰,符合 GB 2847 的火山灰质混合材料和符合 GB 203 的粒化高炉矿渣。

4.3 非活性混合材料

活性指标低于 GB 1596、GB 2847 和 GB 203 标准要求的粉煤灰,火山灰质混合材料和粒化高炉矿渣以及石灰石和砂岩。石灰石中的三氧化二铝含量不得超过 2.5%。

4.4 窑灰

应符合 ZB Q12 001 的规定。

注:① 助磨剂:水泥粉磨时允许加入不损害水泥性能的助磨剂,其加入量不得超过水泥重量的 1%。

② 水泥厂启用副产石膏和助磨剂时,须经省、市自治区以上建材行业主管部门批准,投产后定期进行质量检验。

5 标号

硅酸盐水泥分 425R,525,525R,625,625R,725R 六个标号。

普通水泥分 325,425,425R,525,525R,625,625R 七个标号。

6 技术要求

6.1 不溶物

Ⅰ型硅酸盐水泥中不溶物不得超过 0.75%。

Ⅱ型硅酸盐水泥中不溶物不得超过 1.50%。

6.2 氧化镁

水泥中氧化镁的含量不得超过 5.0%。如果水泥经压蒸安定性试验合格,则水泥中氧化镁含量允许放宽到 6.0%。

6.3 三氧化硫

水泥中三氧化硫的含量不得超过 3.5%。

6.4 烧失量

Ⅰ型硅酸盐水泥中烧失量不得大于 3.0%,Ⅱ型硅酸盐水泥中烧失量不得大于 3.5%。普通水泥中烧失量不得大于 5.0%。

6.5 细度

硅酸盐水泥比表面积大于 $300m^2/kg$,普通水泥 80μm 方孔筛筛余不得超过 10.0%。

6.6 凝结时间

硅酸盐水泥初凝不得早于 45min,终凝不得迟于 390min。普通水泥初凝不得早于 45min,终凝不得迟于 10h。

6.7 安定性

用沸煮法检验必须合格。

6.8 强度

水泥标号按规定龄期的抗压强度和抗折强度来划分,各标号水泥的各龄期强度不得低于下表数值。

MPa

品　　种	标　号	抗压强度		抗折强度	
		3d	28d	3d	28d
硅酸盐水泥	425R	22.0	42.5	4.0	6.5
	525	23.0	52.5	4.0	7.0
	525R	27.0	52.5	5.0	7.0
	625	28.0	62.5	5.0	8.0
	625R	32.0	62.5	5.5	8.0
	725R	37.0	72.5	6.0	8.5
普通水泥	325	12.0	32.5	2.5	5.5
	425	16.0	42.5	3.5	6.5
	425R	21.0	42.5	4.0	6.5
	525	22.0	52.5	4.0	7.0
	525R	26.0	52.5	5.0	7.0
	625	27.0	62.5	5.0	8.0
	625R	31.0	62.5	5.5	8.0

6.9　碱

水泥中碱含量按 $Na_2O+0.658K_2O$ 计算值来表示，若使用活性骨料，用户要求提供低碱水泥时，水泥中碱含量不得大于 0.60%或由供需双方商定。

7　试验方法

7.1　氧化镁、烧失量、三氧化硫、碱和不溶物

按 GB 176 进行。

7.2　比表面积

按 GB 8074 进行。

7.3　细度

按 GB 1345 进行。

7.4　凝结时间和安定性

按 GB 1346 进行。

7.5　压蒸安定性

按 GB 750 进行。

7.6　强度

按 GB 177 进行。

8　检验规则

8.1　编号及取样

水泥出厂前按同品种、同标号编号和取样。袋装水泥和散装水泥应分别进行编号和取样。每一编号为一取样单位。水泥出厂编号按水泥厂年生产能力规定：

120 万吨以上，不超过 1 200 吨为一编号；

60 万吨以上～120 万吨，不超过 1 000 吨为一编号；

30 万吨以上～60 万吨，不超过 600 吨为一编号；

10 万吨以上～30 万吨，不超过 400 吨为一编号；

4～10 万吨，不超过 200 吨为一编号；

4 万吨以下，不超过 100 吨和三天产量为一编号。

取样方法按 GB 12573 进行。当散装水泥运输工具的容量超过该厂规定出厂编号吨数时，允许该编号的数量超过取样规定吨数。

取样应有代表性，可连续取，亦可从 20 个以上不同部位取等量样品，总量至少 12kg。

所取样品按本标准第 7 章规定的方法进行出厂检验，检验项目包括需要对产品进行考核的全部技术要求。

8.2 出厂水泥

出厂水泥应保证出厂标号，其余品质指标应符合本标准有关要求。

8.3 废品与不合格品

8.3.1 废品

凡氧化镁、三氧化硫、初凝时间、安定性中的任一项不符合本标准规定时，均为废品。

8.3.2 不合格品

凡细度、终凝时间、不溶物和烧失量中的任一项不符合本标准规定或混合材料掺加量超过量大限量和强度低于商品标号规定的指标时称为不合格品。水泥包装标志中水泥品种、标号、工厂名称和出厂编号不全的也属于不合格品。

8.4 试验报告

试验报告内容应包括本标准规定的各项技术要求及试验结果、混合材料名称和掺加量、属旋窑或立窑生产。当用户需要时，水泥厂应在水泥发出日起 7d 内寄发除 28d 强度以外的各项试验结果。28d 强度数值，应在水泥发出日起 32d 内补报。

8.5 交货与验收

8.5.1 交货时水泥的质量验收可抽取实物试样以其检验结果为依据，也可以水泥厂同编号水泥的检验报告为依据。采取何种方法验收由买卖双方商定，并在合同或协议中注明。

8.5.2 以抽取实物试样的检验结果为验收依据时，买卖双方应在发货前或交货地共同取样和签封。取样方法按 GB 12573—90 进行，取样数量为 20kg，缩分为二等份。一份由卖方保存 40 天，一份由买方按本标准规定的项目和方法进行检验。

在 40 天以内，买方检验认为产品质量不符合本标准要求，而卖方又有异议时，则双方应将卖方保存的另一份试样送省级或省级以上国家认可的水泥质量监督检验机构进行仲裁检验。

8.5.3 以水泥厂同编号水泥的检验报告为验收依据时，在发货前或交货时买方（或委托卖方）在同编号水泥中抽取试样，双方共同签封后保存三个月。

在三个月内，买方对水泥质量有疑问时，则买卖双方应将共同签封的试样送省级或省级以上国家认可的水泥质量监督检验机构进行仲裁检验。

9 包装、标志、运输与贮存

9.1 包装

水泥可以袋装或散装。袋装水泥每袋净重 50kg，且不得少于标志重量的 98%；随机抽取 20 袋，总重量不得少于 1 000kg。其他包装形式由供需双方协商确定，但有关袋装重量要求，必须符合上述原则规定。

水泥包装袋应符合 GB 9774 的规定。

9.2 标志

水泥袋上应清楚标明：工厂名称，生产许可证编号，品种名称，代号，标号，包装年、月、日和编号，“立窑”或“旋窑”两字，掺火山灰质混合材料的普通水泥还应标上“掺火山灰”字样。包装袋两侧应印有水泥名称和标号，硅酸盐水泥和普通水泥的印刷采用红色。

散装时应提交与袋装标志相同内容的卡片。

9.3 运输与贮存

水泥在运输与贮存时不得受潮和混入杂物,不同品种和标号的水泥应分别贮存,不得混杂。

附加说明:

本标准由国家建筑材料工业局提出。

本标准由全国水泥标准化技术委员会归口。

本标准由中国建筑材料科学研究院负责起草。

本标准主要起草人王文义、赵福欣、张大同、王幼云、颜碧兰、陈萍。

本标准首次发布于1956年,1962年第一次修订,1977年第二次修订。

中华人民共和国国家标准

矿渣硅酸盐水泥、火山灰质硅酸盐水泥及粉煤灰硅酸盐水泥

Portland blastfurnace-slag cement, portland pozzolana cement and portland fly-ash cement

GB 1344—92

代替 GB 1344—85

1 主题内容与适用范围

本标准规定了矿渣硅酸盐水泥、火山灰质硅酸盐水泥和粉煤灰硅酸盐水泥的定义、材料要求、技术要求、试验方法和检验规则等。

本标准适用于矿渣硅酸盐水泥、火山灰质硅酸盐水泥和粉煤灰硅酸盐水泥的生产和检验。

2 引用标准

GB 176　水泥化学分析方法

GB 177　水泥胶砂强度检验方法

GB 203　用于水泥中的粒化高炉矿渣

GB/T 750　水泥压蒸安定性试验方法

GB 1345　水泥细度检验方法(80μm 筛筛析法)

GB 1346　水泥标准稠度用水量、凝结时间、安定性检验方法

GB 1596　用于水泥和混凝土中的粉煤灰

GB 2847　用于水泥中的火山灰质混合材料

GB 5483　用于水泥中的石膏和硬石膏

GB 9774　水泥包装用袋

GB 12573　水泥取样方法

ZB Q12 001　掺入水泥中的回转窑窑灰

3 定义与代号

3.1 矿渣硅酸盐水泥

凡由硅酸盐水泥熟料和粒化高炉矿渣、适量石膏磨细制成的水硬性胶凝材料称为矿渣硅酸盐水泥(简称矿渣水泥),代号P·S。水泥中粒化高炉矿渣掺加量按重量百分比计为20%～70%。允许用石灰石、窑灰、粉煤灰和火山灰质混合材料中的一种材料代替矿渣,代替数量不得超过水泥重量的8%,替代后水泥中粒化高炉矿渣不得少于20%。

3.2 火山灰质硅酸盐水泥

凡由硅酸盐水泥熟料和火山灰质混合材料、适量石膏磨细制成的水硬性胶凝材料称为火山灰质硅酸盐水泥(简称火山灰水泥),代号P·P。水泥中火山灰质混合材料掺加量按重量百分比计为20%～50%。

国家技术监督局1992-09-28批准　　　　**1993-06-01实施**

3.3 粉煤灰硅酸盐水泥：凡由硅酸盐水泥熟料和粉煤灰、适量石膏磨细制成的水硬性胶凝材料称为粉煤灰硅酸盐水泥（简称粉煤灰水泥），代号 P·F。水泥中粉煤灰掺加量按重量百分比计为 20%～40%。

4 材料要求

4.1 石膏

天然石膏：应符合 GB 5483 的规定。

工业副产石膏：工业生产中以硫酸钙为主要成分的副产品。采用工业副产石膏时，应经过试验，证明对水泥性能无害。

4.2 粒化高炉矿渣、火山灰质混合材料、粉煤灰

符合 GB 203 的粒化高炉矿渣，符合 GB 2847 的火山灰质混合材料和符合 GB 1596 的粉煤灰。

4.3 石灰石

石灰石中的三氧化二铝含量不得超过 2.5%。

4.4 窑灰

应符合 ZB Q12 001 的规定。

注：① 助磨剂：水泥粉磨时允许加入不损害水泥性能的助磨剂，其加入量不得超过水泥重量的 1%。

② 水泥厂启用副产石膏和助磨剂时，须经省、市自治区以上建材行业主管部门批准，投产后定期进行质量检验。

5 标号

矿渣水泥、火山灰水泥、粉煤灰水泥分为 275，325，425，425R，525，525R，625R 七个标号。

6 技术要求

6.1 氧化镁

熟料中氧化镁的含量不得超过 5.0%，如果水泥经压蒸安定性试验合格，则熟料中氧化镁的含量允许放宽到 6.0%。

注：熟料中氧化镁的含量为 5.0%～6.0%时，如矿渣水泥中混合材料总掺加量大于 40%或火山灰水泥和粉煤灰水泥中混合材料总掺加量大于 30%，制成的水泥可不作压蒸试验。

6.2 三氧化硫

矿渣水泥中三氧化硫含量不得超过 4.0%。

火山灰水泥、粉煤灰水泥中三氧化硫不得超过 3.5%。

6.3 细度

80μm 方孔筛筛余不得超过 10.0%。

6.4 凝结时间

初凝不得早于 45min，终凝不得迟于 10h。

6.5 安定性

用沸煮法检验必须合格。

6.6 强度

水泥标号按规定龄期的抗压强度和抗折强度来划分。各标号水泥的各龄期强度不得低于下表数值。

MPa

标　　号	抗压强度			抗折强度		
	3d	7d	28d	3d	7d	28d
275	—	13.0	27.5	—	2.5	5.0
325	—	15.0	32.5	—	3.0	5.5
425	—	21.0	42.5	—	4.0	6.5
425R	19.0	—	42.5	4.0	—	6.5
525	21.0	—	52.5	4.0	—	7.0
525R	23.0	—	52.5	4.5	—	7.0
625R	28.0	—	62.5	5.0	—	8.0

6.7　碱

水泥中碱含量按 $Na_2O+0.658K_2O$ 计算值来表示，若使用活性骨料需要限制水泥中碱含量时由供需双方商定。

7　试验方法

7.1　氧化镁、三氧化硫和碱

按 GB 176 进行。

7.2　细度

按 GB 1345 进行。

7.3　凝结时间和安定性

按 GB 1346 进行。

7.4　压蒸安定性

按 GB 750 进行。

7.5　强度

按 GB 177 进行。

8　检验规则

8.1　编号及取样

水泥出厂前按同品种、同标号编号和取样。袋装水泥和散装水泥应分别进行编号和取样。每一编号为一取样单位。水泥出厂编号按水泥厂年生产能力规定：

120 万吨以上，不超过 1 200 吨为一编号；

60 万吨以上～120 万吨，不超过 1 000 吨为一编号；

30 万吨以上～60 万吨，不超过 600 吨为一编号；

10 万吨以上～30 万吨，不超过 400 吨为一编号；

4～10 万吨，不超过 200 吨为一编号；

4 万吨以下，不超过 100 吨和三天产量为一编号。

取样方法按 GB 12573 进行。当散装水泥运输工具的容量超过该厂规定出厂编号吨数时，允许该编号的数量超过取样规定吨数。

取样应有代表性，可连续取，亦可从 20 个以上不同部位取等量样品。总量至少 12kg。

所取样品按本标准第 7 章规定的方法进行出厂检验，检验项目包括需要对产品进行考核的全部技术要求。

8.2 出厂水泥

出厂水泥应保证出厂标号,其余品质指标应符合本标准有关要求。

8.3 废品与不合格品

8.3.1 废品

凡氧化镁、三氧化硫、初凝时间、安定性中的任一项不符合本标准规定均为废品。

8.3.2 不合格品

凡细度、终凝时间中的任一项不符合本标准规定或混合材料掺加量超过最大限量和强度低于商品标号规定的指标时称为不合格品。水泥包装标志中水泥品种、标号、工厂名称和出厂编号不全的也属于不合格品。

8.4 试验报告

试验报告内容应包括本标准规定的各项技术要求及试验结果、混合材料名称和掺加量、属旋窑或立窑生产。熟料中氧化镁含量以水泥厂最近一个月生产控制的检测数据平均值填报。

当用户需要时,水泥厂应在水泥发出日起 11d 内寄发除 28d 强度以外的各项试验结果。28d 强度值,应在水泥发出日起 32 天内补报。

8.5 交货与验收

8.5.1 交货时水泥的质量验收可抽取实物试样以其检验结果为依据,也可以水泥厂同编号水泥的检验报告为依据。采取何种方法验收由买卖双方商定,并在合同或协议中注明。

8.5.2 以抽取实物试样的检验结果为验收依据时,买卖双方应在发货前或交货地共同取样和签封。取样方法按 GB 12573—90 进行,取样数量为 20kg,缩分为二等份。一份由卖方保存 40 天,一份由买方按本标准规定的项目和方法进行检验。

在 40 天以内,买方检验认为产品质量不符合本标准要求,而卖方又有异议时,则双方应将卖方保存的另一份试样送省级或省级以上国家认可的水泥质量监督检验机构进行仲裁检验。

8.5.3 以水泥厂同编号水泥的检验报告为验收依据时,在发货前或交货时买方(或委托卖方)在同编号水泥中抽取试样,双方共同签封后保存三个月。

在三个月内,买方对水泥质量有疑问时,则买卖双方应将共同签封的试样送省级或省级以上国家认可的水泥质量监督检验机构进行仲裁检验。

9 包装、标志、运输与贮存

9.1 包装

水泥可以袋装或散装。袋装水泥每袋净重 50kg,且不得少于标志重量的 98%;随机抽取 20 袋,水泥总重量不得少于 1 000kg。其他包装形式由供需双方协商确定,但有关袋装重量要求,必须符合上述原则规定。

水泥包装袋应符合 GB 9774 规定。

9.2 标志

水泥袋上应清楚标明:工厂名称,生产许可证编号,品种名称,代号,标号,包装年、月、日和编号。掺火山灰质混合材的矿渣水泥还应标上“掺火山灰”的字样。包装袋两侧应印有水泥名称和标号,矿渣水泥的印刷采用绿色,火山灰水泥和粉煤灰水泥采用黑色。

散装运输时应提交与袋装标志相同内容的卡片。

9.3 运输与贮存

水泥在运输与贮存时不得受潮和混入杂物,不同品种和标号的水泥应分别贮运,不得混杂。

附加说明：

本标准由国家建筑材料工业局提出。

本标准由全国水泥标准化技术委员会技术归口。

本标准由中国建筑材料科学研究院负责起草。

本标准主要起草人王幼云、张大同、赵福欣、王文义、颜碧兰、陈萍。

本标准首次发布于1956年,1962年第一次修订,1977年第二次修订。

中华人民共和国国家标准

GB 2015—91

白色硅酸盐水泥

White portland cement

代替 GB 2015—80
GB 2016—80

1 主要内容与适用范围

本标准规定了白色硅酸盐水泥的组成、技术要求、试验方法、检验规则、包装与标志、贮存与运输等。

本标准适用于白色和彩色灰浆、砂浆及混凝土用白色硅酸盐水泥。

2 引用标准

GB 176 水泥化学分析方法

GB 177 水泥胶砂强度检验方法

GB 1345 水泥细度检验方法(80 μm 筛析法)

GB 1346 水泥标准稠度用水量、凝结时间、安定性检验方法

GB 5483 用于水泥中的石膏和硬石膏

GB 5950 建筑材料与非金属矿产品白度试验方法通则

GB 9774 水泥包装用袋

GSBA 67001 氯化镁粉末状物质白度实物标准

ZB Q12 001 掺入水泥中的回转窑窑灰

3 定义

由白色硅酸盐水泥熟料加入适量石膏,磨细制成的水硬性胶凝材料称为白色硅酸盐水泥(简称白水泥)。

注:① 磨制水泥时,允许加入不超过水泥重量 5%的石灰石或窑灰作为外加物。

② 水泥粉磨时允许加入不损害水泥性能的助磨剂,加入量不得超过水泥重量的 1%。

4 组分材料

4.1 白色硅酸盐水泥熟料

以适当成分的生料烧至部分熔融,所得以硅酸钙为主要成分,氧化铁含量少的熟料。

4.2 石膏

天然二水石膏应符合 GB 5483 的规定。

4.3 石灰石

作为外加物的石灰石中的三氧化二铝含量不得超过 2.5%。

4.4 窑灰

窑灰应符合 ZB Q12 001 的规定,且白度不得低于 70%。

5 技术要求

5.1 氧化镁

国家技术监督局 1991-03-22 批准　　　　1992-01-01 实施

熟料中氧化镁的含量不得超过4.5%。

5.2 三氧化硫

水泥中三氧化硫的含量不得超过3.5%。

5.3 细度

0.080 mm方孔筛筛余不得超过10%。

5.4 凝结时间

初凝不得早于45 min,终凝不得迟于12 h。

5.5 安定性

用沸煮法检验必须合格。

5.6 强度

各标号各龄期强度不得低于表1的数值。

表1 MPa

标号	抗压强度			抗折强度		
	3 d	7 d	28 d	3 d	7 d	28 d
325	14.0	20.5	32.5	2.5	3.5	5.5
425	18.0	26.5	42.5	3.5	4.5	6.5
525	23.0	33.5	52.5	4.0	5.5	7.0
625	28.0	42.0	62.5	5.0	6.0	8.0

5.7 白度

白水泥白度分为特级、一级、二级、三级,各等级白度不得低于表2数值。

表2

等级	特级	一级	二级	三级
白度,%	86	84	80	75

6 产品分等

产品分为优等品,一等品和合格品,产品等级如表3。

表3

<table>
<tr><th rowspan="2">白水泥等级</th><th>白度</th><th rowspan="2">标号</th></tr>
<tr><th>级别</th></tr>
<tr><td rowspan="2">优等品</td><td rowspan="2">特级</td><td>625</td></tr>
<tr><td>525</td></tr>
<tr><td rowspan="4">一等品</td><td rowspan="2">一级</td><td>525</td></tr>
<tr><td>425</td></tr>
<tr><td rowspan="2">二级</td><td>525</td></tr>
<tr><td>425</td></tr>
<tr><td rowspan="3">合格品</td><td>二级</td><td>325</td></tr>
<tr><td rowspan="2">三级</td><td>425</td></tr>
<tr><td>325</td></tr>
</table>

7 试验方法

7.1 氧化镁、三氧化硫按GB 176进行。

7.2 细度按GB 1345进行。

7.3 凝结时间和安定性按GB 1346进行。

7.4 强度按 GB 177 进行。水灰比为 0.44。

7.5 白度按本标准中附录 A 进行。

8 检验规则

8.1 编号及取样

白水泥出厂前按同标号、同白度编号取样。每一编号为一取样单位。水泥编号按水泥厂年产量规定：

5 万吨以上，不超过 200 吨为一编号；

1～5 万吨，不超过 150 吨为一编号；

1 万吨以下不超过 50 吨或不超过三天产量为一编号。

取样应有代表性，可连续取，亦可从 20 个以上不同部位取等量样品，总数至少 12 kg。

8.2 试验及留样

每一编号取得的白水泥样应充分混匀，分为二等份，一份由水泥厂按本标准第 7 章规定的方法进行试验；一份密封保管三个月。

8.3 出厂水泥

出厂水泥应保证出厂标号。其余品质不符合本标准第 5 章各项指标的不得出厂。

8.4 废品与不合格品

8.4.1 废品

凡氧化镁、三氧化硫、初凝时间、安定性中任一项不符合本标准规定或强度低于最低标号规定的指标时为废品。

8.4.2 不合格品

凡细度、终凝时间任一项不符合本标准规定，或强度和白度低于出厂标号和白度规定的指标时为不合格品。

8.5 试验报告

水泥厂应在水泥发出日起 11 天内，寄发水泥品质试验报告。试验报告中应包括除 28 天强度以外的本标准第 5 章所列各项试验结果。28 天强度数值，应在水泥发出日起 32 天内补报。

试验报告还应填报是否掺加石灰石或窑灰及掺加量，并应附有该白水泥的技术要求。

8.6 仲裁

水泥出厂后三个月内，如购货单位对水泥质量提出疑问或施工过程中出现与水泥质量有关的问题需要由水泥质量监督检验机构仲裁时，用水泥厂同一编号水泥的封存样进行。

若用户对水泥安定性、初凝时间有疑问要求现场取样仲裁时，生产厂应在接到用户要求后七天内会同用户共同取样送水泥质量监督检验机构检验。生产厂在规定时间内不去现场，用户可单独取样送检，结果同等有效。

9 包装、标志、运输与贮存

9.1 包装

袋装水泥每袋净重 50±1.0 kg。

包装袋应符合 GB 9774 规定。

9.2 标志

包装袋上须清楚标明工厂名称、水泥名称、标号、白度等级、包装日期、编号。包装袋两侧也应印有水泥名称、标号和白度等级。

注：出口水泥的包装、标志可由供贸双方协商。

9.3 运输与贮存

水泥在运输与贮存时，不得受潮和混入杂物，不同标号和白度的水泥应分别贮运，不得混杂。

附 录 A
白色硅酸盐水泥白度试验方法
（补充件）

白色硅酸盐水泥白度试验方法按 GB 5950 进行，并结合白水泥产品特点，作如下规定和补充：

A1 白度仪的光学几何条件采用垂直/45°(0/45)或垂直/漫射(0/d)。

A2 标准白板和工作白板。

A2.1 标准白板采用氧化镁标准白板，且符合 GSBA 67001 的规定。

A2.2 可用表面平整、无刻痕、无裂纹的白色陶瓷板作为工作白板。工作白板至少每月用标准白板自行标定一次。

A3 试样板的制备：

A3.1 从本标准 8.1 条取得的样品中取出测定白度的试样。试样应装入带有磨口塞的玻璃瓶中或用双层塑料袋严密包装，重量不得少于 200 g。

A3.2 称取白水泥试样适量放入压样器中，压制成表面平整的试样板，不得有裂缝和污点。每个试样同时压制三块试样板。

A4 白度计算：

A4.1 试样白度取三色平均值公式测定结果表示。

A4.2 试样白度(W)按式(A1)计算：

$$W = \frac{B_{480} + G_{520} + R_{620}}{3} \quad \cdots\cdots (A1)$$

式中：W——试样的白度，%；

B_{480}——蓝光绝对反射比；

G_{520}——绿光绝对反射比；

R_{620}——红光绝对反射比。

A4.3 白度结果以三块试样板平均值计算，取小数点后一位。当三块试样板的白度值中有一个超过平均值的±0.5 时，应予剔除，取其余二个测定值的平均值作为白度结果，如有二个超过平均值的±0.5 时，应重做测定。

A4.4 白度测定的允许误差为±0.5。

附加说明：

本标准由国家建筑材料工业局提出。

本标准由中国建筑材料科学研究院技术归口。

本标准由中国建筑材料科学研究院水泥科学研究所负责起草。

本标准主要起草人邓中言、陆宝寿、沈梅非、周家涛。

前　　言

本标准是对国家标准GB 3183—82《砌筑水泥》的修订。对于砌筑水泥，我国及美国、英国、法国和德国等国家的共同特点是强度较低，但其他技术指标如细度、凝结时间和三氧化硫等与波特兰水泥基本相同。

本次修订参考了美、英、法和德等国家的砌筑水泥标准，扩大了混合材料品种，并规定其掺加量；取消氧化镁要求及125、225标号；同时增加275标号、流动性、泌水性指标及试验方法；并对检验规则等进行了修改。

本标准的附录A是标准的附录。

本标准自生效日期起，同时代替GB 3183—82《砌筑水泥》。

本标准由国家建筑材料工业局提出。

本标准由全国水泥标准化技术委员会归口。

本标准主要起草单位：中国建筑材料科学研究院水泥科学研究所、国家建筑材料工业局标准化研究所、蒲城罕井水泥公司、河北省高碑店新兴水泥厂和高碑店华北水泥厂。

本标准主要起草人：甄向贤、方德瑞、张继民、辛国良、张瑞和。

本标准首次发布于1982年。

中华人民共和国国家标准

GB/T 3183—1997

砌筑水泥

代替 GB 3183—82

Masonry cement

1 范围

本标准规定了砌筑水泥的定义、要求、试验方法和检验规则等。

本标准适用于用作工业与民用建筑的砌筑砂浆和抹面砂浆的砌筑水泥的生产和检验。砌筑水泥作其他用途时,必须通过试验。

2 引用标准

下列标准包含的条文,通过在本标准中引用而构成为本标准的条文。本标准出版时,所示版本均为有效。所有标准都会被修订,使用本标准的各方应探讨使用下列标准最新版本的可能性。

GB 175—92 硅酸盐水泥、普通硅酸盐水泥

GB/T 196—1996 水泥化学分析方法

GB 177—85 水泥胶砂强度检验方法

GB/T 203—94 用于水泥中的粒化高炉矿渣

GB 1345—91 水泥细度检验方法(80 μm 筛筛析法)

GB 1346—89 水泥标准稠度用水量、凝结时间、安定性检验方法

GB 1596—91 用于水泥和混凝土中的粉煤灰

GB/T 2419—94 水泥胶砂流动度测定方法

GB/T 2847—1996 用于水泥中的火山灰质混合材料

GB/T 5483—1996 石膏和硬石膏

GB 6645—86 用于水泥中的粒化电炉磷渣

GB 9774—1996 水泥包装袋

GB 12573—90 水泥取样方法

GB 12958—91 复合硅酸盐水泥

JC/T 417—91(96) 用于水泥中的粒化铬铁渣

JC/T 418—91(96) 用于水泥中的粒化高炉钛矿渣

JC/T 454—92(96) 用于水泥中的粒化增钙液态渣

JC/T 722—82(96) 水泥物理检验仪器 胶砂搅拌机

JC/T 742—84(96) 掺入水泥中的回转窑窑灰

YB/T 022—92 用于水泥中的钢渣

3 定义

凡由一种或一种以上的水泥混合材料,加入适量硅酸盐水泥熟料和石膏,经磨细制成的和易性较好的水硬性胶凝材料,称为砌筑水泥,代号 M。

国家技术监督局1997-07-28批准　　1998-02-01实施

水泥中混合材料掺加量按重量百分比计应大于 50%，允许掺入适量的石灰石或窑灰。水泥中混合材料掺加量不得与矿渣硅酸盐水泥重复。

4 材料要求

4.1 水泥混合材料

系指符合 GB/T 203、GB 1596、GB/T 2847、GB 6645、JC/T 417、JC/T 418、JC/T 454、JC/T 742 和 YB/T 022 的混合材料及按 GB 12958 附录 A 要求所新开辟的活性混合材料；石灰石中的 Al_2O_3 不得超过 2.5%。

4.2 石膏

应符合 GB 5483 的规定。

4.3 窑灰

应符合 JC/T 742 的规定。

4.4 助磨剂

与 GB 175 的要求相同。

5 标号

砌筑水泥分 175、275 两个标号。

6 要求

6.1 三氧化硫

水泥中三氧化硫含量不得超过 4.0%。

6.2 细度

80 μm 方孔筛筛余不得超过 10%。

6.3 凝结时间

初凝不得早于 60 min，终凝不得迟于 12 h。

6.4 安定性

用沸煮法检验，必须合格。

6.5 流动性

应符合表 1 要求。

表 1

灰砂比	水灰比	流动度，mm
1∶2.5	0.46	>125

6.6 泌水性

泌水率不得超过 12%。

6.7 强度

各标号水泥各龄期强度不得低于表 2 中数值。

表 2　　MPa

水泥标号	抗压强度		抗折强度	
	7 d	28 d	7 d	28 d
175	9.0	17.5	1.9	3.5
275	13.0	27.5	2.5	5.0

7 试验方法

7.1 三氧化硫

按 GB/T 176 进行。

7.2 细度

按 GB 1345 进行。

7.3 凝结时间、安定性

按 GB 1346 进行，但作以下补充规定：安定性试体湿气养护 24 h，若强度较低，可适当延长，但总湿气养护时间不得超过 48 h，并作记录。

7.4 流动度

按 GB/T 2419 进行。

7.5 泌水率

按本标准附录 A（标准的附录）进行。

7.6 强度

按 GB 177 进行，但作以下补充规定：水灰比按 GB/T 2419 确定，流动度要求范围为(130±5)mm。当水泥强度较低，试体成型后 24 h 尚不易脱模时，允许适当延长，但总湿气养护时间不得超过 48 h，并作记录。

8 检验规则

8.1 编号及取样

水泥出厂前按同品种、同标号编号和取样。每一编号为一取样单位，以不超过 200 t 和不超过 3 天产量为一个编号。

取样方法按 GB 12573 进行。取样应有代表性。可连续取，亦可从 20 个以上不同部位取等量样品，总量至少 12 kg。

所取样品按本标准第 7 章规定的方法进行出厂检验，检验项目包括需要对产品进行考核的全部要求。

8.2 出厂水泥

出厂水泥应保证出厂标号，其余要求应符合本标准第 6 章的规定。

8.3 废品与不合格品

8.3.1 废品

凡三氧化硫、初凝时间、安定性中任一项不符合本标准规定或强度低于最低标号指标时均为废品。

8.3.2 不合格品

凡细度、终凝时间、流动度、泌水性中的任一项不符合本标准规定，或强度低于商品标号规定的指标时，均为不合格品。水泥包装标志中水泥品种、标号、工厂名称和出厂编号不全的也属于不合格品。

8.4 试验报告

试验报告内容应包括本标准规定的各项要求及试验结果、混合材料种类及掺加量。当用户需要时，水泥厂应在水泥发出日起 11 天内寄发出除 28 天强度以外的各项试验结果。28 天强度数值应在水泥发出日起 32 天内补报。

8.5 交货与验收

8.5.1 交货时水泥质量验收可抽取实物试样以其检验结果为依据，也可以水泥厂同编号水泥的检验报告为依据。采取何种方法验收由买卖双方商定，并在合同或协议中注明。

8.5.2 以抽取实物试样的检验结果为验收依据时，买卖双方应在发货前或交货地共同取样和签封。取样方法按 GB 12573 进行，取样数量为 20 kg，缩分为两等份，一份由卖方保存 40 天，一份由买方按本标准规定的项目和方法进行检验。

在40天以内,买方检验认为产品质量不符合本标准要求,而卖方又有异议时,则双方应将卖方保存的另一份试样送省级或省级以上国家认可的水泥质量监督检验机构进行仲裁检验。

8.5.3 以水泥厂同编号水泥的检验报告为验收依据时,在交货前或交货时买方(或委托卖方)在同编号水泥中抽取试样,双方共同签封后保存三个月。

在三个月内,买方对水泥质量有疑问时,则买卖双方应将共同签封的试样送省级或省级以上国家认可的水泥质量监督检验机构进行仲裁检验。

9 包装、标志、运输、贮存

9.1 包装

水泥可以袋装或散装,袋装水泥每袋净重50 kg,且不得少于标志重量的98%,随机抽取20袋总重量不得少于1 000 kg。其他包装形式由供需双方协商确定。水泥包装袋应符合GB 9774的规定。

9.2 标志

水泥袋上应清楚标明:工厂名称、厂址、生产许可证编号、品种名称、代号、标号、包装年、月、日和编号。包装袋两侧应印有水泥名称和标号,用黑色印刷。

散装时应提交与袋装标志相同内容的卡片。

9.3 运输与贮存

水泥在运输与贮存时,不得受潮和混入杂物,不同品种和标号的水泥应分别贮存,不得混杂。

附 录 A
（标准的附录）
砌筑水泥的泌水性试验方法

A1 原理

以较大水灰比拌和水泥胶砂，由于水泥水化，水泥及砂子表面湿润所需的水量不大，因此多余的水分将泌出于砂浆表面。以泌出之水的体积与水泥砂浆所含拌和水量之比表示水泥的泌水性能（泌出之水的密度以 1 g/mL 计）。

A2 仪器

——符合 JC/T 722 的水泥胶砂搅拌机；
——不吸水容器 2 只，直径 80～100 mm；
——量筒 1 支，10 mL，分度值 0.1 mL；
——长嘴滴管 1 支；
——架盘天平 1 台，最大称量 5 000 g。

A3 操作步骤

A3.1 将 2 只 500 mL 烧杯洗净烘干，并称量。
A3.2 称 300 g 水泥，750 g 标准砂，180 g 水按 GB 177 方法搅拌 3 min。
A3.3 将拌好的砂浆立即分别装入两只不吸水容器中，每只 500 g。在橡胶垫上轻轻振动烧杯 10 余次，震平砂浆表面，并排出气泡。
A3.4 盖上玻盖，每隔 30 min 用滴管吸取泌出之水于 10 mL 量筒中，量取并记录体积，直至吸不出为止。

A4 水泥泌水率

水泥泌水率按式（A1）计算：

$$P(\%)=\frac{V_1}{V_0}\times 100=\frac{V_1}{73.2}\times 100 \qquad \text{(A1)}$$

式中：P——水泥泌水率，%；
V_1——泌出之水的总量，mL；
V_0——500 g 水泥胶砂中的水量，$V_0=73.2$，mL。

以两个结果的平均值作为试验结果，取小数点后一位。

中华人民共和国国家标准

GB 12958—91

复合硅酸盐水泥

Composite portland cement

---

1 主题内容与适用范围

本标准规定了复合硅酸盐水泥的组成、标号、技术要求、试验方法、检验规则等。

本标准适用于复合硅酸盐水泥的生产和使用。

2 引用标准

GB 175 硅酸盐水泥、普通硅酸盐水泥

GB 176 水泥化学分析方法

GB 177 水泥胶砂强度检验方法

GB 203 用于水泥中的粒化高炉矿渣

GB 750 水泥安定性试验方法(压蒸法)

GB 1344 矿渣硅酸盐水泥、火山灰质硅酸盐水泥、粉煤灰硅酸盐水泥

GB 1345 水泥细度检验方法(80 μm 筛筛析法)

GB 1346 水泥标准稠度用水量、凝结时间、安定性检验方法

GB 1596 用于水泥和混凝土中的粉煤灰

GB 2419 水泥胶砂流动度测定方法

GB 2847 用于水泥中的火山灰质混合材料

GB 6763 建筑材料用工业废渣放射性物质限制标准

GB 9774 水泥包装用袋

GB 12957 用作水泥混合材料的工业废渣活性试验方法

3 定义

3.1 复合硅酸盐水泥

凡由硅酸盐水泥熟料、两种或两种以上规定的混合材料、适量石膏磨细制成的水硬性胶凝材料,称为复合硅酸盐水泥(简称复合水泥)。水泥中混合材料总掺加量按质量百分比应大于15%,不超过50%。

水泥中允许用不超过8%的窑灰代替部分混合材料;掺矿渣时混合材料掺量不得与矿渣硅酸盐水泥重复。

3.2 组分材料

3.2.1 硅酸盐水泥熟料与GB 175的规定相同。

3.2.2 活性混合材料

系指符合GB 203规定的粒化高炉矿渣,符合GB 2847规定的火山灰质混合材料和符合GB 1596规定的粉煤灰,以及按照附录A新开辟的活性混合材料,如化铁炉渣、精炼铬铁渣等。

3.2.3 非活性混合材料

国家技术监督局1991-06-04批准　　1992-03-01实施

系指活性指标不符合标准要求的潜在水硬性或火山灰性的水泥混合材料和石灰石、砂岩，以及按照附录A新开辟的非活性混合材料，如钛渣等。采用石灰石时其中的三氧化二铝含量不得超过2.5%。

3.2.4 石膏、窑灰、助磨剂、外加剂等与GB 175的要求相同。

4 标号

分325、425、525三个标号。

5 技术要求

5.1 氧化镁：熟料中氧化镁的含量不得超过5.0%。如水泥经压蒸安定性试验合格，则熟料中氧化镁的含量允许放宽到6.0%。

5.2 三氧化硫：水泥中三氧化硫的含量不得超过3.5%。

5.3 细度：80 μm方孔筛筛余不得超过10%。

5.4 凝结时间：初凝不得早于45 min，终凝不得迟于12 h。

5.5 安定性：用沸煮法检验必须合格。

5.6 强度：425和525号水泥按早期强度分两种类型。各标号、各类型水泥的各龄期强度不得低于下表数值：

MPa

标 号	抗压强度			抗折强度		
	3天	7天	28天	3天	7天	28天
325	—	18.5	32.5	—	3.5	5.5
425	—	24.5	42.5	—	4.5	6.5
425 *R*	21.0	—	42.5	4.0	—	6.5
525	—	31.5	52.5	—	5.5	7.0
525 *R*	26.0	—	52.5	5.0	—	7.0

6 试验方法

6.1 氧化镁和三氧化硫

按GB 176进行。

6.2 细度

按GB 1345进行。

6.3 凝结时间和安定性

按GB 1346进行。

6.4 压蒸安定性

按GB 750进行。

6.5 强度

按GB 177进行。但复合硅酸盐水泥进行胶砂强度检验的用水量按0.44水灰比和胶砂流动度不小于116 mm来确定。当流动度小于116 mm时，须以0.01的整倍数递增的方法将水灰比调整至胶砂流动度达到不小于116 mm。

胶砂流动度按GB 2419进行。

7 检验规则

7.1 编号及取样

水泥出厂前按同品种、同标号编号和取样。每一编号为一取样单位。水泥编号按水泥厂年产量规定：

100 万吨以上，不超过 1 000 吨为一编号；

50 万吨以上～100 万吨，不超过 800 吨为一编号；

30 万吨以上～50 万吨，不超过 600 吨为一编号；

10 万吨以上～30 万吨，不超过 400 吨为一编号；

4 万吨以上～10 万吨，不超过 200 吨为一编号；

4 万吨以下，不超过 100 吨和 3 天产量为一编号。

取样应有代表性。可连续取，亦可以从 20 个以上不同部位取等量样品，总数至少 14 kg。

7.2 试验及留样

每一编号取得的水泥样应充分混匀。分为两等份，一份由水泥厂按本标准规定的方法进行试验；一份密封保管 90 天，以备有疑问时提交国家指定的检验机构进行复验和仲裁。

7.3 出厂水泥

出厂水泥应保证出厂标号。其余品质也必须符合本标准的规定方能出厂。

7.4 试验报告

水泥厂应在水泥发出日起 11 天内，寄发水泥品质试验报告。试验报告中应包括除 28 天强度以外所列的各项试验结果。28 天强度数值，应在水泥发出日起 32 天内补报。

试验报告还应填报混合材料名称和掺加量。属旋窑或立窑生产，并应附有该水泥的品质指标。

7.5 判定规则

7.5.1 凡氧化镁、三氧化硫、初凝时间、安定性中的任一项不符合本标准规定时，均为废品。

7.5.2 凡细度、终凝时间和混合材料掺量中的任一项不符合本标准规定或强度低于商品标号规定的指标时，均为不合格品。

7.6 仲裁

水泥出厂后 90 天内，如购货单位对水泥质量提出疑问或施工过程中出现与水泥质量有关的问题需要由水泥质量监督检验机构仲裁时，用水泥厂同一编号水泥的封存样进行。

若用户对水泥安定性、初凝时间有疑问要求现场取样仲裁时，生产厂在接到用户要求后 7 天内会同用户共同取样，送水泥质量监督检验机构检验。生产厂在规定时间内不去现场，用户可单独取样送检，结果同等有效。

8 包装、标志、运输与贮存

8.1 包装

水泥可以袋装或散装，袋装每袋净重 50±1.0 kg。包装袋应符合 GB 9774 规定。

8.2 标志

包装袋上须清楚标明：工厂名称，水泥品种（简称），标号，包装年、月、日和编号及主要混合材料或外加剂名称。包装袋两侧也应印有水泥名称和标号。

散装时须提交与袋装标志相同内容的卡片。

8.3 运输与贮存

水泥在运输与贮存时，不得受潮和混入杂物，不同品种和标号的水泥应分别贮运，不得混杂。

附 录 A
启用新开辟的混合材料的规定
（补充件）

A1 适用范围

本附录规定了用于复合水泥生产的新开辟混合材料质量要求和启用程序。

A2 新开辟混合材料

系指新开辟的活性混合材料和非活性混合材料，如化铁炉渣、精炼铬铁渣、钛渣等。

A3 新开辟的混合材料分类

新开辟的混合材料根据其活性大小可以分为活性和非活性二种。水泥胶砂 28 天抗压强度比大于和等于 75％的为活性混合材料；小于 75％的为非活性混合材料。

A4 新开辟的混合材料活性评定方法

按 GB 12957 进行。

A5 基本要求

启用新开辟的混合材料生产复合水泥时，必须经过国家级水泥质量监督检验机构充分试验和鉴定，证明它对人体无害，其中放射性物质须符合 GB 6763 的规定，还要证明它对水泥性能无害，并制定其相应的技术标准，经省、市、自治区以上建材主管部门批准。投产后定期进行质量检验。

A6 审批新开辟混合材料需提供的资料

A6.1 新开辟的混合材料作水泥混合材料的可行性研究报告，其内容应包括混合材料的化学成分、矿物组成、活性状态，对人体的有害成分含量，用该混合材料制备的复合水泥短期和长期的物理力学性能，特殊性能及混凝土性能等试验研究。

A6.2 水泥试产、试用总结报告。

A6.3 新开辟的混合材料技术标准及编制说明。

附加说明：

本标准由国家建筑材料工业局提出。

本标准由中国建筑材料科学研究院归口。

本标准由中国建筑材料科学研究院水泥科学研究所负责起草。

本标准主要起草人王幼云、王文义、白显明、朱连发。

自本标准实施之日起，原建筑材料工业部部标准 JC 101—81《混合硅酸盐水泥》作废。

中华人民共和国国家标准

GB 13693—92

道路硅酸盐水泥

Portland cement for road

1 主题内容与适用范围

本标准规定了道路硅酸盐水泥的定义、标号、技术要求、试验方法和检验规则等。

本标准适用于道路路面和对耐磨、抗干缩等性能要求较高的其他工程用的道路硅酸盐水泥的生产和检验。

2 引用标准

GB 176 水泥化学分析方法

GB 177 水泥胶砂强度检验方法

GB 203 用于水泥中的粒化高炉矿渣

GB 751 水泥胶砂干缩试验方法

GB 1345 水泥细度检验方法(80 μm 筛筛析法)

GB 1346 水泥标准稠度用水量、凝结时间、安定性检验方法

GB 1596 用于水泥和混凝土中的粉煤灰

GB 5483 用于水泥中的石膏和硬石膏

GB 6645 用于水泥中粒化电炉磷渣

GB 9774 水泥包装用袋

GB 12573 水泥取样方法

JC/T 421 水泥胶砂耐磨性试验方法

3 定义

3.1 道路硅酸盐水泥熟料

以适当成分的生料烧至部分熔融，所得以硅酸钙为主要成分和较多量的铁铝酸钙的硅酸盐水泥熟料称为道路硅酸盐水泥熟料。

3.2 道路硅酸盐水泥

由道路硅酸盐水泥熟料，0～10%活性混合材料和适量石膏磨细制成的水硬性胶凝材料，称为道路硅酸盐水泥(简称道路水泥)。

注：水泥粉磨时允许加入不损害水泥性能的助磨剂，其加入量不得超过水泥重量的1%。

4 材料要求

4.1 石膏

天然石膏应符合 GB 5483 的规定。

4.2 混合材料

国家技术监督局1992-09-28批准　　1993-06-01实施

混合材料应为符合 GB 1596 的 Ⅰ 级粉煤灰、GB 203 的粒化高炉矿渣或符合 GB 6645 的粒化电炉磷渣。

5 标号

道路水泥分 425,525 和 625 三个标号。

6 技术要求

6.1 氧化镁

道路水泥中氧化镁含量不得超过 5.0%。

6.2 三氧化硫

道路水泥中三氧化硫含量不得超过 3.5%。

6.3 烧失量

道路水泥中的烧失量不得大于 3.0%。

6.4 游离氧化钙

道路水泥熟料中的游离氧化钙,旋窑生产不得大于 1.0%;立窑生产不得大于 1.8%。

6.5 碱含量

如用户提出要求时,由供需双方商定。

6.6 铝酸三钙

道路水泥熟料中铝酸三钙的含量不得大于 5.0%。

6.7 铁铝酸四钙

道路水泥熟料中铁铝酸四钙的含量不得小于 16.0%。

6.8 细度

80 μm 筛筛余不得超过 10%。

6.9 凝结时间

初凝不得早于 1 h,终凝不得迟于 10 h。

6.10 安定性

用沸煮法检验必须合格。

6.11 干缩率

28 天干缩率不得大于 0.10%。

6.12 耐磨性

以磨损量表示,不得大于 3.60 kg/m²。

6.13 强度

各标号的各龄期强度不得低于下表数值。

MPa

标 号	抗压强度		抗折强度	
	3 d	28 d	3 d	28 d
425	22.0	42.5	4.0	7.0
525	27.0	52.5	5.0	7.5
625	32.0	62.5	5.5	8.5

7 试验方法

7.1 氧化镁、三氧化二铝、三氧化二铁、游离氧化钙、烧失量和三氧化硫按 GB 176 进行，并按下式计算铝酸三钙(C_3A)和铁铝酸四钙(C_4AF)含量：

$C_3A=2.65(Al_2O_3-0.64Fe_2O_3)\%$；

$C_4AF=3.04Fe_2O_3\%$。

7.2 细度

按 GB 1345 进行。

7.3 凝结时间和安定性

按 GB 1346 进行。

7.4 干缩率

按 GB 751 进行。

7.5 耐磨性

按 JC/T 421 进行，但试验前，试体应在 60℃烘干 24 h。

7.6 强度

按 GB 177 进行，水灰比为 0.44。

8 检验规则

8.1 编号及取样

水泥出厂前按同标号编号和取样，每一编号为一取样单位。水泥编号按水泥厂年产量规定：

10 万吨以上，不超过 400 吨为一编号；

10 万吨以下，不超过 200 吨为一编号。

取样方法按 GB 12573 进行。

取样应有代表性。可连续取，亦可从 20 个以上不同部位取等量样品，总量至少 12 kg。

8.2 熟料取样及检验

按生产控制规程取入磨熟料平均样，每天至少做一次化学全分析，并依此确定游离氧化钙和计算铝酸三钙、铁铝酸四钙的含量。

8.3 试验及留样

每一编号取得的水泥样应充分混匀，分为两等份。一份由水泥厂按本标准第 7 章规定的方法进行试验；一份密封保管三个月，作为仲裁检验用。

8.4 出厂检验

出厂水泥检验项目应包括除干缩率和耐磨性外的全部技术要求。

出厂水泥应保证标号和干缩率及耐磨性指标，并符合本标准第 6 章中的其他技术要求。

8.5 型式检验

道路水泥试制时、正式生产后原材料或工艺变化时，或长期停产后恢复生产时，应按本标准规定的全部技术要求对产品进行检验；正常生产时，要对每周第一个编号的水泥进行干缩率和耐磨性试验。

8.6 废品与不合格品

8.6.1 凡氧化镁、三氧化硫、初凝时间、安定性中的任一项不符合本标准规定的指标时，均为废品。

8.6.2 游离氧化钙、铝酸三钙、铁铝酸四钙、细度、终凝时间、烧失量、干缩率和耐磨性以及混合材料掺加量中的任一项不符合本标准规定或强度低于商品标号的指标时称为不合格品。

8.7 试验报告

试验报告内容应包括本标准规定的各项技术要求及试验结果、混合材料名称和掺加量、属旋窑和立窑生产。水泥厂应在水泥发出日起七天内寄发除 28 d 强度、耐磨性和干缩率以外的各项试验结果，28 d 强度数值，应在水泥发出日起 32 天内补报。

8.8 仲裁检验

水泥出厂后三个月内，如购货单位对水泥质量提出疑问或施工过程中出现与水泥质量有关的问题需要仲裁检验时，用水泥厂同一编号水泥的封存样进行。

若用户对水泥安定性、初凝时间有疑问要求现场取样仲裁检验时，生产厂应在接到用户要求后七天内会同用户共同取样，送水泥质量监督检验机构检验。生产厂在规定时间内不去现场，用户可单独取样送检，结果同等有效。仲裁检验由国家指定的省级以上水泥质量监督检验机构进行。

9 包装、标志、运输与贮存

9.1 包装

水泥可袋装或散装，袋装每袋净重 50 kg，且不得少于标志重量的 98%，随机抽取 20 袋，水泥总重量不得少于 1 000 kg。其他包装形式由供需双方协商确定，但有关袋装重量要求，必须符合上述原则规定。

包装袋应符合 GB 9774 规定。

9.2 标志

包装袋上应清楚标明：工厂名称，生产许可证编号，水泥名称，商标，标号，包装年、月、日和编号。包装袋两侧也应印有水泥名称和标号。

散装水泥应提交与袋装标志相同内容的卡片。

9.3 运输与贮存

水泥在运输与贮存时，不得受潮和混入杂物，不同标号的水泥应分别贮运，不得混杂。

附加说明：

本标准由国家建筑材料工业局提出。

本标准由全国水泥标准化技术委员会技术归口。

本标准由中国建筑材料科学研究院水泥科学研究所、广东省江门市水泥厂、四川省广汉特种水泥厂负责起草。

本标准委托中国建筑材料科学研究院水泥科学研究所负责解释。

本标准主要起草人唐金树、袁明栋、李佩勤、张大同、张晓明、徐奇威、黄上伟。

中华人民共和国建材行业标准

JC/T 479—92

建 筑 生 石 灰

1 主题内容与适用范围

本标准规定了建筑用生石灰的分类、等级、技术要求、试验方法、检验规则、运输和贮存。

本标准适用于以碳酸钙为主要成分的原料，在低于烧结温度下煅烧的建筑工程用生石灰。其他用途的生石灰，也可参考使用。

2 引用标准

JC/T 478.1 建筑石灰试验方法 物理试验方法

JC/T 478.2 建筑石灰试验方法 化学试验方法

3 分类与等级

3.1 分类

按化学成分钙质生石灰氧化镁含量小于等于5%；

镁质生石灰氧化镁含量大于5%。

3.2 等级

建筑生石灰分为优等品、一等品、合格品。

4 技术要求

建筑生石灰的技术指标应符合下表：

项 目		钙质生石灰			镁质生石灰		
		优等品	一等品	合格品	优等品	一等品	合格品
CaO+MgO 含量，%	不小于	90	85	80	85	80	75
未消化残渣含量(5 mm 圆孔筛余)，%	不大于	5	10	15	5	10	15
CO_2，%	不大于	5	7	9	6	8	10
产浆量，L/kg	不小于	2.8	2.3	2.0	2.8	2.3	2.0

5 试验方法

化学成分和物理性能按照JC/T 478.1～478.2规定进行。

6 检验规则

6.1 出厂检验

建筑生石灰由生产厂的质检部门按批量进行出厂检验。检验项目包括第4章的全部项目。

国家建筑材料工业局1992-06-26批准 1993-02-01实施

6.1.1 批量

建筑生石灰受检批量规定如下：

日产量 200 t 以上每批量不大于 200 t；

日产量不足 200 t 每批量不大于 100 t；

日产量不足 100 t 每批量不大于日产量。

6.1.2 取样

建筑生石灰的取样按本标准 6.1.1 规定的批量，从整批物料的不同部位选取。取样点不少于 25 个，每个点的取样量不少于 2 kg，缩分至 4 kg 装入密封容器内。

6.1.3 判定

产品技术指标均达到第 4 章技术要求中相应等级时判定为该等级，有一项指标低于合格品要求时，判为不合格品。

6.2 复验

用户对产品质量发生异议时，可以复验物理项目，按照 6.1.2 要求取样，送交质量监督部门进行复验。

7 贮存、运输和质量证明书

7.1 贮存

建筑生石灰应分类、分等、贮存在干燥的仓库内，不宜长期贮存。

7.2 运输

建筑生石灰不准与易燃、易爆和液体物品混装，运输时要采取防水措施。

7.3 质量证明书

每批产品出厂时，应向用户提供质量证明书。证明书上应注明厂名、产品名称、等级、试验结果、批量编号、出厂日期、本标准编号和使用说明。

附加说明：

本标准由湖北省黄石市建材化工总厂负责起草。

本标准主要起草人朱立泉、谭汉顺。

自本标准实施之日起，原国家标准 GB 1594—79《建筑石灰》作废。

中华人民共和国建材行业标准

JC/T 480—92

建　筑　生　石　灰　粉

1　主题内容与适用范围

本标准规定了建筑用生石灰粉的分类、等级、技术要求、试验方法、检验规则、标志、包装、贮存和运输。

本标准适用于以建筑生石灰为原料，经研磨所制得的建筑生石灰粉，其他用途的生石灰粉也可参考使用。

2　引用标准

GB 9774　水泥包装用袋

JC/T 478.1　建筑石灰试验方法　物理试验方法

JC/T 478.2　建筑石灰试验方法　化学分析方法

SG 213　聚丙烯编织袋

3　分类与等级

3.1　分类

按化学成分钙质生石灰粉氧化镁含量小于等于5%；

镁质生石灰粉氧化镁含量大于5%。

3.2　等级

建筑生石灰粉分为优等品、一等品、合格品。

4　技术要求

建筑生石灰粉的技术指标应符合下表：

项　　目			钙质生石灰粉			镁质生石灰粉		
			优等品	一等品	合格品	优等品	一等品	合格品
CaO+MgO 含量，%		不小于	85	80	75	80	75	70
CO_2 含量，%		不大于	7	9	11	8	10	12
细度	0.90 mm 筛的筛余，%	不大于	0.2	0.5	1.5	0.2	0.5	1.5
	0.125 mm 筛的筛余，%	不大于	7.0	12.0	18.0	7.0	12.0	18.0

5　试验方法

化学成分和物理性能按JC/T 478.1～478.2规定进行。

国家建筑材料工业局1992-06-26批准　　　　1993-02-01实施

6 检验规则

6.1 出厂检验

建筑生石灰粉应由生产厂家的质量检验部门按批量进行出厂检验。检验项目包括第4章的全部项目。

6.1.1 批量

建筑生石灰粉受检批量规定如下：

日产量200 t以上每批量不大于200 t；

日产量不足200 t每批量不大于100 t；

日产量不足100 t每批量不大于日产量。

6.1.2 取样

6.1.2.1 散装生石灰粉：随机取样或使用自动取样器取样。

6.1.2.2 袋装生石灰粉：应从本批产品中随机抽取10袋，样品总量不少于3 kg。

6.1.2.3 试样在采集过程中应贮存于密封容器中，在采样结束后立即用四分法将样品缩分至300 g，装于磨口广口瓶中，密封后贴上标签注明：产品名称、批号、生产日期、班次、取样地点并由采样人签名，送交化验室。

6.1.3 判定

产品技术指标均达到第4章技术要求相应等级时，判定为该等级，有一项指标低于合格品要求时，判为不合格品。

6.2 复检

用户对产品质量发生异议时，可以复检物理指标。按照6.1.2要求取样，送交质量监督部门进行复检。

7 包装、标志、运输、贮存和质量证明书

7.1 包装、标志

建筑生石灰粉可使用符合GB 9774规定的牛皮纸袋。复合纸袋或符合SG 213规定的编织袋包装。袋上应标明：厂名、产品名称、商标、净重和批量编号。

7.2 包装重量及偏差

每袋净重分为40 kg，50 kg两种。

每袋重量偏差值不大于1 kg。

7.3 贮存

建筑生石灰粉应分类、分等存放，贮存于干燥的仓库内。不宜长期存贮。

7.4 运输

不准与易燃、易爆及液体物品同时装运，运输时要采取防水措施。

7.5 质量证明书

每批产品出厂时应向用户提供质量证明书，注明：厂名、商标、产品名称、等级、试验结果、批量编号、出厂日期、本标准编号及使用说明。

附加说明：

本标准由北京市建材化工厂负责起草。

本标准主要起草人井昌运、郑燕明。

自本标准实施之日起，原国家标准GB 1594—79《建筑石灰》作废。

中华人民共和国建材行业标准

JC/T 481—92

建 筑 消 石 灰 粉

1 主题内容与适用范围

本标准规定了建筑用消石灰粉的分类、等级、技术要求、试验方法、检验规则、包装、标志、运输和贮存。

本标准适用于以建筑生石灰为原料，经水化和加工所制得的建筑消石灰粉。其他用途的消石灰粉也可参考使用。

2 引用标准

JC/T 478.1 建筑石灰试验方法 物理试验方法

JC/T 478.2 建筑石灰试验方法 化学分析方法

GB 9774 水泥包装用袋

SG 213 聚丙烯编织袋

3 分类、等级与用途

3.1 分类

钙质消石灰粉氧化镁含量小于 4%；镁质消石灰粉氧化镁含量等于大于 4%到小于 24%；白云石消石灰粉氧化镁含量等于大于 24%到小于 30%。

3.2 等级

建筑消石灰粉为优等品、一等品、合格品。

3.3 用途

优等品、一等品适用于饰面层和中间涂层；合格品用于砌筑。

4 技术要求

建筑消石灰粉的技术指标应符合下表：

项目		钙质消石灰粉			镁质消石灰粉			白云石消石灰粉		
		优等品	一等品	合格品	优等品	一等品	合格品	优等品	一等品	合格品
(CaO+MgO)含量，% 不小于		70	65	60	65	60	55	65	60	55
游离水，%		0.4～2	0.4～2	0.4～2	0.4～2	0.4～2	0.4～2	0.4～2	0.4～2	0.4～2
体积安定性		合格	合格	—	合格	合格	—	合格	合格	—
细度	0.9mm 筛筛余，% 不大于	0	0	0.5	0	0	0.5	0	0	0.5
	0.125mm 筛筛余，% 不大于	3	10	15	3	10	15	3	10	15

国家建筑材料工业局1992-06-26批准　　1993-02-01实施

5 试验方法

化学成分和物理性能按 JC/T 478.1～478.2 规定进行。

6 检验规则

6.1 出厂检验

建筑消石灰粉应由生产厂家的质量检验部门按批量进行出厂检验。

6.1.1 批量

检验批量按生产规模划分。100 t 为一批量,小于 100 t 仍作一批量。

6.1.2 取样

从每一批量的产品中抽取 10 袋样品,从每袋不同位置抽取 100 g 样品,总数量不少于 1 kg,混合均匀,用四分法缩取,最后取 250 g 样品供物理试验和化学分析。

6.1.3 判定

产品技术要求均达到第 4 章中相应等级时,判定为该等级。有一项技术指标低于合格品要求时,判为不合格品。

6.2 复验

用户对产品质量发生异议时,可进行物理指标复验。

按照 6.1.2 要求取样,送交质量监督部门进行复验。

7 包装、标志、运输、储备和质量证明书

7.1 包装及标志

建筑消石灰粉可用符合 GB 9774 规定牛皮纸袋或符合 SG 213 规定的塑料编织袋包装。袋上应标明厂名、产品名称、商标、等级、净重及批量编号。

7.2 包装重量及偏差

每袋净重分 20 kg 和 40 kg 两种。每袋重量偏差值不大于 0.5 kg 和 1 kg。

7.3 运输和贮存

7.3.1 消石灰粉按类别、等级分别贮存,贮存期不宜过长。

7.3.2 消石灰粉在运输和贮存过程中要采取防水措施。

7.4 质量证明书

每批产品出厂时,应向用户提供质量证明书。

证明书上应标明厂名、商标、产品名称、等级、试验结果、批量编号、出厂日期、本标准编号和使用说明。

附加说明:

本标准由大连白灰厂负责起草。

本标准主要起草人邹清英。

自本标准实施之日起,原国家标准 GB 1594—79《建筑石灰》作废。

中华人民共和国建材行业标准

JC/T 619—1996

石 灰 术 语

1 范围

本标准规定了石灰术语。

本标准适用于石灰生产、使用、科研、设计、教学、著述与翻译等方面。

2 引用标准

GB 5947 水泥定义和名词术语

JC/T 478 建筑石灰试验方法

JC/T 479 建筑生石灰

JC/T 480 建筑生石灰粉

JC/T 481 建筑消石灰粉

3 基本术语

3.1 石灰 lime

不同化学组成和物理形态的生石灰、消石灰、水硬性石灰与气硬性石灰的统称。石灰可分为高钙的、镁质的和白云石质的。

3.2 石灰石(石灰岩) limestone

主要由碳酸钙组成的沉积岩石。

3.3 白云石(白云岩) dolomite

碳酸钙与碳酸镁的复盐组成的沉积岩石。

3.4 石灰水 lime water or white wash

应用于粉刷面层的消化生石灰水或消石灰水和其他材料的混合物。

3.5 石灰浆(石灰乳) lime white or milk of lime

生石灰或消石灰在水中形成的悬浊液。

3.6 石灰膏 lime putty

用水消化生石灰或将消石灰和水拌合而成达到一定稠度的膏状物。

3.7 石灰砂浆 lime mortar

用石灰膏、或消石灰粉细集料与水拌制而成的建筑砂浆。

3.8 石灰松香(树脂酸钙) calcium resinate

由沸腾松香和氢氧化钙作用经过滤或将松香与消石灰熔融而得，主要用于防水、皮革鞣制、涂料干燥剂和搪瓷等。

4 原材料

4.1 石灰质材料 liming material

不同化学组成和物理形态的石灰、石灰石、软体动物甲壳、泥灰岩和含有能中和酸的钙和镁的化合

国家建筑材料工业局1996-03-01批准　　1996-08-01实施

物的矿物的统称。

4.2 高钙石灰石 high-calcium limestone

含有0%～5%碳酸镁的石灰石。

4.3 镁质石灰石 magnesium limestone

含有5%～35%碳酸镁的石灰石。

4.4 白云石质石灰石 dolomitic limestone

含有35%～40%碳酸镁的石灰石。

4.5 泥灰岩 marl

碳酸盐和粘土混合的碳酸盐岩，一般含有碳酸钙50%～75%，粘土矿物50%～25%。

4.6 泥质灰岩 argillaceous limestone

是石灰岩和粘土岩之间的一种过渡类型岩石，方解石含量为75%～95%；粘土矿物含量为25%～5%的石灰石。

4.7 生物石灰岩 biogenetic limestone

由生物的介壳、碎屑等遗体或造礁生物形成的石灰岩。

4.8 白垩 chalk

主要由海生物如贝壳、有孔虫等生物的遗骸及颗粒细小(ϕ0.0005～0.1mm)的碳酸钙组成的一种生物化学沉积岩。

5 分类

5.1 生石灰 quick lime

以碳酸钙为主要成分的原料，在低于烧结温度下煅烧所得的产物。

5.2 生石灰粉 ground quick lime

生石灰经研磨所得的产物。

5.3 消石灰 hydrated lime

以生石灰为原料经消化所得的产物。

5.4 消石灰粉 ground hydrated lime

消石灰经风选、筛选或研磨所得的产物。

5.5 钙质生石灰 calcium quick lime

氧化镁含量不大于5%的生石灰。

5.6 钙质消石灰粉 calcium hydrated lime

氧化镁含量不大于4%的消石灰粉。

5.7 镁质生石灰 magnesium quick lime

氧化镁含量大于5%的生石灰。

5.8 镁质消石灰粉 magnesium hydrated lime

氧化镁含量大于4%、小于24%的消石灰粉。

5.9 白云石质消石灰粉 dolomitic hydrated lime

氧化镁含量大于24%、小于30%的消石灰粉。

5.10 气硬性石灰 air-hardening lime

能在空气中凝结硬化的石灰。

5.11 水硬性石灰 hydraulic lime

能在空气中凝结硬化并在水中保持和继续发展强度的石灰。

5.12 单水化石灰 mono-hydrated lime

在大气压下水化，其未水化氧化物大于8%的白云石质消石灰。

5.13 双水化石灰 di-hydrated double lime
在高压下水化，其未水化氧化物小于8%的白云石质消石灰。
5.14 农用石灰 agricultural lime
钙和镁含量能够中和土壤酸性的生石灰或消石灰。
5.15 建筑用石灰 building or construction lime
其化学与物理性能和加工方法能适用于一般和特殊建筑用途的石灰。
5.16 饰面用生石灰 finishing quick lime
适用于作砂浆饰面层的生石灰。
5.17 饰面用消石灰 finishing hydrated lime
适用于作砂浆饰面层的消石灰。
5.18 砌筑用生石灰 masons quick lime
适合于砌筑砂浆用的生石灰。
5.19 喷灰 spray lime
95%以上的颗粒能通过45μm方孔筛的消石灰粉。
5.20 化学石灰 chemical lime
化学与物理性能和加工方法能适合一种或多种不同化学和其他工业产品用途的生石灰或消石灰。
5.21 助熔石灰 fluxing lime
在炼钢或玻璃生产中用作助熔剂的生石灰。
5.22 耐火石灰 refractory lime
能耐高温(通常是白云石质类)的石灰，其所含氧化物不会或很少会转化为氢氧化物。

6 生产工艺

6.1 低温煅烧的石灰 low-temperature burnt lime
在1000℃以下煅烧得比较好，其中没有明显的未分解的石核与少量未消化残渣的石灰。
6.2 正压煅烧 positive pressure burning
由石灰窑下部鼓入空气，使窑顶气体压力高于大气压力的煅烧方法。
6.3 负压煅烧 negative pressure burning
通过机械抽风或烟囱自然抽风，使石灰窑窑顶气体压力低于大气压力的煅烧方法。
6.4 立窑 vertical kiln
连续生产石灰的一种竖式窑型。
6.5 迴转窑 rotary kiln
窑体可以低速旋转连续生产石灰的一种卧式窑型。
6.6 正烧石灰(正火石灰) normally burnt lime
煅烧正常的石灰，即在低于烧结温度下煅烧、分解完全的石灰。
6.7 过烧石灰(过火石灰) overburnt lime
煅烧温度超过烧结温度或煅烧时间过长而生成的石灰。
6.8 生烧石灰(欠火石灰) underburnt lime
煅烧温度低或煅烧时间不足，没有烧透的石灰。
6.9 消化 hydration of slaking
生石灰与水作用生成氢氧化物的化学反应。
6.10 风化 aeration
生石灰存放过程中，与空气中的水分和二氧化碳发生的化学反应。
6.11 石核 unburnt core in lime

石灰中没有烧透、尚未分解的硬芯(碳酸盐矿物)。

6.12 石灰釉 lime glaze

过烧石灰表面呈灰色、光滑的釉状物。

7 性能

7.1 游离氧化钙 free calcium oxide

由碳酸钙加热分解而单独存在的氧化钙,以 fCaO 表示。

7.2 活性氧化钙 active calcium oxide

在通常条件下石灰消解,能与水化合生成氢氧化钙的游离氧化钙,以 ACaO 表示。

7.3 非活性氧化钙 non-active calcium oxide

在通常条件下石灰消解,不能与水化合生成氢氧化钙的游离氧化钙。

7.4 石灰膏的标准稠度 normal consistency of lime putty

石灰膏达到一定可塑性程度所需的加水量,用标准方法测定,以需水量的质量比(%)表示。

7.5 细度 fineness

粉状物料的粗细程度。

7.6 筛余 residue on sieve

粉状物料细度的表示方法。一定质量的粉状物料在标准筛上筛分后留在筛上部分的质量比(%)。

7.7 标准筛 standard sieve

测定粉状物料细度所用的具有标准规格的筛子。

7.8 石灰的体积安定性 soundness of lime

石灰膏在凝结硬化过程中体积变化的稳定性。

7.9 石灰残渣 waste in lime

石灰消化时未与水发生化学反应的部分,其中包括未煅烧分解的石灰石和白云石,过烧的生石灰或粗粒杂质,或上述这些物质的混合物。

7.10 生石灰未消化残渣 unhydrated grain in quick lime

生石灰与足够量的水在规定时间内反应,未水化颗粒大于 5mm 的部分。

7.11 产浆量 yield of lime

生石灰与足够量的水作用,在规定时间内沉淀形成的石灰浆的体积数,以 L/kg 表示。

7.12 石灰中的残余 CO_2 residue carbon dioxide in lime

石灰中所含未分解的碳酸盐中的二氧化碳。

7.13 石灰结合水 hydration water in quick lime

石灰消化过程中,形成氢氧化物时的化合水量。

7.14 消石灰中的游离水 free water in hydrated lime

消石灰中的含水量,以质量分数(%)表示。

7.15 消化速度 slaking rate

反映生石灰水化速度的一个指标,通常以生石灰加一定量水后放出热量,达到最高温度时所需要的时间来表示。

7.16 消化温度 slaking temperatuer

生石灰加一定量的水进行消化时以达到的最高温度来表示。

7.17 石灰活性度 availability of lime

表征生石灰水化反应速度的一个指标。即在一定时间内,以中和生石灰消化时产生的 $Ca(OH)_2$ 所消耗的 4mol/L 盐酸的毫升数表示。

7.18 水化热 hydration heat of lime

生石灰在水化过程中放出的热量，主要取决于活性氧化钙的含量。

7.19 保水性 water retention of hydrated lime

消石灰在与砂拌合的塑性砂浆中保持游离水不离析和拌合物稠度的能力。

附　录　A
（提示的附录）
中　文　索　引

附录 B
（提示的附录）
英文索引

H

L

M

N

O

P

Q

附加说明：

本标准由国家建筑材料工业局标准化研究所、黄石市建筑材料化工总厂、同济大学、首钢建材化工厂等单位负责起草。

本标准主要起草人：杨斌、朱立泉、刘巽伯、杨素云、乔学礼。

七、密封膏与胶粘剂

中华人民共和国国家标准

GB/T 14683—93

硅酮建筑密封膏

Silicone sealant for building

1 主题内容与适用范围

本标准规定了建筑用硅酮密封膏的产品分类、技术要求、试验方法、检验规则及标志、包装、运输、贮存的基本要求。

本标准适用于以聚硅氧烷为主要成分的单组分和双组分室温固化型的建筑密封材料。

2 引用标准

GB 2828 逐批检查计数抽样程序及抽样表(适用于连续批的检查)

GB 3186 涂料产品的取样

GB/T 13477 建筑密封材料试验方法

JC/T 485 建筑窗用弹性密封剂

3 产品分类

3.1 种类

硅酮建筑密封膏按用途分为两种类别:

F 类——建筑接缝用

G 类——镶装玻璃用(不适于制造中空玻璃用)

按包装型式分为两个品种:

1——单组分

2——双组分

按流动性分为两种型号:

N 型——非下垂型

L 型——自流平型

3.2 产品标记

3.2.1 标记方法

硅酮建筑密封膏按下列顺序标记:名称、拉伸-压缩循环性能、类别、品种、型号、标准号。

3.2.2 标记示例

9030 建筑接缝用单组分非下垂型硅酮密封膏标记如下:

国家技术监督局 1993-10-27 批准　　　　1994-07-01 实施

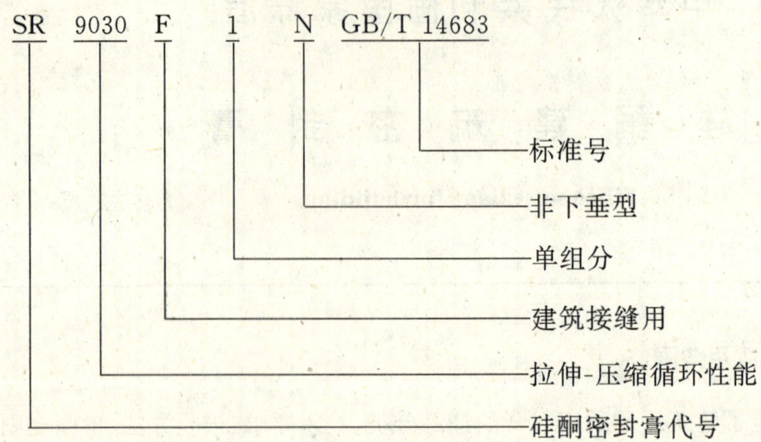

4 技术要求

4.1 外观质量

4.1.1 经目测，产品应为细腻、均匀膏状物或粘稠液体，不应有气泡、结皮和凝胶。

4.1.2 产品的颜色与供需双方商定的样品相比，不得有明显差异。

4.2 理化性能

硅酮建筑密封膏的理化性能应符合表 1 的规定。

表 1

序号	项目			技术指标			
				F 类		G 类	
				优等品	合格品	优等品	合格品
1	密度，g/cm³			规定值 ±0.1			
2	挤出性，mL/min		不小于[1)]	80			
3	适用期，h		不小于[2)]	3			
4	表干时间，h		不大于	6			
5	流动性	下垂度(N 型)，mm	不大于	3			
		流平性(L 型)		自流平		—	
6	低温柔性，℃			−40			
7	定伸性能[3)]	定伸粘结性		定伸 200%	定伸 160%	定伸 160%	定伸 125%
				粘结和内聚破坏面积不大于 5%			
		热—水循环后定伸粘结性		定伸 200%	定伸 160%	—	
				粘结和内聚破坏面积不大于 5%			
		浸水光照后定伸粘结性		—		定伸 160%	定伸 125%
						粘结和内聚破坏面积不大于 5%	

续表 1

序号	项目	技术指标			
		F类		G类	
		优等品	合格品	优等品	合格品
8	恢复率,% 不小于	定伸 200%	定伸 160%	定伸 160%	定伸 125%
		90		90	
9	拉伸-压缩循环性能[3]	9030	8020	9030	8020
		粘结和内聚破坏面积不大于 25%			

注:1) 仅适于单组分产品。

2) 仅适于双组分产品。指标也可由供需双方协商确定。

3) 第 7,9 项试验中,F 类产品选用水泥砂浆和铝合金基材,G 类产品选用玻璃基材。在第 9 项试验中,G 类产品也可选用铝合金基材。

5 试验方法

5.1 试验基本要求

5.1.1 标准试验条件

试验室标准条件温度为:23±2 ℃,湿度为 65%±5%。

5.1.2 试件制备

制备前,试样(双组分试样包括基胶和固化剂)应在标准条件下放置 24 h 以上。

制备时,单组分试样应用专用工具从包装筒中直接挤出注模,使试样充满模具内腔,勿带入气泡。挤注与修整的动作要快,防止试样在成型完毕前结膜。

双组分试样应按生产厂标明的比例混合均匀,避免混入气泡。若事先无特殊要求,混合后应在 30 min内注模完毕。

5.1.3 固化条件

测试固化后性能的试件应在标准条件下放置 28 d。双组分的试件可放置 14 d。

注:在出厂检验时,允许适当加温以加速固化,但在型式检验或仲裁检验时不得进行加速固化。

5.2 密度的测定

按 GB/T 13477 第 3 章试验。以 3 个试件的平均值为检验结果。

5.3 挤出性的测定

按 GB/T 13477 第 4 章试验,挤出器选用 177 mL 聚乙烯筒,喷嘴内径为 6 mm。仲裁检验采用 A 法(体积法)试验,型式检验和出厂检验可采用 B 法(重量法)试验。

记录 3 个试样的挤出率并计算其平均值。精确至 1 mL/min。

5.4 适用期的测定

试验方法与条件同 5.3 条。每个试样挤出 3 次,时间间隔为 1 h(也可适当缩短或延长)。计算各次挤出率(mL/min),描绘出各次挤出时间(h)与挤出率的关系曲线,读取挤出率为 50 mL/min 时对应的时间,即为适用期,精确至 0.5 h。记录 3 个试样的适用期,并计算其平均值。

5.5 表干时间的测定

按 GB/T 13477 第 5 章试验。

5.6 流动性的测定

5.6.1 下垂度的测定

按 GB/T 13477 第 7 章试验，模具选用 b 型。试件在 50 ℃恒温箱中垂直放置 4 h。

5.6.2 流平性的测定

5.6.2.1 试验器具

a. 模具：槽形容器。用 1 mm 厚耐蚀金属制成，尺寸如下图所示；

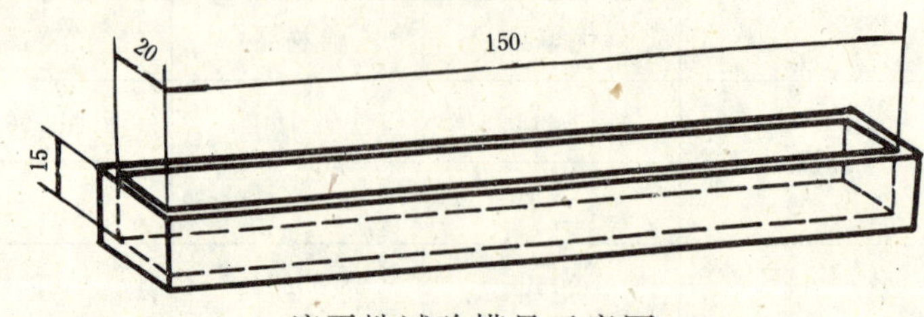

流平性试验模具示意图

b. 低温恒温箱：温度能控制在 5±2 ℃。

5.6.2.2 试验步骤

将试样和模具在 5±2 ℃的低温恒温箱内静置 30 min。然后从模具的一端到另一端注入约 20 mL 试样，在同样温度下水平静置 1 h，观察试样表面是否平整光滑。

5.7 低温柔性的测定

按 GB/T 13477 第 8 章试验。选用 ϕ6 mm 圆棒。试件固化后不经高、低温周期处理，直接测定。

5.8 定伸性能的测定

5.8.1 定伸粘结性的测定

按 GB/T 13477 第 10 章试验。被粘基材可选用玻璃板、铝合金板或水泥砂浆板中的任一种。可按生产厂的要求涂敷底涂料。试件按 A 法处理。试验温度 23±2 ℃。定伸宽度选用 200%，160%或 125%。

5.8.2 热-水循环后定伸粘结性的测定

按 GB/T 13477 第 10 章试验。被粘基材选用水泥砂浆板和铝合金板。可按生产厂的要求涂敷底涂料。试件按 B 法处理。试验温度为 23±2 ℃。定伸宽度选用 200%或 160%。

5.8.3 浸水光照后定伸性能的测定

按 JC/T 485 第 5.12 条试验。定伸宽度选用 160%或 125%。

5.9 恢复率的测定

按 GB/T 13477 第 11 章试验。被粘铝材可按生产厂的要求涂敷底涂料。F 类产品试件允许用 A 法处理。G 类产品试件用 B 法处理。定伸宽度选用 200%、160%或 125%。取 3 个试件的平均值为检验结果。

5.10 拉伸-压缩循环性能的测定

按 GB/T 13477 第 13 章试验。试验报告应写明每组试件粘结和内聚破坏面积的平均百分比(%)，精确至 1%。

6 检验规则

6.1 出厂检验

生产厂应按本标准的规定，对每批密封膏产品进行出厂检验，检验项目为：

a. 外观；

b. 挤出性；

c. 适用期；

d. 表干时间；

e. 流动性；

f. 定伸粘结性。

6.2 **型式检验**

有下列情况之一时，须按本标准第4章要求的项目逐项进行型式检验：

a. 新产品试制或老产品转厂生产的试制定型鉴定；

b. 正常生产时，每年进行1次型式检验；

c. 产品的原料、配方、工艺有较大改变，有可能影响产品质量时；

d. 产品停产一年以上，恢复生产时；

e. 出厂检验结果与上次型式检验有较大差异时；

f. 国家质量监督机构提出进行型式检验要求时。

6.3 **组批与抽样规则**

6.3.1 组批

单组分产品以同一等级、同一类型的3 000支产品为一批，不足3 000支也作一批。

双组分产品以同一等级、同一类型的200桶产品为一批，不足200桶也作一批。

6.3.2 抽样

按照GB 2828表7正常检查二次抽样方案抽样，检查水平为S-Ⅱ，合格质量水平(AQL)为10。抽样数量见表2。

表2

品种	批量	第一次抽样数	第二次抽样数
单组分产品	≤1 200支 1 201～3 000支	3支 5支	3支 5支
双组分产品	≤200桶	3桶	5桶

双组分产品抽样方法按照GB 3186的规定执行。每组试样数量为：出厂检验不少于1.0 kg，型式检验不少于1.5 kg。

6.4 **判定规则**

6.4.1 外观质量不符合4.1条规定的产品为不合格品。

6.4.2 密度、恢复率试验每组试件的平均值符合规定，则判该项合格。

挤出性、适用期试验每个试样均符合规定，则判该项合格。

表干时间、下垂度、流平性、低温柔性、定伸性能、拉伸-压缩循环性能试验，每个试件均符合规定，则判该项合格。

6.4.3 在出厂检验和型式检验中，产品有2项或2项以上指标不符合规定时，则该批产品为不合格；产品有1项指标不符合规定时，在同批产品中二次抽样进行单项复验，如该项仍不合格，则该批产品为不合格。

7 标志、包装、运输、贮存

7.1 **标志**

产品包装上应有印刷或粘贴牢固的标志，其内容包括：

a. 生产厂名；

b. 产品名称；

c. 商标；

d. 产品标记和质量等级标记；

e. 生产日期或批号；

f. 容量或净重；

g. 组分标记(仅适于双组分产品)。

7.2 **包装**

7.2.1 单组分产品采用管装,并配有相应的挤出枪嘴。每20～50支管集装在包装箱中。双组分产品应配套分装。

7.2.2 包装箱上应有防雨、防潮、不倒置标志,产品出厂时应附有产品合格证和产品说明书。

7.3 **运输**

7.3.1 硅酮建筑密封膏为无毒、不易燃、无腐蚀性产品,可按非危险品运输。

7.3.2 运输中应防止日晒雨淋,防止撞击、挤压包装。

7.4 **贮存**

7.4.1 硅酮密封膏应贮存在干燥、通风、阴凉的仓库内。

7.4.2 硅酮密封膏在规定的包装容器内于26 ℃以下温度贮存时,自生产之日起贮存期不少于6个月。

附加说明:

本标准由国家建筑材料工业局提出。

本标准由河南建筑材料研究设计院、化工部成都有机硅应用研究中心、广州国营白云粘胶厂负责起草。

本标准主要起草人邓超、李谷云、夏志伟、丁苏华、贾立成。

前　　言

本标准规定了硅酮结构密封胶满足建筑玻璃系统装配用最基本技术要求。随着产品性能研究和试验方法研究的发展，将会补充新的技术要求和试验方法。

本标准非等效采用 ASTM C 1184—95《硅酮结构密封胶》标准，包括了该标准规定的全部物理力学性能。本标准拉伸粘接性技术指标高于 ASTM C 1184。根据我国国情，本标准增加了双组分产品“适用期”一项指标。本标准附录 A《相容性试验方法》等效采用了 ASTM C 1087—87《玻璃结构用密封胶同附件相容性试验方法》，并增加了剥离试验项目。

在试验方法上，本标准按非等效采用 ISO 标准的 GB/T 13477《建筑密封材料试验方法》和 GB/T 531《硫化橡胶邵氏 A 型硬度试验方法》。本标准规定的水-紫外线辐照老化试验方法，采用 JC/T 485 规定的方法，与 ISO 11431《建筑结构——密封胶——人工日光透过玻璃曝晒后粘接/粘附性测定》试验原理、试验条件基本相同，不同于 ASTM C 1184。

为指导产品的正确使用，本标准规定了相容性试验方法(附录 A)和使用工艺指南(附录 B)。

本标准为首次发布，自 1997 年 8 月 1 日起实施。

本标准附录 A 为标准的附录，附录 B 为标准的提示附录。

本标准由全国轻质与装饰装修建材标准化技术委员会归口。

本标准负责起草单位：中国化学建筑材料公司、郑州市中原应用技术研究所、河南省建筑材料研究设计院。

本标准参加起草单位：广州市白云粘胶厂、南海市嘉美化工厂、江门市精细化工厂、深圳金粤铝制品有限公司、深圳光华中空玻璃工程公司。

本标准主要起草人：马启元、张德恒、李谷云、刘明、丁苏华、王耀林、耿滨。

中华人民共和国国家标准

GB 16776—1997

建筑用硅酮结构密封胶

Structural silicone sealants for building

1 范围

本标准规定了建筑用硅酮结构密封胶(简称结构胶)的分类、要求、试验方法、检验规则、包装、标志、运输和贮存。本标准适用于建筑玻璃幕墙及其他结构的粘结、密封用结构胶。

2 引用标准

下列标准所包含的条文,通过在本标准中引用而构成本标准的条文。本标准出版时,所示版本均为有效。所有标准都会被修订,使用本标准的各方应探讨使用下列标准最新版本的可能性。

GB/T 531—92 硫化橡胶邵氏 A 型硬度试验方法

GB/T 13477—92 建筑密封材料试验方法

GB/T 14682—93 建筑密封材料术语

JC/T 485—92 建筑窗用弹性密封剂

JGJ 102—96 玻璃幕墙工程技术规范

3 术语

本标准采用的术语,按 GB/T 14682 定义。

4 分类

4.1 型别

产品分单组分型和双组分型,用组成产品的组分数数字标记。

4.2 适用基材类别

按产品适用基材分以下类别,用代号表示:

类别代号	适用基材
M	金属
C	水泥砂浆、混凝土
G	玻璃
Q	其他

4.3 产品标记

4.3.1 标记方法

产品按基础聚合物、型别、适用基材类别、标准号标记。

4.3.2 标记示例

如适用于金属、玻璃、混凝土的双组分结构胶,标记为:

国家技术监督局1997-05-15批准　　1997-08-01实施

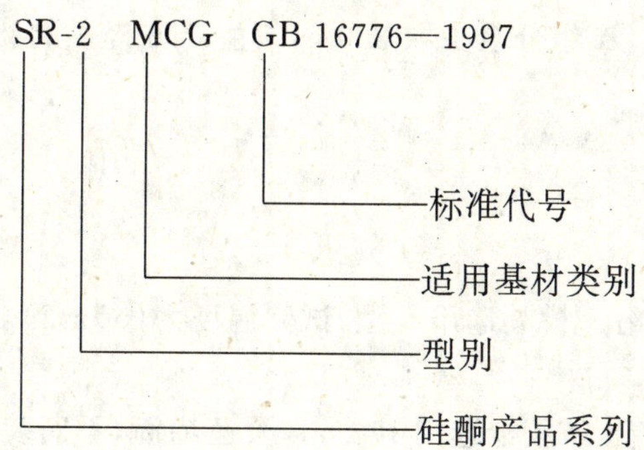

5 技术要求

5.1 外观

5.1.1 产品应为细腻、均匀膏状物、无结块、凝胶、结皮及不易迅速分散的析出物。

5.1.2 双组分结构胶的两组分颜色应有明显区别。

5.2 物理力学性能

产品物理力学性能应符合表1要求。

表 1

序号	项目			技术指标
1	下垂度	垂直放置,mm　不大于		3
		水平放置		不变形
2	挤出性,s　不大于			10
3	适用期1),min　不小于			20
4	表干时间,h　不大于			3
5	邵氏硬度			30～60
6	拉伸粘结性	拉伸粘结强度 MPa,不小于	标准条件	0.45
			90℃	0.45
			−30℃	0.45
			浸水后	0.45
			水-紫外线光照后	0.45
		粘结破坏面积,%　不大于		5
7	热老化	热失重,%　不大于		10
		龟裂		无
		粉化		无
1) 仅适用于双组分产品				

6 试验方法

6.1 试验基本要求

6.1.1 标准试验条件

温度(23±2)℃、相对湿度45%～55%。

6.1.2 试样准备

试样以原包装状态在6.1.1标准条件下放置24 h。

制备双组分结构胶试样时,A 组分至少取 250 g,按生产方提供的比例与固化剂(B 组分)混合搅拌 5 min。

6.2 外观

打开原包装容器目测检查。

6.3 下垂度

按 GB/T 13477 第 7 章进行。模具选用 b 型,试验温度为(50±2)℃。

6.4 挤出性

按 GB/T 13477 第 4 章进行,挤胶枪选用 177 mL 聚乙烯筒,不安装挤胶嘴,挤胶气压为 0.34 MPa,测定一次将全部试样挤出所需的时间,以秒计。

6.5 适用期

按生产方规定的比例混合双组分结构胶,从两个组分混和时开始计时。20 min 时,按 6.4 测定挤出性,应不大于 10 s。

6.6 表干时间

按 GB/T 13477 第 5 章规定进行。

6.7 邵氏硬度

按 GB/T 531 规定进行。

6.8 拉伸粘结性

6.8.1 基材

a) 基材规格应符合 GB/T 13477 第 13 章图 6 规定。

b) 按产品适用基材类别选用下列基材:

M 类——表面阳极氧化处理的铝板,厚度不小于 3 mm;

C 类——水泥砂浆板,厚度不小于 10 mm;

G 类——清洁、无镀膜浮法玻璃,厚度不小于 5 mm;

注:以上基材仅用于产品基本性能检验,不代表实际工程用基材的性质。实际工程用基材的粘结性应按附录 A 检验。

c) 产品生产方要求使用底涂时,所有试件表面应按规定进行底涂处理。

6.8.2 试件

a) 按 GB/T 13477 中 9.2 规定制备试件,每 5 块为一组。

b) 试件基材必须有一面为 G 类。

c) 制备后的试件按以下条件养护:

1) 双组分结构胶制备的试件在标准条件下放置 14 d;

2) 单组分结构胶制备的试件在标准条件下放置 21 d。

3) 养护期间在不损坏结构胶试件条件下,应尽快分离挡块。

6.8.3 标准条件下的拉伸粘结性

按 GB/T 13477 中 9.4、9.5、9.6 进行试验。

6.8.4 90℃时的拉伸粘结性

取一组试件放入(90±2)℃鼓风干燥箱中处理 1 h,然后在该温度下按 6.8.3 进行试验。

6.8.5 −30℃时的拉伸粘结性

取一组试件放入(−30±2)℃低温箱内处理 1 h,然后在该温度下按 6.8.3 进行试验。

6.8.6 浸水后拉伸粘结性

在标准条件下,将一组试件浸入蒸馏水或去离子水中保持 7 d,取出后 10 min 内按 6.8.3 进行试验。

6.8.7 水-紫外光照耐久性试验后拉伸粘结性

取一组试件，按 JC/T 485 中 5.12 规定，连续试验 300 h 后按 6.8.3 进行试验。

6.9 热老化

6.9.1 试验器具

a）鼓风干燥箱：温度控制在(90±2)℃；

b）天平：精度为 1 mg；

c）铝板：尺寸为 152 mm×80 mm×0.6 mm～1.6 mm；

d）金属模框：内框尺寸 130 mm×40 mm×6.4 mm；

e）刮刀：长约 150 mm。

6.9.2 试验步骤

6.9.2.1 取 3 块洁净的铝板，分别称重。

6.9.2.2 将金属模框放在铝板上，把结构胶刮涂在框内铝板上，刮平后立即取走模框，分别称重后，在标准条件下放置 7 d。

6.9.2.3 取 2 个试件放入 90℃鼓风干燥箱中，保持 21 d，第 3 个试件在标准条件下放置 21 d。

6.9.2.4 从干燥箱中取出的试件，在标准条件下冷却 1 h 后，称量。

6.9.3 质量损失按式(1)计算，试验结果取 2 个试件的算术平均值，精确至 0.1%：

$$\Delta W = \frac{(m_2 - m_3)}{(m_2 - m_1)} \times 100 \qquad (1)$$

式中：ΔW——质量损失，%；

m_1——铝板质量，g；

m_2——铝板和结构胶质量，g；

m_3——试验后铝板和结构胶质量，g。

6.9.4 龟裂和粉化检查：与第 3 个试件对比，检查试件表面变化情况。

7 检验规则

7.1 出厂检验

出厂检验项目为：

a）外观；

b）下垂度；

c）挤出性；

d）适用期；

e）表干时间；

f）邵氏硬度；

g）标准条件下拉伸粘结性。

7.2 型式检验

型式检验项目为本标准第 5 章所有的项目。有下列情况之一时，应进行型式检验：

a）新产品或老产品转厂生产的试制定型鉴定；

b）产品配方、原材料、工艺有较大改变时；

c）正常生产时，每年进行一次；

d）长期停产后恢复生产时；

e）出厂检验结果与上次型式检验有较大差异时；

f）国家质量监督机构提出进行型式检验要求时。

7.3 组批、抽样规则

7.3.1 连续生产时每 3 t 为一批，不足 3 t 以 3 t 计；间断生产时，每釜投料为一批。

7.3.2 随机抽样。抽取量应满足检验需用量。从原包装双组分结构胶中抽样后，应立即另行密封包装。

7.4 判定规则

7.4.1 外观质量不符合5.1规定，则判定该批产品不合格。

7.4.2 单项结果判定

表干时间、下垂度、拉伸粘结性试验项目，每个试件的试验结果均符合表1规定，则判定为该项合格；其余试验项目的试验结果符合表1规定的，则判定为该项合格。

7.4.3 在出厂检验和型式检验中若有两项达不到表1规定，则判定该批产品不合格；若有一项达不到规定，允许在该批产品中双倍抽样进行单项复验，如该项仍达不到规定，该批产品即判定为不合格。

8 包装、标志、运输及贮存

8.1 包装

单组分结构胶用密封的管状包装，外包装用纸箱或其他材料包装，每箱产品内应附一份产品合格证。双组分结构胶应分别装入两个密闭桶内，组成一组单元包装，每组单元包装应附一份产品合格证。批检验应附出厂检验单。

8.2 标志

包装容器外应标明：

a）生产厂名称及厂址；

b）产品名称；

c）产品标记；

d）生产日期；

e）产品生产批号；

f）贮存期；

g）包装产品净容量；

h）产品颜色；

i）产品使用说明。

8.3 贮存及运输

8.3.1 本产品为非易燃易爆材料，可按一般非危险品运输。

8.3.2 贮存运输中应防止日晒、雨淋，防止撞击、挤压产品包装。

8.3.3 贮存温度不高于27℃，贮存期不少于6个月；或按生产厂保证期限。

附 录 A
（标准的附录）
相容性试验方法

A1 范围

A1.1 本附录规定了结构胶同玻璃、铝型材结构系统附件（如：垫片、填料及调整片等）粘结，经热及紫外线老化后的相容性试验方法和剥离粘结性试验方法。用于确定结构胶与各种材料粘结相容性，适用于幕墙工程中玻璃结构系统的选材。

A1.2 本试验方法是一项实验筛选过程。试验后颜色和粘结性的改变是一项可用来确定材料相容性的关键，实践已表明试验中那些粘结性丧失和褪色的基材和附件，在实际使用中也同样会发生。

A2 试验原理

A2.1 用结构胶粘结实际工程用基材，测定剥离粘结性，确定结构胶与基材的相容性。

A2.2 用结构胶粘结玻璃结构系统各种附件，经热及紫外线老化处理后，考查试样颜色变化，检验与玻璃、附件的粘结性，确定结构胶与附件的相容性。

A3 实际工程用基材与结构胶相容性测定

按照 GB/T 13477 第 12 章规定方法试验，测定剥离粘结性。

A4 附件与结构胶相容性测定

A4.1 试验仪器与材料

A4.1.1 试验仪器

a）紫外线灯，符合 JC/T 485 中 5.12.1 要求；

b）紫外线强度计，量程为 1 000～4 000 μW/cm^2；

c）温度计，量程 0～100℃。

A4.1.2 试验材料

a）玻璃板，为清洁的浮法玻璃，尺寸为 76 mm×50 mm×6 mm，应制备 12 块；

b）防粘带，每块玻璃板用一条，尺寸为 25 mm×76 mm；

c）清洗剂，推荐用 50％异丙醇-蒸馏水溶液；

d）试验结构胶，实际工程采用的结构胶；

e）基准密封胶，与试验结构胶成分相近的半透明密封胶，由供应试验结构胶的制造厂提供或推荐。

A4.2 试件制备和准备

A4.2.1 试验室条件

应符合 6.1.1 要求，结构胶样品应在标准条件下至少放置 24 h。

A4.2.2 试件制备

A4.2.2.1 清洁玻璃、附件。用 A4.1.2c 规定的清洗剂洗净，擦除水分后自然风干。

A4.2.2.2 按图 A1 所示，在玻璃板一端粘贴防粘带，覆盖宽度约 25 mm。

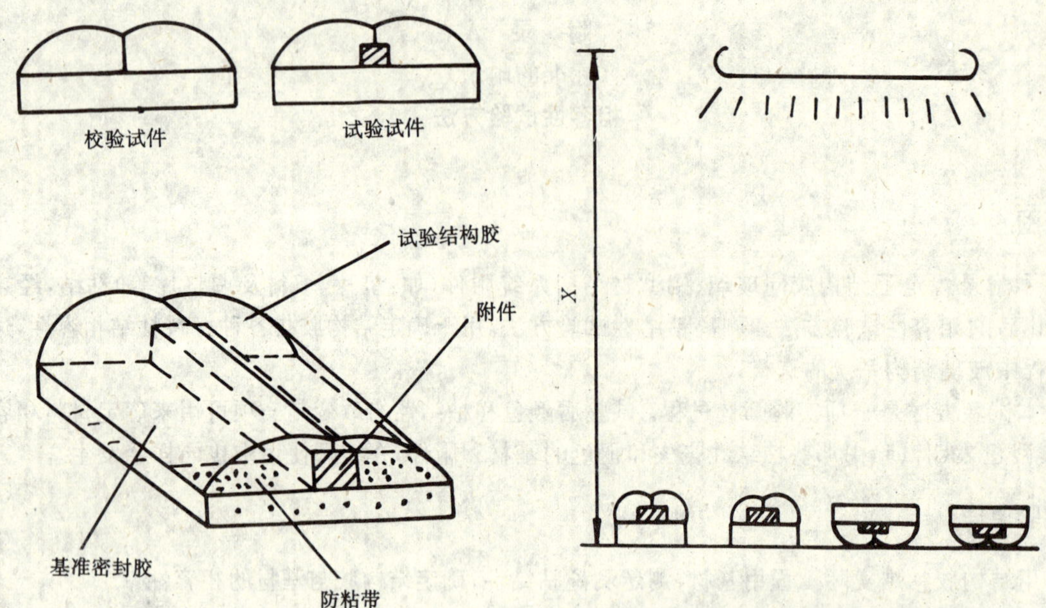

图 A1　试件　　　　图 A2　试件放置状态

A4.2.2.3　按图 A1 所示制备 12 块试件，6 块为校验试件，另外 6 块加附件为试验试件。附件应裁切成条状，尺寸为 6.5 mm×51 mm×6.5 mm，放置在玻璃板的中间。分别将基准密封胶和试验结构胶挤注在附件两侧至上部，并与玻璃粘结密实，两种胶相接处高于附件约 3 mm。

A4.2.2.4　制备的试件按 6.8.2c 处理。

A4.3　试验程序

A4.3.1　试件放置

试件编号后在 6.1.1 条件下放置 24 h。取试验试件和校验试件各三块，组成一组试件。将两组试件放在紫外线灯下，一组试件的密封缝向上，另一组试件的玻璃面向上(密封缝在下面)，见图 A2。

A4.3.2　光照试验

启动紫外线灯连续照射试样 21 d。用紫外线强度计和温度计测量试样表面，紫外线辐射强度为 2 000～3 000 μW/cm^2，温度为(50±2)℃。紫外线强度应每周测定一次。

A4.3.3　观察颜色变化和测定粘结力

A4.3.3.1　光照结束后，取出试件冷却 4 h。

A4.3.3.2　仔细观察并记录试验试件、校验试件上结构胶的颜色及其他值得注意的变化。

A4.3.3.3　测量结构胶与玻璃粘结性。将结构胶从防粘带处揭起，在与玻璃板结合处以 90°方向拉扯并从玻璃上剥离，测量并计算粘结破坏(AL)的百分率：

$$AL = 100 - CF \qquad (A1)$$

式中：AL——粘结破坏占破坏面积的百分率，%；

CF——内聚破坏占破坏面积的百分率，%。

A4.3.3.4　测量结构胶与附件粘结性。将结构胶从与附件结合处以 90°方向拉扯并从附件上剥离，测量并计算结构胶与附件粘结破坏的百分率。

A4.4　试验报告

试验结果按下表格式记录并报告：

相容性试验报告

试验开始时间＿＿＿＿＿ 试验标准＿＿＿＿＿ 登记号＿＿＿＿＿

试验完成时间＿＿＿＿＿ 用　　户＿＿＿＿＿ 试验者＿＿＿＿＿

试验材料标记： 试验结构胶： 基准密封胶： 附件：		校验试件		试验试件	
		密封缝向上	密封缝向下	密封缝向上	密封缝向下
试样编号		1 2 3	4 5 6	7 8 9	10 11 12
颜色及外观变化	基准密封胶				
	试验结构胶				
玻璃粘结破坏百分率，%	基准密封胶				
	试验结构胶				
附件粘结破坏百分率，%	基准密封胶				
	试验结构胶				
说明					

附　录　B

（提示的附录）

结构胶粘结装配玻璃结构单元件工艺指南

B1　范围

本附录规定了结构胶粘结装配玻璃结构单元件工艺和过程质量控制检测方法。适用于结构胶粘结装配结构单元件装配施工及质量控制，也可用于中空玻璃结构的制作。

B2　结构胶粘结装配玻璃结构单元件工艺

B2.1　组合装配结构单元件材料要求

B2.1.1　结构胶

应符合本标准要求。

B2.1.2　底涂材料

应符合供应方要求。

B2.1.3　基础材料

结构装配用玻璃、铝型材等被粘结的基础材料，按 A3 测定剥离粘结性。

B2.1.4　衬垫材料

按附录 A 试验应与结构胶相容。

注：附录 A 规定的相容性试验，应由结构胶制造厂进行。

B2.1.5　清洗用溶剂

推荐用试剂级丁酮、异丙醇，也可用二甲苯。

B2.1.6　抹布

白色清洁、柔软、烧毛处理的棉布。

B2.1.7 隔离胶带

推荐用纸基压敏胶带，粘贴后容易撕脱且不留痕迹。

B2.2 施工条件

B2.2.1 施工环境条件

a）环境温度为(5～30)℃，空气相对湿度为35%～75%。

b）注胶施工场地应清洁、平整、无粉尘，应有良好通风。

B2.2.2 施工机具

a）单组分结构胶挤注机具：

手动挤胶枪或气动注胶枪(配置气压为0.1～0.6 MPa空气压缩机)。

b）双组分结构胶专用混胶注胶机。

c）注胶整形修饰用刮刀、割刀、注胶工作平台。

B2.3 施工程序及工艺过程质量控制

B2.3.1 施工程序

按JGJ 102规定进行。

B2.3.2 双组分结构胶混合注胶时，应首先按B3.3检验混胶均匀性，合格后方能涂施结构胶。

B2.3.3 涂施结构胶的同时，应按B3.1进行随批剥离粘结试验。一旦试验脱粘，应追溯检查施工操作技术，停止同批制造的单元件出厂。

B2.3.4 密封粘结的玻璃单元件成品，应按B3.2进行切胶剥离粘结性测定。一旦试验脱粘，应追溯检查施工操作技术，由技术质量部门决定增加抽样试验，对同批玻璃单元件提出处理决定。

B2.4 玻璃结构单元件粘结密封装配质量

按JGJ 102规定进行。

B3 工艺过程质量控制检测方法

B3.1 随批剥离粘结试验

B3.1.1 取与玻璃结构单元件同质量的玻璃和铝型材，随单元件同时分别按B2.3施工程序清洗、涂施结构胶。

B3.1.2 注施的结构胶在B2.2.1a)条件下放置，单组分放置时间为7 d，双组分为3 d。

B3.1.3 按图B1从胶条一端以垂直或大于90°方向用力剥离结构胶，检查结构胶发生粘结脱胶a或内聚破坏b现象，记录内聚破坏百分比。测定中，如果结构胶发生断裂，表明粘结良好(粘结强度大于内聚强度)；如果在胶内气孔或缺陷处发生断裂，表明施工操作技术有问题。

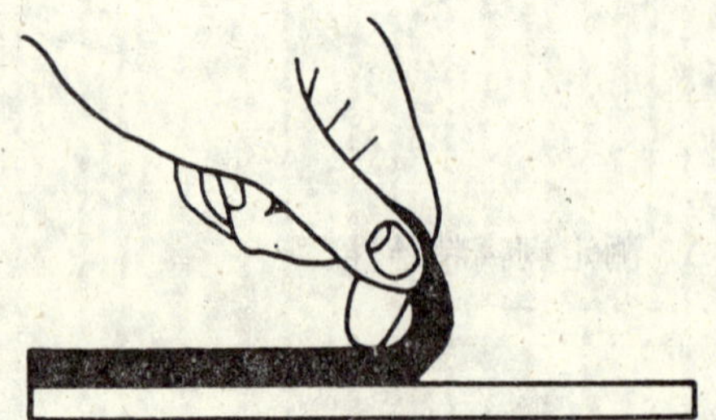

a 粘结脱胶

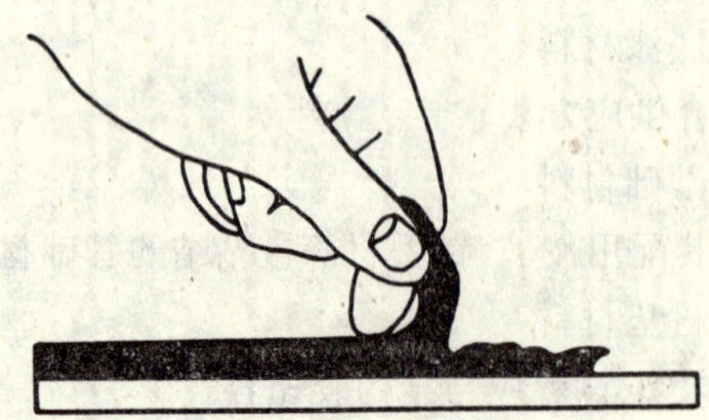

b 内聚破坏

图B1 随批剥离粘结性测定示意图

B3.2 玻璃结构单元件成品切胶剥离粘结性测定

B3.2.1 应从每100个单元件中随机抽取一件。抽取试验的单元件上结构胶应初步固化。使用双组分结构胶应固化 7 d,单组分结构胶应固化 14 d。

B3.2.2 切开装配框与玻璃之间的结构胶,使玻璃与铝框分开,然后用刀切断结构胶并沿基材水平切出长约 50 mm 的胶条。

B3.2.3 按图 B2 所示,用手紧握结构胶条以大于 90°方向剥离,检查结构胶发生内聚破坏 b 或脱胶 a 现象,记录内聚破坏的百分比。

B3.3 混胶均匀性测定

B3.3.1 将混胶注胶机挤出的胶,挤注在纸(尺寸相当于 A4 复印纸)中间,折合纸将胶压平。

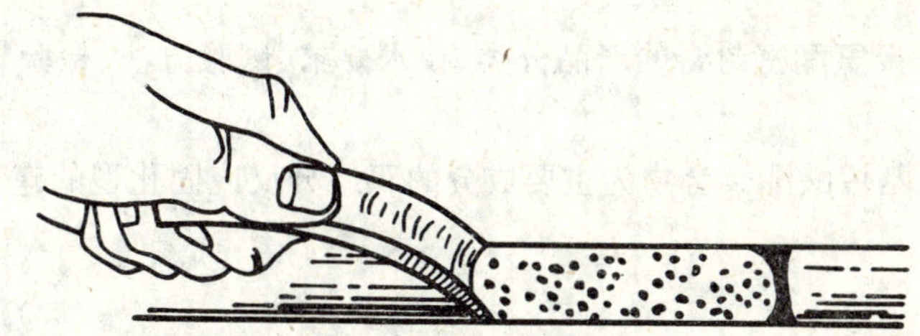

图 B2 单元件切胶剥离粘结性测定示意

B3.3.2 打开纸检查结构胶,混合均匀的结构胶应无异色条纹,如果胶上出现白色条纹,则表明混胶不均匀。

中华人民共和国建材行业标准

JC 482—92

聚氨酯建筑密封膏

1 主题内容与适用范围

本标准规定了建筑用聚氨酯密封膏的产品分类、技术要求、试验方法、检验规则及标志、包装、运输及贮存的基本要求。

本标准适用于以聚氨基甲酸酯聚合物为主要成分的双组分反应固化型的建筑密封材料。

2 引用标准

GB 3186 涂料产品的取样

GB/T 13477 建筑密封材料试验方法

3 产品分类

3.1 类型

聚氨酯建筑密封膏按流变性分为两种类型：

N 型：非下垂型；

L 型：自流平型。

3.2 产品标记

3.2.1 标记方法

产品按下列顺序标记：名称、拉伸-压缩循环性能级别、类型、标准号。

3.2.2 标记示例

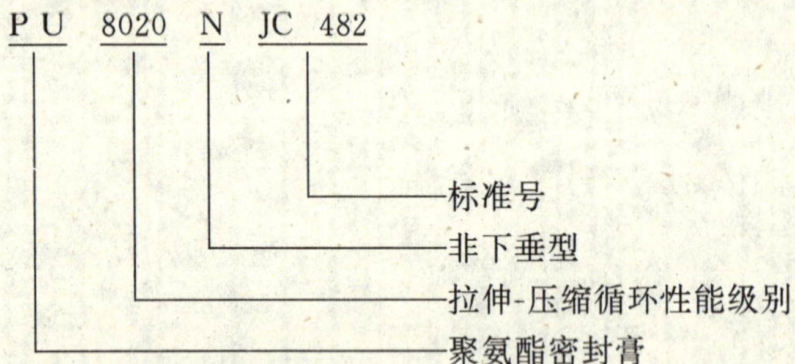

4 技术要求

4.1 外观质量

4.1.1 经目测，密封膏应为均匀膏状物，无结皮、凝胶或不易分散的固体团块。

4.1.2 密封膏的颜色与供需双方商定的样品相比，不得有明显差异。

4.2 理化性能

聚氨酯建筑密封膏的理化性能必须符合下表的规定。

国家建筑材料工业局1992-08-08批准 1993-02-01实施

表 1

序号	项目			技术指标		
				优等品	一等品	合格品
1	密度,g/cm^3			规定值±0.1		
2	适用期,h		不小于	3		
3	表干时间,h		不大于	24	48	
4	渗出性指数		不大于	2		
5	流变性	下垂度(N型),mm	不大于	3		
		流平性(L型)		5℃自流平		
6	低温柔性,℃			−40	−30	
7	拉伸粘结性	最大拉伸强度,MPa	不小于	0.200		
		最大伸长率,%	不小于	400	200	
8	定伸粘结性,%			200	160	
9	恢复率,%		不小于	95	90	85
10	剥离粘结性	剥离强度,N/mm	不小于	0.9	0.7	0.5
		粘结破坏面积,%	不大于	25	25	40
11	拉伸-压缩循环性能	级别		9 030	8 020	7 020
		粘结和内聚破坏面积,%	不大于	25		

5 试验方法

5.1 试验基本要求

5.1.1 标准试验条件

标准试验条件同 GB/T 13477 第 2 章规定。

5.1.2 密封膏的混合与制样

聚氨酯建筑密封膏两组分应按生产厂标明的比例混合均匀、避免混入气泡。混合后应在 30 min 内注模成型完毕,制样时,应使试料充满模具内腔,勿带入气泡。

5.1.3 密封膏的固化条件

测试固化后性能的试件应在标准条件下放置 14 d。

注:在出厂检验时,允许适当加温以加速固化,但在型式检验或仲裁检验时不得使用加速固化条件。

5.2 密度的测定

按 GB/T 13477 第 3 章试验。

5.3 适用期的测定

5.3.1 按 GB/T 13477 第 4 章试验。挤出器选用 250 mL 黄铜枪筒(见图 1),喷嘴内径为 6 mm。型式检验和仲裁试验采用 A 法试验,出厂检验也可采用 B 法试验。

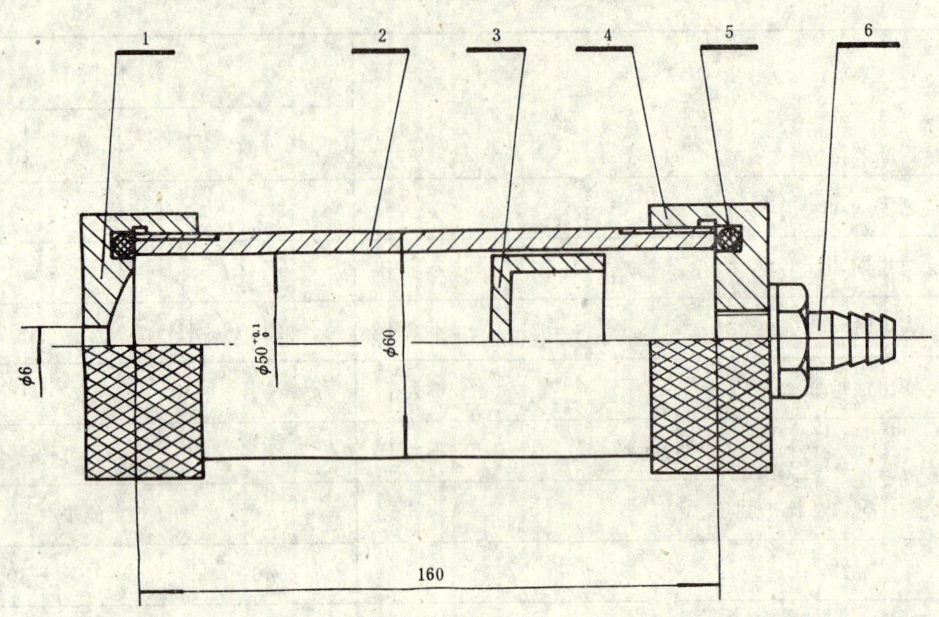

图 1 挤出器

1—枪嘴；2—枪筒；3—活塞；4—底盘；5—密封圈；6—接头

5.3.2 每个试件挤出 3 次，时间间隔为 1 h，计算各次挤出率(mL/min)。描绘出各次挤出的时间(h)与挤出率的关系曲线，读取挤出率为 50 mL/min 时对应的时间，即为适用期。精确至 0.5 h，取 3 个试件的平均值。

5.4 表干时间的测定

按 GB/T 13477 第 5 章试验。

5.5 渗出性的测定

按 GB/T 13477 第 6 章试验。

5.6 流变性的测定

5.6.1 下垂度的测定

按 GB/T 13477 第 7 章试验。模具选用 b 型。

试件在 70℃恒温箱中垂直放置，时间为 5 h。

5.6.2 流平性的测定

5.6.2.1 试验器具

a. 模具：槽形容器，用 1 mm 厚耐蚀金属制成，尺寸如图 2 所示；

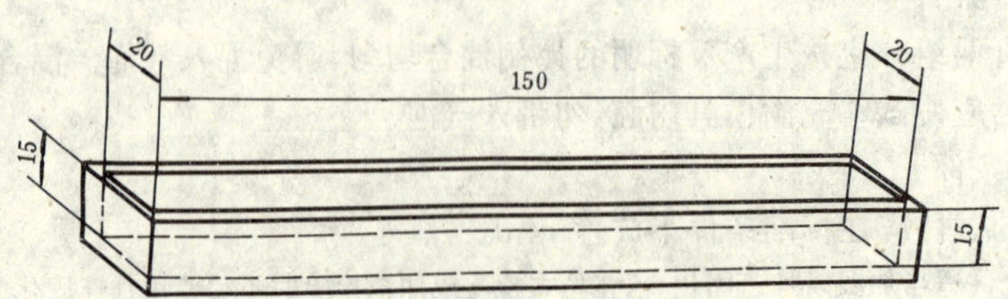

图 2 流平性试验模具示意图

b. 低温恒温箱：温度能控制在 5±2℃。

5.6.2.2 试验步骤

将试料和模具在 5±2℃的低温恒温箱内静置 30 min。然后沿模具的一端到另一端注入约 20 mL 试料，在同样温度下水平静置 1 h，观察试料表面是否平整光滑。

5.6.2.3 试验报告

试验报告应写明下述内容：

a. 试料的名称、类型、批号；

b. 流平情况。

5.7 低温柔性的测定

按 GB/T 13477 第 8 章试验。

选用直径 6 mm 的圆棒。

5.8 拉伸粘结性和定伸粘结性的测定

按 GB/T 13477 第 9 章和第 10 章分别进行试验。试件按 A 法处理，试验温度为 23±2℃。最大拉伸强度和最大伸长率均保留 3 位有效数字。定伸宽度选用 200%和 160%。

5.9 恢复率的测定

按 GB/T 13477 第 11 章试验，试件按 A 法处理。伸长率选用 160%。

5.10 剥离粘结性的测定

按 GB/T 13477 第 12 章试验。

试验报告应写明每组试件粘结和内聚破坏面积的平均百分比(%)，精确至 1%。

5.11 拉伸-压缩循环性能的测定

按 GB/T 13477 第 13 章试验。

试验报告应写明每组试件粘结和内聚破坏面积的平均百分比(%)，精确至 1%。

6 检验规则

6.1 出厂检验

生产厂应按本标准的规定，对每批密封膏产品进行出厂检验。

检验项目为：

a. 外观；

b. 适用期；

c. 表干时间；

d. 流变性；

e. 拉伸粘结性；

f. 恢复率。

6.2 型式检验

有下列情况之一时，须按本标准第 4 章要求的项目逐项进行型式检验：

a. 新产品试制或老产品转厂生产的试制定型鉴定；

b. 正常生产时，每年进行 1 次型式检验；

c. 产品的原料、配方、工艺有较大改变，有可能影响产品质量时；

d. 产品停产一年以上，恢复生产时；

e. 出厂检验结果与上次型式检验有较大差异时；

f. 国家质量监督机构提出进行型式检验要求时。

6.3 组批与抽样规则

6.3.1 组批

以同一等级、同一类型的 200 桶产品为一批(包括 A 组分和配套的 B 组分)。不足 200 桶也作一批。

6.3.2 抽样

抽样方法及数量按照 GB 3186 的规定执行。每组试料数量为：出厂检验不少于 1.0 kg，型式检验不少于 2.5 kg。

6.4 **判定规则**

6.4.1 外观质量不符合4.1条规定的产品为不合格品。

6.4.2 在出厂检验和型式检验中，产品有3项以上(含3项)指标不符合规定时，则该批产品为不合格品；产品有2项以下(含2项)指标不符合规定时，可在同批产品中双倍抽样进行复验，如仍有不合格项目，则该批产品为不合格品。

7 标志、包装、运输与贮存

7.1 **标志**

产品包装上应涂刷或印制牢固的标志，其内容包括：

a. 制造厂名；

b. 产品名称；

c. 商标；

d. 产品标记和质量等级标记；

e. 生产日期或批号；

f. 净重；

g. 组分标记。

7.2 **包装**

7.2.1 聚氨酯建筑密封膏应用干燥、清洁、坚固且保证密封的铁桶包装。两组分应分别包装，并配套组成单元包装。

7.2.2 包装上应有防雨、防潮、不倒置标志。包装出厂时应附有产品合格证和产品说明书。

7.3 **运输**

7.3.1 聚氨酯密封膏不易燃、易爆，可按一般非危险品运输。

7.3.2 运输应防止日晒雨淋，防止撞击、挤压包装。

7.4 **贮存**

7.4.1 聚氨酯密封膏应贮存在干燥、通风、阴凉的仓库内。

7.4.2 聚氨酯建筑密封膏在规定的包装容器内于27℃以下温度贮存时，自生产之日起保质期为6个月。

附加说明：

本标准由河南建筑材料研究设计院负责起草。

本标准主要起草人邓超、李谷云。

本标准委托河南建筑材料研究设计院负责解释。

中华人民共和国建材行业标准

JC 483—92

聚 硫 建 筑 密 封 膏

1 主题内容与适用范围

本标准规定了聚硫建筑密封膏的产品分类、技术要求、试验方法、检验规则及包装、标志、运输及贮存等基本要求。

本标准适用于以液态聚硫橡胶为基料的常温硫化双组分建筑密封膏。

2 引用标准

GB 3186 涂料产品的取样

GB/T 13477 建筑密封材料试验方法

3 产品分类

3.1 类别

按伸长率和模量分为A类和B类：

A类：指高模量低伸长率的聚硫密封膏。

B类：指高伸长率低模量的聚硫密封膏。

3.2 型别

按流变性分为N型和L型：

N型：指用于立缝或斜缝而不塌落的非下垂型。

L型：指用于水平接缝能自动流平形成光滑平整表面的自流平型。

3.3 拉伸-压缩循环性能级别

按试验温度及拉伸压缩百分率分为9 030、8 020、7 010。

3.4 产品标记

3.4.1 标记方法

产品按下列顺序标记：名称、拉伸-压缩循环性能级别、类别、型别、本标准号。

3.4.2 标记示例

非下垂型B类8020级聚硫建筑密封膏标记为：

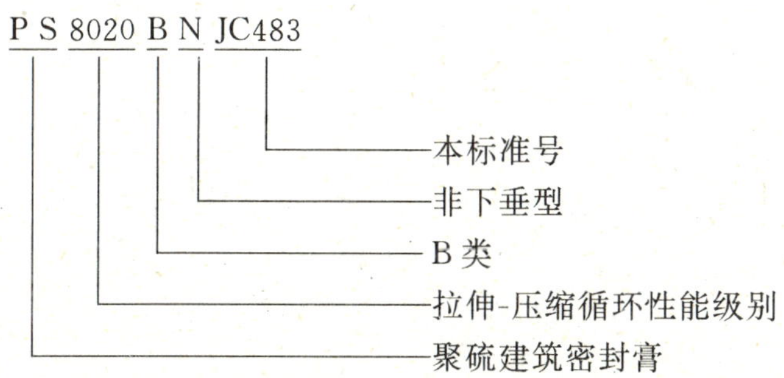

国家建筑材料工业局1992-08-08批准　　　　1993-02-01实施

4 技术要求

4.1 外观质量

4.1.1 外观应为均匀膏状物、无结皮结块、无不易分散的析出物，两组分应有明显色差。

4.1.2 密封膏颜色与供需双方商定的颜色不得有明显差异。

4.2 理化性能

聚硫建筑密封膏理化性能必须符合下表中规定的技术指标要求。

序号	指标 / 试验项目		等级	A类		B类		
				一等品	合格品	优等品	一等品	合格品
1	密度，g/cm^3			规定值±0.1				
2	适用期，h			2～6				
3	表干时间，h		不大于	24				
4	渗出性指数		不大于	4				
5	流变性	下垂度(N型)，mm	不大于	3				
		流平性(L型)		光滑平整				
6	低温柔性，℃			−30		−40	−30	
7	拉伸粘接性	最大拉伸强度，MPa	不小于	1.2	0.8	0.2		
		最大伸长率，%	不小于	100		400	300	200
8	恢复率，%		不小于	90		80		
9	拉伸-压缩循环性能	级　别		8 020	7 010	9 030	8 020	7 010
		粘接破坏面积，%	不大于	25				
10	加热失重，%		不大于	10		6	10	

5 试验方法

5.1 试验基本要求

5.1.1 标准试验条件同 GB/T 13477 第 2 章规定。

5.1.2 密封膏的混合

基膏与硫化膏按生产厂标明的比例混合均匀，避免带入气泡。

5.1.3 硫化条件

将制备好的试件在标准条件下放置 14 d。

在出厂检验时，允许采用加速硫化条件，即 80℃，8 h。但在型式检验或仲裁检验时不得使用加速硫化条件。

5.2 密度的测定

按 GB/T 13477 第 3 章试验。

5.3 适用期的测定

5.3.1 试验器具

试验器具同 GB/T 13477 第 4 章。

料筒选用 177 mL 聚乙烯筒，喷嘴口径为 6 mm。

5.3.2 试验方法

按 GB/T 13477 第 4 章 B 法试验，描绘出从混合开始的时间与挤出率的关系曲线，读取挤出速度为 50 mL/min的对应时间即为适用期。

5.3.3 试验报告

试验报告应写明下述内容：

a. 密封膏名称、类型、批号；

b. 挤出筒体积和喷嘴口径；

c. 适用期；

d. 测定日期。

5.4 表干时间的测定

按 GB/T 13477 第 5 章试验。

5.5 渗出性的测定

按 GB/T 13477 第 6 章试验。

5.6 流变性的测定

5.6.1 下垂度的测定

按 GB/T 13477 第 7 章试验。

A 类产品用 a 型模具测定；B 类产品用 b 型模具测定。

试验温度选用 50±2℃。试件垂直放置。

5.6.2 流平性的测定

5.6.2.1 试验器具

a. 模具：槽形容器，用 1 mm 厚耐蚀金属制成，尺寸如下图所示；

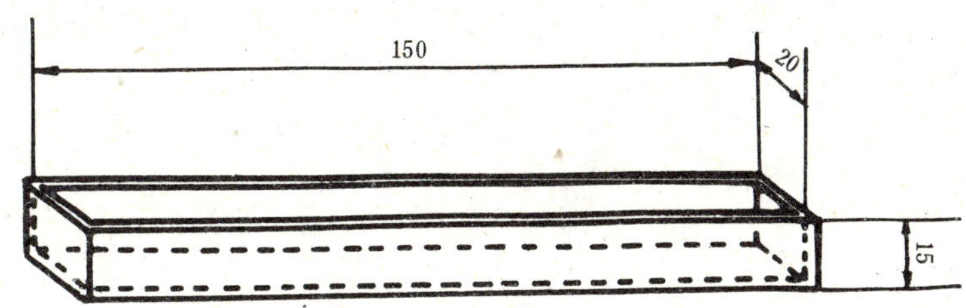

流平性试验模具示意图

b. 低温试验箱：温度能控制在 5±2℃。

5.6.2.2 试验步骤

将待测的基膏和硫化膏在 5±2℃条件下放置 8 h，模具也在同样条件下放置 1 h，然后从 5±2℃低温箱中取出混合均匀，再放回低温箱中放置 30 min，然后沿模具的一端到另一端注入约 20 mL 试料，在同样温度下水平静置 1 h，观察试料表面是否光滑平整。

5.6.2.3 试验报告

试验报告应写明下述内容：

a. 密封膏名称、类型、批号；

b. 流平状况；

c. 测定日期。

5.7 低温柔性的测定

按 GB/T 13477 第 8 章试验。

试验选用直径为 6 mm 圆棒。

5.8 **拉伸粘接性的测定**

按 GB/T 13477 第 9 章试验，试件按 A 法处理。试验温度为 23±2℃。

5.9 **恢复率的测定**

按 GB/T 13477 第 11 章试验。

A 类产品的测定伸长率选用 160%。

B 类产品的测定伸长率选用 200%。

5.10 **拉伸-压缩循环性能的测定**

按 GB/T 13477 第 13 章试验。

试验报告应写明每组试件粘接破坏面积的百分比，精确至 1%。

5.11 **加热失重的测定**

5.11.1 试验器具

a. 培养皿：ϕ75 mm；

b. 鼓风干燥箱：可调 80±2℃；

c. 天平：称量 200 g，感量 0.001 g；

d. 干燥器：ϕ250 mm；

e. 油灰刀：小号。

5.11.2 试件的制备

将培养皿清洗干净，在 100℃干燥箱中烘至恒重。

按配比称取适量基膏与硫化膏，混合均匀。用油灰刀在恒重的培养皿中涂上直径约 60 mm，厚约 2 mm混合均匀的试料，将另一块培养皿盖在涂有试料的培养皿上，称其重量，然后在标准条件下放置 14 d。每组制备三个试件。

5.11.3 试验步骤

将硫化好的试件放入 80±2℃的鼓风干燥箱中加热 168 h，然后取出在干燥器中放置 2 h，称重。

5.11.4 试验结果的计算

加热失重按下式计算：

$$L = \frac{M_2 - M_3}{M_2 - M_1} \times 100$$

式中：L——加热失重，%；

M_1——培养皿重，g；

M_2——加热前培养皿与试料重，g；

M_3——加热后培养皿与试料重，g。

5.11.5 试验报告

试验报告应写明下述内容：

a. 密封膏名称、类型，批号；

b. 加热失重平均值；

c. 测定日期。

6 检验规则

6.1 出厂检验

生产厂应按本标准的规定，对每批产品进行出厂检验。

出厂检验项目为：

a. 适用期;

b. 表干时间;

c. 下垂度或流平性;

d. 拉伸粘接性。

6.2 型式检验

有下列情况之一者,必须按本标准第 4 章规定的全部项目进行型式检验:

a. 正常生产每年进行一次;

b. 在主要原材料及配方有较大变动可能影响产品质量时;

c. 产品停产一年以上,恢复生产时;

d. 出厂检验结果与上次型式检验有较大差异时;

e. 国家质量监督机构提出进行型式检验要求时。

6.3 组批与抽样规则

6.3.1 组批:以出厂的同等级同类型产品每 2 t 为一批,进行出厂检验。不足 2 t 也可为一批。

6.3.2 抽样:按照 GB 3186 规定执行。

6.4 判定规则

在产品检验项目中,若有三项以上指标不合格时,即该批为不合格产品。若有两项以下不合格时,可再从该批产品中抽取双倍样品进行单项复验,仍有一项不合格时该批产品判定为不合格产品。

7 标志、包装、运输与贮存

7.1 标志

包装筒及包装箱上应有明显标志,其内容包括:

a. 制造厂名;

b. 产品名称;

c. 商标;

d. 产品标记和质量等级标记;

e. 生产日期或产品批号;

f. 净重;

g. 组分标记。

7.2 包装

7.2.1 产品基膏用镀锌铁桶或塑料筒包装,硫化膏用塑料袋或内筒隔离装于基膏包装筒内,也可采用两组分分别包装。小包装或相应的基膏和硫化膏可用纸箱或木箱集装,以防组分散失。

7.2.2 包装上应有防雨淋、不倒置标志,包装箱内应附有产品合格证和使用说明书。

7.3 运输

7.3.1 聚硫建筑密封膏不易燃、无爆炸危险可按一般非危险品运输。

7.3.2 运输中严防日晒雨淋,禁止接近热源防止碰撞挤压,保持包装完好无损。

7.4 贮存

7.4.1 聚硫建筑密封膏应贮存于阴凉、干燥、通风的仓库中,桶盖必须盖紧。

7.4.2 在不高于 27℃的条件下、自生产之日起贮存期为六个月。

附加说明:

本标准由化学工业部锦西化工研究院负责起草。

本标准主要起草人钱隆昌。

中华人民共和国建材行业标准

JC 484—92

丙烯酸酯建筑密封膏

1 主题内容与适用范围

本标准规定了单组分水乳型丙烯酸酯建筑密封膏的技术要求、试验方法、检验规则及包装、标志、运输及贮存等基本要求。

本标准适用于以丙烯酸酯乳液为基料的建筑密封膏。

2 引用标准

GB 3186 涂料产品的取样

GB/T 13477 建筑密封材料试验方法

3 产品标记

3.1 标记方法

产品按下列顺序标记：名称、拉伸-压缩循环性能级别，本标准号。

3.2 标记示例

拉伸-压缩循环性能级别为7010的丙烯酸酯建筑密封膏标记为：

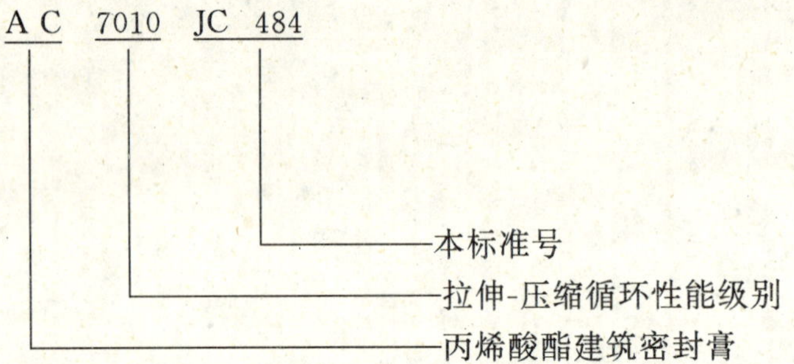

4 技术要求

4.1 外观质量

4.1.1 外观应为无结块、无离析的均匀细腻的膏状体。

4.1.2 产品颜色与供需双方商定的色标，应无明显差别。

4.2 理化性能

产品理化性能应符合下表要求。

国家建筑材料工业局1992-08-08批准　　1993-02-01实施

序号	项目			技术要求		
				优等品	一等品	合格品
1	密度，g/cm^3			规定值±0.1		
2	挤出性，mL/min		不小于	100		
3	表干时间，h		不大于	24		
4	渗出性指数		不大于	3		
5	下垂度，mm		不大于	3		
6	初期耐水性			未见浑浊液		
7	低温贮存稳定性			未见凝固、离析现象		
8	收缩率，%		不大于	30		
9	低温柔性，℃			−40	−30	−20
10	拉伸粘结性	最大拉伸强度，MPa		0.02～0.15		
		最大伸长率，%	不小于	400	250	150
11	恢复率，%		不小于	75	70	65
12	拉伸-压缩循环性能	级别		7 020	7 010	7 005
		平均破坏面积，%	不大于	25		

5 试验方法

5.1 标准试验条件

按 GB/T 13477 第 2 章规定。

5.2 密度的测定

按 GB/T 13477 第 3 章进行。

5.3 挤出性的测定

按 GB/T 13477 第 4 章 B 法进行。挤出筒 177 mL，挤出嘴直径为 4 mm，测得 5～15 s 挤出密封膏的质量，mL/min 计。

5.4 表干时间的测定

按 GB/T 13477 第 5 章进行。

5.5 渗出性的测定

按 GB/T 13477 第 1 章进行。

5.6 下垂度的测定

按 GB/T 13477 第 7 章进行。采用 b 型模具，试验温度为 50±2℃，试件垂直吊挂。

5.7 初期耐水性的测定

5.7.1 试验器具

500 mL 烧杯 3 个。

5.7.2 试件制备

水泥砂浆试件按 GB/T 13477 第 9 章规定制备，试件尺寸符合下图 a 所示，24 h 脱模后，在水中养护 6 d，然后在标准条件下放置 14 d。

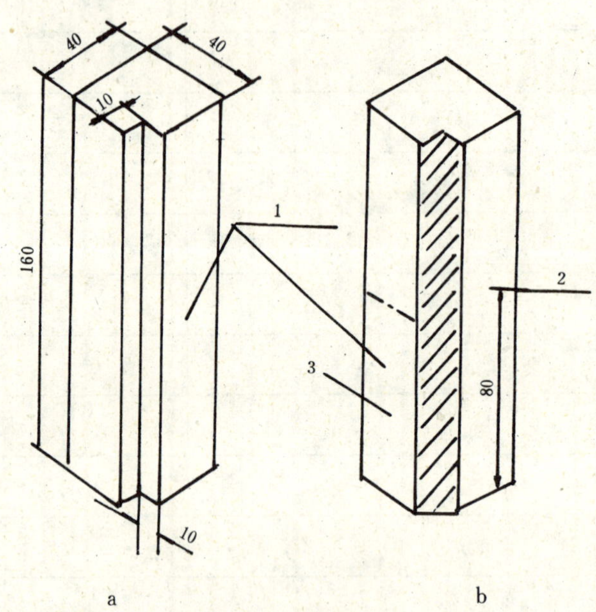

初期耐水性试验

1—砂浆块；2—水面；3—试样

5.7.3 试件处理

将试样如图中 b 所示填入砂浆块 10 mm×10 mm 槽内，填充时，避免混入气泡，制作 3 块试件，然后在标准条件下放置 24 h。

5.7.4 试验步骤

将养护后的试件竖立在 500 mL 的烧杯中，注入 23±2℃清水，如图中 b 所示，试件浸入水中约 80 mm，经 24 h 后观察浸渍水是否浑浊。

5.7.5 试验报告

分别写明 24 h 后，3 个烧杯中浸渍水是否浑浊。

5.8 低温贮存稳定性的测定

5.8.1 试验器具

a. 低温箱：温度可调节为－5±2℃；

b. 容器：容量约 100 mL 带有磨口瓶塞的玻璃容器 3 个。

5.8.2 试验步骤

在 3 个容器内分别装入约 50 mL 试样后密封，在－5±2℃的低温箱中保持 18 h 后取出容器，在标准条件下搁置 6 h，如此反复 3 次后打开容器盖子，用玻璃棒搅拌，观察试样中是否产生了凝固、离析等异常现象。

5.8.3 试验报告

分别写明 3 个循环后的试样，是否产生凝固、离析等现象。

5.9 收缩率的测定

5.9.1 试验材料及器具

a. 脱膜纸：不渗透或者不粘附密封膏的涂膜复合纸；

b. 天平：感量 0.01 g；

c. 容量瓶：50 mL 两个；

d. 滴定管：50 mL；

e. 蒸馏水。

5.9.2 试验步骤

5.9.2.1 在两张已称量的脱膜纸下分别挤出三条直径为 3 mm，长 50 mm 的密封膏，然后称出每组(三条为一组)密封膏的质量，精确到 0.01 g。

5.9.2.2 将条状密封膏试样于脱膜纸上，在标准条件下养护 28 d。

5.9.2.3 28 d 养护后，从纸上取下三条密封膏，将其置于容量瓶中，然后再用滴定管向装有密封膏的容量瓶的标线滴入蒸馏水。

5.9.2.4 对另一张脱膜纸上的三条密封膏试样重复 5.9.2.3 的方法进行处理。

5.9.3 计算

体积收缩率按下式计算 ε(%)：

$$\varepsilon = \frac{(A \cdot B) - (50 - C)}{A \cdot B} \times 100$$

式中：A——密封膏的初始质量，g；

B——密封膏单位质量的体积(mL/g)，根据 5.2 条密度法换算求得；

C——向容量瓶标志线滴入的蒸馏水体积，mL。

5.9.4 试验报告

写明两个体积收缩率测定结果的平均值取三位有效数字。

5.10 低温柔性的测定

按 GB/T 13477 第 8 章采用 ϕ25 mm 圆棒进行。

5.11 拉伸粘结性的测定

按 GB/T 13477 第 9 章进行。试件处理按 A 法进行，试验温度 23±2℃。

5.12 恢复率的测定

按 GB/T 13477 第 11 章进行。试件拉伸到原始宽度的 125%，保持 5 min，记录 1 h 的恢复率。

5.13 拉伸-压缩循环性能的测定

按 GB/T 13477 第 13 章进行。

6 检验规则

6.1 出厂检验

每批产品应进行出厂检验，检验项目包括：

a. 挤出性；

b. 表干时间；

c. 渗出性；

d. 下垂度。

6.2 型式检验

有下列情况之一时，须按上表所列项目进行型式检验：

a. 新产品或老产品转厂生产的试制定型鉴定；

b. 正常生产时，每年进行一次型式检验；

c. 产品的原料、配方、工艺有较大改变，可能影响产品性能时；

d. 产品长期停产后，恢复生产时；

e. 出厂检验结果与上次型式检验有较大差异时；

f. 国家质量监督机构提出进行型式检验的要求时。

6.3 组批与抽样规则

6.3.1 以同一等级的 5 t 产品为一批，不足 5 t 也可作为一批，进行出厂检验。

6.3.2 抽样按照 GB 3186 进行。混合均匀后，取两份试样各为 0.5～1.0 kg。一份密封贮存备用，另一份用作检验。

6.4 判定规则

6.4.1 外观质量不符合 4.1 条规定的产品为不合格品。

6.4.2 该批产品的试验结果中若有三项不合格，则为不合格产品；有二项以下不合格，可在该批产品中双倍取样进行单项复试，如仍有一项不合格，则该批为不合格产品。

7 包装、标志、运输与贮存

7.1 包装

产品可采用塑料桶装或管装。塑料桶装产品可根据购货方要求包装数量由厂方自定。

7.2 标志

包装容器外应标明：

a. 制造厂名；

b. 商标；

c. 产品名称；

d. 产品标记；

e. 质量等级；

f. 生产日期；

g. 净重；

h. 色别。

7.3 贮存与运输

7.3.1 本产品不易燃易爆，可按一般非危险品运输。

7.3.2 贮存运输应防止日晒、雨淋，防止撞击、挤压包装。

7.3.3 贮存温度 5～26℃，自生产日期起，贮存期为一年。

附加说明：

本标准由冶金部建筑研究总院、苏州混凝土水泥制品研究院负责起草。

本标准主要起草人姚国芳、朱元光、冯晓军、张丕华、陈再新。

中华人民共和国建材行业标准

JC 485—92

建筑窗用弹性密封剂

1 主题内容与适用范围

本标准规定了建筑门窗及玻璃镶嵌用弹性密封剂的产品分类、技术要求、试验方法、检验规则和包装、标志、运输、贮存的基本要求。提出了应用指南(附录A)和术语(附录B)。

本标准适用于硅酮、改性硅酮、聚硫、聚氨酯、丙烯酸、丁基、丁苯、氯丁等合成高分子材料为基础的弹性密封剂。

本标准不适用于塑性体或以塑性为主要特征的密封剂及密封腻子。不适用于水下、防火等特种门窗用密封剂和玻璃粘结剂。

2 引用标准

GB/T 13477 建筑密封材料试验方法

3 产品分类

3.1 系列

产品按基础聚合物划分系列(见表1)。

表1 系列

系列代号	密封剂基础聚合物
SR	硅酮聚合物
MS	改性硅酮聚合物
PS	聚硫橡胶
PU	聚氨基甲酸酯
AC	丙烯酸酯聚合物
BU	丁基橡胶
CR	氯丁橡胶
SB	丁苯橡胶

注：以其他聚合物为基础的密封剂，标记取聚合物通用代号。

3.2 级别

按产品允许承受接缝位移能力，分为1级(±30%)，2级(±20%)，3级(±5～±10%)三个级别。

3.3 类别

按产品适用基材分为以下类别(见表2)。

国家建筑材料工业局1992-08-08批准　　1993-02-01实施

表 2　类别

类别代号	适用基材
M	金属
C	混凝土、水泥砂浆
G	玻璃
Q	其他

3.4　**型别**

按产品适用季节分型：

S 型——夏季施工型；

W 型——冬季施工型；

A 型——全年施工型。

3.5　**品种**

按固化机理分为四种(见表 3)。

表 3　品种

品种代号	固化形式
K	湿气固化，单组分
E	水乳液干燥固化，单组分
Y	溶剂挥发固化，单组分
Z	化学反应固化，多组分

3.6　**产品标记**

产品按系列、级别、类别、型别、品种、本标准号标记为：

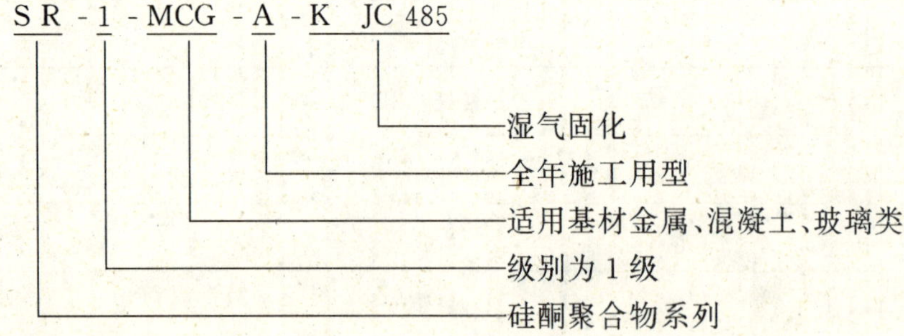

4　技术要求

4.1　**外观**

4.1.1　密封剂不应有结块、凝胶、结皮及不易迅速均匀分散的析出物。

4.1.2　颜色应与供需双方商定样品相符。双组分密封剂两个组分的颜色应有明显差别。

4.2　**物理力学性能**

产品物理力学性能必须符合表 4 要求。

表 4 物理力学性能要求

序号	项目			1 级	2 级	3 级
1	密度,g/cm³		不大于	规定值±0.1		
2	挤出性,mL/min		不小于	50		
3	适用期,h		不小于	3		
4	表干时间,h		不大于	24	48	72
5	下垂度,mm		不大于	2	2	2
6	拉伸粘结性能,MPa		不大于	0.40	0.50	0.60
7	低温贮存稳定性[1)]			无凝胶、离析现象		
8	初期耐水性[1)]			不产生浑浊		
9	污染性[1)]			不产生污染		
10	热空气-水循环后定伸性能,%			200	160	125
11	水-紫外线辐照后定伸性能,%			200	160	125
12	低温柔性,℃			−30	−20	−10
13	热空气-水循环后弹性恢复率,%		不小于	60	30	5
14	拉伸-压缩循环性能	级别		9 030	8 020,7 020	7 010,7 005
		粘接破坏面积,%	不大于	25		

注:1) 仅适用于 E 品种密封剂。

5 试验方法

5.1 试验条件

所有试验应在 GB/T 13477 第 3 章规定的标准试验条件下进行。

5.2 密度

按 GB/T 13477 第 3 章试验。

5.3 挤出性

按 GB/T 13477 第 4 章试验,料筒容积 177 mL,枪嘴口径 6 mm。试验温度:S 型为 23±2℃,A 型及 W 型为 5±2℃。

5.4 适用期

按 GB/T 13477 第 4 章试验。试验温度:A 及 S 型为 23±2℃,W 型为 5±2℃。注枪料筒容积 177 mL,枪嘴内径 6 mm。

5.5 表干时间

按 GB/T 13477 第 5 章试验。

5.6 下垂度

按 GB/T 13477 第 8 章试验。试验温度:A 及 S 型 50±2℃,W 型 23±2℃。槽宽 20 mm。

5.7 拉伸粘结性能

5.7.1 试件制备

5.7.1.1 基材试板按密封剂类别分别采用：

M类——表面阳极氧化处理铝板；

C类——水泥砂浆板；

G类——玻璃板；

Q类——其他材料试板。

5.7.1.2 试件规格符合GB/T 13477中图4或图6，按GB/T13477 9.2条制备试件三个，按表5规定条件养护。

表5 密封剂试件养护条件

密封剂固化形式	前期养护	后期养护
K，湿气固化	标准条件14 d	30±3℃，14 d
E及Y，干燥，挥发固化	标准条件28 d	30±3℃，14 d
Z，反应固化	标准条件7 d	50±3℃，7 d

5.7.2 试验步骤

按GB/T 13477第9章试验，试件按A法处理，试验温度23±2℃，拉伸至原始宽的200%(1级)、160%(2级)、125%(3级)，测定各伸长时的粘结强度及破坏情况。

5.8 低温贮存稳定性

5.8.1 仪器设备

a. 低温箱：温度控制在－5±2℃；

b. 容器：100 mL广口玻璃瓶。

5.8.2 试验步骤

在三个瓶中分别放入约50 mL乳胶型密封剂试料，密闭后在－5±2℃低温箱中恒温放置18 h，取出后在23±2℃放置6 h。反复三次。用玻璃棒搅拌试料，检查有无凝结、离析等异常现象。

5.9 初期耐水性

5.9.1 试件

水泥砂浆按GB/T 13477 9.2条规定调制，砂浆试件符合图1，24 h后脱模，水中养护6 d后放置14 d以上。用试料填平试件10 mm×10 mm填角，避免混入气泡，在标准条件下放置24 h。

5.9.2 试验步骤

将三个试件分别垂直放入500 mL烧杯中，倒入水深约80 mm，静置24 d后观测水是否浑浊。

5.10 污染性

按5.9.1制备试件三个，将试件分别立放在500 mL烧杯中，浸水深度10 mm，静置7d，观察砂浆面和试料面有无污染。

5.11 热空气-水循环处理后粘结性能

5.11.1 按5.7.1制备试件三个，按GB/T 13477 9.3.2处理。

5.11.2 按GB/T 13477 10.4条试验，试验温度23±2℃。

5.12 水-紫外线辐照后定伸性能

5.12.1 紫外线试验箱：紫外线光谱能量分布符合图2，灯管功率300 W，灯管与箱底平行，灯管距试件250 mm，试验箱结构参见图3。

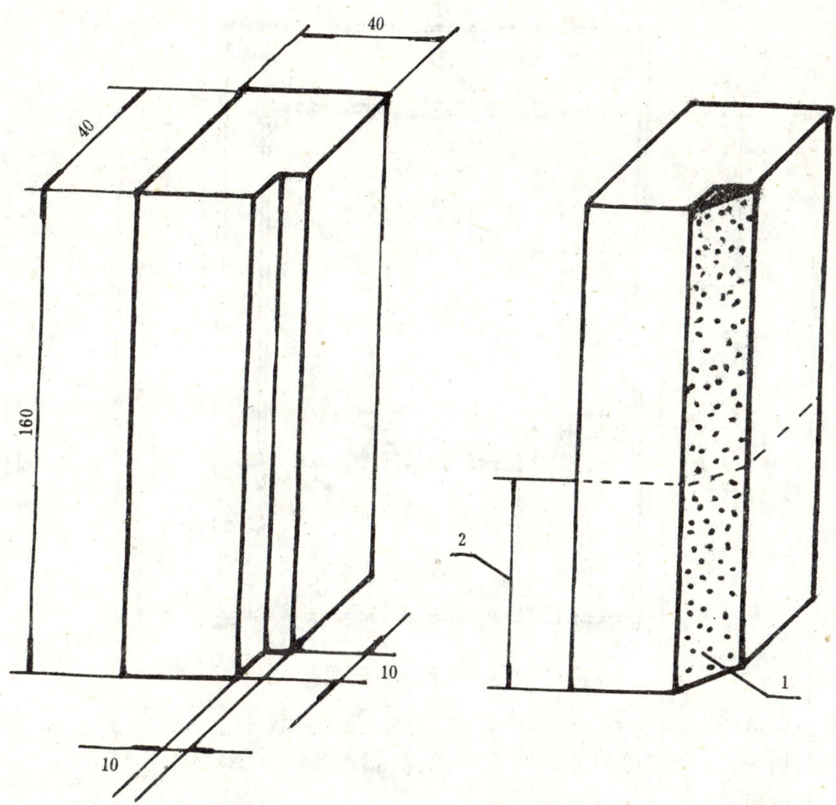

图 1　初期耐水性和污染性试样　　单位:mm

1—试样；　2—浸水深度

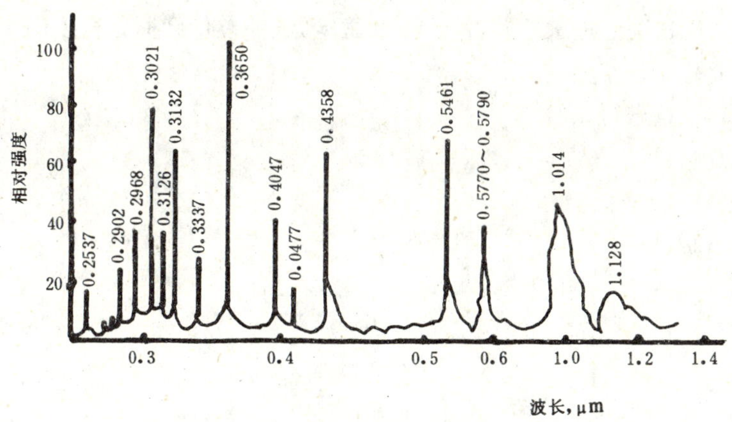

图 2　紫外灯光谱相对能量分布图

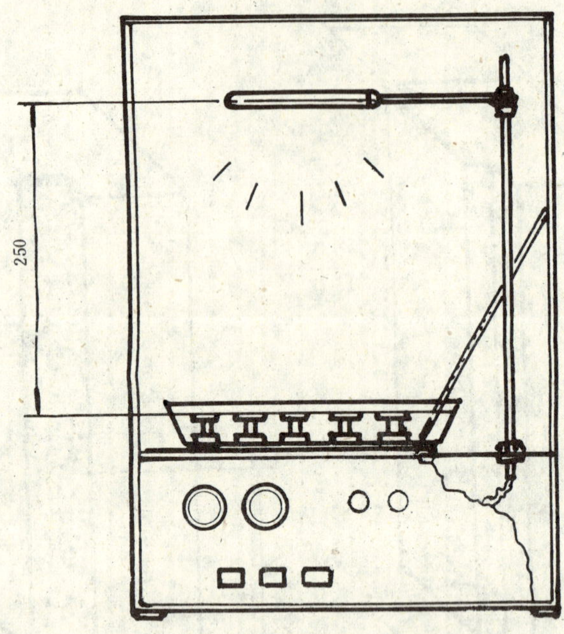

图 3 试验箱结构示意图

5.12.2 符合 5.7.1 规格的试件三个。

5.12.3 浸水光照试验：将三个试件的玻璃面朝向光源，辐照 168 h，水温为 40±5℃。水面与玻璃面平行但又不淹没玻璃上表面。

5.12.4 光照结束后，按 GB/T 13477 10.4 条试验，试验温度 23±2℃。

5.13 低温柔性

按 GB/T 13477 第 8 章试验，试验圆棒直径为 6 mm。

5.14 恢复率

按 GB/T 13477 9.3.2B 法处理试件并按第 11 章试验，试件拉伸到原始宽度的 150%。

5.15 拉伸-压缩循环试验

按 GB/T 13477 第 13 章进行试验。

6 检验规则

6.1 产品交收检验项目包括：

a. 挤出性；

b. 适用期；

c. 表干时间；

d. 下垂度；

e. 拉伸粘结性能。

6.2 产品型式检验项目包括第 4 章全部试验项目。有下列情况之一时，应进行型式检验：

a. 新产品或老产品转厂生产的试制定型鉴定；

b. 正式生产后，如结构、材料、工艺有较大改变，可能影响产品性能时；

c. 正常生产时，定期或积累一定产量后，应周期性进行一次检验；

d. 产品长期停产后，恢复生产时；

e. 出厂检验结果与上次型式检验有较大差异时；

f. 国家质量监督机构提出进行型式检验的要求时。

6.3 组批、抽样、判定规则

各系列产品应符合对应产品标准相应的规定。

7 标志、包装、运输与贮存

各系列产品应符合对应产品标准相应的规定。

附 录 A
建筑窗用弹性密封剂应用指南
（参考件）

A1 材料与密封施工的关系

A1.1 密封剂

密封剂下述性能直接影响施工应用，应用前必需注意：

a. 挤出性：密封剂挤注速度低于规定值，表明该材料质量差，包装密封不稳定不得使用；

b. 适用期：在材料标准规定期限内，密封剂应尽快用完，超过使用期的密封剂将难以挤注使用。使用环境温度高，适用期将缩短；环境温度低适用期延长。但有时也因低温造成挤注困难，难以涂敷。涂在缝上的密封剂整形加工，应在适用期内完成；

c. 表干时间：缝内嵌填的密封剂达到表干时间以后，其表面可以触摸，但不允许重压和受力；在表干时间以前的密封剂，不允许触碰，以免破坏密封形状及尺寸；

d. 下垂度：在规定温度范围内，密封剂在垂直缝或顶缝上涂敷时不应流坍、下垂，应能保持形状、尺寸。但异常温度或缝宽加大条件下，密封剂也难以保证不下垂，此时使用，应同制造方协商。

A1.2 嵌缝衬垫材料

A1.2.1 为保证窗结构抗风雨密封，接缝设计应正确选用嵌缝衬垫材料，其功能：

a. 控制接缝中密封剂嵌入深度；

b. 使预定密封面充分渗透并确定密封截面形状；

c. 当条件不适于立即涂密封剂或万一密封剂失效时，可作为接缝临时密封。

A1.2.2 不准将油脂、沥青等类物质的浸渍物用作嵌缝衬垫材料，以免污染基材或密封剂。推荐使用柔性泡沫塑料或海绵状胶条，如聚氨酯泡沫或聚乙烯发泡材料，能在缝内不产生永久变形、不吸水、不吸气、不会因受热而隆起使密封剂鼓泡。衬垫材料在缝内应不限制密封剂运动。

A1.2.3 为防止衬垫材料在涂密封剂之前淋雨吸水，密封剂应及时涂敷。

A1.3 防粘带

对涂密封剂形状要求严格的缝隙，应沿接缝边缘连续粘接防粘压敏胶带，接缝密封剂整形后立即揭去，以保证胶缝规整。

A1.4 底涂材料

A1.4.1 底涂材料的作用是改善密封剂与基材的粘接稳定性。其功能：

a. 改变表面化学特性，以适应密封剂；

b. 充填表面孔隙和增强薄弱区表面；

c. 阻挡流经表面的水分产生的毛细压力。

A1.4.2 有些密封剂涂在各种基材上都须先底涂；有些在指定基材上须底涂；有些完全无须底涂。底涂的必要性不仅随基材而改变，有时还随基材表面而改变。一种密封剂在不同基材有时使用不同种底涂。选用密封剂时应充分考虑这些因素。

A1.4.3 当可能出现基材底涂与密封剂相容性不良时，应与制造方协商，必要时需进行现场试验，以确定合适处理方法或选用适宜的密封剂。

A2 密封剂施工环境条件要求

除非另有规定，施工环境温度应在5℃以上，温度过低时，大多数密封剂与基材粘结力下降，其原因除了渗透、润湿能力减弱外，还因其挤注性下降，难以进入并充满基材表面孔隙。

A3 密封施工应具备以下基本工具

a. 挤注工具：能直接装填管装密封剂或现场混合后装管密封剂的手动或气动注胶枪；

b. 整形工具：可使用塑料或金属制造，表面光滑以防粘密封剂，其形状适宜将涂敷的密封剂压实并修整成一定的形状。为防止工具粘密封剂，允许用液体润湿，但该液体不应引起密封剂变色或污染粘结表面；

c. 混胶器：能在施工现场混合两组分密封剂的电(气)动混胶器。

A4 基材基本要求

A4.1 窗结构密封所接触的基材，分为多孔材料和无孔材料。一般有砖石、混凝土、金属、玻璃、塑料、木材等。不同的密封剂对不同的基材匹配相容性是不一样的，应注意制造方提供的资料。有些基材表面若不经机械或化学处理，难以保证所用密封剂在接缝中可靠密封，必须充分注意。

A4.2 金属保护涂层及混凝土防水涂层可能会影响密封粘接质量。这些涂层有时不易明显发现，直至发现粘接不良或破坏时还不知是否有保护层。为此，选用时应事先同基材制造方和密封剂制造方协商，以确定接缝处理方法或在涂敷密封剂前是否选用合适的底涂。必要时应进行粘接试验确定。

A4.3 对多孔基材(如混凝土)应在涂敷密封剂之前清除浮浆、松散颗粒、污物和异物、水溶性材料及冰霜，保持干燥。表面若有妨碍粘接的脱模剂，必须清除。

A5 窗框与洞口接缝密封

A5.1 接缝宽度

A5.1.1 随着建筑材料受热或遇冷变化，接缝宽度尺寸将会缩小或扩大，所产生的位移量是考虑接缝宽度的重要依据：

a. 绝对位移量(mm)随建筑材料热膨胀系数增大而增大；

b. 相对位移量(%)随接缝宽度加大而减小。

所以，线膨胀系数大的材料，接缝应相应加宽；反之，可以适当缩小，以保证有适宜的相对位移量。

A5.1.2 接缝宽度涂敷施工温度、缝隙预计使用极限温度和所选用的密封剂承受接缝拉伸-压缩位移的能力(即密封剂级别)有密切关系。

A5.1.3 使用温度不是环境温度，而是建筑材料的温度与施工时温度(施工季节)的温差，决定着嵌缝运动和密封剂受力特征。夏季施工的密封剂使用中承受接缝扩张产生的拉伸应力为主要特征；冬季施工的密封剂，使用中主要承受接缝压缩变形产生的压力为主要特征。

A5.1.4 1级密封剂可以承受接缝拉伸-压缩相对位移量为60%以上，2级密封剂不少于40%，3级为10%～20%。不同位移能力的密封剂用于不同材料的接缝宽度推荐值可参考图A1。

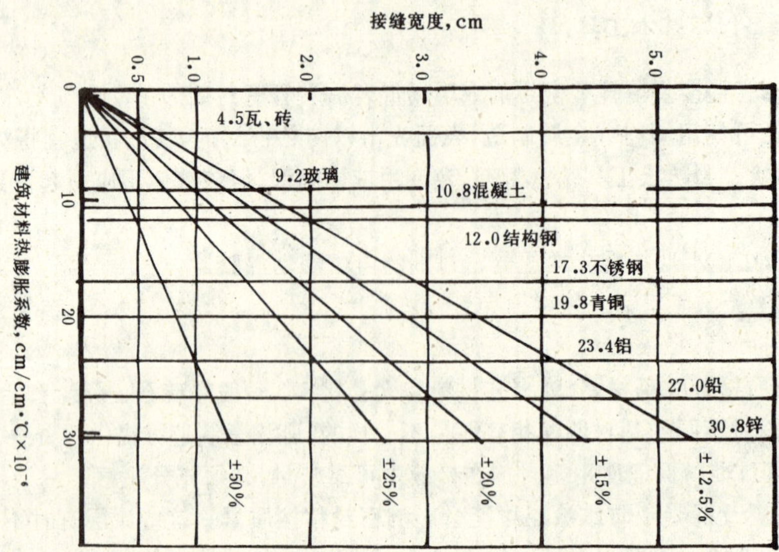

图 A1 温差 72°,建筑材料长度为 3 m 接缝宽度推荐值

A5.2 密封剂深度

接缝注涂密封剂深度决定于密封剂宽度。推荐以下值:

a. 密封剂最小宽度为 6.5 mm 时,深度为 6.5 mm;

b. 嵌填混凝土、砌体或石材接缝时,缝宽在 13 mm 以下时,密封剂深度取同样尺寸;缝宽为 13～25 mm 时,密封剂深度取缝宽的一半;缝宽为 25～50 mm 时,密封剂深度不应大于 13 mm;更宽的接缝,密封剂的深度应同制造方协商。

c. 对金属、玻璃等无孔材料接缝,缝宽为 6.5～13.0 mm 时,密封剂深度不少于 6.5 mm;缝宽大于 13.0 mm 时,密封剂深度为 6.5～13.0 mm;再大的缝宽条件下密封剂深度不应大于 13.0 mm。

A5.3 密封缝构造和形状

A5.3.1 除了复杂缝隙和设计另有考虑以外,一般简单密封缝应根据接缝伸缩位移特征来设计构造(图 A2):

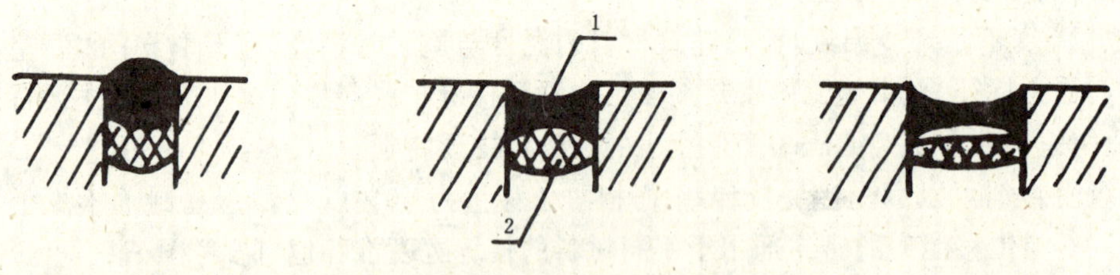

图 A2 接缝位移时密封剂形状

1—弹性密封剂;2—衬垫材料

A5.3.2 密封剂嵌缝形状,推荐以下形状(图 A3):

图 A3 密封剂嵌缝形式

a. 凹圆缝:用圆凸面工具整形加工,可以使密封剂与基材粘接面受应力为最佳状态;

b. 齐平缝:沿缝边缘粘贴防粘压敏胶带,刮平后成形。低温下密封剂会稍微凹下,高温时会略微

隆起；

c. 凹槽缝：用限制深度的工具整形加工，使密封剂凹入缝内一定尺寸，其型面可以是齐平状，也可以是凹圆状。一般在基材边缘表面不规则时采用，以改善缝隙外观。

A6 窗玻璃镶嵌推荐密封结构形式及尺寸

A6.1 推荐密封结构形式

窗玻璃镶嵌形式应保证玻璃为悬挂式密封：玻璃不与窗结构直接接触的密封，推荐密封结构形式如图 A4（填角密封型），图 A5（压条嵌缝密封型）。

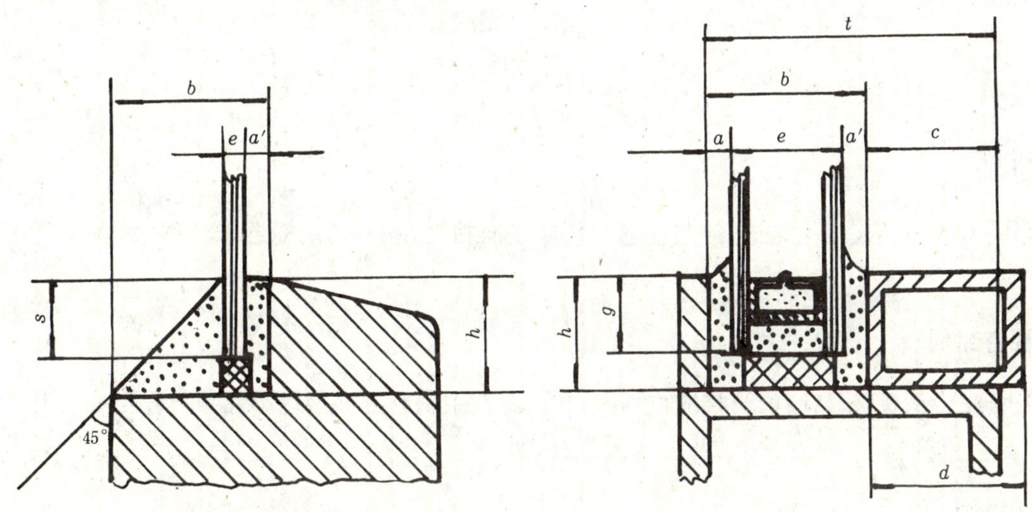

图 A4 填角密封窗

a'—内部密封剂厚度；b—槽口宽度；e—玻璃厚度；h—槽口深度；s—玻璃插入深度

图 A5 压条嵌缝密封窗

a—密封层厚度；b—槽口宽度；c—压条支撑面宽度；d—压条宽度；e—玻璃厚度；g—玻璃插入长度；h—槽口深度；t—槽口总宽度

A6.2 槽口深度（h）

推荐槽口深度（h）至少与表 1 一致。当构件尺寸大于表 A1 尺寸时，槽口深度设计与制造方协商确定。

表 A1 槽口深度（h） mm

窗玻璃最大边长	单层玻璃	中空玻璃
～1 000	10	18
1 000～2 500	12	18
2 500～4 000	15	20

A6.3 槽口宽度（b）及槽口总宽度（t）

填角密封窗，槽口宽度（b）必须保证外露密封剂斜面与槽底呈 45°角。压条嵌缝密封窗，槽口总宽度（t）必须保证压条支撑面（c）有适当宽度（木窗，$c \geq 14$ mm）。

A6.4 玻璃插入深度（g）

玻璃插入深度（g）一般应为槽口深度（h）的 2/3，但不超过 20 mm。

A6.5 密封剂厚度（a）

窗玻璃尺寸（最大边长）在 1 500～4 000 mm 范围内，密封剂厚度（a）取 3～6 mm。超过以上尺寸时应与制造方协商。压条嵌缝密封窗内部密封剂厚度（a'）一般不大于 1 mm。

A6.6 窗框材料表面要求

a. 木材表面应用与密封剂相容的油漆处理；

b. 铝型材表面应在涂注密封剂之前，清除保护性粘胶膜或涂层；

c. 钢材应预先进行与密封剂相容的防腐处理；

d. 塑料型材涂密封剂之前应擦除油污、灰尘，选用的密封剂必须与塑料粘结良好。

附 录 B
术 语
（参考件）

B1 密封剂

以非成型状态嵌入结构接缝，能与接缝中相应表面粘结在一起，承受缝隙位移，实现接缝密封的材料。

B2 弹性密封剂

嵌入接缝后呈现明显弹性。当接缝位移时，在密封剂中引起的残余应力几乎与应变量成正比的密封剂。

B3 表干时间

涂敷施工后的密封剂表面失去粘性、可以触摸的最短时间。

B4 下垂度

在垂直面缝内嵌填的密封剂，从缝中流出的长度。

B5 位移能力

密封剂适应所嵌填接缝的移动并保持有效密封的能力。

B6 弹性恢复率

密封剂在解除所施加的引起变形的力之后，恢复原来形状和尺寸的性能。

B7 整形

将嵌缝中的密封剂强制压实，确保与基材界面充分接触，改善表面外观形状的方法。

B8 嵌缝预填材料

涂敷密封剂以前，预先填充在接缝中，限制密封剂嵌缝深度并确定密封材料背部形状，保证密封剂充满缝隙并防止缝底面粘接的可压缩材料。

附加说明：

本标准由航空航天部621所负责起草。

本标准主要起草人马启元、张俏梅。

中华人民共和国建材行业标准

JC 486—92

中空玻璃用弹性密封剂

1 主题内容与适用范围

本标准规定了中空玻璃弹性密封剂的技术要求、试验方法、检验规则、标志、包装及贮存要求。

本标准适用于中空玻璃制造用双组分聚硫弹性密封剂，其他弹性密封剂可参照执行。

2 引用标准

GB 531 橡胶邵尔 A 型硬度试验方法

GB 1037 塑料薄膜和片材透水蒸气性试验方法 杯式法

GB 2794 胶粘剂粘度测定方法 旋转粘度计法

GB 7751 胶粘剂贮存期测定方法

GB 10504 3A 分子筛

GB/T 13477 建筑密封材料试验方法

3 产品等级及标记

3.1 等级

按产品技术性能分为优等品和合格品。

3.2 产品标记

3.2.1 优等品代号为“1”，合格品代号为“2”。

3.2.2 按产品代号、等级、标准代号依次标记，合格品聚硫密封剂标记为：

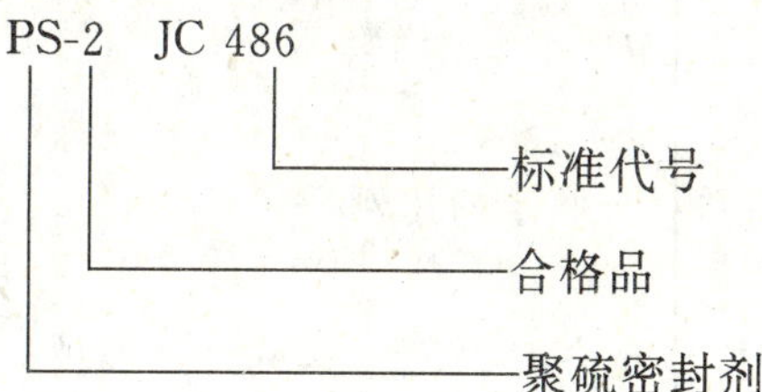

4 技术要求

4.1 外观质量

4.1.1 密封剂不应有粗粒、结块和结皮，无不易迅速均匀分散的析出物。

4.1.2 两组分颜色应有明显的差别。

4.2 贮存期

贮存期应不少于 6 个月，且在贮存期内理化性能应满足 4.3 条要求。

4.3 理化性能

中空玻璃弹性密封剂的理化性能应服从表 1 规定。

国家建筑材料工业局 1992-08-08 批准　　　　1993-02-01 实施

表 1

序号	项目		优等品	合格品
1	密度,g/cm³ A 组分 B 组分		规定值±0.05 规定值±0.05	
2	粘度,Pa·s A 组分 B 组分		350～1 000 250～600	
3	适用期,min	不大于	60	120
4	表干时间,h	不大于	2	6
5	硫化 24 h 硬度	不小于	35	30
6	下垂度,mm	不大于	2(20 mm 槽)	2(10 mm 槽)
7	粘结拉伸强度,MPa	不小于	0.6	0.4
8	粘结拉伸断裂伸长率,%	不小于	80	70
9	热空气-水循环后定伸粘结性能(定伸 110%)		不破坏	
10	紫外线辐照-水浸后定伸粘结性能(定伸 110%)		不破坏	
11	紫外线辐照发雾性		无雾	—
12	低温柔性,℃		—40	—40
13	水蒸气渗透率,g/m²·d	不大于	15	15

5 试验方法

5.1 标准试验条件

试验应在标准条件下进行:温度 23±2℃,空气相对湿度 45%～55%。

5.2 密封剂的混合和硫化

5.2.1 A、B 两组分混合重量比例为 10∶1(也可按供需双方商定的比例)。

5.2.2 两组分混合应均匀,避免带入气泡。

5.2.3 硫化试样应在标准试验条件下养护 7 d,出厂检验允许用 70℃×24 h 加速养护条件。

5.3 密度

按 GB/T 13477 第 3 章试验。

5.4 粘度

按 GB 2794 规定试验,旋转剪切速度梯度为 1 s^{-1}。

5.5 适用期

按 GB/T 13477 第 4 章 4.2.2 中 B 方法试验,枪筒容积 177 mL,枪嘴直径为 6 mm,描绘挤出时间(min)与挤出速度(mL/min)的关系曲线,读取挤出速度为 50 mL/min 时对应的时间即适用期,取 3 次试验的平均值。

5.6 表干时间

按 GB/T 13477 第 5 章试验。

5.7 硬度

按 GB 531 规定试验。

5.8 下垂度

按 GB/T 13477 第 7 章规定试验。应在试料混合后 5 min 内填入槽内，优等品试验器槽宽 20 mm，合格品 10 mm。试验温度 23±2℃，试件垂直放置。

5.9 粘结拉伸性能

按 GB/T 13477 第 9 章试验，试件符合图 1，基材为阳极氧化处理的铝板和无色透明平板玻璃。试件按 GB/T 13477 处理，试验温度为 23±2℃。

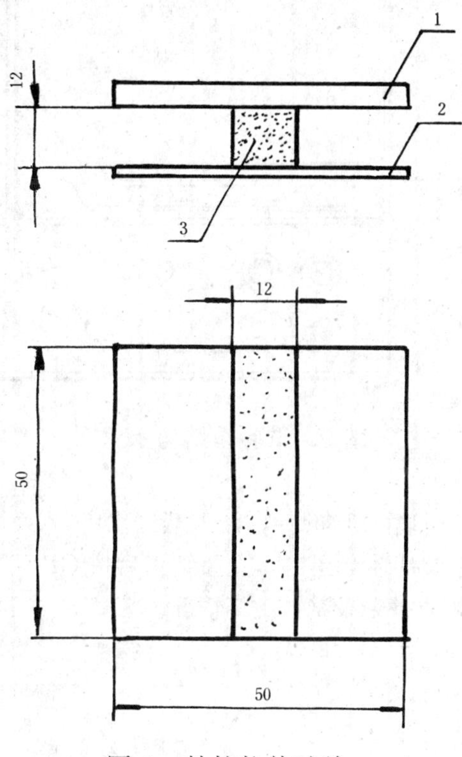

图 1 粘接拉伸试件

1—玻璃板(5 mm)；2—铝板(3 mm)；3—密封剂

5.10 热空气-水循环后定伸粘结性能

按 GB/T 13477 第 10 章及 9.3.2 试验，试件规格与本标准 5.9 条相同，试验温度为 23±2℃。

5.11 紫外线辐照-水浸后定伸粘结性能

5.11.1 紫外线试验箱：紫外灯光谱相对能量分布符合图 2，U 型灯管(汞灯)，灯管外径 16 mm，弧长 120 mm，管脚间距 50 mm，功率 300 W，灯管与箱底平行，灯管距试件 250 mm，试验箱结构参见图 3。

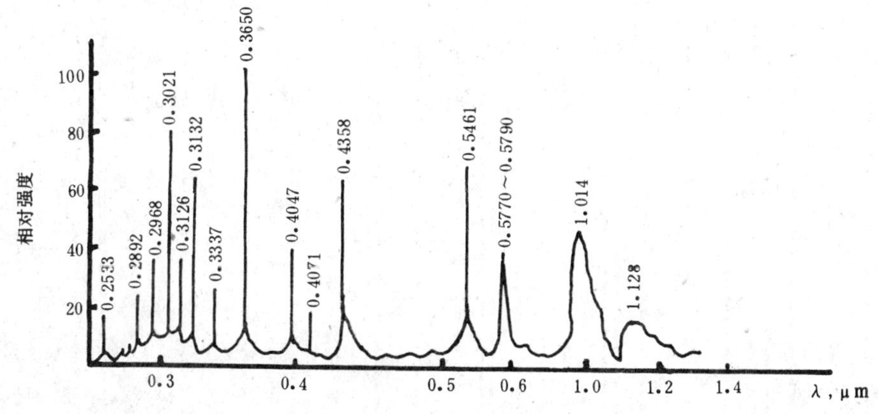

图 2 紫外灯光谱相对能量分布图

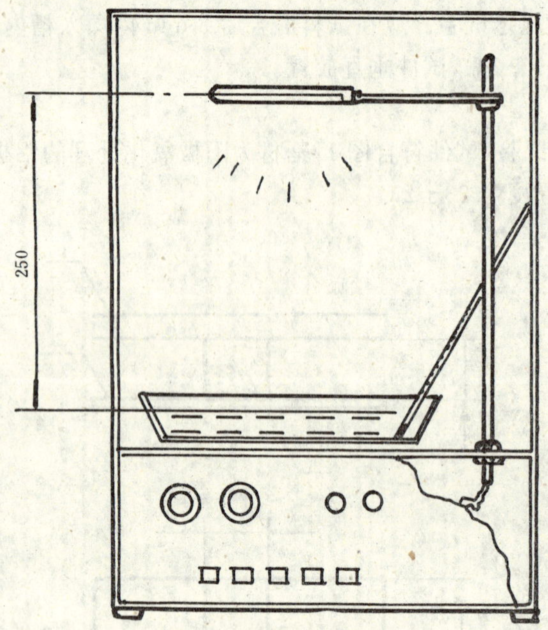

图 3 试验箱结构示意图

5.11.2 试件规格与 5.9 条相同。

5.11.3 试验步骤:将 3 个试件玻璃面朝向灯管,浸入蒸馏水中,水面与玻璃面平行但不淹没其上表面(图 4),光照时间为 168 h,保持水温为 40±5℃,光照结束后按 GB/T 13477 第 10 章规定试验,试验温度为 23±2℃,静置 24 h,然后检查并记录试件破坏情况。

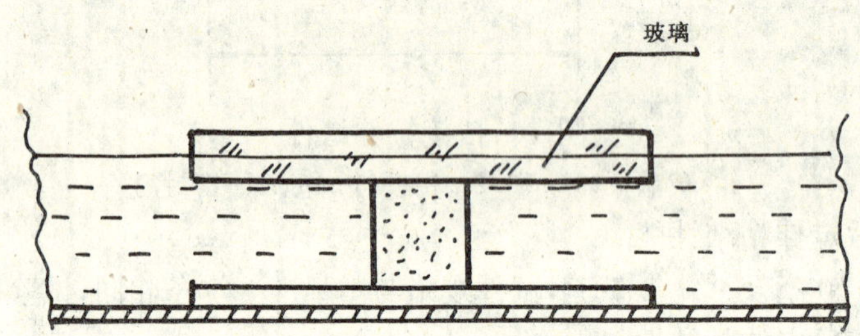

图 4 水浸试样浸没位置

5.12 紫外线辐照发雾性

5.12.1 试验装置

5.12.1.1 紫外线试验箱:与 5.11.1 相同,汞灯管距试样 250 mm。

5.12.1.2 凝雾板:由玻璃和金属板周边粘结密封构成,间距 12 mm,中间通冷却水,出水口温度不大于 15℃。

5.12.1.3 玻璃培养皿:直径 40～60 mm,罩在玻璃板上,无明显不吻合间隙,必要时应将皿边沿磨平。皿表面应清洁无污。

5.12.2 试验步骤

5.12.2.1 将凝雾板平放在箱底,玻璃应擦净,观察无污迹。

5.12.2.2 将硫化后的密封剂切成三个宽厚尺寸不大于 10 mm 的样块,重量约 20 g,放在凝雾板玻璃面上,分别用玻璃培养皿罩上。

5.12.2.3 凝雾板通冷却水,启动光源,调整箱体通风口,使箱内培养皿周围温度保持在 40±5℃,连续光照 24 h。

5.12.2.4 取出凝雾板，揭开培养皿并取出试件，观察并记录培养皿所罩区域玻璃表面有无结雾或污迹。

5.13 水蒸气渗透率

5.13.1 按GB 1037试验，透湿杯内装填2/3杯符合GB 10504的3A型分子筛。

5.13.2 试样厚度2.0±0.2 mm，直径与透湿杯橡胶垫圈外径相同，试样表面无缺陷、针孔和杂质。

5.13.3 试验温度为23±2℃，安装试样后的透湿杯放入干燥器样架上，样架下加水，密闭干燥器使试样环境相对湿度为100%。

5.14 低温柔性

按GB/T 13477第8章试验，芯棒直径6 mm。

5.15 贮存期

按GB 7751规定方法试验。

6 检验规则

6.1 检验分类

6.1.1 出厂检验

生产厂应对每批产品进行出厂检验，检验项目包括：

a. 外观；

b. 密度；

c. A组分粘度；

d. B组分粘度；

e. 适用期；

f. 表干时间；

g. 硫化24 h硬度；

h. 下垂度；

i. 粘结拉伸强度；

j. 粘结拉伸断裂伸长率。

6.1.2 型式检验

有下列情况之一时，应对第4章所有项目进行型式检验：

a. 新产品试制或老产品转厂生产时；

b. 正常生产时，每年进行一次；

c. 产品原料、配方、工艺有较大改变，可能影响产品质量时；

d. 产品停产一年以上，恢复生产时；

e. 出厂检验结果与上次型式检验有较大差异时；

f. 国家质量监督机构提出进行型式检验要求。

6.2 抽样与组批规则

6.2.1 组批

以同批原材料连续生产的产品为一批。

6.2.2 抽样

在每批产品中随机抽取一个单元包装或在随机抽取的包装中随机抽取一部分样品。

6.3 判定规则

按6.1条规定的检验项目，出现不合格项目时，可再在同批产品中双倍抽样，对不合格项目分别制样，进行复验，如有一项不合格，则该批产品为不合格品。

7 标志、包装、运输与贮存

7.1 标志

产品包装应有粘贴(或刷涂)牢固的不褪色标志,内容包括:

a. 产品名称(含组分名称);

b. 产品标记(按第3章规定);

c. 生产日期及批号(同批产品的A、B两组分包装时,使用同一批号);

d. 净重;

e. 制造方名称。

7.2 包装

7.2.1 两组分应分别包装。包装桶应密闭。除另有规定外,用于机械自动涂胶的产品,A组分包装桶直径为571.5 mm,B组分包装桶直径为280 mm。

7.2.2 包装桶上应有防雨、防潮、防日晒、不倒置标志。

7.3 运输

7.3.1 本标准规定的产品为非危险品,可按一般非危险流体化学品运输。

7.3.2 产品运输时应防止日晒、撞击和挤压包装。用于机械自动涂胶机的产品包装桶外应有防止挤压变形的措施。

7.4 贮存

产品应在干燥、通风、阴凉的仓库内贮存。贮存温度不超过27℃。

附加说明:

本标准由航空航天工业部621研究所负责起草。

本标准主要起草人马启元、张俏梅。

中华人民共和国建材行业标准

JC/T 547—94

陶瓷墙地砖胶粘剂

1 主题内容与适用范围

本标准规定了陶瓷墙地砖胶粘剂的产品分类、技术要求、试验方法、检验规则、包装、标志、运输和贮存。

本标准适用于陶瓷墙地砖粘贴用胶粘剂。

2 引用标准

GB 2423.16 电工电子产品基本环境试验规程 试验J:长霉试验方法

GB 2943 胶粘剂术语及其定义

GB 2944 胶粘剂产品包装、标志、运输和贮存的规定

GB/T 12954 建筑胶粘剂通用试验方法

GBJ 82 普通混凝土长期性能和耐久性试验方法

JC 457 无釉陶瓷地砖

3 术语

3.1 晾置时间:表面涂胶后至叠合前试件所能达到的拉伸胶接强度0.17 MPa的时间间隔。

3.2 调整时间:试件叠合后仍可调整试件位置并能达到拉伸胶接强度0.17 MPa的时间间隔。

4 产品分类

4.1 类别

按化学组成和物理形态分为5类。

4.1.1 A类:由水泥等无机胶凝材料、矿物集料和有机外加剂等组成的粉状产品。

4.1.2 B类:由聚合物分散液与填料等组成的膏糊状产品。

4.1.3 C类:由聚合物分散液和水泥等无机胶凝材料、矿物集料等两部分组成的双包装产品。

4.1.4 D类:由聚合物溶液和填料等组成的膏糊状产品。

4.1.5 E类:由反应性聚合物及其填料等组成的双包装或多包装产品。

4.2 级别

按耐水性分为3个级别。

4.2.1 F级:较快具有耐水性的产品。

4.2.2 S级:较慢具有耐水性的产品。

4.2.3 N级:无耐水性要求的产品。

4.3 产品标记

由产品名称、类别、级别和本标准号构成。

例:由水泥等无机胶凝材料、矿物集料和有机外加剂等组成、较快具有耐水性的陶瓷墙地砖胶粘剂标记为:

国家建筑材料工业局1994-03-26批准 1994-12-01实施

陶瓷墙地砖胶粘剂 A-F-JC/T 547

5 技术要求

陶瓷墙地砖胶粘剂技术要求应符合表1的规定。

表 1

<table>
<tr><th rowspan="2">序号</th><th rowspan="2" colspan="3">项　　目</th><th colspan="3">技术指标</th></tr>
<tr><th>F级</th><th>S级</th><th>N级</th></tr>
<tr><td>1</td><td rowspan="2">拉伸胶接强度达到0.17 MPa的时间间隔,min</td><td>晾置时间</td><td>不小于</td><td colspan="3">10</td></tr>
<tr><td>2</td><td>调整时间</td><td>大于</td><td colspan="3">5</td></tr>
<tr><td>3</td><td colspan="2">收缩性[1],%</td><td>小于</td><td colspan="3">0.50</td></tr>
<tr><td rowspan="4">4</td><td rowspan="4">压剪胶接强度
MPa</td><td>原强度</td><td>不小于</td><td colspan="3">1.00</td></tr>
<tr><td>耐水</td><td>不小于</td><td>0.70</td><td>0.70</td><td></td></tr>
<tr><td>耐温</td><td>不小于</td><td colspan="3">0.70</td></tr>
<tr><td>耐冻融</td><td>不小于</td><td>0.70</td><td>0.70</td><td></td></tr>
<tr><td>5</td><td colspan="3">防霉性[2]等级</td><td colspan="3">1</td></tr>
</table>

注：1) B类、D类产品免测。

2) 仅测防霉型产品。

6 试验方法

6.1 材料与设备

6.1.1 G型砖：符合JC 457中108 mm×108 mm的无釉陶瓷地砖，吸水率3%～6%。

6.1.2 G-1型砖：由G型砖切割成75 mm×75 mm。

6.1.3 金属垫丝：不锈钢或铜质，控制胶层厚度用，长50 mm，直径1.5 mm。

6.1.4 拉伸胶接试件(见图1)。

6.1.5 压剪胶接试件(见图2)。

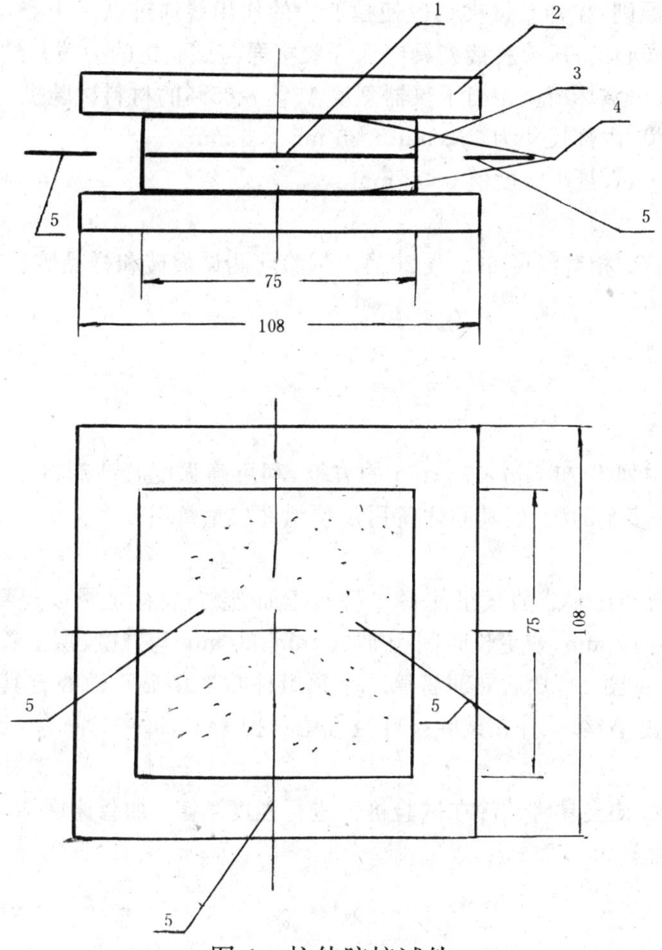

图 1　拉伸胶接试件

1—胶层；2—G 型砖；3—G-1 型砖；
4—高强度胶粘剂；5—金属垫丝

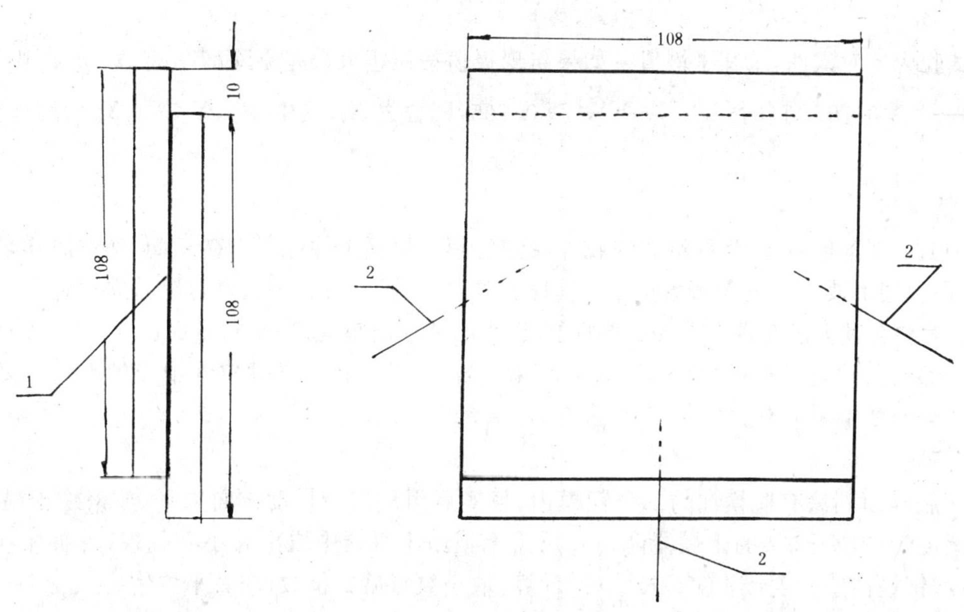

图 2　压剪胶接试件

1—胶层；2—金属垫丝

6.1.6 试验夹具制作原则：拉伸胶接夹具应使拉伸力的作用线通过试件中心，并且能自动对中以保证夹具、试件与试验机的同心度；压剪胶接夹具应保证胶接面与试验机的力线一致。

6.1.7 材料试验机：采用破坏荷重相当于仪器刻度 15%～85%的材料试验机。

6.1.8 收缩性试验钢模：内部尺寸为 152 mm×25 mm×6 mm。

6.1.9 游标卡尺：200 mm，最小分度值 0.02 mm。

6.2 试验条件

试验室温度 23±5℃，相对湿度 65%±20%。试验前测试面砖和样品胶应在试验条件下放置 12 h 以上。

6.3 试验步骤

6.3.1 晾置时间

6.3.1.1 预组件的制备

在 G 型砖正面居中划出 75 mm×75 mm 的方框，利用高强度胶粘剂将 G-1 型砖背面粘到 G 型砖方框上，压紧对齐，刮去多余的胶，使其固化备用。预组件数量每组 8 个。

6.3.1.2 试件的制备

将欲测定的胶样涂到已制成的预组件 G-1 型砖正面，涂布胶样足量以得到连续胶层，让涂胶的预组件在试验条件下放置 10 min，或更长时间例如 15 min、20 min 等，往胶层上置放三根金属垫丝并使其插入胶层中约 20 mm(见图 1)，然后立即将第二个预组件 G-1 型砖正面叠合其上以获得 1.5 mm 厚的胶层。稍停，小心地抽出垫丝，试件在试验条件空气中养护 14 d，每一时间为一组，每组试件 4 对。

6.3.1.3 测试和计算

养护完毕后，利用拉伸夹具将试件在试验机上进行强度测定。加载速度 10 mm/min，每对试样拉伸强度按式(1)计算，精确至 0.01 MPa：

$$\tau_{拉} = \frac{P}{M} \qquad \cdots\cdots(1)$$

式中：$\tau_{拉}$——拉伸胶接强度，MPa；

P——破坏负荷，N；

M——胶接面积，mm^2。

6.3.1.4 评定

每组试验为 4 对试件，求其平均值。如果出现极值按照粗大误差剔除准则即 Dixon 准则取舍即：

$\frac{X_2 - X_1}{X_4 - X_1} \geqslant 0.765$ 则舍去 X_1；$\frac{X_4 - X_3}{X_4 - X_1} \geqslant 0.765$，则舍去 X_4，其中：X_1、X_2、X_3、X_4 为测试值(MPa)，且 $X_1 < X_2 < X_3 < X_4$。

6.3.2 调整时间

按 6.3.1.1 制备预组件。将欲测定的胶样涂到已制成的预组件 G-1 型砖正面，涂布胶样足量以得到连续胶层，往胶层上放置 3 根金属垫丝并使其插入胶层中约 20 mm(见图 1)，然后立即将第二个预组件 G-1 型砖正面叠合其上以获得 1.5 mm 厚的胶层，小心地抽出垫丝。5 min、或更长时间如 10 min 等时间后将试件上部预组件轻轻旋转 90°角，再转回原来位置，试件在试验条件空气中养护 14 d。测试和评定按 6.3.1.3 和 6.3.1.4 进行。

6.3.3 收缩性

将待测胶样填到涂有脱模油的二个钢模内，捣实后用刮刀沿长度方向抹平，放钢模于温度为 23±5℃，相对湿度为 50%±5%的干燥器内，3 d 后将钢模由干燥器中取出并小心脱模，用游标卡尺测量脱模试件长度，钢模内壁长度。收缩性按式(2)计算，取小数点后二位数，求其平均值：

$$l = \frac{l_0 - l_1}{l_0} \times 100 \qquad \cdots\cdots(2)$$

式中：l——收缩性，%；

l_0——钢模内壁长度,mm;

l_1——脱模试件长度,mm。

6.3.4 压剪胶接强度

6.3.4.1 试件的制备

在G型砖正面涂上足够均匀的胶样,往胶层上放置3根金属垫丝并使其插入胶层中约20 mm(见图2),然后将另一G型砖正面与已涂胶样G型砖错开10 mm并相互平行粘贴压实,使胶粘面积约106 cm^2,胶层厚度为1.5 mm,小心地抽出垫丝,清理余胶。每组试件4对。

6.3.4.2 养护条件

6.3.4.2.1 原强度:F级、S级、N级试件在试验条件空气中养护14 d。

6.3.4.2.2 耐水:F级试件在试验条件空气中养护7 d,S级试件在试验条件空气中养护14 d。然后在试验条件水中浸泡7 d,到期试件从水中取出并擦拭表面水分。

6.3.4.2.3 耐温:F级、S级、N级试件在试验条件空气中养护7 d,然后在100℃烘箱中放置7 d,到期试件从烘箱中取出冷却到室温。

6.3.4.2.4 耐冻融:F级试件在试验条件空气中养护7 d,S级试件在试验条件空气中养护14 d,然后按GBJ 82抗冻性能试验循环25次。

6.3.4.3 测试和计算

养护完毕后,利用压剪夹具将试件在试验机上进行强度测定,加载速度20～25 mm/min,每对试件压剪强度按式(3)计算,精确至0.01 MPa:

$$\tau_{压} = \frac{P}{M} \qquad \cdots\cdots(3)$$

式中:$\tau_{压}$——压剪胶接强度,MPa;

P——破坏负荷,N;

M——胶接面积,mm^2。

评定按6.3.1.4规定。

6.3.5 防霉性

按GB 2423.16进行。

7 检验规则

7.1 检验分类

7.1.1 出厂检验项目为晾置时间、调整时间和压剪胶接原强度。

7.1.2 型式检验包括表1序号1～4项目,若为防霉型产品,加测防霉性。正常生产时,型式检验周期为1年。

7.2 组批和抽样

7.2.1 同一生产时间,同一配料工艺条件制得的产品为一批。A类产品30 t为一批,其他类产品3 t为一批。

7.2.2 取样按GB/T 12954中4.1条规定,抽取4 kg样品,充分混匀。

7.2.3 取样后,将样品一分为二。一份检测,一份留样作为复检用。

7.3 判定规则

产品检验结果全部符合本标准规定的技术要求者为批合格。如结果中有任一项不合格,则按7.2条规定重新取样复检,每一项均合格者为批合格,如仍有一项不合格,则为批不合格。

8 包装、标志、运输和贮存

按GB 2944规定,且在标志中增加产品标记。贮存温度5～30℃,特殊贮存条件应予注明。产品自出厂检验完成之日起贮存期3个月以上。

附加说明：

本标准由中国建筑材料科学研究院提出。

本标准由中国建筑材料科学研究院负责起草。

本标准主要起草人忻秀卿。

中华人民共和国建材行业标准

JC/T 548—94

壁 纸 胶 粘 剂

1 主题内容与适用范围

本标准规定了壁纸胶粘剂的分类、技术要求、试验方法、检验规则、包装、标志、运输和贮存。

本标准适用于建筑装饰装修用壁纸胶粘剂。

2 引用标准

GB 2423.16 电工电子产品基本环境试验规程 试验J:长霉试验方法

GB 2943 胶粘剂术语及其定义

GB 2944 胶粘剂产品包装、标志、运输和贮存的规定

GB 2954 合成胶乳pH值测定法

GB 3186 涂料产品的取样

GB/T 12954 建筑胶粘剂通用试验方法

JC 457 无釉陶瓷地砖

3 术语

3.1 成品胶:根据产品说明配制好供使用的壁纸胶液。

3.2 湿粘性:胶粘层仍为湿态时胶粘剂对被粘基材的粘附性。

3.3 网面:纸张分二个表面,其贴向造纸机铜网的一面为网面(反面),另一面为非网面(正面)。

3.4 其他术语按GB 2943规定解释。

4 产品分类

4.1 分类

壁纸胶粘剂按其材性和应用分为两大类。

第1类:适用于一般纸基壁纸粘贴的胶粘剂。

第2类:具有高湿粘性、高干强适用于各种基底壁纸粘贴的胶粘剂。

4.2 代号

每类按其物理形态又分为粉型、调制型、成品型三种形态。第一类三种形态代号依次为1F、1H、1Y;第2类三种形态代号依次为2F、2H、2Y。

4.3 产品标记

产品标记由产品名称、种类、湿粘性质量等级和标准号构成。例:湿粘性优等品第1类粉型壁纸胶粘剂标记为:

壁纸胶粘剂 1F-200-JC/T 548

5 技术要求

壁纸胶粘剂技术要求应符合下表的规定。

国家建筑材料工业局1994-03-26批准 1994-12-01实施

序号	项目			技术指标			
				第1类		第2类	
				优等品	合格品	优等品	合格品
1	成品胶外观			均匀无团块胶液			
2	pH值			6～8			
3	适用期			不变质（不腐败、不变稀、不长霉）			
4	晾置时间，min		不小于	15		10	
5	湿粘性	标记线距离，mm		200	150	300	250
		30 s 移动距离，mm	小于	5			
6	干粘性	纸破率，%		100			
7	滑动性，N		不大于	2		5	
8	防霉性[1]等级			1		0	1

注：1）仅测防霉型产品。

6 试验方法

6.1 仪器与材料

6.1.1 烧杯：500 mL，洁净干燥。

6.1.2 玻棒：ϕ10 mm。

6.1.3 培养皿：直径 95 mm，使用前洁净、消毒、干燥。

6.1.4 恒温箱。

6.1.5 标准纸基：定量 100±5 g/m²，紧度不大于 0.7 g/cm³，透气度 2～6.5 μm/Pa·s，表面吸收重量：正面 10～25 g/m²；反面 10～30 g/m²。

6.1.6 壁纸刀。

6.1.7 秒表。

6.1.8 油漆刷：将宽 100 mm 油漆刷棕毛剪掉 1/2，使其有一定刮平力。

6.1.9 玻璃平板：洁净干燥，900 mm×800 mm×6 mm 和 300 mm×200 mm×6 mm 各 3 块。

6.1.10 红地砖：符合 JC 457 的 108 mm×108 mm 的无釉陶瓷地砖，吸水率 3%～6%，洁净干燥。

6.1.11 光滑辊：质量 350～400 g，ϕ37.5 mm，宽度 150 mm。

6.1.12 铝丝：ϕ2 mm。

6.1.13 弹簧秤：二把，一把读数为 0～5 N，精确度±0.01 N；另一把读数为 0～10 N，精确度±0.025 N。

6.2 试验条件

试验室温度 23±5℃，相对湿度 65%±20%。试验前，标准纸基和试验用胶应在试验条件下放置 12 h 以上。

6.3 试验用胶的配制

按胶粘剂产品说明推荐的平均浓度配制。

6.4 试验用胶的涂胶量

按胶粘剂产品说明推荐的平均单位面积涂胶量施胶。

6.5 试验步骤

6.5.1 成品胶外观

6.5.1.1 粉型

在 500 mL 烧杯中盛入定量蒸馏水，按照产品说明，将按比例称好的粉状胶撒入其中，配成约 300 mL成品胶，边撒边用玻棒搅拌。到达产品说明规定的分散时间后，用玻棒再次搅动，观察胶液，记录成品胶是否已分散均匀，有否团块。

6.5.1.2 调制型

在 500 mL 烧杯中盛入定量蒸馏水，根据产品说明按比例加入调制型胶，配成约300 mL成品胶，用玻棒搅动分散后观察胶液，记录成品胶，是否已分散均匀，有否团块。

6.5.1.3 成品型

在 500 mL 烧杯中，倒入约 300 mL 成品胶，用玻棒搅动后观察，记录成品胶有否团块。

6.5.2 pH 值

按 GB 2954 进行。

6.5.3 适用期

将 20 g 成品胶移入培养皿，加盖，放到 30±2℃的恒温箱内，7 d 后从箱中取出检查胶液是否变质（腐败，变稀或长霉）。

6.5.4 晾置时间

剪取 3 块 125 mm×800 mm 的标准纸基试条。从中取 1 块试条，用玻棒蘸胶液将其均匀涂布至少 700 mm 的网面（见图 1a）上，涂胶量按 6.4 条，将试条铺平，并立即将短边对短边，胶面对胶面叠合，使二个短边重合。用油漆刷刮平，排除气泡，保证整体接合，拿试条时仅允许拿住短边。将叠合的试条铺放在玻璃板表面至表 1 规定的时间，从叠合块上剪除从一端起算的 150 mm（见图 1b），并立即小心剥开余下的叠合块，叠合试条应易于完全分离。对其余 2 块试条重复操作。

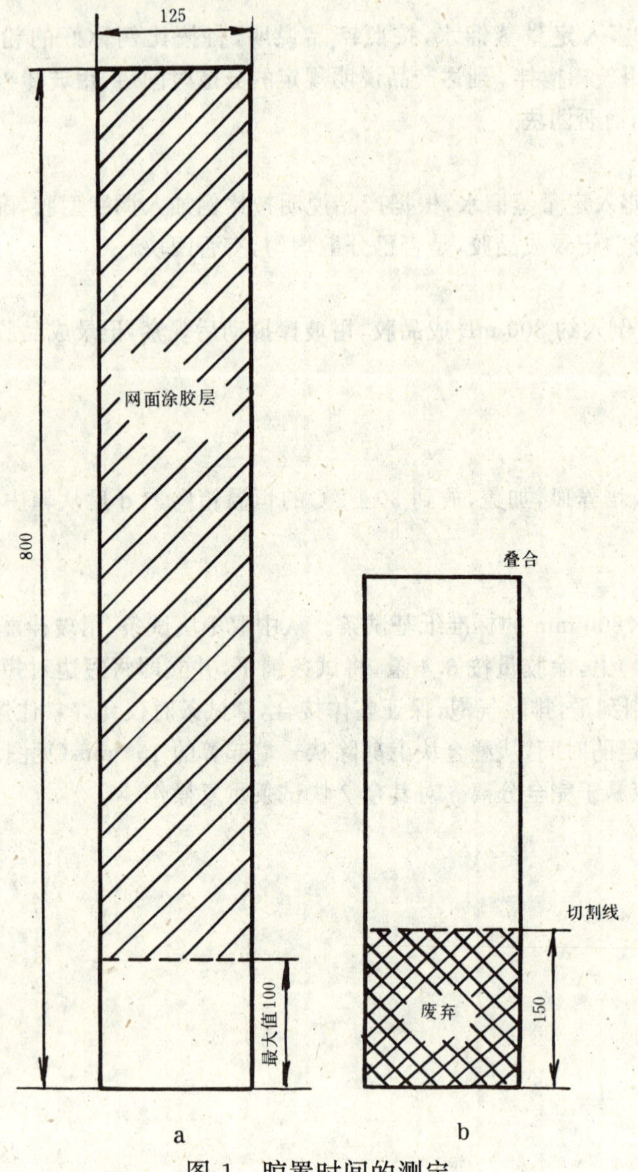

图 1　晾置时间的测定

6.5.5　湿粘性

剪取 3 块标准纸基试条，每块试条为 125 mm×800 mm。在非网面上根据表 1 规定的胶粘剂种类距离划出标记线距离 *BB* 线，在网面上标出 *CC* 线（见图 2a）。从中取 1 块试条。用玻棒蘸胶液均匀涂布在网面上，涂胶量按 6.4 条。涂胶后将试条平放，使 *AA* 线和 *CC* 线重合，用油漆刷刮平，排除气泡，保证整体接合。拿住 *CCDD* 区将试条放在玻璃板表面上渗吸 4 min。然后拿住 *CCDD* 区剥开试条并迅速将涂胶面贴到直立的玻璃平板上，使 *AA* 边位于上部，*AD* 边垂直，用油漆刷向下刮平，排除气泡。使试条与玻璃紧密接合。停留 1 min 后人工小心均匀地从 *AA* 线往下拉试条，尽可能贴住玻璃并以约 20 mm/s 的匀速拉试条至 *BB* 线，放开试条（见图 2b），30 s 时观察标记线 *BB* 的下移距离，每一试条的下移距离应该小于 5 mm。对其余 2 块试条重复操作。

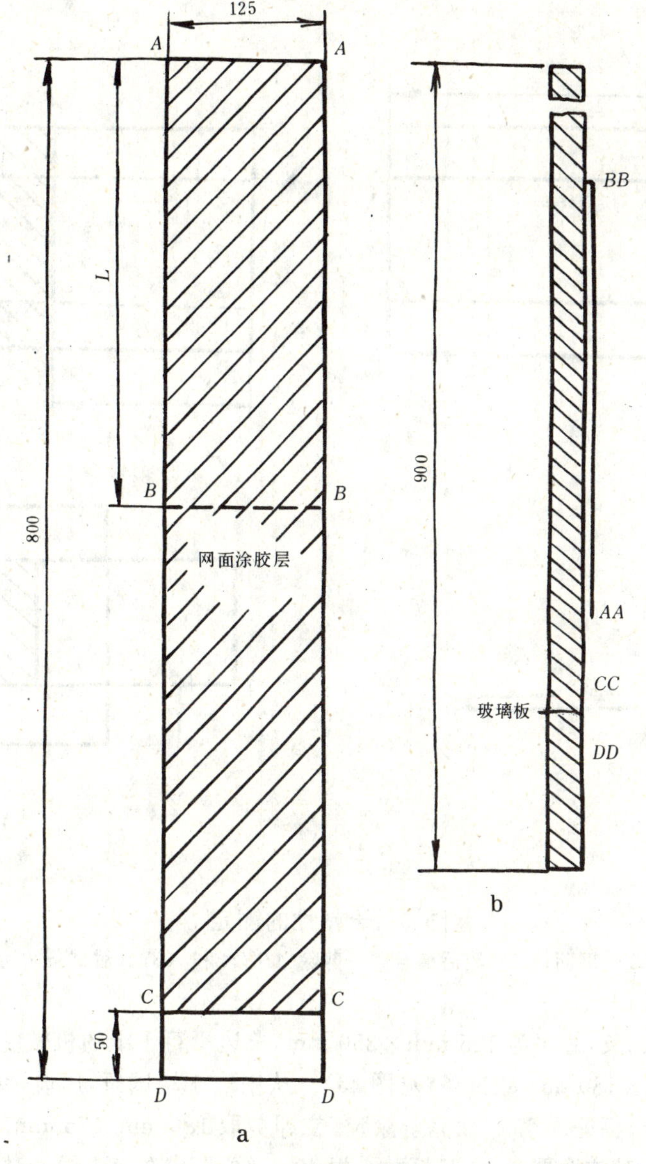

图 2 湿粘性的测定

6.5.6 干粘性

在试验前 24 h 将胶液涂在红地砖平面上，涂胶量按 6.4 条，让其在试验条件下干燥，剪取 3 块标准纸基试条，每块为 90 mm×150 mm，其长边平行于纸的机械成型方向。在每块试条的非网面划出 1 块 50 mm×150 mm 的试条，在网面上划出一条 *CC* 线，*CC* 线距离一端 80 mm 且平行于短边(见图 3a 和 b)。从中取 1 块试条。用玻棒蘸胶液均匀涂布在网面 *CCBB* 区，涂胶量按 6.4 条。立即将胶面叠合使 *BB* 线和 *CC* 线重合，用油漆刷刮平，使整体均匀接合(见图 3c)。将其放在玻璃板表面渗吸 4 min。然后立即剪去 *ABXX* 和 *ABYY* 两部分，将涂胶面分开并贴到红地砖预涂胶的表面，使 *BB* 线与红地砖的一端重合，使涂胶区位于红地砖中(见图 3c)。稍微倾斜红地砖，将光滑辊在其自重下横过试条滚压一次，使试条与红地砖紧密结合，让其在试验条件下干燥 24 h。然后，在与表面成 90°角的方向将试条的无胶端拉离红地砖，试条的纸破率应为 100%。对其余 2 块试条重复操作。

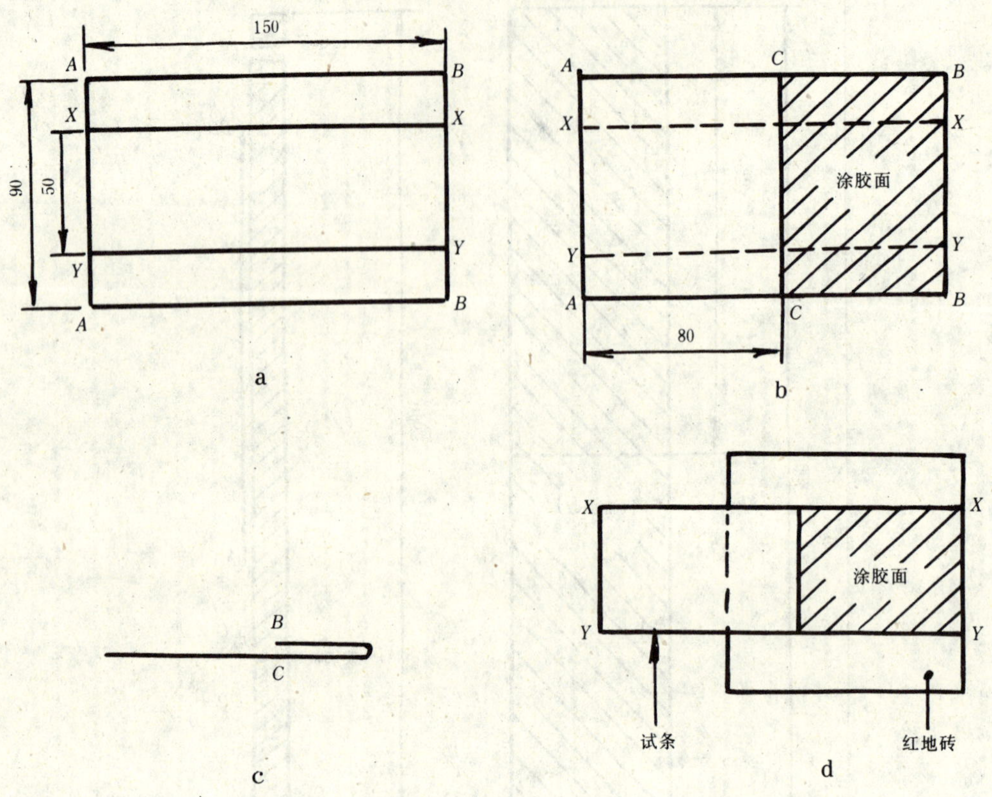

图 3　干粘性的测定

a—非网面；b—网面；c—涂胶后叠合；d—剪除 $ABXX$ 和 $ABYY$ 后试条贴到红地砖上

6.5.7　滑动性

剪取 3 块标准纸基试条，每块为 125 mm×250 mm，长边平行于纸的机械成型方向。在每块试样的网面上画出 1 块 75 mm×180 mm 的试条(见图 4a)。从中取 1 块试条，用玻棒蘸胶液均匀涂布在网面上，涂胶量按 6.4 条规定，保证 X 和 Y 面完全涂胶。立即剪取 180 mm×75 mm 的试条而不要触及 X 涂胶区，然后将试条二边胶对胶地重合。在 Y 区放 1 根 $\phi 2$ 铝丝，形成在 AA 线上对接在 Y 区对折线内放置 $\phi 2$ mm 铝丝(见图 4b)。将试条放在玻璃板表面上渗吸 4.5 min。剥开 X 区，将其涂胶面朝下放在 300 mm×200 mm 的玻璃平板上，AA 线与玻璃的一边重合并用辊子在约 5 s 内滚压一次，稍微倾斜玻璃板，让辊子在其自重下滚压，然后将板放平。30 s 后，将弹簧秤上的联接勾从 BB 线中心插穿试条并与铝丝相连接(见图 4c)，以约 10 mm/s 的稳定速度使试条相对玻璃平板移动 25 mm，(注意避免联接勾和台座间的摩擦)，记录试条稳定移动时弹簧秤的读数，对其余 2 块试条重复操作。

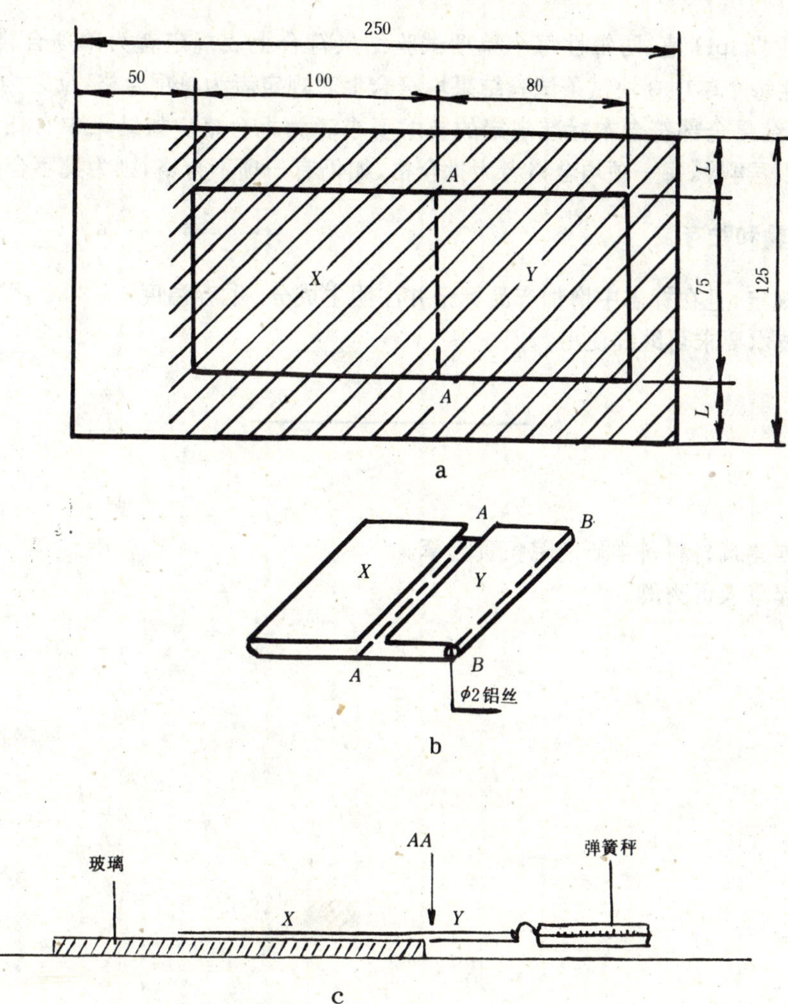

图 4　滑动性的测定

6.5.8　防霉性

按 GB 2423.16 进行。

7　检验规则

7.1　检验分类

7.1.1　出厂检验

出厂检验项目包括成品胶外观,适用期、晾置时间、湿粘性和干粘性。

7.1.2　型式检验

型式检验项目包括成品胶外观、pH 值、适用期、晾置时间、湿粘性、干粘性、滑动性。若为防霉型产品,加测防霉性。

正常生产时,型式检验周期为半年。

7.2　组批和抽样

7.2.1　同一生产时间、同一配料工艺条件制得的产品为一批。

7.2.2　按 GB/T 12954 中 4.1 条抽样。

7.2.3　调制型和成品型胶取样按 GB 3186 中 5.3 条规定进行;粉型胶按 GB 3186 中 5.4 条规定进行。

7.2.4　取样后,将样品一分为二。一份检测,一份留样以备供需双方出现质量争议时复检。

7.3 **判定规则**

7.3.1 外观、适用期、pH 值、防霉性每个单项试验结果符合上表规定者为单项合格;晾置时间、湿粘性、干粘性、滑动性每个单项 3 块试条试验结果均符合上表规定者为单项合格,反之为单项不合格。

7.3.2 产品检验结果全部符合本标准规定的技术要求者为批合格。如结果中有任一项不合格,则按 7.2 条规定重复取样再检,每一项均合格者为批合格,如仍有一项不合格,则为批不合格。

8 包装、标志、运输和贮存

按 GB 2944 规定,且在标志中增加产品标记并注明主成分。贮存温度 5～30℃,贮存期 3 个月,超过贮存期如仍符合技术要求可继续使用。

附加说明:

本标准由中国建筑材料科学研究院负责起草。

本标准主要起草人忻秀卿。

中华人民共和国建材行业标准

JC/T 549—94

天花板胶粘剂

1 主题内容与适用范围

本标准规定了天花板胶粘剂的产品分类、技术要求、试验方法、检验规则、包装、标志、运输与贮存。

本标准适用于以合成树脂及其乳液或合成胶乳为粘料，加入添加剂而制得的天花板胶粘剂。该产品主要用于各类天花板材料与基材的粘贴。

2 引用标准

GB 2944 胶粘剂产品包装、标记、运输和贮存的规定

GB/T 12954 建筑胶粘剂通用试验方法

JC/T 550 半硬质聚氯乙烯块状塑料地板胶粘剂

3 产品分类

3.1 类型

a. 乙酸乙烯系——以乙酸乙烯树脂及其乳液为粘料，加入添加剂。

b. 乙烯共聚系——以乙酸乙烯和乙烯共聚物为粘料，加入添加剂。

c. 合成胶乳系——以合成胶乳为粘料，加入添加剂。

d. 环氧树脂系——以环氧树脂为粘料，加入添加剂。

3.2 代号

天花板胶粘剂的基材和材料代号，如表1所示。

表 1

<table>
<tr><th>胶粘剂</th><th>代号</th><th>材料</th><th colspan="6">代号</th></tr>
<tr><td>乙酸乙烯系</td><td>VA</td><td rowspan="2">基材</td><td colspan="2">石膏板</td><td colspan="2">石棉水泥板</td><td colspan="2">木板</td></tr>
<tr><td>乙烯共聚系</td><td>EC</td><td colspan="2">GY</td><td colspan="2">AS</td><td colspan="2">WO</td></tr>
<tr><td>合成胶乳系</td><td>SL</td><td rowspan="2">天花板材料</td><td>胶合板</td><td>纤维板</td><td>石膏板</td><td>石棉水泥板</td><td>硅酸钙板</td><td>矿棉板</td></tr>
<tr><td>环氧树脂系</td><td>ER</td><td>GL</td><td>FI</td><td>GY</td><td>AS</td><td>SI</td><td>MI</td></tr>
</table>

3.3 产品标记

产品按下列顺序标记：产品名称、基材-天花板组合形式、类型和标准号，标记示例如下：

乙酸乙烯天花板（石膏板-矿棉板）胶粘剂标记为：

天花板胶粘剂 VA(GY-MI) JC/T 549

4 技术要求

天花板胶粘剂的质量应符合表2规定。

国家建筑材料工业局1994-03-26批准　　　　1994-12-01实施

表 2

试验项目		技术指标														
外观		胶液均匀、无块状颗粒														
涂布性		容易涂布、梳齿不零乱														
流挂[1],mm 小于		3														
拉伸胶接强度 MPa 不小于	基材	石膏板						石棉水泥板[2]			木板					
	天花板材料 \ 试验条件	胶合板	纤维板	石膏板	石[2]棉水泥板	硅酸钙板	矿棉板	石膏板	硅酸钙板	矿棉板	胶合板	纤维板	石膏板	石[2]棉水泥板	硅酸钙板	矿棉板
	23±2℃,96 h	0.2						0.2	0.2		1	0.5	0.2	0.5		0.2
	23±2℃,96 h 浸水 24 h	—						—	0.1		0.5	0.2	—	0.2		0.1

注:1) 仅对实际施工时不需要临时固定的腻子状胶粘剂进行流挂试验。

2) 此处石棉水泥板为混凝土、水泥砂浆、TK 板、FC 板等的代替品。

5 试验方法

5.1 外观

按 JC/T 550 中 5.1 条进行。

5.2 涂布性

按 JC/T 550 中 5.2 条进行。

5.3 流挂

5.3.1 定义

胶粘剂从涂布到固化期间会产生位移运动,以致形成较厚边缘的不均匀涂层。

5.3.2 试片材料

基材为钢板,天花板材料为纤维板。

5.3.3 试验步骤

在纤维板试层(40 mm×40 mm)正面,预先用环氧树脂胶(环氧胶)使其与夹具胶接,然后将待测胶粘剂按产品规定用量涂布于纤维板反面,以得到连续胶层。并如图 1a 放置两根 φ0.8 mm 不锈钢丝,再把与夹具相连的钢板试片(40 mm×40 mm)轻轻粘于其上,如图 1b。于 23±2℃养护 96 h 确认是否脱落。如无脱落,用精度为 0.5 mm 直尺测量纤维板各角的流挂距离,取最大值(mm)。

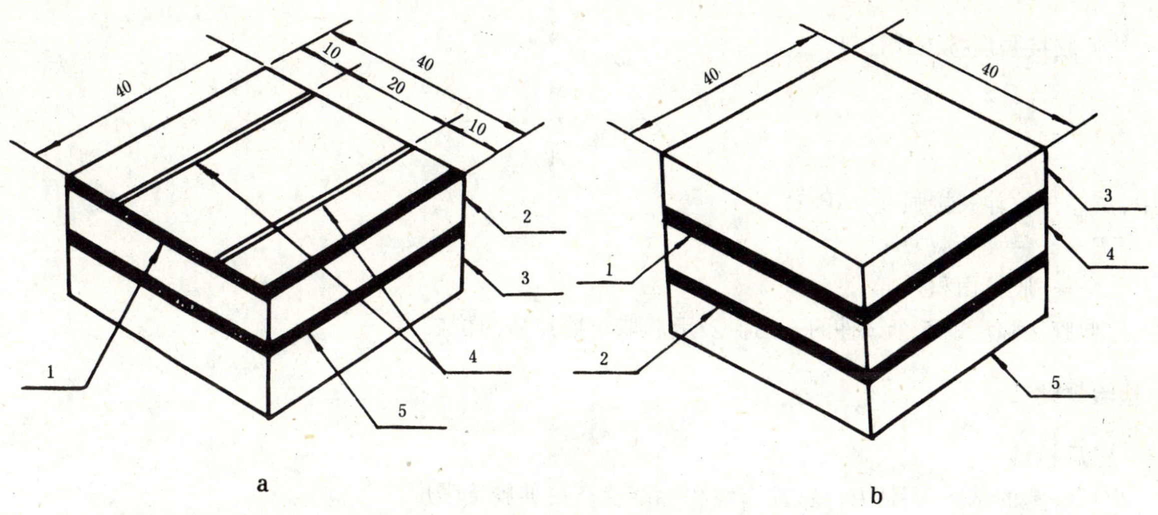

图 1

1—胶粘剂;2—纤维板试件;3—夹具;
4—不锈钢丝;5—环氧胶

1—胶粘剂;2—环氧胶;3—钢板试片;
4—纤维板试片;5—夹具

5.4 拉伸胶接强度

5.4.1 试片材料

按产品规定的基材和天花板材料组合选定。

5.4.2 试验步骤

5.4.2.1 标准状态拉伸胶接强度

在基材(40 mm×40 mm)和天花板材料(40 mm×40 mm)的正面,预先用环氧胶分别与夹具胶接。然后如图 2,将待测胶粘剂按产品规定用量涂布于天花板材料反面,以得到连续胶层。再把基材反面胶接于其上,并轻轻移动至胶粘剂均匀。于 23±2℃试验室温度下,放置 96 h。以 30 mm/min 拉伸速度,测定拉伸胶接强度。

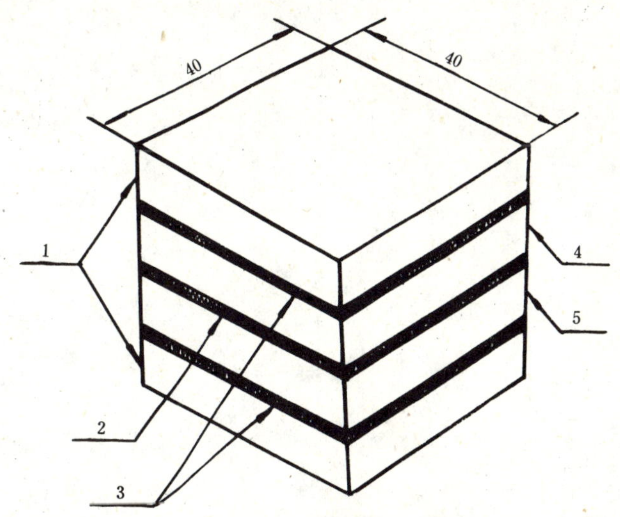

图 2

1—夹具;2—胶粘剂;3—环氧胶;4—基材试片;5—天花板试片

5.4.2.2 浸水后拉伸胶接强度

按 5.4.2.1 制作试件,于 23±2℃放置 96 h 后,再浸水 24 h,取出。立即以 30 mm/min 拉伸速度,测定拉伸胶接强度。

5.4.3 计算

拉伸胶接强度按下式计算：

$$F = \frac{P}{A}$$

式中：F——拉伸胶接强度，MPa；

P——最大荷载，N；

A——胶接面积，mm^2。

拉伸胶接强度以5个试件的平均值表示。取小数点后两位数。

6 检验规则

6.1 出厂检验

出厂检验的试验项目为外观、涂布性和标准状态拉伸胶接强度。

6.2 型式检验

对产品质量进行全面考核，或生产工艺改变或长期停产后恢复生产时，应对本标准规定的全部技术要求进行检验。在正常情况下，型式检验周期规定为1年。

6.3 组批和抽样

以同一制造条件，同一时间和地点生产的产品为一批，按GB/T 12954规定抽样。从同批产品中随机取2 kg试样，分两瓶封装，1瓶作检验用，另一瓶作复验用。

6.4 判定规则

检验试样每项技术要求均符合本标准规定时判为批合格。若检验试样有任一项指标不符合要求时，则取复验样品进行复验，如仍不合格，则判该批不合格。

7 包装、标志、运输与贮存

按GB 2944进行，贮存期为6个月。

附 录 A
天花板、基材和胶粘剂的组合
（参考件）

使用不同材质的基材和天花板材料组合时，推荐按表 A1 选择胶粘剂类别。

表 A1

基材 \ 天花板材料	胶合板	纤维板	石膏板	石棉水泥板	硅酸钙板	矿棉板
石膏板	[VA] [SL]	[VA] [SL]	[VA][EC] [SL]	[VA][EC] [SL]	[VA][EC] [SL]	(VA) (EC)
石棉水泥板	—	—	[ER]	—	—	(VA)SL (ER)
木板	[VA] [SL]	[VA] [SL]	[VA][EC] [SL]	[VA][EC] [SL]	[VA][EC] [SL]	(VA)(EC) SL

注：(　)：需要临时固定，[　]：需要和铁钉或小螺丝并用，—：实际上很少组合，不予规定。

VA：乙酸乙烯系，EC：乙烯共聚系，SL：合成胶乳系，ER：环氧树脂系。

附加说明：

本标准由上海市建筑科学研究所起草。

本标准主要起草人殷　欣。

中华人民共和国建材行业标准

JC/T 550—94

半硬质聚氯乙烯块状塑料地板胶粘剂

1 主题内容与适用范围

本标准规定了半硬质聚氯乙烯块状塑料地板胶粘剂的产品分类及代号、技术要求、试验方法、检验规则、包装、标志、运输与贮存。

本标准适用于以合成树脂或合成胶乳为粘料，加入其他添加剂而制得的半硬质聚氯乙烯块状塑料地板胶粘剂(以下简称PVC地板胶粘剂)。该产品主要用于PVC地板与水泥砂浆或混凝土地面的粘贴。

2 引用标准

GB 2611 试验机通用技术条件

GB 2944 胶粘剂产品包装、标记、运输和贮存的规定

GB 4085 半硬质聚氯乙烯块状塑料地板

GB/T 12954 建筑胶粘剂通用试验方法

JC 434 电工用石棉水泥压力板

3 产品分类

3.1 类型

按粘料分为：

a. 乙酸乙烯系——以乙酸乙烯树脂为粘料，加入其他添加剂，又分乳液型和溶剂型两种。

b. 乙烯共聚系——以乙烯和乙酸乙烯共聚物为粘料，加入其他添加剂，又分乳液型和溶剂型两种。

c. 合成胶乳系——以合成胶乳为粘料，加入其他添加剂。

d. 环氧树脂系——以环氧树脂为粘料，加入其他添加剂。

按用途分为：

A型普通用——粘贴后用于不受水影响的场合。

B型耐水用——粘贴后用于易受水影响的场合。

3.2 代号

PVC地板胶粘剂分类代号，如表1所示。

表1

分类		代号
乙酸乙烯系	乳液型	VA_1
	溶剂型	VA_2
乙烯共聚系	乳液型	EC_1
	溶剂型	EC_2
合成胶乳系		SL
环氧树脂系		ER

3.3 产品标记

国家建筑材料工业局1994-03-26批准　　1994-12-01实施

产品按下列顺序标记：产品名称、类型、质量等级和本标准号。

例：一等品普通用乙酸乙烯系乳液型 PVC 地板胶粘剂标记为：

PVC 地板胶粘剂 VA_1-A 一等品 JC/T 550

4 技术要求

PVC 地板胶粘剂技术要求应符合表 2 的规定。

表 2

试验项目			技术指标	
			一等品	合格品
外观			胶体均匀，无团块颗粒	
涂布性			容易涂布，梳齿不零乱	
胶接强度，MPa 不小于	普通用	VA_1	0.60	0.50
		VA_2	0.60	0.50
		EC_1	0.30	0.20
		EC_2	0.60	0.50
		SL	0.30	0.20
		ER	0.90	0.80
	耐水用[1)]	168 h	0.60	0.50

注：1）在满足普通用胶接强度下，再浸水 168 h 后的指标。

5 试验方法

5.1 外观

将试样倒入 ϕ70 mm 表面皿中，用玻璃棒搅动胶体，目测并记录试样均匀程度。

5.2 涂布性

5.2.1 试验器皿

标准梳齿刀，如图 1 所示，尺寸如表 3。

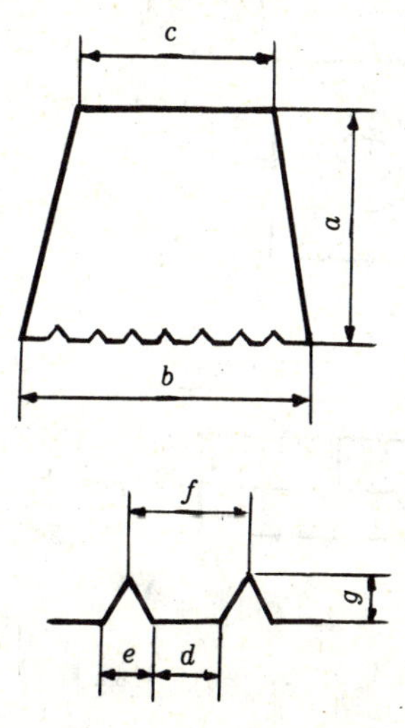

图 1 标准梳齿刀

表 3 mm

部位	尺寸
a	130±10
b	150±5
c	85±5
d	3±0.2
e	2±0.2
f	5±0.5
g	2±0.2

5.2.2 试验步骤

将试样倒在 300 mm×600 mm×8 mm 光滑面朝上的石棉水泥板上面。用标准梳齿刀，如图 2 所示刮涂。观察涂布性和梳齿状态。

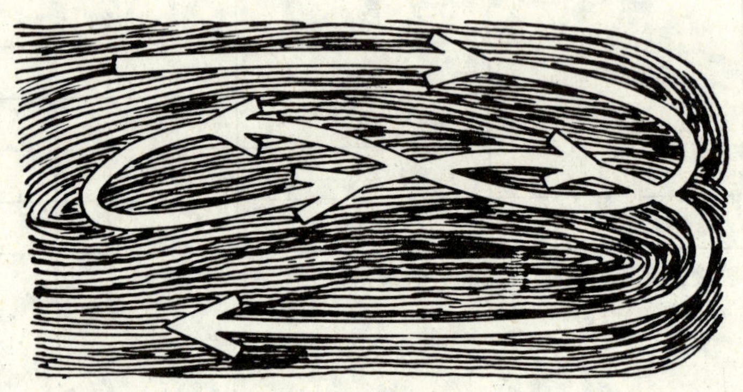

图 2 试样涂布状态

5.3 胶接强度

5.3.1 材料和仪器

5.3.1.1 钢夹具由上、下两部分组成，上夹具如图 3 所示，下夹具如图 4 所示，尺寸如表 4。

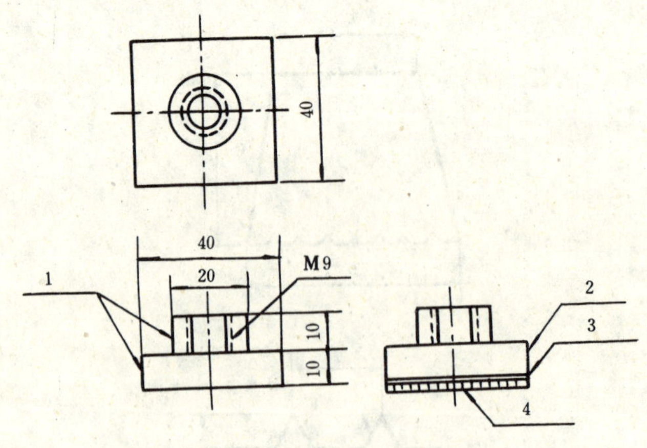

图 3 钢质上夹具

1、2—上夹具；3—环氧树脂胶粘剂；4—PVC 地板

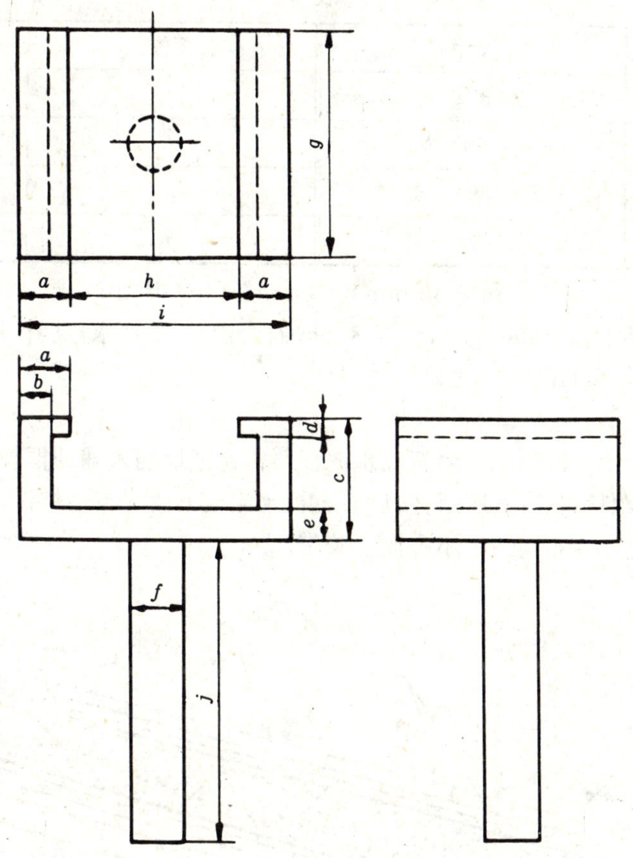

图 4 钢质下夹具

表 4

mm

部位	尺寸	部位	尺寸
a	17	*f*	18
b	10	*g*	75
c	45	*h*	58
d	5	*i*	92
e	10	*j*	100

5.3.1.2 铁制辅助框模，如图 5，尺寸如表 5 所示。

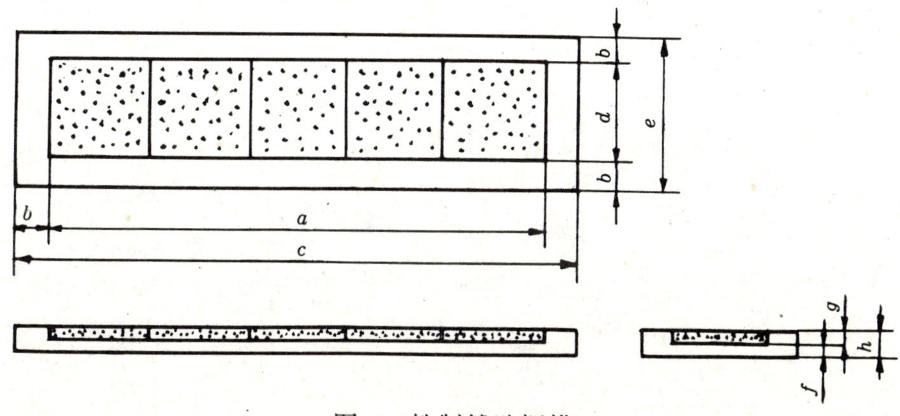

图 5 铁制辅助框模

表 5 mm

部位	尺寸	部位	尺寸
a	350	e	110
b	20	f	10
c	390	g	8
d	70	h	18

5.3.1.3 聚氯乙烯地板，尺寸 40 mm×40 mm×40 mm，符合 GB 4085 要求，共计 5 块。

5.3.1.4 石棉水泥板，尺寸 70 mm×70 mm×8 mm 符合 JC 434 要求，共计 5 块。

5.3.1.5 拉力试验机，符合 GB 2611 要求。

5.3.2 试件制作

5.3.2.1 试样涂布将 5 块平滑面朝上的石棉水泥板严密无缝地插入辅助框模内，用宽度为 7 mm 的聚氯乙烯胶粘带沿框四边粘贴，如图 6 所示。然后在石棉水泥板上面涂布足量试样，用标准梳齿刀呈 60°角一次拉向框模一端，使试样涂布均匀。小心撕去胶带。

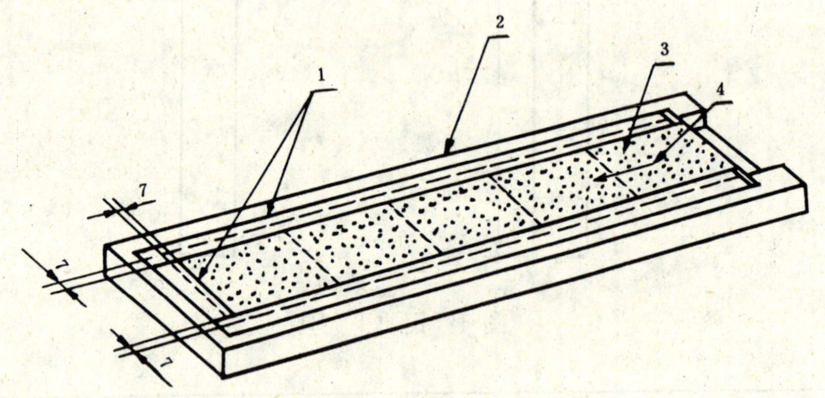

图 6 试样涂布

1—PVC 胶粘带；2—涂布用辅助框；3—倒在基材上面的胶粘剂；
4—标准梳齿刀涂布方向

5.3.2.2 粘贴聚氯乙烯地板，试样涂布后，晾置片刻（视种类而定），将图 3 带上夹具的聚氯乙烯地板分别置于 5 块石棉水泥板中央，用 1 kg 重铁块加压 30 s。如图 7 所示，于 23±2℃，相对湿度 50%±5%标准条件下放置 168 h。

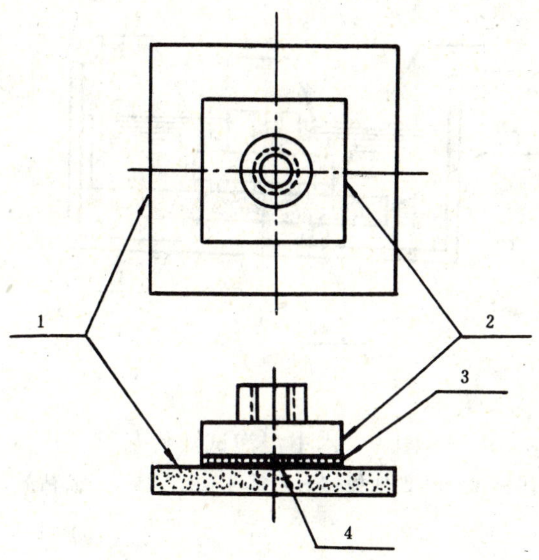

图 7　粘贴 PVC 地板

1—石棉水泥板；2—上夹具；3—PVC 地板；4—胶粘剂

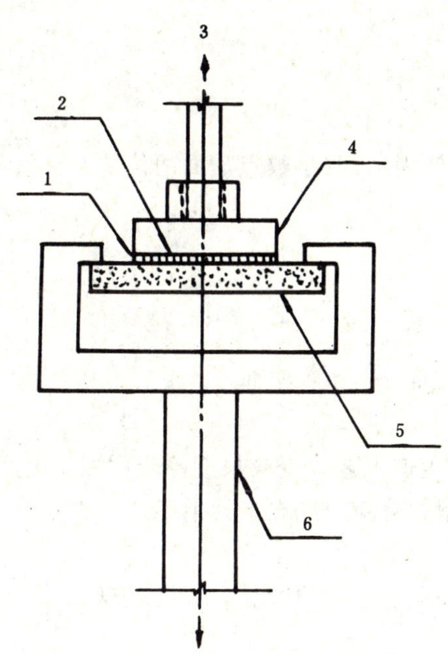

图 8　胶接强度装配形式

1—PVC 地板；2—胶粘剂；3—拉伸方向；4—上夹具；5—石棉水泥板；6—下夹具

5.3.3　胶接强度测定

5.3.3.1　标准状态胶接强度按 5.3.2.2 制备的试件，如图 8 装配形式进行胶接强度测定，拉伸速度为 30 mm/min。

5.3.3.2　水中浸泡胶接强度按 5.3.2.2 制备的试件，再置于图 9 所示 23±2℃水中浸泡 168 h，取出。如图 8 装配形式测定胶接强度，拉伸速度为 30 mm/min。

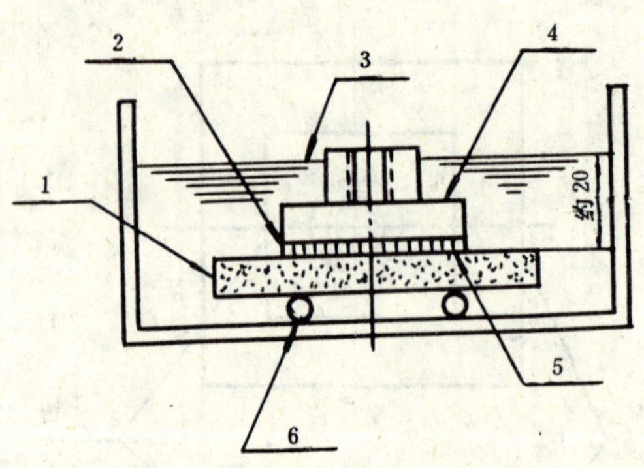

图 9　水中浸泡试样状态

1—石棉水泥板；2—PVC 地板；3—水面；4—上夹具；5—胶粘剂；6—玻璃棒

5.3.4　计算

胶接强度按下式计算：

$$F=\frac{P}{A}$$

式中：F——胶接强度，MPa；

P——最大荷载，N；

A——胶接面积，mm^2。

胶接强度以 5 个试件的平均值表示，取小数点后面两位数。夹具和 PVC 地板界面发生破裂，应重作。

6　检验规则

6.1　出厂检验

出厂检验的试验项目为外观、涂布性和胶接强度。

6.2　型式检验

对产品质量进行全面考核或生产工艺改变或长期停产后恢复生产时，应对本标准规定的技术要求全部进行检验。在正常情况下，型式检验周期规定为半年。

6.3　组批和抽样

以同一制造条件，同一时间和地点生产的产品为一批，按 GB/T 12954 规定抽样。

6.4　判定规则

从同批中随机取 1 kg 试验，若有任一项指标不符合要求时，从该批中重新取另一份试样进行全部复验，若仍有一项不合格，则判该批不合格。

7　包装、标志、运输和贮存

按 GB 2944 执行，并增加产品标记，贮存期为 6 个月。

附加说明：

本标准由上海市建筑科学研究所负责起草。

本标准主要起草人殷欣。

中华人民共和国建材行业标准

JC/T 636—1996

木地板胶粘剂

1 范围

本标准规定了木地板胶粘剂的产品分类、技术要求、试验方法、检验规则、包装、标志、运输与贮存。

本标准适用于以合成树脂为粘料，加入添加剂而制得的木地板胶粘剂。该产品主要用于木地板与混凝土、水泥砂浆基材的粘贴。

2 引用标准

GB 2944 胶粘剂产品包装、标志、运输和贮存的规定

GB/T 12954 建筑胶粘剂通用试验方法

JC 434 电工用石棉水泥压力板

JC/T 550 半硬质聚氯乙烯块状塑料地板胶粘剂

3 产品分类

3.1 类型

a) 聚乙烯醇系——以聚乙烯醇改性物为粘料，加入添加剂；

b) 乙酸乙烯系——以乙酸乙烯树脂为粘料，加入添加剂；

c) 乙烯共聚系——以乙酸乙烯和以乙烯共聚物为粘料，加入添加剂；

d) 丙烯酸系——以丙烯酸树脂为粘料，加入添加剂。

3.2 代号

木地板胶粘剂代号如表1所示。

表 1

胶粘剂类型	聚乙烯醇系	乙酸乙烯系	乙烯共聚系	丙烯酸系
代　　号	PV	VA	EC	AC

3.3 产品标志

产品按下列顺序标记：产品名称、类型和标准号。

标记示例：

木地板胶粘剂 VA—JC/T 636

4 技术要求

木地板胶粘剂的质量应符合表2规定。

国家建筑材料工业局1996-05-09批准　　1996-10-01实施

表 2

试验项目	技术指标
涂布性	容易涂布、胶层均匀
拉伸劈裂胶接强度 23℃±2℃，96h，再浸水 24h N/cm 不小于	200

5 试验方法

5.1 涂布性

按 JC/T 550 进行。

5.2 拉伸劈裂胶接强度

5.2.1 试件材料

木块：应无节疤、裂纹、弯曲等缺陷，尺寸为 40mm×120mm×25mm，作为粘结的一面应事先用 1 号砂布打磨。试件数量 5 块。

基材：应符合 JC 434 的技术要求，尺寸为 60mm×120mm×15mm。

5.2.2 拉力试验机

应符合 GB/T 12954 的要求。

5.2.3 钢制夹具

应能将基材可靠地固定于拉力试验机原有的下夹具上，而拉力机的上夹具横杆能扣在木块的突出部位（如图 1 所示）。

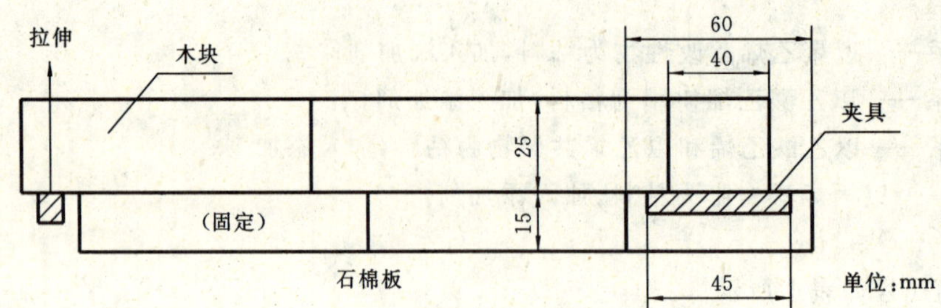

图 1

5.2.4 试验步骤

将足量待测胶粘剂涂布在符合 5.2.1 要求的木块(40mm×120mm×25mm)的打磨面上，以得到连续胶层，于 5～10min 内水平置于石棉水泥板(60mm×120mm×15mm)上面如图 2。轻轻往复移动至胶粘剂均匀。于 23℃±2℃，放置 96h。再浸水 24h。擦干试件即以 30mm/min 拉伸速度测定拉伸劈裂胶接强度。

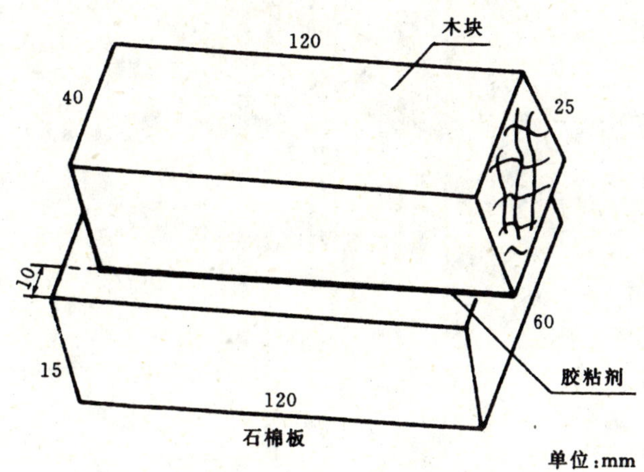

图 2

5.2.5 计算

拉伸劈裂胶接强度按式(1)计算:

$$F=P/A \quad \cdots\cdots (1)$$

式中:F——拉伸劈裂胶接强度,N/cm;

P——最大荷载,N;

A——木块试样宽度,cm。

拉伸劈裂胶接强度以 5 个试件平均值表示。精确至 1N/cm。

6 检验规则

6.1 检验分类

6.1.1 出厂检验项目为涂布性。

6.1.2 型式检验项目为涂布性和拉伸劈裂胶接强度,在正常情况下,型式检验周期规定为 1 年。

6.2 组批和抽样

以同一生产时间,同一配料工艺条件制得的产品为一批,按 GB/T 12954 规定抽样。

6.3 判定规则

从同批中随机取 2kg 试样,分两瓶封装,1 瓶作检验用,另 1 瓶作复验用。检验试样每项技术要求均符合本标准规定时判为批合格。若检验试样中有任一项指标不符合要求时,则取复验样品进行复验,如仍不合格,则判该批不合格。

7 包装、标志、运输与贮存

按 GB 2944 进行,贮存期为 6 个月。

附加说明:

本标准由上海市建筑科学研究院起草。

本标准主要起草人殷欣。

八、建筑涂料

中华人民共和国国家标准

UDC 666.914.5

复层建筑涂料

GB 9779—88

Multi wall architectural coatings

1 主题内容与适用范围

本标准规定了复层建筑涂料的通用技术条件。

本标准适用于以水泥系、硅酸盐系和合成树脂系等粘结料和骨料为主要原料，用刷涂、辊涂或喷涂等方法，在建筑物墙面上涂布2～3层，厚度（如为凹凸状，指凸部厚度）为1～5mm的凹凸或平状复层建筑涂料（以下简称复层涂料）。

2 引用标准

GB 175 硅酸盐水泥、普通硅酸盐水泥

GB 178 水泥强度试验用标准砂

GB 1766 漆膜耐候性评级方法

GB 2611 试验机通用技术要求

GB 3186 涂料产品的取样

GB 9265 建筑涂料涂层耐碱性的测定

GB 9271 色漆和清漆标准试板

GB 9780 建筑涂料涂层耐沾污性试验方法

GB 9278 涂料试样状态调节和试验温湿度

3 组成、分类和代号

3.1 组成

复层涂料一般由底涂层、主涂层、面涂层组成，但其中的聚合物水泥系、反应固化型环氧树脂系复层涂料无底涂层。

a. 底涂层：用于封闭基层和增强主涂料的附着能力；

b. 主涂层：用于形成凹凸式平状装饰面；

c. 面涂层：用于装饰面着色，提高耐候性、耐污染性和防水性等。

3.2 分类

复层涂料按主涂层所用粘结料分为：

a. 聚合物水泥系复层涂料：用混有聚合物分散剂的水泥作为粘结料；

b. 硅酸盐系复层涂料：用混有合成树脂乳液的硅溶胶等作为粘结料；

c. 合成树脂乳液系复层涂料：用合成树脂乳液作为粘结料；

d. 反应固化型合成树脂乳液系复层涂料：用环氧树脂乳液等作为粘结料。

3.3 代号

复层涂料分类代号，如表1所示。

国家建筑材料工业局1988-07-09批准

1989-05-01实施

表 1

分类	代号
聚合物水泥系复层涂料	CE
硅酸盐系复层涂料	Si
合成树脂乳液系复层涂料	E
反应固化型合成树脂乳液系复层涂料	RE

4 技术要求

复层涂料按本标准第 5 章进行试验，技术要求应符合表 2 的规定。

表 2

试验项目 分类代号	低温稳定性	初期干燥抗裂性	粘结强度 MPa (kgf/cm²) 标准状态＞	粘结强度 MPa (kgf/cm²) 浸水后＞	耐冷热循环性
CE	不结块，无组成物分离，凝聚	不出现裂纹	0.49 (5.0)	0.49 (5.0)	不剥落；不起泡；无裂纹；无明显变色
Si					
E			0.68 (7.0)	0.49 (5.0)	
RE			0.98 (10.0)	0.68 (7.0)	

试验项目 分类代号	透水性 mL	耐碱性	耐冲击性	耐候性	耐沾污性
CE	溶剂型＜0.5；水乳型＜2.0	不剥落；不起泡；不粉化；无裂纹	不剥落；不起泡；无明显变形	不起泡；无裂纹；粉化＜1级；变色＜2级	沾污率＜30%
Si					
E					
RE					

5 试验方法

5.1 试验条件

试验室温度为23±2℃，相对湿度为50%±5%。

5.2 试验用底板

5.2.1 石棉水泥板应符合GB 9271中规定的石棉水泥板。

5.2.2 砂浆板：将1份水泥（GB 175）和1份标准砂（GB 178）倒入罐或盆内，用捣棒搅匀，加入0.5份水搅拌至呈浆状（重量比）。将砂浆倒入70mm×70mm×20mm硬聚氯乙烯或金属型框成型。放置24～48h后脱模，放入水中养护7d，再于室温下放置7d，用200号水砂纸将成型底面磨平，清除浮灰，即可供试验使用。

5.2.3 底板尺寸：各项试验使用的底板尺寸应符合表3的规定。

表 3

mm

试验项目	底板类型	底板尺寸
初期干燥抗裂性 透水性 耐冲击性	石棉水泥板	300×150×4
粘结强度 耐冷热循环性	砂浆板	70×70×20
耐碱性 耐候性 耐沾污性	石棉水泥板	150×70×3

5.3 试样制备

将制造厂提供的底涂料、主涂料和面涂料分别搅拌均匀，即为制作各项试验所需的试样。

5.4 低温稳定性试验

将底涂料、主涂料和面涂料分别倒入高度100mm、直径50mm的广口试剂瓶，装满后加盖。在－5±2℃冰箱中放置18h，取出，在试验条件下放置6h。这项操作反复循环3次后，打开瓶盖，一边搅拌，一边用肉眼观察试样有无结块、组成物分离和凝聚现象。

5.5 初期干燥抗裂性试验

5.5.1 试验仪器：如图1所示。装置由风机、风洞和试架组成，风洞截面为正方形。用能够获得3m/s以上风速的轴流风机送风，配置调压器调节风机转速，使风速控制为3±0.3m/s。风洞内气流速度用热球式或其他风速计测量。

5.5.2 按制造厂提出的方法，将产品说明中规定用量的底涂料涂布于石棉水泥板表面，经1～2h干燥（指触干），再将产品说明中规定用量的主涂料涂布于底涂料上面，立即置于图1所示风洞内的试架上面，试件与气流方向平行，放置6h，取出。用肉眼观察试件表面有无裂纹出现。这项试验同时制作两个试件做平行试验。

5.6 粘结强度试验

5.6.1 试验仪器

5.6.1.1 硬聚氯乙烯或金属型框，如图2所示。

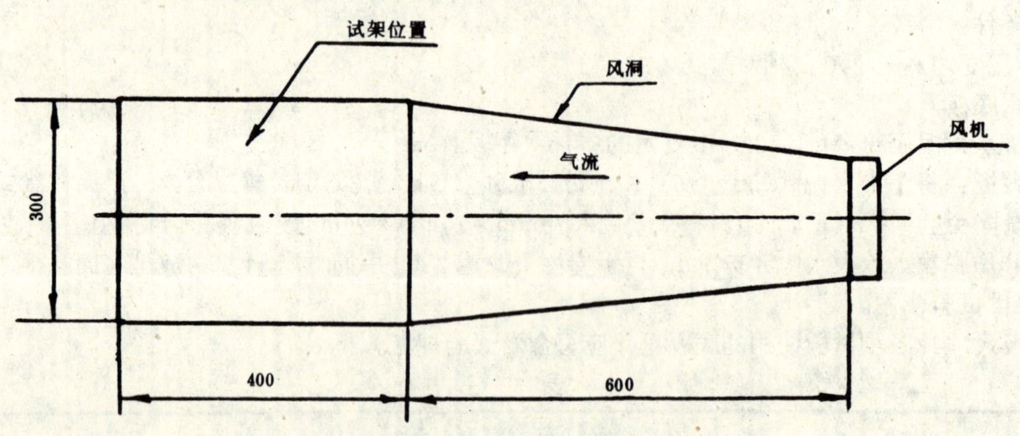

图 1 初期干燥抗裂性试验用仪器

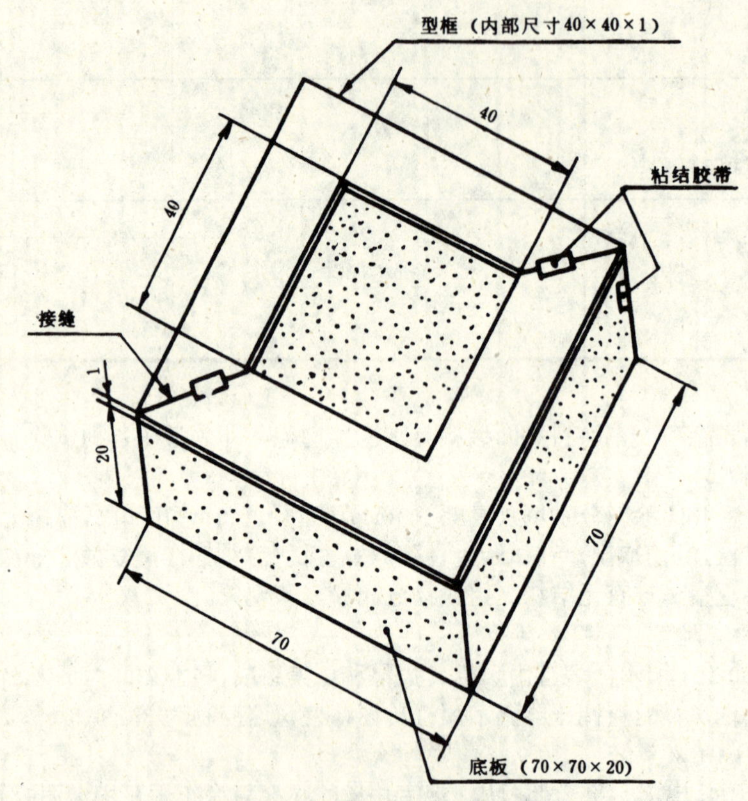

图 2 硬聚氯乙烯或金属型框

5.6.1.2 抗拉用钢质上夹具，如图3所示。

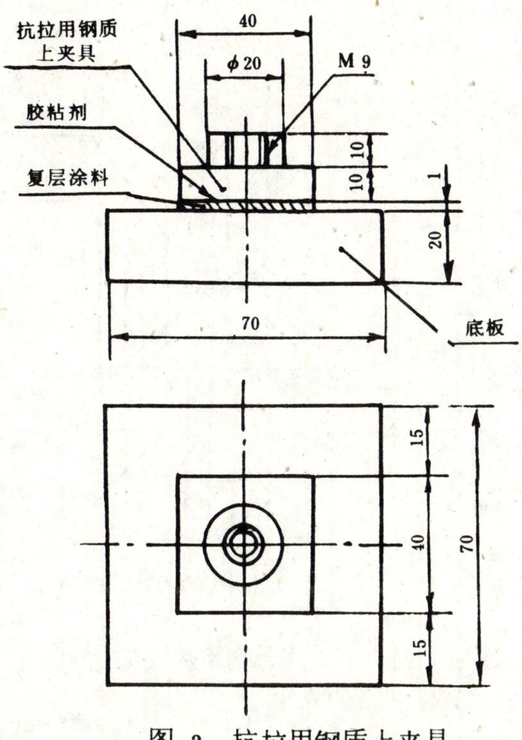

图 3 抗拉用钢质上夹具

5.6.1.3 抗拉用钢质下夹具，如图 4 所示。

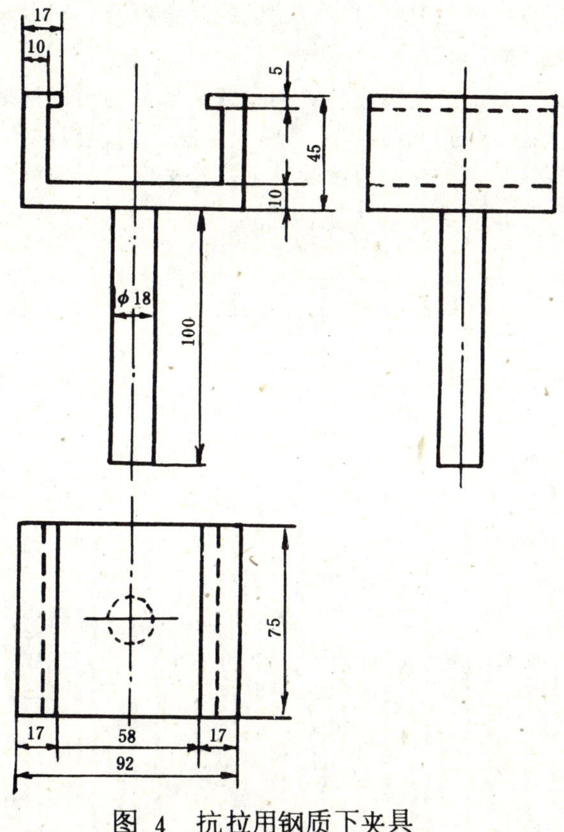

图 4 抗拉用钢质下夹具

5.6.1.4　抗拉用钢质下夹具和钢质垫板的装配，如图 5 所示。

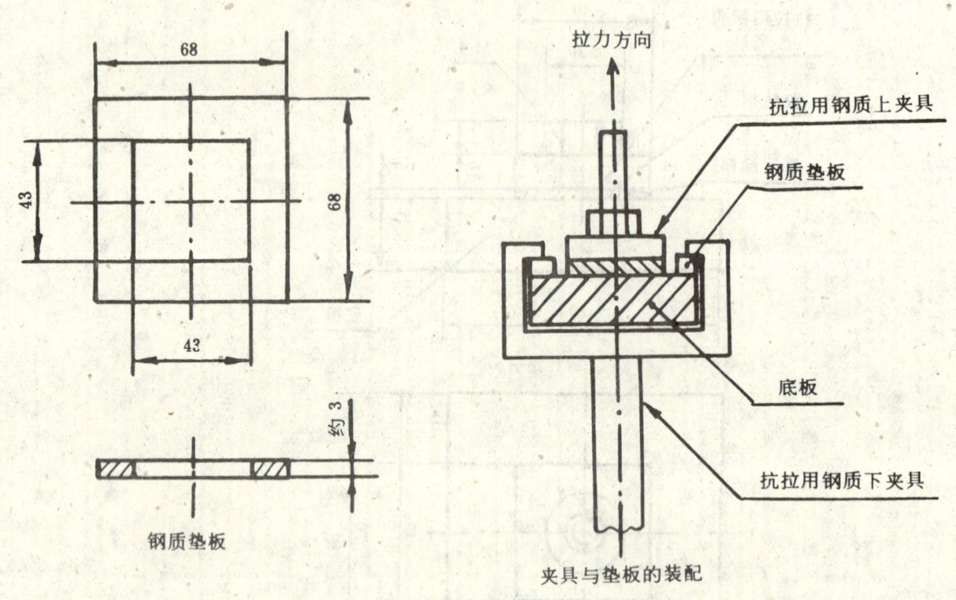

图 5　钢质下夹具和钢质垫板的装配

5.6.1.5　拉力试验机应符合GB　2611的规定。

5.6.2　标准状态下粘结强度试验

5.6.2.1　按制造厂提出的方法，将产品说明中规定用量的底涂料涂布于砂浆板表面，经 1 ～ 2 h干燥（指触干），将图 2 所示硬聚氯乙烯或金属型框置于底涂料上面，将主涂料填满型框，用刮刀平整表面，立即除去型框，放置24h，再把产品说明中规定用量的面涂料涂布于主涂料上面，在试验条件下养护14d，即为试件。这项试验，同时制作 5 个试件。

5.6.2.2　将试件置于水平状态，用双组分环氧树脂或类似常温固化粘结剂涂布试件表面，并在其上面轻放图 3 所示的钢质上夹具，加约 1 kg砝码，小心地除去周围溢出粘结剂，放置24h，除去砝码，按图 5 所示安装钢质下夹具和钢质垫板，在拉力试验机上，沿试件表面垂直方向，以1471.0～1961.3N/min（150～200kgf/min）拉伸速度，测定最大抗拉荷重。

粘结强度按下式计算：

$$\sigma = \frac{10^{-6}P}{A}$$

式中：σ——粘结强度，MPa；

P——拉伸时荷载，　N；

A——胶接面积，m^2。

5.6.3　浸水后粘结强度试验

5.6.3.1　按5.6.2.1同时制作 5 个试件，但在放置时间结束前 3 d，将试件的四个侧面用环氧树脂 封边。

5.6.3.2　如图 6 所示，将试件水平置于水槽底部标准砂（GB　178）上面，然后注水到水面距离砂浆板表面约 5 mm处，静置10d，取出。试件侧面朝下，在50 ± 3 ℃恒温箱内干燥 24 h，再置于试验条件下24h，然后按5.6.2.2测定并计算浸水后粘结强度。

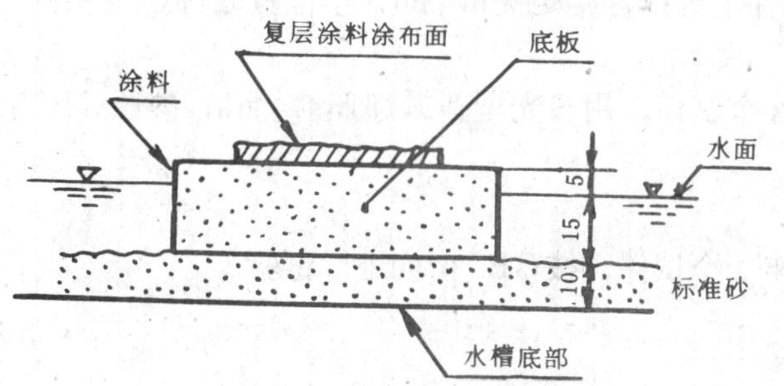

图 6　浸水后粘结强度试验用装置

5.7　耐冷热循环性试验

5.7.1　按5.6.2.1同时制作 3 个试件。

5.7.2　将试件置于20±2 ℃水中浸渍18h后，放入－20±3 ℃冰箱中冷却 3 h，再放入50±3 ℃恒温箱加热 3 h，这项操作反复循环10次后，在试验条件下放置 2 h，用肉眼观察试件表面有无剥落、起泡、裂纹和明显变色。

5.8　透水性试验

5.8.1　试验仪器如图 7 所示，装置由直径75mm玻璃短颈漏斗和带刻度玻璃试管（采用0.05mL 刻度的 5 mL 移液管）组成。

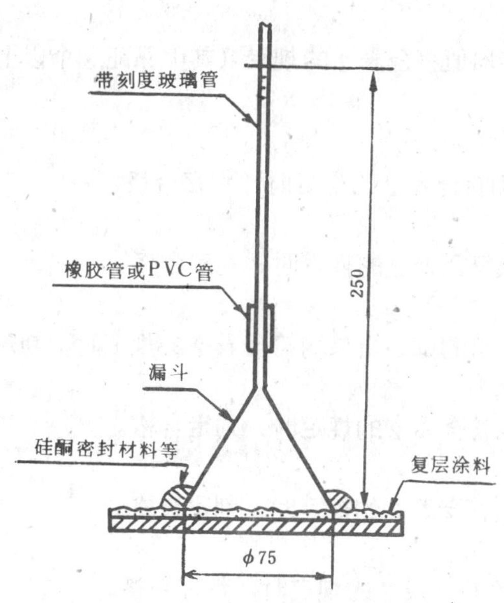

图 7　透水性试验用装置

5.8.2　按制造厂提出的方法，依次将产品说明中规定用量的底涂料、主涂料和面涂料涂布于石棉水泥板表面，养护14d，即为试件。

5.8.3　如图 7 所示，将试件置于水平状态，用室温硅橡胶密封漏斗和试件间缝隙，放置24h，往玻璃管内注入蒸馏水，直至距离试件表面约250mm，读取试管刻度，放置24h，再读取试管刻度，试验前后试管刻度之差即为透水量。

5.9　耐碱性试验

根据5.8.2同时制作 3 个试件，按GB　9265进行试验，浸泡时间为 7 d。

5.10　耐冲击性试验

按5.8.2制作试件。将试件紧贴于厚度为20mm的标准砂（GB　178）上面，然后把直径50mm，重量为500g的球形砝码，从高度为300mm处自由落下，用肉眼观察试件表面有无裂纹、剥落和明显变形。这项试验在1个试件上选择各相距50mm的3个位置进行。

5.11 耐候性试验

按5.8.2同时制作3个试件，用日光型碳弧灯照射250h，参照GB 1766评定粉化、起泡、裂纹和变色等级。

5.12 耐沾污性试验

根据5.8.2同时制作3个试件，按GB 9780进行试验。

6 检验规则

6.1 出厂检验

出厂检验的试验项目包括粘结强度、初期干燥抗裂性、透水性、低温稳定性和耐沾污性。

6.2 型式检验

对产品质量进行全面考核或生产工艺改变或长期停产后恢复生产时，应对本标准规定的技术要求全部进行检验。

6.3 取样

按GB 3186分别对底涂料、主涂料和面涂料进行批量取样，然后按本标准第5章提出的试验方法进行试验。

6.4 判定规则

6.4.1 试验结果按下列要求判断是否合格。

6.4.1.1 粘结强度

5个试件的强度算术平均值符合表2的规定（其中保证3个以上个别值和算术平均值相差不大于20%）时，判定合格。

6.4.1.2 初期干燥抗裂性

2个试件的试验结果均符合表2的规定时，判定合格。

6.4.1.3 透水性

3个试验结果的平均值符合表2的规定时，判定合格。

6.4.1.4 低温稳定性

底涂料、主涂料和面涂料的试验结果均符合表2的规定时，判定合格。

6.4.1.5 耐沾污性

3个试件的试验结果均符合表2的规定时，判定合格。

6.4.1.6 耐冷热循环性

3个试件的试验结果均符合表2的规定时，判定合格。

6.4.1.7 耐碱性

3个试件的试验结果均符合表2的规定时，判定合格。

6.4.1.8 耐冲击性

1个试件上的3个位置试验结果均符合表2的规定时，判定合格。

6.4.1.9 耐候性

3个试件的试验结果均符合表2的规定时，判定合格。

6.4.2 判定结果

若以上各项全部检验合格，则该批产品合格。反之，若有一项不合格，则该批产品不合格。

7 标志、包装、运输和贮存

7.1 标志

复合层涂料（包括底涂料、主涂料和面涂料）的包装容器，应标明下列内容：

a. 产品名称及标准代号；

b. 生产厂名；

c. 制造日期；

d. 净重；

e. 使用方法；

f. 有效期；

g. 注意事项。

7.2 包装

产品应采用清洁、干燥、密封的聚乙烯或金属罐（桶）包装。

7.3 运输

a. 水乳型产品按一般运输方式办理；

b. 溶剂型产品按一级危险品运输方式办理。

7.4 贮存

贮存期间应免受阳光直射，贮存温度5℃以上，溶剂型产品应按危险品贮存。贮存期不超过6个月。

附加说明：

本标准参照采用日本工业标准JIS A 6910—84《复层装饰涂料》。

本标准由上海市建筑科学研究所、上海南汇防水涂料厂负责起草。

本标准主要起草人殷欣、谭国刚。

中华人民共和国国家标准

UDC 666.914.5
:667.619.75

建筑涂料涂层耐沾污性试验方法

GB 9780—88

Test method for dirt resistance of film of architectural coatings and paint

---

1 主题内容与适用范围

本标准规定了建筑外墙涂料涂层耐沾污性的通用试验方法。

本标准适用于测定各种建筑外墙涂料涂层耐沾污性。

2 引用标准

GB 3186 涂料产品的取样
GB 9271 色漆和清漆标准试板
GB 9152 建筑涂料涂层试板的制备

3 试验方法原理

本标准采用粉煤灰作污染源，将其涂刷在涂层样板上。再用一箱水（容积15L，高度2 m）在1min内流完冲洗涂层样板。通过测定反射系数，计算其耐沾污性。

4 仪器和材料

4.1 白度测定仪：技术参数见附录A。

4.2 天平：感量为0.1g，称量为100g。

4.3 烧杯：容量为250mL。

4.4 粉煤灰：细度为180目，筛余量小于6％，颗粒级配为180～200目占20％、200～250目占30％、250～325目占50％，反射系数为25％～30％，烧失量为3％～6％。

4.5 石棉水泥板：应符合GB 9271第5章中的规定，试板尺寸为150mm×70mm×3mm～150mm×70mm×4mm。

4.6 软毛刷：宽度为25～50mm。

4.7 量筒：100mL。

5 试板

5.1 取样

按GB 3186规定的方法取样。

5.2 试板的制备

按GB 9152规定的方法制备3块试板。

6 试验

6.1 试验条件

国家建筑材料工业局1988-07-09批准 1989-05-01实施

温度：23±2℃；相对湿度：50%±5%。

6.2 1：1粉煤灰水的配制

用天平称取100g粉煤灰，量取100mL水，放入250mL烧杯中搅拌均匀。

6.3 试验步骤

取3块按5.2条制备的涂层试板，用白度测定仪分别测其原始反射系数值。

用软毛刷将1：1粉煤灰水按横向和竖向各两次均匀涂刷在试板涂层表面，在6.1条规定的条件下，自然干燥2h，然后用冲洗装置(见下图)水箱中的15L水冲洗粉煤灰涂层1min。试板离开出水口20cm，板面与水柱成45°角。冲洗时均匀移动试板，使试板的各个部位都能经过落水点。冲洗完毕后，在6.1条规定的条件下，自然干燥4h，此为一个循环。经过按涂料产品标准规定的循环次数后，分别测定3块试板的反射系数，计算其耐沾污性。

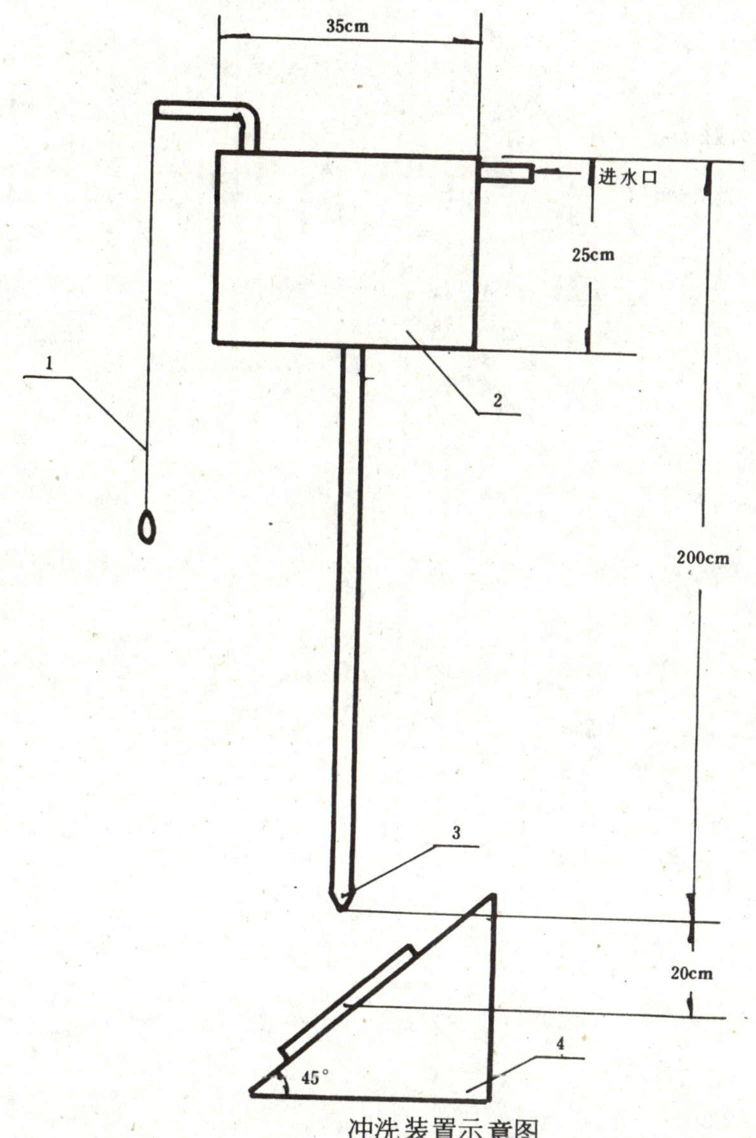

冲洗装置示意图

1—拉绳；2—水箱；3—内径为8mm的出水口；4—样板搁置架

6.4 计算方法

涂层的耐沾污性用沾污率x来表示，按下式计算：

$$x = \frac{A-B}{A-C} \times 100$$

式中：x——涂层的沾污率，%；

A——涂层的原始反射系数值，%；

B——涂层经沾污试验后的反射系数值，%；

C——粉煤灰的反射系数值，%。

结果取 3 块试板的算术平均值，精确至1 %，单个值与平均值之误差应不大于10%。

7 试验报告

7.1 试验报告应包括下列内容：

a. 试验涂料的类型及名称、批次、出厂日期及厂名；

b. 试验条件；

c. 试验数据；

d. 试验日期；

e. 试验及审核人员姓名。

附 录 A
白度测定仪的技术参数
（补充件）

A1 测量几何条件：0/45°。

A2 有效波长：457 nm。

A3 稳定性：0.5%。

A4 读数精度：0.1%。

A5 台间误差：不大于1%。

A6 光束对试样的入射角为45°，接受角为0°。

附加说明：

本标准由江苏省建筑材料工业研究所负责起草。

本标准主要起草人罗爱珍、张佩珍。

中华人民共和国建筑材料行业标准

JC/T 423—91

水 溶 性 内 墙 涂 料

1 主题内容与适用范围

本标准规定了水溶性内墙涂料的技术要求和试验方法。

本标准适用于以水溶性化合物为基料，加入一定量的填料、颜料和助剂，经过研磨、分散后而成的水溶性内墙涂料。这种涂料一般用于建筑物内墙装饰。

2 引用标准

GB 1723 涂料粘度测定法

GB 1726 涂料遮盖力测定法

GB 1766 漆膜耐候性评级方法

GB 3186 涂料产品的取样

GB 5950 建筑材料与非金属矿产品白度试验方法通则

GB 9152 建筑涂料涂层试板的制备

GB 9266 建筑涂料涂层耐洗刷性的测定

3 产品分类

Ⅰ类：用于涂刷浴室、厨房内墙。

Ⅱ类：用于涂刷建筑物内的一般墙面。

4 技术要求

产品应符合表1所列技术要求。

表 1

序号	性能项目	技术要求	
		Ⅰ类	Ⅱ类
1	容器中状态	无结块、沉淀和絮凝	
2	粘度[1)]，s	30～75	
3	细度，μm	≤100	
4	遮盖力，g/m^2	≤300	
5	白度[2)]，%	≥80	
6	涂膜外观	平整，色泽均匀	
7	附着力，%	100	
8	耐水性	无脱落、起泡和皱皮	
9	耐干擦性，级	—	≤1
10	耐洗刷性，次	≥300	—

注：1）GB 1723 中涂-4 粘度计的测定结果的单位为“s”。

2）白度规定只适用于白色涂料。

国家建筑材料工业局1991-07-20批准　　　　1992-05-01实施

5 试验方法

5.1 试验条件

5.1.1 试验室温度为23±2℃，相对湿度为(50±5)%。

5.1.2 试验前涂料应按5.1.1规定放置24 h。

5.2 试板数量和器具

5.2.1 试板数量

表1中的第6、7、8、9、10项性能项目，其试板数量和规格应符合表2的规定。

表 2

性能项目	数量	规格，mm
耐水性	3	150×70
附着力	1	
涂膜外观及耐干擦性	3	
耐洗刷性	3	430×170

5.2.2 器具

a. 电热鼓风干燥箱：能保持50±2℃的温度。

b. 天平：感量为0.02 g。

c. 粘度计：符合GB 1723中涂-4粘度计的规定。

d. 烧杯：两只，容量分别为150 mL、1 000 mL。

e. 温度计：温度范围0～100℃，分度为1℃。

f. 木制暗箱：符合GB 1726的规定。

g. 黑白格玻璃板：符合GB 1726的规定。

h. 软毛刷：宽度25～50 mm。

i. 刮板细度计：0～150 μm和0～100 μm两种。

j. 乙醇：化学纯。

k. 白度仪：技术参数应符合GB 5950的规定。

l. 涂料耐洗刷测定仪：技术参数应符合GB 9266的规定。

m. 钢尺：分度为1 mm，长度为100～150 mm。

n. 放大镜：放大倍数为4倍。

o. 注射针筒：2，5，10 mL。

p. 恒温水槽：其尺寸视具体情况而定。

q. 取样器：符合GB 3186的规定。

5.3 试板制备

按GB 9152的规定(体积法)制备试板。

涂料应按5.1.2规定处理后，用注射针筒按5.2.1规定制备试板，共需涂刷两道，其涂刷时间间隔以涂膜表干为准。

涂料用量分别为：第一道1.2 mL/dm^2、第二道0.8 mL/dm^2。试板制备后，在5.1.1规定的条件下养护72±2 h。

5.4 容器中状态的检查

将装有涂料的原包装容器打开，充分搅拌，使涂料沉淀物与上部清液混合成一体。立即观察并记录是否仍有沉淀、结块、絮凝现象。

5.5 **粘度的测定**

5.5.1 测定步骤

测定前，用纱布蘸乙醇将粘度计内部擦拭干净，在空气中干燥或冷风吹干。调整水平螺丝，使粘度计处于水平位置，在粘度计漏嘴下面放置 150 mL 的烧杯，粘度计流出孔离烧杯口 100 mm 左右。用手指堵住流出孔，将试样倒满粘度计，用玻璃板将气泡和多余的试样刮入凹槽，然后松开手指，使试样流出。同时按动秒表，当靠近流出孔的流丝中断时，停止秒表，记录流出时间，精确到 1 s，测定时试样温度为 23±2℃。

5.5.2 结果表示

试验结果取两次测定的平均值，精确到整数位，报告此平均值。两次测定值之差不应大于平均值的 3%。

5.6 **细度的测定**

5.6.1 测定步骤

测试前，用纱布蘸乙醇把刮板细度计洗净擦干，将搅拌均匀的试样滴入刮板细度计沟槽最深部位，以能充满沟槽而略有多余为宜。以双手持刮刀，横置在磨光平板上端，使刮刀与磨光平板表面垂直接触。在 3 s 内，将刮刀由沟槽深的部位向浅的部位拉过，使试样充满沟槽而平板上不留余料。刮刀拉过后，立即使视线与沟槽平面成 15°～30°角，对光观察沟槽中颗粒均匀显露处，取两条刻度线之间约 3 mm 的条带内粒子数为 5～10 粒处的上限位置为细度读数。

5.6.2 结果表示

平行试验三次，试验结果取两次相近读数的算术平均值，精确到整数位。报告此平均值。两次读数的误差不应大于仪器的最小分度值。

5.7 **遮盖力的测定**

5.7.1 测定步骤

在天平上称出盛有试样的杯子和软毛刷的总重量，将试样刷在符合 GB 1726 规定的黑白格玻璃板上，涂刷时应快速均匀，防止将试样刷在玻璃板的边缘上。然后把涂刷后的玻璃板在 50±2℃的电热鼓风箱内放置 0.5 h。干燥后再把玻璃板放置于木制暗箱内，离磨砂玻璃片 10～20 cm，玻璃板和水平面倾斜 30°～45°，在 2 支 15 W 日光灯灯光下观察，以涂层完全遮盖黑白格为准。

5.7.2 结果计算

遮盖力按式(1)计算：

$$X = \frac{W_1 - W_2}{S} \times 10^4 = 50(W_1 - W_2) \qquad \cdots\cdots(1)$$

式中：X —— 涂料遮盖力，g/m²；

W_1 —— 未涂刷前盛有试样的杯子和刷子的总重量，g；

W_2 —— 涂刷后剩余的盛有试样的杯子和刷子的总重量，g；

S —— 黑白格玻璃板涂刷的面积，200 cm²。

平行试验两次，结果取其算术平均值，精确到整数位，报告此平均值。两次结果之差不应大于平均值的 5%。

5.8 **白度的测定**

按 GB 5950 的规定(可直接采用 5.7 条的试板)测定白度，取两块试板白度的算术平均值。

5.9 **涂膜外观的检查**

按 5.3 条规定制备试板后，目测并记录每块试板的涂膜是否平整，色泽是否均匀。

5.10 **附着力的测定**

5.10.1 测定步骤

按5.3条规定制备试板后，用锋利的刀片和刻度钢尺，在试板的纵横方向切割11条间距为1 mm的切痕，纵横切痕相交成100个正方形。切割时，刀片面必须和底板垂直，刀刃和底面成10°～20°角，用力要均匀，所有的切口要穿透涂膜至底板的表面，刀片的每个尖端只能做一次试验，以保持刀片的锋利。同一块试板的不同部位做三次试验。切割后用软毛刷轻轻沿着正方形的两条对角线来回各刷5次，并用4倍放大镜观察涂膜脱落程度，记录脱落的方格数。

5.10.2 结果计算

取脱落方格数较接近的两次试验值，按式(2)计算试验结果，以平均值表示：

$$a=\frac{100-a_1}{100}\times 100 \qquad \cdots\cdots(2)$$

式中：a ——附着力，%；

a_1 ——脱落方格数。

5.11 耐水性的测定

按5.3条规定制备试板后，用重量比为1∶1的石蜡和松香熔融物封闭其四边和背面，然后将试板的2/3面积浸入温度为23±2℃蒸馏水中，浸泡24 h后取出，用滤纸吸去试板表面的水，目测和记录每块试板表面有无脱落、起泡和皱皮现象。

5.12 耐干擦性的测定

经5.9条外观观察后的试板可用于本项测定。每次测定前，应用脱脂棉蘸乙醇将食指擦净，并保持干燥。测定时用食指在试板表面上往复擦两次(擦痕长5～7 cm)，然后视手指上沾附的涂料粒子多少评定等级，其等级如表3，并参照GB 1766的图1评定。

表3

等级	脱粉状况
0	用力擦试板表面，手指不沾有涂料粒子
1	用力擦试板表面，手指沾有少量涂料粒子
2	用力擦试板表面，手指沾有较多的涂料粒子
3	用力较轻，手指沾有较多涂料粒子

5.13 耐洗刷性的测定

按GB 9266的规定进行。

6 检验规则

6.1 以2 t同类产品为一批，不足2 t亦按一批计。

6.2 每批抽样桶数为总桶数的20%，小批量产品抽样不得少于3桶，用于容器中状态的检查。然后逐桶按GB 3186的规定进行取样，每批产品取样总量不少于1 kg。

6.3 出厂检验的项目为表1的第1～3项。型式检验项目为表1中规定的全部项目。正常生产时，型式检验周期为半年。

6.4 每批产品样品应按表2规定数量和尺寸制作试板，按照第5章进行试验，然后根据下述情况判断是否合格。

6.4.1 容器中状态、粘度、细度、遮盖力、白度、涂膜外观、附着力，各项试验结果均应符合表1规定，耐水性、耐干擦性、耐洗刷性中允许任一项的两块试板符合表1规定，则判为批合格。

6.4.2 如某项技术要求不符合6.4.1的规定，则应重新双倍取样，对不合格项目进行复验，如仍不符合规定时，则判为批不合格。

7 标志、包装、运输与贮存

7.1 标志

产品容器外应标明产品名称、颜色、重量、生产厂名称、生产日期，贮存期，并贴有该批产品的合格证。

7.2 包装

产品应采用大口塑料桶或内装塑料袋的铁桶包装。生产厂应随包装件向用户单位提供施工说明书，其内容包括质量指标、施工操作要求、注意事项等。

7.3 运输

运输时应防止碰撞和曝晒等。

7.4 贮存

本产品应室内存放，不得日晒雨淋，贮存温度不得低于 5℃。产品自生产之日起在常温下存放期为六个月。

附加说明：

本标准由国家建筑材料工业局标准化研究所提出。

本标准由江苏省建筑材料工业研究所和上海市建筑科学研究所负责起草。

本标准主要起草人罗爱珍、雷爱国、周曼华。

本标准自实施之日起，原建筑材料工业局部标准 JC 361—85《聚乙烯醇水玻璃内墙涂料》作废。

九、地面材料

中华人民共和国国家标准

UDC 678.743.22
.069

GB 4085—83

半硬质聚氯乙烯块状塑料地板

Semirigid PVC plastics floor tiles

1 适用范围

本标准适用于聚氯乙烯及其共聚树脂为主要原料，加入填料、增塑剂、稳定剂、着色剂等辅料，经压延、挤出或热压工艺所生产的单层和同质复合的半硬质聚氯乙烯块状塑料地板（简称塑料地板，下同)。此塑料地板用于建筑物内一般地坪敷面。

半硬质塑料按GB 2035—80《塑料术语及其定义》008条定义。

2 品种规格

2.1 品种

本标准规定的塑料地板品种为单层地板和同质复合地板。

2.2 规格

塑料地板厚度为1.5mm，长度为300mm，宽度为300mm。亦可根据供需双方议定其他规格。

3 技术要求

3.1 外观

外观应符合表1规定。

表 1

缺陷的种类	规定指标
缺口、龟裂、分层	不可有
凹凸不平、纹痕、光泽不均、色调不匀、污染、伤痕、异物	不明显

3.2 尺寸偏差

尺寸偏差应符合表2规定。

表 2 mm

厚度极限偏差	长度极限偏差	宽度极限偏差
±0.15	±0.3	±0.3

3.3 垂直度

试件边离角尺边最大公差值在0.25mm以下。

3.4 物理性能指标

物理性能指标必须符合表3规定。

国家标准局1983-12-24发布　　　　1984-11-01实施

表 3

项　目	单　位	单层地板	同质复合地板
热膨胀系数	1/℃	$\leqslant 1.0\times10^{-4}$	$\leqslant 1.2\times10^{-4}$
加热重量损失率	%	≤0.50	≤0.50
加热长度变化率	%	≤0.20	≤0.25
吸水长度变化率	%	≤0.15	≤0.17
23℃凹陷度	mm	≤0.30	≤0.30
45℃凹陷度	mm	≤0.60	≤1.00
残余凹陷度	mm	≤0.15	≤0.15
磨耗量	g/cm^2	≤0.020	≤0.015

4　试验方法

4.1　量具与器材

4.1.1　量具

4.1.1.1　直角尺：一级精度，500mm×315mm，符合JB 2213—77《宽座角尺》规定；

4.1.1.2　塞尺：0.05～1.00mm，符合JB 2212—77《塞尺》规定；

4.1.1.3　千分尺：最小分度值为0.01mm，符合GB 1216—75《千分尺》规定；

4.1.1.4　游标卡尺：最小分度值为0.05mm，符合GB1214—75《游标卡尺》规定。

4.1.2　器材

4.1.2.1　鼓风烘箱；

4.1.2.2　恒温水浴锅；

4.1.2.3　玻璃干燥器；

4.1.2.4　凹陷试验机：技术要求见附录A（补充件）；

4.1.2.5　塑料滚动磨损试验仪：技术要求见附录B（补充件）；

4.1.2.6　天平：感量为0.001g；

4.1.2.7　平板玻璃；

4.1.2.8　不锈耐酸钢板：符合GB 1220—75《不锈耐酸钢板技术条件》中热轧钢板的规定；

4.1.2.9　蒸馏水：符合GB 601—77《标准溶液制备方法》的蒸馏水规定；

4.1.2.10　滤纸：符合GB 1915—80《定性滤纸》的规定；

4.1.2.11　乙醇：化学纯。

4.2　试验基本条件

4.2.1　温、湿度

试验室的温度、湿度应符合GB 2918—82《塑料试样状态调节和试验的标准环境》要求。

4.2.2　试件预处理

试件应在室内静置24h后再进行试验。

4.3　试件尺寸数量

按表4规定，每项试验的试件必须在同一整块塑料地板上冲取。

表 4

试验项目	试件尺寸，mm	试件数量，块
外观	300×300	10
尺寸与垂直度	300×300	10
热膨胀系数	100×100	3
加热重量损失率	50×50	3
加热长度变化率	100×100	3
吸水长度变化率	100×100	3
23℃凹陷度	50×50	3
45℃凹陷度	50×50	3
残余凹陷度	50×50	3
磨耗量	ϕ100	3

4.4 外观检查

在散射日光或日光灯下，照度为100±20lx，距离试件60cm斜向目测检查。

4.5 尺寸测定

4.5.1 厚度测定

在试件的纵、横两边内侧10mm处的交点位置上（如图1的a、b、c、d），用千分尺测量出各点的厚度。

4.5.2 长度、宽度测定

在试件的纵、横两个方向，各划三条平行直线（如图1的AB、CD、EF和A′B′、C′D′、E′F′），用游标卡尺测定各条平行线的长度。

4.5.3 垂直度测定

直角尺和试件置于磨光的平板玻璃或不锈耐酸钢平板上，将试件一边轻轻地靠在角尺的一边上，试件的另一边与角尺的另一直角边的最大间隙用塞尺测量（见图2）。对试件每边都进行测量。

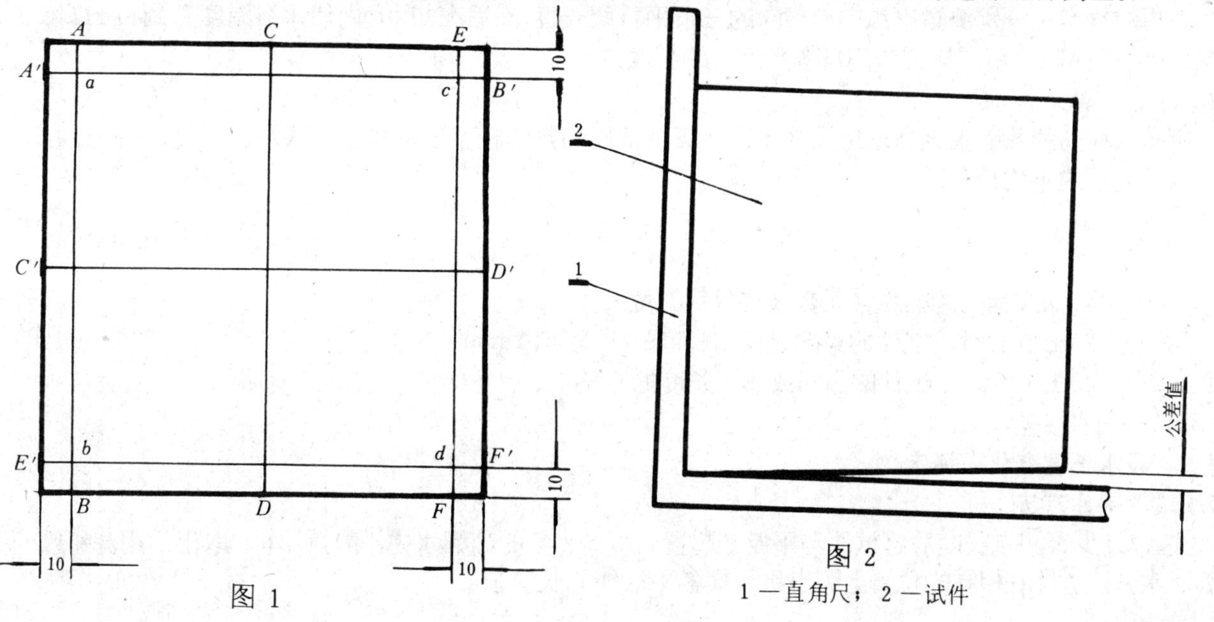

图 1

图 2

1—直角尺；2—试件

4.6 加热重量损失率的测定

4.6.1 操作方法

试件正面向上，置于玻璃干燥器内24 h后用天平称其重量。然后将试件放在磨光平板玻璃或不锈耐酸钢平板上，各个试件前后、左右各离开50 mm以上，一起水平地放入100±3℃的鼓风烘箱内(要求试件边与烘箱壁距离不得小于50mm) 恒温 6 h后，取出试件置于干燥器内 1 h后再称其重量。

4.6.2 计算

加热重量损失率按式（1）计算，用求出三个试件加热重量损失率的平均值表示：

$$A=\frac{G_0-G}{G_0}\times 100 \quad \cdots\cdots (1)$$

式中：A——加热重量损失率，%；

G_0——加热前重量，g；

G——加热后重量，g。

4.7 加热长度变化率测定

4.7.1 操作方法

按图1所示，在试件正面纵、横各划三条平行线，并用游标卡尺测量其长度，然后将试件正面向上，试件的前后、左右各距 50mm以上，平放在磨光平板玻璃或不锈耐酸钢平板上，一起放入鼓风烘箱内，控制温度为80±2℃，保持6 h后取出，室内放置1 h，再测量出各条平行线的长度值。

注：如有翘曲，可用 1 kg重接触面为90 mm× 90 mm的平钢块压试件后测定。

4.7.2 计算

纵向或横向加热长度变化率均按式（2）计算，试件加热长度变化率则以三个试件的纵向和横向加热长度变化率的平均值表示：

$$\varepsilon_H=\frac{|L-L_0|}{L_0}\times 100 \quad \cdots\cdots (2)$$

式中：ε_H——纵向或横向加热变化率，%；

L_0——纵向或横向的各平行线在加热前的长度平均值，mm；

L——纵向或横向的各平行线在加热前的长度平均值，mm。

4.8 热膨胀系数的测定

4.8.1 操作方法

试件按4.7.1操作置于80±2℃鼓风烘箱6 h后，置于温度为23±1℃的水浴中，恒温15 min以上，在水浴中用游标卡尺分别测量出纵向与横向的三条平行线长度，然后在30 min内使水浴温度升到40±1℃，恒温15 min以上，再用同样方法测量各平行线的长度。

4.8.2 计算

纵向或横向的热膨胀系数均按式（3）计算。试件的热膨胀系数是取各块试件的纵向、横向热膨胀系数最大值的平均值表示：

$$\alpha=\frac{L_{40}-L_{23}}{\Delta T\cdot L_{23}} \quad \cdots\cdots (3)$$

式中：α——纵向或横向的热膨胀系数（有效数五位），1/℃；

L_{23}——23±1 ℃时，试件的纵向或横向长度的平均值，mm；

L_{40}——40±1 ℃时，试件的纵向或横向长度的平均值，mm；

ΔT——水温差，℃。

4.9 吸水长度变化率测定

4.9.1 操作方法

按4.7.1步骤测量长度后将试件与平板一起置于23±2 ℃的蒸馏水中，静置72 h，取出后用滤纸吸去表面水分，立即在相同的位置上测出纵、横各平行线的长度值。

4.9.2 计算

纵向或横向吸水长度变化率均按式（4）计算，试件吸水长度变化率则以三个试件的纵向和横向吸水长度变化率的平均值表示：

$$\varepsilon_L=\frac{|L-L_0|}{L_0}\times 100 \quad\cdots\cdots\cdots(4)$$

式中：ε_L——纵向或横向吸水长度变化率，%；

L_0——纵向或横向的各条平行线在吸水前的长度平均值，mm；

L——纵向或横向的各条平行线在吸水后的长度平均值，mm。

4.10 凹陷度测定

4.10.1 条件

凹陷试验机装上直径ϕ6.35的钢球压头。

4.10.2 操作方法

4.10.2.1 23℃凹陷度的测定

将试件正面向上，置于磨光平板玻璃上，浸入23±2℃的水浴或置于空气中，使试样水平地静置15min后，立即放在试验机工作平台上，开始加初负载0.9kgf，将试验机的百分表调至零点，在4～5s内平稳地加上负载，总负载为13.6kgf，保载1min，读出百分表的数值减去本级负载的机架形变量，即为23℃时凹陷度；

4.10.2.2 45℃凹陷度的测定

将试件正面向上，置于磨光平板玻璃上，浸入45±2℃的水浴中，水平地静置15min，然后把试件放到已预热到同样温度的试验机平台上，按4.10.1.1的顺序加上负载，保载30s，读取百分表的数值减去本级负载的机架形变量，即为45℃时凹陷度。

4.10.3 计算

按4.10.1.1或4.10.1.2方法分别测定每个试件，然后取三个试件的测定值的平均值表示。

4.11 残余凹陷度测定

4.11.1 条件

凹陷试验机装上接触面平坦的、直径ϕ4.5mm的钢柱压头。

4.11.2 操作方法

试件在室温下放置1h以上，正面向上置于试验机的工作平台上，按4.10.1.1加初负载和调节零点，在4～5s内平稳地加上负载36kgf，保载10min，然后卸去主负载，保留初负载1h，立即读取百分表上的数值即为残余凹陷度值。

4.11.3 计算

每个试件测定一点，取三个试件测定值的平均值。

4.12 耐磨试验

4.12.1 操作方法

将ϕ100mm试件中心钻ϕ6.5mm孔，表面用乙醇擦净，置于室内1h后用天平称其重量。在塑料滚动磨损试验仪上装上试件和校正过的砂轮（砂轮校正见附录B），每只砂轮上各加重量为500g的砝码，开机磨耗，磨粉由离试件面3mm的吸入口被吸尘器吸走，试件在工作平台上匀速旋转，1000转后停机。卸下试件，用软毛刷除去粉尘，再称其重量，同时测量试件磨耗轨迹的内、外圆半径。

清除粘附在砂轮上的粉尘方法是用400号砂纸剪裁与试件相一致的大小，装在试验机上，开机，将砂轮上粘附的粉尘磨去。

4.12.2 计算

磨耗量按式（5）计算，取三个试件磨耗值的平均值表示：

$$B=\frac{G_0-G}{S}=\frac{G_0-G}{\pi(R^2-r^2)} \quad\cdots\cdots\cdots(5)$$

式中：B——单位面积的磨耗量，g/cm^2；

G_0——磨耗前试件重量，g；

G——磨耗后试件重量，g；

S——磨耗轨迹的面积，cm^2；

R——磨耗轨迹的外圆半径，cm；

r——磨耗轨迹的内圆半径，cm；

π——圆周率，取小数两位。

5 检验规则

5.1 取样

相同配方、相同工艺、相同规格的塑料地板每1000m^{2}为一个批量。10d生产量不足1000m^{2}的以10d生产量为一批量计。每一批量中至少抽取10块塑料地板作为试件，在每箱产品中最多取其中2块。

5.2 项目的结果评定

5.2.1 尺寸、垂直度、外观评定

对每块试件进行测定。均应符合3.1，3.2和3.3之规定，如某项不合格，则从该批量中重新取双倍试件，对不合格项次进行复测，若不合格则该批量产品定为不合格品。

5.2.2 物理性能指标评定

按5.2.1评定通过的产品即可进行物理性能测定。凡结果符合表3规定指标的，则该批量产品定为合格品；如某项次不合格，则从该批量中重新取双倍试件对不合格项次进行复测，若仍不合格则该批量产品定为不合格品。

6 包装、标志、贮存、运输

6.1 包装

塑料地板应用瓦楞纸箱包装，出厂的每批产品均应有产品合格证。

6.2 标志

在包装箱上，应有明显标志标明：品名、生产厂名、生产日期、批号、规格、颜色、数量、重量以及注意事项。

6.3 贮存

塑料地板应分批贮存在温度为40℃以下的仓库内，距热源不得小于1 m，堆放高度不得超过2m。凡是在低于零度环境贮存的塑料地板，施工前必须置于室温内24 h以上。

6.4 运输

塑料地板在包装、运输、贮存过程中，不得使其受到扔摔、冲击、日晒、雨淋。

附 录 A
凹陷试验机的技术要求
（补充件）

A.1 凹陷试验机的组成

凹陷试验机有机架、可升降工作台、压头、加载装置、凹陷度指示器和计时装置组成。

A.1.1 机架应为钢性结构，在最大负载作用下，沿轴线方向形变量不大于0.05mm。

A.1.2 升降丝杆轴与主轴轴线的同轴度不应大于ϕ0.3mm。

A.1.3 升降工作台与主轴轴线的垂直度不应大于0.2％。

A.2 示值精度为±4％。

A.3 压头在试验负载作用下，不应有任何变形和损伤。

A.3.1 压头钢球直径ϕ5mm，ϕ6.35mm，极限偏差为±0.5％。

A.3.2 圆柱平压头直径ϕ4.5mm，极限偏差为±0.5％。

A.4 加荷级数

初负载0.9kgf，试验负载（包括初负载）13.6、36.0、62.5kgf，初负载的极限偏差为±2％，其他各级负载的极限偏差为±1％。

A.5 凹陷度指示器为百分表（应符合GB 1219—75《百分表》规定）。

A.6 计时装置量程1h，精度为±5％。

附 录 B
塑料滚动磨损试验仪技术要求
（补充件）

B.1 塑料滚动磨损试验仪的组成是主机、吸尘器和修磨机。

B.2 主机由工作圆盘、砂轮、载重支架、粉尘吸入孔支架、记数器和电动机等构成（见图B1、B_2）。

B.2.1 粉尘吸入孔和工作圆盘上安装的试件表面距离约为3 mm，可用升降吸入孔支架来调节。

B.2.2 粉尘吸入时的风量为0.5±0.1 m^3/min。风量大小可用吸尘器的转速旋钮来调整。

B.2.3 工作圆盘的旋转速度为60± 2 r/min。

B.2.4 负载级数为250、500、1000g，砂轮装轴的有效负载为250±5g，250g以上的负载可再加250±1g或750±1g的砝码。

B.3 砂轮的基本构造：

B.3.1 磨料的种类与代号

种类为人造绿色碳化硅粒料，代号为TL（碳化硅应符合GB 2480—81《碳化硅技术条件》规定）；

B.3.2 磨料的粒度为150号（应符合GB 2477—81《磨料粒度及其组成》的规定）；

B.3.3 砂轮的结合剂为陶瓷类（应符合GB 2485—81《砂轮》规定）；

B.3.4 砂轮的硬度等级为超软类，代号为CR（应符合GB 2486—81《小砂轮及磨头》规定）。

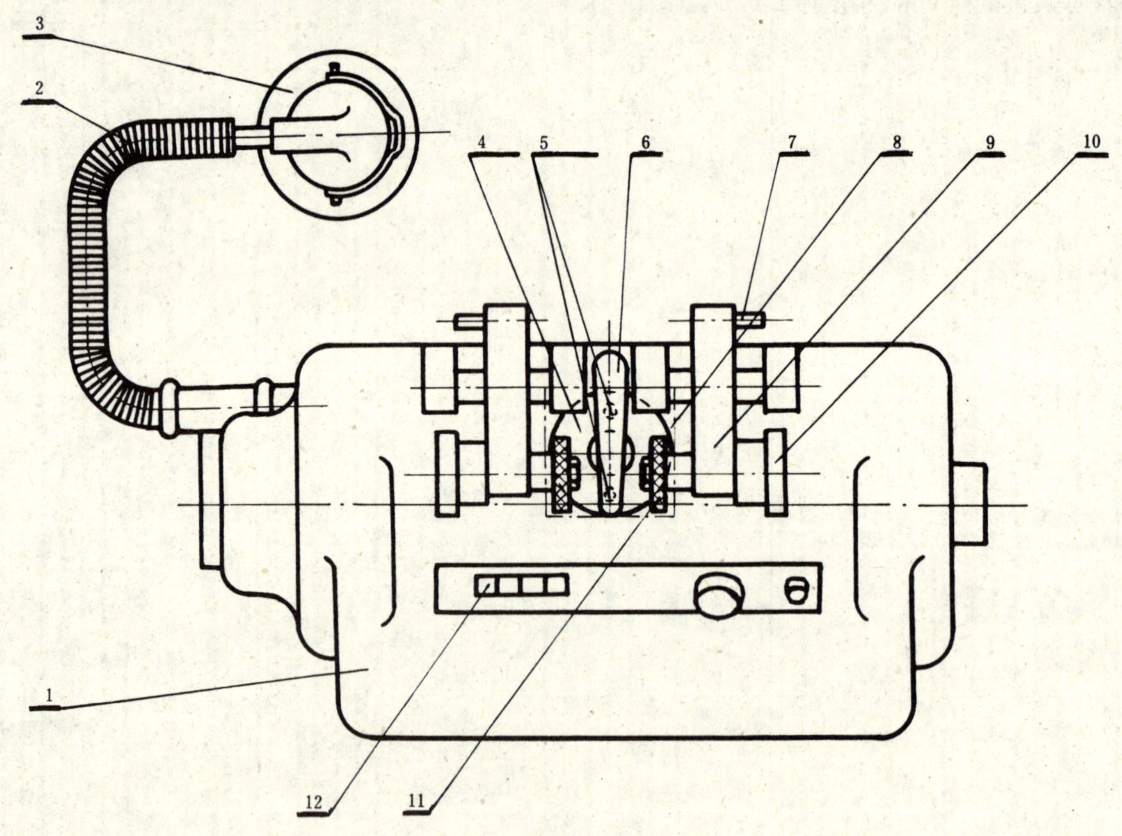

图 B1

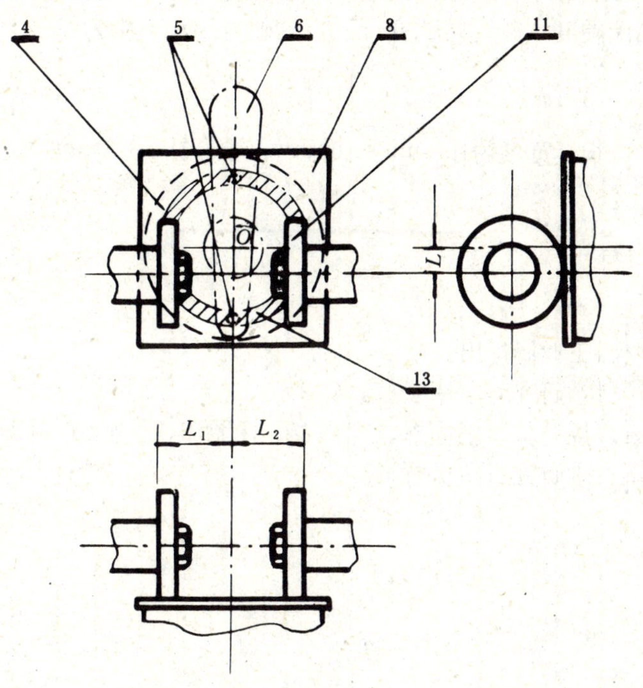

图 B2

1—试验机主机；2—软管；3—吸尘器：4—工作圆盘；5—粉尘吸入孔位置；6—粉尘吸入器支架；7—砂轮重量抵消用轴；8—试件；9—砂轮安装支架；10—砝码；11—砂轮；12—计数器；13—磨耗轨迹

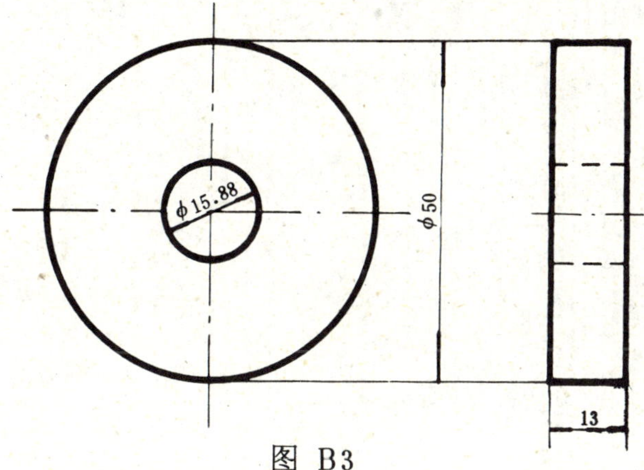

图 B3

B.3.5 砂轮的形状和尺寸

形状为平形砂轮（应符合GB 2484—81《磨具代号》规定），其尺寸按图B 3所示。

B.3.6 砂轮简称CR150。

B.4 综合性能：

B.4.1 试验机的运转部分动作必须圆滑；

B.4.2 试验机运转时，不允许有影响试验结果的振动或杂音。

B.4.3 试验机和砂轮的综合性能是用锌板（含量为99.5%以上的印刷用锌板的规定）校验片作试件，每只砂轮负载500g，旋转1000rpm后，其磨耗量应为4.4±1 mg/cm^{2}范围以内（如不在4.4±1mg/cm^{2}之内，可用砂轮修磨机修磨砂轮表面来调整，使其磨耗量控制到4.4±1mg/cm^{2}以内）。

B.5 锌板校验片：

B.5.1 硬度

锌板校验片经200℃恒温1 h，冷却后用400号砂纸表面处理，并用无水乙醇擦洗干净，室内保温1 h，用负载为10kg的布氏硬度计测定其硬度，六点的硬度平均值应为42±2，范围在38～46之间适用；

B.5.2 尺寸

厚度为0.7～1.5mm，长、宽度为100mm×100mm，中心钻ϕ6.5mm的孔。

附加说明：

本标准由国家建筑材料工业局提出。

本标准由上海市建筑科学研究所主持起草。

本标准起草人王鼎康、周曼华、王福恩、郝淑英、杨贻伟、徐德煊、周芳娟、金美丽。

本标准由上海市建筑科学研究所负责解释。

中华人民共和国国家标准

聚氯乙烯卷材地板 带基材的聚氯乙烯卷材地板

GB 11982.1—89

PVC floor sheets
PVC floor sheets with backing

1 主题内容与适用范围

本标准规定了带基材聚氯乙烯卷材地板的技术要求、试验方法和检验规则。

本标准适用于以聚氯乙烯树脂为主要原料，并加入适当助剂，在片状连续基材上，经涂敷工艺生产的聚氯乙烯卷材地板（以下简称卷材地板）。它主要适用于建筑物内一般的地面和楼面铺设。

2 引用标准

GB 250 评定变色用灰色样卡
GB 730 耐光和耐气候色牢度蓝色羊毛标准
GB 1040 塑料拉伸试验方法
GB 2918 塑料试样状态调节和试验的标准环境
GB 4085 半硬质聚氯乙烯块状塑料地板
GBJ 75 建筑隔声测量规范

3 术语

带基材的聚氯乙烯卷材地板

带有基材、中间层和表面耐磨层的连续片状地面或楼面铺设材料。

4 品种、代号和规格

4.1 品种、代号

带基材的聚氯乙烯卷材地板分为两种：

a. 带基材的发泡聚氯乙烯卷材地板，代号为FB；

b. 带基材的致密聚氯乙烯卷材地板，代号为CB。

4.2 规格

宽度：1 800，2 000mm。

总厚度：1.5，2.0mm。

每卷长度：20，30m。

其他规格可由供需双方协商确定，但其技术要求应符合本标准的规定。

5 产品标记

5.1 标记方法

聚氯乙烯卷材地板标记顺序为：产品名称、代号、总厚度、宽度和本标准号

5.2 标记示例

国家技术监督局1989-12-25批准 1990-08-01实施

总厚度1.5mm，宽度2 000mm的带基材发泡聚氯乙烯卷材地板表示为：聚氯乙烯卷材地板 FB 1.5×2 000 GB 11982.1

6 技术要求

6.1 外观质量

外观质量应符合表1的规定。

表 1

等级 缺陷名称	优等品	一等品	合格品
裂纹、断裂、分层	不允许		
折皱、气泡	不允许		轻微
漏印、缺膜	不允许		微小
套印偏差、色差	不允许	不明显	不影响美观
污染	不允许		不明显
图案变形	不允许		轻微

6.2 尺寸允许偏差

尺寸允许偏差应符合表2的规定。

表 2

项目	总厚度	长度	宽度
允许偏差	±10%	不小于规定尺寸	不小于规定尺寸

每卷段数应符合表3的要求。

分段的卷应注明小段的长度，每卷长度至少增加20cm（不得少于两个完整的图案）。

表 3

等级 名称	优等品	一等品	合格品
每卷段数	1	≤2	
段长，m ≥	20或30	6	4.5

6.3 单位面积重量允许偏差

试样单位面积重量的单项值与平均值的允许偏差为±10%，平均值与规定值的允许偏差为±10%。

6.4 物理性能

物理性能指标应符合表4的规定。

表 4

试验项目 \ 指标		优等品	一等品	合格品
耐磨层厚度，mm	≥	0.15		0. 10
PVC层厚度，mm	≥	0.80		0.60
残余凹陷度，mm	≤	0.40	0.60	
加热长度变化率，%	≤	0.25	0.30	0.40
翘曲度，mm	≤	12	15	18
磨耗量，g/cm^2	≤	0.0025	0.0030	0.0040
褪色性，级	≥	3（灰卡）		2（灰卡）
基材剥离力，N	≥	50		15

注：对于降低冲击声和耐燃烧性的要求，可由供需双方商定。

7 试验方法

7.1 试验环境

试验环境应符合GB 2918的规定，即温度23±2℃，相对湿度50%±5%。试样试验前必须在标准环境内至少放置24h。

7.2 试样

7.2.1 试样尺寸、数量应符合表5的规定。

表 5

试验项目	代 号	试样尺寸，mm	试样数量，个
总厚度	*A*	100×宽度	1
耐磨层厚度和PVC层厚度	*B*	50×50	5
单位面积重量偏差	*C*	100×100	5
残余凹陷度	*D*	50×50	3
加热长度变化率	*E*	230×230	3
翘曲度	*F*	200×200	3
磨耗量	*G*	ϕ 100	3
褪色性	*H*	150×70	3
基材剥离力	*I*	200×50	6

7.2.2 试样制备时应从距卷材地板一端至少300mm处，切取长约0.8m,与卷材地板等宽的一块样品，并参考下图布置裁取。

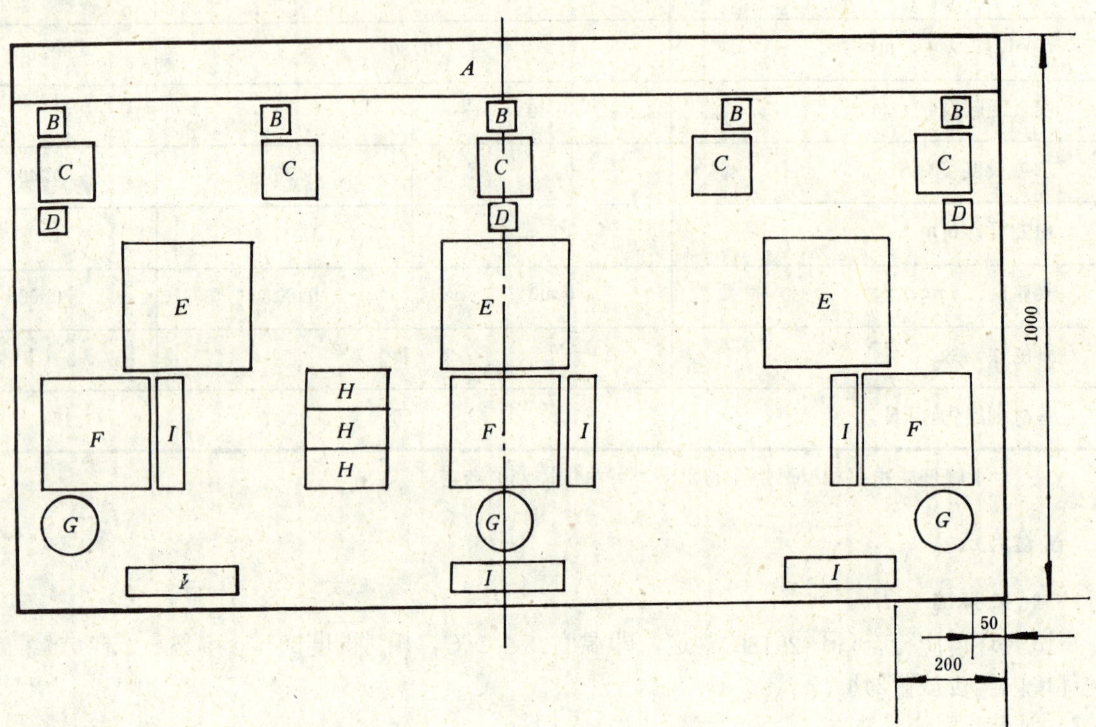

7.3 外观检查

在散射日光或日光灯下，光照度为100±20 lx，距离试样100cm，斜向目测检查外观，记录表1所列各种缺陷的存在情况。

7.4 长度的测定

将被测的整卷地板耐磨层向上,在没有拉应力的情况下平铺在坚硬的水平面上,用分度值为1cm的钢卷尺测量中间和两边平行于纵向的长度，取最短的长度表示卷材地板长度。

7.5 宽度的测定

按7.4条的方法，用分度值为1cm的钢卷尺测量中间和两端垂直于纵向的宽度，取最窄的宽度表示卷材地板宽度。

7.6 厚度的测定

7.6.1 总厚度的测定

7.6.1.1 仪器：百分表测厚仪，平测头的直径6mm，压强0.03MPa，最小分度值0.01mm。

7.6.1.2 测定方法

在*A*试样上距卷材地板幅边50mm处，向内均布五个测量点，如果凸纹占地板表面积的50%以上，则在凸纹处测量。计算单项值与规定值的最大偏差，总厚度用五个测量值的平均值表示，精确到0.01mm。

7.6.2 耐磨层和PVC层厚度的测定

7.6.2.1 仪器：读数显微镜，最小分度值0.02mm。

7.6.2.2 测定方法

用一把薄型锋利的刀片，在每块试样上，垂直于耐磨层切取一条约50mm×2mm的试条，注意不要使试条的切面变形。然后切面向上置于显微镜试样台上，读取耐磨层和PVC层厚度，在每个试条上进行四次测量。耐磨层和PVC层厚度均用五块试样的最小值表示。

7.7　单位面积重量偏差的测定

从卷材地板上切取五块试样，每块试样面积均为100±1cm²，用感量为0.01g的天平称量每个试样的重量，分别计算单位面积重量单项值与平均值、平均值与规定值的偏差，以百分数表示。

7.8　残余凹陷度的测定

7.8.1　仪器

凹陷试验机，机上装有接触面平坦、直径为11.3mm的钢柱压头，其边缘为半径0.15mm的圆角，能施加500±5N的负荷。

7.8.2　测定方法

试样在标准环境下放置1h以后，用百分表测厚仪测量厚度,并标记测厚位置。耐磨层向上置于凹陷试验机的工作平台上，在4～5s内，在测厚处平稳地加上500N的负荷，保持150min，然后去掉所有负荷，150min后，在加压处测量厚度，精确至0.01mm。

7.8.3　计算

残余凹陷度按式（1）计算，用三个试样的平均值表示：

$$L = t_0 - t \quad \cdots\cdots (1)$$

式中：L——残余凹陷度，mm；

t_0——加负荷前试样厚度，mm；

t——除去负荷150min后厚度，mm。

7.9　加热长度变化率的测定

7.9.1　仪器

a. 恒温鼓风烘箱，精度±2℃；

b. 游标卡尺，最小分度值0.05mm。

7.9.2　测定方法

沿试样的纵向和横向各画两条间距约为200mm的平行线，并标记四个交点，用游标卡尺分别测量出纵向和横向各对记号间的距离。然后将试样耐磨层向上，平放在撒有滑石粉的磨光平板玻璃或不锈钢平板上，试样间相距50mm以上，一起放入温度为80±2℃的恒温鼓风烘箱内，保持6h后取出，在标准环境中放置24h，再测量各对记号间的距离。测量时需用一块180mm×180mm×13mm的平钢板压在试样上面。

7.9.3　计算

试样纵向或横向加热长度变化率均按式（2）计算。用三个试样的纵向或横向加热长度变化率的平均值表示卷材地板加热长度变化率，精确至0.01%：

$$\varepsilon_H = \frac{|L - L_0|}{L_0} \times 100 \quad \cdots\cdots (2)$$

式中：ε_H——纵向或横向加热长度变化率，%；

L_0——纵向或横向的各对记号在加热前的长度平均值，mm；

L——纵向或横向的各对记号在加热后的长度平均值，mm。

7.10　翘曲度的测定

7.10.1　仪器

a. 恒温鼓风烘箱，精度±2℃；

b. 高度游标尺，最小分度值0.02mm。

7.10.2　测定方法

用百分表测厚仪测量每块试样四个角厚度，然后将试样耐磨层向上，平放在撒有滑石粉的磨光平板玻璃或不锈钢平板上。试样间相距50mm以上，一起放入温度为80±2℃的鼓风烘箱内，保持6h后取出，在标准环境中放置2h，用高度游标尺测量各角的上表面到平坦垫板之间的距离，减去所属角的地板厚度，用三个试样的平均值表示翘曲度。

7.11 磨耗量的测定

测定方法按GB 4085中4.12.1的规定进行。

7.12 褪色性的测定

7.12.1 仪器

人工加速耐候性试验箱，光源为色温区在5 500～6 000K的氙弧灯，在光源和试样之间装有滤光片，试样上照射强度的差异不得超过平均值的±10%。

7.12.2 测定方法

将两块试样装入样板夹，插到试验箱转鼓上，另一块留样进行比较，按试验箱的操作规程开动机器，转鼓以1～5r/min的转速绕光源旋转，黑板温度为45±5℃，相对湿度为50%±10%，试样接受700MW·m²·s的照射（或相当于GB 730中第6级毛织物产生3级灰色样卡的变色）后，按GB 250评定试样褪色性，用两个试样中较差的等级表示褪色性。

7.13 基材剥离力的测定

7.13.1 仪器

一台拉伸试验机，符合GB 1040的规定。

7.13.2 测定方法

把试样直立地插入乙酸乙酯中，插入深度不大于40mm，插入45min后，用手剥开浸入溶剂部分的基材。在标准环境下放置90min，使溶剂挥发尽。把试样装在拉伸试验机的夹具上，以100±10mm/min的拉伸速度进行剥离，记录试样被剥离的最大负荷，用六个试样的平均值表示基材剥离力，精确到0.01N。

7.14 降低冲击声的测定

按GBJ 75第5章进行测定。

7.15 耐燃烧性的测定

7.15.1 仪器：一台45°燃烧仪。

7.15.2 试样

取3块试样，尺寸300mm×200mm，在50±2℃的环境中干燥48h，然后在放有硅胶的干燥器中放置24h。

7.15.3 测定方法

把试样放入试样夹中，耐磨层向下装在试验箱的倾斜支架上，关闭箱门。将预先已调火焰长度为65mm的丁烷燃烧器点着，20s后熄灭燃烧器，记录试样炭化长度、残焰时间和残烬，同时记录试验过程中的其他燃烧状态。

试样耐燃烧性按表6分级，用3个试样中最差等级表示燃烧性。

表 6

级　别	炭化长度，mm	残焰时间，s	残　烬
耐焰1级	<50	<1	1 min 后不存在
耐焰2级	<100	<5	
耐焰3级	<150		

8 检验规则

8.1 检验项目

产品出厂应进行检验，出厂检验的项目有：尺寸偏差、外观质量、单位面积重量偏差、耐磨层厚度、PVC层厚度。

对产品质量进行全面考核的型式检验，在正常情况下，每隔3月进行一次。在生产中，如原材料和生产工艺有变动时，应进行型式检验。型式检验的项目为第6章所列的全部技术要求。

8.2 抽样与批组成

卷材地板应按批检验，同一配方、工艺、规格、颜色、图案的卷材地板，以每500 m^2为一批，不足此数也作为一批，从每批中随机抽掉3卷进行检验。

8.3 判定规则

8.3.1 卷材地板的外观与尺寸

卷材地板的外观和尺寸进行评定时，每卷都应符合6.1条和6.2条的规定。如某项不合格，则从该批中再取6卷地板，对不合格项目进行复验，若仍不合格，则该批产品不合格。

8.3.2 卷材地板的物理性能

卷材地板单位面积重量偏差和物理性能的评定应在按8.3.1评定合格的卷材地板中随机抽取1卷进行检验。凡结果符合6.3条和表4规定指标的，则判该批产品合格；若某项不合格，则从该批中再取2卷对不合格项目进行复检，若仍不合格，则判该批产品不合格。

9 包装、标志、贮存、运输

9.1 包装

卷材地板耐磨层向外卷在管芯上，应进行外包装。

9.2 标志

在每卷包装的明显处应标明产品名称、生产厂名、产品标记、等级、批号、重量、长度。

9.3 贮存

卷材地板应分批直立贮存在温度为40℃以下的仓库内。距热源1 m以外。室内空气要流通、干燥。

9.4 运输

卷材地板在运输过程中，不得受到冲击、日晒、雨淋。

附加说明：

本标准由国家建筑材料工业局提出。

本标准由中国新型建筑材料工业杭州设计研究院归口。

本标准由中国新型建筑材料工业杭州设计研究院和中国建筑科学研究院建筑装修研究所负责起草。

本标准主要起草人段吉玉、熊伟、王毅、周杰。

前　　言

本标准非等效采用德国标准DIN 16851—1980《发泡材料做底层的弹性地板要求和检验方法》。

由于测试褪色性和耐磨性所用仪器比较特殊，国内不能生产，所以改用了较简易也能测试耐磨性和褪色性的滚动磨耗仪和标准羊毛织物，这样可有利于本标准的实施。在我国这类地板多用于人流密度不大的场合，所以规定的耐磨层厚度低于DIN 16851—1980标准，而符合新制定的欧洲标准。

聚氯乙烯卷材地板国家标准共分三部分：第1部分为《带基材的聚氯乙烯卷材地板》；第2部分为《有基材有背涂层聚氯乙烯卷材地板》；第3部分为《无基材聚氯乙烯卷材地板》。第1部分已于1990年公布实施，本标准是第2部分，它是在第1部分工作的基础上完成的，其中试验方法除降低冲击声外均采用第1部分中所用方法，但物理性能指标有较大的区别。

本标准由国家建筑材料工业局提出。

本标准由全国轻质与装饰装修建筑材料标准化技术委员会归口。

本标准由中国新型建筑材料工业杭州设计研究院起草。

本标准主要起草人：周杰、段吉玉、吴梅忠。

中华人民共和国国家标准

聚氯乙烯卷材地板 第2部分：有基材有背涂层聚氯乙烯卷材地板

GB/T 11982.2—1996

PVC floor sheets—
Part 2:PVC floor sheets having base with back

1 范围

本标准规定了有基材有背涂层聚氯乙烯卷材地板的产品分类、技术要求、试验方法、检验规则、标志、包装、贮存和运输。

本标准适用于以聚氯乙烯树脂为主要原料，加入适当助剂，在片状连续基材上，经涂敷工艺生产的有基材有背涂层聚氯乙烯卷材地板。

2 引用标准

下列标准包含的条文，通过在本标准中引用而构成为本标准的条文。在标准出版时，所示版本均为有效。所有标准都会被修订，使用本标准的各方应探讨使用下列标准最新版本的可能性。

GB 250—84 评定变色用灰色样卡

GB 730—86 耐光和耐气候色牢度蓝色羊毛标准

GB/T 1040—79 塑料拉伸性能试验方法

GB 2918—82 塑料试样状态调节和试验的标准环境

GB/T 4085—83 半硬质聚氯乙烯块状塑料地板

GB J 75—84 建筑隔声测量规范

3 产品分类

3.1 品种

产品分有基材有背涂发泡层的聚氯乙烯卷材地板和有基材有背涂紧密层聚氯乙烯卷材地板两个品种。

3.2 代号

3.2.1 有基材有背涂发泡层的聚氯乙烯卷材地板的产品代号表示方法如下：

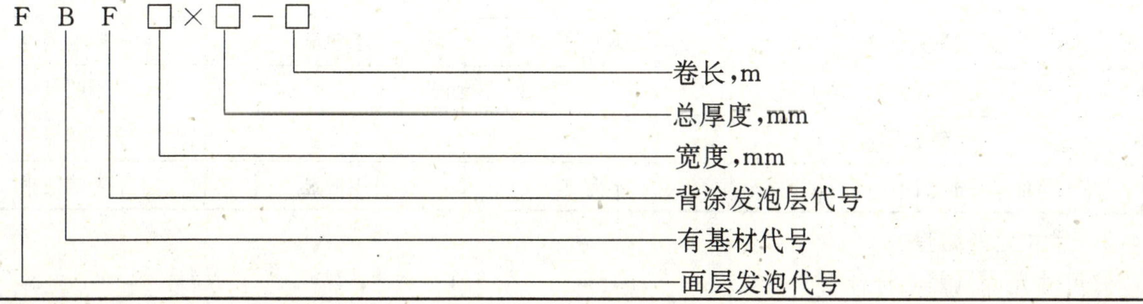

国家技术监督局1996-11-28批准　　　　1997-07-01实施

3.2.2 有基材有背涂紧密层的聚氯乙烯卷材地板的产品代号表示方法如下：

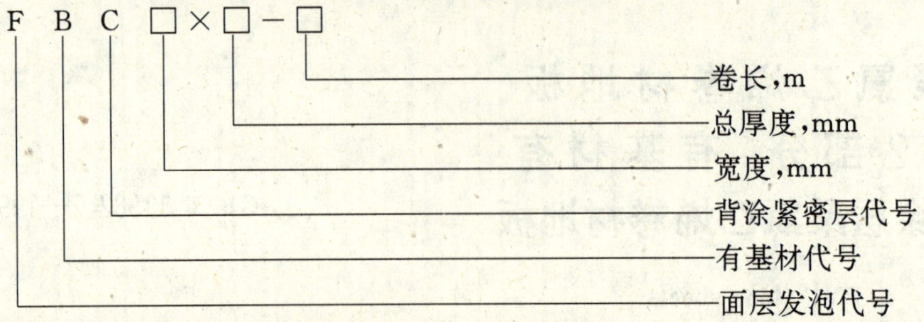

3.3 规格

产品规格应符合表 1 的规定。

表 1 产品规格

品　种	FBF	FBC
宽度，mm	2 000	2 000
厚度，mm 不小于	2.0	1.5
长度，m 不小于	20	30
注：长度和宽度规格可由供需双方协商确定，但其实际尺寸不得小于双方商定的标准值，并且其技术要求也应符合本标准的规定		

3.4 产品标记

3.4.1 标记方法

卷材地板标记顺序为：产品名称、代号和本标准号。

3.4.2 标记示例

宽度 2 000 mm、总厚度 2.0 mm、卷长 20 m 的有基材有背涂发泡层聚氯乙烯卷材地板表示为：

聚氯乙烯卷材地板 FBF 2 000×2.0－20 GB/T 11982.2—1996。

4 技术要求

4.1 外观质量

外观质量应符合表 2 的规定。

表 2 外观质量

缺陷名称＼等级	优等品	一等品	合格品
裂纹、空洞、疤痕、分层	不允许		
条纹、气泡、折皱	不允许		轻微
漏印、缺膜	不允许		轻微
套印偏差、色差	不允许	不明显	不影响美观
污斑	不允许		不明显
图案变形	不允许		不明显
背面有非正常凹坑或凸起	不允许	不明显	不影响使用

4.2 尺寸允许编差

尺寸允许偏差应符合表 3 的规定。

表 3 尺寸允许偏差

项目	总厚度	长度	宽度
允许偏差	总厚度<3 mm，不偏离规定尺寸 0.2 mm 总厚度≥3 mm，不偏离规定尺寸 0.3 mm	不小于规定尺寸	不小于规定尺寸

4.3 每卷段数和最小段长

每卷段数应符合表 4 的规定。分段的卷应注明小段的长度，每卷长度至少增加不得少于两个完整的图案的长度。

表 4 每卷段数和最小段长

名称 \ 等级	优等品	一等品	合格品
每卷段数	1		≤2
段长，m 不小于	20		6

4.4 单位面积质量允许偏差

单位面积质量的单项值与平均值的允许偏差为±10%，平均值与规定值的允许偏差为±10%。

4.5 物理性能

物理性能指标应符合表 5 的规定。

表 5 物理性能

项目 \ 等级		优等品	一等品	合格品
耐磨层厚度，mm 不小于		0.20	0.15	0.10
残余凹陷度 mm，≤	总厚度<3 mm	0.20	0.25	0.30
	总厚度≥3 mm	0.25	0.35	0.40
加热长度变化率，%，不大于		0.20	0.25	0.40
翘曲度，mm 不大于		2		5
磨耗量，g/cm² 不大于		0.002 5	0.003 0	0.004 0
褪色性，级 不小于		6		5
层间剥离力，N 不小于		50		25
降低冲击声[1)]，dB 不小于		15		10
1) 仅 FBF 测该项指标				

5 试验方法

5.1 试验环境

试验环境应符合 GB 2918 的规定，即温度 23±2℃，相对湿度(50±5)%。试样试验前必须在标准环境中至少放置 24 h。

5.2 试样

5.2.1 试样尺寸、数量应符合表 6 的规定。

表6 试样规格

试验项目	代号	试样尺寸,mm	试样数量,个
总厚度	A	100×幅宽	1
耐磨层厚度	B	50×50	5
单位面积质量偏差	C	100×100	5
残余凹陷度	D	50×50	3
加热长度变化率	E	230×230	3
翘曲度	F	200×200	3
磨耗量	G	Φ100	3
褪色性	H	150×70	3
层间剥离力	I	200×50	6
降低冲击声	J	1 000×1 000	1

5.2.2 试样制备时应从距卷材地板一端至少 300 mm 处,切取长约 2 m,与卷材地板等宽的一块样品,并参考图1布置裁取。

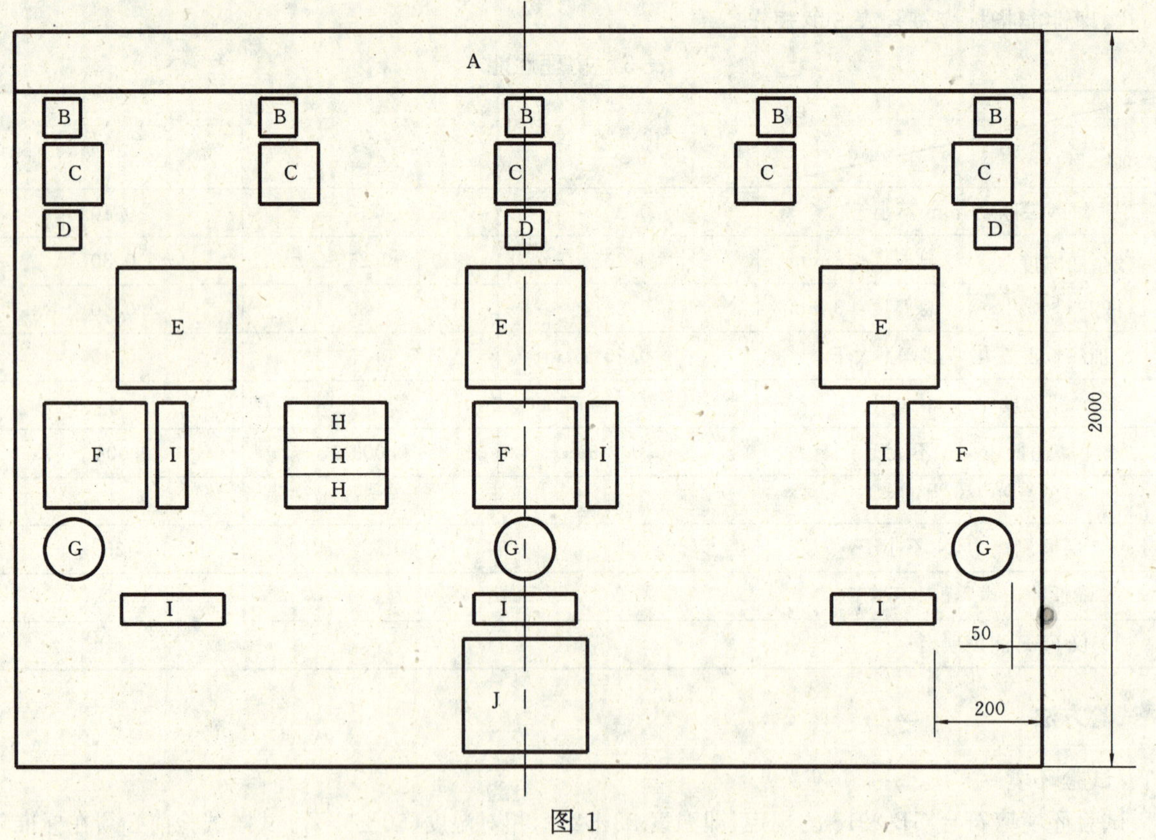

图1

5.3 外观检查

在散射日光或日光灯下,光照度为 80～120 lx,距离试样 100 cm,斜向目测检查试样外观,记录表2所列各种缺陷的存在情况。

5.4 长度的测定

将被测的整卷地板耐磨层向上,在没有拉应力的情况下平铺在坚硬的水平面上,用分度值为 1 cm 的钢卷尺测量中间和两边平行纵向的长度,取最短的长度表示卷材地板长度。

5.5 宽度的测定

按5.4的方法，用分度值为1 cm钢卷尺测量中间和两端垂直于纵向的宽度，取最窄的宽度表示卷材地板宽度。

5.6 总厚度的测定

5.6.1 仪器

百分表测厚仪，平测头的直径6 mm，压强0.03 MPa，最小分度值0.01 mm。

5.6.2 测定方法

在A试样上距卷材地板幅边50 mm处，向内均布五个测量点，如果凸纹占地板表面积的50%以上，则在凸纹处测量。计算单项值与规定值的最大偏差，总厚度用五个测量值的平均值表示，同时计算平均值与规定值之差，精确到0.01 mm。

5.7 耐磨层厚度的测定

5.7.1 仪器

读数显微镜，最小分度值0.02 mm。

5.7.2 测定方法

用一把薄型锋利的刀片，在每块试样上，垂直于耐磨层切取一条约50 mm×2 mm的试条，注意不要使试条的切面变形，然后切面向上置于显微镜试样台上，读取耐磨层厚度，在每个试条上进行四次测量。耐磨层厚度用五块试样的最小值表示。

5.8 单位面积质量偏差的测定

5.8.1 仪器

天平，感量0.01 g。

5.8.2 测定方法

从卷材地板上切取五块试样，每块试样面积均为100 cm^2，用天平称量每个试样的质量，分别计算单位面积质量单项值与平均值、平均值与规定值的偏差，以百分数表示。

5.9 残余凹陷度的测定

5.9.1 仪器

凹陷试验机，机上装有接触面平坦、直径为11.3 mm的钢柱压头，其边缘为半径0.15 mm的圆角，能施加500±5 N的负荷。

5.9.2 测定方法

试样在标准环境下放置1 h后，用百分表测厚仪测量厚度，并标记测厚位置。将试样耐磨层向上地置于凹陷试验机的工作台上，4～5 s内在测厚处平稳地加上500 N的负荷，保持150 min，然后去掉所有负荷。150 min后，在加压处测量厚度，精确至0.01 mm。

5.9.3 计算

残余凹陷度按式(1)计算，用三个试样的平均值表示：

$$L = t_0 - t \qquad \cdots\cdots(1)$$

式中：L——残余凹陷度，mm；

t_0——加负荷前试样厚度，mm；

t——除去负荷150 min后试样厚度，mm。

5.10 加热长度变化率的测定

5.10.1 仪器

a）恒温鼓风烘箱，精度±2℃；

b）游标卡尺，最小分度值0.05 mm。

5.10.2 测定方法

沿试样的纵向和横向各画两条间距约为200 mm的平行线，并标记四个交点，用游标卡尺分别测量出纵向和横向各对记号间的距离。然后将试样耐磨层向上，平放在撒有滑石粉的磨光平板玻璃或不锈钢平板上，试样间相距 50 mm 以上，一起放入温度为 80±2℃的恒温鼓风烘箱内。保持 6 h 后取出，在标准环境中放置 24 h，再测量各对记号间的距离。测量时需用一块 180 mm×180 mm×13 mm 的平钢板压在试样上面。

5.10.3 计算

试样纵向或横向加热长度变化率均按式(2)计算。用三个试样的纵向或横向加热长度变化率的平均值表示卷材地板加热长度变化率，精确至 0.01%。

$$\varepsilon_H = \frac{|L - L_0|}{L_0} \times 100 \qquad \cdots\cdots(2)$$

式中：ε_H——纵向或横向加热长度变化率的平均值，%；

L_0——纵向或横向的各对记号在加热前的平均值，mm；

L——纵向或横向的各对记号在加热后的长度平均值，mm。

5.11 翘曲度的测定

5.11.1 仪器

a) 恒温鼓风烘箱，精度±2℃；

b) 高度游标卡尺，最小分度值 0.02 mm。

5.11.2 测定方法

用百分表测厚仪测量每块试样四个角的厚度，然后将试样耐磨层向上，平放在撒有滑石粉的磨光平板玻璃或不锈钢平板上。试样间相距 50 mm 以上，一起放入温度为 80±2℃的鼓风烘箱内，保温 6 h 后取出。在标准环境中放置 2 h 后，用高度游标卡尺测量各角的上表面到平坦垫板之间的距离，减去所属角的地板厚度，用三个试样的平均值表示翘曲度，精确至 0.1 mm。

5.12 磨耗量的测定

测定方法按 GB 4085 中 4.12.1 的规定进行。

5.13 褪色性的测定

5.13.1 仪器

人工加速耐候性试验箱，光源为色温区在 5 500～6 000 K 的氙弧灯，在光源和试样之间装有滤光片，试样上照射强度的差异不得超过平均值的±10%。

5.13.2 测定方法

将两块试样装入样板夹，插到试验箱转鼓上，另一块留样进行比较，按试验箱的操作规程开动机器，转鼓以 1～5 r/min 的转速绕光源旋转，黑板温度为 45±5℃，相对湿度为(50±10)%，试样接受相当于致使 GB 730 中 5 级或 6 级毛织物产生变色的光照后，按 GB 250 评定试样褪色性，用两个试样中较差的等级表示褪色性。

5.14 层间剥离力的测定

5.14.1 仪器

一台拉伸试验机，符合 GB/T 1040 的规定。

5.14.2 测定方法

把试样直立地插入乙酸乙酯中，插入深度不大于 40 mm，插入 45 min 后，用手剥离浸入溶剂部分的中间层和耐磨层。在标准环境下放置 90 min，使溶剂挥发尽。把试样装在拉伸试验机的夹具上，以 100±10 mm/min 的拉伸速度对耐磨层与中间层的结合性能进行剥离试验，记录试样被剥离的最大负荷，用六个试样的平均值表示层间剥离力，精确到 0.1 N。

5.15 降低冲击声的测定

按 GBJ 75 第 5 章进行测定。

6 检验规则

6.1 检验项目

6.1.1 产品出厂应进行检验，出厂检验的项目：尺寸偏差、外观质量、单位面积质量允许偏差、耐磨层厚度。

6.1.2 在正常情况下，对产品质量进行全面考核的型式检验每隔六个月进行一次。在生产中，若原材料和生产工艺有变动时，应进行型式检验。型式检验的项目为第4章所列全部技术要求。

6.2 抽样与批组成

卷材地板应按批检验，同一质量等级、配方、工艺、规格、颜色、图案的卷材地板，以每5 000 m^2 为一批，不足此数也作为一批，从每批中随机抽取三卷进行检验。

6.3 判定规则

6.3.1 卷材地板的外观与尺寸

卷材地板的外观和尺寸进行评定时，每卷都应符合4.1、4.2、4.3和4.4的规定。如果某项不合格，则从该批中再随机抽取六卷地板，对不合格项目进行复验，若仍不合格，则判该批地板产品不合格。

6.3.2 卷材地板的物理性能

卷材地板的物理性能应在按6.3.1评定合格的卷材地板中随机抽取一卷进行检验。若符合表5规定的，则判该批产品合格；若某项不合格，则从该批中再取两卷对不合格项目进行复检，若仍不合格，则判该批产品不合格。

7 标志、包装、贮存、运输

7.1 标志

在每卷包装的明显处应标明产品名称、生产厂名、产品标记、等级、批号、毛重。

7.2 包装

卷材地板耐磨层向外卷在管芯上，应进行外包装。

7.3 贮存

卷材地板应分批直立在温度为40℃以下的仓库内。距热源1 m以外。室内空气要流通、干燥。

7.4 运输

卷材地板在运输过程中，不得受到冲击、日晒、雨淋。

中华人民共和国行业标准

JC 410—91

水泥花砖

1 主题内容与适用范围

本标准规定了水泥花砖的产品分类、技术要求、试验方法、检验规则和标志、包装等。

本标准适用于以水泥、砂和颜料为主要原材料，经分层铺料、压制、养护等工序制成的，面层带有各色图案，主要用于建筑物楼面与地面装饰的水泥花砖。

2 引用标准

GB 175 硅酸盐水泥、普通硅酸盐水泥

GB 1344 矿渣硅酸盐水泥、火山灰质硅酸盐水泥及粉煤灰硅酸盐水泥

GB 1861 氧化铁黑

GB 1862 氧化铁黄

GB 1863 氧化铁红

GB 2015 白色硅酸盐水泥

GB 2828 逐批检查计数抽样程序及抽样表

GB 3763 酞青绿 G

JGJ 52 普通混凝土用砂质量标准及检验方法

3 术语

见附录 A(补充件)。

4 产品分类、规格、等级、标记

4.1 分类

水泥花砖按使用部位不同，分为地面花砖(F)和墙面花砖(W)。

4.1.1 用于建筑物楼面与地面的水泥花砖为地面花砖，简称地砖。

4.1.2 用于建筑物内墙面踢脚部位的水泥花砖，称为墙面花砖，简称墙砖。

4.2 规格

水泥花砖的规格尺寸见表 1。

表 1 mm

品种	规格		
	长	宽	厚
地砖 (F)	200	200	12～16
	200	150	
	150	150	

国家建筑材料工业局 1991-03-22 批准　　　　1991-12-01 实施

续表 1 mm

品 种	规 格		
	长	宽	厚
墙 砖 (W)	200	150	10～14
	150	150	

注：生产其他规格尺寸的花砖，由生产厂与用户协商确定。

4.3 等级

水泥花砖按其外观质量、尺寸偏差与物理力学性能分为一等品(B)和合格品(C)。

4.4 标记

水泥花砖按其产品名称、规格尺寸、质量等级和标准编号顺序进行标记。

标记示例：

规格为 200 mm×200 mm 的一等品地面花砖：

F 200×200 B JC 410

5 技术要求

5.1 外观质量

5.1.1 水泥花砖的缺棱、掉角、掉底、越线和图案偏差应符合表 2 规定。

表 2 mm

项 目		一 等 品	合 格 品
正 面	缺棱	长×宽>10×2，不允许	长×宽>20×2，不允许
	掉角	长×宽>2×2，不允许	长×宽>4×4，不允许
掉底		长×宽<20×20，深≤$\frac{1}{3}$砖厚允许 1 处	长×宽<30×30，深≤$\frac{1}{3}$砖厚允许 1 处
越线		越线距离<1.0，长度<10.0 允许 1 处	越线距离<2.0，长度<20.0 允许 1 处
图案偏差		≤1.0	≤3.0

5.1.2 水泥花砖不允许有裂纹，露底和起鼓。

5.1.3 水泥花砖不得有明显的色差、污迹和麻面。

5.2 尺寸偏差

5.2.1 尺寸允许偏差应符合表 3 的规定。

表 3 mm

品 种	一 等 品			合 格 品		
	长	宽	厚	长	宽	厚
F W	±0.5		±1.0	±1.0		±1.5

5.2.2 平度、角度和厚度差不得大于表 4 的规定值。

表 4 mm

品 种	平 度		角 度		厚 度 差	
	一等品	合格品	一等品	合格品	一等品	合格品
F	0.7	1.0	0.4	0.8	0.5	1.0
W	0.7	1.0	0.5	1.0		

5.3 物理力学性能

5.3.1 抗折破坏荷载不得小于表5中的规定值。

表5 N

品种	规格 mm	一等品		合格品	
		平均值	单块最小值	平均值	单块最小值
F	200×200	900	760	700	600
W		600	500	500	420
F	200×150	680	580	520	440
W		460	380	380	320
F	150×150	1 080	920	840	720
W		720	610	600	500

5.3.2 耐磨性能不得大于表6的规定值。

表6 g

品种	一等品		合格品	
	平均磨耗量	最大磨耗量	平均磨耗量	最大磨耗量
F	5.0	6.0	7.5	9.0

注：墙砖(W)不要求耐磨指标。

5.3.3 吸水率不得大于14%。

5.4 结构性能

5.4.1 地面花砖面层厚度的最小值，一等品应不低于1.6 mm，合格品应不低于1.3 mm。墙面花砖的面层厚度的最小值不低于0.5 mm。

5.4.2 水泥花砖的一等品不允许有分层现象，合格品只允许有不明显的分层现象。

6 试验方法

6.1 量具和仪器

a. 钢直尺：精度为0.5 mm，量程为300 mm。

b. 游标卡尺：精度为0.1 mm，量程为300 mm。

c. 塞尺：精度为2级。

d. 钢制平角尺：精度为2级，内短边大于200 mm。

e. 天平：称量范围0～2 kg，分度值1 g。

f. 工业天平：称量范围0～5 kg，分度值0.01 g。

g. 电热恒温鼓风干燥箱：调温范围50～300℃。

h. 万能材料试验机、压力机或其他抗折试验机：示值精度2%，度盘最小分度值20 N。

i. 无砂钢球式耐磨试验机：

磨头与磨盘的相对速比为35：1；

磨盘的转速为17～18 r/min；

磨头与磨盘偏心距为40 mm；

钢球5个，直径18 mm；

钢球的滚道直径为33 mm。

6.2 外观质量检查

6.2.1 用钢直尺测量水泥花砖缺棱掉角部分对水泥花砖的长、宽，两个方向的投影尺寸，测量方法如图

1 所示，精确至 1 mm。

6.2.2 用钢直尺测量水泥花砖掉底部分对水泥花砖的长、宽、厚三个方向的投影尺寸，精确至 1 mm。

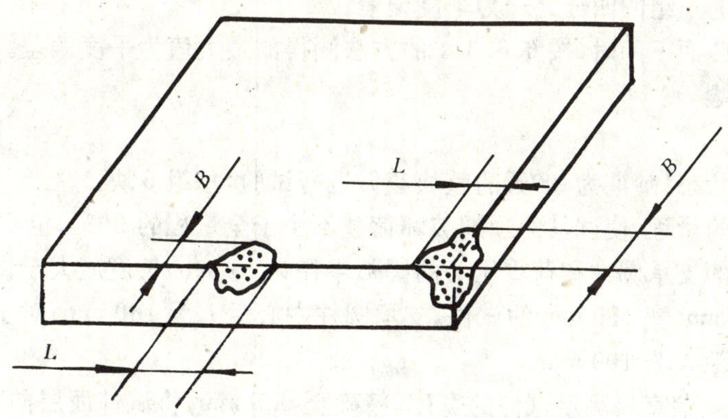

图 1 缺棱掉角测量方法示意图

L—长度；*B*—宽度

6.2.3 将水泥花砖放在光线充足的地方，距水泥花砖 0.5 m 处用肉眼检查自然风干的水泥花砖表面是否有可见裂纹。

6.2.4 在光线充足的地方，距水泥花砖 1.5 m 处，用肉眼检查水泥花砖表面的露底、麻面、色差、污迹、越线和图案偏差，若有越线和图案偏差，用钢直尺测量其越线距离和图案偏差值，精确至 0.5mm。

6.3 尺寸偏差检验

6.3.1 外形尺寸

用游标卡尺测量水泥花砖的四个边长和四边中点处厚度，以两对应边的值分别表示长和宽，以四边中点的厚度值表示厚度，精确至 0.1 mm。

6.3.2 角度

将钢制平角尺的短边紧贴水泥花砖的一个侧面，使其长边接触相邻的另一侧面，用塞尺测量它们之间的间隙，以四边实测的最大值作为它的角度偏差，精确至 0.1 mm，测量方法如图 2 所示。

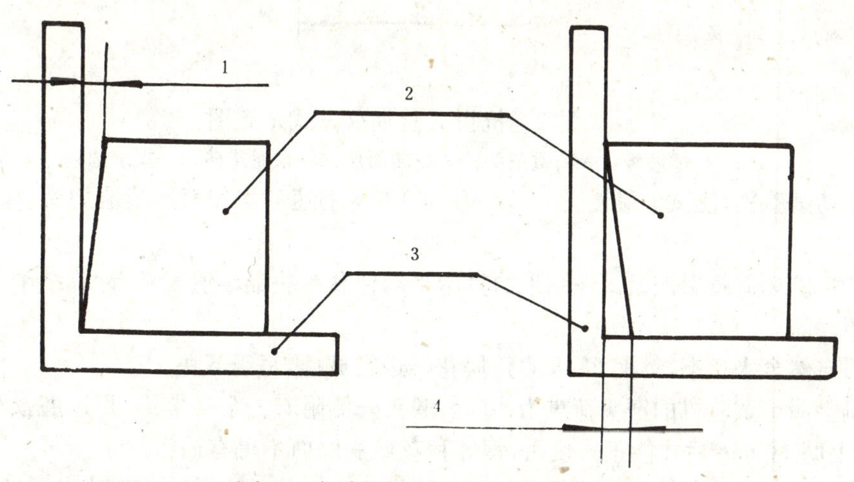

图 2 角度测量方法示意图

1—最大缝隙；2—水泥花砖；3—平角尺；4—最大缝隙

6.3.3 平度

6.3.3.1 先后将钢直尺垂直放在水泥花砖砖面二条对角线上，用塞尺测量它们之间的最大间隙，精确至 0.1 mm。

6.3.3.2 当水泥花砖砖面中部上凸时，从每条对角线的一个端点起，把尺紧贴砖面，测量对角线另一端点与尺的间隙，以实测的最大值的二分之一作为平度偏差。

6.3.3.3 当水泥花砖砖面上凸部位不在花砖中心时，应从每条对角线的两个端点按 6.6.3.2 的方法测量，取测量值之和中大的一组的四分之一为平度偏差。

6.3.3.4 当水泥花砖砖面下凹时，按 6.6.3.1 的方法测得的最大值为平度偏差。

6.4 物理力学性能试验

6.4.1 抗折破坏荷载

6.4.1.1 用自然含水状态，龄期为 28 天的整块花砖进行试验，每组 5 块。

6.4.1.2 调整试验机的量程，使试件的预期破坏荷载不小于全量程的 20%，也不大于全量程的 80%。

6.4.1.3 抗折试验架的支承圆柱和荷重压头的圆弧半径为 15 mm，长度应大于试件宽度，对于长、宽尺寸为 200 mm 或长 200 mm 宽 150 mm 的试件，支承圆柱中心距 L 为 160 mm；对于长、宽尺寸为 150 mm 的试件，支承圆柱中心距 L 为 100 mm。

6.4.1.4 用游标卡尺或钢直尺测量试件的宽度，精确至 0.5 mm，将试件面层向上，简支于试验架的两个支承圆柱上，试件与支承圆柱、荷重压头之间垫厚为 3 mm 的邵氏 A 型橡胶板，加荷方式如图 3 所示。

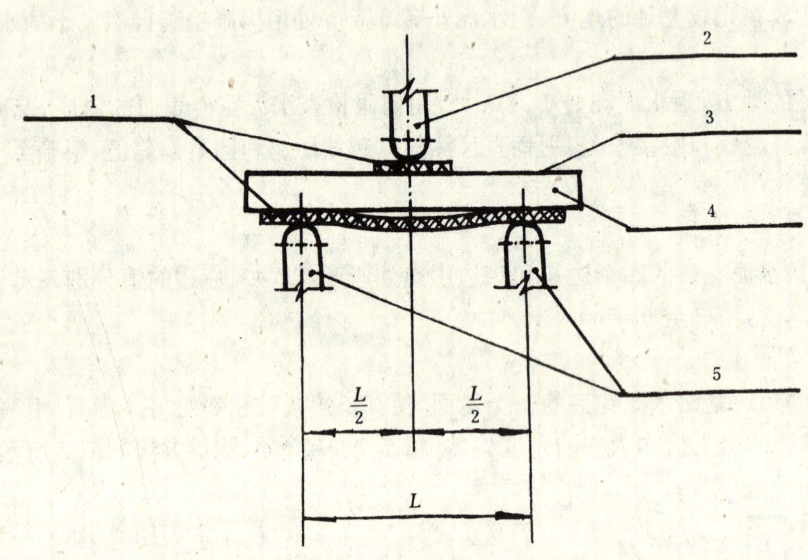

图 3 抗折试验加荷方式示意图

1—橡胶板；2—荷重压头；3—花砖面层；4—水泥花砖；5—支承圆柱

6.4.1.5 开动试验机，使试件缓慢受力，以 30～50 N/s 的速度均匀而连续地加荷，直至试件折断，记录其破坏荷载。

6.4.1.6 抗折破坏荷载用该组试件结果的算术平均值和单块最小值表示，计算结果精确至 10 N。

6.4.2 耐磨性能

6.4.2.1 用自然含水状态，龄期 28 天的整块花砖进行试验，每组 5 块。

6.4.2.2 调整耐磨试验机的磨头荷重为 20 kg，磨头一侧附着一个吸尘器。用以磨损花砖面层的新钢球必须在试件上磨 10 min 后才能正式使用，钢球和花砖受磨面不得有油污。

6.4.2.3 用工业天平称每块花砖磨前重 G_1，精确至 0.1 g，将已称重的花砖放在耐磨试验机的磨台上，装入钢球并使钢球与磨头及花砖面紧密接触，将吸尘器吸嘴靠近花砖表面，开动试验机，每块干磨 8 min。

6.4.2.4 取下已磨过的花砖，清除表面残留的浮灰，在工业天平上称其质量 G_2，精确至 0.1 g。

6.4.2.5 磨耗量按式(1)计算：

$$T = G_1 - G_2 \quad \cdots\cdots (1)$$

式中：T ——试件磨耗量，g；

G_1 ——试件磨前质量，g；

G_2 ——试件磨后质量，g。

6.4.2.6 耐磨性能用该组试件磨耗量的算术平均值和单块最大值表示，计算结果精确至 0.1 g。

6.4.3 吸水率

6.4.3.1 用抗折试验后的 5 块水泥花砖进行试验。

6.4.3.2 把水泥花砖直立浸入装有洁净水的容器中，使其彼此间隔不小于 20 mm，保持水面高于试件上部 30 mm，浸水 24 h 后，立即从水中取出，用湿布抹掉表面水分。称其质量 G_s，精确至 1 g。

6.4.3.3 再将试件放入电热鼓风干燥箱，在 105±5℃温度下烘 24 h，冷却至室温后立即称其质量 G_0，精确至 1 g。

6.4.3.4 吸水率按式(2)计算：

$$W = \frac{G_s - G_0}{G_0} \times 100 \quad \cdots\cdots (2)$$

式中：W ——吸水率，%；

G_0 ——试件烘干后质量，g；

G_s ——试件吸水后质量，g。

6.4.3.5 吸水率用该组试件试验结果的算术平均值表示，计算结果取二位有效数字。

6.5 构造检查

6.5.1 面层厚度

在做过抗折试验的 5 块水泥花砖断面上，用游标卡尺测量其最小面层厚度，精确至 0.1 mm。

6.5.2 分层

用做过抗折试验的 5 块水泥花砖，检查其断面处各层之间是否有分离现象。

7 检验规则

7.1 检验分类

产品检验分出厂检验和型式检验。

7.1.1 出厂检验

出厂检验的项目：外观质量、尺寸偏差、抗折破坏荷载和结构性能。

7.1.2 型式检验：对本标准中规定的产品的技术要求全部进行检验。

有下列情况之一时，应进行型式检验：

a. 新产品试制定型鉴定时；

b. 正式生产后，如材料、设备、工艺有较大改变，可能影响产品的性能时；

c. 正常生产时，每 6 个月进行一次周期性检验；

d. 产品长期停产恢复生产时；

e. 出厂检验结果与上次型式检验结果有较大差异时；

f. 国家质量监督机构提出进行型式检验要求时。

7.2 批的构成

7.2.1 出厂检验

由同一规格的水泥花砖构成，批量可与销售批相同或不同。

7.2.2 型式检验

提交检验的批应由同一规格的水泥花砖构成。

7.3 **抽样方案**

7.3.1 出厂检验和型式检验所需样本在水泥花砖成品库随机抽取。当批量为3 000～10 000块时,各项检验按表7规定的样品量抽取。

表7　　块

检验分类＼检验类型	出厂检验	型式检验
外观质量	80	80
尺寸偏差	32	32
物理力学性能和结构性能	10	15

批量不在3 000～10 000块范围内,按附录**C**确定抽样方案。

7.3.2 外观质量检查的样品从整批样品中抽取,尺寸偏差检验的样本从外观质量检查合格的样本中抽取,物理力学性能和结构性能检验的样本从外观和尺寸偏差检验合格的样本中抽取。

7.4 **判定规则**

出厂检验和型式检验均按以下有关规则判定。

7.4.1 外观质量判定

在80块样品中,根据一次检查的不合格样品数K_1和加严一次检查的不合格样品数K_2进行判定。

一次检查时若$K_1 \leqslant 10$,可接收;若$K_1 = 11$,允许加严一次检查;若$K_1 > 11$,拒绝接收。

加严一次检查时重新从整批样品中随机抽取80块进行检查。若$K_2 \leqslant 8$,可接收;若$K_2 \geqslant 9$,拒绝接收。

7.4.2 尺寸偏差判定

在32块样品中,根据一次检查的不合格样品数K_1和加严一次检查的不合格样品数K_2进行判定。

一次检查时若$K_1 \leqslant 3$,可接收;若$K_1 = 4$,允许加严一次检查;$K_1 > 4$,拒绝接收。

加严一次检查时将32块样品放回原处,从80块外观质量检查合格的样品中重新抽取32块进行检验和判定,若$K_2 \leqslant 2$,可接收,$K_2 \geqslant 3$,拒绝接收。

7.4.3 物理力学性能判定

任一项检验中有1块样品的试验结果不合格时都允许加严一次检查,样品从剩余的外观和尺寸偏差检验合格的样本中抽取,若加严一次检查的每块样品全部合格,则该项性能判为合格;若复检的样品中仍有1块不合格,则该项性能不合格,该批水泥花砖判为拒收。

7.5 **复验**

7.5.1 如订货单位对产品质量提出异议时,可会同生产厂委托质量监督检验单位复验,作为最后判定质量的依据,抽样方案由双方议定,外观质量的复验只能在生产厂内进行。

7.5.2 复验结果合格时,试验费由提出复验要求的一方支付;不合格时由生产厂负担。

8 标志、包装、运输和贮存

8.1 标志

8.1.1 水泥花砖底面应有生产厂的标志。

8.1.2 包装后的水泥花砖应有标签,标明产品的规格和生产厂厂名。

8.1.3 产品质量合格证

产品质量合格证包括下列内容:

a. 合格证编号;

b. 水泥花砖标记;

c. 生产厂厂名或商标；

d. 制造日期或生产批号；

e. 生产厂质量检验部门签章。

8.2 **包装**

8.2.1 根据运距和道路情况一般分为箱装、草绳密扎和草绳散扎三类包装。

8.2.2 箱装时，将水泥花砖放置在包装箱的中部，花砖与箱体之间用柔软防震材料填充。

8.2.3 草绳密扎时，将水泥花砖光面相对用直径不小于 10 mm 的草绳沿长、宽方向缠绕，不使其外露，捆扎牢固，每捆水泥花砖数量不超过 25 块。

8.2.4 草绳散扎时，将水泥花砖光面相对，用直径不小于 10 mm 的草绳按“井”字形捆扎，每个捆扎点处不应少于 2 道，每捆水泥花砖数量不超过 10 块。

8.3 **运输**

8.3.1 装卸时应轻拿、轻放，严禁抛摔碰撞。

8.3.2 运途中花砖要保持平稳，防止相互撞击。

8.4 **贮存**

8.4.1 水泥花砖应在室内贮存，如室外贮存应予以遮盖。

8.4.2 水泥花砖直立码放时，倾斜度不应大于 15°，垛高不超过 1.6 m，层与层之间，可用无污染的弹性材料支垫。水泥花砖平放时，地面应平整，堆放高度不得高于 0.8 m。

附 录 A
名 词 术 语
(补充件)

A1 裂纹

主要指水泥花砖表面那些肉眼可见的细小裂纹和龟裂。

A2 露底

主要指基层水泥浆直接暴露,或隐约可见的现象。

A3 麻面

主要指水泥花砖表面局部存在的针状气孔、凹坑。

A4 色差

主要指相同色调的颜色,在不同的水泥花砖表面上,或同一块水泥花砖表面的不同部位上所出现的浓淡差别。

A5 污迹

污迹又称杂色,是在图案规定的颜色区域中出现其他颜色的现象,呈点块状或云状。

A6 越线

在两种或两种以上颜色的交界处,一种颜色超出图案规定的线条侵入相邻颜色区的现象。

A7 图案偏差

指由两块或两块以上的花砖组成图案时,每块砖之间线条不相吻合,即线条彼此偏离的程度,包括边角部分某种颜色料浆不足造成的缺浆现象。

A8 分层

就是在水泥花砖断面上,面层与基底、或者基层之间出现的明显的结构分离现象。

A9 起鼓

在水泥花砖面层上出现的小面积圆形鼓起,形似泡状。

附 录 B
原材料技术要求
(补充件)

B1 用于水泥花砖面层的水泥应符合 GB 2015 或 GB 175 的规定;用于底层的水泥应符合 GB 175 或 GB 1344中矿渣硅酸盐水泥的规定。

B2 砂应符合 JGJ 52 的规定。

B3 着色材料不得损害花砖的力学强度及耐久性,而且不溶于水,分散性好及耐光性优良,应符合下列标准和技术条件的规定：

GB 1861、GB 1862、GB 1863、GB 3763 等。

B4 拌合水应用自来水、洁净水。

附　录　C
水泥花砖抽样用的有关参数
（参考件）

C1　水泥花砖抽样按照 GB 2828 规定进行。

C2　检查水平

检查水平是用来决定批量与样本大小之间关系的等级。

外观质量检查采用一般检查水平 I。

尺寸偏差检验采用特殊检查水平 S-4。

物理力学性能和面层厚度检验采用特殊检查水平 S-1。

C3　合格质量水平

合格质量水平(AQL)是在连续检查过程中，认为可以接收的检查批的平均不合格率。本标准规定：

外观质量检查的合格质量水平为 6.5。

尺寸偏差检验的合格质量水平为 4.0。

物理力学性能和面层厚度检验的合格质量水平为 2.5。

附加说明：

本标准由国家建筑材料工业局苏州混凝土水泥制品研究院提出并归口。

本标准由国家建筑材料工业局苏州混凝土水泥制品研究院负责起草。

本标准主要起草人赵玉屏、薛万银。

本标准委托国家建筑材料工业局苏州混凝土水泥制品研究院负责解释。

中华人民共和国建材行业标准

JC 446—91

混 凝 土 路 面 砖

1 主题内容与适用范围

本标准规定了混凝土路面砖的产品分类、规格尺寸、技术要求、试验方法、检验规则与标志、堆放、运输等。

本标准适用于以水泥和密实骨料为主要原材料，经加压或振动加压或其他成型工艺制成的，用于铺设人行道和车行道的混凝土路面砖（以下简称路面砖）。其表面可以是有面层（料）的或无面层料的；本色的或彩色的。

2 引用标准

GB 175 硅酸盐水泥、普通硅酸盐水泥

GB 1344 矿渣硅酸盐水泥、火山灰质硅酸盐水泥与粉煤灰硅酸盐水泥

GB 1596 用于水泥和混凝土中的粉煤灰

GB 8076 混凝土外加剂标准

GB/T 12988 无机地面材料耐磨性试验方法

JGJ 52 普通混凝土用砂质量标准及检验方法

JGJ 53 普通混凝土用碎石或卵石质量标准及检验方法

3 分类

3.1 品种

a. 路面砖按用途分为人行道砖和车行道砖；

b. 路面砖按砖型分为普型砖和异型砖。

3.2 代号

a. 人行道砖代号为 WU；

b. 车行道砖代号为 DU。

3.3 规格

路面砖的规格尺寸见表 1 砖的外形尺寸也可根据用户的要求确定。

3.4 等级

路面砖根据尺寸偏差、外观质量和物理力学性能分为优等品(A)、一等品(B)和合格品(C)三个等级。

3.5 标记

按产品代号、规格尺寸、等级和本标准编号顺序进行标记。

规格为 250 mm×250 mm×50 mm 的一等品人行道砖的标记为：

WU250×250×50 B JC 446

国家建筑材料工业局 1991-11-11 批准　　　　1992-08-01 实施

表 1

mm

<table>
<tr><th colspan="2">种类</th><th>厚度</th><th>边长</th></tr>
<tr><td rowspan="3">人行道砖</td><td rowspan="2">普型砖</td><td>50</td><td>250×250
300×300</td></tr>
<tr><td>60,100</td><td>500×500</td></tr>
<tr><td>异型砖</td><td>50,60</td><td>—</td></tr>
<tr><td colspan="2">车行道砖</td><td>60,80,100,120</td><td>—</td></tr>
</table>

注：边长不大于 250 mm 的人行道砖，力学性能达到优等品时，允许最小厚度为 40 mm。

4 技术要求

4.1 原材料

4.1.1 水泥：水泥应采用符合 GB 175 规定的硅酸盐水泥、普通硅酸盐水泥和符合 GB 1344 规定的矿渣硅酸盐水泥。

4.1.2 细骨料：细骨料应采用符号 JGJ 52 规定的砂。

4.1.3 粗骨料：粗骨料应采用符号 JGJ 53 规定的碎石或卵石。

4.1.4 硬质工业废渣骨料应符合下列要求：

a. 含泥量不大于 3%；

b. 烧失量不大于 8%；

c. 不含有影响水泥水化的有害成分及其他夹杂物。

4.1.5 掺用粉煤灰时，粉煤灰应符合 GB 1596 的规定。

4.1.6 外加剂：外加剂应采用符合 GB 8076 规定的外加剂。

4.1.7 颜料：使用的颜料必须对路面砖的品质不产生有害影响。

4.1.8 水：饮用水。

4.2 尺寸允许偏差

路面砖的尺寸允许偏差应符合表 2 的规定。

表 2

mm

等级	厚度	边长
优等品	±2	±2
一等品	±3	±3
合格品	±5	±4

4.3 外观质量

4.3.1 路面砖的表面应平整，边角齐全。异型砖中的联锁型砖应有倒角。路面砖的外观缺陷应符合表 3 的规定。

表 3

项目		优等品	一等品	合格品
垂直度差,mm 不大于		1	2	3
裂纹 mm	贯穿 非贯穿	不允许		不允许 长度不得超过 20
分层		不允许		不允许
表面粘皮,cm²		不允许		不大于 5
掉角 mm		不允许	两边破坏尺寸不得同时大于 5	两边破坏尺寸不得同时大于 10

4.3.2 路面砖的表面花纹图案深度不得超过面层(料)的厚度。

4.3.3 彩色路面砖的表面色泽应一致。

4.4 物理力学性能

路面砖物理力学性能必须符合表 4 的规定。

表 4

种类	等级	抗压强度,MPa		抗折强度,MPa		耐磨性	吸水率 % 不大于	抗冻性
		平均值 不小于	单块最小值 不小于	平均值 不小于	单块最小值 不小于	磨坑长度 mm 不大于		
人行道砖	优等品	30.0	25.0	4.0	3.2	32.0	8.0	冻融循环试验后,外观质量须符合表 3 的规定;强度损失不大于 25%
	一等品	25.0	21.0	3.5	3.0	35.0	9.0	
	合格品	20.0	17.0	3.0	2.5	37.0	10.0	
车行道砖	优等品	60.0	50.0	—	—	28.0	5.0	
	一等品	50.0	42.0	—	—	32.0	7.0	
	合格品	35.0	30.0	—	—	35.0	8.0	

注:当人行道砖的厚度不大于 60 mm,且边长不小于 300 mm 或边长与厚度的比值大于等于 5 时,采用抗折强度检验。

5 试验方法

5.1 规格尺寸

5.1.1 边长:用精度 1 mm 的钢板尺在路面砖正面离边缘 10 mm 处对称测量两边长取其平均值。异型砖按设计的不同形状测量长度和宽度。

5.1.2 厚度:用精度 1 mm 的钢板尺在路面砖宽度中间处对称测量两点取其平均值。

5.2 外观质量

5.2.1 垂直度差:路面砖正面与相邻侧面构成的夹角大于 90°时须测量垂直度差,测量方法见图 1。直角尺精度一级。

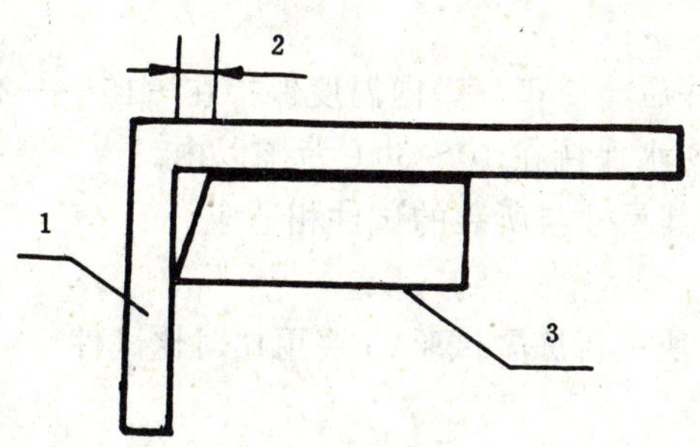

图1　垂直度差测量方法

1—直角尺；2—垂直度差；3—砖底面

5.2.2　裂纹：用精度1 mm的钢板尺测量裂纹长度的投影尺寸。

5.2.3　分层：用肉眼观察。

5.2.4　表面粘皮：用精度1 mm的钢板尺在破损面测量互相垂直的两个最大尺寸，计算其乘积。

5.2.5　掉角：用精度1 mm的钢板尺在路面砖正面的两个相邻棱边上测其掉角长度。

5.2.6　色泽：在自然光照条件下，将试件铺成约1 m^2的面积，距1.5 m用肉眼观察。

5.3　物理力学性能

5.3.1　强度

抗压强度试验按本标准附录A（补充件）规定进行。抗折强度试验按本标准附录B（补充件）规定进行。

5.3.2　耐磨性

耐磨性试验按GB/T 12988的规定进行。

5.3.3　吸水率

5.3.3.1　试验设备

a.　天平：称量10 kg，感量2 g；

b.　烘箱：能使温度控制在105±5℃。

5.3.3.2　试件

试件数量为5块，取整块砖。当质量大于5 kg时，可取部分砖。

5.3.3.3　试验步骤

将试件侧向直立在水槽中。注入温度为10～30℃的洁净水至试件高度的1/3；4 h后继续注水至试件的2/3；再经4 h后加水将试件浸没水中。使水面高出试件约20 mm。

每间隔24 h将试件取出，用拧干的湿毛巾拭去表面附着水，分别称量一次，直至前后两次称量差小于0.2%时，视为试件饱水质量（M_1）。称量精确至2.0 g。

然后，将试件置于温度为105±5℃的烘箱内烘干，每间隔4 h将试件取出分别称量一次，直至两次称量差小于0.2%时，视为试件干质量（M_2）。称量精确至2.0g。

5.3.3.4　结果计算与评定

吸水率按式(1)计算：

$$W - \frac{M_1 - M_2}{M_2} \times 100 \quad \cdots\cdots(1)$$

式中：W——吸水率，%；

M_1——试件的饱水质量，g；

M_2——试件的干质量，g。

结果以5块试件的平均值表示，计算精确至0.1%。

5.3.4　抗冻性

5.3.4.1 试验设备

a. 冷冻箱(室):装有试件后能使箱(室)内温度保持在－15～－20℃范围以内。

b. 水槽:装有试件后能使水保持在10～30℃范围以内。

c. 框篮:可用钢筋焊成,其尺寸与所装的试件相适应。

5.3.4.2 试件

试件数量为10块,其中5块进行冻融试验;5块用作对比试件。

5.3.4.3 试验步骤

试件应进行外观检查,编号后并作记录。随后放入温度为10～30℃的水中浸泡48 h。浸泡时水面应高出试件约20 mm。

从水中取出试件,用拧干的湿毛巾拭去表面附着水,即可放入预先降温至－15～－20℃的冷冻箱(室)内,试件之间应间隔20 mm。待温度达到－15℃时计算冻结时间,每次从装完试件到温度达到－15℃所需时间不应大于2 h。在－15℃下的冻结时间按试件厚度而定:厚度小于60 mm时,不少于3 h;大于或等于60 mm时,不少于4 h。然后,取出试件立即放入10～30℃水中融解2 h。该过程为一次冻融循环。依次进行25次冻融循环。

从水中取出试件,擦拭表面附着水,检查和测量试件表面破损、裂纹、剥落、边角缺损情况,按本标准附录A(补充件)进行强度试验。

5.3.4.4 结果计算

冻融试验后强度损失率按式(2)计算:

$$\Delta f=\frac{f-f_{D}}{f}\times 100 \qquad \cdots\cdots(2)$$

式中:Δf ——冻融循环后的强度损失,%;

f ——5块未经冻融试验试件强度的平均值,MPa;

f_D ——5块冻融试验后试件强度的平均值,MPa。

试验结果计算精确至0.1%。

6 检验规则

6.1 检验分类

产品检验分出厂检验和型式检验

6.1.1 出厂检验项目:尺寸偏差、外观质量、强度和耐磨性。其中人行道砖的强度检验根据砖型只检验抗压或抗折强度一项。

6.1.2 型式检验项目:对本标准中规定的产品技术要求全部进行检验。

6.2 出厂检验

6.2.1 批量

每批路面砖应为同一类别、同一规格、同一等级。每20 000块为一批,不足20 000块。亦按一批计。

6.2.2 抽样

6.2.2.1 规格尺寸及外观质量检验的试件,在生产厂成品堆场中按机械抽样法随机抽取50块。抽样前预先确定好抽样方法,使所取的试件具有代表性。

6.2.2.2 物理力学性能试验的试件,仍按机械抽样法从规格尺寸及外观检验合格的试件中抽取15块(其中5块备用),并在每块试件上注明试验项目。不允许更换试件或试验项目。

物理力学性能试验试件的龄期以28天为准。

6.2.3 判定规则

6.2.3.1 规格尺寸及外观质量

在50块试件中，根据不合格试件的总数(K_1)及二次抽样检验中不合格(包括第一次检验不合格试件)的总数(K_2)进行判定。

若$K_1 \leqslant 3$，可验收。若$K_1 \geqslant 7$，拒绝验收；若$4 \leqslant K_1 \leqslant 6$，则允许再取50块试件进行第二次检验。

若$K_2 \leqslant 8$可验收；若$K_2 \geqslant 9$拒绝验收。

6.2.3.2 物理力学性能

经检验，各项物理力学性能符合某一等级规定时，判该项为相应等级。

6.2.3.3 总判定

所有项目的检验结果都符合某一等级规定时，判为相应等级；有一项不符合合格品等级规定时，判为不合格品。

6.3 型式检验

6.3.1 检验条件

有下列情况之一时，应进行型式检验：

a. 新产品或老产品转厂生产的试制定型鉴定；

b. 生产中如品种、材料、混凝土配比、工艺有较大改变，压力成型设备大修时；

c. 正常生产时，每半年进行一次；

d. 出厂检验结果与上次型式检验结果有较大差异时；

e. 产品长期停产后，恢复生产时；

f. 质量监督机构提出进行型式检验的要求时。

6.3.2 抽样

6.3.2.1 规格尺寸及外观质量检验抽取50块试件，抽样方法同6.2.2.1。

6.3.2.2 物理力学性能试验抽取30块试件(其中备用5块)。抽样方法同6.2.2.2。

6.3.3 判定规则

6.3.3.1 型式检验的所有检验项目判定同6.2.3.1和6.2.3.2。

6.3.3.2 总判定同6.2.3.3。

7 标志、堆放、运输

7.1 标志

出厂产品中至少有0.5%的路面砖，在其底面应有明显的包括生产厂名称、商标、产品规格代号或标记的标志。

7.2 产品质量合格证

交货时，应提供产品质量合格证，内容包括：

a. 生产厂名称；

b. 批量编号；

c. 出厂日期；

d. 本标准编号；

e. 尺寸偏差、外观质量、物理力学性能检验结果和质量等级；

f. 检验单位、人员签章。

7.3 堆放

路面砖堆放场地应平整、坚实。码垛堆放时，应正面相向，每垛高度不得超过1.5 m。每垛的产品规格等级应相同。

7.4 运输

装运时。路面砖应正面相向，靠紧挤实。用吊装托架装运时，应捆扎牢固，不准乱装乱放。卸货时，严禁抛掷。

附 录 A
混凝土路面砖抗压强度试验方法
(补充件)

A1 试验设备

A1.1 试验机

试验机可采用压力试验机或万能试验机。试验机的精度(示值相对误差)应不大于±2%,其量程应使试件的预期破坏荷载不小于满量程的20%,也不大于满量程的80%。

A1.2 垫压板

采用厚度不小于30 mm的钢质垫压板,硬度应大于HB 200。垫压板的长度和宽度与路面砖厚度的对应尺寸可以从表A1中选取。

表A1 mm

试件厚度	垫压板	
	长度	宽度
55～65	120	60
66～75	140	70
76～85	160	80
86～95	180	90
96～105	200	100
106～115	220	110
⩾116	240	120

对正方形路面砖,其试件厚度不小于0.9倍有效使用面边长时,可以不用垫压板;对矩形路面砖,其试件厚度不小于0.9倍有效使用面最小边长且边长比不大于1∶2时,也可不用垫压板。

A2 试件

A2.1 试件数量为5块。

A2.2 试件的两个受压面必须平行平整。必要时可对受压面做磨平处理。

A3 试验步骤

A3.1 清除试件表面的粘渣,毛刺,放入常温水中浸泡48 h。

A3.2 将试件从水中取出放置在试验机下压板的中心位置,然后将垫压板放在试件的上表面并尽可能对称试件(如图A1所示)。

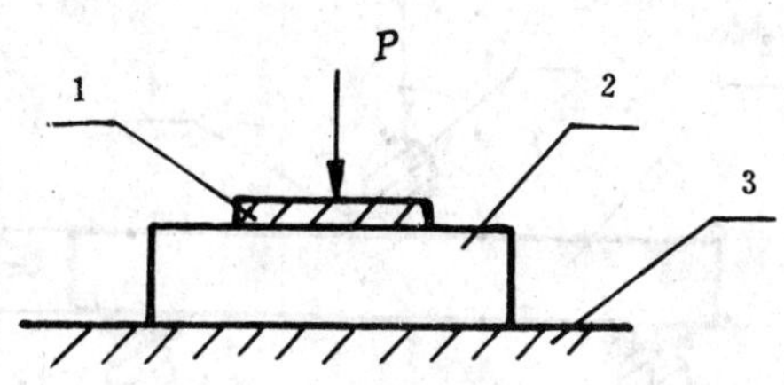

图 A1

1—垫压板；2—试件；3—试验机下压板

A3.3 启动试验机，以约 3 MPa/s 的速度缓慢、连续、均匀地加荷，直至试件破坏。记录破坏荷载（P）。

A4 结果计算与评定

抗压强度按式(A1)计算：

$$f = \frac{P}{A} \quad \cdots\cdots(A1)$$

式中：f ——抗压强度，MPa；

P ——破坏荷载，N；

A ——试件上垫压板面积，mm^2。

结果以 5 块试件抗压强度的平均值和单块最小值表示，计算精确至 0.1 MPa。

附 录 B
混凝土路面砖抗折强度试验方法
（补充件）

B1 试验设备

B1.1 试验机

试验机可采用抗折试验机、万能试验机或带有抗折试验架的压力试验机。试验机的精度和量程要求同本标准附录 A1.1。

B1.2 支座及加压棒

支座的两个支承棒和加压棒的直径为 30 mm。其中一个支承棒应能滚动并可自由调整水平。

B2 试件

试件数量为 5 块，取外观完好的整块砖。

B3 试验步骤

B3.1 清除试件表面的粘渣毛刺，放入常温水中浸泡 48 h。

B3.2 将试件从水中取出放在支座上（如图 B1 所示）。抗折支距为试件厚度的 4 倍。在支座及加压棒与试件接触面之间应垫有 3～5 mm 厚的胶合板垫层。

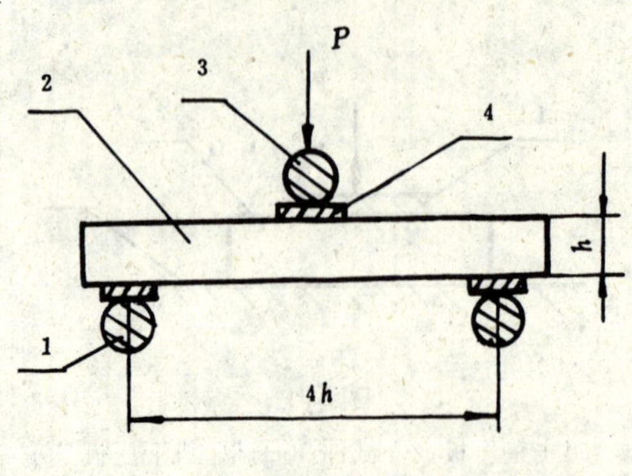

图 B1

1—支座（ϕ30）；2—试件；3—加压棒（ϕ30）；4—垫层

B3.3 启动试验机，以约 0.1～0.2 MPa/s 的速度缓慢、连继、均匀地加荷，直至试件破坏。记录破坏荷载（P）。

B3.4 结果计算与评定

抗折强度按式(B1)计算：

$$f = \frac{3PL}{2bh^2} \quad \cdots\cdots\cdots\cdots (B1)$$

式中：f ——抗折强度，MPa；

P ——破坏荷载，N；

L ——两支座间距离，mm；

b ——试件宽度，mm；

h ——试件厚度，mm。

结果以 5 块试件抗折强度的平均值和单块最小值表示，计算精确至 0.1 MPa。

附加说明：

本标准由国家建筑材料工业局苏州混凝土水泥制品研究院归口。

本标准由辽宁建筑材料科学研究所、国家建筑材料工业局标准化研究所、辽宁省锦州水泥制品厂等负责起草。

本标准主要起草人王立国、刘孟兴、杨祥坤。

附录　本书协办企业概况

北京一奥克兰建筑防水材料有限公司

法人代表:孙延安　邮编:100076

地址:北京市丰台区久敬庄路甲 1 号

电话:(010)67991831

主要产品:各类防水卷材及涂料。

沈阳蓝光新型防水材料有限公司

法人代表:李泽民　邮编:110026

地址:沈阳市于洪机场路北 1 号

电话:(024)25300902

主要产品:APP 改性沥青卷材、SBS 改性沥青卷材。

盘锦禹王防水建材集团

法人代表:詹福民　邮编:124022

地址:辽宁省盘锦市兴隆台区新工街

电话:(0427)2856800

主要产品:改性沥青系列防水卷材。

保定市北方防水工程公司

法人代表:刘荣　邮编:071000

地址:河北省保定市建国路西端泽园小区 11 号

电话:(0312)2199550

主要产品:弹性体沥青防水卷材、聚氯乙烯防水卷材与涂料。

浙江省温州市金庄工贸有限公司

法人代表:庄永森　邮编:325000

地址:浙江省温州市牛山北路 2-18 号

电话:(0577)8635228

主要产品:J2H—系列复合胎布(防水材料专用)。

上海北蔡防水材料有限公司

法人代表:李鑫全　邮编:201204

地址:上海市浦东新区北蔡安建路 23 号

电话:(021)58918910　58911596

主要产品:自粘橡胶沥青防水卷材、聚氨酯防水涂料等。

河北吴桥天马纤维水泥制品有限公司

法人代表:任景武　邮编:061800

地址:河北省吴桥钱塘江路 9 号

电话:(0317)7341430

主要产品：石棉水泥电缆管、海沧石纤维水泥电缆。

江苏爱富希新型建材有限公司

法人代表：朱家振　邮编：215217

地址：江苏省吴江市同里镇

电话：(0512)3330357

主要产品：爱富希牌　无石棉硅酸钙建筑平板(NALC 板)、无石棉大幅面纤维水泥加压板(NAFC 板)、FC 纤维水泥加压板(FC 板)、低收缩性纤维水泥加压板(LCFC 板)、FC 穿孔吸声板。

该公司始建于 1964 年，江苏省高新技术企业，使用特优企业(AAA)。生产的各种板材应用在国内重点工程中，并远销台湾、香港地区及东南亚国家，获得国内外客商的好评。

上海大中玛哈攀建材有限公司

法人代表：纪才绍　邮编：201317

地址：上海市南汇下沙镇

电话：(021)58143316-218

主要产品："美玛(Magma)牌彩色混凝土瓦和配套的檐口瓦脊瓦等。

上海大中玛哈攀建材有限公司是上海建材集团和泰国玛哈攀国际控股公司的合资企业，引进澳大利亚彩瓦生产的先进技术与设备，年产量 500 万片以上，广泛使用在上海及华东地区的房屋建筑，由于其强度高、不变形、品种多、色泽丰富，使用寿命长等特点深受用户欢迎。

浙江省萧山市锦红制瓦设备有限公司

法人代表：李惠祥　邮编：311203

地址：浙江省萧山市石岩乡

电话：(0571)2762678

主要产品：彩色混凝土瓦设备。

湖南南县洞庭防水材料公司

法人代表：周清明　邮编：413200

地址：湖南省南县南洲镇赤松亭 183 号

电话：(0737)5221824

主要产品：三元丁橡胶防水卷材(本色)、彩色覆面三元丁、CH-1 型胶粘剂。

浙江竞远机械设备有限公司(原金华试验机总厂)

法人代表：倪雪军　邮编：321016

地址：浙江省金华市朱基头

电话：(0579)2372901　销售处：(0579)2370079　2371162

主要产品：压力试验机、万能材料试验机、冲击试验机、耐磨试验机、拉力试验机和抗折试验机等。

中英合资浙江竞远机械设备有限公司是由金华试验机总厂与英国 CCE 公司合资组建的企业，引进英国先进生产技术，生产各种材料试验仪器设备，产品畅销全国各地，并出口 20 多个国家与地区。